www.kuhminsa.com

한 발 앞 서 는 출 판 사 구 민 사

KUH MIN SA

#604, Mullaebuk-ro 116, Yeongdeungpo-gu
Seoul, Republic of Korea

T. 02 701 7421
F. 02 3273 9642

Email kuhminsa@kuhminsa.co.kr

자격증 시험
접수부터 자격증 수령까지

필기 원서 접수
큐넷 회원 가입 후
(www.q-net.or.kr)
인터넷 접수만 가능
사진 파일, 접수비
(인터넷 결제) 필요
응시자격 요건
반드시 확인할것

필기 시험
입실 시간 미준수 시
시험 응시 불가
준비물 : 수험표,
신분증, 필기구 지참

필기 합격 확인
큐넷 사이트에서 확인
(www.q-net.or.kr)

실기 원서 접수
큐넷 회원 가입 후
(www.q-net.or.kr)
응시 자격 서류는
실기시험 접수기간
(4일 내) 에 제출
해야만 접수 가능

합격

한 발 앞서나가는 출판사
구민사에서 시작하세요!

실기 시험
필답형과 작업형으로 분류. 원서 접수 시 선택한 장소와 시간에 맞게 시험을 봅니다.
준비물 : 수험표, 신분증, 필기구 지참!

최종합격 확인
큐넷 사이트에서 확인
(www.q-net.or.kr)

자격증 신청
방문 or 인터넷 신청 가능. 방문 신청 시 신분증, 발급 수수료 지참할 것

자격증 수령
방문 or 등기 우편 수령 가능
등기비용을 추가하면 우편으로 받을 수 있습니다.

PREFACE

   본서는 새로 개정된 산업인력관리공단의 출제기준에 맞춰 저자의 강의 경험을 토대로 지필하였다. 현재 출제되고 있는 문제 유형들은 과거와 차이가 있다. 기출문제의 공개로 새로운 유형의 문제들이 출제되고 있는 것이다. 이러한 시기에 내용이 충실하지 않으면 합격에 어려움이 따르게 된다. 이런 점을 고민하여 본서를 준비하게 되었다. 단순히 기출문제만 암기하는 식으로는 필기 합격이 어려운 시기이다. 일단 기본적 내용에 충실하게 공부하고 기출문제 풀이에 만전을 기하기를 바란다.

   이 책의 특징과 공부요령을 정리하면 다음과 같다.

> I. 출제기준에 맞춰 각 과목별 이론을 체계적으로 요약 정리하여 수험생이 스스로 내용을 정리할 수 있도록 하였다.
> II. 내용정리가 끝나면 각 장의 출제예상문제를 풀 수 있도록 하였다. 이때 정리한 내용을 복습할 수 있게 구성하였다.
> III. 내용을 정리하였으면 반복학습이 필요하다. 반복학습하는 방법은 반복하여 다독을 하는 것이다. 이것 만큼 좋은 방법은 없을 것이다.
> IV. 시험보기 2주 전부터는 기출문제를 반복해서 풀어야 하며, 자가 테스트를 통해 시험 성적을 확인하고 점수가 미진한 과목은 다시 충실히 보완해야 한다. 이렇게 정리해 마무리 한다면 합격은 당연할 것이다.
> V. 끝으로 공부하면서 질문할 내용이 있으면 저자 카페를 방문하여 해결할 수 있도록 하기 바란다. 주어진 시간에 최선을 다해 질문에 답을 드릴 수 있도록 노력할 것이다.

아무쪼록, 본 교재로 충실히 준비하여 합격하시기를 바라며 다소 미흡한 부분들은 앞으로 계속 수정 보완하여 최고의 수험서가 될 수 있도록 노력할 것이다.
끝으로, 이 책이 출간되기까지 물심양면 도와주신 도서출판 구민사 조규백 대표님과 직원 여러분께 진심으로 감사를 드린다.

저자 씀

CONTENTS

제1편 기계제도

제1장 기계제도의 기초 … 3

1. 제도의 의의 … 3
2. 도면의 분류 … 4
3. 도면의 크기 및 양식, 척도 … 7
4. 선의 종류와 용도, 문자 … 11
5. 전개도법, 스케치, 도면 관리 … 14
6. 투상법 … 18
7. 단면도 … 37
8. 치수기입법 … 42
9. 표면거칠기와 면의 지시기호 … 71
10. 치수공차와 끼워맞춤 … 79
11. 기하 공차 … 84
◆ 단원 예상문제 … **94**

제2장 기계요소의 제도 … 129

1. 결합용 기계요소 … 129
2. 리벳과 용접이음 … 138
3. 축용 기계요소 … 141
4. 전동용 기계요소 … 144
5. 스프링(spring) … 150
6. 관계 기계요소 … 151
◆ 단원 예상문제 … **154**

제3장 기하학적 형상 모델링 … 168

1. 그래픽 소프트웨어의 구성 및 기능 … 168
2. 기하학적 도형정의 … 169
3. CAD/CAM 시스템 좌표계 … 174
4. 기본도형 … 176
5. 곡선·곡면의 종류 및 특징 … 179
6. 형상 모델링 … 187
◆ 단원 예상문제 … **191**

제2편 기계요소설계

제1장 기계설계의 기초 — 231

1. 단위(單位; dimensions) — 231
2. 기계요소설계의 중요 물리량 — 234
3. 기계요소의 표준화 — 236
◆ 단원 예상문제 — 238

제2장 재료의 응력과 변형 — 241

1. 응력(stress) — 242
2. 변형률(strain) — 243
3. 후크(hook)의 법칙 — 244
4. 재료의 성질 — 244
◆ 단원 예상문제 — 247

제3장 결합용 기계요소설계 — 251

1. 나사 — 251
2. 볼트·너트 — 259
◆ 단원 예상문제 — 264
3. 키(key) — 268
4. 핀(pin) — 272
◆ 단원 예상문제 — 274
5. 코터(cotter) — 278
6. 리벳(revet) — 279
◆ 단원 예상문제 — 285
7. 용접 이음 — 290
◆ 단원 예상문제 — 296

제4장 동력전달용 기계요소설계 — 298

1. 축(shaft) — 298
◆ 단원 예상문제 — 304
2. 축이음 — 307
◆ 단원 예상문제 — 311
3. 베어링(bearing) — 313
◆ 단원 예상문제 — 322
4. 마찰차 — 326
◆ 단원 예상문제 — 330
5. 기어(gear) — 332
◆ 단원 예상문제 — 345
6. 벨트 — 352
◆ 단원 예상문제 — 358
7. 체인 — 362
◆ 단원 예상문제 — 366

제5장 브레이크 및 스프링 — 368

1. 브레이크(brake) — 368
◆ 단원 예상문제 — 374
2. 스프링(spring) — 378
◆ 단원 예상문제 — 383

제6장 치공구 요소설계 — 387

1. 치공구 기능 — 387
2. 고정구의 종류 — 388
3. 지그(jig) — 388
◆ 단원 예상문제 — 390

제3편 기계재료 및 측정

제1장 기계재료의 성질과 분류 — 393

1. 금속의 특성과 결정구조 — 393
2. 금속재료에 필요한 여러 성질 — 397
◆ 단원 예상문제 — 401

제2장 철강재료의 기본특성과 용도 — 408

1. 철강재료의 개요 — 408
2. 순철(pure iron) — 411
3. 탄소강(carbon steel) — 412
◆ 단원 예상문제 — 418
4. 특수강(special steel) — 427
◆ 단원 예상문제 — 436
5. 주철(cast iron)과 주강(cast steel) — 444
◆ 단원 예상문제 — 450

제3장 비철금속재료의 기본특성과 용도 — 455

1. 구리와 구리합금 — 455
2. 알루미늄과 그 합금 — 459
3. 마그네슘과 그 합금 — 461
4. 니켈과 그 합금 — 462
5. 티탄과 그 합금 — 464
6. 코발트와 그 합금 — 464
7. 아연, 납, 주석과 그 합금 — 464
8. 귀금속과 그 합금 — 467
9. 기타 금속 — 468
10. 비금속 재료 — 469
◆ 단원 예상문제 — 470

제4장 강의 열처리 　　　　　　　　　　　　481

1. 열처리 　　　　　　　　　　　　481
◆ 단원 예상문제 　　　　　　　　　　　　491
2. 신소재 　　　　　　　　　　　　497
◆ 단원 예상문제 　　　　　　　　　　　　505

제5장 공작기계의 종류와 용도 　　　　　　　　　　　　510

1. 선반가공 　　　　　　　　　　　　510
◆ 단원 예상문제 　　　　　　　　　　　　522
2. 밀링가공 　　　　　　　　　　　　530
◆ 단원 예상문제 　　　　　　　　　　　　539
3. 연삭가공 　　　　　　　　　　　　544
◆ 단원 예상문제 　　　　　　　　　　　　553
4. 기타 공작기계를 이용한 가공 　　　　　　　　　　　　560
◆ 단원 예상문제 　　　　　　　　　　　　572
5. 정밀입자가공 및 특수가공 　　　　　　　　　　　　582
◆ 단원 예상문제 　　　　　　　　　　　　591
6. 기계가공 관련 안전수칙 　　　　　　　　　　　　598
◆ 단원 예상문제 　　　　　　　　　　　　602
7. 주조 　　　　　　　　　　　　607
◆ 단원 예상문제 　　　　　　　　　　　　619
8. 소성가공 　　　　　　　　　　　　624
◆ 단원 예상문제 　　　　　　　　　　　　639
9. 용접 　　　　　　　　　　　　650
◆ 단원 예상문제 　　　　　　　　　　　　666

제6장 측정기 　　　　　　　　　　　　671

1. 측정의 개념 　　　　　　　　　　　　671
2. 직접 측정 　　　　　　　　　　　　673
3. 비교측정 　　　　　　　　　　　　676
4. 단면(端面) 측정(단도기) 　　　　　　　　　　　　679
5. 각도 측정기 　　　　　　　　　　　　682
6. 기타 측정 　　　　　　　　　　　　685
◆ 단원 예상문제 　　　　　　　　　　　　687

제4편 과년도 기출문제

2017 과년도 기출문제

1. 2017년 3월 5일 시행 — 701
2. 2017년 5월 7일 시행 — 716
3. 2017년 9월 23일 시행 — 730

2018 과년도 기출문제

4. 2018년 3월 4일 시행 — 744
5. 2018년 4월 28일 시행 — 757
6. 2018년 8월 19일 시행 — 768

2019 과년도 기출문제

7. 2019년 3월 3일 시행 — 780
8. 2019년 4월 27일 시행 — 793
9. 2019년 8월 4일 시행 — 805

2020 과년도 기출문제

10. 2020년 6월 21일 시행(1·2회 통합) — 818
11. 2020년 8월 22일 시행 — 832

제5편 CBT 출제예상문제

제1장 CBT 출제예상문제 1
◆ CBT 출제예상문제 1 — 845

제2장 CBT 출제예상문제 2
◆ CBT 출제예상문제 2 — 856

제3장 CBT 출제예상문제 3
◆ CBT 출제예상문제 3 — 867

제4장 CBT 출제예상문제 4
◆ CBT 출제예상문제 4 — 878

제5장 CBT 출제예상문제 5
◆ CBT 출제예상문제 5 — 890

기계설계산업기사 합격하기
60일 PLAN

아래의 플랜은 이상적인 것이므로 참고하여 개인의 입장과 일정에 맞춰 준비하시기 바랍니다.
기계설계산업기사를 공부할 때 전공자이든 비전공자이든 다 이해하고 공부하려고 하면 상당히 어렵습니다. 이해가 안되는 부분 또는 이해할 필요가 없는 부분들(기능적인 부분들)은 반복하여 눈과 머리로 즉, 감각적으로(감[感]으로) 받아들이면서 준비할 필요가 있습니다.

제1과목 : 기계가공법 및 안전관리 MASTER
- **Step 1** 교재 내용 학습 및 요점 노트 정리
- **Step 2** 예상문제 풀이
- **Step 3** 틀린문제 반복 풀이와 문제 풀이 노트 정리

ADVICE

교재 내용 학습 시 전공자이든 비전공자이든 어렵게 생각하여 중간에 포기 할 수도 있습니다. 다 이해하고 정리하기 쉬운 과목이라 볼 수 없는 과목입니다. 최선의 방법은 교재의 내용만이라도 있는 그대로 받아들여 반복·숙달하는 것입니다. 2~3번 반복하다 보면 조금씩 좋아질 것입니다. 직접 가공해 보지 않는 이상은 이와 같은 방법이 단기간에 공부하기에는 유일한 방법이 될 것입니다. 계산문제가 2~4문제 정도 출제됩니다. 계산문제들 공식을 따로 정리하여 공부해 두시기 바랍니다. 계산문제를 놓치면 평균 60점을 넘기기 어려울 수 있습니다. 그리고 안전관리 관련 문제도 2~4문제 정도 출제될 수 있습니다. 안전관리 관련 문제로 큰 고민하지 마시고 상식적인 선에서 접근하여 문제풀이를 한다면 정답을 선택하는데 어려움이 없을 것입니다.

제2과목 : 기계제도 MASTER

- **Step 1** 교재 내용 학습 및 요점 노트 정리
- **Step 2** 예상문제 풀이
- **Step 3** 틀린문제 반복 풀이와 문제 풀이 노트 정리

ADVICE

기계제도 과목은 필수로 공부해 두셔야 합니다. 2차 실기 작업형에도 필요한 지식들이기 때문입니다. 2차 실기 작업형과 같이 공부한다면 좋을 것 같습니다. 그러면 필기 공부하는데 도움이 될 것입니다. 기계제도에 있는 내용은 도면 작업 시 그대로 반영을 해야 하는 내용들이라 100% 이해하고 접근하기 어렵습니다. 교재 내용을 그대로 받아들여 학습해야 하는 부분도 있을 것입니다. 도면 작업 경험이 없는 비전공자들도 교재 내용과 문제풀이를 반복해 준다면 70점 이상의 점수가 나올 수 있는 과목입니다. 정투상도 연습을 좀 해두셔야 합니다. 잘 안 되는 분들은 기출문제 유형들을 한번 정리하여 암기하는 것도 방법입니다.

제3과목 : 기계설계 및 기계재료 MASTER

- **Step 1** 교재 내용 학습 및 요점 노트 정리
- **Step 2** 예상문제 풀이
- **Step 3** 틀린문제 반복 풀이와 문제 풀이 노트 정리

ADVICE

기계설계 10문제, 기계재료 10문제가 출제되는 과목입니다. 3과목이 시험을 준비하는 준비생들이 가장 어려워하는 과목으로 생각됩니다. 특히 기계설계 내용을 정리하는 것이 많이 어려울 것입니다. 기계설계 10문제 중 계산 문제가 5문제 전후로 출제됩니다. 공식을 고르는 문제도 있고 하여 각 장의 공식들 중 간단한 공식들을 꼭 암기하는 것이 좋을 듯 합니다. 좀 복잡하다고 생각이 되면 생략하셔도 될 것입니다. 그렇다고 다 생략하면 합격에 문제가 생길 수 있습니다. 기계설계를 어려워하는 수험생일수록 기계재료 과목을 열심히 준비해 주셔야 합니다. 기계재료는 암기과목으로 기계재료에 대한 뼈대를 먼저 정리하고 살을 붙여 나간다고 생각하면 좋을 듯 합니다. 기계재료의 성질, 탄소강, 주철, 구리와 알루미늄 합금 위주로 정리해주세요.

제4과목 : 컴퓨터 응용설계 MASTER

- **Step 1** 교재 내용 학습 및 요점 노트 정리
- **Step 2** 예상문제 풀이
- **Step 3** 틀린문제 반복 풀이와 문제 풀이 노트 정리

> **ADVICE**
>
> 컴퓨터 응용설계(CAD) 과목은 전공자에게도 생소할 수 있습니다. 학부과정에서는 수업시 이론적으로 다루지 않고 캐드프로그램을 사용한 모델링 위주로 수업이 진행이 되는 편이기 때문입니다. 컴퓨터 응용설계 과목은 컴퓨터에 관련한 지식, 수학적 지식, 소프트웨어에 대한 지식, 모델링 방법에 대한 지식 등으로 구성이 된 과목이다 보니 역시 다 알고 이해하기란 쉽지 않은 과목입니다. 그래서 말씀드렸듯이 다 이해하고 넘어가려고 하지 마시고, 책 내용을 반복하여 눈으로 익히고 머리에 남게 하는 학습 방법으로 공부해 나가야 합니다. 포기하지 마시고 이와 같은 방법으로 공부해주시면 생각외로 70점 이상의 점수가 나올 수 있는 과목일 것입니다.

요점정리 노트 다독 및 기출문제 4년치 반복 풀이

- **Step 1** 요점정리 노트를 다독하여 눈으로 익히고 머리에 남기도록 한다.
- **Step 2** 부록의 4년치 기출문제를 선택하여 반복풀이로 실전감을 익힌다.
- **Step 3** 연속 틀린문제들은 문제풀이 노트에 정리

> **ADVICE**
>
> 필기시험을 합격하려면 지금부터가 중요합니다. 시험보기 2주전, 교재 내용의 1~4과목까지를 최소 2~3번 반복했다면 합격할 확률은 대단히 높다고 볼 수 있습니다.
>
> 지금부터는 요점정리된 노트를 십분 발휘하여 다독해 나가고 최대한 많은 기출문제들을 풀어 보아야 합니다. 교재 있는 기출문제 4년치를 먼저 반복하여 풀어 보시기 바랍니다

자가 테스트로 합격 관리

- Step 1 부록에 남아 있는 기출문제로 매일 자가 진단을 실시한다.
- Step 2 점수가 안 나오는 과목은 원인을 분석하고 추가 보충을 실시한다.
- Step 3 다른 기출문제로 테스트 한후 문제된 과목이 향상되었은지를 확인한다.

> **ADVICE**
> 남은 기출문제를 이용하여 매일 자가 진단을 실시(최소 3회분 실시)하여 합격 점수가 나오는지 확인하고 과락에 걸리는 과목이나 평균 60점이 넘어가지 않는 과목은 원인을 찾아 개선될 수 있도록 노력해야 합니다.
> 서울덕성기술학원(duck-sung.co.kr) 홈페이지에 들어오시면 과목별 또는 종합문제 형태로 반복한 모의테스트를 무료로 할 수 있습니다. 최대한 이용하시면 많은 도움이 될 것입니다.

최종 마무리

- Step 1 요점노트 내용 중 필수 암기 사항을 점검한다.
- Step 2 계산 문제 공식들을 점검한다.
- Step 3 문제 풀이 노트를 반복 다독한다.

> **ADVICE**
> 암기한 계산문제 공식들을 잊지 않게 최대한 반복 확인하고 정리한 문제 풀이 노트를 다독합니다. 그리고 기출문제 중 암기가 필요한 것들을 선택해 놓은 것이 있다면 다독하도록 합니다.

*"여러분의 **합격**을 기원합니다."*

CONSTRUCT

01 핵심 이론 요약

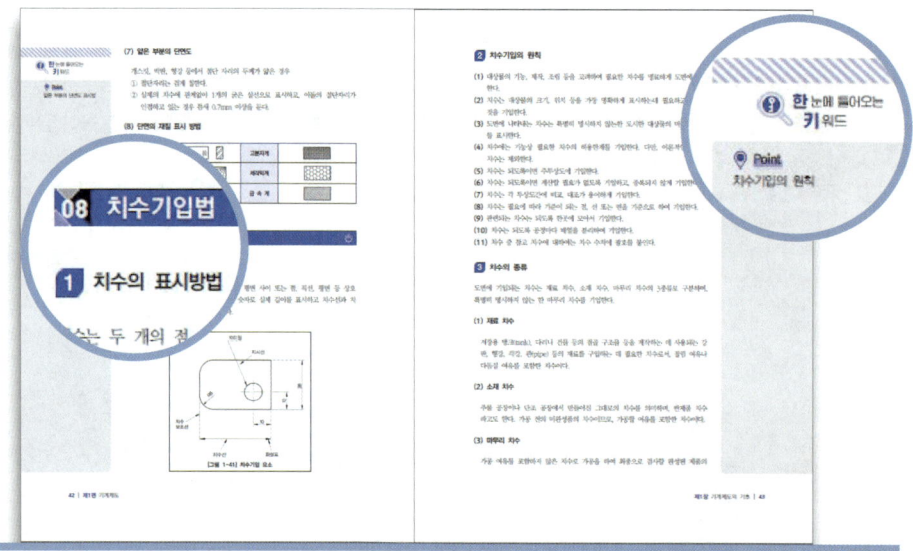

출제기준에 맞춰 각 과목별 이론을 체계적으로 요약 정리하여 수험생이 스스로 내용을 정리할 수 있도록 하였습니다.
또한 키워드 포인트로 중요 부분을 정리하여 효율적인 학습이 가능합니다.

02 단원 예상문제 수록

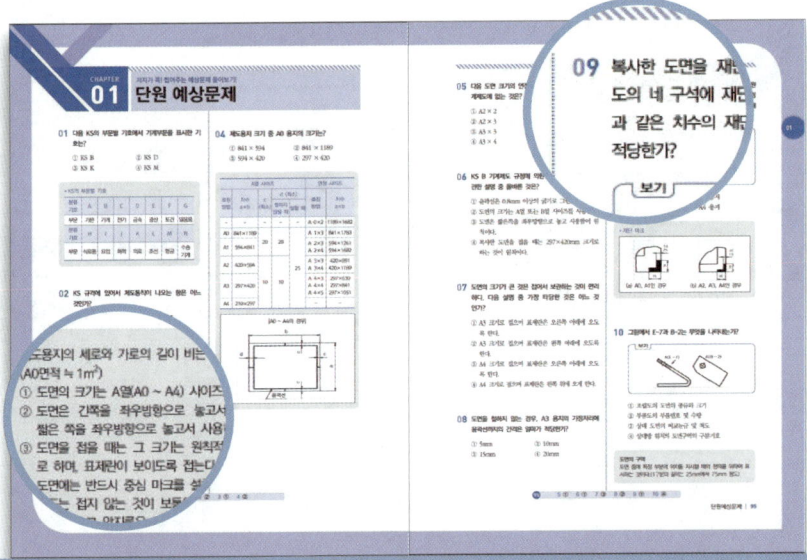

단원 예상문제와 상세한 해설을 수록하여 앞서 배운 이론을 한 번 더 짚고 넘어갈 수 있도록 하였습니다.

03 과년도 기출문제 수록

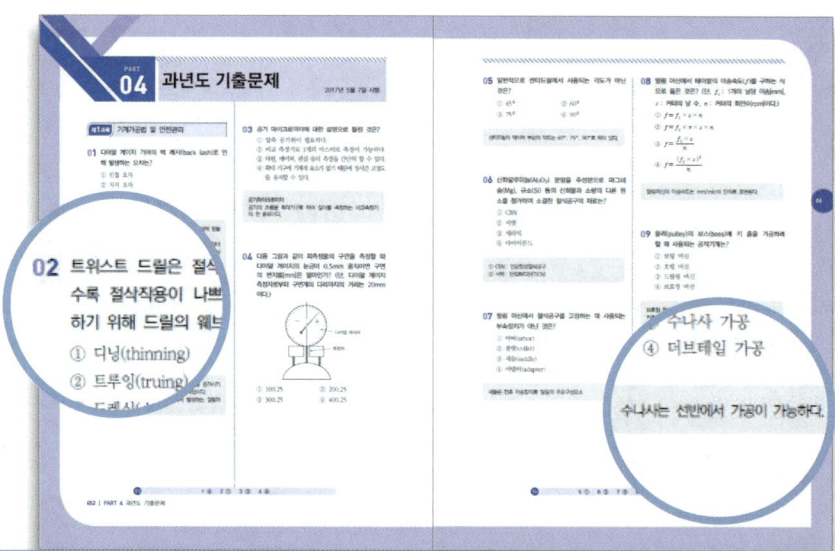

과년도 기출문제와 상세한 해설로 실전시험에 대비하였습니다.

04 저자 운영 카페 활용

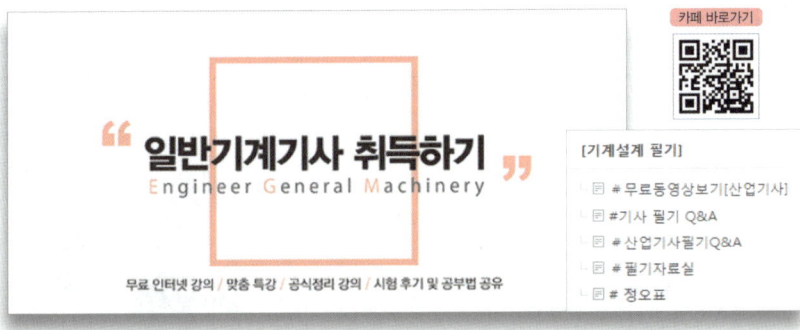

저자가 운영하는 카페에서 질의응답 및 무료동영상 시청이 가능합니다.
네이버 카페 일반기계기사 취득하기 | https://cafe.naver.com/engmecha

기계설계산업기사 필기 출제기준

직무분야	기계	자격종목	기계설계산업기사	적용기간	2026.1.1～2028.12.31

직무내용: 산업체에서 제품개발, 설계, 생산기술 부문의 기술자들이 치공구를 포함한 기계의 부품도, 조립도 등을 설계하며, 연구, 생산관리, 품질관리 및 설비관리 등을 수행하는 직무이다.

필기검정방법	객관식	문제수	60	시험시간	1시간 30분

필기과목명	문제수	주요항목	세부항목	세세항목
기계제도	20	1. 도면분석	1. 도면 분석	1. 도면(설계) 양식과 규격 2. 설계사양서 3. 표준부품 4. 산업표준(KS, ISO)
			2. 요소부품 투상	1. 투상법 2. 조립도 3. 부품도
		2. 도면검토	1. 주요치수 및 공차 검토	1. 치수기입 2. 치수공차 3. 기하공차 4. 끼워맞춤 5. 표면거칠기 6. 표준부품의 호환성
			2. 도면해독 검토	1. 작업방법 2. 작업설비 3. 재료선정 및 중량 산출 4. 부품별 기능파악

필기과목명	문제수	주요항목	세부항목	세세항목
기계제도	20	3. 2D도면작업	1. 작업환경설정	1. 사용자 환경 설정 2. 선의 종류와 용도 3. 도면 출력 양식
			2. 도면작성	1. 좌표계 2. 도면작성 3. 형상 비교,검토
		4. 형상모델링 작업	1. 모델링 작업 준비	1. 사용자 환경 설정
			2. 모델링 작업	1. 스케치 작업 2. 모델링 작업 3. 모델링 편집 4. 좌표계의 종류 및 특성
		5. 형상모델링검토	1. 모델링 분석	1. 모델링 분석 2. 모델링 보정
			2. 모델링 데이터 출력	1. 3D-2D 데이터변환 2. 도면 출력 양식

필기과목명	문제수	주요항목	세부항목	세세항목
기계요소 설계	20	1. 체결요소설계	1. 요구기능 파악 및 선정	1. 나사 2. 키 3. 핀 4. 리벳 5. 용접 6. 볼트·너트 7. 와셔 8. 코터
			2. 체결요소 설계	1. 자립조건 2. 체결요소 풀림방지 3. 체결요소의 강도, 강성, 피로, 부식방지
		2. 동력전달요소설계	1. 요구기능 파악 및 선정	1. 축 2. 축이음 3. 베어링 4. 마찰차 5. 기어 6. 캠 7. 벨트 8. 로프 9. 체인 10. 브레이크 11. 스프링 등
			2. 동력전달요소 설계	1. 동력전달요소 설계 2. 동력전달 사양설정 3. 동력전달 구현방법 4. 동력전달력 계산

필기과목명	문제수	주요항목	세부항목	세세항목
기계재료 및 측정	20	1. 요소부품 재질선정	1. 요소부품 재료 파악	1. 철강재료 2. 비철재료 3. 비금속재료
			2. 최적요소부품 재질 선정	1. 재질의 파악 2. 재질 적합성 검토 3. 재료의 특성 4. 재료의 원가
			3. 요소부품 공정 검토	1. 주조 2. 소성가공 3. 절삭가공 4. 정밀입자 및 특수가공' 5. 용접가공 6. 프레스가공
			4. 열처리 방법 결정	1. 강의 열처리 2. 표면처리
		2. 기본측정기사용	1. 작업계획 파악	1. 도면해독
			2. 측정기 선정	1. 측정기 종류 2. 측정 보조기구 선정
			3. 기본측정기 사용	1. 측정기 사용방법 2. 측정기 영점조정 3. 측정 오차 4. 측정기 측정값 읽기

기계설계산업기사 필기 시험정보

개요
최근 기계설계분야는 생산성 향상, 비용절감, 품질개선 및 신뢰도 향상을 목적으로 컴퓨터에 의한 설계 및 생산(CAD/CAM)시스템이 광범위하게 이용되고 있다. 하지만 아직까지 산업체 자체의 생산제품에 적합한 패키지의 설계, 수정, 보완을 담당할 인력은 부족한 편이다. 이에 따라 기계설계분야에 필요한 숙련기능인력을 양성하고자 자격을 제정

출제경향
CAD 시스템을 이용하여 기계도면을 작성하거나 수정, 출도를 하여 부품도를 도면이 형식에 맞게 배열하고, 단면 형상의 표시. 또한 컴퓨터를 이용한 부품의 전개도, 조립도, 구조도 등을 설계하며, 생산관리, 품질관리, 설비관리 등의 직무 수행 능력을 평가

- 실기 시험 변경 내용
  2012년 부터 제도용 데이터북은 지참, 열람할 수 없으며 실기시험 시 제공됩니다.

취득방법
① 시행처 : 한국산업인력공단
② 관련학과 : 전문대학 및 대학의 기계공학, 자동화기계, 자동화시스템, CAD전공, CAM전공 등 관련학과
③ 시험과목
- 필기 1. 기계제도 2. 기계요소설계 3. 기계재료 및 측정
- 실기 : 기계설계실무
④ 검정방법
- 필기 : 객관식 4지 택일형, 과목당 20문항(과목당 30분)
- 실기 : 작업형(5시간 30분 정도, 100점)
⑤ 합격기준
- 필기 : 100점을 만점으로 하여 과목당 40점 이상, 전과목 평균 60점 이상
- 실기 : 100점을 만점으로 하여 60점 이상

시험수수료
- 필기 : 19,400원
- 실기 : 34,900원

최고의 합격 수험서

김영기 원장님이 제시하는
합격 완벽대비!

기계계열 수험자격 시리즈

- 일반기계기사 과년도
- 일반기계기사 필기
- 일반기계기사 실기 필답형

- 건설기계설비기사 필기
- 건설기계설비기사 실기 필답형

- 기계설계기사 필기
- 기계설계산업기사 실기

- 기계컴퓨터응용설계(CAD)

- 일반기계공학연습

도서출판 구민사

(07293) 서울특별시 영등포구 문래북로 116, 604호(문래동3가 46, 트리플렉스)
Tel : (02) 701-7421~2 | Fax : (02) 3273-9642

필기 & 실기 완벽대비!

기계공학

일반기계기사 / 기계설비산업기사

온라인 동영상 강의 | PC & 스마트폰 수강 가능!

개강 일정

- 1회 시험 대비 | 동계방학과 동시 개강(매년 12월 셋째주 월요일)
- 2회 시험 대비 | 매년 3월 첫째주 월요일 개강
- 3·4회 시험 대비 | 하계방학과 동시 개강(매년 7월 첫째주 월요일)
- 실기대비는 필기시험이 끝나는 주중 또는 주말 개강

자격증 취득 필요성

- 공단·공기업 준비시 전공대비 필수 자격증
- 기계설비유지관리자 선임 자격증
- 취업시 캐드 활용 능력 필수

특전
필기&실기 동시 등록 시 1년간 무료 재수강
동영상 필기 70일, 실기 45일 무료 수강

· 국민내일배움카드 수강 가능[국비과정]
  – 고용센터로 문의하여 발급 받으세요.

DS 서울덕성평생교육원

구로구 경인로 3길 77 세건빌딩 3층

Tel : (02) 2675-4000 | www.duck-sung.co.kr

PART 01

기계제도

CHAPTER 01 / 기계제도의 기초
CHAPTER 02 / 기계요소의 제도
CHAPTER 03 / 기하학적 형상 모델링

CHAPTER 01 기계제도의 기초

주요내용 알고 가기!

- 도면의 크기 및 척도, 선의 종류, 전개도법, 스케치
- 투상법과 단면도
- 치수 기입법
- 기계재료 표시법
- 표면거칠기 및 공차

한 눈에 들어오는 키워드

01 제도의 의의

1 설계와 제도

모든 산업기계, 기구, 구조물 등은 다소 차이가 있으나, 각 부분은 여러 개의 구성요소로 되어 있어 용도에 알맞은 작용을 하도록 구조·모양·크기·강도 등을 합리적으로 결정하고 재료와 가공법 등을 알맞게 선택하여야 한다. 또한 양질의 제품을 제작하려면 제품이 요구하는 용도나 기능에 적합한지 면밀한 계획을 세우게 되는데 이러한 내용들을 종합하는 기술을 설계라 한다.

제도란 설계자의 요구사항을 제작자에게 정확하게 전달하기 위하여 일정한 규칙에 따라서 선과 문자 및 기호 등을 사용하여 생산품의 형상, 구조, 크기, 재료, 가공법 등을 제도 규격에 맞추어 정확하고 간단명료하게 도면을 작성하는 과정을 말한다.

◉ Point
기계제도란?

2 제도의 표준규격

도면을 작성하는 데 정해진 약속과 규칙을 제도의 표준 규격이라 한다. 제도 규격에 따라서 누가 도면을 작성하거나 보더라도 똑같은 모양과 형태가 되도록 하여야 한다. 또한, 제도 규격에 의하여 작성된 도면으로 제품을 생산하게 되면 제품의 호환성, 품질 향상, 원가절감, 생산성향상 및 소비자에게도 많은 편리함을 준다. 세계 각국에서는 각 나라의 실정에 맞는 표준 규격을 제정하여 사용하고 있으며, 국가 규격은 다시 국제단위로 단일화 되고 있다. 이와 같이 규격은 크게 국제 규격과 국가 규격으로 구분할 수 있다.

◉ Point
표준규격의 필요성

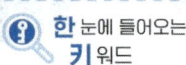

우리나라에서는 1961년 공업 표준화법이 제정, 공포된 후 한국 산업규격(KS)이 제정되기 시작하였다. 1966년에 제도 통칙(KS A 0005)이 제정되어 제도 규격으로 확정되었다.

기계분야에 적용되는 기계제도는 KS B 0001로 1967년에 제정되었다.

Point
ISO : 국제표준기구
KS : 한국공업규격
ANSI : 미국공업규격
JIS : 일본공업규격

[표 1-1] 국제 및 국가별 표준 규격과 기호

국제 및 국가별표준 규격	규 격 기 호
국제 표준화 기구	ISO(International Organization for Standardization)
한국 산업 규격	KS(Korean industrial Standards)
영국 규격	BS(British Standards)
독일 규격	DIN(Deutsche Industrie Normen)
미국 규격	ANSI(American National Standards Institute)
스위스 규격	SNV(Schweitzerish Normen des Vereinigung)
프랑스 규격	NF(Norme Francaise)
일본 공업 규격	JIS(Japanese Industrial Standards)

[표 1-2] KS의 부문별 분류기호

KS A	KS B	KS C	KS D	KS E	KS F	KS G	KS H
기본	기계	전기	금속	광산	토건	일용품	식료품
KS K	KS L	KS M	KS P	KS R	KS V	KS W	KS X
섬유	요업	화학	의료	수송기계	조선	항공	정보산업

Point
KS B: 기계

02 도면의 분류

1 용도에 따른 분류

Point
용도에 따른 분류
계획도, 제작도, 주문도, 견적도, 승인도, 설명도 등

(1) 계획도(scheme drawing)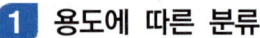

설계자의 설계의도와 계획을 나타낸 도면으로 기본설계도와 실시 설계도가 있다.

① 기본 설계도(preliminary drawing) : 제작도 또는 실시 설계도를 작성하기 전에 필요한 기본적인 설계를 나타낸 계획도이다.
② 실시 설계도(working drawing) : 건조물을 실제로 건설하기 위한 설계를 나타낸 계획도이다.(토목, 건축 부문)

(2) 제작도(manufacture drawing, production drawing)

제작에 필요한 모든 정보를 전달하기 위한 도면으로 공정도, 시공도, 상세도가 있다.
① 공정도(process drawing) : 제조 공정의 도중 상태, 또는 일련의 공정 전체를 나타낸 제작도로 공작 공정도, 검사도, 설치도가 포함된다.
② 시공도(working drawing) : 현장시공을 대상으로 해서 그린 제작도이다.(건축 부문)
③ 상세도(detail drawing) : 건조물이나 구성재의 일부에 대해서 그 형태·구조 또는 조립·결합의 상세함을 나타낸 제작도로서 일반적으로 큰 척도로 그린다.(건축 부문)

(3) 주문도(drawing for order)

주문하는 사람이 주문하는 물건의 크기, 형태, 정밀도, 정보 등의 주문 내용을 나타낸 도면으로 주문서에 첨부한다.

(4) 견적도(drawing for estimate, estimation drawing)

견적 의뢰를 받은 사람이 의뢰받은 물건의 견적 내용을 나타낸 도면으로 견적서에 첨부한다.

(5) 승인용 도면(drawing for approval)

주문자 또는 기타 관계자의 승인을 얻기 위한 도면이다.

(6) 승인도(approved drawing)

주문자 또는 기타 관계자의 승인을 얻은 도면이다.

(7) 설명도(explanation drawing)

사용자에게 물품의 구조·기능·성능 등을 설명하기 위한 도면으로 주로 카탈로그(catalogue)에 사용한다. 비례척으로 그리지 않는 도면의 종류이다.

Point
비례척으로 그리지 않는 도면
설명도

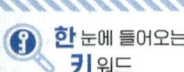

2 내용에 따른 분류

(1) 부품도(part drawing)

부품에 대하여 최종 완성상태에서 구비해야 할 사항을 완전히 나타내기 위하여 필요한 모든 정보를 기록한 도면이다.

(2) 조립도(assembly drawing)

2개 이상의 부품이나 부분 조립품을 조립한 상태에서 그 상호 관계와 조립에 필요한 치수 및 정보 등을 나타낸 도면으로 도면 내에 부품란을 포함하는 것과 별도의 부품표를 갖는 것이 있다.

① 총 조립도(general assembly drawing) : 대상물 전체의 조립 상태를 나타낸 조립도이다.
② 부분 조립도(partial assembly drawing) : 대상물 일부분의 조립상태를 나타낸 조립도이다.

> **Point**
> **조립도**
> 몇 개의 부품을 조립한 상태의 단면을 도시한 도면으로 총조립도와 부분조립도가 있다.

(3) 기초도(foundation drawing)

기계나 구조물을 설치하기 위한 기초를 나타낸 도면이다.

(4) 배치도(layout drawing)

지역 내의 건물 위치나 공장 내부에 기계 등의 설치 위치의 상세한 정보를 나타낸 도면이다.

(5) 배근도(bar arrangement drawing, bar scheduling)

철근의 치수와 배치를 나타낸 도면이다.(건축, 토목 부문)

(6) 장치도(plant layout drawing)

장치 공업에서 각 장치의 배치, 제조 공정의 관계 등을 나타낸 도면이다.

(7) 스케치도(sketch drawing)

기계나 장치 등의 실체를 보고 프리핸드(freehand)로 그린 도면이다.

> **Point**
> **스케치도**
> 프리핸드

3 표현 형식에 따른 분류

(1) 외관도(outside drawing)

대상물의 외형 및 최소한의 필요한 치수를 나타낸 도면이다.

(2) 전개도(development drawing)

대상물을 구성하는 면을 평면으로 전개한 그림이다.

(3) 곡선면도(curved surface drawing)

선체, 자동차 차체 등의 복잡한 곡면을 여러 개의 선으로 나타낸 도면이다.

(4) 선도(diagram diagrammatic drawing)

기호와 선을 사용하여 장치·플랜트의 기능, 그 구성 부분 사이의 상호 관계, 물건, 에너지, 정보의 계통 등을 나타낸 도면으로 계통도, 구조선도 등이 있다.
① 계통도(system diagram) : 급수·배수·전력 등의 계통을 나타낸 선도로 전기 접속도, 배선도, 배관도가 포함된다.
② 구조선도(skeleton diagram) : 기계·교량 등의 골조를 나타내고, 구조 계산에 사용하는 선도이다.

(5) 입체도(single view drawing)

축측 투상법, 사 투상법 또는 투시 투상법에 의해서 입체적으로 표현한 그림의 총칭이다.

03 도면의 크기 및 양식, 척도

1 도면의 크기

① 도면의 크기는 [표 1-3]에 의한 A열 사이즈를 사용한다. 다만, 연장하는 경우에는 연장 사이즈를 사용한다.
② 도면은 긴 쪽을 좌우 방향으로 놓고서 사용한다. 다만 A4는 짧은 쪽을 좌우 방향으로 놓고서 사용하여도 좋다.
③ 도면에는 치수에 따라 굵기 0.5mm 이상의 윤곽선을 그린다.

> **Point**
> 입체도
> 입체적 표현

> **Point**
> 도면
> A열

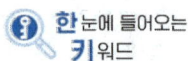

한눈에 들어오는 키워드

④ 도면에는 그 오른쪽 아래 구석에 표제란을 그리고, 원칙적으로 도면 번호, 도명, 기업(단체)명, 책임자 서명(도장), 도면작성 년 월 일, 척도 및 투상법을 기입한다.

⑤ 도면에는 KS A 0106(도면의 크기 및 양식)에 따라 중심 마크를 설치한다.

⑥ 복사한 도면을 접을 때는 그 크기는 원칙으로 210×297mm(A4의 크기)로 한다.

⑦ 원도는 접지않는 것이 보통이다. 원도를 말아서 보관하는 경우에는 그 안지름은 40mm 이상으로 하는 것이 좋다.

Point

도면의 크기
A0 : 841×1189
A1 : 594×841
A2 : 420×594
A3 : 297×420
A4 : 210×297

[표 1-3] 도면의 크기와 종류 및 윤곽의 치수

A열 사이즈					연장 사이즈	
호칭 방법	치수 a×b	c (최소)	d (최소)		호칭 방법	치수 a×b
			철하지 않을 때	철할 때		
–	–	–	–	–	A 0×2	1189×1682
A0	841×1189	20	20	25	A 1×3	841×1783
A1	594×841				A 2×3 A 2×4	594×1261 594×1682
A2	420×594	10	10		A 3×3 A 3×4	420×891 420×1189
A3	297×420				A 4×3 A 4×4 A 4×5	297×630 297×841 297×1051
A4	210×297				–	–

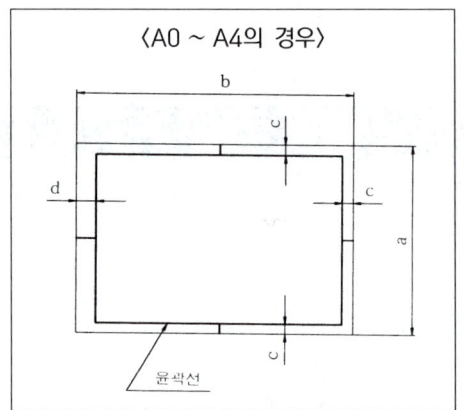

⟨A0 ~ A4의 경우⟩

2 도면의 양식

(1) 도면에 반드시 마련하는 사항

① 윤곽(테두리선)
　도면의 윤곽에 사용하는 윤곽선은 굵기 0.5mm 이상의 실선으로 한다.

② 표제란
　도면의 오른쪽 아래 구석에 표제란을 그리고 원칙적으로 도면번호, 도명, 기업(단체)명, 책임자 서명(도장), 도면작성 년 월 일, 척도 및 투상법을 기입한다.

③ 중심 마크
　도면의 마이크로 필름 촬영, 복사 등의 편의를 위하여 도면에 0.5mm 굵기의 직선으로 긋는다.

(2) 도면에 마련하는 것이 바람직한 사항

① 비교 눈금
　도면의 축소 또는 확대복사의 작업 및 이들의 복사도면을 취급할 때의 편의를 위하여 도면에 비교 눈금을 마련하는 것이 바람직하다.

② 도면의 구역
　도면 중의 특정부분의 위치를 지시하는 편의를 위하여 도면의 구역을 표시하는 것이 좋다.

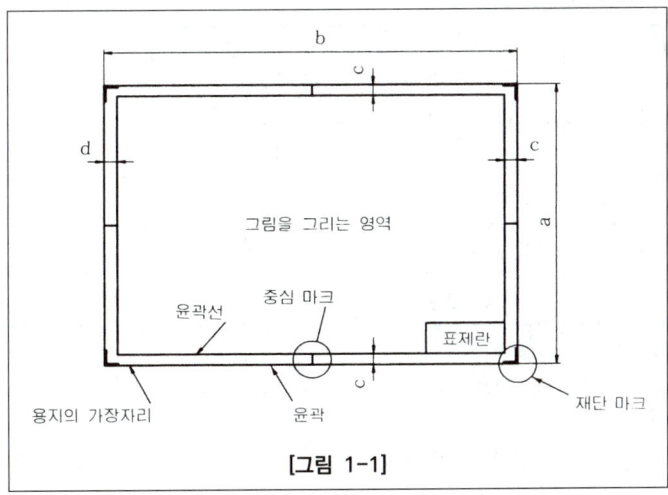

[그림 1-1]

> **Point**
> 도면에 반드시 마련해야 할 사항
> 윤곽선, 표제란, 중심 마크선

③ 재단 마크

복사한 도면의 재단하는 경우의 편의를 위하여 원도에 재단 마크를 마련하는 것이 바람직하다.

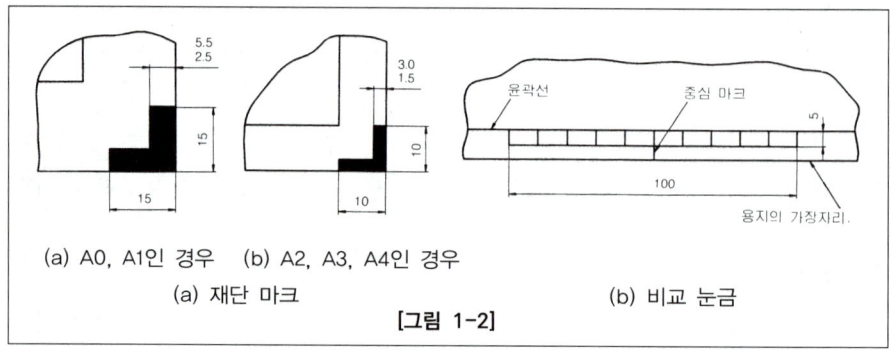

(a) 재단 마크 (b) 비교 눈금

[그림 1-2]

④ 부품란

아래에서 위로 기입하는 것을 원칙으로 하며, 품명, 재질, 수량, 무게, 공정, 비고 등을 기입한다.

3 척도

물체의 실제 크기와 도면에서의 크기와의 비율을 말한다.

표시 방법은 A : B이다. (여기서, A : 도면에서의 크기, B : 물체의 실제 크기)

[표 1-4] 축척, 현척, 배척의 값

척도의 종류	란	값
축척	1	1:2 1:5 1:10 1:20 1:50 1:100 1:200
	2	$1:\sqrt{2}$ 1:2.5 $1:2\sqrt{2}$ 1:3 1:4 $1:5\sqrt{2}$ 1:25 1:250
현척	-	1:1
배척	1	2:1 5:1 10:1 20:1 50:1
	2	$\sqrt{2}:1$ $2.5:\sqrt{2}$ 100:1

* 1란의 척도를 우선으로 사용한다.
※ N.S(Non Scale) : 비례척이 아닌 것을 뜻하며, 치수 밑에 밑줄을 긋기도 한다.(예 : 30)

① 척도는 도면의 표제란에 기입하는 것이 원칙이며, 같은 도면 다른 척도를 사용할 때는 필요에 따라 그 그림 부근에도 기입한다.
② 척도의 표시는 잘못 볼 염려가 없을 경우에는 기입하지 않아도 좋다.

04 선의 종류와 용도, 문자

1 선

(1) 선의 굵기의 기준

0.18mm, 0.25mm, 0.35mm, 0.5mm, 0.7mm, 1mm로 한다.

(2) 선의 굵기의 비율

일반제도			CAD 제도		
가는 선	굵은 선	아주 굵은 선	가는 선	굵은 선	아주 굵은 선
1	2	4	1	2.5	5

(3) 선의 종류에 의한 용도

명 칭	선의 종류		선의 용도
외형선	굵은 실선	────────	대상물이 보이는 부분의 모양을 표시하는 데 쓰인다.
치수선	가는 실선	────────	치수를 기입하는데 쓰인다.
치수 보조선			치수를 기입하기 위하여 도형으로부터 끌어내는 데 쓰인다.
지시선			기술·기호 등을 표시하기 위하여 끌어내리는 데 있다.
회전 단면선			도형 내에 그 부분의 끊은 곳을 90° 회전하여 표시하는 데 쓰인다.
중심선			도형의 중심선을 간략하게 표시하는 데 쓰인다.
수준면선			수면, 유면 등의 위치를 표시하는 데 쓰인다.
숨은선	가는 파선 또는 굵은 파선	─ ─ ─ ─ ─	대상물의 보이지 않는 부분의 모양을 표시하는 데 쓰인다.
중심선	가는 1점 쇄선	─·─·─·─	(1) 도형의 중심을 표시하는데 쓰인다. (2) 중심이 이동한 중심궤적을 표시하는 데 쓰인다.
기준선			특히 위치 결정의 근거가 된다는 것을 명시할 때 쓰인다.
피치선			되풀이 하는 도형의 피치를 취하는 기준을 표시하는 데 쓰인다.

한눈에 들어오는 키워드

01

Point
선의 종류와 용도

한눈에 들어오는 키워드

Point
가상선 용도

명 칭	선의 종류		선의 용도
특수 지정선	굵은 1점 쇄선	—·—·—	특수한 가공을 하는 부분 등 특별히 요구 사항을 적용할 수 있는 범위를 표시하는 데 사용한다.
가상선	가는 2점 쇄선	— — — —	(1) 인접부분을 참고로 표시하는 데 사용한다. (2) 공구, 지그 등의 위치를 참고로 나타내는 데 사용한다. (3) 가동부분을 이동 중의 특정한 위치 또는 이동한계의 위치로 표시하는 데 사용한다. (4) 가공 전 또는 가공 후의 모양을 표시하는 데 사용한다. (5) 되풀이 하는 것을 나타내는 데 사용한다. (6) 도시된 단면의 앞쪽에 있는 부분을 표시하는 데 사용한다.
무게 중심선			단면의 무게 중심을 연결한 선을 표시하는 데 사용된다.
파단선	불규칙한 파형의 가는 실선 또는 지그재그선	∿	대상물의 일부를 파단한 경계 또는 일부를 떼어낸 경계를 표시하는 데 사용한다.
절단선	가는 1점 쇄선으로 끝부분 및 방향이 변하는 부분을 굵게 한 것	⌐⌐	단면도를 그리는 경우, 그 절단 위치를 대응하는 그림에 표시하는데 사용한다.
해칭	가는 실선으로 규칙적으로 줄을 늘어놓은 것	/////	도형의 한정된 특정 부분을 다른 부분과 구별하는데 사용한다. 예를 들면 단면도의 절단된 부분을 나타낸다.
특수한 용도의 선	가는 실선	———	(1) 외형선 및 숨은선의 연장을 표시하는 데 사용한다. (2) 평면이란 것을 나타내는 데 사용한다. (3) 위치를 명시하는 데 사용한다.
	아주 굵은 실선	▬▬▬	얇은 부분의 단선도시를 명시하는 데 사용한다.

[그림 1-3]

한 눈에 들어오는 키워드

Point

선의 종류 그림에서 파악해 둘 것

01

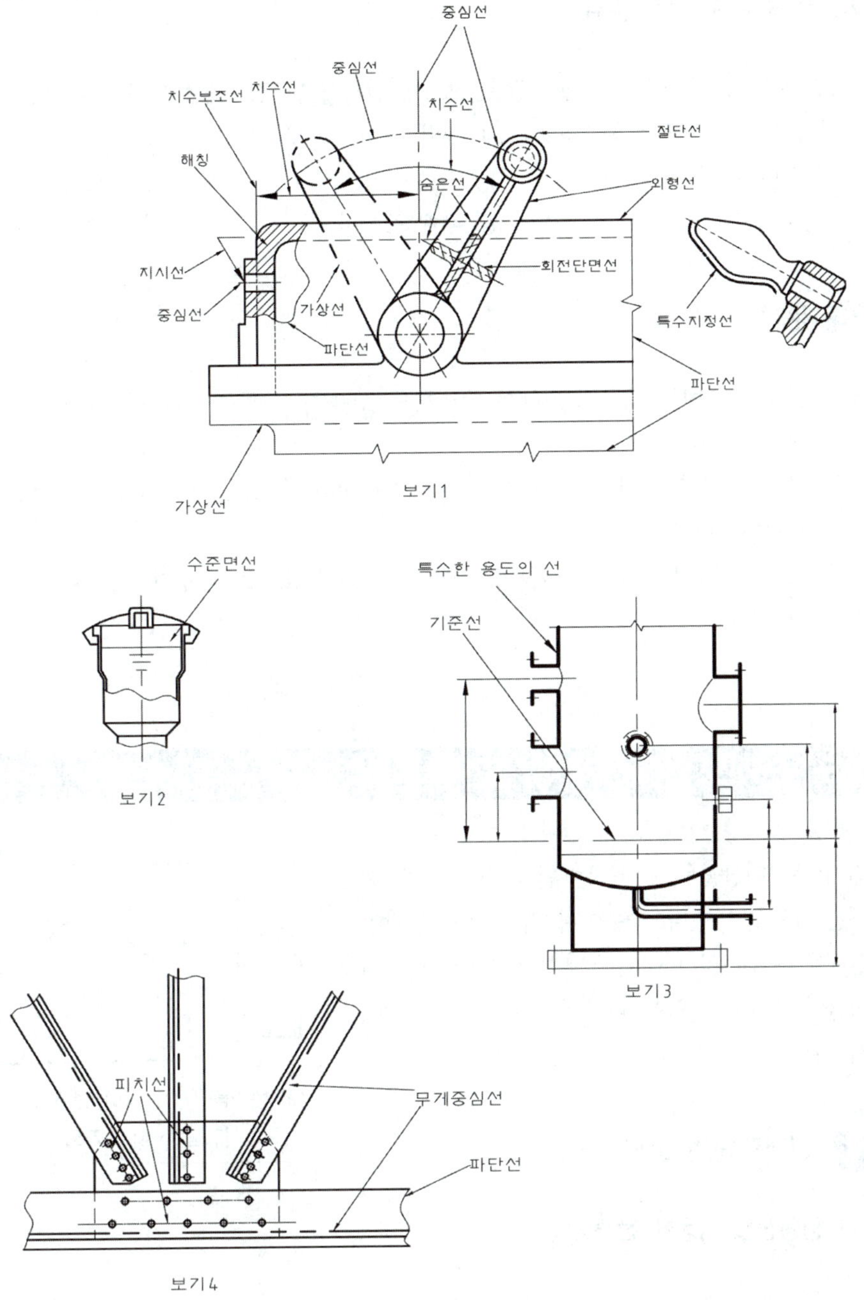

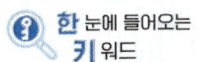

(4) 선 중복 시 우선 순위

도면에서 2종류 이상의 선이 같은 장소에 겹치게 될 경우에는 다음에 나타낸 순위에 따라 우선되는 종류의 선으로 그린다.

(a) 외형선
(b) 숨은선
(c) 절단선
(d) 중심선
(e) 무게 중심선
(f) 치수 보조선

2 문자

① 글자는 명백히 쓰고 글자체는 고딕체로 하여 수직 또는 15° 경사로 씀을 원칙으로 한다.
② 국문 글자의 크기는 호칭 2.24mm, 3.15mm, 4.5mm, 6.3mm 및 9mm의 5종류로 한다.
③ 글자의 굵기는 한자 : 글자의 높이 1/12.5, 한글, 숫자, 영자 : 글자의 높이 1/9이다.

05 전개도법, 스케치, 도면 관리

전개도는 대상물을 구성하는 면을 평면 위에 전개한 그림을 말한다. 연통이나 각종 용기와 같이 판재를 구부려서 만들거나, 면으로 구성되는 대상물이 전개된 모양을 나타낼 필요가 있을 때에 사용된다.

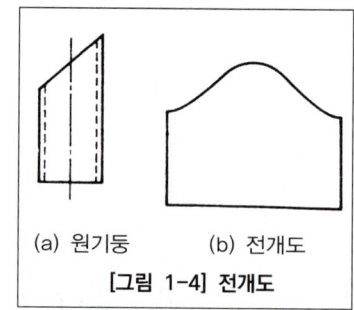

(a) 원기둥   (b) 전개도

[그림 1-4] 전개도

1 전개도법의 종류

(1) 평행선을 이용한 전개도법

평행선을 이용한 전개도법은 주로 각기둥이나 원기둥을 전개하는 데에 이용되는 것으로, 모서리나 중심축에 평행선을 그어 전개하는 방법이다.

(2) 방사선을 이용한 전개도법

방사선을 이용한 전개도법은 각뿔이나 원뿔의 전개에 이용되는 것으로, 꼭짓점을 중심으로 하여 방사형으로 전개시키는 방법이다.

(3) 삼각형을 이용한 전개도법

삼각형을 이용한 전개도법은 입체의 표면을 여러 개의 삼각형으로 나누어 전개하는 방법으로, 꼭짓점이 너무 멀리 떨어져 있어서 방사선 전개법을 이용하기 어려운 원뿔이나 편심 원뿔, 각뿔 등의 전개도에 많이 이용된다.

2 스케치 방법(sketch)

스케치는 동일 부품의 재제작, 파손된 기계부품을 교체하고자 할 때, 또는 현품을 기준으로 개선된 부품을 고안하려 할 때에 자나 컴퍼스 등의 제도용구를 사용하지 않고 모눈종이 또는 제도용지에 프리핸드(free hand)로 그리는 것을 스케치(sketch)라 하며, 스케치에 의하여 작성된 그림을 스케치도(sketch drawing)라 한다.
스케치도는 제작도와 마찬가지로 각 부분의 치수, 재질, 가공방법 등이 기입되기 때문에 도면을 보존할 필요가 없을 경우와 급히 기계를 제작할 경우에는 스케치도를 제작도로 대신 사용하기도 한다.
부품의 모양을 그릴 때에는 부품의 모양에 따라서 프리핸드법, 프린트법, 본뜨기법, 사진 촬영법, 또는 이들 방법을 병행하여 사용한다.

(1) 프리핸드법

일반적인 방법으로 척도에 관계없이 적당한 크기로 부품을 그린 후 치수를 측정하여 기입하는 방법이다. 용지는 모눈종이를 사용하면 편리하다.

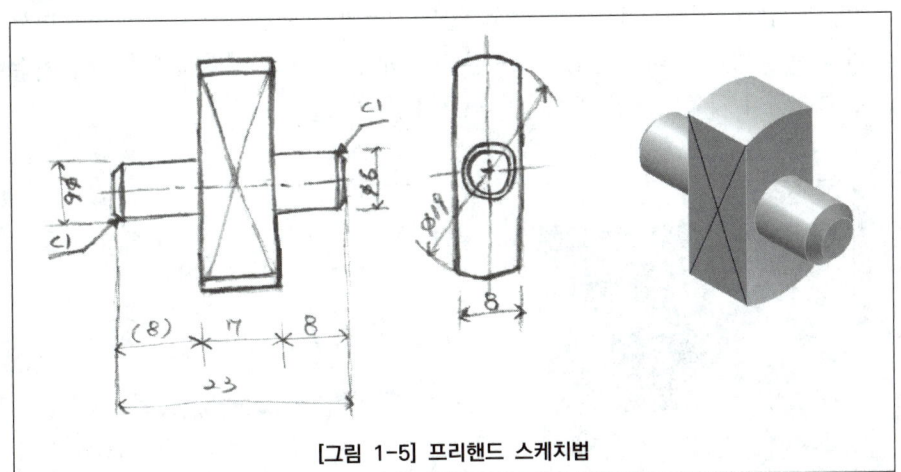

[그림 1-5] 프리핸드 스케치법

> **Point**
> 스케치 방법
> ① 프리핸드법
> ② 프린트법
> ③ 본뜨기법
> ④ 사진촬영법

> **Point**
> 프리핸드법
> 척도에 관계 없음

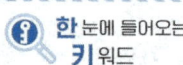

Point
프린트법
광명단 이용 찍기

(2) 프린트법

부품에 면이 평면으로 가공되어 있고, 복잡한 윤곽을 갖는 부품인 경우에 그 면에 광명단 등을 발라 스케치 용지에 찍어 그 면의 실형을 얻는 직접법과 면에 용지를 대고 연필 등으로 문질러서 도형을 얻는 간접법이 있다. 단, 모따기 또는 구석이 라운딩 된 부품은 실형을 얻기 어려우므로 실제 치수를 측정하여 기록하여주고 해당부분은 부분 단면도로 도시한다. 직접법인 경우에는 부품의 반대로 프린트가 되므로 좌우 대칭인 부품에 적용한다.

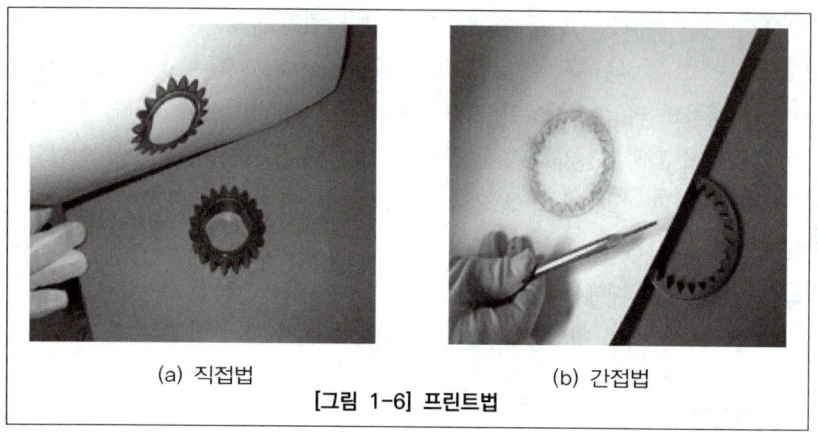

(a) 직접법　　(b) 간접법
[그림 1-6] 프린트법

Point
본뜨기법
윤곽뜨기

(3) 본뜨기법

불규칙한 곡선부분이 있는 부품을 직접 용지위에 놓고 윤곽을 본뜨는 직접 본뜨기법과, 납선 또는 구리선 등의 연(납)선을 부품의 윤곽에 대고 구부린 후 그 선의 커브를 용지에 대고 간접적으로 본뜨는 방법이 있다. 그 다음에 부품의 치수를 측정하여 치수선, 치수 문자 등 필요사항을 기입한다.

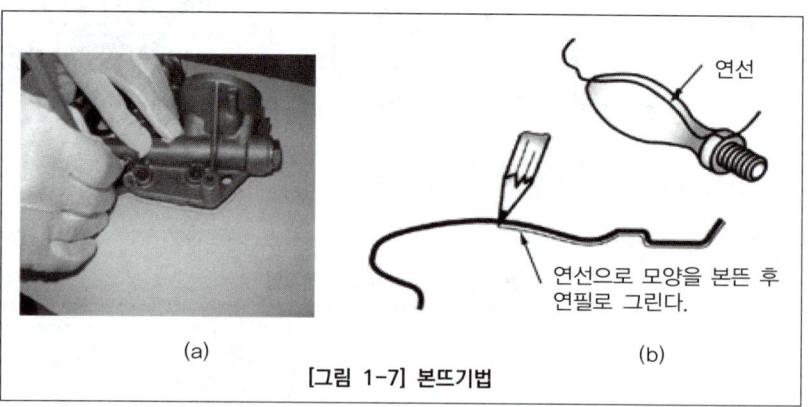

(a)　　(b)
[그림 1-7] 본뜨기법

(4) 사진 촬영법

복잡한 기계의 조립 상태나 부품의 형상, 구조를 가장 잘 나타내고 있는 방향에서 여러 장의 사진을 찍어두면, 제도 할 때 또는 부품을 조립할 때 좋은 자료로 활용할 수 있다. 이때 크기를 알기 위하여 자 또는 길이의 기준이 되는 물건과 같이 촬영하면 좋다.

3 도면관리

(1) 도면의 변경

제품의 형상, 치수를 바꾸거나 가공법의 개선 등을 위하여 도면을 변경할 수 있다. 도면 변경은 사유, 내용, 날짜 등을 정확하게 표기해야 하며, 변경 내용이 복잡할 경우에는 도면을 재작성한다.

(2) 마이크로필름에 의한 도면관리

마이크로필름이란, 도면, 문서 등을 축소 촬영하여 도면관리의 도구로 이용되는 고도로 정밀한 미소 사진상을 말한다.(도면을 $\frac{1}{15} \sim \frac{1}{30}$의 일정한 크기로 축소)

① 마이크로필름의 보관을 위한 적정 온도는 16.5~24℃, 적정 습도는 30~55% 이다.

② 마이크로필름의 형태

롤 필름, 애퍼처 카드, 마이크로피시 등이 있으며, 도면용으로는 애퍼처 카드와 롤 필름이 쓰인다.

㉠ 롤 필름(roll film) : 연속으로 촬영한 긴 필름(통 100ft)의 형태를 가지고 있다.

  - 종류 : 16mm, 35mm, 70mm, 105mm 등이 있으며, 도면용으로 35mm가 쓰인다.

㉡ 마이크로필름 종이 카드 : 정보교환용 종이 카드(187.32mm × 87.55mm)의 창구멍에 35mm 마이크로필름 한 장을 접착시킨 것으로, 보통 애퍼처 카드(aperture card)라고 불린다.

06 투상법

한 눈에 들어오는 키워드

Point
제1각법
물체의 후방에 투상면을 배치
제3각법
물체의 전방에 투상면을 배치

투상법은 제3각법에 따르는 것을 원칙으로 한다. 다만, 필요한 경우에는 제1각법에 따를 수도 있다.

지면의 형편 등으로 투상도를 제3각법에 의한 정확한 위치에 그리지 못하는 경우, 또는 그림의 일부가 제3각법에 의한 위치에 그리면 도리어 도형을 이해하기 곤란한 경우에는 상호관계를 화살표와 문자를 사용하여 표시하고 그 글자는 투상의 방향과 관계없이 전부 위 방향으로 명백하게 쓴다.

Point
투상법의 종류

[표 1-5] 투상법의 종류

투상법의 종류	사용하는 그림의 종류	특 징	주된 용어
정투상	정투상도	모양을 엄밀, 정확하게 표시할 수 있다.	일반도면
등각투상	등각도	하나의 그림으로 정육면체의 세 면을 같은 정도로 표시할 수 있다.	설명용 도면
사투상	캐비닛도	한의 그림으로 정육면체의 세 면 중의 한 면만을 중점적으로 엄밀, 정확하게 표시할 수 있다.	

* 투시도 : 원근감을 갖도록 그리는 방법으로 건축이나 토목제도에 주로 사용되는 도법이다.

Point
정투상법
1각법과 3각법

1 정투상도

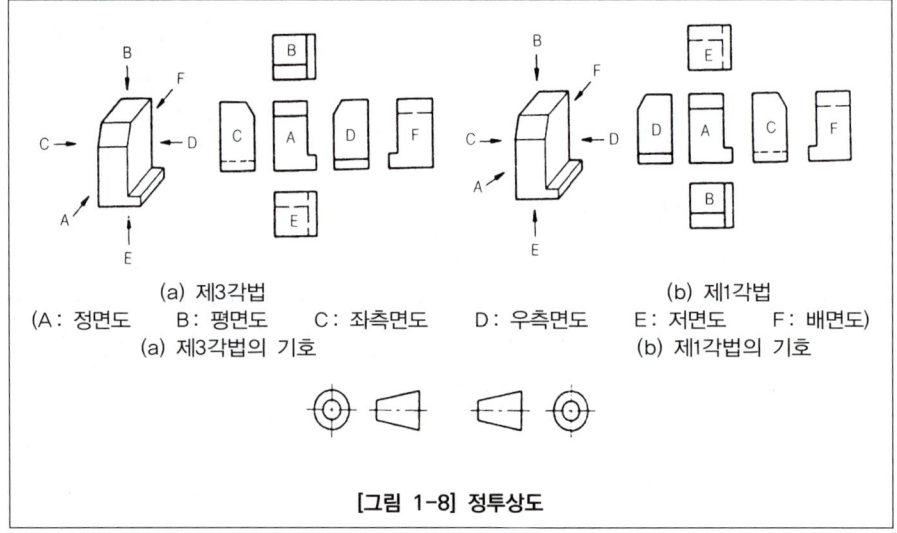

[그림 1-8] 정투상도

(1) 제1각법의 원리

분리된 제1면각 공간 안에 물체를 각각의 면에 수직인 상태로 중앙에 놓고 '보는 위치'에서 물체 뒷면의 투상면에 비춰지도록 하여 처음 본 것을 정면도라 하고, 각 방향으로 돌아가며 비춰진 투상도를 얻는 원리를 제1각법이라 한다.

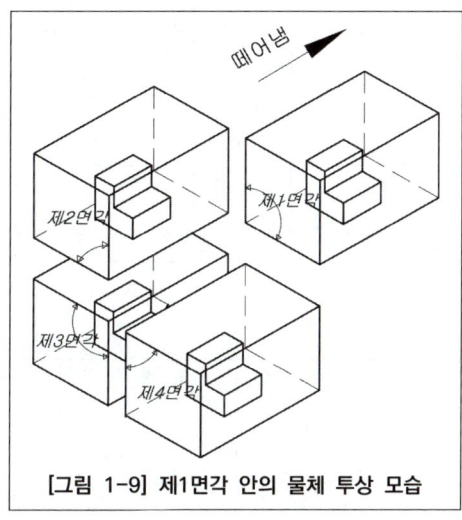

[그림 1-9] 제1면각 안의 물체 투상 모습

(2) 제3각법의 원리

분리된 제3면각 공간 안에 물체를 각각의 면에 수직인 상태로 중앙에 놓고 '보는 위치'에서 물체 앞면의 투상면에 반사되도록 하여 처음 본 것을 정면도라 하고, 각 방향으로 돌아가며 보아서 반사되도록 하여 투상도를 얻는 원리를 제3각법이라 한다.

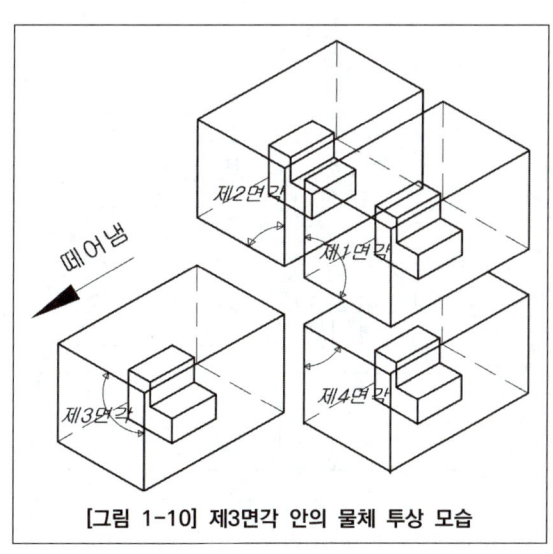

[그림 1-10] 제3면각 안의 물체 투상 모습

Point
1각법
눈 → 물체 → 투상면

Point
3각법
눈 → 투상면 → 물체

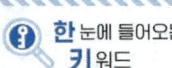

한 눈에 들어오는 키워드

Point
- 투상법 관련 문제가 3~5문제 출제되고 있음
- 24가지 예로 연습이 필요

※ 제3각법에 따른 투상법 연습

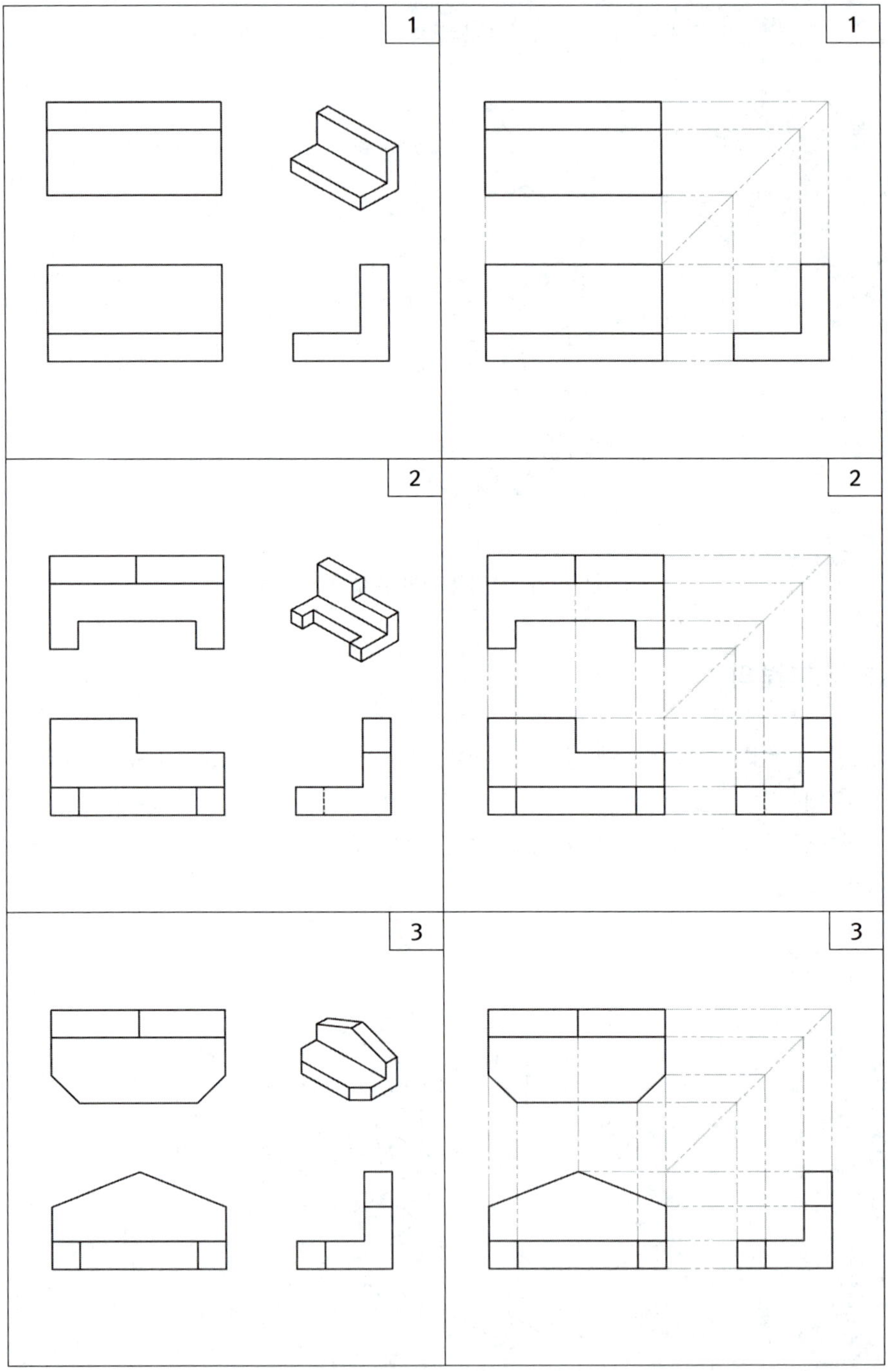

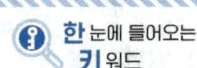

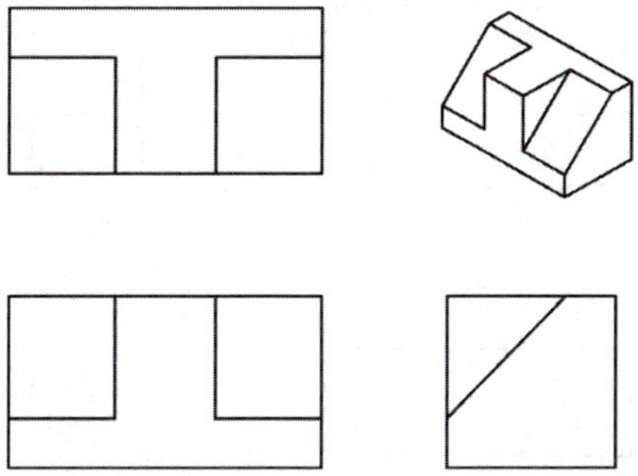

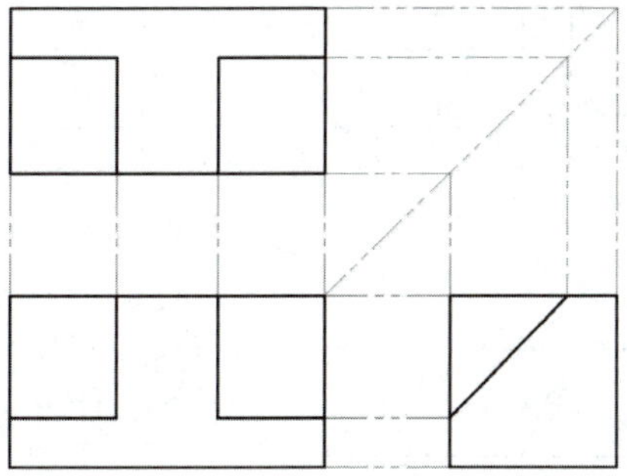

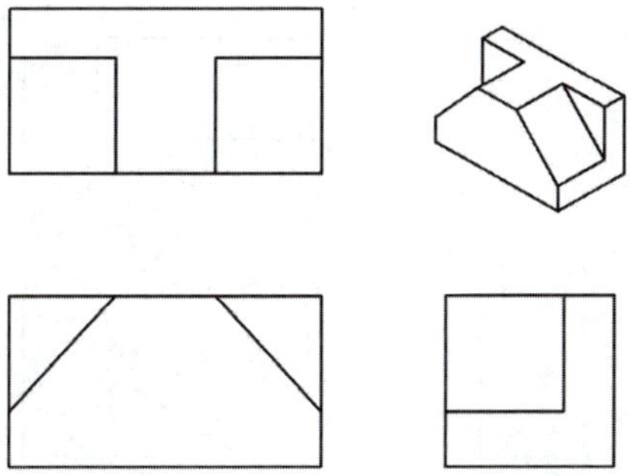

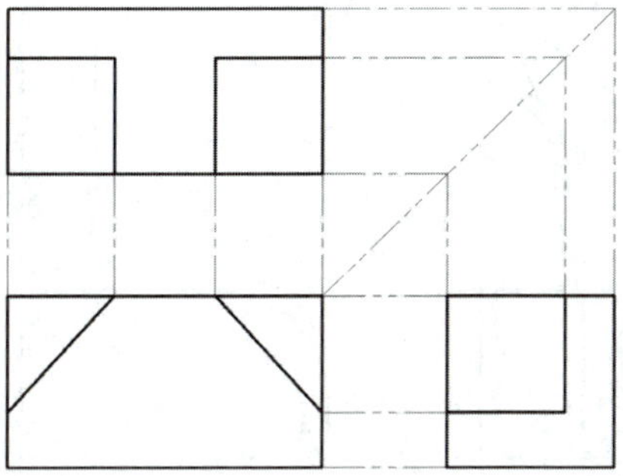

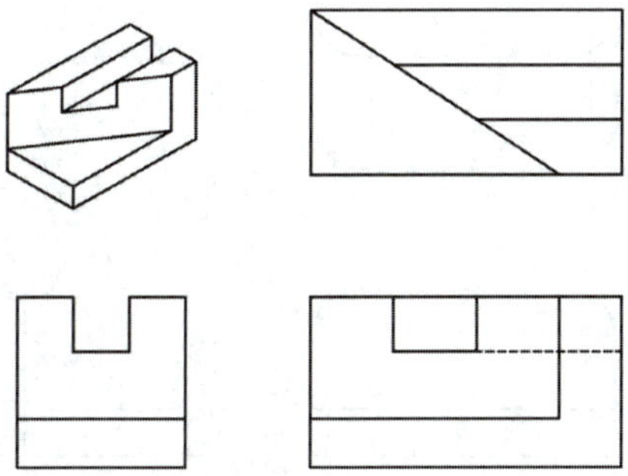

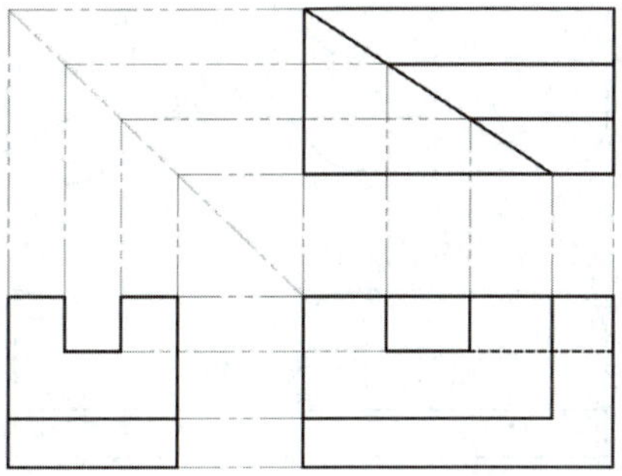

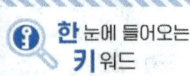

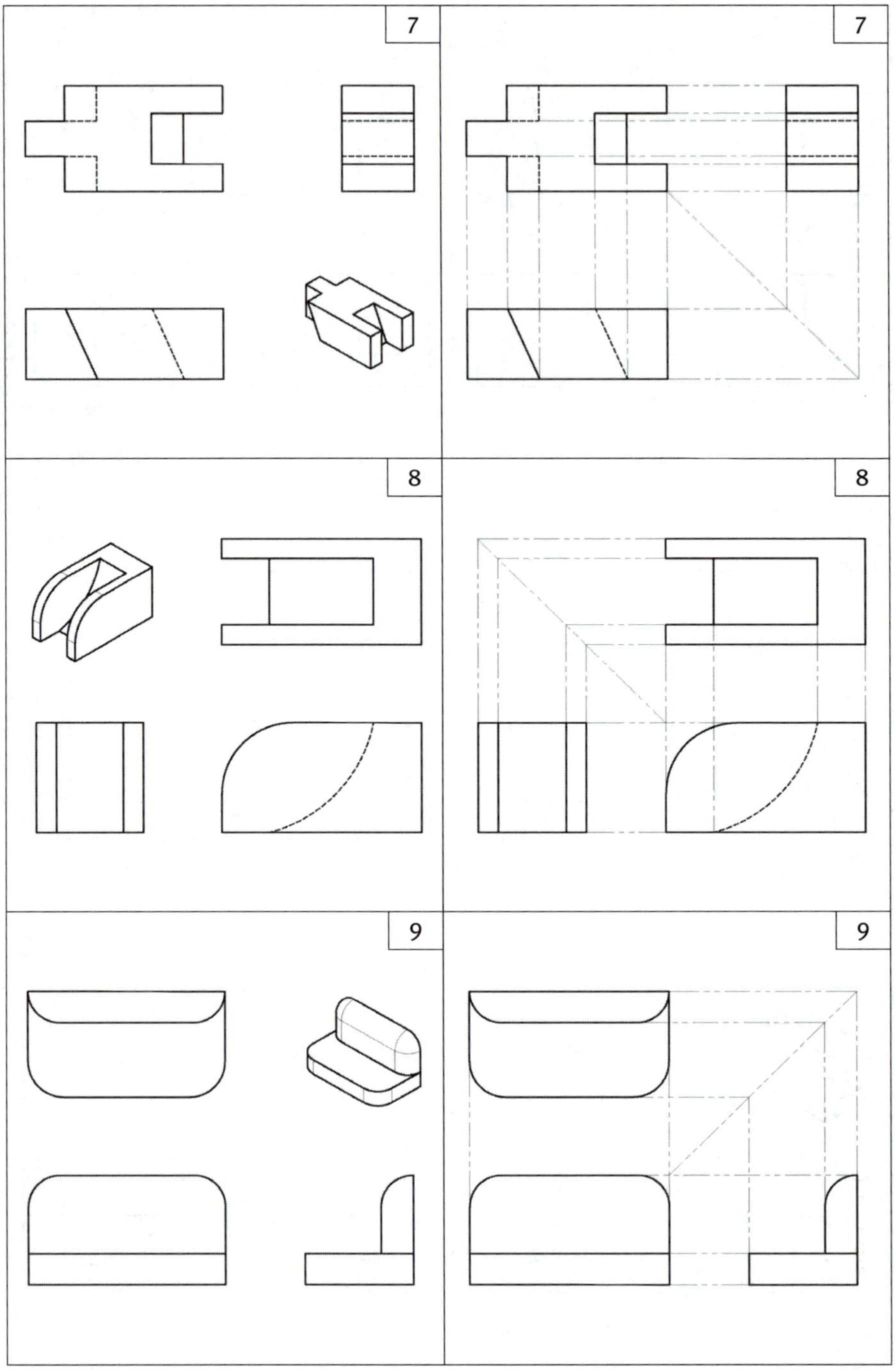

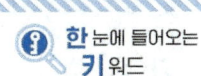

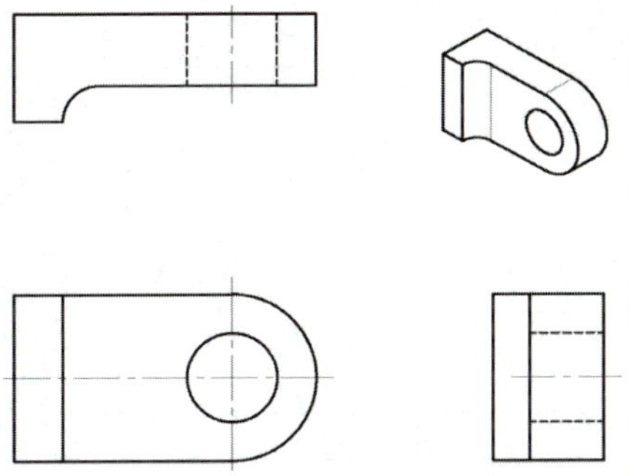

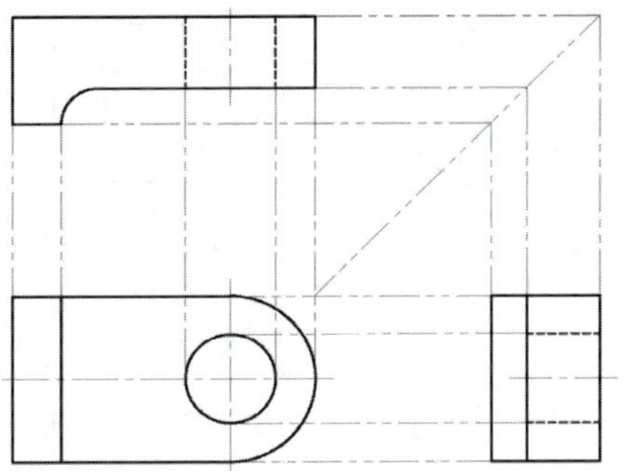

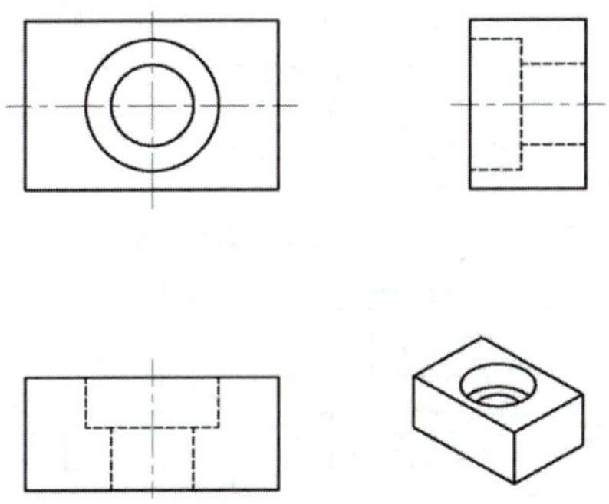

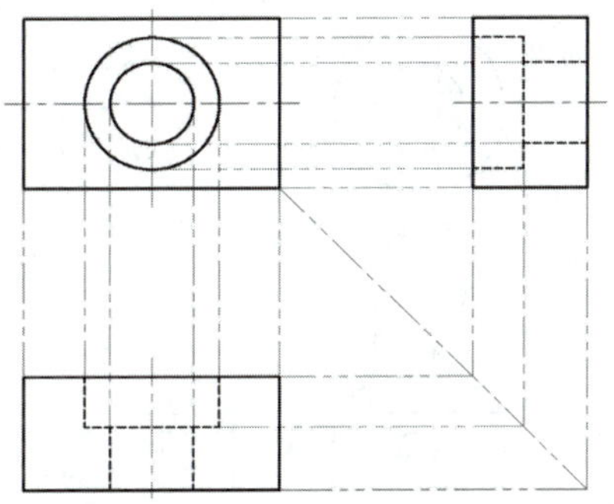

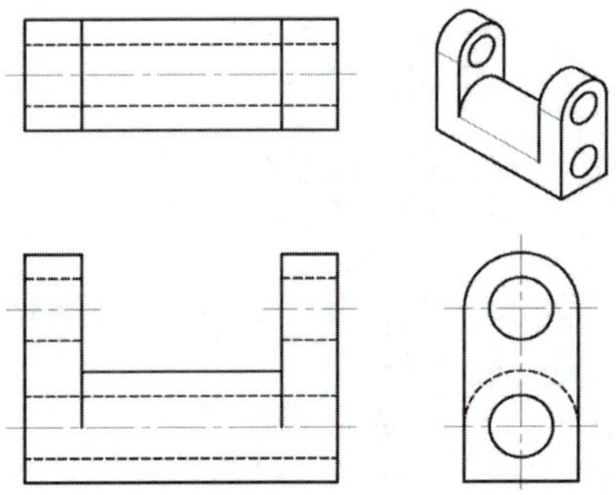

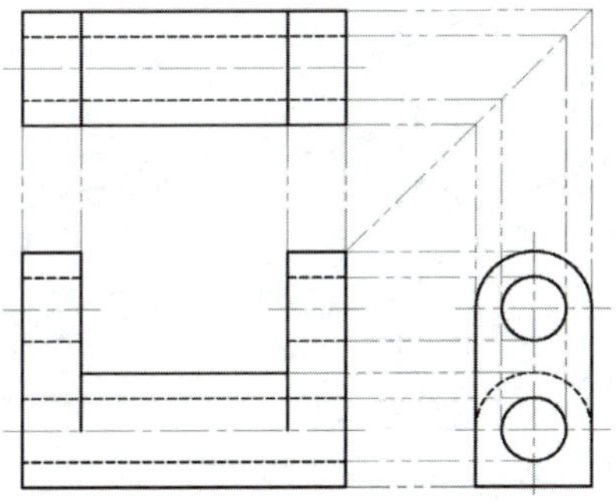

한 눈에 들어오는
키워드

13

13

14

14

15

15

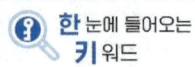

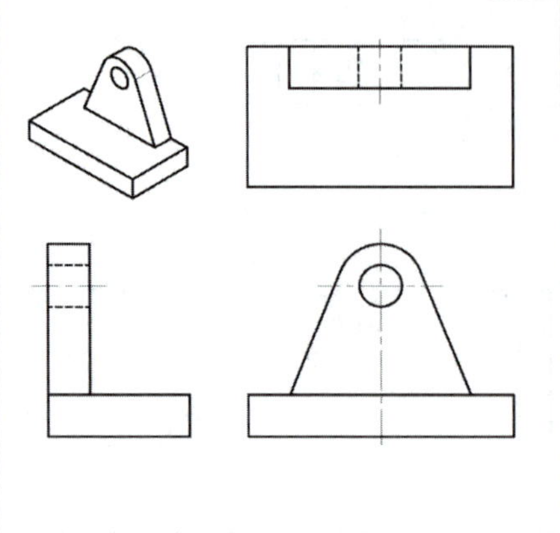

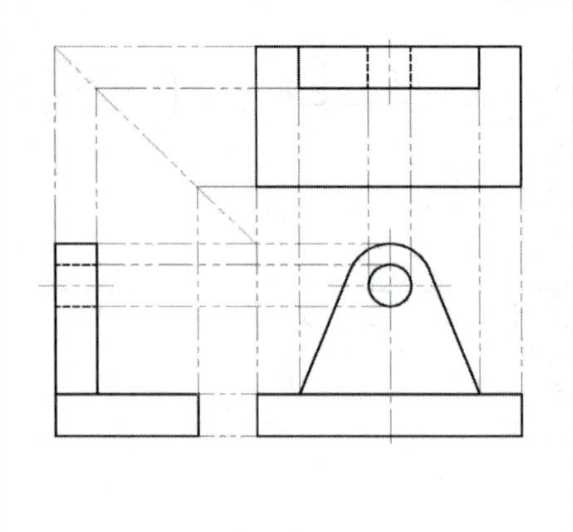

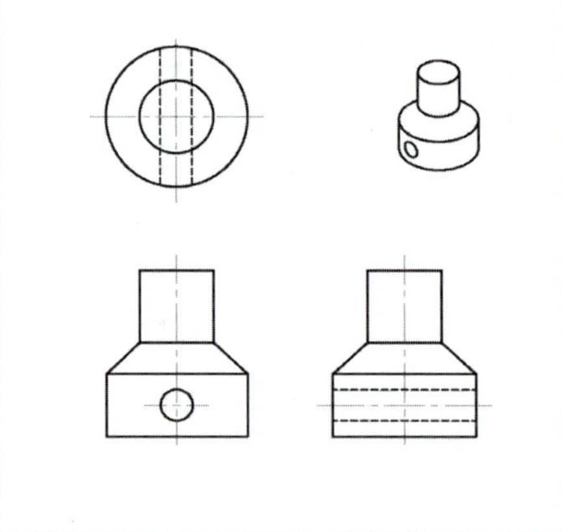

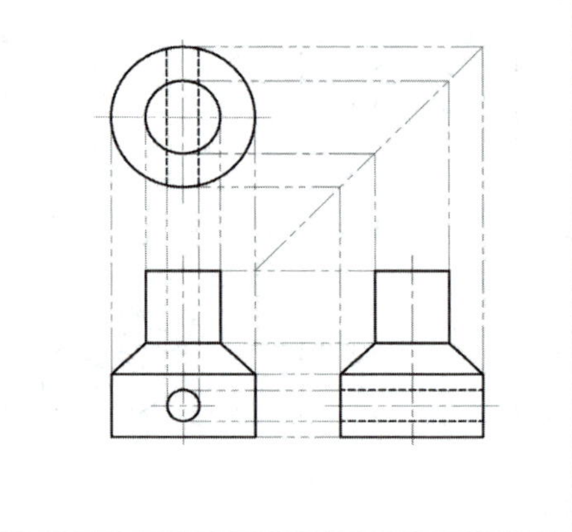

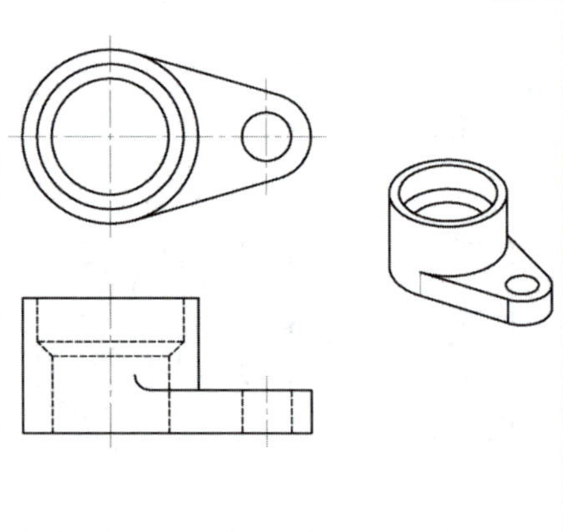

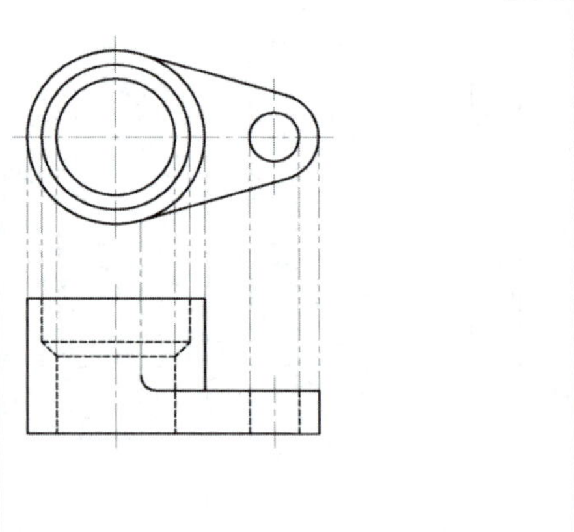

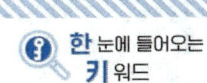

제1장 기계제도의 기초

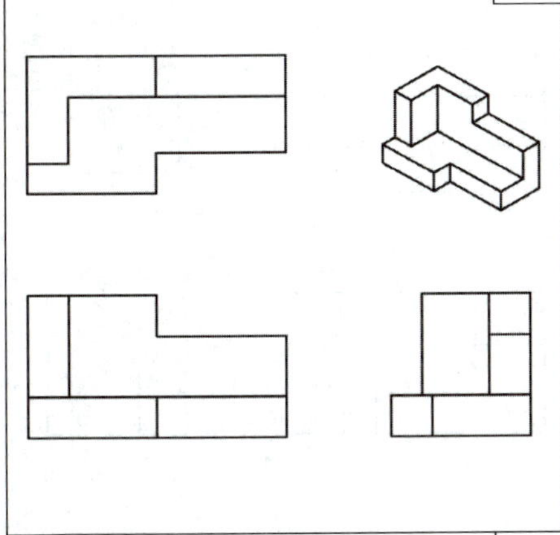

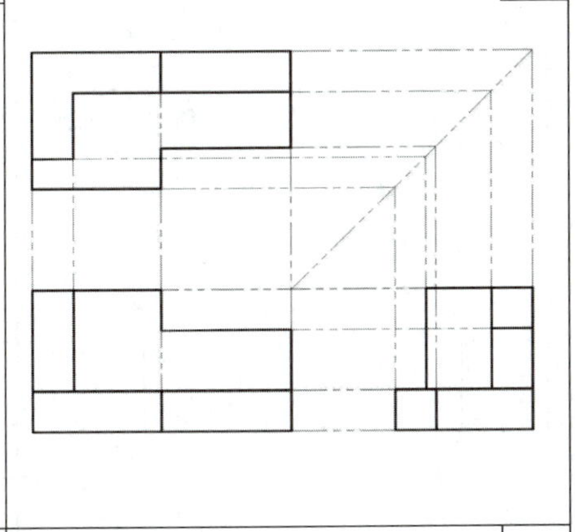

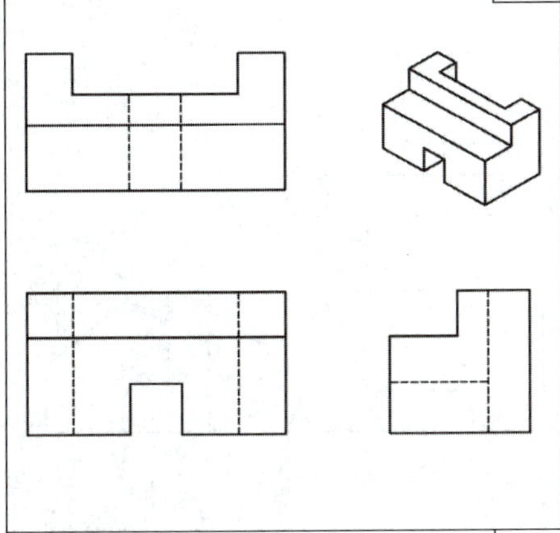

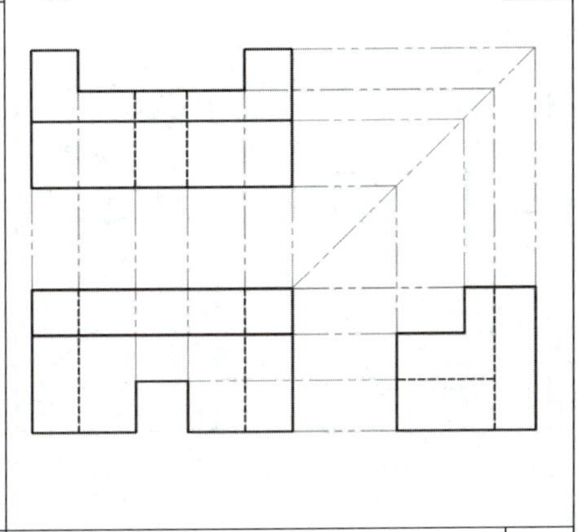

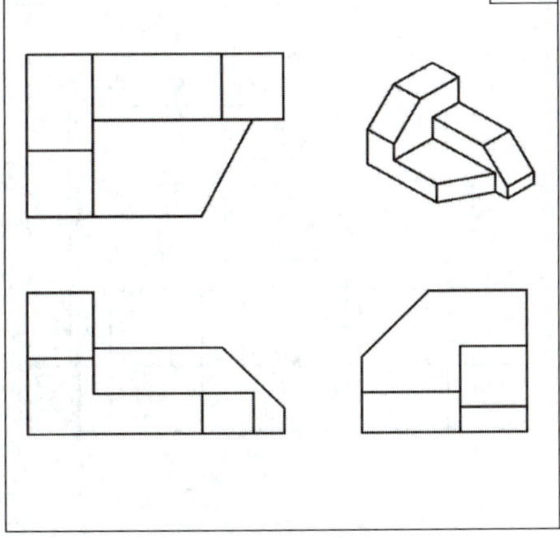

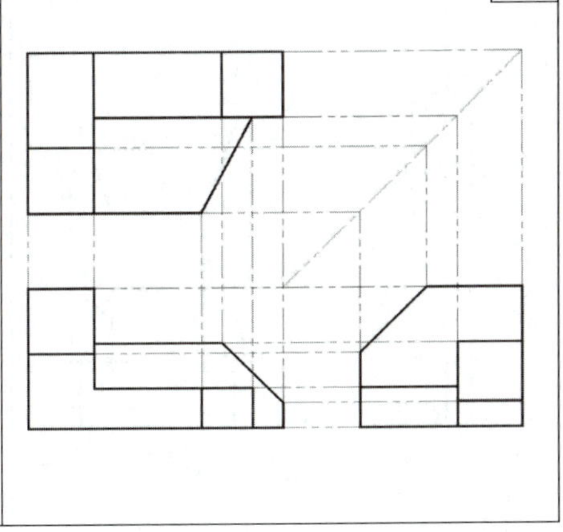

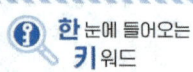

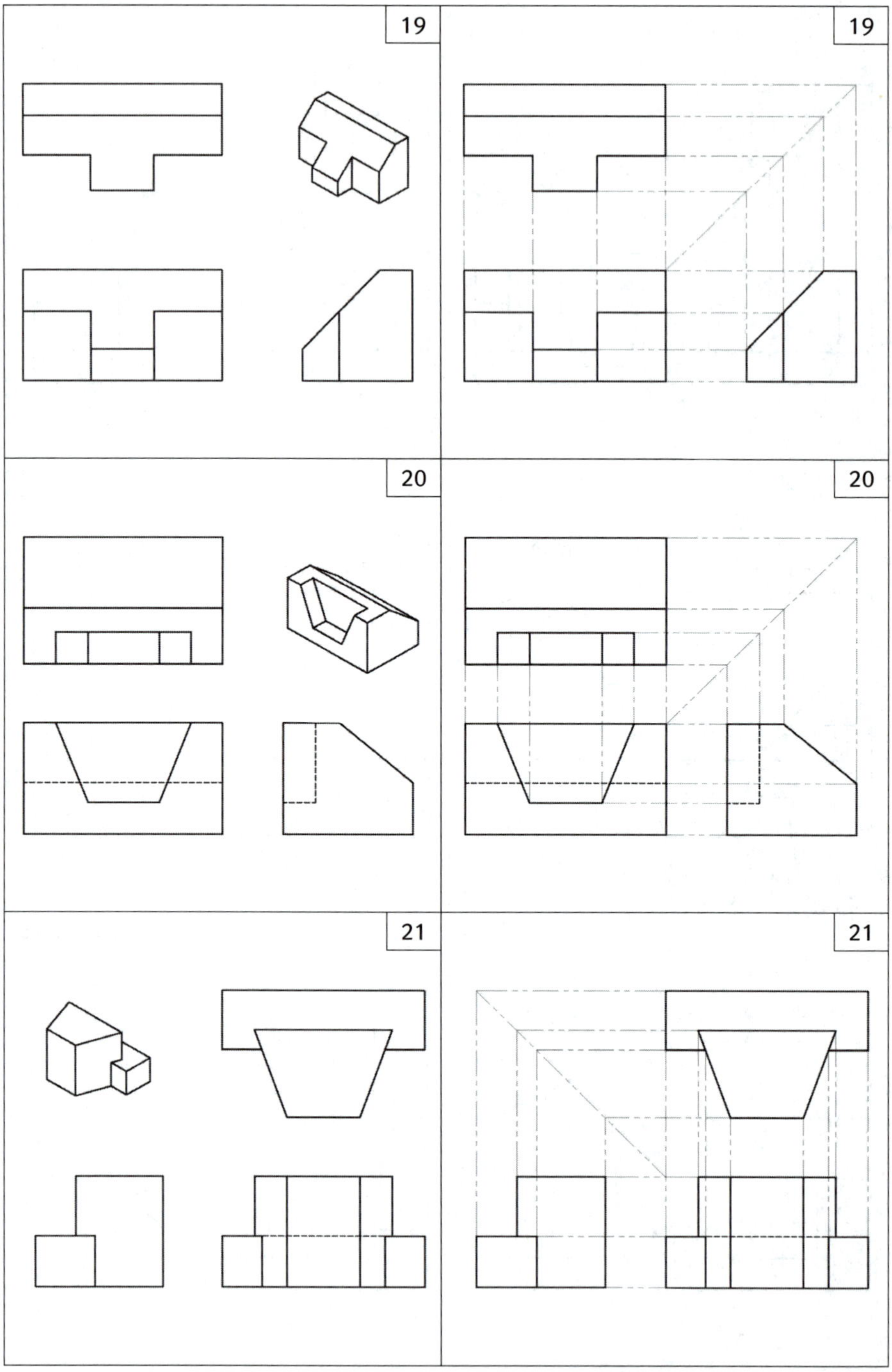

22

22

23

23

24

24

한눈에 들어오는 키워드

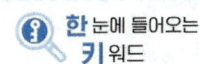

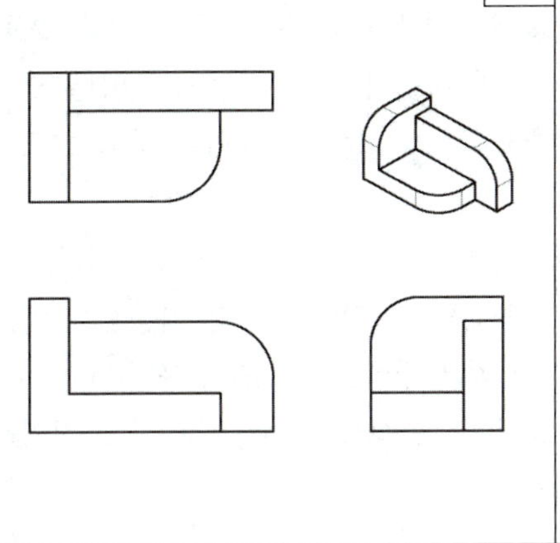

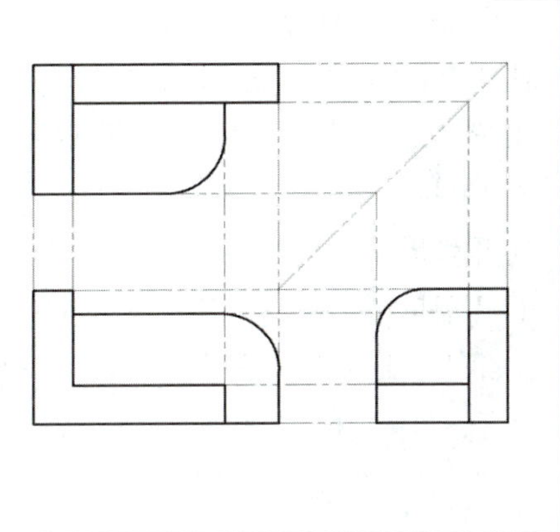

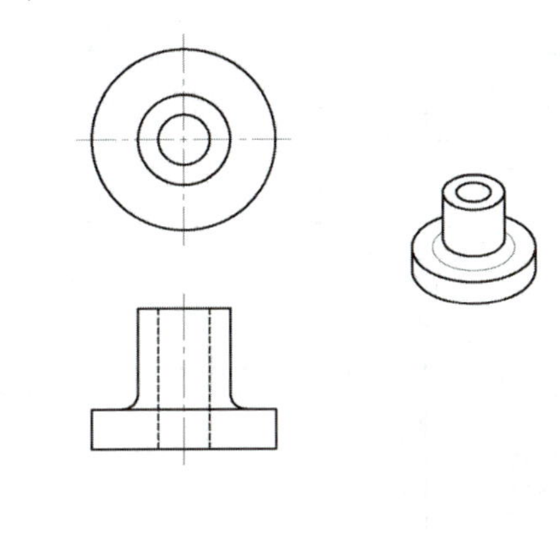

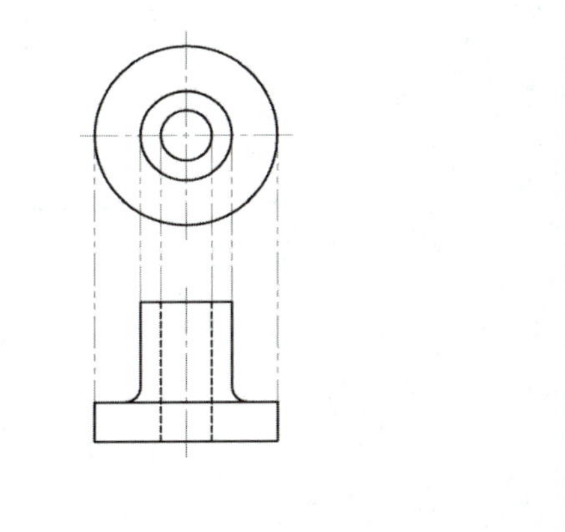

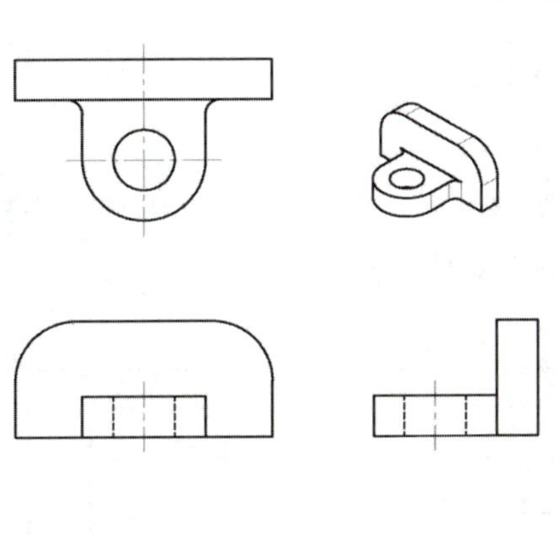

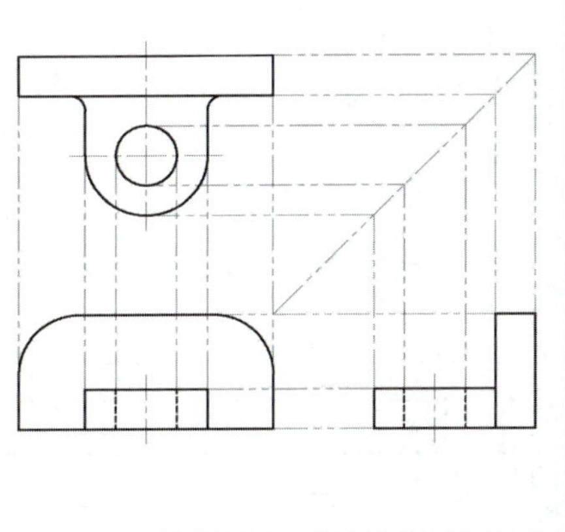

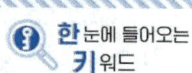

Point
주투상도 선택법

(3) 투상도의 표시방법

주투상도에는 대상물의 모양, 기능을 가장 뚜렷하게 나타내는 면을 그린다. 또한 대상물의 도시하는 상태는 도면의 목적에 따라 다음의 어느 한 가지에 따른다.

① 조립도 등 주로 기능을 나타내는 도면에서는 대상물을 사용하는 상태로 표시한다.

② 물체의 중요한 면은 가급적 투상면에 평행하거나 수직이 되도록 표시한다.

③ 부품도 등 가공을 위한 도면에서는 가공 공정에 있어서 가장 가공량이 많은 공을 기준으로 가공할 때 놓여진 상태와 같은 방향으로 도면에 표시한다.

  ㉠ 원통 절삭인 경우: 아래 그림과 같이 그 중심선을 수평으로 하고 작업의 중요 부분이 우측에 위치하도록 한다.

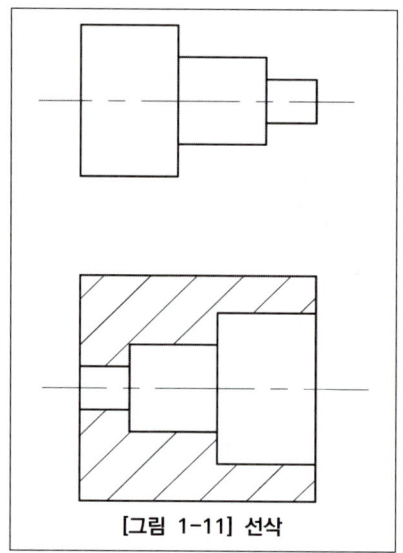

[그림 1-11] 선삭

  ㉡ 평면 절삭인 경우: 아래 그림에서와 같이 그 길이 방향을 수평으로 하고 가공면이 도면의 정면도에 나타나도록 표시한다.

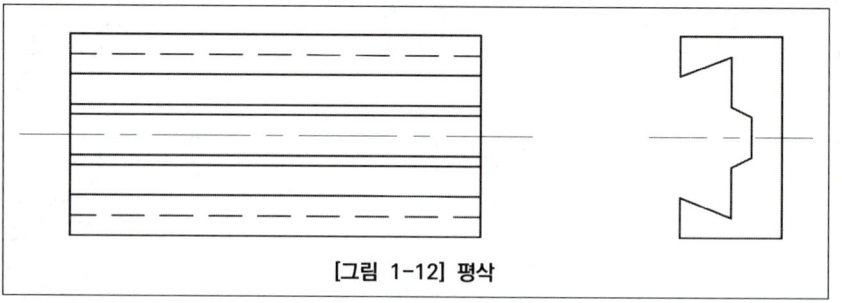

[그림 1-12] 평삭

④ 특별한 이유가 없는 경우, 대상물을 가로 길이로 놓은 상태대로 표시하며, 아래 그림과 같이 정면도(1면도)만으로 나타낼 수 있는 것에 대하여는 다른 투상도를 표시하지 않는다. 다만 정면도만으로 모양이나 치수를 도시할 수 없을 때에는 평면도나 측면도 등으로 보충한다.

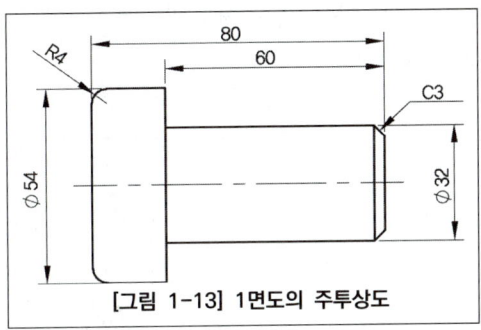

[그림 1-13] 1면도의 주투상도

⑤ 아래 그림과 같이 전체 물체에서 일부분의 모양만을 도시하여도 충분할 때에는 그 필요한 부분만을 표시한다.

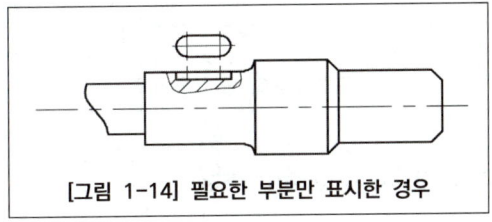

[그림 1-14] 필요한 부분만 표시한 경우

⑥ 서로 관련되는 그림의 배치는 아래 그림과 같이 가급적 숨은선을 사용하지 않도록 한다. 다만 비교 대조하기가 불편한 경우에는 아래 그림과 같이 예외로 표시한다.

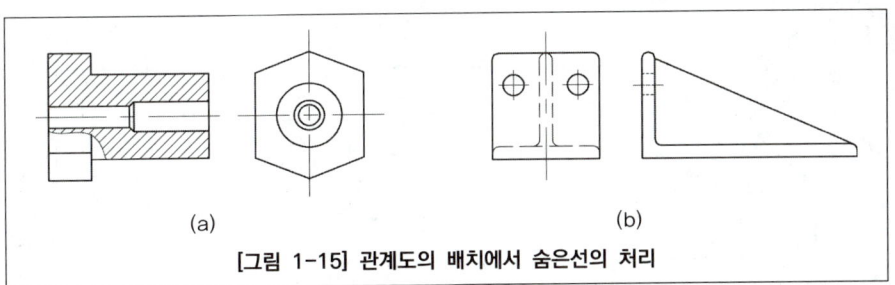

[그림 1-15] 관계도의 배치에서 숨은선의 처리

한눈에 들어오는 키워드

Point
대상물을 가로길이로 놓은 상태로 표시

Point
서로 관련되는 그림의 배치로 가급적 숨은선을 사용하지 않음

2 입체투상도

(1) 등각 투상도(isometricrojection drawing)

> **Point**
> 등각 투상도 : 30°, 120°

정면, 평면, 측면을 하나의 투상면 위에 동시에 볼 수 있도록 두 개의 옆면 모서리가 수평선과 30°가 되게 하여 세 축이 120°의 등각이 되도록 입체도로 투상한 것을 등각 투상도라고 한다.

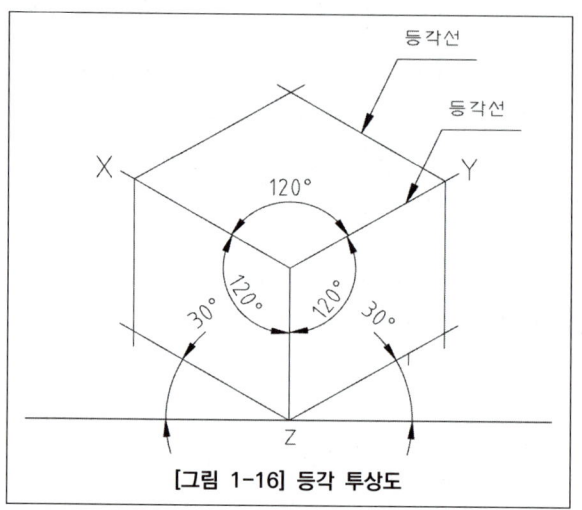

[그림 1-16] 등각 투상도

(2) 사투상도(oblique projection drawing)

> **Point**
> 사투상도 : 45°, 30°, 60°

투상선이 투상면을 사선으로 평행하도록 무한대의 수평 시선으로 얻은 물체의 윤곽을 그리게 되면, 육면체의 세 모서리는 경가 축이 α각을 이루는 입체도가 되며, 이를 그린 그림을 사투상도라고 한다. 45°의 경사 축으로 그린 것을 카발리에도(cavalier projection drawing), 60°의 경사 축으로 그린 것을 캐비닛도(cabinet projection drawing)라고 한다.

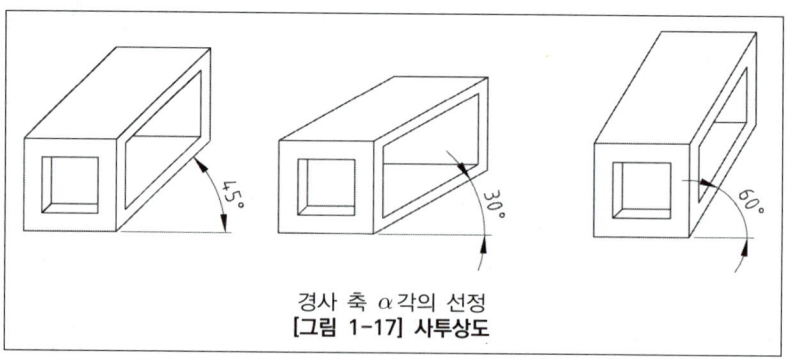

경사 축 α각의 선정
[그림 1-17] 사투상도

3 보조 투상도

경사면부가 있는 대상물에서 그 경사면의 실형을 표시할 필요가 있는 경우에 보조 투상도로 표시한다.

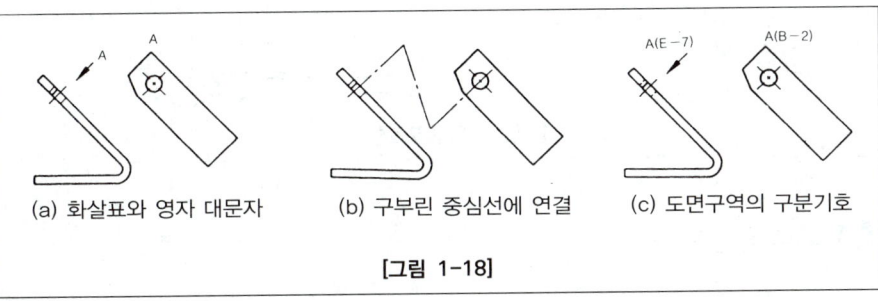

(a) 화살표와 영자 대문자   (b) 구부린 중심선에 연결   (c) 도면구역의 구분기호

[그림 1-18]

> **Point**
> 보조 투상도 도시법 3가지

4 회전 투상도

아래 그림과 같이 투상면이 어느 각도를 가지고 있기 때문에 그 실형을 표시하지 못할 때에는 그 부분을 회전해서 그 실형을 도시할 수 있다. 또한, 잘못 볼 우려가 있을 경우에는 작도에 사용한 선을 남긴다.

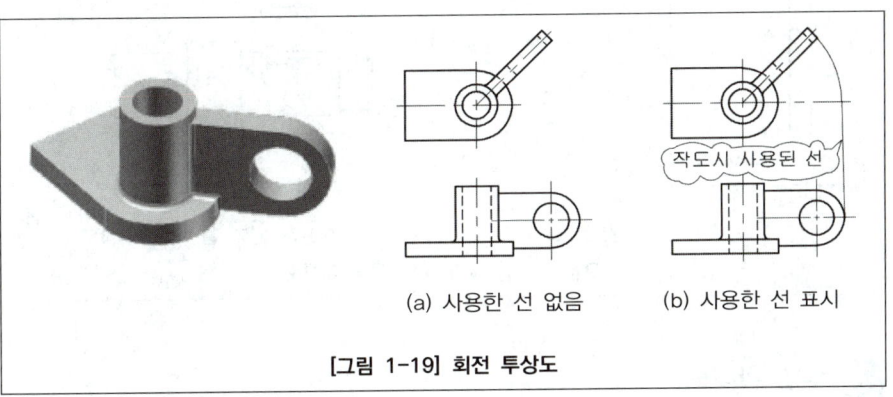

(a) 사용한 선 없음   (b) 사용한 선 표시

[그림 1-19] 회전 투상도

> **Point**
> 회전 투상도
> 작도선은 가는 실선

5 부분 투상도

그림의 일부를 도시하는 것으로 충분한 경우에는 그 필요 부분만을 부분 투상도로서 표시한다. 이 경우에는 생략한 부분과의 경계를 파단선으로 나타낸다. 다만, 명확한 경우에는 파단선을 생략하여도 좋다.

> **Point**
> 부분 투상도
> 파단선

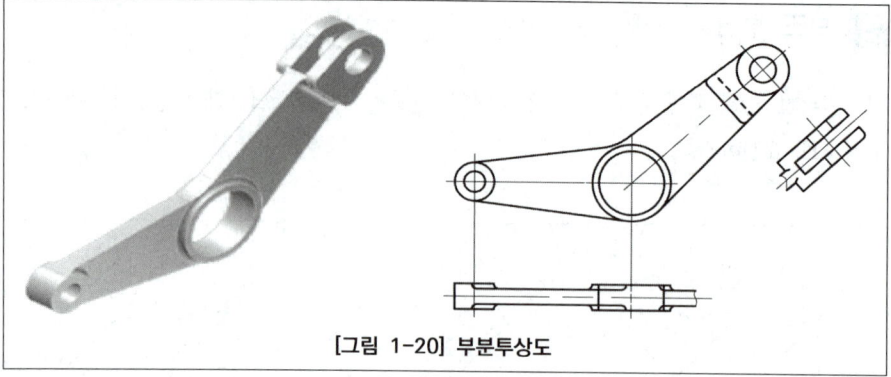

[그림 1-20] 부분투상도

6 국부 투상도

대상물의 구멍, 홈 등 한 국부만의 모양을 도시하는 것으로 충분한 경우에는 그 필요한 부분을 국부 투상도로서 나타낸다. 투상 관계를 나타내기 위하여 원칙적으로 주된 그림에 중심선, 기준선, 치수보조선 등으로 연결한다.

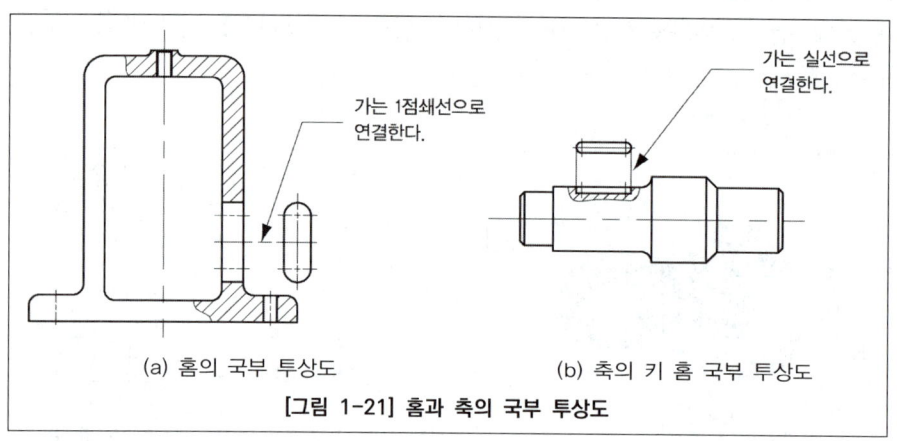

(a) 홈의 국부 투상도   (b) 축의 키 홈 국부 투상도

[그림 1-21] 홈과 축의 국부 투상도

7 부분 확대도

특정 부분의 도형이 작은 까닭으로 그 부분의 상세한 도시나 치수 기입을 할 수 없을 때는 그 부분을 가는 실선으로 에워싸고, 영자의 대문자로 표시함과 동시에 그 해당 부분을 다른 장소에 확대하여 그리고 표시하는 글자 및 척도를 부기한다. 다만, 확대한 그림의 척도를 나타낼 필요가 없는 경우에는 척도 대신 '확대도' 라고 부기하여도 좋다.

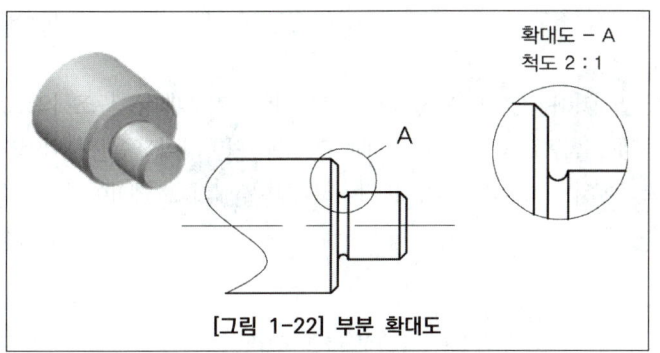

[그림 1-22] 부분 확대도

8 요점 투상도

보조적인 투상도에 보이는 부분을 모두 표시하면 도면이 복잡해져서 오히려 알아보기가 어려운 경우가 있다. 이때에는 요점 부분만 투상도로 표시한다.

9 복각 투상도

도면에 물체의 앞면과 뒷면을 동시에 표시하는 방법으로 정면도를 중심으로 우측면에서 좌측반은 제1각법으로 우측반은 제3각법으로 그린 투상도를 복각 투상도라 한다.

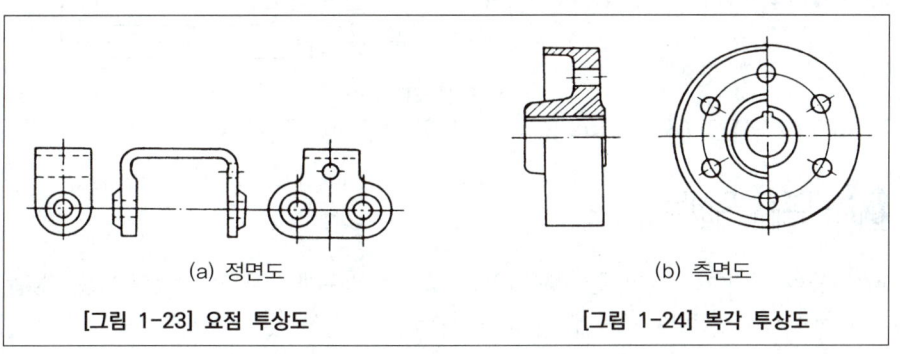

(a) 정면도   (b) 측면도

[그림 1-23] 요점 투상도   [그림 1-24] 복각 투상도

10 도형의 생략

(1) 대칭도형의 생략

도형이 대칭인 경우에는 대칭 중심선의 한쪽을 생략할 수 있다. 이 경우 대칭 중심선의 양 끝 부분에 짧은 두 개의 나란한 가는 실선을 그린다. 또한 대칭 중심선의 한쪽 도형을 대칭 중심선을 조금 넘은 부분까지 그릴 수 있다.

Point
요점 투상도
요점 부분만 투상

Point
복각 투상도
좌측 제1각법, 우측 제3각법

Point
대칭표시법

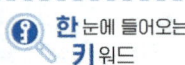

한눈에 들어오는 **키**워드

[그림 1-25] 대칭 도형의 생략

(2) 반복도형의 생략

● Point
반복도형 생략 예
볼트, 볼트구멍, 관, 관구멍, 사다리의 횡목

같은 종류, 같은 모양의 것이 다수 줄지어 있는 경우에 반복도형을 생략할 수 있다.(볼트, 볼트구멍, 관, 관구멍, 사다리의 횡목 등)

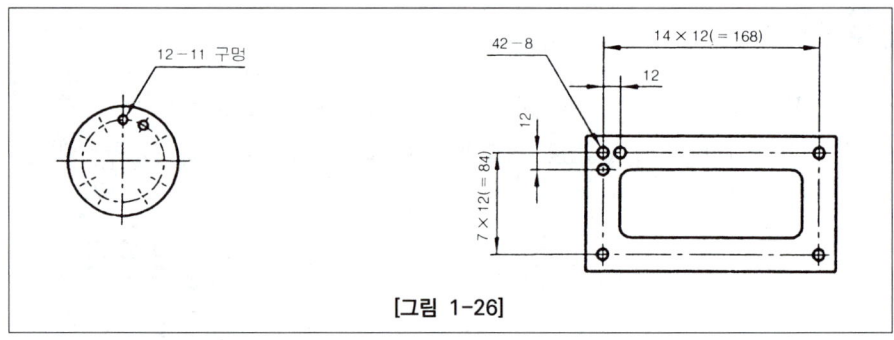

[그림 1-26]

11 리브의 도시법

● Point
리브의 도시법
두께가 얇은 부분을 보강하기 위해 덧붙이는 뼈대

리브 등을 표시하는 선의 끝부분은 직선 그대로 멈추게 한다. 또한, 관련있는 둥글기의 반지름이 현저하게 다를 경우에는 끝부분을 안쪽 또는 바깥쪽으로 구부려서 멈추게 한다.

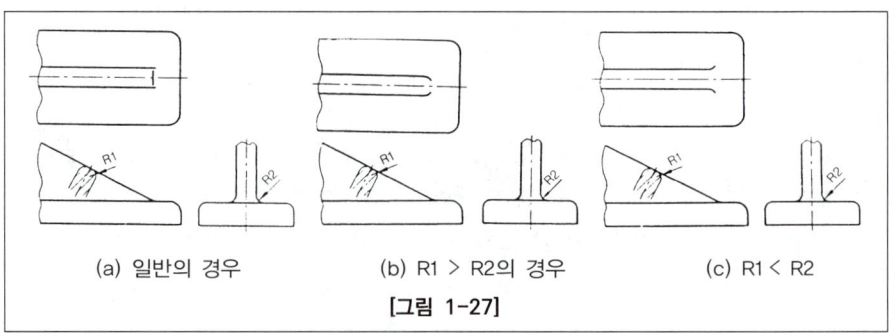

[그림 1-27]

12 평면의 도시법

도형 내의 특정한 부분이 평면이란 것을 표시할 필요가 있을 경우에는 가는 실선으로 대각선을 기입한다.

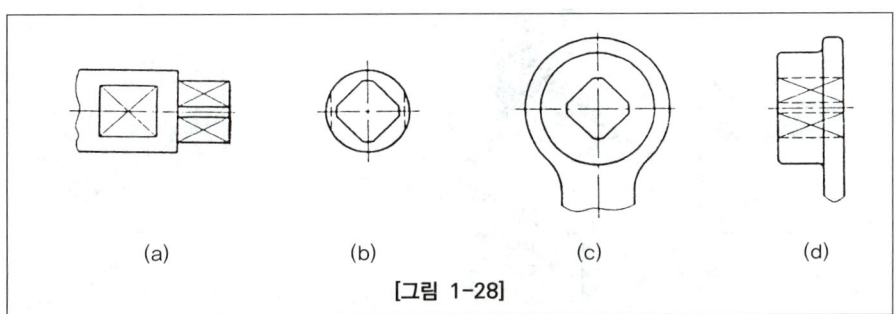

[그림 1-28]

Point
평면도시
대각선 가는 실선

13 특정한 모양을 가진 것을 도시하는 방법

그림의 위쪽에 나타나도록 그리는 것이 좋다.

예 키 홈이 있는 보스 구멍, 벽에 구멍 있는 홈이 있는 관, 쪼개짐을 가진 링

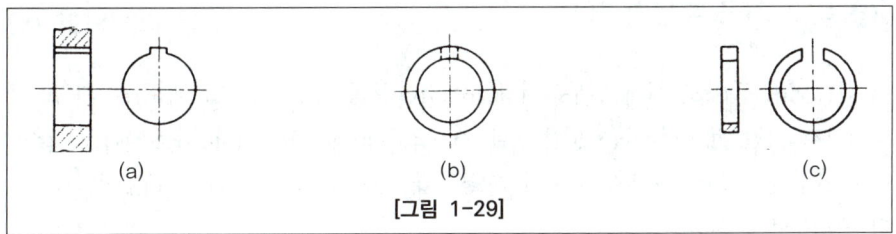

[그림 1-29]

Point
특정 모양 도시
위쪽

14 중간 부분의 생략에 의한 도형의 단축

축, 봉, 관, 형강, 테이퍼축 등과 같이 일정한 단면 모양의 부분 또는 테이퍼 부분이 긴 경우에는 그의 중간 부분을 절단하여 짧게 도시할 수 있다. 이때 절단한 끝부분은 파단선으로 표시하고 필요한 경우에는 단면의 모양을 표시한다.

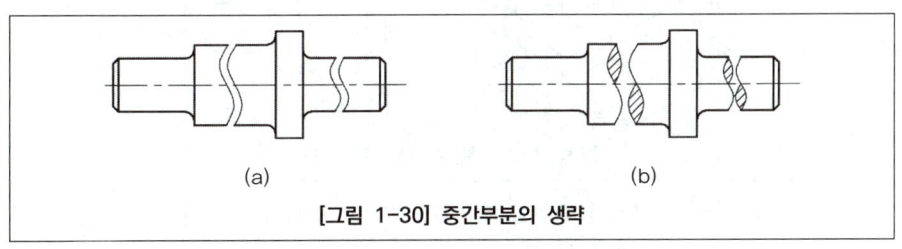

[그림 1-30] 중간부분의 생략

Point
중간 부분 생략
파단선

15 가공 전과 후의 모양 표시방법

가공 전, 후 모양의 투상선은 아래 그림과 같이 가는 이점쇄선으로 가공 전, 후의 모양을 표시한다.

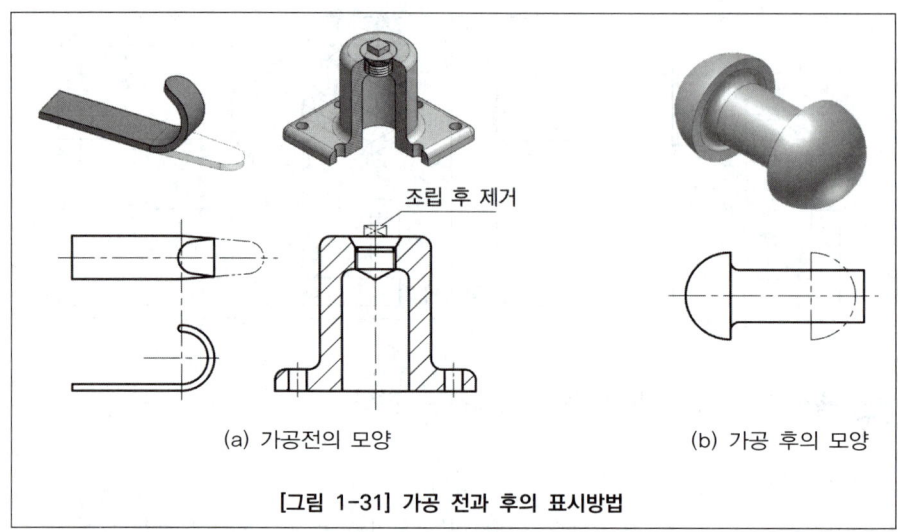

[그림 1-31] 가공 전과 후의 표시방법

16 특수 가공 부분의 표시

아래 그림과 같이 물체의 일부분에 특수가공을 하는 경우에는 그 범위를 외형선과 평행하게 약간 떼어서 그은 굵은 1점 쇄선으로 표시한다. 이 방법은 ISO R128에 따른 표시방법으로 일부분만의 치수 허용차를 다르게 하는 경우나 일부분만 열처리 하는 경우에도 사용된다.

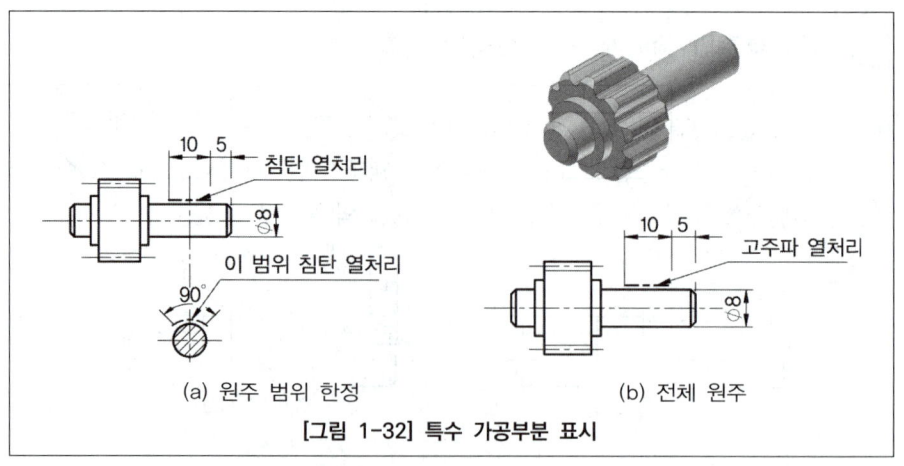

[그림 1-32] 특수 가공부분 표시

07 단면도

물체 내부의 보이지 않는 부분은 숨은선으로 표시하여도 좋으나, 구조가 복잡한 경우와 조립도 등에서는 많은 숨은선으로 인하여 오히려 도면의 이해가 어려워진다. 이와 같은 경우, 필요한 부분을 절단한 것으로 가상하여 그 단면 모양을 외형선으로 표시하면 물체의 형상을 뚜렷이 나타낼 수 있는데, 이렇게 그려진 도면을 단면도라 한다.

1 단면도의 해칭

절단면에 해칭(또는 스머징)을 할 경우에는 다음에 따른다.

(1) 보통 사용하는 해칭은 주된 중심선에 대하여 45°로, 가는 실선으로 등간격으로 표시한다.
(2) 동일 부품의 단면은 떨어져 있어도 해칭의 방향과 간격 등을 같게 한다.
(3) 서로 인접하는 단면의 해칭은 선의 방향 또는 각도(30°, 45°, 60° 임의의 각도) 및 그 간격을 바꾸어서 구별한다.
(4) 경사진 단면의 해칭선은 경사진 면에 수평이나 수직으로 그리지 않고, 재질에 관계없이 기본 중심에 대하여 45° 경사진 각도로 그린다.
(5) 절단 자리의 면적이 넓을 경우에는 그 외형선을 따라 적절한 범위에 해칭(또는 스머징)을 한다.
(6) 해칭을 하는 부분 속에 문자, 기호 등을 기입하기 위해 필요한 경우에는 해칭을 중단한다.
(7) 단면도에 재료 등을 표시하기 위하여 특수한 해칭(또는 스머징)을 해도 좋다.

2 단면도의 종류

(1) **전단면도(온단면도 : full section view)**

아래 그림과 같이 물체 전체를 둘로 절단해서 그림 전체를 단면으로 나타낸 것을 전단면도라 한다.

Point
단면도란?

Point
단면도 해칭법

Point
전단면도
물체 전체를 단면도로 표시

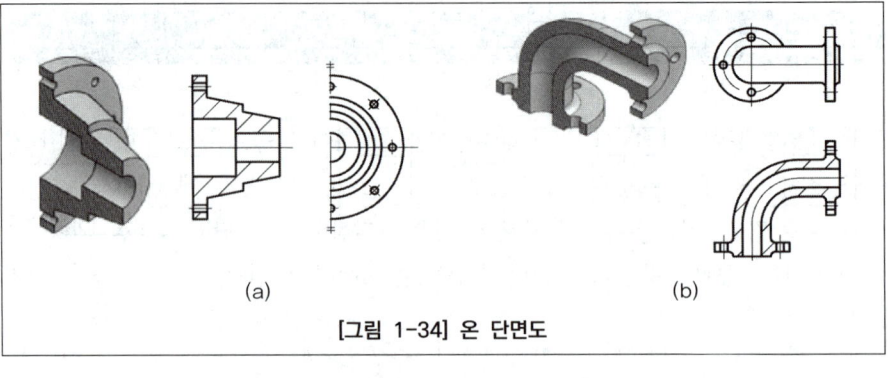

[그림 1-34] 온 단면도

(2) 한쪽 단면도(반 단면도 : half section view)

아래 그림과 같이 상하 또는 좌우 대칭인 물체는 $\frac{1}{4}$을 떼어 낸 것으로 보고, 기본 중심선을 경계로 하여 $\frac{1}{2}$은 외형, $\frac{1}{2}$은 단면으로 동시에 나타낸 것으로 대칭 중심의 우측 또는 위쪽을 단면한다.

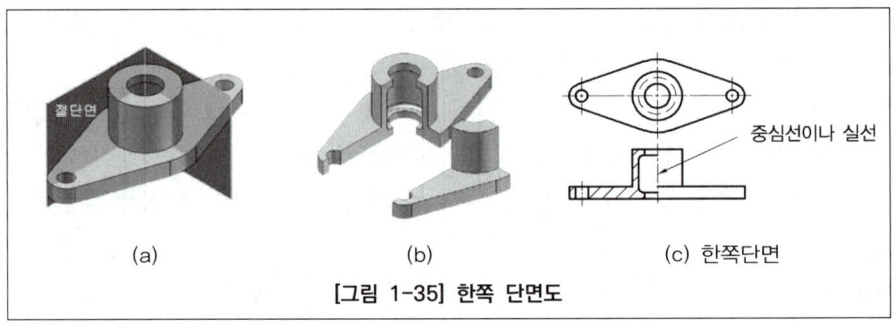

[그림 1-35] 한쪽 단면도

(3) 부분 단면도(partial section)

아래 그림과 같이 외형도에서 필요로 하는 일부분만을 도시할 수 있다. 이 경우 파단선(가는 실선)에 의해서 경계를 나타낸다.
- 적용 : ① 단면으로 나타낼 필요가 있는 부분이 좁을 때
  ② 원칙적으로 길이 방향으로 절단하지 않는 것을 특별히 나타낼 때
  ③ 단면의 경계가 애매하게 될 염려가 있을 때

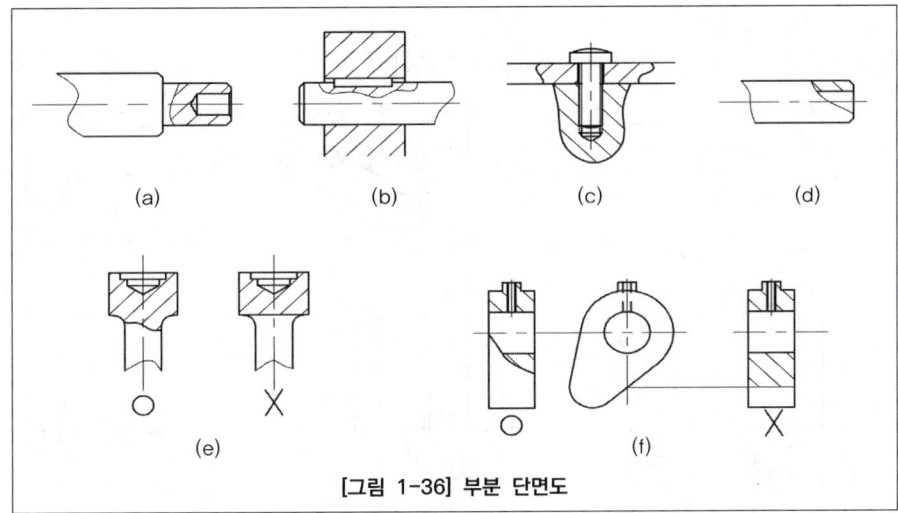

[그림 1-36] 부분 단면도

(4) 회전 도시 단면도

아래 그림과 같이 핸들이나 바퀴 등의 암 및 림, 리브, 훅, 축, 구조물의 부재 등의 절단면은 90° 회전하여 표시한다.

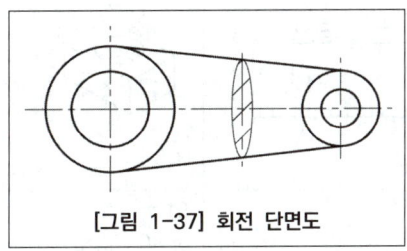

[그림 1-37] 회전 단면도

(5) 조합에 의한 단면도

2개 이상의 절단면에 의한 단면도를 조합하여 단면을 도시할 때에는 다음에 따른다. 또한, 이와 같은 경우 필요에 따라서 단면을 보는 방향을 나타내는 화살표와 글자 기호를 붙인다.

① 서로 교차하는 두 평면으로 절단하는 경우

대칭형 또는 이에 가까운 모양의 대상물인 경우에는 대칭의 중심선을 경계로 하여 그 한쪽을 투상면에 평행하게 절단하고, 다른 쪽을 투상면과 어느 각도로 이루어 절단할 수 있다.[그림 1-38a]

Point

회전 도시 단면도
① 90° 회전
② 핸들이나 바퀴, 암, 림, 리브, 축 등

② 평행한 두 평면으로 절단하는 경우

단면도는 평행한 두 평면으로 절단하여 나타낼 수 있다. 이 경우 절단선에 의하여 절단의 위치를 표시하고, 조합에 의한 단면도라는 것을 나타내기 위해 2개의 절단선을 임의의 위치에서 이어지게 한다.[그림 1-38b]

③ 구부러짐에 따른 중심면으로 절단하는 경우

구부러진 관 등의 단면도는 그 구부러진 중심을 포함하는 평면으로 절단하고, 그대로 투상할 수 있다.[그림 1-38c]

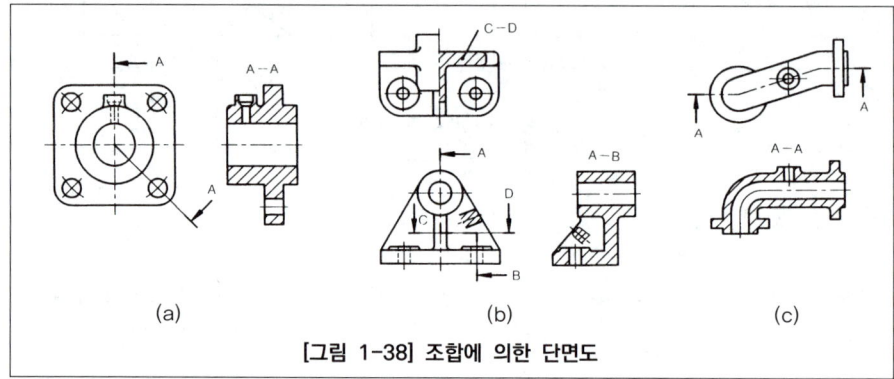

[그림 1-38] 조합에 의한 단면도

(6) 단면으로 표시하지 않는 부품

① 길이 방향으로 절단하지 않는 부품
  ㉠ 축, 스핀들 종류
  ㉡ 볼트, 너트, 와셔 종류
  ㉢ 작은 나사(machine screw), 세트 스크루 종류
  ㉣ 키, 핀, 코터, 리벳 종류
② 세로 방향으로 절단하지 않는 부품
   리브 바퀴의 암, 기어의 이(치), 핸들 등
③ 얇은 부분
   리브, 웨브
④ 베어링의 볼, 롤러 등

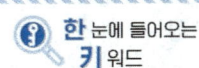

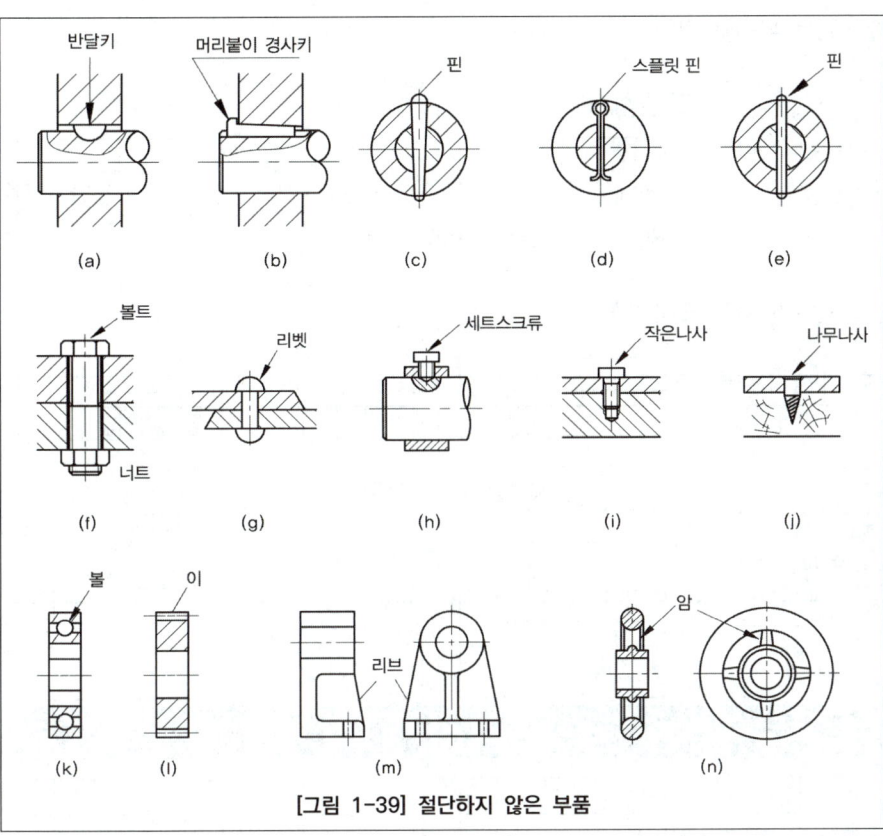

[그림 1-39] 절단하지 않은 부품

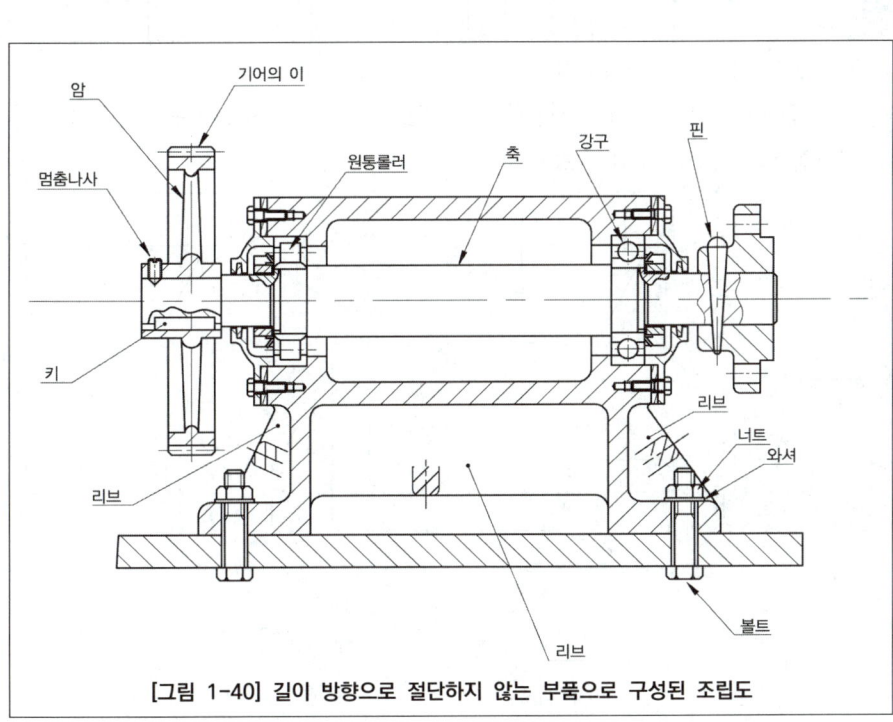

[그림 1-40] 길이 방향으로 절단하지 않는 부품으로 구성된 조립도

(7) 얇은 부분의 단면도

개스킷, 박판, 형강 등에서 절단 자리의 두께가 얇은 경우
① 절단자리는 검게 칠한다.
② 실제의 치수에 관계없이 1개의 굵은 실선으로 표시하고, 이들의 절단자리가 인접하고 있는 경우 틈새 0.7mm 이상을 둔다.

(8) 단면의 재질 표시 방법

유 리			고분자계	
목 재			세라믹계	
콘크리트			금 속 계	

08 치수기입법

1 치수의 표시방법

치수는 두 개의 점, 두 개의 선, 두 개의 평면 사이 또는 점, 직선, 평면 등 상호 간의 거리를 표시하기 위하여 사용한다. 숫자로 실제 길이를 표시하고 치수선과 치수 보조선으로 치수의 구간을 표시한다.

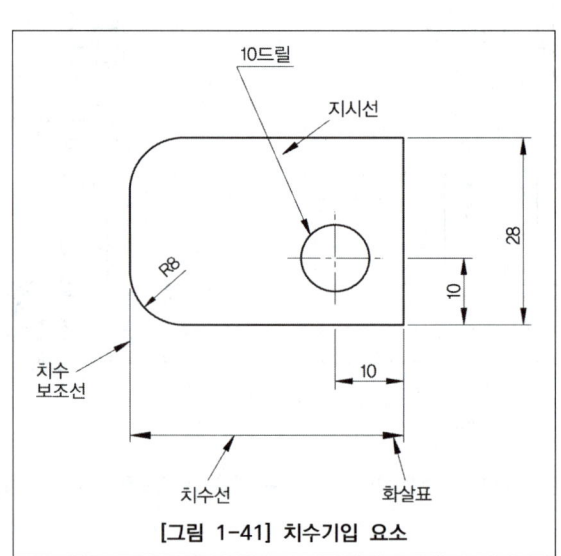

[그림 1-41] 치수기입 요소

2 치수기입의 원칙

(1) 대상물의 기능, 제작, 조립 등을 고려하여 필요한 치수를 명료하게 도면에 기입한다.
(2) 치수는 대상물의 크기, 위치 등을 가장 명확하게 표시하는데 필요하고 충분한 것을 기입한다.
(3) 도면에 나타내는 치수는 특별히 명시하지 않는 한 도시한 대상물의 마무리 치수를 표시한다.
(4) 치수에는 기능상 필요한 치수의 허용한계를 기입한다. 다만, 이론적인 정확한 치수는 제외한다.
(5) 치수는 되도록이면 주투상도에 기입한다.
(6) 치수는 되도록이면 계산할 필요가 없도록 기입하고, 중복되지 않게 기입한다.
(7) 치수는 각 투상도간에 비교, 대조가 용이하게 기입한다.
(8) 치수는 필요에 따라 기준이 되는 점, 선 또는 면을 기준으로 하여 기입한다.
(9) 관련되는 치수는 되도록 한곳에 모아서 기입한다.
(10) 치수는 되도록 공정마다 배열을 분리하여 기입한다.
(11) 치수 중 참고 치수에 대하여는 치수 수치에 괄호를 붙인다.

3 치수의 종류

도면에 기입되는 치수는 재료 치수, 소재 치수, 마무리 치수의 3종류로 구분하며, 특별히 명시하지 않는 한 마무리 치수를 기입한다.

(1) 재료 치수

저장용 탱크(tank), 다리나 건물 등의 철골 구조물 등을 제작하는 데 사용되는 강판, 형강, 각강, 관(pipe) 등의 재료를 구입하는 데 필요한 치수로서, 잘림 여유나 다듬질 여유를 포함한 치수이다.

(2) 소재 치수

주물 공장이나 단조 공장에서 만들어진 그대로의 치수를 의미하며, 반제품 치수라고도 한다. 가공 전의 미완성품의 치수이므로, 가공할 여유를 포함한 치수이다.

(3) 마무리 치수

가공 여유를 포함하지 않은 치수로 가공을 하여 최종으로 검사할 완성된 제품의

> **Point**
> 치수기입의 원칙

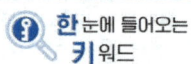

치수를 의미하며, 완성 치수라고도 한다. 가공 전의 소재 치수를 마무리 치수와 같이 기입하고자 할 때에는 아래 그림과 같이 가상선을 사용해서 기입할 수 있다.

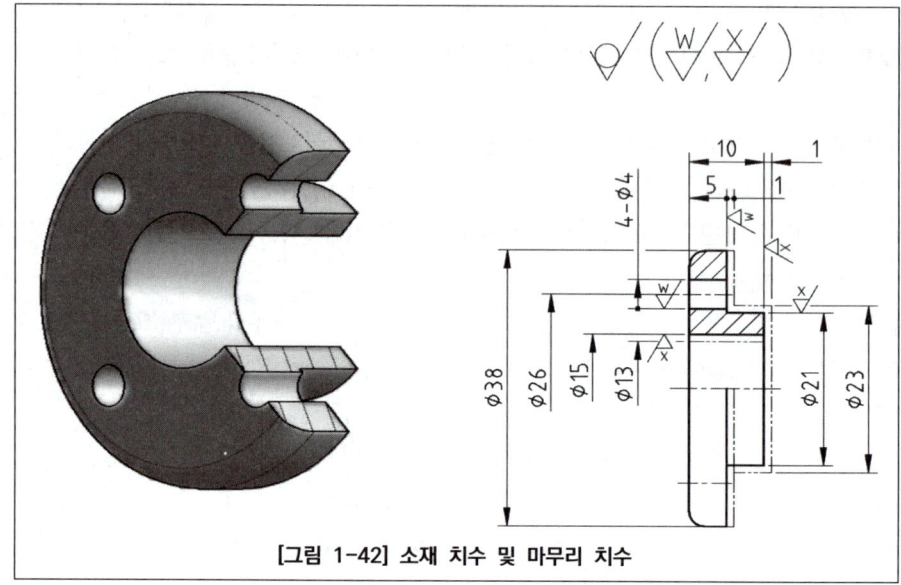

[그림 1-42] 소재 치수 및 마무리 치수

4 치수보조기호의 표시

[표 1-6] 치수보조기호(KS A 0113)

구 분	기 호	읽 기	사용법	예
지름 반지름 구의 지름 구의 반지름 정사각형의 변 판의 두께 45°의 모떼기 실제의 반지름 전개상의 반지름	ϕ R Sϕ SR □ t C 실R 전개R	파이 아르 에스파이 에스아르 사각 티 시 실아르 전개아르	치수보조기호는 치수 수치 앞에 붙이고, 치수 수치와 같은 크기로 쓴다.	ϕ5 R10 Sϕ5 SR10 □10 t2 C2 실R30 전개R10
원호의 길이	⌒	원호	치수 수치 위에 붙인다.	⌢30
이론적으로 정확한 치수	▭	테두리	치수 수치를 둘러싼다.	30
참고치수	( )	괄호	치수 수치의 치수보조기호를 둘러싼다.	(30)

> **Point**
>
> **치수보조기호**
> ① 원호의 길이
> ② 이론적으로 정확한 치수
> ③ 참고치수

5 치수기입방법의 일반형식

(1) 치수선

치수선에 치수를 기입하며 치수선은 0.25mm 이하의 가는 실선을 치수보조선에 직각으로 긋는다. 치수선은 외형선에서 10~15mm쯤 띄워서 긋는다.
① 많은 치수선을 평행하게 그을 때는 간격이 서로 같게 한다.
② 외형선, 은선, 중심선 및 치수보조선은 치수선으로 사용하지 않는다.

(2) 치수보조선

치수선에 직각으로 긋는다. 치수보조선이 외형선과 접근해서 구별하기 어려운 경우(테이퍼 부분 등), 또는 치수기입의 관계로 특히 필요한 경우에는 치수선에 대하여 적당한 각도(60°)로 그을 수 있다. 치수보조선은 치수선 위치에서 2~3mm까지 연장한다. 아래 그림은 치수보조선의 적절한 사용방법에 대한 것이다.

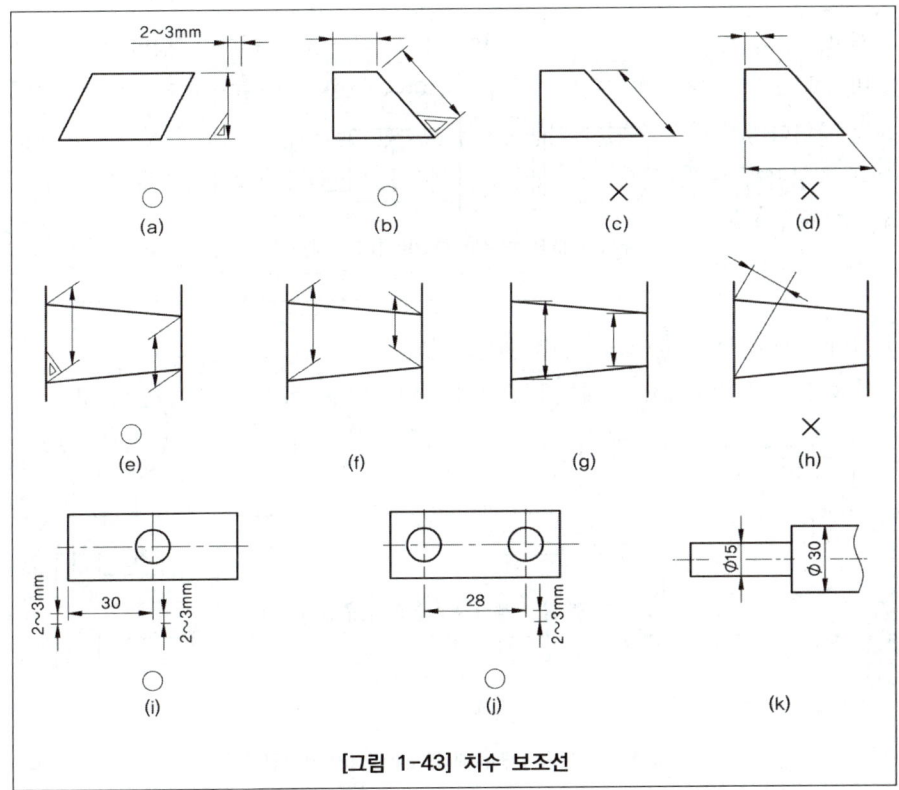

[그림 1-43] 치수 보조선

> **Point**
> 치수선
> 가는 실선

(3) 화살표

길이와 폭의 비율은 2.5 ~ 3 : 1이며, 화살표의 각도는 30°이다.

① 화살표는 원칙적으로 치수선의 바깥쪽으로 향하여 붙인다. 다만, 화살표를 기입할 여유가 없을 때에는 치수선을 연장하여 긋고, 화살표를 안쪽으로 향하여 그리고 치수 수치를 기입해도 좋다.
② 치수 보조선의 간격이 좁아 화살표를 기입할 여유가 없을 때에는 화살표 대신에 검정점 또는 사선을 사용해도 좋다.

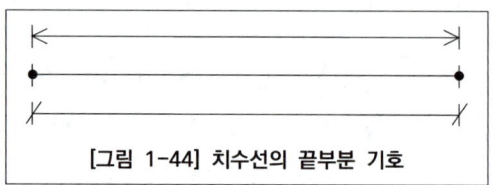

[그림 1-44] 치수선의 끝부분 기호

(4) 지시선과 인출선

지시선은 치수선이나 치수 보조선과 같이 가는 실선으로 그리며, 구멍의 치수나 가공법, 지시사항, 부품번호 등을 기입하기 위하여 쓰이는 선이다. 아래 그림과 같이 도형을 나타내는 선과 구별이 가능하도록 가능한 한 도형의 외부에 도시하고 인출선을 경사지게 한다. 지시선의 경사각은 60°를 사용하고 부득이한 경우에는 30°, 45°를 적용한다.

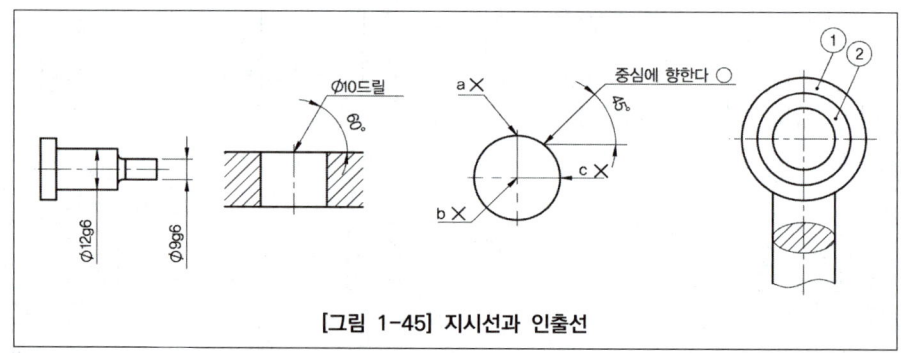

[그림 1-45] 지시선과 인출선

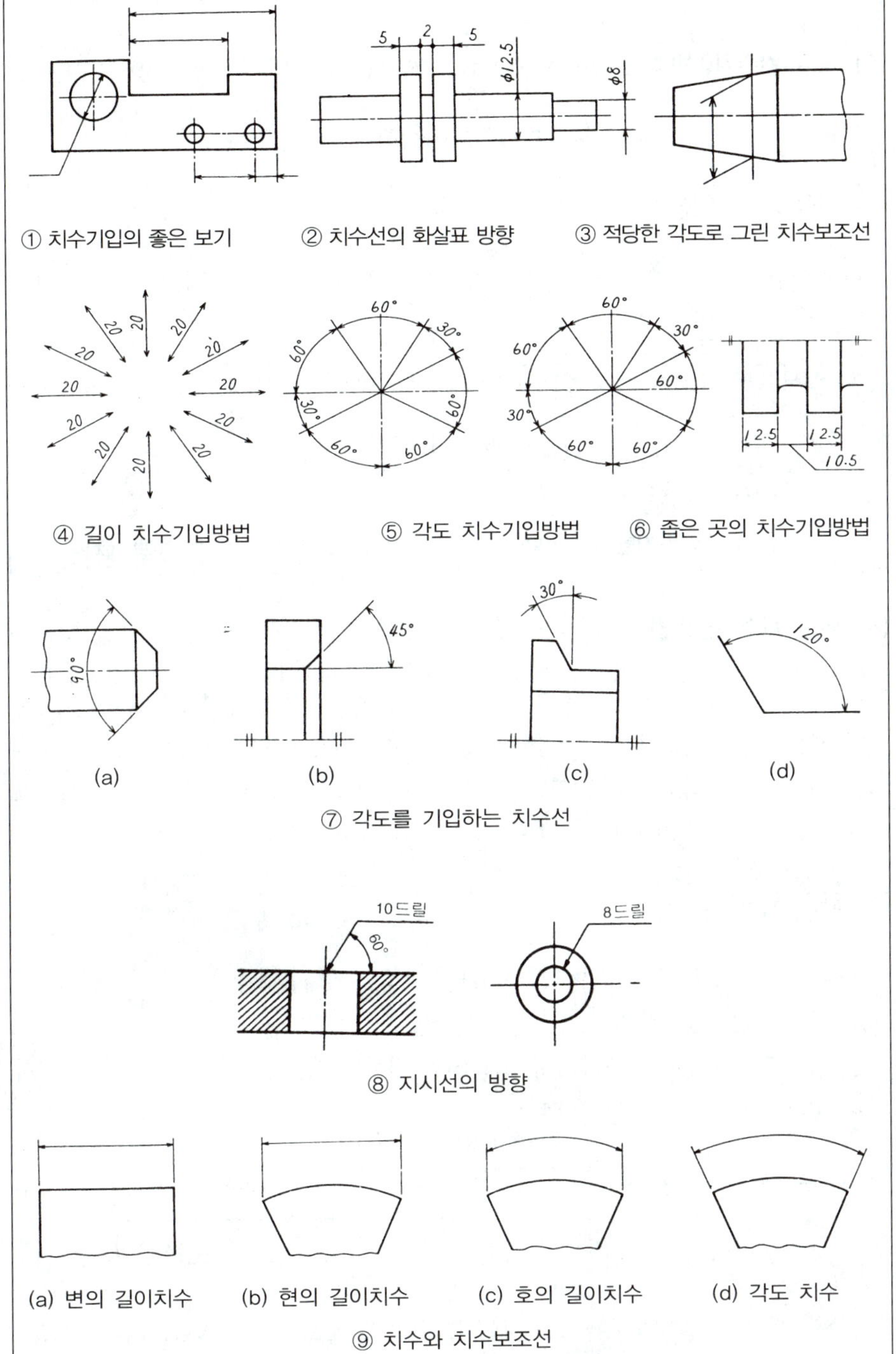

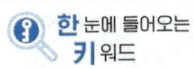

① 치수기입의 좋은 보기
② 치수선의 화살표 방향
③ 적당한 각도로 그린 치수보조선
④ 길이 치수기입방법
⑤ 각도 치수기입방법
⑥ 좁은 곳의 치수기입방법
(a)
(b)
(c)
(d)
⑦ 각도를 기입하는 치수선
10드릴
8드릴
⑧ 지시선의 방향
(a) 변의 길이치수
(b) 현의 길이치수
(c) 호의 길이치수
(d) 각도 치수
⑨ 치수와 치수보조선

[그림 1-46] 치수기입방법의 예

한 눈에 들어오는 키워드

Point

지시선, 치수선, 치수보조선
가는 실선

Point

현의 길이, 호의 길이, 각도 치수 기입법

01

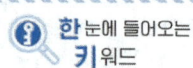

6 치수의 배치

(1) 직렬 치수기입방법

직렬로 나란히 연속되는 개개의 치수가 계속되어도 상관없는 경우에 쓰인다.

(2) 병렬 치수기입방법

하나하나의 치수에 대한 공차에는 영향을 주지 않을 때 사용한다.

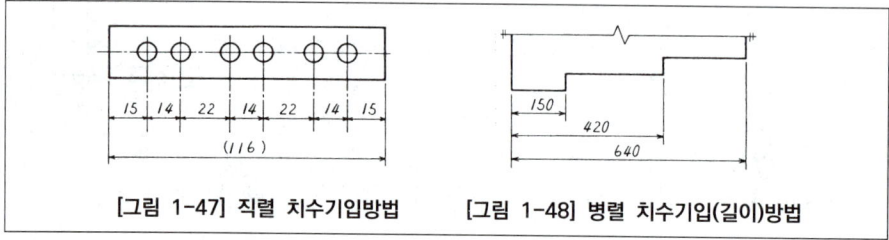

[그림 1-47] 직렬 치수기입방법　　[그림 1-48] 병렬 치수기입(길이)방법

(3) 누진 치수기입방법

이 방법에 따르면, 병렬 치수기입방법과 같이 치수공차에는 영향을 주지 않으며, 하나의 연속된 치수선으로 간편하게 표시할 수 있다. 이때의 치수의 기점 위치는 ○ 기호로 표시하고, 치수선의 다른 끝은 화살표로 표시한다. 치수는 치수보조선에 나란히 기입하거나 화살표 부근 치수선의 위쪽을 따라 기입한다.

(4) 좌표 치수기입

아래 그림과 같이 기입하는 이 방법은 프레스 금형 설계와 사출 금형 설계에서 많이 사용하는 방법이다.

① 기준면에 해당하는 쪽의 치수 보조선의 위치는 제품의 기능, 조립, 가공, 검사 등의 조건을 고려하여 정한다.

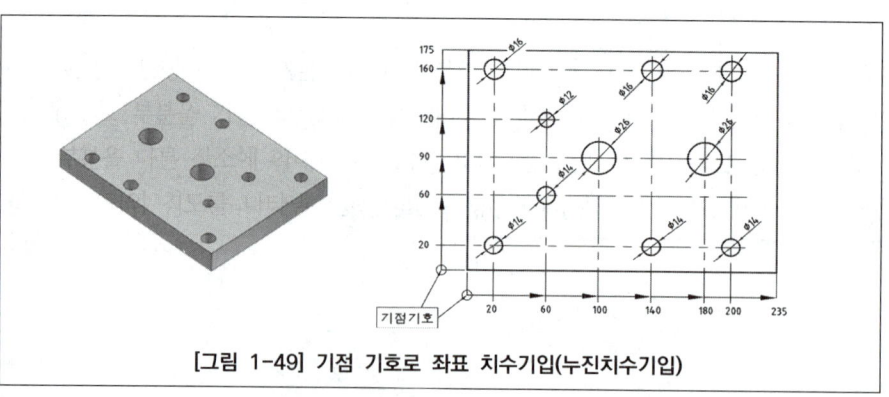

[그림 1-49] 기점 기호로 좌표 치수기입(누진치수기입)

Point

치수의 배치
① 직렬 치수기입법
② 병렬 치수기입법
③ 누진 치수기입법

② 구멍의 위치나 크기 등의 치수는 좌표를 사용해도 된다. 이 경우, 표에 기입된 아래 그림의 X, Y의 숫자는 기점으로부터의 치수이다.

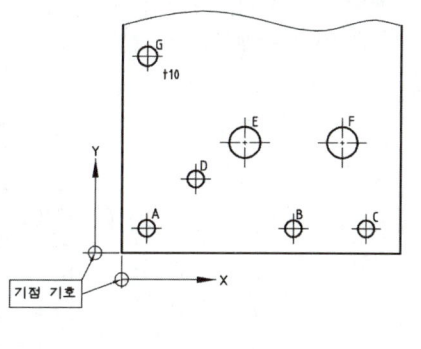

구분	X	Y	Z
A	20	20	14
B	140	20	14
C	200	20	14
D	60	60	14
E	100	90	26
F	180	90	26
G	20	160	16

[그림 1-50] 기점 기호로 좌표 치수기입

(5) 형강의 치수기입법

형상 높이 × 넓이 × 두께 - 길이로 표시한다.

종류	단면 모양	표시방법	종류	단면 모양	표시방법
등변ㄱ형강		$LA \times B \times t - L$	T형강		$H \times 13$ $H \times B \times t_1 \times t_2 - L$
부등변부등두께ㄱ형강		$LA \times B \times t_1 \times t_2 - L$	H형강		$HH \times A \times t_1 \times t_2 - L$
I형강		$IH \times B \times t - L$	경ㄷ형강		$\sqsubset H \times A \times B \times t - L$
ㄷ형강		$\sqsubset H \times B \times t_1 \times t_2 - L$	C형강		$CH \times A \times C \times t - L$

Point
형강의 치수기입법
형상 높이×넓이×두께-길이

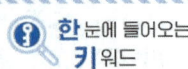

Point
지름의 치수기입 : φ

7 여러 가지 요소의 치수기입

(1) 지름의 치수기입

① 물체의 단면이 원형이고, 그 모양을 투상하지 않고 치수로 원형인 것을 표시할 때에 아래 그림과 같이 지름의 치수 앞에 지름 기호를 붙인다.

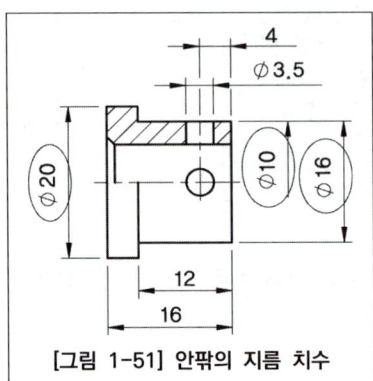

[그림 1-51] 안팎의 지름 치수

② 원형이 명확하게 투상도로 그려진 경우의 치수를 기입할 때에는 기호는 기입하지 않는다. 다만, 원형의 일부를 그리지 않은 도형에서 치수선의 끝부분 기호가 한쪽만 있는 경우, 아래 그림과 같이 φ18에는 반지름의 치수와 혼동되지 않도록 지름의 치수 수치 앞에 φ를 기입한다.

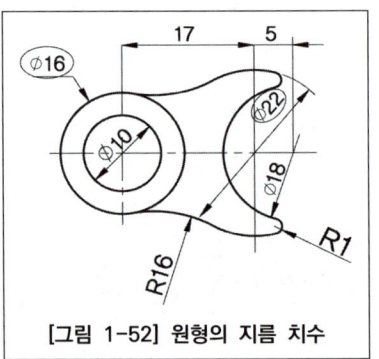

[그림 1-52] 원형의 지름 치수

③ 지름의 크기가 다른 원통으로 연속되고, 연속된 원통의 길이가 짧아서 치수를 기입 할 공간이 작을 경우 아래 그림과 같이 지름 치수를 기입한다.

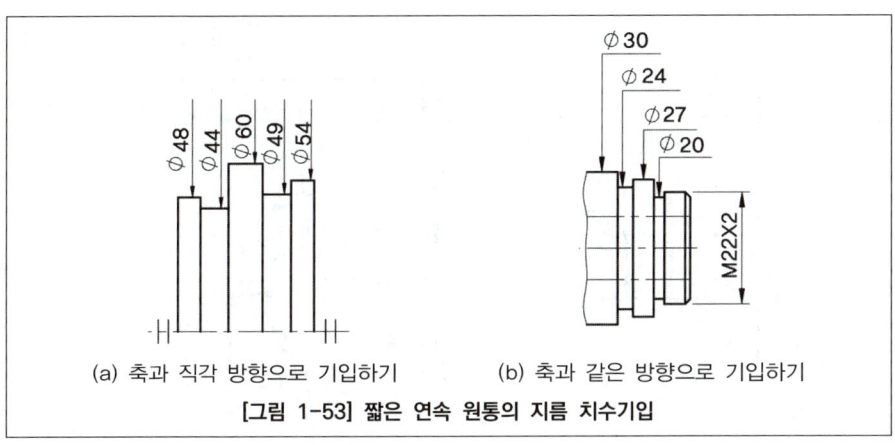

[그림 1-53] 짧은 연속 원통의 지름 치수기입

(2) 반지름의 치수기입

물체의 모양이 원형으로서 그 반지름 치수를 표시할 때에는 치수선의 화살표를 원호 쪽에만 붙이고 중심 쪽에는 붙이지 않으며, 치수 수치 앞에 반지름 기호 R을 붙인다.

① 화살표나 치수를 기입할 여유가 없을 경우에는 아래 그림과 같이 중심 방향으로 치수선을 긋고 화살표를 붙인다.

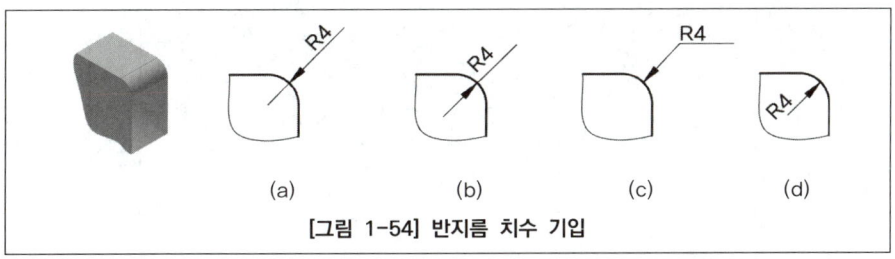

[그림 1-54] 반지름 치수 기입

② 반지름 치수의 중심을 명확하게 하기 위하여 반지름 중심을 표시해야 할 경우에는 가는 실선의 +기호나 1mm 이하의 검은 둥근 점으로 그 위치를 표시할 수 있다.

③ 반지름이 커서 그 중심 위치까지 치수선을 그을 수 없거나 여백이 없을 경우에는 아래 그림의 R74, R48의 치수와 같이 화살표를 붙이는 치수선은 반지름의 정확한 중심 방향으로 긋고 Z자형으로 휘어서 표시한다.

> **Point**
> 반지름의 치수기입 : R

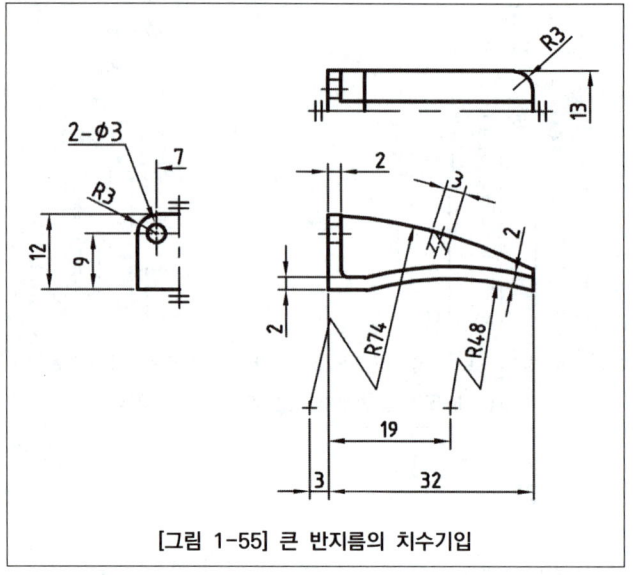

[그림 1-55] 큰 반지름의 치수기입

④ 같은 중심을 가지는 반지름 치수가 연속된 경우에는 그림과 같이 기점 기호를 사용하여 누진 치수기입법으로 표시한다.

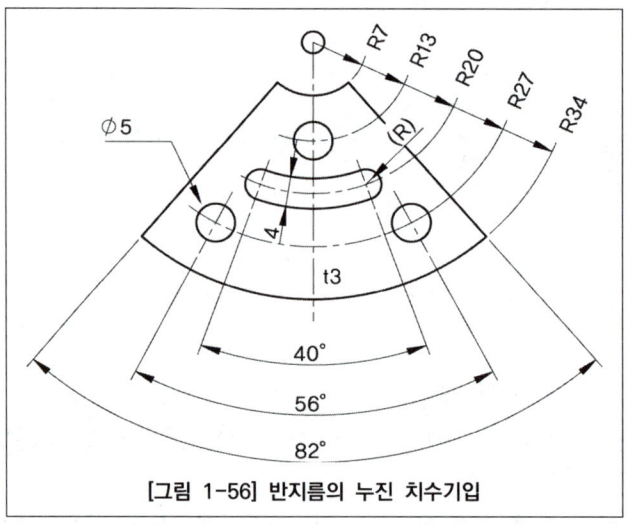

[그림 1-56] 반지름의 누진 치수기입

⑤ 실제 모양을 나타내지 않는 투상도에 반지름의 크기 및 전개한 상태의 반지름 치수를 기입할 때에는 아래 그림과 같이 치수 앞에 '실R', '전개 R'을 붙인다.

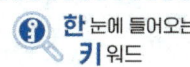

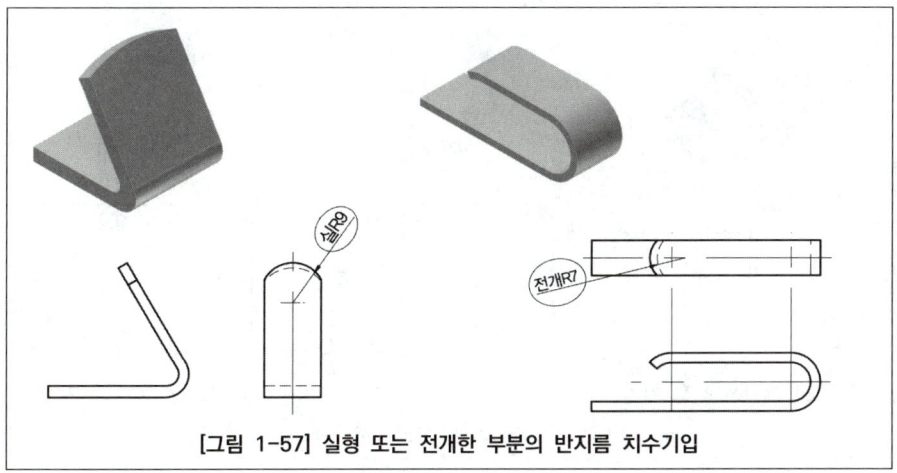

[그림 1-57] 실형 또는 전개한 부분의 반지름 치수기입

(3) 구의 지름과 반지름의 치수기입

구의 지름 또는 반지름 치수를 기입할 때에는 아래그림과 같이 치수 앞에 치수와 같은 크기로 구의 지름 기호인 'Sϕ' 나 구의 반지름 기호인 'SR' 을 붙인다.

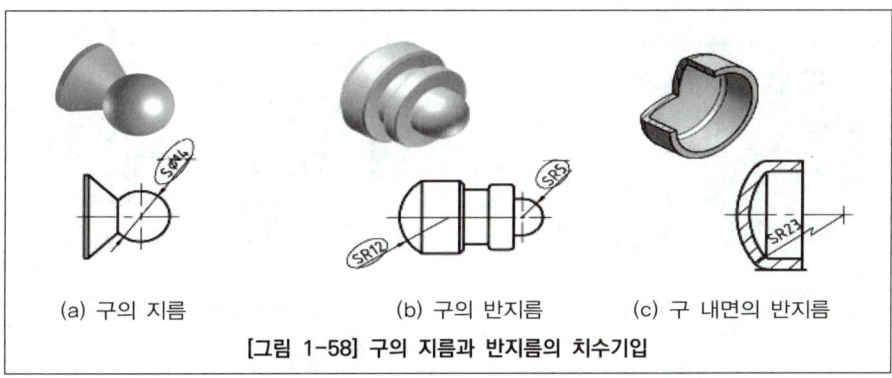

(a) 구의 지름   (b) 구의 반지름   (c) 구 내면의 반지름

[그림 1-58] 구의 지름과 반지름의 치수기입

Point
· 구의 지름 : Sϕ
· 구의 반지름 : SR

(4) 정사각형 변의 크기 치수기입

① 원형인 물체가 정사각형의 모양을 포함하고 있는 경우에는 투상도를 따로 그리지 않고 해당 단면의 치수 앞에 정사각형 기호 □ 을 붙인다.
② 정사각형의 안쪽과 바깥쪽 투상도의 치수는 변의 치수 앞에 정사각형 기호 □ 을 붙여서 기입한다.
③ 구멍의 위치가 정사각형으로 배치된 치수는 한 변의 치수 앞에 정사각형 기호 □ 을 붙여서 기입한다.

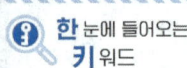

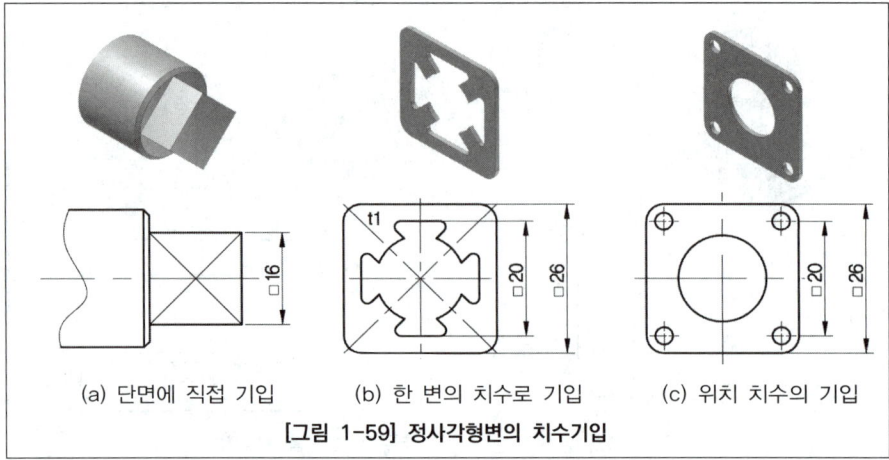

[그림 1-59] 정사각형변의 치수기입

(5) 두께 치수기입

판재는 보통 평면의 상태를 정면도로 한다. 이때, 두께 치수의 기입은 아래 그림과 같이 치수 앞에 두께를 표시하는 기호 't'를 붙이고 투상도 안에 지시함이 원칙이나, 가까운 곳이나 알아보기 쉬운 곳에 기입한다.

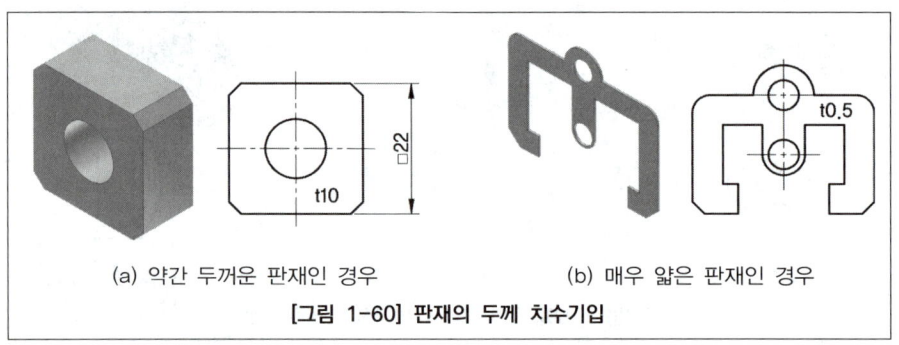

[그림 1-60] 판재의 두께 치수기입

(6) 현의 치수기입

현의 길이 치수는 원칙적으로 아래 그림과 같이 측정할 방향으로 현의 직각에 치수 보조선을 긋고, 현에 평행한 치수선을 그어 치수를 기입한다.

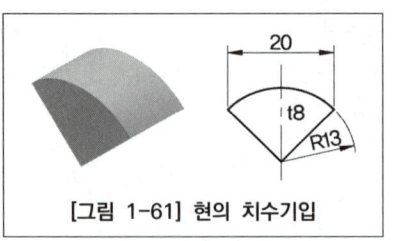

[그림 1-61] 현의 치수기입

(7) 원호의 길이 치수기입

① 현의 길이와 같이 치수 보조선을 긋고, 아래 그림과 같이 그 원호와 동심의 원호로 치수선을 그은 다음 치수 위에 원호 기호 '⌒' 를 붙인다.

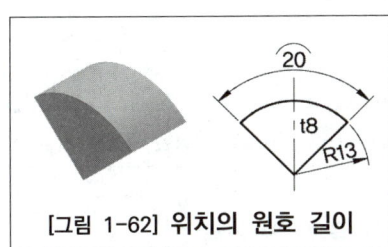

[그림 1-62] 위치의 원호 길이

② 원호로 구성된 각도가 클 때나, 연속적으로 원호의 치수를 기입할 때에는 원호의 중심으로부터 방사형으로 그어진 치수 보조선에 치수선을 맞춘다.

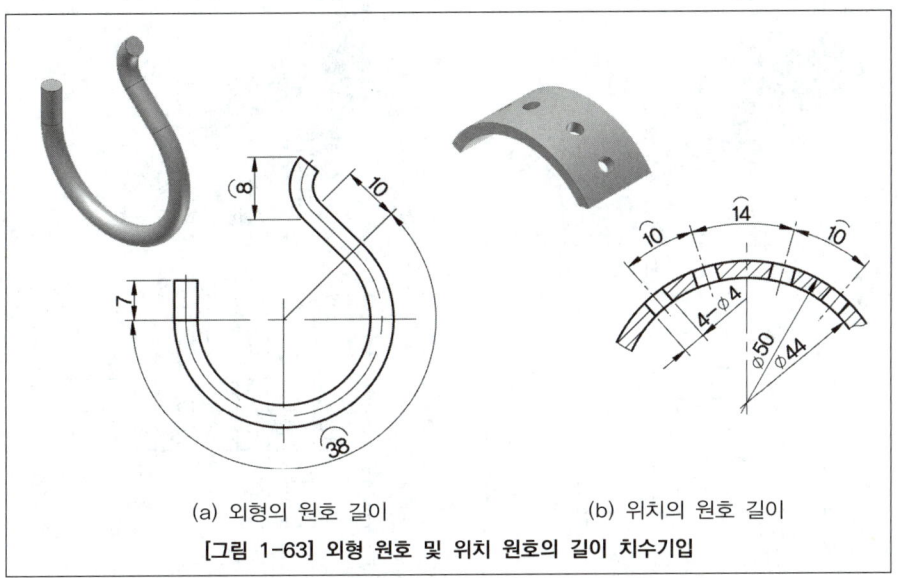

(a) 외형의 원호 길이   (b) 위치의 원호 길이

[그림 1-63] 외형 원호 및 위치 원호의 길이 치수기입

(8) 원호로 구성된 곡선의 치수기입

원호로 구성되는 곡선의 치수는 아래 그림과 같이 원호의 반지름과 그 중심 또는 원호와의 접선 위치까지를 기입한다.

> **Point**
> **원호 치수기입**
> 원호로 치수선을 그어 기입

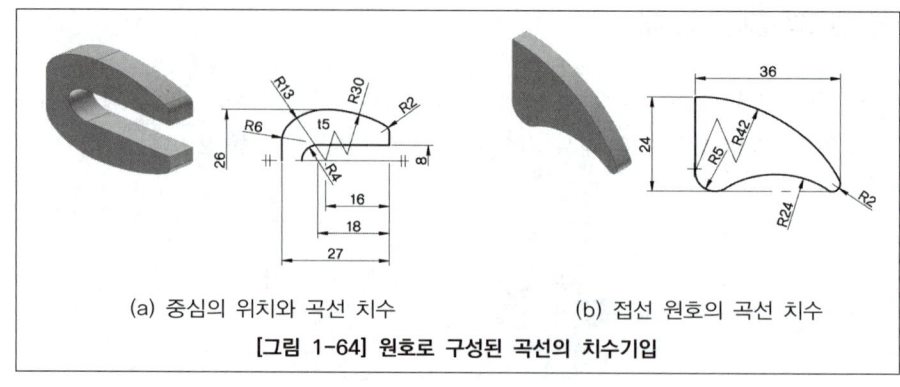

(a) 중심의 위치와 곡선 치수　　　　(b) 접선 원호의 곡선 치수
[그림 1-64] 원호로 구성된 곡선의 치수기입

(9) 원호로 구성되지 않은 곡선 치수기입

원호로 구성되지 않은 곡선의 치수는 아래 그림과 같이 기준면을 기준으로 기입하거나, 곡선 상에 임의의 점 위치를 기점 기호로 표시하고, 좌우로 치수를 기입한다.

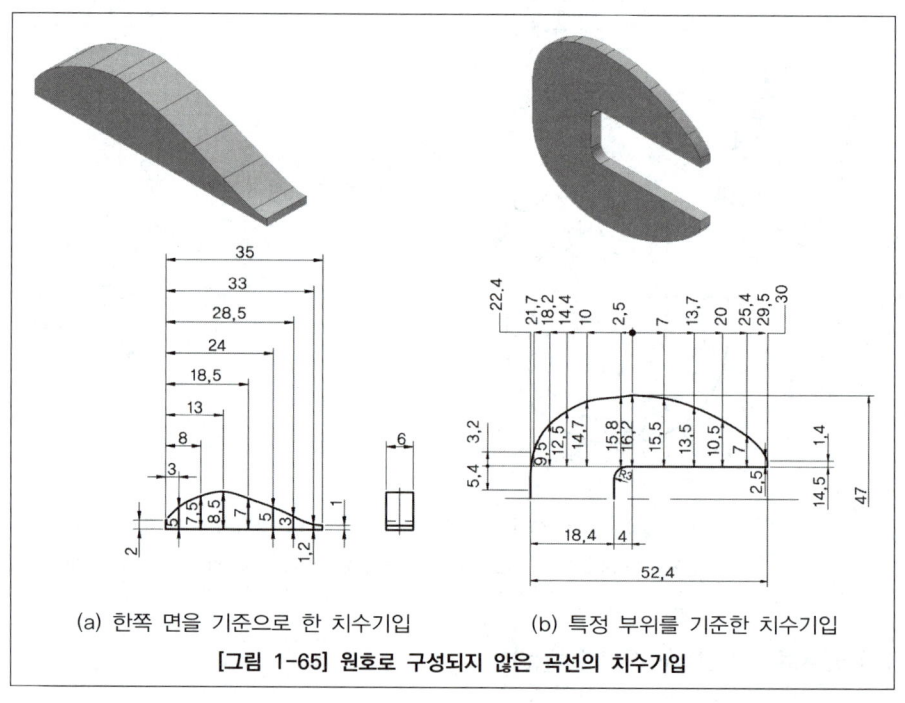

(a) 한쪽 면을 기준으로 한 치수기입　　　　(b) 특정 부위를 기준한 치수기입
[그림 1-65] 원호로 구성되지 않은 곡선의 치수기입

(10) 가공방법의 간략 표시

드릴 구멍, 펀칭 구멍, 코어 구멍 등 구멍의 가공 방법에 의한 구별을 나타낼 필요가 있을 경우에는 원칙적으로 공구의 호칭 치수 또는 기준 치수를 나타내고, 그 뒤에 가공 방법의 구별을 아래 그림과 같이 기입한다. [표 1-7]은 가공 방법에 대하여 간략 지시를 나타내는 표로 이에 따른다.

> **Point**
> **가공방법 간략 표시**
> 드릴 구멍, 펀칭 구멍, 코어 구멍 등

[표 1-7] 가공 방법의 간략 지시

가공방법	간략지시
주조한 대로의 상태	코어
프레스 펀칭	펀칭
드릴로 구멍뚫기	드릴
리머 다듬질	리머

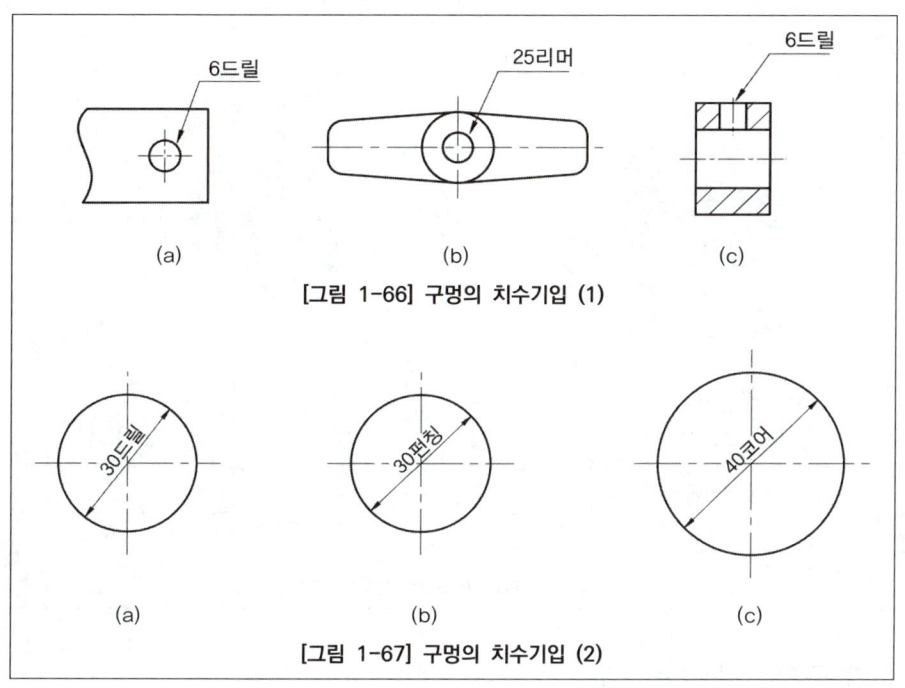

[그림 1-66] 구멍의 치수기입 (1)

[그림 1-67] 구멍의 치수기입 (2)

(11) 여러 개의 같은 간격의 구멍 치수기입

① 볼트, 나사, 핀, 리벳 등 같은 크기의 구멍이 하나의 투상도에 여러 개 있을 경우에는 그림의 '11 - Ø4'와 같이 구멍으로부터 지시선을 사용하여 구멍의 총수 다음에 짧은 선(-)을 긋고 구멍의 치수를 기입한다.

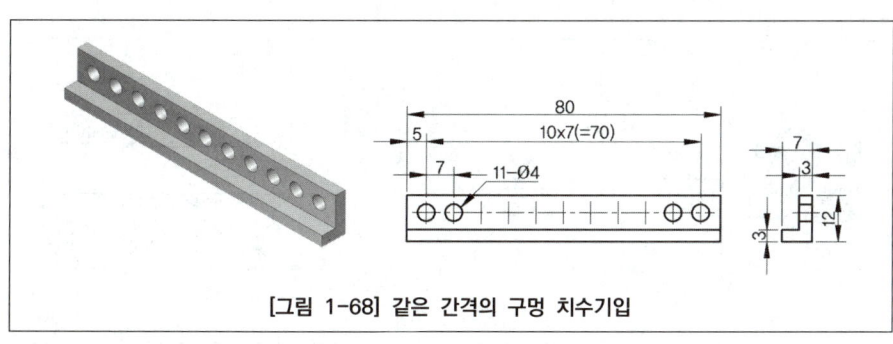

[그림 1-68] 같은 간격의 구멍 치수기입

● Point
총수-구멍의 치수

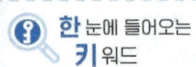

Point
양쪽플랜지
한쪽면의 플랜지 구멍의 총수 기입

② 같은 크기의 구멍이 여러 개일 때 구멍의 피치 간격 치수는 그림의 '10×7 (=70)'과 같이 피치의 총수 다음에 × 기호와 함께 1개의 피치 치수를 기입하고, 괄호를 사용하여 = 기호와 피치를 모두 합한 치수를 기입한다.

③ 양쪽 플랜지(flange)면과 같이 T자형의 관이음, 밸브(valve)의 몸통, 콕(cock) 등의 제품과 같이 투상도의 한쪽플랜지면에 기입된 구멍의 총수는 아래 그림과 같이 한쪽 면의 플랜지 구멍의 총수를 기입한다. 이 경우, 치수를 기입하지 않은 부분에 동일한 치수임을 주서로 기입할 수 있다.

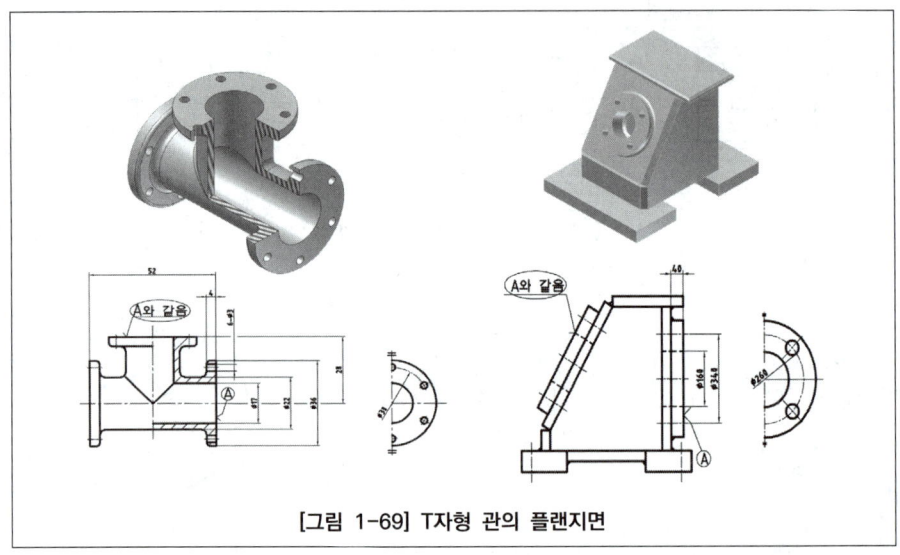

[그림 1-69] T자형 관의 플랜지면

(12) 구멍의 깊이 치수기입

Point
구멍의 깊이 치수기입 방법

① 구멍이 원으로 그려져 있는 투상도에 기입할 때에는 아래 그림과 같이 구멍의 크기 치수 다음에 '깊이'의 문자 기호와 그 깊이의 치수를 기입한다.
② 관통 구멍이 원형으로 표시된 투상도에는 그 깊이를 기입하지 않는다.
③ 구멍 깊이란 그림의 'H'로 표시한 것과 같이 드릴(drill) 끝의 원뿔, 리머(reamer) 끝의 모따기 부를 포함하지 않는 원통부의 깊이이다.

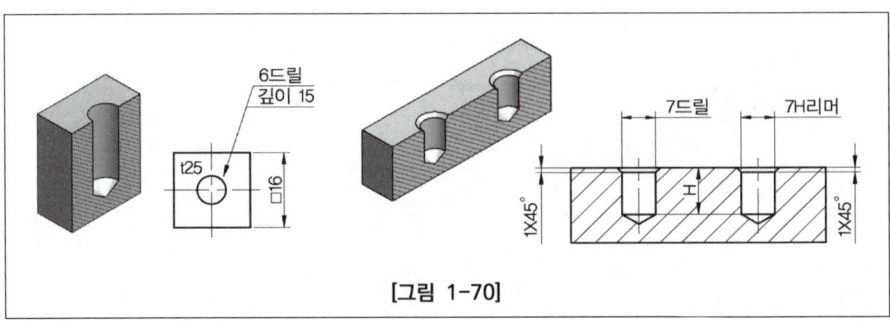

[그림 1-70]

(13) 자리파기의 구멍 치수기입

주조로 제작된 반제품 상태에서 볼트(bolt), 너트(nut), 와셔(washer) 등의 앉음자리를 좋게 하기 위해 평면 상태로 흑피(표면)를 깎는 정도의 자리파기는 아래 그림과 같이 그 지름을 지시하는 치수 다음에 문자 기호로 '자리파기'라 기입하되, 그 깊이는 기입하지 않는다.

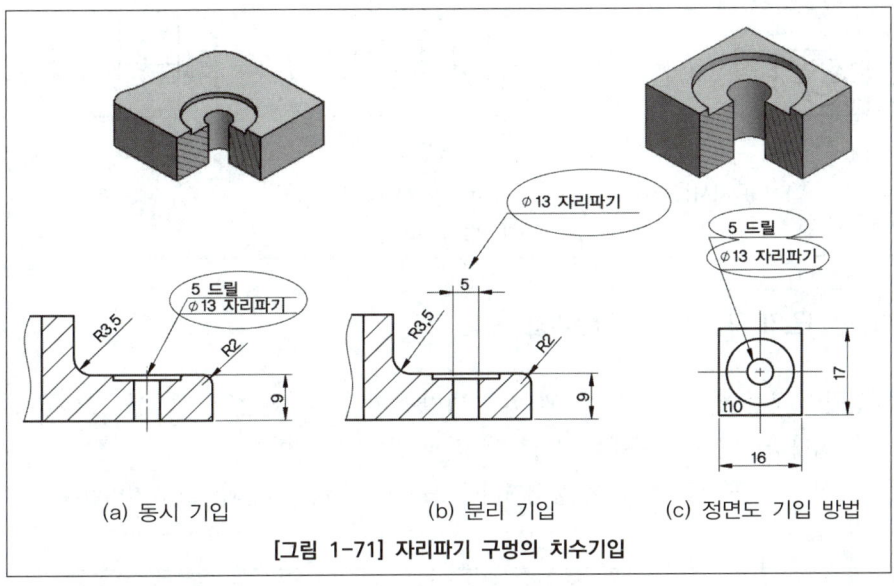

[그림 1-71] 자리파기 구멍의 치수기입

(14) 볼트 머리를 잠기게 하는 구멍 치수 기입

① 구멍의 원형이 표시된 투상도에 기입할 때에는 안쪽의 구멍까지 지시선을 그어서 화살표를 붙이고, 지름 치수 다음에 '깊이 자리파기', '깊이'와 '깊이 치수'를 차례로 기입한다.
② 구멍의 모양을 단면으로 투상한 경우에 깊은 자리파기 쪽의 면의로부터 치수를 기입 할 때에와 반대쪽으로부터 기입할 때에는 그림과 같이 기입한다.

> **한 눈에 들어오는 키워드**
>
> ● Point
> '자리파기' 문자 기호 기입
>
> ● Point
> 깊은 자리파기 문자 기호 기입
> ·깊이와 치수 기입

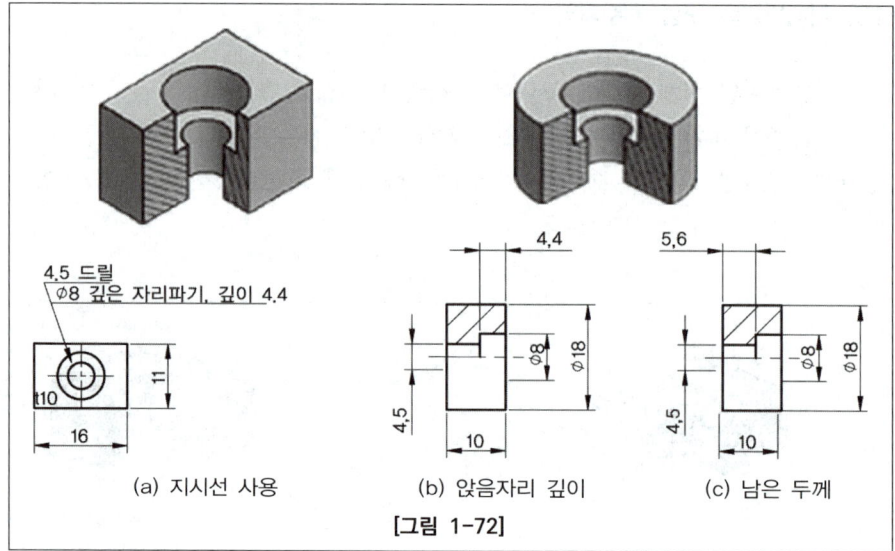

[그림 1-72]

(15) 긴원의 구멍 및 홈 치수기입

긴원의 구멍 및 홈은 그 기능과 가공 방법에 따라 다음과 같이 치수를 기입한다.
① 하나의 공구로 가공하는 경우에는 전체 길이를 기입한다.
② 하나의 공구로 가공하여 중심거리를 표시할 때에는 그림과 같이 기입한다.

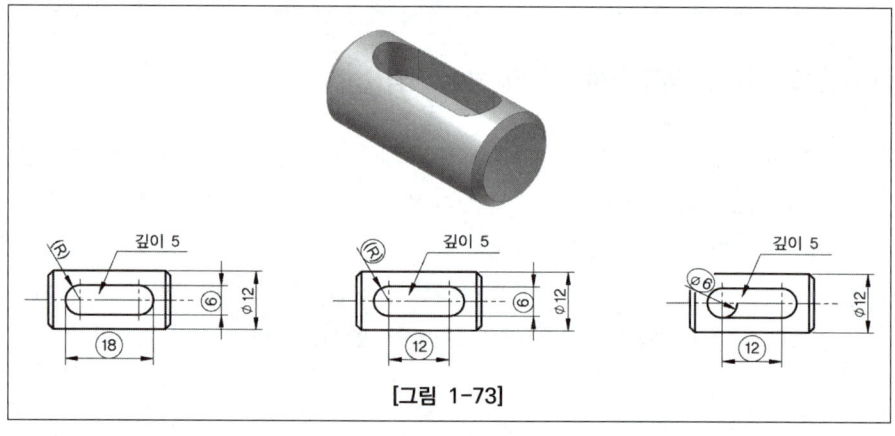

[그림 1-73]

(16) 경사진 구멍의 치수기입

경사진 구멍의 깊이는 아래 그림과 같이 구멍 중심선상의 깊이로 표시하든가, 그 것에 따를 수 없는 경우에는 지시선을 사용하여 표시한다.

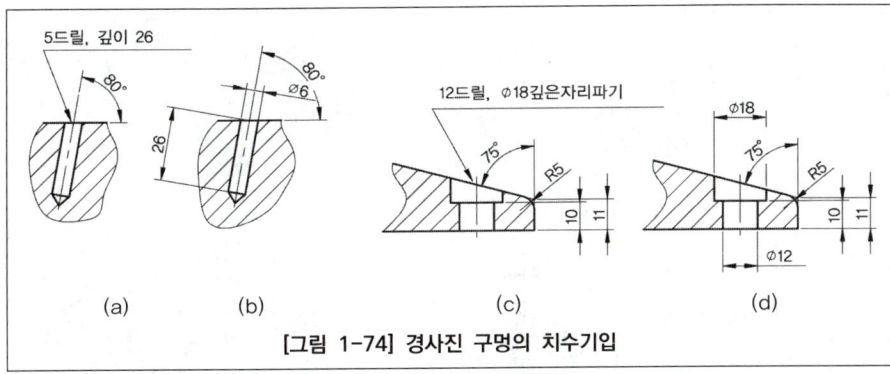

[그림 1-74] 경사진 구멍의 치수기입

(17) 축의 키 홈의 치수기입

풀리나 기어 등을 고정하기 위한 축의 키 홈의 나비, 깊이, 길이, 위치 및 끝 부분 등의 치수를 기입한다.

① 축의 끝까지 가공된 키 홈의 깊이와 축 안의 키 홈의 깊이는 아래 그림과 같이 가공 깊이를 기입한다.

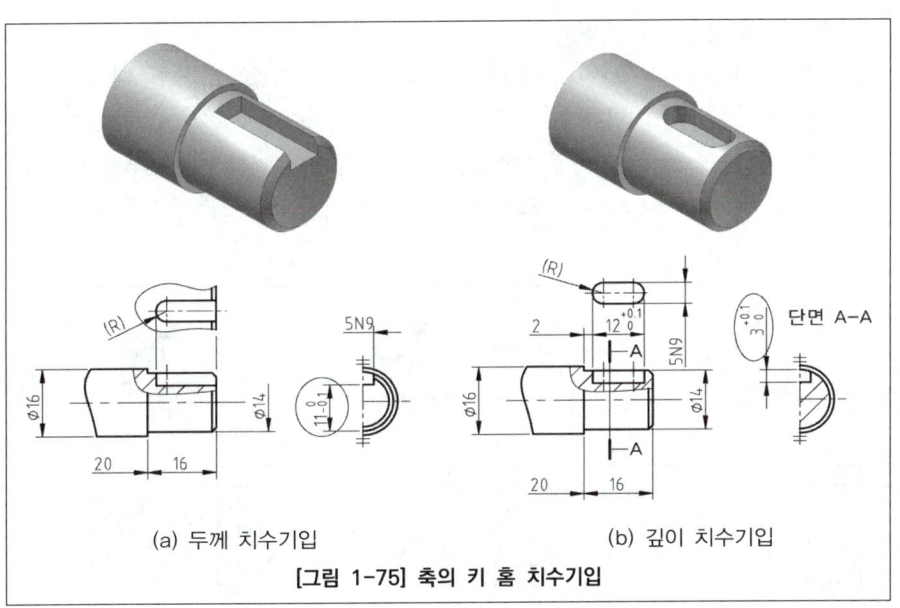

(a) 두께 치수기입   (b) 깊이 치수기입

[그림 1-75] 축의 키 홈 치수기입

② 밀링 커터(milling cutter) 공구로 가공하는 경우에는 아래 그림과 같이 기준 위치에서 공구의 중심까지의 거리와 공구의 지름 치수를 기입한다.

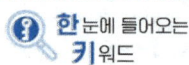
한눈에 들어오는 **키** 워드

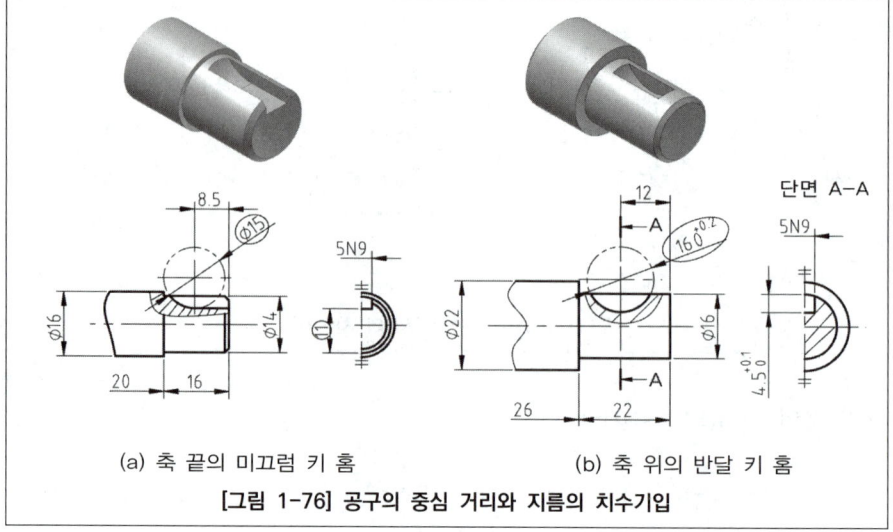

(a) 축 끝의 미끄럼 키 홈   (b) 축 위의 반달 키 홈

[그림 1-76] 공구의 중심 거리와 지름의 치수기입

(18) 구멍의 키 홈의 치수기입

Point
구멍의 키홈의 치수기입 방법

① 키 홈의 치수는 아래 그림 (a)와 같이 키 홈의 반대쪽 구멍의 지름 면으로부터 키 홈 면까지를 기입한다.
② 키 홈 가공이 된 쪽 면으로부터 키 홈의 깊이를 기입하고자 할 때에는 아래 그림 (b)와 같이 기입한다.
③ 경사 키 홈의 치수는 아래 그림 (c)와 같이 구멍의 지름 면으로부터 먼 쪽의 키 홈 면까지의 치수를 키 홈이 깊은 쪽으로 기입한다.

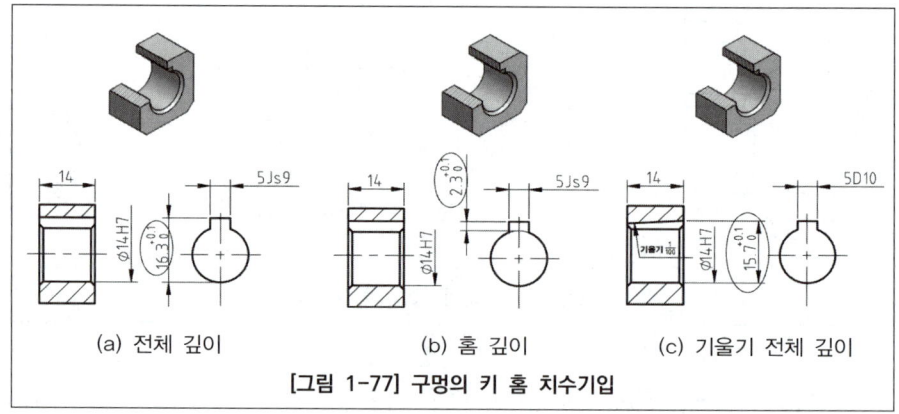

(a) 전체 깊이   (b) 홈 깊이   (c) 기울기 전체 깊이

[그림 1-77] 구멍의 키 홈 치수기입

(19) 테이퍼 치수기입

Point
테이퍼 치수기입 방법
① 중심선 위에 기입
② 인출선 써서 기입

테이퍼는 원칙적으로 아래 그림의 (a)와 같이 중심선 위에 기입하나, 기울기 크기와 방향을 별도로 지시할 때에는 (b)와 같이 인출선을 써서 기입한다.

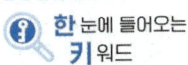

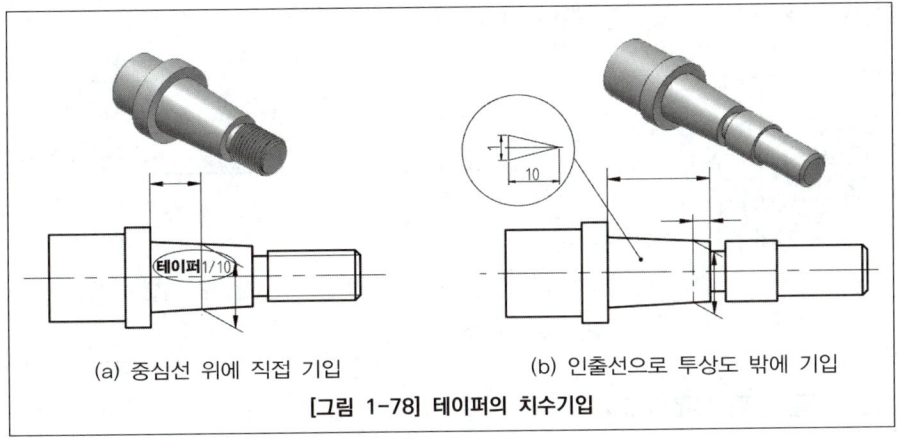

(a) 중심선 위에 직접 기입   (b) 인출선으로 투상도 밖에 기입

[그림 1-78] 테이퍼의 치수기입

(20) 기울기 치수기입

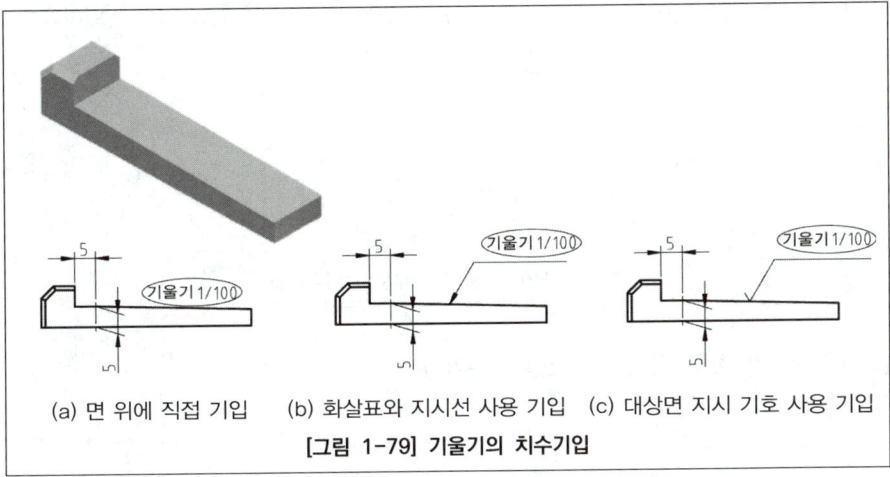

(a) 면 위에 직접 기입   (b) 화살표와 지시선 사용 기입   (c) 대상면 지시 기호 사용 기입

[그림 1-79] 기울기의 치수기입

Point
기울기 치수기입 방법
① 면 위에 직접기입
② 화살표와 지시선 사용기입
③ 대상면 지시 기호 사용기입

(21) 모따기 각도가 45° 이하일 때에의 치수기입

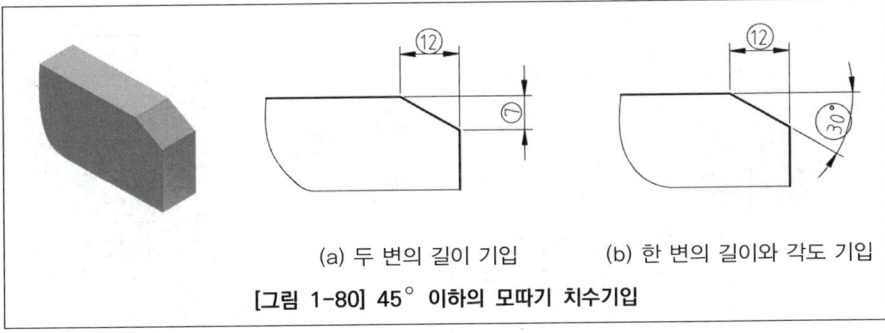

(a) 두 변의 길이 기입   (b) 한 변의 길이와 각도 기입

[그림 1-80] 45° 이하의 모따기 치수기입

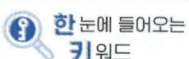

(22) 모따기 각도가 45°일 때의 치수기입

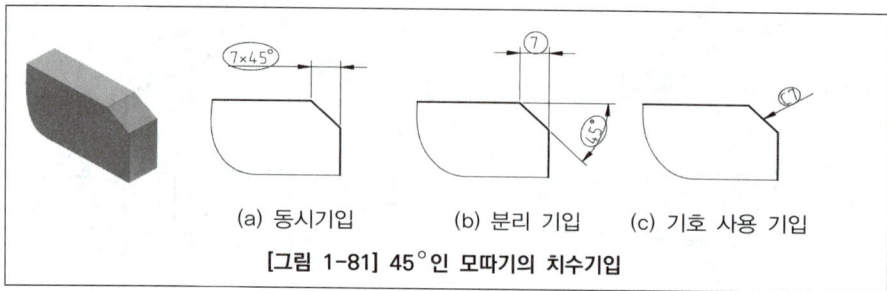

(a) 동시기입　(b) 분리 기입　(c) 기호 사용 기입

[그림 1-81] 45°인 모따기의 치수기입

(23) 얇은 두께 부분의 표시

Point
얇은 두께 부분의 표시
굵은 실선 위에 짧고 가는 실선 사용

얇은 두께 부분의 단면을 아주 굵은 실선으로 그린 도형에 치수를 기입하는 경우에는 단면을 표시한 굵은 실선 위에 짧고 가는 실선을 아래 그림과 같이 긋고, 여기에 치수선 끝부분 기호를 댄다. 이 경우, 가는 실선에 접한 실물 표면까지의 치수를 의미한다.

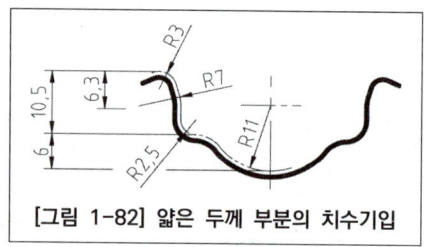

[그림 1-82] 얇은 두께 부분의 치수기입

(24) 가공 및 조립 기준에 필요한 치수기입

Point
가공 및 조립 시 필요한 치수기입 방법

① 가공 또는 조립에 필요한 때에는 아래 그림(a)와 같이 기준면에 설치한 치수보조선의 양쪽으로 구분하여 기입한다.
② (b)와 같이 한 쪽 단면도의 경우에는 바깥지름 치수와 안지름 치수를 가공하기에 편리하도록 구분하여 기입한다.

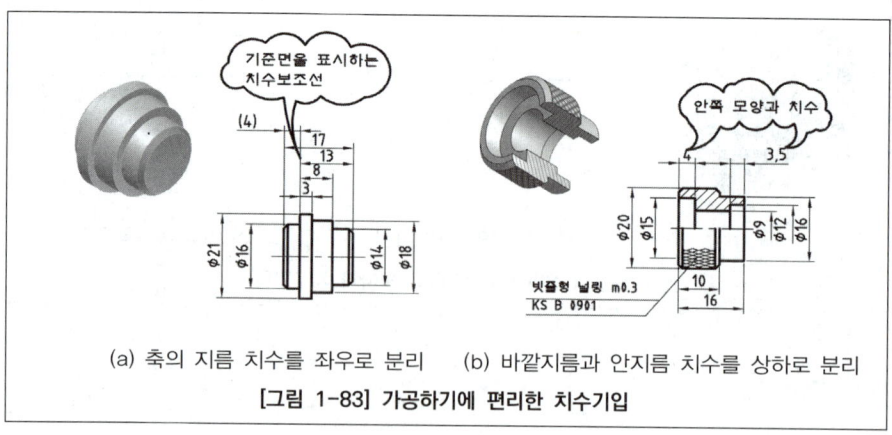

(a) 축의 지름 치수를 좌우로 분리　(b) 바깥지름과 안지름 치수를 상하로 분리

[그림 1-83] 가공하기에 편리한 치수기입

③ 특별히 한 곳을 강조하고 싶을 때에는 '조립 기준면'과 같이 그 내용을 기입하고, 이를 기준으로 하여 치수를 기입한다.

Point
강조 시 '조립기준면' 문자 기입

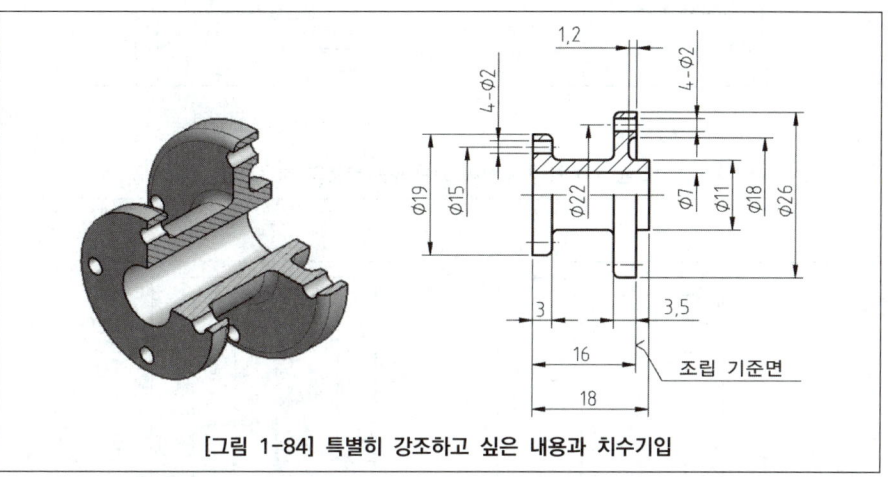

[그림 1-84] 특별히 강조하고 싶은 내용과 치수기입

④ 가공 공정이 다른 경우에는 그림과 같이 좌우와 상하 및 안쪽과 바깥쪽으로 치수를 구분해서 기입하여 알아보기 쉽도록 한다.

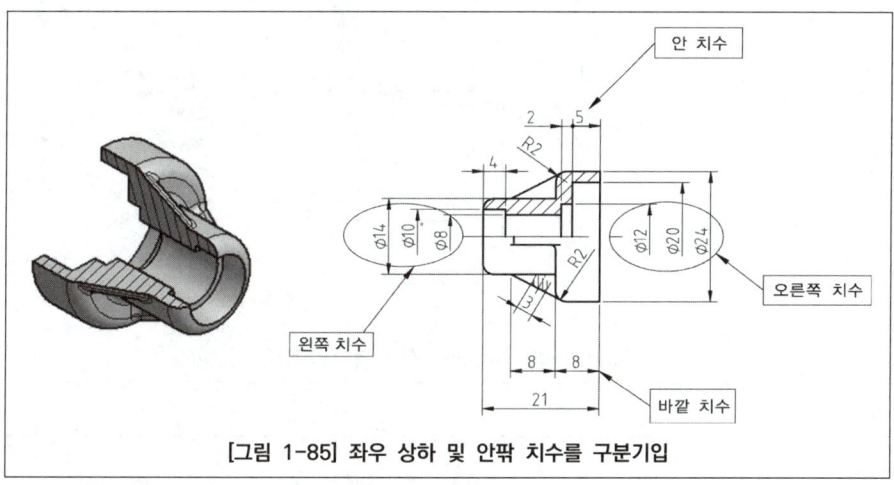

[그림 1-85] 좌우 상하 및 안팎 치수를 구분기입

(25) 치수 기입 시 주의 사항

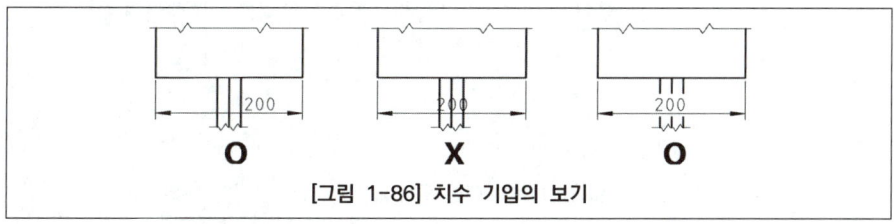

[그림 1-86] 치수 기입의 보기

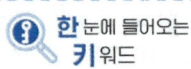

Point
치수기입 시 주의사항

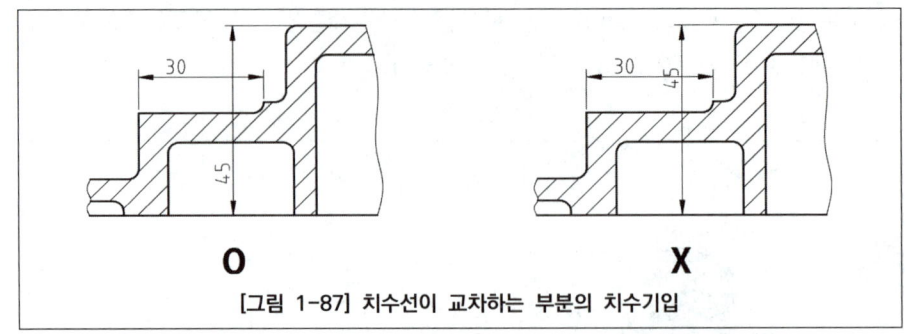

[그림 1-87] 치수선이 교차하는 부분의 치수기입

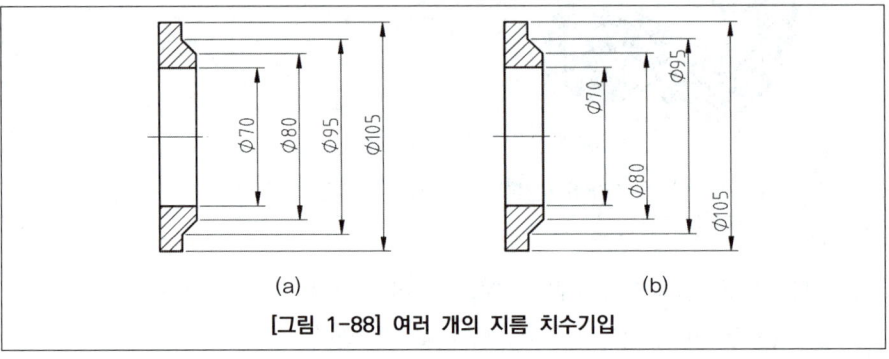

[그림 1-88] 여러 개의 지름 치수기입

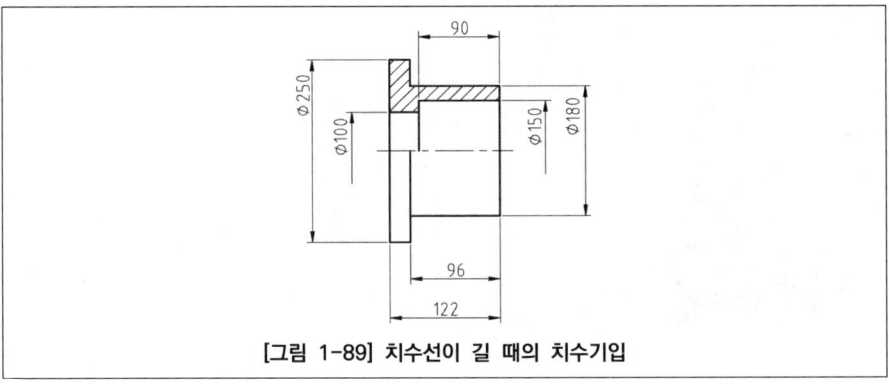

[그림 1-89] 치수선이 길 때의 치수기입

Point
대칭 도형의 치수기입 방법

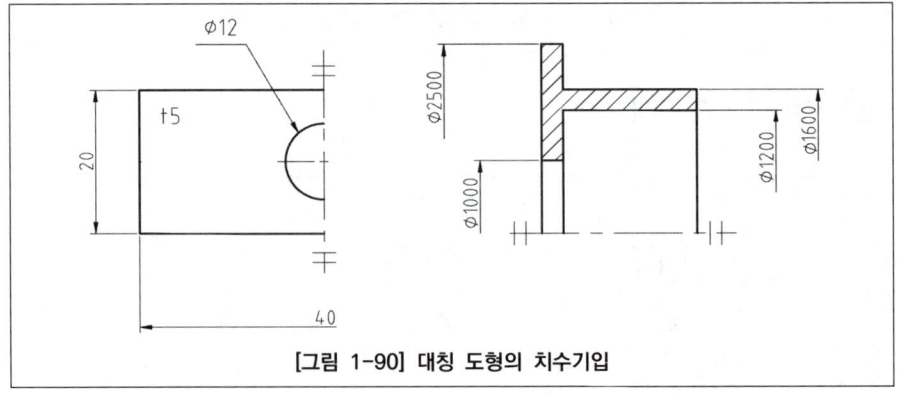

[그림 1-90] 대칭 도형의 치수기입

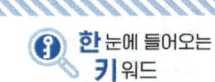

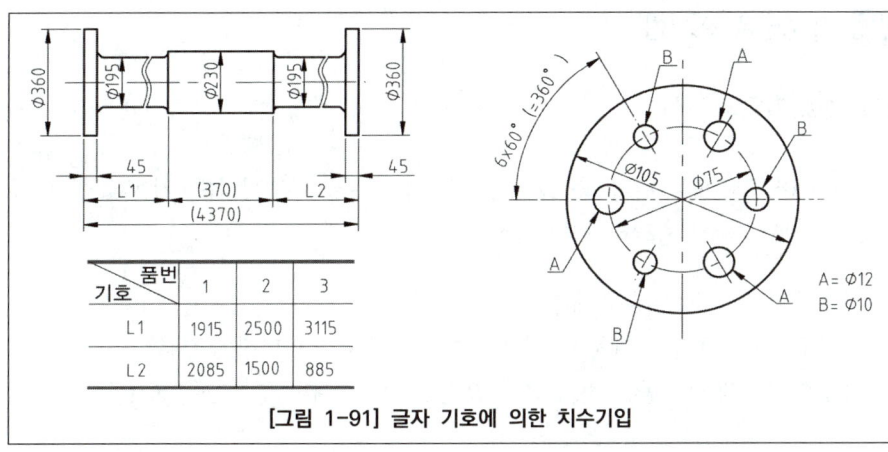

[그림 1-91] 글자 기호에 의한 치수기입

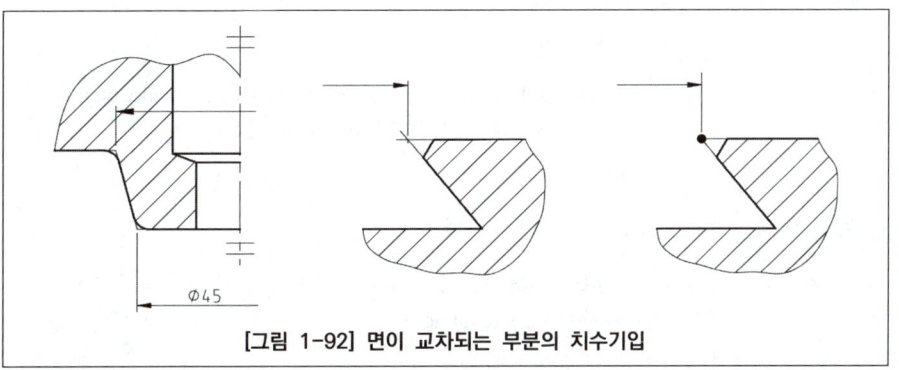

[그림 1-92] 면이 교차되는 부분의 치수기입

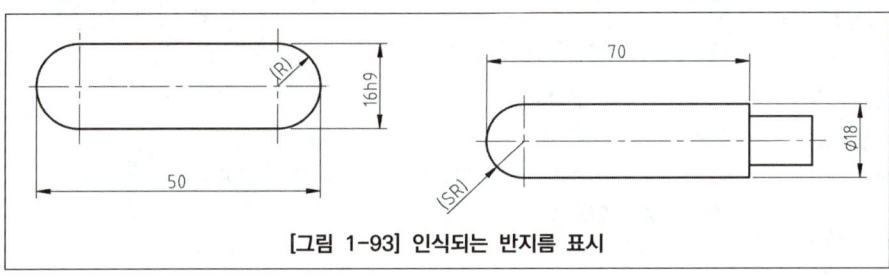

[그림 1-93] 인식되는 반지름 표시

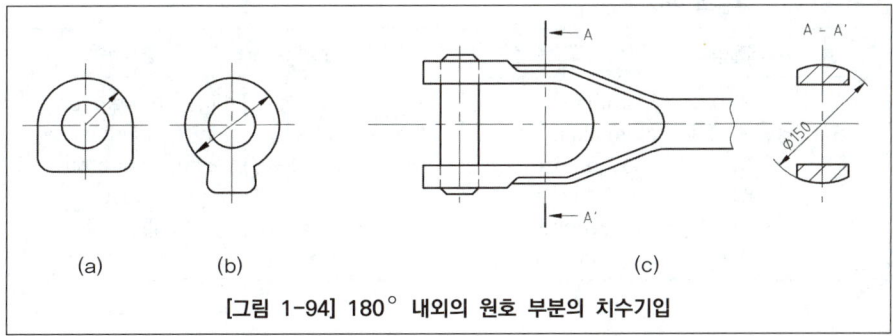

[그림 1-94] 180° 내외의 원호 부분의 치수기입

8 기계재료 표시법

(1) 재료 기호의 구성

한국산업규격(KS)의 금속부문(D)에는 재료의 종류별로 화학성분, 기계적 성질 및 용도에 따라 재료기호를 지정해 놓았다.

① 처음부분: 재질을 나타내는 부분
② 중간부분: 규격명, 제품명, 형상별 종류나 용도를 나타내는 부분
③ 끝부분: 재질의 종류 번호, 최저 인장강도를 숫자나 영문자로 표시

보기 1 SS 330(일반 구조용 압연강재)

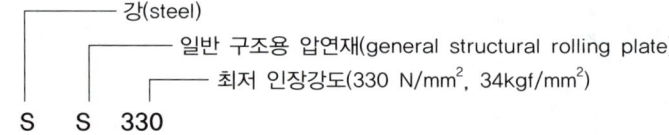

- 강(steel)
- 일반 구조용 압연재(general structural rolling plate)
- 최저 인장강도(330 N/mm^2, 34kgf/mm^2)

S S 330

보기 2 HBsC 1(고강도 황동 주물)

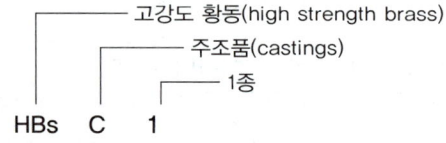

- 고강도 황동(high strength brass)
- 주조품(castings)
- 1종

HBs C 1

보기 3 SM 20 C(기계 구조용 탄소강재)

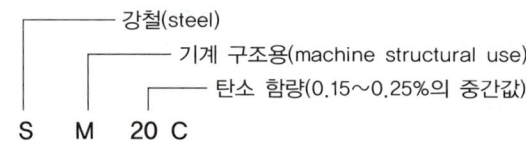

- 강철(steel)
- 기계 구조용(machine structural use)
- 탄소 함량(0.15~0.25%의 중간값)

S M 20 C

[표 1-8] 처음 부분의 기호

기호	재질명	영문	기호	재질명	영문
Al	알루미늄	aluminium	HBs	고강도 황동	high strength brass
AlB	알루미늄 청동	aluminium bronze	HMn	고망간	high manganese
B	청동	bronze	PB	인 청동	phosphor bronze
Bs	황동	brass	S	강	steel
C	구리	copper	ST	스테인리스강	stainless steel
Cr	크롬	chromium	WM	화이트 메탈	white metal

[표 1-9] 중간 부분의 기호

기 호	재질명	기 호	재질명
B	봉(bar)	MC	가단주철품(malleable iron casting)
C	주조품(castings)	P	판(plate)
CD	구상 흑연주철	PS	일반 구조용 관
CP	냉간 압연강판	PW	피아노선
CS	냉간 압연강대	S	일반 구조용 압연재
DC	다이 캐스팅(die castings)	SW	강선(steel wire)
F	단조품(forgings)	T	관(tube)
HG	고압 가스용기	TC	탄소공구강
HP	열간 압연강판	W	선(wire)
HR	열간 압연	WR	선재(wire rod)
HS	열간 압연강대	WS	용접구조용 압연강
K	공구강		

[표 1-10] 끝부분에 덧붙이는 기호

구 분	기호	기호의 의미	구 분	기호	기호의 의미
조질도 기 호	A	풀림 상태(연질)	표면 마무리 기호	D	무광택 마무리 (dull finishing)
	H	경질		B	광택 마무리 (bright finishing)
	1/2H	1/2경질			
	S	표준조절			
열처리 기 호	N	불림	기 타	CF	원심력 주강판
	Q	담금질, 뜨임		K	킬드강
	SR	시험편에만 불림		CR	제어 압연한 강판
	TN	시험편에 용접후 열처리		R	압연한 그대로의 강판

(2) 재료의 종류와 기호

① SHP1 ~ SHP3 : 열간 압연 연강판 및 강대
② SS330, SS400, SS490, SS540 : 일반구조용 압연강판
③ SCP1 ~ SCP3 : 냉간 압연강판 및 강대
④ SWS400A ~ SWS570 : 용접구조용 압연강재
⑤ PW1 ~ PW3 : 피아노선
⑥ SPS1 ~ SPS9 : 스프링 강재
⑦ SCr415 ~ SCr420 : 크롬 강재
⑧ SNC415, SNC815 : 니켈 크롬 강재
⑨ SF340A ~ SF640B : 탄소강 단강품

Point
· SS : 일반 구조용 압연강
· SPS : 스프링강
· SNC : 니켈크롬강
· SF : 탄소강단강
· GC : 회주철

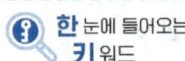

열처리 표시
굵은 1점 쇄선

⑩ STC1 ~ STC7 : 탄소공구강재
⑪ SM10C ~ SM58C, SM9CK, SM15CK, SM20CK : 기계구조용 탄소강재
⑫ SC360 ~ SC480 : 탄소 주강품
⑬ GC100 ~ GC350 : 회주철품
⑭ GCD370 ~ GCD800 : 구상흑연 주철품
⑮ BMC270 ~ BMC360 : 흑심가단 주철품
　WMC330 ~ WMC540 : 백심가단 주철품
　C5191B : 인청동
　BC1 ~ BC7 : 청동주물
　ALDC1 ~ ALDC8 : 알루미늄 합금 다이캐스팅

(3) 기계재료의 열처리 표시

부품 전체에 열처리를 할 때에는 부품란에 재질과 함께 열처리 방법을 표시하거나 주기란에 기입한다. 부품의 면 일부분에 열처리를 할 때에는 [그림 1-95]와 같이 범위를 외형선에 평행하게 약간 떼어서 굵은 1점 쇄선을 긋고 열처리 방법을 기입한다.

[표 1-11] 열처리 표시

종 류	뜻	표시예
노멀라이징(불림) (normalizing)	Ac1점 또는 Acm점 이상의 적당한 온도로 가열한 후, 공기 중에서 냉각하는 조작	노멀라이징 830 ~ 880℃ 공기 중 냉각
어닐링(풀림) (annealing)	적당한 온도로 가열하여 그 온도로 둔 다음 서냉하는 조작	어닐링 약 820℃ 이상 노 속 냉각
담금질 (quenching)	오스테나이트화 온도에서 급랭하여 경화시키는 조작	담금질 $H_B > 401$
침탄 (carburizing)	강 표면층의 탄소량을 증가시키기 위하여 침탄제 속에서 가열처리하는 조작	침탄 표면 $H_V > 610$ 심부 H_B 262~341 깊이 0.7~1
고주파 담금질	고주파 전류에 의한 유도 가열로 하는 담금질	고주파 표면 $H_V > 577$
질화	철강의 표면층에 질소를 확산시켜 표면층을 경화시키는 조작	질화 표면 $H_V > 700$ 깊이 2~3

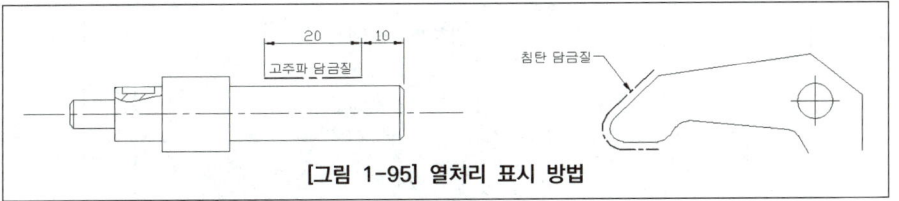

[그림 1-95] 열처리 표시 방법

09 표면거칠기와 면의 지시기호

1 표면거칠기

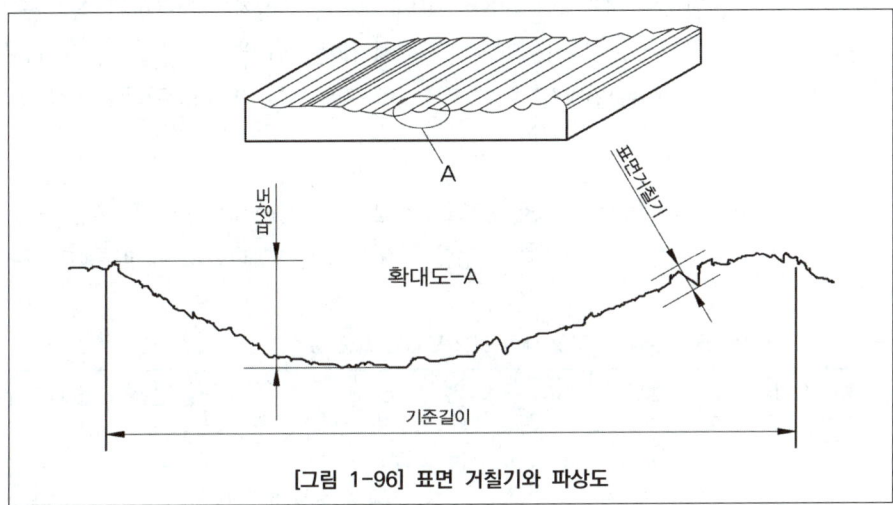

[그림 1-96] 표면 거칠기와 파상도

표면거칠기는 작은 간격으로 나타나는 기계 부품 표면의 오목 볼록한 기복의 차이를 말한다.

표면거칠기의 표시 방법으로는, 중심선 평균 거칠기(R_a), 최대 높이(R_{max}) 및 10점 평균 거칠기(R_z)의 세 가지 표시법이 KS B 0161에 규정되어 있으며, 측정값은 μm으로 표시한다.

(1) 중심선 평균 거칠기(Ra)

아래 그림과 같이 거칠기 곡선에서 산을 깎아 골을 메웠을 때 생기는 직선을 중심선이라 하며, 그 중심선의 방향으로 측정 길이 'L'의 부분을 채취하고, 중심선으로부터 아래쪽에 있는 부분을 위쪽으로 접어서 얻은 윗부분인 빗금 친 부분의 면적을 측정 길이로 나눌 때 얻게 되는 값을 미크론 단위 μm로 나타낸 것을 말한다.

Point
표면거칠기
① 중심선 평균거칠기
② 최대높이 표면거칠기
③ 10점 평균거칠기

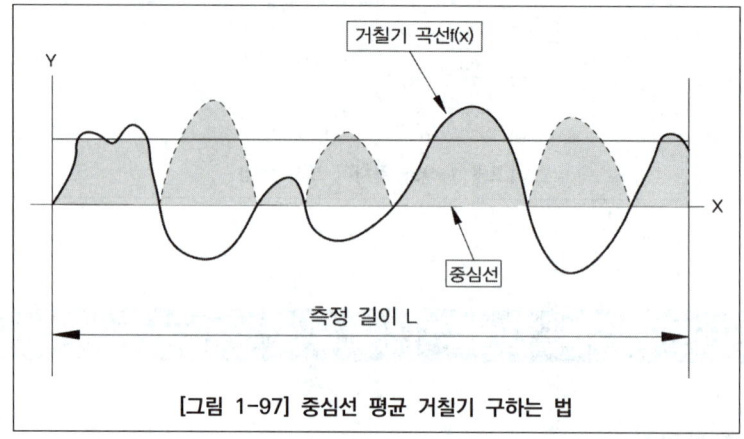

[그림 1-97] 중심선 평균 거칠기 구하는 법

중심선 표면 거칠기는 전기적인 직독식 표면 거칠기 측정기를 사용하여 직접 구한다. 이 측정기로 표면 파상도의 성분을 제거하는 한계의 파장을 컷오프(cut off)라 한다. 측정 길이는 원칙적으로 컷오프 값의 3배 또는 그보다 큰 값을 취한다.

① 컷오프 값

컷오프 값은 원칙적으로 0.08, 0.25, 0.8, 2.5, 8, 25mm의 6종류를 사용하며, 컷오프 값의 표준 값은 특별히 지정할 필요가 없는 한 다음 표에 따른다.

[표 1-12] 중심선 평균 거칠기를 구할 때의 컷오프 값의 표준 값

중심선 평균 거칠기의 범위		컷오프 값 mm	비 고
초 과	이 하		
-	12.5μm Ra	0.8	중심선 평균 거칠기는 먼저 컷오프 값을 지정한 다음에 구함
12.5μm Ra	100μm Ra	2.5	

② 중심선 평균 거칠기의 표준 수열

중심선 평균 거칠기에 따라 표면 거칠기를 지정할 때에는 특별히 필요가 없는 한 다음 표의 표준 수열을 사용한다. 표준 수열의 값 뒤에는 "a"를 붙인다.

[표 1-13] 중심선 표준 거칠기의 표준 수열(거칠기 번호 ISO1302) (단위 : mm)

0.013	0.2	3.2	50
0.025	0.4	6.3	100
0.05	0.8	12.5	-
0.1	1.6	25	-

(2) 최대 높이(Rmax)

다음 그림과 같이 단면 곡선에서 기준 길이를 채취하여 그 부분의 가장 높은 곳과 가장 깊은 골과의 높이차를 단면 곡선의 세로 배율의 방향으로 측정하고, 그 값을 미크론 단위 μm로 나타낸 것을 최대 높이라 한다. L_1, L_2 및 L_3는 기준 길이이고, 이에 따른 최대 높이는 $Rmax_1$, $Rmax_2$, $Rmax_3$이다.

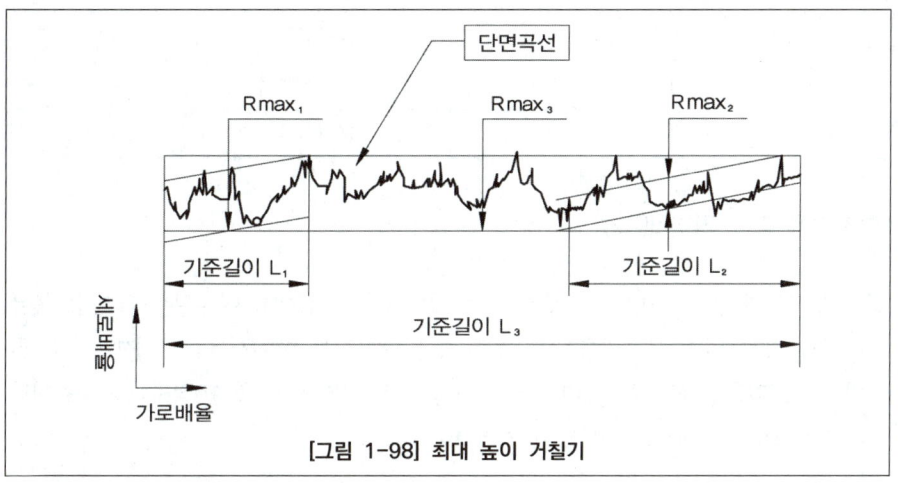

[그림 1-98] 최대 높이 거칠기

① 기준 길이 및 표준 값

기준 길이는 원칙적으로 0.08, 0.25, 0.8, 2.5, 8, 25mm의 6종류로 하며, 특별한 지정이 없는 한 최대 높이를 구할 때 기준 길이의 표준 값은 아래 표의 구분을 따른다.

[표 1-14] 기준 길이의 표준 값

초 과		이 하		기준 길이 mm
최대 높이의 범위	10점 평균 거칠기의 범위	최대 높이의 범위	10점 평균 거칠기의 범위	
-	-	0.8μm Rmax	0.8μm Rz	0.25
0.8μm Rmax	0.8μm Rz	6.3μm Rmax	6.3μm Rz	0.8
6.3μm Rmax	6.3μm Rz	25μm Rmax	25μm Rz	2.5
25μm Rmax	25μm Rz	100μm Rmax	100μm Rz	8
100μm Rmax	100μm Rz	400μm Rmax	400μm Rz	25

② 최대 높이의 표준 수열

최대 높이에 의하여 표준 거칠기를 지정할 때에는 특별히 지정하는 경우를 제외하고는 아래 표의 최대 높이 표준 수열을 사용한다. 표준 수열은 허용할 수 있는 가장 큰 높이를 나타내고 구분치 뒤에 "S"를 붙인다.

[표 1-15] 기준 길이의 표준 값 (단위: μm)

0.05	0.8	12.5	200
0.1	1.6	25	400
0.2	3.2	50	-
0.4	6.3	100	-

(3) 10점 평균 거칠기(Rz)

아래 그림과 같이 단면 곡선에서 기준 길이 L을 채취하여 이 부분 중 가장 높은 쪽에서 다섯 번째 봉우리까지의 표고 평균값과 깊은 쪽에서 다섯 번째까지의 골 밑 표고 평균값과의 차를 미크론 단위 μm로 나타낸 것을 10점 평균 거칠기라 하며, 값의 다음에 "Z"를 같이 기입한다.

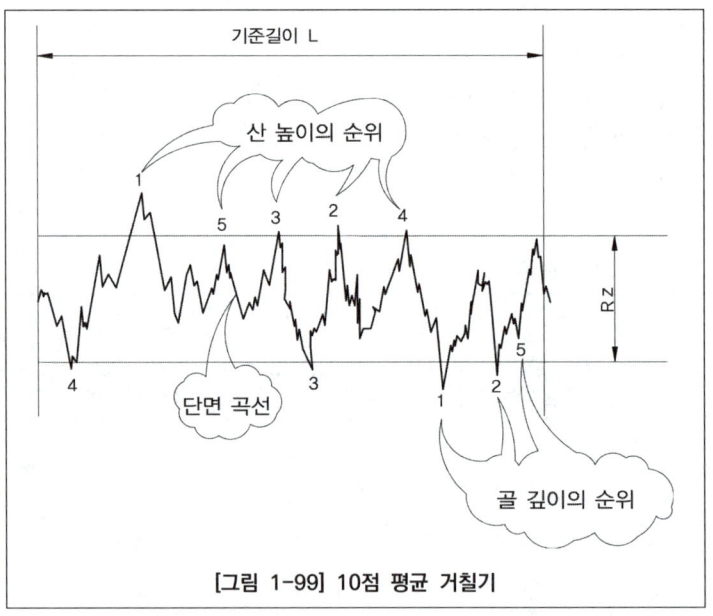

[그림 1-99] 10점 평균 거칠기

① 기준 길이

10점 평균 거칠기를 구할 경우 기준 길이는 원칙적으로 0.08, 0.25, 0.8, 2.5, 8, 25mm의 6종류가 있다.

[표 1-16] 가공 방법에 따른 거칠기의 범위

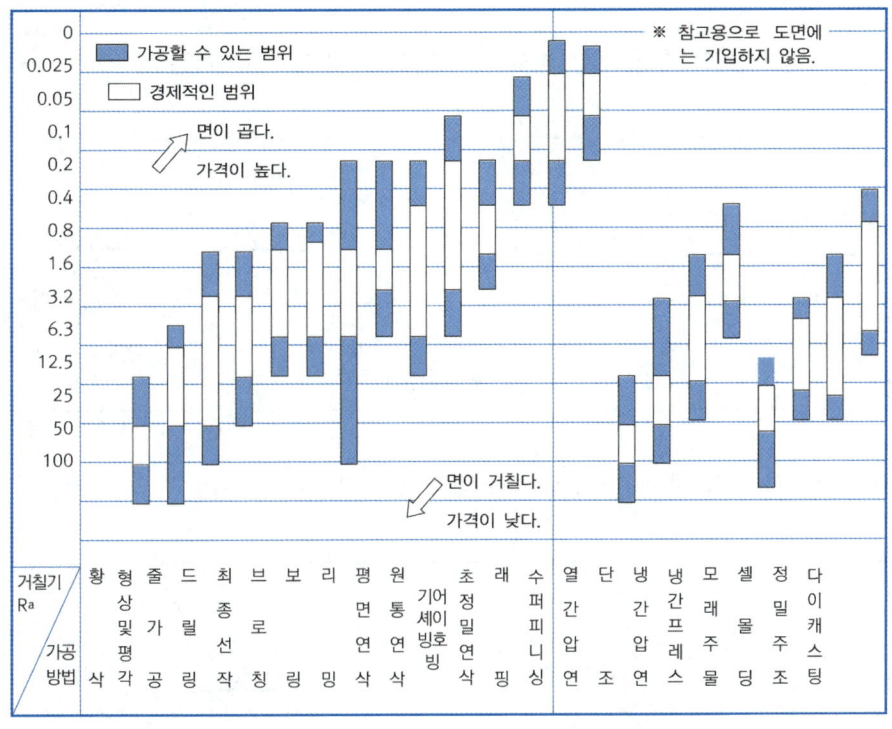

2 표면거칠기의 표시

(1) 대상면을 지시하는 기호

① 절삭 등 제거가공의 필요 여부를 문제 삼지 않는 경우에는 면에 지시 기호를 붙여서 사용(a)
② 제거가공을 필요로 한다는 것을 지시할 때에는 면의 지시 기호의 짧은 쪽의 다리 끝에 가로선을 부가(b)
③ 제거가공해서는 안 된다는 것을 지시할 때에는 면의 지시 기호에 내접하는 원을 그린다.(c)

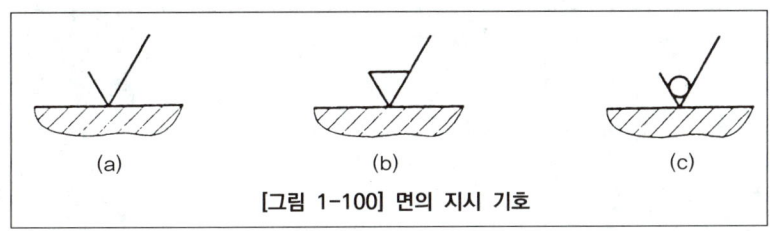

[그림 1-100] 면의 지시 기호

Point
면의 지시기호 3가지

(2) 표면거칠기 값의 지시

① 표면거칠기의 최댓값만을 지시하는 경우(a), 구간으로 지시하는 경우(b)

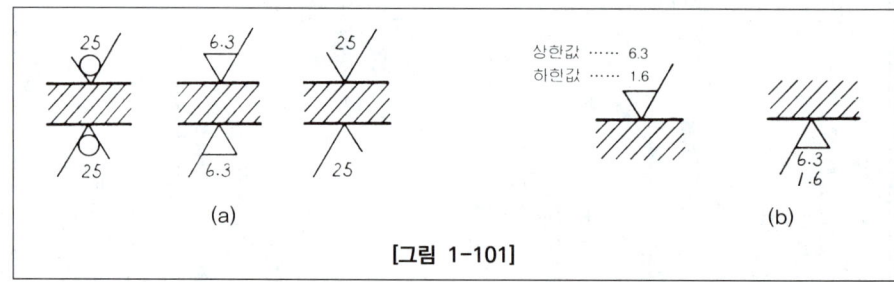

[그림 1-101]

② 컷오프 값을 지시하는 경우(c), 최대높이를 지시하는 경우(d)

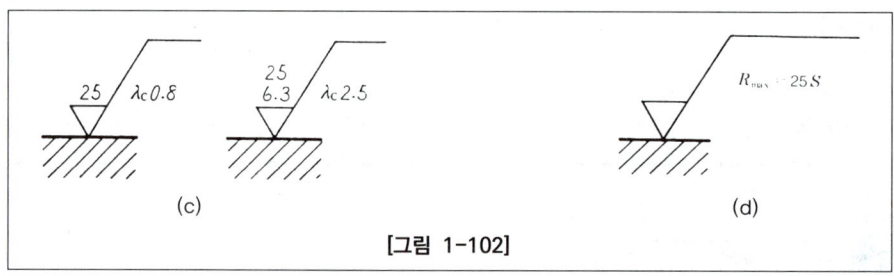

[그림 1-102]

③ 면의 지시 기호에 대한 각 지시 사항의 기입 위치

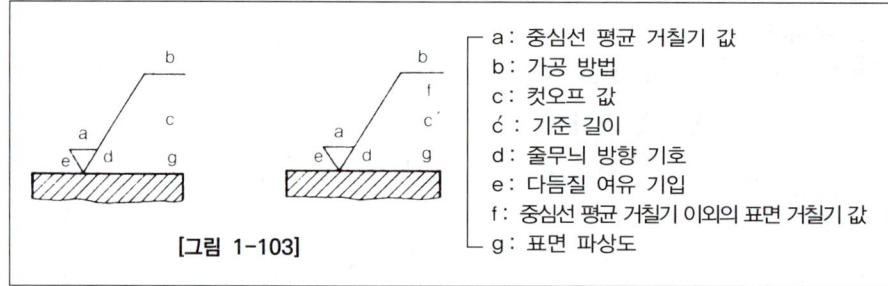

[그림 1-103]

- a : 중심선 평균 거칠기 값
- b : 가공 방법
- c : 컷오프 값
- c' : 기준 길이
- d : 줄무늬 방향 기호
- e : 다듬질 여유 기입
- f : 중심선 평균 거칠기 이외의 표면 거칠기 값
- g : 표면 파상도

㉠ 줄무늬 방향의 기호(가공모양의 기호)

기호	설명도	의미	보기
=		가공으로 생긴 줄무늬 방향이 기호를 기입한 그림의 투상면에 평행	셰이핑면
⊥		가공으로 생긴 줄무늬 방향이 기호를 기입한 그림의 투상면에 직각	셰이핑면 (옆으로 보는 상태) 선삭·원통 연삭면
X		가공으로 생긴 선이 2방향으로 교차	호닝 다듬질면
M		가공으로 생긴 선이 여러 방면으로 교차 또는 방향이 없음	래핑 다듬질면 슈퍼피니싱 가로이송을 준 정면밀링 또는 엔드밀 절삭면
C		가공으로 생긴 선이 거의 동심원	끝면 절삭면(선반)
R		가공으로 생긴 선이 거의 방사선	밀링
P		미립자 모양이나 무방향 또는 돌기모양	

㉡ 가공방법의 기호

가공방법	약호 I	약호 II	가공방법	약호 I	약호 II
선반가공	L	선반	호닝 가공	GH	호닝
드릴 가공	D	드릴	액체 호닝 다듬질	SPL	액체 호닝
보링 머신 가공	B	보링	배럴연마가공	SPBR	배럴
밀링 가공	M	밀링	버프 다듬질	FB	버프
플레이닝 가공	P	평삭	브러스트 다듬질	SB	브러스트

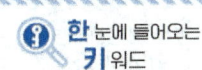

Point
줄무늬 방향기호
① M
② C

Point
가공방법 기호
① GH
② FL
③ FF
④ FS

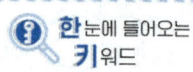

한눈에 들어오는 키워드

● Point
다듬질 재료
① ∨
② ∇
③ ∇∇
④ ∇∇∇
⑤ ∇∇∇∇

가공방법	약호 I	약호 II	가공방법	약호 I	약호 II
세이핑 가공	SH	형삭	래핑 다듬질	FL	래핑
브로치 가공	BR	브로칭	줄 다듬질	FF	줄
리머 가공	FR	리머	스크레이퍼 다듬질	FS	스크레이퍼
연삭가공	G	연삭	페이퍼 다듬질	FCA	페이퍼
벨트 샌드 가공	GB	포연	주조	C	주조

3 다듬질 기호 및 표면거칠기의 표준값

다듬질 기호	정도(精度)	사용보기	분류	Rmax	Rz	Ra
∨	일체의 가공이 없는 자연면	압력에 견뎌야 하는 곳	자연면	특히 규정 않음		
∨	고운 자연면을 그대로 두고 아주 거친 곳만 조금 가공	스패너 자루, 핸들, 휠의 바퀴	주조면, 단조면			
W ∇	가공 흔적이 남을 정도의 막다듬질	드릴 가공면, 샤프트의 끝면	거친 다듬면	100S	100Z	25a
X ∇∇	가공 흔적이 거의 없는 중다듬질	기어와 크랭크의 측면	보통(중간) 다듬면	25S	25Z	6.3a
Y ∇∇∇	가공 흔적이 전혀 없는 상다듬질	게이지의 측정면, 공작기계의 미끄럼면	고운 다듬면	6.3S	6.3Z	1.6a
Z ∇∇∇∇	광택이 나는 고급 다듬질	래핑, 버핑에 의한 특수 용도의 고급 플랜지면	정밀 다듬면	0.8S	0.8Z	0.2a

4 다듬질 기호의 기입 방법

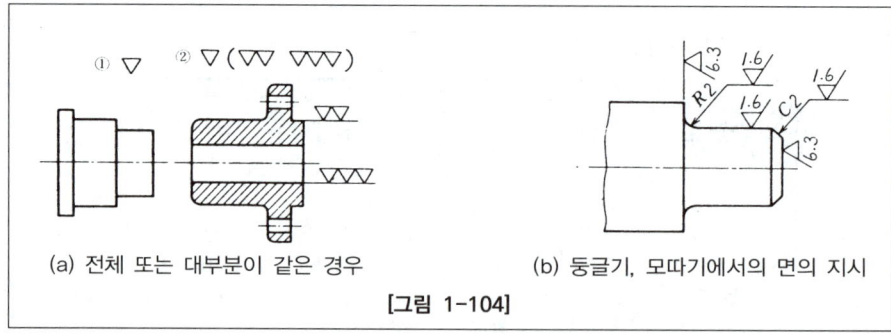

[그림 1-104]

10 치수공차와 끼워맞춤

1 치수공차

(1) 치수공차의 용어

① 구멍: 주로 원통형 부분의 내측 부분
② 축: 주로 원통형 부분의 외측 부분
③ 실치수: 두점 사이의 거리를 실제로 측정한 치수
④ 허용한계치수: 실치수가 그 사이에 들어가도록 정한 대·소의 허용치수이며, 최대허용치수(30.2)와 최소허용치수(29.9)가 있다.(예: $30^{+0.2}_{-0.1}$)
⑤ 기준치수: 치수허용한계의 기준이 되는 치수
⑥ 기준선: 허용한계치수 또는 끼워맞춤을 도시할 때 치수허용차의 기준이 되는 선으로, 치수허용차가 0인 직선으로 기준치수를 나타낼 때에 사용한다.
⑦ 치수허용차: 허용한계치수에서 그 기준치수를 뺀 값으로, 위치수 허용차와 아래 치수허용차가 있다.
⑧ 치수공차: 최대허용 한계치수와 최소허용 한계치수의 차이다. 또는 위치수 허용차와 아래치수 허용차의 차를 의미하기도 하며, 공차라고도 한다.

> **Point**
> **치수공차**
> ① 허용한계 치수
> ② 치수허용차
> ③ 치수공차

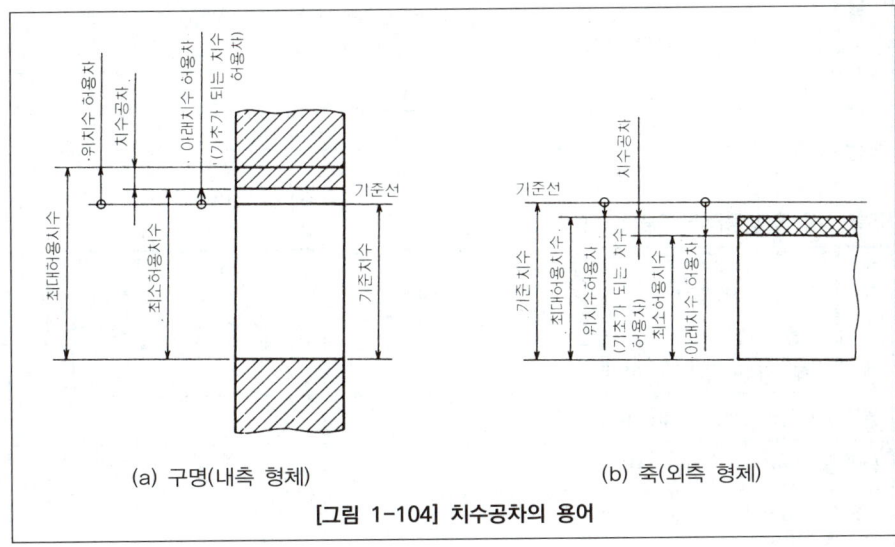

(a) 구명(내측 형체)　　(b) 축(외측 형체)

[그림 1-104] 치수공차의 용어

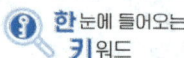

IT 공차

> **보기**
>
> 1. $30^{+0.05}_{-0.02}$ 에서 최대허용치수와 최소허용치수는?
>   ① 최대허용치수 = 기준치수 + 위치수허용차 = 30 + 0.05 = 30.05mm
>   ② 최소허용치수 = 기준치수 + 아래치수허용차 = 30 + (-0.02) = 29.98mm
>   ③ 치수공차 = 최대허용치수 - 최소허용치수 = 30.05 - 29.98 = 0.07mm

(1) 기본공차

IT 기본공차는 치수공차와 끼워맞춤에 있어서 정해진 모든 치수공차를 의미하는 것으로, 국제 표준화 기구(ISO) 공차 방식에 따라 분류하며, IT 01부터 IT 18까지 20등급으로 구분하여 KS B 0401에 규정되어 있다.

① 기본공차의 적용

[표 1-17] IT 기본공차의 적용 예

구 분	초정밀 그룹	정밀 그룹	일반 그룹
	게이지제작 공차 또는 이에 준하는 제품	기계가공품 등의 끼워 맞춤부분의 공차	일반 공차로 끼워 맞춤과 무관한 부분의 공차
구멍	IT1 ~ IT5	IT6 ~ IT10	IT11 ~ IT18
축	IT1 ~ IT4	IT5 ~ IT9	IT10 ~ IT18
가공 방법	래핑, 호닝, 초정밀 연삭	연삭, 리밍, 정밀선삭, 인발, 밀링, 셰이퍼 가공	압연, 압출, 프레스, 단조, 주조
공차 범위	$\frac{1}{1000}$ mm	$\frac{1}{100}$ mm	$\frac{1}{10}$ mm

[표 1-18] 공차 등급과 가공법과의 관계

가공방법	IT공차등급							
	4	5	6	7	8	9	10	11
래핑, 호닝(Lapping & Honing)								
원통연삭(Cylindrical grinding)								
평면연삭(Surface grinding)								
다이아몬드 선삭(Diamond turning)								
다이아몬드 보링(Diamond boring)								
브로우칭(Broaching)								
분말 압착(Powder metal sizes)								

리밍(Reaming)									
선삭(Turning)									
분말 야금(Powder metal sintered)									
보링(Boring)									
밀링(Milling)									
플레이너, 셰이핑(Planing & Shaping)									
드릴링(Drilling)									
펀칭(Punching)									
다이캐스팅(Die casting)									

② IT 공차의 수치

기준치수가 500 이하인 경우와 500을 초과하여 3150까지 기본공차의 치수를 나타낸다.

2 끼워맞춤

(1) 끼워맞춤의 종류

- 틈새 : 구멍의 치수가 축의 치수보다 클 때의 치수차(헐거움 끼워맞춤)
- 죔새 : 구멍의 치수가 축의 치수보다 작을 때의 치수차(억지 끼워맞춤)

① 헐거움 끼워맞춤

구멍의 최소 치수가 축의 최대 치수보다 큰 경우의 끼워맞춤으로 미끄럼운동이나 회전운동이 필요한 기계부품 조립에 적용한다.

예 40H7은 $40_0^{+0.025}$ 또는 $\frac{40.025}{40.000}$

40g6은 $40_{0.025}^{0.009}$ 또는 $\frac{39.991}{39.975}$

∴ 최소 틈새 = 구멍의 최소 허용치수 - 축의 최대 허용치수
= 40.000 - 39.991 = 0.009
최대 틈새 = 구멍의 최대 허용치수 - 축의 최소 허용치수
= 40.025 - 39.975 = 0.050

② 중간 끼워맞춤(정밀 끼워맞춤)

구멍과 축의 실제 치수에 따라 죔새와 틈새가 생기는 끼워맞춤으로 베어링 조립에 주로 쓰인다.

● Point
끼워맞춤
① 헐거움 끼워맞춤 : 틈새가 존재
② 중간 끼워맞춤 : 틈새와 죔새 둘 다 발생

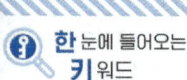

한눈에 들어오는 키워드

Point
③ 억지 끼워맞춤
죔새만 발생

Point
- 최대죔새 = 축의 최대 허용치수 - 구멍의 최소 허용치수
- 최소죔새 = 축의 최소 허용치수 - 구멍의 최대 허용치수

Point
구멍 기준 끼워 맞춤
① 대문자 H표시
② 헐거운 : 소문자 b~h
③ 억지 : 소문자 n~x

예 40H7은 $40_0^{+0.025}$ 또는 $\dfrac{40.025}{40.000}$

40n6은 $40_{+0.017}^{+0.033}$ 또는 $\dfrac{40.033}{40.017}$

∴ 최대 죔새 = 축의 최대 허용치수 - 구멍의 최소 허용치수
= 40.033 - 40.000 = 0.033
최대 틈새 = 구멍의 최대 허용치수 - 축의 최소 허용치수
= 40.025 - 40.017 = 0.008

③ 억지 끼워맞춤

구멍의 최대 치수가 축의 최소 치수보다 작은 경우이며, 항상 죔새가 생기는 끼워맞춤으로 동력전달장치의 분해조립의 반영구적인 곳에 적용된다.

(2) 끼워맞춤 방식

① 구멍기준식 끼워맞춤
H6 ~ H10(아래치수 허용차가 0인 H 기호 구멍)

② 축기준식 끼워맞춤
h5 ~ h9(위치수 허용차가 0인 h 기호 축)

[표 1-19] 자주 사용하는 구멍 기준 끼워 맞춤

기준 구멍	축의 공차 범위 클래스													
	헐거운 끼워맞춤						중간끼워맞춤			억지 끼워맞춤					
H6					g5	h5	js5	k5	m5					
				f6	g6	h6	js6	k6	m6	n6	p6			
H7				f6	g6	h6	js6	k6	m6	n6	p6	r6	s6	t6	u6	x6
			e7	f7		h7	js7							
H8				f7		h7								
			e8	f8		h8								
			d9	c9										
H9			d8	e8			h8							
		c9	d9	e9			h9							
H10	b9	e9	d9											

[표 1-20] 자주 사용하는 축 기준 끼워 맞춤

기준축	구멍의 공차 범위 클래스											
	헐거운 끼워맞춤				중간끼워맞춤			억지 끼워맞춤					
h5				H6	JS6	K5	M5	N6	P6			
h6		F6	G6	H6	JS6	K6	M5	N6	P6			
		F7	G7	H7	JS7	K7	M7	N7	P7	R7	S7	T7	U7	X7
h7		E7	F7	H7									
			F8	H8									
h8	D8	E8	F8	H8									
	D9	E9		H9									
h9	D8	E8		H8									
	C9	D9	E9	H9									
	B10	C10	D10										

◯ 보기

2. ① φ50H7 g6 : 구멍기준식 헐거운 끼워맞춤
   ② φ40H7 p6 : 구멍기준식 억지 끼워맞춤
   ③ φ30G7 h5 : 축기준식 헐거운 끼워맞춤

3 치수의 허용한계 기입 방법

(1) 기준치수와 치수허용차의 치수기입

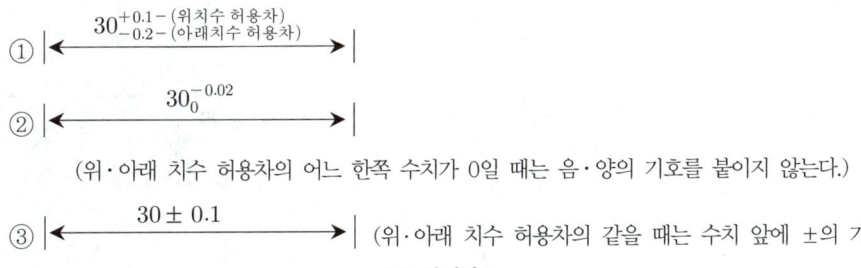

① $30^{+0.1}_{-0.2}$ ← (위치수 허용차) / (아래치수 허용차)

② $30^{-0.02}_{0}$

(위·아래 치수 허용차의 어느 한쪽 수치가 0일 때는 음·양의 기호를 붙이지 않는다.)

③ 30 ± 0.1 (위·아래 치수 허용차의 같을 때는 수치 앞에 ±의 기호를 붙인다.)

Point
끼워맞춤 표시 예
① φ50H7 g6
② φ40H7 p6
③ φ30G7 h5

Point
허용한계 치수기입 방법

(2) 허용한계치수 기입

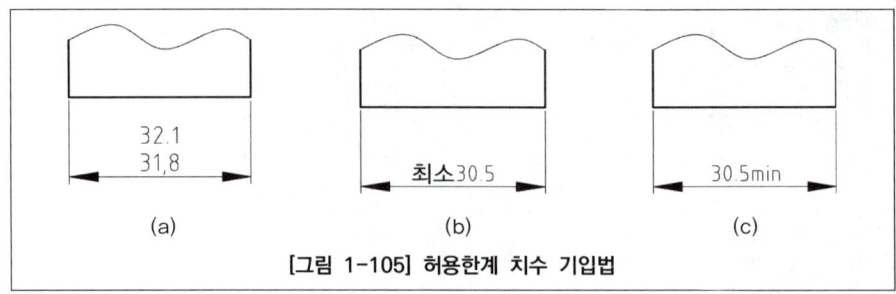

[그림 1-105] 허용한계 치수 기입법

(3) 조립상태에서 기입방법

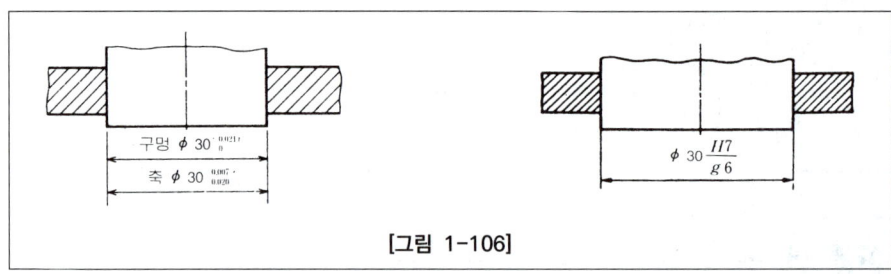

[그림 1-106]

11 기하 공차

기하 공차(geometrical tolerancing)는 기계 부품의 치수 공차에 형상 및 위치 공차를 주어 제품을 정밀하고 효율적으로 생산하여 경제성을 추구하는 데 있다.

1 기하 공차의 종류와 기호

[표 1-21]

적용하는 형체	구 분	기 호	공차의 종류
단독 형체	모양 공차	—	진직도 공차
		⟋	평면도 공차
		○	진원도 공차
		⌭	원통도 공차
단독 형체 또는 관련 형체		⌒	선의 윤곽도 공차
		⌓	면의 윤곽도 공차

Point
기하 공차의 종류와 기호
① 모양공차
② 자세공차
③ 위치공차
④ 흔들림공차

관련형체	자세공차	//	평행도 공차	최대실체공차 적용 (MMC)
		⊥	직각도 공차	
		∠	경사도 공차	
	위치공차	⊕	위치도 공차	
		◎	동축도 공차 또는 동심도 공차	
		═	대칭도 공차	
	흔들림공차	↗	원주 흔들림 공차	
		↗↗	온 흔들림 공차	

(1) 단독 형체로 적용되는 기하공차

① 진직도 : 해당 모양에서 기하학적으로 정확한 직선을 기준으로 설정하고 이 직선으로부터 벗어나는 어긋남의 크기를 측정한다. 공차값(한 방향의 진직도)은 아래 그림에서에서 2개의 평행 평면의 간격이 최소가 되는 경우의 간격(f)으로 표시한다.

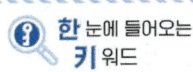

Point
진직도
직선으로부터 벗어나는 어긋남의 크기

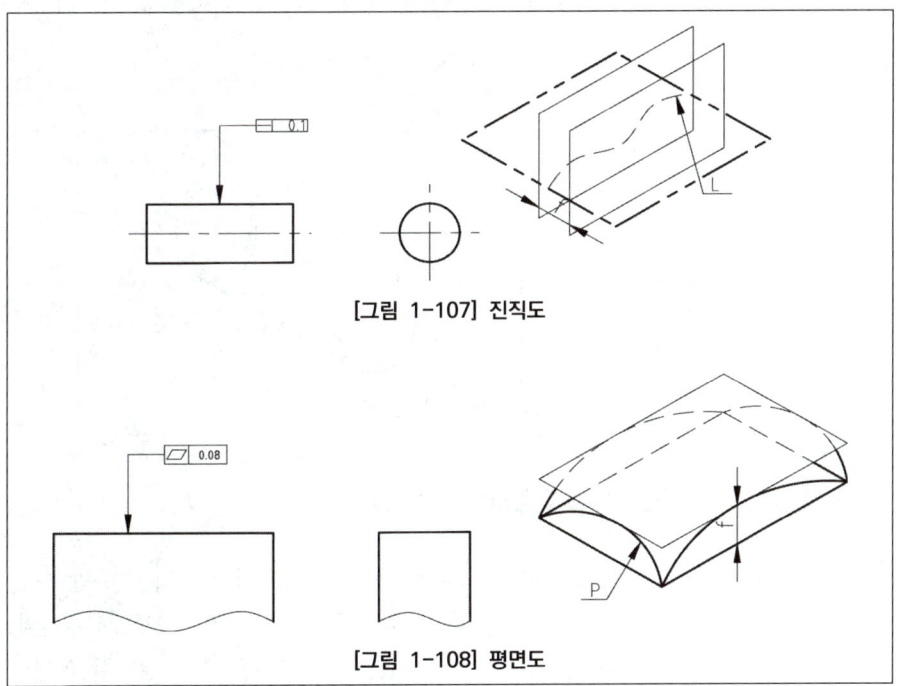

[그림 1-107] 진직도

[그림 1-108] 평면도

② 평면도 : 해당 모양에서 기하학적으로 정확한 평면을 기준으로 설정하고 이 평면으로부터 벗어나는 어긋남의 크기를 측정한다. 공차 값은 아래 그림에서와

Point
평면도
평면으로부터 벗어나는 어긋남의 크기

같이 공차를 주는 평면모양(p)을 평행한 2개의 평면사이에 끼웠을 때 그 평행 평면의 간격이 최소가 되는 경우의 간격(f)으로 표시한다.

③ 진원도 : 해당 모양에서 기하학적으로 정확한 원을 기준으로 설정하고 이 원으로부터 벗어나는 어긋남의 크기를 측정한다. 공차 값은 아래 그림에서와 같이 공차를 주는 원형모양(C)을 동심인 2개의 원 사이에 끼웠을 때 원 사이의 간격이 최소가 되는 경우, 그 동심원의 반지름의 차(f)으로 표시한다.

> **Point**
> **진원도**
> 원으로부터 벗어나는 어긋남의 크기

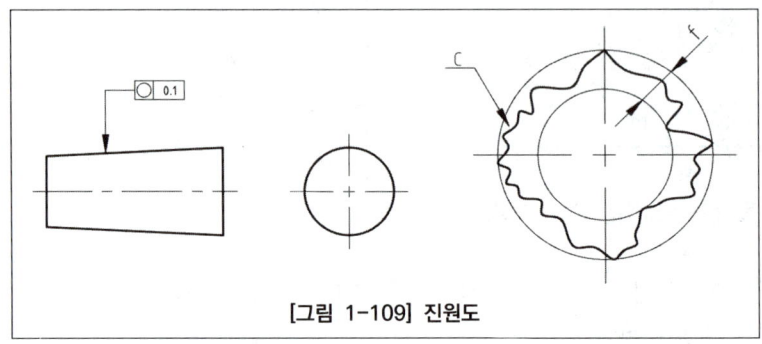

[그림 1-109] 진원도

④ 원통도 : 해당 모양에서 기하학적으로 정확한 원통을 기준으로 설정하고 이 원통으로부터 벗어나는 어긋남의 크기를 측정한다. 공차 값은 아래그림에서와 같이 원통모양(Z)을 동심인 두 개의 동축 원통 사이에 끼웠을 때 두 원통의 간격이 최소가 되는 경우, 그 두 원통의 반지름의 차(f)로 표시한다.

> **Point**
> **원통도**
> 원통으로부터 벗어나는 어긋남의 크기

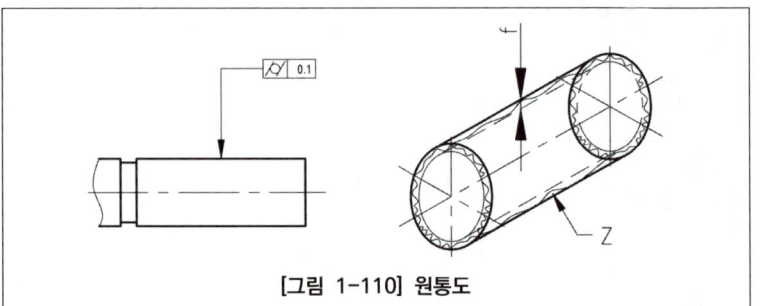

[그림 1-110] 원통도

(2) 단독형체 또는 관련형체로 적용되는 기하 공차

① 선의 윤곽도 : 이론적으로 정확한 치수에 의하여 정해진 기하학적 윤곽 또는 자체의 데이텀 윤곽으로부터 벗어나는 윤곽선의 어긋남의 크기를 측정한다. 공차 값은 아래 그림에서와 같이 윤곽선(KT)위에 중심을 갖는 동일한 지름의 원이 그리는 구름원 사이에 공차를 주는 선의 윤곽(K)을 끼웠을 때 이 2개의 구름 원이 간격(f)으로 표시한다.

> **Point**
> **선의 윤곽도**
> 윤곽으로부터 벗어나는 윤곽선의 어긋남의 크기를 측정

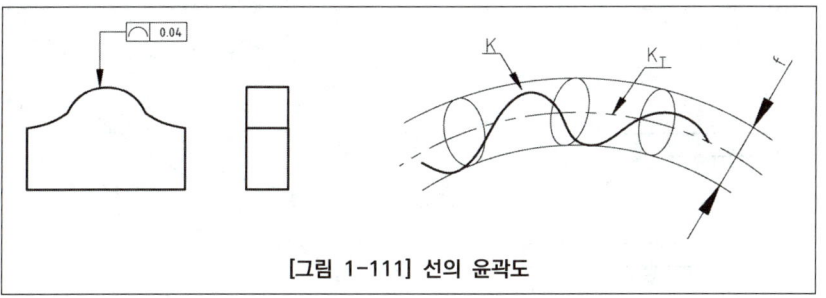

[그림 1-111] 선의 윤곽도

② 면의 윤곽도 : 이론적으로 정확한 치수에 의하여 정해진 기하학적 면의 윤곽 또는 자체의 데이텀 면의 윤곽으로부터 벗어나는 윤곽 면의 어긋남의 크기를 측정한다. 공차값은 아래 그림에서와 같이 이론적으로 정확한 치수에 의하여 정해진 윤곽면(K)위에 중심을 갖는 동일한 지름의 정확한 구가 그리는 구름 면 사이에 공차를 주는 면의 윤곽(F)을 끼웠을 때 2개의 구름 면의 간격(f)으로 표시한다.

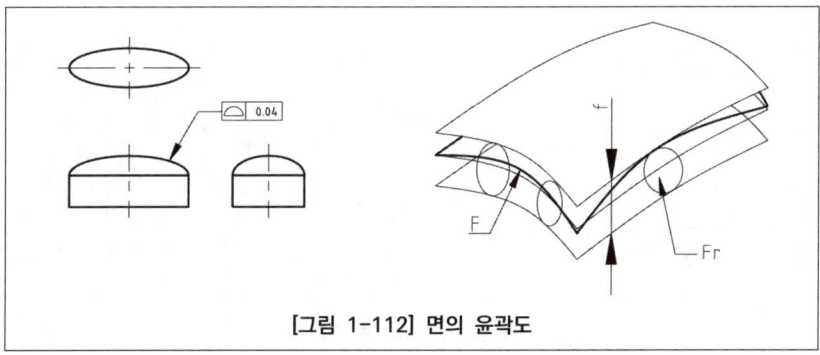

[그림 1-112] 면의 윤곽도

(3) 관련 형체에 적용되는 기하 공차

① 평행도 : 데이텀 직선 또는 데이텀 평면에 대하여 평행인 기하학적 정확한 직선 또는 평면으로부터 평행이어야 할 직선 모양 또는 평면 모양의 어긋남의 크기를 측정 한다. 공차값(한 방향의 평행도)은 아래 그림에서와 같이 데이텀 직선(LD)에 평행인 기하학적으로 평행한 2개의 평면사이에 공차를 주는 직선 모양을 끼웠을 때 그 평면의 간격(f)으로 표시한다.

Point
면의 윤곽도
윤곽으로부터 벗어나는 윤곽면의 어긋남의 크기

Point
평행도
정확한 선 또는 면으로부터 평행해야 할 선 또는 면의 어긋남의 크기 측정

한 눈에 들어오는 키워드

Point
직각도
기하학적 직선 또는 평면으로부터 직각이어야 할 선 또는 면의 어긋남의 크기 측정

Point
경사도
기하학적 직선 또는 평면으로부터 정확한 각도를 가져야 할 선 또는 면의 어긋남의 크기를 측정

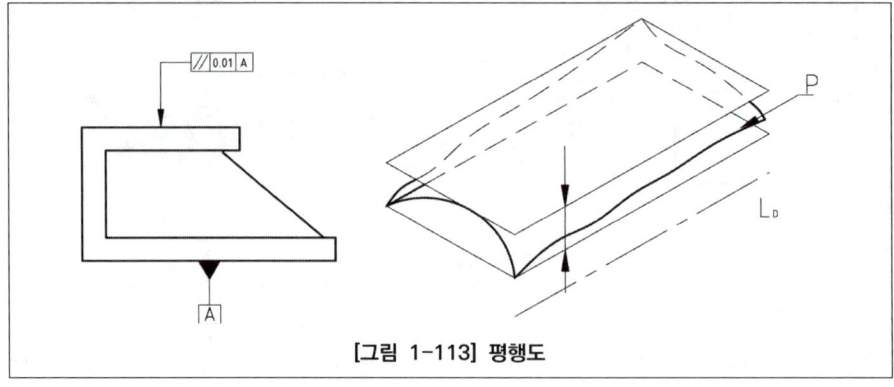

[그림 1-113] 평행도

② 직각도 : 데이텀 직선 또는 데이텀 평면에 대하여 직각인 기하학적 직선 또는 평면으로부터 직각이어야 할 직선 모양 또는 평면 모양의 어긋남의 크기를 측정한다. 공차 값(한 방향의 평행도)은 아래 그림에서와 같이 데이텀 직선(L_D)에 수직인 기하학적으로 평행한 2개의 평면 사이에 공차를 주는 직선모양(L) 또는 평면모양(P)을 끼웠을 때 그 평면의 간격(f)으로 표시한다.

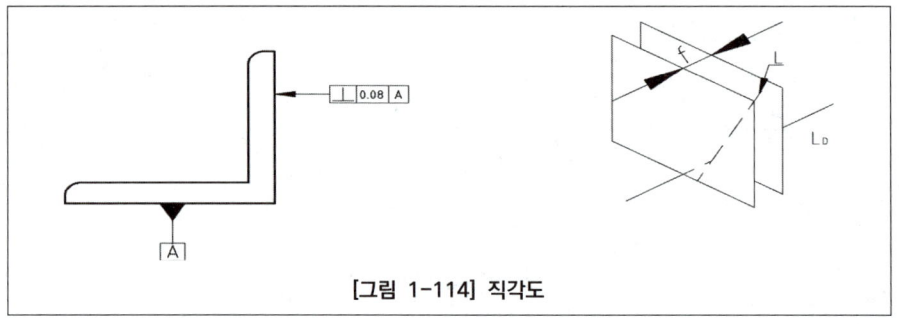

[그림 1-114] 직각도

③ 경사도 : 데이텀 직선 또는 데이텀 평면에 대하여 직각인 기하학적 직선 또는 평면으로부터 정확한 각도를 가져야 할 직선 모양 또는 평면의 어긋남의 크기를 측정한다. 공차 값은 아래 그림에서와 같이 데이텀 직선(L_D), 또는 데이텀 평면(P_D)에 대하여 이론적으로 정확한 각도(α)를 이루는 기하학적으로 평행한 2개의 평면 사이에 공차를 주는 직선모양(L)을 끼웠을 때 그 평면의 간격(f)으로 표시한다.

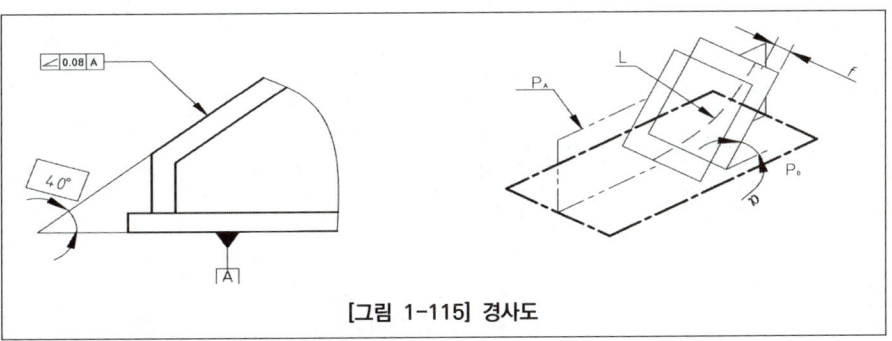

[그림 1-115] 경사도

④ 위치도 : 데이텀 또는 기타 모양과 관련하여 정해진 이론적으로 정확한 위치로부터 점, 직선 모양 또는 평면 모양의 어긋남의 크기를 측정한다, 공차 값은 아래 그림에서와 같이 이론적으로 정확한 위치에 있는 점(E_T)을 중심으로 하고, 대상으로 하는 점(E)을 통과하는 기하학적인 원 또는 구의 지름(f)으로 표시한다.

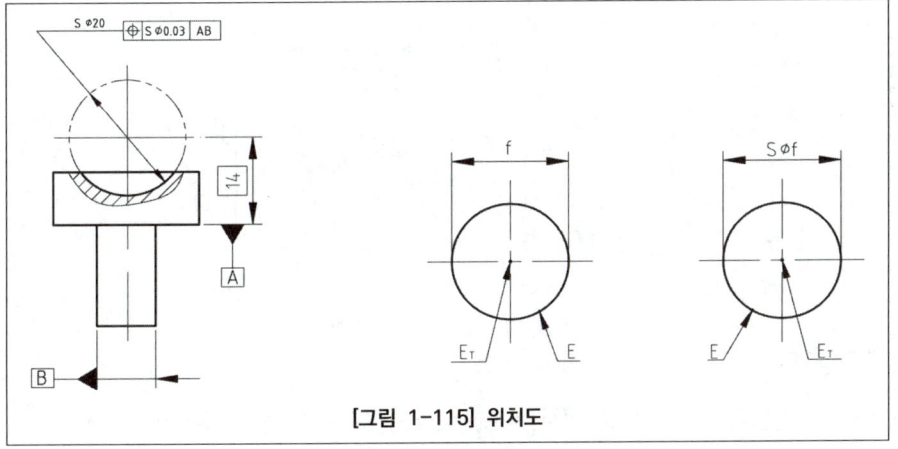

[그림 1-115] 위치도

⑤ 동축도 및 동심도 : 데이텀 축 직선과 동일 직선위에 있어야 할 축 선의 데이텀 축직선으로부터의 어긋남의 크기를 측정한다. 동축도 공차 값은 아래 그림 (a)에서와 같이 가장 작은 원통의 지름(f)으로 표시한다. 또한 동심도 공차 값은 그림(b)에서와 같이 원형 모양의 중심(E)을 통과하는 기하학적 원의 지름 (f)으로 표시한다.
⑥ 대칭도 : 데이텀 축 직선 또는 데이텀 중심 평면에 대해서 서로 대칭이어야 할 모양의 대칭 위치로부터의 어긋남의 크기를 측정한다. 공차 값은 아래 그림에서와 같이 기하학적으로 평행한 두 평면 사이에 공차를 주는 축선을 끼웠을 때 그 평면의 간격(f)으로 표시한다.

> **Point**
> 위치도 데이텀 표기법

> **Point**
> 동축도 및 동심도 데이텀 표기법

> **Point**
> 대칭도 데이텀 표기법

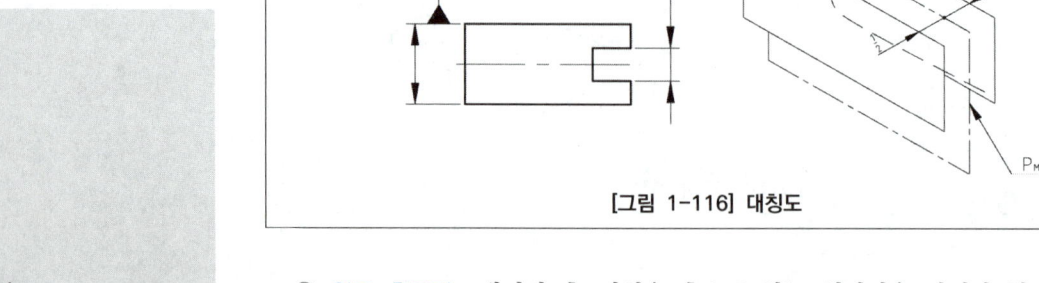

[그림 1-116] 대칭도

⑦ 원주 흔들림 : 데이텀 축 직선을 축으로 하는 회전면을 가져야 할 대상물 또는 데이텀 축 직선에 대하여 수직인 원형 평면이어야 할 대상물을 데이텀 축 직선의 둘레에 회전했을 때에 그 표면이 지정된 위치 또는 임의의 위치에서 지정된 방향으로 변위 하는 크기를 측정한다. 아래 그림과 같이 원주 흔들림은 대상물의 표면상의 각 위치에 있어서의 흔들림 중에서 그 최대치로 표시하는 것을 원칙으로 한다.

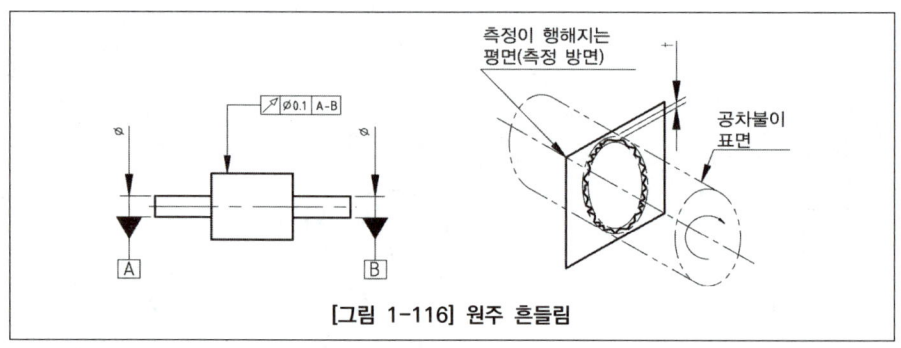

[그림 1-116] 원주 흔들림

⑧ 온 흔들림 : 데이텀 축 직선을 축으로 하는 원통 면을 가져야 할 대상물 또는 데이텀 축 직선에 대하여 수직인 원형 평면이어야 할 대상물을 데이텀 축 직선의 둘레에 회전했을 때에 그 전체의 표면이 지정된 방향으로 변위하는 크기를 측정한다.

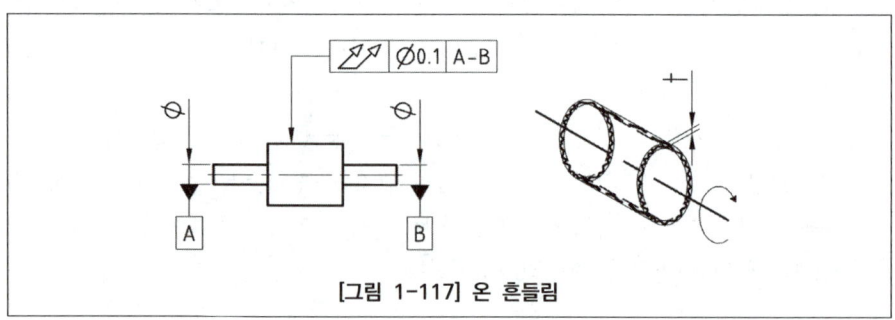

[그림 1-117] 온 흔들림

[표 1-22] 기하 공차 부가기호

표시하는 내용		기 호
공차붙이 형체	직접 표시하는 경우	
	문자기호에 의하여 표시하는 경우	
데이텀	직접 표시하는 경우	
	문자기호에 의하여 표시하는 경우	
데이텀 표적(target) 기입틀		Ø2/A1
이론적으로 정확한 치수	직각 테두리로 표시	50
돌출 공차역	돌출된 부분까지 포함하는 공차 표시	Ⓟ
최대 실체 공차 방식	최대질량의 실체를 갖는 조건	Ⓜ
형체 치수 무관계	규제기호로 표시되지 않음	Ⓢ

2 최대 실체 공차 방식

도면에는 좋은 입안을 구현하기 위해 필요한 형상과 치수의 정밀도를 정확히 나타내는 방법의 하나로 치수 공차와 기하 공차의 관련성을 명확히 하는 것이 요구된다.

치수의 허용 한계는 특별한 지시가 없는 한 형상과 자세 또는 위치의 기하 편차를 규제하지 않는다는 것이 명확히 규정(KS B0108)됨에 따라 기하 공차의 적절한 지시가 보다 중요하게 되었다. 즉, 치수의 최대 허용한도에서 벗어난 범위까지 기하 공차를 확대 허용하더라도 조립하는 데 지장이 없다면, 바로 실체 공차 방식의 규격을 적용할 수 있으므로 치수 공차와 기하 공차의 관련성은 더욱 중요시 된다.

그러므로 최대 실체 공차방식(KS B 0242)은 치수공차와 기하 공차 사이의 호환성을 위한 규칙을 정한 것으로서 생산 코스트를 줄이는 데 매우 유용하다.

> **Point**
> · 돌출 공차역 기호
> · 최대 실체 공차 방식 기호
> · 형체 치수 무관계 기호

한눈에 들어오는 키워드

Point
- 최대 실체 치수(MMS)
- 최소 실체 치수(LMS)

[용어 설명]

① **실체 상태(MC : material condition)**
형체의 실체가 최대, 또는 최소가 되는 허용한계에 있는 형체의 상태를 말한다.

② **최대 실체 상태(MMC : maximum material condition)**
형체의 실체가 최대 허용 한계 치수를 갖는 상태를 말한다.

③ **최소 실체 상태(LMC : least material condition)**
형체의 실체가 최소 허용 한계 치수를 갖는 상태를 말한다.

④ **최대 실체 치수(MMS : maximum material size)**
형체의 최대 실체 상태를 정하는 치수로 축 등의 외측 형체에 대해서는 최대 허용치수가 되고, 구멍 등의 내측 형체에 대해서는 최소 허용치수가 된다.

⑤ **최소 실체 치수(LMS : least material size)**
형체의 최소 실체 상태를 정하는 치수로 축 등의 외측 형체에 대해서는 최소 허용치수가 되고, 구멍 등의 내측 형체에 대해서는 최대 허용치수가 된다.

⑥ **실효 상태(VC : virtual condition)**
대상으로 하는 형체의 최대 실체치수와 그 형체의 자세 공차, 또는 위치 공차와의 종합효과에 의하여 생기는 한계상태를 말한다.

⑦ **실효 치수(VS : virtual size)**
형체의 실효 상태를 정하는 치수로 외측 형체에 대해서는 최대 허용치수에 자세 공차, 또는 위치 공차를 더한 치수가 되고, 내측 형체에 대해서는 최소 허용치수로부터 자세 공차, 또는 위치 공차를 뺀 치수가 된다. 이것을 식으로 나타내면 다음과 같다.
- 외측 형체 : 실효 치수(VS)=최대 실체 치수(MMS) + 기하 공차(자세 또는 위치공차)
- 내측 형체 : 실효 치수(VS)=최대 실체 치수(MMS) − 기하 공차(자세 또는 위치공차)

⑧ **동적 공차 선도**
관련 형체에 있어서 공차 붙이 형체의 치수와 기하 공차와의 관계를 나타내는 선도를 말한다.

3 기하 공차의 기입 방법

(1) 기하 공차에 대한 표시사항은 공차 기입틀을 두 구획 또는 그 이상으로 한다.

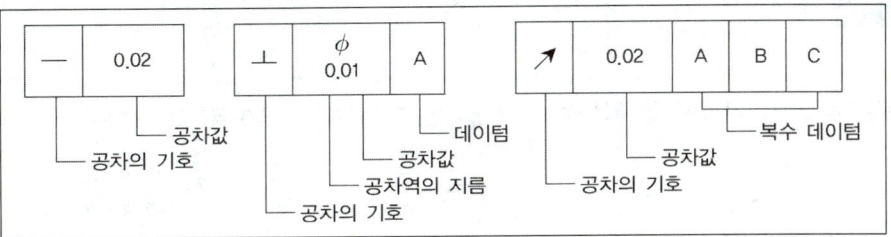

(2) "6구멍", "4면"과 같은 공차붙이 형체에 연관시켜서 지시하는 주기는 공차 기입틀의 위쪽에 쓴다.(a)

(3) 한 개의 형체에 두 개 이상의 종류의 공차를 지시할 필요가 있을 때(b)

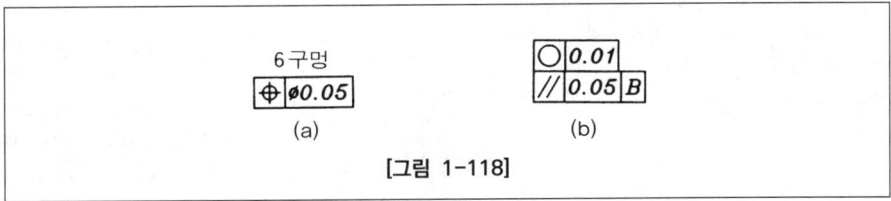

[그림 1-118]

(4) 원주 흔들림 공차와 온 흔들림 공차의 표시

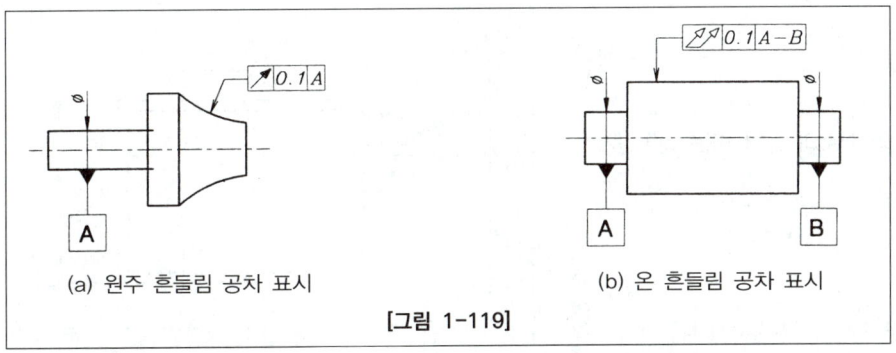

[그림 1-119]

(5) 공차역에 쓰이는 선

① 굵은 실선 또는 파선: 형체
② 굵은 1점 쇄선: 데이텀
③ 가는 실선 또는 파선: 공차역
④ 가는 1점 쇄선: 중심선
⑤ 가는 2점 쇄선: 보충하는 투상면 또는 절단면
⑥ 굵은 2점 쇄선: 투상면 또는 절단면에의 형체의 투상

CHAPTER 01 단원 예상문제

01 다음 KS의 부문별 기호에서 기계부문을 표시한 기호는?

① KS B ② KS D
③ KS K ④ KS M

* KS의 부문별 기호

분류기호	A	B	C	D	E	F	G
부문	기본	기계	전기	금속	광산	토건	일용품
분류기호	H	I	J	K	L	M	N
부문	식료품	요업	화학	의료	조선	항공	수송기계

02 KS 규격에 있어서 제도통칙이 나오는 항은 어느 것인가?

① KS B 0001 ② KS A 0005
③ KS A 0003 ④ KS B 0005

03 제도용지의 세로와 가로의 길이 비는 얼마인가?

① $1 : \sqrt{2}$ ② $\sqrt{2} : 1$
③ $1 : 2$ ④ $2 : 1$

제도용지의 세로와 가로의 길이 비는 $1 : \sqrt{2}$ 이다. (A0면적 ≒ 1m²)
① 도면의 크기는 A열(A0 ~ A4) 사이즈를 사용한다.
② 도면은 긴 쪽을 좌우방향으로 놓고서 사용한다.(단, A4는 짧은 쪽을 좌우방향으로 놓고서 사용하여도 좋다.)
③ 도면을 접을 때는 그 크기는 원칙적으로 A4 (210×297)로 하며, 표제란이 보이도록 접는다.
④ 도면에는 반드시 중심 마크를 설치한다.
⑤ 원도는 접지 않는 것이 보통이다. 원도를 말아서 보관하는 경우에는 그 안지름은 40mm 이상으로 하는 것이 좋다.

04 제도용지 크기 중 A0 용지의 크기는?

① 841 × 594 ② 841 × 1189
③ 594 × 420 ④ 297 × 420

호칭방법	치수 a×b	c (최소)	d (최소) 철하지 않을 때	철할 때	호칭방법	치수 a×b
–	–	–	–	–	A 0×2	1189×1682
A0	841×1189	20	20		A 1×3	841×1783
A1	594×841				A 2×3	594×1261
					A 2×4	594×1682
A2	420×594			25	A 3×3	420×891
					A 3×4	420×1189
A3	297×420	10	10		A 4×3	297×630
					A 4×4	297×841
					A 4×5	297×1051
A4	210×297				–	–

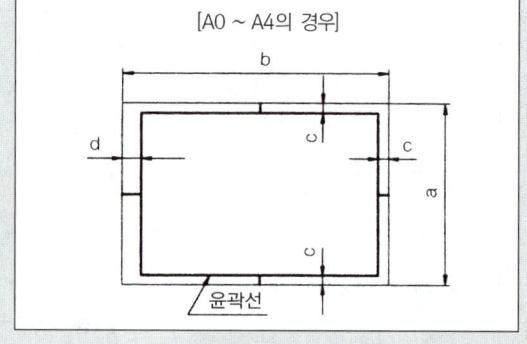
[A0 ~ A4의 경우]

정답 1 ① 2 ② 3 ① 4 ②

05 다음 도면 크기의 연장 사이즈 규격 중 KS B 기계제도에 없는 것은?

① A2 × 2
② A2 × 3
③ A3 × 3
④ A3 × 4

06 KS B 기계제도 규정에 의한 도면의 크기, 양식에 관한 설명 중 올바른 것은?

① 윤곽선은 0.8mm 이상의 굵기로 그린다.
② 도면의 크기는 A열 또는 B열 사이즈를 사용한다.
③ 도면은 짧은쪽을 좌우방향으로 놓고 사용함이 원칙이다.
④ 복사한 도면을 접을 때는 297×420mm 크기로 하는 것이 원칙이다.

07 도면의 크기가 큰 것은 접어서 보관하는 것이 편리하다. 다음 설명 중 가장 타당한 것은 어느 것인가?

① A3 크기로 접으며 표제란은 오른쪽 아래에 오도록 한다.
② A3 크기로 접으며 표제란은 왼쪽 아래에 오도록 한다.
③ A4 크기로 접으며 표제란은 오른쪽 아래에 오도록 한다.
④ A4 크기로 접으며 표제란은 왼쪽 위에 오게 한다.

08 도면을 철하지 않는 경우, A3 용지의 가장자리에 윤곽선까지의 간격은 얼마가 적당한가?

① 5mm
② 10mm
③ 15mm
④ 20mm

09 복사한 도면을 재단하는 경우의 편의를 위하여 원도의 네 구석에 재단 마크를 마련하게 되는데 그림과 같은 치수의 재단 마크는 다음 중 어느 용지에 적당한가?

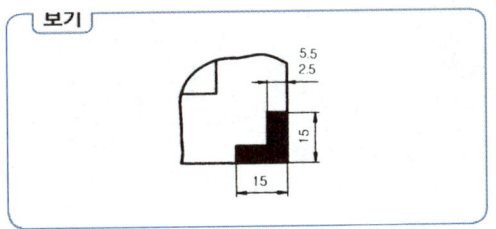

① A1 용지
② A2 용지
③ A3 용지
④ A4 용지

＊재단 마크

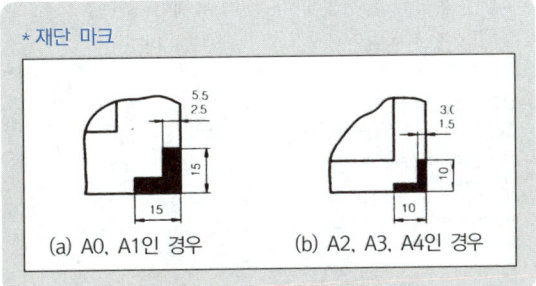

(a) A0, A1인 경우   (b) A2, A3, A4인 경우

10 그림에서 E-7과 B-2는 무엇을 나타내는가?

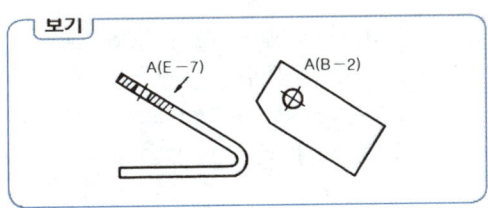

① 조립도의 도면의 종류와 크기
② 부품도의 부품번호 및 수량
③ 상대 도면의 비교눈금 및 척도
④ 상대방 위치의 도면구역의 구분기호

도면의 구역
도면 중에 특정 부분의 위치를 지시할 때의 편의를 위하여 표시하는 것이다.(1구분의 길이는 25mm에서 75mm 정도)

11 제도지 A1에 도면을 그리려고 할 때 사용되는 제도판의 최소규격은 어느 것인가?

① 450 × 600 ② 600 × 750
③ 600 × 900 ④ 900 × 1200

> 제도판의 규격은
> ① A0 : 900×1200
> ② A1 : 600×900
> ③ A2 : 450×600

12 도면에 반드시 마련하는 사항이 아닌 것은?

① 윤곽 ② 표제란
③ 중심 마크 ④ 재단 마크

> 도면에 반드시 마련하는 사항
> ① 윤곽선(테두리선)
> ② 표제란
> ③ 중심 마크

13 KS 기계제도에서 도면과 관련된 규정 설명 중 틀린 것은?

① 도면을 접을 때에는 A3의 크기로 접는다.
② 도면에는 중심 마크를 설치한다.
③ 도면은 긴 쪽을 좌우 방향으로 놓는다.
④ 원도는 접지 않는 것이 보통이다.

14 도면의 A1 크기에서 철하지 않을 때 C의 치수는 몇 mm인가?

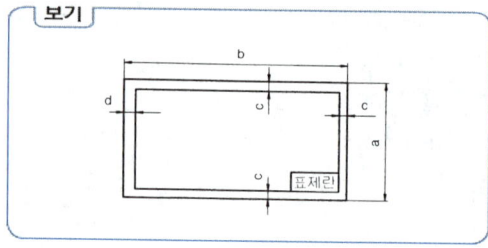

① 5 ② 10
③ 20 ④ 25

15 도면의 4변의 각 중앙에 표시하는 중심 마크의 굵기는 몇 mm인가?

① 0.3 ② 0.5
③ 0.7 ④ 0.9

> 중심 마크
> 도면의 마이크로 필름 촬영, 복사 등의 편의를 위하여 도면에 0.5mm 굵기의 직선으로 긋는다.

16 원도를 말아서 보관할 경우 KS B 기계제도에서는 안지름이 몇 mm 이상으로 하는 것이 좋다고 규정되어 있는가?

① 30mm 이상
② 40mm 이하
③ 40mm 이상
④ 100mm 이상

17 도면에서 물체의 크기를 나타내는 척도의 종류에 해당되지 않는 것은?

① 축척 ② 비교척
③ 현척 ④ 배척

> 물체의 실제 크기와 도면에서의 크기와의 비율을 말한다.
> • 표시방법은 A : B이다.
>   ┌ A : 도면에서의 크기
>   └ B : 물체의 실제 크기
> • 종류 : 축척, 현척, 배척

18 불규칙한 파형의 가는 실선 또는 지그재그선으로 나타내는 선은?

① 무게 중심선 ② 특수 지정선
③ 절단선 ④ 파단선

> 파단선은 대상물의 일부를 파단한 경계 또는 일부를 떼어 낸 경계를 표시하는 선으로 파형의 가는 실선 또는 지그재그의 가는 실선으로 나타낸다.

19 A가 지시하는 선의 용도는?

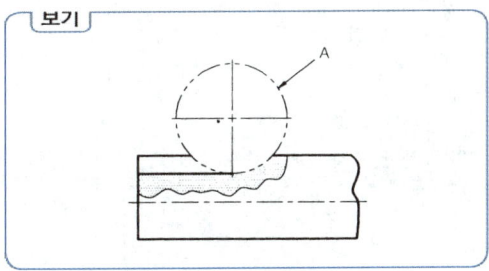

① 회전단면선 ② 피치선
③ 파단선 ④ 가상선

> 가상선의 용도
> ① 인접하는 부분 또는 공구, 지그 등을 참고로 표시하는 선
> ② 가공 부분을 이동 중의 특정 위치 또는 이동한계의 위치를 나타내는 선
> ③ 가공 전 또는 가공 후의 모양을 표시하는 데 사용한다.
> ④ 되풀이 하는 것을 나타내는 데 사용한다.
> ⑤ 도시된 단면의 앞쪽에 있는 부분을 표시하는 데 사용한다.
> ※ 가상선은 가는 2점 쇄선을 사용한다.

20 물체의 외형선을 0.7mm의 굵기로 그렸을 때 다음 중 숨은선의 굵기는 몇 mm가 가장 적당한가?

① 0.18 ② 0.25
③ 0.35 ④ 0.5

> 숨은 선의 굵기는 외형선의 1/2이다.

21 선에 대한 설명 중 틀린 것은?

① 지시선은 가는 실선으로 기술, 기호 등을 표시하기 위하여 끌어내는데 쓰인다.
② 수준면선은 수면, 유면의 위치를 표시하는데 쓰인다.
③ 기준선은 특히 위치결정의 근거가 된다는 것을 명시할 때 쓰인다.
④ 아주 굵은 실선은 특수한 가공을 하는 부분에 쓰인다.

> 아주 굵은 실선은 얇은 부분의 단선도시를 명시하는 데 사용한다.

22 도면에서 두 종류 이상의 선이 같은 장소에서 겹칠 경우 우선순위 순서로서 맞는 것은?

① 외형선 → 숨은선(은선) → 절단선 → 중심선
② 외형선 → 중심선 → 절단선 → 숨은선
③ 외형선 → 절단선 → 중심선 → 숨은선
④ 중심선 → 절단선 → 숨은선 → 외형선

> 선의 굵기 비율은 가는선 : 굵은선 : 아주 굵은선=1 : 2 : 4이며, CAD에서는 1 : 2.5 : 5이다. 또한, 선 중복 시 우선순위는 외형선 → 숨은선 → 절단선 → 중심선 → 무게중심선 → 치수보조선

23 KS B 나사제도에서 완전나사부의 불완전 나사부와의 경계가 단면한 뒤쪽이어서 보이지 않은 것을 나타내는 선은?

① 가는 실선   ② 중간 굵기 파선
③ 굵은 실선   ④ 가는 1점 쇄선

24 KS B "기계제도"에서 규정한 글자나 문장의 크기는 호칭을 몇 종류로 규정하고 있는가?

① 4종   ② 5종
③ 7종   ④ 9종

> **문자의 크기**
> ① 문자의 크기는 문자의 높이에 준한다.(KS A)
>   • 글자의 굵기
>   ㉠ 한자(6종류) : 글자의 높이 1/12.5이며, 크기는 3.15, 4.5, 6.3, 9, 12.5, 18mm이다.
>   ㉡ 한글자, 숫자, 영자(7종류) : 글자의 높이 1/9이며, 크기는 2.24, 3.15, 4.5, 6.3, 9, 12.5, 18mm이다.
> ② 문자의 크기(KS B) : 2.24, 3.15, 4.5, 6.3, 9mm의 5종이 있다.

25 선 그리기에서 틀린 것은?

① 외형선과 은선의 연장을 표시하는데 가는 실선을 사용한다.
② 회전단면과 지시선은 가는 실선으로 한다.
③ 중심선과 피치선은 가는 일점 쇄선으로 한다.
④ 가상선은 굵은 실선으로 한다.

> **가는 실선의 종류 및 용도**
> ① 치수선 : 치수를 기입하기 위한 선
> ② 치수 보조선 : 치수를 기입하기 위하여 도형에서 인출한 선
> ③ 지시선 : 지시, 기호 등을 나타내기 위하여 인출한 선
> ④ 회전 단면선 : 도형 내에 그 부분의 전단면을 90° 회전시켜서 나타내는 선
> ⑤ 중심선 : 도형의 중심을 나타내는 선
> ⑥ 수준면선 : 수면, 액면 등의 위치를 나타내는 선

26 아라비아 숫자에서 가장 작은 숫자의 크기는?

① 1.24mm   ② 1.5mm
③ 3.5mm   ④ 2.24mm

27 도면 중에 일련의 기술에 사용하는 문자크기의 비율은 한자 : 한글자·숫자·영자 = $x : y$에서 $x : y$를 얼마로 하는 것이 가장 바람직한가?

① 1 : 1.1   ② 1 : 1.2
③ 1.4 : 1   ④ 1.6 : 1

> 한자 : 한글, 숫자, 영자 = 3.15 : 2.24
> ∴ 1.4 : 1

정답 22 ① 23 ② 24 ② 25 ④ 26 ④ 27 ③

28 도면에 사용하는 글자의 굵기는 글자 높이의 적당한 비율로 이루어진다. 다음 중에서 글자와 글자 높이의 비율이 바르게 짝지어진 글자의 굵기는?

① 한자 : 1/5
② 한글자 : 1/7.5
③ 아라비아 숫자 : 1/9
④ 영자(로마자) : 1/12.5

29 KS에서 사용되는 선의 굵기 중에 제일 가는 선의 굵기는 얼마인가?

① 0.10 ② 0.14
③ 0.18 ④ 0.20

> 도면에서 사용하는 선의 굵기의 기준은 0.18, 0.25, 0.35, 0.5, 0.7, 1mm로 한다.

30 기계제도 부품 표에는 다음의 항목을 기입한다. 틀린 것은 어느 것인가?

① 품명과 재질
② 예산과 기사
③ 품번과 수량
④ 공정과 중량

> 부품 표에는 품번, 품명, 재질, 수량, 무게(중량), 공정, 비고 등이 들어간다.

31 삼각자 1조를 사용하여 얻을 수 있는 각도가 아닌 것은?

① 30° ② 15°
③ 35° ④ 75°

32 트레이스도(traced drawing)의 완성순서로 가장 적합한 것은?

> 보기
> 1. 치수, 숫자 기입 다듬질 기호
> 2. 치수, 치수 보조선, 지시선
> 3. 직선 및 은선 절단선
> 4. 원과 원호
> 5. 중심선

① 5 - 4 - 3 - 2 - 1
② 5 - 4 - 2 - 3 - 1
③ 5 - 2 - 4 - 3 - 1
④ 5 - 2 - 3 - 4 - 1

33 도면의 관리상 지켜야 할 사항이다. 옳지 않은 것은?

① 도면이 작성되면 원도대장에 표시하고 보관한다.
② 도면을 변경할 때는 변경 연월일 이유 등을 명기한다.
③ 도면의 발행, 기록 또는 취소 등은 모두 도면번호에 의하여 처리한다.
④ 원도를 변경하여 새로 그리거나 폐도할 경우에는 불에 태워버린다.

> 도면 관리의 내용은 다음과 같다.
> ① 원도의 등록, 보관 및 폐기
> ② 복사도의 작성, 출도, 회수 및 폐기
> ③ 도면 변경의 수속
> ④ 마이크로필름의 제작, 보관, 출납 및 폐기
> ⑤ 도면에 관한 정보의 관리

정답 28 ③ 29 ③ 30 ② 31 ③ 32 ① 33 ④

34 출도 후 도면 내용을 정정했을 때 틀린 것은?

① 변경한 곳에 적당한 기호(△)를 부기한다.
② 변경된 모형, 치수는 지운다.
③ 변경 연, 월, 일 이유 등을 명기한다.
④ 변경된 치수는 한 줄로 긋고 그대로 둔다.

> **도면의 변경**
> ① 변경된 부분에 변경 기호를 표시
> ② 도면 변경란에 변경 이유와 변경 연월일 기입
> ③ 변경전의 도형, 치수 등을 알 수 있도록 해야 한다.

35 그림과 같은 직원뿔을 전개할 때 가장 적합한 전개방법은?

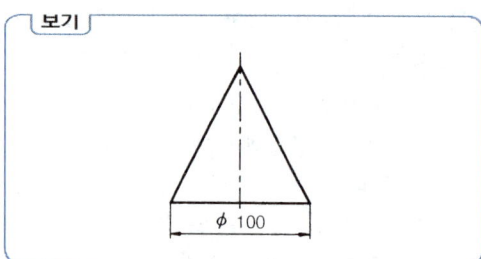

① 평행 전개법
② 방사 전개법
③ 삼각형 전개법
④ 사각형 전개법

> **전개도법**
> ① 평행선법 : 원기둥, 각기둥 등과 같이 축심에 대하여 나란한 직선을 물체 표면에 그을 수 있는 물체를 평행체라 하며, 평행체의 판뜨기 전개도를 그릴 때에는 평행선법이 주로 쓰인다.
> ② 삼각형법 : 입체의 표면을 몇 개의 삼각형으로 나누어 전개도를 그리는 방법이다.(꼭짓점이 먼 원뿔, 각뿔)
> ③ 방사선법 : 원뿔, 각뿔, 깔때기 등과 같이 전개도의 테두리 또는 테두리의 연장선이 어떤 1점에서 만나게 되는 물체의 판뜨기 전개도를 그릴 때 쓰인다.

36 전개도 제도에서 지름이 같은 원이 동일 평면상에 45°로 만날 때 평면도에 나타나는 상관선은?

① 직선
② 직선과 곡선
③ 불규칙한 곡선
④ 곡선

37 그림과 같이 방사선법을 이용하여 원뿔을 전개하고자 한다. 이 때 실제의 길이가 그대로 나타나는 부분은 어느 것인가?

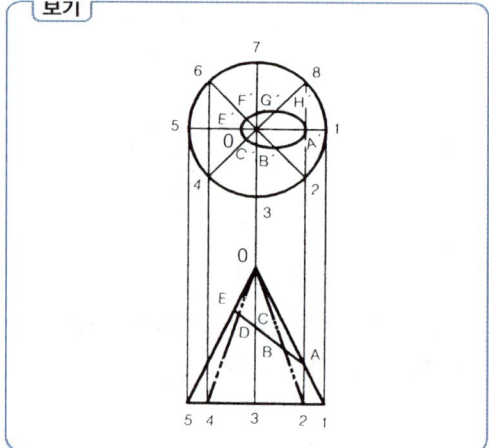

① E, 5의 거리
② E′, 5의 거리
③ C, 3의 거리
④ C′, 3의 거리

> 원뿔이므로 정면에서 빗면에 해당하는 E5와 A1이 실제의 길이로 나타난다.

38 입체의 표면을 한 평면 위에 펼쳐서 그린 것을 무슨 도라 하는가?

① 입체도
② 투시도
③ 평면도
④ 전개도

39 그림과 같은 원뿔을 축선과 평행인 X-X 평면으로 절단했을 때 생기는 원뿔곡선은 무엇인가?

① 타원
② 포물선
③ 쌍곡선
④ 사이크로이드 곡선

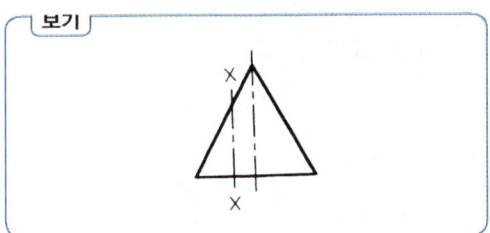

 (a) 타원   (b) 포물선   (c) 쌍곡선

40 다음 스케치 용구 중에서 안지름 및 바깥지름 깊이 측정에 사용되는 것은?

① 버니어 캘리퍼스
② 깊이 게이지
③ 직각자
④ 마이크로미터

41 다음 중 스케치도를 작성할 때 없어도 되는 것은?

① 분해 조립공구   ② 제도기
③ 측정기구   ④ 방안지

> **스케치에 필요한 용구**
> ① 분해조립 : 스패너·프라이어·스쿠루 드라이버·해머·테이퍼 핀 뽑기
> ② 치수측정 : 자·내측 퍼스·외측 퍼스·버니어 캘리퍼스·마이크로미터·각도기·피치 게이지·반지름 게이지·직각자·깊이 게이지·시그네스 게이지
> ③ 작도 : 연필·용지·화판·지우개
> ④ 기타 : 광명단·납선·꼬리표·칼·비누·풀·걸레

42 생산을 위하여 필요한 해석이나 치수 및 응력 등을 계산하고 제품에 대한 최선의 재료를 선정하기 위한 스케치도로 가장 적합한 것은?

① 상세 스케치   ② 변경 스케치
③ 설치 스케치   ④ 계산 스케치

43 스케치도를 필요로 하지 않는 경우는?

① 파손, 마멸 등으로 부품을 새로 만들 경우이다.
② 없어진 기계부품을 만들려고 할 때이다.
③ 그 기계를 개조할 필요가 있을 때이다.
④ 그 기계와 같은 기계를 만들 경우이다.

44 불규칙한 곡선을 스케치하는 데 가장 편리하게 쓰이는 것은?

① 실   ② 황동선
③ 납선   ④ 운형자

> 제도시 불규칙한 곡선을 그릴 때에는 운형자가 사용되고, 스케치를 할 때에는 납선이나 동선이 사용된다. 즉, 모양뜨기법에 적용된다.

정답 38 ④ 39 ③ 40 ① 41 ② 42 ④ 43 ④ 44 ③

45 다음 중 스케치할 때 하지 않아도 되는 것은?

① 전체 외형도 작성
② 부분조립 외형도 작성
③ 부품도 작성
④ 규격품, 표준품의 스케치도 작성

46 스케치할 물체의 표면에 기름이나 광명단을 얇게 칠하고 그 위에 종이를 대고 눌러 실제 모양을 뜨는 스케치 방법은?

① 모양뜨기법
② 프린트법
③ 프리 핸드법
④ 사진법

> **스케치 방법**
> ① 프리 핸드법 : 프리 핸드로 스케치할 때에는 정투상도, 등각투상도, 캐비닛도(사투상도), 투시도로 그린다.
> ② 프린트법 : 스케치할 물체의 표면에 기름이나 광명단을 얇게 칠하고, 그 위에 종이를 대고 눌러서 실제의 모양을 뜨는 방법이다.
> ③ 모양뜨기 방법 : 종이 위에 물체를 놓고 그 둘레를 연필로 모양을 뜨는 직접 모양뜨기 방법과 부품의 곡면에 따라 납선을 대고 그것을 연필로 모양을 뜨는 간접 모양뜨기 방법이다.
> ④ 사진촬영법 : 복잡한 기계의 조립상태는 미리 사진을 찍어둔다.

47 투상법에 관한 KS B 기계제도 규정 설명 중 틀린 것은?

① ⊕ ⊏ 은 제1각법의 표시 기호이다.
② 제3각법에 따르는 것이 원칙이다.
③ 필요한 경우에는 제1각법을 따를 수 있다.
④ 투상법의 기호를 표제란 또는 그 근처에 나타낸다.

> **투상법**
> ① 1각법
>   ㉠ 눈→물체→투상으로 선박제도에 사용
>   ㉡ 평면도는 정면도 아래에 배치된다.
>   ㉢ 좌측면도는 정면도의 우측에, 우측면도는 좌측에 배치한다.
> ② 3각법
>   ㉠ 눈→투상→물체로 기계제도에 사용
>   ㉡ 평면도는 정면도 위에 배치된다.
>   ㉢ 측면도는 정면도를 중심으로 좌·우측에 배치한다.

48 그림과 같이 주어진 AOB를 2등분할 때 제일 먼저 할 일은?

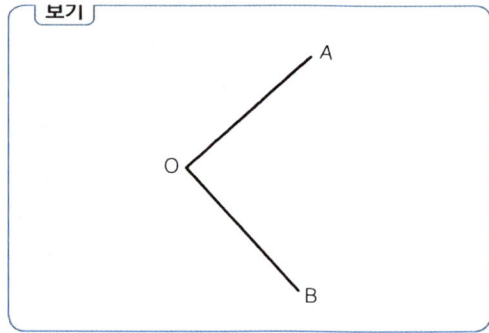

① OA와 OB 위에 임의의 점을 잡는다.
② OA 한쪽 끝 A점을 중심으로 하여 임의의 길이를 반지름으로 하는 원호를 그린다.
③ OB의 한쪽 끝 B점을 중심으로 하여 임의의 길이를 반지름으로 하는 원호를 그린다.
④ 주어진 각의 교점 O를 중심으로 하여 임의의 길이를 반지름으로 하는 원호를 그린다.

정답 45 ④ 46 ② 47 ① 48 ④

49 다음 그림과 같은 투상법 기호는 몇 각법인가?

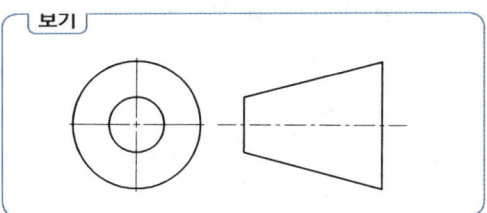

① 1각법
② 2각법
③ 3각법
④ 4각법

정면도의 선택
① 물체는 자연스러운 위치로 나타낸다.
② 물체의 주요면은 투상면에 평행되고 수직되게 한다.
③ 물체의 특징을 가장 명료하게 나타내는 투상도를 정면도로 선택하고 이것을 중심으로 평면도와 측면도 등을 보충해 넣는다.
④ 관련 투상도의 배치는 되도록 은선을 쓰지 않고도 그릴 수 있게 한다. 그러나 비교·대조가 불편하게 되는 경우는 제외한다.
⑤ 도형은 그 물체의 가공량이 가장 많은 공정을 기준으로 하여 그 물체가 가공될 상태와 같은 방향으로 그려서 가공 능률을 올리도록 한다.

50 제3각법에서의 투상과 제1각법에서의 투상이 서로 반대 위치에 있는 투상도만으로 되어 있는 것은?

① 평면도와 저면도
② 배면도와 평면도
③ 정면도와 저면도
④ 정면도와 배면도

51 주투상도의 방법에 관한 설명 중 틀린 것은?

① 특별한 이유가 없는 경우 대상물도 가로 길이로 놓은 상태
② 조립도 등 주로 기능을 표시하는 도면에서는 대상물을 사용하는 상태
③ 가공하기 위한 도면에서는 가장 많이 이용하는 공정에서 대상물을 놓은 상태
④ 부품도의 경우는 그 부품이 최초로 가공해야 하는 공정에서 부품이 놓이는 상태

52 다음 도면은 어떤 투상법에 의해 그려진 것인가?

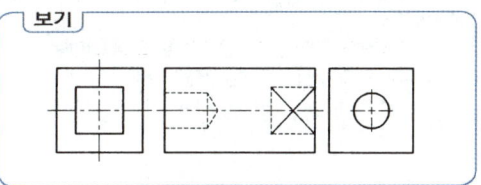

① 제1각법
② 제3각법
③ 복각 투상법
④ 부등각 투상법

53 다음과 같은 물체를 이해하려면 최소한 몇 개의 투상도가 필요한가?

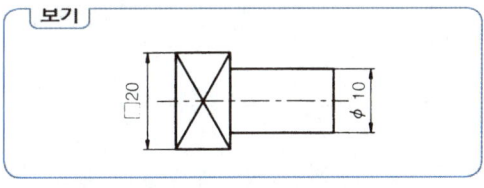

① 1개   ② 2개
③ 3개   ④ 4개

정답 49 ③ 50 ① 51 ④ 52 ① 53 ①

54 투상면에 수직인 직선은 무엇으로 나타나는가?

① 직선으로 나타난다.
② 단축된 평면으로 나타난다.
③ 진정한 평면으로 나타난다.
④ 점으로 나타낸다.

> **선과 면의 분석(투상법칙)**
> 투상도를 보고 물체의 형을 판단하려면 도면 속의 면이 진정한 길이인가 또는 어느 면이 진정한 형을 나타내는가를 알아보아야 한다.
> ① 직선
>   ㉠ 투상면에 평행한 직선은 진정한 길이를 나타낸다.
>   ㉡ 투상면에 수직인 직선은 점이 된다.
>   ㉢ 투상면에 경사진 직선은 진정한 길이보다 짧게 나타난다.
> ② 평면
>   ㉠ 투상면에 평행한 평면은 진정한 형을 나타낸다.
>   ㉡ 투상면에 수직인 평면은 직선이 된다.
>   ㉢ 투상면에 경사진 평면은 단축되어 나타난다.

55 그림과 같은 직선의 투상도에서 직선이 기선에 수직한 평면 위에 있고 양 화면에 경사진 것은 어느 것인가?

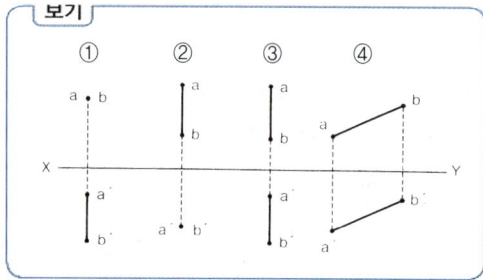

> **3각법의 경우이며**
> ① 평화면에 수직한 직선(입화면에서 실제길이)
> ② 입화면에 수직한 직선(입화면에서 점)
> ④ 직선이 양화면에 경사진 선

56 다음 그림은 선을 투상한 것이다. 실장이 나타나는 투상면은 어디에 있는가?

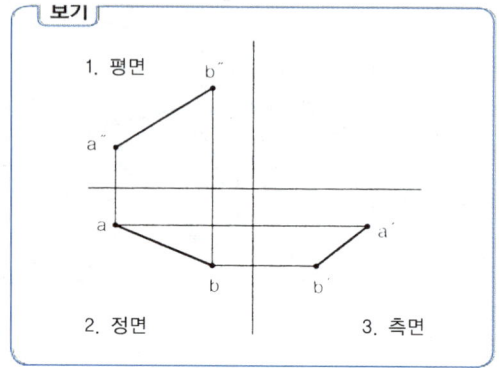

① 1 : 평면도   ② 2 : 정면도
③ 3 : 측면도   ④ 실장 없음

57 큰 원주가 작은 원주와 교차하는 부분을 실제의 투상에 의하지 않고 직선 또는 원호로 나타내는 것은?

① 관용 투상도   ② 회전 투상도
③ 가상 투상도   ④ 보조 투상도

> 관용 투상도는 큰 원기둥과 작은 원기둥 또는 각주가 교차하는 부분의 선(상관선)은 실제 투상에 의하지 않고 직선 또는 원호로 나타내는 투상도를 말한다.

58 특정 부분의 도형을 크게 하여 다른 장소에 그릴 때 표시하는 영자의 대문자를 쓰고 ( ) 안에 척도를 기입하는데, 척도를 나타낼 필요가 없을 때 척도 대신 무엇이라 부기하는가?

① 실척 아님
② 확대도
③ 상세도 NS
④ 상세 투상도

59 국부 투상도를 그릴 때 투상 관계를 나타내기 위하여 원칙으로 주된 그림에 어떤 선으로 연결하는데 이때 사용할 수 있는 선이 아닌 것은?

① 가상선
② 중심선
③ 기준선
④ 치수보조선

> 대상물의 구멍, 홈 등 한 국부만의 모양을 도시하는 것으로 충분한 경우에는 그 필요한 부분을 국부 투상도로서 나타낸다. 투상 관계를 나타내기 위하여 원칙적으로 주된 그림에 중심선, 기준선, 치수보조선 등으로 연결한다.

60 물체의 구멍이나 홈과 같은 것을 그 일부만의 모양과 크기만 나타내도 이해가 가능한 경우 그 필요한 부분만 도시하는 투상도 명칭은?

① 보조 투상도
② 요점 투상도
③ 부분 확대도
④ 국부 투상도

61 대상물의 좌표면이 투상면에 대하여 경사지게 놓인 상태에서 직각으로 투상하여 그린 특수 투상법은?

① 사투상도
② 투시도
③ 표고 투상도
④ 축측 투상도

> ① 축측 투상도 : 대상물의 좌표면이 투상면에 대하여 경사를 이룬 직각 투상
> ② 표고 투상 : 대상물을 좌표면에 평행으로 절단하고 그 절단 선군의 정투상에 의해서 대상물의 형태를 그리는 도형의 표시 방법(곡면선도, 지형도에 적용)
> ③ 경상 투상 : 대상물의 좌표면에 평행으로 둔 거울에 비치는 대상물의 상을 그리는 도형의 표시 방법

62 가상 투상도로 나타낼 수 없는 부분은 어느 곳인가?

① 도시된 물체의 바로 앞쪽에 있는 부분
② 가공후의 모양
③ 이동하는 부분의 운동범위
④ 보이지 않는 밑부분

63 투상법의 종류 중 경사면 투상에 가장 적합한 것은?

① 투시법
② 요점 투상도
③ 정투상법
④ 보조 투상도

> 보조 투상도 : 물체에 따라서 그 일부에 경사면이 있어 투상을 시키면 경사면인 경우에는 길이와 모양이 축소 및 변형이 되어 실제 길이나 모양이 그대로 나타나지 않으므로 경사면에 별도의 투상면을 설정하고 이 면에 투상하면 실제 모양이 그려진다. 이 투상면을 보조 투상도라 한다.

64 수직 중심선을 경계로 하여 표면과 뒷면을 한 개의 도면으로 표시하는 방법으로 우측 반절은 제1각법, 좌측 반절은 제3각법으로 나타내는 것은?

① 복각 투상도
② 관용 투상도
③ 가상 투상도
④ 회전 투상도

정답 59 ① 60 ④ 61 ④ 62 ④ 63 ④ 64 ①

65 투상도 중 회전 투상도는 어느 것인가?

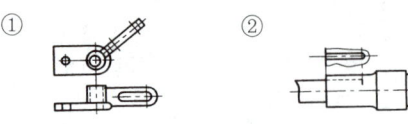

① 회전 투상도
② 국부 투상도
③ 국부 투상도
④ 부분 투상도

- 회전 투상도 : 투상면이 어느 각도를 가지고 있기 때문에 그 실형을 표시하지 못할 때에는 그 부분을 회전해서 그 실형을 도시하는 것

투상법의 종류	사용하는 그림의 종류	특 징	주된 용도
정투상	정투상도	모양을 엄밀, 정확하게 표시할 수 있다.	일반 도면
등각 투상	등각도	하나의 그림으로 정육면체의 세 면을 같은 정도로 표시할 수 있다. ($\alpha = \beta = \gamma = 120°$)	설명용 도면
사투상	캐비닛도	하나의 그림으로 정육면체의 세면 중의 한 면만을 중점적으로 엄밀, 정확하게 표시할 수 있다. ($a : b : c = 1 : 1 : 1/2$)	

66 수평선과 30°의 각을 이룬 두 축과 90°를 이룬 수직축의 세 축이 투상면 위에서 120°의 등각이 되도록 물체를 놓고 투상한 것은?

① 부등각 투상
② 등각 투상
③ 사 투상
④ 삼점 투상

67 정육면체를 아래 도면과 같이 그려서 표시하는 것으로 다음 중 가장 적합한 용어는?

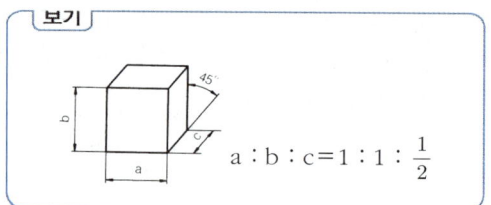

① 정 투상도
② 경상 투상도
③ 등각도
④ 캐비닛도

68 물체가 대칭일 때 올바르지 않은 것은?

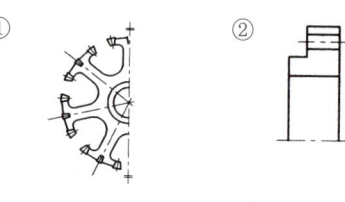

대칭도형의 생략
도형이 대칭인 경우에는 대칭 중심선의 한쪽을 생략할 수 있다. 또는 반 이상을 그린 다음 파단선으로 절단하여 나타낼 수가 있다.

정답 65 ① 66 ② 67 ④ 68 ②

69 그림과 같이 리브를 나타낼 때 둥글기의 반지름인 R1과 R2의 관계로 가장 적합한 것은?

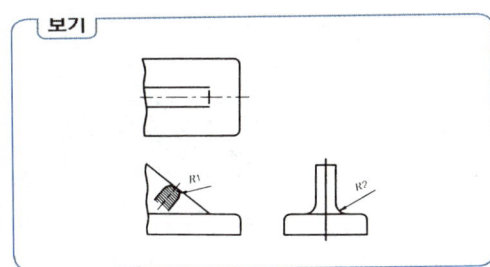

① R1 < R2
② R1 > R2
③ 일반의 경우
④ R의 크기와 관계없다.

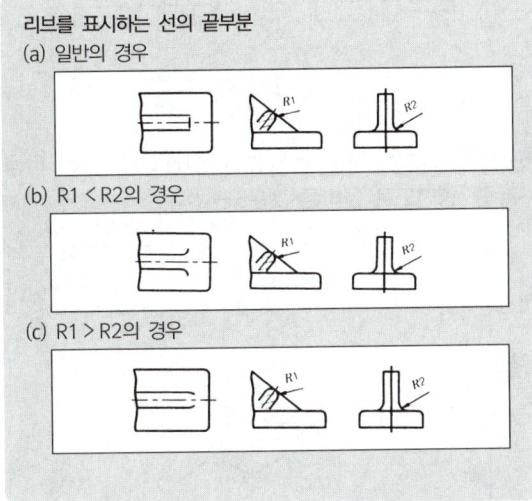

70 다음 투상도를 보고 평면도로 알맞은 것은?

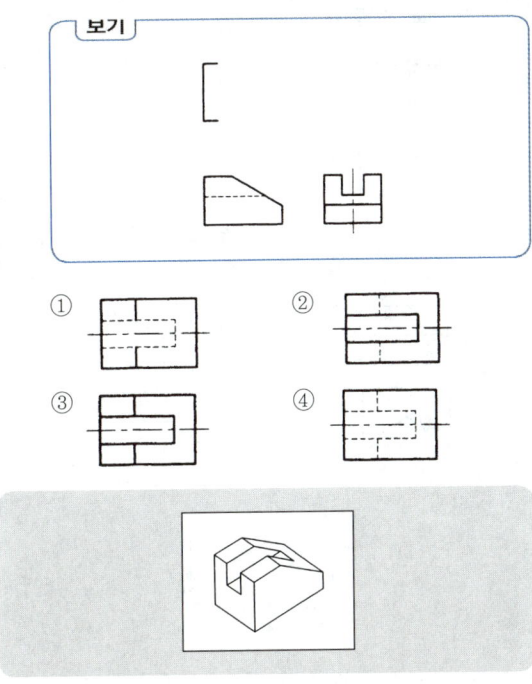

71 다음과 같은 겨냥도를 제3각법으로 투상한 투상도로 가장 적합한 것은?

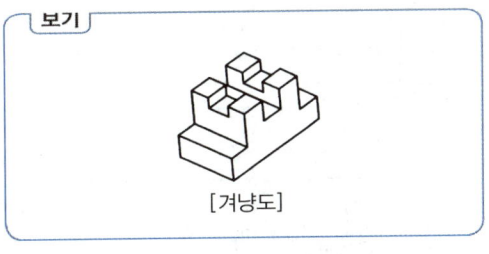

정답 69 ③ 70 ③ 71 ①

72 다음과 같은 정면도를 보고 옳게 표시한 평면도는 어느 것인가?

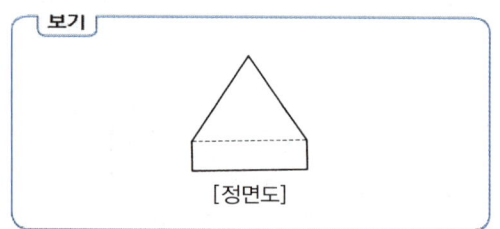

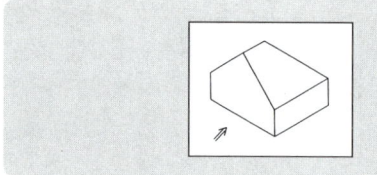

73 다음 입체의 정면도와 측면도를 투상한 것으로 가장 적합한 것은?

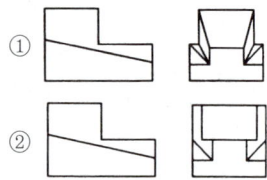

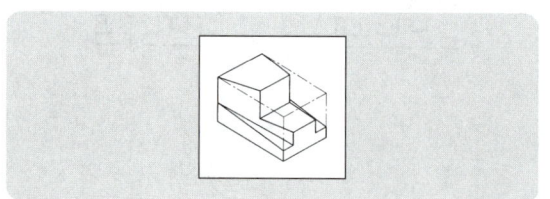

74 다음 그림의 화살표 방향을 정면도로 삼각법으로 투상하였다. 옳은 것은?

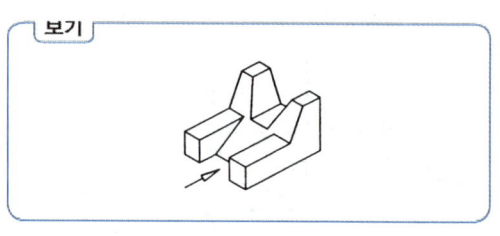

75 겨냥도에서 화살표 방향이 정면도일 경우 다음 중 평면도로 올바른 것은?

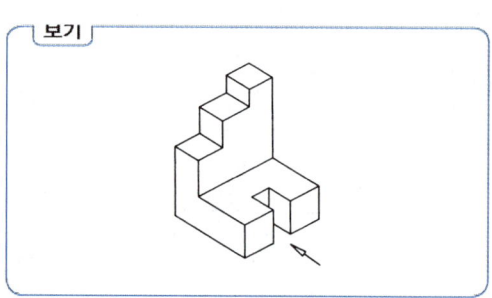

정답 72 ② 73 ② 74 ① 75 ④

76 그림과 같은 물체를 화살표 방향에서 투상한 그림으로 맞는 것은?

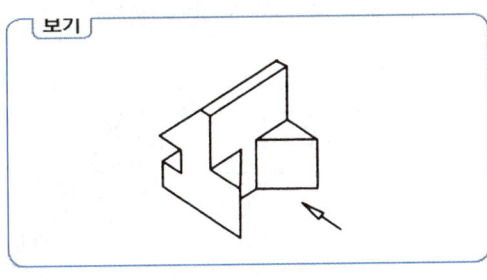

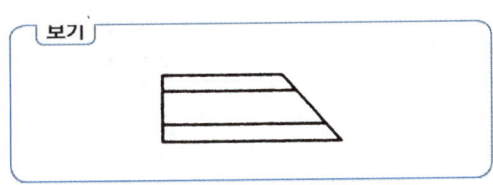

77 다음 정면도를 가지고 우측면도를 측정할 때 관계 없는 것은?

78 다음 평면도와 정면도에 알맞는 우측면도는?

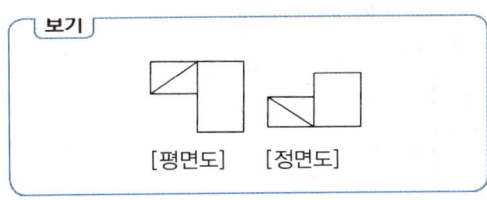

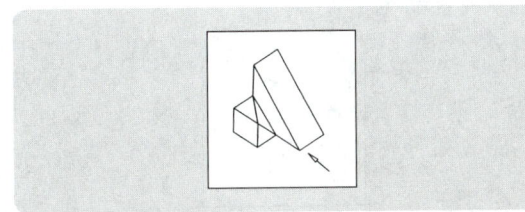

79 다음 3각법에 의한 평면도이다. 정면도와 부합되는 것은?

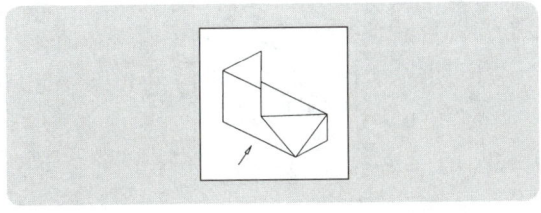

정답   76 ④   77 ②   78 ①   79 ④

80 그림과 같이 3각법으로 정투상도를 나타낼 때 우측면도에 맞는 도면은?

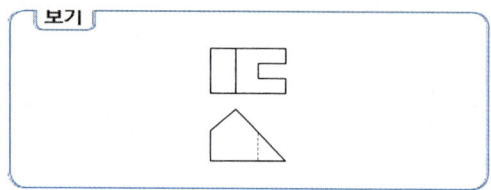

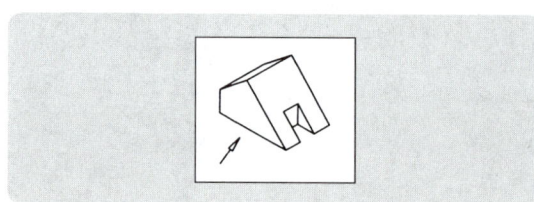

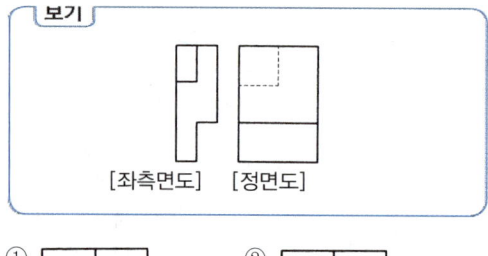

81 다음 정면도와 좌측면도에 가장 적합한 평면도는?

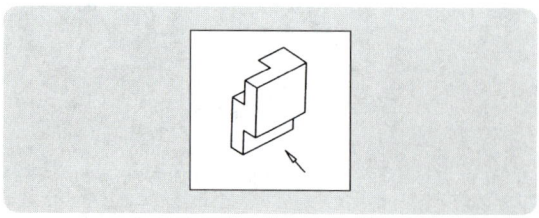

82 다음 A도는 B와 같은 물체를 제3각법으로 투상한 도면이다. 숨은 선은 모두 생략한 경우일 때 다음 설명 중 가장 적합한 것은?

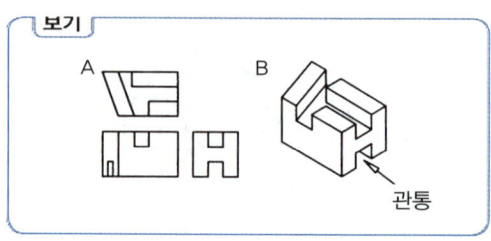

① 정면도만 틀림 ② 평면도만 맞음
③ 측면도만 맞음 ④ 모두 틀림

83 주어진 도면(평면도와 우측면도)을 보고 누락된 정면도를 올바르게 투상한 것은?

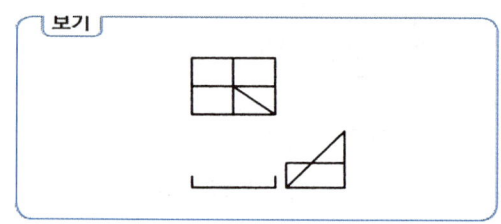

① 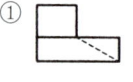 ②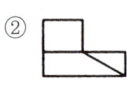
③ 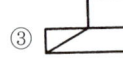 ④

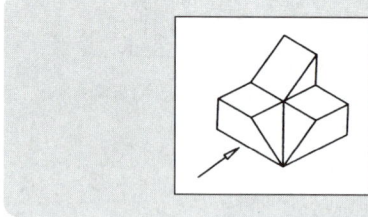

정답 80 ① 81 ④ 82 ④ 83 ②

84 다음의 겨냥도를 올바르게 제3각법으로 투상한 정면도는 어느 것인가? (단, 화살표 방향에서 본 것을 정면도로 한다.)

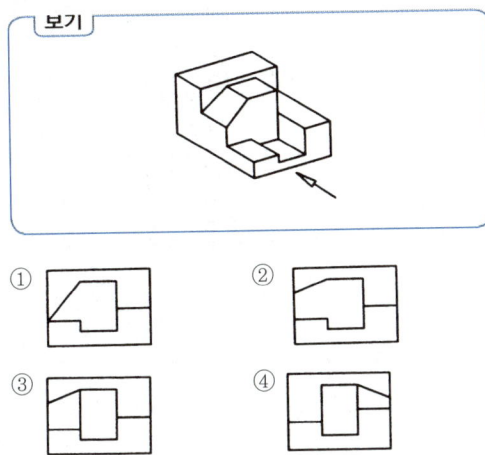

85 다음 입체도의 3각법에 의한 투상도에서 미완성 투상도로 올바른 것은?

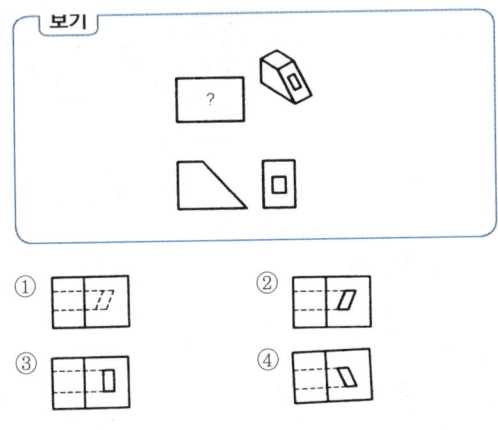

86 그림과 같은 물체를 제3각법으로 투상 했을 때 투상도명이 틀린 것은?

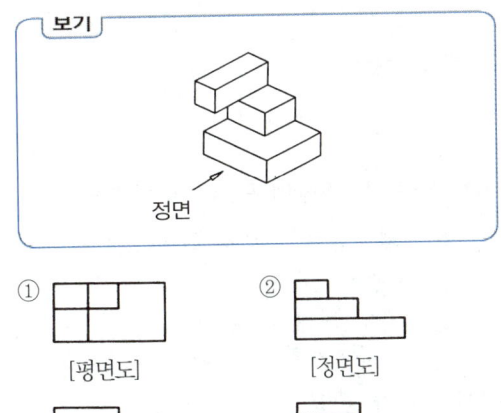

87 축의 도시법의 설명 중 옳은 것은?

① 길이 방향으로 절단하여 단면도시를 할 수 있다.
② 긴 축은 중간을 파단하여 짧게 그릴 수 없다.
③ 길이 방향으로 절단하여 부분단면을 그릴 수 있다.
④ 일부 면이 평면일지라도 축에는 평면 표시를 할 수 없다.

88 단면도를 나타낼 때 긴쪽 방향으로 절단하여 도시할 수 있는 것은?

① 볼트, 너트 와셔   ② 축, 핀, 리브
③ 리벳, 강구, 키   ④ 기어의 보스

단면으로 표시하지 않는 부품
① 길이 방향으로 절단하지 않는 부품
  ㉠ 축, 스핀들 종류
  ㉡ 볼트, 너트, 와셔 종류
  ㉢ 작은 나사(machine screw), 세트 스크루 종류
  ㉣ 키, 핀, 코터, 리벳 종류
② 세로 방향으로 절단하지 않는 부품 : 리브, 바퀴의 암, 기어의 이(치), 핸들 등
③ 얇은 부분 : 리브, 웹
④ 베어링의 볼, 롤러 등

정답   84 ②   85 ③   86 ①   87 ③   88 ④

89 길이 방향으로 단면 했을 경우 해칭할 수 있는 것은?

① 키　　　② 테이퍼 핀
③ 리브　　④ 베어링 메탈

90 단면도에서 해칭에 관한 설명 중 틀린 것은?

① 해칭은 주된 중심선에 대하여 45°로 하는 것이 좋다.
② 인접단면의 해칭은 선의 방향이나 각도를 변경한다.
③ 해칭선의 간격이나 해칭선의 굵기로 단면을 구분할 수 있다.
④ 해칭을 하는 부분안에 글자, 기호를 기입하기 위해 해칭을 중단할 수 있다.

단면도의 해칭
① 해칭은 주된 중심선에 대하여 45°로, 가는 실선으로 등간격으로 표시한다.
② 동일 부품의 단면은 떨어져 있어도 해칭의 방향과 간격 등을 같게 한다.
③ 서로 인접하는 단면의 해칭은 선의 방향 또는 각도(30°, 45°, 60° 임의의 각도) 및 그 간격을 바꾸어서 구별한다.
④ 경사진 단면의 해칭선은 경사진 면에 수평이나 수직으로 그리지 않고, 재질에 관계없이 기본 중심에 대하여 45° 경사진 각도로 그린다.
⑤ 절단 자리의 면적이 넓을 경우에는 그 외형선을 따라 적절한 범위에 해칭을 한다.
⑥ 해칭을 하는 부분 속에 문자, 기호 등을 기입하기 위해 필요할 경우에는 해칭을 중단한다.
⑦ 단면도에 재료 등을 표시하기 위하여 특수한 해칭을 해도 좋다.

---

91 암, 림, 리브 등의 단면형을 도형 내에 그릴 때의 선의 종류는?

① 가는 실선　　② 가상선
③ 파선　　　　④ 굵은 실선

92 그림과 같이 외형도에서 필요한 일부를 나타내는 단면도는?

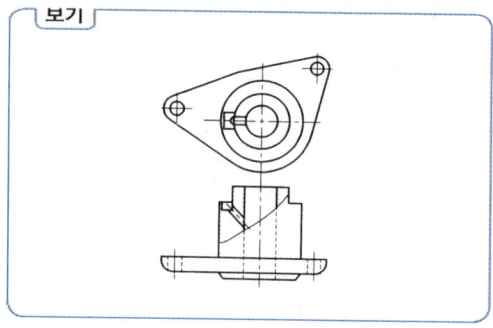

① 온 단면도
② 한쪽 단면도
③ 부분 단면도
④ 회전 단면도

93 그림과 같은 단면도는?

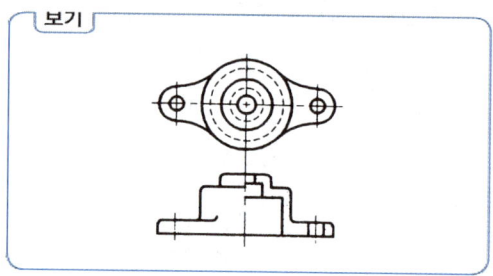

① 온 단면도
② 부분 단면도
③ 한쪽 단면도
④ 회전도시 단면도

한쪽 단면도(반 단면도 : half section view)
상하 또는 좌우 대칭인 물체는 1/4를 떼어낸 것으로 보고, 기본 중심선을 경계로 하여 1/2는 외형, 1/2는 단면으로 동시에 나타낸 것으로 대칭 중심의 우측 또는 위쪽을 단면한다.

정답　89 ④　90 ③　91 ①　92 ③　93 ③

94 다음 중 온단면도(전단면도)가 필요한 경우로 가장 적합한 것은?

① 단면으로 나타낼 필요가 있는 좁은 경우
② 원칙적으로 길이 방향으로 절단하지 않는 것을 특별히 나타낼 경우
③ 단면의 경계가 애매하게 될 경우
④ 투상도 전체가 단면으로 되어야 할 경우

①, ②, ③항은 부분 단면도를 필요로 할 경우에 쓰인다.

95 중심선을 기준으로 좌, 우 또는 상하의 도형이 같을 때 중심선의 한쪽 도형만을 그리고, 중심선의 양끝 부분에 짧은 2개의 나란한 가는 선을 그리는 것을 무엇이라 하는가?

① 중심기호
② 식별기호
③ 평행기호
④ 대칭 도시기호

96 구를 중심선에 경사진 평면으로 절단하였을 때 그 단면은 어떤 모양인가?

① 타원
② 원형
③ 삼각형
④ 원뿔형

97 다음 중 3각법으로 투상된 도면을 가장 올바르게 단면한 것은?

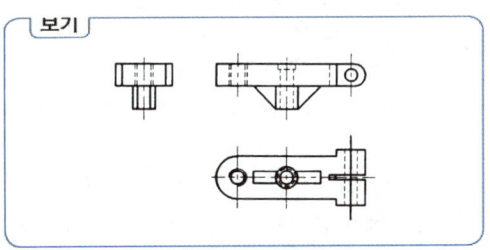

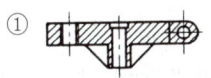 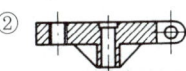
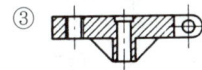 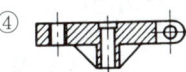

98 단면도의 표시 방법 중 조합에 의한 단면도를 옳게 설명한 것은?

① 절단선의 연장선 위에 그린다.
② 절단할 곳의 전후를 끊어서 그 사이에 그린다.
③ 도형 내의 절단할 곳에 겹쳐서 가는 실선을 사용한다.
④ 구부러진 중심선에 따라 절단하고 투상하여 그린다.

99 회전도시 단면도로서 올바르게 그려진 것은?

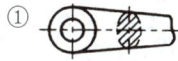 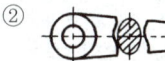

회전도시 단면도
핸들이나 바퀴 등의 암 및 림, 리브, 훅, 축, 구조물의 부재 등의 절단면은 90° 회전하여 표시

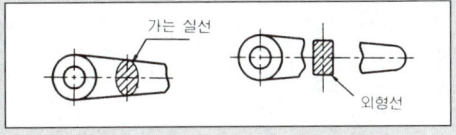

정답 94 ④ 95 ④ 96 ② 97 ④ 98 ④ 99 ③

100 한쪽 단면(반단면) 표시법에 대한 설명으로 가장 알맞은 것은?

① 중심선을 경계로 하여 대칭인 물체를 반쪽만 단면으로 표시한 것이다.
② 실물의 1/2 크기로 절단하여 단면으로 나타낸 것이다.
③ 도형 전체가 단면으로 표시된 것이다.
④ 물체의 필요한 부분만 단면으로 표시한 것이다.

101 제도에 있어서 치수의 기입방법에 대한 설명으로 틀린 것은?

① 치수는 복잡하지 않도록 전체 도면에 분산시켜 기입한다.
② 이해를 쉽게 하기 위하여 관련 그림에 있어서의 중복기입은 무방하다.
③ 치수는 되도록 계산하여 구할 필요가 없도록 기입한다.
④ 관련되는 치수는 되도록 한 곳에 모아서 기입한다.

> 치수기입의 원칙
> ① 대상물의 기능, 제작, 조립 등을 고려하여, 필요하다고 생각되는 치수를 명료하게 도면에 기입
> ② 치수는 대상물의 크기, 자세 및 위치를 가장 명확하게 표시하는 데 필요하고도 충분한 것을 기입
> ③ 치수는 되도록 정면도에 집중하여 기입
> ④ 치수는 중복 기입을 피한다.
> ⑤ 치수는 선에 겹치게 기입해서는 안된다.
> ⑥ 치수는 되도록 계산하여 구할 필요가 없도록 기입
> ⑦ 치수는 치수선이 서로 만나는 곳에 기입하면 안 된다.
> ⑧ 치수는 필요에 따라 기준으로 하는 점, 선 또는 면을 기초로 한다.
> ⑨ 현의 길이 표시방법은 현에 수직으로 치수 보조선을 긋고 현에 평행한 치수선을 사용하여 표시
> ⑩ 참고치수에 대해서는 치수문자에 괄호를 붙인다.

102 다음 중 치수기입의 원칙에 어긋나는 것은?

① 치수는 필요에 따라 기준이 되는 점, 선 또는 면을 기준으로 하여 기입한다.
② 서로 관련되는 치수는 되도록이면 한 곳에 모아 기입한다.
③ 치수는 되도록 이면 정면도, 평면도, 측면도에 고르게 배치한다.
④ 참고 치수에 대해서는 수치에 괄호를 붙인다.

103 도면을 그리고 치수를 넣을 때 옳은 기입 방법은?

① 기능, 제작, 조립방법 등을 고려하여 필요한 치수를 명료하게 기입한다.
② 치수는 될 수 있는 대로 3면도에 균일하게 분산 기입한다.
③ 현의 길이를 표시하는 치수선은 현과 동심원호로 나타낸다.
④ 제한된 좁은 장소의 치수 기입 시 지시선을 빼내어 기입할 수 없다.

104 현장에서 도면을 사용하다 치수를 수정할 필요가 있어서 고치려고 한다. 좋은 방법이 아닌 것은 다음 중 어느 것인가?

① 변경날짜를 기입한다.
② 변경전의 치수를 완전히 지운다.
③ 변경된 이유를 표시한다.
④ 변경란 부분에 기호를 표시한다.

105 모따기(chamfer)의 설명으로 틀린 것은?

① C5는 45°의 경사로 모따기하라는 것이다.
② C5는 경사면의 길이가 5mm가 된다.
③ C5는 45°의 경사로 깊이가 5mm이다.
④ 모따기는 45°의 각도가 아니어도 좋다.

정답 100 ① 101 ② 102 ③ 103 ① 104 ② 105 ②

106 도면에서 구면을 나타낼 때 표시하는 방법은?

① Sϕ50 ② 구ϕ50
③ Cϕ50 ④ 구면ϕ50

구 분	기 호	예
지름	ϕ	ϕ5
반지름	R	R10
구의 지름	Sϕ	Sϕ5
구의 반지름	SR	SR10
정사각형의 변	□	□10
판의 두께	t	t2
45°의 모따기	C	C2
실제의 반지름	실R	실R30
전개상의 반지름	전개R	전개R10
원호의 길이	⌒	⌒30
이론적으로 정확한 치수	□	30
참고치수	( )	(30)

107 치수 기입의 일반 형식 중에서 이론적으로 정확한 치수의 도시 방법은?

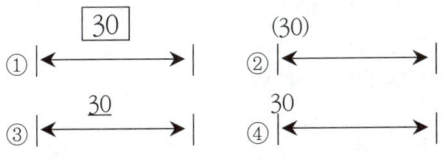

108 치수 기입에 있어서 참고 치수를 나타내는 것은?

① 치수 밑에 줄을 긋는다.
② 치수 앞에 □를 한다.
③ 치수에 ( )를 한다.
④ 치수 앞에 ※표를 한다.

109 다음 기호 설명 중 틀린 것은?

① Sϕ : 면
② R : 반지름
③ □ : 정사각형
④ t : 두께

110 치수배치방법이 아닌 것은?

① 직선 치수 기입법
② 병렬 치수 기입법
③ 누진 치수 기입법
④ 공간 치수 기입법

> 치수의 배치
> ① 직렬(직선) 치수 기입방법
> ② 병렬 치수 기입방법
> ③ 누진 치수 기입방법(기점 위치는 O 기호로 표시)

111 단면이나 보조투상을 나타낼 때 쓰는 화살표와 영자 대문자의 상호 위치 중 화살표가 45° 경사진 경우 문자 방향으로 KS규정에 가장 적합한 것은?

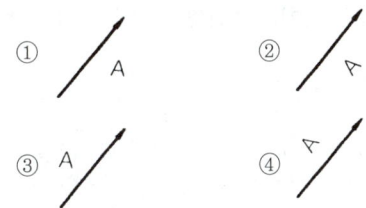

정답 106 ① 107 ① 108 ③ 109 ① 110 ④ 111 ③

112 치수 숫자의 방향과 위치에 대한 설명 중 틀린 것은?

① 치수 숫자의 기입은 치수선 중앙상부에 표시한다.
② 수평치수선에 대해서는 숫자의 머리가 위쪽으로 향하도록 표시한다.
③ 수직치수선에 대해서는 숫자의 머리가 왼쪽으로 향하도록 표시한다.
④ 치수 보조선 사이가 좁아서 치수 기입이 어렵더라도 반드시 그 부분에 표시해야 한다.

113 치수 기입이 틀린 것은?

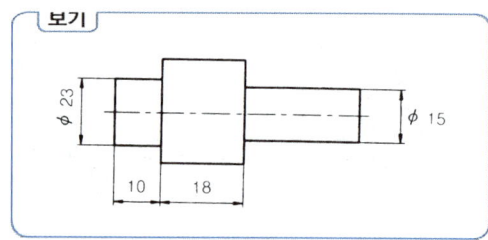

① 10
② 8
③ φ15
④ φ23

114 길이 치수에 공차를 기입할 경우 잘못된 것은?

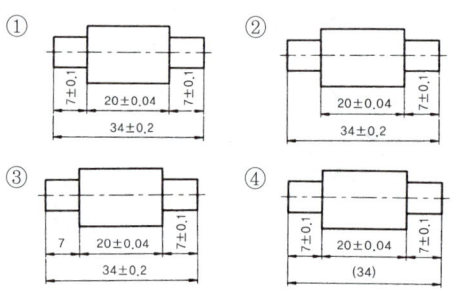

115 KS 기계제도의 누진치수 기입법에 관한 설명으로 올바른 것은?

① 병렬치수 기입법과는 공차의 의미가 다르다.
② 치수의 기점 위치에는 기점기호(○)를 표시한다.
③ 2개 이상의 불연속 치수선으로 표시해야 한다.
④ 치수선의 양쪽 끝에 화살표를 표시한다.

116 도면에 치수나 각도를 기입하는 경우, 치수선의 끝에 붙여 그 한계를 표시하는 끝 부분 기호가 잘못된 것은 어느 것인가?

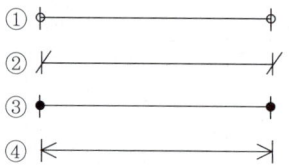

117 10-φ15FR. 깊이 20으로 표시된 가공구멍 도시법 중 올바른 것은?

① 구멍수 10개임
② 지름 15cm임
③ 줄다듬질 가공임
④ 구멍가공깊이 20cm임

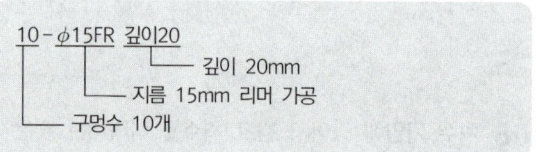

118 아래 그림에서 치수 기입이 잘못된 것은?

① 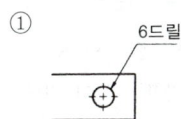   ②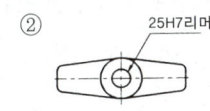

③ 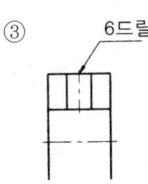   ④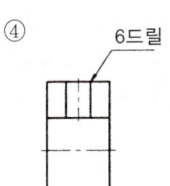

121 도면에 평판의 치수가 「30×5-200」과 같이 기입되어 있다. 설명이 옳은 것은?

① 폭 30mm, 두께 5mm
② 지름 30mm, 폭 5mm
③ 두께 30mm, 높이 5mm
④ 지름 30mm, 두께 5mm

> 평판의 치수기입
> 나비(폭) × 두께-길이

119 현의 길이를 바르게 표시한 것은?

① 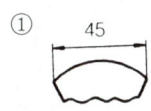   ②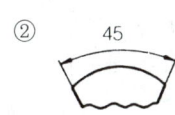

③ 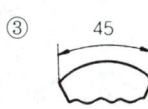   ④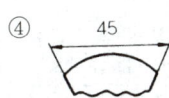

> ① 현의 길이
> ② 각도 기입
> ③ 호의 길이

122 ㄷ형강의 표시가 바르게 된 것은?

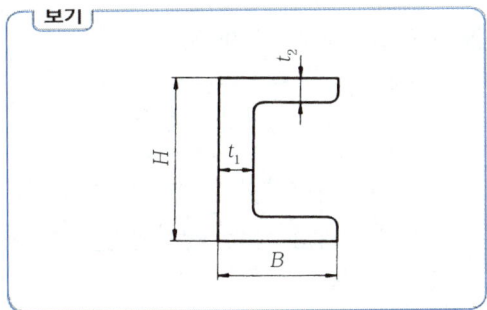

① ㄷ$H \times B \times t_1 \times t_2 - L$
② ㄷ$H \times B \times t_1 - t_2 - L$
③ ㄷ$H \times B - t_1 - t_2 - L$
④ ㄷ$H \times B - t_1 \times t_2 - L$

> 형강의 표시방법
> 형상높이 × 나비 × 두께-길이
> <예> ㄷ$H \times B \times t_1 \times t_2 - l$
>   ㄴ$H \times B \times t - l$
>   I $H \times B \times t - l$s

120 각도 치수가 잘못 기입된 것은?

① 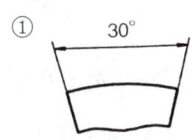   ②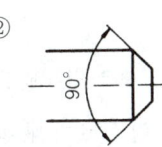

③ 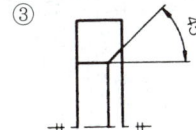   ④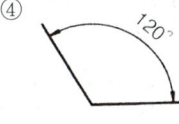

정답 118 ④   119 ①   120 ①   121 ①   122 ①

123 부등변 ㄱ형강의 표시가 바르게 된 것은?

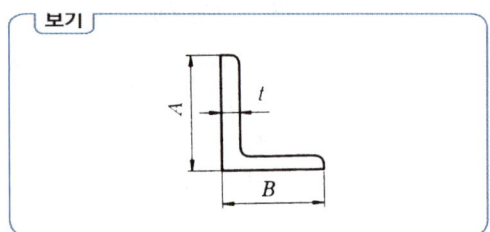

① $LA \times B \times t \times L$
② $LA \times B \times t - L$
③ $LA \times B - t - L$
④ $LA - B - t - L$

124 다음 도면에서 A의 길이는?

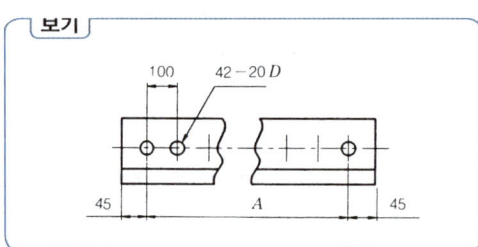

① A = 2000　　② A = 4100
③ A = 4200　　④ A = 4500

합계치수(A) = (구멍수 − 1) × 같은 간격 치수
A = (42 − 1) × 100 = 4100

125 다음 중 테이퍼 표시 방법으로 가장 적합한 것은?

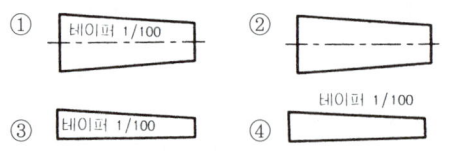

테이퍼는 원칙적으로 중심선에 연하여 기입하고, 기울기는 원칙으로 변에 연하여 기입한다.

126 KS 기계제도에서 테이퍼, 기울기의 표시 방법은 원칙에 관한 설명으로 올바른 것은?

① 모두 변에 연하여 기입하는 것이 원칙이다.
② 모두 중심선에 연하여 기입하는 것이 원칙이다.
③ 테이퍼는 변에 연하여, 기울기는 중심선에 연하여 기입하는 것이 원칙이다.
④ 테이퍼는 중심선에 연하여, 기울기는 변에 연하여 기입하는 것이 원칙이다.

127 KS 재료 표시기호가 SF 50으로 표시되는 것은?

① 탄소강 단강품
② 고속도 공구강
③ 합금 공구강
④ 소결 합금강

KS재료 표시기호
① SF 50 : 탄소강 단강품
② SKH 2 : 고속도 공구강
③ STS 1 : 합금 공구강
④ SWS 400 : 용접구조용 압연강재
⑤ SM 45 C : 기계구조용 탄소강재
⑥ SBB : 보일러용 압연강재
⑦ SBC : 냉간 압연강판
⑧ BMC : 흑심가단주철
⑨ SF 340 : 탄소강 단강품
⑩ SC 360 : 탄소 주강품
⑪ SNC 415 : 니켈 크롬강

128 KS 재료 기호에 표시되어 있는 SM45C란?

① 인장강도가 40kg/mm^{2}인 탄소공구강을 말한다.
② 탄소함유량이 0.42~0.50%인 일반구조용강을 말한다.
③ 인장강도가 40kg/mm^{2}인 탄소강 주강품을 말한다.
④ 탄소함유량이 0.42~0.48%인 기계구조용 탄소강을 말한다.

정답　123 ②　124 ②　125 ①　126 ④　127 ①　128 ④

129 캠 피스톤 핀 등에 적당한 침탄용 재질로서 기계 구조용 탄소 강재를 나타내는 KS 재료 기호는?

① SM 15 CK
② BMC 28
③ STC 3
④ SNC 815

130 다음 재료 기호 중 탄소 주강품의 KS 재료 기호는?

① SM 10 C
② SF 34
③ SC 46
④ GC 20

131 다음의 재료 기호 중에서 용접 구조용 압연강재의 KS 기호는?

① PWR
② SWS
③ SBS 50
④ SBC 55

132 다음 기호에서 탄소공구강 기호는?

① SF
② SC
③ STS
④ STC

133 고속도강의 기호는?

① SKH
② HSS
③ SM
④ STS

134 KS B 0161에 규정하는 표면거칠기(surface roughness)에서 기준 길이의 5번째의 높은 산과 낮은 골을 지나는 두 직선의 간격을 측정하여 평균의 차를 미크론(μm) 단위로 나타낸 것은?

① 최대 높이(R_{max})
② 10점 평균거칠기(R_z)
③ 중심선 평균거칠기(R_a)
④ 기준길이 평균거칠기(R_l)

> 표면거칠기의 표시방법(단위 : μm)
> ① 최대높이(R_{max}) : S
> ② 10점 평균거칠기(R_z) : Z
> ③ 중심선 평균거칠기(R_a) : a

135 다음 거칠기를 표시한 것 중에서 가장 표면이 매끄러운 것은?

① 25Z
② 12.5 a
③ 1.6S
④ 0.1S

136 기호 $\overset{25S}{\triangledown}$ 와 의미가 같은 것은?

① $\triangledown$
② $\triangledown\triangledown$
③ $\triangledown\triangledown\triangledown$
④ $\triangledown\triangledown\triangledown\triangledown$

> $\overset{100S}{\triangledown}$ = $\triangledown$ = 100Z = 25a : 거친 다듬질
> $\overset{25S}{\triangledown}$ = $\triangledown\triangledown$ = 25z = 6.3a : 보통 다듬질
> $\overset{6.3S}{\triangledown}$ = $\triangledown\triangledown\triangledown$ = 6.3Z = 1.6a : 상 다듬질
> $\overset{0.8S}{\triangledown}$ = $\triangledown\triangledown\triangledown\triangledown$ = 0.8Z = 0.2a : 정밀 다듬질

정답 129 ① 130 ③ 131 ② 132 ④ 133 ① 134 ② 135 ④ 136 ②

137 중심선 평균거칠기로 표면거칠기의 지시값의 상한과 하한을 기입하는 방법으로 올바른 것은?

① 상한은 좌측에 하한은 우측에 기입한다.
② 상한은 우측에 하한은 좌측에 기입한다.
③ 상한은 위로 하한은 아래로 나란히 기입한다.
④ 상한은 아래로 하한은 위로 나란히 기입한다.

138 표면거칠기 표시에서 제거 가공을 해서는 안 된다는 지시 기호는?

① 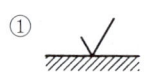 ②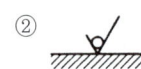
③  ④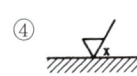

> 대상면을 지시하는 기호
> ① 절삭 등 제거가공의 필요여부를 문제삼지 않는 경우
> ② 제거가공해서는 안된다는 것을 지시할 때
> ③ 제거가공을 필요로 한다는 것을 지시할 때
> ④ 가공으로 생긴 선이 두 방향으로 교차

139 KS 표면의 결 도시기호에 의한 최대높이 거칠기를 지시하는 경우로 올바른 것은?

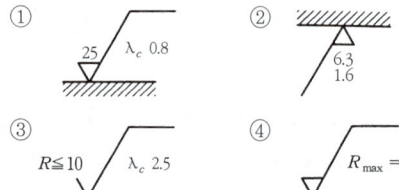

① $25a$, 컷오프값(λ_c) : 0.8mm
② 상한값 : $6.3a$, 하한값 : $1.6a$
③ $R \leq 10a$, 컷오프값(λ_c) : 2.5mm
④ $R_{max} = 25S$

140 KS 표면의 결 도시방법에서 어느 구간의 제거가공 표면거칠기의 지시값의 상한과 하한값의 기입하는 방법이 올바른 것은?

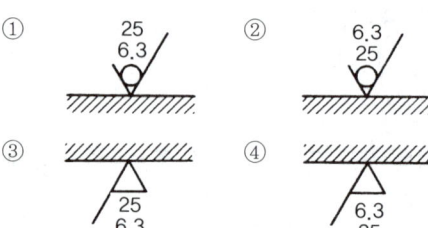

141 다음에서 다듬질 기호 ▽(▽▽▽)가 옳게 표시된 것은?

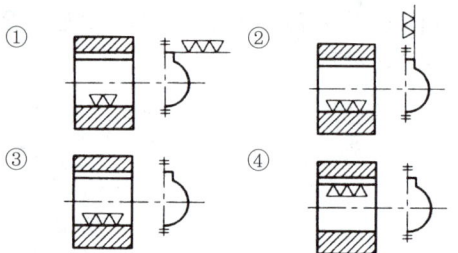

142 거칠기값을 어느 구간으로 나누어 상한값과 하한값을 나타낸 것 중 옳은 것은?

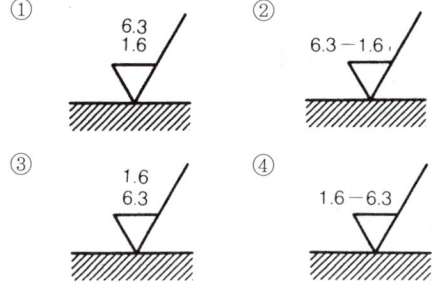

143 표면거칠기의 지시기호를 쓸 수 없는 곳은?

① 중심선 ② 외형선
③ 인출선 ④ 치수 보조선

144 다음 표면거칠기 표시방법에서 C가 의미하는 것은?

보기
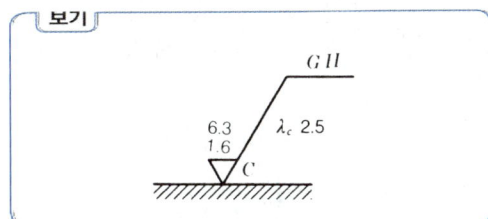

① 가공으로 생긴선이 거의 방사상이다.
② 가공으로 생긴선이 다방면 또는 무방향이다.
③ 가공으로 생긴선이 거의 동심원이다.
④ 가공으로 생긴선이 두 방향으로 교차를 이룬다.

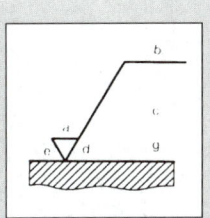

- a : 중심선 평균 거칠기값
- b : 가공 방법
- c : 컷오프값
- d : 줄무늬 방향기호
- e : 다듬질 여유 기입
- f : 중심선 평균 거칠기 이외의 표면 거칠기값
- g : 표면 파상도

• 가공모양의 기호(줄무늬 방향기호)
= : 평행, ⊥ : 수직, × : 교차, M : 무방향,
C : 동심원, R : 방사상(레이디얼형)

145 그림과 같은 표면 거칠기의 표면기호를 각각 설명한 것이다. 틀린 것은?

보기
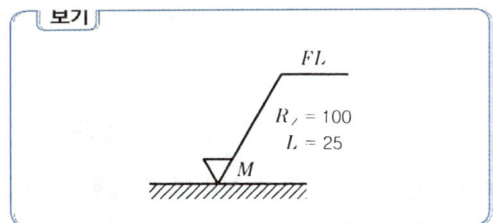

① FL(래핑) : 가공방법
② $RZ = 100$: 10점 평균 거칠기 값
③ $L = 25$: 지시값에 대한 기준길이
④ M : 밀링 가공에 의한 절삭

146 가공방법의 약호에서 잘못된 것은?

① FR - 리머 가공
② FF - 줄 다듬질
③ GH - 호운 가공
④ FS - 랩 다듬질

FR : 리머 가공	FL : 랩 다듬질
FF : 줄 다듬질	FS : 스크레이퍼 가공
FB : 버프 다듬질	GH : 혼 가공

147 다음 표면거칠기의 지시방법에 관한 설명 중 가장 올바르게 설명한 것은?

① 전면의 거칠기 정도가 같을 때에는 부품번호 옆에 표시한다.
② 제거 가공을 허용하지 않을 때는 면 지시기호에 가로선을 부가한다.
③ 단면 했을 때에는 표면거칠기를 지시하지 아니하고 형상공차를 표시한다.
④ 특별히 가공방법을 지시할 필요가 있을 때에는 별도의 지시선에 표시한다.

정답 143 ① 144 ③ 145 ④ 146 ④ 147 ①

148 다음 가공방법 약호 도시법 중 리머(reamer) 가공은?

① FL　　② FR
③ FS　　④ FB

149 다음 공차에 관한 용어 설명 중 옳은 것은?

① 치수허용차란 최대 허용치수에서 기준치수를 뺀 값이다.
② 위 치수허용차란 최대 허용치수에서 기준치수를 뺀 값이다.
③ 아래 치수허용차란 기준치수에서 최소 허용치수를 뺀 값이다.
④ 최대 허용치수란 기준치수에서 최소 허용치수를 더한 값이다.

> 치수허용차 = 허용한계치수 − 기준치수
> 위치수허용차 = 최대허용치수 − 기준치수
> 아래치수허용차 = 최소허용치수 − 기준치수

150 기준치수에 대한 설명 중 옳은 것은?

① 최대 허용치수와 최소 허용치수의 차
② 실제로 가공된 기계부품의 치수
③ 실제 치수에 대해 허용되는 한계치수
④ 허용 한계치수의 기준이 되며 호칭치수라고도 한다.

151 게이지 제작공차에 사용되는 축의 IT의 공차의 급수에 해당되는 것은?

① IT 01 ~ IT 4　　② IT 5 ~ IT 8
③ IT 8 ~ IG 12　　④ IT 13 ~ IT 16

> 게이지 제작공차
> 구멍 : IT 01~IT 5
> 축　: IT 01~IT 4

152 기본공차는 몇 등급으로 구분되는가?

① 12　　② 15
③ 18　　④ 20

> IT 기본공차는 IT 01 ~ IT 18까지 20등급으로 구분되어 있다.

153 50H7이 나타내는 것은?

① 기준치수　　② 한계치수
③ 공차의 등급　④ 구멍의 크기

154 기준치수가 30, 최대 허용치수가 29.96, 최소 허용치수가 29.94일 때 아래치수허용차는?

① −0.06　　② +0.06
③ −0.04　　④ +0.04

> 치수허용차 = 허용한계치수 − 기준치수
> ① 위치수허용차 = 최대허용치수 − 기준치수
> 　= 29.96 − 30 = −0.04
> ② 아래치수허용차 = 최소허용치수 − 기준치수
> 　= 29.94 − 30 = −0.06

정답　148 ②　149 ②　150 ④　151 ①　152 ④　153 ③　154 ①

155 다음 중 KS "치수공차와 끼워맞춤"의 기준치수 적용범위는 몇 mm 이하인가?

① 1000 ② 2500
③ 3000 ④ 3150

156 $\phi 70H7$의 공차치수 기입법 중 옳은 것은?

① $\phi 70 \pm 0.030$
② $\phi 700 - 0.030$
③ $\phi 70 + 0.03$
④ $\phi 70 + 0.045 - 0.015$

$$\phi 70H7 = \phi 70_0^{+0.030} = \frac{70.03}{70.00}$$

157 아래치수허용차가 "0"이 되는 기준 구멍은?

① M7 ② K7
③ J7 ④ H7

158 다음 표는 IT 기본공차 등급이다. $\phi 40H7$, $\phi 40h6$의 끼워맞춤에서 최대틈새는 얼마인가?

기준치수 mm	공차등급 및 기본공차 수치(μm)				
	IT 4	IT 5	IT 6	IT 7	IT 8
18 ~ 30	6	9	13	21	33
30 ~ 50	7	11	16	25	39

① 0.009 ② 0.034
③ 0.041 ④ 0.049

$\phi 40H7 = \phi 40_0^{+0.030}$ … (구멍공차)
$\phi 40h6 = \phi 40_{-0.016}^0$ … (축공차)
① 최대틈새=구멍의 최대허용치수-축의 최소허용치수=40.025 -39.984=0.041

159 KS 규격 끼워맞춤에서 $\phi 50H7m6$은 어떤 끼워맞춤을 의미하는가?

① 구멍 기준식 중간 끼워맞춤
② 구멍 기준식 억지 끼워맞춤
③ 구멍 기준식 헐거움 끼워맞춤
④ 축 기준식 억지 끼워맞춤

① 구멍 기준식: H6~H10
② 축 기준식: h5~h9
 ㉠ 헐거운 끼워맞춤: a~h(구멍기준), A~H(축기준)
 ㉡ 중간 끼워맞춤: j~m(구멍기준), J~M(축기준)
 ㉢ 억지 끼워맞춤: n~zc(구멍기준), N~ZC(축기준)

160 구멍의 최소허용치수보다 축의 최대허용치수가 작은 끼워맞춤은?

① 헐거운 끼워맞춤
② 주간 끼워맞춤
③ 억지 끼워맞춤
④ 구멍 끼워맞춤

161 공차 끼워맞춤에서 구멍의 최대허용치수 50.025mm, 최소허용치수 50.000mm, 축의 최대허용치수 50.050mm, 최소허용치수 50.034mm일 때 최소죔새는 얼마인가?

① 0.009 ② 0.005
③ 0.025 ④ 0.034

최소죔새=축의 최소허용치수-구멍의 최대허용치수
=50.034-50.025=0.009

162 그림과 같은 부시 A와 B의 맞춤에서 최대 죔새가 0.2mm, 공차가 0.08mm일 때 부시 A의 최대, 최소 허용치수는 얼마인가?

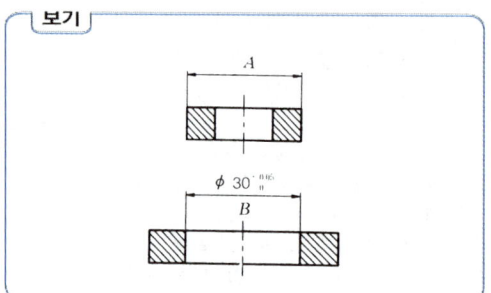

① 최대 : 30.2mm, 최소 : 30.12mm
② 최대 : 30.05mm, 최소 : 29.97mm
③ 최대 : 30.12mm, 최소 : 30.04mm
④ 최대 : 30mm, 최소 : 29.92mm

> 구멍 : $\phi 30_0^{+0.05}$
> ① 최대죔새 = 축의 최대허용치수 - 구멍의 최소허용치수
> $0.2 = x - 30.0$
>   ∴ 축의 최대허용치수 = 30.2mm
> ② 치수공차 = 최대허용치수 - 최소허용치수
> $0.08 = 30.2 - x$
>   ∴ 축의 최소허용치수 = 30.12mm

163 구멍의 치수는 $80_0^{+0.025}$, 축의 치수가 $80_{-0.050}^{-0.025}$이라면 무슨 끼워맞춤인가?

① 억지 끼워맞춤
② 중간 끼워맞춤
③ 헐거운 끼워맞춤
④ 열간 끼워맞춤

> 최대틈새 = 80.025 - 79.950 = 0.075mm
> 최소틈새 = 80.0 - 79.975 = 0.025mm
> ∴ 항상 틈새가 존재하므로 헐거운 끼워맞춤이다.

164 상용하는 끼워맞춤 중 위의 치수허용차와 아래의 치수허용차의 절대값은 같고, 양과 음의 부호로만 구분되는 것은?

① H   ② js
③ h   ④ e

> JS 또는 js 공차는
> 치수허용차 $= \pm \dfrac{n}{2}$
> <예> 30js6 = 30±0.08

165 끼워맞춤 표시법 중 잘못 표시된 것은?

① 구멍 $\phi 22_0^{+0.021}$
   축 $\phi 22_{+0.004}^{+0.009}$

② $\phi 22 \dfrac{H7}{h6}$

③ $\phi 22 h6 / H7$

④ $\phi 22 H8 \binom{+0.033}{0}$

166 구멍이 $50_0^{+0.025}$이고, 축이 $50_{0.017}^{+0.033}$인 중간 끼워맞춤에서 최대죔새를 계산한 것은?

① 0.008   ② 0.017
③ 0.025   ④ 0.033

> 최대죔새 = 50.033 - 50.0 = 0.033mm

167 다음의 치수허용차 중에서 가장 틈새가 큰 끼워맞춤은?

① H7e7 ② H7f7
③ H7h7 ④ H7u7

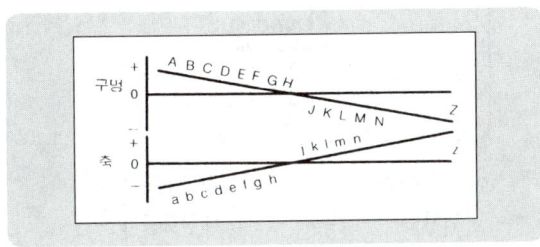

168 구멍치수가 $\phi 40^{+0.005}_{0}$ 축의 치수 $\phi 40^{0}_{-0.004}$의 최대 틈새는?

① 0.004 ② 0.005
③ 0.011 ④ 0.009

169 다음 중 억지 끼워맞춤에 해당되는 것은?

① 구멍 $70^{+0.019}_{0}$ 축 $70^{+0.035}_{+0.025}$
② 구멍 $70^{+0.019}_{0}$ 축 $70^{-0.030}_{-0.049}$
③ 구멍 $70^{+0.009}_{0}$ 축 70 ± 0.015
④ 구멍 $70^{+0.019}_{0}$ 축 $70^{+0.021}_{+0.002}$

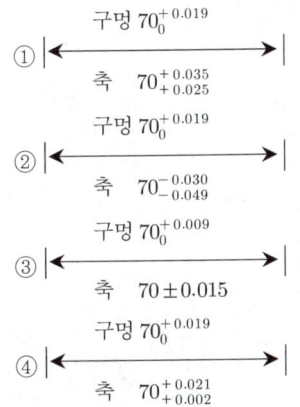

① 최대죔새 : 0.035, 최소죔새 : 0.006 → 억지 끼워맞춤
② 최대틈새 : 0.068, 최소틈새 : 0.030 → 헐거운 끼워맞춤
③, ④ 중간 끼워맞춤

170 형상공차를 두는 이유가 아닌 것은?

① 대량생산으로 원가를 절감키 위하여
② 고도의 정밀도를 갖는 제품을 만들기 위하여
③ 종래의 치수공차만으로는 제품 간의 호환성을 주기 어렵기 때문에
④ 고정도의 생산제품을 설계하기 위하여

171 형상공차를 나타내는 기호 중 서로 잘못 짝지어진 것은?

① ⌒ 평면도   ② ⊕ 위치도
③ ◎ 동축도   ④ ○ 원통도

172 다음 기하편차의 종류 중 단독형체 또는 관련 형체에 적용되는 것은?

① 원통도   ② 선의 윤곽도
③ 위치도   ④ 원주 흔들림

※ 기차공차의 종류와 기호

적용하는 형체	구 분	공차의 종류	기 호
단독 형체	모양 공차	진직도	—
		평면도	⌒
		진원도	○
		원통도	⌀
단독 형체 또는 관련 형체		선의 윤곽도	⌒
		면의 윤곽도	⌒
관련형체	자세 공차	평행도	//
		직각도	⊥
		경사도	∠
	위치 공차	위치도	⊕
		동축도 공차 또는 동심도	◎
		대칭도	=
	흔들림 공차	원주 흔들림	/
		온 흔들림	//

173 기하공차 종류의 적용되는 형체 중 단독 형체에 해당되지 않는 것은?

① ▱ ② ○
③ ⌖ ④ ↗

174 기하공차의 종류에서 위치공차에 해당되는 것은?

① 원통도 공차
② 면의 윤곽도 공차
③ 대칭도 공차
④ 온 흔들림 공차

175 온 흔들림 공차 표시가 맞는 것은?

① ∠ ② ∥
③ ↗ ④ ⌰

176 도면에 표시된 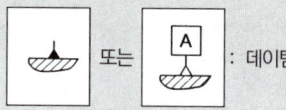 에서 ⌯ 의 기호는?

① 진원도
② 원통도
③ 동축도
④ 위치도

177 다음은 기하공차를 표시한 것이다. 기하공차가 맞는 것은?

보기
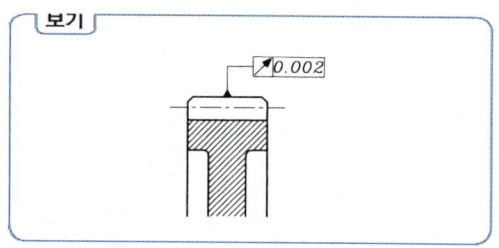

① 흔들림공차 ② 경사도공차
③ 위치도공차 ④ 대칭도공차

178 기하공차의 도시방법에서 위치도, 경사도의 형체를 지정하는 경우 이론적으로 정확한 위치 또는 각도를 정하는 치수를 표시하는 방법으로 올바른 것은?

① 30 과 같이 사각형 틀로 둘러싸서 표시
② △30 과 같이 정삼각형 틀로 둘러싸서 표시
③ ▽30 과 같이 역삼각형 틀로 둘러싸서 표시
④ ㋚과 같이 원안에 표시

기하공차의 부가기호
30 : 이론적으로 정확한 치수
Ⓟ : 돌출 공차역
Ⓜ : 최대 실체 공차방식(MMC)

⟋ 또는 [A/⟋] : 데이텀

179 그림의 기하공차의 기호 ⚌ 가 나타내는 것은?

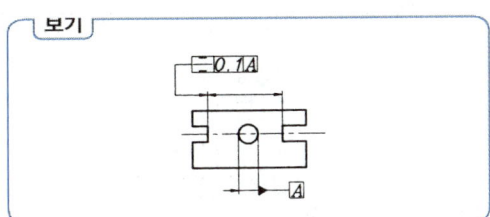

① 진직도 ② 원통도
③ 동심도 ④ 대칭도

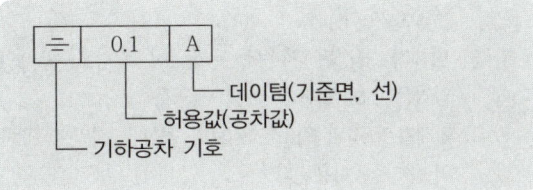

180 ∥ 0.01 / 0.006/200 로 표시된 것의 뜻은?

① 소정의 길이 200mm에 대하여 0.006mm, 전체 길이에 대하여 0.01mm의 대칭도
② 소정의 길이 200mm에 대하여 0.006mm, 전체 길이에 대하여 0.01mm의 평행도
③ 소정의 길이 200mm에 대하여 0.006mm, 전체 길이에 대하여 0.06mm의 직각도
④ 소정의 길이 200mm에 대하여 0.006mm, 전체 길이에 대하여 0.01mm의 평면도

181 다음과 같은 기하공차 도시방법에 관한 설명 중 올바른 것은?

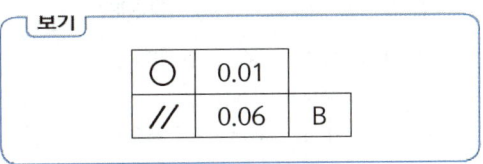

① KS에는 없는 방법이다.
② 한 개 형체에 두개의 공차를 지시하는 경우이다.
③ 진원도의 데이텀은 B이다.
④ 단독 형체에는 적용되지 않은 공차들이다.

182 ISO 형상공차에서 표시된 ∥ 0.01 A 에서 A가 표시하는 것은?

① 가공방법
② 기준형상
③ 정도등급
④ 대칭표시

183 ⌀50 ±0.02 최대실체조건(MMC) 치수는?

① 0.02 ② 50.02
③ 49.98 ④ 50

최대실체조건(MMC) : 50.02
최소실체조건(LMC) : 49.98

184 최대 실체공차방식은 주로 두개의 형태를 단순히 조립할 필요가 있을 때에 치수 여유분을 적용할 경우 다음 중 가장 올바른 설명은?

① 자세공차에만 적용할 수 있다.
② 위치공차에만 적용할 수 있다.
③ 자세공차 또는 위치공차에 적용한다.
④ 자세공차 또는 위치공차에는 적용할 수 없다.

> 최대실체공차의 적용은 자세공차(∥, ⊥, ∠)와 위치공차(⊕)에 쓰인다.

185 기하공차의 공차역의 정의란에서 선을 설명한 것 중 사용되는 선의 뜻이 잘못된 것은?

① 가는 실선 : 공차역
② 굵은 실선(파선) : 기준평면
③ 굵은 일점 쇄선 : 데이텀
④ 가는 일점 쇄선 : 중심선

> 공차역에 쓰이는 선
> ① 굵은 실선(파선) : 형체
> ② 굵은 1점 쇄선 : 데이텀(기준평면, 선)
> ③ 가는 실선(파선) : 공차역
> ④ 가는 1점 쇄선 : 중심선

186 다음 도면을 보고 해석한 것 중 잘못된 내용은?

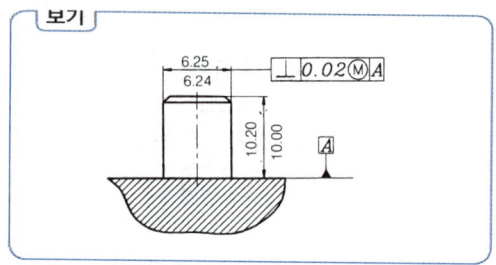

① 형상의 축은 규정위치 공차내에 있어야 한다.
② 형상이 MMC(6.25)일 때, 최대허용 직각도 공차는 0.02이다.
③ 형체가 규정된 치수에 관계없이 직각도 공차의 영역은 0.02이다.
④ 형체가 규정된 최소 크기보다 클 때, 직각도 공차의 증가는 허용된다.

> 치수공차는 6.25−6.24=0.01mm이고, 직각도 공차는 데이텀 A를 기준으로 0.02의 공차가 주어졌다. 최대로 허용되는 직각도 공차는 0.03mm(0.01+0.02)이다.

187 3각법으로 투상된 보기와 같은 정면도와 평면도의 우측면도로 가장 적합한 것은?

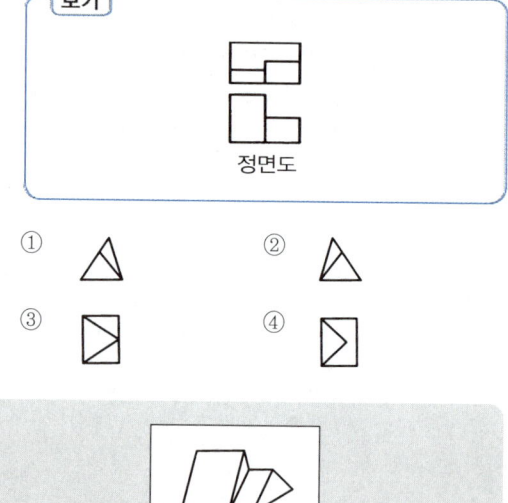

정답 184 ③ 185 ② 186 ③ 187 ②

CHAPTER 02 기계요소의 제도

주요내용 알고 가기!

- 나사의 제도 표시방법
- 축과 베어링 제도 표시방법
- 기어 제도 표시방법
- 벨트와 체인 제도 표시방법
- 스프링 제도 표시법

한 눈에 들어오는 키워드

기계 부품에 공통으로 사용되는 것을 기계요소라 하고, 기계요소에는 결합용 기계요소, 축용 기계요소, 전동용 기계요소, 관용 기계요소 및 그 밖의 기계요소 등이 있는데 이에 관련된 제도를 기계요소 제도라 한다.

● Point
기계요소의 분류
① 결합용 기계요소
② 축계 기계요소
③ 동력전달 기계요소
④ 관계 기계요소

01 결합용 기계요소

1 나사의 제도

(1) 나사 및 나사 부품의 도시방법

나사를 제도할 때에 나사 각부를 정확히 표현하기 위하여 다음 그림과 같이 도시한다.

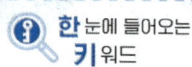
한눈에 들어오는 키워드

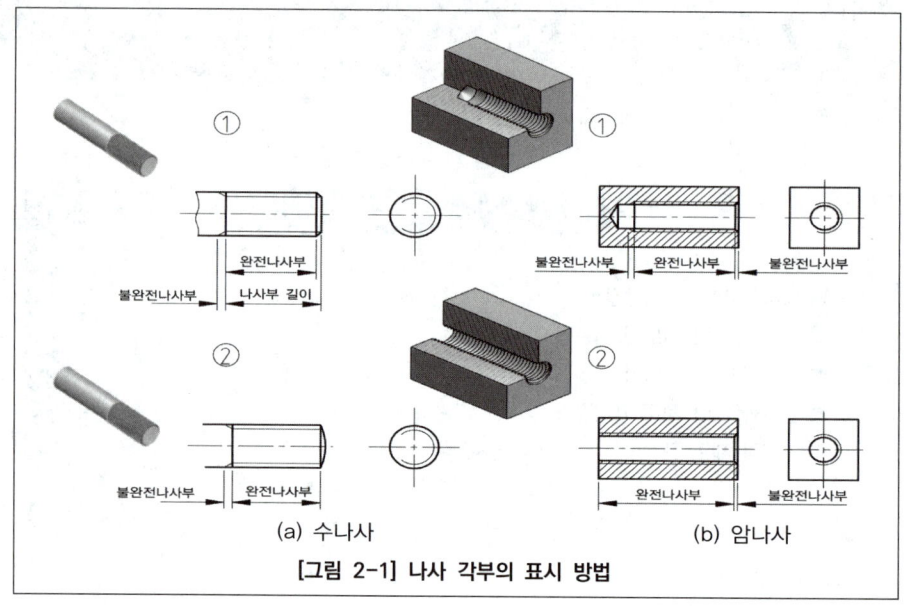

(a) 수나사 (b) 암나사
[그림 2-1] 나사 각부의 표시 방법

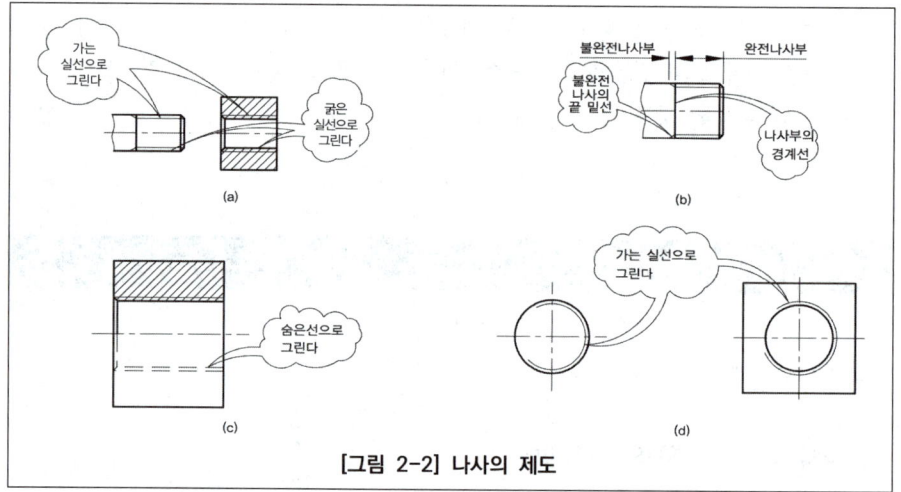

[그림 2-2] 나사의 제도

Point
나사의 제도 방법

① (a)와 같이 수나사의 바깥지름을 표시하는 선은 굵은 실선, 골 지름을 표시하는 선은 가는 실선으로 한다.
② (b)와 같이 불완전나사부의 골밑을 표시하는 선은 축선에 대하여 30° 경사진 가는 실선으로 표시하고 필요에 따라서 불완전 나사부의 치수를 표시한다.
③ (c)와 같이 암나사의 안지름을 표시하는 선을 굵은 실선, 골지름을 표시하는 선은 가는 실선으로 한다. 단, 보이지 않을 때에는 중간 굵기의 파선으로 한다.
④ (d)와 같이 수나사와 암나사의 측면 도시에서는 골지름은 가는 실선으로 그린다.
⑤ 암나사의 유효 나사부의 길이와 암나사내기 구멍의 지름 및 길이를 표시할 때에는 아래 그림과 같이 기입하고 관통하지 않는 암나사의 드릴 구멍 끝 부분은 120°로 일반적으로 표시한다.

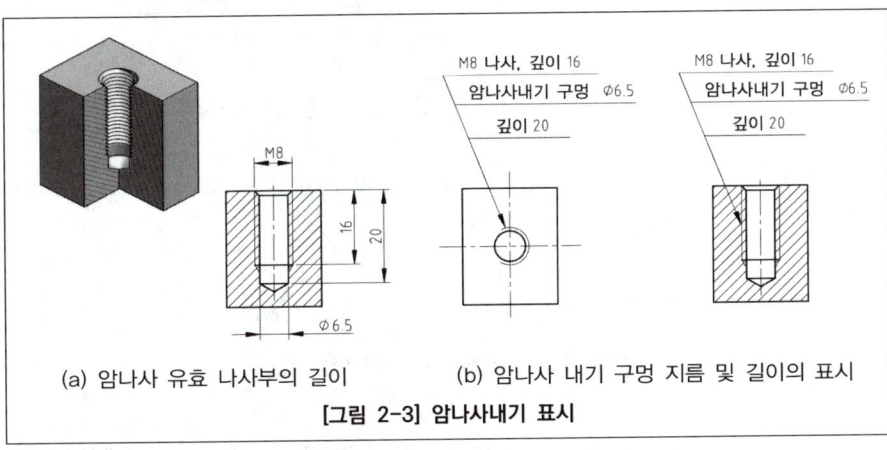

[그림 2-3] 암나사내기 표시

⑥ 나사의 결합된 부분의 도시는 아래 그림과 같이 주로 수나사를 나타낸다. 암나사와 맞물리는 끝선은 확대도 B와 같이 수나사부의 골밑까지 굵은 선으로 표시한다.

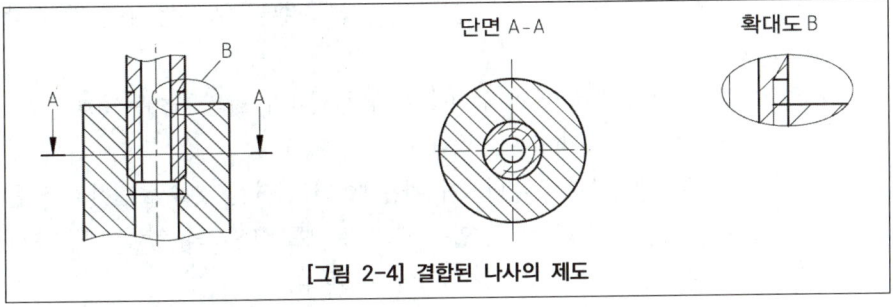

[그림 2-4] 결합된 나사의 제도

⑦ 해칭을 하는 경우는 수나사를 기준으로 바깥지름을 표시하는 선까지 해칭선을 표시한다. 마찬가지로 스머징을 하는 경우도 동일하다.

(2) 나사의 표시방법

나사의 표시방법은 아래 그림과 같이 수나사의 바깥지름을 표시하는 선 또는 암나사의 골지름을 표시하는 선에서부터 인출선을 꺼내어 그 끝 부분에 수평선을 긋고, 그 위에 나사의 감김 방향, 나사산의 줄 수, 나사의 호칭, 나사의 등급을 다음 순서에 따라 가로로 기입한다.

● Point
나사의 표시방법
감김방향, 나사산의 줄수, 나사의 호칭, 나사의 등급 등

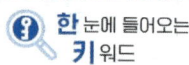

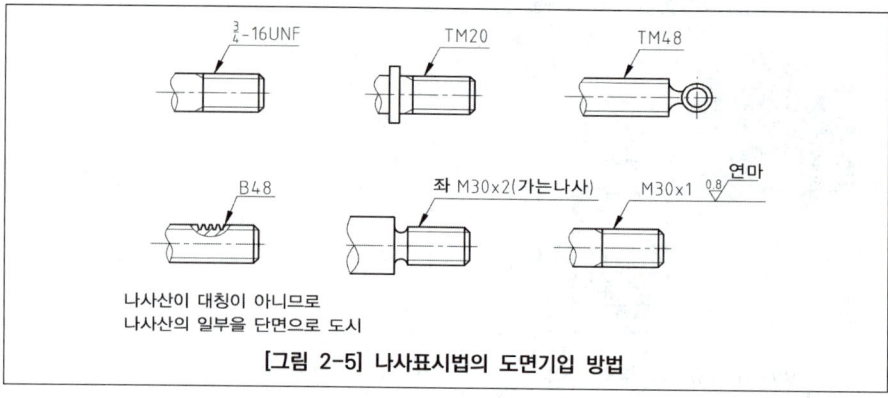

[그림 2-5] 나사표시법의 도면기입 방법

① 여러 줄 나사의 리드를 나타낼 때에는 (g)와 같이 나사의 호칭 뒤에 ( ) 속에 넣어서 기입한다.
② 특별히 나사임을 명시할 필요가 있을 때는 (i)와 같이 "나사"의 문자를 나사의 등급 뒤에 기입한다.
③ 나사의 결합부에 암나사와 수나사의 표시를 동시에 나타낼 경우에, 나사의 형식 및 등급이 같을 때에는 (k)와 같이 또 등급이 다른 경우에는 (l)과 같이 각각 적용한다.
④ 관용테이퍼 나사의 기준지름의 위치를 나타낼 필요가 있을 때에는 (j)와 같이 기준 지름의 위치에 그 명칭을 기입한다.
⑤ 암나사가 관용평행나사로서 수나사가 관용테이퍼 나사인 것을 조합하고 있을 때는 필요에 따라 (m)과 같이 "암나사"의 문자를 "PS"의 앞에, 또 "수나사"의 문자를 "PT" 앞에 각각 기입하여 구별한다.
⑥ 나사면의 표면 거칠기를 나타낼 때는 표면 거칠기 기호 또는 다듬질 기호를 (f), (h)와 같이 나사의 표시 뒤에 기입한다.

 Point
· 암나사: PS
· 수나사: PT

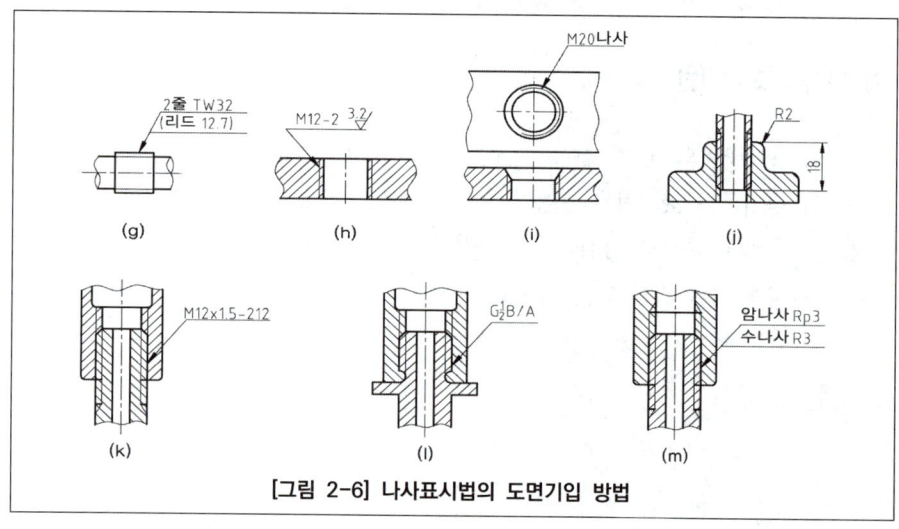

[그림 2-6] 나사표시법의 도면기입 방법

(3) 기입 방법 예

① 왼 2줄 M50 × 2 - 6H 또는 L 2줄 M50 × 2 - 6H : 왼 두 줄 미터 가는 나사 (M50 × 2) 나사의 등급 6H(암나사)
② 왼 M10 6H/6g : 왼 한 줄 미터 보통나사 (M10) 나사의 등급 6H(암나사)와 6g(수나사)의 조합
③ No4 - 40UNC - 2A : 오른 한 줄 유니파이 보통나사(No4 - 40UNC), 나사의 등급 2A(암나사)
④ G$\frac{1}{2}$ - A : 관용 평행 수나사(G$\frac{1}{2}$) 나사의 등급 A급(수나사)
⑤ RP$\frac{1}{2}$ R$\frac{1}{2}$: 관용 평행 암나사(RP$\frac{1}{2}$)와 관용 테이퍼 수나사(R$\frac{1}{2}$)의 조합

(4) 나사의 호칭

나사의 호칭은 나사의 종류를 나타내는 기호, 수나사의 지름을 나타내는 숫자와 나사 산의 크기를 나타내는 피치, 또는 1인치(25.4mm) 내의 산수를 이용하여 다음과 같이 기입한다.

① 피치를 mm로 표시하는 나사의 경우

| 나사의 종류를 표시하는 기호 | 나사의 호칭지름을 표시하는 숫자 | × | 피치 |

단, 미터 보통나사 및 미니추어 나사와 같이 같은 호칭지름에 대하여 피치가 한 가지로 규정된 나사에서는 원칙적으로 피치의 기입을 생략한다.

② 피치를 산수로 표시하는 경우

| 나사의 종류를 표시하는 기호 | 나사의 호칭지름을 표시하는 숫자 | × | 나사산 수 |

단, 관용나사와 같이 같은 호칭지름에 대하여 산수가 한 가지로 규정된 나사에는 원칙적으로 산수의 기입을 생략한다. 또 혼란이 없을 경우에는 "산" 문자를 생략한다.

③ 유니파이 나사의 경우

| 나사의 지름을 표시하는 숫자 또는 호칭 | - | 산의 수 | 나사의 종류를 표시하는 기호 |

보기 $\frac{1}{2}$ - 15 UNF : 수나사의 바깥지름번호($\frac{1}{2}$ 인치) 즉 호칭지름, 산의 수(15개), 나사의 종류(유니파이 가는 나사)

Point
나사의 호칭 표시

한눈에 들어오는 키워드

Point
관용테이퍼 나사 기호
① R
② Rc
③ Rp
④ PT
⑤ PS

관용 평행나사
PF

[표 2-1] 나사의 종류를 표시하는 기호 및 그 호칭에 대한 표시방법

구분		나사의 종류		나사의 종류를 표시하는 기호	나사의 호칭에 표시 방법의 보기	관련 규격
일반용	ISO 규격에 있는 것	미터 보통 나사(1)		M	M8	KS B 0201
		미터 가는 나사(2)			M8×1	KS B 0204
		미니추어나사		S	S0.5	KS B 0228
		유니파이 보통나사		UNC	3/8-16UNC	KS B 0203
		유니파이 가는 나사		UNF	No.8-36UNF	KS B 0206
		미터 사다리꼴 나사		Tr	Tr 10×2	KS B 0229
		관용테이퍼 나사	테이퍼 수나사	R	R3/4	KS B 0222
			테이퍼 암나사	Rc	Rc3/4	
			평행 암나사(3)	Rp	Rp3/4	
		관용 평행나사		G	G1/2	KS B 0221
	ISO 규격에 없는 것	30도 사다리꼴 나사		TM	TM 18	KS B 0227
		29도 사다리꼴 나사		TW	TW 18	KS B 0226
		관용테이퍼 나사	테이퍼 나사	PT	PT7	KS B 0222
			평행 암나사(4)	PS	PS7	
		관용 평행 나사		PF	PF7	KS B 0221
특수용		후강 전선관 나사		CTG	CTG 16	KS B 0223
		박강 전선관 나사		CTC	CTC 19	
		자전거 나사	일반용	BC	BC 3/4	KS B 0224
			스포크용		BC 2.6	
		미싱 나사		SM	SM 1/4 산40	KS B 0225
		전구 나사		E	E 10	KS C 7702
		자동차용 타이어 밸브 나사		TV	TV 8	KS C 4007
		자전거용 타이어 밸브 나사		CTV	CTV8 산30	KS R 8004

*(1) 미터 보통 나사 중 M1.7, M2.3, 및 M2.6은 ISO 규격에 규정되어 있지 않다.
(2) 가는 나사임을 특별히 명확하게 나타낼 필요가 있을 때에는 피치다음에 "가는 눈"의 글자를 (   ) 안에 넣어서 기입할 수 있다.
(3) 이 평행 암나사 Rp는 테이퍼 수나사 R에 대해서만 사용한다.
(4) 이 평행 암나사 PS는 테이퍼 수나사 PT에 대해서만 사용한다.

2 키(key)

키는 핸들, 벨트 풀리나 기어 등의 회전체를 축과 고정하여 회전력을 전달할 때 쓰이는 기계요소이다. 키의 재료는 축의 재료보다 약간 강한 재료를 쓰고, 보통 키에는 테이퍼를 주고, 축(shaft)과 보스(boss)에는 키 홈을 설치하여 보스에는 기울기를 붙인다. 키의 모양은 한끝 둥금, 한끝 모짐, 양끝 모짐이 있으며 평행키의 규격은 KS B 1311에 따른다.

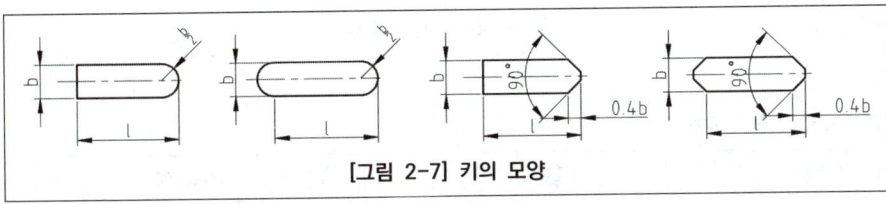

$\begin{bmatrix}규격 번호\\또는 명칭\end{bmatrix}$	$\begin{bmatrix}종류 및\\호칭 치수\end{bmatrix}$	×	$\begin{bmatrix}길이\end{bmatrix}$	$\begin{bmatrix}끝모양의\\특별 지정\end{bmatrix}$	$\begin{bmatrix}재료\end{bmatrix}$
KS B 1311	평행키		25×14×19	양끝 둥금	SM 20 C
	반달키 B종		5×22		SM 20 C
	미끄럼키		35×20×140	양끝 둥금	SM 20 C

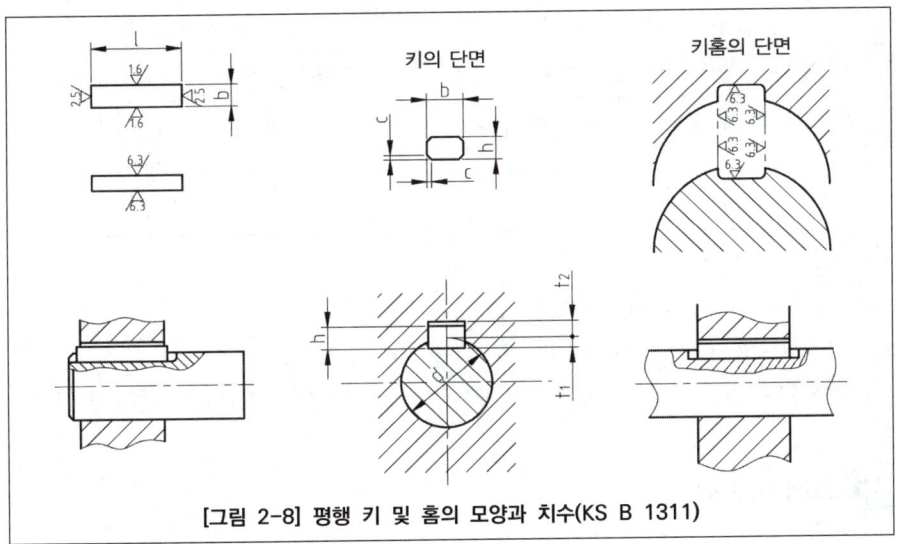

[그림 2-7] 키의 모양

[그림 2-8] 평행 키 및 홈의 모양과 치수(KS B 1311)

Point
키의 호칭 표시법

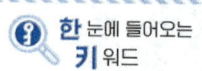

Point
핀의 호칭 표시방법

3 핀(pin)

핀은 기계의 부품을 고정하거나 부품의 위치를 결정하는 용도로 사용되며, 접촉면의 미끄럼 방지나 나사의 풀림 방지용으로 많이 사용되고 있다. 핀은 설치 방법이 간단하기 때문에 키의 대용으로도 널리 적용되지만, 작용하중이 작은 경우에만 사용한다.

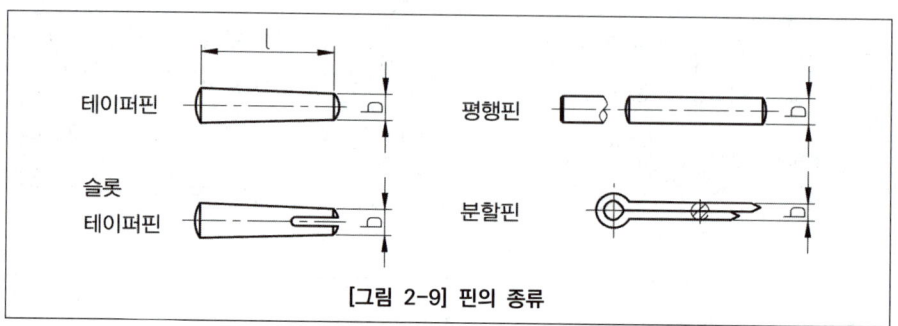

[그림 2-9] 핀의 종류

[표 2-2] 표 핀의 호칭방법

명칭	호칭방법	사용예
평행핀	규격번호 또는 명칭, 종류, 형식, 호칭 지름 × 길이, 재료	KS B 1320m 6A-6 × 45SB41 평행 핀 h7B-5 × 32 SM45C
테이퍼 핀	명칭, 등급, d × l, 재료	테이퍼 핀 1급 × 2 × 10 SM 50 C
슬롯 테이퍼 핀	명칭, d × l, 재료, 지정 사항	슬롯 테이퍼 핀 6 × 70 SM 35 C
분할 핀	규격 번호 또는 명칭, 호칭, 지름 × 길이, 재료	분할 핀 3 × 40 SWRM 12

① 종류는 끼워맞춤 기호에 따른 m6, h7의 두 종류이다.
② 형식은 끝면의 모양이 납작한 것이 A, 둥근 것이 B이다.
③ 등급은 테이퍼의 정밀도 및 다듬질 정도에 따라 1급, 2급의 두 종류가 있다.

4 코터(cotter)

코터는 평평한 쐐기 모양의 강편이며, 축 방향에 하중이 작용하는 축과 여기에 끼워지는 소켓(socket)을 체결하는데 쓰인다. 아래 그림과 같이 코터에는 테이퍼나 기울기를 주며, 또 접속부가 벌어질 염료가 있는 곳에는 기브(gib)를 쓴다.

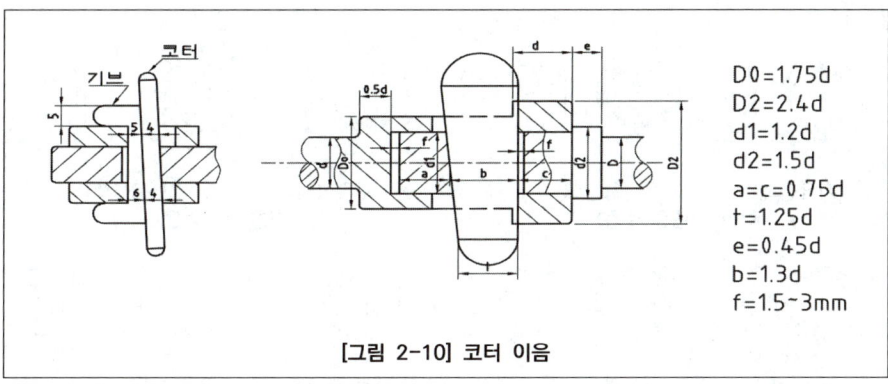

[그림 2-10] 코터 이음

5 프로파일 이음(profile joint)

프로파일 이음의 접촉면은 아래 그림과 같은 다각형 구조이므로 결합요소가 견고하게 고정되어 확실한 토크 전달에 적용된다. 접촉부의 형상은 주로 각뿔형으로 만든다. 이음면의 수는 임의로 정할 수 있으나 실제 설계에서는 8면 이상은 사용하지 않는다. 프로파일 이음은 프로파일 면의 제조가 복잡하므로 프로파일 이음의 응용이 제한된다.

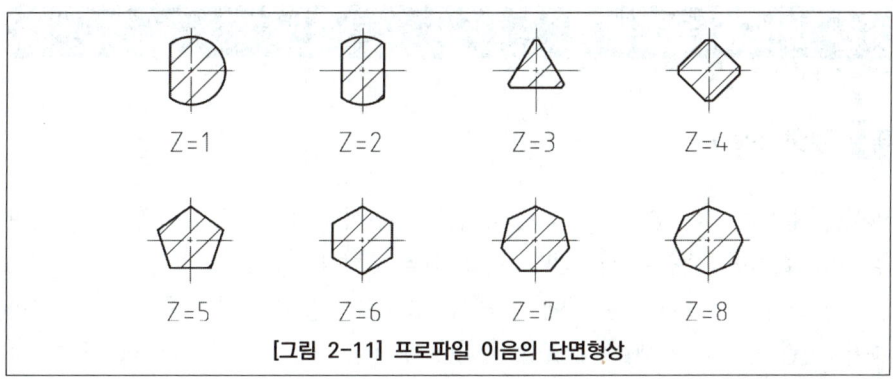

[그림 2-11] 프로파일 이음의 단면형상

6 멈춤 링(retaining ring)

멈춤 링은 부품의 빠짐 방지에 사용되고, C형 멈춤 링(축 및 구멍을 KS B 1336)과 E형 멈춤 링(축 및 구멍용 KS B 1337), C형 동심 멈춤 링(축 및 구멍용 KS B 1338)이 있다.
아래 그림은 멈춤 링의 형상과 사용방법의 예이다.

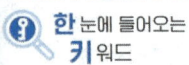

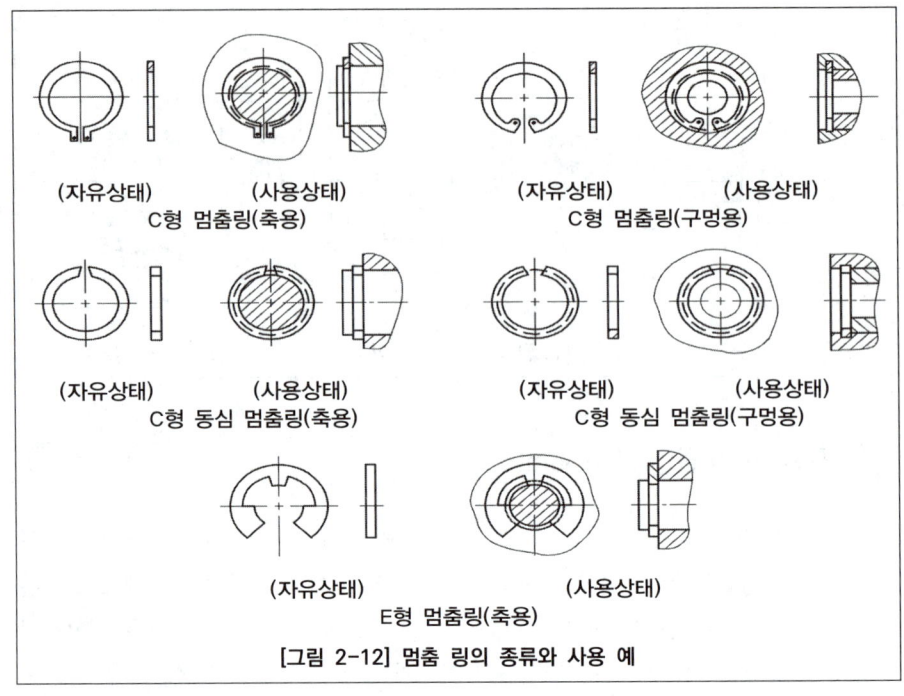

[그림 2-12] 멈춤 링의 종류와 사용 예

02 리벳과 용접이음

1 리벳(rivet)

리벳이음은 보일러, 물탱크, 교량 등과 같이 철판이나 형강이음에 리벳을 사용하여 영구적으로 접합하는 데 사용된다. 주로 힘의 전달과 강도만을 위한 곳에 쓰이는 것과 강도와 기밀을 요하는 곳에 사용하는 것으로 나누며 기밀을 유지하기 위하여 종이, 석면 등으로 패킹(packing)을 하거나 두꺼운 곳에는 코킹(caulking) 또는 플러링(fullering)을 한다.

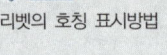
리벳의 호칭 표시방법

(1) 리벳의 호칭 방법

| 규격번호(생략가능) | 종류 | 지름 × 길이 | 재료 |

예 KS B 1102 둥근머리 리벳 25 × 36 SV 400

(2) 리벳의 종류

둥근머리, 납작머리, 남비머리, 둥근접시머리, 접시머리, 엷은납작머리 등

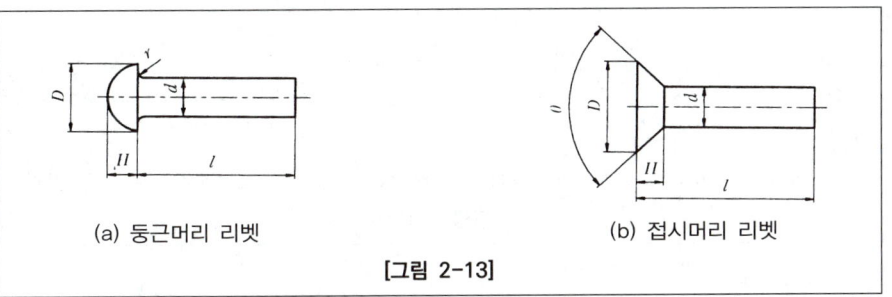

[그림 2-13]

(3) 리벳의 기호

○ : 양면 둥근머리 공장 리벳　　● : 양면 둥근머리 현장 리벳
⌀ : 앞면 접시머리 공장 리벳　　⊘ : 뒷면 접시머리 공장 리벳
⌀ : 양면 접시머리 공장 리벳

(4) 리벳의 제도

① 리벳의 위치만 표시할 때에는 중심선만 그으면 된다.
② 얇은 판, 형강 등 얇은 것의 단면은 굵은 선으로 표시하고, 서로 인접해 있을 때에는 그것을 표시하는 선 사이에 약간의 틈을 둔다.
③ 같은 피치로 연속되는 같은 종류 구멍의 표시법은 간단하게 기입
　예 피치의 수 × 피치의 치수 = 합계
　　42 × 100 = 4200
　　피치의 수 × 피치의 간격 = (합계 치수)
④ 평판 또는 형강의 치수는 "나비 × 두께 × 길이"로 표시한다.
⑤ 리벳은 절단하여 표시하지 않는다.

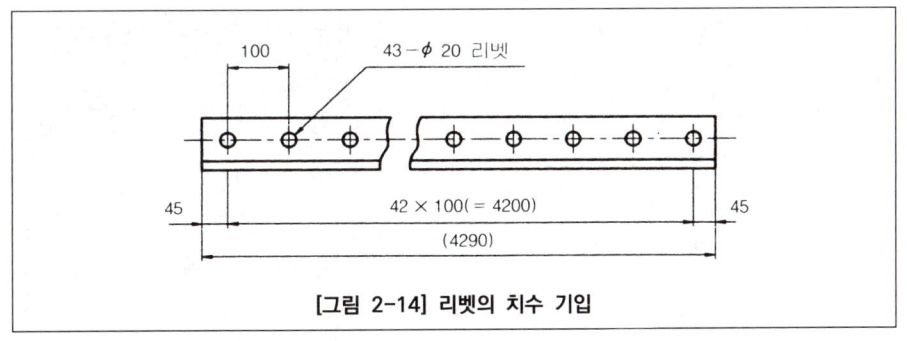

[그림 2-14] 리벳의 치수 기입

2 용접(welding)

(1) 용접기호의 도시 방법

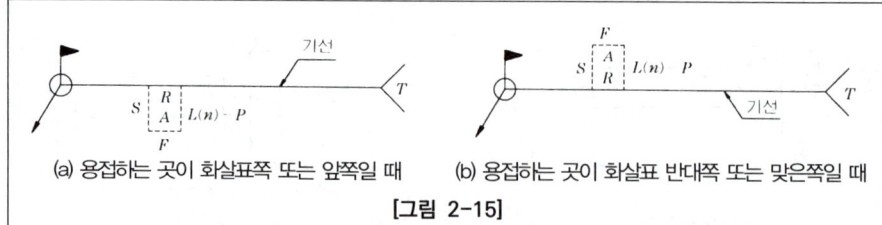

(a) 용접하는 곳이 화살표쪽 또는 앞쪽일 때   (b) 용접하는 곳이 화살표 반대쪽 또는 맞은쪽일 때

[그림 2-15]

⬚ : 기본 기호

S : 용접부의 단면 치수 또는 강도(홈 깊이, 필릿의 다리 길이, 플러그 구멍의 지름, 슬롯 홈의 나비, 심의 나비, 점 용접의 너깃 지름 또는 단접의 강도 등)
R : 루트 간격
A : 홈 각도
L : 단속 필릿 용접의 용접 길이, 슬롯 용접의 홈 길이 또는 필요할 경우에는 용접 길이
n : 단속 필릿 용접, 플러그 용접, 슬롯 용접, 점 용접 등의 수
P : 단속 필릿 용접, 플러그 용접, 슬롯 용접, 점 용접 등의 피치
T : 특별 지시 사항(J형, U형 등의 루트 반지름, 용접 방법, 비파괴 시험의 보조 기호, 기타)
F : 다듬질 방법

① 용접부의 기본 기호

종류	기호	종류	기호
양쪽 플랜지형	∧	플레어 V형 / 플레어 X형	⋎
한쪽 플랜지형	⋀	플레어 V형 / 플레어 K형	⋎
I형	‖	필릿	△
V형, 양면 V형 (X형)	∨	플러그	⊓
V형, 양면 V형 (K형)	V	비드, 덧붙임	⌒ 비드 / ⌢⌢ 덧붙임
J형, 양면 J형	⋎	점, 프로젝션	✱ (○)
U형, 양면 U형 (H형)	Y	심	✱✱ (⊖)

② 보조 기호

구 분		보조 기호	비 고
용접부의 표면 모양	평탄 볼록 오목	── ⌒ ⌣	기선의 밖으로 향하여 볼록하게 한다. 기선의 밖으로 향하여 오목하게 한다.
용접부의 다듬질 방법	치핑 연삭 절삭 지정없음	C G M F	그라인더 다듬질일 경우 기계 다듬질일 경우 다듬질 방법을 지정하지 않을 경우
현장 용접 온 둘레 용접 온 둘레 현장 용접		▶ ○ ◉	온 둘레 용접이 분명할 때에는 생략해도 좋다.
비파괴 시험 방법	방사선 투과 시험	일반 2중벽 촬영	RT RT-W	일반적으로 용접부에 방사선 투과 시험 등 각 시험 방법을 표시할 뿐 내용을 표시하지 않을 경우 각 기호 이외의 시험에 대하여는 필요에 따라 적당한 표시를 할 수 있다. 보기 누설 시험 LT 변형 측정 시험 ST 육안 시험 VT 어코스틱 에미션 시험 AET 와류 탐상 시험 ET
	초음파 탐상 시험	일반 수직 탐상 경사각 탐상	UT UT-N UT-A	
	자기 분말 탐상 시험	일반 형광탐상	MT MT-F	
	침투 탐상 시험	일반 형광 탐상 비형광 탐상	PT PT-F PT-D	
	전체선 시험		○	
	부분 시험(샘플링 시험)		△	각 시험의 기호 뒤에 붙인다.

> **Point**
> · 현장용접 기호
> · 비파괴 시험방법 기호

03 축용 기계요소

1 축(shaft)

(1) 축의 도시 방법

① 축은 길이방향으로 단면도시를 하지 않는다. 단, 부분단면은 허용한다.
② 긴축은 중간을 파단하여 짧게 그릴 수 있으며, 실제치수를 기입한다.
③ 축 끝에는 모따기 및 라운딩을 할 수 있다.
④ 축에 있는 널링(knurling)의 도시는 빗줄인 경우는 축선에 대하여 30°로 엇갈리게 그린다.

> **Point**
> 축의제도 방법

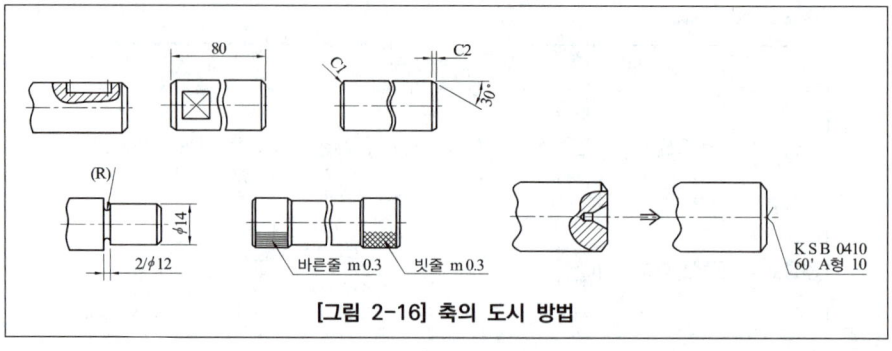

[그림 2-16] 축의 도시 방법

2 베어링

(1) 구름 베어링의 호칭법

- 기본 기호 : 베어링 계열번호, 안지름 번호, 접촉각 기호
- 보조 기호 : 리테이너 기호, 실드 기호, 틈새 기호, 등급 기호

① 베어링 계열 기호

베어링 계열 기호는 베어링의 형식과 치수 계열을 나타낸다.

㉠ 형식(첫 번째 숫자)

```
1 …… 복식 자동 조심형        2, 3 …… 복식 자동 조심형(큰 나비)
6 …… 단식 홈형              7 …… 단식 앵귤러 볼형
N …… 원통 롤러형
```

㉡ 치수 계열(둘째 번 숫자) : 폭(높이) 계열과 지름 계열을 조합한 것으로 같은 베어링의 안지름에 대한 폭과 바깥지름과의 계열을 나타낸다.

② 안지름 번호(세 번째, 네 번째 숫자)

안지름 번호 1에서 9까지는 안지름 번호와 안지름이 같고 안지름 번호의 안지름 20mm 이상 480mm 미만은 안지름을 5로 나눈 수가 안지름 번호(2자리)이다.

```
00 …… 안지름 10mm           01 …… 안지름 12mm
02 …… 안지름 15mm           03 …… 안지름 17mm
```

③ 호칭 번호의 표시

㉠ 6008C2P6

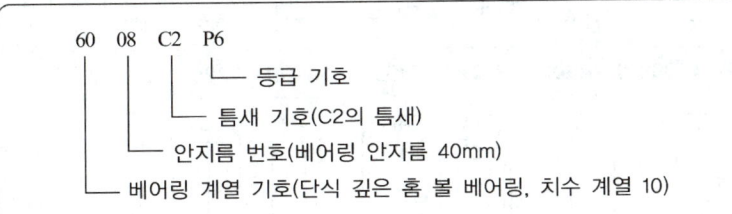

㉡ 6312ZNR

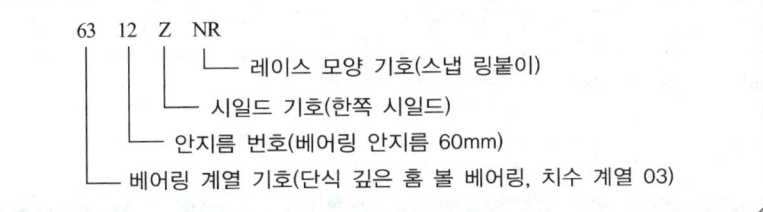

㉢ NA4916V

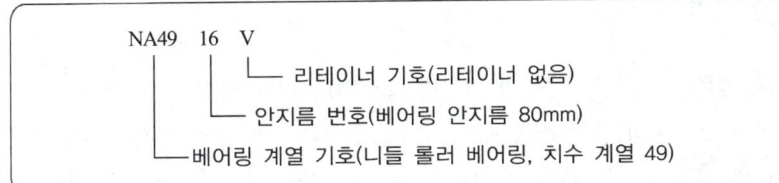

(2) 구름 베어링의 약도 도시 기호

구름 베어링	깊은 홈 볼 베어링	앵귤러 볼 베어링	자동 조심 볼 베어링	원통 롤러 베어링				
				NJ	NU	NF	N	NN
호칭 번호예	6204	7003	1306K	NJ 204	NU 1005	NF 204	N 204	NN 3005

> **Point**
> · 구름 베어링 약도 도시기호
> · 깊은 홈 볼 베어링 도시기호
> · 앵귤러 볼 베어링 도시기호
> · 자동 조심 볼 베어링 도시기호

한눈에 들어오는 키워드

Point
- 니들 롤러 베어링 도시기호
- 자동 조심 롤러 베어링 도시기호
- 스러스트 자동 조심 롤러베어링 도시기호

니들 롤러 베어링		테이퍼 롤러 베어링	자동 조심 롤러 베어링	평면자리형 스러스트 베어링		스러스트 자동 조심 롤러 베어링	깊은 홈 볼 베어링
NA	RNA			단식	복식		
NA 4900	RNA 4900	32012	23022	51100	52204	29240	

* 베어링의 간략 도시법에서 축은 굵은 실선으로 표시한다.

04 전동용 기계요소

1 기어(gear)

서로 맞물려 돌아가는 1쌍의 마찰차 접촉면에 이(tooth)를 만들어 미끄러지지 않고 연속적으로 동력을 전달하도록 한 기계요소를 기어(gear)라 한다. 기어는 축과 축 사이의 거리가 짧을 때에 큰 동력을 일정한 속도비로 정확하게 전달할 수 있기 때문에 널리 사용되고 있다.

(1) 기어의 이의 크기

① 원주 피치(circular pitch) : p

$$p = \frac{\pi D}{Z} \text{mm or } P = \pi m$$

여기서, p : 원주 피치
D : 피치원의 지름(mm)
Z : 잇수

② 모듈(module) : m

$$m = \frac{D}{Z}$$

③ 지름 피치(diametral pitch)

인치식 기어의 크기를 나타낸 것으로, 피치원의 지름 1인치에 해당하는 잇수이다.

$$D \cdot p = \frac{Z}{D(\text{inch})} = \frac{25.4Z}{D(\text{mm})} = 25.4\text{mm}$$

(2) 스퍼기어(spur gear)의 제도

기어는 약도로 나타내되, 축에 직각인 방향에서 본 것을 정면도, 축 방향에서 본 것을 측면도로 하여 도시한다.
① 이끝원은 굵은 실선으로 그린다.
② 피치원은 가는 1점 쇄선으로 그린다.
③ 이뿌리원은 가는 실선으로 그린다. 단 정면도를 단면으로 도시할 때는 굵은 실선으로 그린다.
④ 이뿌리원은 측면도에서 생략해도 좋다.
⑤ 스퍼기어의 표준 압력각은 20°로 규정하고 있다.
⑥ 맞물리는 한 쌍의 스퍼기어를 그릴 때에는 측면도의 이끝원은 항상 굵은 실선으로 그린다. 그리고, 정면도를 단면도로 나타낼 때는 물리는 부분의 한쪽 이끝원을 파선으로 그린다.

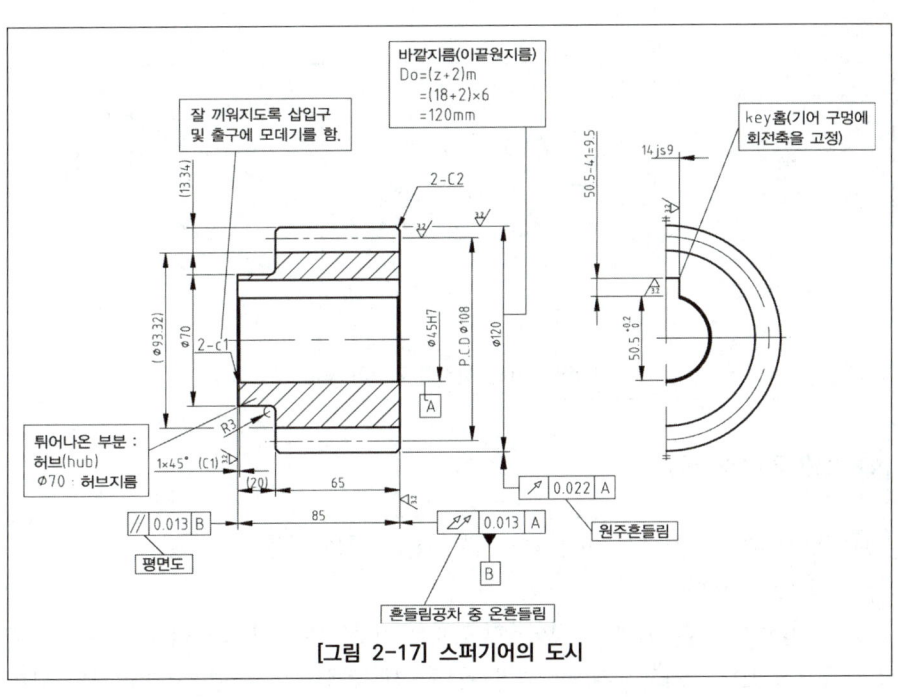

[그림 2-17] 스퍼기어의 도시

(3) 헬리컬기어의 제도

도시법은 스퍼기어와 같고 잇줄의 비틀림을 그려야 한다.
① 요목표에 이 모양이 잇줄 직각 방식인지, 축 직각 방식인지 기입한다.

② 잇줄의 방향은 정면도에 항상 3줄의 가는 실선(단면도시 2점 쇄선)을 그린다. 정면도가 단면으로 표시되어 있을 때에는 3줄의 가는 2점 쇄선으로 그린다.
③ 잇줄의 비틀림각은 잇줄을 표시하는 3개의 평행선 중 중앙선으로 연장하여 그 방향과 함께 기입한다.

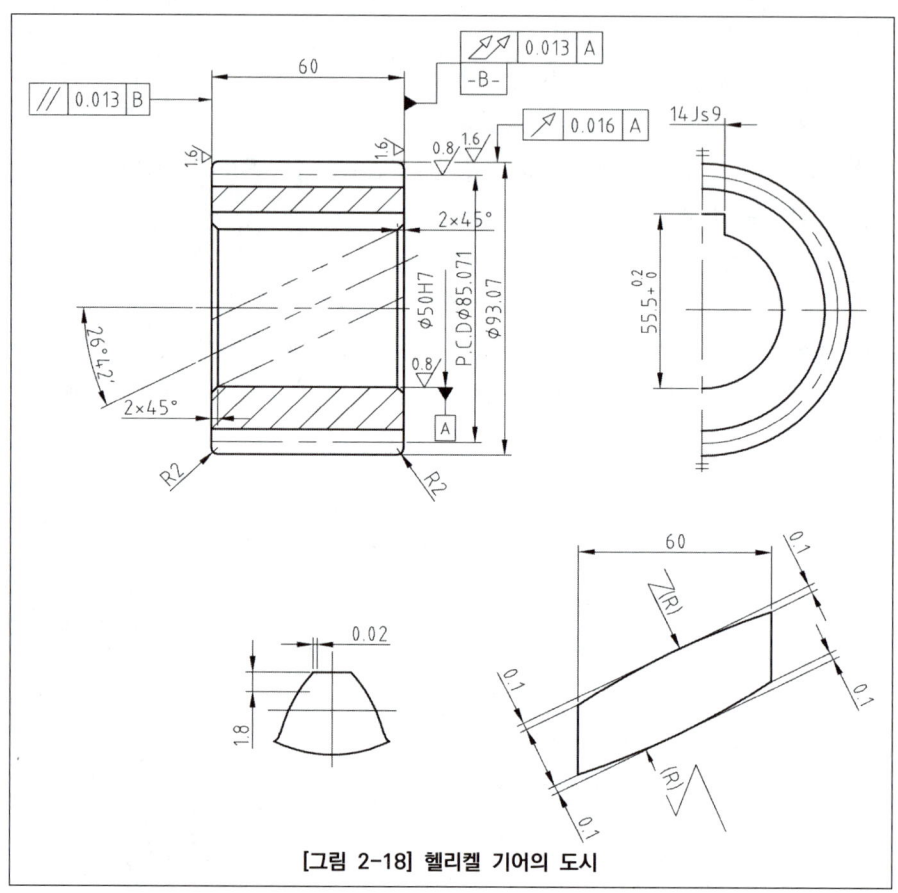

[그림 2-18] 헬리컬 기어의 도시

(4) 베벨 기어의 제도

① 정면도의 단면도에서 이끝선과 이뿌리선은 굵은 실선, 피치선은 가는 1점 쇄선으로 그린다.
② 축 방향에서 본 베벨 기어의 측면도에서 이끝원은 외단부와 내단부를 모두 굵은 실선으로, 피치원은 외단부만 가는 1점 쇄선으로 그리며, 이뿌리원은 생략한다.
③ 한쌍의 맞물리는 기어는 맞물리는 부분의 이끝원을 숨은 선으로 그린다.
④ 스파이럴 베벨 기어의 약도에서 잇줄을 나타내는 선은 한 줄의 굵은 실선으로 나타낸다.

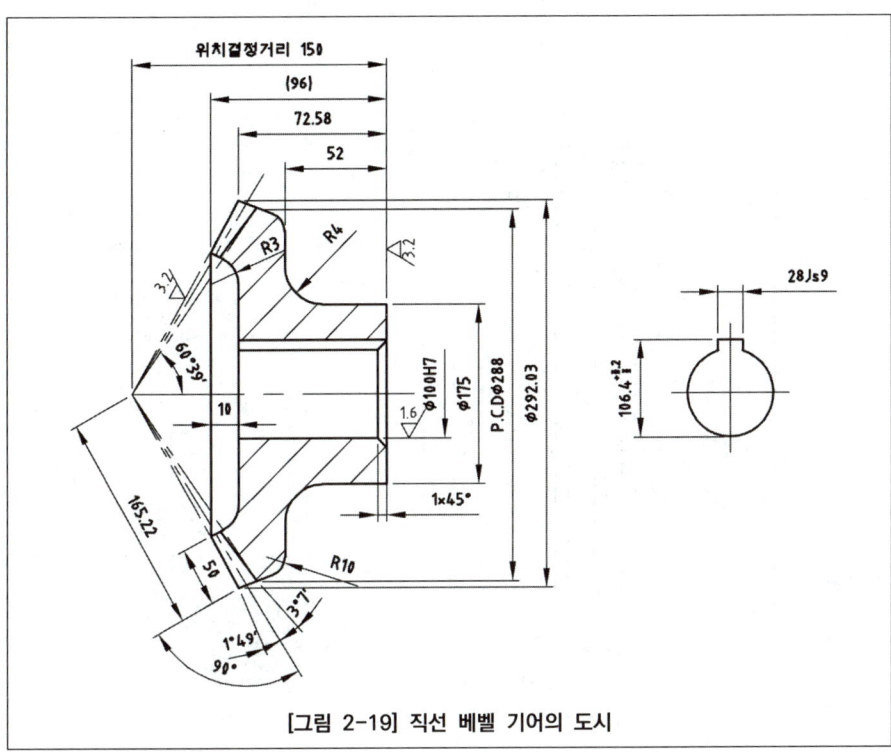

[그림 2-19] 직선 베벨 기어의 도시

(5) 웜 기어의 제도

정면도의 이뿌리원, 이끝원, 피치원 등은 웜의 중심으로부터 웜의 그것들과 같은 치수로 그린다. 측면도 기어의 이끝원은 굵은 실선, 피치원 지름은 가는 일점쇄선 으로 그리나, 이뿌리원 및 목의 지름원은 도시하지 않는다.

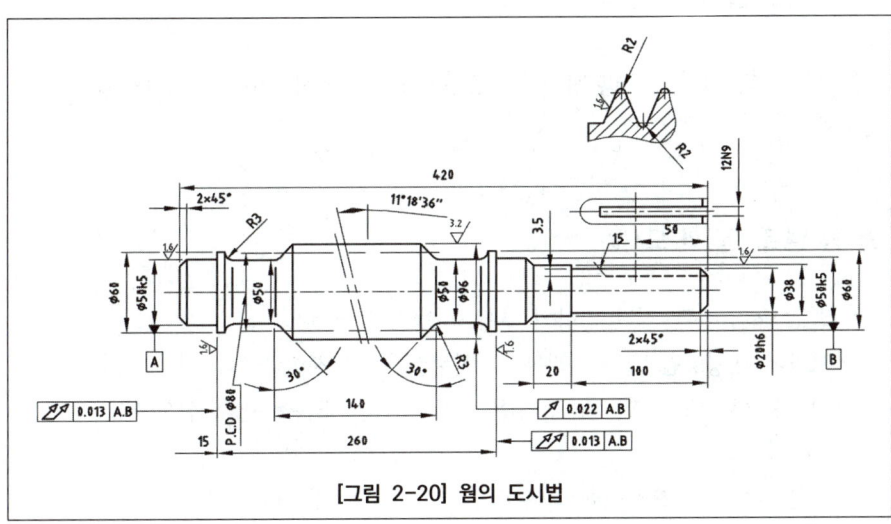

[그림 2-20] 웜의 도시법

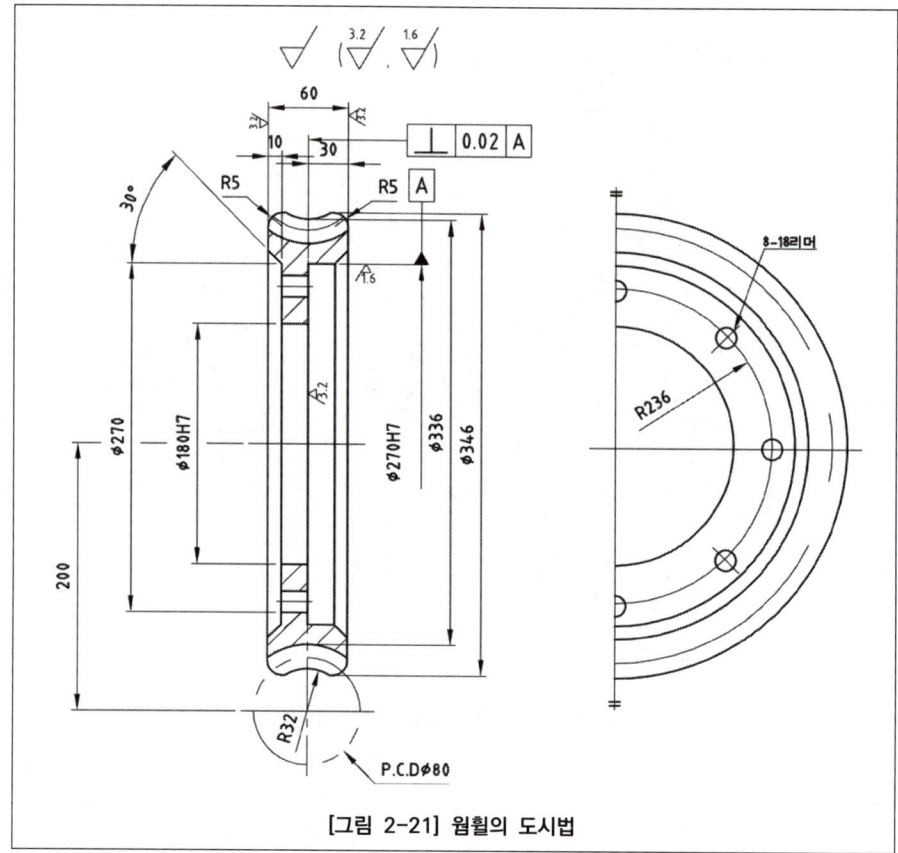

[그림 2-21] 웜휠의 도시법

2 벨트 풀리(belt pulley)

(1) 평 벨트 풀리의 호칭법

호 칭	종 류	호칭 지름 × 호칭 나비	재 질
예 평 벨트 풀리	일체형	125 × 25	주 철

(2) 평 벨트 풀리의 도시법

① 벨트 풀리는 축 직각 방향의 투상을 정면도로 한다.
② 모양이 대칭형인 벨트 풀리는 그 일부분만을 도시한다.
③ 방사형으로 되어 있는 암(arm)은 수직 중심선 또는 수평 중심선까지 회전하여 투상한다.
④ 암은 길이 방향으로 절단하여 단면을 도시하지 않는다.
⑤ 암의 단면형은 도형의 안이나 밖에 회전단면을 도시한다.

⑥ 암의 테이퍼 부분 치수를 기입할 때 치수 보조선은 경사선(수평과 60° 또는 30°)으로 긋는다.

(3) V벨트 풀리의 호칭법

규격 번호 또는 명칭	호칭 지름	종 류	보스 위치의 구별
KS B 1403	250	A 1	Ⅱ
주철제 V벨트 풀리	250	B 3	Ⅲ40H8

① V벨트의 종류에는 M형 및 A, B, C, D, E형 등의 6종류가 있으며, M형이 가장 작고 E형이 가장 크다.(벨트의 각(θ)은 40°이다.)

3 스프로킷 휠(sproket wheel)

(1) 스프로킷 휠의 도시방법

① 스퍼 기어와 같은 방법으로, 바깥지름은 굵은 실선, 피치원은 가는 1점 쇄선, 이뿌리원은 가는 실선 또는 굵은 파선으로 표시한다.
② 축에 직각 방향으로 본 그림을 단면으로 도시할 때에는 톱니를 단면으로 하지 않고, 이뿌리의 위치에서 절단하여 이뿌리선은 굵은 실선으로 한다.

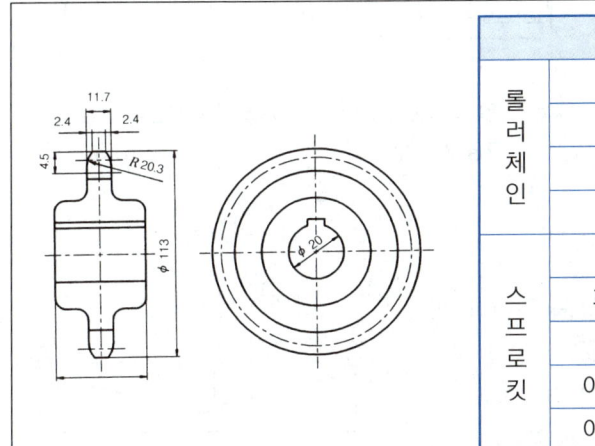

요목표		
롤러체인	호칭번호	60
	피치	19.05
	바깥지름	11.91
	잇수	17
스프로킷	치형	S
	피치원지름	103.67
	바깥지름	113
	이뿌리원지름	91.76
	이뿌리원길이	91.32

[그림 2-22] 스프로킷의 도시

Point
V벨트 호칭법

Point
· 스프로킷 휠의 도시법
· 요목표

05 스프링(spring)

1. 스프링의 도시법

(1) 코일 스프링의 제도

① 스프링은 원칙적으로 무하중인 상태로 그린다. 만약, 하중이 걸린 상태에서 그릴 때에는 선도 또는 그 때의 치수와 하중을 기입한다.
② 하중과 높이(또는 길이) 또는 처짐과의 관계를 표시할 필요가 있을 때에는 선도 또는 항목표에 나타낸다.
③ 특별한 단서가 없는 한 모두 오른쪽 감기로 도시하고, 왼쪽 감기로 도시할 때에는 '감긴 방향 왼쪽'이라고 표시한다.
④ 코일 부분의 중간 부분을 생략할 때에는 생략한 부분을 가는 1점 쇄선으로 표시하거나, 또는 가는 2점 쇄선으로 표시해도 좋다.
⑤ 스프링의 종류와 모양만을 도시할 때에는 재료의 중심선만을 굵은 실선으로 그린다.
⑥ 조립도나 설명도 등에서 코일 스프링은 그 단면만으로 표시하여도 좋다.

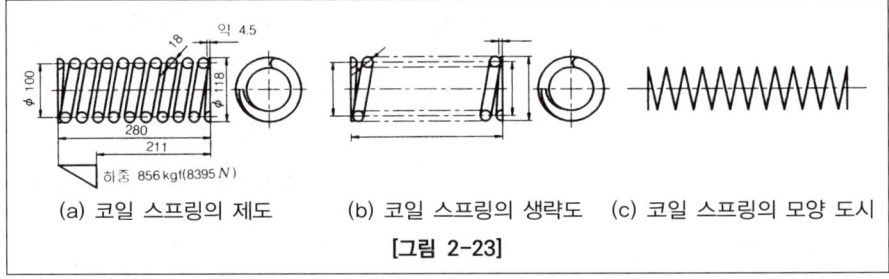

(a) 코일 스프링의 제도   (b) 코일 스프링의 생략도   (c) 코일 스프링의 모양 도시

[그림 2-23]

(2) 겹판 스프링의 제도

① 겹판 스프링은 원칙적으로 판이 수평인 상태에서 그린다. 하중이 걸린 상태에서 그릴 때에는 하중을 명기한다.
② 무하중의 상태로 그릴 때에는 가상선으로 표시한다.
③ 모양만을 도시할 때에는 스프링의 외형을 실선으로 그린다.

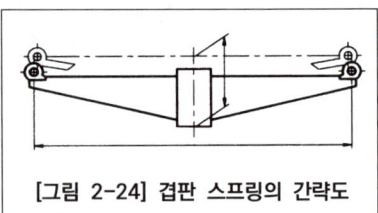

[그림 2-24] 겹판 스프링의 간략도

06 관계 기계요소

1 파이프

(1) 파이프의 도시기호 및 방법

일반 광·공업에서 사용하는 계획도, 설계도 등의 도면에 배관 및 부속품을 기호로써 나타낸다.

① 파이프는 1줄의 실선으로 표시하고, 같은 도면에서 같은 굵기로 표시한다.
② 유체의 종류와 기호표시는 공기 : A, 가스 : G, 유류 : O, 수증기 : S, 물 : W, 증기 : V이다.
③ 유체의 흐름방향은 관을 표시하는 실선에 화살표의 방향으로 표시한다.
④ 파이프의 접속 및 계기표시는 다음과 같다.

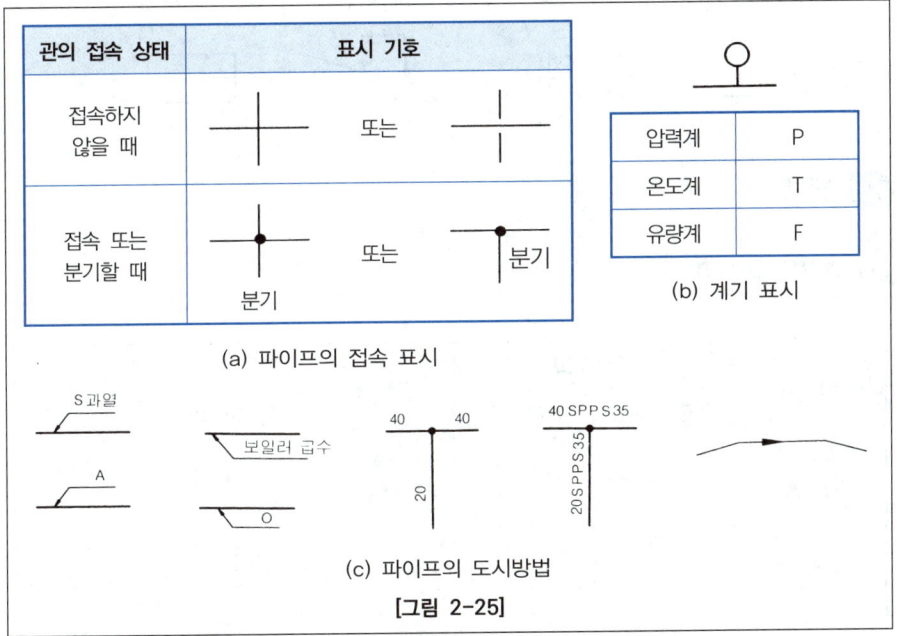

[그림 2-25]

> **Point**
> 유체 종류 기호 표시

한 눈에 들어오는 키워드

Point
- 오는 밸브 도시기호
- 가는 밸브 도시기호
- 조인트 도시기호
- 유니언 도시기호

(2) 파이프 이음의 도시기호

부품 명칭	도시 기호		부품 명칭	도시 기호	
	플랜지 이음	나사 이음		플랜지 이음	나사 이음
엘보			조인트		
45° 엘보			유니언		
오는 엘보			부시		
가는 엘보			플러그		

* ⊸ : 턱걸이 이음, ⤬ : 용접 이음, ⊶ : 납땜 이음

(3) 신축 이음의 종류 및 도시기호

① 루프형 ② 벨로즈형 ③ 스위블형 ④ 슬리브형

Point
신축 이음의 종류

2 밸브

(1) 밸브의 도시법

명 칭	도시 기호		명 칭	도시 기호	
	플랜지 이음	나사 이음		플랜지 이음	나사 이음
글로브 호스 밸브			글로브 밸브		
앵글 밸브			콕		
체크 밸브			전동 슬루스 밸브		
게이트 밸브			슬루스 밸브		
안전 밸브			다이어프램 밸브		

Point
체크 밸브 도시기호

3 배관의 높이 표시방법

(1) EL(elevation) 표시

배관의 높이를 관의 중심을 기준으로 표시한다.(EL을 먼저 표시하고 뒤에 치수기입)

① BOP(bottom of pipe) 표시
  서로 지름이 다른 관의 높이를 나타낼 때 적용되는 것으로 관 바깥지름의 밑면까지를 기준으로 하여 표시한다.

② TOP(top of pipe)
  지하의 매설 배관 작업과 같은 시공시 BOP와 같은 목적으로 사용되나 관 윗면을 기준으로 표시한다.

(2) GL(ground line)

포장된 지표면의 높이를 표시할 때 적용된다.

(3) FL(floor line)

1층 바닥면을 기준으로 높이를 표시하는 방법이다.

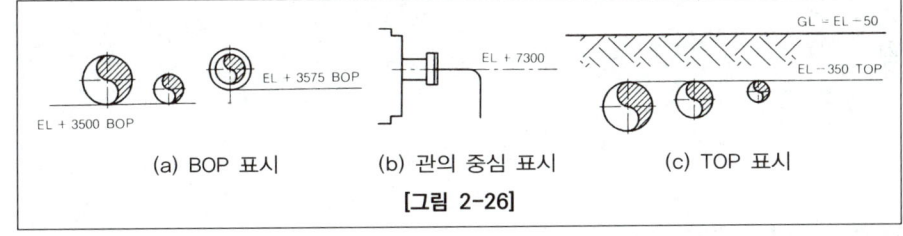

(a) BOP 표시   (b) 관의 중심 표시   (c) TOP 표시

[그림 2-26]

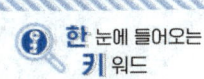

Point
배관의 높이 표시
① EL
② GL
③ FL

CHAPTER 02 단원 예상문제

저자가 콕! 찝어주는 예상문제 풀어보기!

01 조립도에서 암나사와 수나사가 결합된 겹친 부분을 나타낼 때에는 다음 중 어느 것을 기준으로 하여 그리는가?

① 암나사
② 수나사
③ 암·수나사 모두
④ 어느 것이나 임의 선택

나사의 도시법
① 완전 나사부와 불완전 나사부의 경계는 굵은 실선, 불완전 나사부의 골밑 표시선은 축선에 대하여 30°의 경사각을 갖는 가는 실선
② 수나사와 암나사에서 산마루는 굵은 실선, 골부분은 가는 실선
③ 암나사 드릴 구멍의 끝 부분은 굵은 실선으로 120°
④ 수나사와 암나사의 결합 부분은 수나사로 표시
⑤ 보이지 않는 부분은 은선(파선)
⑥ 나사를 평면도 상태에서 나타낸 나사 부분은 3/4 원호로서 긋는다.
⑦ 나사부의 해칭(단면표시)은 수나사는 바깥지름, 암나사는 안지름까지 해칭한다.

---

02 다음은 나사의 도시법이다. 잘못 설명한 것은?

① 수나사와 암나사의 골을 표시하는 선은 굵은 실선으로 그린다.
② 완전 나사부와 불완전 나사부의 경계선은 굵은 실선으로 그리다.
③ 암나사 탭 구멍의 드릴 자리는 120°의 굵은 실선으로 그린다.
④ 수나사와 암나사의 측면도시에서 각각의 골지름은 가는 실선으로 약 3/4원으로 그린다.

03 다음 나사의 도시법 중 옳은 것은?

① 수나사와 암나사의 골은 굵은 실선으로 그린다.
② 암나사 탭 구멍의 드릴 자리는 60°의 굵은 실선으로 그린다.
③ 완전 나사부와 불완전 나사부의 경계선은 굵은 실선으로 그린다.
④ 가려서 보이지 않는 부분의 나사부는 가는 일점쇄선으로 그린다.

04 아래 그림은 볼트(bolt)의 간략도시법이다. 나사의 불완전부 A는?

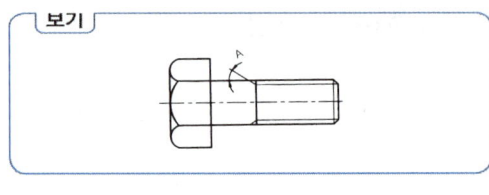

보기

① 30°
② 45°
③ 60°
④ 75°

정답 1 ② 2 ① 3 ③ 4 ①

05 나사의 표시방법 중 틀린 것은?

① S 0.5 : 미니추어 나사
② Tr 10×2 : 미터 사다리꼴 나사
③ Rc 3/4 : 관용 테이퍼 암나사
④ E10 : 미싱나사

> 나사기호 및 호칭법
> ① G 1/2 : 관용 평행나사
> ② BC 3/4 : 자전거나사
> ③ SM 1/4 : 미싱나사
> ④ E 10 : 전구나사
> ⑤ CTC 19 : 박강전선관나사
> ⑥ 3/8-16 UNC : 유니파이 보통나사

06 도면의 나사부분에 다음 내용을 기재하려고 할 때 올바른 표시법은? (단, 나사의 호칭치수 : M 20×2, 나사줄수 : 2줄, 나사등급 : 2급, 나사의 방향 : 왼쪽 이다.)

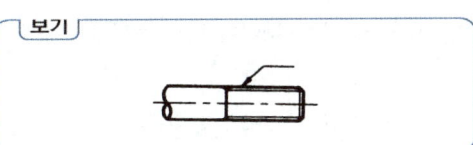

① M 20×2 - 2 왼쪽 2줄
② 2 - M 20×2 왼쪽 2줄
③ 왼쪽 2줄 M 20×2 - 2
④ 왼쪽 2줄 2급 M 20×2

07 호칭지름 40mm, 리드 14mm, 피치 7mm 수나사의 등급이 7e인 미터 사다리꼴 나사의 표시방법으로 옳은 것은?

① Tr 40×14(P7) - 7e
② TW 40×14(P7) - 7e
③ Tr 40×7e - 14(P7)
④ TW 40×7e - 14(P7)

> 미터 사다리꼴 나사의 경우
> ① 호칭지름 40mm, 피치 7mm : Tr 40×7
> ② 문제에서 왼나사일 때 : Tr 40×14(P7)LH - 7e(LH : 왼나사 표시기호)

08 나사의 종류를 표시하는 기호이다. ISO 규격의 관용 평행나사를 나타내는 기호는?

① M   ② R
③ G   ④ E

> M : 미터나사
> R : 관용 테이퍼 나사(PT)
> G : 관용 평행나사(PF)
> E : 전구나사

09 전선 관용나사의 기호는?

① CTC   ② E
③ BC   ④ SM

> CTC : 박강 전선관나사
> CTG : 후강 전선관나사

10 유니파이 가는나사계 나사의 바깥지름(호칭치수)이 1/2(inch) 1인치당 산수가 20산일 때 나사구멍 드릴의 지름은?

① 9.4   ② 10.4
③ 11.4   ④ 12.7

$$d = D - P = \left(\frac{1}{2} \times 25.4\right) - \left(\frac{1}{20} \times 25.4\right) = 11.4\text{mm}$$

정답 5 ④ 6 ③ 7 ① 8 ③ 9 ① 10 ③

11 경사 키용이 보스의 키홈의 깊이를 표시하는 방법으로 KS 기계제도에 가장 적합한 것은?

① 키홈의 깊은 쪽에서 표시
② 키홈의 낮은 쪽에서 표시
③ 키홈의 중간부분에 표시
④ 깊은 쪽과 낮은 쪽 양쪽에 표시

> **구멍의 키홈의 표시방법**
> ① 구멍의 키홈의 치수는 키홈의 나비 및 깊이를 표시하는 치수에 따른다.
> ② 키홈의 깊이는 키홈과 반대쪽의 구멍지름면으로부터 키홈의 바닥까지의 치수로 표시한다. 다만, 특히 필요한 경우에는 키홈의 중심면상에서의 구멍지름면으로부터 키홈 바닥까지의 치수로 표시하여도 좋다.
> ③ 경사 키용의 보스의 키홈의 깊이는 키홈의 깊은 쪽에서 표시한다.

12 키의 호칭이 "미끄럼키 25×8×50 양끝 둥금 SM45C"로 표시되었을 경우 50의 의미는?

① 키의 폭   ② 키의 높이
③ 키의 길이   ④ 축의 지름

13 키(key)의 호칭이 옳게 표시된 것은? (단, A : 규격번호 또는 명칭, B : 호칭치수, C : 길이, D : 끝 모양의 특별지정, E : 재료)

① A-B×C D E
② A B×C-D-E
③ A B×C D E
④ A-B×C×D-E

규격번호 또는 명칭	호칭 치수	길이	끝 모양의 지정	재료
미끄럼 키	25 × 8 × 50		양끝 둥금	SM45C

14 다음의 핀에 대한 설명 중 적당하지 않은 것은?

① 테이퍼 핀 호칭은 명칭, $d×l$, 등급, 재료순이다.
② 슬롯 테이퍼핀 호칭은 명칭, $d×l$, 재료, 지정사항순이다.
③ 테이퍼 핀의 테이퍼값은 1/50이다.
④ 테이퍼 핀의 호칭지름은 가는 쪽이 지름이다.

> *** 핀의 호칭방법**
>
> | 명 칭 | 호칭방법 |
> |---|---|
> | 평행 핀 | 규격 번호 또는 명칭, 종류, 형식, 호칭지름 × 길이, 재료 |
> | 테이퍼 핀 | 명칭, 등급, $d × l$, 재료 |
> | 슬롯 테이퍼 핀 | 명칭, $d × l$, 재료, 지정사항 |
> | 분할 핀 | 규격 번호 또는 명칭, 호칭, 지름×길이, 재료 |

15 다음 중 슬롯 테이퍼 핀의 호칭을 바르게 나타낸 것은?

① 명칭, $d×l$, 재료, 지정사항
② 명칭, $d×l$, 등급, 재료
③ 명칭, 등급, $d×l$, 재료, 지정사항
④ 명칭, 종류, $d×l$, 재료

16 평행핀의 호칭이 바른 것은?

① 명칭, 종류, 형식 $d×l$, 재료
② 명칭, 형식, 종류, $d×l$, 재료
③ 명칭, $d×l$, 재료, 지정사항
④ 명칭, 재료, $d×l$, 지정사항

정답 11 ① 12 ③ 13 ③ 14 ① 15 ① 16 ①

17 분할핀의 호칭지름은 어느 것으로 나타내는가?

① 재료의 지름
② 핀재료를 겹쳤을 때 가상원의 지름
③ 핀 구멍의 지름
④ 머리 부분의 폭

> 핀의 호칭지름(경) : d
> ① 테이퍼 핀, 슬롯 테이퍼핀 : 작은 쪽 지름
>   ($T = 1/50$)
> ② 분할 핀(스플릿 핀) : 핀 구멍의 지름

18 다음 리벳 이음의 도시법에 관한 설명 중 틀린 것은?

① 리벳의 위치만을 표시할 경우에는 중심선만을 그린다.
② 리벳은 길이방향으로 절단하여 도시하지 않는다.
③ 얇은판, 형강 등의 단면은 굵은선으로 도시할 수 있다.
④ 여러장의 얇은판이 있을 때에는 각 판의 파단선은 일직선으로 긋는다.

19 리벳 이음의 도면에서 피치가 표시하는 것은?

① 리벳 구멍열과 인접한 리벳 구멍열간의 중심거리
② 같은 중심선상에 위치하고 있는 리벳 구멍과 여기에 인접한 리벳 구멍 간의 중심거리
③ 판끝에서 여기에 인접한 리벳 구멍 간의 거리
④ 리벳의 첫구멍에서 끝구멍까지의 거리

20 리벳 이음의 도시법에 대한 설명 중 틀린 것은?

① 리벳의 위치만을 표시할 때에는 중심선만을 그린다.
② 리벳의 길이방향으로 절단하여 도시하지 않는다.
③ 형강의 치수기입은 형강도면 아래쪽에 기입한다.
④ 얇은판 형강 등의 단면을 굵은 실선으로 도시한다.

21 리벳이 연속으로 있을 때 표시방법으로 맞는 것은?

① 간격치수×치수
② 간격수×간격치수
③ 간격수×간격치수 = 합계치수
④ 간격치수×간격치수 = 합계치수

22 열간 둥근머리 리벳 16×20을 바르게 설명한 것은?

① 리벳 구멍수가 16개이고, 리벳 지름이 20mm이다.
② 리벳 구멍수가 20개이고, 리벳 지름이 16mm이다.
③ 리벳 지름이 16mm이고, 길이가 20mm이다.
④ 리벳 지름이 16mm이고, 리벳 머리부의 지름이 20mm이다.

> 리벳의 호칭법
> 종류 $d \times l$ 재료

23 다음 리벳 그림에서 머리부까지 포함한 길이를 호칭길이로 표시한 리벳은?

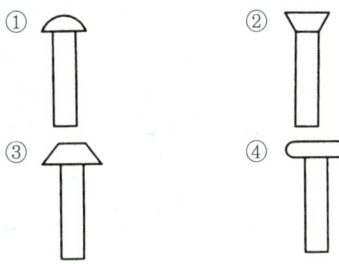

> 호칭길이(l)
> ① 머리부를 포함한 전체길이 : 접시머리 리벳(②)
> ② 머리부를 뺀 전체길이 : 둥근머리 리벳(①), 납작머리 리벳(③), 얇은 납작머리 리벳(④), 냄비머리 리벳

정답 17 ③ 18 ④ 19 ② 20 ③ 21 ③ 22 ③ 23 ②

24 다음 그림과 같은 리벳 이음의 명칭은?

① 1열 겹치기 이음
② 1열 맞대기 이음
③ 2열 겹치기 이음
④ 2열 맞대기 이음

25 다음 중 둥근머리 현장 리벳의 기호는?

① ●　　② ○
③ ⊘　　④ ⌀

둥근머리 공장 리벳: ○
둥근머리 현장 리벳: ●

26 다음과 같은 용접기호 및 치수기입표시 기호에서 L 자는 무엇을 표시하는가?

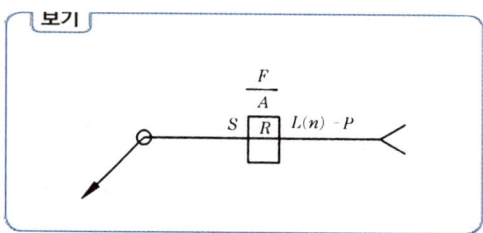

① 루트의 간격
② 용접의 길이
③ 점용접의 수
④ 뜨임용접의 피치

S : 용접부의 단면치수 또는 강도
F : 다듬질 방법
R : 루트 간격
A : 홈 각도
L : 단속 필렛 용접의 용접길이
n : 단속 필렛 용접, 점 용접 등의 수
P : 단속 필렛 용접, 점 용접 등의 피치
T : 특별 지시사항

27 용접 도시기호에서 용접부의 절삭 다듬질방법을 지정하는 보조 기호는?

① F　　② G
③ C　　④ M

용접부의 다듬질 방법
① 치핑: C
② 연삭: G
③ 절삭: M
④ 지정하지 않음: F

28 용접부의 설명선에서 용접부를 지시하는 화살표는 기선에 대하여 얼마의 각도로 하는 것이 좋은가?

① 30°　　② 45°
③ 60°　　④ 75°

정답　24 ②　25 ①　26 ②　27 ④　28 ③

29 다음 용접 종류를 표시한 그림이다. 바르게 설명한 것은?

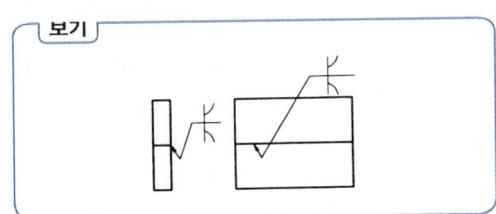

① 양면 U형 용접 ② 한쪽으로 U형 용접
③ K형 용접 ④ 양면 J형 용접

용접부의 기본기호
① ⋏, ⋌ : 양쪽, 한쪽 플랜지형
② ‖ : I형
③ ⋎ : J형, 양면 J형
④ ⋎ : U형, 양면 U형(H형)
⑤ ⋎, ⋎ : 플레어 V, X형, 플레어 V, K형

30 다음 그림과 같이 용접하고자 한다. 옳은 도시법은?

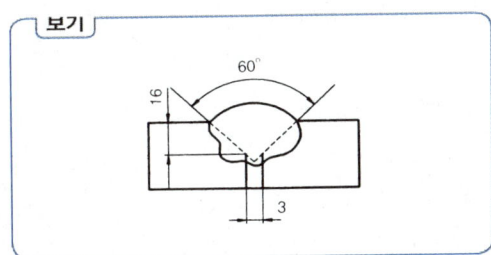

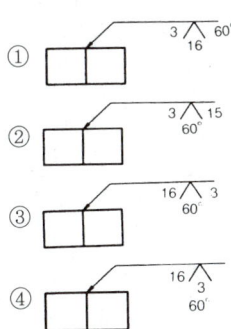

V형 용접이다.
그루브 깊이 : 16mm
그루브 각도 : 60°
루트 간격 : 3mm

31 다음의 용접기호 표시 중 온둘레 현장용접을 나타내는 것은?

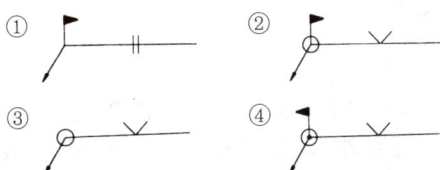

① 현장 용접 : ▬
② 온둘레 용접 : ○
③ 온둘레 현장 용접 : ○▬

32 용접 종류와 KS 용접기호가 바르게 연결된 것은?

① 점 용접 :
② 플러그 용접 :
③ 필렛 용접 :
④ 심 용접 :

용접 종류와 기호
① 점 용접, 프로젝션 용접 : ○(＊)
② 심 용접(seam welding) : ⊖ (＊＊)
③ 플러그 용접 : ▭
④ 필렛 용접 : ◣

정답 29 ④ 30 ④ 31 ② 32 ③

33 다음 중 KS 저항용접기호에 속하지 않는 것은?

> 저항용접에는 점 용접(*), 프로젝션 용접(*), 심 용접(**)이 있다.

34 조립도중의 용접 구성품에 겹침의 관계 및 용접의 종류와 크기를 표시하는 그림은 어느 것인가?

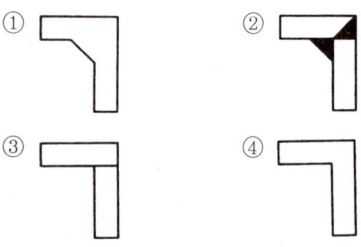

> 조립도 중의 용접 구성품의 표시 방법
> ① 용접 구성품의 용접의 비드의 크기만을 표시하는 경우
> ② 용접 구성부재의 겹침의 관계 및 용접의 종류와 크기를 표시하는 경우
> ③ 용접 구성부재의 겹침의 관계를 표시하는 경우
> ④ 용접 구성부재의 겹침의 관계 및 용접의 비드의 크기를 표시하지 않아도 좋을 때

35 기계구조물 도면의 용접부에 방사선 투과시험을 용접선 전체선을 시험하라고 지시할 때의 기호는?

① RT-O　　② UT-N
③ RT-W　　④ UT-A

> ① RT-O : 방사선 투과시험 전체선
> ② RT-W : 방사선 투과시험 2중벽 촬영
> ③ UT-N : 초음파 탐상시험 수직탐상
> ④ UT-A : 초음파 탐상시험 경사각 탐상

36 다음 축의 제도 중 틀린 설명은?

① 축의 일부분의 평면은 대각선을 가는 실선으로 표시한다.
② 길이가 긴 축은 단축하여 그릴 수 있으나 실제 치수로 기입한다.
③ 축의 일부분을 절단하여 표시할 수 있다.
④ 축은 길이 방향으로 절단한다.

37 아래와 같이 베어링 기호와 치수에 대한 설명 중 잘못된 것은?

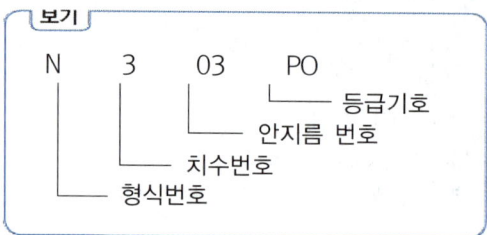

① N … 원통 롤러형
② 3 … 중간하중형
③ 03 … 안지름 15
④ PO … 정밀급

> 안지름 번호(3, 4번째 자리)
> 00 : 10mm
> 01 : 12mm
> 02 : 15mm
> 03 : 17mm
> 04 ~ 99는 5를 곱하면 된다.
> <예> 07 ⇒ 07 × 5 = 35mm

정답　33 ①　34 ②　35 ①　36 ④　37 ③

38 베어링의 형식번호에서 N은 무엇을 나타내는가?

① 단열홈형
② 복열 자동 조심형
③ 단열 앵귤러 컨택트형
④ 원통 롤러형

> 베어링의 형식번호(첫번째 숫자)
> 1 : 복열 자동 조심형
> 2, 3 : 복열 자동 조심형(큰나비)
> 6 : 단열 홈형
> 7 : 단열 앵귤러 볼형
> N : 원통 롤러형

39 롤링 베어링의 호칭 번호가 6200, 628, 6300, 6020의 4종류가 있다. 베어링의 안지름이 같은 것은?

① 6200과 6020
② 6200과 6300
③ 6300과 628
④ 620과 628

40 기계제도 도면에서 볼 베어링의 번호가 6308일 경우 조립되는 축의 지름은 몇 mm로 그려야 하는가?

① 8   ② 30
③ 40   ④ 60

> 베어링의 안지름 번호는 베어링의 조립되는 축의 지름과 같으므로 08 ⇒ 08×5 = 40mm

41 롤링 베어링의 호칭번호 6026 P6에서 P6가 뜻하는 것은?

① 베어링 계열기호
② 등급기호
③ 안지름 번호
④ 바깥지름

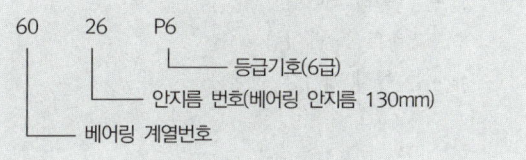

42 다음 롤링 베어링의 6026 P6 호칭번호에서 나타내어지지 않은 것은?

① 베어링이 폭
② 베어링 계열번호
③ 베어링 안지름
④ 등급기호

43 롤링 베어링의 도시법 중에서 기호도는 계통도 등에서 롤링 베어링임을 나타내는 데 쓰이는 도면이다. 축은 어느 선으로 표시하는가?

① 굵은 실선
② 굵은 일점 쇄선
③ 파선
④ 가는 일점 쇄선

정답 38 ④ 39 ② 40 ③ 41 ② 42 ① 43 ①

44 다음 그림 기호가 나타내는 베어링은?

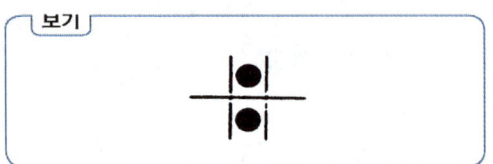

① 깊은 홈 롤러 베어링
② 원통 롤러 베어링
③ 스러스트 볼 베어링
④ 니들 롤러 베어링

45 다음 베어링의 기호도 중에서 테이퍼 롤러 베어링은 어느 것인가?

① 스러스트 볼 베어링(단열)
② 테이퍼 롤러 베어링
③ 레이디얼 볼 베어링(깊은홈)
④ 자동조심 롤러 베어링

46 그림은 베어링을 약도로 표시한 것이다. 무슨 베어링인가?

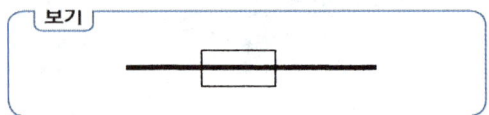

① 원통 롤러 베어링
② 테이퍼 롤러 베어링
③ 니들 롤러 베어링
④ 자동조심 롤러 베어링

47 평 벨트 풀리를 도시할 때 주의할 사항 중 틀린 것은?

① 축의 직각 방향의 투상을 정면도로 한다.
② 암은 길이 방향으로 절단하여 도시한다.
③ 대칭인 것은 그 일부만을 도시할 수 있다.
④ 암의 테이퍼 부분의 치수를 기입할 때 치수 보조선은 수평선과 60° 또는 30°로 긋는다.

평 벨트 풀리의 도시법
① 벨트 풀리는 축 직각 방향의 투상을 정면도로 한다.
② 모양이 대칭형인 벨트 풀리는 그 일부만 도시한다.
③ 방사형으로 되어 있는 암(arm)은 수직 중심선 또는 수평 중심선까지 회전하여 투상한다.
④ 암은 길이 방향으로 절단하여 단면을 도시하지 않는다.
⑤ 암의 단면형은 도형의 안이나 밖에 회전 단면을 도시한다.
⑥ 암의 테이퍼 부분 치수를 기입할 때 치수 보조선은 경사선 (수평과 60° 또는 30°)으로 긋는다.

48 평 벨트 풀리의 호칭법으로 맞는 것은?

① 종류, 호칭지름 × 호칭폭, 재료, 명칭
② 명칭, 종류, 호칭지름 × 호칭폭, 재료
③ 호칭지름 × 호칭폭, 명칭, 종류, 재료
④ 재료, 명칭, 종류, 호칭지름 × 호칭폭

49 다음 중 V(브이)벨트의 단면의 치수가 가장 큰 것은?

① A형   ② B형
③ C형   ④ D형

V벨트의 종류에는 M형 및 A, B, C, D, E형 등의 6종류가 있으며, M형이 가장 작고 E형이 가장 크다.(벨트의 각(θ)은 40°이다.)

정답 44 ③ 45 ② 46 ③ 47 ② 48 ② 49 ④

50 벨트의 크기 "A20"은 무엇을 표시하는가?

① A는 벨트의 크기, 20은 번호
② A는 벨트의 종류, 20은 20mm인 길이
③ A는 벨트의 단면 기호, 20은 20인치인 길이
④ A는 벨트의 단면 기호, 20은 20cm인 길이

51 다음 중 KS 기어의 제도방법으로 올바른 것은?

① 잇봉우리원은 가는 실선으로 그린다.
② 피치선의 지름은 굵은 일점 쇄선으로 그린다.
③ 베벨 기어의 이끝원은 원칙적으로 생략한다.
④ 이끝원은 굵은 실선으로 그린다.

> **기어 제도**
> ① 잇봉우리원(이끝원) : 굵은 실선
> ② 피치원 : 가는 1점 쇄선
> ③ 이골원(이뿌리원) : 가는 실선
>   (단, 정면도를 단면으로 나타낼 때에는 굵은 실선)

52 기어(gear)를 제도할 때 피치원(pitch circle)을 표시하는 선은?

① 가상선
② 은선
③ 1점 쇄선
④ 2점 쇄선

53 스퍼 기어의 요목표에 보통이로 표시되는 것과 가장 관계 깊은 것은?

① 기어 치형
② 공구압력각
③ 다듬질방법
④ 공구치형

> **스퍼 기어의 요목표**
> ① 기어 치형 : 표준 또는 전위
> ② 공구치형 : 보통이
> ③ 공구압력각 : 20°, 14.5°
> ④ 다듬질방법 : 호브 절삭

54 기어 부품도에서 항목표에 원칙적으로 기입하는 항만으로 되어 있는 것은?

① 재료명, 열처리, 이절삭
② 이절삭, 조립, 검사
③ 기어 소재, 조립, 이절삭
④ 소재경도, 조립, 이절삭

> **기어의 부품도**
> ① 항목표에는 원칙적으로 이 절삭, 조립, 검사 등에 필요한 사항을 기입한다.
> ② 재료, 열처리, 경도 등에 관한 사항은 필요에 따라 표의 비고란 또는 그림 속에 적당히 기입한다.

55 측면도에서 이뿌리원을 생략해도 되는 기어는?

① 스퍼 기어
② 베벨 기어
③ 헬리컬 기어
④ 나사 기어

56 맞물리는 1쌍의 스퍼 기어에서 맞물림 부분의 측면 잇봉우리원(이끝원)은 무슨 선으로 그리는가?

① 모두 굵은 실선
② 한쪽은 굵은 실선, 다른쪽은 굵은 파선
③ 모두 굵은 파선
④ 한쪽은 굵은 실선, 다른 쪽은 생략한다.

정답 50 ③ 51 ④ 52 ③ 53 ④ 54 ② 55 ② 56 ①

57 서로 물려 있는 한 쌍의 기어 정면도를 단면으로 표시할 때 물려 있는 부분의 이끝원의 표시선은?

① 한쪽은 외형선, 다른쪽은 은선으로 그린다.
② 두 쪽 다 은선으로 그린다.
③ 두 쪽 다 외형선으로 그린다.
④ 한쪽은 외형선, 다른쪽은 일점 쇄선으로 그린다.

58 일반용 스퍼 기어 호칭법 -1C 3 -90 W 1, 2 에서 3의 기호는 무엇을 나타내는가?

① 구멍지름 ② 모듈
③ 종류   ④ 이폭

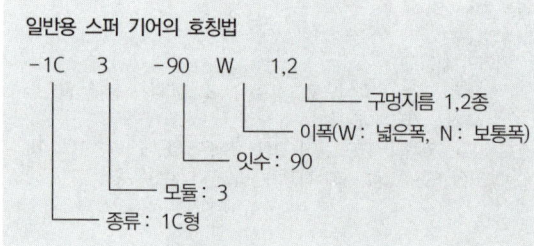

59 다음 그림은 어느 기어를 도시한 것인가?

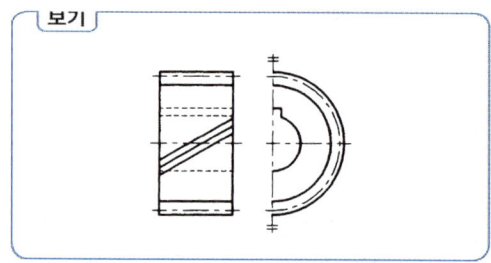

① 스퍼 기어   ② 헬리컬 기어
③ 베벨 기어   ④ 웜 기어

60 내접 헬리컬 기어의 주투영도를 단면하여 잇줄방향 표시할 때 올바른 설명은?

① 가는 실선 3개로 표시
② 가는 2점쇄선 3개로 표시
③ 단면한 뒤쪽의 이의 잇줄방향을 표시
④ 단면표시부에는 생략하고 부품도 항목표에만 표시

61 제도에서 잇줄방향을 굵은 실선 1개로만 나타내는 기어는?

① SPUR 기어
② 헬리컬 기어
③ 하이포이드 기어
④ 웜 기어

> 잇줄방향을 1개의 굵은 실선으로 나타내는 기어는 하이포이드 기어와 스파이럴 베벨 기어가 있다.
> <주의> 현재는 3개의 가는 실선으로 나타낸다.

62 웜 기어의 제도 시 정면의 잇줄방향을 나타낼 때는 잇줄의 수를 몇 개의 가는 실선으로 나타내는가?

① 1줄   ② 2줄
③ 3줄   ④ 4줄

63 로프 휠과 체인 휠을 간략하게 도시할 때는?

① 이끝원과 피치원만 나타낸다.
② 이끝원과 이뿌리원만 나타낸다.
③ 이뿌리원과 피치원만 나타낸다.
④ 이끝원, 이뿌리원 및 피치원만 나타낸다.

정답 57 ③ 58 ② 59 ② 60 ② 61 ③ 62 ③ 63 ①

64 스프로킷 휠의 도시법에 관한 설명 중 틀린 것은?

① 정면도의 모양과 치수는 관련 규정에 따른다.
② 스프로킷 부품도에는 그림 및 요목표를 병용한다.
③ 요목표에는 원칙적으로 이의 특성을 표시하는 사항을 기입한다.
④ 이끝원은 굵은 실선, 피치원은 가는 실선으로 그린다.

> 스크로킷 휠 제도법은 스퍼 기어 제도와 동일하며, 이끝원은 굵은 실선, 피치원은 가는 1점 쇄선, 이뿌리원은 가는 실선이다.

65 스프로킷 휠 제도 시 피치원은 어떤 선으로 표시하는가?

① 굵은 실선 ② 가는 실선
③ 가는 1점 쇄선 ④ 가는 2점 쇄선

66 스프로킷을 축과 직각인 방향에서 단면할 때 이뿌리선은?

① 가는 실선 ② 가는 일점 쇄선
③ 숨은선 ④ 굵은 실선

67 하중이 걸린 상태에서 제도하는 스프링은?

① 압축 코일 스프링
② 인장 코일 스프링
③ 볼류트 스프링
④ 겹판 스프링

> ① 무하중 상태에서 제도 : 코일 스프링, 볼류트 스프링, 스파이럴 스프링, 접시 스프링 등
> ② 사용하중 상태에서 제도 : 겹판 스프링

68 코일 스프링 제도법의 설명으로 틀린 것은?

① 코일 스프링은 간단히 굵은 선으로 생긴 형상을 나타낼 수도 있다.
② 스프링은 하중상태로 나타내는 것이 원칙이다.
③ 코일 부분은 곡선이 아닌 직선으로 나타낼 수 있다.
④ 양단에 생긴 형태를 그려주고 중앙부에 1점 쇄선으로 나타낼 수 있다.

> **코일 스프링의 제도법**
> ① 스프링은 원칙적으로 무하중인 상태로 그린다. 만약, 하중이 걸린 상태에서 그릴 때에는 선도 또는 그 때의 치수와 하중을 기입한다.
> ② 하중과 높이(또는 길이) 또는 처짐과의 관계를 표시할 필요가 있을 때에는 선도 또는 항목표에 나타낸다.
> ③ 특별한 단서가 없는 한 모두 오른쪽 감기로 도시하고, 왼쪽 감기로 도시할 때에는 '감긴 방향 왼쪽'이라고 표시한다.
> ④ 코일 부분의 중간 부분을 생략할 때에는 생략한 부분을 1점 쇄선으로 표시하거나, 또는 가는 2점 쇄선으로 표시해도 좋다.
> ⑤ 스프링의 종류와 모양만을 도시할 때에는 재료의 중심선만을 굵은 실선으로 그린다.

69 스프링의 종류 및 모양만을 도시하는 경우에는 스프링 재료의 중심선은 어떤 선으로 그리는가?

① 가는 실선
② 가는 일점 쇄선
③ 굵은 파선
④ 굵은 실선

70 스프링 요목표에 최대하중 시 높이와 스팬을 기입하는 것은?

① 코일 스프링
② 겹판 스프링
③ 볼류트 스프링
④ 스파이럴 스프링

정답 64 ④ 65 ③ 66 ④ 67 ④ 68 ② 69 ④ 70 ②

71 스프링의 제도방법 중 틀린 것은?

① 코일 스프링은 하중이 가해지지 않은 상태에서 그리는 것을 원칙으로 한다.
② 겹판 스프링의 모양만을 도시할 때에는 스프링의 외형을 가는 1점 쇄선으로 그린다.
③ 도면에서 지시가 없는 코일 스프링은 모두 오른쪽으로 감은 것을 나타낸다.
④ 코일 스프링의 간략도는 스프링재료의 중심선을 굵은 실선으로 그린다.

> 겹판 스프링의 모양을 도시할 때에는 스프링의 외형을 실선으로 그린다.

72 파이프 내에 흐르는 유체의 문자기호의 연결로 틀린 것은?

① 공기: A
② 가스: G
③ 유류: O
④ 수증기: W

> 유체의 기호 표시
> ① 공기(Air): A
> ② 가스(Gas): G
> ③ 유류(Oil): O
> ④ 물(Water): W
> ⑤ 수증기(Steam): S
> ⑥ 증기(Vapor): V

73 배관계통의 취급을 편리하게 하고 보수관리를 능률적으로 하고 안전도를 높이기 위하여 파이프안에 흐르는 유체의 종류를 색깔 또는 기호를 파이프의 표면에 나타낸다. 물은 어떤 색깔로 나타내는가?

① 파란색
② 흰색
③ 노란색
④ 어두운 빨간색

> 배관의 색깔 표시
> 물(청색), 증기(진한 적색), 공기(흰색), 가스(황색), 산, 염기(희자색), 기름(진한 황적색), 전기(엷은 황적색)

74 다음은 관용나사의 종류를 표시하는 기호 중 테이퍼 암나사를 표시하는 기호는?

① R
② Rc
③ Rp
④ G

> 나사 종류의 표시 기호
> G: 관용 평행 나사
> R: 관용 테이퍼 나사
> Rp: 관용 평행 암나사
> Rc: 관용 테이퍼 암나사

75 기계설비 도면에서 기준면에서 해당배관의 관밑면까지의 높이가 1000mm임을 표시하는 기호는?

① POT+1000
② POB+1000
③ TOP+1000
④ BOP+1000

> 배관의 높이 표시
> ① EL(elevation): 배관의 높이를 관의 중심을 기준으로 표시
> ② BOP(bottom of pipe): 기준면에서 관 바깥지름의 밑면까지를 기준으로 표시
> ③ TOP(top of pipe): 기준면에서 관 바깥지름의 윗면을 기준으로 표시

76 다음 그림 기호가 나타내는 관 결합방식은?

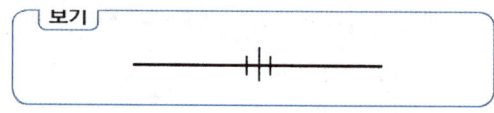

① 용접식
② 플랜지식
③ 턱걸이식
④ 유니온식

> 관의 결합방식(이음) 기호 표시
> ─┼─ : 일반(나사) 이음
> ─╫─ : 플랜지 이음
> ─C─ : 턱걸이 이음
> ─✕─ : 용접 이음

정답 71 ② 72 ④ 73 ① 74 ② 75 ④ 76 ④

77 파이프 이음을 도시할 때 오는 엘보를 플랜지 이음으로 맞게 도시한 기호는?

① 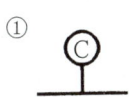   ②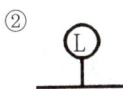
③ 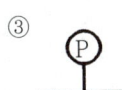   ④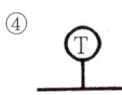

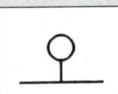 : 오는 엘보의 플랜지 이음
가는 엘보의 플랜지 이음

78 배관설비계통의 계기를 표시하는 기호 중 온도계는?

① Ⓒ   ② Ⓛ
③ Ⓟ   ④ Ⓣ

압력계	P
온도계	T
유량계	F

79 다음과 같은 기호는 어떤 밸브를 나타낸 것인가?

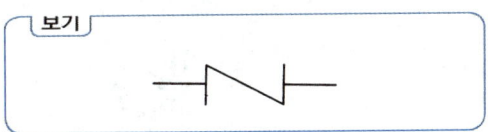

① 체크 밸브
② 게이트 밸브
③ 글로브 밸브
④ 슬루스 밸브

밸브·콕의 종류	그림 기호
밸브 일반	⋈
게이트 밸브	⋈
글로브 밸브	⋈●
체크 밸브	⋈ 또는 ⌐⌐
안전 밸브	⋀
버터플라이 밸브	⋈ 또는 ⊢●⊣

정답 77 ② 78 ④ 79 ①

CHAPTER 03 기하학적 형상 모델링

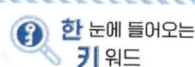

01 그래픽 소프트웨어의 구성 및 기능

그래픽 소프트웨어는 사용자가 CAD/CAM을 편리하게 사용할 수 있도록 지원하는 프로그램들로 CRT상에 형상을 표현해주고, 형상을 조작하고, 시스템과 사용자간의 연결을 하는 프로그램들로 구성된다.

1 그래픽 소프트웨어의 구성

(1) Foley와 Van-Dam이 구성한 3가지 모델

① 그래픽 시스템
② 응용 프로그램
③ 응용 데이터베이스

> **Point** 그래픽 소프트웨어의 기능

2 그래픽 소프트웨어의 기능

(1) 그래픽 요소의 생성기능

① 컴퓨터 그래픽에서 그래픽 요소는 점, 선, 원과 같은 형상의 기본단위와 알파벳 문자, 특수기호 등으로 구성한다.
② 기본요소의 조합으로 구(sphere), 관(tube), 원통(cylinder) 등 기본 모델을 형성하고 이것을 소프트웨어에 따라 프리미티브(primitive), 오브젝트, 엘리멘트, 엔티티 등으로 설명한다.
③ 3차원 모델링 방법은 와이어 프레임 모델링(wire frame modeling)과 서피스 모델링(surface modeling), 솔리드 모델링(solid modeling)이 있다.

> **Point** 그래픽 요소

> **Point** 프리미티브(primitive) 3차원 모델링 방법

(2) 데이터 변화 기능

① 스케일링(scaling) : 형상의 확대, 축소
② 이동(translation) : 위치 변환
③ 회전(rotation) : 회전 변환

(3) 디스플레이 제어와 윈도우 기능

① 디스플레이 제어 : 은선 제거와 같은 기능
② 윈도우 기능 : 사용자가 형상을 임의의 각도나 크기로 표현할 수 있는 기능

(4) 세그먼트(segment) 기능

① 형상의 일부분을 수정, 삭제할 수 있도록 하는 기능
② 세그먼트란 하나의 요소 혹은 몇 개의 요소들의 모임으로 수정, 삭제의 기본 단위를 말한다.

(5) 사용자 입력 기능

① 시스템에 명령이나 데이터를 입력 장치를 이용하여 입력하는 기능
② 입력이 간단하고 쉽게 이루어지도록 단순화해야 한다.

02 기하학적 도형정의

1 도형의 정의

(1) 2차원 도형의 정의

2차원 프리미티브(primitive)인 점(point), 직선(line), 원(circle)이나 원호(arc)를 사용하여 2차원 CAD에서는 도형을 정의한다.

① 점(point) : CAD상에서 점을 정의하는 방법은 키보드에서 좌표값을 입력하거나 상대위치에 따라 두 직선의 교점, 원과 직선이 접하는 접점 등의 여러 가지 경우가 있다.

 Point
2차원 프리미티브

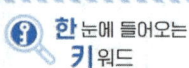

한눈에 들어오는 키워드

Point
3차원 프리미티브

② 직선(line) : 직선을 나타내는 일반식은 다음과 같다.

$$y = ax + b$$

여기서, $\begin{cases} a : 기울기 \\ b : y축과\ 만나는\ 점 \end{cases}$

③ 원과 원호(circle & arc) : 원호를 정의하기 위해서는 원호의 중심, 반지름, 원호가 시작하는 각도 원호 구성이 끝나는 각도 그리고 원호의 중심이 요구된다. 원은 원호의 특별한 경우이다.

(2) 3차원 도형의 정의

실공간상에 존재하는 물체를 표현하기 위해 CAD 시스템상에서는 다양한 수학적 표현을 사용하게 된다. 이때 가장 일반적으로 많이 사용하는 수학적 표현의 가장 기본적인 형상을 프리미티브(primitive)라 한다. 이와 같은 3차원 형상을 정의하기 위해 필요한 원추, 실린더, 원뿔 등을 3차원 프리미티브라 한다.

2 도형의 작성

(1) 점의 작성(create of points)

기본적 도형의 발생조건으로부터 다음과 같은 방법으로 작성한다.
① 커서제어 방법(cursor control을 이용한 방법) : 스크린상의 임의의 점을 제어하는 방법
② 문자입력 : key board에 의한 절대좌표, 증분좌표, 극좌표 입력하는 방법
  ㉠ 절대좌표 : 위치를 표현할 때 기준점을 원점으로 하여 나타내는 좌표이다.
  ㉡ 증분좌표 : 위치를 표현할 때 최종점으로부터 다음 점을 정의하는 좌표이다.
③ 끝점(end) 요소를 선택하는 방법
④ 중간점(cen) 요소를 선택하는 방법
⑤ 두 요소의 교차점(int)을 선택하는 방법
⑥ 가까운점(nea), 직교점(per), 사분점(qua), 접점(tan) 등의 요소을 선택하는 방법

(2) 직선의 작성(create of lines)

① 두 점(시작점과 끝점)을 지정하는 방법
② 길이(반경)와 각도를 지정하는 방법
③ 일정 간격의 평행선(offset line)을 그어 정의하는 방법
④ 한 점에서 만나도록 수평 또는 수직선을 그어 정의하는 방법

⑤ 두 요소가 이루는 각의 반을 선택하여 선을 지정하는 방법
⑥ 한 점으로부터 어떤 요소(원)의 접선을 지정하는 방법
⑦ 두 요소(두 원)의 접선을 지정하는 방법
⑧ 점들을 연결하여 연속선이 되도록 하는 방법

(3) 원호의 작성(create of arcs)

① 시작점, 중심점, 각도를 지정하는 방법
② 세 점의 통과점을 지정하는 방법
③ 시작점, 끝점, 반지름을 지정하는 방법
④ 시작점, 끝점, 협각을 지정하는 방법
⑤ 시작점, 끝점, 시작 방향을 지정하는 방법
⑥ 시작점, 중심점, 끝점을 지정하는 방법
⑦ 시작점, 중심점, 현의 길이를 지정하는 방법
⑧ 한 요소의 접선, 한 점, 반지름을 지정하는 방법
⑨ 두 점과 발생위치를 지정하는 방법
⑩ 필릿(fillet), 라운딩(rounding)에 의한 방법

(4) 원의 작성(create of circle)

① 중심점과 반지름 또는 지름을 입력시키는 방법
② 중심점과 통과점을 입력시키는 방법
③ 세 점의 통과점을 입력시키는 방법
④ 두 점의 통과점을 입력시키는 방법
⑤ 세 요소의 접선을 지정하는 방법
⑥ 두 요소의 접선과 반지름 또는 지름을 지정하는 방법
⑦ 한 요소의 접선과 중심점을 지정하는 방법
⑧ 반지름이면서 중심축인 두 점을 지정하는 방법
⑨ 한 요소의 접선과 한 요소의 중심점 및 반지름 지정에 의한 방법

(5) 연속선(string)의 작성

여러 개의 세그먼트(segment)가 모여 하나의 윤곽선을 구성하며 종류로는 개곡선(open line), 폐곡선(closed line, filled line or opaque line) 등이 있다.

① 개곡선(open line) : 시작점과 끝점이 일치하지 않는 연속선이다.
② 폐곡선(closed line) : 시작점과 끝점이 일치하며 이때 곡선 내부에 관한 어떠한 정보도 없는 상태이다.

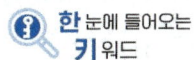

◉ Point
원호의 작성

◉ Point
원의 작성

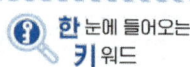
한눈에 들어오는 키워드

③ 폐곡선(opaque line) : 내부 면에 관한 정보를 가지고 있는 상태이다.
연속선을 작성하는 방법은 다음과 같다.
㉠ 화면상에 임의의 점을 입력하는 방법
㉡ 절대 좌표값을 입력하는 방법
㉢ 기존의 점을 인식시키는 방법
㉣ 증분 또는 극 좌표값을 입력시키는 방법
㉤ 직각(orthogonal)으로 한정되는 연속선에 의한 방법
㉥ 직사각형(rectangle)의 Δx 와 Δy 값을 입력시키는 방법
㉦ 다각형의 외접과 내접이 되도록 하는 방법

(6) 타원의 작성(create of ellipse)

① 축(axis)과 편심(eccentricity)에 의한 방법
② 중심(center)과 두 축(two axis)에 의한 방법
③ 아이소메트릭 상태에서 그리는 방법

(7) 평면의 작성

① $AX+BY+CZ+D=0$ 의 계수 방정식에 의한 방법
② 주어진 세 점을 포함하는 한 면에 의한 방법
③ 기존에 존재하는 평면에 ∠a 로 경사지도록 하는 방법
④ 공간상에 한 점을 통과하는 선에 직각이 되도록 하는 방법
⑤ 두 평면에 직각이 되도록 하는 방법
⑥ 교차하고 있는 두 직선을 포함하도록 하는 방법
⑦ 한 평면에 평행이 되도록 한 점과 거리에 의한 방법

(8) 곡면의 작성

Point
곡면의 작성

① 룰드 서피스(RULESURF; ruled surface) : 두 곡선 사이에서 만들어지는 선형 보간 표면을 작성하는 방법이다.
② 회전에 의한 서피스(REVSURF; surface of revolution) : 경선과 회전축을 지정함으로써 polygon mesh를 만드는데 이때 회전을 시작할 각도와 회전할 각도를 입력하여 원하는 입체를 만드는 방법이다. 여기서, 경선(經線; meridian)이란 양극을 지나는 평면으로 잘랐을 때 그 평면과 물체의 표면이 만나는 가상적인 선이다.
③ 경계선에 의한 서피스(surface of boundaries) : 3개 또는 4개의 경계선을 지정해 줌으로써 다각형 메쉬를 생성시키는 방법

④ 이동에 의한 서피스(projected surface) : 곡선과 벡터를 지정함으로써 다각형 메쉬를 생성시키는 방법
⑤ 경사진 서피스(tapered surface) : 선, 곡선, 원의 요소에 진행방향과 길이, 각도를 지정해 줌으로 다각형 메쉬를 생성시키는 방법
⑥ 방향벡터 표면(TABSURF) : 곡선 경로와 방향벡터에 의해 정의되는 방법
⑦ 모서리 표면(EDGESURF) : 4변을 지정함으로써 $m \times n$ 개의 polygon mesh를 생성시키는 방법

(9) 솔리드의 작성(creat of solid)

3차원의 다각형 메쉬 생성을 통한 형상 작성을 의미한다.
① 육면체(box)
   ㉠ 각 변의 길이에 해당하는 x, y, z 의 한 점을 입력시키는 방법
   ㉡ 대각선(diagonal)에 해당하는 두 점을 입력시키는 방법
   ㉢ 밑변을 구성하는 세 점과 높이를 나타내는 한 점등의 4점을 입력시키는 방법
② 실린더(cylinder)
   ㉠ 3점을 입력시키는 방법
   ㉡ 하나의 원과 높이를 입력시키는 방법
   ㉢ 원의 반지름과 축과 높이에 해당하는 두 점을 입력시키는 방법
③ 회전체(revolution) : 경선(meridian)과 회전축, 회전 각도를 입력시켜 입체를 형성시킨다.
④ 구(sphere) : 중심점과 반지름 또는 지름을 입력시켜 입체를 생성시킨다.
⑤ 원추체(cine)
   ㉠ 3점을 입력시키는 방법
   ㉡ 밑면과 높이를 입력시키는 방법
   ㉢ 4점을 입력시키는 방법
   ㉣ 윗면과 밑면 반지름과 높이를 입력시키는 방법
⑥ 원환체(torus)
   ㉠ 하나의 원과 회전축을 입력시키는 방법
   ㉡ 중심점과 튜브 및 토러스 반지름을 입력시키는 방법

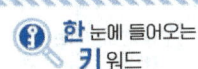

03 CAD/CAM 시스템 좌표계

한눈에 들어오는 키워드

Point
좌표계의 종류

CAD시스템을 이용하여 형상을 정의하기 위해서는 형상정의의 가장 기본인 공간상의 점을 정의하는 방법에 대해서 이해하여야 한다. CAD 시스템에서 점을 정의하기 위해 사용되는 좌표계(Coordinate System)의 종류는 다음과 같다.

① 직교좌표계(cartesian coordinate system)
② 극좌표계(polar coordinate system)
③ 원통좌표계(cylindrical coordinate system)
④ 구면좌표계(spherical coordinate system)

1 직교좌표계

직교좌표계는 서로 직교하는 X, Y, Z 방향의 축을 기준으로 공간상에서 하나의 점을 표기할 때 각 축에 대한 X, Y, Z에 대응하는 좌표값으로 표기하는 방식을 의미한다.

즉 공간상의 점이 $P(x_1 \cdot y_1 \cdot z_1)$라고 하면 X축의 x_1인 지점에서 이루어지는 평면, Z축의 y_1인 지점에서 이루어지는 평면, Z축의 z_1인 지점에서 이루어지는 평면이 서로 교차하는 지점인 $P(x_1 \cdot y_1 \cdot z_1)$가 형성되는 것이다.

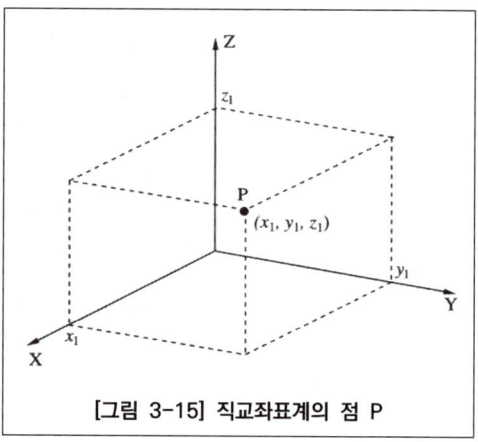

[그림 3-15] 직교좌표계의 점 P

Point
극좌표계와 직교좌표계의 관계

2 극좌표계

한 쌍의 직교축과 단위길이를 사용하여 평면상의 한 점 P의 위치를 표시하는 방법이다. 이때 표기되는 점의 위치는 직교좌표계의 기준 직교축의 원점에서부터 점 P까지의 직선거리(r)와 기준 직교축과 그 직선이 이루는 각도(라디안 : radian)θ로 표기하게 된다.

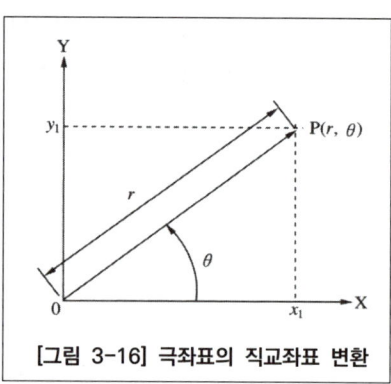

[그림 3-16] 극좌표의 직교좌표 변환

표기 방법은 P(r, θ)로 표기하며 이를 극좌표(r, θ)라고 말한다.
극좌표로 표기된 점P(r, θ)를 직교좌표계 x, y, z값으로 표기하는 경우에 대해서 알아보면 다음과 같다.
극좌표계의 기준축을 X축이라고 하면, P(r, θ)에 의한 $x_1 \cdot y_1$은 다음과 같이 표기된다.

$$x_1 = r, \cos\theta$$
$$y_1 = r, \sin\theta$$

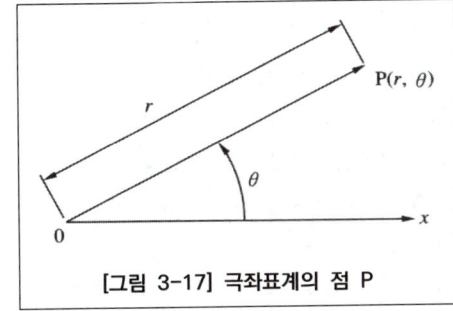

[그림 3-17] 극좌표계의 점 P

즉, P(r, θ)를 직좌표계의 좌표값을 표기하면
$(x_1, y_1) = (\gamma \cdot \cos\theta, \ \gamma \cdot \sin\theta)$임을 알 수 있다.

3 원통좌표계

평면상에 있는 하나의 점을 나타내기 위해 사용한 극좌표계에 공간의 개념을 적용하여 공간상의 한 점을 표기하기 위한 좌표계로서 평면에서 사용한 극좌표에 Z축 좌표값을 적용시킨 경우이다.
점 P는 (r, θ, z_1)으로 표기되며, 극좌표의 직교좌표 변환과 비교하면 (r, θ)가 Z축 방향으로 z_1만큼 이동한 결과임을 알 수 있다.
또한 원통좌표계의 점 $P(r, \theta, z_1)$를 직교 좌표로 표기하면 아래와 같다.

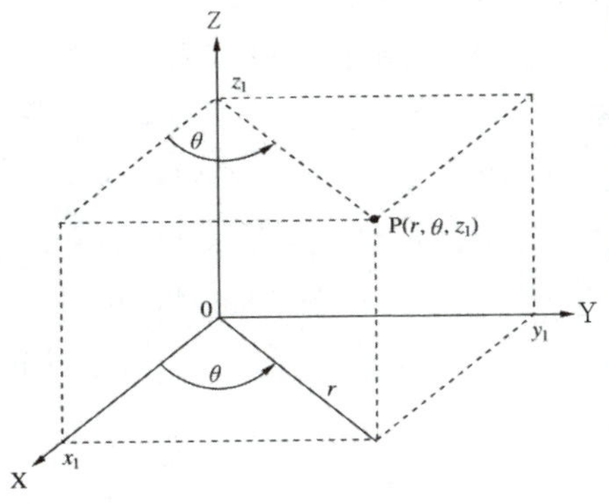

[그림 3-18] 원통좌표계의 P점

$$x_1 = r \cdot \cos\theta, y_1 = r \cdot \sin\theta, z_1 = z_1$$

그리고 x, y, z 값의 표기를 원통좌표계로 표기할 수도 있다.

$$r_1 = x_1^2 + y^{2_1}, \theta = \tan^{-1}\frac{y_1}{x_1}, z_1 = z_1$$

4 구면좌표계

공간상에 구성되어 있는 하나의 점을 표현하는 방법 중의 한 가지로, 해당 점의 좌표를 기준점을 중심으로 구를 그리듯이 표현하는 방법이다. 이때 하나의 점은 (ρ, ϕ, θ)로 표기되며, 변수 ρ는 기준점으로부터 점 P까지의 거리, ϕ는 Z축과 기준점으로부터 P까지의 직선거리가 이루는 각도, θ는 XY평면과 기준점으로부터 P점까지의 직선거리가 XY 평면에 투영되어진 선과의 각도를 의미한다. 이와 같이 구면좌표계로 표현된 좌표점은 각각 직교좌표, 원통좌표계로 표현할 수 있다.

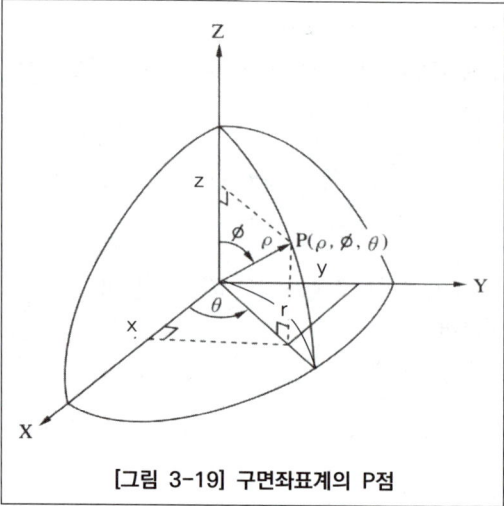

[그림 3-19] 구면좌표계의 P점

① 구면좌표계의 원통좌표계로 변환

$r = \rho \cdot \sin\emptyset \quad \theta = \theta \quad z = \rho \cdot \cos\emptyset$

② 원통좌표계의 직교좌표계로 변환

$x = r \cdot \cos\theta \quad y = r \cdot \sin\theta \quad z = z$

③ 구면좌표계의 직교좌표계로 변환

$x = \rho \cdot \sin\emptyset \cdot \cos\theta \quad y = \rho \cdot \sin\emptyset \cdot \cos\theta \quad z = \rho \cdot \cos\emptyset$

> **Point**
> 구면좌표계와 직교좌표계의 관계

04 기본도형

1 2차원 기본도형 정의

2차원 형상은 도형의 기본요소인 점(point), 선(line), 원(circle), 원(arc)으로 구성된다. 이 도형이 서로 연결되어 자유곡선이 정의된다.

(1) 점(point)

점은 P(x, y)로 표시된다. 가장 흔한 방법은 키보드에서 좌표값을 입력하는 것이나 도형의 상대위치에 따라 두 직선의 교점, 원과 직선이 접하는 접점 등 그 가짓수는 매우 많다.

> **Point**
> 2차원 primitive의 종류

[표 3-2] 점의 좌표

구 분	기 준 점	입력방법	해 설
절대 좌표	X, Y, Z축이 만나는 곳 (원점=0, 0)	X, Y	원점에서 해당축 방향으로 이동한 거리
상대 극좌표 (극좌표)	먼저 지정된 좌표	@거리 < 방향	먼저 지정된 점과 지정된 점까지의 직선거리 방향은 각도계와 일치
상대 좌표	먼저 지정된 좌표	@X, Y	먼저 지정된 점으로부터 해당축 방향으로 이동한 거리
최종 좌표	마지막으로 지정된 좌표	@	지정될 점 이전의 마지막으로 지정된 점

Point
절대 좌표와 상대 좌표의 정의

(2) 직선(LINE)

직선의 일반식은 Y = AX+B 이다. 여기서 A는 기울기이고, B는 Y축과 만나는 점(O. B)를 나타낸다.

(3) 원과 원호(arc)

원(circle)은 원호(arc)의 특수한 경우로 보아 여기서는 원호를 구성하는 방법에 대해서 다루기로 한다. 원호를 구성하는 가장 보편화된 방법으로는 원호의 중심 반지름 (R)과 원호가 시작하는 각도(SA)와 원호구성이 끝나는 각도(EA), 그리고 원호의 중심점(O)을 입력받는 경우이다.
원호가 구성되는 경우는 반시계 방향과 시계방향의 2가지이다.
2개의 직선 L_1, L_2에 접하는 반지름 R이 원호를 구성하는 상태를 보여주고 있다. 이때 L_1, L_2는 서로 평행하지 않아야 하며 원호 또는 원이 4개가 존재한다.

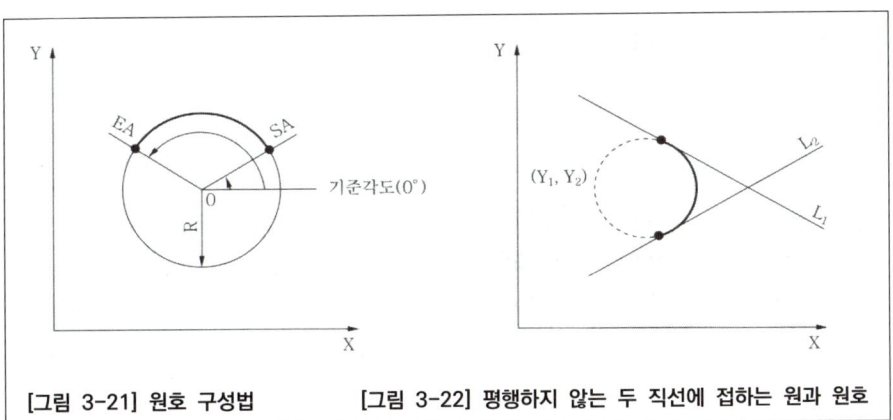

[그림 3-21] 원호 구성법   [그림 3-22] 평행하지 않는 두 직선에 접하는 원과 원호

2 3차원 도형 정의

공간상에서 존재하는 실체를 표현하기 위해서 CAD 시스템에서는 다양한 수학적 표현을 사용하게 된다. 이때 수학적 표현의 가장 기본적인 형상을 이용하는 것을 프리미티브(primitive)라고 하며, 이 기본 형상들을 복합적으로 구성하여 하나의 실존하는 물체를 표현하게 된다.

물체를 표현하기 위해서 사용되는 기본형상인 원추, 실린더, 구, 원뿔 등을 보여주고 있으며, 이 같은 기본도형요소에 집합개념을 도입함으로써 3차원 형상을 정의한다. CAD/CAM 시스템에서는 도형의 수학적인 표현방식에는 매개변수식(parametric equation)의 형태이고 x, y, z변수 간의 관계식으로 표현되는 비매개변수식(non-parametric equation)이 있다. 매개변수식과 비매개변수식의 장단점은 다음과 같다.

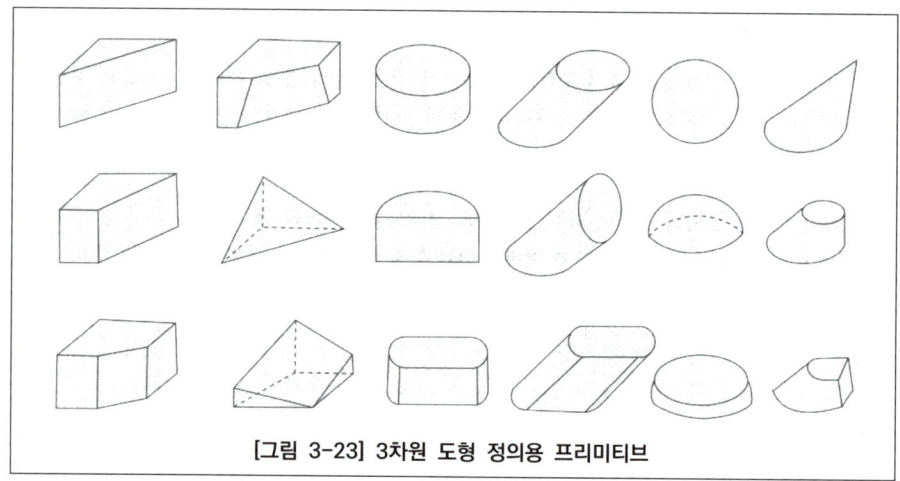

[그림 3-23] 3차원 도형 정의용 프리미티브

(1) 매개변수식의 장단점

① 순차적으로 표현하기 쉽다.
② 2D/3D 곡선, 곡면의 표현 형태가 비슷하다.
③ 자유곡선/곡면의 표현이 용이하다.
④ 이동, 회전, Scaling과 같은 변환이 쉽다.
⑤ 범위가 지정된 형상을 표현하기 쉽다.
⑥ 형상을 벡터와 행렬에 의하여 쉽게 표현할 수 있다.

(2) 비매개변수식의 장단점

장점으로는 특별한 경우 직관적 해석이 편리하다는 점이 있다.
단점으로는

① 하나의 형상식이 좌표계에 의하여 변화되거나 표현할 수 없는 경우가 생긴다.
② 좌표계가 달라지면 형상 표현에 현실적인 어려움이 있다.
③ 곡선이나 곡면이 평면에 있지 않거나 경계가 주어진 경우에는 그 표현이 어렵거나 불가능하다.

이와 같은 장단점으로 인하여 대부분의 모델링 시스템에서는 주로 매개변수식을 사용하고 있다.

05 곡선·곡면의 종류 및 특징

오늘날 사회에서 사용되고 있는 인공적인 구조물들은 직선과 원호의 조합 구성으로 형성되어 있다. 그러나 특수한 산업분야 즉, 항공기 날개나 동체, 자동차 차체, 배의 동체 등에는 기능상으로 매우 복잡한 형상이 표현되어야 하기 때문에 다양한 곡면의 표현 방법이 요구된다. 그래서 CAD/CAM 시스템에서도 이를 표현하기 위하여 여러 가지의 곡선과 곡면의 표현식이 출현하게 되었다.

1 원추곡선(Conic section curve)

음함수 형태의 곡선으로, 원추를 어느 방향에서 절단하느냐에 따라 생성되는 곡선이다.

① 원(circle) : 원추를 일정한 높이 Z에서 절단하여 생기는 곡선
  $x^2 + y^2 - r^2 = 0$

② 타원(ellipse) : 원추를 비스듬하게 절단하여 생기는 곡선
  $x^2/a^2 + y^2/b^2 = 0$

③ 포물선(parabola) : 원추를 원추의 경사와 평행하게 절단 시 생기는 곡선
  $y^2 - 4ax = 0$

④ 쌍곡선(hyperbola) : 원추를 z축 방향으로 절단 시 생기는 곡선
  $x^2/a^2 - y^2/b^2 - 1 = 0$

Point
원추곡선의 종류

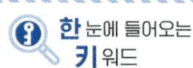

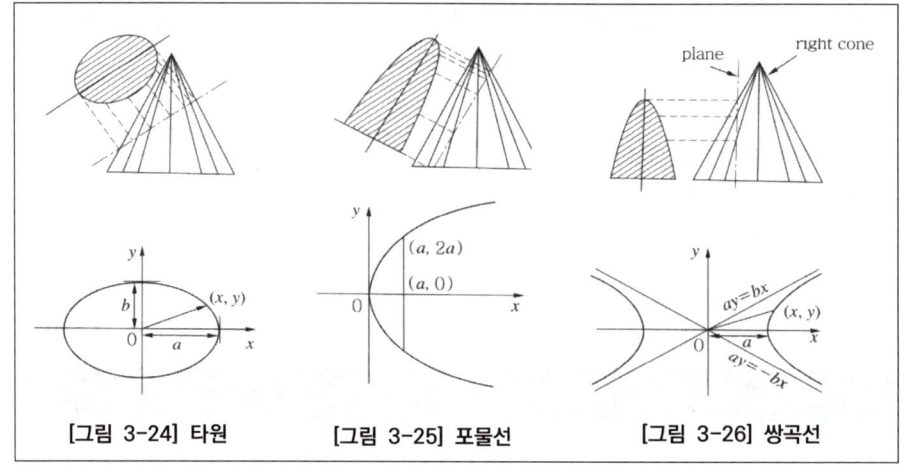

[그림 3-24] 타원   [그림 3-25] 포물선   [그림 3-26] 쌍곡선

우리가 표현하고자 하는 곡선은 위에서 소개한 원추곡선으로 나타낼 수 있는 곡선 형태뿐만 아니라, 다양한 임의의 곡선을 나타내야 할 필요가 있다. 여러 가지 다양한 곡선 표현을 위해 사용하는 곡선 및 곡면 표현법으로 다음과 같은 종류가 있다.

2 퍼거슨 곡선

● Point
퍼거슨 곡선

두 개 이상의 곡선을 이용하여 복잡한 곡선을 만들 때, 양쪽 곡선이 3차식이면 연결점에서 2차 미분까지 할 수 있어 연속적인 곡면을 보장할 수 있는 3차식 이상의 곡선 방정식이 쓰인다. 1960년대 초에 미국 보잉 항공사의 J. C. 퍼거슨은 벡터를 이용하여 자유곡선(curve segment)을 매개변수식으로 표현하는 방법을 발표하였다. 이 방법은 단위 곡선의 양 끝점에서의 위치 벡터(position vector)와 접선 벡터(tangent vector)를 이용하여 3차 매개변수식에 의한 것으로 5개의 점 P1, P2, P3, P4, P5가 주어졌다면 5개의 점을 모두 통과하는 부드러운 곡선이 만들어진다. 퍼거슨 곡선은 만일 5개의 점이 주어지면 그 사이를 4개의 단위 곡선(curve segment)으로 나누어 각각을 계산하여 전체적으로 부드러운 곡선을 만드는 방법이며 그 특징은 다음과 같다.

① 평면상에 곡선뿐만 아니라 3차원 공간에 있는 형상도 간단히 표현할 수 있다.
② 만일 곡선이나 곡면의 일부를 표현하려고 할 때는 매개변수의 범위를 두어 간단히 표현할 수 있다.
③ 곡선이나 곡면의 좌표 변환이 필요하면 단순히 주어진 벡터만을 좌표 변환하여 원하는 결과를 얻을 수 있다.

또한 퍼거슨은 네 개 모서리의 위치 벡터와 접선 벡터를 이용하여 곡면을 형성하는 방법을 사용하였다.

퍼거슨이 곡선과 곡면을 매개변수로 표현한 후부터는 매개변수에 의한 곡선과 곡면의 표현은 일반화된 방법이 되었다. 그러나 이것은 일반 대수식에 비해 곡선 생성이 쉽지만, 벡터의 변화에 대해 벡터 중간부의 곡선 형태를 예측하기가 쉽지 않은 단점이 있어 원하는 특정 형상을 표현하는 데 어려움이 있다. 또한, 퍼거슨 곡면은 단위곡면들을 연결하여 복합 곡면으로 만들었을 때 패치의 모서리 부분이 평평해지는 단점이 있다. 이 특성은 일반적으로 육안으로 확인하기 쉽지 않지만 자동차의 외관과 같이 곡률의 변화율이 중요한 경우에는 곡면의 품질을 저하시키는 것이다.

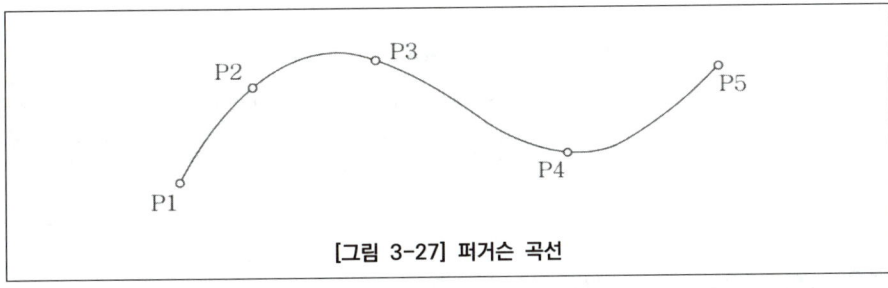

[그림 3-27] 퍼거슨 곡선

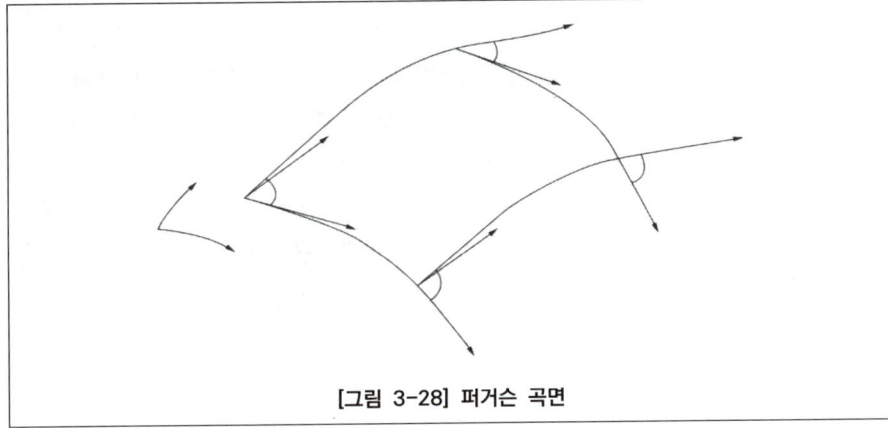

[그림 3-28] 퍼거슨 곡면

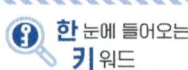

Coons 곡면

Spline 곡선

3 쿤스(Coons) 곡면

1964년 M.I.T 대학의 S.A 쿤스는 4개의 모서리 점과 4개의 경계 곡선을 부드럽게 연결한 곡면 표현방법을 발표했다. 이 방법은 퍼거슨의 방법을 발전시킨 것으로, 만일 쿤스의 방법에서 4개의 모서리 점과 그 점에서 양방향의 접선 벡터를 주고 3차식을 사용하면 이것은 퍼거슨의 곡면과 동일한 것이다. 즉 퍼거슨 곡면은 쿤스 곡면의 특별한 경우가 되는 것이다.

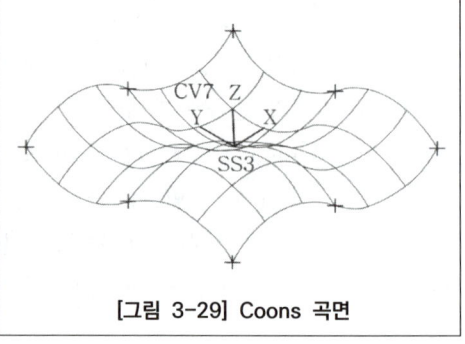

[그림 3-29] Coons 곡면

쿤스 곡면은 퍼거슨 곡면과 마찬가지로 곡면의 표현이 간결하여 예전에는 널리 사용했으나, 곡면 내부의 볼록한 정도를 직접 조절하기가 어려우므로, 정밀한 곡면 표현에는 적합하지 않다.

4 스플라인(Spline) 곡선

퍼거슨 곡선/곡면이나 쿤스 곡면은 이웃하는 단위 곡선/곡면과의 연결성에 문제가 있었다. 스플라인 곡선은 지정된 모든 점을 통과하면서 부드럽게 연결이 필요한 자동차나 항공기와 같은 자유곡선이나 곡면을 설계할 때 부드러운 곡선을 그리기 위하여 사용되는 도구인 스플라인 자에서 얻어지는 곡선을 의미한다. 스플라인 자에 무리를 가하지 않고 휘었을 때 받침 지점에서 탄젠트와 곡률 벡터 연속을 이루며, 탄성 에너지가 가장 작은 3차 아크로 이루어진 복합곡선이 생성된다. 이 같은 개념으로 (n+1)개의 점을 지나며, 각 노드점에서 일정한 차수의 n개의 아크로 구성된 복합곡선을 스플라인 곡선이라 부른다.

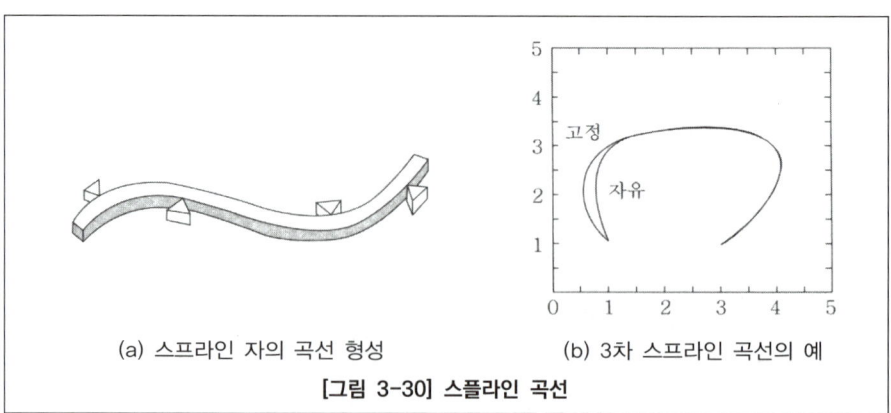

(a) 스프라인 자의 곡선 형성   (b) 3차 스플라인 곡선의 예

[그림 3-30] 스플라인 곡선

5 베지어(Bezier) 곡선과 곡면

1971년에 프랑스의 르노 자동차의 기술자 베지어는 하나의 다각형에 의하여 곡선을 표현하는 방법을 발표하였다. 이 곡선은 주어진 양 끝점만 통과하고 중간의 점은 조정점의 영향에 따라 근사하게 부드럽게 연결하는 곡선으로 퍼거슨이나 쿤스의 방법과는 다르게 단순하게 곡선인 경우에는 다각형만에 의하며, 곡면인 경우에는 다면체만에 의하여 표현하였고, 이 다각형의 한 점이 곡선과 가까우면 상대적으로 곡선의 형상에 더 많은 영향력을 갖고 있다는 것이며 이러한 특성이 다각형의 모양이 결정되면 곡선의 모양을 상상할 수가 있어서 곡면이나 곡선의 형상을 쉽게 바꿀 수 있다. Q_0, Q_1, Q_2, Q_3를 베지어 조정점(Control Point)이라고 하고 그 특징은 다음과 같다.

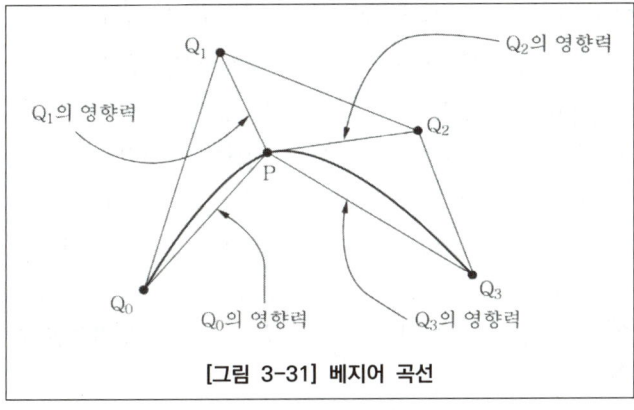

[그림 3-31] 베지어 곡선

(1) Bezier의 곡선의 성질

① 곡선은 양단의 끝점을 반드시 통과한다.
② 곡선은 정점을 통과시킬 수 있는 다각형의 내측에만 존재한다.
③ 다각형 양끝의 선분은 시작점과 끝점의 접선벡터와 같은 방향이다.
④ 1개의 정점변화가 곡선 전체에 영향을 미친다.
⑤ n개의 정점에 의해서 생성된 곡선은 (n - 1)차 곡선이다.
⑥ 다각형 꼭짓점의 순서를 거꾸로 하여 곡선을 생성하여도 같은 곡선이어야 한다(대칭성).

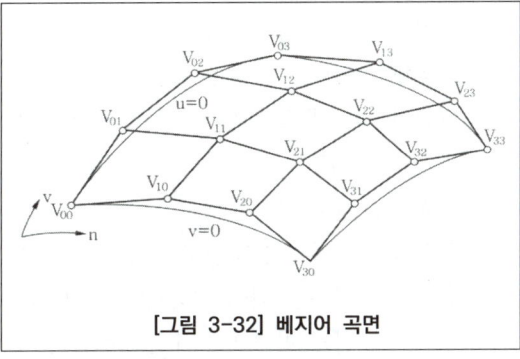

[그림 3-32] 베지어 곡면

> **Point**
> 베지어 곡선과 곡면의 특성

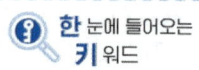

한 눈에 들어오는 키워드

Point
B-spline 곡선과 곡면의 특성

6 B-spline 곡선과 곡면

1972년에 Gordon과 Riesenfeld는 B-Spline 곡선과 곡면의 아이디어를 제안하였다. B-spline은 베지어 곡선과 같이 다각형에 의하여 곡선을 정의한다. 베지어와 마찬가지로, 이것은 다각형의 형상이 정해지면 생성될 곡선의 형상을 쉽게 예측할 수 있는 곡선으로, 이것은 베지어 곡선의 조작성과 spline 곡선의 연결성을 합한 우수한 곡선으로 평가받고 있으며, B-spline 곡선의 다각형의 점을 특정한 위치에 놓으면 B-spline 곡선은 베지어 곡선과 동일하게 된다.

그래서 B-spline의 특징은 무엇보다도 곡선의 연결성(continuity)과 조작성이 편리하고 꼭짓점의 위치를 이동하여 곡선의 형태를 수정하여도 연결성이 보장되는 것이다. 또한 베지어 복합곡선을 수정하려면 이웃하는 조정점을 함께 생각하는 불편과, 복잡한 형상의 표현에서는 계산량이 많아지나 B-spline은 그럴 필요가 없다.

B-spline 곡선에는 매듭값(knot)이 일정한 간격 곡선을 주기적(periodic) 또는 균일(uniform) B-spline 곡선과, 일정치 않는 매듭값(knot)을 갖는 곡선을 비주기적(non-periodic) 또는 비균일(non-uniform) B-spline 곡선이 있다.

그런데 복잡한 곡선을 표현하려면 매듭값이 일정할 수 없어서 CAD/CAM에서는 비주기적 B-spline 곡선을 사용하고 비 주기적 B-spline은 베지어 곡선처럼 양끝점을 통과하나 주기적 B-spline 그렇지 않다. B-spline 곡선의 성질을 알아보면 연속성, 다각형에 따른 형상 직관 제공, 지역 유일성, 역변환의 용이성 등이 있다.

① 연속성

베지어의 경우에는 하나의 꼭짓점을 옮기면 이웃하는 단위 곡선과의 연속성 때문에 움직일 수 있는 자유도가 매우 제한된다. 그러나 B-spline은 꼭짓점을 아무리 움직여도 연속성이 보장된다. 이는 B-spline에서는 어느 부분의 수정도 하나의 단위 곡선과 같이 할 수 있다는 것을 의미한다.

② 다각형에 따른 형상 직관 제공

베지어 곡선에서와 마찬가지로 B-spline 곡선도 다각형이 정해지면 형상을 예측할 수 있다.

③ 지역 유일성(국소적 변형)

3차 B-spline곡선은 4개의 이웃하는 꼭짓점에 의하여 결정된다. 만일 꼭짓점 중에 하나를 이동하여 곡선을 수정할 때 그 꼭짓점의 수정에 의하여 반드시 정해진 구간의 곡선 형상만 변경된다는 것이다.

④ 역변환의 용이성

만일 곡선상에 있는 몇 개의 점을 알고 있을 때 그에 따른 B-spline 곡선의 꼭짓점을 쉽게 알 수 있다. 이것을 역변환(inverse transformation)이라 한다.

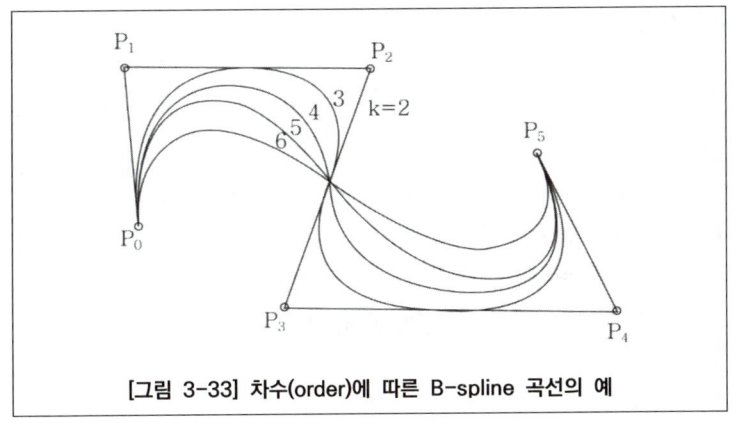

[그림 3-33] 차수(order)에 따른 B-spline 곡선의 예

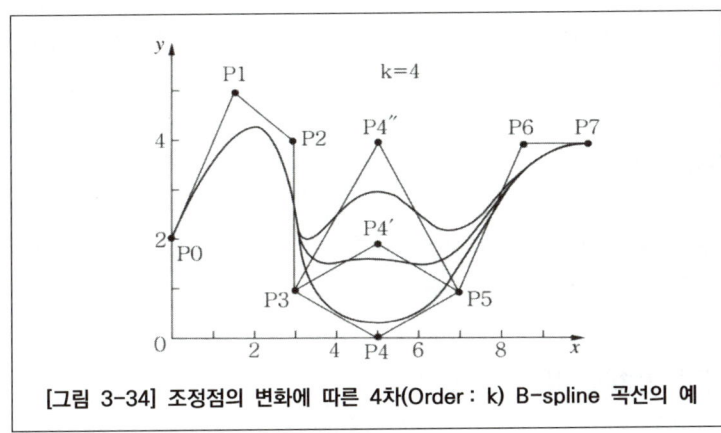

[그림 3-34] 조정점의 변화에 따른 4차(Order : k) B-spline 곡선의 예

7 NURBS(Non-Uniform Rational B-Spline Curve) 곡선과 곡면

NURBS는 Non-Uniform Rational B-Spline Curve의 약자이며, NURBS 곡선은 B-spline 곡선과 곡면에서 매듭값의 간격이 일정치 않을 때 유도되는 비균일 B-spline 함수를 블렌딩 함수로 사용한다는 점에서 비균일 B-spline 곡선, 곡면과 유사하다. 그 특징은 다음과 같다.
  ① NURBS의 곡선으로는 B-spline, Bezier, 원추곡선도 표현할 수 있다.
  ② 4개의 좌표의 조정점 사용으로 곡선의 변형이 자유롭다.

8 용도에 따른 곡면

앞에서는 수학적인 표현에 따른 곡면의 표현방식에 대해 다루었다. 여기서는 곡면의 용도에 따른 심미적 곡면, 유체 역학적 곡면, 공학적 곡면에 대하여 간단히 알아보겠다.

Point
NURBS 곡선과 곡면의 특성

(1) 심미적 곡면

일반 가전제품의 모형이나 용기류 등의 플라스틱 제품과 같이 형상의 정확한 치수보다 미적인 표현이 중요시되는 곡면을 말한다.

① 단면의 기준곡선(base curve)을 따라 이동하는 형태(sweep형)
② 2차 곡면들의 조합으로 구성된 형태
③ 기준면으로부터 완만하게 부풀어 있는 형태(proportional형 곡면)
④ 각진 부위를 rounding한 곡면(fillet/round형 곡면)

(2) 유체역학적 곡면

유체의 흐름을 고려한 곡면으로 곡면이 전체적인 방향성을 가진 곡면(Duct형 곡면, sweep형 곡면)

(3) 공학적인 곡면

심미적 곡면과 유체역학적 곡면과는 다르게 특정한 공학적 기능을 수행하는 곡면(광학적 곡면, 기구학적인 곡면)

9 모델링 방법에 따른 곡면

① 회전(Revolve)곡면 : 하나의 곡선을 임의의 축이나 요소를 중심으로 회전하여 모델링한 곡면
② 스윕(sweep)곡면 : 두 개 이상의 곡선에서 안내곡선을 따라 이동곡선이 이동규칙에 따라 이동되면서 생성되는 곡면
③ Loft 곡면 : 여러 개의 단면곡선을 연결규칙에 따라 연결한 곡면
④ Patch : 경계곡선의 내부를 형성하는 곡면
⑤ Blending 곡면 : 두 곡면이 만나는 부분을 부드럽게 만들 때 생성되는 곡면
⑥ Grid 곡면 : 삼차원 측정기 등에서 얻은 점을 근사적으로 연결하는 곡면

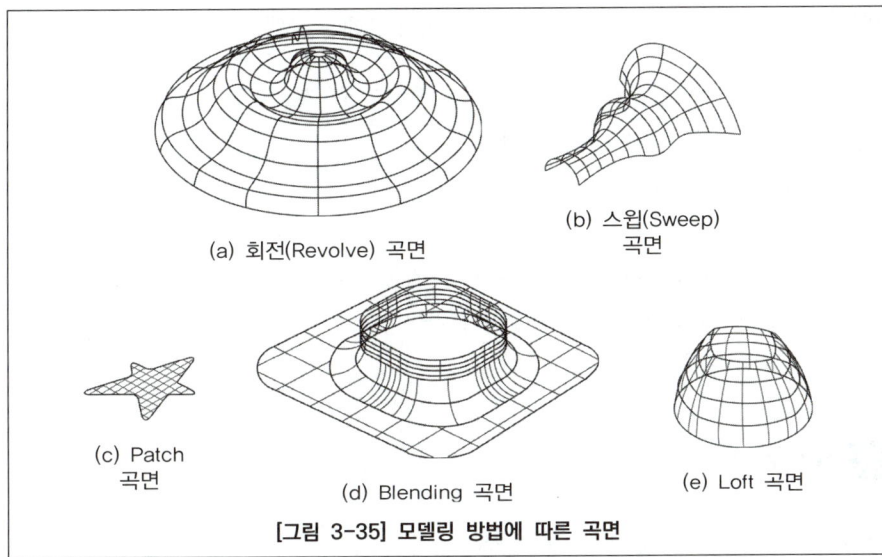

(a) 회전(Revolve) 곡면
(b) 스윕(Sweep) 곡면
(c) Patch 곡면
(d) Blending 곡면
(e) Loft 곡면

[그림 3-35] 모델링 방법에 따른 곡면

06 형상 모델링

1 개요

어떤 물체를 설계하거나 공학적인 해석을 할 때 머리 속에 그 형상을 그려보고 스케치하거나 도면으로 표현하기도 하고 실제로 모델을 만들어 보기도 하는데, 이 전 과정을 형상 모델링이라 한다.

형상 모델링을 하기 위해서 작업자는 기본 그래픽 요소(점, 선, 원, 원호, 스플라인) 등을 정의하고 이를 수정 편집하고 결합하여 모델을 표현한다. 이 형상 모델링은 면, 선, 꼭짓점으로 이루어지고 2D, $2\frac{1}{2}$D, 3D가 있으며, 3차원 모델에는 특성에 따라 와이어 프레임 모델(Wire-frame Model), 서피스 모델(Surface Model), 솔리드 모델(Solid Model)이 있다.

2 Wire-frame Modeling

3차원적인 형상을 공간상의 선(Wire)으로 표시하는 3차원의 기본적인 표현 방식이다. 형상의 점과 점을 연결하므로 정밀도가 떨어지고 형상의 내부의 성질 파악이 힘드나 표현 방법이 간단하고 계산량이 적어 조작이 간편한 것도 있다. 최근에는

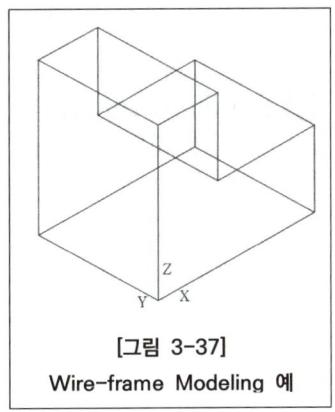

[그림 3-37] Wire-frame Modeling 예

한 눈에 들어오는 키워드

Point
① 리프팅(lifting) : 주어진 물체의 특정면의 전부 또는 일부를 원하는 방향으로 움직여서 물체가 그 방향으로 늘어난 효과를 갖도록 하는 것이다.
② 스키닝(skinning) : 원하는 경로상에 여러 개의 단면 형상을 위치시키고 이를 덮어 싸는 입체를 생성시키는 것이다.
③ 스위핑(sweeping) : 하나의 2차원 단면형상을 입력하고 이를 안내곡선을 따라 이동시켜 입체를 생성시키는 것이다.
④ 디더링(dithering) : 요구된 색상의 사용이 불가능할 때 다른 색상들을 섞어서 비슷한 색상을 내기 위해 컴퓨터 프로그램에 의해 시도되는 것이다.
⑤ 트위킹(tweaking) : 곡면 모델링 시스템에 의해 만들어진 곡면을 불러들여 기존 모델의 평면을 바꾸는 명령이다.

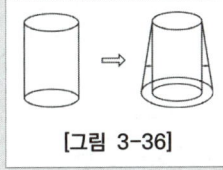

[그림 3-36]

Point
와이드 프레임 모델링

정밀도가 떨어져 잘 사용하고 있지 않다. 와이어 프레임 모델의 특징은 다음과 같다.

① data의 구성이 단순하다.
② Model 작성을 쉽게 할 수 있다.
③ 처리속도가 빠르다.
④ 3면 투시도의 작성이 용이하다.
⑤ 은선제거(Hidden Line Removal)가 불가능 하다.
⑥ 단면도(Section Drawing) 작성이 불가능하다.
⑦ 물리적 성질의 계산이 불가능하다.

3 Surface Modeling

Wire-frame Modeling에서 모서리로 둘러싸인 면에 대한 정보가 추가된 모델이다. Wire(Curve)와 둘러싸인 면(평면, 원통 등)의 종류를 입력함으로써 표현된다.

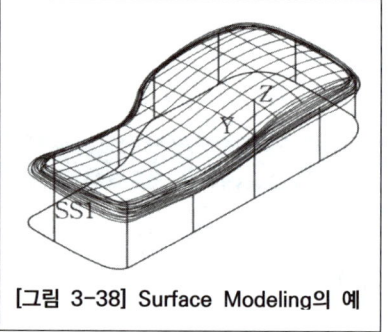

[그림 3-38] Surface Modeling의 예

① 은선 제거가 가능하다.
② Section Drawing(단면도) 작성이 가능하다.
③ 2개의 면의 교선을 구할 수 있다.
④ 복잡한 형상을 표현할 수 있다.
⑤ NC data를 생성할 수 있다.
⑥ 물리적 성질(Weight, Center of Gravity, Moment)을 구하기 어렵다.
⑦ 유한요소법(FEM : Finite Element Method)의 적용을 위한 요소분할이 어렵다.
⑧ surface 표현시 와이어 프레임 엔티티를 요구할 수가 있다.
⑨ 데이터 처리 때문에 Wire-frame보다 컴퓨터 용량이 커야 한다.
⑨ 솔리드와 같이 명암(shade)알고리즘을 제공할 수가 있다.

4 Solid Modeling

3D 모델링 방법에서 가장 고급적인 기법으로, 셀(cell) 혹은 기본곡면(primitive)이라고 불리는 직육면체, 구, 원추, 실린더, 삼각추 등의 입체요소들을 조합하여 모델을 구성하는 방식이다. 솔리드를 표현하는 방식에는 CSG(Constructive Solid Geometry : C-rep/building block 방법), B-rep(Boundary Representation) 등이 있다.

① 은선 제거가 가능하다.
② 간섭체크가 가능하다.
③ 형상을 절단하여 단면도 작성이 용이하다.
④ 불리언(Boolean) 연산(합, 차, 적)에 의하여 복잡한 형상도 표현할 수 있다.
⑤ 물리적 성질(Weight, Center of Gravity, Moment)의 계산이 가능하다.
⑥ 명암(shade) 컬러 기능 및 회전, 이동을 이용하여 사용자가 좀 더 명확하게 물체를 파악할 수 있다.
⑦ CAD/CAM 이외에 잡지, 출판물, 영화필름 등의 애니메이션, 시뮬레이터에 이용할 수 있다.
⑧ 복잡한 data로 서피스 모델링보다 대용량의 컴퓨터가 필요하고 처리시간이 많이 걸린다.

(1) Constructive Solid Geometry(CSG 또는 C-rep building block 방식) 방식

CSG는 복잡한 형상을 단순한 형상(primitive : 구, 실린더, 직육면체, 원추 등)의 조합으로 표현한다. 여기서는 불리언 연산자(합, 차, 적)를 사용하고 그 장점은 다음과 같다.
① 불리언 연산자(더하기(합), 빼기(차), 교차(적)시키는 방법)를 통해 명확한 모델 생성이 쉽다.
② 데이터를 아주 간결한 파일로 저장할 수 있어, 메모리가 적게 필요하다.
③ 형상 수정이 용이하고 중량을 계산할 수 있다.

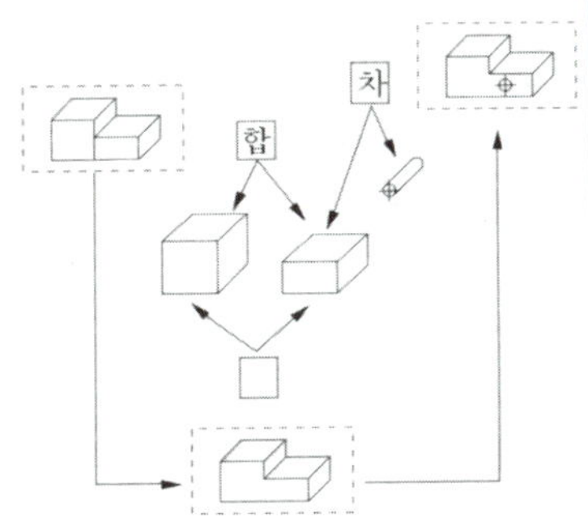

[그림 3-39] CSG에 의한 솔리드 모델의 예

단점으로는 다음과 같다.
① 모델을 화면에 나타내기 위한 디스플레이에서 체적 및 면적의 계산 등에 많은 계산시간이 필요하다.
② 3면도, 투시도, 전개도, 표면적 계산이 곤란하다.

(2) Boundary Representation(B-rep) 방식

형상을 구성하고 있는 정점(vertex), 면(face), 모서리(edge)가 어떠한 관계를 가지냐에 따라 표현하는 방법이다.
그 관계식은 정점 + 면 - 모서리 = 2이다.

> **Point**
> CSG 모델링의 특성

> **Point**
> B-rep 방식의 특성

B-rep의 장점으로는

① CSG 방법으로 만들기 어려운 물체를 모델화시킬 때 편리하다.(비행기 동체, 자동차 외형 모델)
② 화면의 재생시간이 적게 소요되며, 3면도, 투시도, 전개도, 표면적 계산이 용이하다.
③ 데이터의 상호 교환이 쉽다.

단점은 다음과 같다.

① 모델의 외곽을 저장해야 하기 때문에 많은 메모리가 필요하다.
② 적분법을 사용하기 때문에 중량 계산이 곤란하다.

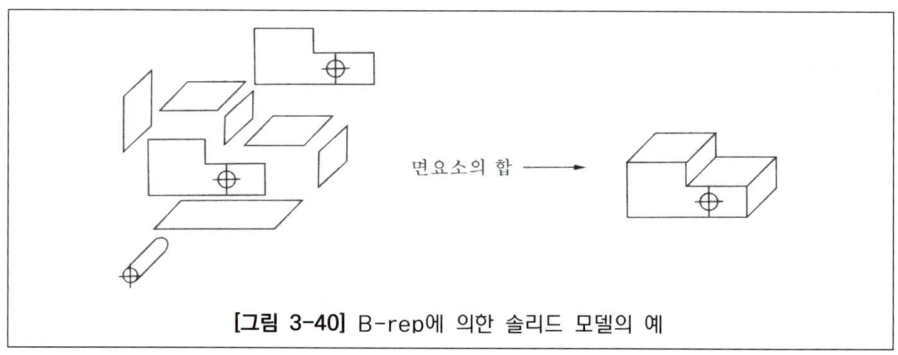

[그림 3-40] B-rep에 의한 솔리드 모델의 예

CHAPTER 03 단원 예상문제

저자가 콕! 찝어주는 예상문제 풀어보기!

01 커서를 이동시키는 기구로 정확한 위치 선택이 용이하며, 주로 키보드와 같이 부착되어 있는 입력장치는?

① 섬휠(thumb wheel)
② 라이트 펜(light pen)
③ 디지타이저(digitizer)
④ 푸시 버튼(push button)

> **물리적 입력장치**
> ① key board : 데이터, 명령어 입력, ASCII코드
> ② mouse : 도형 인식, 메뉴 선택, 그래픽적인 좌표입력
> ③ tablet or digitizer : 기존의 도면이나 도형을 직접 따라가면서 좌표값으로 변환시켜 입력. stylus pen이나 puck에 의해 생기는 전기신호로 위치 식별
> ④ light pen : 스크린상의 직접 접촉하여 커서를 제어하는 입력장치로 리프레시 형에만 사용
> ⑤ control dial : 도형을 확대, 축소하거나 이동, 회전하는 경우에 사용 (x, y, z축 및 방향)
> ⑥ thumb wheel : 회전형 가변저항기를 X축과 Y축 방향으로 회전시켜 커서를 이동시키는 기구로 정확한 위치 선택이 용이하며, 주로 키보드와 같이 부착하여 사용된다.

02 입력장치의 3대 기능이 아닌 것은?

① 화면 제어
② 커서의 제어
③ 기능의 선택
④ 데이터 입력

> **입력장치의 3대 기능**
> ① 데이터(data)의 입력
> ② 커서(cursor)의 제어
> ③ 기능(function)의 선택

03 논리적인 입력장치로 셀렉터(selector)에 속하는 것은?

① 조이스틱(joy stick)
② 라이트 펜(light pen)
③ 타블렛(tablet)
④ 마우스(mouse)

04 다음 중 커서 제어장치가 아닌 것은?

① Thumb wheel
② Joystick
③ Tracker ball
④ Pen plotter

05 다음 중 컴퓨터 그래픽 하드웨어 출력장치의 일종인 감열식(thermal)플로터를 구성하는 부품에 해당되지 않는 것은?

① 액체 잉크토너
② 프린터 헤드
③ 평면 종이
④ 왁스형 리본

06 기존에 작성한 도면의 좌표값을 입력시키기에 편리한 입력장치는 어느 것인가?

① 마우스(mouse)
② 조이스틱(joystick)
③ 키보드(keyboard)
④ 디지타이저(digitizer)

> **디지타이저**
> ① 기존 도면이나 도형의 좌표값을 입력하는 데 사용
> ② 메뉴선택 커서의 제어
> ③ 성능 : 해상도로 표시

정답 1 ① 2 ① 3 ② 4 ④ 5 ① 6 ④

07 펜 끝에 감광 소자를 내장하여 메뉴를 선택하거나 그림을 그리면 컴퓨터가 이를 인식하여 입력하는 방식은?

① 터치스크린
② 섬 휠
③ 트랙 볼
④ 라이트 펜

08 컴퓨터의 중앙처리장치에서 사용되는 고속의 기억소자로 2진법 체계로 데이터를 받고, 저장, 전송하는 기능을 맡고 있는 장소를 무엇이라 하는가?

① MAIN MEMORY
② REGISTER
③ BASIC
④ REFRESH

09 DXF파일의 섹션의 종류가 아닌 것은?

① 헤더 섹션
② 블록 섹션
③ 엔티티 섹션
④ 디렉토리 섹션

> DXF의 구조는 Header Section, Tables Section, Blocks Section 및 Entities Section, EOF(End of File)으로 구성되어 있다.

10 기억장치에서 데이터를 꺼내는 데 소요되는 시간으로 대기시간과 전송시간을 합친 시간을 무엇이라 하는가?

① 리드 타임(lead time)
② 엑세스 타임(access time)
③ 오프 타임(off time)
④ 온 타임(on time)

11 미국의 표준코드로 컴퓨터와 주변장치간의 데이터 입출력에 주로 사용하는 데이터 표현방식은?

① DECIMAL
② BCD
③ EBCDIC
④ ASCII

12 그물망형 네트워크의 설명으로 맞는 것은?

① 중앙에 컴퓨터가 있고 이를 중심으로 터미널들이 연결되는 형태이다.
② 통신선로는 각 지역적으로 가까운 터미널까지 하나의 통신선로가 구성되고 이웃의 터미널들은 이 터미널로부터 다시 연장된다.
③ 보통 공중 데이터 통신 네트워크가 이러한 형태를 가지며, 통신회선의 총 경로는 다른 네트워크 형태와 비교해 가장 길며, 두 지점 간에 항상 두 개 이상의 경로를 갖게 되어 하나의 경로 장애 시에 다른 경로를 택할 수 있는 장점이 있다.
④ 양쪽 방향으로 접근이 가능하여 통신회선 장애에 대해 융통성이 있다. 근거리 네트워크에 많이 채택되는 방식이다.

> **그물망(mesh)형 네트워크**
> 보통 공중 데이터 통신 네트워크가 이러한 형태를 가지며, 통신회선의 총 경로는 다른 네트워크 형태와 비교해 가장 길며, 두 지점 간에 항상 두 개 이상의 경로를 갖게 되어 하나의 경로 장애 시에 다른 경로를 택할 수 있는 장점이 있다.

정답 7 ④ 8 ② 9 ④ 10 ② 11 ④ 12 ③

13 LAN을 구성할 때 전송매체에 따라 구분할 수도 있다. 이때 디지털 신호형식으로 전송하는 베이스 밴드(base band)와 400MHz 정도의 주파수를 갖는 브로드밴드(broad band) 방식으로 전송하는 전송매체는?

① 광(optical) 케이블
② 트위스트 페어(twisted pair) 케이블
③ 동축(coaxial) 케이블
④ 와이어(wire) 케이블

> LAN의 전송매체에는 동축 케이블, 페어선, 광섬유 케이블 등이 있다. 동축 케이블 은 디지털 신호형식으로 전송하는 베이스밴드(base and)와 400MHz 정도의 주파수를 갖는 브로드밴드(broad band) 방식으로 전송한다.

14 Serial data 전송 시 전송되는 data의 구성 내용이 아닌 것은?

① start bit   ② parity bit
③ stop bit   ④ check bit

15 컴퓨터간의 정보교환을 보다 향상시키기 위해 사용하는 네트워크 기술에서의 통신규약을 무엇이라 하는가?

① PROTOCOL
② PARITY
③ PROGRAM
④ PROCESS

16 제한된 일정 지역 내에 분산 설치된 각종 정보 장비들 사이의 통신을 수행하기 위하여 최적화하고 신뢰성 있는 고속의 통신 채널을 제공하는 것은?

① 부가가치 통신망(VAN)
② 협대역 종합 정보 통신망(ISDN)
③ 근거리 통신망(LAN)
④ 광대역 종합정보 통신망(ATM)

> 근거리 통신망(LAN)
> 제한된 일정 지역 내에 분산 설치된 각종 정보 장비들 사이의 통신을 수행하기 위하여 최적화하고 신뢰성 있는 고속의 통신 채널을 제공하는 것이다. 또는 한 건물 내에 있는 공장, 대학 캠퍼스 등과 같이 전송거리가 약 1km 이내이며, 전송속도 0.1~20Mbps이면서 에러 발생률이 극히 적은 정보통신망이다.

17 3차원 기본 형상(primitives)을 이용하여 bool연산법(합, 차, 적)으로 3차원 모델을 완성하는 기법을 무엇이라고 하는가?

① C.S.G(constructive solid Geometry)법
② B-rep.(Boundary representation)법
③ w-rep(Wire representation)법
④ D.B.M(Data Base Management)법

18 IGES 데이터 형식과 관계없는 것은?

① start section
② global section
③ local section
④ terminate section

19 Boundary Representation 솔리드 데이터는 Geometry 데이터와 Topology 데이터로 구분해서 생각할 수 있다. 다음 용어 중 Topology 용어가 아닌 것은?

① Face
② Edge
③ Loop
④ Bridge

20 다음 중 색채 디스플레이를 구성하는 3가지 전자 빔의 구현색에 해당되지 않는 것은?

① Blue
② Red
③ Yellow
④ Green

21 제품의 모델(model)과 그에 관련된 데이터 교환에 관한 표준 데이터 형식이 아닌 것은?

① STEP
② IGES
③ DXF
④ SAT

22 다음은 CAD 소프트웨어가 갖추어야 할 기능들이다. 가장 관계가 먼 것은?

① 응용 프로그램 기능
② 데이터 변환 기능
③ 세그먼트 기능
④ 그래픽 요소 생성 기능

23 디지털 이미지의 가장 작은 구성단위는?

① 픽셀(pixel)
② 채널(channel)
③ 매핑(mapping)
④ 그라디언트(gradient)

24 컴퓨터의 세대별 분류 중 연결이 옳은 것은?

① 제1세대 - 트랜지스터
② 제2세대 - 진공관
③ 제3세대 - 초고밀도 집적회로
④ 제4세대 - 고밀도 집적회로

> 제1세대 - 진공관
> 제2세대 - 트랜지스터
> 제3세대 - 집적회로
> 제4세대 - 고밀도 집적회로
> 제5세대 - 초고밀도 집적회로

25 컴퓨터의 CPU에서 사용되는 고속의 기억장치로 정보를 이동하기 위해 대기하거나 이송된 정보를 받아들여 일시적으로 자료를 보관하는 장소는?

① 계수기
② 디코더
③ 인터럽트
④ 레지스터

26 다음 중 중앙처리장치(CPU)의 구성요소가 아닌 것은?

① 기억장치
② 제어장치
③ 연산논리장치
④ 레이저 빔 기억장치

정답 19 ④ 20 ③ 21 ④ 22 ① 23 ① 24 ④ 25 ④ 26 ④

27 다음 출력장치 중 래스터 스캔 방식이 아닌 것은?

① 잉크제트 프린터
② 레이저 프린터
③ 펜 플로터
④ 정전식 플로터

28 컴퓨터 시스템의 구성요소의 일부분을 나열한 것 중에서 컴퓨터 외부에서 입출력 장치를 장착할 수 있는 부분의 명칭이 아닌 것은?

① Parallel port
② Pen holder
③ Serial port
④ Video signal port

29 입출력 장치로부터 입출력되기 위한 자료들을 임시로 저장하기 위한 장소를 무엇이라 하는가?

① cache
② file
③ buffer
④ block

30 회전형 가변저항기를 X축과 Y축 방향으로 회전시켜 한정된 범위 내에서 수치가 입력되도록 만들어진 장비로서 스칼라양을 다이얼 방식에 의해 회전변위를 수치로 표현하여 입력되는 장치는?

① LOCATOR(위치 선택기)
② VALUATOR(밸류에이터)
③ BUTTON(버튼)
④ KEYBOARD(키보드)

31 CAD/CAM의 출력장치는?

① 래피드 프로토타이핑
② 라이트 펜
③ 스캐너
④ 태블릿

> Rapid prototyping : 3D print 등을 이용한 시제품 조형

32 다음 중 일시적 출력장치는?

① COM 장치
② 플로터
③ 그래픽 디스플레이
④ 프린터

33 출력장치의 특성 인자가 아닌 것은?

① 사용재료
② 속도
③ 정확도
④ 해상도

34 컴퓨터의 데이터 코드체계 중 ASCII코드가 표현할 수 있는 문자, 숫자 등의 가짓수는 몇 개인가?

① 64개
② 128개
③ 256개
④ 512개

정답 27 ③ 28 ② 29 ③ 30 ② 31 ① 32 ③ 33 ① 34 ②

35 유기 전계 발광 소지를 사용한 표시장치로 전자빔이 형광막과 충돌로 발광하는 브라운관(CRT)과 유사한 동작이 유리기판 위에 형성되어 화면을 나타내는 장치는?

① Organic electroluminescent display
② Liquid crystal display
③ plasma panel
④ Image scanner

36 CAD 시스템에서 디스플레이 장치가 아닌 것은?

① DED(Digital Equipment Display)
② PDP(Plasma Display Panel)
③ TFT-LCD(Thin Film Transistor-Liquid Crystal Display)
④ CRT(Cathode Ray Tube) display

37 CAD/CAM 시스템의 하드웨어 중에서 마이크로 필름에 출력할 수 있는 장치는?

① X-Y plotter
② COM plotter
③ 레이저 프린터
④ scanner

> 출력장치
> COM 장치(computer output microfilm unit) : 도면이나 문자 등을 마이크로필름으로 출력하는 장치

38 CAD 시스템 출력장치 중 각 화소에 부여된 어드레스에 의하여 출력하는 hard copy unit에 해당하지 않는 것은?

① dot matrix printer
② pen plotter
③ electrostatic plotter
④ laser printer

> 출력 장치 중 hard copy unit에는
> ① dot matrix printer
> ② ink-jet printer
> ③ electrostatic plotter
> ④ laser printer

39 다음 중 컴퓨터 그래픽 하드웨어 출력장치의 일종인 감열식 플로터를 구성하는 부품에 해당되지 않는 것은?

① 액체 잉크토너
② 프린터 헤드
③ 평면종이
④ 왁스형리본

40 LAN을 구성할 때 전송매체에 따라 구분할 수도 있다. 이때 디지털 신호형식으로 전송하는 베이스밴드(base band)와 400MHz 정도의 주파수를 갖는 브로드밴드(broad band) 방식으로 전송하는 전송매체는?

① 광(optical) 케이블
② 트위스트 페어(twisted pair) 케이블
③ 동축(coaxial) 케이블
④ 와이어(wire) 케이블

정답 35 ① 36 ① 37 ② 38 ② 39 ① 40 ①

41 다음 중 컴퓨터의 입력장치에 해당하지 않는 것은?

① 태블릿
② 유기발광다이오드(OLED)
③ 3 버튼 마우스
④ 광학 마크 판독기(OMR)

42 CAD 용어에 대한 설명 중 틀린 것은?

① Pan : 도면의 다른 영역을 보기 위해 디스플레이 윈도를 이동시키는 행위
② Zoom : 화면상의 이미지를 실제 사이즈를 포함하여 확대 또는 축소
③ Clipping : 필요 없는 요소를 제거하는 방법. 주로 그래픽에서 클리핑 윈도로 정의된 영역 밖에 존재하는 요소들을 제거하는 것을 의미
④ Toggle : 명령의 실행 또는 마우스 클릭 시마다 On 또는 Off가 번갈아 나타나는 세팅

43 다음 중 병렬 포트에 주로 연결하는 것은 어느 것인가?

① 플로터   ② 프린터
③ 키보드   ④ 마우스

44 다음 중 커서(cursor)의 제어장치는 어느 것인가?

① plotter
② hard copy unit
③ COM unit
④ stylus pen

45 마우스 드라이버의 구성부분이 아닌 것은?

① O/S 인터페이스
② 하드웨어 인터페이스
③ 소프트웨어 인터페이스
④ AS 인터페이스

46 다음은 CRT에 관한 설명이다. 틀린 것은 어느 것인가?

① 밝고 풍부한 컬러 표시를 할 수 있으며 인텔리전트 기능이 뛰어난 것은 래스터 스캔형이다.
② 스토리지형은 화면이 어둡고 컬러 표시를 할 수 없는 단점이 있다.
③ 랜덤 스캔형은 리프레시를 할 수 있는 고화질과 높은 응답성을 가진다.
④ 래스터 스캔형은 잔광 기간이 길 때 플리커라 불리는 어지러운 현상이 나타난다.

47 다음은 그래픽 터미널에 대한 설명이다. 틀린 것은?

① 래스터 스캔형은 화상을 부분 소거할 수 있다.
② 스토리지형은 컬러 표시가 곤란하다.
③ 랜덤 스캔형은 고정도이나 가격이 비싸다.
④ 스토리지형은 동화 표시(animation)가 가능하다.

48 다음 디스플레이 장치에 대한 설명 중 틀린 것은?

① DVST - 컬러 사용이 불가능하다.
② 래스터 스캔형 - 컬러 사용이 가능하다.
③ 랜덤 스캔형 - 플리커가 발생하지 않는다.
④ DVST - 도형의 부분 수정작업이 곤란하다.

정답 41 ② 42 ② 43 ② 44 ④ 45 ④ 46 ② 47 ④ 48 ③

49 512×512픽셀로 구성된 래스터 스캔 디스플레이인 경우 픽셀당 1비트가 할당된다면 하나의 화면을 구성하는 데 필요한 비트수는 얼마인가?

① 5,120　　② 102,400
③ 131,072　④ 262,144

> 비트수 = 512×512=262,144

50 컬러 프린터를 이용하여 출력하고자 한다. 여기에서 사용되는 기본 색이 아닌 것은?

① black
② cyan
③ magenta
④ blue

> Black, Cyan, Magenta, Yellow

51 음영기법 방법에는 여러 가지가 있는데 다음 중 가장 현실감이 뛰어난 음영기법은?

① 퐁 음영기법
② 구로드 음영기법
③ 평활 음영기법
④ 단면별 음영기법

> 퐁(phong)음영기법 : 가장 현실감이 뛰어난 음영기법

52 컬러 래스터 스캔 화면 생성방식에서 3 bit plane의 사용 가능한 색깔의 수는 모두 몇 개인가?

① 8
② 32
③ 256
④ 1024

> 3bit이므로 색깔 수는 2^3=8개

53 디지털 신호를 사용하므로 디지털 TV라고도 하며 픽셀(pixel)이라는 요소에 의해서 영상이 형성되는 디스플레이 방식은?

① Plasma type 디스플레이
② Random scan 디스플레이
③ Raster scan 디스플레이
④ DVST 디스플레이

54 비교적 낮은 해상도에서도 색상능력이나 애니메이션(animation) 기능이 우수한 CRT 방식은?

① directed-view storage tube 방식
② directed-beam storage tube 방식
③ stroke-writing refresh 방식
④ raster-scan 방식

55 그래픽 디스플레이 종류 중에서 랜덤 스캔형의 특징이 아닌 것은?

① 애니메이션이 가능하다.
② 가격이 싸다.
③ 도형의 표시량에 한계가 있다.
④ 라이트 펜을 사용할 수 있다.

정답　49 ④　50 ④　51 ①　52 ①　53 ③　54 ③　55 ②

56 그래픽 터미널에서 스토리지형의 장점이 아닌 것은?

① 고정도이다.
② 화면에 플리커가 생기지 않는다.
③ 표시할 수 있는 벡터수는 무제한이다.
④ 라이트 펜을 사용할 수 있다.

57 디스플레이 중 DVST 형식의 특성이 아닌 것은 어느 것인가?

① animation이 불가능하다.
② 도형의 부분 삭제가 가능하다.
③ 영상의 깜박임이 없다.
④ 라이트 펜의 사용이 불가능하다.

58 랜덤 스캔(random scan)형 특징 중 장점과 관계가 적은 것은?

① 라이트 펜을 사용할 수 있다.
② 고정밀도의 화면을 표시할 수 있다.
③ 움직이는 그림을 표시할 수 있다.
④ 플리커(flicker)를 발생하는 경우가 있다.

59 CAD에 쓰이는 그래픽 터미널 중 전자빔의 주사방법은 텔레비전과 같으며 도형의 유무에 관계없이 항상 수평방향으로 주사시켜 상을 형성하는 방식은?

① Raster-scan
② Direct-view storage tube
③ Refresh-scan
④ Random scan

> 래스터 스캔 : 전자빔의 주사 방법은 텔레비전과 같으며 도형의 유무에 관계없이 항상 수평방향으로 주사시켜 상을 형성하는 방식

60 CRT 터미널에서 화면에 디스플레이 되는 원리는 전자빔이 인으로 코팅된 스크린과 부딪히면서 빛을 내게 된다. 이때 충돌에 사용되는 전자빔이 방출되는 곳을 무엇이라 하는가?

① grid   ② deflector
③ cathode   ④ generator

61 스토리지형(direct view storage tube type)에 사용할 수 없는 입력장치는?

① 라이트 펜   ② 조이스틱
③ 마우스   ④ 태블릿

62 컬러 표시용 CRT의 한 방식이 아닌 것은 어느 것인가?

① 새도 마스크(shadow mask)방식
② 그리드 편향 방식
③ 페니트레이션(penetration) 방식
④ 블링킹(blinking) 방식

> 컬러 표시용 CRT에는 새도 마스크 방식, 패니트레이션 방식, 그리드 편향 방식이 있다.

정답 56 ④ 57 ② 58 ④ 59 ① 60 ③ 61 ① 62 ④

63 다음 도형을 monitor에 나타내려 할 때 가장 많은 video data용 memory를 소모하는 도형은?

① 반지름 30인 원
② 길이 70인 수평선분
③ 각변길이 25인 정삼각형
④ 길이 50인 자유곡선

> 자유 곡선이 선이나 원보다 메모리 소모가 높다

64 리프레시(refresh)를 함에 따른 방지 효과는?

① focusing
② deflection
③ flicker
④ acceleration

65 사람의 눈은 잔상효과 때문에 깜박임(flickering)을 느끼지 않도록 래스터 스캔(raster scan) 또는 랜덤 스캔(random scan)형에서는 리프레시(refresh)를 하여야 하는데 약 몇 회 정도이어야 하는가?

① 1분에 30 ~ 60회
② 1초에 60 ~ 90회
③ 1초에 30 ~ 60회
④ 1초에 100 ~ 130회

66 플리커(flicker)란?

① 리프레시(refresh)의 횟수가 매초 30회보다 적어지면 깜박거림이 생기는 것
② 리프레시(refresh)의 횟수가 매초 60회보다 적어지면 깜박거림이 생기는 것
③ 리프레시(refresh)의 횟수가 매분 30회보다 적어지면 깜박거림이 생기는 것
④ 리프레시(refresh)의 횟수와는 관계없이 전기 출력이 부족하여 잔상의 효과가 나빠진 것

67 컬러 모니터(color monitor)의 전자총의 개수는?

① 2
② 3
③ 4
④ 5

68 다음은 그래픽모드를 나열한 것이다. 가장 해상도가 높은 것은?

① MDA
② CGA
③ EGA
④ VGA

69 CAD용 그래픽 터미널 스크린의 해상도(resolution)를 결정하는 요소인 것은?

① 사용전압
② 스크린의 종류
③ pixel의 수
④ color의 가능 수

> 그래픽 스크린의 해상도를 결정하는 요소는 pixel의 수이다.

70 다음은 해상도를 설명한 내용이다. 맞지 않는 것은?

① 화면에 나타낼 수 있는 물체를 세밀하게 표시할 수 있는 정밀도
② 출력의 정밀도와 스크린의 정밀도는 동일하다.
③ 인치당의 점의 수를 해상도를 단위로 쓴다.
④ 해상도가 높을수록 표시되는 선은 매끈하다.

> 출력의 정밀도는 스크린의 정밀도보다 해상도가 떨어진다.

정답 63 ④ 64 ③ 65 ③ 66 ① 67 ② 68 ④ 69 ③ 70 ②

71 플로터(Plotter)가 그림을 그릴 때의 속도 단위는 다음 중 어느 것인가?

① LPM ② DPS
③ CPS ④ IPS

> ① CPS : 프린터의 인자속도(출력속도)
> ② BPS : 데이터의 전송속도(통신속도)
> ③ IPS : 플로터가 그림을 그릴 때의 속도
> ④ DPI : 자료의 출력밀도(해상도)
> ⑤ MIPS : 계산기의 속도(연산속도)
> ⑥ BPI : 자기테이프의 기록밀도

72 컴퓨터의 처리속도를 표시하는 방법으로서 가장 널리 쓰이는 단위는 어느 것인가?

① MIPS ② MIS
③ BPS   ④ TPS

> 컴퓨터의 처리속도 표시
> MIPS(million instruction per second) : 수백만 비트/sec

73 다음 플로터의 COM PORT를 set할 때 "COM : 2400"이라고 했다면 데이터의 전송속도는?

① 2400CPS
② 2400BPI
③ 2400BPS
④ 2400MIPS

74 용지를 횡 방향으로 이동하고 펜은 종축을 따라 이동하며 용지를 연속 수납하는 플로터 타입은?

① 프릭션 롤러
② 플랫 베드
③ 드럼
④ 액체분사

75 자동제도기의 종류 중에서 plotting head는 일정한 Cross-bar 상에서 좌우 운동만 하고 종이가 상하운동을 하는 방식은 다음 중 어느 것인가?

① Drum plotter
② Flat-bed plotter
③ Printer-plotter
④ Light-pen plotter

76 Plotter 특성에 있어서 속도와 해상도가 우수한 반면 raster 형태의 CRT에만 사용되는 plotter는?

① digitizer flotte
② drum plotter
③ flat-bed plotter
④ electrostatic plotter

77 정전기식 플로터(electrostatic plotter)에 대한 설명 중 틀린 것은?

① 랜덤 스캔(random scan) 방식으로 그림을 형성시킨다.
② X - Y 플로터보다 출력속도가 빠르다.
③ 정전기와 토너를 이용한 것으로 일반 복사기와 기본개념은 같다.
④ 고화질이고 저소음이다.

정답 71 ④ 72 ① 73 ③ 74 ③ 75 ① 76 ④ 77 ①

78 미디엄 모드(medium mode)로 바꾸고 나면 IBM AT의 컬러 모니터는 바탕색을 IRGB가 결정한다. 몇 가지의 색깔이 표현 가능한가?

① 16
② 15
③ 8
④ 7

> IRGB는 Intensity를 각 색상별로 1개씩의 비트가 더 할당된 것이다.
> ∴ 24 = 16color(0 ~ 15 컬러색상)

79 플랫 베드(flat bed)형 플로터의 설명 중 틀린 것은 어느 것인가?

① 고정밀도의 작화가 곤란하다.
② 작화중의 모니터가 쉽다.
③ 설치 면적이 넓어야 한다.
④ 용지 선정이 비교적 자유롭다.

> 고밀도, 고정도의 작화가 가능

80 드럼형 플로터의 설명 중 틀린 것은 어느 것인가?

① 고정밀도이다.
② 콤팩트(compact)하게 설치할 수 있다.
③ 기구가 비교적 간단하다.
④ 작화 중의 모니터가 곤란하다.

81 리니어 모터형(linear motor type) 플로터의 설명 중 바르게 표현한 것은?

① 가동부분이 중량이다.
② 고정밀도이다.
③ 설치하는 면적이 작다.
④ 작화중의 모니터가 쉽다.

82 다음의 장비 중에서 Raster scan 방식으로 그림을 형성시키는 장비가 아닌 것은?

① X - Y 플로터
② 정전기식 플로터
③ 잉크 - 제트 플로터
④ 디지털 TV

83 메뉴의 선택이나 위치 또는 좌표값의 입력 등 그래픽 작업을 신속하고 손쉽게 할 수 있도록 하는 장치를 나타낸 것이다. 입력장치가 아닌 것은?

① 라이트펜(light pen)
② 조이스틱(joystick)
③ 하드카피(hard copy)
④ 마우스(mouse)

84 정전식 플로터와 작동원리가 다른 것은?

① PC용 monitor
② raster scan 방식의 CRT
③ 도면 입력용 scanner
④ vector 방식의 plotter

> 정전식 플로터는 도형정보를 래스터 데이터로 변환해야 한다.

정답 78 ① 79 ① 80 ② 81 ② 82 ① 83 ③ 84 ④

85 다음의 plotter 중에서 pen plotter인 것은?

① Thermal wax plotter
② Laser plotter
③ Flat bed plotter
④ Electrostatic plotter

> pen plotter의 종류
> ① flat bed plotter
> ② drum type plotter
> ③ beet bed type plotter
> ④ linear motor type plotter

86 화면에서 크로스 헤어(좌표축)를 이동시키는 주변 기기가 아닌 것은?

① 터치 펜
② 스타일러스 펜
③ 라이트 펜
④ 플로트 펜

87 다음 중 정전 plotter(electro-staticplotter)의 특징으로 맞는 것은?

① pen-plotter보다 정교하고 속도가 빠르다.
② hard-copy unit보다 해상도가 높고 pen-plotter 보다 속도가 빠르다.
③ hard-copy unit보다 해상도가 높고 pen-plotter 보다 속도가 느리다.
④ hard-copy unit보다 해상도가 낮으나 pen-plotter보다 속도가 빠르다.

> 정전식 플로터의 특징
> ① 작화속도가 빠르다.
> ② 고화질을 표현할 수 있고 저소음이다.
> ③ 벡터 데이터를 래스터 데이터로 변환해 주어야 한다.
> ④ 펜 플로터용 작화 데이터를 그대로 사용할 수 있다.

88 플로터 종류 중 다색 사용이 가능하고 속도가 빠르며 보존성과 신뢰성이 양호한 것은?

① 기계식   ② 열전사식
③ 감열식   ④ 도트식

89 출력장치로서 버블잉크제트(bubble ink jet) 방식 설명 중 틀린 것은?

① 컬러화가 용이하다.
② 노즐의 막힘이 적다.
③ 인자속도가 빠르다.
④ 정보신호에 따라 발열 저항소자에 전류를 보냄으로서 노즐 내에 고열을 발생

> 잉크제트 프린터(inject printer) : 래스터 스캔방식, 저렴한 유지비, 흑백, 칼라로 결과 출력
> [방식] continuous flow, drop-on-demand

90 다음 프린터 종류 중 non-impact 프린터는 어느 것인가?

① 활자 프린터
② 도트 프린터
③ 펜 스트로크 프린터
④ 레이저 빔 프린터

> 프린터의 종류
> ① 임팩트 종류(힘의 이용) : 활자, 도트, 펜 스트로크 프린터
> ② 논 임팩트 방식 : 레이저 프린터, 잉크제트 프린터, 열전사식 프린터

정답 85 ③ 86 ④ 87 ① 88 ② 89 ④ 90 ④

91 컬러 잉크젯 프린터에 사용되는 색상이 아닌 것은?

① 노랑색(yellow)
② 검정색(black)
③ 하늘색(cyan)
④ 빨강색(red)

> 컬러 잉크젯 프린터의 기본색
> cyan, magenta, yellow, black 등

92 다음 설명 중 틀린 것은?

① 색상 선정 레지스터 RGB 모니터를 통해서 만들어지는 색상을 제어하는 데 사용된다.
② 화면에 나타나는 색상은 기본색인 빨강, 파랑, 노랑이 서로 혼합되어 만들어진다.
③ IBM-PC 시스템에서는 8비트를 사용하므로 256가지 문자를 분리할 수 있다.
④ ASCII 코드는 128가지 문자를 분리할 수 있다.

> 기본색상 : ① red , ② green , ③ blue

93 그래픽 처리 디스플레이 장치에 의해서 화면을 구성하고자 할 경우 화면을 구성하는 가장 최소의 단위는?

① 픽셀(pixel)
② 스캔(scan)
③ 레벨(level)
④ 음극관(cathode)

94 다음 그래픽 출력장치 중 CRT 화면에 나타난 형상 그대로 복사하는 기기로 중간결과 검토용으로 쓰이는 출력기는?

① 하드카피
② 플로터
③ 프린터
④ COM 장치

> ① 하드카피 : CRT 화면에 나타난 형상 그대로 복사하는 기기로 중간결과 검토용
> ② COM 장치 : 도면이나 문자 등을 마이크로필름으로 출력하는 장치

95 다음 중 CPU에 대한 설명으로 옳지 않는 것은?

① 컴퓨터를 사용하기 위해서는 CPU가 없어도 된다.
② CPU는 중앙처리장치라고도 한다.
③ CPU는 입력된 자료를 연산하는 기능을 갖고 있다.
④ CPU는 연산된 자료를 특정장소에 보내는 기능을 갖고 있다.

96 CPU의 3가지 구성요소가 아닌 것은 어느 것인가?

① memory unit
② control unit
③ ALU
④ I/O device

정답 91 ④ 92 ② 93 ① 94 ① 95 ① 96 ④

97 다음은 컴퓨터의 기본구성을 나타낸 것이다. 빈 블록 안에 들어갈 것으로 옳은 것은?

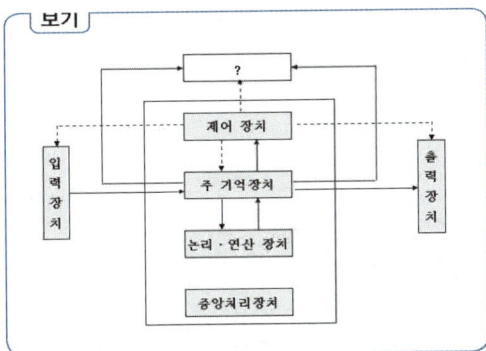

① 인터페이스
② 보조기억장치
③ 부호기
④ 마이크로프로세서

98 컴퓨터에서 CPU 속도와 메모리의 속도 차이를 줄이기 위한 메모리는?

① cache memory
② associative memory
③ destructive memory
④ nonvolatile memory

99 Cache memory를 설명한 내용 중 틀린 것은?

① CPU와 주기억장치간의 속도차를 극복하기 위한 기억장치
② CPU내에 존재하기 때문에 CPU내의 register로 엑세스하는 것과 유사하다.
③ 주기억장치의 용량과 같다.
④ CPU와 주기억장치 사이에 고속의 buffer memory 이다.

100 CAD/CAM system의 형태 중에서 대기업 중심의 대형 시스템에 사용되는 것은?

① 중앙통제형 CAD 시스템
② 분산 처리형 CAD 시스템
③ 독립형 CAD 시스템
④ 개인용 CAD 시스템

101 다음 중 분산처리형 시스템이 갖추어야 할 기본 성능이 아닌 것은?

① 여러 시스템 중에서 일부 시스템이 고장이 발생하더라도 나머지는 정상작동 되어야 한다.
② 자료처리 및 계산 작업은 주 시스템에서 이루어져야 한다.
③ 구성된 시스템별 자료는 다른 컴퓨터 시스템에 자료의 내용에 변화가 없어야 한다.
④ 사용자가 구성한 자료나 프로그램을 다른 사용자가 사용하고자 할 때는 정보 통신망을 통해서 언제라도 해당 자료를 사용하거나 보내줄 수 있어야 한다.

> 중앙통제형 CAD 시스템(host-based type) 자료 처리 및 계산 작업은 main system에서 이루어진다. 대기업 중심의 대형 시스템(대형 컴퓨터)

102 캐드(CAD)의 생산성 향상을 위한 전형적인 설계과정의 중요 인자에 대한 것이다. 관계가 먼 것은?

① 반복 작업의 정도
② 도면의 난이도와 선의 종류와 굵기
③ 부품의 대칭성
④ 공통으로 자주 사용되는 라이브러리의 수량

정답 97 ② 98 ① 99 ③ 100 ① 101 ② 102 ②

103 CAD/CAM 소프트웨어의 가장 기본이 되는 그래픽 소프트웨어의 구성 원칙에 맞지 않는 것은?

① 그래픽 패키지(Graphic Package)
② 응용프로그램(Application Program)
③ 턴키 시스템(Turnkey system)
④ 데이터베이스(Data base)

104 CAD/CAM그래픽 소프트웨어를 구성하는 5대 중요 모듈이 아닌 것은?

① 그래픽 모듈(graphic module)
② 서류화 모듈(documentation module)
③ 서피스 모듈(surface module)
④ 입, 출력 모듈(input & output module)

105 다음은 CAD 소프트웨어가 갖추어야 할 기능 등에 대해서 나열한 것이다. 이 중에서 CAD 소프트웨어로서 필요치 않은 것은?

① 그래픽 형상을 만드는 기능
② 입력 전압을 체크하는 기능
③ 디스플레이 상태를 제어하는 기능
④ 서로 다른 CAD 소프트웨어 간에 자료를 공유

106 CAD/CAM system에서 CPU의 역할과 관계없는 것은?

① 워크스테이션관리(입력, 수정 등)
② 도면 출력 시 플로터의 동작을 지시
③ 다른 컴퓨터와 데이터 교환
④ 입력장치로 데이터를 입력한다.

107 CAD/CAM용 소프트웨어의 구분에서 도형정보 관리는 어디에 속하는가?

① 데이터베이스 시스템
② 그래픽 소프트웨어
③ 응용 소프트웨어
④ NC언어

> **CAD/CAM용 소프트웨어의 구분**
> ① 운영체계
> ② 데이터베이스 시스템 : 도형, 비도형 2종 정보관리
> ③ 그래픽 소프트웨어 : 도형정보 관리
> ④ 응용 소프트웨어 : 적용 업무분야별 프로그램
> ⑤ NC 언어 : 가공에 필요한 가공형상, 공구 동작, 작업순서 등

108 스크린 상에서 물체를 평행이동 또는 회전시킬 경우 그 양을 조절하는 등 parameter 값을 변화시키는 데 사용되는 장치는?

① Valuator
② Scanner
③ Tablet
④ Trackable

109 다음 그래픽스 작업 중 프린터의 해상도(resolution)를 나타내는 단위는?

① CPS
② BPI
③ DPI
④ LCD

정답 103 ③ 104 ④ 105 ② 106 ④ 107 ② 108 ① 109 ③

110 CAD 시스템에서 화면에 나타낼 수 있는 view의 종류이다. 다음 중 3차원 형상의 물체를 나타내기 어려운 view는 어느 것인가?

① back view
② oblique view
③ isometric view
④ axonometric view

111 직선이나 곡선 등은 화소(pixel)들을 이용하여 컴퓨터 화면에 그려진다. 직선이나 곡선들을 화소들의 집합으로 나타내는 계산을 무엇이라고 부르는가?

① scan-conversion
② clipping
③ window-to-viewport transformation
④ hidden line removal

112 평판 디스플레이 장치 중에서 전기장의 원리가 빛을 발생하는 데에 이용되지 않고 단지 투과되는 빛의 양만을 조절하는 데 이용되는 것은?

① electroluminescent display
② liquid crystal display
③ plasma panel
④ image scanner

> LCD(liquid crystal display) : 평판 디스플레이 장치로 전기장의 원리가 빛을 발생하는 데 이용되지 않고 단지 투과되는 빛의 양만을 조절하는 데 이용

113 다음 설명 중 틀린 것은?

① 프로그램 카운터(program counter) : 컴퓨터에 의하여 다음에 실행될 명령어의 주소가 저장되어 있는 기억 장소
② 명령어 레지스터(instruction register) : CPU에 의하여 다음에 실행될 명령어가 저장되어 있는 레지스터
③ 상태 레지스터(status register) : CPU에서 수행되는 연산에 관련된 여러 가지 상태 정보를 기억하기 위하여 사용되는 레지스터
④ 누산기(accumulator) : 특별한 용도의 레지스터로 산술논리연산장치(ALU)에 의해서 얻어진 결과를 영구히 보관하는 곳

> 각종 레지스터
> ① 프로그램 카운터(program counter) : 컴퓨터에 의하여 다음에 실행될 명령어의 주소가 저장되어 있는 기억 장소
> ② 명령어 레지스터(instruction register) : CPU에 의하여 다음에 실행될 명령어가 저장되어 있는 레지스터
> ③ 상태 레지스터(status register) : CPU에서 수행되는 연산에 관련된 여러 가지 상태 정보를 기억하기 위하여 사용되는 레지스터
> ④ 누산기(accumulator) : 레지스터의 일종으로 산술연산 또는 논리연산의 결과를 일시적으로 기억하는 장치

114 다음 렌더링 기법 중 광선투과법(ray tracking)에 관한 내용으로 틀린 설명은?

① 광선이 광원으로부터 나와 물체에 반사되어 뷰잉 평면에 투사될 때까지 궤적을 거꾸로 추적한다.
② 뷰잉 화면상의 화소의 개수에 따라 제한을 받지 않고 빛의 강도와 색깔을 구별할 수 있다.
③ 뷰잉 화면상에서 거꾸로 추적한 광선이 광원까지 도달하였다면 광원과 화소 사이에는 반사체가 존재한다고 해석한다.
④ 뷰잉 화면상에서 거꾸로 추적한 광선이 광원까지 도달하지 않는다면 그 반사면에서 색깔을 화소에 부여한다.

정답 110 ① 111 ③ 112 ② 113 ④ 114 ②

115 도면이나 형상의 모델을 몇 개의 층으로 구분하여 관리하는 방식을 말하며, 서로 밀접한 연관 관계를 가지는 도형 요소로 구성된 기법의 도형운용 방법은?

① 그룹(group) 기법
② 다층구조(layer) 기법
③ Macro 기법
④ Library 기법

116 다음과 같은 형태의 반지름 R인 원의 함수식을 올바르게 설명한 것은?

$$y = \pm \sqrt{R^2 - x^2}$$

① 매개변수 음함수형태(implicit parametric)
② 매개변수 양함수형태(explicit parametric)
③ 비매개변수 음함수형태(implicit nonparametric)
④ 비매개변수 양함수형태(explicit nonparametric)

> 반지름 R인 원의 함수식 $y = \pm \sqrt{R^2 - x^2}$ 는 비매개변수 양함수형태(explicit nonparametric)이다.

117 일반적인 CAD 시스템에서 직선의 작성방법이 아닌 것은?

① 증분좌표값 지정에 의한 방법
② 곡면의 교차에 의한 방법
③ 수평면의 교차선으로 작성하는 방법
④ 극좌표값 지정에 의한 방법

118 XY평면상에 하나의 곡선을 표현하는 방법에는 일반적으로 3가지가 있는데 이에 속하지 않는 것은?

① 음함수 형태
② 양함수 형태
③ 단어번지 형태
④ 매개변수 형태

> XY 평면상에 1개의 곡선을 표현하는 방법에는 음함수, 양함수, 매개변수 형태가 일반적이다.

119 다음 타원의 도형 정의가 아닌 것은?

① 축과 편심에 의한 타원
② 중심과 두 축에 의한 타원
③ 아이소메트릭 상태에서 그리는 방법
④ 2개의 접할 도형요소

> 타원의 도형 정의
> ① 축(axis)과 편심(eccentricity)에 의한 타원
> ② 중심(center)과 두 축(two axis)에 의한 타원
> ③ 아이소메트릭 상태에서 그리는 방법

120 컴퓨터 그래픽의 기본요소(Primitive) 중 3차원 프리미티브에 해당되지 않는 것은 어느 것인가?

① 구(sphere)   ② 관(tube)
③ 원통(cylinder)   ④ 선(line)

> 프리미티브(primitive) 형상
> ① 기본형상 구성기능(primitive) : 육면체(box), 원기둥(cylinder), 구(sphere), 원추(cone), 회전체(revolution), 프리즘(prism), 스윕(sweep) 등
> ② 기본형상 조합기능 : 두 물체 더하기, 빼내기, 공통 부분찾기 등

정답 115 ② 116 ④ 117 ② 118 ③ 119 ④ 120 ④

121 3차원 솔리드 모델에서 사용되는 프리미티브(Primitive)라고 할 수 없는 것은?

① cone ② box
③ sphere ④ point

122 3차원 솔리드 모델을 구성하는 요소 중 프리미티브(Primitive)라고 할 수 없는 것은?

① 구(sphere) ② 원주(cylinder)
③ 에지(edge) ④ 원뿔(cone)

123 형상은 같으나 치수가 다른 도형 등을 작성할 때 가변되는 기본도형을 작성하여 놓고 필요에 따라 치수를 입력하여 비례되는 도형을 작성하는 기능을 무엇이라 하는가?

① 매크로화 기능
② 디스플레이 변형 기능
③ 도면화 기능
④ 파라메트릭 도형 기능

124 다음 기능 중 변환 매트릭스를 사용했을 때의 편리함과 무관한 기능은?

① Zooming ② Rotation
③ Mirror ④ Scaling

> CAD의 변환 매트릭스
> Zooming(줌), Rotation(회전), Mirror(대칭), translation(이동), scaling(축척), projection(투영) 등

125 CAD 시스템에서 낮은 차수의 곡선을 선호하는 이유는?

① 차수가 낮을수록 곡선의 불필요한 진동이 덜하다.
② 차수가 낮을수록 곡선을 그리는데 계산시간이 많이 든다.
③ 차수가 낮을수록 곡선의 미적인 효과가 크다.
④ 차수가 낮을수록 공간 곡선을 정의하기 용이하다.

> CAD 시스템에서 낮은 차수의 곡선을 선호하는 이유는 차수가 낮을수록 곡선의 불필요한 진동이 덜하기 때문이다.

126 CAD시스템에서 이용되는 2차 곡선방정식에 대한 설명으로 올바르지 못한 것은?

① 곡선식에 대한 계산시간이 3차, 4차식보다 적게 걸린다.
② 여러 개의 곡선을 하나의 곡선으로 연결하는 것이 가능하다.
③ 연결된 여러 개의 곡선사이의 곡률의 연속이 보장된다.
④ 매개변수식으로 표현하는 것이 가능하기도 하다.

> 2차 곡선방정식
> 곡선식에 대한 계산시간이 3차, 4차식보다 적게 걸린다.
> ② 여러 개의 곡선을 하나의 곡선으로 연결하는 것이 가능하다.
> ③ 매개변수식으로 표현하는 것이 가능하기도 하다.

정답 121 ④ 122 ③ 123 ④ 124 ② 125 ① 126 ③

127 바닥면이 없는 원추형 단면에 의해 얻어질 수 없는 도형은?

① 타원(lipse)
② 쌍곡선(hyperbola)
③ 원호(arc)
④ 포물선(parabola)

> 바닥면이 없는 원추형 단면(conic section)에 의해 얻어질 수 있는 도형에는 원(Circle), 타원(Ellipse), 쌍곡선(Hyperbola), 포물선(Parabola) 등이 있다.

128 CAD로 작성된 도면에서 선의 종류는 가공자에게는 중요한 의미가 된다. 다음 선의 종류를 선택하는 방법 중 잘못된 방법은?

① 보이지 않는 부분의 모양은 숨은선으로 한다.
② 치수선은 가는 실선으로 한다.
③ 절단면을 나타내는 절단선은 연속선으로 한다.
④ 치수 보조선은 가는 실선으로 한다.

> 절단면을 나타내는 절단선은 해칭선(가는 실선)을 사용하고, 절단 위치를 표시할 경우에는 절단선(가는1점 쇄선)으로 한다.

129 곡선을 정확하게 도면에 표시하는 방법이 아닌 것은?

① 직선과 원호의 연속으로 표시
② 일련의 점 좌표값들을 지정하여 표시
③ 한 점에서 어떤 곡선에 대한 접선 또는 수직선으로 표시
④ 두 곡면의 교선으로 표시

> 곡선을 정확하게 도면에 표시하는 방법
> ① 직선과 원호의 연속으로 표시
> ② 일련의 점 좌표값들을 지정하여 표시
> ③ 두 곡면의 교선으로 표시

130 다음 중 곡선의 2차 미분값을 필요로 하는 것은?

① 곡선의 기울기
② 곡선의 곡률
③ 곡선 위의 특정점에서 접선
④ 곡선의 길이

> 곡선의 곡률은 2차 미분값을 필요로 한다.

131 컨트롤 다이얼(control dial)은 주로 다음과 같은 작업에 편리하게 사용되는데 적당하지 않은 것은?

① 모델의 회전(rotation)
② 모델의 패닝(panning)
③ 모델의 줌밍(zoomming)
④ 모델의 트리밍(trimming)

132 다음 중 원 및 원호에 대한 정의에서 잘못된 것은?

① 중심과 원주상의 한 점으로 표시
② 원주상의 3개의 점으로 표시
③ 두 곡선에 의한 접선으로 표시
④ 3개의 직선에 접하는 접선으로 표시

133 필렛(fillet)을 형성하기 위해서는 필렛의 반지름과 필렛이 일어나는 두 가지 기하학적 요소가 필요하다. 다음 중 일반적으로 PC용 CAD 시스템에서 필렛을 형성하기 어려운 기하학적 요소의 쌍은?

① 직선(line)과 원호(arc)
② 원호와 원호
③ 스플라인(spline)과 원호
④ 직선과 직선

134 CAD용 소프트웨어의 옵션기능 중에서 작성할 때 가변되는 기본도형을 작성하여 필요에 따라 치수를 입력하여 도형을 작성하는 기능은?

① 비도형 정보처리 기능
② 파라메트릭 도형 기능
③ 도형처리 언어
④ 메뉴 관리 기능

135 다음 설명 중 틀린 것은?

① 중심과 원주상의 한 점을 주어 원을 정의할 수 있다.
② 세 점을 지나는 호(arc)는 방향을 지정해 주어야 한다.
③ 서로 다른 3개의 직선에 접하는 원은 하나이다.
④ 두 점과 반지름에 의해 만들 수 있는 호는 2개이다.

136 Transformation matrix가 필요 없는 작업은?

① Copy   ② Trim
③ Rotate   ④ Scale

137 원호(arc)를 정의하는 방법 중 틀린 것은?

① 원주상의 세 점을 알 때
② 원호의 중심점과 반지름을 알 때
③ 두 점이 이루는 각과 반지름을 알 때
④ 두 점의 좌표와 두 점이 이루는 각을 알 때

138 데이터베이스로서 표시된 도형을 화면상에 특정한 부분을 확대해서 볼 수 있는 작업 명령은?

① 세이빙(Saving)
② 줌잉(Zooming)
③ 로딩(loading)
④ 부팅(booting)

139 컴퓨터 그래픽에서 도형을 나타내는 그래픽 기본 요소가 아닌 것은?

① 점(dot)
② 선(line)
③ 원(circle)
④ 구(sphere)

> CAD에서 도형을 나타내는 그래픽 기본 요소
> 점, 선, 원, 원호, 곡선 등의 요소를 생성한다.

140 그래픽 기본요소 중 하나의 선을 정의하는 방법으로 적당하지 않은 것은?

① 2개의 점으로 표시
② 한 점과 수평선과의 각도를 지정하여 표시
③ 한 점에서 다른 점에 대한 평행선으로 표시
④ 원주상의 2점을 지정하여 표시

> 하나의 선을 정의하는 방법
> ① 2개의 점으로 표시
> ② 한 점과 수평선과의 각도를 지정하여 표시
> ③ 한 점에서 다른 점에 대한 평행선으로 표시
> ④ 한 점을 지나는 수직선과 수평선으로 표시
> ⑤ 모따기한 선으로 표시

정답 134 ② 135 ② 136 ② 137 ② 138 ② 139 ④ 140 ④

141 형상은 같으나 치수가 다른 도형 등을 작성할 때 가변되는 기본도형을 작성하여 놓고 필요에 따라 치수를 입력하여 비례되는 도형을 작성하는 기능을 무엇이라 하는가?

① 매크로화 기능
② 디스플레이 변형 기능
③ 도면화 기능
④ 파라메트릭 도형 기능

> CAD 소프트웨어의 옵션 기능
> ① 파라메트릭 도형 기능 : 형상은 같으나 치수가 다른 도형 등을 작성할 때 가변되는 기본 도형을 작성하여 놓고 필요에 따라 치수를 입력하여 비례되는 도형을 작성하는 기능
> ② 그밖에 비도형 정보처리 기능, 도형 처리 언어, 메뉴 관리 기능, 데이터 호환 기능, NC 정보 기능 등이 있다.

142 CAD작업에서 도형을 인식(identify, select)하는 목적과 직접적인 관련이 없는 사항은?

① 선이나 원 등 도형 요소를 삭제하고자 할 때
② 스크린상에 그리드를 작성하고자 할 때
③ 하나의 오브젝트를 변화시키고자 할 때
④ 하나의 오브젝트에 치수 기입을 하고자 할 때

> CAD 작업에서 스크린상의 그리드는 도형을 인식(identity, select)하는 것이 아니고, 도면을 그릴 때 편의를 제공한다.

143 CAD 명령어에서 이동(Move)기능과 복사(Copy)기능의 차이는?

① 오브젝트의 변위   ② 오브젝트의 위치
③ 오브젝트의 수   ④ 오브젝트의 변환

> CAD 명령어에서 이동(Move)기능과 복사(Copy)기능의 차이는 오브젝트의 수이다.

144 다음 중 도형을 작성(Draw)하는 데 사용되는 명령어는 어느 것인가?

① Circle   ② Zoom
③ Trim   ④ Erase

> 점의 작성, 직선의 작성, 원의 작성, 원호의 작성, 스트링 작성, 원추곡선의 작성, 자유곡면의 작성 등

145 도형을 구성하는 데이터를 몇 개간의 층으로 구별하여 저장하거나 출력하는 기능을 가지고 있는 레이어(Layer)를 설정할 때 해당되지 않는 것은?

① 각도
② 칼라
③ 선의 종류
④ 레이어 이름

> 레이어 작성시 사용하는 기능으로는 레이어 이름, 칼라, 선의 종류, 선의 굵기 등 을 할 수 있다.

146 평면상의 하나의 원(Circle)을 기하학적으로 정의하는 방법으로 맞지 않는 것은?

① 중심점과 반지름
② 중심점과 원주상의 한 점
③ 원주상의 3점
④ 원주상의 한 점과 원에 접하는 직선하나

147 다음 중 CAD 명령어 중에서 2차원 형상에서는 선대칭을 3차원 형상에서는 면대칭을 나타내는 것은?

① Scaling   ② Rotation
③ Mirror   ④ Translation

정답 141 ④ 142 ② 143 ③ 144 ① 145 ① 146 ④ 147 ③

148 하나의 원을 지정하는 방법으로 적합하지 않은 것은?

① 3개의 점의 위치
② 중심점의 위치와 반지름의 크기
③ 지름이 되는 선분의 양끝점
④ 한 점과 하나의 직선

149 다음 중 일반적으로 3차원 CAD/CAM 시스템에서 사용되는 자료구성요소가 아닌 것은?

① 점(point)   ② 선(line)
③ 요소(element)   ④ 링크(link)

150 다음은 공간상에서 한 평면을 기술하기 위하여 필요한 요소를 나타낸 것이다. 틀린 것은?

① 한 점과 그 점에서 평면에 수직인 벡터 1개
② 교차하는 두선
③ 공간상에 놓인 3점
④ 하나의 평면에 평행하고 평면상의 한 점

151 다음은 비트(bit)에 관한 설명이다. 틀린 것은?

① 정보를 나타내는 최소단위
② 0과 1을 동시에 나타내는 정보단위
③ binary digit의 약자이다.
④ 2진수로 표시된 정보를 나타내기에 알맞다.

> 비트(bit)는 Binary digit의 약자로 2진수 1자리(0, 1)를 나타낸다. 컴퓨터 내부에서의 최소 단위로 0과 1을 동시에 나타낼 수 없다.

152 데이터를 표현하는 최소단위를 무엇이라고 하는가?

① byte   ② bit
③ word   ④ file

> 데이터를 표현하는 최소단위는 byte이다. 또한 주소(address)의 표시단위는 byte이다.

153 컴퓨터가 처리할 수 있는 가장 작은 단위를 무엇이라 하는가?

① 바이트(byte)
② 비트(bit)
③ 워드(word)
④ 어드레스(address)

154 정보의 단위가 작은 것에서 큰 순으로 올바르게 나열된 것은?

> ① byte   ② record
> ③ data base   ④ field
> ⑤ file

① [③ - ① - ④ - ② - ⑤]
② [① - ③ - ② - ④ - ⑤]
③ [① - ④ - ② - ⑤ - ③]
④ [③ - ① - ② - ⑤ - ④]

> 정보의 표현(하위→상위개념)
> bit → byte → word → field → record → block → file → volume → data base → data bank

정답 148 ④   149 ④   150 ②   151 ②   152 ①   153 ②   154 ③

155 데이터의 표현 단위와 관계가 먼 것은?

① 바이트(byte)
② 레코드(record)
③ 메모리(memory)
④ 파일(file)

156 컴퓨터에서 4KB는 얼마인가?

① 4096
② 4052
③ 2102
④ 2100

4KB = 4×1024 = 4096byte
<참고> 1KB(killo byte) = 2^{10}(byte) = 1024byte
1MB(mega byte) = 2^{20}(byte)
1GB(giga byte) = 2^{30}(byte)
1TB(tela byte) = 2^{40}(byte)

157 다음 코드 가운데 데이터 통신용으로 널리 쓰이고 있고, 특히 마이크로컴퓨터에서 많이 채택하고 있는 코드는?

① EBCDIC 코드
② ASCII 코드
③ HAMMIG 코드
④ BCD 코드

ASCII 코드
American Standard Code for Information Interchange의 약자로 데이터 통신용 퍼스널 컴퓨터용 코드로 사용된다.

158 기계와 기계 또는 시스템과 시스템 사이의 상호 정보교환을 목적으로 개발된 7bit, 즉 128개의 모양을 갖는 미국의 표준 코드(code) 체제는?

① BCD
② EBCDIC
③ ASCII
④ EIA

ASCII 코드
American Standard Code for Information Interchange의 약자로 데이터 통신용 퍼스널 컴퓨터용 코드로 사용된다.

159 IBM PC에서 키보드가 83개일 때 사용하는 코드값은?

① ASCII
② SCAN
③ EBCDIC
④ EUCLID

키보드의 모든 키들은 입력장치 편의를 위해 SCAN code가 정의되어 있다. 대부분의 키는 ASCII 코드값을 갖고 있으나 특수키는 그 값으로 구별되지 않으므로 83개의 키를 스캔코드값으로 구별한다.

160 2진법의 표시 방법 중 IBM에서 개발한 코드로 8개의 data bit와 1개의 parity bit로 표시되는 코드는?

① BCD(Binary Coded Decimal)
② EBCDIC(Extended Binary - Code Decimal Interchange Code)
③ ASCII(American Standard Code for Information Interchange)
④ ISO(International Standard Organization)

EBCDIC(Extended Binary Code Decimal Interchange Code)는 8피트로 된 영숫자 코드로서 처음 4비트는 zone부분, 뒤의 4비트는 digit 부분이라 한다.

161 표준 BCD 방식이 아닌 것은?

① 디짓(digit) 비트가 4개이다.
② 순수한 2진수에 의한 표현보다 작은 수의 비트가 필요하다.
③ 순수 2진수에 의한 표현과 다르게 표현한다.
④ 10진수 한 자리당 4개의 비트를 필요로 한다.

162 데이터 전송을 위한 연결 방식에서 serial data를 구성하고 있는 데이터 비트의 개수를 항상 홀수로 유지하여 데이터 비트의 개수를 짝수 또는 홀수로 만들어 주는 방식의 bit는?

① start bit   ② data bit
③ parity bit   ④ stop bit

> 패리티 비트는 컴퓨터의 하드웨어 상에서 발생하는 착오(error)를 검출하기 위하여 사용하는 비트로서 짝수 패리티 시스템과 홀수 패리티 시스템으로 구분된다. 짝수 패리티 시스템이란 1바이트 중의 데이터 비트가 자료를 기억한 결과 "1"로 표현된 비트수가 짝수 개이면 패리티 비트가 "0"으로 세트되고, 홀수 개이면 "1"로 세트되어 패리티 비트를 포함한 1바이트의 "1"로 세트된 비트수가 항상 짝수개로 되도록 하는 시스템이다.

163 패리티 비트(parity bit)에 대한 설명 중 맞는 것은 어느 것인가?

① 에러를 교정만 할 수 있다.
② 에러를 검색만 할 수 있다.
③ 에러를 검색도 할 수 있고, 교정도 할 수 있다.
④ 에러를 검색도, 교정도 할 수 없다.

- 패리티비트 : 에러검색
- 해밍코드 : 에러검색 및 에러교정

164 디지털 컴퓨터에서 특수한 응용을 위해 한 숫자에서 다음 숫자로 올라갈 때 한 비트만 변화되는 코드는?

① Gray 코드   ② BCD 코드
③ ASCII 코드   ④ Excess-3 코드

165 10진법으로 한 자리수를 나타내려면 2진법으로 최소한 몇 개의 비트가 필요하겠는가?

① 2   ② 4
③ 8   ④ 10

166 다음 변환 관계식의 결과가 틀린 것은?

① $10110011110111_2 = 2CF71_{16}$
② $517_8 = 335_{10}$
③ $1A3_{16} = 165_{10}$
④ $10110101_2 = 181_{10}$

> $1A3_{16} = 419_{10}$
> $165_{10} = A5_{16}$

167 10진수의 11은 16진수로는 얼마인가?

① B   ② A
③ FF   ④ BB

> **16진수의 표현**
> 1~9까지와 A, B, C, D, E, F가 있다.
> 10 = A, 11 = B, 12 = C, 13 = D, 14 = E, 15 = F로 표현한다.

정답 161 ② 162 ③ 163 ② 164 ① 165 ② 166 ③ 167 ①

168 10진수 771을 8진수로 나타내면?

① $(1405)_8$ ② $(1403)_8$
③ $(1505)_8$ ④ $(1415)_8$

```
8 | 711 ····· 3
8 |  96 ····· 0
8 |  12 ····· 4
       1
∴ (1403)₈
```

169 컴퓨터 회로에서 2진수 "0" 또는 "1"의 한 비트를 기억하는 곳을 무엇이라 하는가?

① decoder ② flip - flop
③ gate ④ adder

① flip-flop : 1bit 임시기억
② Resister : 7개의 bit 임시기억
③ buffer : 임시기억 장소

170 컴퓨터의 처리속도를 표시하는 방법으로서 가장 널리 쓰이는 단위는 어느 것인가?

① MIPS ② MIS
③ BPS ④ TPS

MIPS(Million instruction per second)
1초당 수백만 개의 명령어를 처리

171 Serial COM port로 출력장치에 연결하여 사용할 때 data의 전송속도를 나타내는 단위는?

① CPS ② IPS
③ BPS ④ NPS

172 다음 중 프린터의 출력속도를 나타내는 것은?

① BPS ② IPS
③ DPI ④ CPS

173 자기 테이프에서 BPI란?

① 파일의 크기
② 자료의 기록밀도
③ 레코드의 간격
④ 전송속도

174 CAD 시스템의 H/W 중 DPI 단위를 사용하는 것은?

① 기억장치 ② CPU
③ 출력장치 ④ 입력장치

175 다음 식으로 표현된 도형의 결과를 무엇이라고 하는가? (단, $r : x_c$와 y_c에서 떨어진 직선거리, $0 \leq \theta \leq 2\pi$)

$$f_x = x_c + r\cos\theta, \; f_y = y_c + r\sin\theta$$
여기서 x_c와 y_c는 임의의 좌표값 임.

① 타원 ② 포물선
③ 쌍곡선 ④ 원

도형의 방정식
① 타원체의 방정식 $\frac{x^2}{a^2} + \frac{y^2}{b^2} + \frac{z^2}{c^2} = 1$
② 타원의 방정식 $\frac{x^2}{a^2} + \frac{y^2}{b^2} = 1 \; (a > 0, b > 0)$
③ 쌍곡선의 방정식
$\frac{x^2}{a^2} - \frac{y^2}{b^2} = 1 \; (a > 0, \; b > 0, \; k^2 = a^2 + b^2)$
④ 구의 방정식 $x^2 + y^2 + z^2 = r^2$

정답 168 ② 169 ② 170 ① 171 ③ 172 ④ 173 ② 174 ④ 175 ④

176 다음 식에 의해서 표현할 수 없는 도형은?

$$f(x, y) = ax^2 + bxy + cy^2 + dx + ey + g = 0$$

① 원(circle) ② 평면(plan)
③ 타원(eilipse) ④ 쌍곡선(hyperbola)

177 어떤 도형을 X축 방향으로 2배, Y축 방향으로 3배 하려고 할 때 변환행렬 T는 어느 것인가?

$$[X'\ Y'] = [X\ Y]\ T$$

① $\begin{bmatrix} 0 & 2 \\ 3 & 0 \end{bmatrix}$ ② $\begin{bmatrix} 2 & 0 \\ 0 & 3 \end{bmatrix}$
③ $\begin{bmatrix} 3 & 0 \\ 0 & 2 \end{bmatrix}$ ④ $\begin{bmatrix} 0 & 3 \\ 2 & 0 \end{bmatrix}$

178 다음 식은 무엇을 나타낸 방정식인가?

$$x^2 + y^2 + z^2 = 1$$

① 원(circle) ② 포물선(parabola)
③ 타원(ellipse) ④ 구(sphere)

179 떨어져서 구성된 두 곡면의 접선, 법선벡터를 일치시켜 곡면을 구성시키는 방법은?

① Smoothing ② Blending
③ Filleting ④ Stretching

180 $x^2 + y^2 + z^2 - 4x + 6y - 10z + 2 = 0$인 방정식으로 표현되는 구의 중심점과 반지름은 얼마인가?

① 중심(-2, 3, -5), 반지름: 6
② 중심(2, -3, 5), 반지름: 6
③ 중심(-4, 6, -10), 반지름: 2
④ 중심(4, -6, 10), 반지름: 2

181 그림과 같이 $x^2+y^2-2=0$인 원이 있다. 점 P(2, 2)에서의 접선 및 법선 방정식은?

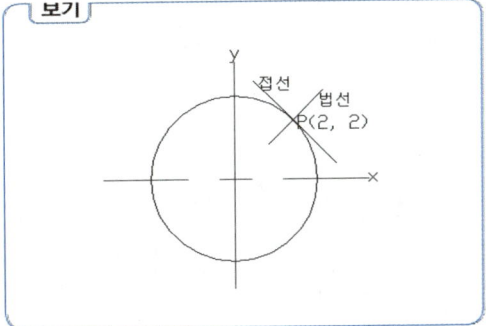

① 접선방정식: 4(x - 2) + 4(y - 2) = 0
  법선방정식: 4(x - 2) - 4(y - 2) = 0
② 접선방정식: 4(x - 2) - 4(y - 2) = 0
  법선방정식: 4(x - 2) + 4(y - 2) = 0
③ 접선방정식: 2(x - 2) + 2(y - 2) = 0
  법선방정식: 2(x - 2) - 2(y - 2) = 0
④ 접선방정식: 2(x - 2) - 2(y - 2) = 0
  법선방정식: 2(x - 2) + 2(y - 2) = 0

① 접선의 방정식 $x + y = 4$, $4x + 4y = 16$
② 법선의 방정식은 원점과 접선에 일치되므로
   $x + y - 4$, $4x - 4y = 0$
   ∴ $4(x - 2) - 4(y - 2) = 0$

정답 176 ② 177 ② 178 ④ 179 ② 180 ② 181 ①

182 CAD 프로그램에서 주로 곡선을 표현할 때 많이 사용하는 방정식의 형태는?

① Explicit 형태 ② Implicit 형태
③ Hybrid 형태 ④ Parametric 형태

> Parametric 방정식 : 매개변수 방정식으로 CAD 프로그램에서 주로 곡선을 표현할 때 많이 사용한다.

183 2차원 CAD에서 최대 변환 매트릭스는 얼마인가?

① 3×3 ② 4×4
③ 5×5 ④ 6×6

184 다음 A, B행렬의 곱 AB의 결과는?

(단, $A = \begin{bmatrix} 1 & 2 & 3 \\ 4 & 5 & 6 \\ 7 & 8 & 9 \end{bmatrix}, B = \begin{bmatrix} 1 & 4 \\ 2 & 5 \\ 3 & 6 \end{bmatrix}$)

① 3행 3열 ② 2행 2열
③ 3행 2열 ④ 3행 3열

> AB행렬의 곱은 [3 × 3] × [3 × 2] = [3 × 2]행렬

185 그림과 같은 형상을 표현하는 곡면 모델링 기법은?

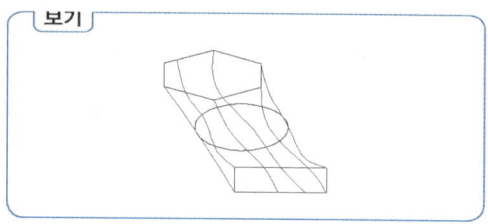

① Ruled Surface ② Sweep Surface
③ Nurbs Surface ④ Coons Surface

186 직선 $L = \begin{bmatrix} 1 & 1 \\ 2 & 4 \end{bmatrix}$를 X방향으로 2만큼, Y방향으로 3만큼 이동하면 변환행렬은 어느 것인가?

① $\begin{bmatrix} 2 & 2 \\ 6 & 12 \end{bmatrix}$ ② $\begin{bmatrix} 2 & 3 \\ 2 & 4 \end{bmatrix}$
③ $\begin{bmatrix} 2 & 3 \\ 4 & 12 \end{bmatrix}$ ④ $\begin{bmatrix} 3 & 4 \\ 4 & 7 \end{bmatrix}$

> $L = \begin{bmatrix} 1 & 1 \\ 2 & 4 \end{bmatrix}$에서 $\Delta x = 2, \Delta y = 3$이므로
> $L = \begin{bmatrix} x_1 + \Delta x & y_1 + \Delta y \\ x_2 + \Delta x & y_2 + \Delta y \end{bmatrix} = \begin{bmatrix} 1+2 & 1+3 \\ 2+2 & 4+3 \end{bmatrix} = \begin{bmatrix} 3 & 4 \\ 4 & 7 \end{bmatrix}$

187 기하학적으로 곡선형상을 표현하기 위해서는 기본적으로 점과 벡터에 의해서 구성된다. 이러한 벡터를 구성하기 위한 기본 요소가 아닌 것은?

① 벡터의 시작점 ② 벡터의 길이
③ 벡터의 방향   ④ 벡터의 굴절

> 벡터의 구성 : 벡터의 시작점, 길이, 방향 등

188 다음 그림과 같은 면의 작성기법은?

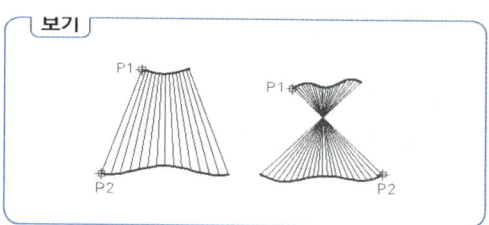

① 방향벡터 표면(TABSURF)
② 선형보간 표면(RULESURF)
③ 회전 표면(REVSURF)
④ 모서리 표면(EDGESURF)

정답 182 ④ 183 ① 184 ③ 185 ② 186 ④ 187 ④ 188 ②

189 2차원에서의 변환행렬(3 X 3)은 크게 4부분으로 나누어진다. 다음 설명 중 틀린 것은?

$$T_H = \begin{bmatrix} a & b & p \\ c & d & q \\ m & n & s \end{bmatrix}$$

① a, b, c, d는 회전(rotation), 스케일링(scaling) 등에 관계된다.
② m, n은 이동(translation)에 관계된다.
③ s는 전체적인 스케일링(overall scaling)에 영향을 미친다.
④ P, q 는 대칭변화(reflection)에 관계된다.

190 다음 중 중심이 (m,n)이고 반지름일 r인 원의 형상을 표현하는 것은?

① $(x + m) + (y + n) = r^2$
② $(x - m)^2 + (y - n)^2 = r^2$
③ $x^2 + y^2 = r^2 - m - n$
④ $x^2 + m - y^2 - n = r$

191 서피스(Suface) 모델링의 특징이 아닌 것은?

① 두 개의 면의 교선을 구할 수 있다.
② 복잡한 형상 표현이 가능하다.
③ NC 가공 정보를 얻을 수 있다.
④ 유한 요소법(FEM)의 적응을 위한 요소분할이 쉽다.

192 그림과 같은 사각뿔을 B-Rep 방식으로 솔리드 모델링할 때 성립하는 오일러(Euler)의 관계식으로 옳은 것은? (여기서 V = 꼭짓점의 수, F = 면의 수, E = 모서리의 수이다.)

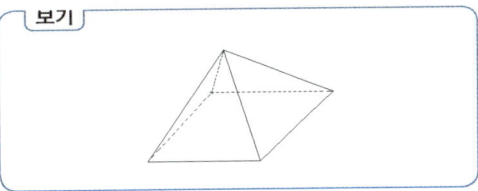

① V + F + E = 2
② V + F - E = 2
③ V - F + E = 2
④ V - F - E = 2

193 그림과 같은 꽃병 도형을 그리기에 가장 적합한 방법은?

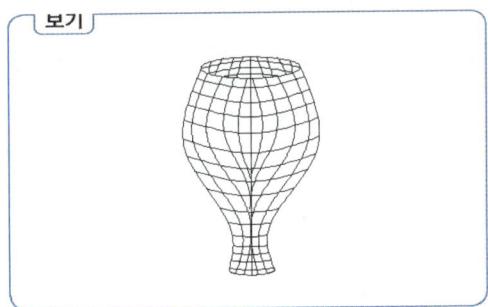

① 테이퍼 곡면
② 슬라이드 곡면
③ 회전 곡면
④ 스위핑 곡면

194 다음 변환행렬에서 전단변환(shearing transformation)과 관련되는 요소로 올바르게 짝지어진 것은?

$$T = \begin{bmatrix} a & b & c & d \\ e & f & g & h \\ i & j & k & l \\ m & n & o & p \end{bmatrix}$$

① a, f, k, p
② m, n, o, p
③ m, n, o, d, h, l
④ b, c, e, g, i, j

전단 변환(shearing transformation) : b, c, e, g, i, j
스케일링(scaling) 변환 : a, f, k
평행이동(translation) 변환 : m, n, o

195 도형 변환 행렬 $[x, y]\begin{bmatrix} 1 & 0 \\ 0 & d \end{bmatrix} = [x', y']$에서 0 < d < 1이면 어떤 변환을 하는가?

① x방향 확대
② y방향 확대
③ x방향 축소
④ y방향 축소

0 < d < 1에서 d는 1보다 작으므로 y방향 축소변환

196 2차원에서 주어진 물체를 y=x의 식을 갖는 직선에 대하여 반사변환(reflection)을 수행하는 데 적용되는 변환행렬 [Tref]는?

[x해설 : y해설 : 1] = [x y 1][Tref]

① $\begin{bmatrix} 1 & 0 & 0 \\ 0 & 1 & 0 \\ 0 & 0 & 1 \end{bmatrix}$ ② $\begin{bmatrix} 0 & 1 & 0 \\ 1 & 0 & 0 \\ 0 & 0 & 1 \end{bmatrix}$

③ $\begin{bmatrix} -1 & 0 & 0 \\ 0 & 1 & 0 \\ 0 & 0 & 1 \end{bmatrix}$ ④ $\begin{bmatrix} 1 & 0 & 0 \\ 0 & -1 & 0 \\ 0 & 0 & 1 \end{bmatrix}$

y=x의 식을 갖는 직선에 대한 반사변환행렬
$[T_{ref}] = \begin{bmatrix} 0 & 1 & 0 \\ 1 & 0 & 0 \\ 0 & 0 & 1 \end{bmatrix}$

197 대상물체를 x축으로 90° 회전시킨 후 x축으로 3, y축으로 2, z축으로 5만큼 이동시키면 물체 위의 점 [2, 3, 4]는 어느 점으로 옮겨 가는가?

① [5, 5, 9]   ② [5, 5, 2]
③ [5, -2, 8] ④ [5, -5, 2]

점 P를 90° 회전시키면 P(2, -4, 3)
∴ P' = (2+3, -4+2, 3+5) = (5, -2, 8)

198 와이어 프레임 모델링이 기본 요소가 아닌 것은?

① 곡선   ② 직선
③ 원호   ④ 면

정답 194 ④ 195 ④ 196 ② 197 ③ 198 ④

199 다음 중 서피스 모델의 특징을 잘못 설명한 것은?
① 2개 면의 교선을 구할 수 있다.
② 복잡한 형상을 표현할 수가 없다.
③ NC 가공 정보를 얻을 수 있다.
④ 은선 제거가 가능하다.

X, Y축 방향의 확대, 축소 및 반전 작용 시 단위 정방형의 원점을 중심으로 한 확대, 축소이므로 a = -1, d = 2이다.
$$[x'\ y'] = [x\ y]\begin{bmatrix} \cos\theta & \sin\theta \\ -\sin\theta & \cos\theta \end{bmatrix}$$
$$= [x \cdot \cos\theta - y\sin\theta\ \ x \cdot \sin\theta + y \cdot \cos\theta]$$

200 그림과 같이 병 모양의 곡면을 나타내는 데 가장 적합한 곡면 모델링은?

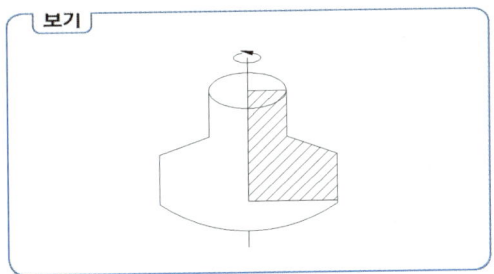

① 이동 곡면 ② 회전 곡면
③ 연결 곡면 ④ 투영 곡면

202 다음 A, B 행렬의 곱 AB의 결과는?

(단, $A = \begin{pmatrix} 1 & 2 & 3 \\ 4 & 5 & 6 \\ 7 & 8 & 9 \end{pmatrix}$, $B = \begin{pmatrix} 1 & 4 \\ 2 & 5 \\ 3 & 6 \end{pmatrix}$)

① 3행 3열 ② 2행 2열
③ 3행 2열 ④ 2행 3열

203 CAD / CAM 시스템에서 사용하는 좌표계가 아닌 것은?
① 직교좌표계
② 원통좌표계
③ 원추좌표계
④ 구면좌표계

201 그림과 같이 변환시키려면 d값은 얼마인가?

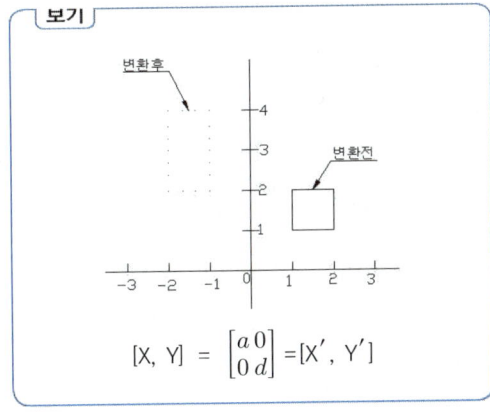

[X, Y] = $\begin{bmatrix} a & 0 \\ 0 & d \end{bmatrix}$ = [X', Y']

① 1   ② 2
③ -1 ④ -2

204 솔리드 모델링에서 기본 형상의 볼 연산방법이 아닌 것은?
① 합집합   ② 차집합
③ 곱집합   ④ 교집합

205 점 P1(25, 50)을 △x = 15, △y = 6만큼 이동시킨 후 원래의 위치로 되돌리기 위한 Matrix에서 b_{31}은 얼마인가?

(단, [x', y', 1] = [x, y, 1] $\begin{bmatrix} b_{11} & b_{12} & b_{13} \\ b_{21} & b_{22} & b_{23} \\ b_{31} & b_{32} & b_{33} \end{bmatrix}$)

① -25 ② -50
③ -14 ④ -6

> P1(25, 50)을 $\Delta x = 14$, $\Delta y = 6$만큼 이동시키면 P2(39, 66)이 되므로 원래 P1 위치로 되돌리려면 $\Delta x - 14$, $\Delta y - 6$만큼 이동하면 된다.
> 여기서 $b_{31}(x + \Delta x$값), $b_{32}(y + \Delta y$값)이다.

206 그림과 같은 방식으로 3차원 형상을 구성하는 모델링 방식은 무엇인가?

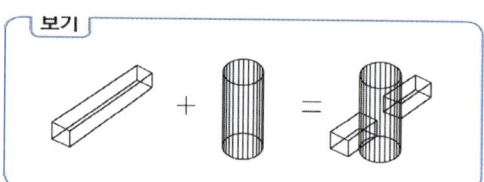

① B - rep modeling
② wire - frame modeling
③ surface modeling
④ CSG modeling

207 다음은 CAD 소프트웨어에서 갖고 있는 명령어이다. 이 중에서 데이터 변환(transformation) 기능을 나타내는 것은?

① Line ② Zoom
③ Translation ④ Symbol

> 동차좌표에 의한 2차원 좌표변환행렬
> $TH = \begin{bmatrix} a & b & p \\ c & d & q \\ m & n & s \end{bmatrix}$
> ① 2 × 2 행렬(a, b, c, d) : scaling(확대 또는 축소, rotation(회전), shearing(전단), reflection(반전 또는 대칭)
> ② 1 × 2행렬(m, n) : translation(이동변환)
> ③ 2 × 1행렬(p, q) : projection(투영, 투사)
> ④ 1 × 1행렬(s) : overall scaling(전체적인 스케일링)

208 다음 중 원점을 중심으로 하고 반지름이 r인 원의 방정식은?

① $x^2 + y^2 = r^2$
② $x^2 + y^2 + A_x + B_y + C = 0$
③ $(x - a) - (y - b) = r$
④ $x_1 x + y_1 y = x_1^2 + y_1^2$

209 XY평면 위의 점(10, 20)을 원점을 중심으로 시계 방향으로 45° 회전시킬 때의 좌표값은?

① (21.2, 7.1)
② (20, 40)
③ (7.1, 21.2)
④ (10.2, 20.1)

> $[x'\ y'] = [10\ 20] \begin{bmatrix} \cos 45° & -\sin 45° \\ \sin 45° & \cos 45° \end{bmatrix}$
> $= [10 \times \cos 45 + 20 \times \sin 45,$
> $\ \ 10 \times -\sin 45 + 20 \times \cos 45]$
> $= [21.2, 7.1]$

정답 205 ③ 206 ④ 207 ③ 208 ① 209 ①

210 평면상에서 직교좌표계의 기준 직교축의 원점에서부터 점 P까지의 직선거리(r)와 기준 직교축과 그 직선이 이루는 각도(θ)로 표시되는 좌표계를 무엇이라고 하는가?

① 절대좌표계
② 극표계
③ 원통좌표계
④ 구면좌표계

211 2차원에서 반시계 방향으로 θ각만큼 회전시켰을 때의 회전 변환 행렬은?

① $\begin{bmatrix} \cos\theta & \sin\theta \\ \sin\theta & \cos\theta \end{bmatrix}$

② $\begin{bmatrix} -\cos\theta & \sin\theta \\ \sin\theta & \cos\theta \end{bmatrix}$

③ $\begin{bmatrix} -\sin\theta & \cos\theta \\ \cos\theta & \sin\theta \end{bmatrix}$

④ $\begin{bmatrix} \cos\theta & \sin\theta \\ -\sin\theta & \cos\theta \end{bmatrix}$

> **2차원에서 회전 변환 행렬**
> ① 반시계 방향 :
> $[x'\ y'] = [x\ y] \begin{bmatrix} \cos 60 & \sin 60 \\ -\sin 60 & \cos 60 \end{bmatrix}$
> ② 시계방향 : $[x'\ y'] = [x\ y] \begin{bmatrix} \cos 60 & -\sin 60 \\ \sin 60 & \cos 60 \end{bmatrix}$

212 NURBS(Non-Uniform Rational b-Spline)에 관한 설명으로 잘못된 것은?

① NURBS 곡선식은 일반적인 B-Spline 곡선식을 포함하는 더 일반적인 형태라고 할 수 있다.
② B-Spline에 비하여 NURBS곡선이 보다 자유로운 변형이 가능하다.
③ 곡선의 변형을 위하여 NURBS곡선에서는 조정점의 x, y, z의 3개의 자유도만 허용한다.
④ NURBS 곡선은 자유곡선뿐만 아니라 원추곡선까지 한 방정식의 형태로 표현이 가능하다.

213 주어진 모든 점을 지나는 곡선을 그리고자 한다. 보기 중에서 알맞은 메뉴를 선택하면?

① Spline
② B-spline
③ Bezier
④ Are

> ① 스플라인 곡선(spline curve) : 주어진 모든 점을 반드시 통과하는 곡선이다.
> ② B-spline 곡선 : 기초 스플라인을 이용한 곡선이며, 스플라인이 갖는 접속성과 곡면이 갖는 제어성이 가장 우수한 곡면이다.
> ③ 베지에 곡선(Bezier curve) : 주어진 다각형의 각을 평활화하여 얻어지는 곡선 구간의 정의에 있어서 양 끝점의 위치 벡터와 내부 조정점을 이용하는 곡선이다.

214 다음 중 공학적 해석(부피, 무게중심, 관성모멘트 등의 계산)을 적용할 때 쓰는 가장 적합한 모델은?

① 솔리드 모델
② 서피스 모델
③ 와이어프레임 모델
④ 데이터 모델

215 다음 중 서피스 모델링(surface modeling)의 특징을 설명한 것이다. 틀린 것은?

① 은선제거가 가능하다.
② 물리적 성질의 계산이 간단하다.
③ NC 데이터를 생성할 수 있다.
④ 면과 면의 교선을 구할 수 있다.

정답 210 ② 211 ④ 212 ③ 213 ① 214 ① 215 ②

216 곡면을 모델링하는 방식 중 4개의 경계곡선을 선형보간하여 형성되는 곡면은 무엇인가?

① 로프트(Loft) 곡면
② 쿤스(Coon's) 곡면
③ 스윕(Sweep) 곡면
④ 회전(Revolve) 곡면

217 B-spline곡선에 대한 설명 중 옳지 않는 것은?

① 곡선 전체의 연속성이 좋다.
② 일부 control point의 이동에 의하여 곡선 전체의 모양을 변경할 수 있다.
③ 곡선함수의 차수가 1개의 정점(control point)이 영향을 줄 수 있는 곡선 세그먼트의 개수를 결정한다.
④ B-spline 곡선 세그먼트는 그 근방의 정점의 위치 벡터에 의하여 형상이 결정된다.

> **B-spline 곡선**
> ① 기초 스플라인을 이용한 곡선 및 곡면을 그리고, 곡선 전체의 연속성이 좋다.
> ② 정점의 이동에 의한 형상의 변화는 곡선 전체에는 영향을 주지 않으므로 형상의 조작성이 쉽다.
> ③ 스플라인이 갖는 접속성과 곡면이 갖는 제어성이 가장 우수한 곡선이다.
> ④ 곡선함수의 차수가 1개의 정점(control point)이 영향을 줄 수 있는 곡선 세그먼트의 개수를 결정한다.

218 XY 평면상에 하나의 곡선을 표현하는 방법이 일반적으로 3가지가 있는데 이에 속하지 않는 것은?

① 음함수 형태   ② 양함수 형태
③ 단어번지 형태   ④ 매개변수 형태

> XY 평면상에 1개의 곡선을 표현하는 방법에는 음함수, 양함수, 매개변수 형태가 일반적이다.

219 그림과 같이 평면상의 두 벡터 $\vec{a}, \vec{b}$로 이루어진 평행사변형의 넓이를 구한 식으로 맞는 것은?

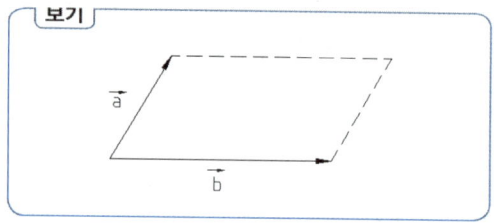

① $\vec{a}, \vec{b}$ ② $|\vec{a}, \vec{b}|$
③ $\vec{a} \times \vec{b}$ ④ $|\vec{a} \times \vec{b}|$

220 다음 중 Bezier 곡면의 특징이 아닌 것은?

① 곡면을 부분적으로 수정할 수 있다.
② 곡면의 코너와 코너 조정점이 일치한다.
③ 곡면이 조정점들의 블록포(Convex hull) 내부에 존재한다.
④ 곡면이 일반적인 조정점의 형상에 따른다.

> **Bezier 곡면의 특징**
> ① 곡면의 코너와 코너 조정점이 일치한다.
> ② 곡면이 조정점들의 블록포(convex hull) 내부에 포함된다.
> ③ 곡면이 일반적인 조정점의 형상에 따른다.

221 B-spline 곡선을 정의하기 위해 필요하지 않은 입력 요소는?

① 오더(Order)
② 끝점에서의 접선(Tangent) 벡터
③ 조정점
④ 절점(Knot) 벡터

> B-Spline 곡선을 정의하기 위해 필요한 입력 요소는 오더(Order), 조정점, 절점(Knot)벡터 등이 있다.

정답 216 ② 217 ② 218 ③ 219 ④ 220 ① 221 ②

222 급커브 길은 운전대를 신속히 많이 꺾어야 하는 길이라고 가정하자. 만일 고속도로를 곡선으로 보았을 때 급커브 길을 수학적으로 가장 잘 설명하고 있는 것은?

① 곡률이 큰 길
② 곡률 반지름이 큰 길
③ 노면의 경사가 심한 길
④ 노면의 요철이 심한 길

> 고속도로를 곡선으로 보았을 때 급커브 길을 수학적으로 보면 곡률이 큰 길이라고 표현할 수 있다.

223 3차원 동차좌표계에서 변환 행렬(matrix)의 크기는 얼마로 해야 일반성이 있는가?

① (2 × 2)   ② (3 × 3)
③ (4 × 4)   ④ (6 × 6)

224 떨어져서 구성된 두 곡면의 접선, 법선벡터를 일치시켜 곡면을 구성시키는 방법은?

① Smoothing   ② Blending
③ Filleting   ④ Stretching

> ① 회전(Revolve) 곡면 : 하나의 곡선을 임의의 축이나 요소를 중심으로 회전시켜 모델링 한 곡면
> ② Sweep 곡면 : 두 개 이상의 곡선에서 안내 곡선을 따라 이동곡선이 이동규칙에 따라 이동하면서 생성되는 곡면
> ③ 연결(Patch) 곡면 : 여러 개의 단면곡선이 연결규칙에 따라 연결된 곡면
> ④ Patch : 경계곡선의 내부를 형성하는 곡면
> ⑤ Blending 곡면 : 두 곡면이 만나는 부분을 부드럽게 만들 때 생성하는 곡면
> ⑥ 리메싱(remeshing) : 종방향의 배열이 맞지 않는 데이터를 오와 열의 배열이 가지런한 형태의 곡면 입력점을 새로이 구해내는 절차
> ⑦ 스무딩(smoothing) : 표현된 심한 굴곡면을 평활한 곡면으로 재계산하는 것
> ⑧ 필렛팅(filleting) : 연결부위를 일정한 반지름을 갖도록 하는 것

225 다음은 곡면 모델링에 관한 설명이다. 빈 칸에 알맞은 말로 짝지어진 것은?

> [보기]
> 주어진 점들이 곡면 상에 놓이도록 피팅(fitting)하는 것을 [Ⓐ] (이)라고 하며, 점들이 곡면으로부터 조금 떨어져 있는 것을 허용하는 경우를 [Ⓑ] (이)라고 부른다.

① Ⓐ 보간, Ⓑ 근사
② Ⓐ 근사, Ⓑ 보간
③ Ⓐ 블렌딩, Ⓑ 스무싱
④ Ⓐ 스무싱, Ⓑ 블렌딩

226 B-Spline 곡선이 Bezier 곡선에 비해서 갖는 장점을 설명한 것으로 옳은 것은?

① 곡선을 국소적으로 변형할 수 있다.
② 한 조정점을 이동하면 모든 곡선의 형상에 영향을 준다.
③ 자유 곡선을 표현할 수 있다.
④ 복잡한 곡선을 표현하려면 많은 조정점을 사용한다.

> B-spline 곡선이 Bezier 곡선에 비해서 갖는 장점
> ① 곡선을 국소적으로 변형할 수 있다.
> ② 스플라인이 갖는 접속성과 곡면이 갖는 제어성이 가장 우수한 곡면이다.
> ③ 곡선함수의 차수가 1개의 정점(control point)이 영향을 줄 수 있는 곡선 세그먼트의 개수를 결정한다.

정답 222 ① 223 ③ 224 ② 225 ① 226 ①

227 다음 중 B-spline 곡선은?

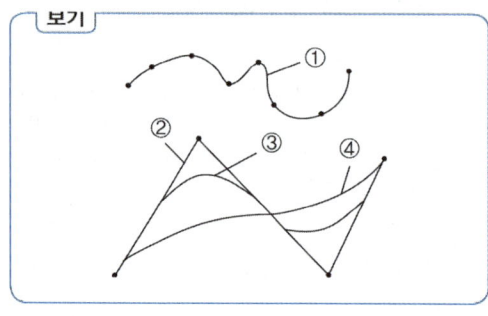

① [①]　　② [②]
③ [③]　　④ [④]

228 자유곡면을 정의할 때 분할된 단위곡면 구간을 무엇이라 하는가?

① 패치(patch)
② 요소(element)
③ 세그먼트(segment)
④ 프리미티브(primitive)

① 패치(patch) : 자유곡면을 정의할 때 분할된 단위곡면 구간
② 요소(element) : 점, 선, 원, 원호, 자유곡선, 문자 등
③ 세그먼트(segment) : 형상의 일부분이란 뜻으로 수정이나 삭제되는 기본단위를 뜻한다.
④ 프리미티브(primitive) : 요소 하나하나를 의미한다.

229 형상의 정확한 치수보다 미적 표현을 중요시한 곡면으로 일반 가전제품의 외형이나 용기류 등의 플라스틱 제품에서 널리 쓰이는 곡면은?

① 공학적 곡면
② 심미적 곡면
③ 유체역학적 곡면
④ 물리적 곡면

곡면을 용도에 따른 곡면형태는 심미적 곡면, 유체역학적 곡면, 공학적인 곡면 등으로 분류된다.
① 심미적 곡면 : 형상의 정확한 치수보다 미적 표현을 중요시한 곡면으로 일반 가전제품의 외형이나 용기류 등의 플라스틱 제품에서 널리 쓰이는 곡면이다.
② 유체역학적 곡면 : 방향성을 가진 곡면으로 곡면에서 유체의 유동성을 고려한 곡면
③ 공학적인 곡면 : 심미적이나 유체역학적 곡면을 제한한 곡면의 형태가 기능이 있는 곡면으로 변화되어서는 안 된다.

230 Cup(컵)이나 유리병과 같이 형상을 가진 대상을 작성하기 위해 사용하는 명령어 중 가장 적절한 것은?

① 단순 평면　　② 복합 곡면
③ 회전 곡면　　④ Bezier 곡면

231 와이어 프레임(wire frame) 모델의 특징이 아닌 것은?

① 물리적 성질의 계산이 가능하다.
② 처리속도가 빠르다.
③ 숨은선 제거가 불가능하다.
④ 해석용 모델에 사용이 불가능하다.

232 다음 모델 중 데이터의 구성이 단순하여 메모리를 가장 적게 차지하는 모델은?

① 솔리드 모델
② 와이어 프레임 모델
③ 입체 모델
④ 서피스 모델

와이어 프레임 모델은 데이터의 구성이 단순하여 메모리를 가장 적게 차지한다.

정답 227 ③　228 ①　229 ②　230 ③　231 ①　232 ②

233 솔리드 모델링(solid modeling) 방법의 특징으로 적당한 것은?

① 물리적 성질의 계산이 불가능하다.
② CSG(Constructive Solid Geometry)에서는 모델 → 면 → 모서리선 →꼭짓점식으로 데이터 구조를 계층 구조로 표현한다.
③ 경계 표현 방법(Boundary Representation)에서는 기본적인 프리미티브의 합, 차, 곱 등의 연산으로 솔리드 모델을 구성한다.
④ 복잡한 계산이 필요하여 연산 처리에 시간이 걸린다.

234 일반적으로 와이어 프레임(Wire frame) 모델을 이용하여 수행할 수 있는 계산은?

① 물체의 부피 계산
② NC 공구 경로 계산
③ 총 모서리의 길이
④ 유한 요소의 자동 생성

> 와이어 프레임(wire frame) 모델을 이용하여 수행할 수 있는 계산은 총 모서리의 길이이다.
> ① 서피스 모델링 : NC 공구 경로 계산
> ② 솔리드 모델링 : 물체의 부피 계산, 유한 요소의 자동 생성

235 미리 정해진 연속된 단면을 덮는 표면 곡면을 생성시켜 닫혀진 부피영역 혹은 솔리드 모델을 만드는 모델링 방법은?

① 트위킹(tweaking)   ② 리프팅(lifting)
③ 스위핑(sweeping)   ④ 스키닝(skinning)

> 스키닝(skinning)
> 미리 정해진 연속된 단면을 덮는 표면 곡면을 생성시켜 닫혀진 부피영역 혹은 솔리드 모델을 만드는 모델링 방법

236 3차원 형상모델을 분해모델로 저장하는 방법 중 틀린 것은?

① 복셀(Voxel) 모델
② 옥트리(Octree) 표현
③ 세포분해(Cell Decomposition) 모델
④ Facet 모델

> 3차원 형상모델을 분해모델로 저장하는 방법
> ① 복셀(Voxel) 모델
> ② 옥트리(Octree) 모델
> ③ 세포분해(Cell Decomposition) 모델

237 CAD 모델을 여러 개의 단층으로 나누어 층 하나하나를 마치 피라미드를 쌓아올리는 방식으로 시제품을 만드는 가공방식을 무엇이라고 부르는가?

① 역공학
② Rapid prototyping
③ NC 가공
④ Digital Mock-Up

> Rapid prototyping
> CAD 모델을 여러 개의 단층으로 나누어 층 하나하나를 마치 피라미드를 쌓아올리는 방식으로 시제품을 만드는 가공방식

정답 233 ④   234 ③   235 ④   236 ④   237 ②

238 CAD/CAM 시스템에서 모델을 표현하는 방식 중 2.5차원에 대한 설명으로 틀린 것은?

① 초기 NC 기계가 동시 3축이 안 되고 3축기계이지만 동시에 2축밖에 움직이지 않아서 생긴 말이다.
② 도면을 그리는 아이디어와 흡사하게 곡면을 형성할 수 있기 때문에 곡면의 이해가 쉽다.
③ 모든 형상정보를 x-y, y-z, z-x 평면에 관한 자료만 가지고 있는 경우로 도면제작에 많이 사용된다.
④ 가공된 곡면은 면이 좋고 원호보간을 사용하므로 가공데이터(NC Code)가 짧다.

> **CAD/CAM 시스템에서 2.5차원 모델**
> ① 초기 NC 기계가 동시 3축이 안 되고 3축기계이지만 동시에 2축밖에 움직이지 않아 서 생긴 말이다.
> ② 도면을 그리는 아이디어와 흡사하게 곡면을 형성할 수 있기 때문에 곡면의 이해가 쉽다.
> ③ 가공된 곡면은 면이 좋고 원호보간을 사용하므로 가공데이터(NC Code)가 짧다.

239 아래에서 디지털 목업(digital mock-up)에 관한 설명으로 거리가 먼 것은?

① 실물 mock-up의 사용빈도를 줄일 수 있는 대안이다.
② 간섭검사, 기구학적 검사 그리고 조립체 속을 걸어다니는 듯한 효과 등을 낼 수 있다.
③ 적어도 surface나 solid model로 각각의 단품이 모델링되어야 한다.
④ 조립체 모델링에는 아직 적용되지 않는다.

> **디지털 목업(digital mock-up) : 실물 크기의 모형**
> ① 실물 mock-up의 사용빈도를 줄일 수 있는 대안이다.
> ② 간섭검사, 기구학적 검사 그리고 조립체 속을 걸어 다니는 듯한 효과 등을 낼 수 있다.
> ③ 적어도 surface나 solid model로 각각의 단품이 모델링되어야 한다.
> ④ 조립체 모델링에 CAD에서 적용된다.

240 볼트와 같이 동일한 형상에 변수(parameter)를 적용하여 치수에 맞는 크기와 길이로 만들 수 있는 모델링은?

① 와이어 프레임 모델링
② 서피스 모델링
③ 피처기반 모델링
④ 파라메트릭 모델링

241 프로파일은 경로 곡선을 따라 생성되는 부품 피처는?

① 돌출(Extrude)
② 회전(Revolve)
③ 스윕(Sweep)
④ 로프트(Loft)

> ① 돌출(Extrude) : 스케치를 3차원으로 돌출하여 블록한 형상으로 만든다.
> ② 회전(Revolve) : 스케치한 도형을 회전시켜 3차원으로 만든다.
> ③ 구멍(Hole) : 동심, 점을 선택하여 원형 구멍을 만든다.
> ④ 로프트(Loft) : 두 개 이상의 프로파일 사이에서 로프트를 만든다.
> ⑤ 스윕(Sweep) : 프로파일은 경로 곡선을 따라 피처가 생성된다.

정답 238 ③ 239 ④ 240 ④ 241 ③

PART 02

기계요소설계

CHAPTER 01 / 기계설계의 기초

CHAPTER 02 / 재료의 응력과 변형

CHAPTER 03 / 결합용 기계요소설계

CHAPTER 04 / 동력전달용 기계요소설계

CHAPTER 05 / 브레이크 및 스프링

CHAPTER 06 / 치공구 요소설계

CHAPTER 01 기계설계의 기초

주요내용 알고 가기!

- MKS 단위
- 벡터와 스칼라
- 물리량의 정의 및 단위
- 기계요소의 표준화

한 눈에 들어오는 키워드

01 단위(單位; dimensions)

1 절대단위(絕對單位)

단위란 물리량의 정량적 표현 방법이다. 단위를 표현하기 위한 기본차원으로는 질량(mass), 길이(length), 시간(time) 등이 있다.

(1) C·G·S 단위계

기본차원의 단위가 길이(cm), 질량(g), 시간(sec)으로 구성된 단위계를 CGS 단위계라 한다. CGS 단위로 힘(force)의 단위를 표현하면

$$F = ma$$
$$1 \text{dyne} = 1\text{g} \times 1\text{cm}/\text{sec}^2$$

이다. 여기서, F는 힘(dyne), m은 질량(g), a는 가속도(cm/sec)를 나타낸다.

(2) M·K·S 단위계

기본차원의 단위가 길이(m), 질량(kgm), 시간(sec)으로 구성된 단위계이다.

$$1\text{N} = 1\text{kg}_m \times 1\text{m}/\text{sec}^2 = 1\text{kg}_m \cdot \text{m}/\text{sec}^2$$

여기서, F는 힘(N), m은 질량(kgm), a는 가속도(m/sec)이다.

Point
MKS 단위 = SI단위

제1장 기계설계의 기초 | 231

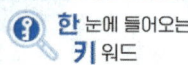

2 국제단위(國際單位 ; S·I 단위 : system international units)

절대단위의 M·K·S 단위계가 국제적으로 통일된 단위로 사용되고 있다. 이것을 SI 단위라 한다.

(1) 힘의 SI단위 표현

$$1N = 1kg_m \times 1m/sec^2 = 1kg_m \cdot m/sec^2$$

(2) 압력(pressure)의 SI단위 표현

압력이란 단위면적당 작용하는 수직력으로 정의할 수 있으므로 SI단위로 표현하면

$$P[N/m^2] = \frac{F[N]}{A[m^2]}$$

$$1N/m^2 = 1Pa$$

이다. 여기서 P는 압력(N/m^2), F는 수직력(N), A는 단위면적(m^2)을 의미한다.

3 중력단위(重力單位)

물체의 무게는 그 물체에 작용하는 중력의 크기이므로 무게(중량)와 동일한 단위로 힘의 크기를 나타낼 수 있다. 이것을 중력단위라 한다.

(1) 중력단위계

중력 $1kg_m$이 중력가속도 g = $9.8m/sec^2$를 받을 때 힘을 $1kg_f$로 정의 내린 단위계로 기본 단위는 길이(m), 중량(kg_f), 시간(sec)이다.

$$1kg_f = 1kg_m \times 9.8m/sec^2 = 9.8N$$

(2) 스칼라(scalar)량

크기로만 표시할 수 있는 물리량으로 질량, 시간, 온도 등이 있다. 스칼라량은 방향과 관계없이 항상 일정하다는 의미를 갖고 있다.

(3) 벡터(vector)량

크기와 방향으로 표시할 수 있는 물리량으로 변위, 속도, 가속도, 힘, 운동량 등이 있다.

Point
N = 1kg × 1m/sec²
1kg = 1kg_m × 9.8m/sec²
   = 9.8N

Point
스칼라
크기

Point
벡터
크기와 방향

[표 1-1] 기본단위(基本單位)

량(quality)	단위(SI units)
길이(length)	m(meter)
질량(mass)	kg(kilogram)
힘(force)	N(newton)
시간(time)	S(second)

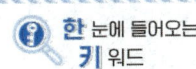

Point
기본단위
질량, 길이, 시간, 힘

[표 1-2] 기본10의 지수 크기의 척도와 단위에 사용되는 약자

지수	명칭	약자	지수	명칭	약자
10^{-18}	atto	a	10^{-3}	milli	m
10^{-15}	femto	f	10^{3}	kilo	k
10^{-12}	pico	p	10^{6}	mega	M
10^{-9}	nano	n	10^{9}	giga	G
10^{-6}	micro	μ	10^{12}	tera	T

* ① Pa : pascal – 압력의 단위
② $10^3 Pa = kPa$, $10^6 Pa = MPa$, $10^9 Pa = GPa$

벡터의 3요소라고 하면 작용점, 크기, 방향이다. 이 3요소를 이용한 벡터의 표현은 화살표로 나타내고 있다.

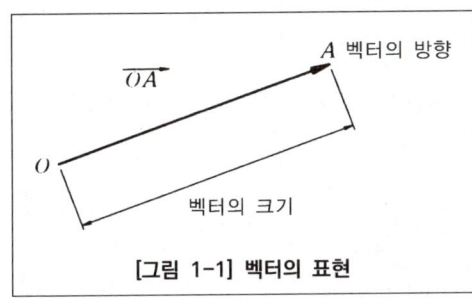

[그림 1-1] 벡터의 표현

Point
벡터의 3요소
작용점, 크기, 방향

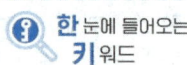

02 기계요소설계의 중요 물리량

1 힘(力 ; force)

뉴턴(Newton)의 운동 제2법칙

$$F = ma$$

이다. 여기서, m은 질량(kg_m)이고 a는 가속도(m/sec^2)이며, F는 힘으로 단위는 N(Nnwton)과 kg_f를 사용한다. 힘(力)과 같은 단위로 표현하고 있는 것으로는 하중(load), 중량(무게 ; weight) 등이 있다.

$$1[N](뉴턴) = 1[kg] \times 1[kg \cdot m/s^2]$$
$$1[kN](킬로 뉴턴) = 10^3[N] = 101.9716[kg_f] ≒ 102[kg_f]$$
$$1[MN](메가 뉴턴) = 10^6[N] = 102 \times 10^3[kg_f] ≒ 1.02 \times 10^5[kg_f]$$
$$1[kgf](킬로그램 힘) = 9.80665[kg \cdot m/s^2] = 9.80665[N] ≒ 9.81[N]$$

2 비중량(specific weight)

비중량은 단위체적당 물체의 중량으로 계산할 수 있는 물리량이다. 사용하고 있는 단위는 N/m^3, kg_f/m^3이다.

$$\gamma = GV$$

여기서 G는 중량(N, kg_f)이고 V는 체적(m^3)이다. 중량은 질량과 표준중력가속도의 곱이다.

$$G = mg$$
$$\gamma = GV = mgV = \rho g$$

여기서, m은 질량, g는 표준중력가속도($g = 9.8 m/sec^2$), ρ는 밀도(kg_m/m^3)이다. 즉, 비중량은 밀도와 표준중력가속도의 곱으로 결정한다. 또한 단위 길이 당 하중(ω)은

$$\omega = \gamma A$$

이다. 여기서 γ는 비중량이고 A는 단면적이다.

3 응력(stress)과 면압

(1) 응력

응력은 물체에 작용하는 외력으로 인한 단위면적당 저항력(내력)으로 결정되는 물리량이다. 사용하고 있는 단위로는 N/m^2, Pa(pascal), kg/mm^2 등이 있다.

$$1[Pa](Pascal, 파스칼) = 1[N/m^2]$$
$$1[kgf/cm^2] = 9.80665[N/cm^2] = 0.0980665[N/mm^2] ≒ 9.8 \times 10^4[N/m^2]$$
$$= 9.8 \times 10^4[Pa] = 0.098[MPa]$$
$$1[kgf/mm^2] = 9.80665[N/mm^2] ≒ 9.8[MPa]$$

(2) 면압

면압은 상대운동을 하고 있는 두 물체의 접촉면적당 수직으로 작용하는 힘으로 결정하는 물리량이다. 단위는 응력의 단위와 동일한다.

4 일량, 모멘트, 에너지

(1) 일량(work)

일량은 물체에 작용하는 힘과 그 힘에 의해 발생된 변위와의 곱으로 계산할 수 있는 스칼라 물리량이다. 사용하고 있는 단위로는 N‧m, J, kg_f‧mm 등이 있다.

$$1J = 1Nm$$

(2) 모멘트(moment)

모멘트는 힘과 모멘트의 기준점(축)으로부터 힘까지의 수직거리의 곱으로 계산할 수 있는 벡터 물리량이다. 모멘트에 의하여 물체에 휨이 발생하면 굽힘 모멘트라 하고 비틀림이 발생하면 비틀림 모멘트(회전 토크)라 한다. 단위는 일량의 단위와 동일한 N‧m, J, kg_f‧mm 등을 사용하고 있다.

(3) 에너지(energy)

에너지는 일을 할 수 있는 능력을 표현하기 위한 물리량이다. 단위는 일량의 단위와 동일한 N‧m, J, kg_f‧mm 등을 사용하고 있다.

Point 응력과 압력의 단위

Point 일, 모멘트, 에너지 단위

5 속도(velocity)

속도는 시간 변화에 대한 변위 변화로 구할 수 있는 물리량이다. 원형 단면을 갖고 있는 물체가 회전운동을 하고 있을 때, 회전속도는

$$V = r\omega = r\frac{2\pi N}{60} = \frac{\pi d N}{60}$$

이다. 여기서 r은 원형 단면 회전체의 반지름(mm), d는 지름(직경 ; mm), N은 분당 회전수(rpm), ω는 각속도(rad/sec)이고 V는 m/sec 단위의 회전속도이다.

6 동력(power)

동력은 회전체에 작용하는 회전력과 회전속도의 곱 또는 회전 토크와 각속도의 곱으로 계산할 수 있는 물리량이다.

$$L = FV = T\omega$$

여기서, L은 동력, F는 회전력(kg_f, N), V는 회전속도(m/sec), T는 회전 토크(N-m, kg_f-m), ω는 각속도(rad/sec)이다. 사용하고 있는 단위에는 kg_f-m/sec, PS, kW 등이 있다.

$$1PS = 75 kg_f - m/sec = 0.735 kW$$
$$1kW = 102 kg_f - m/sec = 1.36 PS$$

03 기계요소의 표준화

1 표준규격의 목적

제품을 제작할 때 규격화를 시키면 제품의 제작시간이 줄어들고 정밀도가 향상되며 다른 제품과의 교환성이 있게 되고 가격이 저렴하여 제조업자나 수용자 모두가 이득이 되기 때문에 각 요소의 표준화는 절대적으로 필요하다.
한국의 통일 규격과 표준화는 KS(korean industrial standard)에 각 공업부분별로 분류되어 있다. 기계부분은 B로 표시된다. 국제표준화규격은 ISO(international organization of stand-ardization)로 각종 규격이 제정되었다.

[표 1-3] KS에서의 각 부문 분류기호

분류기호	부문	분류기호	부문	분류기호	부문
A	기본	E	광산	K	섬유
B	기계	F	토건	L	요업
C	전기	G	일용품	M	화학
D	금속	H	식료품		

[표 1-4] 기계부문의 분류번호

B 0001 ~ B 0999	기계기본
B 1001 ~ B 3000	기계요소
B 3001 ~ B 4000	공구
B 4001 ~	공작기계
B 6001 ~ B 7000	일반기계
B 7001 ~ B 8000	산업기계
B 8001 ~	수송기계

[표 1-5] 각국의 공업규격

국 명	제정년도	규격기호	국 명	제정년도	규격기호	국 명	제정년도	규격기호
영국	1901	BS	미국	1918	ANSI	스웨덴	1922	SIS
독일	1917	DIN	벨기에	1919	ABS	덴마크	1923	DS
프랑스	1918	NF	헝가리	1920	MOSZ	노르웨이	1923	NS
스위스	1918	VSM	이탈리아	1921	UNI	핀란드	1924	SFS
캐나다	1918	CESA	일본	1921	JIS	그리스	1933	ENO
네덜란드	1918	N	오스트레일리아	1921		한국	1962	KS

2 표준화의 특징

(1) 품질 보증과 교환성을 갖고 있다.
(2) 예측 생산이 가능하다.
(3) 자동화가 가능하다.
(4) 계획성을 갖고 작업이 가능하고 작업이 단순성, 노동자의 기술숙련을 향상시킬 수 있다.
(5) 품질향상이 용이하다.
(6) 재고 관리가 용이하다.
(7) 공장의 건설, 건설비, 재료비, 가공비, 인건비 등이 절약된다.

한눈에 들어오는 키워드

Point
기계 : B

Point
- 독일 : DIN
- 미국공업규격 : ANSI
- 미국규격 : ASA
- 한국 : KS

Point
표준화의 장점

CHAPTER 01 단원 예상문제

저자가 콕! 찝어주는 예상문제 풀어보기!

01 힘의 단위로 볼 수 없는 것은?

① dyne ② erg
③ kgf   ④ Newton

> erg는 일의 단위이다.

02 중력단위로 1Newton은 얼마인가?

① 9.8kgf ② 980kgf
③ $\dfrac{1}{9.8}$ kgf ④ $\dfrac{1}{980}$ kgf

03 다음 중 에너지 단위로 볼 수 없는 것은?

① N·m   ② J
③ kgf·m ④ Watt

> Watt는 일률의 단위이다.(Watt = J/sec)

04 다음 물리량 중 거리가 먼 것은?

① 속도 ② 가속도
③ 시간 ④ 힘

> 시간은 스칼라 물리량이다.

05 다음 중 운동학에서 다루는 물리량으로 거리가 먼 것은 어느 것인가?

① 시간 ② 에너지
③ 속도 ④ 가속도

> 일과 에너지 등의 물리량은 운동역학 분야에서 주로 거론된다.

06 다음 중 벡터 물리량이 아닌 것은 어느 것인가?

① 힘   ② 운동량
③ 일   ④ 모멘트

> 일은 스칼라 물리량이다.

07 다음 중 벡터의 3대 요소에 속하지 않는 것은?

① 모양 ② 크기
③ 방향 ④ 작용점

> 벡터의 3대 요소는 크기, 방향, 작용점으로 표현은 화살표로 한다.

정답 1 ② 2 ③ 3 ④ 4 ③ 5 ② 6 ③ 7 ①

08 10의 지수 크기를 단위에 사용할 때는 약자를 사용한다. 다음 중 10^{-9}의 크기를 나타내는 약자로 맞는 것은?

① n   ② G
③ M   ④ μ

> G는 10^9, M은 10^6, μ는 10^{-6}를 나타내는 약자이다.

09 다음 중 비중량의 정의로 맞는 것은?

① 단위중량당 물체의 체적
② 단위체적당 물체의 중량
③ 단위질량당 물체의 체적
④ 단위체적당 물체의 질량

10 단위길이당 무게를 표현한 수식으로 다음 중 맞는 것은? (단, γ는 비중량, ρ는 밀도, L은 길이, A는 면적이다.)

① γA ② γL
③ γV ④ ρA

> 단위길이당 하중 ω [N/m, kgf/m]는 비중량 γ [N/m³, kgf/mm³]에 면적 A [m²·mm²]를 곱하여 결정할 수 있다.

11 다음 중 Pa의 단위로 표현할 수 없는 물리량은?

① 응력   ② 면압
③ 압력   ④ 분포하중

> 분포하중은 단위길이당 하중이므로 단위는 N/m, kgf/mm이다.

12 다음 중 N-m의 단위로 표현할 수 없는 물리량은?

① 일량   ② 모멘트
③ 에너지   ④ 동력

> N-m, kgf/mm의 단위로 표현되는 물리량은 일량, 비틀림 모멘트, 굽힘 모멘트, 에너지 등이며, 동력은 kgf-m/sec, kW, PS 등의 단위를 사용한다.

13 다음 중 동력의 단위로 적당하지 않은 것은?

① kgf-m/sec   ② kW
③ PS   ④ kWh

> kWh은 일량, 에너지의 단위이다. 즉 kJ로 표현되는 단위이다.

14 다음 중 괄호 안에 들어가야 할 표현으로 맞는 것은?

> **보기**
> 제품을 제작할 때 규격화를 시키면 제품의 제작시간이 줄어들고 정밀도가 향상되며 다른 제품과의 교환성이 있게 되고, 가격이 저렴하여 제조업자나 수용자 모두가 이득이 되기 때문에 각 요소의 (   )는(은) 절대적으로 필요하다.

① 등급화   ② 표준화
③ 분류화   ④ 기계화

15 다음 중 국제표준화규격을 나타내는 공업규격으로 맞는 것은?

① KS　　　② JIS
③ ISO　　　④ ANSI

> ① KS : 한국공업규격
> ② JIS : 일본공업규격
> ③ ANSI : 미국공업규격

16 다음 중 표준화의 특징으로 적당하지 않은 것은?

① 품질 보증과 교환성을 갖고 있다.
② 예측 생산이 가능하다.
③ 자동화가 가능하다.
④ 계획성을 갖고 작업하는 것은 가능하나 작업의 단순성, 생산자의 기술숙련을 향상시키기 어렵다.

> 표준화의 특징
> ① 품질 보증과 교환성을 갖고 있다.
> ② 예측 생산이 가능하다.
> ③ 자동화가 가능하다.
> ④ 계획성을 갖고 작업이 가능하고 작업의 단순성, 노동자의 기술숙련을 향상시킬 수 있다.
> ⑤ 품질향상이 용이하다.
> ⑥ 재고 관리가 용이하다.
> ⑦ 공장의 건설, 건설비, 재료비, 가공비, 인건비 등이 절약된다.

정답　15 ③　16 ④

CHAPTER 02 재료의 응력과 변형

주요내용 알고 가기!

- 응력-변형률 선도
- 하중의 분류
- 수직응력과 전단응력
- 안전율
- 피로응력

재료의 인장시험결과 얻어진 재료에 응력과 변형률의 관계를 선도로 나타낸 것이 응력-변형률 선도(stress-strain diagram)이다. 아래 그림에서는 풀림을 한 연강과 열처리된 합금강 및 기타 재료의 응력-변형률 선도를 나타낸 것이다.

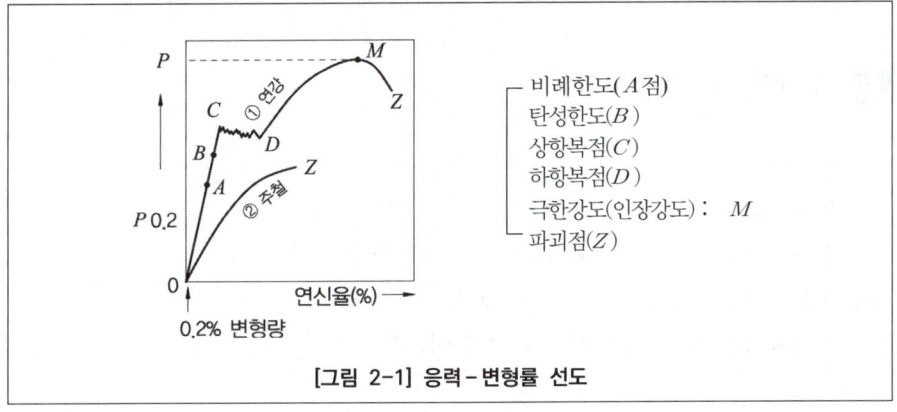

[그림 2-1] 응력-변형률 선도

Point
응력과 변형률 선도
① 탄성
② 소성

(1) 비례 한도(A점)

응력과 변형률이 비례적으로 증감하는 부분이다.

(2) 탄성 한도(B점)

응력을 서서히 제거할 때, 변형이 없어지는 성질을 탄성(elasticity)이라 하며, 그 한계점에서의 응력을 탄성 한도(elastic limit)라 한다.

(3) 소성 변형(plastic strain)

B점 이상으로 응력이 증가하면 응력을 제거하여도 변형이 완전히 없어지지 않고 남는다. 이것을 잔류 변형(residual strain)이라 하며, 시간이 지나면 다소 없어지면서 그대로 변형이 남아있게 되는데 이를 영구 변형 또는 소성 변형이라 한다.

(4) 항복점(yield point)

응력을 증가시키지 않아도 변형이 연속적으로 갑자기 커지는 상태의 응력을 말한다.(C, D점)

(5) 극한 강도(M점)

재료가 견딜 수 있는 최대의 응력을 말한다. D점에서 응력이 더 커지면 변형도 같이 증가하여 M점에서 최대 응력이 되며, 이 응력을 극한 강도 또는 연장 강도(tensile strength)라 한다. M점에 이르면 재료의 일부에 부분적인 수축이 생겨 드디어 Z점에서 파괴된다.

01 응력(stress)

1 작용하중에 의한 분류

① **인장하중**(tensile load) : 재료의 축방향으로 늘어나게 하려는 하중
② **압축하중**(compressive load) : 재료를 누르는 하중
③ **전단하중**(shearing load) : 재료의 단면에 나란한 하중
④ **휨하중**(bending load) : 재료를 구부리려는 하중
⑤ **비틀림 하중**(torsion load) : 재료를 비틀려고 하는 하중

2 하중이 걸리는 속도에 의한 분류

(1) 정하중

시간에 따라 변화하지 않고 하중의 크기 및 방향이 일정한 하중

(2) 동하중

하중의 크기와 방향이 시간에 따라 변화하는 하중

① **교번하중** : 하중의 크기와 방향이 주기적으로 변화하는 하중
② **반복하중** : 동일 방향으로 반복하여 작용하는 하중
③ **충격하중** : 순간적으로 격렬하게 작용하는 하중
④ **변동하중** : 불규칙하게 작용하는 하중으로서 진폭과 주기가 모두 변화하는 하중
⑤ **이동하중** : 물체 위를 이동하면서 작용하는 하중

3 하중의 분포 상태에 의한 분류

① **집중하중**(concentrated load) : 재료의 한 점에 집중하여 작용하는 하중
② **분포하중**(distributed load) : 재료의 어느 범위 내에 분포되어 작용하는 하중으로 하중의 분포 상태에 따라 균일 분포하중과 불균일 분포하중으로 구분

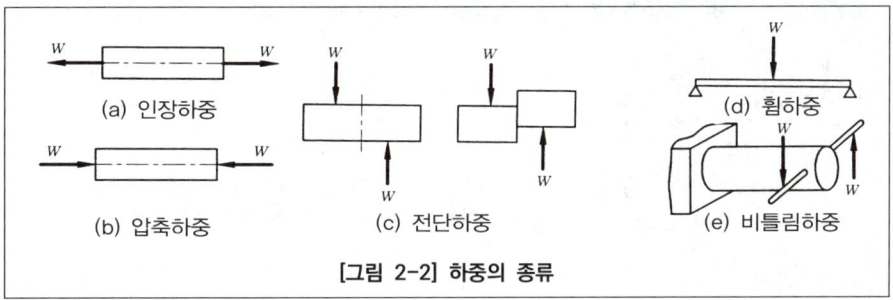

[그림 2-2] 하중의 종류

4 응력의 종류

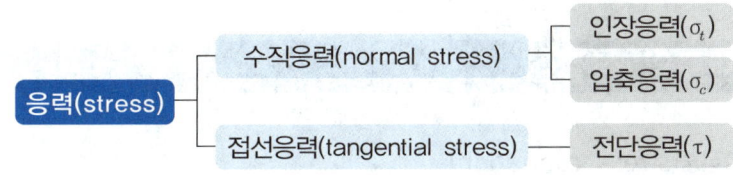

02 변형률(strain)

(1) 세로 변형률(종변형률)

재료의 길이가 l 에서 l' 로의 변형률을 λ 라 하면

$$\text{세로 변형률 } \epsilon = \frac{\lambda}{l} = \frac{l'-l}{l}$$

Point
동하중의 분류

Point
응력$(\sigma) = \dfrac{\text{하중}}{\text{단면적}} = \dfrac{W}{A}$
(단위면적당 내력의 크기) $N/mm^2, MPa$

(2) 가로 변형률(횡변형률)

재료의 굵기가 d에서 d'로의 변화량이 δ라 하면

$$\text{가로 변형률 } \epsilon' = \frac{\delta}{d} = \frac{d'-d}{d}$$

(3) 프와송의 비(Poissions ratio) : μ

$$\mu = \frac{\text{가로 변형률}}{\text{세로 변형률}} = \frac{\epsilon'}{\epsilon} = \frac{1}{m}$$

여기서, m : 프와송의 수

03 후크(hook)의 법칙

(1) 수직응력

$$\sigma = E\varepsilon = \frac{W}{A} = E\frac{\lambda}{l} \quad (\therefore \lambda = \frac{Wl}{AE})$$

여기서, E : 세로 탄성계수(영률)
(강철 : $2.1 \times 10^6 \text{kg/cm}^2$)

(2) 전단응력

$$\tau = G \cdot r$$

여기서, G : 가로 탄성계수(전단 탄성률)

04 재료의 성질

(1) 응력집중(stress contration)

기계의 구성 부품에 노치(notch)홈, 구멍, 나사, 단, 돌기 등에 하중이 가해 질 때 그 단면에는 응력 분포가 불규칙하고 부분적으로 큰 응력이 집중하게 되는 현상

① **형상계수(응력 집중계수)** : a_k

$$a_k = \frac{\sigma_{\max}}{\sigma_n}, \qquad a_k = \frac{\tau_{\max}}{\tau_n}$$

여기서, τ_n, σ_n : 평균응력
$\tau_{\max}, \sigma_{\max}$: 최대응력

② **응력 집중 경감 대책**
기계 설계 시 응력 집중이 될 수 있는 한 적게 발생하도록 고려하여야 한다.

Point

변형률
원래값에 대한 변형량

㉠ 필릿(모깎기)부의 반지름을 되도록 크게 하거나, 테이퍼 부분을 될 수 있는 한 완만하게 한다.
㉡ 축 단부 가까이 2~3단의 단부를 설치하여 응력의 흐름을 완만하게 한다.
㉢ 단면 변화 부분에 보강재를 결합하여 응력 집중을 경감한다.
㉣ 단면 변화 부분에 쇼트 피닝(shot peening), 롤러 압연처리 및 열처리를 시행하여 그 부분을 강화시키거나, 표면 가공 정도를 향상시킨다.

(2) 열응력(thermal stress)

일반적으로 물질은 온도가 올라가면 팽창하고 내려가면 수축하므로, 기계와 구조물의 요소는 온도의 변화에 따라 작은 양이긴 하지만 신축하게 된다. 팽창이나 수축이 자유롭게 일어나지 못하도록 구속하면, 구속된 변화량에 해당하는 변형률이 생기므로 재료 내부에는 이 변형률에 대응하는 인장 응력 또는 압축 응력이 생기게 된다. 이와 같이 온도변화에 따라 재료 내부에 생기는 응력을 열응력(thermal stress)이라 한다.

$$\sigma = E\epsilon = E\frac{\lambda}{l}$$

$$\therefore \sigma = E\alpha\Delta t$$

여기서, $\lambda = l\alpha\Delta t$
$\Delta t = t_2 - t_1$

Point 열응력

(3) 안전율(factor of safety)

안전율이란 어떤 기계에 적용하는 재료의 설계상 허용 응력을 정하기 위한 계수로서 허용 응력을 정하는 기준은 재료의 인장강도, 항복점, 피로강도, 크리프 강도 등인데 이런 재료의 강도들을 기준강도(응력)라 하고, 이 기준강도와 허용응력과의 비율을 안전율이라 한다.

$$안전율 = \frac{극한강도}{허용응력} = \frac{최대인장강도}{허용응력} = \frac{파괴강도}{허용응력}$$

극한강도(σ_u) > 허용응력(σ_a) ≥ 사용응력(σ_w)

Point 안전율 = $\frac{극한강도}{허용응력}$

(4) 피로시험(fatique test)

기계 구조용 재료가 일정시간 동안 변동 하중이나 반복 하중을 계속적으로 받게 되면, 그 재료의 허용 응력 범위(하중과 변형률) 이내에 충분히 안전할지라도 재료의 성질이 서서히 변화하여 그 재료에 최대 응력이 작용하고 있는 주변에서 미세한 균열이 발생되고 이는 점차로 확대되어 결국 재료가 파단하게 되는 현상

① **피로한도** : 반복하중을 연속적으로 받아도 파괴되지 않는 한계
② **S-N곡선** : 피로한도를 구하기 위하여 반복회수를 알아내는 곡선

Point 피로한도

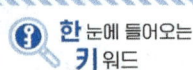

Point
크리프

③ 강철의 반복회수 : $10^6 \sim 10^7 N$

(5) 크리프(creep)

재료에 일정한 하중이 작용했을 때 일정한 시간이 경과하면 변형량이 커지는 현상을 말한다.

CHAPTER 02 단원 예상문제

저자가 콕! 찍어주는 예상문제 풀어보기!

01 못을 뺄 때의 못은 여러 가지 하중 상태에서 무슨 하중에 속하는가?

① 인장하중 ② 압축하중
③ 비틀림하중 ④ 전단하중

> **작용하중에 의한 분류**
> ① 인장하중(tensile load) : 재료의 축방향으로 늘어나게 하려는 하중
> ② 압축하중(compressive load) : 재료를 누르는 하중
> ③ 전단하중(shearing load) : 재료의 단면에 나란한 하중
> ④ 휨하중(bending load) : 재료를 구부리려는 하중
> ⑤ 비틀림하중(torsion load) : 재료를 비틀려고 하는 하중

02 하중의 크기와 방향이 동시에 변화하면서 작용하는 하중은?

① 반복하중 ② 교변하중
③ 충격하중 ④ 정하중

> **하중이 걸리는 속도에 의한 분류**
> ① 정하중 : 시간에 따라 변화하지 않고 하중의 크기 및 방향이 일정한 하중
> ② 동하중 : 하중의 크기와 방향이 시간에 따라 변화하는 하중
> ㉠ 교변하중 : 하중의 크기와 방향이 주기적으로 변화하는 하중
> ㉡ 반복하중 : 동일 방향으로 반복하여 작용하는 하중
> ㉢ 충격하중 : 순간적으로 격렬하게 작용하는 하중

03 하중이 걸리는 속도에 의한 분류 중 동하중(dynamic load)이 아닌 것은?

① 반복하중
② 교변하중
③ 충격하중
④ 전단하중

04 고무줄에 매단 추와 탭 핸들에 작용하는 외력을 무엇이라고 하는가?

① 하중 ② 응력
③ 모멘트 ④ 크리프

05 응력에 대한 설명 중 틀린 것은?

① 수직응력에는 압축응력과 인장응력이 있다.
② 굽힘응력은 인장응력과 압축응력으로 된 조합응력이다.
③ 비틀림응력은 짝힘에 의해 생기는 응력이다.
④ 좌굴응력은 인장하중을 받을 때 생기는 응력이다.

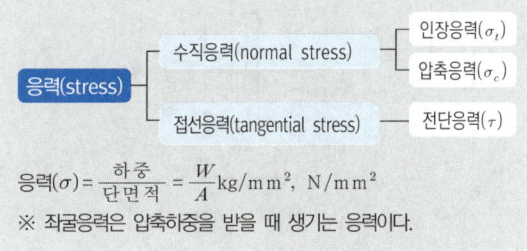

$$응력(\sigma) = \frac{하중}{단면적} = \frac{W}{A} \text{kg/mm}^2, \text{N/mm}^2$$

※ 좌굴응력은 압축하중을 받을 때 생기는 응력이다.

정답 1 ① 2 ② 3 ④ 4 ① 5 ④

06 지름 30mm인 연강재의 둥근봉에 축선과 직각으로 3000N의 전단하중이 작용할 때 막대에 생기는 전단응력은 약 몇 N/mm²인가?

① 9N/mm² ② 12.7N/mm²
③ 6.3N/mm² ④ 4.2N/mm²

$$\tau = \frac{W}{A} = \frac{4W}{\pi d^2} = \frac{4 \times 3000}{\pi \times 30^2} = 4.24\,\mathrm{N/mm^2}$$

07 하중 10KN, 응력 4N/mm²일 때 정사각형의 한 변의 길이는 몇 mm인가?

① 5 ② 50
③ 250 ④ 2500

$$\sigma = \frac{W}{a^2} \text{에서}$$
$$a = \sqrt{\frac{W}{\sigma}} = \sqrt{\frac{10000}{4}} = 50\,\mathrm{mm}$$

08 그림과 같이 인장하중 W가 작용하는 단면이 일정한 막대의 경사 단면 $y-y$에는 (A)응력과 (B)응력이 동시에 생긴다. ( ) 속에 들어갈 적합한 용어는?

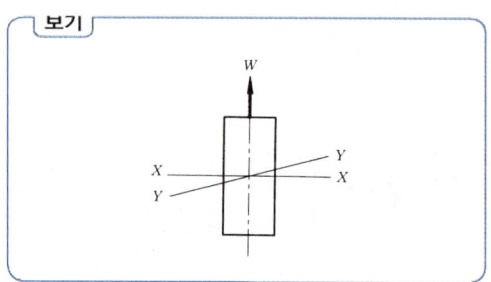

① A: 수직, B: 인장 ② A: 수직, B: 전단
③ A: 평행, B: 인장 ④ A: 평행, B: 전단

단면 $X-X$: 수직응력만 작용
단면 $Y-Y$: 수직응력과 전단응력이 동시에 작용

09 두께 1.2mm, C = 0.2%의 연질탄소 강판에서 지름 20mm의 구멍을 펀치(punch)로 뚫을 때의 펀치력으로 다음 중 가장 적당한 것은? (단, 재료의 전단저항 32N/mm²이다.)

① 2410N ② 2140N
③ 1820N ④ 1650N

$$\tau = \frac{P}{\pi dt} \text{에서}$$
$$P = \pi dt\tau = 3.14 \times 20 \times 1.2 \times 32 = 2411\mathrm{N}$$

10 구조물에 외력 즉, 하중이 작용하면 작용부분의 부재는 압축, 분리 또는 미끄럼에 저항하는 힘이 내부에서 생기는 데 이를 무엇이라 하는가?

① 교번하중 ② 표면력
③ 응력 ④ 변형

11 다음 응력-변형을 선도에서 기호의 설명과 바르게 일치하는 것은?

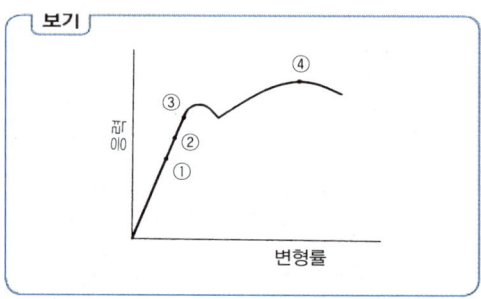

① 사용응력 ② 탄성한도
③ 극한강도 ④ 허용응력

연강의 경우
① 비례한도 ② 탄성한도
③ 항복점 ④ 극한강도

정답 6 ④ 7 ② 8 ② 9 ① 10 ③ 11 ②

12 다음 응력에 관한 각각의 설명으로 옳지 않은 것은?

① 전단응력과 압축응력은 재료의 단면에 따라 평행하게 생기므로 접선응력이라 한다.
② 응력에 부호를 붙여서 계산할 때에는 일반적으로 인장응력을 양(+)으로 하여 계산한다.
③ 전단하중을 전단면적으로 나누면 전단응력을 구할 수 있다.
④ 주철에 압축하중이 작용하면 최대전단응력이 생기는 단면(거의 45°)에 따라 파괴된다.

13 길이가 100mm인 봉의 압축응력을 받았을 때 변형률이 0.0005라면 변형 후의 길이는?

① 69.95mm   ② 79.95mm
③ 89.95mm   ④ 99.95mm

$\epsilon = \dfrac{l - l_1}{l}$ 에서
$(l - l_1) = \epsilon l$
$l_1 = l - \epsilon l = 100 - 0.0005 \times 100 = 99.95\,\text{mm}$

14 연신율이 20%이고, 파괴되기 직전의 늘어난 길이가 30cm일 때 이 시편의 본래의 길이는?

① 24cm   ② 25cm
③ 30cm   ④ 35cm

$\epsilon = \dfrac{\lambda}{l}$ 에서
$0.2 = \dfrac{30 - l}{l} \Rightarrow l = \dfrac{30}{1.2} = 25\,\text{cm}$

15 어떤 물체에 축방향의 하중이 작용할 때 생기는 길이 변형량을 변형전의 길이로 나눈 값을 무엇이라고 하는가?

① 가로변형률
② 세로변형률
③ 전단변형률
④ 인장변형률

① 세로변형률$(\epsilon) = \dfrac{\lambda}{l} \times 100\%$
② 가로변형률$(\epsilon') = \dfrac{\delta}{d} \times 100\%$
③ 전단변형률$(\gamma) = \dfrac{\lambda_s}{l} \times 100\%$

16 응력이 차차 작아지면 파괴를 일으키기까지의 반복횟수는 차차 크게 되고, 응력이 어느 일정한 값에 도달하면 곡선이 이미 수평으로 되어 반복횟수를 아무리 많이 늘려도 파괴되지 않게 한다. 이 한도의 응력을 무엇이라 하는가?

① 피로한도
② 수평한도
③ 반복한도
④ 응력한도

피로시험은 다음과 같다.
① 피로한도 : 반복하중을 받아도 파괴되지 않는 한계
② S-N : 피로한도를 구하기 위하여 반복횟수를 알아내는 곡선
③ 강철의 반복회수 : $10^6 \sim 10^7$N

정답 12 ① 13 ④ 14 ② 15 ② 16 ①

17 기계나 구조물에서 반복하중을 받는 횟수가 아주 많을 때에 재료 내부에 생기는 피로(fatigue)현상에 대한 설명으로 옳은 것은?

① 재료는 극한강도보다 훨씬 큰 값으로 파괴되는 수가 있다.
② 재료는 극한강도보다 훨씬 작은 값으로 파괴되는 수가 있다.
③ 재료는 최저강도보다 훨씬 큰 값으로 파괴되는 수가 있다.
④ 재료는 최저강도보다 훨씬 작은 값으로 파괴되는 수가 있다.

18 온도 변화의 범위가 작고 온도가 그다지 높지 않은 t_1℃일 때의 길이 l인 물체가 12℃로 되면, (　)만큼 길이가 변화한다. (　)에 들어갈 적합한 식은? (단, α는 선팽창계수이다.)

① $l(t_2-t_1)/\alpha$
② $l(t_2+t_1)/\alpha$
③ $l(t_2-t_1)\alpha$
④ $l(t_2+t_1)\alpha$

> 열응력(thermal stress) : σ
> 재료는 온도의 변화에 따라 신축현상의 발생에 따른 응력
> $\sigma = E\alpha\Delta t$
> $\therefore \lambda = l(t_2-t_1)\alpha$

19 어느 온도에서 재료에 일정한 응력을 가할 때 생기는 변형량의 시간적 변화를 말하는 것은?

① 피로
② 크리프(creep)
③ 이완(relaxation)
④ 응력부식(stress corrosion)

20 극한강도를 σ_u, 허용응력을 σ_a, 사용응력을 σ_w라 하면, 다음 중 올바른 설계식은?

① $\sigma_u > \sigma_a \geqq \sigma_w$
② $\sigma_u > \sigma_w \geqq \sigma_a$
③ $\sigma_a > \sigma_w \geqq \sigma_u$
④ $\sigma_a > \sigma_u \geqq \sigma_w$

CHAPTER 03 결합용 기계요소설계

주요내용 알고 가기!
- 나사 설계
- 키 설계
- 핀과 코터 설계
- 리벳이음 설계
- 용접 설계

Point
리드각
$$\tan\alpha = \frac{l}{\pi d_2}$$

나사(screw)는 [그림 3-1]과 같이 직삼각형을 원통으로 감았을 때, 빗변 AC는 원통상에서 나선(helix)을 나타내고, 이선을 따라서 홈을 파면 나사가 된다. 또한, 원통의 표면에 나사산이 있으면 수나사, 원통의 내면에 나사산이 있으면 암나사라고 한다.

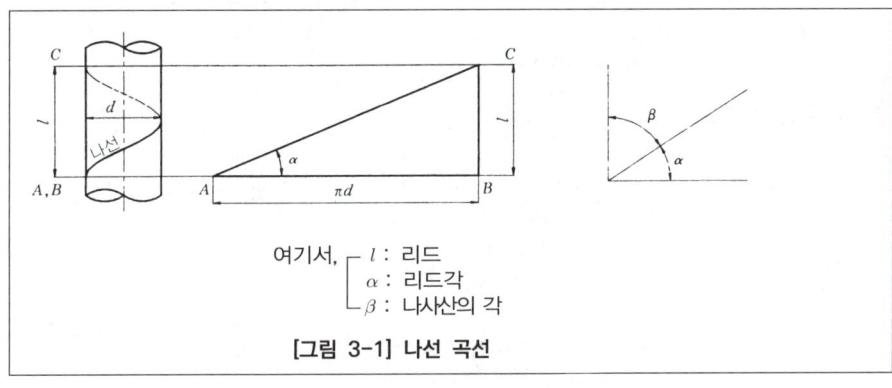

여기서, l : 리드
α : 리드각
β : 나사산의 각

[그림 3-1] 나선 곡선

01 나사

1 나사에 대한 용어

(1) 바깥지름(外徑)

수나사의 산봉우리에 접하는 가상적인 원통의 지름이다. 수나사의 크기는 바깥지름으로 나타내고, 암나사는 이것에 끼워지는 수나사의 바깥지름으로 나타낸다.

(2) 골지름(谷徑)

수나사의 골 밑에 접하는 가상적인 원통의 지름이다.

(3) 유효지름(有效徑)

나사산의 두께와 골의 간격이 같은 가상 원통지름이다. $\left(de = \dfrac{d_1 + d_2}{2}\right)$

(4) 피치(pitch)

서로 이웃한 나사산과 산 사이의 거리를 말한다.

(5) 리드(lead)

나사가 1회전할 때 축방향으로 움직인 거리로, 리드와 피치의 관계는 다음과 같다.

$$\text{리드}(l) = \text{줄수}(n) \times \text{피치}(p)$$

따라서, 1줄 나사는 리드와 피치가 같으므로 $l = p$이고, 2줄 나사는 $l = 2p$, 3줄 나사는 $l = 3p$가 된다.

(6) 나사산의 각도

나사의 축선을 포함한 단면형에 있어서 측정한 2개의 플랭크(flank)가 이루는 각이다.

(7) 산 높이

골 밑에서 산의 끝까지를 축선에 직각으로 측정한 거리이다. $\left(h = \dfrac{d_1 - d_2}{2}\right)$

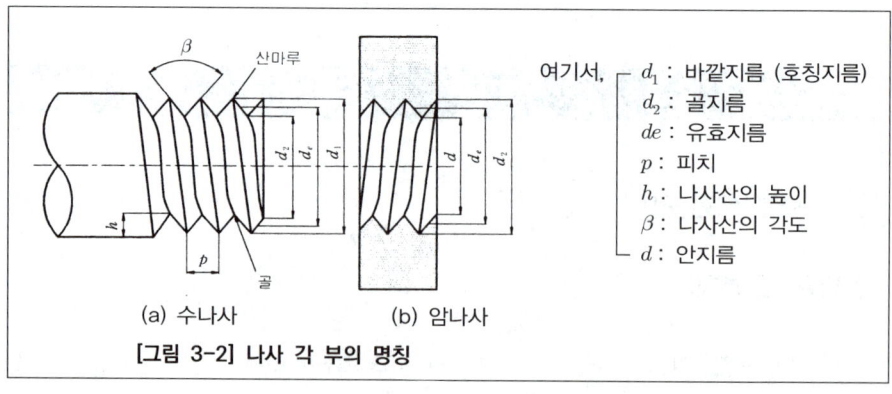

여기서, d_1 : 바깥지름 (호칭지름)
d_2 : 골지름
de : 유효지름
p : 피치
h : 나사산의 높이
β : 나사산의 각도
d : 안지름

[그림 3-2] 나사 각 부의 명칭

Point
$l = np$

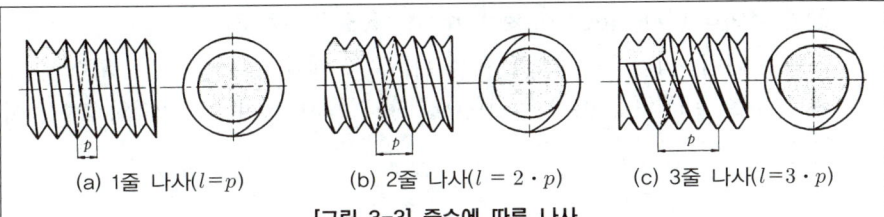

(a) 1줄 나사($l=p$)　　(b) 2줄 나사($l=2\cdot p$)　　(c) 3줄 나사($l=3\cdot p$)

[그림 3-3] 줄수에 따른 나사

2 결합용 나사

결합용나사는 주로 삼각형의 단면형을 갖는 나사이며, 가장 널리 사용된다.

(1) 미터 나사(metric thread)

지름과 피치를 mm로 표시하며, 나사산의 角은 60°이며, KS 및 ISO 규격나사이다. 용도는 기계부품의 접합 또는 위치의 조정 등에 사용되며, 체결용 나사로서 가장 많이 사용된다.

① **미터 보통나사(metric coarse screw thread)**
　일반적으로 많이 사용되는 나사이다.
② **미터 가는나사(metric fine screw thread)**
　지름에 대한 피치의 비율이 보통 나사보다 가는 것으로, 용도는 보통 나사보다 강도를 필요로 하는 곳, 살이 얇은 원통부, 정밀기계, 공작기계 및 항공기, 자동차의 이완 방지용에 쓰인다.

(2) 유니파이 나사(unified thread)

미국, 영국, 캐나다의 3국 협정에 의하여 정한 나사로서 ABC 나사라고도 하며, 인치계 나사로 피치는 인치당 나사산의 수로 표시하며, 나사산의 각(β)은 60°이다.

① **유니파이 보통 나사(unified coarse screw thread)**
　체결용
② **유니파이 가는 나사(unified fine screw thread)**
　정밀기계, 진동이 있는 부분에 사용한다. 예 3/8 - 16UNC

(3) 관용 나사(pipe thread)

보통 나사에 비하여 피치 및 나사산의 높이가 낮아 주로 가스관, 수도관 등의 이음부분, 압력계의 고정부, 수밀(水密), 기밀(氣密) 등을 필요로 하는 곳에 사용된다.

① **관용 평행 나사(straight pipe thread : KS B 0221)**
　관, 관용부품, 유체기기 등의 기계적 결합을 목적으로 한다.

Point
미터나사
M, $\beta=60°$

Point
유니파이 나사
UN, $\beta=60°$

② **관용 테이퍼 나사(taper pipe thread : KS B 0222)**

나사부의 내밀성을 주목적으로 하는 나사로서 테이퍼 나사는 축심(軸心)에 대해 1/16의 테이퍼를 가지고 있으므로 평행 나사에 비하여 기밀성(氣密性)이 우수하다.

(4) 휘트워드 나사(whitworth screw thread)

영국 나사의 규격이며 나사산의 각(β)은 55°이고, 인치 나사이다.

(5) I.S.O 나사

국제 표준화기구에 의하여 제정된 나사이다.

3 운동용 나사

(1) 사각 나사(square thread)

축방향에 하중을 크게 받는 운동용 나사로 적합하며, 특히 하중의 방향이 일정하지 않은 교번하중 작용시 사용된다. 스러스트(thrust : 추력)를 전달시킬 수 있고, 강력한 이송나사 등에 이용된다.

(2) 사다리꼴 나사(trapezoidal thread)

인치계에는 산의 각도가 29°, 미터계에는 30°로서 두 종류가 있으며, 29°의 사다리꼴 나사를 애크미 나사라고 한다.
용도는 선반의 리드 스크루, 잭, 프레스 등의 축방향 힘을 전달하는 운동용 나사 및 공작기계의 이송나사로 사용된다.

(3) 톱니 나사(buttress thread)

나사 산의 각도가 30°인 것과 45°인 것이 있으며, 추력이 한 방향으로만 작용하는 바이스, 압착기 등에 사용한다.

(4) 너클 나사(knuckle thread)

원형나사 또는 둥근나사라고도 하며, 나사산의 각(β)은 30°로 산마루와 골은 둥글다.
용도는 먼지와 모래 등이 들어가기 쉬운 곳, 토목공사용 윈치(winch) 등에 사용한다. 또는 전구나사라고도 한다.

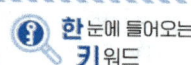
한눈에 들어오는 키워드

● Point
· TM : $\beta = 30°$
· TW : $\beta = 29°$
· Tr : $\beta = 30°$

(5) 볼 나사(ball screw)

나사축과 너트 부분에 나선 모양의 홈을 파고, 그 홈 사이에 많은 볼을 삽입하여 볼의 구름 접촉을 이용한 나사로서, 보통 나사에 비하여 마찰계수가 극히 작으며 0.05 이하이고 전동효율은 90% 이상이다. 용도는 공작기계의 이송 나사와 수치제어장치, 최근의 정밀기계류, 자동차의 스티어링부에 사용된다.

4 작은나사와 세트 스크루

(1) 작은 나사(machine screw)

나사 축지름이 8mm 이하의 작은 나사로서, 머리 윗면에 나사를 돌릴 수 있는 一字홈과 十字홈이 만들어져 있다. 용도는 일상의 가정용품에서부터 일반의 기계류에 널리 쓰인다.

(2) 세트 스크루(set screw)

멈춤 나사 또는 정지 나사라고도 하며, 나사의 끝을 이용하여 기어(gear)나 벨트풀리(belt pulley)와 같은 회전부품 등을 축에 고정할 때 쓰이는 작은 나사로 회전력(torque)이 크지 않은 곳의 키 대용으로 쓰인다.

(3) 태핑 나사(tapping screw)

나사의 끝을 침탄처리한 작은 나사로서, 주로 얇은판의 연결에 사용된다. 암사나를 만들지 않고 드릴 구멍에 끼워 암나사를 내면서 조여지는 나사이다.

5 나사의 역학

(1) 사각나사의 회전력

① 나사를 죌 때

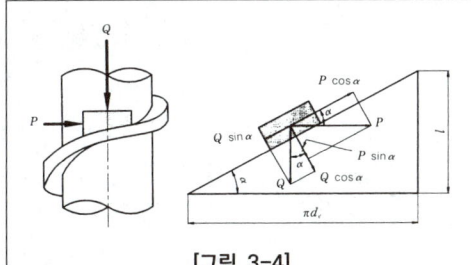

여기서, Q : 축방향의 힘(kg, N)
P : 나사의 회전력(kg, N)
μ : 나사면의 마찰계수($=\tan\rho$)
ρ : 나사면의 마찰각(도)
α : 리드각 또는 나선각(도)
T : 회전 토크(kg·m, N·m)
d_e : 나사의 유효지름(mm)

[그림 3-4]

Point
세트 스크루
회전부품 등을 축에 고정

> **한 눈에 들어오는 키워드**
>
> **Point**
> 회전력 $P = Q\tan(\alpha+\rho)$
> $= \dfrac{Q(\mu\pi de + p)}{\pi de - \mu p}$

자유 물체도에서 가속이 없으므로 힘의 대수합을 0으로 하면
$P\cos\alpha - Q\sin\alpha = \mu(P\sin\alpha + Q\cos\alpha)$가 된다.

$$\therefore P = Q \cdot \frac{\mu\cos\alpha + \sin\alpha}{\cos\alpha - \mu\sin\alpha}$$

※ μ와 ρ의 관계
$\tan\rho = \dfrac{F}{W} = \dfrac{\mu W}{W}$
$\therefore \mu = \tan\rho$

여기서, $\mu = \tan\rho$를 이용하여 정리하면

$$P = Q \cdot \frac{\tan\alpha + \tan\rho}{1 - \tan\alpha \tan\rho} = Q\tan(\alpha + \rho)$$

또는, $\tan\alpha = \dfrac{P}{\pi de}$를 이용하여 정리하면

$$P = \frac{Q(\mu\pi de + P)}{\pi de - \mu P}$$

② **나사를 풀때**

$$P'\cos\alpha + Q\sin\alpha = \mu Q\cos\alpha - \mu P'\sin\alpha$$
$$\therefore P' = \frac{Q(\mu\cos\alpha - \sin\alpha)}{\cos\alpha + \mu\sin\alpha}$$

여기서, $\mu = \tan\rho$를 적용하면

$$P' = \frac{Q(\tan\rho - \tan\alpha)}{1 + \tan\rho \tan\alpha} = Q\tan(\rho - \alpha)$$

또는, $\tan\alpha = \dfrac{P}{\pi de}$를 이용하여 정리하면

$$P' = \frac{Q(P - \mu\pi de)}{\pi de + \mu P}$$

> **Point**
> 나사를 푸는 힘
> $P' = Q + \tan(\rho - \alpha)$

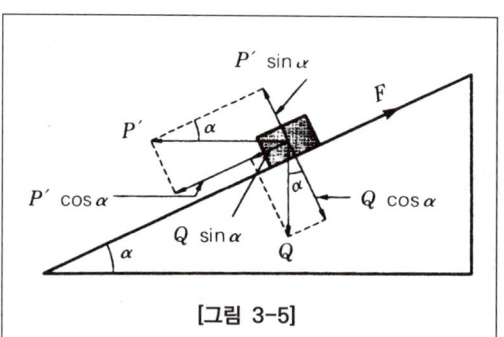

[그림 3-5]

③ **나사부의 회전 Torque : T**

$$T = P\frac{de}{2} = Q\tan(\alpha + \rho)\frac{de}{2} = Q\left(\frac{p + \mu\pi de}{\pi de - \mu p}\right)\frac{de}{2}$$

(2) 삼각나사의 회전력

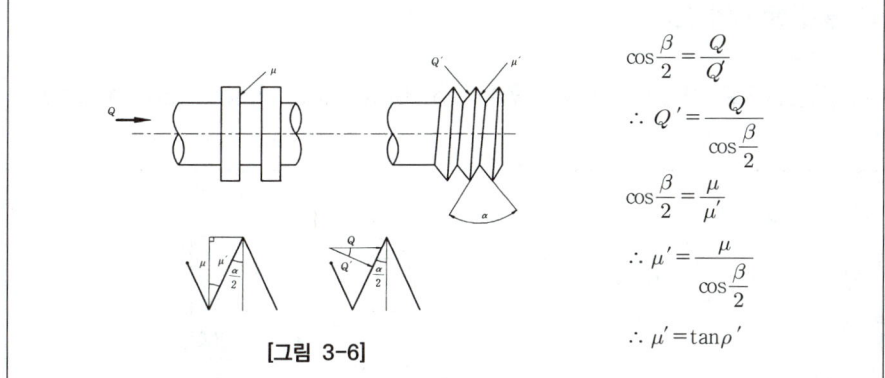

$$\cos\frac{\beta}{2} = \frac{Q}{Q'}$$

$$\therefore Q' = \frac{Q}{\cos\frac{\beta}{2}}$$

$$\cos\frac{\beta}{2} = \frac{\mu}{\mu'}$$

$$\therefore \mu' = \frac{\mu}{\cos\frac{\beta}{2}}$$

$$\therefore \mu' = \tan\rho'$$

[그림 3-6]

$$P = Q\tan(\alpha + \rho') = Q\left(\frac{p + \mu'\pi de}{\pi de - \mu' p}\right)$$

여기서, μ : 평마찰계수
μ' : 상당마찰계수

(3) 나사의 효율 : η

$$\eta = \frac{\text{마찰이 없는 경우의 회전력}}{\text{마찰이 있는 경우의 회전력}} = \frac{P^0}{P} = \frac{Q\tan\alpha}{Q\tan(\alpha+\rho)} = \frac{Q\tan\alpha}{P}$$

$$= \frac{Q\dfrac{p}{\pi de}}{P} = \frac{Qp}{\pi de P}$$

여기서, p : 피치
T : 몸통 내에 저장 Torque

$$\therefore \eta = \frac{Qp}{2\pi T}$$

① 자립상태의 경우 나사의 효율($\alpha = \rho$: 자동체결)

$$\eta = \frac{\tan\alpha}{\tan(\alpha+\rho)} = \frac{\tan\alpha}{\dfrac{\tan\alpha+\tan\rho}{1-\tan\alpha\tan\rho}} = \frac{\tan\alpha(1-\tan\alpha\tan\rho)}{\tan\alpha+\tan\rho}$$

$$= \frac{\tan\rho(1-\tan\rho\tan\rho)}{\tan\rho+\tan\rho} = \frac{\tan\rho(1-\tan^2\rho)}{2\tan\rho}$$

$$\eta = \frac{1}{2}(1-\tan^2\rho) = \frac{1}{2} - \frac{1}{2}tan^2\rho < 0.5$$

② 자립조건 : 나사가 스스로 풀리지 않는 조건 ⇒ $\alpha \leq \rho$

6 나사의 강도

(1) 볼트(bolt)의 설계

① 축방향으로 하중만 작용하는 경우(eye bolt, hook joint, turn buckle)

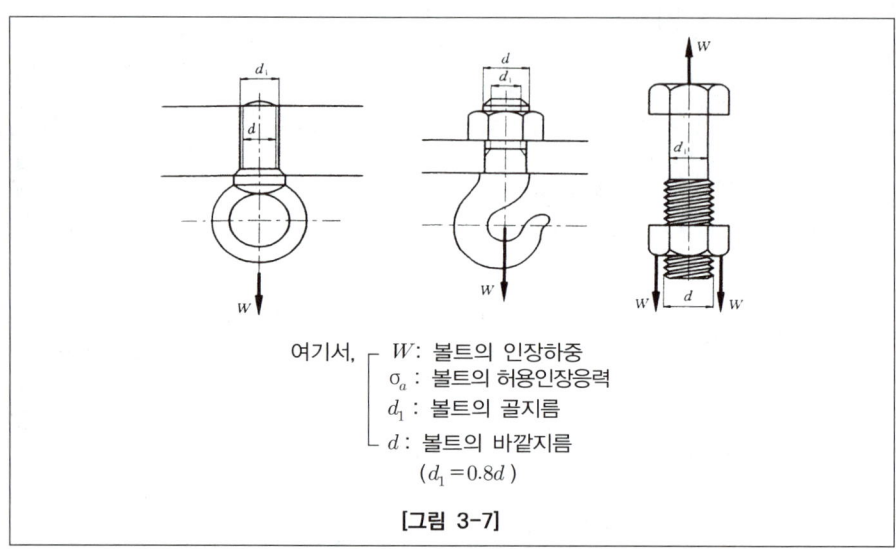

여기서, W : 볼트의 인장하중
σ_a : 볼트의 허용인장응력
d_1 : 볼트의 골지름
d : 볼트의 바깥지름
($d_1 = 0.8d$)

[그림 3-7]

$$\sigma_a = \frac{W}{A} \text{에서 } \sigma_a = \frac{4W}{\pi d_1^2} = \frac{4W}{\pi(0.8d)^2}$$

$$\therefore d = \sqrt{\frac{2W}{\sigma_a}}$$

② 축방향의 하중과 비틀림을 동시에 받을 경우

$$d = \sqrt{\frac{2W}{\sigma_a}} \text{에서 } W \text{ 대신에 } W' \text{를 대입하면}$$

$$\therefore d = \sqrt{\frac{8W}{3\sigma_a}}$$

여기서, W' : 상당하중($W' = \frac{4}{3}W$)

③ 전단하중을 받을 경우

$$\tau = \frac{W}{A} = \frac{W}{\frac{\pi d^2}{4}}$$

$$\therefore d = \sqrt{\frac{4W}{\pi \tau}}$$

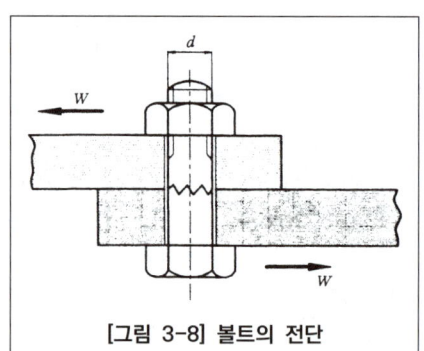

[그림 3-8] 볼트의 전단

Point
축하중만 받을 때
$d = \sqrt{\dfrac{2W}{\sigma_a}}$

Point
축하중과 비틀림을 동시에
$d = \sqrt{\dfrac{8W}{3\sigma_a}}$

④ 나사를 스패너로 충분히 조일 경우

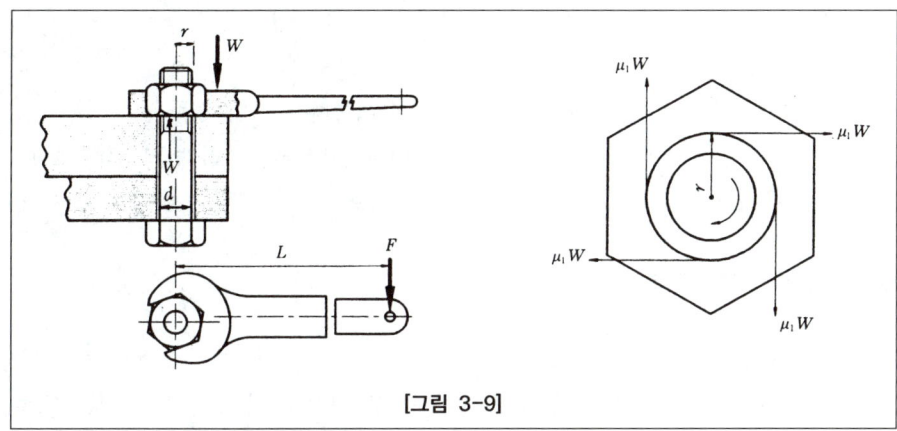

[그림 3-9]

$$T = T_1 + T_2 = \mu_1 Wr + W\tan(\alpha+\rho)\frac{de}{2}$$

$$= W[\mu_1 r + \tan(\alpha+\rho)\frac{de}{2}] = FL$$

$$\therefore W = \frac{FL}{[\mu_1 r + \tan(\alpha+\rho)\frac{de}{2}]}$$

여기서, L : 스패너의 길이
F : 스패너를 돌리는 힘(kg, N)
r : 너트의 평균 반지름
W : 축방향 하중(kg, N)
μ_1 : 너트 자리부의 마찰계수
T_1 : 너트 자리부의 마찰저항 모멘트($T_1 = \mu_1 Wr$)
T_2 : 볼트 몸통내의 저항 Torque
$[T_2 = P\frac{de}{2} = W\tan(\alpha+\rho)\frac{de}{2}]$

Point
$T = W\left(\tan(\alpha+\rho)\frac{de}{2} + \mu_1 r\right)$
$= F \cdot L$

02 볼트·너트

1 볼트의 종류

(1) 용도에 의한 분류

① 관통볼트(through bolt)

조이려는 부분을 관통하여 볼트 지름보다 약간 큰 구멍을 뚫고, 여기에 머리 붙이 볼트를 끼워 넣은 후 너트로 결합하는 볼트

한눈에 들어오는 키워드

② **탭 볼트(tap bolt)**
관통볼트를 사용하기 어려울 때 결합하려는 상대쪽에 암나사를 내고, 머리붙이 볼트를 조여 부품을 결합하는 볼트이다.

③ **스터드 볼트(stud bolt)**
양쪽 끝 모두 수나사로 되어있는 나사로서 관통하는 구멍을 뚫을 수 없는 경우에 사용한다. 한쪽 끝은 상대 쪽에 암나사를 만들어 미리 반영구적으로 나사 박음하고, 다른 쪽 끝에 너트를 끼워 죄도록 하는 볼트

(2) 머리부에 의한 분류

① **6각 볼트**
머리모양이 정육각형인 볼트로서 일반적으로 가장 많이 사용하며, 머리 접촉면이 넓어 강력한 조임력이 얻어진다.

② **4각 볼트**
머리모양이 정4각형인 볼트로서, 볼트머리 자리면이 6각 볼트의 2배이므로 스패너를 이용할 때 회전 모멘트를 크게 할 수 있다. 따라서 고착되어 있는 경우 볼트를 쉽게 풀어 분리가 가능하다.

③ **6각 구멍붙이 볼트**
볼트의 머리를 원통형으로 하고, 머리 가운데에 6각 렌치를 넣고 죌 수 있는 구멍이 있는 볼트로 재질로는 강도가 우수한 합금강(SCM435)이 사용된다.

(3) 특수 볼트

① **아이 볼트(eye bolt)**
볼트의 머리부에 핀을 끼울 구멍이 있어 자주 탈착하는 뚜껑의 결합에 사용된다. 아이 볼트 중 고리 볼트(lifting bolt)는 무거운 물체를 달아 올리기 위하여 훅(hook)을 걸 수 있는 고리가 있는 볼트이다.

② **나비 볼트(wing bolt)**
볼트의 머리부를 나비 모양으로 만들어 스패너 없이 손으로 조이거나 풀 수 있어, 별도의 공구 없이 손으로 탈착이 가능하다.

③ **간격유지 볼트**
스테이볼트(stay bolt)라고도 하며, 두 물체 사이의 거리를 일정하게 유지시키면서 결합하는데 사용하며, 중간에 링을 끼우는 방법과 볼트에 간격유지 턱을 양쪽에 만드는 방법 등이 있다.

④ **기초 볼트(foundation bolt)**
기계, 구조물 등을 콘크리트 기초에 고정시키기 위하여 사용하는 볼트이다. 한쪽은 콘크리트 기초에 묻혔을 때 빠지지 않도록 하기 위하여 여러 가지 형태

Point
· 나비 볼트
· 스테이 볼트

로 되어 있으며, 또 반대쪽은 수나사로 나사산이 되어 있어 기계를 고정시키는 데 사용한다.

⑤ **리머 볼트(reamer bolt)**

볼트가 끼워지는 구멍은 볼트 지름보다 크므로 전단력이 작용하면 볼트가 파손되기 쉽기 때문에 큰 전단력이 작용할 때는 볼트의 맞춤이 중간 끼워 맞춤 또는 억지 끼워 맞춤이 되도록 볼트 구멍을 리머로 다듬질한 다음, 정밀 가공된 리머 볼트를 끼워 결합한다. 경우에 따라 테이퍼지게 하거나 링을 끼워 전단력을 받도록 결합하기도 한다.

⑥ **T볼트**

공작기계 테이블에 파져 있는 T자형 홈에 사용하도록 볼트의 머리를 4각형으로 만들어 너트를 조일 때 볼트 머리가 회전하지 않게 된다.

2 너트의 종류

(1) 6각 너트(hexagon nut)

6각 모양으로 되어 있으며, 가장 널리 사용되는 너트이다. 6각 너트에는 너트의 호칭 높이가 호칭지름에 비하여 0.8배 이상인 너트(일반 6각 너트)와 0.8배 이하인 너트(6각 낮은 너트)가 있다.

(2) 4각 너트(square nut)

4각 모양으로 되어 있으며, 주로 목재 결합에 많이 사용되고 기계류의 결합에도 사용된다.

(3) 둥근 너트(circular nut)

회전체의 균형을 좋게 하거나 너트를 외부에 돌출시키지 않으려고 할 때 주로 사용하며, 너트를 죄는 데는 훅 렌치 등의 특수한 스패너가 필요하다.

(4) 와셔붙이 너트(washer based nut)

너트의 밑면에 넓은 원형 플랜지가 붙어있는 와셔붙이 너트는 볼트 구멍이 큰 경우 또는 접촉하는 물체와의 접촉면적을 크게 함으로써 접촉 압력을 작게 하려고 할 때 주로 사용하며, 너트 하나로 와셔의 역할을 겸한 너트이다.

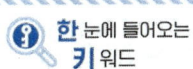

Point
리머 볼트

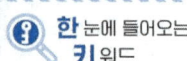

(5) 캡 너트(cap nut)

너트의 한쪽을 관통되지 않도록 만든 것으로 나사면을 따라 증기나 기름 등이 누출되는 것을 방지하는 부위 또는 외부로부터 먼지 등의 오염물 침입을 막는 데 주로 사용한다.

(6) 스프링 판 너트(spring plate nut)

스프링 판을 굽혀서 만들며, 나사 박음을 하지 않고 간단하게 끼울 수 있기 때문에 사용이 간단하여 스피드 너트라고도 한다.

3 여러 가지 나사

(1) 작은 나사(screw)

볼트의 바깥지름이 1~9mm인 작은 나사로서 볼트의 머리부에는 드라이버로 돌릴 수 있도록 홈이 파져있다. 홈의 모양은 -자형과 +자형이 있으며 나서 머리의 외부 돌출여부 및 볼트 머리 자리의 모양 등에 따라 여러 종류의 머리 모양이 있다. 대체적으로 조임력이 작다.

Point
세트 스크루

(2) 멈춤나사(set screw)

나사를 밀어 박음으로써 나사 끝에 발생하는 마찰저항으로 두 물체 사이에 회전이나 미끄럼이 생기지 않도록 사용하는 나사로 키(key)의 대용 역할을 한다. 회전체의 보스 부분을 축에 고정시키는 데 많이 사용한다.

(3) 나사못(wood screw)

끝부분이 원추형으로 가늘게 되어 있으며, 피치가 크고 나사산은 3각 나사로 목재와 같은 연한 재료에 나사 박음할 때 사용한다.

(4) 태핑 나사(tapping screw)

나사의 표면은 침탄 경화법으로 경화시켰으며 나사의 끝부분에 테이퍼를 준다. 나사가 들어갈 자리에 구멍을 뚫고 태핑 나사를 돌리면 나사산이 만들어진다. 주로 박판을 고정하는 데 사용하거나 전기 기구 조립 등에 많이 사용한다.

4 와셔(washer)

와셔는 볼트 결합부의 구멍이 크거나 너트의 자리 면이 고르지 못할 때, 또는 자리 면의 재료가 너무 연하여 볼트의 체결 압력에 견딜 수 없거나, 너트의 풀림을 방지할 때 사용한다. 특히 갈퀴붙이 와셔 또는 혀붙이 와셔는 물체를 고정시키는 역할을 하며, 스프링 와셔와 접시 스프링 와셔는 진동에 의한 풀림을 줄이는 역할을 한다.

5 볼트·너트의 풀림 방지

① **로크 너트에 의한 방법**
② **자동 죔 너트에 의한 방법**
③ **분할 핀에 의한 방법**
④ **와셔에 의한 방법** : 스프링 와셔, 폴 와셔, 혀붙이 와셔, 톱니 붙이 와셔, 중지 판, 풀림방지용 와셔 등
⑤ **멈춤 나사에 의한 방법**
⑥ **플라스틱 플러그에 의한 방법** : 나사면에 플라스틱이 들어간 너트 사용하여 마찰계수 증가
⑦ **철사를 이용하는 방법** : 핀 대신에 철사를 감아 사용

> **Point**
> 너트의 풀림 방지법

CHAPTER 03 단원 예상문제

저자가 콕! 찝어주는 예상문제 풀어보기!

01 나사곡선이 원통을 한 바퀴 돌아서 축방향으로 나아가는 거리를 나타낸 것은?

① 리드(lead)   ② 피치(pitch)
③ 바깥지름   ④ 골의 지름

02 나사에서 피치와 리드 사이의 관계에 대한 설명으로 옳은 것은?

① 1줄 나사에서 피치와 리드는 같다.
② 2줄 나사에서 피치와 리드는 같다.
③ 3줄 나사에서 피치와 리드는 같다.
④ 4줄 나사에서 피치와 리드는 같다.

> 리드(l) = 줄수(n)×피치(p)
> ∴ $l ≧ n × p$

03 다음 나사 중 리드가 가장 큰 나사는?

① 피치 1.5mm의 1줄 미터 가는 눈 나사
② 인치당 4산 2줄의 유니파이 보통나사
③ 피치 1mm의 2줄 미터 보통나사
④ 인치당 12산 3줄의 휘트워드 보통나사

> $l = n · p$에서
> ① $l = 1 × 1.5 = 1.5mm$
> ② $l = 2 × \frac{1}{4} × 25.4 = 12.7mm$
> ③ $l = 2 × 1 = 2mm$
> ④ $l = 3 × \frac{1}{12} × 25.4 = 6.35mm$

04 3줄 나사에서 피치가 1.5mm일 때 2회전시키면 몇 mm 이동하는가?

① 2.25mm   ② 6mm
③ 6.5mm   ④ 9mm

> 이동거리 : L
> $L = l × 회전 = n × p × 회전 = 3 × 1.5 × 2 = 9mm$

05 휘트워드 나사의 호칭이 $W\ 3/8''$이며, 1인치당 나사산수가 16일 때 나사구멍 드릴의 지름은 몇 mm가 적당한가?

① 약 6.8   ② 약 7.9
③ 약 9.8   ④ 약 8.9

> $d = D - P$에서
> $d = (3/8 × 25.4) - (1/16 × 25.4) ≒ 7.9mm$

06 미터나사에서 지름 12mm, 피치 1.5mm의 나사를 태핑하기 위한 드릴 구멍의 지름으로 가장 적당한 것은?

① 9.5mm   ② 10.5mm
③ 11.5mm   ④ 13.5mm

> $d = 12 - 1.5 = 10.5mm$

정답   1 ①   2 ①   3 ②   4 ④   5 ②   6 ②

07 다음은 미터 나사에 대한 설명이다. 틀린 것은?

① 나사산의 각도는 60°이다.
② 미터 보통나사와 미터 가는 나사가 있다.
③ 호칭치수는 수나사의 바깥지름과 피치를 mm로 표시한다.
④ 나사가 끼워진 경우 골 밑에 다소의 간격이 있으므로 제작이 어렵다.

삼각나사의 종류
① 미터 나사(M) : $\alpha = 60°$, 피치 : mm
 (미터 가는나사는 항공기, 자동차의 진동이 심한 곳의 이완 방지용)
② 유니파이 나사(ABC나사) :
 $\alpha = 60°$, 피치 : 산/inch
③ 관용나사(파이프 나사) : $\alpha = 55°$, 피치 : 산/inch
• 종류 : 관용 평행나사(G)
 관용 테이퍼 나사(R) : $T = 1/16$(기밀유지)
 관용 평행 암나사(RP)
 관용 테이퍼 암나사(RC)

08 애크미 나사(acme threed)라고도 하며 나사각은 인치계에서는 29°이고, 미터계에서는 30°인 나사는?

① 사다리꼴 나사   ② 미터 나사
③ 유니파이 나사   ④ 너클 나사

사다리꼴 나사는 인치계와 미터계가 있다.
미터계 : $\alpha = 30°$, Tr
인치계 : $\alpha = 29°$, TW

09 관용 테이퍼 나사에서 유체의 누설을 막기 위한 테이퍼는?

① 1/10   ② 1/16
③ 1/24   ④ 1/68

관용 테이퍼 나사는 유체의 누설을 방지하기 위하여 1/16의 테이퍼를 가지고 있다.

10 다음 중 나사산의 각도가 60°인 것은?

① 유니파이 보통나사
② 사다리꼴 나사
③ 톱니 나사
④ 둥근 나사

유니파이 나사 : $\alpha = 60°$
사다리꼴 나사 : $\alpha = 29°$와 30°
톱니 나사 : $\alpha = 30°$와 45°
너클 나사 : $\alpha = 30°$이다.

11 다음 중 나사의 설명으로 옳은 것은?

① 유니파이 나사 : 나사산 60도, 수나사의 바깥지름과 피치를 mm로 나타낸다.
② 사다리꼴 나사 : 공작기계의 이송에 쓰인다.
③ 볼 나사 : 나산과 골이 둥글며, 둥근나사라고도 한다.
④ 톱니 나사 : 운동용 나사로 양쪽방향의 힘을 전달한다.

12 축 방향에 큰 하중을 받아 운동을 전달하는데 적합하며 하중의 방향이 일정하지 않고 교번 하중을 받을 때 효과적인 나사는?

① 볼 나사   ② 사각 나사
③ 톱니 나사   ④ 너클 나사

① 볼 나사 : 암·수나사의 홈에 강구가 들어 있어서 일반나사보다 매우 마찰계수가 작고 운동 전달이 가벼워 NC 공작기계(수치제어 공작기계)나 자동차용 스테어링 장치에 쓰인다.
② 사각 나사 : 나사산의 모양이 4각이며, 3각 나사에 비하여 풀어지기는 쉬우나 저항이 작은 이점으로 동력전달용 잭(jack), 나사 프레스, 선반의 피드(feed)에 쓰인다.
③ 톱니 나사 : 축선의 한쪽에 힘을 받는 곳에 사용(잭, 프레스, 바이스)되며, 힘을 받는 면은 축에 직각이고, 받지 않는 면은 30°의 각도로 경사져 있다.
④ 너클 나사 : 둥근 나사라고도 하며, 모래·먼지가 들어가기 쉬운 전구나 호스의 연결부 등에 쓰인다.

정답 7 ④ 8 ① 9 ② 10 ① 11 ② 12 ②

13 다음 설명 중 옳은 것은?

① 플랜지 너트 : 너트의 밑면에 6각보다 큰 지름의 와셔가 달린 너트
② 홈붙이 너트 : 손으로 돌려서 조일 수 있는 곳에 사용한다.
③ 사각 너트 : 암나사를 깎을 수 없는 얇은 판에 리벳으로 설치하여 사용하는 너트
④ 둥근 너트 : 축선이 조절되어 중심위치를 정하기 쉽도록 만든 너트

② 나비 너트
③ 플레이트 너트
④ 모따기 너트

14 나사 끝을 침탄 담금질하여 얇은 판 또는 무른 재료의 암나사쪽을 아래 구멍만 뚫어 놓고, 암나사를 만들어 조여가는 것은?

① 태핑 나사(tapping screw)
② 스터드 볼트(stud bolt)
③ 세트 스크루(set screw)
④ 관통 볼트(through bolt)

세트 스크루(set screw) : 나사끝을 이용하여 기어나 벨트 풀리와 같은 회전부품을 축에 고정할 때 쓰이는 작은나사

15 1KN의 하중을 올리는 나사 잭의 나사 막대의 지름을 몇 mm로 할 것인가? (단, 나사막대의 허용응력은 6N/mm²로 한다.)

① 12mm ② 15mm
③ 22mm ④ 25mm

$$d = \sqrt{\frac{8W}{3\sigma_a}} = \sqrt{\frac{8 \times 1000}{3 \times 6}} = 21.08\,mm$$
$$\therefore d = 22\,mm\text{를 선정한다.}$$

16 35ton 나사 프레스의 4각 나사의 바깥지름이 100mm, 골지름이 80mm, 피치가 16mm이다. 여기에 사용할 청동(靑銅) 너트의 적당한 높이는 몇 mm인가? (단, 청동의 허용 면압력은 1.0N/mm²이다.)

① 200mm ② 240mm
③ 280mm ④ 320mm

$$H = P \cdot Z = \frac{Q \cdot P}{\frac{\pi}{4}(d_2^2 - d_1^2)q} \text{에서}$$
$$H = \frac{35000 \times 16}{\frac{3.14}{4}(100^2 - 80^2) \times 1.0} = 198.16\,mm$$
$$\therefore H = 200\text{이 적합하다.}$$

17 리드각 α, 마찰각 ρ인 나사의 자립 조건은 다음과 같다. 옳은 것은?

① $\alpha > \rho$ ② $\alpha < \rho$
③ $2\alpha > \rho$ ④ $3\alpha < \rho$

나사의 자립조건
나사가 스스로 풀리지 않는 조건 즉, $\alpha < \rho$
또는 $\alpha \leq \rho$

정답 13 ① 14 ① 15 ③ 16 ① 17 ②

18 바깥지름 24mm, 유효지름 22.052mm, 피치 3mm인 미터 삼각 나사에서 마찰계수 $\mu = 0.1$이라면 이 나사효율은 얼마인가?

① 약 21%   ② 약 24%
③ 약 27%   ④ 약 30%

> 삼각나사의 효율: η
> $\eta = \dfrac{\tan\alpha}{\tan(\alpha+\rho')} = \dfrac{0.0433}{0.1596} = 0.271 \fallingdotseq 27\%$
> 여기서, $\tan\alpha = \dfrac{P}{\pi d_e} = \dfrac{3}{\pi \times 22.052} = 0.0433$
> $\tan\rho' = \mu' = \dfrac{\mu}{\cos\dfrac{\alpha}{2}} = \dfrac{0.1}{\cos 30°} = 0.1155$
> $\tan(\alpha+\rho') = \left(\dfrac{P + \mu'\pi d_e}{\pi d_e - \mu' P}\right) = 0.1596$

19 사각 나사 잭(screw jack)에서 나사의 경사각을 λ, 마찰각을 ρ라 할 때, 물건을 들어올릴 경우 나사의 축방향에 수직한 수평력 F를 나타내는 식은? (단, W는 나사의 축방향에 작용하는 하중이다.)

① $F = W \cdot \tan(\rho \cdot \lambda)$
② $F = W \cdot \tan(\lambda + \rho)$
③ $F = W \cdot \tan(\lambda - \rho)$
④ $F = W \cdot \tan(\rho - \lambda)$

> • 나사를 죌 때: $F = W \cdot \tan(\lambda + \rho)$
> • 나사를 풀 때: $F = W \cdot \tan(\rho - \lambda)$

20 나사의 유효지름이 50mm, 피치 2.5mm의 나사 잭으로서 2kN의 무게를 올리려고 할 때 레버의 유효길이는 얼마인가? (단, 레버를 돌리는 힘은 15N이고, 마찰계수는 0.1이다.)

① 526mm   ② 420mm
③ 387mm   ④ 615mm

> $T = FL = Q\dfrac{p + \mu\pi de}{\pi de - \mu p} \times \dfrac{de}{2}$
> $15 \times L = 2000 \times \dfrac{2.5 + 0.1 \times \pi \times 50}{\pi \times 50 - 0.1 \times 2.5} \times \dfrac{50}{2}$
> $\therefore L = 387\,\mathrm{mm}$

정답: 18 ③　19 ②　20 ③

03 키(key)

키(key)는 기어나 풀리, 커플링, 클러치 등을 축에 고정하여 회전력을 전달하는 장치로 강 또는 특수강으로 만들며, 주로 전단력에 의해 파괴가 된다. 일반적으로 축보다 약간 강한 재료를 사용하며 보통 기울기는 1/100이다.

1 키의 종류

(1) 성크 키(sunk key)

축과 보스 양쪽에 키 홈이 있는 키로 가장 많이 사용한다. 키 윗면은 기울기가 1/100이다. (묻힘 키라고도 한다.)

(2) 안장 키(saddle key)

큰힘에는 적당하지 않고 축은 가공하지 않고 보스에만 키 홈(기울기 1/100)을 만들어 마찰력으로 회전력을 전달하는 데 사용한다.

(3) 평 키(flat key)

납작 키라고도 하며, 키가 닿는 면의 축만을 평편하게 깎은 것으로 보스의 기울기는 1/100이다.

(4) 접선 키(tangential key)

큰 동력을 전달하는 데 적당한 키로 키 홈을 축의 접선 방향에 만들고 테이퍼 키 2개를 한 조로 하여 끼운 키이다. 역전하는 축에는 120° 각도로 두 곳에 설치하며, 정사각형 단면의 키를 90°로 배치한 것을 케네디 키(kennedy key)라고 한다.

(5) 페더 키(feather key)

키의 기울기가 없는 키로 기어나 풀리를 축방향으로 이동할 경우에 사용하며, 키를 축이나 보스에 고정한다. 또는 미끄럼 키(sliding key)라고도 한다.

(6) 스플라인 축(spline shaft)

축 주위에 피치가 같은 평행한 키 홈을 4~20개 만든 것으로 보스를 축 방향으로 움직일 수 있다.

한 눈에 들어오는 키워드

Point
Key 홈의 가공방법
축(軸)에 키를 박는 홈은 밀링 커터 또는 엔드밀로써 가공하고 풀리의 보스 홈 가공에는 브로치(broach) 가공, 슬로터(slotter) 가공으로 한다.

Point
· 키의 종류
· 성크 키=묻힘 키, 사각 키

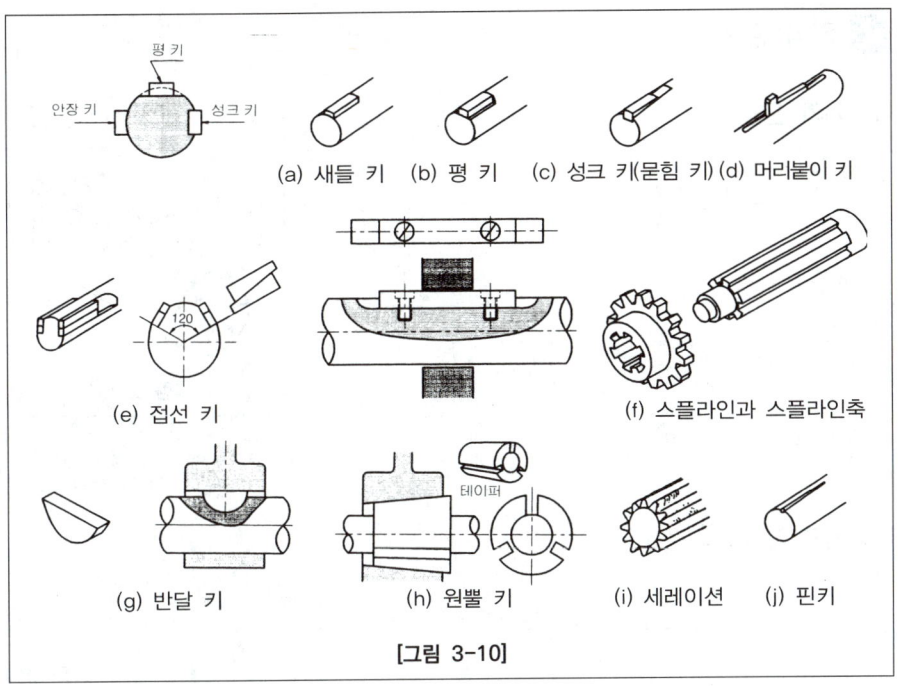

[그림 3-10]

(7) 세레이션(serration)

축에 작은 삼각형 키 홈을 만들어 축과 보스를 고정시킨 것이다. 같은 지름의 스플라인에 보다 많은 돌기가 있어 동력 전달이 크며, 자동차의 핸들이나 전동기, 발전기의 축 등에 사용된다.

(8) 반달 키(woodruff key)

키 홈을 축에 반달 모양으로 판 것으로 키를 끼운 후에 보스를 끼운다. 특히, 작은지름(60mm 이하)이나 공작기계의 테이퍼축에 쓰인다.

(9) 둥근 키(round key)

회전력이 극히 작은 곳에 사용하며, 핀을 구멍에 끼워서 사용한다. 일명 핀 키(pin key)라고도 한다.

(10) 원뿔 키(cone key)

축과 보스에 홈을 내지 않고 원뿔 슬롯을 끼워 박아 축의 임의의 곳에 마찰력으로 고정한다.

Point
세레이션

Point
key의 torque 크기순서
세레이션 > 스플라인 > 접선 키 > 성크 키 > 반달 키 > 평 키 > 안장 키

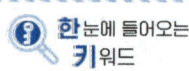

키워드

● Point
키의 전단응력
$\tau_k = \dfrac{2T}{bld}$

● Point
키의 압축응력 = 면압력
$\sigma_c = \dfrac{4T}{hld}$

2 키의 강도

(1) 키의 전단 : τ

$$\tau = \frac{W}{bl} = \frac{2T}{bdl}$$

또는

$$T = \frac{\pi d^3}{16}\tau_s = \frac{bdl\tau}{2} \Rightarrow bl = \frac{\pi d^2}{8}$$

여기서, $l = 1.5d$ 일 때 : $b = \dfrac{\pi d^1}{2} \fallingdotseq \dfrac{d}{4}$

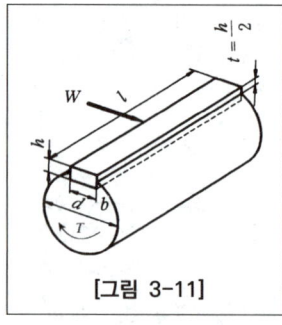

[그림 3-11]

여기서, $\begin{bmatrix} \tau : \text{key의 전단응력} \\ \tau_s : \text{축의 전단응력} \end{bmatrix}$

(2) 키의 압축(압괴) : σ_c

$$\sigma_c = \frac{W}{tl} = \frac{2W}{hl} = \frac{4T}{hdl}$$

여기서, σ_c(압축응력) = q (key의 측면압력)

$$\therefore q = \frac{4T}{hdl} = \frac{2T}{tdl}\left(t = \frac{h}{2} \Rightarrow h = 2t\right)$$

또한,

$$T = \frac{tdlq}{2} = \frac{\pi d^3}{16}\tau_s$$

$$\therefore l = \frac{\pi d^3 \tau_s}{8tq}$$

3 Spline key의 전달 토크 계산 : T

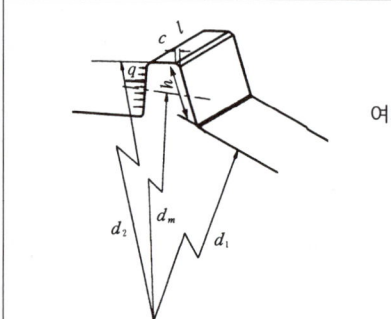

여기서, $\begin{bmatrix} q : \text{key의 측면압력(kg/mm}^2,\ \text{N/mm}^2) \\ c : \text{모따기(mm)} \\ h : \text{이높이} \\ \eta : \text{접촉률}(=75\%) \\ Z : \text{스플라인의 수} \end{bmatrix}$

1. $T = q(h-2c)lZ \times \dfrac{d_m}{2}\eta$

$\therefore T = \eta(h-2c)qlZ \cdot \dfrac{(d_2+d_1)}{4}$

여기서, $T = 71620\dfrac{H}{N} = 97400\dfrac{H'}{N} \text{kg} \cdot \text{cm}$,

$T = 71620 \times 9.8 \dfrac{H}{N} = 97400 \times 9.8 \dfrac{H'}{N} \text{N} \cdot \text{cm}$

$d_m = \left(\dfrac{d_2+d_1}{2}\right)$

$\therefore$ 전동효율 η는 최소 75%로 제한한다.

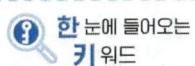

Point

$T = \eta q(h-2c)lZ \cdot \dfrac{d_1+d_2}{4}$

4 스플라인(spline)

스플라인은 축에 여러 개의 같은 키 홈을 파서 여기에 맞는 한 짝의 보스 부분을 만들어 서로 잘 미끄러져 운동할 수 있게 한 것이다. 키 보다 큰 토크 전달이 가능하며 선반의 변속장치, 자동차의 변속기, 클러치, 항공기, 공작기계 등의 속도 변환 기구 등에 사용된다.

(1) 각형 스플라인

홈의 수에 따라 6, 8, 10의 3가지가 있고, 가공 공차에 따라 활동용과 전동용이 있으며 형식에 따라 경하중과 중하중용으로 분류된다. 용도는 주로 자동차, 차량 등과 일반기계에서 동력 전달하는 축과 구멍을 결합하는 데 사용한다.

(2) 인벌류트 스플라인

치형이 인벌류트 곡선으로 되어 있는 것으로 잇수 6 - 60, 6종류의 모듈만 사용되고 가공정도를 높일 수 있으며, 이 뿌리의 강도가 크므로 회전력을 원활히 전달할 필요가 있거나 큰 동력의 전달에 적합하다.

(3) 세레이션

수많은 삼각형의 스플라인으로서 축과 보스사이에 상대각 위치를 되도록 세밀히 조절해서 고정하려고 할 때 사용한다. 이의 높이가 낮고 잇수가 많으므로 측압 강도가 크게 되고, 같은 축지름에서 스플라인축 보다 큰 회전력을 전달한다.

04 핀(pin)

핀은 두 개 이상의 부품을 결합시키는 데 주로 사용하며, 나사 및 너트의 이완 방지, 핸들을 축에 고정하거나 힘이 적게 걸리는 부품을 설치할 때, 분해 조립할 부품의 위치를 결정하는데 많이 사용한다. 핀은 강재로 만드나 황동, 구리, 알루미늄 등으로 만들기도 한다.

1 핀의 종류

(1) 평행 핀(dowel pin)

기계 부품을 조립할 경우나 안내 위치를 결정할 때 사용된다.

(2) 테이퍼 핀(taper pin)

$T = \dfrac{1}{50}$, 호칭지름은 작은쪽 지름으로 주축을 보스에 고정할 때 사용된다.

(3) 분할 핀(split pin)

너트의 풀림 방지나 바퀴가 축에서 빠지는 것을 방지하기 위하여 사용한다.

(4) 스프링 핀

탄성을 이용하여 물체를 고정시키는 데 사용되며, 해머로 때려 박을 수 있는 핀이다.

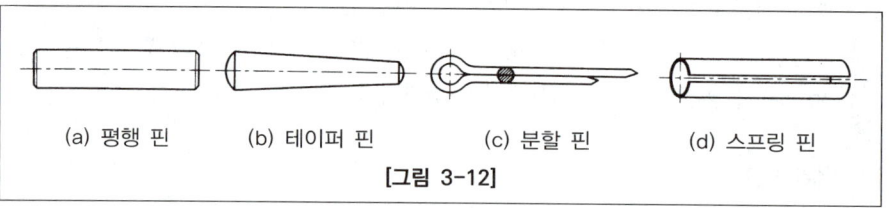

(a) 평행 핀   (b) 테이퍼 핀   (c) 분할 핀   (d) 스프링 핀

[그림 3-12]

2 너클 핀의 설계

너클 핀 이음은 한쪽 포크(fork)에 아이(eye) 부분을 연결하여 구멍에 수직으로 평행 핀을 끼워 두 부분이 상대적으로 각운동을 할 수 있도록 연결한다.

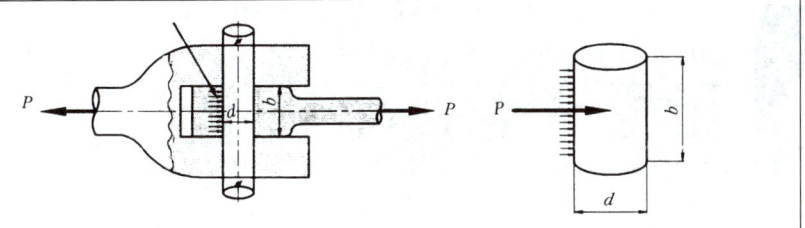

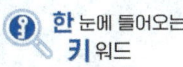

$$q = \frac{P}{A} = \frac{P}{bd} \text{에서}$$

$$qbd = P$$

$$q = \frac{P}{md^2}$$

$$\therefore d = \sqrt{\frac{P}{mq}}$$

여기서, b : md (핀과 링크와의 접촉길이)
m : 프와송의 수 ($m = 1 \sim 1.5$)
P : 하중(kg, N)
q : 핀의 접촉면 압력(kg/mm², N/mm²)
l : 핀과 이음과의 총 접촉길이(mm)

Point
면압력
$q = \dfrac{P}{bd}$

(1) 핀의 전단강도 : τ

$$\tau = \frac{P}{2 \times \frac{\pi}{4}d^2} \Rightarrow \therefore P = 2 \times \frac{\pi}{4}d^2\tau (\text{kg, N})$$

Point
전단응력
$\tau = \dfrac{P}{\frac{\pi}{4}d^2 \times 2}$

(2) 핀의 굽힘강도 : σ_b

$$\frac{wl^2}{8} = \frac{Pl}{8} = \frac{\pi d^3}{32}\sigma_b$$

여기서, w : 균일분포하중(kg/mm, N/mm)
$P = wl$ (kg, N)

$$\therefore P = 0.52 \times \frac{d^3 \sigma_b}{m} (l = 1.5md)$$

Point
굽힘응력
$\sigma_b = \dfrac{\frac{p \cdot l}{8}}{\frac{\pi d^3}{32}}$

CHAPTER 03 단원 예상문제

저자가 콕! 찝어주는 예상문제 풀어보기!

01 키에 대한 설명 중 틀린 것은?

① 둥근 키 : 우드러프 키라고도 하며 축의 홈이 깊게 되어 축의 강도가 약하다.
② 페더 키 : 안내 키라고도 한다.
③ 새들 키 : 축에는 홈을 파지 않고, 보스에만 홈을 내어 축과 키 사이의 마찰력으로 회전력을 전달시키는 것으로 축의 강도를 감소시키지 않는다.
④ 스플라인 : 축의 원주에 수많은 키를 깎은 것으로 단독의 키보다 큰 토크를 전달시킬 수 있다.

키(key)의 종류
① 반달 키(woodruff key) : 우드러프키라고 부르며 축이 약해지는 결점이 있으나 공작기계 핸들축과 같은 테이퍼축에 사용된다.
② 페더 키(feather key) : 묻힘 키의 일종으로 키는 테이퍼 없이 길다. 축방향으로 보스의 이동이 가능하며, 미끄럼 키라고도 한다.
③ 안장 키(saddle key) : 1/100의 기울기를 둔다. 축에 홈을 파지 않고 보스쪽에만 키 홈을 파서 회전축 마찰면에 맞추어 마찰력에 의해 고정하는 키이다.
④ 접선 키(tangential key) : 축의 접선방향에 키 홈을 파서 1/100의 기울기가 있는 2개의 키를 반대로 합쳐서 조합한 것으로 역회전하는 경우 2쌍을 120° 각도로 배치하여 사용하며, 고정력이 강하고 중하중용에 쓰인다. 케네디 키는 단면이 정사각형이고 90°로 배치된 키이다.
⑤ 성크 키 : 축과 보스에 키 홈 파는 것. 가장 많이 사용된다.
⑥ 평 키 : 키가 닿는 면만을 평편하게 깎은 것으로 보스의 기울기는 1/100이다.
⑦ 스플라인 : 축 둘레에 4~20개의 턱을 만든 것. 큰 회전력을 전달한다.
⑧ 세레이션 : 축과 보스를 고정. 스플라인 키에 속하는 것으로서 이가 많으므로 전동력이 크다.
⑨ 원뿔 키(cone key) : 보스와 축에 홈을 내지 않고 축 구멍을 원뿔로 만들어 몇 곳이 갈라져 있는 원뿔통이다.
⑩ 둥근 키(pin key) : 핸들과 같이 토크가 작은 것의 고정에 사용한다.

---

02 축에 편심되지 않고 임의의 위치에 고정할 수 있는 키는?

① 스플라인
② 핀 키
③ 새들 키
④ 원뿔 키

03 지름 60mm 이하에 쓰이며, 자동적으로 위치조정을 하면서 테이퍼축에 적합한 키는?

① 원뿔 키
② 반달 키
③ 접선 키
④ 둥근 키

04 세레이션(serration) 이음과 가장 관계되는 것은?

① 축과 보스
② 풀리와 키
③ 클러치 전동과 충격
④ 선반에서 나사절삭할 때에 과부하에서 오는 진동

05 접선 키의 사용각도는?

① 90°의 두 곳
② 45°
③ 120°의 두 곳
④ 120°의 세 곳

정답 1 ① 2 ④ 3 ② 4 ① 5 ③

06 다음 중 가장 큰 회전력을 전달할 수 있는 키는?

① 페더 키   ② 묻힘 키
③ 평 키   ④ 스플라인

> **키의 토크 크기 순서**
> 세레이션 > 스플라인 > 접선 키 > 묻힘 키 > 평 키 > 안장 키

07 일반적으로 성크 키(sunk key)의 윗면 기울기는?

① $\frac{1}{50}$ 정도   ② $\frac{1}{80}$ 정도
③ $\frac{1}{1000}$ 정도   ④ $\frac{1}{120}$ 정도

> **key의 특징**
> ① 주로 키는 전단력을 받는다.
> ② 키는 경사 키의 경우 1/100의 기울기를 가지고 있다.
> ③ 키의 재질은 축보다 약간 강한 것을 사용한다.

08 토크가 67500N·mm인 지름 60mm의 축에 장착한 성크 키의 나비가 15mm, 높이가 10mm, 길이가 50mm일 때, 키에 발생하는 전단응력은 얼마인가?

① $3N/mm^2$ ② $6N/mm^2$
③ $12N/mm^2$ ④ $15N/mm^2$

> $\tau = \frac{W}{bl} = \frac{2T}{bdl}$ 에서
> $\tau = \frac{2 \times 67500}{15 \times 60 \times 50} = 3N/mm^2$

09 축의 재료와 키(key)의 재료가 같은 경우, 축의 지름이 50mm에 폭 10mm의 4각 키(sunk key)를 설치했을 때, 전단으로 키가 파손되지 않으려면 키의 길이는?

① 약 50mm   ② 약 75mm
③ 약 100mm   ④ 약 150mm

> $\tau = \frac{W}{bl} = \frac{2T}{bdl} \Rightarrow T = \frac{bdl\tau}{2}$ 이므로
> $T = \frac{\pi d^3}{16}\tau_s = bdl\tau ove 2 \Rightarrow l = \frac{\pi d^2}{8b}$
> $\therefore l = \frac{3.14 \times 50^2}{8 \times 10} = 98.125mm$
> $\therefore l \fallingdotseq 100mm$ 를 선정한다.

10 성크 키의 전달 토크 T, 높이 h, 폭 b, 길이 L, 축지름이 d 라 하면 이때 생기는 압축응력을 나타내는 식은? (단, 축에 묻히는 키의 길이 $t = h/2$ 이다.)

① $\sigma_c = 2T/hld$ ② $\sigma_c = 4T/bhd$
③ $\sigma_c = 4T/bhl$ ④ $\sigma_c = 4T/hdl$

> $\sigma_c = \frac{4T}{hdl} N/mm^2$ 또는 $\sigma_c = \frac{W}{tl} = \frac{2T}{tdl} N/mm^2$
> 여기서, $t = \frac{h}{2}$ 이다.

11 2kW로 250rpm을 전달하는 지름 30mm의 축에 사용할 키의 폭은 몇 mm인가? (단, 보스 길이는 40mm, 허용전단응력은 $2N/mm^2$이다.)

① 6.5   ② 7.8
③ 13.0 ④ 16.

> $\tau = \frac{2T}{bdl}$ 에서 $b = \frac{2 \times 974000 \times 9.8 \times \frac{H'}{n}}{dl\tau}$
> $= \frac{2 \times 974000 \times 9.8 \times \frac{2}{250}}{30 \times 40 \times 2} = 6.49$
> $\therefore b = 6.5mm$

정답 6 ④ 7 ③ 8 ① 9 ③ 10 ④ 11 ①

12 지름 75mm의 축에 사용할 묻힘 키의 치수를 $b=20$mm, $h=1.3$mm로 하면 길이는 얼마 정도 필요한가? (단, 축은 250rpm으로 90마력을 전달하고, 키 재료의 허용전단응력을 $\tau_a=4.6$N/mm²으로 한다.)

① 50mm ② 75mm
③ 100mm ④ 113mm

$$l = \frac{2 \times 716200 \times 9.8 \times \dfrac{H}{n}}{bd\tau}$$

$$= \frac{2 \times 716200 \times 9.8 \times \dfrac{90}{250}}{20 \times 75 \times 4.6} = 74.73\text{mm}$$

$$\therefore l = 75\text{mm}$$

13 그림과 같이 $d=6$cm의 지름을 가진 축에 $b \times h \times l = 15 \times 10 \times 40$mm인 묻힘 키를 사용하여 축심거리 1m의 레버로 작동시키려고 할 때, 제한하중(F)을 구하면 몇 N인가?
(단, $\tau_k = 600$N/cm²이다.)

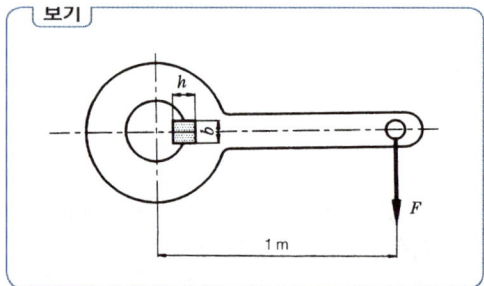

① 100N ② 108N
③ 120N ④ 98N

$T = FR = F \times 100$cm
또한, key가 받을 수 있는 힘(W)은
$W = A\tau_s = bl\tau_s = 1.5 \times 4 \times 600 = 3600$N
$F \times 100 = 3600 \times 3$
$\therefore F = \dfrac{3600 \times 3}{100} = 108$N

14 핀의 용도 중 틀린 것은?

① 작은 핸들을 축에 고정할 때와 같이 힘이 많이 걸리지 않는 부품의 설치
② 분해조립하는 부품의 위치 결정
③ 너트의 풀림 방지
④ 분해할 필요가 없는 부품의 영구적 이음

> **핀의 종류와 용도**
> ① 평행 핀 : 노크 핀이라고도 하며, 부품의 관계 위치를 항상 일정하게 유지할 때
> ② 테이퍼 핀 : 축에 보스를 고정시킬 때 사용. $T = 1/50$, 호칭지름은 작은 쪽의 지름
> ③ 분할 핀 : 핀 전체가 갈라진 것으로 너트의 풀림 방지에 사용. 크기는 분할 핀이 들어가는 구멍의 지름
> ④ 스프링 핀 : 세로 방향으로 쪼개져 있어서 크기가 정확하지 않을 때 해머로 박아 고정 또는 이완을 방지할 수 있는 핀

15 세로 방향으로 쪼개져 있으므로, 구멍의 크기가 정확하지 않더라도 해머로 때려 박을 수가 있어 편리한 핀은?

① 평행 핀 ② 테이퍼 핀
③ 스프링 핀 ④ 분할 핀

16 다음 중 평행 핀의 호칭법으로 옳은 것은? (단, d는 호칭 지름, l은 길이이다.)

① 명칭, $d \times l$, 재료
② 명칭, 등급, $d \times l$, 재료
③ 명칭, 종류, 형식, $d \times l$, 재료
④ 명칭, 등급, $d \times l$

> **핀의 호칭법**
>
> | 명 칭 | 호칭법 |
> | --- | --- |
> | 평행 핀 | 규격번호 또는 명칭, 종류, 형식, 호칭지름 × 길이, 재료 |
> | 테이퍼 핀 | 명칭, 등급 $d \times l$, 재료 |
> | 슬롯 테이퍼 핀 | 명칭, $d \times l$, 재료, 지정 사항 |
> | 분할 핀 | 규격번호 또는 명칭, 호칭지름 × 길이, 재료 |

정답 12 ② 13 ② 14 ④ 15 ③ 16 ③

17 12000N의 인장하중을 받는 너클 이음에서 이음 핀의 크기는 몇 mm인가? (단, σ_t =500N/cm², 안전율은 7이다.)

① 5.53mm ② 55.3mm
③ 3.55mm ④ 35.5mm

$d = \sqrt{\dfrac{4W}{\pi\sigma_b}} = \sqrt{\dfrac{4\times 12000}{31.4\times 500}} = 5.53\text{cm} = 55.3\text{mm}$

(여기서, $\sigma_b = \dfrac{\sigma_t}{S} = \dfrac{3500}{7} = 500\text{N/cm}^2$이다.)

18 그림과 같은 핀 이음(pin joint)에서 인장하중이 10kN이라면 봉의 지름 D_1 및 핀의 지름 D_2를 얼마로 하면 되는가? (단, 인장허용응력은 1000N/cm², 전단허용응력은 700N/cm²로 한다.)

보기

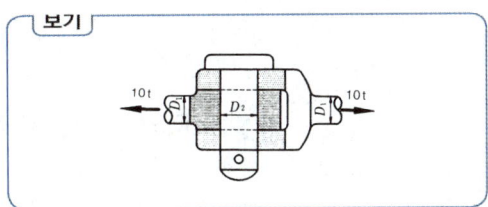

① D_1 = 3.569cm, D_2 = 3.016cm
② D_1 = 4.067cm, D_2 = 3.659cm
③ D_1 = 3.796cm, D_2 = 4.609cm
④ D_1 = 3.016cm, D_2 = 3.569cm

① 봉의 지름 D_1는
$\sigma = \dfrac{W}{A}, A = \dfrac{W}{\sigma} = \dfrac{10000}{1000} = 10\text{cm}^2,$
$\dfrac{\pi D_1^2}{4} = 10$이므로 ∴ $D_1 = 3.569\text{cm}$

② 핀의 지름 D_2는
$\tau = \dfrac{W}{2A}$
$2A = \dfrac{W}{\tau} = \dfrac{10000}{700} = 14.2857\text{cm}^2$
$2\times\dfrac{\pi D_2^2}{4} = 14.2857,$
$D_2^2 = \dfrac{4\times 14.2857}{2\pi}$
∴ $D_2 = \sqrt{\dfrac{4\times 14.2857}{2\times 3.14}} = 3.016\text{cm}$

정답 17 ② 18 ①

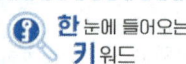

05 코터(cotter)

코터는 한쪽 또는 양쪽에 기울기를 갖는 평판 모양의 쐐기로서 인장력이나 압축력을 받는 2개의 축을 연결하는 결합용 기계요소이다. 평행한 쐐기로 된 강철편의 코터를 로드(rod)와 소켓(socket)을 연결한 후 수직으로 끼워 두 축을 연결한다. 이 때의 이음을 코터 이음이라 한다. 대부분 이음을 해제할 필요가 있을 때 사용한다.

1 코터의 3구성 요소

로드(rod), 소켓(socket), 코터(cotter)

2 코터의 자립 조건

(1) 한쪽 기울기의 코터 : $\alpha \leq 2\rho$

(2) 양쪽 기울기의 코터 : $\alpha \leq \rho$

여기서, α : 경사각
ρ : 마찰각

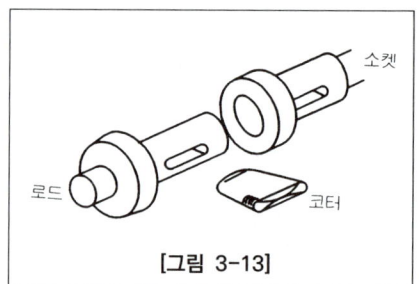

[그림 3-13]

(3) 코터가 빠져 나오는 힘 : F

양쪽 기울기의 경우 : $F = W[\tan(\alpha_1 - \rho_1) + \tan(\alpha_2 - \rho_2)]$
한쪽 기울기의 경우 : $F = 2W\tan(\alpha - \rho)$

3 코터의 기울기(구배)

(1) 자주 분해 시 : $\dfrac{1}{5} \sim \dfrac{1}{10}$

(2) 보통 분해 시 : $\dfrac{1}{20}$

(3) 반영구적일 때 : $\dfrac{1}{50} \sim \dfrac{1}{100}$

4 코터의 설계

(1) 코터의 전단응력 : τ

$$\tau = \frac{W}{2bh}$$

$$\therefore W = 2bh\tau \,(\text{kg, N})$$

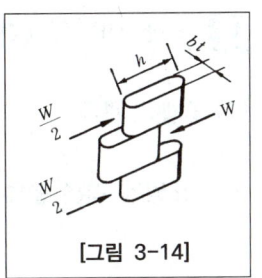

[그림 3-14]

(2) 코터의 굽힘응력 : σ_b

$$M = \frac{WD}{8} = \frac{th^2\sigma_b}{6}$$

$$\therefore \sigma_b = \frac{3WD}{4th^2}$$

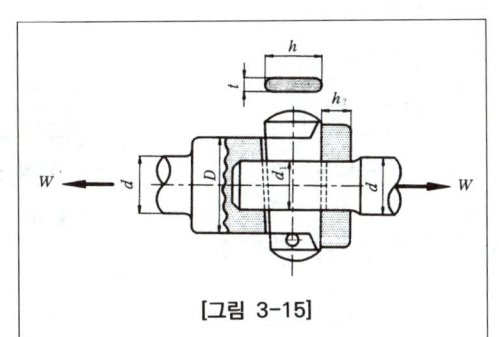

[그림 3-15]

(3) 소켓의 코터 구멍 접촉 면압(압괴) : σ_{c1}

$$\sigma_{c1} = \frac{W}{(D-d_1)t}\,\text{kg/mm}^2,\ \text{N/mm}^2$$

(4) 로드의 코터 구멍 접촉 면압(압괴) : σ_{c2}

$$\sigma_{c2} = \frac{W}{d_1 t}\,\text{kg/mm}^2,\ \text{N/mm}^2$$

- t : 코터의 두께
- b : 코터의 폭
- D : 소켓 바깥지름
- d_1 : 소켓 안지름
- d : 축의 지름
- W : 인장하중(kg, N)

06 리벳(revet)

강판 또는 형강 등을 영구적으로 접합하는 데 사용한다. 재료로는 연강, 동, 황동, 알루미늄 등이 사용되고 특별한 경우 특수강을 사용할 경우도 있다.

Point
전단응력
$$\tau = \frac{W}{2bh}$$

1 리벳 이음의 일반사항

(1) 리벳의 종류

① **모양에 따른 분류**

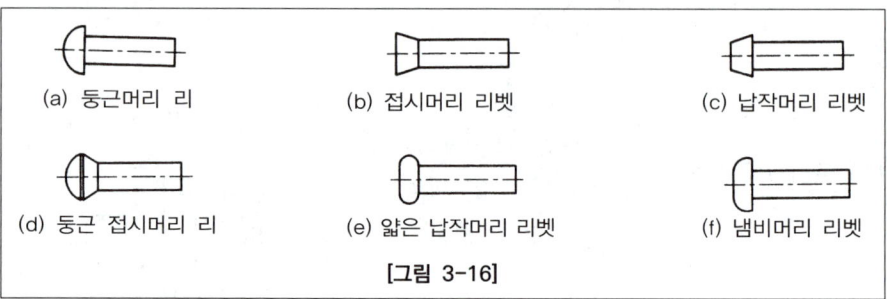

[그림 3-16]

㉠ 리벳의 호칭길이
  - 머리 부분을 제외한 길이 : 둥근머리 리벳, 납작머리 리벳, 냄비머리 리벳
  - 머리 부분을 포함한 전체 길이 : 접시머리 리벳   여기서, S : 판 두께의 합

㉡ 리벳의 길이(l) = $S + (1.3 \sim 1.6)d$

② **사용목적에 따른 분류**

㉠ 구조용 리벳 : 강도만을 요하는 것(예 : 구조물, 교량)
㉡ 저압용 리벳 : 주로 기밀 또는 수밀을 요하는 것(예 : 저압용 탱크)
㉢ 보일러용 리벳 : 강도 및 기밀을 요하는 것(예 : 보일러, 고압 용기)

③ **제조 방법에 따른 분류**

㉠ 열간 성형 리벳 : 재료의 변태점 이상의 온도에서 머리 부분 성형
㉡ 냉간 성형 리벳 : 냉간 가공에 의해 머리부분을 성형

(2) 리벳 작업순서

① 드릴링(drilling) 또는 펀칭(punching)
② 리밍(reaming)
③ 리베팅(riveting)
④ 코킹(caulking) 또는 풀러링(fullering)

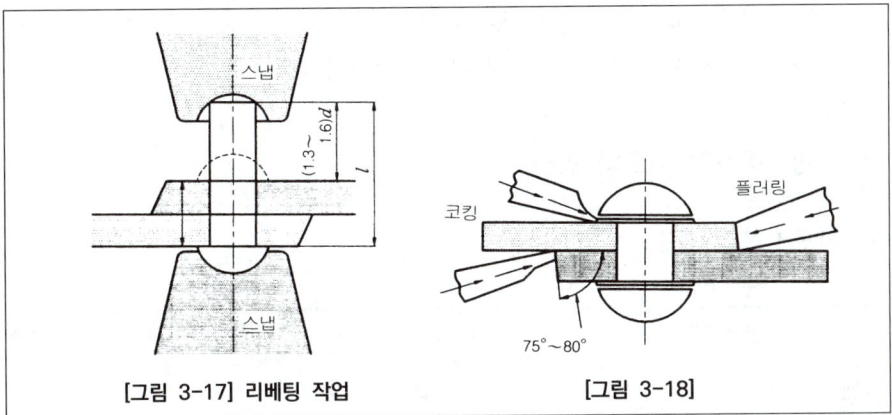

[그림 3-17] 리베팅 작업　　　　　[그림 3-18]

(3) 리벳 이음의 종류

① 겹치기 이음(2열 지그재그)　　② 맞대기 이음

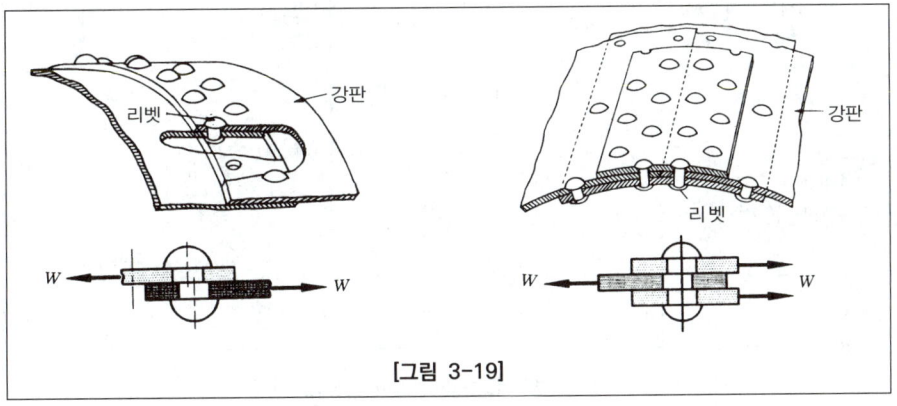

[그림 3-19]

(4) 리베팅, 코킹, 풀러링

① 리베팅

리벳 구멍은 지름 20mm까지는 펀칭으로 구멍을 뚫지만, 중요한 이음과 연성이 없는 강판에는 드릴링 또는 리머로 다듬질 한다. 리벳의 구멍은 리벳의 지름보다 1~1.5mm 크게 뚫는다. 구멍을 맞추어서 겹쳐 놓고 가열된 리벳 생크를 끼우고 머리를 스냅(snap)으로 받친 다음 생크의 끝에 머리를 대고 손이나 기계력에 의하여 두드려 제2의 리벳 머리를 만들어 준다.

② 코킹(caulking)과 풀러링(fullering)

고압 탱크, 보일러 등과 같이 기밀을 필요로 할 때에는 리베팅 후 리벳머리의 주위 또는 강판의 가장자리를 정(chisel)으로 때려 그 부분을 밀착시켜서 틈을 없애며 이것을 코킹이라 하며, 강판의 가장자리는 75°~85° 기울어지게 절단

● Point
코킹과 풀러링

한다. 기밀을 더욱 완전하게 하기 위하여 끝이 넓은 끌로 때려 리벳과 판재의 안쪽 면을 완전히 밀착시키는 데 이것을 플러링이라 한다.

2 리벳 이음의 강도와 효율

(1) 리벳 이음의 강도

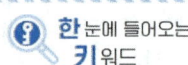

Point
리벳의 전단응력
$$Z_r = \dfrac{W}{\dfrac{\pi}{4}d^2}$$

파괴상태	(1) 리벳이 전단 또는 복전단에 의해 파괴될 때	(2) 리벳 구멍 사이의 강판이 파괴될 때	(3) 판이 압축으로 인해 파괴될 때	(4) 판가장자리와 리벳 구멍 사이의 판이 파괴될 때	(5) 강판이 절개될 때
형상	① 겹치기 ② 맞대기				
강도	① $W = \dfrac{\pi}{4}d^2\tau$ ② $W = \dfrac{\pi}{4}d^2 \cdot \tau \cdot n$	$W = (p-d)t \cdot \sigma_t$ $W' = (b-nd)t\sigma_t$	$W = t \cdot d \cdot \sigma_c$	$W = 2et\tau$ $= 2\left(e-\dfrac{d}{2}\right)t\tau_1$	$W = \dfrac{(2e-d)^2 t \sigma_b}{3d}$
효율	$\eta_1 = \dfrac{W}{W_0} = \dfrac{\pi d^2 \tau}{4tp\sigma_t}$	$\eta_2 = \dfrac{W}{W_0} = \dfrac{p-d^1}{p}$			

여기서, W_0 : 리벳 구멍이 없는 판의 1피치당 인장하중이다.
n : 1피치 내의 리벳 전단면수
W' : 강판 전체에 적용한 인장하중

(2) 리벳의 지름과 피치

$$\begin{cases} W = \dfrac{\pi d^2}{4}\tau n & \cdots\cdots\text{ⓐ} \\ W = (p-d)t\sigma_t & \cdots\cdots\text{ⓑ} \\ W = \sigma_c dtn & \cdots\cdots\text{ⓒ} \end{cases}$$

① **지름** : d

ⓐ식과 ⓒ식은 같으므로

$$\dfrac{\pi d^2}{4}\tau n = \sigma_c dtn$$

$$\therefore d = \dfrac{4\sigma_c t}{\pi \tau}$$

② 피치 : p

ⓐ식과 ⓑ식은 같으므로

$$(p-d)t\sigma_t = \frac{\pi d^2}{4}\tau n$$

$$(p-d) = \frac{\pi d^2 \tau n}{4t\sigma_t}$$

$$\therefore p = d + \frac{n\pi d^2 \tau}{4t\sigma_t}$$

(4) 리벳 이음의 효율(efficiency of rivet joint)

① 강판의 효율 : η_t

$$\eta_p = \frac{1\text{피치 내의 구멍이 있는 경우의 강판의 인장강도}}{1\text{피치 내의 구멍이 없는 경우의 강판의 인장강도}}$$

$W = (p-d)t\sigma_t$에서

$$\eta_t = \frac{(p-d)t_\sigma}{pt\sigma_t} = \frac{(p-d)}{p} = 1 - \frac{d}{p}$$

② 리벳의 효율 : η_r

$$\eta_r = \frac{1\text{피치 내에 있는 리벳의 전단강도}}{1\text{피치 내의 구멍이 없는 경우의 인장강도}} = \frac{\frac{\pi}{4}d^2\eta\tau}{pt\sigma_t}$$

$$\therefore \eta s = \frac{n\pi d^2 \tau}{4pt\sigma_t}$$

③ 연합(조합)효율 : η_{st}

$$\eta_{st} = \eta_s + \eta_t = \frac{\frac{\pi}{4}d^2\eta\tau + (p-Zd)t\sigma_t}{Pt\sigma_t}$$

$$= \frac{\frac{\pi}{4}d^2\eta\tau}{4Pt\sigma_t} + \frac{(p-Zd)}{P} = \eta_s + \frac{(p-Zd)}{P}$$

여기서, Z : 1줄의 리벳수

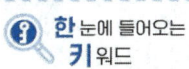

Point

$\eta_p = 1 - \dfrac{d}{p}$

Point

$\eta_r = \dfrac{n\pi d^2 \cdot \tau}{4pl\sigma_t}$

3 보일러용 리벳 이음 및 편심하중을 받는 리벳 이음

(1) 보일러용 리벳 이음

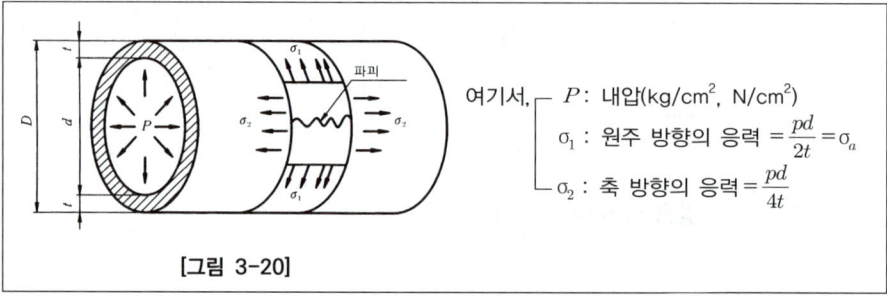

[그림 3-20]

여기서,
- P : 내압(kg/cm², N/cm²)
- σ_1 : 원주 방향의 응력 $= \dfrac{pd}{2t} = \sigma_a$
- σ_2 : 축 방향의 응력 $= \dfrac{pd}{4t}$

$$\therefore t = \dfrac{pd}{2\sigma_a} \times \dfrac{1}{100\eta} + C = \dfrac{pd}{200\sigma_a \eta} + C$$

다른 식의 표현은

$$S = \dfrac{\sigma_t}{\sigma_a}$$

$$\therefore t = \dfrac{pdS}{200\sigma_t \eta} + C$$

여기서,
- S : 안전율(안전계수)
- σ_t : 인장강도(kg/mm², N/mm²)
- σ_a : 허용응력(kg/mm², N/mm²)
- p : 내압(kg/cm², N/cm²)
- d : 안지름(mm)
- t : 강판 두께(mm)
- η : 리벳 이음의 효율(%)
- C : 부식여유(mm)

(2) 편심하중을 받는 리벳 이음

$$F_d = P/N, \quad F_{m1} = Kr_1, \quad F_{m2} = Kr_2, \quad F_{m3} = Kr_3$$

$$\therefore K = \dfrac{Pe}{N_1 r_2^{\,1} + N_2 r_2^{\,2} + N_3 r_2^{\,3} + \cdots\cdots}$$

여기서,
- P : 하중(kg)
- N : 리벳의 수
- $N_1, N_2 \cdots\cdots$: 중심에서 같은 거리에 있는 리벳이 수
- $r_1, r_2 \cdots\cdots$: 중심에서 각 리벳까지의 거리(mm)
- F_d : 직접하중(kg, N)
- F_m : 모멘트에 의한 하중
- K : 비례상수(kg/mm, N/mm)
- e : 편심거리(mm)

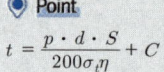

Point
$t = \dfrac{p \cdot d \cdot S}{200\sigma_t \eta} + C$

CHAPTER 03 단원 예상문제

저자가 콕! 찝어주는 예상문제 풀어보기!

01 소켓에 코터를 끼울 때 균열을 방지하기 위해서 사용하는 것은?

① 소켓　　② 로드
③ 지브　　④ 컬러

> 코터 이음 : 코터는 인장 또는 압축하는 두 축을 연결하는 것으로 분해할 필요가 있을 때 쓰이며, 로드, 소켓, 코터 등으로 구성된다. 압축하중이 작용하는 축을 연결할 때는 로드에 턱을 붙이고, 코터를 때려 박을 때 소켓이 쪼개질 염려가 있으므로 지브를 사용한다.

02 양쪽 경사진 코터의 자립상태를 나타내는 식은 다음 중 어느 것인가? (단, 마찰각을 ρ, α라 한다.)

① $\alpha \leq \rho$　　② $\alpha \geq 2\rho$
③ $\alpha \geq \rho$　　④ $\alpha \geq 2\rho$

> 코터의 자립조건
> ① 한쪽이 경사진 경우 : $\alpha \leq 2\rho$
> ② 양쪽이 경사진 경우 : $\alpha \leq \rho$

03 코터는 일반적으로 한쪽 기울기의 것이 많이 쓰이며, 빠짐 방지를 위하여 핀을 사용하는 코터의 기울기는?

① $\dfrac{1}{100} \sim \dfrac{1}{50}$　　② $\dfrac{1}{40} \sim \dfrac{1}{20}$
③ $\dfrac{1}{15} \sim \dfrac{1}{10}$　　④ $\dfrac{1}{10} \sim \dfrac{1}{5}$

테이퍼 tan α	미끄럼 방지
1/20 ~ 1/40	필요하지 않음
1/15 ~ 1/10	핀
1/15 ~ 1/5	너트

04 코터의 나비가 3cm, 높이가 5cm, 코터의 허용전단응력이 120N/cm²이라면 코터에 가할 수 있는 하중은 얼마인가?

① 1200N
② 1800N
③ 2400N
④ 3600N

> $\tau = \dfrac{W}{2bh}$ 에서
> $W = 2bh\tau = 2 \times 3 \times 5 \times 120 = 3600N$

05 압축력이 1800N이고, 코터의 두께 10mm, 폭 30mm일 때 코터의 전단응력(N/cm²)은 얼마인가?

① 100　　② 200
③ 300　　④ 600

> $\tau = \dfrac{W}{2bh} = \dfrac{1800}{2 \times 3 \times 1} = 300 N/cm^2$

정답　1 ③　2 ①　3 ③　4 ④　5 ③

06 양쪽 기울기(勾配) 코터 이음에서 코터를 박는데 필요한 힘 Q kg을 구하는 식으로 옳은 것은? (단, Q에 직각방향의 압력을 P kg, 마찰각을 각각 α_1, α_2 기울기를 각각 ρ_1, ρ_2라 한다.)

① $Q = P\{\tan(\alpha_1 - \rho_1) + \tan(\alpha_2 - \rho_2)\}$
② $Q = P\{\tan(\alpha_1 - \rho_1) - \tan(\alpha_2 - \rho_2)\}$
③ $Q = P\{\tan(\alpha_1 + \rho_1) + \tan(\alpha_2 + \rho_2)\}$
④ $Q = P\{\tan(\alpha_1 + \rho_1) - \tan(\alpha_2 + \rho_2)\}$

> 코터 이음의 양쪽 기울기의 경우
> ① 코터를 박는데 필요한 힘: Q
> $Q = P\tan(\alpha_1 + \rho_1) + \tan(\alpha_2 + \rho_2)$
> ② 코터를 빼는데 필요한 힘: Q'
> $Q' = P\tan(\alpha_1 - \rho_1) + \tan(\alpha_2 - \rho_2)$

07 다음 그림의 이음은?

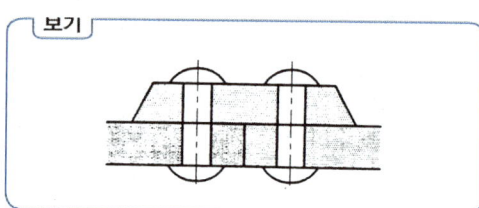

① 한줄 겹판 1줄 맞대기 이음
② 한줄 겹판 2줄 맞대기 이음
③ 한줄 겹판 1줄 겹치기 이음
④ 한줄 겹판 2줄 겹치기 이음

08 리벳 이음에서 피치란 무엇을 의미하는가?

① 리벳 열에서 이웃하고 있는 리벳의 중심선 사이의 거리
② 판의 끝과 바깥쪽 리벳 열의 중심선 사이의 거리
③ 같은 중심선 위에 있는 인접한 이웃 리벳 사이의 중심거리
④ 맞대기 이음에서 덮개판과 덮개판 사이의 거리

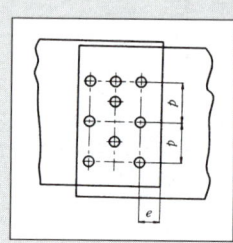

여기서, P : 피치
(3열 지그재그 겹치기 이음의 경우)

09 리벳 작업시 리벳의 구멍 크기는?

① 리벳 구멍이 리벳 지름보다 작아야 한다.
② 리벳 구멍과 리벳 지름은 같아야 한다.
③ 리벳 머리지름은 리벳 구멍보다 1~1.5mm 정도 크게 한다.
④ 리벳 지름은 리벳 구멍보다 3~5mm 정도 크게 한다.

> 리벳 머리지름은 리벳 구멍보다 1~1.5mm 정도 크게 하고 리벳의 길이는 강판의 합계치수보다 1.3~1.6 d 크게 한다.

정답 6 ③ 7 ① 8 ③ 9 ③

10 리벳의 종류 중 사용목적에 의해 분류한 것으로 주로 수밀을 중요시하는 저압 탱크 등에 사용되는 리벳은?

① 보일러용 리벳 ② 저압용 리벳
③ 구조용 리벳 ④ 열간용 리벳

리벳: 보일러, 차량, 선박, 철골 구조물의 강판이나 형광등을 영구적으로 결합하는 이음을 리벳 이음이라 한다.
① 구조용 리벳: 강도 요구(철교, 철탑)
② 저압용 리벳: 수밀 요구(저압용 탱크)
③ 보일러용 리벳: 강도와 기밀이 요구될 때(압력용기)

11 코킹(caulking) 작업의 목적은?

① 용접에 있어서 모재를 접합하기 위하여
② 리베팅에 있어서 기밀을 유지하기 위하여
③ 리베팅에 있어서 강판의 강도를 크게 하기 위하여
④ 용접에 있어서 효율을 증가시키기 위하여

코킹은 리베팅 작업에 있어서 기밀을 유지하기 위하여 실시하며, 플러링을 할 수도 있다.
단, 강판의 두께가 5mm 이하의 것에는 코킹의 효과가 없으므로 종이, 막대, 천, 석면 같은 패킹재료를 강판 사이에 끼워서 사용한다.

12 강판의 두께 $t=14$mm, 리벳 쫌후의 리벳 지름 $d=17$mm, 리벳의 피치 $P=48$mm의 1줄 겹치기 리벳 이음에 1피치마다의 하중 $W=1000$N을 가할 때 강판의 효율은?

① 56% ② 58%
③ 62% ④ 64%

$\eta = (1 - \dfrac{d}{p}) \times 100\%$
$= (1 - \dfrac{17}{48}) \times 100\% = 64.5\%$

13 리벳에서 $W=500$N, 지름 19mm일 때 전단응력은?

① 1.23 ② 1.47
③ 1.63 ④ 1.76

$\tau = \dfrac{4W}{\pi d^2} = \dfrac{4 \times 500}{\pi \times 19^2} = 1.76 \text{N/mm}^2$

14 그림과 같은 겹치기 리벳 이음에서 인장하중 $W=800$N이 작용하고, 리벳 구멍 지름은 10mm이고 리벳의 중심에서 판자의 가장자리까지의 거리 $e=20$mm일 때, 강판의 두께는 몇 mm인가? (단, 강판의 허용전단응력은 5N/mm²이다.)

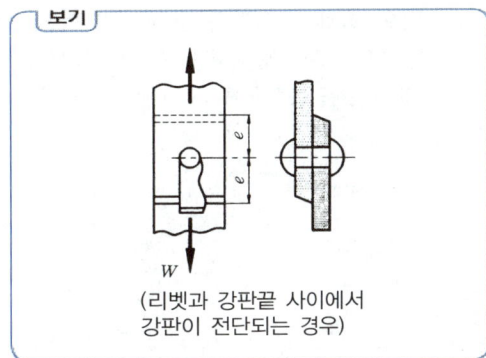
(리벳과 강판끝 사이에서 강판이 전단되는 경우)

① 8mm ② 6mm
③ 4mm ④ 2mm

$\tau_a = \dfrac{W}{2et}$ N/mm²이므로
$t = \dfrac{W}{2e\tau_a} = \dfrac{800}{2 \times 20 \times 5} = 4$mm

15 15kN의 인장하중을 받는 리벳의 양쪽 덮개판 맞대기 이음에서 리벳의 지름을 13mm라면 리벳의 수는 몇 개를 사용하면 좋은가? (단, $\tau_a = 5$N/mm^{2}으로 한다.)

① 12개 ② 10개
③ 7개   ④ 5개

$\tau = \dfrac{W}{2n\dfrac{\pi}{4}d^2}$ 에서

$n = \dfrac{W}{2 \times \dfrac{\pi}{4}d^2 \tau} = \dfrac{15000}{2 \times \dfrac{\pi}{4} \times 13^2 \times 5} = 11.3 ≒ 12$개

16 1열 리벳 겹치기 이음에서 강판의 두께 8mm, 리벳의 지름 16mm인 때에 효율을 최대로 하는 리벳의 피치는 다음 중 몇 mm가 가장 적당한가? (단, 강판의 허용인장응력은 6.28N/mm^2, 리벳의 허용전단응력은 6.5N/mm^{2}로 한다.)

① 약 36mm ② 약 42mm
③ 약 48mm ④ 약 54mm

$p = d + \dfrac{\pi d^2 n\tau}{4t\sigma_t}$

$= 16 + \dfrac{\pi \times 16^2 \times 1 \times 6.5}{4 \times 8 \times 6.28} ≒ 42$mm

17 리벳 구멍의 지름 17mm, 피치 75mm, 판두께 10mm인 양쪽 덮개판 2(숫자)를 리벳 맞대기 이음(각 줄의 피치는 같다.)의 효율은? (단, 리벳 전단강도는 판의 인장강도의 85%이다.)

① 70.8% ② 77.3%
③ 56.0% ④ 51.4%

$\eta_s = \dfrac{\pi d^2 n\tau}{4Pt\sigma_t} = \dfrac{3.14 \times 17^2 \times 2 \times 0.85}{4 \times 75 \times 10 \times 1}$

$= 0.514 \times 100\% = 51.4\%$

18 그림과 같은 2열 리벳 지그재그식 랩 조인트에서

리벳의 효율 η은? (단, 강파의 두께: $t$mm, 리벳 지름: $d$mm, 피치: $p$mm, 전단응력: τN/mm^2, 인장응력: σ_tN/mm^{2}이다.)

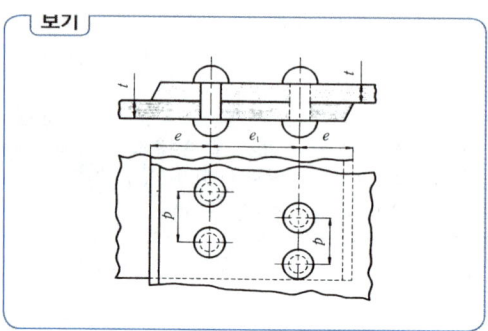
보기

① $\eta = \dfrac{\dfrac{\pi}{4}d^2\tau}{pt\sigma_t} \times 100\%$

② $\eta = \dfrac{1.8 \times \dfrac{\pi}{4}d^2\tau}{pt\sigma_t} \times 100\%$

③ $\eta = \dfrac{2 \times \dfrac{\pi}{4}d^2\tau}{pt\sigma_t} \times 100\%$

④ $\eta = \dfrac{1.8 \times 2 \times \dfrac{\pi}{4}d^2\tau}{pt\sigma_t} \times 100\%$

① 2열 맞대기 이음의 2면 전단경우:

$W = 2n\dfrac{\pi}{4}d^2\tau$

단, 보일러용 이음의 효율계산에서는 $n = 1.8$로 계산한다.

$\therefore \eta = \dfrac{1.8 \times 2 \times \dfrac{\pi}{4}d^2\tau}{pt\sigma_t} \times 100\%$

② 2열 겹치기 이음의 1면 전단경우:

$W = 2\dfrac{\pi}{4}d^2\tau$

$\therefore \eta = \dfrac{2 \times \dfrac{\pi}{4}d^2\tau}{pt\sigma_t} \times 100\%$

정답 15 ①   16 ②   17 ④   18 ③

19 리벳 이음이 주로 파괴되는 경우가 아닌 것은?

① 리벳이 전단으로 파괴된다.
② 리벳이 굽혀져서 파괴된다.
③ 강판의 가장자리가 끊어진다.
④ 리벳 구멍 사이의 강판이 절개된다.

> 리벳 이음 파괴의 종류
> ① 리벳이 전단으로 파괴될 때
> ② 리벳 구멍 사이의 강판이 파괴될 때
> ③ 판이 압축으로 인해 파괴될 때
> ④ 판 가장자리와 리벳 구멍 사이의 판이 파괴될 때
> ⑤ 강판이 절개될 때

20 양쪽 덮개판 리벳 이음의 경우(1열일 때), 판재 두께가 8mm일 때 바하(Bach)의 경험식에 의한 리벳의 지름은?

① 13mm   ② 14mm
③ 15mm   ④ 16mm

> 바하의 경험식에 의하여 리벳의 지름을 구하면
> ① 겹치기 이음의 경우
> $d = \sqrt{50t} - 4\,\text{mm}$
> ② 양쪽 덮개판 이음의 경우
> 1열일 때: $d = \sqrt{50t} - 5\,\text{mm}$
> 2열일 때: $d = \sqrt{50t} - 6\,\text{mm}$
> 3열일 때: $d = \sqrt{50t} - 7\,\text{mm}$
> ③ 1열일 때의 해답을 구하면:
> $d = \sqrt{50 \times 8} - 5$
> $d = \sqrt{400} - 5,\ d = 20 - 5$
> ∴ $d = 15\,\text{mm}$

21 다음은 보일러용 리벳 이음에 대한 설명이다. 옳은 것은?

① 피치는 대략 리베팅하는 길이에 의해 결정된다.
② 원주 방향의 응력은 축 방향의 응력의 1/2이다.
③ 원통을 반지름 방향의 내압으로 위아래로 분리하려고 하는 힘은 강판의 저항력과 같아야 한다.
④ 리벳 이음의 세로 이음은 원주 이음보다 약한 것을 써도 좋다.

> 축방향 단면은 원주 방향의 단면에 비해 2배의 강도를 갖게 되며, 내압에 의한 원통의 파괴는 원주 방향에 연(沿)하여 일어난다.

정답 19 ②   20 ③   21 ③

07 용접 이음

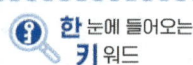

Point
용접 이음의 특징

1 용접 이음의 특성

(1) 용접 이음의 장점

① 이음 효율이 높고, 기밀성이 좋다.
② 구조가 간단하여 작업공정이 적어지고 제작속도가 빠르다.
③ 재료와 제작비의 경감, 판의 두께에 제한이 없다.

(2) 용접 이음의 단점

① 고열에 의한 재질의 변화, 진동을 감쇠시키기 어렵다.
② 팽창과 수축 및 잔류 응력 발생한다.
③ 비파괴 검사가 어렵다.

(3) 용접부의 구성

① **용착부** : 용접봉과 모재의 일부가 용융하여 응고된 부분
② **용접금속** : 용착부 금속
③ **용착금속** : 용접 금속 중에서 용접봉이 녹아서 된 것
④ **열영향부** : 용융은 되지 않았지만 열에 의해서 조직과 특성이 변화한 모재 부분
⑤ **용접부** : 용착부 + 열영향부
⑥ **덧살** : 용접부에 치수 이상으로 표면으로부터 올라온 금속

2 용접의 종류

① **가스용접** : 가스와 산소가 화합하여 발생하는 높은 온도의 연소열을 이용
② **아크용접** : 낮은 전압으로 전류를 많이 통해 줌으로써 아크를 발생시키는 원리로 금속아크, 원자수소아크, 탄소아크 용접 등이 있으며 금속아크 용접이 가장 많이 사용
③ **전자 빔 용접** : 금속에 전자선을 투사하면 금속에 열이 발생하는 원리 이용
④ **레이저 용접** : 레이저는 파장이 극히 짧은 빛으로 이를 이용하면 수십 kW급의 고출력 용접이 가능
⑤ **플라스마 용접** : 기체를 수천도의 높은 온도로 가열하면 그 속의 가스 원자가 원자핵과 전자로 유리되어 양이온과 음이온 상태가 되는 플라스마 현상을 이용하여 용접

3 용접부의 분류

① **그루브 용접**: 접합할 모재를 맞대어 놓고 그 사이에 홈을 만들며 용접
② **필릿 용접**: 거의 직교하는 두 면을 결합하는 용접
③ **비드 용접**: 모재의 용접 홈을 가공하지 않고, 두 판을 맞대어 그 위에 그대로 비드를 용착시켜 용접
④ **플러그 용접**: 접합할 모재의 한쪽에 구멍을 뚫고, 판재의 표면까지 차게 용접
⑤ **덧살올림 용접**: 부재 표면이 마멸되었거나 치수가 부족한 표면에 비드를 쌓아 올린 용접

4 용접 이음의 종류

맞대기 이음	모서리 이음	양쪽덮개판 이음	겹치기 이음	T 이음	필릿 이음

맞대기 이음	I형	V형	X형	H형	U형
	$t\,1 \sim t\,5$	$t\,6 \sim t\,12$	$t\,12 \sim t\,25$	$t\,25 \sim t\,50$	$t\,16 \sim t\,50$

Point
V형, X형 용접 이음

5 용접 이음의 강도

(1) 용접 이음의 효율: η

$$\eta = k_1 \cdot k_2$$

여기서, k_1 : 형상계수($k_1 \fallingdotseq 1$)
k_2 : 용접계수 $= \dfrac{\text{용접부의 인장강도}}{\text{모재의 인장강도}}$

(2) 용접 이음의 강도계산

① 맞대기 이음(butt joint)

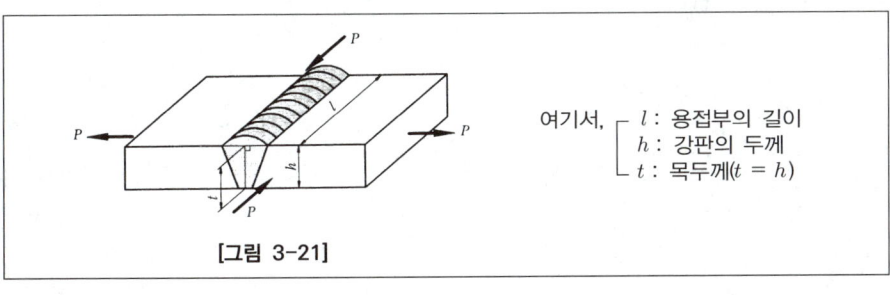

[그림 3-21]

여기서, l : 용접부의 길이
h : 강판의 두께
t : 목두께($t = h$)

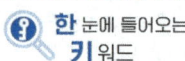

㉠ 인장강도 : $\sigma_t = \dfrac{P}{tl} = \dfrac{P}{hl}$

㉡ 전단응력 : $\tau = \dfrac{P}{tl} = \dfrac{P}{hl}$

㉢ 굽힘응력 : $\sigma_b = \dfrac{M}{Z} = \dfrac{6M}{\dfrac{lt^2}{6}} = \dfrac{6M}{lt^2} = \dfrac{6M}{lh^2}$

② T이음

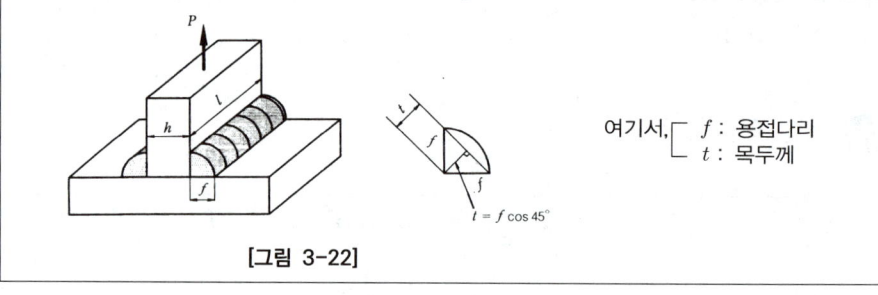

[그림 3-22]

$$\sigma_t = \dfrac{P}{A} = \dfrac{P}{2tl} = \dfrac{P}{2h\cos45°l} = \dfrac{0.707P}{hl} = \dfrac{0.707P}{fl}\,\text{kg/mm}^2,\ \text{N/mm}^2$$

Point
필렛용접 이음
$\tau = \dfrac{P}{h\cos45°\times l\times 2}$

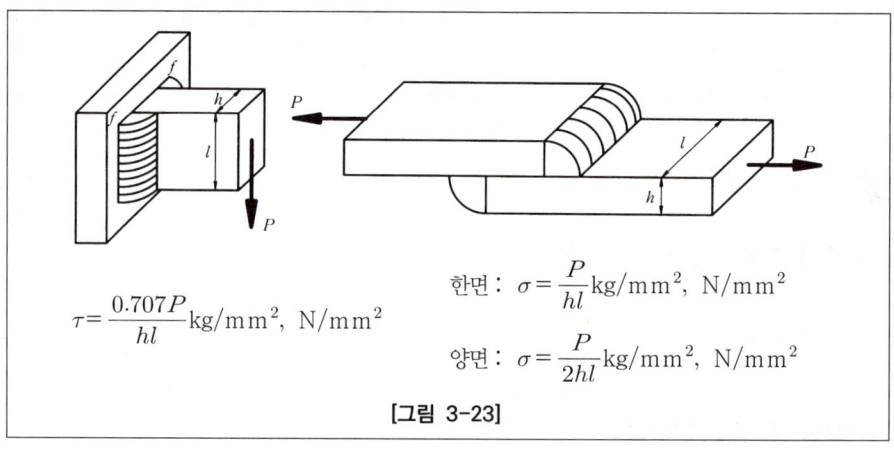

$\tau = \dfrac{0.707P}{hl}\,\text{kg/mm}^2,\ \text{N/mm}^2$

한면 : $\sigma = \dfrac{P}{hl}\,\text{kg/mm}^2,\ \text{N/mm}^2$

양면 : $\sigma = \dfrac{P}{2hl}\,\text{kg/mm}^2,\ \text{N/mm}^2$

[그림 3-23]

③ 맞대기 이음의 굽힘응력 : σ_b

$\sigma_b = \dfrac{M}{Z} = \dfrac{My}{I}$

$I = \dfrac{lh^3}{12} - \left\{\dfrac{l(h-2f)^3}{12}\right\}$

$Z = \dfrac{I}{y} = \dfrac{\dfrac{lh^3}{12} - \left\{\dfrac{l}{12}(h-2f)^3\right\}}{\dfrac{h}{2}}$

정리하면

$$\therefore \sigma_b = \frac{3hM}{lf(3h^3 - 6fh + 4f^2)}$$

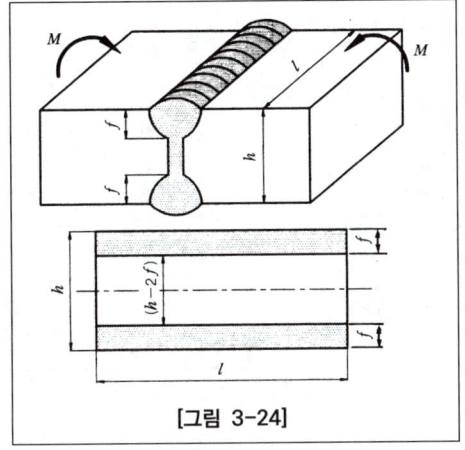

[그림 3-24]

④ **T 이음의 경우 굽힘응력**: σ_b

$$\tau = \frac{P}{A} = \frac{P}{2tl} = \frac{P}{2f\cos45°l} = \frac{0.707P}{fl}$$

- 굽힘의 경우

$$\sigma_b = \frac{M}{Z} = \frac{PL}{\frac{tl^2}{6} \times 2} = \frac{6PL}{tl^2 \times 2}$$

$$= \frac{6PL}{f\cos45°l^2 \times 2} = \frac{4.24PL}{fl^2}$$

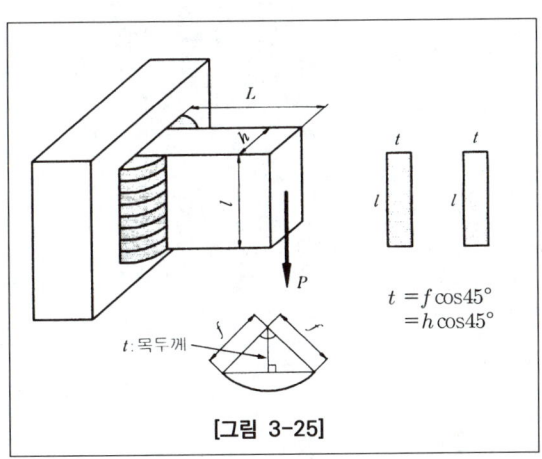

[그림 3-25]

⑤ 원형 단면 필릿 용접

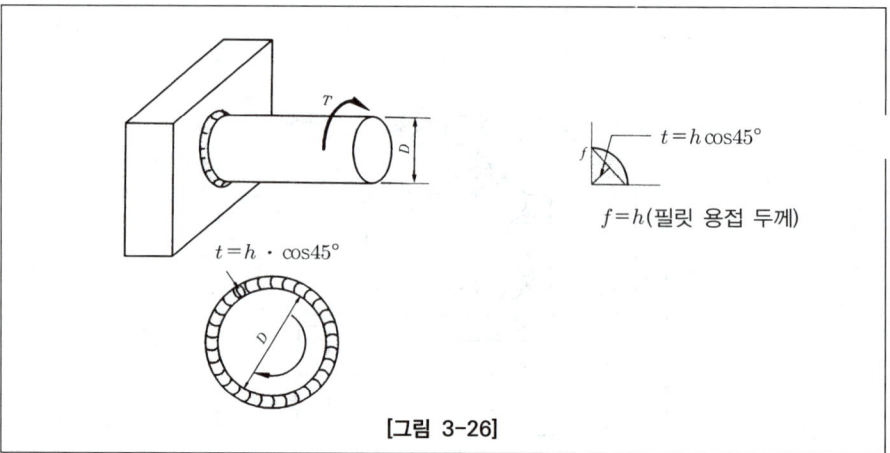

[그림 3-26]

$$T = \tau \times \pi Dt \frac{D}{2}$$

$$\tau = \frac{2T}{\pi D^2 t} = \frac{2T}{\pi D^2 h \cos 45°}$$

$$\therefore \tau = \frac{2.83T}{\pi h D^2} \text{kg/mm}^2, \text{N/mm}^2 \quad \text{또한} \quad \sigma_b = \frac{5.66M}{\pi D^2} h \text{kg/mm}^2, \text{N/mm}^2$$

[표 2-1] 여러 가지 용접이음의 강도계산식

(1) 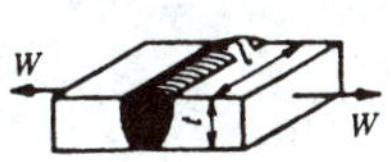 $\sigma = \dfrac{W}{tl}$	(2) 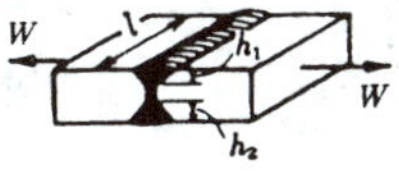 $\sigma = \dfrac{W}{(h_1+h_2)l}$	(3) 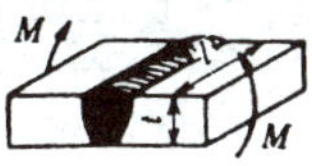 $\sigma_b = \dfrac{6M}{lt^2}$	(4) 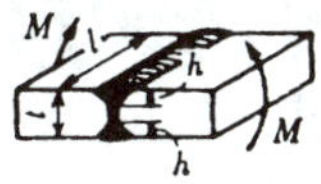 $\sigma_b = \dfrac{3tM}{lh(3t^2-6th+4h^2)}$
(5) 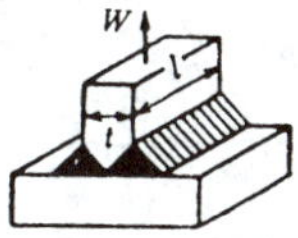 $\sigma = \dfrac{W}{tl}$	(6) 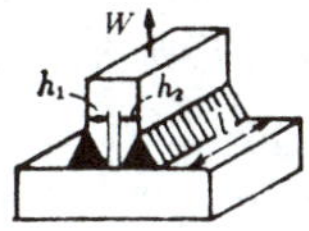 $\sigma = \dfrac{W}{(h_1+h_2)l}$	(7) 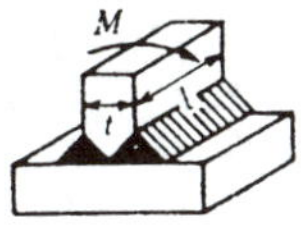 $\sigma_b = \dfrac{6M}{lt^2}$	(8) 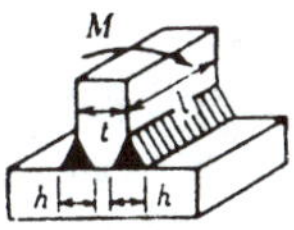 $\sigma_b = \dfrac{3tM}{lh(3t^2-6th+4h^2)}$
(9) 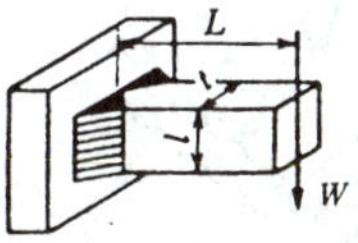 $\sigma_b = \dfrac{6WL}{tl^2}$, $\tau = \dfrac{W}{tl}$	(10) 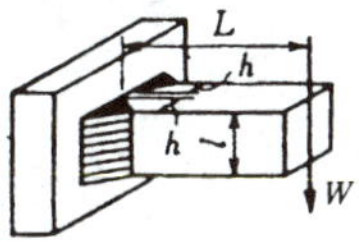 $\sigma_b = \dfrac{3WL}{hl^2}$, $\tau = \dfrac{W}{2hl}$	(11) 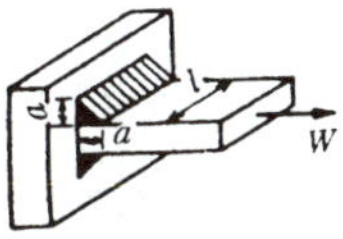 $\sigma = \dfrac{0.707W}{al}$	(12) 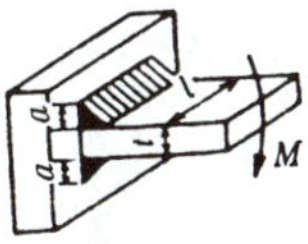 $\sigma_b = \dfrac{1.414M}{al(t+a)}$
(13) 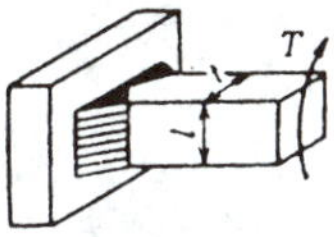 $\tau = \dfrac{T(3l+1.8t)}{t^2l^2}$	(14) 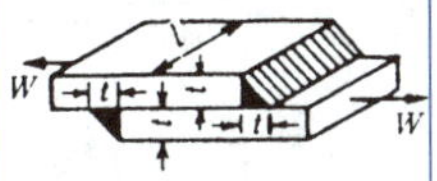 판두께가 같을 때 $\sigma = \dfrac{0.707W}{tl}$	(15) 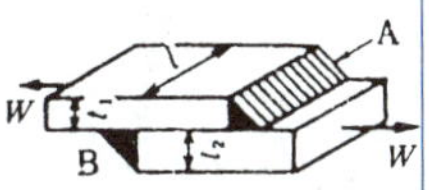 A, B의 응력이 같을 때 $\sigma = \dfrac{1.414W}{(t^1+t^2)l}$	(16) 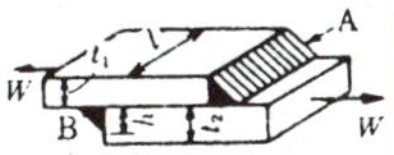 A $\sigma = \dfrac{1.414W}{(t^1+t^2)l}$ B $\sigma = \dfrac{1.414Wt_2}{hl(t_1+t_2)}$
(17) 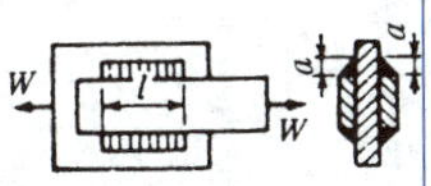 $\tau = \dfrac{0.354W}{al}$	(18) 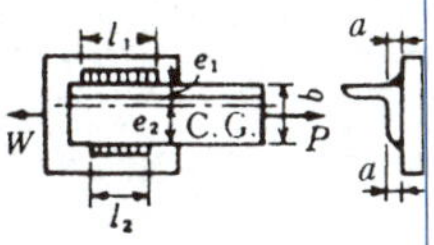 $\tau = \dfrac{1.414W}{a(l_1+l_2)}$ $l_1 = \dfrac{1.414We_2}{\tau ab}$ $l_2 = \dfrac{1.414We_1}{\tau ab}$	(19) 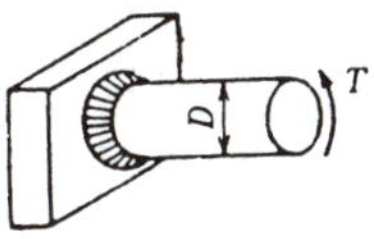 $\tau = \dfrac{2.83T}{aD^2}\pi$	(20) 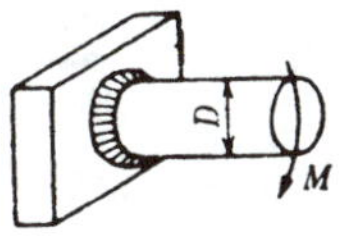 $\sigma_b = \dfrac{5.66M}{aD^2\pi}$

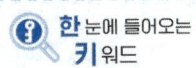

CHAPTER 03 단원 예상문제

저자가 콕! 찝어주는 예상문제 풀어보기!

01 리벳 제품과 비교한 용접 제품의 결점에 해당되지 않는 것은?

① 품질 검사가 곤란하다.
② 용접자의 기술에 의하여 용접의 신뢰도가 좌우된다.
③ 자재가 많이 든다.
④ 잔류응력이 생기기 쉽다.

> ① 용접 이음의 장점
>   ㉠ 이음효율이 높고. 기밀성이 높다.
>   ㉡ 구조가 간단하고, 중량이 감소된다.
>   ㉢ 재료와 제작비의 경감
>   ㉣ 판의 두께에 제한이 없다.
> ② 용접 이음의 단점(결점)
>   ㉠ 고열에 의한 재질의 변화와 진동감쇠가 어렵다.
>   ㉡ 팽창과 수축 및 잔류응력 발생
>   ㉢ 비파괴 검사가 어렵다.

02 인장하중 42000N, 판의 두께 10mm, 용접부의 길이 40mm일 때 맞대기 용접의 경우 용접부에 발생하는 인장응력은 얼마인가?

① 63N/mm² ② 84N/mm²
③ 95N/mm² ④ 105N/mm²

> $\sigma_t = \dfrac{W}{tl} = \dfrac{42000}{10 \times 40} = 105 \text{N}/\text{mm}^2$

03 그림과 같은 T형 필릿 용접 이음에서 인장응력 σ_t를 구하는 식으로 맞는 것은? (단, 강판의 두께를 h, 하중을 p, 용접길이를 l, 용접부 각장이 길이 f는 두께 h와 같다.)

> 보기
>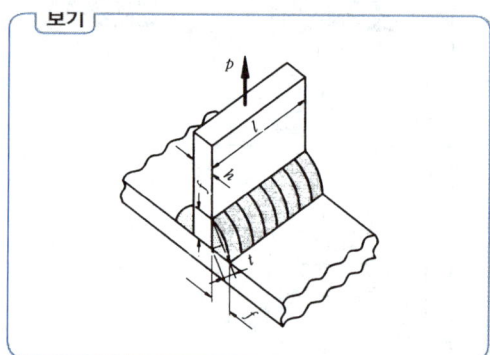

① $\sigma_t = \dfrac{1.414p}{hl} \text{N}/\text{mm}^2$

② $\sigma_t = \dfrac{0.707p}{hl} \text{N}/\text{mm}^2$

③ $\sigma_t = \dfrac{p}{0.707hl} \text{N}/\text{mm}^2$

④ $\sigma_t = \dfrac{hl}{1.414p} \text{N}/\text{mm}^2$

> $\sigma_t = \dfrac{P}{2tl} = \dfrac{P}{2h\cos45°l} = \dfrac{0.707P}{hl} \text{N}/\text{mm}^2$

정답 1 ③   2 ④   3 ②

04 용접 이음에서 $L=150$mm, $t=20$mm, $l=60$mm, 굽힘응력 350N/cm^{2}라 할 때 견딜 수 있는 하중(W)과 이때의 최대 전단응력(τ_{max})으로서 다음 중 제일 적합한 것은?

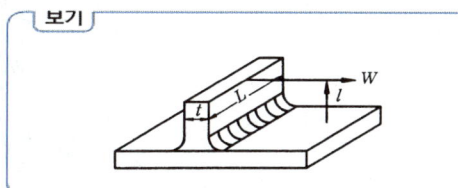

보기

① $W ≒ 583$N, $\tau_{max} ≒ 0.195$N/mm^2
② $W ≒ 483$N, $\tau_{max} ≒ 0.195$N/mm^2
③ $W ≒ 583$N, $\tau_{max} ≒ 2.195$N/mm^2
④ $W ≒ 483$N, $\tau_{max} ≒ 2.195$N/mm^2

$\sigma_b = \dfrac{M}{Z} = \dfrac{Wl}{\dfrac{Lt^2}{6}}$ 에서

$W = \dfrac{Lt^2}{6l}\sigma_b = \dfrac{15 \times 2^2}{6 \times 6} \times 350 = 583$N

$\tau = \dfrac{W}{A} = \dfrac{W}{tL} = \dfrac{583}{20 \times 150} = 0.194$N/mm^2

05 용접부에 생기는 잔류응력을 없애려면 어떤 처리를 하는가?

① 담금질
② 불림
③ 뜨임
④ 풀림

용접부는 열을 받기 때문에 변형이나 잔류응력이 생긴다. 이를 없애는 방법으로 풀림 처리를 한다.

06 용접 이음에서 실제 이음의 효율을 나타낸 것을 골라라.

① η = 형상계수 ÷ 용접계수
② η = 형상계수 × 용접계수
③ η = 사용계수 ÷ 형상계수
④ η = 사용계수 × 형상계수

모재의 강도에 대한 용접부의 강도비율을 용접이음효율이라 하며, 이음 형상의 치수에 의한 형상계수(形狀係數) K1과 용접의 좋고 나쁜 것을 표시하는 용접계수 K2와의 곱을 실제이음효율이라 한다.

07 맞대기 용접이음에서 하중을 W, 용접부의 길이를 l, 판두께를 t라 할 때 용접부의 인장응력을 계산하는 식은?

① $\sigma = \dfrac{Wl}{t}$
② $\sigma = \dfrac{W}{tl}$
③ $\sigma = Wtl$
④ $\sigma = \dfrac{tl}{W}$

정답 4 ① 5 ④ 6 ② 7 ②

CHAPTER 04 동력전달용 기계요소설계

주요내용 알고 가기!

- 축설계
- 엔드저널베어링과 구름베어링
- 기어전동
- 벨트전동
- 체인전동

Point
축의 종류
① 차축
② 스핀들
③ 전동축
④ 크랭크축
⑤ 플렉시블축

01 축(shaft)

1 축의 종류

(1) 작용하중에 의한 분류

① **차축**(axle) : 주로 굽힘하중을 받으며, 정지차축과 회전차축이 있다.
② **스핀들**(spindle) : 주로 비틀림하중을 받으며, 정밀하고 짧은 회전축으로 공작기계의 주축에 사용된다.
③ **전동축**(transmission shaft) : 주로 비틀림과 굽힘하중을 동시에 받으며, 일반 공장용으로 사용된다.
  전동축의 동력전달 순서는 아래와 같이 전달된다.

  주축(main shaft) → 선축(line shaft) → 중간축(counter shaft) → 기계

(2) 형상에 의한 분류

① **직선축** : 일반적으로 쓰이는 축이다.
② **크랭크축** : 주로 내연기관에서 직선왕복운동을 회전운동으로 변환시키는 데 쓰인다.
③ **플렉시블축** : 강선을 2중·3중으로 감아서 만든 축이며, 휨 및 충격, 진동이 심한 곳에 쓰인다.

(3) 축 설계상의 고려사항

① **강도** : 정하중, 반복 하중, 충격 하중 등 하중의 종류에 따라 충분한 강도를 갖게 한다.
② **응력 집중** : 축에 키 홈이나 코터 구멍, 노치, 단 붙임 등이 있는 부분은 단면적이 감소하고 변화가 급격하므로 응력이 집중하여 축의 강도가 감소하므로 이를 고려하여야 한다.
③ **변형** : 처짐변형(베어링압력 불균형), 비틀림변형(기계적 불균형) 등을 고려하여야한다.
④ **진동** : 축은 굽힘 진동 또는 비틀림 진동에 의하여 공진하게 되면, 진폭이 점차 증대되어 파괴가능하다.
⑤ **열응력** : 제트 엔진, 터빈의 회전축과 같이 고온 상태에서 사용되는 축은 열응력에 따라 베어링 하중이 증가하게 된다.
⑥ **열팽창** : 축의 온도 상승으로 인하여 축의 길이가 변화되고, 베어링 하중이 증가
⑦ **부식** : 선박의 프로펠러 축 등과 같이 항상 액체 중에서 접촉하고 있는 축은 전기, 화학적 작용을 고려하여야 한다.

(1) 힘만을 받는 축 : 차축

① **속이 찬 축(실제축)**

$$M = \sigma_b \cdot Z = \sigma_b \times \frac{\pi d^3}{32}$$

$$\therefore d = \sqrt[3]{\frac{32M}{\pi \sigma_b}} = \sqrt[3]{\frac{10.2M}{\sigma_b}}$$

여기서, M : 축에 작용하는 휨 모멘트(kg·mm, N·mm)
σ_b : 축의 허용굽힘응력(kg/mm², N/mm²)
Z : 축의 단면계수(mm³)
d : 축의 지름(mm)
x : 내외경비 $\left(x = \dfrac{d_1}{d_2}\right)$

② **중공축(속빈 원축)**

$$\therefore d_2 = \sqrt[3]{\frac{10.2M}{(1-x^4)\sigma_b}}$$

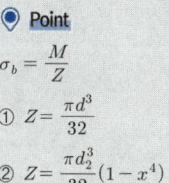

Point
$\sigma_b = \dfrac{M}{Z}$
① $Z = \dfrac{\pi d^3}{32}$
② $Z = \dfrac{\pi d_2^3}{32}(1-x^4)$

Point
비틀림 모멘트

$T = 97400 \times 9.8 \dfrac{H}{N}(\text{N}\cdot\text{mm})$

$\quad = 716200 \times 9.8 \dfrac{H}{N}(\text{N}\cdot\text{mm})$

Point
전단응력

$Z = \dfrac{T}{Z_P}$

① $Z_P = \dfrac{\pi d^3}{1b}$

② $Z_P = \dfrac{\pi d_2^3}{16}(1-x^4)$

Point

$T_e = \sqrt{M^2 + T^2}$

> **참고**
>
> ① 실제원축: $I = \dfrac{\pi d^4}{64}\quad Z = \dfrac{\pi d^3}{32}$
>
> $I_P = \dfrac{\pi d^4}{32}\quad Z_P = \dfrac{\pi d^3}{16}$
>
> ② 중공원축: $I = \dfrac{\pi}{64}(d_2^4 - d_1^4)\quad Z = \dfrac{\pi}{32d_2}(d_2^4 - d_1^4)$
>
> $I_P = \dfrac{\pi}{32}(d_2^4 - d_1^4)\quad Z_P = \dfrac{\pi}{16d_2}(d_2^4 - d_1^4)$

(2) 비틀림만을 받는 축: 스핀들

① 속이 찬 축(실제축)

$T = \tau_a \cdot Z_P = \tau_a \cdot \dfrac{\pi}{16}d^3$

$\therefore d = \sqrt[3]{\dfrac{16T}{\pi \tau_a}} = \sqrt[3]{\dfrac{5.1T}{\tau_a}}$

$\therefore T = 71620 \dfrac{H}{N}\text{kg}\cdot\text{cm} = 97400 \dfrac{H'}{N}\text{kg}\cdot\text{cm}$

$d = 71.5 \sqrt[3]{\dfrac{H}{\tau_a N}}\text{cm},\quad d = 79.2 \sqrt[3]{\dfrac{H'}{\tau_a N}}\text{cm}$

$T = 71620 \times 9.8 \cdot \dfrac{H}{N}\text{N}\cdot\text{cm} = 97400 \times 9.8 \dfrac{H'}{N}\text{N}\cdot\text{cm}$

여기서, ┌ T: 축에 작용하는 비틀림 모멘트 (kg·mm, N·mm)
├ d: 축의 지름(mm)
├ τ_a: 축의 허용전단응력(kg/mm², N/mm²)
├ N: 축의 매분 회전수(rpm)
├ H': 전달동력(kW)
└ H: 전달마력(PS = HP)

여기서, τ_a : kg/cm² 대입

② 중공축(속빈 원축)

$\therefore d_2 = \sqrt[3]{\dfrac{5.1T}{\tau_a(1-x^4)}}$

$d_2 = 71.5 \sqrt[3]{\dfrac{H}{(1-x^4)\tau_a N}}\text{cm} = 79.2 \sqrt[3]{\dfrac{H'}{(1-x^4)\tau_a N}}\text{cm}$ 여기서, τ_a : kg/cm² 대입

(3) 휨과 비틀림을 동시에 받는 축

① 상당 비틀림 모멘트에 의한 경우

$T_e = \sqrt{M^2 + T^2} = \tau_a \cdot Z_P = \tau_a \cdot \dfrac{\pi d^3}{16}$

$d = \sqrt{\dfrac{16T_e}{\pi \cdot \tau_a}} = \sqrt{\dfrac{5.1T_e}{\tau_a}}$ (속이 찬 축), $\quad d_2 = \sqrt[3]{\dfrac{5.1T_e}{(1-x^4)\tau_a}}$ (중공축)

② 상당 굽힘 모멘트에 의한 경우

$$M_e = \frac{M+T_e}{2} = \frac{1}{2}(M+\sqrt{M^2+T^2}) = \sigma_b \cdot Z = \sigma_b \times \frac{\pi d^3}{32}$$

$$d = \sqrt[3]{\frac{32M_e}{\pi \sigma_b}} = \sqrt[3]{\frac{10.2M_e}{\sigma_b}} \text{ (속이 찬 축)}, \quad d_2 = \sqrt[3]{\frac{10.2M_e}{(1-x^4)\sigma_b}} \text{ (중공축)}$$

여기서, T_e : 상당 비틀림 모멘트(kg·mm, N·mm)
M_e : 상당 휨 모멘트(kg·mm, N·mm)

Point
$Me = \frac{1}{2}(M+\sqrt{M^2+T^2})$

(4) 축의 비틀림 강도

$$\theta = \frac{Tl}{GI_P} \text{(rad)}$$

$$\theta° = 57.3° \times \frac{Tl}{GI_P} \text{(도)}$$

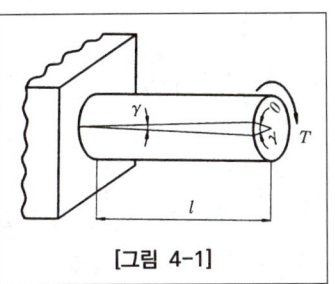

[그림 4-1]

여기서, θ : 비틀림 각도
I_P : 극단면 2차 모멘트($\frac{\pi d^4}{32}$)
G : 가로 탄성계수 $= 8.1 \times 10^5$(kg/cm², N/cm²)
l : 길이
$1\text{rad} = \frac{180°}{\pi} = 57.3°$

① **바하(Bach)의 축 공식을 적용** : $l = 1$m에 대하여 $\theta \leq 1/4°$로 설계할 때,

<축의 지름>

$$d = 12\sqrt[4]{\frac{H}{N}} \text{ cm (속이 찬 축)}, \quad d = 12\sqrt[4]{\frac{H}{N(1-x^4)}} \text{ cm (중공축)}$$

$$d = 13\sqrt[4]{\frac{H'}{N}} \text{ cm (속이 찬 축)}, \quad d = 13\sqrt[4]{\frac{H'}{N(1-x^4)}} \text{ cm (중공축)}$$

Point
바하의 주장
단순보에서 최대처짐량은 축의 길이의 1/3000로 제한

2 축의 위험속도

(1) 축의 위험속도 계산

① 축의 중앙에 1개의 회전체를 가진 축

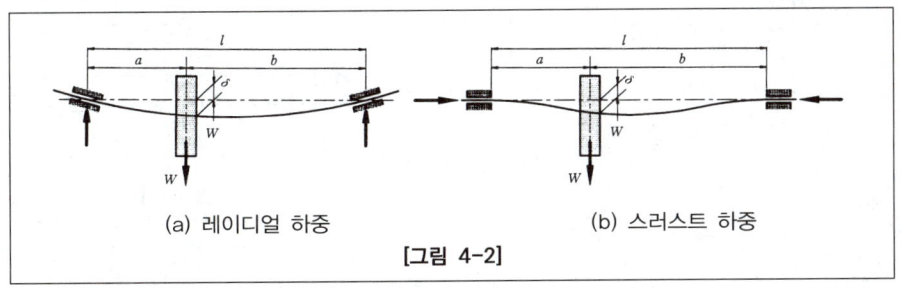

(a) 레이디얼 하중   (b) 스러스트 하중

[그림 4-2]

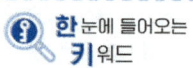

Point
축의 위험 속도
$N_{cr} = 300\sqrt{\dfrac{1}{\delta}}$

$$N_C = \frac{30}{\pi}w_c = \frac{30}{\pi}\sqrt{\frac{g}{\delta}} \fallingdotseq 300\sqrt{\frac{1}{\delta}}$$

여기서, w_c : 위험각속도(rad/sec)
N_c : 축의 위험속도(rpm)
g : 중력가속도(m/sec²)
δ : 축의 처짐

㉠ 레이디얼 하중(radial load) 적용 시

$\delta = \dfrac{Wa^2b^2}{3EIl}$ 이므로

$$N_C = \frac{30}{\pi}\sqrt{\frac{g}{\delta}} = \frac{30}{\pi}\sqrt{\frac{3EIlg}{Wa^2b^2}}$$

㉡ 스러스트 하중(thrust load) 적용 시

$\delta = \dfrac{Wa^3b^3}{3EIl^3}$ 이므로

$$N_C = \frac{30}{\pi}\sqrt{\frac{g}{\delta}} = \frac{30}{\pi}\sqrt{\frac{3EIl^3g}{Wa^3b^3}}$$

② **1개의 축에 여러 개의 회전체가 있을 경우**

던 컬레이(Dunkerley)의 실험식

$N_c = \dfrac{30}{\pi}\sqrt{\dfrac{g}{\delta}}$

$\underbrace{\dfrac{1}{N_c^2}}_{\text{전체에 대한 위험속도}} = \dfrac{1}{N_0^2} + \dfrac{1}{N_1^2} + \dfrac{1}{N_2^2} + \dfrac{1}{N_3^2} + \cdots\cdots$

여기서, N_0 : 축만의 경우 위험속도
N_1, N_2 : 풀리가 각각 단독으로 설치되었을 때의 위험속도

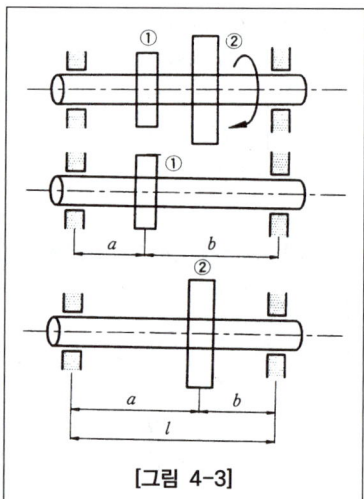

[그림 4-3]

3 축의 길이

(1) 강도상의 축의 길이

① **받침보**

$l = 100\sqrt{d}$

여기서, l : 축의 길이(mm)
d : 축의 지름(mm)

② **연속보**

㉠ 외단구간의 길이(l_1, l_3)

$l_1 = l_3 = 100\sqrt{d}$

㉡ 중간구간의 길이(l_2)

$l_2 = 125\sqrt{d}$

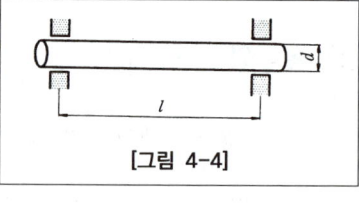

[그림 4-4]

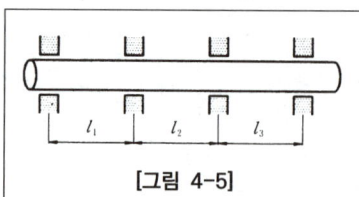

[그림 4-5]

(2) 축지름의 결정

① 축에 작용하는 하중
② 축의 재질
③ 축의 길이

CHAPTER 04 단원 예상문제

저자가 콕! 찝어주는 예상문제 풀어보기!

01 기차에서의 차축에서 받는 응력은?

① 휨만을 받는다.
② 비틀림만을 받는다.
③ 휨과 비틀림을 동시에 받는다.
④ 충격하중만 받는다.

> 차축 ┌ 정지차축 : 자동차의 앞차축
>   └ 회전차축 : 철도 차륜용 차축

02 다음 축에 관한 각각의 설명으로 틀린 것은?

① 크랭크축 : 왕복운동 기관의 회전운동을 직선운동으로 바꾸는 데 사용된다.
② 직선축 : 보통 사용되는 곧은 축이다.
③ 스핀들 : 주로 비틀림작용을 받으며, 공작기계의 주축으로 사용된다.
④ 전동축 : 주로 비틀림과 휨을 받으며, 공장안의 동력 전달축으로 사용된다.

> 크랭크축은 주로 내연기관에서 직선왕복운동을 회전운동으로 변환시키는 데 쓰인다.
> • 작용하는 힘에 의한 분류
> ① 차축 : 주로 힘을 받는 정지축 또는 회전축
> ② 스핀들(spindle) : 주로 비틀림을 받는 축(공작기계의 스핀들)
> ③ 전동축(transmission shaft) : 주로 비틀림과 휨을 동시에 받는 축

03 원동기에서 직접 회전운동을 받아 다른 축에 동력을 전달하는 축의 명칭은?

① 메인 샤프트(main shaft)
② 카운터 샤프트(counter shaft)
③ 라인 샤프트(line shaft)
④ 베어링 샤프트(bearing shaft)

> 전동축의 동력 전달 순서
> ① 주축(main shaft) : 원동기에서 직접 동력을 받는 축
> ② 선축(line shaft) : 주축에서 동력을 받아서 각 공장에 분배하는 역할을 하는 축
> ③ 중간축(counter shaft) : 선축에서 동력을 받아서 각각의 기계에 필요한 속도와 방향을 조정해서 동력을 전달시키는 축

04 축을 모양에 따라 분류한 것이 아닌 것은?

① 직선축   ② 플렉시블축
③ 스핀들축   ④ 크랭크축

> 모양에 의한 분류
> ① 직선축(straight shaft) : 보통 사용되는 직선축
> ② 크랭크축(crank shaft) : 왕복 운동기관에서 직선운동을 회전운동으로 바꾸는데 사용되는 축
> ③ 플렉시블축(flexible shaft) : 축이 어느 정도 굽혀질 수 있는 축

정답   1 ①   2 ①   3 ①   4 ③

05 축지름을 d, 축재료의 전단응력을 τ라 하면 비틀림 모멘트 T는?

① $T = \pi d^3 \tau / 32$
② $T = \pi d^3 \tau / 16$
③ $T = \pi d^2 \tau / 32$
④ $T = \pi d^2 \tau / 16$

스핀들(spindle) : 주로 비틀림하중을 받으며, 정밀하고 짧은 회전축으로 공작기계의 주축에 사용한다.

$T = \tau_a Z_P = \tau_a \dfrac{\pi d^3}{16}$ 에서

$\therefore d = \sqrt[3]{\dfrac{16T}{\pi \tau_a}} = \sqrt[3]{\dfrac{5.1 T}{\tau_a}}$

06 회전수가 4000rpm일 때 20kW를 전달하는 둥근축의 비틀림 모멘트는 얼마인가?

① 4773N·cm
② 358.1N·cm
③ 3581N·cm
④ 487N·cm

$T = 97400 \times 9.8 \dfrac{H'}{N}$

$= 97400 \times 9.8 \dfrac{20}{4000} = 4772.6 \text{N} \cdot \text{cm}$

07 비틀림 모멘트 4400N·cm, 회전수 300rpm인 전동축의 동력은?

① 1.38kW
② 1.65kW
③ 16.5kW
④ 13.8kW

$T = 97400 \times 9.8 \dfrac{H}{N}$ 에서

$\therefore H = \dfrac{TN}{97400 \times 9.8} = \dfrac{4400 \times 300}{97400 \times 9.8} = 1.38 \text{kW}$

08 400rpm으로 5PS를 전달하는 바깥지름 50mm의 축이 빈 축의 안지름을 구하면 몇 mm인가? (단, 허용전단응력 τ_a는 4N/mm²이다.)

① 42.32mm
② 47.6mm
③ 39.85mm
④ 32.75mm

비틀림 모멘트 T는

$\dfrac{\pi}{16}\left(\dfrac{d_2^4 - d_1^4}{d_2}\right) \cdot \tau_a = 716200 \times 9.8 \dfrac{H_{PS}}{N}$ 에서

$d_1 = \sqrt[4]{d_2^4 - \dfrac{716200 \times 9.8 H_{PS}}{N} \times \dfrac{16}{\pi} \cdot \dfrac{d_2}{\tau_a}}$

$= \sqrt[4]{50^4 - \dfrac{716200 \times 9.8 \times 5}{400} \times \dfrac{16}{\pi} \cdot \dfrac{50}{4}}$

$= 47.6 \text{mm}$

09 3140N·mm의 비틀림 모멘트를 받는 실체 축의 지름으로 다음 중에서 적당한 것은?(단, τ_a = 2N/ mm²이다.)

① 8mm
② 10mm
③ 15.7mm
④ 20mm

$d = \sqrt[3]{\dfrac{5.1 T}{\tau_a}} = \sqrt[3]{\dfrac{5.1 \times 3140}{2}} = 20 \text{mm}$

10 그림과 같은 차축에서 $W=5000\text{N}$, $l_1=200\text{mm}$, $l=1120\text{mm}$이고, 축재료의 허용굽힘응력 $\sigma_a=4.5\text{N/mm}^2$일 때 축의 적당한 지름은?

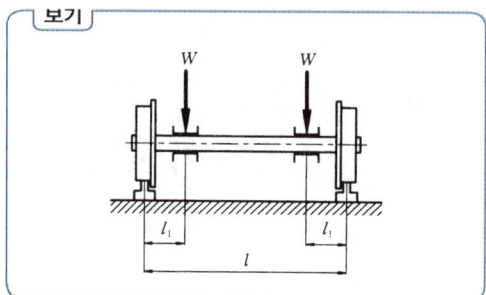

① 약 105mm ② 약 125mm
③ 약 132mm ④ 약 142mm

$$d = \sqrt[3]{\frac{10.2M}{\sigma_b}} = \sqrt[3]{10.2 \times 10 \times 1\frac{0^5}{4.5}}$$
$$= 131.4 \fallingdotseq 132\text{mm}$$
여기서, $M = W \cdot l_1 = 5000 \times 200$
$$= 10 \times 10^5 \text{N} \cdot \text{mm}$$

11 어떤 축이 굽힘 모멘트 M과 비틀림 모멘트 T를 동시에 받고 있을 때, 최대 주응력설에 의한 상당 굽힘 모멘트(equivalent bending moment) M_e는 다음 중 어느 것인가?

① $M_e = \frac{1}{2}(M + \sqrt{M^2 + T^2})$
② $M_e = \frac{1}{2}(M^{2+}\sqrt{M+T})$
③ $M_e = \frac{1}{2}(M^{2+}\sqrt{M^2+T^2})$
④ $M_e = \frac{1}{2}(M + \sqrt{M+T})$

- 최대주응력설(Rankine) : M_e
  $M_e = \frac{1}{2}(M + \sqrt{M^2 + T^2})$
- 최대전단응력설(Guest) : T_e
  $T_e = \sqrt{M^2 + T^2}$

12 각도 측정에서 1라디안(radian)을 나타내는 식은?

① $360°/\pi$ ② $\pi/360°$
③ $360°/2\pi$ ④ $2\pi/360°$

$$1\text{rad} = \frac{360°}{2\pi} = \frac{180°}{\pi} = 57.3(\text{도})$$

13 T를 비틀림 모멘트, l을 축의 길이, G를 강성계수, I_P를 극관성 모멘트라 할 때 비틀림각 θ는?

① $\theta = \frac{GI_P}{Tl}$ ② $\theta = \frac{Tl}{GI_P}$
③ $\theta = \frac{TI_P}{Gl}$ ④ $\theta = \frac{Gl}{TI_P}$

$$\theta = \frac{Tl}{GI_P}\text{rad} \text{ 또는 } \theta° = 57.3° \times \frac{Tl}{GI_P}(\text{도})$$

14 길이 4m의 연강재 중심축에 500N·m의 비틀림 모멘트가 작용할 때 비틀림각을 전길이에 대하여 2° 이내로 유지하려면 지름을 얼마로 하면 되겠는가? (단, $G=8\times 10^3\text{N/mm}^2$이다.)

① 62mm   ② 78mm
③ 87mm   ④ 93mm

$$\theta° = 57.3° \times \frac{Tl}{G \times \frac{\pi d^4}{32}} = 2° \text{에서}$$
$$d = \sqrt[4]{57.3° \times \frac{500000 \times 4000 \times 32}{8 \times 10^3 \times \pi \times 2}} = 92.4 \fallingdotseq 93\text{mm}$$

정답 10 ① 11 ① 12 ③ 13 ② 14 ④

02 축이음

축이음은 모터나 발전기 등과 같은 제품의 축연결, 수리나 교환하기 위한 분해, 축의 중심선의 어긋남, 기계의 유연성, 어떤 축에서 다른 축으로 이동하는 충격하중 감소, 과부하에 대한 보호, 회전체 진동의 감소 등을 공급하기 위하여 사용된다.

1 커플링(coupling)

(1) 커플링의 종류

① 두 축이 동일선상에 있는 경우 : 고정 커플링(fixed coupling)
② 두 축이 정확한 일직선상에 있지 않을 때 : 플렉시블 커플링(flexible coupling)
③ 두 축이 평행하는 경우 : 올덤 커플링(oldham's coupling)
④ 두 축이 교차하는 경우 : 유니버설 조인트(universal joint)

Point
- 고정 커플링의 종류
- 플렉시블 커플링
- 올덤 커플링
- 유니버설 조인트

(2) 원통 커플링의 회전력 : T

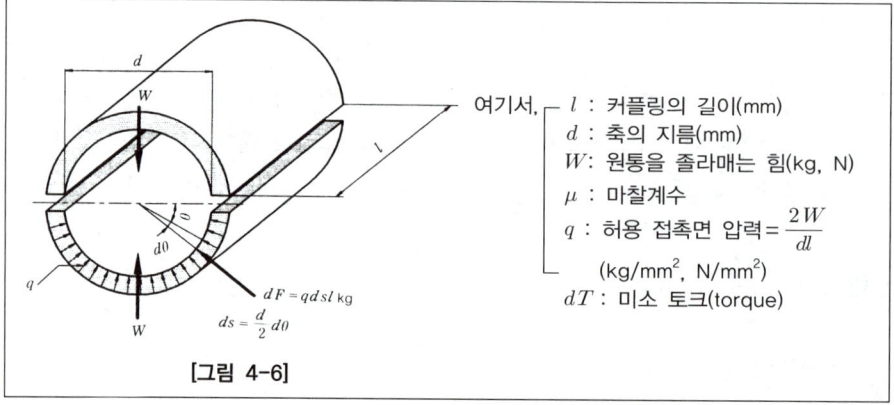

[그림 4-6]

여기서, l : 커플링의 길이(mm)
d : 축의 지름(mm)
W : 원통을 졸라매는 힘(kg, N)
μ : 마찰계수
q : 허용 접촉면 압력 = $\dfrac{2W}{dl}$ (kg/mm², N/mm²)
dT : 미소 토크(torque)

$$dT = \mu q \times ds \times l \dfrac{d}{2} = \mu q \cdot \dfrac{d}{2} d\theta l \dfrac{d}{2} = \mu q \cdot \dfrac{d^2}{4} l d\theta$$

$$\int_0^\pi dT = \int_0^\pi \mu q \cdot \dfrac{d^2}{4} l d\theta$$

$$T = \mu q \cdot \dfrac{d^2}{4} l \int_0^\pi d\theta = \mu q \cdot \dfrac{d^2}{4} l [\theta]_0^\pi = \mu q \cdot \dfrac{d^2}{4l\pi}$$

$$\therefore\ T = \dfrac{\mu \pi W d}{2} \text{kg} \cdot \text{mm}$$

Point
$T = \mu \pi W \cdot \dfrac{d}{2}$

(3) 플랜지 커플링의 설계

① 볼트의 전단응력 및 전달 토크

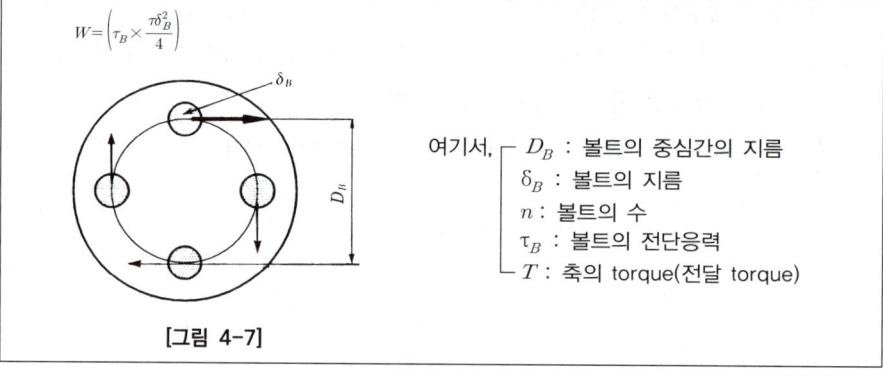

[그림 4-7]

여기서, D_B : 볼트의 중심간의 지름
δ_B : 볼트의 지름
n : 볼트의 수
τ_B : 볼트의 전단응력
T : 축의 torque(전달 torque)

$$T = \tau_B \times \dfrac{\pi \delta_B^2}{4} \times n \times \dfrac{D_B}{2} = \dfrac{n\pi\delta_B^2 \tau_B D_B}{8}$$

$$\therefore\ T = \dfrac{n\pi\delta_B^2 \tau_B D_B}{8}$$

Point
$T = \tau_B \dfrac{\pi \delta^2}{4} \cdot n \cdot \dfrac{D}{2}$

② 플랜지 뿌리부에 생기는 전단응력

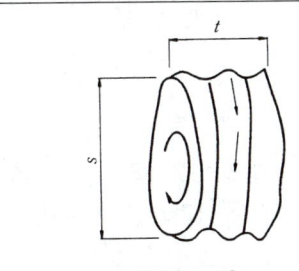

여기서, S : 플랜지 뿌리부의 지름
τ_f : 플랜지 뿌리부의 전단응력
t : 플랜지 뿌리부의 두께

[그림 4-8]

$$T = \tau_f \times \pi st \times \frac{S}{2} \text{에서}$$

$$\therefore \tau_f = \frac{2T}{\pi S^2 t}$$

(4) 유니버설 조인트

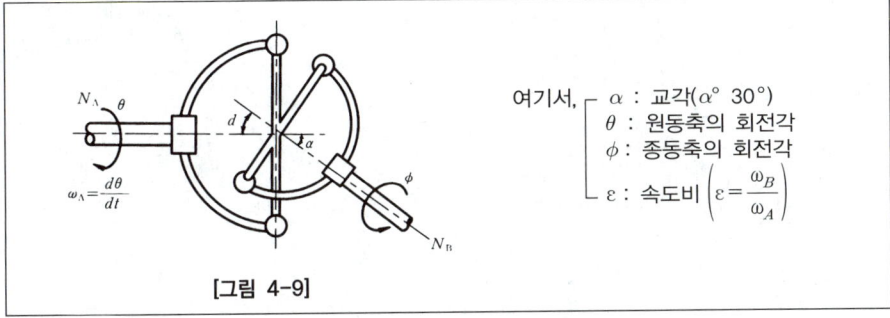

여기서, α : 교각($\alpha° \ 30°$)
θ : 원동축의 회전각
ϕ : 종동축의 회전각
ε : 속도비 $\left(\varepsilon = \dfrac{\omega_B}{\omega_A}\right)$

[그림 4-9]

교각 α는 30° 이하에서 사용하고 특히 5° 이하가 바람직하며, 45° 이상은 불가능하다.

$$\tan\phi = \tan\theta\cos\alpha$$

$$\therefore \frac{\omega_B}{\omega_A} = \left(\frac{\cos\alpha}{1-\sin^2\theta\sin^2\alpha}\right)$$

또한, W_A에 대한 각속도 변동률

$$\therefore \frac{\Delta\omega_B}{\omega_A} = \frac{\omega_{B\max} - \omega_{B\min}}{\omega_A} = \frac{1}{\cos\alpha} - \cos\alpha$$

$$= \frac{\sin^2\alpha}{\cos\alpha} = \tan\alpha\sin\alpha$$

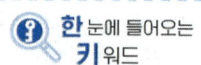

2 클러치

운전 중 필요에 따라 축 이음을 차단시킬 수 있는 장치를 클러치라고 한다.

(1) 클러치의 종류

① **맞물림 클러치**(claw clutch): 원동축과 종동축의 끝에 서로 물림이 가능한 형상의 턱을 만들어 서로 맞물려 동력을 전달(사각형, 사다리꼴형, 톱니형, 삼각형, 나선형 등)
② **마찰 클러치**(friction clutch): 원동축과 종동축에 붙어 있는 마찰면을 서로 밀어붙여 발생하는 마찰력에 의하여 동력을 전달(원판 클러치, 원추 클러치)
③ **기타 클러치**: 비역전 클러치, 원심 클러치, 전자 클러치

CHAPTER 04 단원 예상문제

저자가 콕! 찝어주는 예상문제 풀어보기!

01 마찰 원통 커플링을 설명한 것 중 틀린 것은?

① 큰 토크를 전달하는데 적당하다.
② 긴 전동축의 연결에 편리하다.
③ 설치 및 분해가 적당하다.
④ 분할통의 테이퍼는 1/20~1/30이다.

> 원뿔형으로 된 주철제 분할원통으로 2축의 연결단에 덮어씌우고 이것을 연강제의 링(ring)으로 양끝에서 두드려 넣고 통의 바깥면 테이퍼를 이용해서 졸라맨다. 즉, 분할원은 중앙에서 양끝으로 향하여 $\frac{1}{20} \sim \frac{1}{30}$의 테이퍼를 가지고 있다.
>
> • 특징
> ① 큰 토크의 전달에는 부적당하다.
> ② 설치 및 분해가 쉽고 축을 임의의 곳에서 고정할 수 있다.
> ③ 긴 전동축의 연결에 편리하다.
> ④ 150mm 이하의 축과 진동이 없는 경우에 사용한다.

02 축단을 약간 크게 하여 경사지게 중첩시켜 공통의 키로서 고정한 커플링은?

① 반중첩 커플링
② 유니버설 커플링
③ 클램프 커플링
④ 셀러 커플링

03 2개의 축선이 정확히 일직선으로 되지 않을 경우 충격, 진동을 완화할 목적으로 된 축 이음은?

① 올덤 커플링
② 유니버설 커플링
③ 플렉시블 커플링
④ 고정 커플링

> 커플링 : 반영구적 이음
> ① 원통 커플링 : 연결한 두 축이 일직선상에 있을 때 사용. 볼트 또는 키에 의해 고정
> ② 플랜지 커플링 : 축 끝에 플랜지를 키에 고정하고 이 플랜지를 서로 맞대어 리머 볼트로 죈 이음. 큰 축, 고속정밀회전축, 가장 널리 사용
> ③ 플렉시블 커플링 : 두 축의 중심선이 일치되기 어려운 경우 전달 회전력의 변동이 많은 원동기에서 다른 기계로 동력전달시 고속회전으로 진동을 일으키는 경우에 사용(탄성체: 고무, 가죽, 연철금속, 스프링)
> ④ 올덤 커플링 : 두 축이 평행하고 거리가 짧을 때 사용. 접촉면의 마찰저항이 커서 윤활이 필요(저속회전)
> ⑤ 유니버설 조인트 : 두 축이 어떤 각도로 교차하는 경우의 이음. 두 축 끝에 끼운 요크 끝에 십자형의 판을 회전할 수 있도록 연결한다. 자재이음이라고도 한다.

04 올드햄(oldham) 커플링에 대한 설명 중 틀린 것은?

① 마찰부분이 많고 진동이 일어나기 쉽다.
② 구동축과 종동축의 각속도비는 일정하다.
③ 고속회전일 때 가장 좋다.
④ 두 축이 평행하고 약간 떨어져 있을 때 사용된다.

정답 1 ① 2 ① 3 ③ 4 ③

05 큰 축과 고속도 정밀 회전축에 적당하고, 공장 전동축 또는 일반 기계의 커플링으로 널리 사용되는 것은?

① 플랜지 커플링　② 올덤 커플링
③ 유니버설 커플링　④ 슬리브 커플링

06 유니버설 조인트에서 전동할 수 있는 2축의 교차 각도의 허용 범위는?

① 35° 이내　② 30° 이내
③ 25° 이내　④ 20° 이내

> 일반적으로 축 각도는 30° 이하가 허용되며 매우 저속인 경우에는 45° 이하까지 허용한다.

07 180rpm으로 10PS의 전동축에 플랜지 커플링을 사용할 경우 축 지름은 얼마인가? (단, 허용전단응력 $\tau = 2.1 N/mm^2$이다.)

① 98.29mm　② 57.4mm
③ 63.2mm　④ 70.5mm

> $T = 716200 \times 9.8 \dfrac{H}{N} = \tau_a \dfrac{\pi d^3}{16}$
>
> $\therefore d = \sqrt[3]{716200 \times 9.8 \dfrac{H}{N} \times \dfrac{16}{\tau_a \pi}}$
>
> $= \sqrt[3]{716200 \times 9.8 \times 10 \dfrac{16}{180 \times 2.1 \times \pi}}$
>
> $\therefore d = 98.29 mm$

08 다음 중 원통 커플링에 속하지 않는 것은 어느 것인가?

① 머프 커플링　② 반중첩 커플링
③ 올덤 커플링　④ 셀러 커플링

> 원통 커플링의 종류
> 머프 커플링, 마찰원통 커플링, 셀러 커플링, 반중첩 커플링, 분할 원통(클램프) 커플링

09 두 축을 빨리 단속할 필요가 있을 때 쓰이는 축 이음은?

① 플랜지 커플링
② 클러치
③ 유니버설 조인트
④ 플렉시블 커플링

10 유연성 커플링(flexible coupling)의 종류가 아닌 것은?

① 기어 커플링
② 롤러 체인 커플링
③ 다이어프램 커플링
④ 머프 커플링

정답　5 ①　6 ②　7 ①　8 ③　9 ②　10 ④

03 베어링(bearing)

1 베어링의 개요

회전하는 축을 지지하여 축에 작용하는 하중을 받는 부분을 베어링이라 하고 베어링에 들어간 축부분을 저널이라 한다.

(1) 베어링의 종류

① 하중상태에 의한 분류
  ㉠ 레이디얼 베어링 : 축에 직각방향으로 하중을 받을 때 사용한다.
     예 엔드 베어링, 중간 베어링
  ㉡ 스러스트 베어링 : 축방향으로 하중을 받을 때 사용한다.
     예 피벗 베어링, 칼라 스러스트 베어링
  ㉢ 합성 베어링 : 축방향 및 축과 직각방향의 하중을 동시에 받을 때 사용한다.
     예 원뿔 베어링, 구면 베어링

② 접촉 방법에 의한 분류
  ㉠ 구름 베어링(rolling bearing) : 구름 접촉
     ┌ 볼 베어링(ball bearing)
     └ 롤러 베어링(roller bearing)
  ㉡ 슬라이딩 베어링(sliding bearing) : 미끄럼 접촉
     ┌ 레이디얼 베어링 ┬ 엔드 베어링
     │   └ 중간 베어링
     └ 스러스트 베어링 ┬ 피벗 베어링
                      └ 칼라 스러스트 베어링

(2) 베어링의 특성

① 미끄럼 베어링의 장단점

〈장점〉
  ㉠ 구조가 간단하고 가격이 싸다.
  ㉡ 충격에 견디는 힘이 크다.
  ㉢ 베어링의 수리가 용이하다.
  ㉣ 베어링에 작용하는 하중이 클 때 주로 사용한다.

Point
베어링의 종류

Point
미끄럼 베어링의 특징

Point
실링(sealing)
윤활유의 유출방지 및 불순물의 침입을 방지한다.

〈단점〉
㉠ 시동을 할 때 마찰저항이 크다.
㉡ 윤활유를 넣을 때 주의해야 한다.

② **구름 베어링의 장단점**

〈장점〉
㉠ 윤활이 용이하고 기계의 소형화가 가능하다.
㉡ 과열될 위험성이 적고 고속 회전에 적합하다.
㉢ 규격품이 많으므로 교환과 선택이 용이하다.

〈단점〉
㉠ 설치와 조립이 힘들고, 특수강을 사용하며 정밀가공해야 한다.
㉡ 가격이 비싸다.
㉢ 소음이 발생하기 쉽고 충격에 약하다.
㉣ 초고속과 큰 하중으로서는 그다지 좋지 않다.(최근 초고속에는 에어 베어링(air bearing)사용-)

(3) 미끄럼 베어링과 구름 베어링의 비교

[표 4-1] 미끄럼 베어링과 구름 베어링의 비교

종류	미끄럼 베어링	구름 베어링
마찰	미끄럼 마찰(마찰저항이 크다.)	구름마찰(마찰저항이 작다.)
형상치수	바깥지름 작고, 폭 넓다.	바깥지름 크고, 폭 좁다.
내충격성	비교적 강하다.	비교적 약하다.
진동소음	비교적 작다.	비교적 많다.
고속운전	고속회전이 가능은 하나 구름 베어링에 비해 부적당	적당하다.
윤활	윤활장치가 복잡하다.	비교적 쉽다.
수명	길다.	짧다.
규격	규격화되어 있지 않다.	규격화되어 있다.

(4) 미끄럼 베어링과 구름 베어링의 종류

[표 4-2] 미끄럼 베어링과 구름 베어링의 종류

<table>
<tr><th colspan="3">구름 베어링</th><th colspan="2">미끄럼 베어링</th></tr>
<tr><td rowspan="8">볼
베어링</td><td rowspan="4">레이디얼
볼베어링</td><td>깊은 홈형</td><td rowspan="4">레이디얼
미끄럼 베어링</td><td>단일체 베어링</td></tr>
<tr><td>마그네토형</td><td>분할 베어링</td></tr>
<tr><td>앵귤러형</td><td rowspan="2">스러스트
미끄럼 베어링</td><td>피벗 베어링</td></tr>
<tr><td>자동조심형</td><td>칼라 베어링</td></tr>
<tr><td rowspan="4">스러스트
볼베어링</td><td>단식 평면 자리형</td><td></td><td></td></tr>
<tr><td>단식 구면 자리형</td><td></td><td></td></tr>
<tr><td>복식 평면 자리형</td><td></td><td></td></tr>
<tr><td>복식 구면 자리형</td><td></td><td></td></tr>
<tr><td rowspan="7">롤러
베어링</td><td rowspan="4">레이디얼
롤러
베어링</td><td>원통 롤러 베어링</td><td></td><td></td></tr>
<tr><td>테이퍼 롤러 베어링</td><td></td><td></td></tr>
<tr><td>자동조심 롤러 베어링</td><td></td><td></td></tr>
<tr><td>니들 롤러 베어링</td><td></td><td></td></tr>
<tr><td rowspan="3">스러스트
롤러
베어링</td><td>원통 롤러 베어링</td><td></td><td></td></tr>
<tr><td>테이퍼 롤러 베어링</td><td></td><td></td></tr>
<tr><td>자동조심 롤러 베어링</td><td></td><td></td></tr>
</table>

2 구름 베어링의 설계

(1) 이론 부하 용량식

① 볼(ball)의 경우

$$P = 0.2ZP_0 = 0.2kd^2Z$$

여기서, P : 베어링의 이론하중
P_0 : 볼이 받는 최대하중($P_0 = kd^2$: 실험식)
Z : 볼의 수
k : 비하중
d : 볼의 지름

② 롤러(rollerl)의 경우

$$P = 0.2ZP_0 = 0.2Zkdl$$

여기서, P_0 : 롤러가 받는 최대하중
l : 롤러의 길이

> **Point**
> 미끄럼 베어링과 구름 베어링의 종류

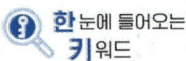

한눈에 들어오는 키워드

참고
① 기본부하용량(c): 33.3rpm 으로 500hr의 수명을 견딜 수 있는 하중
② 기본 회전수: 33.3회전/min × 500 × 60min = 10^6회전

Point
정격수명
$L_h = \left(\dfrac{c}{p}\right)^r \times 10^6 (rev)$

수명시간
$L_h = 500 \cdot \left(\dfrac{c}{p}\right)^r \cdot \dfrac{33.3}{N}$

(2) 수명 계산식

① 수명 회전수: L_n

$$L_n = \left(\dfrac{c}{p}\right)^r \times (10^6 \text{회전})$$

여기서, c: 기본부하용량(기본동적 정격하중)
P: 베어링 하중
r: 지수 — Ball bearing: $r = 3$
Roller bearing: $r = \dfrac{10}{3}$

② 수명시간: L_h

$$L_h = \dfrac{L_n \times 10^6}{60N} hr$$

또는 $L_h = \dfrac{\left(\dfrac{c}{p}\right)^r \times 33.3 \times 500 \times 60}{60N} = \left(\dfrac{c}{p}\right)^r f_n^r \times 500$

$= 500\left(f_n \left(\dfrac{c}{p}\right)\right)^r$

$\therefore L_h = 500 f_h^r$

여기서, f_n: 속도계수 $\left[f_n = \left(\dfrac{33.3}{N}\right)^{\frac{1}{r}}\right]$
f_h: 수명계수 $\left[f_h = f_n\left(\dfrac{c}{p}\right)\right]$
f_h^r: $\left(\dfrac{33.3}{N}\right)$

(3) 동등가하중(상당하중: equivalent load)

① 레이디얼 베어링의 경우: P_1
$P_1 = XVP_r + YP_t$

② 스러스트 베어링의 경우: P_2
$P_2 = XP_r + YP_t$

여기서, X: 레이디얼 계수
Y: 스러스트 계수
V: 회전 계수

(4) 베어링 하중의 평가

① 하중 보정계수

$C = P^r \sqrt{L_n}$ 에서

㉠ 일반기계의 실제하중
$P = f_w \cdot p_{th}$

㉡ 기어가 설치된 축에 작용하는 실제하중
$P = f_w \cdot f_g \cdot p_g$

㉢ 벨트 풀리축에 작용하는 실제하중
$P = f_w \cdot f_b \cdot p_b$

여기서, P: 실제하중($P = P_{th} \times f_w$)
p_{th}: 이론하중
f_w: 하중계수
f_g: 기어계수
f_b: 벨트 계수
p_g: 기어축에 작용하는 이론하중
p_b: 벨트의 유효 전달력

② 평균 유효하중: P_m

$P_m = \dfrac{1}{3}(P_{\min} + 2P_{\max})$

(5) 구름 베어링의 호칭법

```
[형식번호]  [치수기호(나비와 지름기호)]  [안지름번호]  [등급기호]
```

- **호칭법에 쓰이는 숫자의 의미**

  ① **첫 번째 숫자 : 형식번호**

  1 : 복렬 자동 조심형, 2, 3 : 복렬 자동 조심형(큰나비), 6 : 단열 홈형,
  N : 원통 롤러형, 7 : 단열 앵귤러 콘택트형(경사 접촉형)

  ② **두 번째 숫자 : 치수기호(폭기호 + 지름기호)**

  0, 1 : 특별 경하중형, 2 : 경하중형, 3 : 중간형

  ③ **세 번째 숫자와 네 번째 숫자 : 안지름기호**

  00 : 안지름 10mm, 01 : 안지름 12mm, 02 : 안지름 15mm, 03 : 안지름 17mm

  안지름 치수 9mm 이하의 한 자리 숫자는 그대로 표시하고 20mm 이상 500mm까지는 그 1/5의 수 값(두 자리 숫자)으로 표시한다.

  ④ **다섯 번째 이후의 기호**

  베어링의 등급기호(무기호 : 보통급, H : 상급, P : 정밀급, SP : 초정밀급) 또는 실드 기호, 궤도륜 형상기호, 조합기호, 틈새기호 등이 있다.

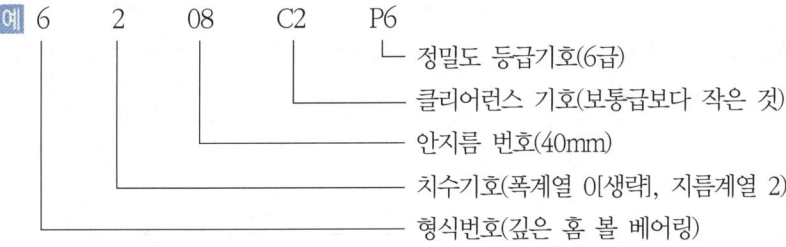

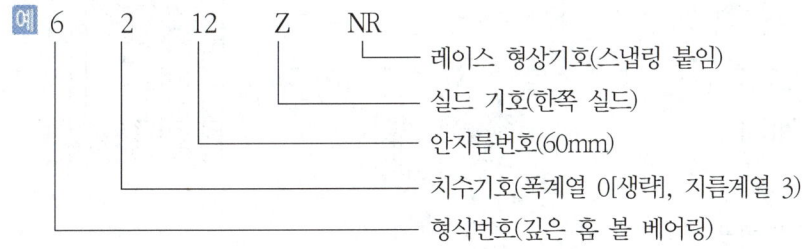

Point
구름 베어링의 호칭표시법

Point
안지름 번호
00 : 10mm
01 : 12mm
02 : 15mm
03 : 17mm
04 : 20mm

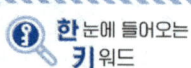

한눈에 들어오는 키워드

[표 4-3] 베어링 기호

기본기호	보조기호
베어링 계열번호 안지름번호 접촉각기호	리테이너 기호 실 기호 또는 실드 기호 궤도륜 형상 기호 조합 기호 틈새 기호 등급 기호

[표 4-4] 접촉각의 기호

베어링의 종류	호칭 접촉각	기호
단열 앵귤러 볼 베어링	10~22° 22~32° (보통 30°) 32~45° (보통 40°)	C A B
단열 원뿔 롤러 베어링	24~32°	D

● Point
엔드 저널
베어링 압력
$P = \dfrac{W}{dl}$

3 미끄럼 베어링(sliding bearing)의 설계

(1) 베어링 압력

① **레이디얼 저널(radial journal)의 압력**: P

$$P = \dfrac{W}{dl} \, \text{kg/mm}^2, \, \text{N/mm}^2$$

여기서, P : 베어링 압력
W : 베어링 하중
d : 저널의 지름
l : 저널의 길이

② **스러스트 저널(thrust journal)의 압력**: $P(\text{kg/mm}^2, \text{N/mm}^2)$

㉠ 피벗 저널(pivot journal)

- 실제 축의 경우
- 중공원 축의 경우

$$P = \dfrac{W}{\dfrac{\pi d^2}{4}} \qquad P = \dfrac{W}{\dfrac{\pi}{4}(d_2^2 - d_2^1)}$$

㉡ 칼라 스러스트 저널(collar thrust journal)

$$P = \dfrac{W}{\dfrac{\pi}{4}(d_2^2 - d_2^1)Z}$$

여기서, Z : 칼라 수

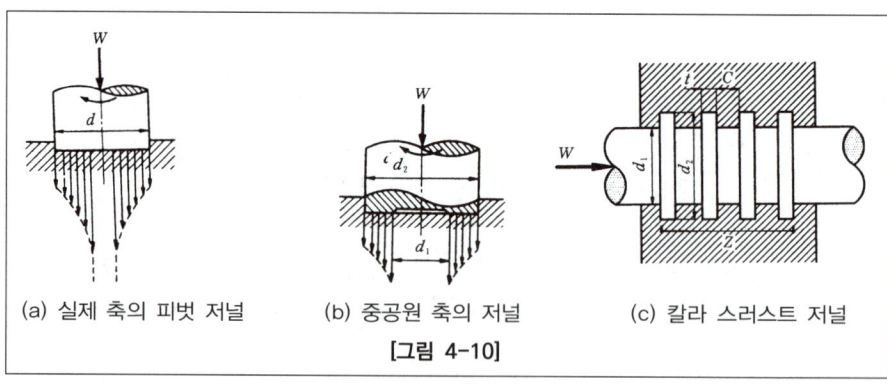

(a) 실제 축의 피벗 저널   (b) 중공원 축의 저널   (c) 칼라 스러스트 저널

[그림 4-10]

(2) 베어링 계수

유막의 두께나 윤활상태를 추정하는데 사용

$$\eta\frac{N}{P} = \frac{\eta N}{\frac{W}{dl}} = \frac{\eta N dl}{W} \text{cp} \cdot \text{rpm/kg/mm}^2, \text{cp} \cdot \text{rpm/N} \cdot \text{mm}^2$$

여기서,
- $\frac{c}{d}$: 틈새비(보통 베어링의 경우 : $\frac{c}{d} \fallingdotseq \frac{1}{1000}$)
- P : 베어링 압력(kg/mm², N/mm²)
- N : 저널의 매분 회전수(rpm)
- η : 점도(kg·sec/m², N·sec/m²)
- CP(centipoise) = dyne·sec/cm² : 점성계수의 단위

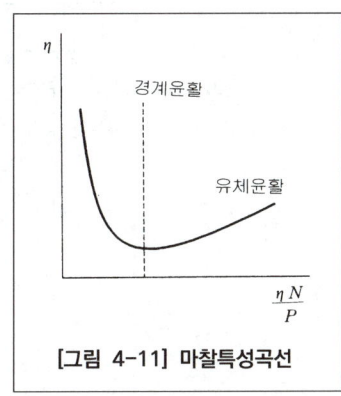

[그림 4-11] 마찰특성곡선

(3) 저널(journal)의 설계

① 엔드 저널(end journal)

㉠ 저널의 지름 : d

$$M_{\max} = \frac{Wl}{2} = \sigma_a Z = \sigma_a \frac{\pi d^3}{32}$$

$$d^3 = \frac{32 \times \frac{Wl}{2}}{\pi \sigma_a} = \frac{16\,Wl}{\pi \sigma_a}$$

$$\therefore d = \sqrt[3]{\frac{16\,Wl}{\pi \sigma_a}} = \sqrt[3]{\frac{5.1\,Wl}{\sigma_a}}$$

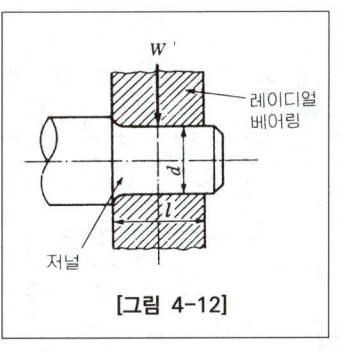

[그림 4-12]

㉡ 폭경비 : ld

$d = \sqrt[3]{\dfrac{5.1\,Wl}{\sigma_a}}$ 에서 양변에 3제곱을 대입하면

Point
엔드 저널 베어링의 허용 굽힘 응력

$$\sigma_a = \frac{M}{Z} = \frac{\frac{W \cdot l}{2}}{\frac{\pi d^3}{32}}$$

Point
엔드 저널 베어링의 폭경비

$$\frac{l}{d} = \sqrt{\frac{\pi \sigma_a}{16 p}}$$

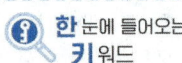

$$d^3 = \frac{5.1\,Wl}{\sigma_a} = \frac{5.1pdl^2}{\sigma_a}$$

$$\frac{d^2}{l^2} = \frac{5.1p}{\sigma_a} \Rightarrow \frac{l^2}{d^2} = \frac{\sigma_a}{5.1p}$$

$$\therefore \frac{l}{d} = \sqrt{\frac{\sigma_a}{5.1p}}$$

여기서, P : 베어링 압력 $\left(P = \dfrac{W}{dl}\right)$
$\therefore W = Pdl$

② 중간 저널

㉠ 저널의 지름 : d

$$M_{\max} = \frac{W}{2}\left(\frac{l_1}{2} + \frac{l}{2}\right) - \frac{W}{2}\left(\frac{l}{4}\right) = \frac{W}{8}(l + 2l_1)$$

$$\therefore M_{\max} = \frac{WL}{8}$$

$$M_{\max} = \frac{WL}{8} = \sigma_a Z = \sigma_a \frac{\pi d^3}{32}$$

$$\therefore d = \sqrt[3]{\frac{1.25\,WL}{\sigma_a}} = \sqrt[3]{\frac{1.9\,Wl}{\sigma_a}}$$

여기서, $L = l + 2l_1 = el$, $e = 1.5$

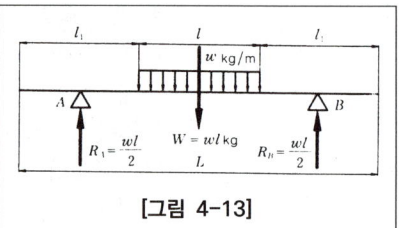

[그림 4-13]

㉡ 폭경비 : $\dfrac{l}{d}$

$$d^3 = \frac{1.9\,Wl}{\sigma_a} = \frac{1.9pdl^2}{\sigma_a}$$

$$\therefore \frac{l}{d} = \sqrt{\frac{\sigma_a}{1.9p}}$$

(4) 마찰열을 고려한 저널설계

Point
단위시간당 마찰일량
= 마찰동력
$A_f = \mu W \cdot V$
→ 엔드저널 베어링

㉠ $f = \mu W\,\text{kg}$

㉡ $A_f = \mu W v\,\text{kg}\cdot\text{m/sec},\ \text{N}\cdot\text{m/sec}$

㉢ $a_f = \dfrac{A_f}{a} = \dfrac{\mu W v}{dl} = \mu p v$

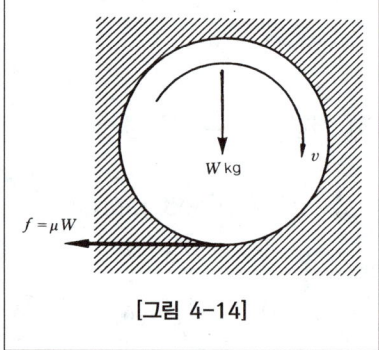

[그림 4-14]

여기서, f : 마찰력(kg, N)
μ : 마찰계수
W : 저널의 하중(kg, N)
A_f : 단위시간당 마찰일량(kg·m/sec, N·m/sec)
a_f : 비마찰 작업일량
pv : 발열계수(압력속도계수)

① **발열계수**: pv

㉠ 레이디얼 저널(radial journal)

$$pv = \frac{W}{dl} \times \frac{\pi dN}{60 \times 1000} \text{kg/mm}^2\text{m/sec, N/mm}^2 \cdot \text{m/sec}$$

$$pv = \frac{\pi WN}{60000l} \quad \therefore l = \frac{\pi WN}{60000pv}$$

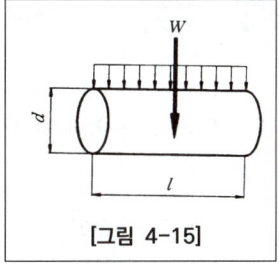

[그림 4-15]

㉡ 스러스트 저널(thrust journal)

• 실제원 축

$$pv = \frac{W}{\frac{\pi d^2}{4}} \times \frac{\pi(\frac{d}{2})N}{60 \times 1000}$$

$$pv = \frac{WN}{30000d}$$

$$\therefore d = \frac{WN}{30000pv} = \frac{\mu WN}{30000a_f}$$

• 중공원 축

$$pv = \frac{W}{\frac{\pi}{4}(d_2^2 - d_1^2)} \times \frac{\pi \times d_m \times N}{60 \times 1000}$$

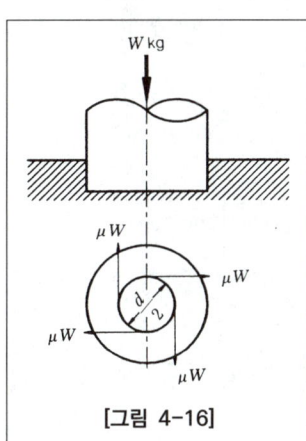

[그림 4-16]

정리하면

$$\therefore (d_2 - d_1) = \frac{WN}{30000pv}$$

여기서, $\begin{cases} d_m = \frac{d_2 + d_1}{2} \\ (d_2^2 - d_1^2) = (d_2 + d_1)(d_2 - d_1) \end{cases}$

또한, 칼라 저널의 경우

$$\therefore (d_2 - d_1)Z = \frac{WN}{30000pv}$$

② **베어링의 마찰손실동력**

$$H = \frac{\mu Wv}{75} PS, \quad H' = \frac{\mu Wv}{102} \text{kW}$$

W의 단위는 kg으로 대입해야 함

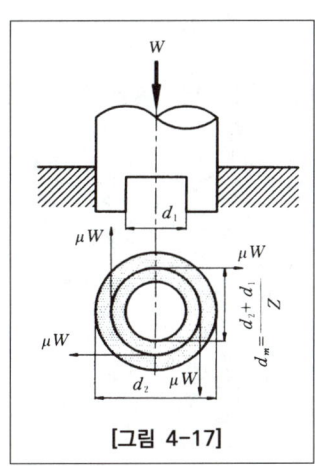

[그림 4-17]

> **Point**
> 엔드저널 베어링의 압력속도 계수(발열계수)
> $$Pv = \frac{W}{d \cdot l} \times \frac{\pi dN}{60 \times 1000}$$

CHAPTER 04 단원 예상문제

저자가 콕! 찝어주는 예상문제 풀어보기!

01 롤링 베어링의 장점이 아닌 것은 어느 것인가?

① 과열의 위험이 없다.
② 규격이 정해진 품종이 풍부하고 교환성이 좋다.
③ 기계의 소형화가 가능하다.
④ 소음 및 진동이 없고, 설치와 조립이 쉽다.

> **구름 베어링의 특성**
> 1. 장점
>   ① 윤활이 용이하다.
>   ② 과열될 위험성이 적고 고속회전이 적합하다.
>   ③ 규격품이 많으므로 교환과 선택이 용이하다.
> 2. 단점
>   ① 설치하기가 힘들고 특수강을 사용하며 정밀 가공해야 한다.
>   ② 가격이 비싸다.
>   ③ 소음이 발생하기 쉽고 충격에 약하다.

02 볼(Ball) 베어링에 대한 설명 중 틀린 것은?

① 볼 간격을 유지하기 위하여 리테이너를 사용
② 큰 하중에, 고속회전에 이용된다.
③ 마찰은 적으나 충격에 약하다.
④ 볼재료는 고탄소 크롬강을 이용한다.

03 다음은 미끄럼 베어링에 대한 설명 중 잘못된 것은?

① 구조가 간단하다.
② 수리가 용이하다.
③ 작은 하중에 사용한다.
④ 충격하중에 잘 견딘다.

04 그림과 같은 저널은 무슨 저널인가?

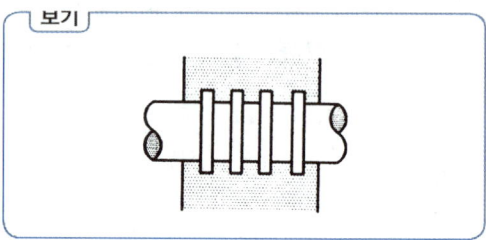

① 중간 저널 ② 칼라 저널
③ 엔드 저널 ④ 피벗 저널

> **저널의 종류**
> ① 가로 저널
>   엔드
>   중간(레이디얼 하중작용)
> ② 추력 저널
>   피벗
>   칼라(스러스트 하중작용)

05 축선방향과 축의 직각방향으로 동시에 하중을 받는 저널은?

① 피벗 저널 ② 칼라 저널
③ 원뿔 저널 ④ 중간 저널

> • 복합(합성) 저널 : 축선방향과 축의 직각방향으로 동시에 하중이 작용하는 저널
> • 종류 : 원뿔 저널, 구면 저널

정답 1 ④ 2 ② 3 ③ 4 ② 5 ③

06 다음에서 최고속회전으로 레이디얼 하중과 큰 스러스트(thrust)를 받을 수 있는 베어링은?

① 테이퍼 롤러 베어링
② 깊은 홈 볼 베어링
③ 앵귤러 콘택트 볼 베어링
④ 스러스트 볼 베어링

① 원통 롤러형
  ㉠ 일반적으로 큰 하중에 견딜 수 있다.
  ㉡ 내륜과 외륜 양쪽에 칼라(coller)가 있는 것은 다소의 스러스트에 견딜 수 있다.
  ㉢ 중하중, 충격하중에 견딜 수 있다.
② 테이퍼 롤러형(테이퍼 베어링)
  ㉠ 큰 레이디얼 하중뿐만 아니라 한쪽 방향의 큰 스러스트 하중에서도 견딜 수 있다.
  ㉡ 충격하중이나 합성하중에 적합하다.
③ 침상 롤러형(니들 베어링)
  ㉠ 작은 지름(지름이 5mm 이하로 길이가 지름의 2~10배의 것)이므로 바깥지름을 작게 할 수가 있다.
  ㉡ 다수의 접촉선에 의해 받으므로 충격, 중하중에 견딜 수 있다.

07 베어링 번호 No.6208인 레이디얼 볼 베어링의 안지름은 얼마인가?

① 20mm   ② 30mm
③ 40mm   ④ 50mm

구름 베어링의 호칭 번호는 KS2012에 의하여 다음과 같다.
① 형식번호(첫번째 숫자)
  1 : 복렬 자동 조심형
  2·3 : 복렬 자동 조심형(큰나비)
  6 : 단열 홈형
  7 : 단열 앵귤러 콘택트형
  N : 원통 롤러형
② 지름 기호(두 번째 숫자)
  0·1 : 특별 경하중형
  2 : 경하중형
  3 : 중간 하중형
  4 : 중하중형

③ 안지름 기호(세번째, 네번째 기호)
  00 : 안지름 10mm, 01 : 안지름 12mm
  02 : 안지름 15mm, 03 : 안지름 17mm
  04 : 안지름 04×5=20mm
  ⋮
  99 : 안지름 99×5=495mm
  ∴ 0.8×5=40mm이다.

08 롤러 지름이 2~5mm로 길이에 비하여 지름이 작은 베어링으로서 보통 리테이너가 없는 베어링은?

① 원뿔형 롤러 베어링
② 구면 롤러 베어링
③ 원통 롤러 베어링
④ 니들 베어링

09 다음 베어링의 표시 608 C2 P6에서 C2의 뜻은?

① 틈새 기호
② 등급 기호
③ 안지름 번호
④ 계열 번호

베어링 표시
<예> 1. 608 C2 P6
  60 : 베어링 계열 번호
  8 : 안지름번호(베어링안지름18mm)
  C2 : 틈새 기호(2틈새)
  P6 : 등급 기호(6급) ─┬─ 무기호 : 보통급
                      ├─ H : 상급
                      ├─ P : 정밀급
                      └─ SP : 초정밀급

정답 6 ① 7 ③ 8 ④ 9 ①

10. 축의 지름 $d=5$cm, 슬라이딩 베어링의 길이 $l=10$cm일 때 이것에 400N의 하중이 걸리는 경우 베어링 압력은 몇 N/cm²인가?

① 24 ② 4
③ 16 ④ 8

$$P = \frac{W}{dl} = \frac{400}{5 \times 10} = 8\text{N/cm}^2$$

11. 축지름 5cm, 베어링의 길이 10cm인 상태에서 300rpm으로 전동축을 지지하고 있는 미끄럼 베어링에서 $P=400$N의 레이디얼 하중이 작용할 때 베어링 압력은 얼마인가?

① 0.06N/mm² ② 0.07N/mm²
③ 0.08N/mm² ④ 0.09N/mm²

$$P = \frac{W}{dl} = \frac{400}{5 \times 10} = 8\text{N/cm}^2 = 0.08\text{N/mm}^2$$

12. 지름 80mm의 축이 800N의 추력을 4개의 칼라로 받치고 있다. 이 칼라 저널의 바깥지름은 얼마 정도인가? (단, 평균 축받침 압력 $P=2.5$N/cm²이다.)

① 103.4mm ② 116.9mm
③ 128.8mm ④ 139.5mm

$$P = \frac{W}{\frac{\pi}{4}(d_2^2 - d_1^2)Z} \text{에서}$$

$$d_2 = \sqrt{\frac{W}{\frac{\pi}{4} \times Z \times P} + d_1^2}$$

$$= \sqrt{\frac{4 \times 800}{\pi \times 4 \times 2.5} + 8^2} = 12.88\text{cm}$$

$$\therefore d_2 = 128.8\text{mm}$$

13. 안지름 60mm, 길이 118mm의 레이디얼 저널 베어링이 1500rpm으로 회전한다. 허용압력속도계수 $pv = 0.1 \dfrac{\text{N}}{\text{mm}^2} \cdot \dfrac{\text{m}}{\text{s}}$ 라면 베어링의 하중 라면 베어링의 하중 W는 몇 N 정도가 작용하겠는가?

① $W=141.8$
② $W=150.2$
③ $W=165.3$
④ $W=177.4$

$$pv = \frac{W}{dl} \times \frac{\pi DN}{60 \times 1000} \text{에서}$$

$$W = \frac{pv \cdot dl \times 60 \times 1000}{\pi DN}$$

$$= \frac{0.1 \times 60 \times 118 \times 60 \times 1000}{\pi \times 60 \times 1500} = 150.2\text{N}$$

14. 420rpm으로 1620N의 하중을 받고 있는 슬라이딩 베어링의 지름과 폭은 얼마인가? (단, 베어링 허용압력 0.1N/mm², 폭 지름비 $\dfrac{l}{d}=2.0$)

① $d=90$mm, $l=180$mm
② $d=85$mm, $l=170$mm
③ $d=80$mm, $l=160$mm
④ $d=76$mm, $l=150$mm

$$P_a = \frac{W}{dl} = \frac{W}{d^2(\frac{l}{d})} \text{에서}$$

$$d = \sqrt{\frac{W}{(l/d)P_a}} = \sqrt{\frac{1620}{2.0 \times 0.1}} = 90\text{mm}$$

$$l = \left(\frac{l}{d}\right)d = 2 \times 90 = 180\text{mm}$$

정답 10 ④ 11 ③ 12 ③ 13 ② 14 ①

15 베어링의 수명시간의 계산식은? (f_h = 수명계수)

① $L_h = f_h \times 500$
② $L_h = f_h^3 \times 500$
③ $L_h = f_h^6 \times 500$
④ $L_h = f_h^9 \times 500$

> 베어링의 수명시간 : L_h
> ① 볼 베어링의 경우
> $L_h = 500(33.3/N)(C/P)^3 = 500(f_n \frac{C}{P})^3 = 500 f_h^3$
> ② 롤러 베어링의 경우
> $L_h = 500(33.3/N)(C/P)^{\frac{10}{3}}$
> $= 500 f_h^{\frac{10}{3}} = 500(f_n \frac{C}{P})^{\frac{10}{3}}$
> 단, $f_h = (f_n \frac{C}{P})$

16 다음 중 베어링의 부시 메탈로서 사용할 수 있는 것은?

① 모넬 메탈　　② 다우 메탈
③ 배빗 메탈　　④ 일드레이 메탈

17 중앙집중하중을 받는 전동축의 베어링 사이의 최대 처짐량은 스팬의 길이의 몇 배 이하로 제한하는가?

① 1/5000　　② 1/4000
③ 1/3000　　④ 1/2000

> 바하의 주장에 의하면 단순보에서 최대 처짐량은 스팬의 길이의 1/3000로 제한한다.

18 다음 중 오일리스 베어링이 쓰이지 않는 곳은?

① 공작기계　　② 식품기계
③ 인쇄기　　　④ 냉장고

> 오일리스 베어링
> ① 성분 : 구리+주석+흑연분말을 소결시킴
> ② 급유가 곤란하고 저속이며, 경하중에 사용
> ③ 용도 : 전기시계, 인쇄기, 식품기계, 냉장고, 음향기계 등에 사용된다.

19 볼 베어링에서 베어링 하중을 1/2배로 하면 수명은 몇 배로 되는가?

① 4배　　② 6배
③ 8배　　④ 10배

> $L_n = (\frac{c}{p})^3$ 에서
> $L_n = (\frac{c}{p/2})^3 = 8(\frac{c}{p})^3$
> ∴ 8배 증가

20 구름 베어링 중에서 가장 널리 사용되는 것으로 구조가 간단하고 정밀도가 높아서 고속 회전용으로 적합한 베어링은 어느 것인가?

① 깊은 홈 볼 베어링　　② 마그네토 볼 베어링
③ 앵귤러 볼 베어링　　④ 자동 조심 볼 베어링

21 NA4916V의 베어링 호칭표시에서 NA는 무엇을 나타내는가?

① 복력 원통 롤러 베어링
② 스러스트 롤러 베어링
③ 테이퍼 롤러 베어링
④ 니들 롤러 베어링

정답 15 ②　16 ③　17 ③　18 ①　19 ②　20 ①　21 ④

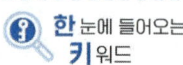

한 눈에 들어오는 키워드

Point
마찰차의 특성과 종류

04 마찰차

마찰차는 2개의 바퀴를 접촉시킨 다음 이것을 서로 밀어붙여 그 사이에 생기는 마찰력을 이용하여 두 축 사이에 동력을 전달시키는 데 사용된다.

1 마찰차의 응용 범위

(1) 전달하여야 할 힘이 크지 않고 속도비가 중요시되지 않는 경우
(2) 회전속도가 커서 보통의 기어를 사용할 수 없는 경우
(3) 양축 사이를 자주 단속할 필요가 있을 경우
(4) 무단 변속을 시키는 경우와 안전장치의 역할이 필요한 경우

2 마찰차의 종류

(1) **원통 마찰차** : 두 축이 평행한 평 마찰차, V홈 마찰차
(2) **원뿔 마찰차** : 두 축이 만나는 것
(3) **변속 마찰차** : 구면차, 에반스 마찰차, 원뿔과 원판차

3 마찰차의 특성

(1) 운전이 정숙하며, 효율은 그다지 높지 않다.
(2) 미끄럼이 약간 생기므로 확실한 전동과 강력한 동력의 전달은 곤란하다.
(3) 전동의 단속이 무리 없이 행해진다.
(4) 무단 변속하기 쉬운 구조로 할 수 있다.
(5) 과부하의 경우 미끄럼에 의한 다른 부분의 손상을 막을 수 있다.

Point
원통 마찰차(평마찰차)
$i = \dfrac{N_B}{N_A} = \dfrac{D_A}{D_B}$
$C = \dfrac{D_A \pm D_B}{2}$

4 마찰차의 설계

(1) 원통 마찰차

① 평 마찰차

㉠ 속도비 : i

$$i = \frac{N_B}{N_A} = \frac{D_A}{D_B} = \frac{\omega_B}{\omega_A}$$

㉡ 중심거리 : C

$$C = \frac{D_A \pm D_B}{2}$$

단, 외접은 부호 : ⊕
    내접은 부호 : ⊖

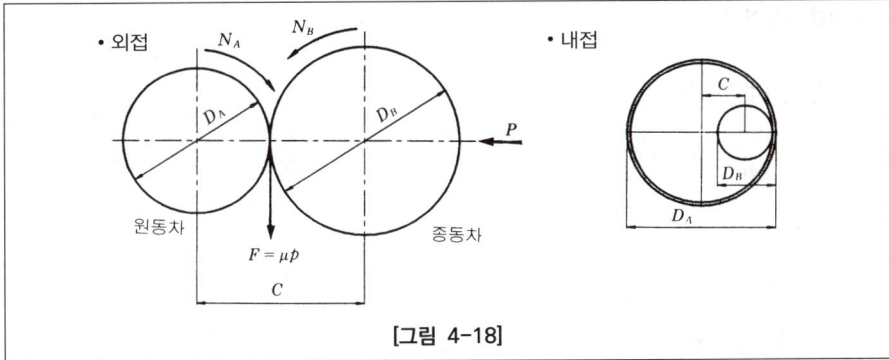

[그림 4-18]

ⓒ 원주 속도: v

$$v = \frac{\pi D_A N_A}{60 \times 1000} = \frac{\pi D_B N_B}{60 \times 1000} \text{m/sec}$$

ⓔ 전달 토크(torque) 및 전달동력

- $T = \mu P \dfrac{D_B}{2} \text{kg} \cdot \text{mm}, \text{N} \cdot \text{mm}$

- $H = \dfrac{\mu P v}{75} = \dfrac{\mu P \pi D_A N_A}{75 \times 60 \times 1000} = \dfrac{\mu P \pi D_B N_B}{75 \times 60 \times 1000} \text{PS}$

  $H' = \dfrac{\mu P v}{102} = \dfrac{\mu P \pi D_A N_A}{102 \times 60 \times 1000} = \dfrac{\mu P \pi D_B N_B}{102 \times 60 \times 1000} \text{kW}$

  여기서, P: 마찰차를 미는 힘(kg, N)
  F: 전달력($F = \mu p$)
  μ: 마찰계수
  f: 접촉면의 허용면압력($f = pb$)
  b: 접촉나비(mm)

- 동력을 구하는 식에서 P는 단위를 kg으로 대입해야 함

ⓜ 접촉면의 허용면 압력과 접촉 폭의 관계

$$f = \frac{P}{b} \text{kg/mm}, \text{N/mm} \quad \therefore b = \frac{P}{f} \text{mm}$$

[마찰차의 허용압력과 마찰계수]

표면재료		허용압력 f (kg/mm)	마찰계수(μ)
주철	주철	2 ~ 3	0.1 ~ 0.15
	종이	0.5 ~ 1	0.15 ~ 0.2
	가죽	0.7 ~ 1.5	0.15 ~ 0.3
	목재	1 ~ 1.5	0.2 ~ 0.5

Point
원주 속도
$v = \dfrac{\pi DN}{60 \times 1000}$

Point
전달토크
$T = \mu P \cdot \dfrac{D}{2}$

Point
접촉 선압력
$f = \dfrac{P}{b}$

(2) V홈 마찰차

① 유효 마찰계수: μ'

$$\mu' = \frac{\mu}{\sin\alpha + \mu\cos\alpha}$$

여기서, μ' : 유효마찰계수, 수정마찰계수,
환산마찰계수, 외관마찰계수라 한다.

또한, 평마찰차와 홈마찰차의 경우, 같은 힘으로 밀어붙일 때를 비교하면

$$P' : P = \left(\frac{\mu}{\sin\alpha + \mu\cos\alpha}\right) : \mu = \mu' : \mu$$

② V홈의 깊이와 수

㉠ 홈의 깊이 : h

$$h = 0.94\sqrt{\mu'P}\,\text{mm},$$

$l = \dfrac{F}{f}$ 여기서, P는 kg으로 대입해야 함

㉡ 홈의 수 : Z

$$l = \frac{h}{\cos\alpha}2Z = 2Zh \ (\alpha\text{가 작으므로})$$

$$\therefore Z = \frac{l}{2h} = \frac{F}{2hq} \ \left(\text{단},\ q = \frac{F}{l}\text{kg/mm, N/mm이다.}\right)$$

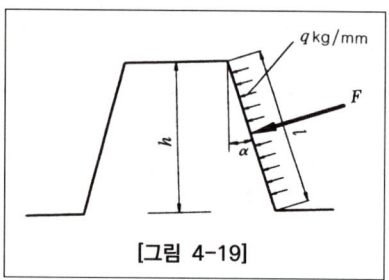

[그림 4-19]

여기서, l : 전 접촉길이
q : 허용접촉압력
(kg/mm, N/mm)

(3) 원뿔 마찰차

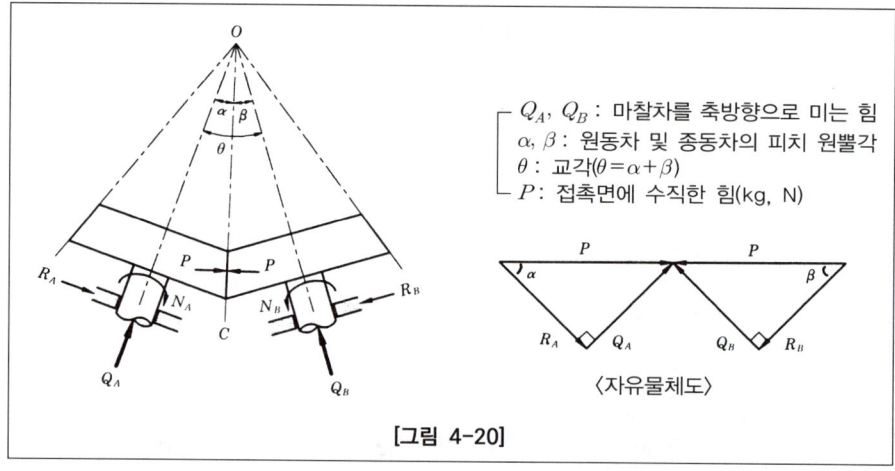

Q_A, Q_B : 마찰차를 축방향으로 미는 힘
α, β : 원동차 및 종동차의 피치 원뿔각
θ : 교각($\theta = \alpha + \beta$)
P : 접촉면에 수직한 힘(kg, N)

〈자유물체도〉

[그림 4-20]

① 속도비 : i

$$i = \frac{N_B}{N_A} = \frac{D_A}{D_B} = \frac{2\overline{OC}\sin\alpha}{2\overline{OC}\sin\beta} = \frac{\sin\alpha}{\sin\beta} = \frac{\sin\alpha}{\sin(\theta-\alpha)}$$

$$= \frac{\sin\alpha}{\sin\theta\cos\alpha - \cos\theta\sin\alpha} : \text{분모, 분자를 } \cos\alpha \text{로 나누어 정리하면}$$

$$\therefore i = \frac{\tan\alpha}{\sin\theta - \cos\theta\tan\alpha}$$

㉠ α와 i의 관계

$$\therefore \tan\alpha = \frac{\sin\theta}{\frac{1}{i}+\cos\theta} = \frac{\sin\theta}{\frac{N_A}{N_B}+\cos\theta}$$

㉡ β와 i의 관계

$$\therefore \tan\beta = \frac{\sin\theta}{i+\cos\theta} = \frac{\sin\theta}{\frac{N_B}{N_A}+\cos\theta}$$

② 전달동력

$$P = \frac{Q_A}{\sin\alpha} = \frac{Q_B}{\sin\beta}$$

㉠ $H = \dfrac{\mu P v}{75} = \dfrac{\mu Q_A v}{75\sin\alpha} = \dfrac{\mu Q_B v}{75\sin\beta}$ PS

㉡ $H' = \dfrac{\mu P v}{102} = \dfrac{\mu Q_A v}{102\sin\alpha} = \dfrac{\mu Q_B v}{102\sin\beta}$ kW

③ 베어링 하중

$$R = \sqrt{R_A^2 + (\mu p)^2} \quad \text{또는} \quad R = \sqrt{R_B^2 + (\mu p)^2}$$

여기서, R : 베어링에 작용하는 합성가로 하중(kg, N)

④ 원뿔 마찰차의 나비

$b = \dfrac{P}{f}$ 　여기서, f : 접촉선에 작용하는 힘(kg, N)

$$\therefore b = \frac{Q_A}{f\sin\alpha} = \frac{Q_B}{f\sin\beta}$$

(4) 무단변속 마찰차

① 원판 마찰차에 의한 변속

$N_B = \dfrac{N_A}{R_B} x$ 　여기서, S : 축간거리

$N_C = \left(\dfrac{S}{x} - 1\right) N_A$

② 원뿔 마찰차에 의한 변속(에반스)

$$\frac{N_B}{N_A} = \frac{d + 2x\tan\alpha}{D - 2x\tan\alpha}$$

$$\therefore N_B = \frac{d + 2x\tan\alpha}{D - 2x\tan\alpha} N_A$$

③ 구면 마찰차에 의한 변속

$$N_B = \frac{R_A}{R_B} \cdot \frac{x_B}{x_A} \cdot N_A \quad \text{또는} \quad N_B = \frac{D_A \sin\theta_B}{D_B \sin\theta_A}$$

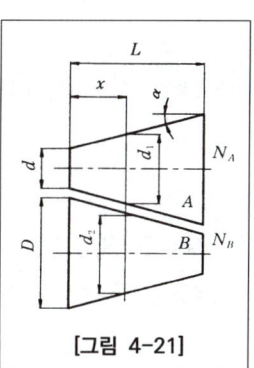

[그림 4-21]

Point

원뿔반각

$\tan\alpha = \dfrac{\sin\theta}{\dfrac{1}{i}+\cos\theta}$

$\tan\beta = \dfrac{\sin\theta}{i+\cos\theta}$

CHAPTER 04 단원 예상문제

저자가 콕! 찝어주는 예상문제 풀어보기!

01 마찰차에 관한 설명이 맞지 않는 것은 어느 것인가?

① 전달력이 크지 않고 속도비가 중요하지 않을 때
② 회전속도가 커서 기어를 쓰지 않을 때
③ 두 축 사이를 단속할 필요가 있을 때
④ 정확한 속도가 필요할 때

> **마찰차의 응용범위**
> ① 전달할 힘이 과히 크지 않고, 속도비가 일정하지 않을 경우
> ② 회전속도가 커서 보통 기어를 쓰기 곤란할 경우
> ③ 두 축 사이를 자주 단속할 필요가 있을 경우
> ④ 무단변속을 시키는 경우와 안전장치의 역할이 필요한 경우

02 다음 마찰차 중 무단변속 마찰차에 해당되지 않는 것은?

① 원뿔 마찰차   ② 구면 마찰차
③ 원판 마찰차   ④ 원통 마찰차

> 무단변속 마찰차 : 원판, 원뿔(원추), 구면, 에반스 마찰차 등

03 마찰차에 대한 다음 설명 중 옳지 않은 것은?

① 마찰계수가 큰 것일수록 큰 동력을 전달할 수 있다.
② 내접 마찰차에서는 회전방향이 같다.
③ 마찰차는 확실한 속도비로 전동된다.
④ 마찰차는 직접 전동장치의 일종이다.

04 매분 250 회전을 하는 지름 650mm의 평마찰차를 230N으로 밀어붙이면 약 몇 kW를 전달시킬 수 있는가? (단, $\mu=0.35$이다.)

① 6.7
② 8.8
③ 0.69
④ 9.9

> $H = \dfrac{\mu P v}{102 \times 9.8} = \dfrac{\mu P \pi DN}{102 \times 9.8 \times 60 \times 1000}$ kW 에서
> $H = \dfrac{0.35 \times 230 \times \pi \times 650 \times 250}{102 \times 9.8 \times 60 \times 1000} = 0.69$ kW

05 원통 마찰차 지름이 300mm, 누르는 힘 $F=150$N일 때 나비는 몇 mm 이상으로 하여야 하는가? (단, 허용압력은 2N/mm이다.)

① 50
② 75
③ 100
④ 150

> $F = fb$에서 $b = \dfrac{F}{f} = \dfrac{150}{2} = 75$mm

정답 1 ④ 2 ④ 3 ③ 4 ③ 5 ②

06 원통 마찰차의 중심거리 $C=300$mm, 회전수 $N_A=200$rpm, $N_S=100$rpm인 평마찰차를 150N의 힘으로 누르고, 마찰계수 $\mu=0.30$이다. 전달동력은?

① 0.02kW ② 0.62kW
③ 0.094kW ④ 2.5kW

$$H = \frac{\mu P \pi D_A N_A}{102 \times 9.8 \times 60 \times 1000} \text{kW 에서}$$
$$H = \frac{0.3 \times 150 \times \pi \times 200 \times 200}{102 \times 9.8 \times 60 \times 1000} = 0.094\text{kW}$$
여기서, $i = \frac{N_S}{N_A} = \frac{100}{200} = \frac{1}{2} = \frac{D_A}{D_S}$
$\therefore D_S = 2D_A$
$C = \frac{D_A + D_S}{2} = \frac{D_A + 2D_A}{2} = 300$
$\therefore D_A = 200\text{mm}$

07 주철로 된 원통마찰차 중 종동차 지름이 240mm이고, 속도비가 1/3일 때 두 축의 중심거리는 얼마인가?

① 80 ② 120
③ 160 ④ 220

$i = \frac{N_2}{N_1} = \frac{D_1}{D_2}$ 이므로 $\frac{1}{3} = \frac{D_1}{240}$
$\Rightarrow D_1 = \frac{240}{3} = 80\text{mm}$
$\therefore C = \frac{D_1 + D_2}{2} = \frac{80 + 240}{2} = 160\text{mm}$

08 두 개의 같은 원뿔차를 반대방향으로 축을 평행하게 놓고 그 사이에 가죽제 링을 끼워서 이를 좌우로 이동하면서 변속되는 마찰차는?

① 원판 마찰차 ② 에반스 마찰차
③ 구면 마찰차 ④ 로빈슨 마찰차

09 8m/sec의 속도로 돌아가는 원통 마찰차를 밀어주는 힘 $F=75$N이다. 마찰계수 $\mu=0.2$이면 전달동력은 몇 kW가 옳은가?

① 0.12 ② 2.4
③ 3.2 ④ 4

$$H = \frac{\mu F v}{102 \times 9.8} \text{kW 에서}$$
$$H = \frac{0.2 \times 75 \times 8}{102 \times 9.8} = 0.12\text{kW}$$

10 지름 100mm인 구동마찰차의 회전수를 1/4로 감소시키는 데 사용할 피동 마찰차의 지름은 얼마인가?

① 25mm ② 250mm
③ 300mm ④ 400mm

$i = \frac{1}{4} = \frac{D_1}{D_2} = \frac{100}{D_2}$
$\therefore D_2 = 400\text{mm}$

정답 6 ③ 7 ③ 8 ② 9 ① 10 ④

05 기어(gear)

동력을 전달시키는데 마찰차의 접촉면에 차례로 물리는 이(tooth)에 의하여 운동을 전달시키는 기계요소를 기어(치차)라 한다. 서로 맞물려 있는 기어에서 잇수가 많은 것을 기어(gear)라 하고, 잇수가 적은 것을 피니언(pinion)이라 한다.

1 기어의 특징 및 일반사항

(1) 기어의 특징

① 큰 동력을 일정한 속도비로 전달할 수 있다.
② 사용 범위가 넓다. 예 시계, 항공기 등
③ 전동 효율이 좋고 감속비가 크다. 예 내접 기어, 웜 기어
④ 충격에 약하고 소음과 진동이 발생한다.

(2) 기어의 종류

① **두 축이 서로 평행한 경우**
   ㉠ 스퍼 기어(spur gear) : 이가 축에 평행하며, 가장 일반적으로 사용된다.
   ㉡ 헬리컬 기어(helical gear) : 이를 축에 경사시킨 것으로 물림이 순조롭고 축에 스러스트가 발생한다.
   ㉢ 더블 헬리컬 기어(double helical gear) : 방향이 반대인 헬리컬 기어를 같은 축에 고정시킨 것으로 축에 스러스트가 발생하지 않는다. 또는 헤링본 기어라고도 한다.
   ㉣ 인터널 기어(internal gear : 내접 기어) : 맞물린 2개의 기어의 회전방향이 같고, 감속비가 크다.
   ㉤ 랙(rack) : 피니언과 맞물려서 피니언이 회전하면 랙은 직선운동을 한다. 역회전도 가능하다.
② **두 축이 만나는 경우**
   ㉠ 베벨 기어(bevel gear) : 원뿔면에 이를 만든 것으로 이가 직선인 것을 직선 베벨 기어라고 한다. 전동용으로 가장 널리 쓰인다.
   ㉡ 스큐 베벨 기어(skew bevel gear) : 이가 원뿔면의 모선에 경사진 기어이다.
   ㉢ 스파이럴 베벨 기어(spiral bevel gear) : 이가 구부러진 기어이다.
③ **두 축이 평행하지도 않고 만나지도 않는 경우**
   ㉠ 하이포이드 기어(hypoid gear) : 스파이럴 베벨 기어와 같은 형상이고 축만 엇갈린 기어이며, 자동차의 차동장치에 쓰인다.

ⓒ 스큐 기어(skew gear) : 비틀림각이 서로 다른 헬리컬 기어를 엇갈리는 축에 조합시킨 것이다. 헬리컬 기어가 구름 전동을 하는데 반해, 스크루 기어(나사 기어)는 미끄럼 전동을 하여 마찰이 큰 결점이다.

ⓒ 웜 기어(worm gear) : 웜과 웜 기어를 한 쌍으로 사용하고, 큰 감속비를 얻을 수 있으며, 원동차를 보통 웜으로 한다.

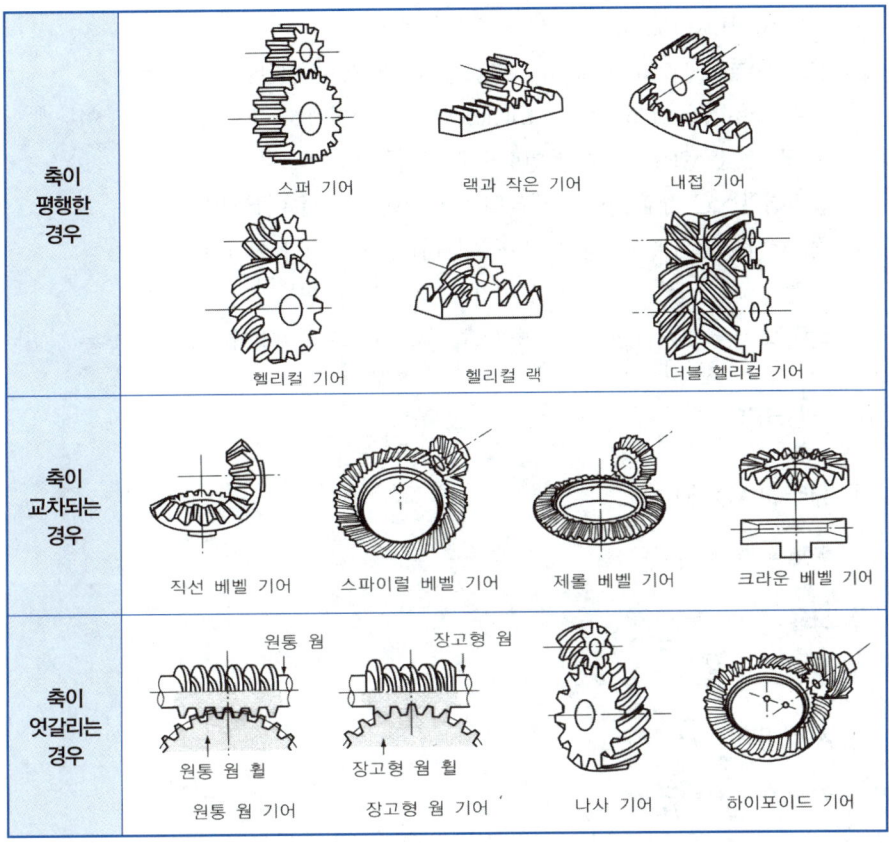

(3) 기어의 각부 명칭

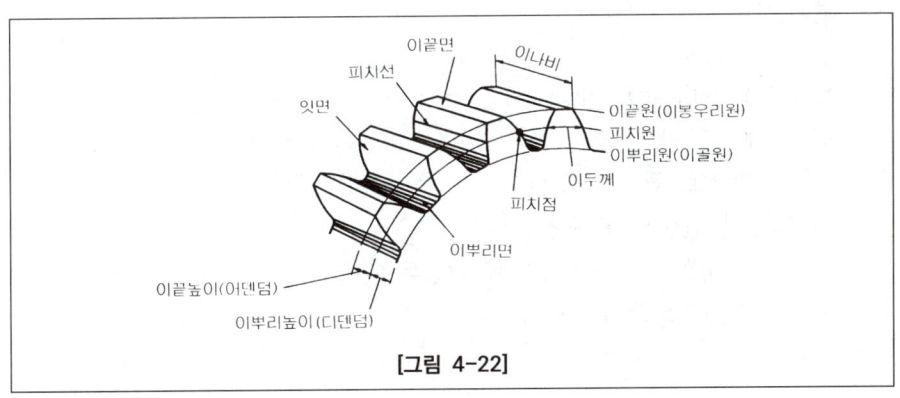

[그림 4-22]

Point
기어의 각부 명칭

한눈에 들어오는 키워드

① **피치원**(pitch circle) : 축에 수직인 평면과 피치원이 만나는 원
② **원주 피치**(circular pitch) : 피치원상의 이에서 이웃한 이까지의 원호 길이(p)
③ **지름 피치**(diametral pitch) : 잇수를 inch를 표시한 기준 피치원 지름으로 나눈 값(DP)
④ **이끝 높이**(addendum) : 피치원에서 이끝원까지의 거리(a)
⑤ **이뿌리 높이**(dedendum) : 피치원에서 이뿌리원까지의 거리(d)
⑥ **이높이**(whole depth) : 이의 총 높이($h = a + d$)
⑦ **유효 이높이**(working depth) : 한 쌍의 기어에서 이끝높이의 거리(h)
⑧ **원주 이두께**(circular tooth thickness) : 피치원에 따라 측정한 원호 이두께
⑨ **이나비**(face width) : 축선 방향으로 측정한 이의 길이
⑩ **클리어런스**(clearance) : 이뿌리원에서 상대 기어의 이끝원까지 거리
⑪ **뒷틈**(back lash) : 한 쌍의 기어를 물리게 했을 때의 이사이 간극
⑫ **잇면**(tooth surface) : 기어의 이가 물려서 닿는 면
⑬ **압력각**(pressure angle) : 잇면의 한 점에 반지름과 치형의 접선과 이루는 각(α)

Point
스퍼기어(평기어)

원주피치 $p = \dfrac{\pi D}{Z} = \pi m$

모듈 $m = \dfrac{D}{Z}$

지름피치
$D \cdot P = \dfrac{Z}{D} = \dfrac{25.4}{m}$

(4) 이의 크기

① **원주 피치** : P

$$P = \dfrac{\pi D}{Z} = \pi m$$

② **모듈** : m

$$m = \dfrac{P}{\pi} = \dfrac{D}{Z}$$

③ **지름 피치** : $D \cdot P$

$$D \cdot P = \dfrac{\pi}{P} = \dfrac{Z}{D} \text{inch}$$

$$D \cdot P = \dfrac{25.4}{m} = \dfrac{25.4Z}{D} = \dfrac{25.4\pi}{P} \text{mm}$$

특징
인벌류트(involute) 곡선
① 호환성이 우수하다.
② 치형의 제작가공이 용이하다.
③ 이뿌리 부분이 튼튼하다.
④ 물림에 있어 축간 거리가 다소 변해도 속도비에 영향이 없다.

특징
사이클로이드(cycloid) 곡선
① 효율이 높다.
② 공작이 어렵고 호환성이 적다.
③ 접촉점에서 미끄럼이 적으므로 마모가 적고 소음이 적다.
④ 피치점이 완전히 일치하지 않으면 물림이 잘되지 않는다.

(5) 치형곡선

① **인벌류트(involute) 곡선**

원기둥에 감은 실을 풀 때, 실 위의 한 점이 그리는 원의 일부를 곡선으로 한 것을 인벌류트 곡선이라고 한다. 일반 동력전달기계의 기어에 사용한다.

② **사이클로이드(cycloid) 곡선**

피치원을 기초원으로 하여 그 위를 작은 원인 구름원이 미끄럼 없이 굴러갈 때 이 구름원 위의 한 점이 그리는 궤적(사이클로이드 곡선)을 치형곡선 만든 것이다.

2 표준 스퍼 기어

(1) 표준 스퍼 기어의 계산식

① 회전비 : i

$$i = \frac{N_B}{N_A} = \frac{D_A}{D_B} = \frac{Z_A}{Z_B}$$

② 기초원 지름 : D_g

$$D_g = Zm\cos\alpha = D\cos\alpha$$

③ 법선 피치 : P_g

$$P_g = P_n = \pi m \cos\alpha = \frac{\pi D_g}{Z} = P\cos\alpha$$

④ 바깥지름 : D_0

$$D_0 = m(Z+2)$$

⑤ 중심거리 : C

$$C = \frac{D_A \pm D_B}{2} = \frac{m(Z_A \pm Z_B)}{2}$$

여기서, N_A, N_B : 각 기어의 회전수(rpm)
D_A, D_B : 각 기어의 피치원 지름
α : 압력각
P_g : 기초원의 피치(=법선 피치 : P_n)

> **Point**
>
> 속도비
> $$i = \frac{N_B}{N_A} = \frac{D_A}{D_B} = \frac{Z_A}{Z_B}$$
>
> 기초원지름(이뿌리원지름)
> $$D_g = D \cdot \cos\alpha$$
>
> 법선피치(기초원피치)
> $$P_g = P_n = P \cdot \cos\alpha$$
>
> 바깥 지름
> $$D_0 = m(Z+2)$$
>
> 중심거리
> $$C = \frac{m(Z_A + Z_B)}{2}$$

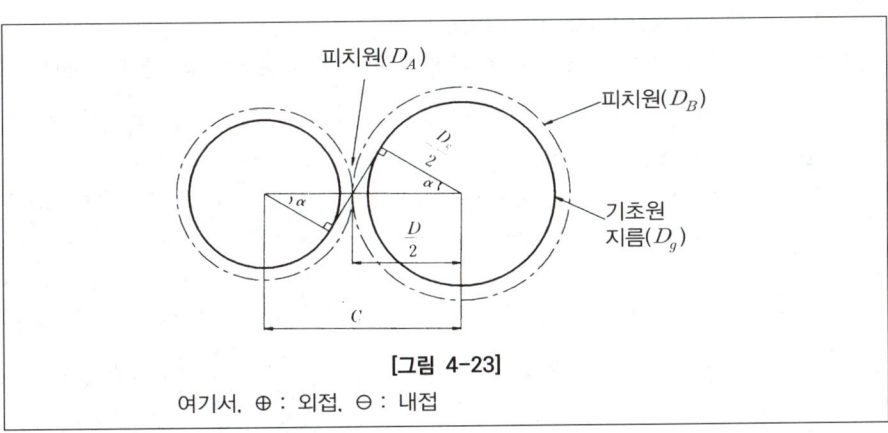

[그림 4-23]

여기서, ⊕ : 외접, ⊖ : 내접

[표 4-4] 스퍼 기어의 계산식

각부의 명칭	모듈(m)	지름피치(DP)	비 고
피치원 지름(D)	$mZ = \frac{PZ}{\pi}$	$\frac{Z}{DP}$	
이끝높이(a)	m	$\frac{1}{DP}$	KS 규격에서는 어덴덤
이뿌리높이(d)	$1.25m$ 이상	$\frac{1.25}{DP}$ 이상	KS 규격에서는 디덴덤

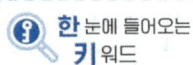
한 눈에 들어오는 키워드

총이높이(h)	$2.25m$ 이상	$\dfrac{2.25}{DP}$ 이상	
이끝틈새(c)	km(k는 0.25 이상)	$\dfrac{k}{DP}$(k는 0.25 이상)	
바깥지름(D_0)	$m(Z+2)$	$\dfrac{2+Z}{DP}$	
중심거리(C)	$\dfrac{m(Z_A+Z_B)}{2}$	$\dfrac{Z_A+Z_B}{2DP}$	
피치(p)	$\pi m = \dfrac{\pi D}{Z}$	$\dfrac{\pi}{DP}$	
이두께(t)	$\dfrac{\pi m}{2} = \dfrac{P}{2}$	$\dfrac{\pi}{2DP}$	
이두께(t')	$Zm \times \sin\dfrac{90°}{Z}$	$\dfrac{Z}{DP} \times \sin\dfrac{90°}{Z}$	
캘리퍼 이높이(a')	$\dfrac{Zm}{2}(1-\cos\dfrac{90°}{Z})+a$	$\dfrac{Z}{2DP}(1-\cos\dfrac{90°}{Z})+a$	

(2) 치형의 간섭 및 언더컷

① **이의 간섭(interference of tooth)**

서로 맞물린 랙과 피니언에서 큰 기어의 이끝이 피니언의 이뿌리에 닿아서 회전할 수 없게 되는 현상

② **언더컷(undercut of tooth)**

치의 절하라고도 하며, 잇수가 적은 기어를 랙(rack) 공구나 호브로 절삭하면 이뿌리가 파여지게 되는 현상

$$\therefore Z_g = \dfrac{2a}{m(1-\cos^2\alpha)} = \dfrac{2a}{m\sin^2\alpha}$$

여기서, a(이끝 높이) = m 이므로

$$\therefore Z_g = \dfrac{2}{\sin^2\alpha}$$

🔊 $\cos^2\alpha + \sin^2\alpha = 1 \rightarrow \sin^2\alpha = 1 - \cos^2\alpha$

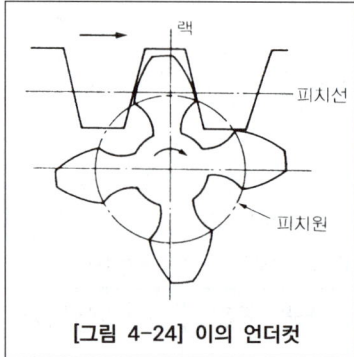

[그림 4-24] 이의 언더컷

> **Point**
> **이의 간섭을 막는 방법**
> ① 이의 높이를 줄인다.
> ② 압력각을 증가시킨다.(20° 또는 그 이상으로 크게 한다.)
> ③ 치형의 이끝면을 깎아낸다.
> ④ 피니언의 반지름 방향의 이뿌리면을 파낸다.

> **Point**
> **한계잇수**
> $Z_g = \dfrac{2}{\sin^2\alpha}$

[표 4-5] 언더컷의 한계 치수

공구 압력각(α_1)	20°	14.5°
이론적 치수(Z_g)	17	32
실용적 치수(Z_g')	14	26

③ 백래시(back lash)

한쌍의 기어가 물고 돌아갈 때 윤활유 유막 두께, 기어의 치수오차, 중심거리의 변동, 열팽창, 부하에 의한 이의 변형, 축의 변형 등을 고려한 적당한 틈새, 즉 잇면의 놀음

(3) 물림률과 미끄럼률

① 물림률(접촉률) : η

$$\eta = \frac{접촉된 호의 길이}{원주 피치} = \frac{물림길이}{법선 피치} = 1.2 \sim 1.5$$

② 인벌류트치의 물림률

$$\eta_1 = \sqrt{\frac{(Z_A+2)^2 - (Z_A\cos\alpha)^2 - Z_A\sin\alpha}{2\pi\cos\alpha}}$$

$$\eta_1 = \sqrt{\frac{(Z_B+2)^2 - (Z_B\cos\alpha)^2 - Z_B\sin\alpha}{2\pi\cos\alpha}}$$

여기서, η : 표준 기어의 물림률
η_1 : 퇴거 물림률
η_2 : 근접 물림률
$\eta = \eta_1 + \eta_2$

③ 미끄럼률 : σ

$$\sigma = \frac{ds_1 - ds_2}{ds_1}$$

(4) 전위 기어(shifted gear)

잇수가 적은 기어를 절삭하거나 언더컷을 방지하기 위하여 표준이의 랙(rack) 공구로 표준 절삭량보다 낮게 절삭하여 기준 피치선의 피치원보다 다소 바깥쪽으로 절삭한 기어를 전위기어(shifted gear)라고 한다.

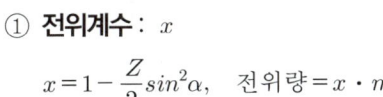

[그림 4-25] 전위 기어

① 전위계수 : x

$$x = 1 - \frac{Z}{2}sin^2\alpha, \quad 전위량 = x \cdot m$$

② 전위 기어의 사용 목적
  ㉠ 중심거리를 자유로 변경시키려 할 때
  ㉡ 언더컷을 피하고 싶을 때
  ㉢ 이의 강도를 개선하려고 할 때

③ 전위 기어의 계산식
  ㉠ 중심거리 : $C = \frac{z_A + z_B}{2}m + ym$

Point

백래시를 주는 이유
① 치형 오차, 피치 오차, 편심(이와 축의 처짐) 가공 오차 이의 높이를 줄인다.
② 중 하중, 고속 회전으로 발열되어 팽창
③ 윤활을 위한 잇면 사이의 유막 두께

백래시를 주는 방법
① 중심 거리를 반지름 방향의 길이만큼 크게 하는 방법
② 기어의 이 두께를 작게 하는 방법

Point
· 전위기어 사용목적
· 전위계수
$x = 1 - \frac{Z}{2}\sin^2\alpha$

ⓛ 중심거리 증가계수 : $y = (\frac{\cos\alpha}{\cos\alpha_b} - 1)$ 여기서, α : 공구 압력각
ⓒ 기초원지름 : $D_g = mz\cos\alpha$ α_b : 물음 압력각
ⓔ 바깥지름 : $D_0 = zm + 2m + 2xm = (z + 2 + 2x)m$
ⓜ 총 이높이 : $h = (2+k)m,\ k = 0.157$
ⓑ 언더컷을 방지할 수 있는 전위계수 한계

$$\begin{cases} \alpha = 20°인\ 경우 : x = \dfrac{14-z}{17} \\ \alpha = 14.5°인\ 경우 : x = \dfrac{26-z}{32} \end{cases}$$

(5) 치차열(gear train)

① 단식 치차열

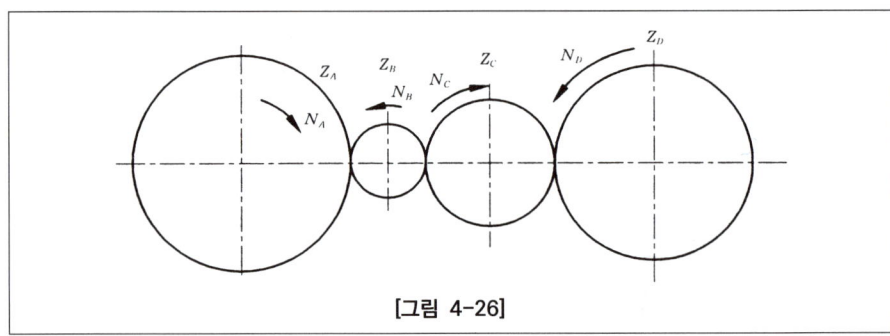

[그림 4-26]

$$i = \frac{N_D}{N_A} = \frac{Z_A}{Z_D}$$

② 복식 치차열

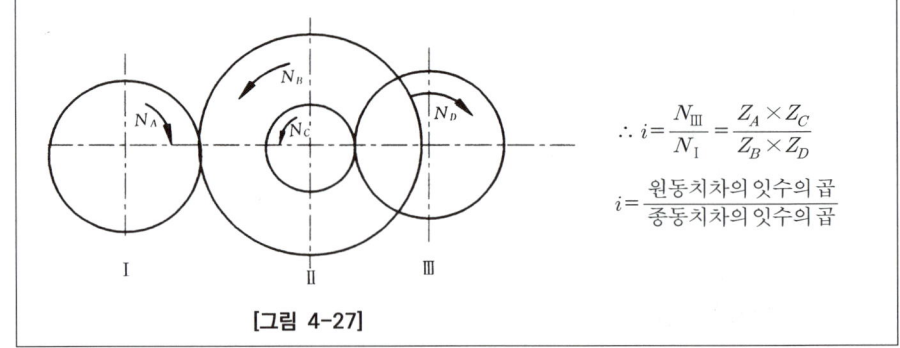

[그림 4-27]

$$\therefore i = \frac{N_{\text{III}}}{N_{\text{I}}} = \frac{Z_A \times Z_C}{Z_B \times Z_D}$$

$$i = \frac{원동치차의\ 잇수의\ 곱}{종동치차의\ 잇수의\ 곱}$$

Point
복식기어열의 속도비

3 기어의 설계

(1) 스퍼 기어의 설계

- 전달 동력

$$H = \frac{Fv}{75} \text{PS}, \quad H' = \frac{Fv}{102} \text{kW}$$

$$V = \frac{\pi DN}{60 \times 1000} \text{m/sec}$$

$$F = F_n \cos\alpha$$

$$\therefore F = \frac{75H}{V} = \frac{102H'}{V}$$

여기서, F : 기어를 회전시키는 힘(kg)
F_n : 치면에 수직으로 작용하는 힘
α : 압력각

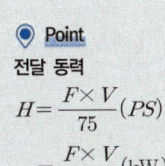

Point
전달 동력
$$H = \frac{F \times V}{75}(PS)$$
$$= \frac{F \times V}{102}(\text{kW})$$

① 굽힘강도에 의한 설계

㉠ 루이스(Lewis)의 공식

$$F = \sigma_b pby = \sigma_b \pi mby = \sigma_b \pi \frac{25.4}{DP} by$$

여기서, $\sigma_b = \sigma_a \cdot f_v \cdot f_w \cdot f_n$
(σ_b : 기어의 굽힘응력)
f_v : 속도계수
f_w : 하중계수
f_n : 물림계수

또한, 속도계수 : f_v

- 보통 기어 저속용 $(v = 0.5 \sim 20 m/s)$ $\quad f_v = \dfrac{3.05}{3.05 + v}$

- 정밀 기어 중속용 $(v = 6 \sim 20 m/s)$ $\quad f_v = \dfrac{6.1}{6.1 + v}$

- 고정밀 기어 고속용 $(v = 20 \sim 50 m/s)$ $\quad f_v = \dfrac{5.55}{5.55 + v}$

- 비금속 기어 $\quad f_v = \dfrac{0.75}{1 + v} + 0.25s$

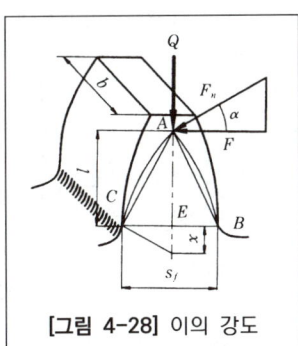

[그림 4-28] 이의 강도

② **면압강도에 의한 설계**
  ㉠ 헤르쯔(Hertz)의 공식
   • 최대접촉 압축응력 : σ_c

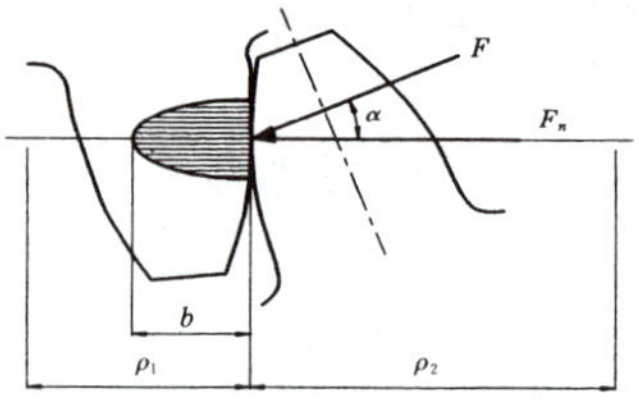

$$\sigma_c = \frac{0.35 F_n \left(\dfrac{1}{\rho_1}+\dfrac{1}{\rho_2}\right)}{b\left(\dfrac{1}{E_1}+\dfrac{1}{E_2}\right)}$$

$$F_n = \frac{\sigma_c^{\,2}\sin 2\alpha}{1.4}\left(\frac{1}{E_1}+\frac{1}{E_2}\right)bm\frac{Z_1+Z_2}{Z_1 Z_2}$$

   • 기어의 회전력 : F

$$F = f_v \cdot K \cdot b \cdot m \cdot \frac{2Z_1 Z_2}{Z_1+Z_2} = K f_v b \frac{2D_1 D_2}{Z_1+Z_2}$$

$$K = \frac{\sigma_c^{\,2}\sin 2\alpha}{2.8\left(\dfrac{1}{E_1}+\dfrac{1}{E_1}\right)}$$

여기서, K : 접촉면 응력계수
        F : $F_n \cos\alpha$

[그림 4-29]

③ **스퍼 기어의 각부 설계**
  ㉠ 림 : 림의 두께 : $(0.5 \sim 0.7)P$ mm
  ㉡ 암의 수 : $n = 13D \sim 16D$
  ㉢ 보스

$$\begin{cases} \delta = 0.5d \text{ 중(重) 하중일 때} \\ \delta = 0.44d \text{ 중(中) 하중일 때} \\ \delta = 0.4d \text{ 경(輕) 하중일 때} \\ l = (1.2 \sim 2.2)d (\text{mm}), \ l = b + \dfrac{D}{40}(\text{mm}) \end{cases}$$

여기서, δ : 보스의 두께에서 키홈의 두께를 빼낸 두께(mm)

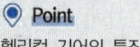
헬리컬 기어의 특징

(2) 헬리컬 기어(helical gear)

① **헬리컬 기어의 특징**
  ㉠ 고속운전에 적합하다.
  ㉡ 평 기어보다 물림길이가 길고 치의 강도면에서 유리하다.
  ㉢ 큰 회전비를 얻을 수 있다.
   $\left(\dfrac{1}{10} \sim \dfrac{1}{15}\right)$
  ㉣ 전동효율이 좋아 98~99%까지 얻을 수 있고 아주 큰 동력, 고속 전동에는 추력이 없는 더블 헬리컬 기어를 사용한다.

② **헬리컬 기어의 치형**
  ㉠ 축 직각방식 : 축 직각방식은 기어축에 직각인 단면의 치형을 기준 랙(rack)의 치형으로 표시하는 방법이다.

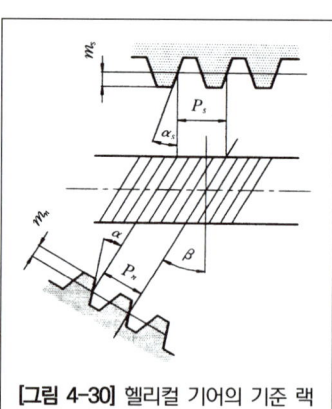

[그림 4-30] 헬리컬 기어의 기준 랙

ⓛ 이 직각방식 : 이 직각방식은 이 줄에 직각인 단면의 치형을 기준 랙의 치형으로 표시한 방식이다. 호빙 머신 등으로 기어를 절삭할 때나 설계할 때에는 이 직각방식을 적용한다.

ⓒ 축 직각 모듈 m_s와 이 직각 모듈 m_n 관계식

$$P_n = P_s \cos\beta$$

$$m_n = \frac{P_n}{\pi} = \frac{P_s}{\pi}\cos\beta = m_s\cos\beta$$

여기서, β : 비틀림각(°)
m_s, m_n : 축 또는 이의 직각 기준 모듈
α_s, α_n : 축 또는 이의 직각 기준 기어 압력각(°)
p_s, p_n : 축 또는 이의 직각 기준 원주 피치

③ 헬리컬 기어의 설계

치직각 치형에 비하여 축직각 치형은 치의 높이 방향의 치수는 같으나 가로의 나비방향, 즉 피치방향의 치수는 $\frac{1}{\cos\beta}$ 배이므로

ⓛ 모듈 $\qquad m_s = \frac{m}{\cos\beta}\qquad$ 여기서, 이직각 모듈 $m_n = m$으로 한다.

ⓒ 압력각 $\qquad \tan\alpha_s = \frac{\tan\alpha}{\cos\beta}$

ⓒ 피치원 지름 $\quad D_s = Zm_s = Z\frac{m}{\cos\beta} = \frac{Zm}{\cos\beta} = \frac{D}{\cos\beta}$

ⓔ 바깥지름(D_0) $\quad D_0 = D_s + 2m = Zm_s + 2m = \left(\frac{Z}{\cos\beta} + 2\right)m$

ⓜ 중심거리 $\qquad C = \frac{D_{s1} + D_{s2}}{2} = \frac{Z_1 m_s + Z_2 m_s}{2} = \frac{(Z_1 + Z_2)m}{2\cos\beta}$

④ 헬리컬 기어의 강도계산

ⓛ 헬리컬 기어의 상당 평 기어 : Z_e

$$Z_e = \frac{D_e}{m} = \frac{D}{m\cos^2\beta} = \frac{Z}{\cos^3\beta}\qquad$$ 여기서, D_e : 상당 평 기어의 피치원

$$(D_e = 2R = \frac{D}{\cos^2\beta})$$

ⓒ 원주속도 : v

$$v = \frac{\pi D_{s1} N_1}{60 \times 1000} = \frac{\pi D_{s2} N_2}{60 \times 1000}\,\text{m/sec}\qquad$$ 여기서, D_s : 축직각의 피치원 지름

ⓒ 스러스트 하중 : W_t

$$W_t = F\tan\beta$$

ⓔ 전달동력 및 회전력

- 전달동력 : $H = \frac{Fv}{75}\text{PS},\quad H' = \frac{Fv}{102}\text{kW}$

- 회전력 : $F = \frac{75H}{v} = \frac{102H'}{v}\text{kg}$

Point

축직각 모듈
$$m_s = \frac{m_n}{\cos\beta}$$

피치원지름
$$D_s = \frac{m_n \cdot Z}{\cos p}$$

바깥지름
$$D_0 = m_n\left(\frac{Z}{\cos\beta} + 2\right)$$

상당평기어 잇수
$$Z_e = \frac{Z}{\cos^3\beta}$$

전달동력
$$H = F \cdot V = F \cdot \frac{\pi DN}{60 \times 1000}$$

ⓐ 헬리컬 기어에 작용하는 힘
- 굽힘강도(루이스의 식)

$$F = \sigma_b Pby = f_v \sigma_a Pby = f_v \sigma_a \pi m b y$$

- 면압강도(헤르쯔의 식)

$$F = f_v \cdot \frac{C_w}{\cos^2 \beta} \cdot k b m_s \frac{2 Z_{s1} \cdot Z_{s2}}{Z_{s1} + Z_{s2}}$$

여기서, C_w : 면압계수($\fallingdotseq 0.75$ 보통)
β : 비틀림각(만약 β 가 30° 일 때 $\frac{C_w}{\cos^2 \beta} = 1$)

(3) 베벨 기어(bevel gear)

① **속도비** : i

$$i = \frac{N_2}{N_1} = \frac{Z_1}{Z_2} = \frac{W_2}{W_1} = \frac{\sin \gamma_1}{\sin \gamma_2}$$

② **피치원뿔각**

$$\tan \gamma_1 = \frac{\sin \Sigma}{\frac{Z_2}{Z_1} + \cos \Sigma} = \frac{\sin \Sigma}{\frac{1}{i} + \cos \Sigma}$$

$$\tan \gamma_2 = \frac{\sin \Sigma}{\frac{Z_1}{Z_2} + \cos \Sigma} = \frac{\sin \Sigma}{i + \cos \Sigma}$$

축각 $\Sigma = \gamma_1 + \gamma_2 = 90°$ 면

$$\tan \gamma_1 = i = \frac{Z_1}{Z_2}$$

$$\tan \gamma_2 = \frac{1}{i} = \frac{Z_2}{Z_1}$$

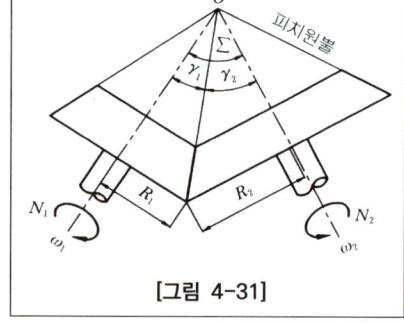

[그림 4-31]

③ **베벨 기어의 백 콘(back cone)과 상당 평 기어**

$$\cos \gamma = \frac{\frac{D}{2}}{R_e}$$

$$\therefore R_e = \frac{D}{2 \cos \gamma}$$

$$\sin \gamma = \frac{\frac{D}{2}}{L}$$

$$\therefore L = \frac{D}{2 \sin \gamma}$$

여기서, R_e : 백 콘 반지름
L : 외단 원뿔거리 (모선 길이)
D : 피치원의 지름

㉠ 상당 스퍼 기어의 잇수 : Z_e

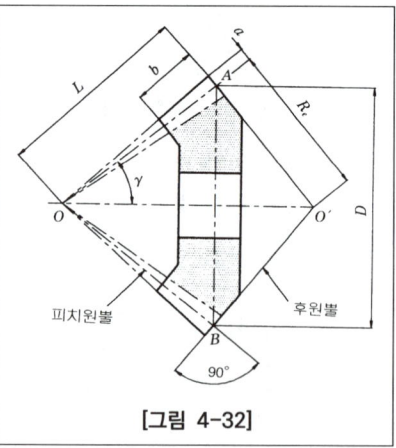

[그림 4-32]

$$Z_e = \frac{2\pi R_e}{P} = \frac{Z}{\cos\gamma}$$

④ 베벨 기어의 설계

㉠ 절손(折損)에 의한 굽힘강도

$$F = \sigma_b b p y_e \lambda = \sigma_b b \pi m y_e \lambda$$

$$\lambda = \frac{L-b}{L}$$

여기서, λ : 베벨 기어 계수
b : 베벨 기어 치형의 폭
y_e : 상당 평 기어의 치형계수

㉡ 면압강도

$$F = 1.67b\sqrt{D_1} \cdot f_m \cdot f_s$$

⑤ 베벨 기어의 계산식

[표 4-6]

각부의 명칭	기 호	계산식
외단원뿔거리	L	$L = \frac{D_1}{2}sin\gamma_1 = \frac{D_2}{2}sin\gamma_2$
피치원지름	D	$D = mZ$
이끝각	θ_a	$\tan\theta_a = \frac{a}{L}$ (단, a : 이끝 높이)
이뿌리각	θ_d	$\tan\theta_d = \frac{d}{L}$ (단, d : 이뿌리 높이)
이끝원뿔각	γ_a	$\gamma_{a1} = \gamma_1 + \theta_{a1}$, $\gamma_{a2} = \gamma_2 + \theta_{a2}$
이뿌리원뿔각	γ_d	$\gamma_{d1} = \gamma_1 - \theta_{d1}$, $\gamma_{d2} = \gamma_2 - \theta_{d2}$
외단 이끝원지름	D_0	$D_0 = D + 2a\cos\gamma$
후원뿔각	α	$\alpha_1 = 90° - \gamma_1$, $\alpha_2 = 90° - \gamma_2$

(4) 웜과 웜 기어

① 웜 기어 장치의 장단점

㉠ 장점
- 큰 감속비가 얻어진다.($\frac{1}{10} \sim \frac{1}{100}$)
- 부하용량이 크다.
- 역전방지를 할 수 있다.
- 소음과 진동이 적다.

㉡ 단점
- 효율이 낮다.(40 ~ 50%)
- 웜 기어(웜 휠)은 연삭할 수 없다.

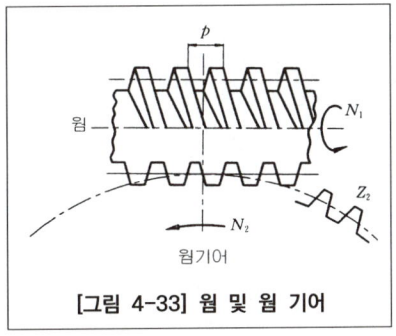

[그림 4-33] 웜 및 웜 기어

Point
웜 기어의 특징

한눈에 들어오는 키워드

Point

속도비
$$i = \frac{Z_1}{Z_2} = \frac{N_2}{N_1} = \frac{l}{\pi \cdot D_2}$$

- 호환성이 없다.
- 웜 휠의 공작에는 특수공구가 필요하다.
- 웜 휠은 정도 측정이 곤란하다.

② **속도비** : i

$$i = \frac{Z_1}{Z_2} = \frac{N_2}{N_1} = \frac{l}{\pi \cdot D_2}$$

여기서, $Z_2 : \dfrac{\pi D_2}{p}$: 웜 기어 잇수

$Z_1 = \dfrac{l}{p}$: 웜 줄 수(물린 산수)

D_2 : 웜 기어의 피치원 지름

l : 웜 리드

(5) 유성기어

구 분	A	B	H
전체고정	$+N_C$	$+N_C$	$+N_C$
암고정	$-N_C$	$-N_C \times (-1) \times \dfrac{Z_A}{Z_B}$	0
전체회전	0	$+N_C + \left\{ -N_C \times (-1) \times \dfrac{Z_A}{Z_B} \right\}$	$+N_C$

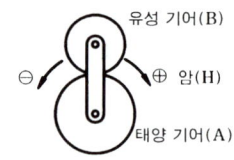

CHAPTER 04 단원 예상문제

저자가 콕! 찝어주는 예상문제 풀어보기!

01 두 축이 서로 평행하게 설치되어 회전력을 전달하는 기어가 아닌 것은?

① 크라운 기어 ② 스퍼 기어
③ 헬리컬 기어 ④ 헤링본 기어

> **기어의 종류**
> ① 두 축이 평행한 경우 : 스퍼 기어, 헬리컬 기어, 더블 헬리컬 기어(헤링본 기어), 랙과 피니언, 내접 기어 등
> ② 두 축이 교차하는 경우 : 직선 베벨 기어, 스파이럴 베벨 기어, 마이터 기어, 크라운 기어, 앵귤러 베벨 기어, 헬리컬 베벨 기어 등
> ③ 두 축이 평행하지도 않고 교차하지 않는 경우 : 하이포드 기어, 스크루 기어, 웜 기어 등

02 회전운동을 직선운동으로 바꿀 때 쓰이는 기어는?

① 베벨 기어 ② 헬리컬 기어
③ 랙과 피니언 ④ 웜과 웜 기어

03 두 축의 회전방향이 같으며, 높은 감속비의 경우에 쓰이며, 원통의 안쪽에 이가 있는 기어는?

① 내접 기어 ② 스파이럴 기어
③ 랙 ④ 헬리컬 기어

> **내접 기어** : 두 축의 회전방향이 같으며, 높은 감속비를 얻으며, 원통의 안쪽에 이가 있다.

04 기어 사용시 기어 속도비가 불합리한 관계로 원활한 회전을 하기 위해 전위 기어를 사용하는데 다음 중 전위 기어의 사용 목적이 아닌 것은?

① 베어링의 압력증가
② 중심거리가 변할 때
③ 언더컷을 피하고 싶을 때
④ 이의 강도개선

> **전위 기어(shifted gear)** : 랙형 공구로 기어를 절삭할 때 공구의 피치선과 피절삭 기어의 기준 피치원이 접하지 않고 약간 떨어진 위치에서의 절삭된 기어를 전위 기어라 한다.
> ① 전위 기어의 장점
> ㉠ 언더컷을 방지한다.
> ㉡ 맞물림에서 미끄럼을 줄인다.
> ㉢ 축간 거리를 조정한다.
> ㉣ 유효 단면을 증가시킨다.
> ㉤ 이 뿌리를 튼튼하게 한다.
> ② 전위 기어의 단점
> ㉠ 표준 기어와 같은 시판 기어가 있다.
> ㉡ 물음 압력각이 증가되어 베어링에 걸리는 하중이 증대된다.
> ㉢ 교환성이 없다.

05 잇수 15, 압력각 20°인 기어에서 전위계수는?

① 0.123 ② 0.321
③ 2.585 ④ 1.585

> $x = 1 - \dfrac{Z}{2}sin^2\alpha = 1 - \dfrac{15}{2}sin^2 20° = 0.123$

정답 1 ① 2 ③ 3 ① 4 ① 5 ①

06 기어가 맞물려 있을 때 힘의 전달방향을 나타내는 각은?

① 압력각　　② 여유각
③ 맞물림각　　④ 경사각

07 기어 전동장치에서, 물림률을 구하는 식으로 맞는 것은?

① 법선 피치 / 물림길이
② 접촉호의 길이 / 원주 피치
③ 법선 피치 / 접촉각
④ 접촉호의 길이 / 접촉각

> 이의 물림률: 동시에 물릴 수 있는 이의 수
> ① 접촉원호의 길이는 한 쌍의 이가 물렸다가 떨어질 때까지의 서로 접촉하는 피치원의 길이로 한다.
> ② 법선 피치는 기초원의 원주의 길이를 이의 수로 나눈 것
> ③ 물림률 = $\dfrac{접촉 원호의 길이}{원주 피치}$
> $= \dfrac{작용선 위에서의 물림길이}{법선 피치} = 1.2 \sim 1.5$
> 그러므로 물림률은 반드시 1 이상이어야 한다.

08 정밀도가 크고 호환성이 큰 치형을 쉽게 만들 수 있으며, 중심거리가 약간 변하더라도 속도비가 일정한 전동이 가능하므로, 일반적으로 널리 사용되고 있는 치형곡선은?

① 에피 사이클로이드 곡선
② 하이포 사이클로이드 곡선
③ 인벌류트 곡선
④ 트로코이드 곡선

> ① 인벌류트(involute) 곡선: 원기둥에 감긴 실을 당기면서 풀 때 실의 한 점이 그리는 원의 일부를 곡선으로 한 것이다.
> ㉠ 기어의 물림에서 다소 중심거리가 틀려도 잘 물린다.
> ㉡ 공작이 쉽고 호환성이 있으며, 일반적 기어에 사용한다.
> ㉢ 이뿌리 부분이 튼튼하다.
> ㉣ 마멸이 심하다.(단점)
> ② 사이클로이드(cycloid) 곡선: 한 개의 원 위에서 원판의 한 점이 그리는 곡선
> ㉠ 주로 계기나 시계류에 사용
> ㉡ 2개의 곡선으로 이루어진다.
> ㉢ 피치원이 완전히 일치하지 않으면 바르게 물리지 않는다.
> ㉣ 공작이 어렵고 호환성이 적다.
> ㉤ 이뿌리가 약하나 효율이 높고, 소음이 적고, 마멸이 적다.

09 피치원에서 이뿌리원까지의 거리를 나타내는 말은?

① 어덴덤　　② 디덴덤
③ 뒤틈　　　④ 클리어런스

> • 이끝높이(어덴덤): 이끝원과 피치원과의 차이
> • 이뿌리 높이(디덴덤): 피치원과 이뿌리원과의 차이

10 스터브(stub gear)의 설명 중 틀린 것은 어느 것인가?

① 치형 언더컷을 작게 할 수 있다.
② 이 높이를 표준 스퍼 기어 치수보다 높게 한 것이다.
③ 압력각이 20° 이다.
④ 물림률이 낮아진다.

> 낮은이 기어의 치형: 이 높이를 보통보다 낮게한 것으로 이의 강도가 크다.
> ① 큰 동력 전달이나 충격이 있는 곳에 사용한다.
> ② 압력각: 14.5°, 15°, 20°, 22.5°
> 　낮은 이는 굽힘강도가 증대되고 최소잇수가 감소하는 장점이 있고, 높은 이는 운전성능의 향상을 원하는 치형으로 만들어 좋은 효과를 나타내고 있으나, 특수한 공구와 높은 정밀도의 제작이 필요하므로 일반적인 기어가 아니다.

정답　6 ①　7 ②　8 ③　9 ②

11 기어에서 피치원 반지름을 R, 기초원의 반지름을 r, 압력각을 α라고 할 때 서로의 관계는?

① $R = r\cos\alpha$
② $r = R\sin\alpha$
③ $r = R\cos\alpha$
④ $R = r\sin\alpha$

$D_g = D\cos\alpha = mZ\cos\alpha$ 에서
∴ $r = R\cos\alpha$
여기서, $r = \dfrac{D_g}{2}$, $R = \dfrac{D}{2}$ 이다.

12 모듈 4, 압력각 14.5°의 평 기어에서 언더 컷(under cut)을 일으키지 않는 최소잇수가 14일 때, 랙 치형의 이끝 높이 a는 얼마 정도인가?

① $a = 1.75$
② $a = 2.13$
③ $a = 3.27$
④ $a = 4.41$

$Z_g = \dfrac{2a}{m\sin^2\alpha}$ 에서
$a = \dfrac{Z_g m \sin^2\alpha}{2} = \dfrac{14 \times 4 \times \sin^2 14.5°}{2} = 1.75$

13 허용굽힘응력 313.6N/mm², 모듈 $m = 4$, 압력각 $\alpha = 20°$, 치폭(齒幅) $b = 40$mm, 잇수 $Z = 20$, 회전수 $n = 800$rpm로 회전하는 평 기어의 최대전달마력은? (단, 치형계수 $y = 0.32$이고, y는 π가 포함된 값된 값이며 속도계수 $f_v = \dfrac{3.05}{3.05 + V}$ 로 계산하고, V는 기어의 피치원의 원주속도이다.)

① 약 26PS
② 약 35PS
③ 약 81PS
④ 약 110PS

$H = \dfrac{Fv}{75 \times 9.8}$ PS 에서
$H = \dfrac{7658.86 \times 9.8 \times 3.35}{75 \times 9.8} = 34.87 ≒ 35$PS
여기서, $F = f_v \cdot \sigma_a \cdot b \cdot m \cdot y = 7658.86$N
$f_v = \dfrac{3.05}{3.05 + v} = 0.477$
$v = \dfrac{\pi m z n}{60 \times 1000} = \dfrac{\pi \times 4 \times 20 \times 800}{60 \times 1000} = 3.35$m/sec

14 표준 평 기어에서 1개에 해당하는 피치원 지름의 길이로써 현척으로 그리는 미터식 기어의 기어제도시 피치원과 이봉우리원(이끝원)의 반지름상의 차와 같은 것은?

① 지름 피치
② 원주 피치
③ 모듈
④ 유효이높이

피치원과 이봉우리원과의 거리(차)를 어덴덤(이끝높이)이라 하고 값은 모듈(m)과 같다.

15 피치원의 지름이 같은 경우 모듈의 값이 커지면 기어의 잇수는?

① 커진다.
② 작아진다.
③ 같다.
④ 관계없다.

$D = mZ$ 에서
$Z = \dfrac{D}{m}$ 이므로 모듈(m)이 커지면 잇수(Z)는 작아진다.

정답 10 ② 11 ③ 12 ① 13 ② 14 ③ 15 ②

16 원주 피치를 p라 하고, 원주율을 π라 할 때, 모듈 m을 구하는 식으로 옳은 것은?

① $m = \dfrac{\pi}{p}$ ② $m = \dfrac{p}{\pi}$
③ $m = \pi p$ ④ $m = 2\pi p$

> 이의 크기
> ① 모듈: $m = \dfrac{D}{Z}$
> ② 원주 피치: $P = \dfrac{\pi D}{Z} = \pi m$
> ③ 지름 피치: $D \cdot P = \dfrac{1}{m}\text{inch} = \dfrac{25.4}{m}\text{mm}$

17 모듈이 3이고, 잇수가 20인 기어의 피치원 지름은 몇 mm인가?

① 10 ② 20
③ 40 ④ 60

> $D = mZ$에서
> $D = 3 \times 20 = 60\text{mm}$

18 모듈 $m = 3$, 기어잇수 $Z = 32$의 표준 스퍼 기어를 가공하려 한다. 소재의 지름은 얼마로 가공해야 하는가?

① $\phi\,96\text{mm}$ ② $\phi\,99\text{mm}$
③ $\phi\,102\text{mm}$ ④ $\phi\,98\text{mm}$

> $D_k = m(Z+2)$에서
> $D_k = 3(32+2) = 102\text{mm}$

19 모듈(module) 5, 잇수가 각각 $Z_1 = 85$, $Z_2 = 45$, 압력각 14.5°인 한 쌍의 표준 스퍼 기어에서 바깥지름은 얼마인가? (단, D_1, D_2는 기어와 피니언의 바깥지름이다.)

① $D_1 = 435\text{mm}$, $D_2 = 235\text{mm}$
② $D_1 = 425\text{mm}$, $D_2 = 225\text{mm}$
③ $D_1 = 415\text{mm}$, $D_2 = 225\text{mm}$
④ $D_1 = 405\text{mm}$, $D_2 = 205\text{mm}$

> $D_{k1} = m(Z_1+2) = 5(85+2) = 435\text{mm}$
> $D_{k2} = m(Z_2+2) = 5(45+2) = 235\text{mm}$

20 $M = 2.5$, $Z_1 = 8$, $Z_2 = 32$일 때 내접 기어의 중심거리는?

① 30 ② 35
③ 50 ④ 60

> $C = \dfrac{m(Z_2 - Z_1)}{2}$에서
> $C = \dfrac{2.5(32-8)}{2} = 30\text{mm}$

21 속도비가 1/3이고, 원동차의 잇수가 25개, 모듈이 4인 표준 스퍼 기어의 외접 연결에서 중심거리는?

① 75mm ② 100mm
③ 150mm ④ 200mm

> $C = \dfrac{m(Z_1 + Z_2)}{2}$에서
> 여기서, $i = \dfrac{1}{3} = \dfrac{Z_1}{Z_2} \Rightarrow Z_2 = 25 \times 3 = 75$
> $C = \dfrac{4(25+75)}{2} = 200\text{mm}$

정답 16 ② 17 ④ 18 ③ 19 ① 20 ① 21 ④

22 스퍼 기어의 피치원 위의 원주속도가 3m/sec, 기어를 돌리는 힘이 70kg일 때 전달동력은 몇 kW인가?

① 약 1kW ② 약 2kW
③ 약 3kW ④ 약 4kW

$$H' = \frac{Fv}{102} = \frac{70 \times 3}{102} = 2.06 \fallingdotseq 2\text{kW}$$

23 기어 피치원의 지름이 150mm, 모듈(module)이 5인 기어의 잇수는 몇 개인가? (단, 표준 평 기어에서)

① 150개 ② 100개
③ 70개   ④ 30개

$$D = mZ \text{ 에서 } Z = \frac{D}{m} = \frac{150}{5} = 30$$

24 헬리컬 기어의 치(齒) 직각 모듈을 m_n, 정면 모듈을 m, 잇수를 Z로 할 때 축(軸)직각 방식에서 표준 헬리컬 기어의 바깥지름 d_k은?

① $d_k = (Z-2)m$ ② $d_k = (Z-2)m_n$
③ $d_k = Zm + 2m_n$ ④ $d_k = Zm_n + 2m$

$$d_k = Zm + Zm_n = (\frac{Z}{\cos\beta} + 2)m_n$$

25 직각방식 표준 헬리컬 기어에서, 기어의 재질은 탄소강을 이용하고, 비틀림각 $\beta = 30°$이고, 치직각 모듈 $m_u = 2.5$일 때 바깥지름 D_k는 몇 mm 정도인가? (단, 잇수는 30이다.)

① $D_k = 86.1$ ② $D_k = 91.6$
③ $D_k = 96.4$ ④ $D_k = 98.6$

$$D_k = (\frac{Z}{\cos\beta} + 2)m_n \text{ 에서}$$
$$D_k = (\frac{30}{\cos 30°} + 2)2.5 = 91.6\text{mm}$$

26 이(齒) 직각방식 헬리컬 기어의 축 직각 평면의 치수에 이(齒) 직각 모듈 m_n이라면, 정면 모듈 m_s를 구하는 식으로 옳은 것은?

① $m_s = \frac{m_n}{\cos\beta}$ ② $m_s = \frac{m_n}{\cos^2\beta}$
③ $m_s = \frac{m_n}{\sin\beta}$ ④ $m_s = \frac{m_n}{\sin^2\beta}$

27 비틀림각이 60°인 헬리컬 기어가 있다. 이 기어의 축직각 모듈이 8이라면 치직각 모듈은 얼마인가?

① 2 ② 4
③ 6 ④ 8

$$m_s = \frac{m_n}{\cos\beta} \text{ 에서 } m_n = m_s \cos\beta = 8 \times \cos 60° = 4$$

정답 22 ② 23 ④ 24 ③ 25 ② 26 ① 27 ②

28 헬리컬 기어에서 실제 잇수를 Z, 상당 잇수를 Z_e, 비틀림각을 β라고 할 때 옳은 관계식은?

① $Z_e = Z/\cos\beta$
② $\cos^3\beta = Z/Z_e$
③ $\cos^2\beta = Z/Z_e$
④ $\sin^3\beta = Z/Z_e$

$Z_e = \dfrac{Z}{\cos^3\beta}$ 에서 $\cos^3\beta = \dfrac{Z}{Z_e}$

29 치수가 $Z_1 = 30$, $Z_2 = 50$, $Z_3 = 20$, $Z_4 = 40$인 기어 트레인에서 Ⅰ축이 750rpm으로 회전하면 Ⅲ축의 회전수는 몇 rpm인가?

보기
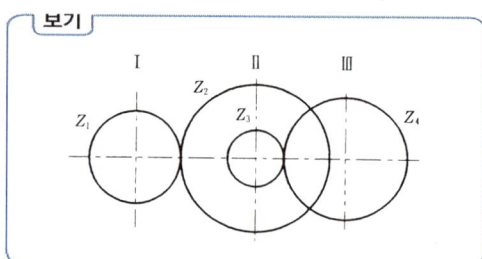

① 250
② 235
③ 225
④ 215

$i = \dfrac{N_\text{Ⅲ}}{N_\text{Ⅰ}} = \dfrac{Z_1 \times Z_3}{Z_2 \times Z_4}$ 에서

$i = \dfrac{N_\text{Ⅲ}}{750} = \dfrac{30 \times 20}{50 \times 40}$

$\therefore N_\text{Ⅲ} = \dfrac{30 \times 20}{50 \times 40} \times 750 = 225\,\text{rpm}$

30 마이터 기어의 모듈이 4, 잇수가 20일 때 바깥지름은 대략 얼마인가? (단, 이끝높이는 모듈과 같다.)

① 85.66mm
② 86.72mm
③ 87.53mm
④ 88.62mm

$D_0 = D + 2a\cos\alpha$
$= mZ + 2a\cos\alpha$ 에서
$= (4 \times 20) + 2 \times 4 \times \cos 45° = 85.66\,\text{mm}$

31 헬리컬 기어에 스러스트가 생기는 것을 개선한 기어는 다음 중 어느 것인가?

① 스퍼 기어
② 베벨 기어
③ 더블 헬리컬 기어
④ 웜 기어

32 두 축이 나란하지도 교차하지도 않으며 베벨 기어의 축을 엇갈리게 한 것으로, 자동차의 차동 기어장치의 감속기어는?

① 베벨 기어
② 웜 기어
③ 베벨 헬리컬 기어
④ 하이포이드 기어

① 하이포이드 기어 : 평행도 아니고 교차도 없는 기어로서 이의 단면적이 크며 전동이 용이하다. 축간 거리를 일정 범위 내에서 임의로 정할 수 있다. 자동차 감속비(뒷차축의 최종단의 감속기) 또는 감속비가 별로 크지 않을 때에는 웜 기어 대신으로 많이 사용한다.
② 웜 기어 : 한 줄 또는 두 줄 이상의 줄수를 가진 나사 모양의 것으로 큰 감속비를 얻을 수 있고, 역전에는 사용하지 않는다.
③ 베벨 헬리컬 기어 : 이가 원뿔면의 모선과 경사진 기어를 말한다.
④ 베벨 기어 : 원뿔면에 축과 평행하게 이가 나있는 기어이다.

33 웜과 웜 기어의 장치에 있어서 다음 사용 목적 중 가장 큰 비중을 차지하고 있는 것은?

① 고속회전을 하려고 할 때
② 고부하에 사용될 때
③ 직선운동을 시키려고 할 때
④ 큰 감속비를 얻으려고 할 때

34 이 중 웜이 잇수 30개의 웜 기어와 물릴 때의 속도비는?

① 1 : 10 ② 1 : 15
③ 1 : 45 ④ 1 : 30

웜 기어의 속도비 : i
$i = \dfrac{Z_n}{Z} = \dfrac{웜\ 나사의\ 줄수}{웜\ 기어\ 잇수} = \dfrac{2}{30} = \dfrac{1}{15}(1:15)$

35 압력각 14.5° 피치원의 지름 250mm의 평 기어의 기초원의 지름은 몇 mm가 되겠는가?

① 225.09 ② 242.04
③ 267.78 ④ 289.39

$D_g = D\cos\theta$
   $= 250 \times \cos 14.5° = 242.04\,\text{mm}$

정답 33 ④ 34 ② 35 ②

06 벨트

벨트 전동(belt drive)은 양축에 고정한 벨트 풀리(belt pully)에 벨트를 걸어서 마찰력에 의하여 동력과 운동을 전달하는 장치이며, 축간 거리가 10m 이하이고 속도비는 1 : 10 정도, 속도는 10 ~ 30m/s이다. 벨트의 전동 효율은 96 ~ 98%이며, 충격 하중에 대한 안전장치의 역할을 하므로 원활한 전동이 가능하다.

1 평 벨트 전동

(1) 평 벨트의 종류

평 벨트는 충분한 유연성(flexibility)과 탄력성이 필요하므로 가죽, 직물, 고무 및 강철 등의 벨트가 사용되나 현재로서는 고무 벨트가 가장 일반적으로 사용되고 있다.

① **가죽 벨트**: 소가죽을 탄닌, 크롬 처리하여 탄성을 준 것으로 마찰계수가 크며 방열성도 좋다.
② **고무 벨트**: 무명 또는 인견에 고무를 침투시켜 가황한 것. 인장강도가 크고, 수명이 길다.
③ **직물 벨트**: 목면, 모(毛), 마(麻) 등으로 만들며 길이와 나비에 제한이 없다. 습기에 약하다.
④ **강철 벨트**: 강도가 제일 크나 벨트 풀리의 외주의 모양과 두 축의 평행도가 일치해야 한다. 두께 0.3 ~ 1.1mm, 폭 15 ~ 250mm 정도의 것을 사용한다.

(2) 벨트 거는 법

벨트를 풀리에 거는 방법에는 바로걸기(평행형 걸기: open belting)와 엇걸기(십자형 걸기: cross belting) 등이 있다. 오픈 벨트는 원동차와 피동차의 회전방향이 같으며, 크로스 벨트는 회전방향이 반대이다.

① **두 축이 평행일 때**: 평행걸기와 십자걸기가 있다.
② **2축이 수직일 때**: (안내 풀리 사용)

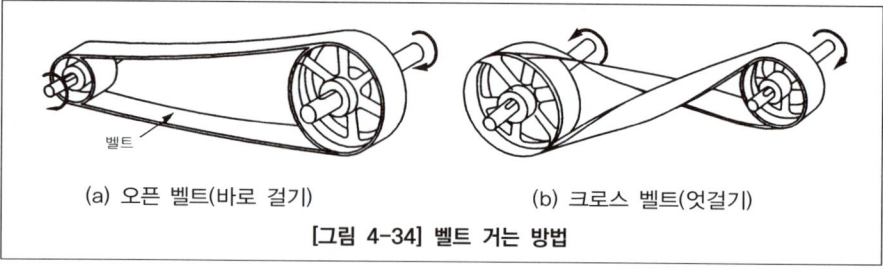

(a) 오픈 벨트(바로 걸기)   (b) 크로스 벨트(엇걸기)

[그림 4-34] 벨트 거는 방법

(3) 벨트에 장력을 가하는 방법

양 벨트 풀리의 지름 차이가 아주 크거나 축간거리가 짧을 때는 접촉각이 작으므로 미끄럼이 증대한다. 만일 축간거리가 아주 길고, 고속회전일 때는 플래핑(flapping) 현상이 생긴다. 이러한 현상을 없애고, 일정한 장력을 유지시켜 주기 위한 방법으로
① 자중에 의한 방법
② 탄성 변형에 의한 방법
③ 스냅 풀리를 사용하는 방법
④ 보조 풀리를 사용하는 방법
⑤ 가요(可撓) 전동기계 이용법
⑥ 유성(遊星) 기어 이용법

(4) 평 벨트의 속비와 원주속도 및 벨트길이

① **속도비(회전비) : i**

$$i = \frac{N_B}{N_A} = \frac{D_A}{D_B} = \frac{\omega_B}{\omega_A}$$

② **원주속도 : v**

$$v = \frac{\pi D_A N_A}{60 \times 1000} = \frac{\pi D_B N_B}{60 \times 1000} \, \text{m/sec}$$

③ **벨트의 길이 : L**

㉠ 평행걸기(open belting)

$$L = 2C + \frac{\pi}{2}(D_A + D_B) + \frac{(D_B - D_A)^2}{4C}$$

㉡ 십자걸기(cross belting)

$$L = 2C + \frac{\pi}{2}(D_A + D_B) + \frac{(D_B + D_A)^2}{4C}$$

여기서, L : 벨트의 소요길이
C : 축간거리 또는 중심거리

④ **접촉 중심각**

㉠ 평행걸기에서의 접촉 중심각 θ는

$$\sin\phi = \frac{D_2 - D_1}{2C} \text{이므로}$$

$$\theta_A = 180° - 2\phi = 180° - 2\sin^{-1}\left(\frac{D_B - D_A}{2C}\right)$$

$$\theta_B = 180° + 2\phi = 180° + 2\sin^{-1}\left(\frac{D_B - D_A}{2C}\right)$$

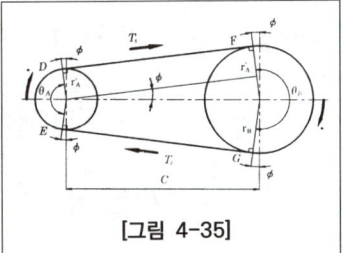

[그림 4-35]

Point

속도비
$i = \dfrac{N_B}{N_A} = \dfrac{D_A}{D_B}$

벨트속도
$v = \dfrac{\pi D_A N_A}{60 \times 1000}$

벨트길이(L)
평행걸기
$L = 2C + \dfrac{\pi}{2}(D_A + D_B)$
$\quad + \dfrac{(D_B - D_A)^2}{4C}$

심자걸기
$L = 2C + \dfrac{\pi}{2}(D_A + D_B)$
$\quad + \dfrac{(D_B + D_A)^2}{4C}$

접촉각(θ)
평행걸기
$\theta_A = 180° - 2\phi$
$\quad = 180° - 2\sin^{-1}\left(\dfrac{D_B - D_A}{2C}\right)$
$\theta_B = 180° + 2\phi$
$\quad = 180° + 2\sin^{-1}\left(\dfrac{D_B - D_A}{2C}\right)$

> **한 눈에 들어오는 키워드**

Point

십자걸기
$\theta = 180 + 2\sin^{-1}\left(\dfrac{D_B + D_A}{2C}\right)$

유효장력
$T_e = T_t - T_s$

초기장력
$T_0 = \dfrac{T_t + T_s}{2}$

부가장력
$T_g = \dfrac{w \cdot V^2}{g}$

긴장측장력
$T_t = T_e \dfrac{e^{\mu\theta}}{(e^{\mu\theta}-1)} + \dfrac{wv^2}{g}$

이완측장력
$T_s = T_e \dfrac{1}{(e^{\mu\theta}-1)} + \dfrac{wv^2}{g}$

장력비
$e^{\mu\theta} = \dfrac{T_t - T_g}{T_s - T_g}$

부가장력은 $V > 10\text{m/s}$ 일 때 적용

ⓒ 십자걸기의 경우

$$\theta_A = \theta_B = 180° + 2\phi = 180° + 2\sin^{-1}\left(\dfrac{D_B + D_A}{2C}\right)$$

여기서, ┌ ϕ : 사잇각
　　　　├ θ_A : 원동차의 접촉 중심각
　　　　├ θ_B : 종동차의 접촉 중심각
　　　　└ C : 축간거리

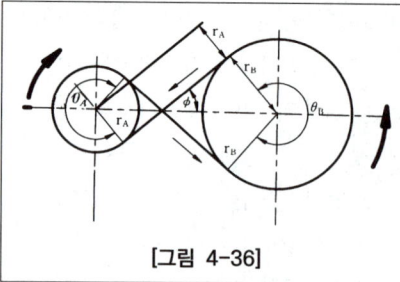

[그림 4-36]

(5) 벨트의 전동

① 벨트의 장력

ⓐ 초기장력 : T_0

$$T_0 = \dfrac{T_t + T_s}{2} x (\text{kg, N})$$

ⓑ 유효장력 : T_e

$$T_e = T_t - T_s (\text{kg, N})$$

ⓒ 장력비 : $e^{\mu\theta}$

$$e^{\mu\theta} = \dfrac{T_t}{T_s}$$ (단, θ : rad, μ : 마찰계수) (장력비로서 보통 2~의 범위에 있다.)

② 아이텔바인(Eytelwein)의 공식

$$e^{\mu\theta} = T_t - \dfrac{wv^2}{g} / T_s - \dfrac{wv^2}{g}$$

여기서, ┌ $\dfrac{wv^2}{g}$: 원심장력
　　　　│　　　　 ($v = 10\text{m/sec}$ 이상 경우에 원심력에 의한 장력)
　　　　└ w : 단위길이당 벨트의 중량(kg/m, N/m)

ⓐ 유효장력 : $T_e = T_t - T_s = \left(T_t - \dfrac{wv^2}{g}\right)\dfrac{e^{\mu\theta}-1}{e^{\mu\theta}}$

ⓑ 긴장측의 장력 : $T_t = T_e \dfrac{e^{\mu\theta}}{(e^{\mu\theta}-1)} + \dfrac{wv^2}{g} (\text{kg, N})$

ⓒ 이완측의 장력 : $T_s = T_e \dfrac{1}{(e^{\mu\theta}-1)} + \dfrac{wv^2}{g} (\text{kg, N})$

원심력을 무시하면 원심장력 $\dfrac{wv^2}{g} = 0$

$\therefore T_t = T_e \dfrac{e^{\mu\theta}}{e^{\mu\theta}-1}$

$T_s = T_e \dfrac{1}{e^{\mu\theta}-1}$

③ 벨트의 전달마력 : H (PS)

㉠ 원심을 고려하는 경우($v > 10$m/s)

$$H = \frac{T_e v}{75} = \frac{(T_t - \frac{wv^2}{g})v}{75} \cdot \frac{e^{\mu\theta}-1}{e^{\mu\theta}} = \frac{T_t v}{75} \cdot \frac{e^{\mu\theta}-1}{e^{\mu\theta}}(1-\frac{wv^2}{T_t}g)$$

㉡ 원심력을 무시한 경우($v \leq 10$m/s)

$$H = \frac{T_t v}{75} \cdot \frac{e^{\mu\theta}-1}{e^{\mu\theta}}$$

• 장력의 단위는 kg으로 대입해야 함

④ 벨트의 나비 : b

$$\sigma = \sigma_t + \sigma_b = \frac{T_t}{bt} + \frac{tE}{D}$$

$\frac{t}{D}$가 아주 크면 σ_b는 무시할 수 있으므로

$$\sigma = \frac{T_t}{bt\eta} \quad \therefore b = \frac{T_t}{\sigma t\eta}$$

여기서,
- σ : 벨트에 생기는 응력
- σ_t : 긴장측의 인장응력
- σ_b : 풀리를 감아 돌릴 때의 굽힘응력
- t : 벨트의 두께
- b : 벨트의 나비
- D : 벨트 풀리의 지름
- E : 벨트의 탄성계수
- η : 이음효율

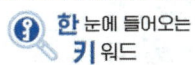

Point

전달동력
$$H = \frac{T_e \cdot V}{102}(\text{kW})$$

인장응력
$$\sigma_t = \frac{T_t}{b \cdot t \cdot \eta}$$

* 벨트풀리 암의 수 : n

$$n = (\frac{1}{3} \sim \frac{1}{6})\sqrt{D} = \frac{D}{300} + 2 = \sqrt{0.023D}$$

[표 4-7] 평 벨트 풀리의 암의 수

벨트 풀리의 지름(mm)	암의 수
100 이하	평판형
100~200	3, 4
200~400	4, 5, 6
400 이상	6, 8, 12

2 단차

(1) 속도 배열이 등비급수이면

$$\phi = \frac{n_2}{n_1} = \frac{n_3}{nP2} = \frac{n_4}{n_3} \cdots\cdots = \frac{n_q}{n_{q-1}}$$

$$\phi = \sqrt[q-1]{\frac{n_q}{n_1}}$$

여기서,
- $D_1 \cdot D_2 \cdots D_n$: 원동축의 풀리의 각 단의 지름(mm)
- $d_1 \cdot d_2 \cdots dn$: 종동차의 각 단의 지름(mm)
- N : 원동차의 회전수
- $n_1, n_2 \cdots nn$: 종동차의 회전수
- ϕ : 회전수의 공비

(2) 십자형 또는 축간거리가 충분할 때

$$D_1 + d_1 = D_2 + d_2 = D_3 + d_3 = \ldots = D_n + d_n$$

$$\therefore d_n = \frac{D_1 + d_1}{1 + \varphi_{n-1} \dfrac{D_1}{d_1}}$$

3 V벨트 전동

(1) V벨트의 특성

① 미끄럼이 적고, 속도비가 크다. ($i = 7 \sim 10$)
② 고속운전을 시킬 수 있다.
③ 장력이 작으므로 베어링에 걸리는 부하가 작다.
④ 운전이 정숙하며, 충격의 흡수효과가 있다.
⑤ 벨트가 벗겨지는 일이 없다.
⑥ 이음이 없으므로 전체가 균일한 강도를 갖는다.
⑦ V벨트 단면의 형상은 M, A, B, C, D, E형의 6종류가 있으며, M에서 E쪽으로 가면 단면이 커진다.
⑧ V벨트의 길이는 사다리꼴 단면의 중앙을 통과하는 원둘레의 길이를 유효길이라 부른다.

$$\text{호칭번호} = \frac{\text{벨트의 유효둘레}}{25.4}$$

예 A30 : V벨트의 단면은 A형이고, 유효둘레는 30인치이다.

(2) V벨트의 설계

① V벨트의 마찰계수

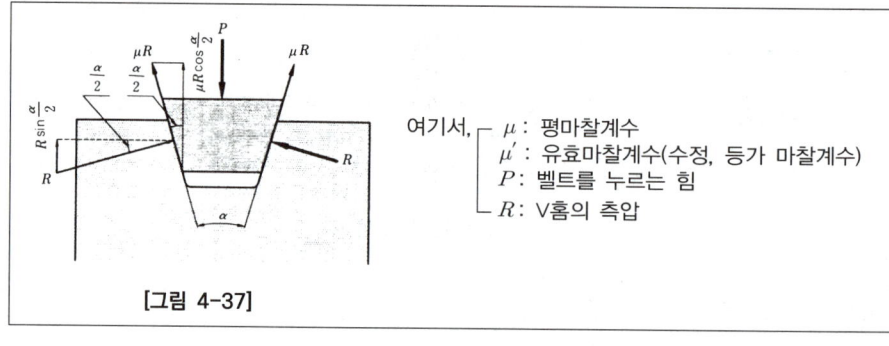

여기서, μ : 평마찰계수
μ' : 유효마찰계수(수정, 등가 마찰계수)
P : 벨트를 누르는 힘
R : V홈의 측압

[그림 4-37]

$\sum Y = 0$

$P = 2R\sin\dfrac{\alpha}{2} + 2\mu R\cos\dfrac{\alpha}{2}$

$P = 2R(\sin\dfrac{\alpha}{2} + \mu\cos\dfrac{\alpha}{2})$

$2R = \dfrac{P}{\sin\dfrac{\alpha}{2} + \mu\cos\dfrac{\alpha}{2}}$

$2\mu R = \dfrac{\mu P}{\sin\dfrac{\alpha}{2} + \mu\cos\dfrac{\alpha}{2}}$ 에서 $2R = P$가 되도록 μ를 μ'로 수정하면

$\therefore \mu' = \dfrac{\mu}{\sin\dfrac{\alpha}{2} + \mu\cos\dfrac{\alpha}{2}}$

② **V벨트의 길이**: L (바로걸기만 가능)

$L = 2C + \dfrac{\pi}{2}(D_A + D_B) + \dfrac{(D_B - D_A)^2}{4C}$

③ **V벨트의 전달마력**

$H = \dfrac{(T_t - \dfrac{wv^2}{g})}{75}(\dfrac{e^{\mu'\theta} - 1}{e^{\mu'\theta}})vZ$

④ **벨트의 구루수(가닥수)**: Z

$H = H_0 k_1 k_2 Z$

$\therefore Z = \dfrac{H}{H_0 k_1 k_2}$

여기서, H_0 : V벨트 1가닥의 전달마력
k_1 : 접촉각 수정계수
k_2 : 부하 수정계수
($\theta_A \leq 180°$)

⑤ **V벨트의 자립상태**: 벨트가 저절로 벗겨지지 않는 조건

$\therefore \mu > \tan\dfrac{\alpha}{2}$

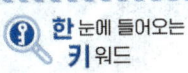

Point

상당마찰계수
$\mu' = \dfrac{\mu}{\sin\dfrac{\alpha}{2} + \mu\cos\dfrac{\alpha}{2}}$

장력비
$e^{\mu \cdot \theta}$

벨트가닥수
$Z = \dfrac{H}{H_0 k_1 k_2}$

CHAPTER 04 단원 예상문제

저자가 콕! 찝어주는 예상문제 풀어보기!

01 벨트 전동장치에 관한 설명으로 옳지 않은 것은?

① 정확한 속도비를 필요로 하는 경우에는 사용할 수 없다.
② 효율은 70~75%로 낮은 편이다.
③ 하중이 갑자기 증가하는 경우에는 안전장치의 역할을 한다.
④ 구조가 간단하고, 값이 싸다.

> **벨트 전동장치**
> ① 벨트와 벨트 풀리 사이의 마찰에 의해 회전력을 전달한다.
> ② 하중이 갑자기 증가하는 경우는 미끄러져 안전장치의 역할을 한다.
> ③ 구조가 간단하고 값이 싸다.
> ④ 효율이 높으나 정확한 속도비를 얻을 수 없다.
> ⑤ 효율은 96~98%이다.
> ⑥ 일반기계의 전동장치로 널리 사용된다.

02 바로걸기 벨트의 경우 이완측을 위로 가게 하는 이유는 무엇인가?

① 벨트가 잘 벗겨지지 않는다.
② 벨트 걸기가 쉽다.
③ 장력이 커진다.
④ 접촉각이 커져서 미끄럼이 적고 정확한 전동이 된다.

> 풀리의 바깥면을 평평하게 하지 않고 중앙을 볼록하게 하는데 이것은 벨트가 벗겨지는 것을 방지하기 위함이고, 이완 측을 위로가게 하는 것은 접촉각이 커져서 미끄럼이 적어지고 정확한 전동이 된다.

03 벨트 전동장치에서 동력전달에 필요한 마찰력을 주기 위하여 정지하고 있을 때 벨트에 장력을 준 상태에서 벨트 풀리에 끼워 접촉면에 알맞는 합력이 작용하도록 하는데 이 장력을 무엇이라 하나?

① 말기장력
② 유효장력
③ 피치장력
④ 초기장력

> **벨트의 장력**
> ① 초기장력 : 벨트와 풀리 사이에 마찰력을 주기 위해서 정지하고 있을 때 벨트에 장력을 준 상태
> ② 유효장력 : 회전을 시작하면 인장쪽의 장력은 커지고 이완쪽의 장력은 작아지는데 이차를 유효장력이라 한다.
> ③ 벨트 : 벨트는 유연성이 있고, 인장강도가 크며 마찰계수가 커야 한다. 재료로는 가죽 벨트, 고무 벨트, 천 벨트가 있다.

04 벨트 전동에서 축간 길이가 아주 길고 고속회전을 할 경우에 작동을 확실히 하려면 항상 적당하고 일정한 장력을 유지해야 하는데 이때 장력을 유지해주는 방법으로 적당하지 않은 것은 다음 중 어느 것인가?

① 벨트의 자중에 의한 방법
② 긴장보조차(緊張補助車)를 이용하는 방법
③ 탄성변형에 의한 방법
④ 미끄럼을 이용하는 방법

> **인장 풀리의 사용**
> 벨트의 미끄러짐을 적게 하려면 풀리와 벨트의 접촉각을 크게 하면 되는데 이때 사용한다. 또는 이완쪽이 원동차의 위가 되게 하는 방법도 있다.

정답 1 ② 2 ④ 3 ④ 4 ④

05 어느 기계의 회전수를 전동기 회전수의 1/4로 감속하려면 기계의 벨트 풀리 지름을 약 얼마로 해야 하는가? (단, 전동기는 매분 1700회전하고 이 벨트 풀리 지름은 100mm이다.)

① 400mm ② 350mm
③ 100mm ④ 25mm

$i = \dfrac{N_2}{N_1} = \dfrac{D_1}{D_2}$ 에서

$i = \dfrac{1}{4} = \dfrac{100}{D_2}$

$\Rightarrow D_2 = 100 \times 4 = 400\,mm$

06 벨트 풀리의 원동차의 지름이 200mm, 회전수가 240rpm, 피동차의 지름이 480mm이다. 이때의 피동차의 회전수는 몇 rpm인가? (단, 마찰면의 미끄럼은 없는 것으로 한다.)

① 96   ② 100
③ 288 ④ 570

$i = \dfrac{N_2}{N_1} = \dfrac{D_1}{D_2}$ 에서

$i = \dfrac{N_2}{240} = \dfrac{200}{480}$

$\therefore N_2 = \dfrac{200}{480} \times 240 = 100\,rpm$

07 이음 효율이 80%인 평 벨트의 적당한 소요 단면적은? (단, 이 벨트의 인장력이 90N이며, 허용응력은 0.25N/mm²이다.)

① 400mm² ② 450mm²
③ 500mm² ④ 288mm²

$\sigma_a = \dfrac{T_t}{A\eta}$

$\therefore A = \dfrac{T_t}{\sigma_a \eta} = \dfrac{90}{0.25 \times 0.8} = 450\,mm^2$

08 지름이 각각 80mm, 300mm인 주철제 평 벨트 풀리에 한겹 가죽 벨트를 바로걸기로 사용하여 2.5PS를 전달하려 한다. 축간거리는 2m이고, 작은 풀리의 회전수는 900rpm일 때 유효장력(N)은? (단, 원심력의 영향은 무시한다.)

① 약 250   ② 약 500
③ 약 750   ④ 약 1000

• 벨트의 속도: v

$v = \dfrac{\pi D_1 N_1}{60 \times 1000} = \dfrac{\pi \times 80 \times 900}{60 \times 1000} = 3.77\,m/sec$

• 전달마력: $H = \dfrac{T_e v}{75 \times 9.8}$ 에서

$T_e = \dfrac{75 \times 9.8 H}{v} = \dfrac{75 \times 9.8 \times 2.5}{3.77} = 487.4\,N$

여기서, $D_1 = 80\,mm$, $D_2 = 300\,mm$

$N_1 = 900\,rpm$ 이다.

09 인장축의 벨트 장력이 $T_1 = 120N$, 이완축의 장력이 $T_2 = 70N$일 때 유효장력은?

① 5N   ② 50N
③ 250N ④ 500N

$T_e = T_1 - T_2 = 120 - 70 = 50$

$\therefore T_e = 50N$

10 속도 4m/sec, 인장축 장력 1140N이 이완축 450N일 때 전달할 수 있는 동력은?

① 2.4PS   ② 3.75PS
③ 6.28PS ④ 8.48PS

$H = \dfrac{T_e v}{75}$ 에서

$T_e = T_t - T_s = 1140 - 450 = 690\,N$

$\therefore H = \dfrac{690 \times 4}{75 \times 9.8} = 3.75\,PS$

정답 5 ① 6 ② 7 ② 8 ② 9 ② 10 ②

11 벨트 전동에서 접촉각 θ, 마찰계수 μ, 이완측장력 t_1, 긴장측장력 t_2일 때 아이텔바인(Eytelwein) 식은?

① $\dfrac{t_2}{t_1} = e^{\mu\theta}$ ② $\dfrac{t_1}{t_2} = e^{\mu\theta}$

③ $t_1 - t_2 = e^{\mu\theta}$ ④ $t_2 - t_1 = e^{\mu\theta}$

> 벨트의 장력비 : $e^{\mu\theta}$
> $e^{\mu\theta} = \dfrac{T_t}{T_s} = \dfrac{t_2}{t_1}$
> <주의> $t_2 = T_t$이고, $t_1 = T_s$이다.

12 다음 중 V벨트의 규격을 나타내는 기호가 아닌 것은?

① A형   ② C형
③ E형   ④ G형

> V벨트($\theta = 40° \pm 20'$)
> V벨트 전동은 2축에 V홈을 가진 V벨트차를 고정하고 단면이 사다리꼴로 되어 있는 벨트를 몇 개씩 걸어 동력을 전달한다. 동력의 전달은 V벨트와 벨트차 홈 사이에서 작용하는 마찰력에 의해서 행해지는데 V홈 밑에 V벨트가 접촉하지 않게 되어야 한다. 크기는 작은 것부터 M, A, B, C, D, E형의 6가지 규격이 있다.

13 V벨트에서 A30이란?

① 단면이 A형이고 유효둘레가 30cm이다.
② 단면이 A형이고 유효둘레가 30인치이다.
③ 재료가 A호이며 지름이 30cm이다.
④ A는 제작번호이고 단면의 두께가 30mm이다.

> V벨트의 호칭번호
> 호칭번호 = $\dfrac{\text{벨트의 유효둘레}}{1\text{인치}(25.4\text{mm})}$

14 벨트의 속도 V가 10m/sec인 경우 A형 V벨트 1개의 전달마력은 약 몇 PS인가? (단, 접촉각 $\theta = 135°$, 마찰계수 $\mu = 0.4$, A의 허용인장력 $P = 150$N으로 한다.)

① 1.6   ② 2.4
③ 3.5   ④ 4.4

> 벨트의 속도가 10m/s 이하에서는 원심력의 영향은 고려하지 않으므로
> $H = \dfrac{T_t v}{75}\left(\dfrac{e^{\mu'\theta}-1}{e^{\mu'\theta}}\right)$에서
> $\mu' = \dfrac{\mu}{\sin 20° + \mu\cos 20°} = \dfrac{0.4}{0.342 + 0.4 \times 0.740} = 0.627$
> $\theta = 135° = 2.356(\text{rad})$
> $\therefore \mu'\theta = 0.627 \times 2.356 = 1.477$
> $\therefore H = \dfrac{150 \times 10}{75 \times 9.8}\left(\dfrac{e^{1.477}-1}{e^{1.477}}\right) = 1.58 ≒ 1.6\text{PS}$

15 V벨트의 마찰계수 $\mu = 0.4$, V벨트의 단면각도 α가 40°이면 유효마찰계수 μ'는 얼마인가? (단, $\sin 20° = 0.342$, $\cos 20° = 0.9396$, $\sin 40° = 0.642$, $\cos 40° = 0.766$이다.)

① 0.57   ② 0.75
③ 0.87   ④ 0.45

> $\mu' = \dfrac{\mu}{\sin\dfrac{\alpha}{2} + \mu\cos\dfrac{\alpha}{2}}$
> $= \dfrac{0.4}{0.342 + 0.4 \times 0.939} = 0.571$

16 다음 중 벨트 풀리의 호칭법 중 맞는 것은?

① 명칭 종류 폭 × 지름 재질
② 종류 재료 × 호칭지름 × 호칭폭
③ 명칭 종류 지름 × 폭 재질
④ 종류 × 재료 × 호칭폭

17 두 풀리의 지름을 각각 D_1, D_2(mm), 벨트의 중심거리를 C(mm)라 할 때 십자걸기의 경우, 벨트의 길이 L을 구하는 식은?

① $L = 2C + \dfrac{\pi}{2}(D_2 + D_1) + \dfrac{(D_2 - D_1)^2}{4C}$ mm

② $L = 2C + \dfrac{\pi}{2}(D_2 + D_1) + \dfrac{(D_2 + D_1)^2}{4C}$ mm

③ $L = 2C + \dfrac{\pi}{2}(D_2 - D_1) + \dfrac{(D_2 + D_1)^2}{4C}$ mm

④ $L = 2C + \dfrac{\pi}{2}(D_2 - D_1) + \dfrac{(D_2 - D_1)^2}{4C}$ mm

> 벨트의 길이 : L
> ① 바로걸기
> $L = 2C + \dfrac{\pi}{2}(D_A + D_B) + \dfrac{(D_B - D_A)^2}{4C}$
> ② 엇걸기(십자걸기)
> $L = 2C + \dfrac{\pi}{2}(D_A + D_B) + \dfrac{(D_B + D_A)^2}{4C}$

18 바깥지름이 600mm의 평 벨트 풀리로서 동력을 전달시키는 축이 있다. 벨트의 유효장력이 100N일 때 축 지름을 40mm로 하였을 경우, 축에 발생하는 최대전단응력은 몇 N/mm² 정도인가? (단, 축은 비틀림 모멘트만을 받는다.)

① 1.85 ② 2.39
③ 3.42 ④ 4.34

> $T = Te\dfrac{D}{2} = \tau\dfrac{\pi d^3}{16}$ 에서
> $\therefore \tau = \dfrac{16TeD}{2\pi d^3} = \dfrac{16 \times 100 \times 600}{2 \times \pi \times 40^3} ≒ 2.39\text{N/mm}^2$

19 벨트 전동에서 긴장측 장력 T_1, 이완측 장력 T_2일 때 베어링에 작용하는 하중은 얼마인가?

① $T_1 - T_2$ ② T_1 / T_2
③ T_2 / T_1 ④ $T_1 + T_2$

> 벨트 전동에서
> ① 비틀림 하중작용 : $T_e = T_t - T_s$
> ② 베어링 하중작용 : $T_B = T_t + T_s$

정답 17 ② 18 ② 19 ④

07 체인

체인 전동(chain drive)은 보통 축간거리 4m 이하에 사용하며 아래 그림과 같이 스프로킷 휠(sprocket wheel)에 체인이 물려서 동력을 전달한다.
주로 축간거리가 짧고 기어 전동이 불가능한 경우에 사용된다.

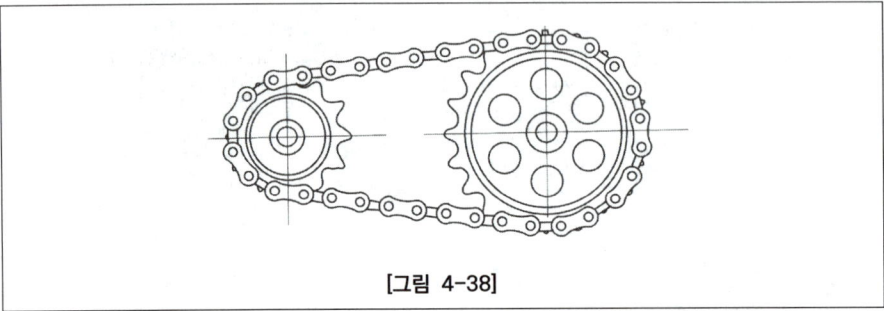

[그림 4-38]

1 체인 전동의 특징

(1) 미끄럼 없이 일정한 속도비를 얻을 수 있다.
(2) 초장력이 필요 없으므로 베어링의 마찰손실이 작다.
(3) 접촉각이 90° 이상이면 전동 가능하다.
(4) 내열, 내유, 내수성이 크며, 유지 및 수리가 쉽다.
(5) 큰동력 전달 효율이 95% 이상이다.
(6) 체인의 탄성으로 어느 정도 충격하중을 흡수한다.
(7) 진동, 소음이 생기기 쉽다.
(8) 고속회전에 부적당하고 저속, 대마력에 적당하며, 윤활이 필요하다.

2 체인의 종류

(1) 롤러 체인(roller chain)

롤러 링크판과 핀 링크판을 핀으로 엇갈리게 연결한 체인을 말하며, 롤러 체인에는 핀과 스프로킷 휠의 마멸과 마찰을 적게 하기 위한 롤러가 핀에 끼워져 있고 또 롤러와 핀 사이에는 부시(bush)가 있어 롤러의 마멸을 감소시켜 준다. 링크 수가 짝수일 때에는 이음 링크를, 홀수일 때에는 오프셋 링크를 사용하며, 짝수여야 사용하기에 편리하다. 축간거리(C)는 피치의 40~50배로 한다. 즉, $C=(40\sim50)P$이다.

(2) 사일런트 체인(silent chain)

전동할 수 없는 고속회전이 필요할 때, 조용하고 원활한 운전이 필요할 때 사용된다. 사일런트 체인은 스프로킷 휠의 치와의 접촉면적이 크므로 운전은 원활하고, 전동효율도 98% 이상까지 도달한다. 고가이며, 공작이 어렵다. (고속 동력 전동용) 링크의 양끝의 경사면이 맺는 각을 α라 하는데 이 α를 면각이라 하며, 보통 52°, 60°, 70°, 80°의 4종류가 있으며, 피치가 큰 것일수록 α가 작은 것을 사용한다.

(3) 블록 체인

안경모양의 블록과 플레이트(plate)의 링크를 핀(pin)으로 연결한 체인으로 모두 강철로 만들고, 핀은 플레이트 링크(plate link)에 고정되어 있으며, 양끝이 졸라 매어져 있다. 4~4.5m/sec 이하의 저속도의 전달에 적당하며, 비교적 값이 싸나 마찰부분이 많고 경하중에는 적합하지만 중하중에는 적합하지 않다.(체인블록, 하역기계 이용)

(4) 디태쳐블 체인(detachable chain)

핀들 체인을 간단하게 한 것으로 부착이 간편하며, 강도, 정밀도가 낮고 저속 및 소하중 동력전동용(운반용)으로 쓰인다.

(5) 쇼트 링크 체인(short link chain)

둥근링을 용접 또는 단접하여 만든 것으로 중량물의 하역에 쓰인다.

(6) 기타

그 밖에 물품운반용으로 핀틀 체인, 컴비네이션 체인, 어태치먼트 체인 등이 있다.

> **Point**
> 사일런트 체인

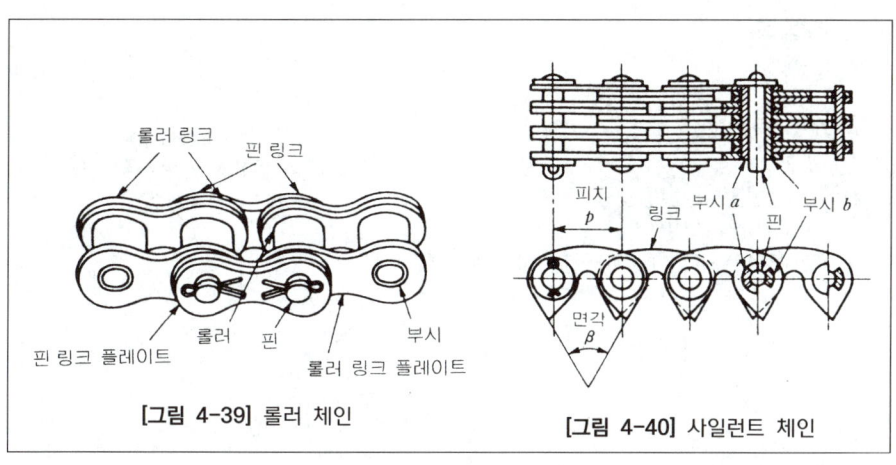

[그림 4-39] 롤러 체인   [그림 4-40] 사일런트 체인

한눈에 들어오는 키워드

Point

롤러 체인 설계

체인길이
$$L = L_n \cdot P$$
$$= 2C + \frac{P}{2}(Z_1 + Z_2)$$
$$+ \frac{0.0257P^2(Z_2 - Z_1)^2}{C}$$

체인속도
$$V = \frac{P \cdot Z \cdot N}{60 \times 1000}$$

전달동력
$$H = F \cdot V = \frac{F_B \cdot V}{S}$$

---

3 롤러 체인의 3구성요소

(1) 롤러(roller)
(2) 핀(pin)
(3) 부시(bush)

4 체인의 설계

(1) 체인의 길이 : L

$$L = 2C + \frac{\pi}{2}(D_1 + D_2) + \frac{(D_2 - D_1)^2}{4C} = L_n \times P$$

$$L_n = \frac{2C}{p} + \frac{1}{2}(Z_1 + Z_2) + \frac{0.0257p(Z_2 - Z_1)^2}{C}$$

여기서,
- L_n : 링크의 수
- P : 원주 피치
- D_1, D_2 : 피치원 지름 ($\pi D = PZ$이므로, $D = \frac{PZ}{\pi}$ 이다.)

(2) 속비 : i

$$i = \frac{N_2}{N_1} = \frac{Z_1}{Z_2}$$

(3) 원주속도 : $v(m/\sec)$

$$v = \frac{N_1 P Z_1}{60 \times 1000} = \frac{N_2 P Z_2}{60 \times 1000} = 0.000524 D_1 N_1 = 0.000524 D_2 N_2$$

(4) 전달동력

① $H = \dfrac{Fv}{75} = \dfrac{F_B v}{75ks}$ PS

② $H' = \dfrac{Fv}{102} = \dfrac{F_B v}{102ks}$ kW

여기서,
- $s : \dfrac{F_B(파단하중)}{F(허용장력)}$: 안전율
- $k \geq 1$: 사용계수

• 안전하중 F는 kg 단위로 대입해야 함

5 스프로킷 휠의 설계

(1) 피치원 지름: D

$$\sin\frac{180°}{Z} = \frac{\frac{P}{2}}{\frac{D}{2}} = \frac{P}{D}$$

$$\therefore D = \frac{P}{\sin\frac{180°}{Z}} = P\csc\frac{\pi}{Z}$$

(2) 바깥지름: D_0

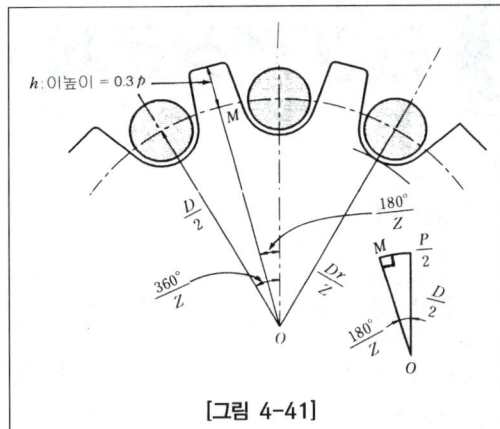

[그림 4-41]

$$\frac{D_0}{2} = \overline{OM} + h$$

$$\tan\frac{180°}{Z} = \frac{\frac{P}{2}}{\overline{OM}}$$

$$\overline{OM} = \frac{\frac{P}{2}}{\tan\frac{180°}{Z}} = \frac{P}{2}\cot\frac{180°}{Z}$$

$$\frac{D_0}{2} = \frac{P}{2}\cot\frac{180°}{Z} + 0.3P$$

$$D_0 = P\cot\frac{180°}{Z} + 0.6P$$

$$\therefore D_0 = P(0.6 + \cot\frac{180°}{Z})$$

Point
스프라켓의 피치원 지름
$$D = \frac{P}{\sin\left(\frac{180°}{Z}\right)}$$

바깥지름
$$D_0 = P\left(0.6 + \frac{1}{\tan\left(\frac{180°}{Z}\right)}\right)$$

6 사일런트 체인

(1) 사일런트 체인의 계산

① **면각**(β): 링크 양단의 사면이 맺는 각, 52°, 60°, 70°, 80° 등 4종이 있다.

② **측면각**(ϕ): 1개의 이의 양면이 맺는 각

$$\frac{\phi}{2} = (\beta - \frac{360°}{z}) - \frac{\beta}{2}$$

$$\therefore \phi = \beta - \frac{720°}{z}$$

③ **파괴하중**: F_B

$$F_B = 385p \cdot b$$

여기서, b: 체인의 폭

CHAPTER 04 단원 예상문제

저자가 콕! 찝어주는 예상문제 풀어보기!

01 체인에 관한 설명 중 맞는 것은?

① 소음과 진동이 없다.
② 전동이 확실하고 일정속도비를 얻는다.
③ 유지 보수가 어렵다.
④ 내열, 내유, 내습성에 약하다.

체인의 특징
① 슬립이 없는 일정한 속도를 얻을 수 있다.
② 내열, 내유, 내습성이 있다.
③ 대동력이 전달되고 효율은 95% 이상이다.
④ 체인의 탄성으로 충격하중을 흡수할 수 있다.
⑤ 고속회전에는 부적당하다.

---

02 체인 전동에서 소음이 가장 작은 것은 어느 것인가?

① 링크 체인   ② 사일런트 체인
③ 롤러 체인   ④ 블록 체인

체인의 종류
① 롤러 체인 : 일반적으로 사용되며 링크수가 홀수일 때 오프셋 링크를 사용한다.($C=40\sim 50P$)
② 사일런트 체인 : 고속회전이 필요한 곳이나 정숙한 운전을 할 때 사용한다. 면각에는 52°, 60°, 70°, 80°의 4종류가 있으며, 피치가 클수록 면각은 작은 것을 쓴다.
③ 블록 체인 : 저속의 동력전달에 사용되며 마찰이 커서 경하중에 적합하다.(체인 블록, 하역기계에 사용)
④ 엇걸이 체인(detachable chain) : 가단주철의 링크 체인을 간단하게 한 것(저속 및 소하중 동력전동용)

---

03 체인 전동장치에서 스프로킷의 설명으로 옳지 않은 것은?

① 스프로킷은 강제 또는 주철제로 한다.
② 마멸을 균일하게 하기 위하여 잇수는 짝수로 한다.
③ 체인과 인접한 핀의 중심 사이의 거리를 피치라 한다.
④ 체인이 스프로킷에 감겼을 때, 핀의 중심을 지나는 원을 피치원이라 한다.

04 체인의 평균속도가 2.9m/s, 전달마력이 4.3kW이다. 체인에 걸리는 하중은 몇 N인가?

① 1112.1   ② 1482.15
③ 1615.5   ④ 1886.9

$H' = \dfrac{Fv}{102}$ kW 에서
$F = \dfrac{102H'}{v} = \dfrac{102 \times 4.3}{2.9} = 151.24 \text{kg} \times 9.8$
$= 1482.152\text{N}$

---

05 피치 12.7mm, 잇수 20인 체인 휠이 매분 500 회전할 때 이 체인의 평균속도는?

① 약 1.5m/s   ② 약 2.1m/s
③ 약 6.6m/s   ④ 약 127.4m/s

$v = \dfrac{PZn}{60 \times 1000}$ 에서
$v = \dfrac{12.7 \times 20 \times 500}{60 \times 1000} = 2.1 \text{m/sec}$

정답 1 ② 2 ② 3 ② 4 ② 5 ②

06 50번 롤러 체인으로 잇수 30인 스프로킷 휠을 사용하여 10kW를 전달시키려면 이 휠의 회전수를 얼마로 하면 되겠는가? (단, 파괴강도는 21,560N, 안전율 15, 피치는 15.88mm이다.)

① 2500rpm ② 2000rpm
③ 1150rpm ④ 876rpm

$v = \dfrac{PZn}{60 \times 1000}$ 에서

$n = \dfrac{60 \times 1000 v}{PZ} = \dfrac{60 \times 1000 \times 6.95}{15.88 \times 30} = 876\,\mathrm{rpm}$

여기서, $v = \dfrac{102 H'}{\dfrac{P_s}{S}} = \dfrac{102 \times 9.8 \times 10}{21560/15} = 6.95\,\mathrm{m/sec}$

07 체인 전동에서 두 축의 중심거리는 체인의 피치 크기의 몇 배가 가장 적당한가?

① 10~20배 ② 20~30배
③ 30~40배 ④ 40~50배

08 롤러 체인을 이음할 때 사용하는 링크가 아닌 것은?

① 핀 링크
② 롤러 링크
③ 오프셋 링크
④ 안내 링크

링크수가 홀수인 경우에는 이음매의 한쪽은 롤러 링크, 다른 한쪽은 핀 링크에 이어서 이음 링크를 사용할 수 없으므로 이 때 오프셋 링크를 사용한다.

정답 6 ④   7 ④   8 ④

CHAPTER 05 브레이크 및 스프링

한눈에 들어오는 키워드

- 블록 브레이크
- 밴드 브레이크
- 코일원통 스프링
- 겹판 스프링

01 브레이크(brake)

브레이크는 기계의 운동 부분의 에너지를 흡수해서 속도를 느리게 하든가 정지시키는 장치이며, 구성으로는 작동부, 마찰부, 조작부 등이 있다.

1 브레이크의 종류

(1) 마찰 브레이크(friction brake) : 가장 많이 사용된다.

① **원주 브레이크**
블록 브레이크(block brake : 단식·복식 브레이크), 밴드 브레이크(band brake), 내확 브레이크(expansion brake)

② **축방향 브레이크**
원판 브레이크(disc brake), 원뿔 브레이크(cone brake)

(2) 자동하중 브레이크

> Point
> 자동하중 브레이크 종류

하중에 의하여 일정한 방향의 회전에 한하여 자동적으로 브레이크가 작용한다. 웜 브레이크(worm brake), 나사 브레이크(screw brake), 캠 브레이크(cam brake), 원심력 브레이크(centrifugal brake), 코일 브레이크(coil brake), 로프 브레이크(rope brake), 전자기 브레이크(electra-magnetic brake) 등

2 블록 브레이크

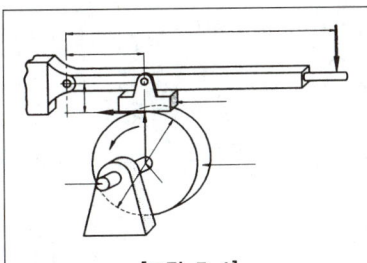

여기서, F : 조작력(control force)
W : 블록과 드럼 사이의 반력(전압력)
$f = \mu W$: 브레이크 제동력(kg, N)
D : 드럼의 지름
μ : 브레이크 드럼과 블록 사이의 마찰계수

[그림 5-1]

[표 5-1] 단식 블록 브레이크의 형식

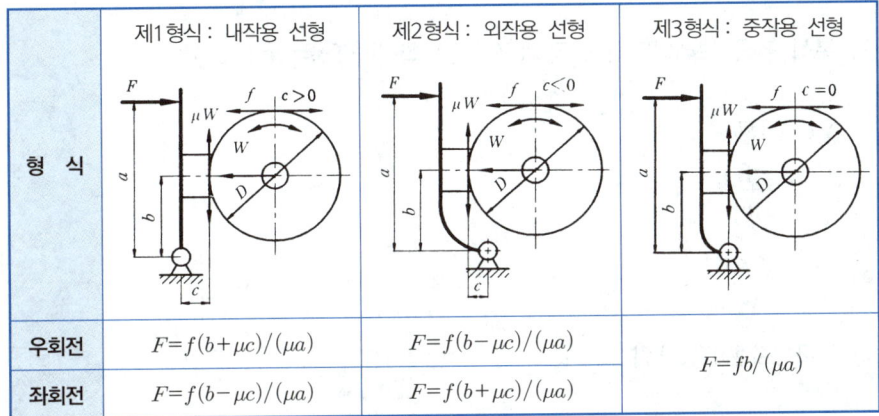

형식	제1형식 : 내작용 선형	제2형식 : 외작용 선형	제3형식 : 중작용 선형
우회전	$F = f(b+\mu c)/(\mu a)$	$F = f(b-\mu c)/(\mu a)$	$F = fb/(\mu a)$
좌회전	$F = f(b-\mu c)/(\mu a)$	$F = f(b+\mu c)/(\mu a)$	

(1) 블록 브레이크의 회전력(Torque) : T

$$f = \mu W (kg)$$
$$\therefore T = \frac{\mu W D}{2} = \frac{fD}{2} \text{kg} \cdot \text{mm}$$

(2) 브레이크의 조작력 : F

① **내작용 선형($C > 0$)**

㉠ 우회전

$$Fa - Wb - \mu Wc = 0$$
$$F = \frac{W}{a}(b + \mu c)$$
$$\therefore F = \frac{f(b + \mu c)}{\mu a}$$

㉡ 좌회전

$$Fa - Wb + \mu Wc = 0$$
$$F = \frac{W}{a}(b - \mu c)$$
$$\therefore F = \frac{f(b - \mu c)}{\mu a}$$

> **Point**
> 블록 브레이크의 형식에 따른 조작력을 구하는 공식

> **Point**
> 블록 브레이크의 회전토크
> $T = \mu W \cdot \dfrac{D}{2}$

한눈에 들어오는 키워드

② 외작용 선형($C < 0$)

　㉠ 우회전

$$Fa - Wb + \mu Wc = 0$$

$$F = \frac{W}{a}(b - \mu c)$$

$$\therefore F = \frac{f(b - \mu c)}{\mu a}$$

　㉡ 좌회전

$$Fa - Wb - \mu Wc = 0$$

$$F = \frac{W}{a}(b + \mu c)$$

$$\therefore F = \frac{f(b + \mu c)}{\mu a}$$

③ 중작용 선형($C = 0$)

$$Fa - Wb = 0$$

$$\therefore F = \frac{Wb}{a} = \frac{fb}{\mu a}$$

＊사람이 손으로 누르는 조작력은 15～20kg이다.

(3) 복식 블록 브레이크의 조작력(F) 및 회전력(Torque : T)

$$Fa - Wb$$

$$\therefore F = \frac{Wb}{a}$$

$$\therefore T = 2\mu W \frac{D}{2}$$

(4) 블록 브레이크 용량

① 블록 브레이크의 접촉면 압력 : $q \, \text{kg/mm}^2, \, N/\text{mm}^2$

$$q = \frac{W}{A} = \frac{W}{st}$$

여기서, S : 브레이크 블록의 폭
t : 브레이크 블록의 길이
A : 브레이크 블록의 마찰면적

● Point
블록 브레이크의 용량

$Q = \mu qv = \mu \dfrac{W}{A} v$

② 브레이크 용량(brake capacity) : Q

$$Q = \mu qv = \mu \frac{W}{A} v \, \text{kg/mm}^2 \cdot \text{m/sec}, \, N/\text{mm}^2 \cdot \text{m/sec}$$

　㉠ 제동 마력

$$H = \frac{fv}{75} = \frac{\mu Wv}{75} \text{PS}$$

$$H' = \frac{fv}{102} = \frac{\mu Wv}{102} \text{kW}$$

$$\mu Wv = 75H = 102H'$$

$$\therefore \mu qv = \mu \frac{W}{A} v = \frac{75H}{A} = \frac{102H'}{A}$$

・위의 공식에서 제동력의 단위는 kg으로 대입해야 함

(5) 내확 브레이크

$$F_1 = \frac{W_1}{l_1}(l_2 \pm \mu l_3) (\oplus \text{ 좌회전}, \ominus \text{ 우회전})$$

$$F_1 = \frac{W_2}{l_1}(l_2 \pm \mu l_3) (\ominus \text{ 좌회전}, \oplus \text{ 우회전})$$

접촉면각도 θ는 $\begin{cases} \mu < 0.4\text{에서 } \theta < 90° \\ \mu < 0.2\text{에서 } \theta < 120° \end{cases}$

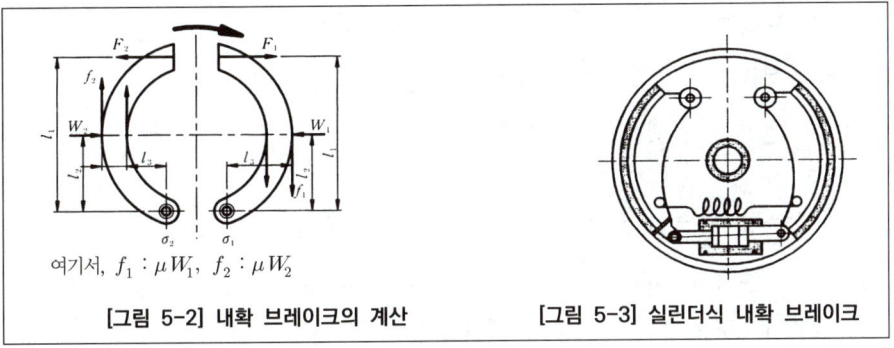

여기서, $f_1 : \mu W_1$, $f_2 : \mu W_2$

[그림 5-2] 내확 브레이크의 계산   [그림 5-3] 실린더식 내확 브레이크

3 밴드 브레이크(band brake)

(1) 밴드 브레이크의 종류

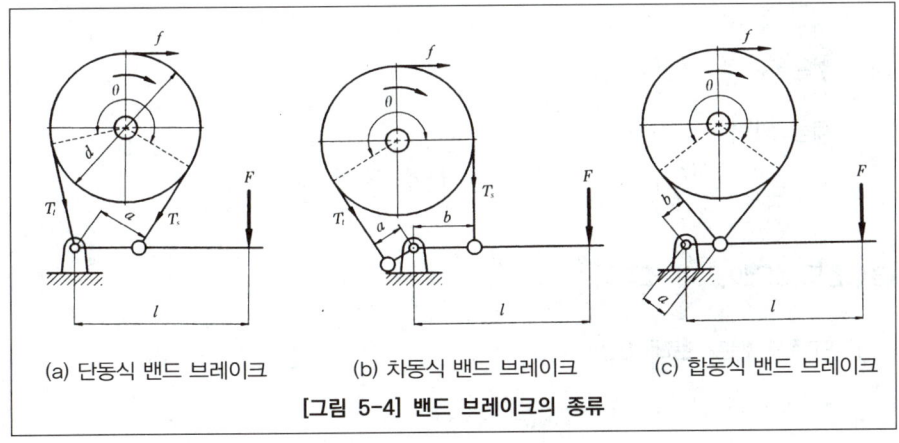

(a) 단동식 밴드 브레이크   (b) 차동식 밴드 브레이크   (c) 합동식 밴드 브레이크

[그림 5-4] 밴드 브레이크의 종류

Point
밴드 브레이크의 종류

(2) 밴드 브레이크의 개요

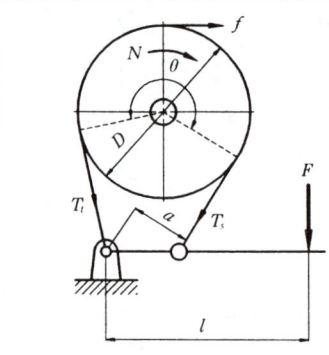

여기서, T_t : 긴장측 장력(회전방향의 반대측)
$e^{\mu\theta}$: 장력비
T_s : 이완측(회전 방향측)
$e^{\mu\theta} = \dfrac{T_t}{T_s} > 1$
θ : 접촉 중심각
f : 제동력

[그림 5-5] 밴드 브레이크

① 장력

$$e^{\mu\theta} = \dfrac{T_t}{T_s} \quad \cdots\cdots\cdots\cdots ①식$$

$$f = (T_t - T_s) \quad \cdots\cdots\cdots\cdots ②식$$

②식에 ①식을 $(T_t = T_s e^{\mu\theta})$을 대입하면

$$f = T_s e^{\mu\theta} - T_s = T_s(e^{\mu\theta} - 1)$$

$$T_s = \dfrac{f}{e^{\mu\theta} - 1}$$

$$T_t = T_s e^{\mu\theta} = \dfrac{f e^{\mu\theta}}{(e^{\mu\theta} - 1)}$$

② 제동 Torque : T

$$T = f \cdot \dfrac{D}{2} = (T_t - T_s)\dfrac{D}{2}$$

③ 제동 마력 : H

$$H = \dfrac{fv}{75} = \dfrac{NT}{716.2} \text{PS}$$

여기서, T : 회전력(kg·m)
N : 회전수(rpm)

(3) 밴드 브레이크의 조작력

① 단동식 밴드 브레이크

- 우회전의 경우 : $F = f \dfrac{a}{l} \dfrac{1}{(e^{\mu\theta} - 1)}$

- 좌회전의 경우 : $F = f \dfrac{a}{l} \dfrac{e^{\mu\theta}}{(e^{\mu\theta} - 1)}$

② 차동식 밴드 브레이크

- 우회전의 경우 : $F = \dfrac{f(b - ae^{\mu\theta})}{l(e^{\mu\theta} - 1)}$

Point

제동 토크
$T = f \cdot \dfrac{D}{2} = (T_t - T_s)\dfrac{D}{2}$

제동 동력
$H = f \cdot V$

조작력 구하는 공식

• 좌회전의 경우: $F = \dfrac{f(be^{\mu\theta} - a)}{l(e^{\mu\theta} - 1)}$

③ 합동식 밴드 브레이크

$\therefore F = f \dfrac{a}{l} \dfrac{(e^{\mu\theta} + 1)}{(e^{\mu\theta} - 1)}$

(4) 밴드 브레이크의 강도

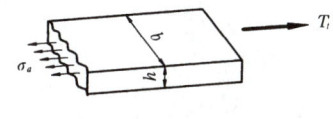

[그림 5-6]

여기서, σ_a : 허용인장응력
η : 효율
$\sigma_t = \dfrac{T_t}{A} = \dfrac{T_t}{bh\eta}$

> **Point**
> 인장응력
> $\sigma_t = \dfrac{T_t}{b \cdot h \cdot \eta}$

(5) 밴드 브레이크의 용량 : Q

$Q = \mu q v = \dfrac{75H}{A} = \dfrac{102H'}{A} = \dfrac{102H'}{r}\theta b$ 여기서, A : 접촉면적($A = r\theta b$)

4 원뿔 브레이크(cone brake)

$P = 2\pi Rbq\sin\alpha$

$Q = \mu P = 2\pi Rbq\mu = \dfrac{\mu P}{\sin\alpha}$

여기서, b : 마찰면의 폭(mm)
q : 접촉면 압력
α : 마찰면과 브레이크축과의 원뿔각

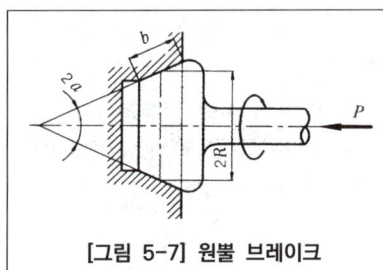

[그림 5-7] 원뿔 브레이크

5 원판 브레이크(disc brake)

(1) 단판 브레이크

$Q = \mu P \quad T = QR = \mu PR = \dfrac{\mu PD}{2}$

(2) 다판 브레이크

마찰면의 수를 Z라 하면

$Q = Z\mu P \quad T = QR = Z\mu PR = \dfrac{Z\mu PD}{2}$

여기서, P : 축방향에 가해지는 힘(kg, N)
R : 평균 반지름(mm)
Q : 평균지름에 있어서의 브레이크 제동력

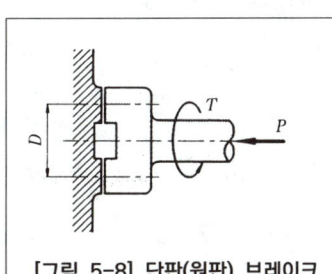

[그림 5-8] 단판(원판) 브레이크

CHAPTER 05 단원 예상문제

저자가 콕! 찝어주는 예상문제 풀어보기!

01 블록 브레이크에 대한 설명 중 틀린 것은?

① 블록 브레이크는 회전장치의 제동에 사용된다.
② 큰회전력의 전달에 알맞다.
③ 브레이크 드럼에 하나의 브레이크 블록을 갖는다.
④ 큰 제동력을 얻기 어렵다.

> **단식 블록 브레이크**
> ① 브레이크 편이 하나이므로 드럼의 축에 휨 모멘트가 작용한다.
> ② 큰 제동 토크가 필요한 경우에는 적당하지 않다.
> ③ 브레이크 레버를 손으로 누르는 힘: 보통 10~15kg, 최대 20kg이 넘지 않아야 한다.
> ④ 조작부호는 수동력, 전자식, 유압, 공압, 증기압이 있다.

02 브레이크 장치에서 브레이크 드럼의 원주에 1개 또는 2개의 브레이크편을 브레이크 레버에 의해 눌러서 그 마찰에 의해 제동하는 것은?

① 밴드 브레이크
② 블록 브레이크
③ 자동 브레이크
④ 전자 브레이크

03 하중에 의하여 일정한 방향의 회전에 한하여 자동적으로 브레이크 작용을 하는 것은?

① 블록 브레이크
② 밴드 브레이크
③ 자동하중 브레이크
④ 축압 브레이크

04 자동하중 브레이크의 종류에 해당되지 않는 것은?

① 나사 브레이크
② 웜 브레이크
③ 원심력 브레이크
④ 폴 브레이크

> 하중에 의하여 일정한 방향의 회전에 한하여 자동적으로 제동되는 것
> • 종류 : 웜 브레이크, 나사 브레이크, 캠 브레이크, 원심력 브레이크, 체인 브레이크

05 브레이크 드럼축에 55,370N·cm의 토크가 작용하고 있을 때 이축을 정지시키는 데 필요한 최소 제동력은 얼마인가? (단, 브레이크 드럼의 지름은 500mm이다.)

① 1,260N
② 2,215N
③ 2,500N
④ 3,000N

> $T = \dfrac{fD}{2}$ 에서 $f = \dfrac{2T}{D} = \dfrac{2 \times 55,370}{50} = 2214.8\text{N}$

06 블록 브레이크에서 블록의 길이 및 폭이 80mm×30mm이고, 이것을 40N으로서 밀어붙이면 압력은 얼마인가?

① 0.0167N/mm²
② 0.6N/mm²
③ 0.06N/mm²
④ 1.67N/mm²

> $q = \dfrac{W}{st} = \dfrac{40}{30 \times 80} = 0.0167\text{N/mm}^2$

정답 1 ② 2 ② 3 ③ 4 ④ 5 ② 6 ①

07 단식 블록 브레이크에서 브레이크 드럼과 브레이크 블록 사이의 접촉 압력이 $0.1N/mm^2$, 브레이크 드럼의 원주속도가 $20m/sec$, 마찰계수가 0.15라고 할 때 브레이크의 제동용량은?

① $0.3N/mm^2 \cdot m/sec$
② $0.1N/mm^2 \cdot m/sec$
③ $0.06N/mm^2 \cdot m/sec$
④ $0.4N/mm^2 \cdot m/sec$

브레이크 용량 : $Q = \mu q v$ 에서
$Q = 0.15 \times 0.1 \times 20 = 0.3N/mm^2 \cdot m/sec$

08 밴드 브레이크의 긴장측 장력 814N, 두께 2mm, 허용응력 $8N/mm^2$일 때 밴드의 폭은?

① 약 40mm   ② 약 50mm
③ 약 60mm   ④ 약 70mm

$\sigma = \dfrac{W}{bt}$ 에서
$\therefore b = \dfrac{W}{\sigma t} = \dfrac{814}{2 \times 8} = 50.875mm$

09 밴드 브레이크에서 밴드의 인장쪽 장력이 500N이고 밴드의 두께 2mm, 밴드의 나비 10mm일 때 밴드에 생기는 인장응력은 얼마인가?

① $25N/mm^2$ ② $50N/mm^2$
③ $250N/mm^2$ ④ $500N/mm^2$

$\sigma = \dfrac{W}{bt}$ 에서 $\therefore \sigma = \dfrac{500}{10 \times 2} = 25N/mm^2$

10 단식 블록 브레이크에서 블록이 브레이크 드럼을 미는 힘이 200N, 브레이크 드럼의 지름이 450mm일 때 드럼축에 작용하는 토크는 몇 N·mm인가? (단, 마찰계수 $\mu = 0.2$이다.)

① 4500   ② 9000
③ 13500   ④ 18000

$T = \dfrac{\mu W D}{2}$ 에서
$T = \dfrac{0.2 \times 200 \times 450}{2} = 9000N \cdot mm$

11 그림과 같은 밴드 브레이크에서 드럼이 우회전할 때 밴드의 긴장측 장력 T_t이 이완측 장력 T_s의 3배이고 제동력이 40N, 레버 끝에 작용시킬 힘을 12N, $l = 500mm$로 할 때 $a$mm는 얼마로 하면 되는가?

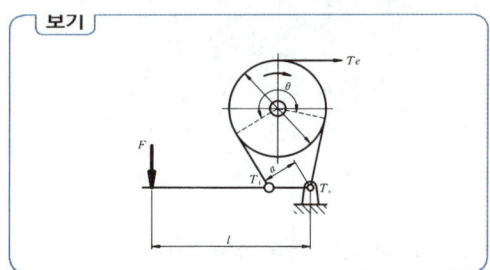

① 50   ② 100
③ 150   ④ 200

$F = f\dfrac{a}{l}\left(\dfrac{e^{\mu\theta}}{e^{\mu\theta}-1}\right)$ 에서
$a = \dfrac{l \cdot F \cdot (e^{\mu\theta}-1)}{f \cdot e^{\mu\theta}} = \dfrac{500 \times 12 \times 2}{40 \times 3} = 100mm$

$\left[T_t = 3T_s \text{이므로} \dfrac{T_t}{T_s} = e^{\mu\theta} = \dfrac{3T_s}{T_s} = 3\right]$

정답 7 ① 8 ② 9 ① 10 ② 11 ②

12 그림과 같은 단식 블록 브레이크(a=800mm, b=80mm, c=30mm, μ=0.2, D=400)가 있다. 레버 끝에 힘 F=15N을 가할 때의 제동력(N) 및 제동 토크(N·mm)는 얼마인가?

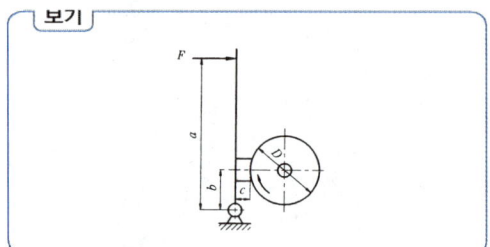

① 20.3N, 5440N·mm
② 27.9N, 5580N·mm
③ 30.9N, 5640N·mm
④ 32.4N, 6486N·mm

내작용선형 우회전이므로
$F = \dfrac{f(b+\mu c)}{\mu a}$ 에서
① $f = \dfrac{F\mu a}{b+\mu c} = \dfrac{15 \times 0.2 \times 800}{80 + 0.2 \times 30} = 27.9N$
② $T = f\dfrac{D}{2} = 27.9 \times \dfrac{400}{2} = 5580N \cdot mm$

13 그림과 같은 블록 브레이크에서 레버 끝을 F=25N의 힘을 가할 때 블록 브레이크의 토크(N·mm)는 얼마인가? (단, μ=0.2로 한다.)

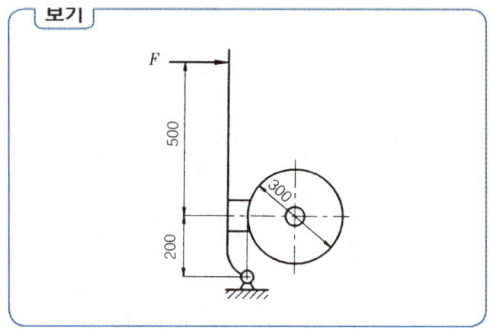

① 2625N·mm   ② 2420N·mm
③ 2225N·mm   ④ 2200N·mm

$T = f\dfrac{D}{2} = 17.5 \times \dfrac{300}{2} = 2625N \cdot mm$
여기서, $f = \dfrac{F\mu a}{b} = \dfrac{25 \times 0.2 \times 700}{200} = 17.5N$

14 브레이크 슈의 길이 및 폭이 75mm×28mm 브레이크 슈를 미는 힘이 35N일 때 브레이크 압력은 몇 N/mm²인가?

① 0.067   ② 35
③ 0.017   ④ 2100

$q = \dfrac{W}{st} = \dfrac{35}{28 \times 75} = 0.017 N/mm^2$

15 어느 블록 브레이크가 5PS을 제동할 수 있다. 브레이크 편의 길이가 80mm, 폭이 20mm이라면 이 브레이크의 용량은?

① 2.3N/mm²·m/s
② 2.3N/mm²
③ 2.3N·m/s
④ 2.3m/s

$Q = \mu gv = \mu \dfrac{W}{A}v = \dfrac{75H}{A}$ 이므로
$Q = \dfrac{75 \times 9.8 \times 5}{80 \times 20} = 2.3 N/mm^2 \cdot m/s$

16 상대운동하는 관계를 짝지어 놓은 것이다. 잘못된 것은?

① 저널 베어링과 축 - 미끄럼 운동
② 볼 베어링과 축 - 구름 운동
③ 평 기어의 한 쌍 - 미끄럼과 구름 운동
④ 선반의 심압대와 베드(bed) - 점운동

17 플라이 휠에 있어서 각속도가 ω_1에서 ω_2로 저하 였다고 할 때 각속도 변동률 σ는?

① $\sigma = \dfrac{\omega_2 - \omega_1}{\omega}$ ② $\sigma = \dfrac{\omega_1 - \omega_2}{\omega}$

③ $\sigma = \dfrac{\omega_1 + \omega_2}{\omega}$ ④ $\sigma = \dfrac{\omega_2 + \omega_1}{\omega}$

> 각속도 변동률 : σ
> 여기서, ω : 평균각속도(rad/sec)
> ω_1 : 최대각속도(rad/sec)
> ω_2 : 최소각속도(rad/sec)
> $\sigma = \dfrac{\Delta \omega}{\omega} = \dfrac{\omega_1 - \omega_2}{\omega}$

18 그림과 같은 브레이크의 옳은 명칭은 무엇인가?

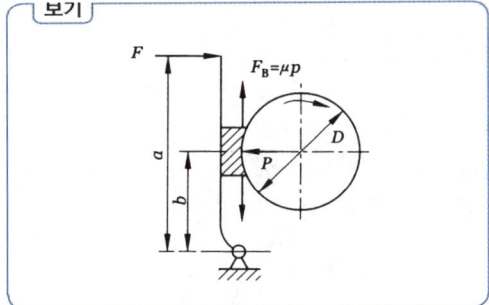

① 복식 벤드 브레이크
② 단식 벤드 브레이크
③ 복식 블록 브레이크
④ 단식 블록 브레이크

19 마찰 브레이크에서 브레이크에 작용하는 수직압력을 p(kg), 마찰계수를 μ이라 할 때, 마찰력 f를 구하는 공식은 다음 중 어느 것인가?

① $f = \pi \mu p$ ② $f = \mu p$

③ $f = 0.25 \mu p$ ④ $f = \mu / p$

20 브레이크 지름이 $D = 600$mm의 밴드 브레이크에 있어서 밴드의 두께 $h = 6$mm, 폭 $b = 50$mm의 경우 얻을 수 있는 최대 제동 토크는 몇 N·m인가? (단, 밴드와 브레이크 드럼 사이의 마찰계수 $\mu = 0.3$, 접촉각 $\theta = 250°$, 밴드의 허용 인장응력 $\sigma_b = 6$N/mm²라 한다.)

① 334   ② 354
③ 374   ④ 394

> $T = f \cdot \dfrac{D}{2} = (T_t - T_s)\dfrac{D}{2}$ 에서
> $T = f \cdot \dfrac{D}{2} = 1,313.5 \times \dfrac{0.6}{2} = 394$N · m
> 여기서,
> $f = T_t \dfrac{e^{\mu\theta} - 1}{e^{\mu\theta}} = 1800 \times \dfrac{e^{0.3 \times 4.36} - 1}{e^{0.3 \times 4.36}} = 1,313.5$
> $T_t = bt\sigma_a = 1800$N
> $\theta = \dfrac{\pi \times 250}{180} = 4.36$rad

정답 17 ② 18 ④ 19 ② 20 ④

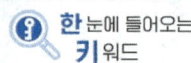

02 스프링(spring)

코일스프링은 용의 수염과 비슷하다는 뜻으로 용수철이라고 부르며 탄성이 큰 재료로 만들어지고, 하중의 작용에 따라 변형한다. 스프링에 외력이 작용하면 변형되므로 외력은 일을 하는 셈이고, 이 일은 스프링에 변형에너지 형태로 저장된다. 스프링에 작용시킨 외력을 제거하면 변형은 원래대로 돌아가고 변형된 에너지가 방출된다.

1 스프링의 용도

(1) 완충용(충격 에너지 흡수, 방진)

  차량용 현가장치, 승강기 완충 스프링

(2) 축적 에너지 이용

  계기용 스프링, 시계의 태엽, 완구용 스프링, 축음기, 총포의 격심용 스프링

(3) 복원성 이용

  밸브 스프링, 조속기 스프링

(4) 하중 조절용

  스프링 와셔

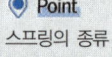

2 스프링의 종류

(1) 형상에 따른 분류

  ① **코일 스프링**(coil spring) : 인장용과 압축용
  ② **판 스프링**(leaf spring) : 자동차의 현가장치로 널리 사용
  ③ **스파이럴 스프링**(spiral spring) : 시계나 계기류의 동력용
  ④ **토션 바 스프링** : 소형 승용차의 현가용

(2) 재료에 의한 분류

  금속 스프링(강철, 인청동, 황동 등), 비금속 스프링(고무, 나무, 합성 수지 등), 유체 스프링(공기, 물, 기름 등)

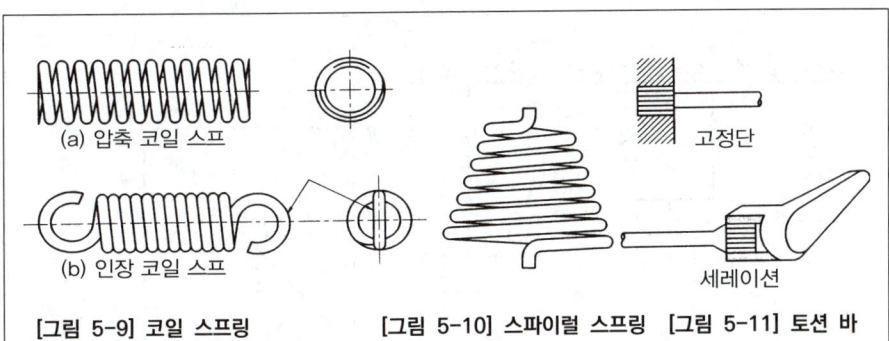

[그림 5-9] 코일 스프링   [그림 5-10] 스파이럴 스프링   [그림 5-11] 토션 바

3 스프링의 특성 및 탄성 에너지

(1) 스프링의 특성

① 코일 스프링의 각부 명칭

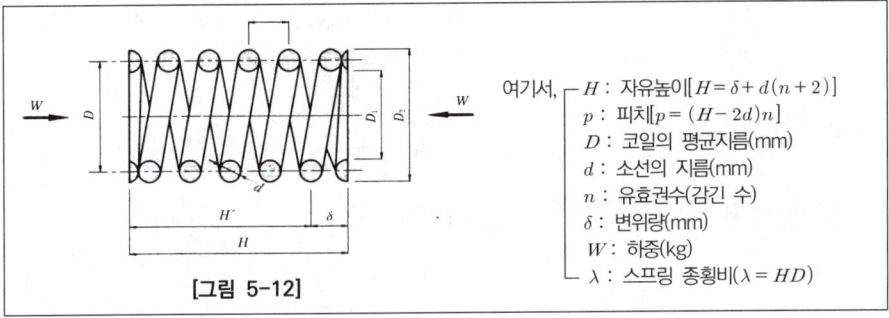

[그림 5-12]

여기서,
- H : 자유높이[$H = \delta + d(n+2)$]
- p : 피치[$p = (H-2d)n$]
- D : 코일의 평균지름(mm)
- d : 소선의 지름(mm)
- n : 유효권수(감긴 수)
- δ : 변위량(mm)
- W : 하중(kg)
- λ : 스프링 종횡비($\lambda = HD$)

② 스프링 하중과 휨의 관계

$$W = k\delta$$

$$\therefore k = \frac{W}{\delta} (\text{kg/mm, N/mm})$$

여기서, K : 비례정수 또는 스프링 상수

㉠ 직렬의 경우

$$\frac{1}{k} = \frac{1}{k_1} + \frac{1}{k_2} + \cdots$$

㉡ 병렬의 경우

$$k = k_1 + k_2 + \cdots$$

(2) 탄성 에너지 : U

$$U = \frac{1}{2}W\delta = \frac{1}{2}k\delta^2$$

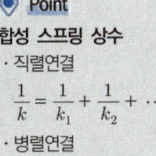

Point
합성 스프링 상수
- 직렬연결

$$\frac{1}{k} = \frac{1}{k_1} + \frac{1}{k_2} + \cdots$$

- 병렬연결

$$k = k_1 + k_2 + \cdots$$

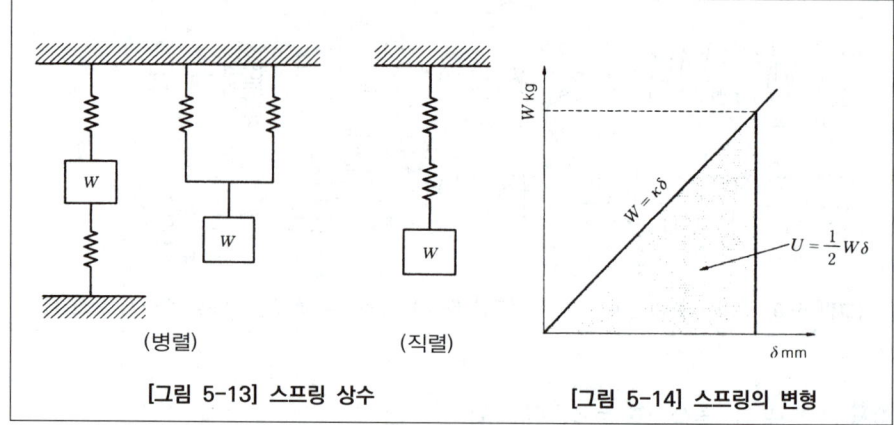

[그림 5-13] 스프링 상수　　　[그림 5-14] 스프링의 변형

4 코일 스프링의 설계

(1) 스프링에 발생되는 전단응력 : $\tau = \tau_{max}$

$$\tau_{max} = \frac{8KDW}{\pi d^3}$$

여기서, K : "kwale"의 응력 수정계수
$(K = \frac{4c-1}{4c-4} + \frac{0.615}{c})$

Point

전단응력
$\tau = K \cdot \frac{8W \cdot D}{\pi d^3}$

변형량
$\delta = \frac{8 \cdot n \cdot W \cdot D^3}{Gd^4}$

(2) 스프링의 처짐 : δ

$$\delta = \frac{8nD^3W}{Gd^4}$$

여기서, $K = \frac{W}{\delta}$ 이므로 $K = \frac{Gd^4}{8nD^3}$ 이다.

(3) 초기장력 : W_0

$$\tau_0 = \frac{8DW_0}{\pi d^3} \qquad \therefore W_0 = \frac{\pi d^3 \tau_0}{8D}(\text{kg, N})$$

(4) 스프링의 길이 : l

$$l = \pi DN = \pi 2RN$$

Point

서징

(5) 서징(surging)

스프링에 작용하는 진동수가 스프링의 고유 진동수와 같거나 또는 공진을 하여 국부적으로 큰 응력이 생기는 현상

5 겹판 스프링

(1) 삼각판 스프링

① 굽힘응력: σ

$$\sigma = \frac{6Wl}{nbh^2}$$

② 처짐: δ

$$\delta = \frac{6Wl^3}{nbh^3 E}$$

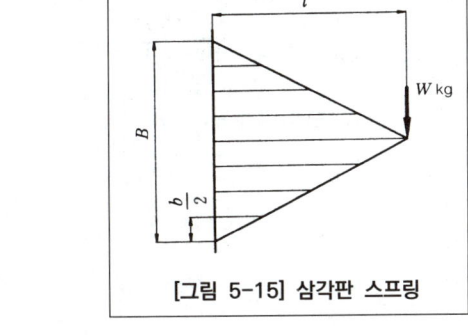

[그림 5-15] 삼각판 스프링

(2) 겹판 스프링

① 굽힘응력: σ

$$\sigma = \frac{3Wl}{2nbh^2}$$

② 처짐: δ

$$\delta = \frac{3Wl^3}{8nbh^3 E}$$

[그림 5-16] 겹판 스프링

Point

겹판 스프링
· 굽힘응력
$$\sigma = \frac{3Wl}{2nbh^2}$$
· 변형량
$$\delta = \frac{3Wl^3}{8nbh^3 E}$$

6 기타 스프링

(1) 스파이럴 스프링

① 응력

$$\sigma_b = \frac{M}{Z} = \frac{WR}{Z} = \frac{6WR}{bh^2}$$

② 처짐각

$$\theta = \frac{12WRl}{bh^2 E} = \frac{12WRl}{bh^2 E}$$

③ 탄성 에너지

스파이럴 스프링에 저축되는 탄성 에너지를 U라 하면

$$U = \frac{W}{2}R\theta = \frac{\sigma^2 hbl}{6E} = \frac{\sigma^2 V}{6E}$$

여기서, V: 태엽의 부피($V = bhl$)

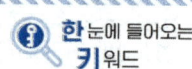

Point

토션 바
비틀림 탄성을 이용한 스프링

(2) 토션 바

① 실제 원형 단면의 경우

$$\theta = \frac{32Tl}{\pi d^4 G} \qquad \tau = \frac{16T}{\pi d^3}$$

스프링 상수: $k = \dfrac{T}{\theta} = \dfrac{\pi d^3 E}{32L}$

CHAPTER 05 단원 예상문제

저자가 콕! 찝어주는 예상문제 풀어보기!

01 다음은 스프링에 관한 것들이다. 맞는 것은?

① 피치 : 코일의 안지름과 바깥지름을 더하여 2로 나눈 것
② 스프링 상수 : 하중을 휨량으로 나눈 것
③ 스프링 지수 : 코일의 평균지름을 자유높이로 나눈 것
④ 자유감김수 : 스프링으로의 기능을 발휘하는 부분의 감김수

> **스프링 상수**(spring constant) 스프링의 억센 정도를 나타내는 것
> ① 스프링상수 $(K) = \dfrac{하중(w)}{변위량(\delta)}$
> ② 스프링 지수 $(c) = \dfrac{코일의 평균 지름(D)}{소선의 지름(d)}$
> ③ 스프링의 종횡비 $(k) = \dfrac{코일의 평균 지름(D)}{자유높이(H)}$

02 스프링의 자유높이 H와 코일의 평균지름 D의 비를 무엇이라 하는가?

① 스프링 지수
② 스프링의 종횡비
③ 스프링 상수
④ 스프링의 변위량

03 코일의 평균지름 $D=50$mm의 압축코일 스프링에 250N의 하중을 가하여 $\delta=25$mm의 변위를 생기게 하려면, 재료의 지름을 얼마로 하면 좋은가? (단, 스프링 지수 $C=5.40$이다.)

① 약 2.54mm
② 약 4.63mm
③ 약 5mm
④ 약 9.26mm

> 스프링지수 : $c = \dfrac{D}{d}$ 에서 $d = \dfrac{D}{C} = \dfrac{50}{5.40} = 9.26\,mm$

04 스프링 상수 6N/cm인 코일 스프링에 30N의 하중을 걸면 처짐은 얼마나 생기는가?

① 30mm
② 50mm
③ 40mm
④ 60mm

> $k = \dfrac{W}{\delta}$ 에서 $\delta = \dfrac{W}{k} = \dfrac{30}{6} = 5\,cm = 50\,mm$

05 직렬·병렬식 스프링의 특성을 바꾸어 가며 사용하는 스프링으로서 납작한 원뿔모양의 스프링은?

① 비선형 스프링
② 접시 스프링
③ 벌류트 스프링
④ 링 스프링

> ① 접시 스프링 : 중앙에 구멍이 있는 원판을 원뿔형으로 성형하고 상하 방향에서 하중이 작용하도록 사용하는 스프링
> ㉠ 좁은 공간에서 비교적 큰 부하용량을 가지고 있다.
> ㉡ 자유 상태에서 높이와 두께를 적당히 선정함으로써 이용범위가 넓다.
> ㉢ 비선형의 스프링 특성을 쉽게 얻을 수 있다.
> ② 겹판 스프링 : 에너지 흡수 능력이 크고, 스프링 작용 이외에 구조용 부재로서의 기능을 겸하고 제조 가공이 쉽다는 특징이 있으므로 자동차용 현가 스프링에 사용된다.

정답 1 ② 2 ② 3 ④ 4 ② 5 ②

06 소재(素材)의 지름 2mm, 코일의 지름 10mm인 코일 스프링에서 축하중 3N을 가했을 때, 15mm의 처짐이 생기게 하려면 유효 감김수(卷數)를 얼마로 하면 되는가? (단, 소재의 전단 탄성계수 $G = 0.8 \times 10^6 \text{N/cm}^2$이다.)

① 80 ② 60
③ 10 ④ 8000

$\delta = \dfrac{8nD^3W}{Gd^4}$ 에서

$n = \dfrac{Gd^4\delta}{8D^3W} = \dfrac{0.8 \times 10^6 \times 0.24 \times 1.5}{8 \times 1^3 \times 3} = 80$

07 스프링의 용도를 기능면에서 볼 때, 스프링 와셔는 어디에 가장 해당되는가?

① 충격 에너지를 흡수하여 완충, 방진을 목적으로 하는 것
② 하중을 조정하는 것
③ 탄성 변형한 스프링의 저축 에너지를 이용하는 것
④ 스프링에 가해지는 하중과 신장의 관계로부터 하중을 측정하는 것

스프링의 용도
① 하중을 부여하는 스프링 : 안전 밸브의 밸브 스프링, 내연기관의 밸브 스프링
② 충격을 완화하는 스프링 : 철도차량, 자동차, 승강기 등의 완충 방지
③ 탄성 변형한 스프링의 저축 에너지를 이용하는 스프링 : 계기용 스프링, 시계용 스프링, 완구용 스프링
④ 스프링에 가해지는 하중과 신장의 관계로부터 하중을 측정하는 스프링 : 스프링 저울, 안전 밸브용 스프링
⑤ 하중을 조정하는 스프링 : 스프링 와셔

08 그림의 스프링 상수는?

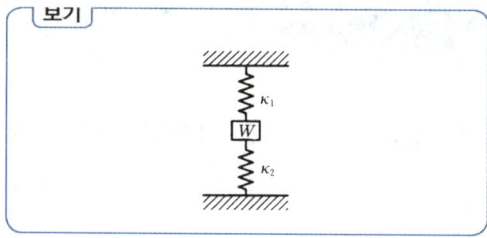

① $\kappa = \kappa_1 + \kappa_2$
② $\kappa = 1/\kappa_1 + 2/\kappa_2$
③ $\kappa = {}_1(1/\kappa_1 + 2/\kappa_2)$
④ $\kappa = \kappa_1 - \kappa_2$

스프링 상수 계산식
병렬 접속 : $\kappa = \kappa_1 + \kappa_2$
직렬 접속 : $\kappa = \dfrac{1}{\dfrac{1}{\kappa_1} + \dfrac{1}{\kappa_2}}$

09 그림과 같은 스프링 장치에서 30mm의 처짐이 생겼다. 스프링 상수 $\kappa_1 = 3\text{N/cm}$, $\kappa_2 = 2\text{N/cm}$일 때, 작용하중 W는 몇 N인가?

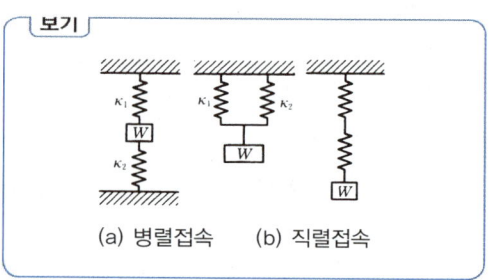

(a) 병렬접속   (b) 직렬접속

① 1.2 ② 3.6
③ 9   ④ 15

$\kappa = \dfrac{W}{\delta}$ 에서
$\therefore W = \delta = 5 \times 3 = 15\text{N}$
여기서, $\kappa = \kappa_1 + \kappa_2 = 3 + 2 = 5\text{N/cm}$이다.

정답 6 ① 7 ② 8 ① 9 ④

10 그림과 같은 스프링 장치에서 $W=21N$일 때 이 스프링 장치의 하중방향과 처짐은 얼마인가? (단, 각 스프링의 스프링 상수는 $\kappa_1=3N/cm$, $\kappa_2=4N/cm$이다.)

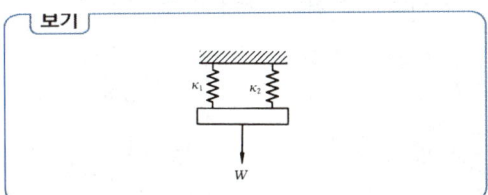

① 12.25mm ② 20mm
③ 25mm   ④ 30mm

병렬접속이므로
$\kappa = \kappa_1 + \kappa_2 = 3+4 = 7N/cm$
$\kappa = \dfrac{W}{\delta}$에서 $\delta = \dfrac{W}{\kappa} = \dfrac{21}{7} = 3cm = 30mm$

11 다음 그림과 같은 스프링계에서 스프링 상수는 얼마인가? (단, 중간판재의 하중은 무시하며, κ_1, κ_2, κ_3는 각각의 스프링 상수이고, WN는 인장하중이다.)

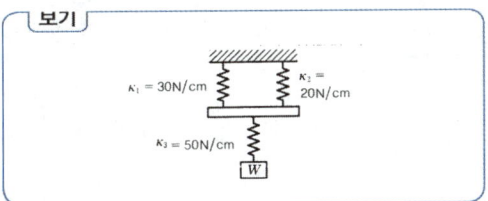

① 12.02N/cm   ② 25N/cm
③ 24.02N/cm   ④ 35N/cm

$\dfrac{1}{\kappa} = \dfrac{1}{(\kappa_1+\kappa_2)} + \dfrac{1}{\kappa_3} = \dfrac{1}{(30+20)} + \dfrac{1}{50} = \dfrac{2}{50}$
$\therefore \kappa = \dfrac{50}{2} = 25N/cm$

12 압축 코일 스프링에서 유효감김수만을 2배로 하면 같은 축하중에 대하여 처짐은 몇 배가 되는가? (단, 코일의 평균지름, 소선의 지름 및 가로탄성계수는 일정하다.)

① 2배   ② 4배
③ 6배   ④ 8배

$\delta = \dfrac{8nWD^3}{Gd^4}$에서 $\delta' = \dfrac{8(2n)WD^3}{Gd^4}$이므로 처짐($\delta'$)은 2배로 증가한다.

13 그림과 같이 2중 압축코일 스프링에서 1cm의 휨(처짐)을 주기위한 하중 W는 얼마 정도인가? (단, $R_1=50mm$, $R_2=36mm$, $d_1=12mm$, $d_2=10mm$, 외측유효권수 $N_1=4$, 내측유효권수 $N_2=7$, 가로탄성계수 $G=8\times10^5 N/cm^2$이고, 높이는 같다.)

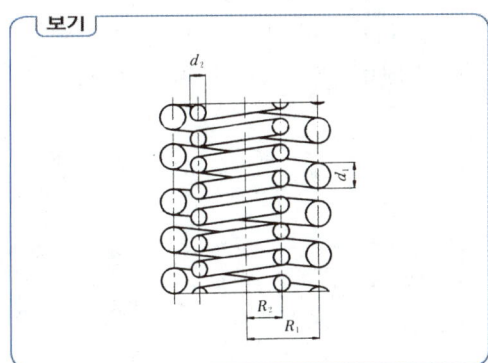

① $W=90.2N$ ② $W=76.6N$
③ $W=146.2N$ ④ $W=151.6N$

$\delta_1 = \dfrac{8n_1 W_1 D_1^3}{Gd_1^4}$, $\delta_2 = \dfrac{8n_2 W_2 D_2^3}{Gd_2^4}$에서
$\therefore W = W_1 + W_2$
$= \dfrac{Gd_1^4 \delta_1}{8n_1 D_1^3} + \dfrac{Gd_2^4 \delta_2}{8n_2 D_2^3}$
$= \dfrac{8\times10^5 \times 1.2^4 \times 1}{8\times4\times10^3} + \dfrac{8\times10^5 \times 1^4 \times 1}{8\times7\times7.2^3}$
$= 51.84 + 38.27 = 90.11N$

14 어떤 코일 스프링에서 스프링 소재의 지름만을 1/2배로 하여 다시 만들면 동일 축 하중에 의하여 소재 내에 발생하는 최대 전단응력은 몇 배가 되는가? (단, k(왈의 수정계수)=1로 한다.)

① 1/4 ② 4
③ 8   ④ 1/8

$\tau_{max} = \dfrac{8kDW}{\pi d^3}$ 에서

$\tau'_{max} = \dfrac{8kDW}{\pi \left(\dfrac{d}{2}\right)^3} = \dfrac{8kDW}{\pi \dfrac{d^3}{8}}$ 이므로

$\tau'_{max} = 8 \times \tau_{max}$
∴ 8배 증가한다.

15 코일 스프링에서 스프링의 평균 지름 30mm, 소선의 지름 2mm, 감김수 15, $G = 9.5 \times 10^3 \text{N/mm}^2$일 때 코일 스프링의 상수(N/mm)는?

① 0.42   ② 0.042
③ 0.0042 ④ 0.000042

$k = \dfrac{W}{\delta} = \dfrac{Gd^4}{8nD^3}$ 에서

$\left(\delta = \dfrac{8nD^3W}{Gd^4}\right)$

$k = \dfrac{9.5 \times 10^3 \times 2^4}{8 \times 15 \times 30^3} = 0.042 \text{N/mm}$

16 엔진의 밸브 스프링과 같이 빠른 반복하중을 받는 스프링에서는 그 반복속도가 스프링의 고유진동수에 가까워지면 심한 공진을 일으킨다. 이 현상은?

① 공명현상 ② 캐비테이션
③ 서징   ④ 공진동

17 스프링 판두께가 일정한 겹판 스프링에서 양단 받침의 형식이며, 스팬의 길이 l, 중앙의 집중하중 W, 강판의 수 Z, 강판의 두께 h, 세로 탄성계수 E인 경우 스프링의 처짐(휨) δ를 구하는 식은? (단 강판의 폭(나비)은 b이다.)

① $\delta = \dfrac{3Wl^3}{8Zbh^3E}$ ② $\delta = \dfrac{3Wl}{8Zbh^3}$

③ $\delta = \dfrac{3Wl^3}{8Zbh^3}$ ④ $\delta = \dfrac{3Wl}{2Zbh^3E}$

겹판 스프링의 설계식
① 굽힘응력: $\sigma = \dfrac{3Wl}{2nbh^2}$
② 처짐: $\delta = \dfrac{3Wl^3}{8nbh^3E}$

18 다음 스프링 중에서 가장 작은 공간을 차지하면서 비교적 큰힘을 받으며 재생(再生)이 용이한 스프링은?

① 판 스프링
② 코일 스프링
③ 접시형 스프링
④ 스파이럴 스프링

CHAPTER 06 치공구 요소설계

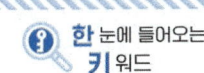
한 눈에 들어오는 **키** 워드

01 치공구 기능

Point
원치의 특성

복제 제품을 정밀하고 호환성 있게 가공하는데 사용되는 생산용 특수공구

① 생산 제품의 정도가 향상되고 호환성을 갖는다.
② 검사 시간이 짧고, 방법 간단하다.
③ 불량 감소
④ 생산 등을 향상

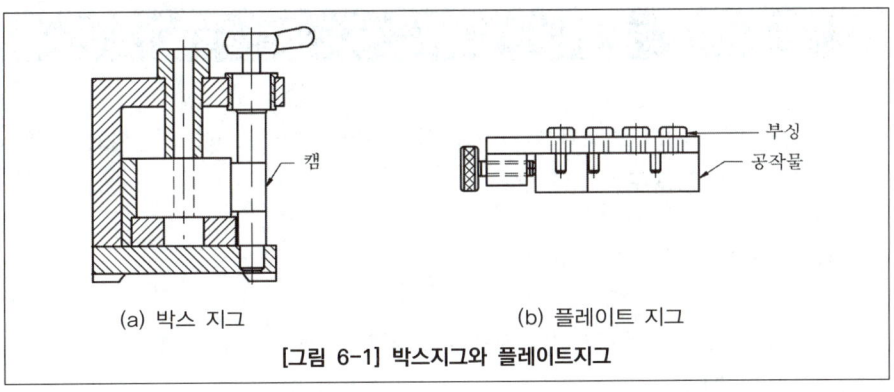

(a) 박스 지그   (b) 플레이트 지그

[그림 6-1] 박스지그와 플레이트지그

02 고정구의 종류

(1) 플레이트 고정구

적용이 넓고 가장 단순함

(2) 앵글 플레이트 고정구

공작물을 위치결정구와 직각이 되도록 사용

(3) 바이스 조 고정구

소형 공작물 가공에 적합

(4) 분할 고정구

일정간격으로 기계가공할 공작물에 적합

(5) 멀티스테이션 고정구

가공 사이클(cycle)이 계속되어야 할 경우

(6) 총형 고정구

03 지그(jig)

구멍을 뚫을 때 신속하고 정확한 가공을 할 수 있고 대량생산에 이용되고 지그의 가장 중요한 역할은 공구의 안내이다.

(1) 지그의 종류

① **템플릿 지그**: 가장 단순하게 사용되는 지그
② **플레이트 지그**
  ㉠ 단순하게 생산속도를 증가시킬 목적의 지그
  ㉡ 구멍을 똑바로 뚫는데 사용되는 지그
  ㉢ 공작물 위의 결정판을 3곳에 설치 고정 나사로 조여서 사용

③ **샌드위치 지그** : 상하 플레이트를 이용하여 고정하는 지그
④ **앵글 플레이트 지그** : 위치결정면에 직각으로 유지시키는 지그
⑤ **리프 지그**
　㉠ 장착 및 장탈이 용이한 지그
　㉡ 클램핑력이 약하여 소형 공작물 가공에 적당한 구조
⑥ **박스 지그**
　㉠ 종류로는 개방형, 밀폐형, 조립형 등이 있다.
　㉡ 공작물의 두 개 이상의 면에 구멍을 뚫을 때 또는 기준면을 잡을 때 사용하는 지그
　㉢ 복잡한 가공물에 사용
⑦ **채널 지그** : 공작물의 두 면에 지그를 설치하여 단순한 가공을 할 때 사용
⑧ **분할 지그** : 부품 주위에 정확한 간격으로 구멍을 뚫을 때 사용
⑨ **트러니언 지그** : 대형 공작물이나 불규칙한 형상의 공작물 가공시
⑩ **드릴 지그** : 3요소 - 위치 결정, 체결, 공구의 안내

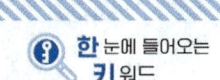

CHAPTER 06 단원 예상문제

저자가 콕! 찝어주는 예상문제 풀어보기!

01 용접부품을 조립하는데 사용하는 도구는?

① 드릴 지그 ② 분할 지그
③ 드릴 바이스 ④ 용접 지그

> ① 드릴 지그 : 드릴과 리버 가공시 정확한 드릴링 위치를 잡아주는 역할
> ② 분할 지그 : 부품 주위에 정확한 간격으로 구멍을 뚫을 때 사용

02 공작물 고정 장치가 없는 지그는?

① 템플릿 지그(template jig)
② 플레이트 지그(plate jig)
③ 앵글 플레이트 지그(angle plate jig)
④ 테이블 지그(table jig)

03 지그(jig)의 종류 중 쉽게 조작이 가능한 잠금 캠을 이용하여 장착과 장탈을 쉽게 할 수 있도록 한 구조이며 클램핑력이 약하여 소형 공작물 가공에 적합한 구조의 지그인 것은?

① 분할 지그(indexing jig)
② 리프 지그(leaf jig)
③ 박스 지그(box jig)
④ 채널 지그(channel jig)

> ① 분할 지그(indexing jig) : 물체 주위에 정확한 일정 간격으로 구멍뚫기 작업을 할 때 사용하는 지그
> ② 박스 지그(box jig) : 공작물을 재위치에 고정시키지 않고도 모든 면을 가공할 수 있는 지그
> ③ 채널 지그(channel jig) : 공작물의 두 면에 지그를 고정시키고 단순가공을 할 수 있는 지그

04 드릴 지그의 분류에서 상자형 지그(box jig)에 포함되지 않는 것은?

① 개방형(open type) ② 밀폐형(closed type)
③ 평판형(plate type) ④ 조립형(built up type)

05 구멍을 똑바로 뚫는데 사용되는 것은?

① 센터 게이지 ② 플레이트 지그
③ 게이지 블록 ④ 드릴 검사 게이지

정답 1 ④ 2 ① 3 ② 4 ③ 5 ②

PART 03

기계재료 및 측정

CHAPTER 01 / 기계재료의 성질과 분류

CHAPTER 02 / 철강재료의 기본특성과 용도

CHAPTER 03 / 비철금속재료의 기본특성과 용도

CHAPTER 04 / 강의 열처리

CHAPTER 05 / 공작기계의 종류와 용도

CHAPTER 06 / 측정기

CHAPTER 01 기계재료의 성질과 분류

주요내용 알고 가기!

- 금속의 특성
- 금속의 결정조직
- 물리적 성질
- 기계적 성질
- 화학적 성질

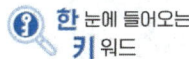

01 금속의 특성과 결정구조

1 금속의 공통된 성질

(1) 상온에서 수은(Hg)을 제외하고 결정체이며 고체이다.
(2) 빛을 잘 반사하며 특유의 광택이 있다.
(3) 연성과 전성이 커서 가공이 용이하다.
(4) 열 및 전기에 양도체이다.
(5) 용융점이 높고 비중 및 경도가 비교적 크다.

> **참고**
> ① 용융점 : Hg(-38.87℃), W(3410℃)
> ② 비중 : Li(0.53), Ir(22.5)
> ③ 경금속 : Al, Mg, Ti, Be (비중 4.6 이하)
> ④ 중금속 : Fe, Ni, Cu, Cr

2 결정의 종류

금속결정 구조 중에서 가장 흔히 볼 수 있는 것은 다음 세 가지 종류이다.

(1) **체심입방격자**(body centered cubic lattice : BCC)

① 소속 원자수 : $\frac{1}{8} \times 8 + 1 = 2$개, 원자충전율 : 68%

(2) **면심입방격자**(face centered cubic lattice : FCC)

① 소속 원자수 : $\frac{1}{8} \times 8 + \frac{1}{2} \times 6 = 4$개, 원자충전율 : 74%

> **Point**
> 결정조직
> 체심입방, 면심입방, 조밀육방

(3) 조밀육방격자(hexagonal close packed lattice : HCP)

① 소속 원자수 : $\frac{1}{6} \times 6 + 1 = 2$개, 원자충전율 : 74%

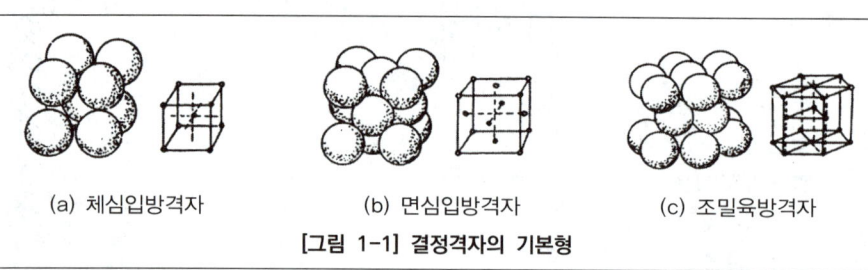

(a) 체심입방격자　　(b) 면심입방격자　　(c) 조밀육방격자

[그림 1-1] 결정격자의 기본형

[표 1-1] 결정격자의 종류와 성질

종 류	해당금속	성 질
체심입방격자	Li, Na, Cr, Fe(α, δ), Mo, Ta, W, K, V	전연성이 작고, 강하다.
면심입방격자	Al, Ca, Fe(γ), Ni, Cu, Pd, Ag, Ir, Pt, Au, Pb, Th	전연성 풍부, 가공성 매우 우수
조밀육방격자	Be, Mg, Zn, Cd, Ti, Zr, Ce, Co(α), Ru, Os, Hg	취약하며 전연성이 적다.

3 금속의 응고

용융된 순금속을 냉각하면 어떤 고유한 일정 온도에서 응고가 시작되며, 이 때 발생된 결정핵을 중심으로 그 금속원자 고유의 결정격자를 이루면서 나뭇가지 모양으로 원자가 배열된 수지상(dendrite)으로 결정이 성장되며 응고된다.

Point
과냉(super cooling)
융용점보다 낮은 온도에서 응고가 시작되는 현상

4 금속의 변태

(1) 동소 변태(allotropic transformation)

고체 내에서 원자 배열의 변화를 수반하는 변태로서 순철의 변태에서 A_4변태(1400℃)와 A_3변태(910℃)가 이에 속한다. 즉 체심입방격자가 A_4변태점에서 면심입방격자로 바뀌고 다시 A_3변태점에서 체심입방격자가 된다. 동소 변태를 하는 금속은 Fe(A_3, A_4변태), Co(480℃), Sn(18℃), Ti(883℃) 등이다.

Point
동소 변태 금속
자기 변태 금속

$\alpha - Fe$ (BCC) $\xrightarrow{A_3 \text{변태} \atop 910℃}$ $\gamma - Fe$ (FCC) $\xrightarrow{A_4 \text{변태} \atop 1400℃}$ $\delta - Fe$ (BCC)

(2) 자기 변태(magnetic transformation)

자기변태는 원자 배열의 변화 없이 다만 자기의 강도만 변화되는 것으로 순철의 변태에서는 A_2변태점(768℃)이 이것이다. 일명 퀴리점(Cuire point)이라 한다.(Fe : 768℃, Ni : 360℃, Co : 1120℃).

(3) 변태점의 측정법

① 열분석법
② 시차열분석법
③ 비열법
④ 전기저항법
⑤ 열팽창법
⑥ 자기분석법
⑦ X선분석법

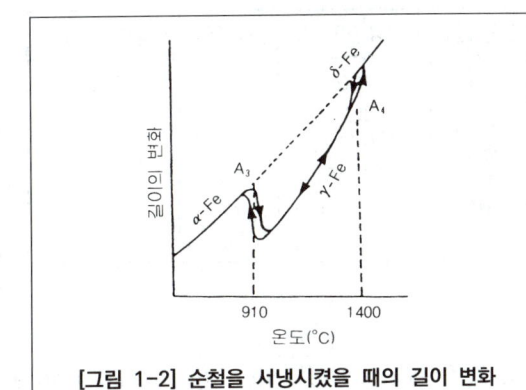

[그림 1-2] 순철을 서냉시켰을 때의 길이 변화

5 상률

(1) 상률(phase rule)

물질이 여러 가지 상으로 되어 있을 때 이 상들 사이의 열적인 평형관계를 표시하는 법칙(Gibbs의 이론).

$$F = C - P + 2$$

여기서, F : 자유도의 수
C : 성분의 수
P : 상의 수

금속재료는 대기압하에서 취급하므로 기압에는 관계가 없다고 생각하여 기압의 자유도 1을 감한다.(응축계의 상률)

$$F = C - P + 1$$

6 금속의 가공과 재결정

(1) 소성가공(plastic working)

금속에 힘을 가하면 여러 가지 모양으로 가공이 된다. 이 변형을 이용한 가공을 소성가공이라 한다.(단조, 압연, 인발, 압출, 프레스가공, 판금가공 등)

(2) 재결정(recrystallization)

① 냉간가공한 재료를 풀림하면 연하게 되는 과정 중에 새로운 결정핵이 생기고, 이것이 성장하여 전체가 새로운 결정으로 변하는 것을 재결정이라 한다.

[표 1-2] 주요 금속의 재결정 온도

금속 원소	재결정 온도(℃)	금속 원소	재결정 온도(℃)
Au	200	Al	150~240
Ag	200	Zn	5~25
Cu	200~300	Sn	-7~25
Fe	350~450	Pb	-3
Ni	530~660	Pt	450
W	1000	Mg	150

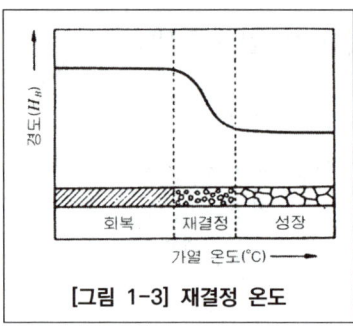

[그림 1-3] 재결정 온도

(3) 가공경화(work hardening, strain hardening)

상온가공시 재료내부의 격자 결함이 증가하므로써 보다 큰 잔류응력이 발생해 재료의 경도가 증가되는 현상(예 철사를 구부려서 절단하고자 할 때)

(4) 냉간가공과 열간가공

① **냉간가공**

재결정 온도보다 낮은 온도에서 하는 가공

㉠ 강도나 경도가 증가되지만, 강인성은 줄어든다.

㉡ 조직은 방향성을 가진 섬유조직(fiber structure)으로 되어 단단하면서도 메지게 된다.

㉢ 조직이 균일하고, 치수가 정밀하고, 매끈한 면을 얻을 수 있다.

② **열간가공**

재결정 온도보다 높은 온도에서 하는 가공

㉠ 금속재료를 가열하면, 재료는 연하게 되어 소성이 증가되므로 성형하기 쉽게 된다.

㉡ 동력이 적게 들므로 경제적이고 다량 생산이 가능하며, 대형 제품 생산에도 유리하다.

02 금속재료에 필요한 여러 성질

1 물리적 성질

(1) 비중(specific gravity)

물과 똑같은 부피를 가진 물체의 무게와 물의 무게와의 비를 비중이라 한다.
① **경금속** : 비중 4.5 이하, Al(2.7), Mg(1.74), Na(0.91), Li(0.53)
② **중금속** : 비중 4.5 이상, Fe(7.87), Cu(8.96), Ni(8.85), Sn(7.3), Pb(11.34), Ir(22.5)

(2) 용융점(melting point)

금속을 가열시키면 녹아서 액체가 되는 지점의 온도를 말한다.
Fe(1538℃), Cu(1083℃), Al(660℃), Mg(650℃), Ni(1455℃)

(3) 비열(specfic heat)

물질 1g의 온도를 1℃ 만큼 높이는 데 필요한 열량을 비열이라 한다. (Mg > Al > Mn)

(4) 선팽창 계수(coefficient of linear expansion)

금속은 온도가 상승함에 따라서 팽창한다. 온도 1℃ 상승할 때 팽창한 길이를 0℃ 때의 길이로 나눈 값을 선팽창계수라 한다. (Zn > Pb > Mg > Al > Cu > Ni > Mo)

(5) 열전도율(thermal conductivity)

길이 1cm에 대하여 1℃의 온도차가 있을 때 $1cm^2$의 단면적을 통하여 1초 사이에 전달되는 열량을 말한다. (Ag > Cu > Pt > Al)

(6) 전기 전도율(electric conductivity)

금속의 성분이 순수할수록 좋고 불순물이 들어가면 저하되므로 합금의 전기 전도율은 성분 금속보다 저하된다. (Ag > Cu > Au > Al > Mg > Zn > Ni > Fe > Pb > Sb)

(7) 자성

자석에 끌리는 성질을 말한다.
① **상자성체** : Cr, Pt, Mn, Al
② **반자성체** : Bi, Sb, Au, Hg
③ **강자성체** : Fe, Ni, Co

(8) 융해잠열(melting latent heat)

액체가 완전히 응고되면 급격히 온도가 내려간다. 이때의 필요한 열량을 융해잠열이라 한다.

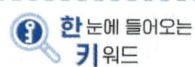

Point
비중과 용융점
Al : 2.6, 660℃
Cu : 8.9, 1083℃
Fe : 7.8, 1538℃
Mg : 1.7, 650℃
Ni : 8.8, 1455℃
Pb : 11.3, 327℃

[표 1-3] 금속 원소와 물리적 성질

원소기호	금속명	원자번호	원자량	비중 20℃	용융점(℃)	비등점(℃)	비열(cal/g℃)
Ag	은	47	107.880	0.497	960.5	2210	0.056(℃)
Al	알루미늄	13	26.98	2.699	660.2	2060	0.223
Au	금	79	192.10	19.32	1063.0	2970	0.131
Ba	바륨	56	137.36	3.78	704±20	1640	0.068
Be	베릴륨	4	9.013	1.84	1278±5	1500	0.4246
Bi	비스무트	83	209.00	9.80	271	1420	0.0303
Ca	칼슘	20	40.08	1.55	850±20	1440	0.149
Nb	니오브	41	92.91	8.569	2415	3300	0.065
Cd	카드뮴	48	112.41	8.65	320.9	767	0.0559
Ce	세륨	58	140.13	6.90	600±50	1400	0.042
Co	코발트	27	58.94	8.90	1495	2375±40	0.1042
Cr	크롬	24	52.04	7.09	1553	2220	0.1178
Cu	구리	29	63.554	8.96	1083.0	2310	0.0931
Fe	철	26	55.85	7.871	1538±3	2450	0.1172
Ga	갈륨	31	69.72	5.91	29.78	2070	0.079
Ge	게르마늄	32	72.60	5.36	958±10	2700	0.073
Hg	수은	80	200.61		-38.89	357	0.03326
In	인듐	49	114.76	7.31	156.4	1450	0.057
Ir	이리듐	77	193.50		2454±3	5300	0.031
K	칼륨	19	39.090	0.862	63±1	762.2	0.182
Li	리튬	3	0.940	0.534	180±5	1400	0.092
Mg	마그네슘	12	24.32	1.743	650	1110	0.2475
Mn	망간	25	54.93	7.40	245±10	1900	0.1211
Mo	몰리브덴	42	95.95		2025±50	3700	0.059(0°)
Na	나트륨	11	22.99	0.971	97.9	882.9	0.295
Ni	니켈	28	58.68	8.85	1455	2450~2900	0.2079
Pb	납	82	207.21	11.341	327.43	1540±15	0.031
Pd	팔라듐	46	106.70	12.03	1554	4000	0.058(0°)
Pt	백금	78	195.23	21.43	1773.5	4410	0.032
Rh	로듐	45	102.91	12.44	1966±3	4500	0.059
Sb	안티몬	51	121.76	6.62	630.5	1440	0.0502
Se	셀렌	34	78.96	4.81	220±5	680	0.084
Si	규소	14	28.09	2.33	1414	3500	0.162(0°)
Sn	주석	50	118.70	7.298	231.84	2270	0.551
Te	텔루르	52	127.61	6.235	450±10	1390	0.047
Th	토륨	90	232.12		1800±150	3000	0.034
Ti	티탄	22	47.90	4.54	1800±22	3400	0.1125
U	우라늄	92	238.07		1133±2	-	0.028
V	바나듐	23	50.95	5.82	1725±50	3400	0.1153
W	텅스텐	74	183.92		3410±20	5930	0.0338
Zn	아연	30	65.38	7.133	419.46	906	0.0944
Zr	지르코늄	40	91.22	6.50	1530	2900	0.066

2 화학적 성질

(1) 부식(corrosion)

금속이 물 또는 대기 중에서나 다른 가스 중에서 그 표면이 비금속성 화합물로 변화하는 것을 말한다.

(2) 침식(erosion)

기계적 및 화학적 작용 등에 의해서 부식되는 현상

(3) 이온화 경향

금속원자가 전자를 잃고 양이온으로 되려는 성질
(K 〉 Ca 〉 Na 〉 Mg 〉 Al 〉 Zn 〉 Cr 〉 Fe 〉 Co)

3 기계적 성질

(1) 강도(strength)

금속이 외력에 대해서 저항하는 힘의 강약을 말한다. 보통 강도라 하면 인장강도(kg/mm^2)를 의미한다.

(2) 경도(hardness)

금속의 기계적인 단단함의 정도를 수치로 표시한 것이다.

(3) 인성(toughness)

충격에 대한 재료의 저항을 말하며 질긴 성질이다.

(4) 취성

여리고 잘 부서지는 성질을 말하며 메짐이라고도 한다.

(5) 전성과 연성

전성은 넓게 펼칠 수 있는 성질이며 연성은 가느다랗게 늘일 수 있는 성질이다. 이 두 성질을 전연성이라고 한다.

> **Point** 화학적 성질의 종류
>
> **Point** 화학적 성질
> 내열성, 내식성
>
> **Point** 기계적 성질의 종류

① **연성**: Au - Ag - Al - Cu - Pt - Pb - Zn - Fe - Ni
② **전성**: Au - Ag - Pt - Al - Fe - Ni - Cu - Zn

(6) 피로(fatigue)

재료는 파괴하중보다 아주 낮은 하중이라도 반복하여 가하면 파괴에 이르게 된다. 이러한 경향을 피로라 한다.

(7) 기타

충격, 항복점, 연신율, 탄성률, 크리프 등을 들 수 있다.

참고

재료의 성질 분류
① 물리적 성질: 비중, 용융점, 비열, 선팽창 계수, 열 및 전기 전도율, 자성, 탈색
② 기계적 성질: 인장강도, 경도, 연신율, 단면수축률, 충격, 피로, 전성, 연성, 인성, 취성
③ 화학적 성질: 내열성, 내식성
④ 제작성 성질: 절삭성, 용접성, 단조성, 주조성

참고

합금의 특징: 순금속과 비교하여 정리한 것
① 경도 및 강도는 일반적으로 증가한다.
② 주조성은 양호하며, 내식성, 내열성은 증가한다.
③ 가단성, 전·연성은 낮아진다.
④ 열 및 전기전도도는 낮아진다.
⑤ 용융점 온도는 낮아진다.
⑥ 광택은 첨가되는 성분금속의 비율에 따라 변화한다.

CHAPTER 01 단원 예상문제

저자가 콕! 찝어주는 예상문제 풀어보기!

01 다음 용융점이 높은 금속 중에서 가장 용융점이 높은 금속은?

① 이리듐(Ir)   ② 팔라듐(Pd)
③ 텅스텐(W)   ④ 몰리브덴(Mo)

금속의 용융점
① W : 3410℃   ② Mo : 2610℃
③ Ir : 2450℃   ④ Pd : 1554℃
⑤ Fe : 1538℃   ⑥ Al : 660℃

02 다음 중 기계적 성질로만 짝지어져 있는 것은?

① 비중, 용융점, 비열, 선 팽창계수
② 인장강도, 연신율, 피로, 경도
③ 내열성, 내식성, 충격, 자성
④ 주조성, 단조성, 용접성, 절삭성

금속재료의 성질
① 물리적 성질 : 비중, 용융점, 비열, 선팽창계수, 열전도율, 전기전도율, 자기적 성질
② 기계적 성질 : 강도, 경도, 메짐, 전성, 연성, 연신율, 피로, 인성, 크리프, 단면수축률, 충격값
③ 화학적 성질 : 내열성, 내식성
④ 제작상 성질 : 주조성, 단조성, 절삭성, 용접성

03 다음 금속 중 선팽창계수가 가장 큰 것은?

① 몰리브덴(Mo)
② 텅스텐(W)
③ 마그네슘(Mg)
④ 이리듐(Ir)

선팽창계수
Mo : 4.9×10^{-6}
W : 4.6×10^{-6}
Mg : 26×10^{-6}

04 다음 금속 중 비중이 가장 큰 것은?

① 금   ② 수은
③ 철   ④ 알루미늄

① Au : 19.3   ② Hg : 13.6
③ Fe : 7.87   ④ Al : 2.7

05 다음 중 기계적 성질과 가장 먼 항목은?

① 용융점   ② 경도
③ 충격값   ④ 신연율

정답 1 ③ 2 ② 3 ③ 4 ① 5 ①

06 다음 중 상온에서의 열전도율이 큰 것부터 작은 것의 순으로 올바르게 나열한 항은?

① Ag → Al → Zn → Fe → Pb
② Au → Cu → Sn → Ni → Fe
③ Al → Ag → Pt → Sn → Zn
④ Ni → Ag → Pb → Zn → Sn

> 열전도율
> Ag → Cu → Au → Al → Mg → Zn → Ni → Fe → Pb → Sb

07 금속은 가열하면 팽창하고 냉각하면 수축한다. 물체의 단위 길이에 대하여 1℃ 높여질 때 마다 막대의 길이가 늘어나는 양을 선팽창계수라 하는데 다음 중 선팽창계수가 가장 작은 것은?

① Pb   ② Mg
③ Mo   ④ Zn

> Zn 〉 Pb 〉 Mg 〉 Mo 〉 W 〉 Ir

08 금속소재에 외력을 가해 변형된 후 외력을 제거해도 변형된 상태로 남아 있는 성질은 어느 것인가?

① 소성   ② 탄성
③ 인성   ④ 취성

09 실온 20℃에서 전기 전도율이 높은 것에서 낮은 것으로 올바른 것은?

① Pb - Fe - Ni - Cu - Al - Mg
② Al - Cu - Zn - Mg - Ni - Fe
③ Fe - Cu - Ni - Mg - Zn
④ Cu - Al - Mg - Zn - Ni - Fe

> 전기전도율
> Ag → Cu → Au → Al → Mg → Zn → Ni → Fe → Pb → Sb

10 인장시험편을 만들 때 고려하지 않아도 되는 사항은 다음 중 어느 것인가?

① 시험편의 무게
② 표점거리
③ 평행부의 길이
④ 평행부의 단면적

11 강의 인장시험에서 시험 전 평행부의 길이 55mm, 표점거리 50mm인 시험편을 시험한 후 절단된 표점거리를 측정하였더니 70mm이었다. 이 시험편의 연신율은 얼마인가?

① 20%   ② 25%
③ 30%   ④ 40%

> $\epsilon = \frac{\lambda}{l}$ 에서 $\epsilon = \frac{70-50}{50} \times 100\% = 40\%$

12 항복점이 일어나지 않는 재료는 항복점 대신 무엇을 쓰는가?

① 내력 ② 비례한도
③ 탄성한도 ④ 인장강도

> **내력(耐力 : yield strength)**
> 인장시험에 있어서 항복점이 뚜렷이 나타나지 않는 재료에서는 적당한 영구변형(보통 0.2%)을 일으켰을 때의 하중을 원래의 단면적으로 나눈 값

13 인장시험(tensile test)에서 얻은 응력-변형곡선(stress-strain curve)으로 부터 얻을 수 없는 성질은?

① 연신율(elongation)
② 인성(toughness)
③ 영률(young's modulus)
④ 피로한계(tatigue limit)

14 다음 중 경도시험법이 아닌 것은?

① 크로웰 ② 브리넬
③ 비커즈 ④ 샤르피

> **경도시험**
> ① 브리넬 경도 : 일정한 지름 Dmm인 강구,
> $H_B = \dfrac{P}{\pi dt}$ kg/mm²
> ② 비커스 경도 : 대면각 136°의 피라미드 모양의 다이아몬드, $H_V = \dfrac{1.8544P}{d^2}$
> ③ 로크웰 경도
>   ㉠ 1/16″ 강구 : $H_RB = 130 - 500h$
>   ㉡ 120° 다이아몬드 원뿔 : $H_RC = 100 - 500h$
> ④ 쇼어 경도 : 다이아몬드 낙하체,
> $H_S = \dfrac{10000}{65} \times \dfrac{h}{h_0}$

15 정지상태에서 압입자를 눌러서 경도를 측정하는 경도계가 아닌 것은 다음 중 어느 것인가?

① 브리넬 경도계
② 쇼어 경도계
③ 로크웰 경도계
④ 비커스 경도계

16 완성된 제품의 측정시험에 가장 적당한 경도측정 방법은?

① 로크웰 경도 ② 쇼어 경도
③ 비커스 경도 ④ 브리넬 경도

17 경도시험법에 관한 설명 중 틀린 것은?

① 브리넬 경도시험 : 정적시험
② 충격시험 : 동적시험
③ 로크웰 경도는 B.C 스케일이 있다.
④ 쇼어 경도시험은 압인시험이다.

18 연강과 같은 재료에 상온에서 하중을 작용시킬 때 생기는 변형률은 비례한도 이하에서는 하중에 비례하고, 하중을 증가시키지 않으면 증가하지 않으나, 온도가 350℃ 이상의 고온이 되면 하중이 일정하더라도 시간이 지남에 따라 변형률이 조금씩 증가한다. 이와 같은 현상을 무엇이라 하는가?

① 크리프(creep) ② 피로(fatlgue)
③ 노치(notch) ④ 응력(stress)

정답 12 ① 13 ② 14 ④ 15 ② 16 ② 17 ④ 18 ①

19 다음 금속의 결정 구조가 아닌 것은?

① 체심입방격자　② 면심입방격자
③ 중심입방격자　④ 조밀육방격자

> **금속의 결정구조**
> ① 면심입방격자(FCC) : Ag, Cu, Ni, Al, Pb, γ-Fe, Pt, Au, Ca
> ② 체심입방격자(BCC) : Cr, W, Mo, V, α-Fe, δ-Fe, K, Na
> ③ 조밀육방격자 : Cd, Co, Mg, Zn, Ti, Ce

20 면심입방격자에 해당하는 금속으로만 이루어진 항은?

① Fe(철), Mg(마그네슘)
② Cr(크롬), Mo(몰리브덴)
③ Zn(아연), W(텅스텐)
④ Al(알루미늄), Pt(백금)

21 다음 중 체심입방격자로만 이루어진 항은?

① 크롬(Cr), 텅스텐(W)
② 알루미늄(Al), 납(Pb)
③ 니켈(Ni), 아연(Zn)
④ 구리(Cu), 마그네슘(Mg)

22 금속의 조직검사법 중 황에 묽은 산을 혼합해 표면에 묻히고 이것을 인화지에 묻혀서 조직을 검사하는 방법은?

① 메크로 부식법　② 설퍼 프린트법
③ 타진법　④ 불꽃 시험법

23 다음 중 알루미늄과 그 합금의 조직시험에 있어서 그 부식제로 가장 적합한 것은?

① 피크로산 알코올 용액
② 염화제이철 용액
③ 수산화 나트륨 용액
④ 질산용액 및 나이탈

> **현미경 조직시험 부식제**
> ① 철강 : 질산, 알코올 용액, 피크린산 알코올 용액
> ② Cu : 염화 제이철 용액
> ③ Sn합금 : 질산용액 및 나이탈
> ④ Al과 그 합금 : 수산화 나트륨 용액

24 기계재료의 조직검사법 중 결함검사법에 해당되지 않는 것은?

① 자력결함검사법
② 형광검사법
③ X-선 검사법
④ 인장시험 검사법

25 냉간가공을 하면 일반적으로 감소하는 성질은?

① 연신율　② 인장강도
③ 경도　④ 충격값

> 냉간가공을 하면 강도, 항복점 및 경도가 증가하며, 연신율, 단면수축률은 감소한다.

정답　19 ③　20 ④　21 ①　22 ②　23 ③　24 ④　25 ①

26 다음 중 재결정에 관하여 틀리게 설명한 것은?

① 가공도가 클수록 재결정 온도는 낮다.
② 결정입자가 미세할수록 재결정 온도는 낮다.
③ 재결정 과정과 동시에 약간의 성분변화가 일어난다.
④ 재결정을 일으키는 추진력은 냉간가공 시 재료에 축적된 에너지이다.

27 다음 중 금속의 재결정 온도가 가장 높은 것은?

① Au
② Ni
③ Ag
④ Fe

재결정 온도
① Au : 200℃
② Ni : 530~660℃
③ Ag : 200℃
④ Fe : 350~450℃

28 다음 중 금속재료의 가공도와 재결정 온도의 관계를 가장 올바르게 나타낸 항목은?

① 가공도가 큰 것은 재결정 온도가 높아진다.
② 가공도가 큰 것은 재결정 온도가 낮아진다.
③ 재결정 온도가 낮은 금속은 가공도가 적다.
④ 가공도와 재결정 온도는 관계없다.

가공도, 가열 시간에 따른 재결정 온도
① 가공도가 클수록 재결정 온도는 낮다.
② 가열 시간이 길수록 재결정 온도는 낮아진다.

29 고분자 물질의 분자 간에 작용하는 힘은?

① 공유 결합력
② 이온 결합력
③ 금속 결합력
④ 배위 결합력

30 철 속에 탄소가 고용되어 α철로 될 때 α 고용체의 형태는?

① 침입형 고용체
② 치환형 고용체
③ 전율가용 고용체
④ 규칙격자형 고용체

31 금속의 결정격자에서 최소의 결정단위는?

① 단위세포
② 면심입방격자
③ 체심입방격자
④ 조밀육방격자

32 금속원소 중 경금속 원소는?

① Fe
② Cu
③ Pb
④ Al

정답 26 ④ 27 ② 28 ② 29 ① 30 ① 31 ① 32 ④

33 편정반응이 일어나는 것은?

① 콘스탄탄 ② 알루민
③ 모넬메탈 ④ 켈밋

- 편정반응
  융체 ⇌ 고용체 + 융체 (Pb-Cu)
  (냉각/가열)
- 포정반응
  용액 + α고용체 ⇌ β고용체(Ag-Cd, Ag-Pt, Fe-Au, Ag-Sn, Al-Cu, Fe-C)

34 2원합금에서 상의 수가 3일 때 자유도의 수는 어느 것인가?

① 0 ② 1
③ 2 ④ 4

응축계의 상칙은 다음과 같다.
여기서, F : 자유도의 수
P : 상의 수
C : 성분의 수
$F = C - P + 1$
응축계의 상칙에서 $C = 2$, $P = 3$이므로
$F = C - P + 1 = 2 - 3 + 1 = 0$

35 다음 중에서 금속의 변태점 측정법이 아닌 것은?

① 열분석법   ② 전기저항법
③ 시차열분석법 ④ 형광검사법

열분석법, 전기저항법, 비열법, X선 분석법, 시차열분석법, 열팽창법, 자기분석법

36 다음의 그림에서 빗금친 면의 밀러지수는 어느 것인가?

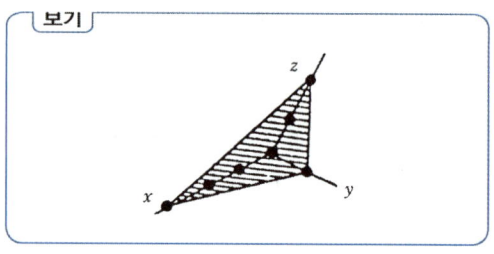

① (3, 6, 2) ② (2, 3, 6)
③ (3, 1, 2) ④ (2, 6, 3)

x, y, z축의 원자간격 : 3, 1, 2
이 간격의 역수 : $\frac{1}{3}$, 1, $\frac{1}{2}$
최소 정수비 : 2, 6, 3
따라서 (2, 6, 3)이며 이와 평행한 모든 면도 (2, 6, 3)으로 나타낼 수 있다.

37 충격시험은 주로 재료의 어떤 성질을 조사하기 위한 시험인가?

① 인성과 메짐 ② 전성과 연성
③ 경도와 강도 ④ 비중과 연신율

38 다음 중에서 가공경화 현상이 나타나는 이유로 가장 큰 것은?

① 응력감소
② 결정 결함수의 감소
③ 결정 결함수의 증가
④ 전위의 수 감소

가공경화현상
결정의 결정결함의 밀도를 증대

39 다음 원소 중 중금속이 아닌 것은?

① Fe
② Ni
③ Mg
④ Cr

40 다음 중 선팽창계수가 큰 순서로 올바르게 나열된 것은?

① 알루미늄 > 구리 > 철 > 크롬
② 철 > 크롬 > 구리 > 알루미늄
③ 크롬 > 알루미늄 > 철 > 구리
④ 구리 > 철 > 알루미늄 > 크롬

41 다음 금속 중 자기변태점이 없는 것은?

① Fe
② Ni
③ Co
④ Zn

정답 39 ③ 40 ① 41 ④

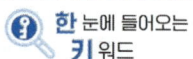

CHAPTER 02 철강재료의 기본특성과 용도

한 눈에 들어오는 키 워드

주요내용 알고 가기!

- 순철의 성질과 용도
- 탄소강의 성질과 용도
- 특수강(합금강)의 종류, 특성, 용도
- 주철의 특성과 용도

01 철강재료의 개요

1 철과 강의 분류

철강의 5대 원소에는 탄소(C), 규소(Si), 망간(Mn), 인(P), 황(S) 등을 들 수 있으며, 탄소는 철강의 성질에 큰 영향을 미친다.

탄소(C) : C량의 증가에 따라 탄소강의 항복강도와 인장강도를 증가시키는데 연신율, 수축율, 연성은 저하되고 철강은 강하고 단단하며 취성을 갖게 된다(C원자가 Fe원자에 비해 작으므로). 탄소는 값이 안정적이기 때문에 철계 재료가 사용되기 시작한 이래 강도를 향상시키는 기본적인 원소로 활용되고 있다.

> **Point** 탄소함유량에 따른 철의 분류

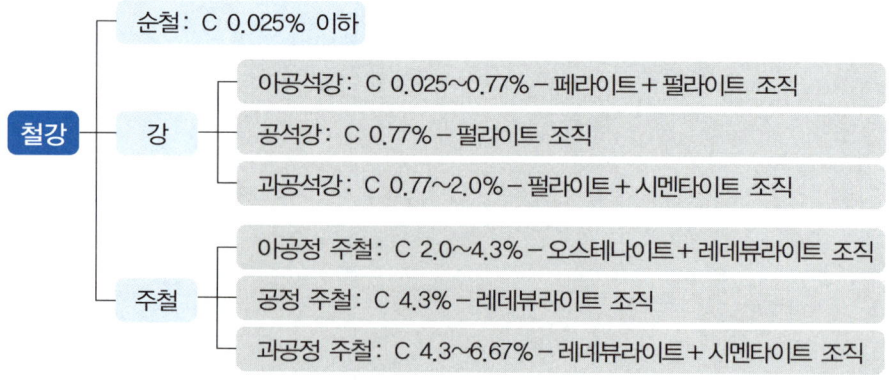

2 철강의 제조방법

철강의 제조방법에는 철광석을 용광로에서 제련하여 선철을 만드는 제선법과 선철을 제강로에서 정련하여 강으로 만드는 제강법이 있다.
철광석에는 적철광(Fe_2O_3), 자철광(Fe_3O_4) 갈철광($2Fe_2O_3 \cdot 3H_2O$), 능철광($FeCO_3$) 등이 대표적이다.

(1) 제선법

용광로에 철광석과 연료인 코크스와 용제(flux)인 석회석 등을 넣어 연소시키면 환원되어 제조된 철이 선철(pig iron)이다. 용광로(고로)의 크기는 24시간 동안에 출선된 선철의 무게를 톤(ton)으로 표시한다. (보통 100~2000톤)

(2) 제강법

제강법에는 평로(open-hearth furnace) 제강법, 전로(converter) 제강법, 전기로(electric arc furnace) 제강법 등이 있다.

① **평로 제강법**
축열실이 필요하며, 축열실의 온도는 조업 시 약 1000℃가 되어 예열된 가스와 공기를 노내로 공급하여 쇳물을 용해하고 정련하는 제강법이다.

② **전로 제강법**
노내로 산소를 고압(1.5~2.0기압)으로 불어 넣어 선철에 함유된 탄소나 규소 및 그밖의 불순물을 산화 연소시키는 정련과정을 통하여 강을 만드는 제강법이다.
- **베세머법(산성법)** : 규소 내화물 사용 (저 P, 고 Si)
- **토머스법(염기성법)** : 돌로마이트 또는 마그네시아를 사용 (고 P, 저 Si)

③ **전기로 제강법**
전열을 이용하여 강을 제련하는 노를 말하며 종류로는 아크식(에루식로), 유도식(저주파 또는 고주파 유도로)을 들 수 있으며, 온도조절 및 탈황, 탈산 정련이 용이하다.

3 강괴(steel ingot)

정련이 끝난 용해된 강은 주형에 주입하게 되는데, 이때 용강의 탈산 정도에 따라 림드강, 세미킬드강 및 킬드강으로 구분된다.

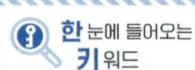

Point
탈산 정도에 따른 강의 분류

(1) 림드강(rimmed steel)

전로에서 용해한 강을 망간철(Fe - Mn)로 가볍게 탈산시킨 상태에서 주형에 주입한 것으로, 불완전 탈산강이라고 한다.

(2) 세미 킬드강(semi killed steel)

탈산의 정도를 킬드강과 림드강의 중간 정도로 한 약탈산강을 말한다. 용도로는 일반구조용강, 두꺼운 판 등의 소재로 쓰인다.

(3) 킬드강(killed steel)

평로나 전기로 안에서 규소철(Fe - Si), 알루미늄(Al) 등의 강력한 탈산제를 첨가하여 충분히 탈산시킨 고급강을 말한다.
단점은 헤어크랙이나 상부에 수축공(shrinkage cavity)이 생기므로 이 부분을 잘라버린 후 사용해야 한다.

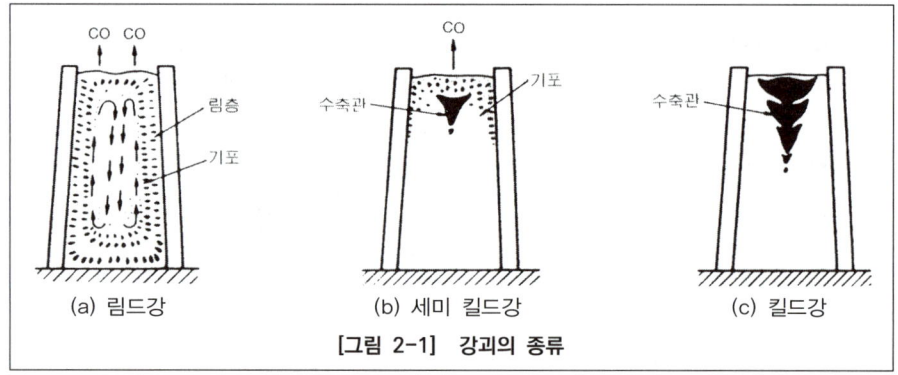

[그림 2-1] 강괴의 종류

02 순철(pure iron)

1 순철의 성질(C : 0~0.025%)

(1) 항자력이 낮고 투자율이 높아 변압기, 발전기용 박판에 사용(전기재료용)
(2) 단접성, 용접성 양호
(3) 유동성 및 열처리성 불량
(4) 항복점, 인장강도 낮고 연신율, 단면수축률, 충격 및 인성은 높다.
(5) 종류 : 암코철, 전해철, 카보닐철, 해면철, 연철 등
(6) 인장강도 176.4~245MPa, 비중 7.87, 용융온도 1538℃이다.

2 순철의 변태

순철에는 α, γ, δ철의 3개의 동소체가 있다. 순철의 변태에는 A_2(768℃), A_3(910℃), A_4(1401℃) 변태가 있다. A_2 변태를 자기변태라 하고, A_3, A_4 변태를 동소변태라 한다.
α철은 910℃ 이하에서 체심입방격자(BCC), γ철은 910~1400℃ 사이에서 면심입방격자(FCC), δ철은 1400℃ 이상에서 체심입방격자로 존재한다.

03 탄소강(carbon steel)

Point 철의 평형 상태도

1 Fe-C계 평형 상태도

Fe-C계와 Fe-Fe₃C계 평형상태도는 철과 탄소량에 따른 조직을 표시한 것으로서 그림 중의 실선은 철-시멘타이트계, 점선은 철-탄소계의 평형상태도이다.

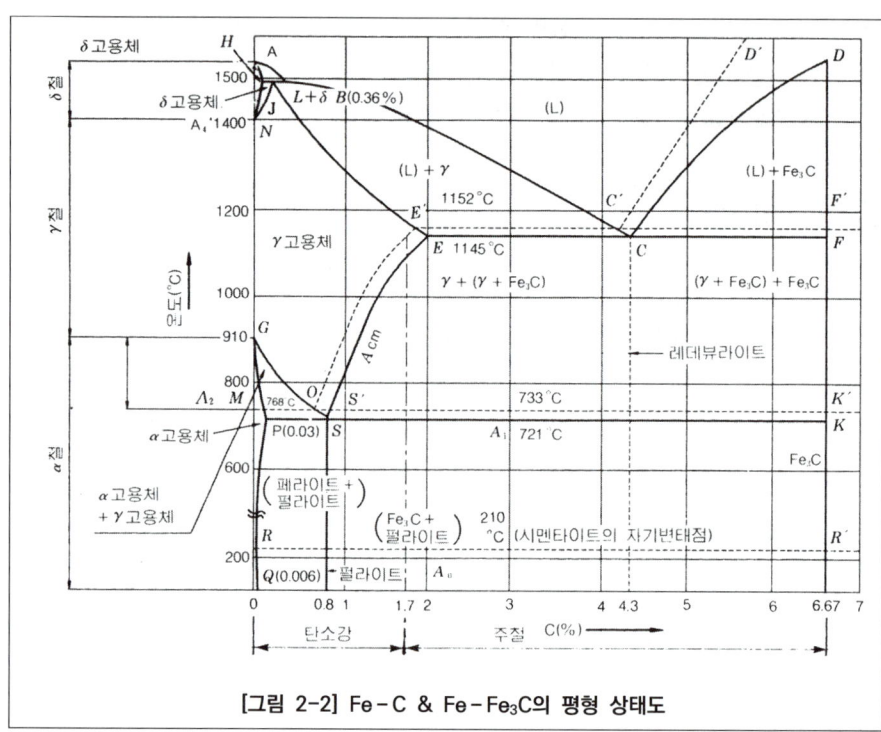

[그림 2-2] Fe-C & Fe-Fe₃C의 평형 상태도

① A : 순철의 용융점(1538℃)
② ABCD : 액상선
③ N : 순철의 A_4 변태점, $\gamma \rightleftharpoons \delta$ 1400℃
④ C : 공정점(1147℃), 4.3%의 용액에서 γ고용체와 시멘타이트가 동시에 정출하는 점으로, 레데뷰라이트(ledeburite) 조직이 된다.
⑤ HJB : 포정선이며, 포정 온도는 1493℃이다.
⑥ G : 순철의 A_3 변태점, $\gamma \rightleftharpoons \alpha$ 910℃
⑦ J : 포정점(1490℃), 0.18%C
⑧ JE : γ고용체의 고상선
⑨ ES : Acm선으로 γ고용체에서 Fe₃C의 석출 완료선
⑩ GS : A_3선(A_3 변태선)으로 γ고용체에서 α고용체를 석출하기 시작하는 선
⑪ S : 공석점으로 γ고용체에서 α고용체와 Fe₃C(시멘타이트)가 동시에 석출되는 점으로, 펄라이트 조직이 된다.
⑫ PSK : 공석선(723℃)이며, A_1 변태선
⑬ P : α고용체 중 탄소를 최대로 고용하는 점(0.025%)

Point
HJB : 포정선
ECF : 공정선
PSK : 공석선

2 탄소강의 표준조직(standard structure)

강을 단련하여 불림(normalizing) 처리하여 얻은 조직

(1) 오스테나이트(austenite)

γ철에 탄소가 최대 2.0%까지의 고용된 고용체로 A1점(723℃)에서 안정된 조직이며, 상자성체이고 인성이 크다. 단, Mn, Ni 등이 많이 고용된 강은 상온에서도 오스테나이트 조직을 얻는다. 결정구조는 면심입방격자(FCC)이다. ($H_B = 155$)

(2) 페라이트(ferrite)

일반적으로 상온에서 α철에 탄소를 0.025%까지 고용된 것을 페라이트라 하며, 강자성체로 극히 연하고 전성과 연성이 크다. ($H_B = 90$)

(3) 펄라이트(pearlite)

오스테나이트가 페라이트와 시멘타이트의 층상으로 된 조직이며 0.8%의 탄소를 함유하는 공석이다. 강도는 크고 어느 정도 연성이 있다. ($H_B = 225$)

(4) 시멘타이트(cementite)

철과 6.67% 탄소의 화합물인 탄화철(Fe_3C)로 경도가 높고 취성이 크며, 백색으로 상온에서 강자성체이다. ($H_B = 820$)

(5) 레데뷰라이트(ledeburite)

γ고용체와 시멘타이트와의 공정조직으로 주철에서 나타난다.

3 탄소강 중에 함유된 성분의 영향

탄소(C) 이외의 5대 원소 : Si, Mn, P, S, Cu

(1) 망간(Mn)

① 강 중에 0.2~0.8% 함유
② 황과 화합하여 제거하므로서 적열취성 방지(MnS)
③ 결정성장 방지 및 표면 소성 저지

● Point
탄소강의 표준조직

● Point
① 최대연신율을 갖는 조직 : 페라이트
② 최대인장강도를 갖는 조직 : 펄라이트
③ 최대경도를 갖는 조직 : 시멘타이트

● Point
탄소강 중 탄소 이외의 5대 원소
Si, Mn, P, S, Cu

④ 강의 점성증가, 고온가공 용이
⑤ 강도, 경도, 인성 증가 및 담금질 효과가 크다.

(2) 규소(Si)

① 강 중에 0.10~0.35% 함유
② 강의 인장강도, 탄성한계, 경도 증가
③ 연신율, 충격값, 전성, 가공성의 감소 및 단접성을 해치며 주조성(유동성)을 좋게 한다.

(3) 황(S)

황
절삭성 향상

① 단접, 압연성 및 유동성을 해친다.
② 적열취성의 원인
③ Mn 0.25% 정도 첨가하여 피절삭성 개선(황화망간 : MnS)

(4) 인(P)

① 강중에 0.06% 이하로 제한되며, 상온에서 충격값 저하로 상온 메짐(cold shortness)의 원인
② 편석 및 균열 발생의 우려가 있다.
③ 강도, 경도는 약간 증가, 연신율 감소

(5) 구리(Cu)

구리
내식성 증가

① 열간가공성 저하(압연 시 균열발생)
② 인장강도 탄성한도를 높이며, 부식에 대한 저항 증가
③ 0.25% 이하일 때는 별로 유해하지 않다.

(6) 수소(H_2)

① 철을 여리게 하고 산이나 알칼리에 약하게 한다.
② 백점(flakes), 헤어 크랙(hair crack)의 원인이 된다.

4 강에서 발생되는 취성(메짐)

취성의 종류	상 태	원 인
적열취성(고온 메짐)	900~950℃에서 FeS가 파괴되어 균열을 발생시킨다.	황(S)
청열취성	200~300℃에서 강도, 경도는 최대, 연신율, 단면 수축률은 최소가 된다.	인(P)
상온취성(냉간 메짐)	충격, 피로 등에 대한 저항을 감소시킨다.	인(P)
고온취성	강에 구리의 함유량이 0.2% 이상이 되면 고온에서 취성을 일으킨다.	구리(Cu)

> **Point** 취성의 종류

5 탄소함유량에 따른 탄소강의 성질

구 분	성 질	탄소량이 감소할 때	탄소량이 증가할 때
기계적	인장강도 경도 연성 인성 열처리성 용접성	작아진다. 낮아진다. 커 진 다. 커 진 다. 나빠진다. 좋아진다.	커진다. 높아진다. 작아진다. 작아진다. 좋아진다. 불량해진다.
물리적	결정입자 비중 열전도율 전기저항	거칠다. 증가 증가 감소	조밀하다. 감소 감소 증가

* 강도와 경도는 공석점(C = 0.85%) 부근에서 최대가 된다.

> **Point** 탄소함유량에 따른 성질의 변화

6 탄소함유량에 따른 탄소강의 용도

종 류	특 성	용 도
C 0.15% 이하의 저탄소강	프레스, 냉각인발(냉간가공 용이)	소형용기, 차량구조품, 자전차 부품, 볼트, 너트, 박판, 강선
C 0.15~0.25% 탄소강	절삭가공 및 침탄용강 또는 냉간가공	볼트, 너트, 핀
C 0.25~0.35% 탄소강	단조, 주조, 절삭가공, 용접	강철판, 철골, 파이프
C 0.35~0.45% 탄소강	대형의 단조품(큰 강도 요구 시)	차축, 크랭크축, 캠, 기어, 축 (화염 경화법, 고주파 경화법)
C 0.45~0.65% 탄소강	내마멸성, 피로강도	크랭크축, 기어, 캠
C 0.6% 이상의 고탄소강	내마멸성 높은 항복점	공구강, 핀, 차바퀴, 레일, 스프링

* 탄소의 분류(탄소함유량에 따라)
극연강: 0.12% 이하, 연강: 0.12~0.20%, 반연강: 0.20~0.30%, 반경강: 0.30~0.40%, 경강: 0.40~0.50%, 최경강: 0.50~0.70%, 탄소공구강: 0.6~1.5%

7 주강(cast steel)

모양이 복잡하여 단조가공으로 만들기 어렵고 주철로서는 강도가 부족할 경우에는 주강을 사용한다.

(1) 주강의 성질

① 수축률 : 주철의 2배, 용융점 : 1600℃
② 주철보다 강도가 크나 유동성이 작다.
③ 응력, 기포가 많고 조직이 억세므로 주조후 풀림 열처리 필요(1450~1530℃)
④ 주철보다 용융점이 높아 주조가 어렵고 비용이 많이 든다.(방향성이 없는 제품)

(2) 주강의 탄소 함유량에 따른 용도

탄소량(%)	용 도
0.10~0.20%	전기 기계 재료, 전동기 요크
0.15~0.20%	기계 부품, 풀림상자, 브래킹
0.20~0.25%	각종 철도 차량품, 농기구, 펌프
0.25~0.35%	조선재, 교량재, 보일러 부품
0.35~0.40%	분괴롤, 운반기계, 기어
0.40~0.50%	기어, 공작기계, 자동차 및 차량부품

(3) 주강의 종류

① 탄소 주강(SC)
  ㉠ 0.20% C 이하인 저탄소 주강
  ㉡ 0.20~0.50% C의 중탄소 주강
  ㉢ 0.5%C 이상인 고탄소 주강
    예 • SC 42, 46, 49 : 철도 차량, 조선, 기계, 광산 구조용 재료
    • SC 37 : 전동기용 부품(모터 프레임)

② 합금 주강
  탄소주강보다 우수한 강도, 인성 및 내마멸성 등을 부여한 주강을 말한다.
  ㉠ Ni 주강 : 강인성 목적, 톱니바퀴, 차축, 철도용, 선박용 설비에 사용
  ㉡ Cr 주강 : 강도, 내마멸성 목적, 분쇄기계, 석유화학 공업용 기계 부품에 사용
  ㉢ Ni - Cr 주강 : 내마멸성과 피로한도 목적, 자동차, 항공기 부품, 톱니바퀴, 롤에 사용

ⓔ Mn 주강
  - 저 Mn 주강: 펄라이트계, 제지용이나 롤 등에 사용
  - 고 Mn 주강: 오스테나이트계, 레일의 포인트, 광산, 토목기계 부품 등에 사용

CHAPTER 02 단원 예상문제

저자가 콕! 찝어주는 예상문제 풀어보기!

01 다음 공석강(eutectoid steel)에 대한 설명 중 맞지 않는 것은?

① 탄소함유량이 0.8 중량 퍼센트이다.
② 서냉조직은 층상의 펄라이트로 되어 있다.
③ 현미경으로 관찰해보면 페라이트가 검게 나타난다.
④ 상온에서의 조직구성은 대략 88%의 페라이트와 12%의 세멘타이트로 되어 있다.

> 전자현미경으로 보면 백색부분은 페라이트이고, 흑색부분은 시멘타이트이다.

02 Fe-C 상태도에서 공석반응을 일으키는 온도는 몇 도 정도인가?

① 821℃   ② 723℃
③ 621℃   ④ 521℃

> 공석반응이 일어나는 부분은 A1 변태선(공석선)이며, 온도는 723℃, 탄소량은 0.025~6.67%까지이다.

03 펄라이트(pearlite)의 생성되는 과정에서 틀린 것은?

① Fe_3C의 핵이 성장한다.
② α의 결정립계에 Fe_3C의 핵이 생긴다.
③ γ의 결정립계에 Fe_3C핵이 생긴다.
④ Fe_3C의 주위에 α가 생긴다.

> α고용체와 시멘타이트가 생성되는 과정

04 탄소량의 0.77%인 강은?

① 자석강   ② 아공석강
③ 공석강   ④ 과공석강

> 탄소량에 따른 강의 분류
> ① 공석강: 0.77%C
> ② 아공석강: 0.025~0.77%C
> ③ 과공석강: 0.77~2.11%C

05 탄소강의 종류 중 탄소량이 0.13~0.20% 함유되어 있으며, 교량, 철교, 볼트, 리벳 등에 사용되는 것은?

① 연강   ② 반경강
③ 경강   ④ 탄소공구강

> ① 극연강 C=0.12%: 강판, 강선, 못, 파이프, 와이어
> ② 연강 C=0.13~0.2%: 관, 교량, 강철봉, 철골, 철교, 볼트, 리벳
> ③ 반연강 C=0.2~0.3%: 기어, 레버, 강철판, 볼트, 너트, 파이프
> ④ 반경강 C=0.3~0.4%: 철골, 강철판, 차축
> ⑤ 경강 C=0.4~0.5%: 차축, 기어, 캠, 레일

06 α-Fe가 상온에서 탄소를 고용할 수 있는 최대한도는 몇 %까지인가?

① 0.025%   ② 0.1%
③ 0.85%   ④ 4.3%

> α-Fe이 탄소를 고용할 수 있는 최대한도: 0.0218%C
> β-Fe이 탄소를 고용할 수 있는 최대한도: 2.11%C

정답 1 ③ 2 ② 3 ② 4 ③ 5 ① 6 ①

07 순철에 관한 다음 사항 중 틀린 것은?

① 공업적으로 가장 순수한 철은 카르보닐철이다.
② 순철에는 α, γ, δ 철의 3개의 동소체가 있다.
③ 순철의 자기 변태점은 A_2 변태로서 상자성체이다.
④ 순철은 기계구조용으로 많이 사용된다.

> 순철의 성질
> ① 탄소 함유량이 0.025% 이하
> ② 항자력이 작고 투자성이 우수하여 전기재료로 사용
> ③ 용접성 우수하고, 전·연성이 풍부
> ④ 동소체는 α, γ, δ 철이 있다.
> ⑤ 순철의 종류에는 암코철, 전해철, 카르보닐철
> ⑥ 순철의 변태는 A_2(자기변태), A_3, A_4(동소변태) 변태가 있다.

08 Fe-C 상태도에서 $(L) + \delta \rightarrow \gamma$로 변화반응은?

① 공정(변화)반응
② 포정(변화)반응
③ 공석(변화)반응
④ 편정(변화)반응

> ① 공정반응 : 액체 $\rightleftarrows$ 고체 α + 고체 β
> ② 포정반응 : 고체 α + 액체 $\rightleftarrows$ 고체
> ③ 편정반응 : 액체 α $\rightleftarrows$ 고체 α + 액체
> ④ 공석반응 : α + Fe_3C $\Rightarrow$ 펄라이트

09 강 중의 펄라이트(pearlit) 조직이라 하는 것은?

① α 고용체와 Fe_3C의 혼합물
② γ 고용체와 Fe_3C의 혼합물
③ α 고용체와 γ 고용체의 혼합물
④ δ 고용체와 α 고용체의 혼합물

기 호	조 직 명	결정 격자 및 특징
α	페라이트 (α-ferite)	BCC(탄소가 0.025%)
γ	오스테나이트 (austenite)	FCC(탄소가 2.11%)
δ	페라이트 (δ-ferite)	BCC
Fe_3C	시멘타이트 (cementite)	금속간 화합물 (탄소가 6.68%)
$\alpha + Fe_3C$	펄라이트 (pearlite)	$\alpha + Fe_3C$의 혼합조직 (탄소가 0.77%)
$\gamma + Fe_3C$	레데뷰라이트 (ledeburite)	$\gamma + Fe_3C$의 혼합조직 (탄소가 4.3%)

10 Fe-C 상태도 상에 나타나는 조직 중에서 금속간 화합물에 속하는 것은?

① Ferrite
② Cementite
③ Austenite
④ Pearlite

> 펄라이트 : $\alpha - Fe + Fe_3C$

정답 7 ④ 8 ② 9 ① 10 ②

11 순철(pure iron)에는 전혀 없는 강(steel)의 특유한 변태는?

① A_1 변태　　② A_2 변태
③ A_3 변태　　④ A_4 변태

> 순철의 변태에는
> ① A_2(768℃) : 자기변태
> ② A_3(912℃) : 동소변태
> ③ A_4(1400℃) : 동소변태

12 다음 중 순철의 동소 변태는?

① $\delta + B \rightleftarrows \gamma$
② $\delta - Fe \rightleftarrows \gamma - Fe$
③ $M \rightleftarrows \gamma + Fe_3C$
④ $\gamma \rightleftarrows \alpha + Fe_3C$

> 순철의 동소변태
>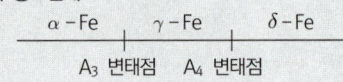
> 　$\alpha - Fe$　　$\gamma - Fe$　　$\delta - Fe$
> 　　　A_3 변태점　A_4 변태점

13 적열취성의 원인이 되는 원소는?

① Mn　　② Si
③ P　　　④ S

14 다음 조직 중 2상 혼합물인 것은 어느 것인가?

① 펄라이트(pearlite)
② 시멘타이트(cementite)
③ 페라이트(ferrite)
④ 오스테나이트(austenite)

> ① 펄라이트 : $\alpha + Fe_3C$
> ② 시멘타이트 : Fe_3C
> ③ 페라이트 : α 고용체
> ④ 오스테나이트 : γ 고용체

15 용융금속의 유동성을 좋게 하므로, 탄소강 중에는 보통 0.2~0.6% 정도 함유되어 있으며, 또한 이것이 함유되면 단접성 및 냉간가공성을 해치고 충격저항을 감소시키는 원소는?

① Mn　　② P
③ Si　　　④ S

> 탄소강에 미치는 영향
> ① Mn : 0.2~1.0%함유
> 　㉠ 경화능이 커지고 고온가공이 용이
> 　㉡ 강도, 경도, 인성을 증대시킨다.
> 　㉢ 주조성을 좋게 하고 S의 해를 감소시킨다.(적열취성 방지)
> ② Si : 선철과 탈산제로부터 잔류되며, 0.1~0.35%함유
> 　㉠ 인장강도, 탄성한계, 경도를 증대 유동성이 좋다.
> 　㉡ 연신율, 충격값을 감소
> 　㉢ 결정립 조대화시키고 가공성을 해친다.
> 　㉣ 용접성을 저하시킨다.
> ③ P : Fe_3P로 석출하여 존재, 0.03% 이하
> 　㉠ 강도, 경도 증가시키고 연신율 감소시킨다.
> 　㉡ 실온에서 충격값 저하시켜 상온취성의 원인
> ④ S : 0.02% 이하
> 　㉠ 강도, 신율, 충격값을 감소시킨다.
> 　㉡ 적열취성의 원인이 된다.(공구강 : 0.03% 이하, 연강 : 0.05% 이하로 제한)

정답　11 ①　12 ②　13 ④　14 ①　15 ③

16 탄소강에서 적열 메짐성(red shortness)을 방지하고 담금질 효과를 증가하기 위하여 첨가하는 원소는?

① 규소(Si) ② 망간(Mn)
③ 니켈(Ni) ④ 구리(Cu)

> ① 청열메짐 : 200~300℃에서의 강의메짐
> ② 뜨임메짐 : 550~600℃에서의 니켈-크롬강의 메짐
> ③ 상온메짐 : P이 많은 강의 메짐
> ④ 적열메짐 : 900℃ 이상에서의 S에 의한 강의 메짐

17 P가 강에 미치는 영향은 다음 중 어느 것인가?

① 유동성을 해친다.
② 고온취성(hot brittleness)
③ 경도, 인장강도 감소
④ 상온취성(cold brittleness)

18 철강 중에 함유된 5대 원소는?

① C, Ni, Cr, P, S
② C, Si, Mn, P, S
③ C, Si, Mo, P, S
④ Cr, Si, Mo, P, S

19 탄소강에서 헤어 크랙의 발생에 가장 큰 영향을 주는 원소는?

① 산소 ② 수소
③ 질소 ④ 탄소

> ① N_2 : 강도, 경도를 증대시킨다.
> ② O_2 : 산화물로 존재하여 FeO는 적열취성의 원인이 된다.
> ③ H_2 : 강을 여리게 하고 산이나 알칼리에 약하게 하며 백점(flakes)이나 헤어크랙(hair crack)의 원인이 된다.

20 탄소강의 기계적 성질과 온도와의 관계에 대한 다음 사항 중 올바르지 않은 것은?

① 인장강도는 150~300℃까지는 상승하지만 그 후는 점차 감소한다.
② 충격값은 400℃ 부근에서 가장 적다.
③ 단면수축률은 200~300℃에서 최댓값을 갖는다.
④ 연신율은 200~300℃에서 최솟값을 갖는다.

21 강철의 기계적 성질에서 200~300℃에서는 상온보다 단단한 반면 여리고 약해지는 성질을 무엇이라 하는가?

① 청열메짐
② 뜨임메짐
③ 상온메짐
④ 적열메짐

22 절삭공구를 연마할 때 상온에서 연마하는 것보다 300℃ 정도에서 연마하면 취성이 생기고 날이 쉽게 마모되는데 무슨 현상 때문인가?

① 청열취성 때문에
② 재질이 불량해서
③ 고온취성 때문에
④ 공구각을 잘못 연마해서

정답 16 ② 17 ④ 18 ② 19 ② 20 ③ 21 ① 22 ①

23 강의 제조에서 전로의 용량을 가장 알맞게 나타낸 것은?

① 24시간 동안 용해할 수 있는 쇳물의 무게로 표시
② 1시간 동안 용해할 수 있는 쇳물의 무게로 표시
③ 1회당 제강할 수 있는 쇳물의 무게로 표시
④ 로의 지름의 크기로 표시

> 각 로의 크기(용량)
> ① 용광로 : 1일 생산되는 선철의 무게(ton)
> ② 용선로(큐폴라) : 1시간당 용해량(ton)
> ③ 평로, 전로, 전기로 : 1회당 저장할 수 있는 쇳물의 무게(ton)
> ④ 도가니로 : 1회에 녹일 수 있는 양을 구리의 무게로 표시

24 철강의 분류는 무엇에 의해서 분류하는가?

① 탄소함유량 ② 철강의 성질
③ 철강의 조직 ④ 제작방법

> 철강의 분류는 탄소의 함유량에 따라
> ① 순철 : 0.02%C 이하
> ② 강 : 0.02~2.11%C
> ③ 주철 : 2.11~6.68%C

25 염기성 내화물을 이용한 제강법은 어느 것인가?

① 베세머법 ② 토마스법
③ 고주파법 ④ 도가니법

> 전로제강법
> ① 베세머법 : 산성내화물, 내화벽돌은 규석사용
> ② 토마스법 : 염기성 내화물, 내화벽돌은 돌로마이트나 마그네시아를 사용

26 다음은 탄소강의 강괴를 만들 때 사용되는 탈산제들이다. 관계가 먼 것은?

① Fe-Si ② Fe-Ni
③ Fe-Mn ④ Al

> 탈산제로는 Fe-Si, Fe-Mn, Al 등이 쓰인다.

27 강을 제조공정에 따라 분류하였을 때 관계가 먼 것은?

① 압연강 ② 구조용강
③ 단조강 ④ 주조강

> 용도에 의한 분류
> ① 일반기계 구조용강
> ② 특수 목적용강

28 killed steel이란 무엇을 말하는가?

① 탈산하지 않은 강
② 완전 탈산한 강
③ 중정도 탈산한 강
④ 탈산 후 열처리한 강

> 강괴의 종류
> ① 림드강 : 불완전 탈산(Fe-Mn으로 가볍게 탈산)
> ② 킬드강 : 완전 탈산, 상부 중앙의 수축공(고급강재에 사용)
> ③ 세미 킬드강 : 중간 정도의 강괴

29 킬드강은 어떤 결함이 나타나는가?

① 내부의 수축공
② 내부의 기포
③ 외부의 기포
④ 상부중앙의 수축공

정답 23 ③ 24 ① 25 ② 26 ② 27 ② 28 ② 29 ④

30 노 안에서 페로실리콘, 알루미늄 등의 강력한 탈산제를 첨가하여 충분히 탈산을 시킨 강괴는?

① limmed steel
② semi-killed steel
③ semi-limmed steel
④ killed steel

탄소강의 기계적 성질(탄소량의 증가에 따라)
① 강도, 경도 증가(공석 조직 부근에서 최대)
② 인성, 충격값 감소
③ 용융점이 낮아지고 비중도 작아진다.
④ 가공 변형이 어렵다.
⑤ 담금질 효과가 커진다.
⑥ 비중, 열전도율, 열팽창계수는 감소한다.
⑦ 전기저항은 증가한다.
⑧ 용접성은 저하 열처리는 향상된다.

---

31 Rimmed steel에 대한 설명이다. 틀린 것은?

① 주형에 접한 부분은 천천히 냉각되므로 순도가 나쁘다.
② 평로나 전로에서 정련된 용강을 페로망간으로 가볍게 탈산시킨 것이다.
③ 탈산이 충분치 못하기 때문에 용강은 주형 내에서 비등하다.
④ 0.3%C 이하의 탄소강으로서 내부에는 많은 기공이 있다.

32 강의 성질에 가장 큰 영향을 미치는 것은?

① 탄소(C)   ② 규소(Si)
③ 망간(Mn)   ④ 인(P)

33 탄소강의 기계적 성질 중 옳지 않은 것은?

① 탄소강의 기계적 성질에 가장 큰 영향을 주는 원소는 탄소이다.
② 탄소량이 많을수록 인성과 충격값은 증가한다.
③ 표준상태에서는 탄소가 많을수록 강도, 경도가 증가한다.
④ 탄소가 많을수록 가공 변형은 어렵게 된다.

34 탄소강의 성질은 함유하는 성분 원소의 종류, 제조방법 기계가공 및 열처리에 따라 다르다. 표준상태의 조직을 가지는 탄소강에서 기계적 성질을 올바르게 설명한 것은?

① 탄소가 많을수록 강도나 경도가 증가한다.
② 탄소가 많을수록 인성과 충격값은 증가한다.
③ 인장강도와 경도는 공석조직 부근에서 최소가 된다.
④ 적열상태에서는 전연성이 아주 작기 때문에 단조가 곤란하다.

35 일반적으로 탄소강에서 탄소량이 증가할 경우 알맞는 사항은?

① 경도감소, 연성감소
② 경도감소, 연성증가
③ 경도증가, 연성증가
④ 경도증가, 연성감소

정답 30 ④ 31 ① 32 ① 33 ② 34 ① 35 ④

36 탄소강의 종류와 용도 및 특성을 설명한 것 중 잘 못 표현된 것은?

① 대량생산 및 가공변형이 쉽고 기계적 성질이 우수하며, 가장 널리 쓰인다.
② 탄소량이 적은 것은 스프링 공구강으로 쓰이고 탄소량이 많은 것은 여러 가지 구조용 재료로 쓰인다.
③ 극연강, 연강은 단접은 잘되나 물이나 기름에 높은 온도에서 급히 담가 식혀도 단단해지기 어렵다.
④ 반경강, 경강은 단접이 잘되지 않는 대신 열처리 효과가 비교적 크다.

37 탄소량이 변화하면 탄소강의 성질도 변화된다. 탄소량이 증가하면 어떠한 현상이 나타나는가?

① 열팽창계수가 증가한다.
② 열전도율이 증가한다.
③ 전기저항이 증가한다.
④ 비중이 증가한다.

38 순철에서 순도를 높였을 때 나타나는 가장 중요한 성질은?

① 항자력이 작아지고 투자성이 높아지며 용접성이 좋아진다.
② 항자력이 작아지고 투자성이 낮아지며 용접성이 나빠진다.
③ 항자력이 커지고 투자성이 낮아지며 용접성이 좋아진다.
④ 항자력이 커지고 투자성이 높아지며 용접성이 나빠진다.

39 Fe-C 평형상태도에서의 Acm 변태란 무엇을 말하는가?

① α-고용체에서 Fe_3C가 석출하기 시작하는 온도선
② γ-고용체에서 Fe_3C가 석출하기 시작하는 온도선
③ 용액에서 Fe_3C가 초정으로 정출하는 온도선
④ γ-고용체에서 α 고용체가 석출하기 시작하는 온도선

Fe-C 평형상태에서
① Acm변태: γ-고용체에서 Fe_3C가 석출하기 시작하는 온도선
② GS선: α-고용체에서 Fe_3C가 석출하기 시작하는 온도선

40 형상이 복잡하여 단조로써는 만들기가 곤란하고 또 주철로써는 강도가 부족할 경우에 사용되며, 주조 후 반드시 풀림 열처리하는 탄소강은?

① 현강   ② 주강
③ 경강   ④ 용강

41 주강(cast steel)이 주철(cast iron)보다 부족한 성질은 무엇인가?

① 충격값   ② 인장강도
③ 유동성   ④ 굽힘강도

42 망간주강에서 하드필드강의 망간 함유량은?

① 1.2% ② 12%
③ 32% ④ 2.3%

특수주강
① Ni 주강 : 0.1~0.6%C, 0.5~5%Ni(차량, 펌프부품에 사용)
② Ni-Cr 주강 : 0.2~0.3%C,18%Cr, 8%Ni(내식용)
③ Mn 주강
　㉠ 저 Mn 주강 : 0.9~1.2%Mn, 펄라이트 조직
　㉡ 고 Mn 주강 : 10~16%Mn, 오스테나이트 조직(롤러)
④ Cr 주강 : 0.5~1.2%Cr 주강과 10% 이상의 고 Cr 주강이 있으며, 내마모성, 내식성이 크다.

---

43 탄소량이 0.40~0.50%인 주강의 용도는?

① 각종 철도차량품, 농기구, 펌프
② 조선재, 교량재, 보일러부품
③ 분괴롤, 운반기계, 기어
④ 기어, 공작기계, 자동차 및 차량부품

탄소량에 따른 주강의 용도
① 0.18~0.25%C : 각종 철도차량품, 농기구, 펌프
② 0.25~0.35%C : 조선재, 교량재, 보일러 부품
③ 0.35~0.40%C : 분괴롤, 운반기계, 기어
④ 0.40~0.50%C : 기어, 공작기계, 자동차 및 차량부품

---

44 강에 Mn을 첨가하면 어떤 성질이 가장 많이 증가하는가?

① 내산성 증가 ② 내식성 증가
③ 인장강도 증가 ④ 내마모성 증가

45 담금질 조직 중 가장 경도가 높은 것은?

① 펄라이트
② 마텐자이트
③ 솔바이트
④ 트루스타이트

시멘타이트 〉 마텐자이트 〉 트루스타이트 〉 소르바이트 〉 펄라이트 〉 오스테나이트 〉 페라이트

---

46 담금질 효과와 가장 관련이 적은 것은?

① 가열온도 ② 냉각속도
③ 자성   ④ 결정온도

47 다음 중 친화력이 큰 성분 금속이 화학적으로 결합하여, 다른 성질을 가지는 독립된 화합물을 만드는 것은?

① 금속 간 화합물
② 고용체
③ 공정 합금
④ 동소 변태

48 연강의 사용 용도로 적합하지 않은 것은?

① 볼트   ② 리벳
③ 파이프 ④ 게이지

정답 42 ② 43 ④ 44 ③ 45 ② 46 ③ 47 ① 48 ④

49 순철에 대한 설명으로 잘못된 것은?

① 투자율이 높아 변압기, 발전기용으로 사용된다.
② 단접이 용이하고, 용접성도 좋다.
③ 바닷물, 화학약품 등에 대한 내식성이 좋다.
④ 고온에서 산화작용이 심하다.

50 탄소강에서 공석강의 현미경 조직은?

① 초석페라이트와 펄라이트
② 초석시멘타이트와 펄라이트
③ 층상펄라이트와 시멘타이트의 혼합조직
④ 공석 페라이트와 공석 시멘타이트의 혼합조직

51 Fe-C계 상태도에서 3개소의 반응이 있다. 옳게 설명한 것은?

① 공정 - 포정 - 편정
② 포석 - 공정 - 공석
③ 포정 - 공정 - 공석
④ 공석 - 공정 - 편정

52 다음 철강 재료 중 담금질 열처리에 의해 경화되지 않는 것은?

① 순철
② 탄소강
③ 탄소 공구강
④ 고속도 공구강

53 담금질된 강의 경도를 증가시키고 시효변형을 방지하기 위한 목적으로 0℃ 이하의 온도에서 처리하는 방법은?

① 저온 담금 용해처리
② 시효 담금처리
③ 냉각 뜨임처리
④ 심랭처리

54 다음 중 탄소강에 함유되어 있는 규소(Si)의 영향을 잘못 설명한 것은?

① 인장강도, 탄성한계, 경도를 상승시킨다.
② 연신율과 충격값을 증가시킨다.
③ 결정립을 조대화시키고 가공성을 해친다.
④ 용접성을 저하시킨다.

55 다음 중 아공석강에서 탄소강의 탄소함유량이 증가할 때 기계적 성질을 설명한 것으로 틀린 것은?

① 인장강도가 증가한다.
② 경도가 증가한다.
③ 항복점이 증가한다.
④ 연신율이 증가한다

56 탄소강을 담금질할 때 이용하는 냉각제 중에서 냉각성능이 큰 것부터 나열된 것은?

① 10% 식염수 > 기름 > 물
② 물 > 기름 > 10% 식염수
③ 10% 식염수 > 물 > 기름
④ 기름 > 물 > 10% 식염수

정답 49 ③ 50 ④ 51 ③ 52 ① 53 ④ 54 ② 55 ④ 56 ③

04 특수강(special steel)

1 강에서 합금원소의 영향

합금강(alloy steel)은 탄소강에 특수한 성질을 부여하기 위하여 합금원소를 첨가한 강이며, 특수강이라고도 한다. 합금원소의 첨가로 성질개선은 다음과 같다.

(1) 강의 경화능 증가로 기계적 성질 향상
(2) 높은 뜨임온도에서 강도 및 연성유지
(3) 고온 및 저온에서도 기계적 성질 우수
(4) 내식성, 내고온 산화성 개선

첨가되는 합금원소에는 Ni, Cr, Mn, Si, W, Mo, V, Ti, Co, B, Al 등이 있으며, 최근에는 항공 우주 및 원자로 등의 발전과 더불어 Nb, Zr 등이 첨가되기도 한다.

[표 2-1] 첨가원소의 특성

각 원소의 특성		공통된 특성	
원 소	특 성	원 소	특 성
Ni	강인성, 내식·내산성, 내마멸성 증가	P, Si, Mo, Ni, Cr, W, Mn	페라이트 강화성
Cr	내식성, 내마멸성, 강도, 경도 증가	V, Mo, Mn, Ni, W, Cu, Si	담금질 효과 침투성 향상
Mo	뜨임 메짐성 방지, 고온경도, 내식성		
Mo, W	고온 경도와 인장강도 증가	Al, V, Ti, Zr, Mo, Cr, Si, Mn	오스테나이트 결정입자의 성장방지
Cu	공기 중 내산화성 증가	V, Mo, W, Cr, Si, Mn, Ni	뜨임 저항성 향상
Si	전자 자기 특성, 내열성	Ti, V, Cr, Mo, W	탄화물 생성성 향상
V, Ti, Zr	결정립의 조절		

> **Point**
> 특수강의 특성

> **Point**
> 첨가금속에 따른 기계적 성질의 변화

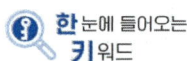
한눈에 들어오는 키워드

Point
특수강(합금강)의 종류

2 합금강의 분류 및 용도

합금강은 용도에 따라 구조용 합금강, 공구용 합금강 및 특수 목적용 합금강 등으로 나눈다.

[표 2-2] 합금강의 종류 및 용도

분류	강의 종류	용도
구조용 합금강	• 강인강(Ni강, Mn강, Cr강, Ni-Cr강, Ni-Cr-Mo강, Cr-Mo강) • 표면 경화용강 • 침탄강(Ni강, Ni-Cr강, Cr-Mn-Mo강) • 질화강(Al-Cr강, Cr-Mo강, Al-Cr-Mo강) • 스프링강(Si-Mn강, Si-Cr강, Cr-V강) • 쾌삭강(Mn-S강, Pb강)	크랭크축, 기어, 볼트, 너트, 키, 축 등 기어, 축, 피스톤 핀, 스플라인축 등 겹판, 코일 스프링 등 볼트, 너트, 기어, 축 등
공구용 합금강	• 합금 공구강(W강, W-Cr강, Cr-Mn강) • 고속도 공구강(W-Cr-V강, W-Cr-V-Co강) • 게이지강(Mn강, Cr강)	절삭공구, 프레스 금형, 정, 펀치 등 고속 절삭공구 등 게이지류
내식·내열용 합금강	• 스테인리스강(고 Cr강, 고 Ni-Cr강) • 내열강(고 Cr강, 고 Ni강)	칼, 식기, 주방용구, 화학공업장치 등 내연기관의 흡기·배기 밸브, 터빈 날개, 고온·고압용기 등
특수 목적용 합금강	• 철심 재료(규소 강판) • 영구 자석강(담금질 경화형, 석출 경화용 및 미립자형) • 전기 저항용 합금강(Ni-Cr계, Ni-Cr-Fe계, Fe-Cr-Al계) • 불변강(Ni강, Ni-Cr강)	변압기, 발전기, 차단기의 커버 및 배전판 등 항공기, 자동차의 발화장치, 전선·전화기 등의 계기류 고온 전기 저항재 등 바이메탈, 시계의 진자, 계측기의 부품 등

3 구조용 합금강

(1) 강인강

Point
강인강의 종류

합금강 중에 구조용 목적으로 사용되는 것은 기계적 성질과 가공성 및 내식성 등이 우수해야 한다.

① **Ni강(1.5~5% 정도 Ni 첨가)**
 ㉠ 질량 효과가 적고 자경성(기경성)이 있으며, 페라이트 기지의 강도 증가
 ㉡ 인장강도, 항복점, 경도 상승 및 연율을 감소시키지 않고 충격값 증가
 ㉢ 용도: 기어, 체인, 레버, 스핀들, 강력 볼트, 저널 등

② Cr강(1~2% 첨가)(SCr)
   ㉠ 자경성이 있어 경도를 크게 한다.
   ㉡ 탄화물(Cr4C2, Cr7C3) 형성으로 내마모성 및 내식성, 내열성이 크다.
   ㉢ 830~880℃ 담금질, 550~680℃로 뜨임(급랭시켜 뜨임 취성 방지)

③ Ni-Cr강(Cr 1% 이하 첨가)(SNC)
   ㉠ 내마모성, 내식성이 탄소강보다 우수하며, 열처리 효과가 크다.
   ㉡ 850℃에서 담금질하고 600℃에서 뜨임하여 소르바이트 조직을 얻는다.
   ㉢ 뜨임 취성이 있다.(방지제 : Mo, V, W 첨가 또는 급냉)

④ Ni-Cr-Mo강(SNCM)
   ㉠ Ni-Cr강에 Mo 0.15~0.3% 첨가로 뜨임 취성을 감소시킨다.
   ㉡ 내열성, 열처리 효과가 좋다.
      용도 : 내연기관의 크랭크축, 강력 볼트, 기어 등

⑤ Cr-Mo강(SCM)
   ㉠ C 0.25~0.5%, Cr 1.0%, Mo 0.15~0.3% 첨가한 것 Ni-Cr강의 대용품
   ㉡ 담금질이 용이하고 뜨임 취성이 적다.
   ㉢ 인장강도, 충격저항 증가 및 용접성이 좋고, 열간 가공이 용이하며 다듬질 표면이 아름답다.

⑥ Cr-Mn-Si강(크로만실)
   ㉠ Cr 0.5%, Mn 0.9~1.2%, Si 0.8%의 합금
   ㉡ 항복점, 인장강도, 인성이 크고 기계가공, 고온단조, 용접 및 열처리가 쉽다.
   ㉢ 용도 : 철도용 단조품, 크랭크축, 차축, 자동차 부품 등

⑦ Mn강
   ㉠ 저망간강(C=0.2~1.0%, Mn=1.2%) (고력 강도강)
      • 조직이 펄라이트이며, 일명 듀콜강이라 한다.
      • 항복점, 인장강도가 높고 용접성이 우수하며 구조용으로 사용된다.
      • 내식성 개선을 위해 Cu첨가
   ㉡ 고망간강(C=0.9~1.3%, Mn=10~14%)(오스테나이트강)
      • 조직이 오스테나이트로 일명 하드 필드강(수인강)이라 한다.
      • 용도 : 각종 광산기계, 기차 레일의 교차점 등의 내마멸성이 요구되는 곳

⑧ Cr-Mn강
   ㉠ Ni-Cr강에서 Ni 대신에 Mn을 첨가
   ㉡ 질량 효과 인성이 크다.

(2) 표면 경화용강

내부의 강도와 표면의 경도가 요구될 때 사용

한 눈에 들어오는 키워드

Point
자경성
절강에 Ni, Cr, Mn 등과 같이 담금 효과를 증대시키는 원소를 많이 함유할 때 가열 후 공랭하여도 담금질 효과를 나타내는 성질

Point
· Ni-Cr강의 열처리 온도
· Ni-Cr-Mo강
  : 뜨임취성 방지

Point
Mn강의 종류와 특성

Point
수인법(water toughing)
고망간강의 열처리로, 1000~1100℃에서 수중 담금질하여 경도는 크나 인성이 있는 오스테나이트 조직을 얻는 방법

① **침탄강**: 저탄소강에 Ni, Cr, Mo 등 첨가
  • **침탄강의 종류**
  ㉠ 구조용 탄소강(SM 09CK SM15CK)
  ㉡ 크롬강(SCr 415, SCr 420)
  ㉢ 크롬 - 몰리브덴강(SCM 415, 418, 420, 822)
  ㉣ 니켈 - 크롬강(SNC 415, 815)
  ㉤ 니켈 - 크롬 - 몰리브덴강(SNCM 21 ~ 26)
  ㉥ 망간강 및 망간 크롬강(SMn 21, SMC 21)
② **질화강(SAl)**
  ㉠ Al, Cr, Mo 등을 첨가한 강
  ㉡ Al은 질화층의 경도를 높여준다.

(3) 스프링강(SPS)

① 높은 탄성한도, 피로한도, 크리프 저항 및 인성이 우수해야 한다.
② 종류
  ㉠ 고탄소강, 규소 - 망간강, 망간 - 크롬강, 크롬 - 바나듐강, 망간 - 크롬 - 붕소강, 규소 - 크롬강, 크롬 - 몰리브덴강
  ㉡ 일반 자동차용 : 규소 - 망간강, 망간 - 크롬강
  ㉢ 정밀한 고급 스프링 : 크롬 - 바나듐강
  ㉣ 내식, 내열용 : 스테인리스강, 크롬강

(4) 쾌삭강

강의 피삭성을 증가시켜 절삭가공을 쉽게 하기 위하여 S, Pb 등을 첨가한 강이다.
① **황(S) 쾌삭강**
  황화물(MnS, MoS_2)형성, 정밀나사에 사용, 절삭속도 증가
② **납(Pb) 쾌삭강**
  Pb(0.10 ~ 0.30%) 함유로 절삭성을 향상시킨 강으로 자동차의 중요부품의 대량 생산용으로 사용
③ **흑연 쾌삭강**

4 공구용 합금강

(1) 공구강의 구비조건

① 상온 및 고온 경도, 내마멸성, 강인성이 클 것
② 열처리, 제조와 취급이 쉽고 가격이 쌀 것

● Point
스프링강의 구비조건

● Point
쾌삭강의 종류
피절삭성 향상

● Point
탄소공구강(STC)
0.6~1.5%C, 고속절삭이나 강력절삭작용 공구재료로는 부적당하여 줄, 정, 끌, 쇠톱날 등에 사용된다.

(2) 합금 공구강(STC)

탄소 공구강에 Cr, W, Mn, Ni 및 V 등의 합금원소를 첨가하여 성질을 개선한 강을 말한다.

① **절삭용 합금 공구강**
경도 및 절삭성을 향상시킨 강(Cr, W, V), 내마멸성 증가시킨 강(W - Cr)

② **내충격용 합금 공구강**
정, 펀치, 스냅, 끌 등에 사용되는 강으로 인성이 크고 탄소량(0.35~0.55%)이 적게 사용한다.

③ **열간 금형용 공구강**
열간 압출 공구, 단조용 공구, 다이스 등의 고온강도 및 열변형에 강한 재료를 사용한다.

(3) 고속도강(일명 하이스(HSS)라고도 한다, SKH)

① **W 고속도강(SKH2~SKH10)**
  ㉠ 성분 : C 0.8%, W 18%, Cr 4%, V 1%로써, 18 - 4 - 1형(표준형)이라고도 한다.
  ㉡ 고온 강도(보통강의 3~4배) 및 마모저항이 커서 600℃까지 경도가 저하되지 않아 고속절삭 효율이 좋다.
  ㉢ 열처리 순서
   • 예열 : 800~900℃
   • 제1차 경화 : 1250~1300℃에서 담금질
   • 제2차 경화 : 550~580℃에서 뜨임(목적 : 경도 증가)

② **CO 고속도강**
  ㉠ 표준형 고속도강에 C 0.3% 이상 첨가
  ㉡ 경도, 점성 증가
  ㉢ 내열성이 커서 강력절삭에 사용한다.

③ **Mo 고속도강(SKH51~SKH59)**
  ㉠ Mo 5~8%, W 5~7% 첨가
  ㉡ 담금질 성질 향상, 뜨임 취성 방지
  ㉢ 탈탄 및 Mo의 증발을 막기 위하여 붕사, 피복 또는 염욕 가열 등의 방법을 쓴다.

(4) 주조경질합금(일명 스텔라이트)

① 성분 : Co 40~55% - Cr 25~35% - W 4~25% - C 1~3%

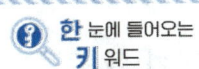

● Point
공구용 합금강의 구비조건

● Point
표준고속도강
• W 18% - Cr 4% - V 1%
• 열처리 온도

● Point
스텔라이트 주성분

② 단조가 곤란하여 금형에 주입, 주조한 후 연삭하여 사용한다.
③ 절삭속도는 고속도강(SKH)의 2배, 인성, 내구력이 작다. 열처리 불필요
④ 용도 : 절삭공구, 다이스, 드릴, 끌, 의료기구 등

(5) 소결초경질합금(초경합금)

① WC, TiC, TaC 등의 금속 탄화물 분말을 Co 분말 또는 Ni 분말과 함께 금형에 넣어 압축성형하여 제1차 800~900℃에서 예비소결하고 제2차 소결은 1400~1450℃의 수소기류 중에서 소결한 합금
② 종류 : D종(다이스용), G(주철용), S종(절삭용)
③ 내마모성, 고온경도가 크나 충격에 부적당하다.
④ 상품명 : 미디아(영국), 위디아(독일), 카볼로이(미국), 당갈로이(일본)

(6) 세라믹(ceramics)

① Al_2O_3를 주성분으로 1600℃ 이상에서 소결한 일종의 도자기
② 고온 경도, 내열성, 내마모성이 크나 인성이 적어 충격에 약하다.
  (항자력은 초경합금의 1/2)
③ 비자성, 비전도 및 내부식성, 내산화성이 커서 고온절삭, 고속정밀 가공용, 강자성 재료의 가공용으로 쓰인다.

(7) 다이아몬드

① 경도가 커서 절삭공구에 사용(비철금속의 정밀 절삭용)
② 구리, 알루미늄, 스테인리스강, 유리, 연삭숫돌의 드레스 절삭에 사용
③ 이송 0.1mm 이하, 절삭속도 100~300m/min

(8) 게이지강(18-8 스테인리스강, 침탄용강, 고속도강, 질화용강)

① **구비조건**
  ㉠ HRC 55 이상의 경도를 가져야 한다.
  ㉡ 담금질에 의하여 변형이나 균열이 없어야 한다.
  ㉢ 시간이 지남에 따라 치수변화가 없어야 한다.
  ㉣ 산화되지 않고 팽창계수가 보통강과 거의 같아야 한다.

한 눈에 들어오는 키워드

Point
소경초경질합금
WC, TiC, TaC

Point
· 세라믹 주성분
· 서멧 주성분 : TiCN

Point
게이지강

Point
심냉처리(sub-zero treatment) = 냉동철(영하처리)
담금질한 후 액체공기나, 드라이 아이스(-40~-160℃)에 침지하는 조작을 말한다. 이 방법을 취하면 잔류 오스테나이트가 적어지고 마텐자이트가 많게 되어 경도는 높게 된다. 이 기간에 시효변형이 방지되므로 게이지 등에 응용된다.

5 특수 목적용 합금강

(1) 스테인리스강(STS : Stainless steel)

강에 Ni, Cr을 다량 첨가하여 내식성을 현저히 향상시킨 것으로 대기중, 수중, 산 등에 잘 견딘다.

① **13Cr 스테인리스강**

스테인리스강 종류 중 1~3종으로 자동차 부품, 일반용, 화학 공업용에 사용된다.

㉠ 페라이트(ferrite)계 스테인리스강 : Cr 11~30%, C 0.12% 이하로 용접성, 연성, 내식성이 있고 열처리에 의해 경화된다.

㉡ 마텐자이트(martensite)계 스테인리스강 : Cr 12~17%, C 0.15~0.30%로 고온에서 오스테나이트 조직이고 이 상태에서 담금질하면 마텐자이트로 되는 강

- 표면을 잘 연마한 것은 대기 중 또는 수 중에서 부식되지 않는다.
- 질산에는 침식되지 않으나 염산, 황산에는 침식된다.

② **18-8 스테인리스강**

오스테나이트(austenite)계 스테인리스강으로 대표적인 것(Cr 18%, Ni 8% 첨가)

㉠ 특징

- 비자성체이고 담금질이 안 된다.
- 연전성이 크고 13Cr형 스테인리스강보다 내식·내열·내충격성이 크다.
- 용접하기 쉽다.

③ **석출경화형 스테인리스강** : 고온강도증대, 항공기, 미사일 등의 기계부품에 사용

(2) 내열강

Ni, Al, Si, Cr을 첨가하여 산화피막의 형성으로 내부 산화방지 및 내열성을 증가시킨 강

Point
스테인리스강의 특성, 종류

[참고]

스테인리스강에 첨가되는 원소
① Ti : 0.1~0.3% 정도 첨가하여 입자 간 부식에 대한 저항성을 늘린다.
② Mo : 2~4% 정도 첨가하며 내황산성을 향상시킨다.
③ Cu : 1~3% 정도 첨가되며 내식성을 향상시킨다.
④ Al : 0.01% 정도 첨가되며 용접 후 자경성을 늘인다.

참고

내열강의 구비조건
① 고온에서 산화 또는 가스침식에 견디어야 한다.
② 고온에서 기계적 성질이 우수해야 한다.
③ 화력발전, 항공기 기관, 자동차 기관, 화학공업장치 등에 사용된다.
④ 내열강의 주성분은 Cr, Ni 및 Si가 사용된다.

Point
베어링강 구비조건

[표 2-3] 내열강 종류

분 류	강의 조성	용 도	특 징
페라이트계	Cr 6.5% Si 2.5%	자동차 및 항공기 내연기관의 밸브용	Cr과 Si는 변태점을 상승시키고 내산성을 증가시킨다. 500℃ 이상에서 크리프가 저하된다.
오스테나이트계	Cr과 Ni, Mo, Ta, W	고급 배기밸브, 열교환기 연소로의 부품	페라이트계에 비하여 내열성이 좋다.
초내열합금	Ni, Co	발전용 가스터빈 제트엔진의 내열부품	고온강도, 내산성, 내식성 우수

(3) 베어링강

① 높은 강도, 경도, 내구성과 탄성한계 및 피로한도가 높아야 한다.
② 고탄소 저크롬강(C = 1%, Cr = 1.2%)
③ 담금질 후 반드시 뜨임을 해야 한다.

(4) 규소강

① Si 0.8~4.3% 함유한 강으로 자기 감응도가 크고 잔류 자기 및 항자력이 작다.
② 변압기의 철심이나 교류 기계의 철심 등에 사용된다.
③ 규소 강판의 용도는 규소 함유량에 따라 다음과 같다.
　㉠ Si 0.5~1.5% : 연속적으로 운전을 하지 않는 발전기 또는 전동기의 철심
　㉡ Si 1.5~2.5% : 발전기의 철심재료, 유도전동기의 회전자(모터)
　㉢ Si 2.5~3.5% : 유도 전동기 및 발전기의 고정자용 철심, 변압기철심
　㉣ Si 3.5~4.5% : 변압기의 철심, 전화기

Point
자석강의 구비조건과 종류

(5) 자석강

영구자석의 재료로 사용되는 강철은 잔류 자기(Bc)와 항자력(Hc)이 크고 온도변화나 기계적 진동 또는 산란 자장 등의 영향에 의하여 쉽게 자기의 강도를 감소시키지 않으며, 인성 및 가공이 용이하다.
종류에는
① 고탄소강(0.8~1.2% C)을 물에 담금질할 것(가격 저렴)
② W강, Co강, Cr강, KS강, 신 KS강, MK강

(6) 불변강(고 Ni강)

온도 변화에도 불구하고 선팽창계수나 탄성계수가 변하지 않는 강을 말한다. Ni 26%에서 오스테나이트 조직으로 내식성이 강한 비자성강이다.

① 인바(invar)
  ㉠ Ni 36%, C 0.2%, Mn 0.4%의 합금
  ㉡ 용도 : 바이메탈, 시계의 진자, 줄자, 계측기의 부품

② 초인바(super invar)
  ㉠ Ni 32%, Co 4~6%의 합금
  ㉡ 팽창계수 : 0.1×10^{-6}

③ 엘린바(elinvar)
  ㉠ Ni 36%, Cr 13%의 합금
  ㉡ 팽창계수 : 1.2×10^{-6}(상온에서 탄성률이 변하지 않는다.)
  ㉢ 용도 : 고급시계, 정밀저울의 스프링, 정밀기계의 재료

④ 코엘린바(koelinvar)
  ㉠ Ni 10~16%, Cr 10~11%, Co 2.6~5.8%의 합금
  ㉡ 용도 : 스프링, 태엽, 기상관측용 기구의 부품 등

⑤ 플래티나이트(platinite)
  ㉠ Ni 40~50%의 Ni-Fe계 합금
  ㉡ 팽창계수 : $5 \sim 9 \times 10^{-4}$
  ㉢ 종류 : 코버트(Ni 28%, Co 17%), 페르니코(Ni 28%, Co 17%, Cr 0~8%)
  ㉣ 용도 : 전구나 진공관의 도입선(열팽창계수가 유리나 백금과 같다.)

⑥ 퍼멀로이(permalloy)
  Ni 75~80%, Co 0.5%, C 0.5% 함유, 해저 전선의 장하 코일용

> **Point**
> 불변강의 종류와 용도

CHAPTER 02 단원 예상문제

저자가 콕! 찝어주는 예상문제 풀어보기!

01 특수강을 제조하는 목적으로 적당하지 않은 것은?

① 내마모성을 증대시키기 위하여
② 내식성을 증대시키기 위하여
③ 취성을 증대시키기 위하여
④ 경도를 증대시키기 위하여

02 다음 중 특수강의 제목적과 상이한 점은?

① 내마멸성, 내식성 증대
② 고온강도 저하
③ 전기저항 증대
④ 담금질 용이

03 내열성을 증가시키기 위해 첨가하는 원소는?

① Cr   ② C
③ Mn   ④ Mg

> 내열성을 증가시키는 합금원소로는 Cr, Si가 있다.

04 강에 Al를 첨가하면 다음과 같은 주요작용을 한다. 틀리는 것은?

① 탈산작용
② 결정입의 성장촉진
③ 흑연화 촉진
④ 질화강에서 경도를 향상시킨다.

> ① 진화강: Al, Cr, Mo을 강에 함유
> ② 흑연화 촉진제: Al, Si, Ni, Ti 등
> ③ 킬드강의 탈산제: Fe-Si, Al 등
> ※ 오스테나이트 결정입자의 성장방지: Al, V, Mo, Mn, Cr

05 특수강에서의 Ni은 다음과 같은 주요작용을 한다. 틀리는 것은?

① 담금질성 증대
② 저온취성방지
③ Ferrite 조직을 안정화시킨다.
④ 흑연화 경향이 있다.

06 합금강에서 소량의 Cr이나 Ni을 첨가하는 가장 중요한 이유는 무엇인가?

① 내식성을 증가시킨다.
② 경화능(hardenability)을 증가시킨다.
③ 마모성을 증가시킨다.
④ 담금질후 마텐자이트(martensite) 조직의 경도를 증가시킨다.

> 각 원소가 합금강에 미치는 영향
> ① Ni : 강인성, 내식성, 내산성이 증가
> ② Mn : 내마멸성, 강도, 경도, 인성 증가, 고온가공이 용이
> ③ Cr : 경도, 인장강도, 내식성, 내열성, 내마멸성의 증가, 열처리 용이
> ④ W : 경도, 강도, 고온경도, 고온강도의 증가, 탄화물 생성
> ⑤ Mo : 담금성, 내식성, 크리프 저항성 증가
> ⑥ Co : 고온경도, 고온강도의 증가(Cu와 병용)

07 열간가공이 쉽고 다듬질 표면이 아름다우며, 특히 용접성이 좋고 고온강도가 큰 장점이 있는 합금강은?

① Ni-Cr강   ② Mn-Mo강
③ Cr-Mo강   ④ W-Cr강

> 구조용 특수강
> 강인강: Ni강, Cr강, Mn강, Ni-Cr강, Cr-Mn강, Cr-Mo강, Ni-Cr-Mo강

정답   1 ③   2 ②   3 ①   4 ②   5 ②   6 ①   7 ③

08 다음 중 니켈-크롬강에 나타나는 뜨임 메짐(tempering shortness)을 방지하기 위한 대표적인 첨가 원소는?

① 니켈(Ni)   ② 크롬(Cr)
③ 몰리브덴(Mo)   ④ 마그네슘(Mg)

> Ni-Cr강은 550~580℃에서 뜨임메짐이 발생한다.
> 방지책으로 Mo, V, W을 첨가한다.

09 듀콜강(ducol steel)이란?

① 고코발트강   ② 저코발트강
③ 고망간강   ④ 저망간강

> Mn강의 종류
> ① 저Mn강(1~2%): 고력 강도강, 듀콜강, 펄라이트 Mn강(구조용)
> ② 고Mn강(10~14%): 하드필드강, 수인강, 오스테나이트 Mn강, 내마멸용으로 광산기계, 기차 레일의 교차점에 사용

10 고망간강의 특성은?

① 내마멸성   ② 연성
③ 전성   ④ 내부식성

11 오스테나이트 망간이란 무엇인가?

① Mn이 γ 조직을 갖고 있는 것
② 망간조직이 austenite와 같은 것
③ 망간 10~14%가 상온에서 austenite 조직을 갖는 것
④ 열에 의해 망간이 austenite로 되는 것

12 기어, 캠, 축 등 표면경화용강의 탄소 함유량은 몇 %인가?

① 0.01~0.04   ② 0.04~0.08
③ 0.08~0.2   ④ 0.2~0.3

> 표면경화용강에는
> ① 기계구조용 탄소강: SM09CK, SM15CK, SM20CK
> ② Ni-Cr강: SNC 415, SNC 815
> ③ Cr강: SCr 415, SCr 420

13 표면경화강인 질화강에서 질화층의 경도를 높여주는 역할을 하는 원소는?

① 크롬   ② 구리
③ 몰리브덴   ④ 알루미늄

> 질화용 강: Al, Cr, Mo 등을 함유한 합금강 사용
> ① Al: 질화층의 경도를 높여준다.
> ② Cr, Mo: 재료의 기계적 성질 증가한다.

14 스프링강이 갖추어야 할 성질 중 틀린 것은?

① 항복강도가 커야 한다.
② 탄성한도가 높아야 한다.
③ 충격값 및 피로한도가 커야 한다.
④ 연신율이 높아야 한다.

15 스프링강은 탄성한계를 높이기 위해 규소를 첨가하는데 규소가 많으면 표면이 탈탄하기 쉬워 이 결점을 보완하기 위해 무엇을 첨가하는가?

① Mn   ② P
③ Cr   ④ Mo

> Si-Mn강에서 Si는 탄성한계를 높이며, Mn은 탈탄을 방지한다.

정답 8 ③   9 ④   10 ①   11 ③   12 ②   13 ④   14 ④   15 ①

16 다음 중 스프링강의 재료로 적합하지 않은 것은?

① Cr - V강   ② Cr - Mn강
③ Si - Mn강   ④ Cr - Mo강

> 스프링강의 종류
> ① 자동차용 스프링: Si - Mn강, Cr - Mn강
> ② 정밀 고급 스프링: Cr - V강
> ③ 내식 · 내열용 스프링: 스테인리스강, 고 Cr계강

17 주로 대형 겹판 스프링, 코일 스프링에 사용되는 강재의 종류는?

① 망간 - 바나듐 강재
② 크롬 - 망간 강재
③ 망간 - 몰리브덴 강재
④ 크롬 - 실리콘 강재

18 쾌삭강에 첨가하여 메짐성을 막을 수 있는 원소는?

① 망간   ② 규소
③ 인   ④ 황

> 쾌삭강: 강이 피삭성을 증가시켜 절삭가공을 쉽게 하기 위하여 S, Pb 등을 첨가한 강
> ∴ Mn : S에 의한 적열 메짐 방지 원소

19 공구강 재료로서 구비해야 할 조건에 속하지 않는 것은?

① 연성 및 취성이 좋을 것
② 내마모성이 클 것
③ 강인성이 있을 것
④ 상온 및 고온경도가 높을 것

> 공구재료의 구비조건
> ① 상온 및 고온에서 경도가 높을 것
> ② 강인성 내마모성이 클 것
> ③ 제조와 취급이 쉽고 열처리가 쉬울 것
> ④ 가격이 저렴할 것

20 공구재료가 갖추지 않아도 되는 조건은?

① 열처리성
② 인성
③ 내마멸성
④ 취성

21 다음 중 공구재료가 아닌 것은?

① 광물질
② 식물질
③ 경질합금
④ 공구강

22 금속탄화물의 분말형의 금속 원소를 프레스로 성형한 다음 이것을 소결하여 만든 합금으로 절삭공구에는 물론 다이 및 내열, 내마멸성이 요구되는 부품에 많이 사용되는 금속은?

① 초경합금
② 주조경질합금
③ 합금공구강
④ 세라믹

정답 16 ④ 17 ② 18 ① 19 ① 20 ④ 21 ② 22 ①

23 WC, TiC, TaC 등의 코발트 분말을 결합재로 하여 800~1000℃에서 예비 소결한 뒤 희망하는 모양으로 가공하고 1400~1500℃에서 소결시키는 분말 야금법은?

① 초경합금
② 주조경질합금
③ 고속도 공구강
④ 세라믹 공구강

> **공구재료의 종류**
> ① 탄소공구강(STC) : 0.6~1.5C, 300℃ 이하에서 사용. 줄, 쇠톱날, 끌, 정
> ② 합금공구강(STC) : 0.6~1.5C에 W, Cr, Mo, V 등 1~2종을 첨가하여 제조
> ③ 고속도강(SKH) : 0.8%C에 W(18%)-Cr(4%)-V(1%) 첨가하여 제조
> • 일명 : 하이스(HSS)
> • 예열 : 800~900℃
> • 담금질 : 1250~1300℃
> • 뜨임 : 550~580℃
> ④ 초경합금 : 금속탄화물(WC, TiC, TaC)에 Co분말을 소결시킨 합금. 종류 : 위디아, 카볼로이, 당갈로이, 미디아
> ⑤ 세라믹 : Al2O3(알루미나)가 주성분, 충격에 약하고 비자성체, 절삭유 불 가
> ⑥ 주조경질합금(스텔라이트) : W-Cr-Co-C가 주성분
> ⑦ 다이아몬드 : 비철금속의 정밀절삭용

24 다음 중 고속도강에 대한 합금원의 함량이 올바르게 나타낸 항은?

① 0.8% C, 3% Ni, 1% Cr, 0.6% Mo
② 0.8% C, 18% W, 4% Cr, 1% V
③ 0.8% C, 18% W, 4% V, 1% Cr
④ 0.8% C, 3% Ni, 0.6% Mo, 1% Cr

25 다음 중 주조경질합금강인 스텔라이트의 특징에 해당되지 않는 것은?

① 단조 또는 절삭할 수 없다.
② 절삭속도가 고속도강보다 빠르나 인성이 나쁘다.
③ 용접이 불가능하나 충격, 압력, 진동 등에 대하여 내구력이 우수하다.
④ 고온 저항이 크고 내마모성이 우수하다.

> 주조경질합금은 주조한 상태로 연삭하여 사용하며 열처리하지 않아도 충분한 경도가 얻어지며 충격, 압력, 진동 등에 대한 내구력이 약하다.

26 Cr-Co-W-C 합금으로서 열처리하지 않아도 충분한 경도를 갖는 대표적인 주조경질합금은?

① 고속도강(high speed steel)
② 세라믹(ceramic)
③ 스텔라이트(stellite)
④ 퍼멀로이(permalloy)

27 산화 알루미늄(Al_2O_3) 분말에 규소(Si) 및 마그네슘(Mg) 등의 산화물이나 그 밖의 다른 산화물의 첨가물을 넣고 소결한 절삭공구재료는?

① 합금 공구강
② 초경합금
③ 세라믹
④ 시효소결합금

28 탄소 공구강의 탄소량은?

① 2.1 ~ 3.4   ② 0.4 ~ 0.5
③ 0.7 ~ 1.5   ④ 0.5 ~ 0.7

정답 23 ① 24 ② 25 ③ 26 ③ 27 ③ 28 ③

29 다음 중 주조한 상태로 담금질하지 않아도 경도, 내마모성, 고온 저항이 큰 주조경질합금은 어느 것인가?

① widia ② stellite
③ tangaloy ④ carboloy

30 다음 중 다이스강(dies steel)의 특징이 아닌 것은?

① 고온경도가 낮다.
② 경도가 높아 내마모성이 좋다.
③ 풀림처리상태에서 가공이 쉽다.
④ 담금질에 의한 변형이 적다.

31 다음 중 경도가 크고 내마모성이 좋아서 대량 생산용 금형의 재료로 가장 적합한 것은?

① 초경합금 ② 구리합금
③ 아연합금 ④ 알루미늄 합금

32 탄소공구강의 단점을 보강하기 위하여 Cr, W, Mn, Ni, V 등을 첨가하여 경도, 절삭성, 단조, 주조성 등을 개선한 강은?

① 합금공구강
② 고속도강
③ 다이스강(dies steel)
④ 주조경질합금

33 다음 중 특히 심랭처리(sub-zero-treatment) 해야 하는 강은 어느 것인가?

① 스테인리스강
② 내열강
③ 게이지강
④ 구조용강

① 심랭처리(sub-zero treatment) : 잔류 오스테나이트를 가능한 적게 하기 위하여 0℃ 이하에 담금질액을 넣어 마텐사이트 변태를 완전히 끝날 때까지 진행하는 처리. 주로 게이지강 및 스테인리스계에 쓰인다.
② 심랭처리 냉각제
  ㉠ 소금 24.8%+얼음 75.2%(-121.3℃)
  ㉡ 에테르+드라이아이스(-78℃)
  ㉢ 액체산소(-183℃)
  ㉣ 액체질소(-196℃)

34 내마멸성과 내식성이 좋아야 할 뿐만 아니라, 가공이 쉽고 열팽창계수가 작아야 하며, 시간의 경과나 환경의 온도 변화에 따른 수축이나 팽창이 적아야 하는 합금강은?

① 쾌삭강 ② 고속도강
③ 게이지강 ④ 세라믹 공구강

게이지강 : 담금질에 의한 균열이 적으며 영구적인 치수 변형이 적다.

35 다음 탄소 공구강의 KS 재료 기호로 알맞은 것은?

① SMC ② STC
③ SMT ④ SKC

① STC : 탄소공구강
② STS : 합금공구강
③ SKH : 고속도강

정답 29 ② 30 ① 31 ① 32 ② 33 ③ 34 ③ 35 ②

36 다음 중 고속도강의 재료표시 기호는?

① SKD ② SKS
③ SSC ④ SKH

> ① SKH 1~2 : W계 고속도강
> ② SKH 3~4 : Co계 고속도강
> ③ SKH 7 : Mo계 고속도강

37 니켈이나 크롬 등을 많이 첨가해 주면 내식성이 좋아지며 대기 중, 수중, 산에 잘 견디는 성질을 가지고 있고, 황산이나 염산과 같이 크롬산화막을 침식하는 산에는 내식성을 잃게 되는 특성을 가지고 있는 강은?

① 스테인리스강
② 영구자석강
③ 게이지용강
④ 고크롬고탄소강

38 18-8형 스테인리스강의 주성분은?

① 크롬 18%, 니켈 8%
② 니켈 18%, 크롬 8%
③ 티탄 18%, 니켈 8%
④ 크롬 18%, 티탄 8%

> 18-8형 스테인리스강(18% Cr-18% Ni)
> ① Cr, Ni이 많은 것은 내부식성이 크다.
> ② 티탄 : 내부식성을 저하시킨다.
> ③ 몰리브덴 : 내황산성을 높인다.
> ④ 크롬 : 탄화물 형성 방지
> ⑤ 오스테나이트계 스테인리스강이라 한다.

39 스테인리스강(stainless steel)의 산화물 안정 요소가 아닌 것은?

① 티탄 ② 몰리브덴
③ 니오브 ④ 크롬

40 내식성과 내충격성이 크고, 기계가공성이 다른 것에 비해 좋은 종류의 스테인리스강은?

① ferrite형 ② martensite형
③ austenite형 ④ 석출경화형

> 석출경화형 스테인리스강(PH형)의 종류
> ① 스테인리스 W
> ② 17-4 PH : 내식성, 강도가 높다.(단조재, 주조재)
> ③ 17-7 PH : 연하고 성형가공성이 우수
> ④ V2B : 마모에 강한 단조합금
> ⑤ PH15-7Mo : 고온강도, 내식성, 성형성이 우수(항공기 재료)
> ⑥ 17-10P : 내식성, 강도가 높다.

41 스테인리스강에 내황산성을 높이기 위해 첨가하는 원소는?

① 티탄(Ti) ② 구리(Cu)
③ 알루미늄(Al) ④ 몰리브덴(Mo)

42 과포화상태에서 미세한 합금원소를 첨가하여 고온강도를 증대시킨 석출경화형 스테인리스강의 석출원소에 해당하는 것은?

① 마그네슘, 망간, 지르코늄
② 티탄, 알루미늄, 망간
③ 구리, 인, 납
④ 알루미늄, 구리, 아연

> 석출경화형 스테인리스강
> ① 스테인리스 W : Cr 17%, Ni 7%, Ti 0.7%, C 0.07%, Al 0.2%, Si 0.5%, Mn 0.5%+Fe 합금
> ② PH15-7Mo : Cr 15%, Ni 7%, Mo 2.3%, Al 1.2%, C 0.07%, Si 1% 및 Mn 1% 이하+Fe 합금

정답 36 ④ 37 ① 38 ① 39 ④ 40 ④ 41 ④ 42 ②

43 다음 중 13형 크롬 스테인리스강의 명칭과 특성을 가장 올바르게 나타낸 항은?

① 페라이트계 스테인리스강으로 열처리에 의하여 경화할 수 있다.
② 오스테나이트계 스테인리스강으로 비자성체이다.
③ 페라이트계 스테인리스강으로 탄소가 들어 있으면 절삭성 및 가공성이 양호하다.
④ 오스테나이트계 스테인리스강으로 임계부식이 생기기 쉽다.

> **스테인리스강**
> ① 페라이트계 스테인리스강(Cr계 스테인리스강) : 강인성 및 내식성이 있고, 열처리에 의해 경화하는 것으로 Cr 13%인 것과 Cr 18%인 것이 있는데, Cr 13%인 것이 대표적이다.
>   ㉠ 13% Cr스테인리스강 : 펄라이트 조직의 강자성강이며, 잘 연마된 것은 대기 중이나 수중에서도 거의 녹이 생기지 않는다.
>   ㉡ 18% Cr스테인리스강 : 13% 크롬 스테인리스강보다 내식성이 크며, 담금질에 의하여 경화하지 않는다. 그러므로 이에 니켈을 2~3% 첨가하면 담금질에 의해서 경화되고 소르바이트 조직으로 되어 강인성과 내식성이 동시에 증가된다.
> ② 오스테나이트계 스테인리스강(Cr-Ni계 스테인리스강) : 표준 성분이 Cr이 18%, Ni이 8%인 18-8 스테인리스강으로 13% 크롬 스테인리스강보다 훨씬 내식성, 내산성이 크며, 비자성체이지만 냉각 가공을 하면 경화되어 다소의 자성을 갖게 된다. 담금질로서 경화되지 않으며, 1000~1100℃로 가열하여 급랭하면 더욱 연화되어 가공성과 내식성이 증가한다.

44 팽창계수가 작고 탄성계수의 온도 의존성이 적어 시계의 스프링 등에 쓰이는 금속재료는?

① inconel   ② elinvar
③ nichrome ④ silzin bronze

45 다음 중 버너의 노즐이나 내연기관의 밸브에 사용되는 강으로 가장 적당한 것은?

① 고속도강   ② 내열강
③ 불변강   ④ 탄소공구강

> 내열강 : 강에 내열성을 증가시키기 위해서는 크롬을 첨가한다.

46 상온에서 탄성계수가 거의 변화하지 않는 Fe-Ni-Cr 합금으로 정밀계기의 재료에 적합한 재료는 어느 것인가?

① 스프링강   ② 쾌삭강
③ 엘린바   ④ 규소강

47 다음 중 고니켈강에 속하지 않는 것은?

① 하이드로날륨 ② 인바
③ 엘린바   ④ 플래티나이트

> 불변강이란 Ni 26% 이상인 고니켈강으로 비자성체이며 강력한 내식성을 갖는다.
> ① 인바(invar) : 니켈 36%, Cr 12% 팽창계수가 0.1×10^{-6} 정밀기계 부품, 미터기준봉, 지진계 등에 쓰인다.
> ② 엘린바(elinver) : Ni 36, Cr 12% 탄성률이 거의 변하지 않아 회중시계의 부품에 쓰인다.
> ③ 초인바 : Ni 40%, Co 5% 이하 인바보다 열팽창률이 작다.
> ④ 코엘린바 : 엘린바에 Co 첨가
> ⑤ 플래티나이트(platinite) : Ni 42~46%, Cr 18%외 Fe-Ni-Co합금-전구 진공관 도선용(페르니코, 코바르)
> ※ 퍼멀로이(permally) : Ni 75~80%, Co 0.5% 약한 자장으로 큰 투자율을 가지므로 해저 장하 코일에 쓰인다.

정답 43 ① 44 ② 45 ② 46 ③ 47 ①

48 연속적으로 운전하지 않는 발전기, 또는 전동기용 철심, 고자속(高磁束) 밀도를 요하는 전기기계용으로 사용되는 규소철판의 Si 함유량은 얼마 정도가 가장 좋은가?

① 1% 내외 ② 3% 내외
③ 3.5~5% ④ 8% 내외

① Si 1% : 연속으로 운전하지 않은 발전기, 전동기 철심
② Si 2% : 발전기의 회전자, 유도 전동기의 회전자
③ Si 2.5~3.5% : 유도전동기 고정자용 철심, 전동기, 발전기
④ Si 4% : 변압기의 철심, 전화기 등

49 특수강에서의 Mo를 첨가하면 다음과 같은 주요작용을 한다. 틀리는 것은?

① 담금질 향상
② 뜨임 취성 방지
③ creep 특성 향상
④ 저온강도 증대

50 줄(file)의 재질로는 보통 어떤 것이 사용되는가?

① 고속도강 ② 탄소공구강
③ 초경합금 ④ 특수합금강

탄소공구강
0.6~1.5%C, 300℃ 이상에서 사용할 수 없다. 주로 줄, 정, 펀치, 쇠톱날 등의 재료에 사용

51 스테인리스강을 금속 조직학상으로 분류한 것 중 옳지 않은 것은?

① 오스테나이트계
② 시멘타이트계
③ 마텐자이트계
④ 페라이트계

스테인리스강(STS : stainless steel)
강에 Cr, Ni 등을 첨가하여 내식성을 갖게 한 강으로 대기중, 수중, 산 등에 잘 견딘다.
① 13Cr 스테인리스 : 페라이트계 스테인리스강, 열처리됨→ 마텐자이트계 스테인리스강
② 18Cr-8Ni 스테인리스 : 오스테나이트계, 담금질 안됨, 용접성이 우수, 비자성체(18-8형)

정답 48 ① 49 ④ 50 ② 51 ②

05 주철(cast iron)과 주강(cast steel)

1 주철의 개요

주철의 탄소 함유량은 Fe - C 평형 상태도(Fe - C diagram)에서 2.0 ~ 6.68%(현실적 사용은 2.5 ~ 4.5%C)까지이고, Fe, C 이외에 Si(약 1.5 ~ 3.5%), Mn(0.3 ~ 1.5%), P(0.1 ~ 1.0%), S(0.05 ~ 0.15%) 등을 포함하고 있다.

(1) 주철의 장점 및 단점

장 점	단 점
① 용융점이 낮고 유동성이 좋다. ② 주조성이 양호하다. ③ 마찰저항 및 절삭성 우수 ④ 가격이 저렴하다. ⑤ 녹 발생이 거의 없다.(도색양호) ⑥ 압축강도가 크다.(인장강도의 3 ~ 4배)	① 인장강도, 휨 강도가 작다. ② 충격값, 연신율이 작다. ③ 가공이 어렵다.(고온가공)

(2) 주철의 조직과 성질

① **탄소의 상태와 파단면의 색에 따른 분류**
   ㉠ 회주철 : 유리탄소(흑연), Si가 많고 냉각속도가 느릴 때, 용도는 주철관, 농기구 펌프, 공작기계의 베드(회색)
   ㉡ 백주철 : 화합탄소(Fe_3C), Mn이 많고 냉각속도가 빠를 때, 용도는 각종 압연기 롤러(백색)
   ㉢ 반주철 : 회주철과 백주철의 중간 상태

② **탄소 함유량에 따른 분류**
   ㉠ 아공정 주철 : 2.0 ~ 4.3% C, 조직은 오스테나이트 + 레데뷰라이트
   ㉡ 공정 주철 : 4.3%C, 조직은 레데뷰라이트(오스테나이트 + 시멘타이트)
   ㉢ 과공정 주철 : 4.3 ~ 6.68%C, 조직은 레데뷰라이트 + 시멘타이트

③ **마우러 조직도**
   탄소와 규소 및 냉각속도에 따른 주철의 조직도

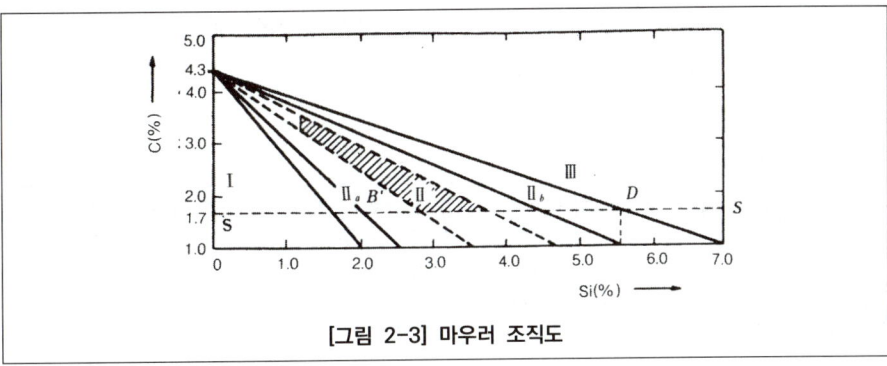

[그림 2-3] 마우러 조직도

구 역	조 직	명 칭
I	펄라이트 + 시멘타이트	백주철(극경주철)
IIa	펄라이트 + 시멘타이트 + 흑연	반주철(경질주철)
II	펄라이트 + 흑연	회주철(강력주철)
IIb	펄라이트 + 페라이트 + 흑연	회주철(보통주철)
III	페라이트 + 흑연	회주철(극연주철)

④ 흑연화의 영향(6가지 현상 : 편상, 괴상, 구상, 장미상, 공정상, 문어상)
  ㉠ 인장강도가 작아진다.(회주철 GC)
  ㉡ 흑연이 많으면 수축이 적게 되고 유동성이 좋다.
  ㉢ 촉진원소 : 규소(Si), 알루미늄(Al), 니켈(Ni), 티탄(Ti)
  ㉣ 저해원소 : 크롬(Cr), 망간(Mn), 황(S), 몰리브덴(Mo)

⑤ 주철에 미치는 원소의 영향
  ㉠ C : 주철에 가장 큰 영향을 미치며 탄소함유량(4.3%)이 증가하면 용융점이 저하되고 주조성이 좋아진다.
  ㉡ Si : 주철의 질을 연하게 하고 냉각시 수축을 적게 한다.
  ㉢ Mn : 적당한 양의 망간을 강인성과 내열성을 크게 한다.
  ㉣ P : 쇳물의 유동성을 좋게 하고, 재질을 여리게 하는 성질. 주물의 수축을 적게 하나 너무 많으면 단단해지고 균열이 생기기 쉽다.
  ㉤ S : 쇳물의 유동성을 나쁘게 하고 기공이 생기기 쉬우며, 수축률이 증가된다.

⑥ 주철의 성질
  ㉠ 전연성이 작고 가공이 불량하다.
  ㉡ 점성은 C, Mn, P이 첨가되면 낮아진다.
  ㉢ 비중(1300℃ 이하) : 약 7.1~7.3(흑연이 많을수록 작아진다.)
  ㉣ 담금질 뜨임이 안 되나 주조 응력을 제거하기 위해 풀림 처리는 가능하다. 500~600℃로 6~10시간 풀림(주조 응력 제거, 변형 제거 목적)

㉤ 시즈닝(자연시효) : 주조 후 장시간(1년 이상) 자연 대기 중에 방치하여 주조 응력이 없어지는 현상

[표 2-4] 주철의 물리적 성질

종류	색상	비중	용융 응고 범위(℃)	용융 숨은열 (cal/kg)	열팽창 계수 (20~100℃)	열전도율 (cal/cm·s·℃)	전기 비저항 (Ω/cm)	변태점 및 강자성 소멸점
회주철	흑회색	7.03~7.13	1150	32~34	8.4×10^{-6}	0.045~0.08	74.6×10^{-6}	A0 215℃
백주철	은백색	7.58~7.73	1350	23	–	0.12~0.13	98.0×10^{-6}	A1 725℃

(3) 주철의 성장(growth of cast iron)

주물을 600℃ 이상의 온도에서 가열 및 냉각을 반복하면 체적이 증가하여 결국은 파열되는데, 이와 같은 현상을 주철의 성장(growth of cast iron)이라 한다.

① 원인
　㉠ 시멘타이트의 흑연화에 의한 팽창
　㉡ 페라이트 중에 고용되어 있는 Si의 산화에 의한 팽창
　㉢ A1 변태에서 체적 변화로 인한 팽창
　㉣ 불균일한 가열로 생기는 균열에 의한 팽창
　㉤ 흡수된 가스에 의한 팽창
　㉥ Al, Si, Ni, Ti 등의 원소에 의한 흑연화 현상 촉진

② 방지법
　㉠ 흑연의 미세화(조직 치밀화)
　㉡ 탄화물 안정 원소 Mn, Cr, Mo, V 등을 첨가하여 Fe3C 분해 방지
　㉢ Si의 함유량 저하

(4) 보통 주철과 고급 주철

① 보통 주철(회주철 GC 1~3종 또는 GC 100~GC 200)
　㉠ 조직 : 편상 흑연+페라이트(α-Fe)
　㉡ 인장강도 : $10~20kg/mm^2$
　㉢ 용도 : 일반기계부품, 수도관, 난방용품, 가정용품, 농기구, 공작기계의 베드 등

② 고급 주철(회주철 GC 4~6종 또는 GC 250~GC 350) : 펄라이트 주철
　㉠ 조직 : 흑연(미세하다)+펄라이트(바탕)
　㉡ 인장강도 : $25kg/mm^2$ 이상
　㉢ 용도 : 고강도, 내마멸성을 요구하는 기계부품

(5) 특수 주철

① 미하나이트 주철(meehanite cast iron)

접종(inoclation) 백선화를 억제시키고 흑연의 형상을 미세, 균일하게 하기 위하여 규소 및 칼슘 - 실리사이트(calcium - silicide : Ca - Si) 분말을 접종 첨가하여 흑연의 핵 형성을 촉진시키는 조작을 이용하여 만든 고급 주철로 일명 공작기계 주철이라고도 한다.

㉠ 인장강도 : $35 \sim 45 kg/mm^2$
㉡ 조직 : 미세 흑연 + 펄라이트
㉢ 용도 : 내마멸성(공작기계의 안내면), 내열성(내연기관의 피스톤)이 우수하다.

② 합금주철

특수원소(Ni, Cr, Cu, Mo, V, Ti, Al, W, Mg)를 단독 또는 함께 함유시키거나 Si, Mn, P를 많이 넣어 강도, 내열성, 내부식성, 내마모성을 개선시킨 주철

㉠ Cr : 흑연화 방지 원소, 탄화물 안정화, 내열성·내부식성 향상
㉡ Ni : 흑연화 촉진 원소, 흑연화 능력 Si의 $1/2 \sim 1/3$(조직 미세화)
㉢ Mo : 흑연화 다소 방지, 강도·경도·내마멸성 증대, 두꺼운 주물조직 균일화
㉣ Ti : 강탈산제, 흑연화 촉진(다량시 흑연화 방지제)
㉤ Cu : 공기 중 내산화성 증대, 내부식성 증가
㉥ V : 강력한 흑연화 방지제(흑연의 미세화)
㉦ Al : 강력한 흑연화 촉진제, 내열성 증대
㉧ 종류
  • 내열 주철 : 고크롬 주철(Cr $34 \sim 40\%$), 니켈(Ni), 오스테나이트 주철(Ni $12 \sim 18\%$, Cr $2 \sim 5\%$), 연성, 인성이 있고 내산, 내알칼리, 내열성이 높다.
  • 내산 주철 : 고규소(Si), 주철(Si $14 \sim 18\%$), 듀리런이라고도 한다.
    - Si 14% 정도이며 취성이 높고 절삭이 곤란하다.
    - 진한 열황산, 황산동액, 황산과 초산의 혼합액 등에도 사용한다.
    - 염산에는 어느 정도 견디나 진한 열염산에 견디지 못한다.

③ 구상흑연 주철

용융상태에서 Mg, Ce, Mg - Cu, Ca(Li, Ba, Sr) 등을 첨가하거나 그 밖의 특수한 용선처리를 하여 편상 흑연을 구상화한 것으로 노듈러 주철이라고도 한다.

㉠ 기계적 성질
  • 주조상태 = 인장강도 $50 \sim 70 kg/mm^2$, 연신율 $2 \sim 3\%$
  • 풀림상태 = 인장강도 $45 \sim 55 kg/mm^2$, 연신율 $12 \sim 20\%$(1시간 정도)
㉡ 조직
  • 시멘타이트(cementite)형 : Mg 많고 Si 적을 때

- 펄라이트(pearlite)형 : 중간상태
- 페라이트(ferrite)형 : Mg 적당, Si 많을 때

ⓒ 용도 : 자동차 크랭크축, 캠축, 브레이크 드럼, 자동차용 주물(내마멸성, 내열성 우수)

④ **가단주철(malleable castiron)**

보통 주철의 결점이 여리고 약한 인성을 개선하기 위하여 백주철을 장시간 열처리하여 C의 상태를 분해 또는 소실시켜 인성 또는 연성을 증가시킨 주철이며, 용도는 자동차의 부속품, 관이음쇠에 사용된다.

ⓐ 백심가단주철(WMC : white-heart malleable cast iron) : 탈탄이 주목적
ⓑ 흑심가단주철(BMC : black-heart malleable cast rion) : Fe_3C의 흑연화가 목적
ⓒ 펄라이트 가단주철(PMC)

⑤ **칠드 주철(chilled castiron : 냉경 주철)**

주조시 규소(Si)가 적은 용선에 망간(Mn)을 첨가하고 용융상태에서 철주형에 주입하여 접촉된 면이 급랭되어 아주 가벼운 백주철로 만든 주철을 말한다.

ⓐ 경도, 내마모, 압축강도, 충격성 등 증가
ⓑ 칠(chill) 부분은 Fe_3C(시멘타이트)이며, 칠층의 두께는 10~25mm 정도이다.
ⓒ 용도 : 기차바퀴, 각종 분쇄기 롤러 등

2 주강

응고된 상태 그대로의 강으로 용강을 주형에 주입해 제조한 것으로 응고 후에는 표면의 수정작업과 열처리를 실시하여 완성된다. 주강은 압연이나 주조 등의 소성가공법으로 제조가 곤란한 복잡한 형상의 제품의 제조를 가능하게 한다.

(1) 탄소강 주강품

보통 주강품이라고 하면 탄소강 주강품을 말하고, 탄소량 0.4% 이하의 주강이다. KS에는 SC360, SC410, SC450, SC480 4종류로 규정하며 용도는 일반구조용이나 전동기 부품용으로 사용된다. 주조 후 풀림 또는 불림한 상태로 사용된다.

(2) 저합금강 주강품

탄소강 주강품에 비해 높은 강도와 인성 및 내마모성을 얻기 위해 여러 종류의 합금 원소를 첨가한 주강으로, 불림-뜨임 또는 담금질-뜨임을 하여 사용한다. SCMn1B, SCMnCr2B, SCCrM1B, SCNCrM2B 등이 있다.

3 단강(forged steel)

주조품과 같이 응고시킨 그대로의 상태로 사용되는 일은 드물며 소정의 기계적 성질을 얻기 위해 압연, 압출, 인발 등의 소성가공을 하여 최종제품으로 만들어지게 되는데 단조 또는 단련하여 형상을 만들어 내는 방법을 단조법이라고 하고 이를 통해 만들어진 제품이 단강품이며 재료가 단강이다. 단강은 주강과 연성의 압연재에 비해 강도 및 인성이 우수하므로 소형품에서 대형품까지 두루 사용된다.

(1) 자유단조법

개방형의 단조기를 이용하여 만드는 방법으로 소량생산에 이용되는 경우가 많고 대형의 발전기 축 또는 터빈 축, 선박용 추진기용 축류, 압연용 롤을 비롯한 각종 롤(roll), 원자력이나 화학반응용의 고압·저온압력용기벽 등의 중요 공업부품의 제조에 적용된다.

(2) 형단조법

제품의 형상과 동일한 형을 이용해 단조하는 방법으로 제품의 정도가 좋고 재료의 낭비가 적은 점 등의 우수한 특징이 있으며 자동차 엔진의 소형 크랭크 샤프트, 각종 부품, 차축, 기어 등의 제조에 적용되고 있다. 모든 단강품은 불림, 풀림, 또는 담금질-뜨임처리를 해서 사용한다.

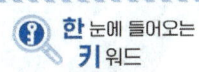

Point
단강품

CHAPTER 02 단원 예상문제

저자가 콕! 찝어주는 예상문제 풀어보기!

01 주철의 특성 중 틀린 것은?

① 주조성이 우수하다.
② 복잡한 형상도 쉽게 제작할 수 있다.
③ 가격이 싸고 널리 사용된다.
④ 인장강도가 강에 비해 우수하다.

> **주철의 장점**
> ① 주조성이 우수하여 크고 복잡한 것도 제작이 가능하다.
> ② 단위 무게당 값이 싸다.
> ③ 표면은 굳고 녹슬지 않으며 칠도 잘된다.
> ④ 마찰저항이 우수하고 절삭가공이 쉽다.
> ⑤ 인장강도, 휨강도 및 충격값이 작으나 압축강도는 크다.

02 고온의 주철을 사용하면 부피가 크게 되어 불어나고 변형이나 균열이 일어나, 강도나 수명을 저하시키는데 이러한 현상을 무엇이라 하는가?

① 주철의 고온취성
② 주철의 자연시효
③ 주철의 인공시효
④ 주철의 성장

> **주철의 성장**
> 1. 원인
>   ① 시멘타이트 중의 흑연화에 의한 성장 (Fe$_3$C → 3Fe+C)
>   ② 페라이트 중의 고용된 Si의 산화 (Si+O$_2$ → SiO$_2$)
>   ③ A1 변태에서 체적변화가 생기면서 가는 균열이 형성되어 생기는 팽창
>   ④ 불균일한 가열로 생기는 균열에 의한 흡수된 가스의 팽창
> 2. 방지법
>   ① 조직을 치밀하게 한다.
>   ② 흑연을 미세화한다.
>   ③ 흑연화 방지 원소를 첨가한다.(Cr, W, Mo, V)
>   ④ 산화하기 쉬운 Si양을 줄인다.

03 주철의 성장 원인에 대한 설명 중 틀린 것은?

① 페라이트 조직 중의 Si의 산화
② 흑연의 미세화에 따른 조직의 치밀화
③ 흡수된 가스의 팽창에 따른 부피의 증가
④ 펄라이트 조직 중의 Fe$_3$C 분해에 따른 흑연화

04 주철을 600℃ 이상에서 가열, 냉각을 반복할 때 점차로 체적이 증가하여 변경이나 균열이 일어나 강도나 수명을 저하시키는 현상은?

① 주철의 백선화 현상
② 주철의 성장 현상
③ 주철의 시효경과 현상
④ 주철의 적열 메짐 현상

05 주철(cast iron)에 시멘타이트(cementite)가 정출되어 백선화 경향이 심한 경우는 다음 중 어느 경우인가?

① 탄소와 규소가 적고 제품이 얇을 때
② 탄소와 규소가 많고 제품이 얇을 때
③ 탄소와 규소가 적고 제품이 두꺼울 때
④ 탄소와 규소가 많고 제품이 두꺼울 때

06 강한 탈산제인 동시에 흑연화를 촉진시키는 원소이나, 오히려 많은 양을 첨가하면 흑연화를 방지하는 원소로 합금주철에 보통 0.3% 이하의 소량을 첨가하는 것은?

① 티탄(Ti) ② 니켈(Ni)
③ 규소(Si) ④ 크롬(Cr)

> 흑연화 촉진시키는 원소에는 Al, Si, Ni, Ti이 있으며, Ti 0.3% 이상을 첨가하면 흑연화 방지제가 된다.

정답 1 ④ 2 ④ 3 ② 4 ② 5 ① 6 ①

07 주철중의 탄소의 일부가 유리되어 흑연화되어 있는 것을 일반적으로 무엇이라 하는가?

① 합금주철 ② 반주철
③ 백주철   ④ 회주철

08 주철은 함유하는 탄소의 상태와 파단면의 색에 따라 3종으로 분류되는데 다음 중 아닌 것은?

① 회주철(grey cast rion)
② 백주철(white cast rion)
③ 반주철(mottled cast rion)
④ 합금주철(alloyed cast rion)

> **주철은 파단면 색에 따라**
> ① 회주철 : 탄소가 흑연상태로 존재하며 파단면이 회색(유리탄소)
> ② 백주철 : 탄소가 시멘타이트 상태로 존재(화합탄소)
> ③ 반주철 : 회주철과 백주철의 중간

09 탄소와 규소량에 따른 주철의 조직관계를 표시한 것은?

① 응력-변형선도
② 마우러 선도
③ S-N 선도
④ TTT 선도

10 주철에서 기계적 성질이 가장 좋은 흑연조직은?

① 편상흑연
② 괴상흑연
③ 구상흑연
④ 국화무늬흑연

11 고급주철의 조건이 아닌 것은?

① 인장강도가 25kg/mm^2 이상일 것
② 취성이 작고 조직이 치밀하다.
③ 내마멸성이 크다.
④ 탄소량이 많아 탄소강과 같은 성질을 가져야 한다.

12 내열용이나 내산용 또는 높은 강도를 요구하는 특수 목적에 사용하는 주철은?

① 고 합금주철 ② 고급주철
③ 가단주철   ④ 칠드 주철

> **고합금주철**
> ① 내열주철(고Cr 주철) : 내열성 우수(일명 오스테나이트 주철)
> ② 내산 주철(고Ni 주철, 듀리런) : 내산성 우수

13 흑연이 미세하게 분포되어 있고 인장강도가 35~45kg/mm^{2}에 달하며, 담금질할 수 있어 내마멸성이 요구되는 공작기계의 안내면과 강도를 요하는 기관의 실린더에 쓰이고 있는 주철은?

① 합금주철
② 미하나이트 주철
③ 구상흑연 주철
④ 칠드 주철

> **미하나이트(meehanite) 주철**
> 접종을 이용해 만드는 주철로 바탕이 펄라이트이고 흑연이 미세하게 분포되어 있어 인장강도가 35~45kg/mm^2 정도이며 담금질이 가능해 내마멸성이 요구되는 공작기계의 안내면과 강도를 요하는 기관의 실린더에 사용
> • 접종 : 흑연의 형을 미세하고 균일하게 분포되도록 하기 위하여 규소나 칼슘-규소 분말을 첨가하여 흑연의 핵 형성을 촉진하는 방법

정답 7 ④ 8 ④ 9 ② 10 ③ 11 ④ 12 ① 13 ②

14 듀리런에 대해 맞는 것은?

① 내마멸성주철
② 미하나이트 주철
③ 내산주철
④ 내열주철

> ① 듀리런(duriron) : Si 14% 정도의 고규소주철로서 내산주철이다.
> ② 내열주철 : 고 Cr 주철(Cr 34~40%), Ni계 오스테나이트 주철

15 Meehanite 주철을 제조할 때 Ca-Si을 첨가하는 목적에 속하지 않은 항은?

① 흑연핵 생성 촉진
② 백선화 방지
③ 유동성 향상
④ 연신율 증가

16 구상흑연주철에서 나타나는 bull's eye structure(스노조직)에 대한 설명이다. 틀린 것은?

① C와 Si가 적을 때 생성된다.
② Pealite Ferrite형 구상흑연주철에서 나타난다.
③ 소둔하면 없어진다.
④ 주조상태에서 존재한다.

> P, S이 적은 것을 사용한다.
> 소둔(annealing) = 풀림처리

17 주철조직 중 흑연의 형상이 아닌 것은?

① 공정상 흑연   ② 장미상 흑연
③ 침상 흑연   ④ 문어상 흑연

> 흑연의 형상에는 편상, 괴상, 구상, 장미상, 공정상, 문어상 등이 있다.

18 구상흑연주철을 만들기 위한 첨가제가 아닌 것은?

① 마그네슘(Mg)   ② 셀륨(Ce)
③ 몰리브덴(Mo)   ④ 칼슘(Ca)

> 구상흑연주철 : 용융주철에 Mg, Ce, Mg-Cu, Ca 등을 첨가하여 편상흑연을 구상화시킨 주철이다.
> • 종류
> ① 시멘타이트형 : Mg 많고, Si 적을 때
> ② 페라이트형 : Mg 적당, Si 적을 때(밸브와 밸브 몸체)
> ③ 펄라이트형 : 중간상태(크랭크축, 기어, 롤러)

19 다음 중 구상흑연주철의 조직에 포함되지 않는 것은?

① 노둘러형   ② 페라이트형
③ 펄라이트형   ④ 시멘타이트형

20 가단주철(malleable cast iron)은 다음 중 무슨 주철을 이용하여 가장 많이 만들어지는가?

① 합금주철(alloy cast iron)
② 반주철(mottled cast iron)
③ 회주철(gray cast iron)
④ 백주철(white cast iron)

> 가단주철은 백주철을 원료로 사용하며 주로 자동차 부품, 관이음쇠 등에 쓰인다.

정답 14 ③ 15 ④ 16 ① 17 ② 18 ③ 19 ① 20 ④

21 주철의 결점이 여리고 질기지 못한 결점을 보충하여 어느 정도 질긴 성질이 부여된 주철은?

① 가단주철　② 칠드 주철
③ 회주철　　④ 백주철

> 가단주철 : 회주철은 주조성이 좋으나 취약하여 연신율이 없는데 이 결점을 보충한 것이 가단주철이다. 먼저 백주철의 주물을 만든 후 장시간 열처리하여 탈탄과 시멘타이트 흑연화에 의하여 연성을 가지게 한 것이다.
> ① 흑심가단주철(BMC) : 백주철을 철광석, 산화철 등의 탈탄제와 함께 상자에 채워 풀림 열처리한 주철이다.
> ② 백심가단주철(WMC) : 백선주물을 철광석 밀스케일과 같은 산화철과 함께 풀림처리에 쓰이는 상자안에 다져 넣고 장시간 가열하여 백선의 표면 탈탄하고 구상화한 주철이다.

22 보통 주철에 비하여 규소가 적은 용선에 적당량의 망간을 가하여 금형에 주입하면, 금형에 접속된 부분은 급랭되어 아주 가벼운 백주철로 되는데, 이러한 주철을 무엇이라 하는가?

① 가단 주철　② 칠드 주철
③ 고급 주철　④ 합금 주철

> 칠드 주철(냉경주철) : 용융상태에서 금형에 주입하여 접촉면을 백주철로 만든 것(칠부분 → Fe3C조직)
> ① 칠 깊이(칠층) : 10~25mm
> ② 용도는 기차바퀴나 각종 롤러
> ③ 성분은 Si가 적은 용선에 Mn을 첨가하여 금형에 주입

23 칠드 주철의 바탕조직은?

① 시멘타이트형
② 페라이트
③ 펄라이트
④ 오스테나이트

24 주로 표면이 시멘타이트(Fe_3C) 조직으로서 경도가 높고, 내마멸성과 압축강도가 커서 기차의 바퀴, 분쇄기의 롤 등에 많이 쓰이는 주철은?

① 가단주철
② 구상흑연주철
③ 미하나이트 주철
④ 칠드 주철

25 칠드 주철(chilled cast iron)에 관한 다음 사항 중 올바르지 않은 것은?

① 백선화된 부분은 시멘타이트가 형성되어 경도가 크고 취성이 있다.
② 압연기의 롤러, 기차의 바퀴 등에 많이 사용된다.
③ 칠드되기 쉽게 규소가 많은 재료를 사용한다.
④ 내부는 인성이 있는 회주철로서 취약하지 않아 잘 파손되지 않는다.

> 칠드를 위해 Mn을 첨가한다.

26 주철(Fe-C계)에 규소(Si)가 첨가되면 어떠한 영향을 미치는가?

① 흑연화 촉진, 공정온도 저하, 공석온도 상승
② 시멘타이트화 촉진, 공정·공석온도 저하 공정탄소량 증가
③ 흑연화 촉진, 공정·공석온도 상승, 공정탄소량 감소
④ 흑연화 촉진, 공정온도 상승, 공석온도 저하, 공정탄소량 증가

> 공정점이 저탄소강쪽으로 이동된다.
> ① Si는 흑연화 촉진
> ② 공정탄소량 감소
> ③ 공정·공석온도의 증가

정답　21 ①　22 ②　23 ①　24 ④　25 ③　26 ③

27 회주철(gray cast iron)의 조직에 가장 큰 영향을 주는 것은?

① C와 Si
② Si와 Mn
③ Si와 S
④ Ti와 P

28 주철의 마우러의 조직도를 바르게 설명한 것은?

① Si와 Mn량에 따른 주철의 조직 관계를 표시한 것이다.
② C와 Si량에 따른 주철의 조직 관계를 표시한 것이다.
③ 탄소와 흑연량에 따른 주철의 조직 관계를 표시한 것이다.
④ 탄소와 Fe_3량에 따른 주철의 조직 관계를 표시한 것이다.

CHAPTER 03 비철금속재료의 기본특성과 용도

주요내용 알고 가기!

- 구리와 구리합금
- 알루미늄과 알루미늄합금
- 마그네슘과 마그네슘합금
- 니켈과 니켈합금
- 기타 비철금속과 그 합금

한 눈에 들어오는 키워드

01 구리와 구리합금

[그림 3-1]

* 구리의 제조법 : 구리광석을 용광로에서 용해시켜 황화구리(Cu_2S)와 황화철(FeS)의 혼합물을 만들어 전로에서 조동을 만든다. 조동을 전기정련하여 전기동을 만든다.
  구리광석 → 예비처리 → 전로(또는 용광로)   조동(98~99.5% Cu) – 반사로 – 형구리(주물)
                                              전기정련 – 전기구리(판재, 봉재, 선재)

- 적동광
- 황동광
- 휘동광
- 반동광

• 구리의 종류 : 전해인성구리, 무산소구리, 탈산구리

◉ Point
구리 제조법과 종류

1 구리의 성질

(1) 비중 : 9.86, 용융점 : 1083℃, 면심입방격자
(2) 변태점 없고 비자성체, 전기 및 열의 양도체(Ag 다음)
   ① **전기 전도율을 해치는 원소** : Ti, P, Fe, Si, As 등

◉ Point
구리의 특성

② **가공성을 저하하는 원소**: Bi, Pb
③ **구리 강도 및 내마모 향상 원소**: Cd

(3) 연하고 전연성 및 용접, 접합성이 우수하다.
(4) 인장강도는 가공도 70%에서 최대이며, 가공경화된 것은 600~700℃에서 30분간 풀림하면 연화된다.(열간가공 750~850℃)
(5) 황산, 염산, 질산에 쉽게 용해된다.(단, 내식성이 커서 공기 중에서는 산화되지 않는다.)
(6) 탄산가스 CO_2, 습기, 해수에 부식되어 염기성 탄산동의 녹이 생긴다.
- **수소병(수소 취성)**: 산화구리를 환원성 분위기에서 가열하면 H_2가 반응하여 수증기를 발생하고, 구리 중에 확산 침투하여 균열(hair crack)을 발생한다.

2 황동(brass)

(1) 황동의 성질

① 주조성, 가공성, 내식성, 기계적 성질이 좋다.
② 압연과 단조가 가능하다.(완전 풀림 온도: 600~650℃)
③ 색채가 아름답고 값이 싸다.

(2) 황동의 결함

① **자연 균열(season crack)**: 냉간가공한 봉, 관, 용기 등이 사용 중이나 저장 중에 가공 때의 내부응력, 공기 중의 염류, 암모니아 가스(NH_3)로 인해 입간 부식을 일으켜 균열이 발생하는 현상이다.
   * 방지법: ① 200~300℃에서 저온 풀림하여 내부응력 제거
            ② 도금법 및 도색법
② **탈아연 현상**: 바닷물에 침식되어 아연(Zn)이 용해 부식되는 현상이다.
   * 방지법: ① 아연판을 도선에 연결
            ② 전류에 의한 방식법
            ③ 주석황동을 만든다.(Sn 1% 첨가)
③ **경년 변화**: 냉간가공한 후 저온 풀림 처리한 황동(스프링)이 사용 중 경과와 더불어 스프링의 특성(경도값 증가)을 잃는 현상이다.

Point
황동
Cu + Zn

Point
탈아연 현상

(3) 황동의 종류와 용도

종류	명칭	성분	용도
저황동	톰백(tombac)	Cu 80~95%, Zn 5~20%	황동단추, 금박, 금모조품, 건축 및 장식품, 밸브, 전기부품(냉간가공이 용이)
	커머셜 브론즈 (commercial bronze)	Cu 80~90%, Zn 10~20%	
고황동	7-3 황동 (cartridge brass)	Cu 70%, Zn 30% (α 고용체)	냉간가공용으로 봉, 선, 관, 소켓 및 탄피에 사용 ※ 가공성이 목적(연신율 최대)
	6-4 황동 문쯔메탈 (muntz metal)	Cu 60%, Zn 40% ($\alpha+\beta$ 고용체)	고온가공용으로 판재, 봉재, 선재, 볼트, 너트, 콘덴서, 파이프, 밸브 ※ 강도가 목적(인장강도 최대)
주물용 황동	미술주물	Cu+Zn 10~15%	납땜, 플랜지, 전기부품, 장식용품 등
	기계주물	Cu+Zn 30~40%	급배수 연결부품, 전기·기계부품 등 특징은 강도 크고, 용량의 유동성이 좋고 정밀한 주물을 얻을 수 있다. 청동에 비해 가격이 싸다.
특수 황동	납황동(lead brass) (쾌삭황동)	6.4. 황동, Pb 1.5~3% 첨가	강도와 연신율 감소, 절삭성 향상 스크루, 시계 톱니
	주석황동	에드미럴티 황동 (7.3황동+Sn 1%)	복수기의 관이나 판에 사용
		네이벌 황동 (6.4황동+Sn 1%)	선박용 갑판에 사용 특징은 인장강도, 경도증가, 연신율 감소, 내해수성이 좋아진다.
	철황동(iron brass) (델타 메탈)	6.4황동 Fe 1~2%	강인성 및 내식성 증가 광산기계, 선박용, 화학기계 등에 사용
	강력황동 (고속도 황동)	6.4황동+Mn Al, Fe, Ni, Sn	① 주조, 가공성, 내해수성이 크다. ② 강도, 내식성 개선 ③ 선박용, 프로펠러, 광산용 기계기구, 밸브, 나사 크고 주조, 단조 가능
	양은 (백동, 양백, 니켈 황동)	7.3황동+Ni 15~20%	① 표백작용으로 Ni 20%에서 은백색 ② 전기저항 크고, 탄성, 내열, 내식성이 우수 ③ 가정용품, 전기재료, 스프링, 선박용, 바이메탈용에 쓰임

3 청동(bronze)

(1) 청동의 성질

① 내식성, 마찰저항이 크고 광택이 있다.
② 주조성, 강도가 좋으며 가볍다.
③ 주석의 함유량
　　┌ Sn 4%에서 연신율 최대, 그 이상에서는 급격히 감소한다.
　　└ Sn 15% 이상에서 경도가 급격히 증가하고 Sn 함량에 비례하여 증가한다.

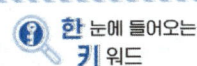

Point
톰백
7-3 황동
6-4 황동
에드미럴티 황동
네이벌 황동
철황동(델타 메탈)
니켈 황동(양은)

Point
청동
Cu+Sn

(2) 청동의 종류와 용도

Point
포금
켈밋
코슨 합금
오일리스 베어링

종 류	성 분	특징 및 용도
포금 (gun metal)	Sn 8~12% +Zn 1% 내외	① 유동성이 좋고, 내수압, 내식, 내마멸성이 우수하다. ② 기어, 부시, 밸브의 콕, 피스톤, 프로펠러, 플랜지에 쓰임
인청동 (C 5102)	Sn 9%+P 0.35% 탈산제	① 내마모성, 인장강도, 내열성, 탄성한계가 크다. ② 스프링제, 베어링, 밸브 시트, 주물재료
납청동	Pb4~16%+Sn10%	베어링 재료에 쓰임(Pb은 Cu와 합금되지 않고 윤활작용)
켈밋 (kelmet)	Cu+Pb 30~40%	① 열전도, 내압, 내열성이 크다. ② 마찰계수가 작다. ③ 고속, 고하중 베어링에 사용
알루미늄 청동 (aluminium bronze)	Al 6~10.5%	① 기계적 성질, 내식성, 내열성, 내마모성 우수 ② 인장강도 Al 10%, 연율 6% 정도가 우수, 경도 8%부터 증가 ③ 화학공업기계, 선박, 항공기, 차량용 부품 베어링에 사용 ④ 대표적인 것으로 Fe, Mn, Ni, Si, Zn을 첨가한 암스청동, 다이나모 청동 등이 있다.
베릴륨 청동 (beryllium bronze)	Be 2~3% Co, Ni 또는 Ag, Be 2~3%	① 내식성, 내피로성, 내열성, 뜨임 시효 경화성, 도전성, 스프링 특성 우수 ② 인장강도 : 133kg/mm^2(특수강), 구리 합금 중 강도 및 경도가 가장 크다. ③ 고급 스프링, 베어링, 전기접점, 전극
코슨 합금 (탄소 합금)	Cu+Ni 4%+Si 1%	금속간 화합물, Ni2Si에 의하여 인장강도 크다. (105kg/mm^2) 전선, 스프링용
쿠니알 청동 (kunial)	Cu+Ni4~16%+ Al1.5~7%	뜨임경화성이 크다.
오일리스 베어링 (oilless bearing)	Cu분말+Sn8~12% +흑연 분말4~5%	구리, 주석, 흑연 분말 혼합 가압성형, 700~790℃ 수소기류 중에서 소결, 기름에서 가열 시 무게로 20~30% 기름 흡수, 기름 급유가 곤란한 곳의 베어링 사용. 너무 큰 하중이나 고속회전부에는 부적합하다.
망간청동	Cu+Mn 15%	고온강도가 크고 전기저항이 적다. 표준저항, 정밀한 계기 부품에 사용

02 알루미늄과 그 합금

[그림 3-2] 알루미늄합금제품의 예

* 알루미늄의 제조
 ① 알루미늄 광석 : 보크사이트(Al_2O_3, $2SiO_2$, $2H_2O$), 명반석, 토혈암(Al_2O_3, SiO_2, $2H_2O$)
  • Al은 지각 중 약 8%가 존재하며 대부분의 Al은 보크사이트(bauxite)로 제조한다.
 ② Al의 제법 : Al광석 --_{제련}--→ Al_2O_3 ----------_{용융상태의 빙정석 중에서 가열 및 전해}----------→ 순수 Al

1 Al의 성질

(1) 비중은 2.7, 용융점 660℃, 전기 및 열의 양도체이며, 면심입방격자이다.
(2) 전연성이 좋다. 순수 Al은 주조가 곤란, 유동성이 작고, 수축률이 크다.
(3) 가공에 의해 경화된 것을 가열시 150℃에서 연화, 300 ~ 350℃에서 완전 연화한다.
 열간가공온도 : 400 ~ 500℃(연신율 최대), 시효 경화성이 크다.
(4) 염산·황산 및 무기산·바닷물에 침식, 대기 중에서 안정한 표면 산화막을 형성
(5) Cu, Si, Mg 등과 고용체를 형성하며 열처리로 석출경화, 시효경화시켜 성질 개선
(6) 용도 : 송전선, 전개재료, 자동차, 항공기, 폭약제조, 건축용품, 가전용품 등에 사용

Point
알루미늄의 특성

참고
① 석출경화(Al의 열처리법) : 급랭으로 얻은 과포화 고용체에서 과포화된 용해물을 석출시켜 안정화시킴(석출 후 시간경과와 더불어 시효경화됨)
② 시효경화(시즈닝) : 철강의 성상변화를 안정시키거나 이 종류의 변화를 촉진시키기 위해서 적당한 열처리를 하는 것을 말한다. 시효경화합금→548합금

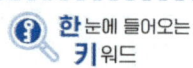

한눈에 들어오는 키워드

Point
- 실루민(Al+Si)
- 라우탈(Al+Cu)
- 하이드로날륨(Al+Mg)
- Y합금
- 로엑스(Lo-ex)

2 주조용 Al 합금

종류	특징 및 용도
실루민(silumin) 10~14%	① 주조성은 좋으나 절삭성 불량 ② 재질(개량) 처리 효과가 크다. [금속 나트륨(Na), 플루오르 화합물(F), 수산화 나트륨(NaOH)]
라우탈(lautal) Al+Cu 3~8%+Si 3~8%	① 주조성이 좋고 시효경화성이 있다. ② Si 첨가로 주조성 개선, Cu 첨가로 실루민의 결점인 절삭성 향상 ③ 피스톤, 기계부속품
Al-Cu계(Cu 8%)	주조성, 기계적 성질, 절삭성 양호하나 고온메짐, 수축균열이 있다.
하이드로날륨 (hydronalium) Al+Mg 4~7%	① 내식성이 매우 우수하다. ② 선박용품, 건축용 재료 등에 사용
내열용 / Y합금(내열합금) Al+Cu 4%+Ni 2% +Mg 1.5%	① 고온강도가 크므로 내연기관의 실린더, 피스톤 등에 사용 ② 열처리는 510~530℃로 가열 후 더운물에 냉각, 약 4일간 상온 시효시킨다. 인공시효처리온도 : 100~150℃ ※ RR계 내열 합금(hiduminum RR) : Y합금에 Si, Fe를 가한 합금
내열용 / Lo-ex(로우엑스) Al, Si 11~14% Mg 1.0%, Ni, Cu, Fe	① 열팽창계수가 적고 내열, 내마멸성이 우수하다. ② 금형에 주조되는 피스톤용

* 개질법 : 주조시 0.05~0.1%의 Na을 첨가하면 조직이 미세하게 되어 기계적 성질이 개선되는 것

3 가공용 Al 합금

(1) 강력(고력) Al 합금

가공과 열처리에 의해 강도를 향상시킨 열처리형 합금

Point
- 두랄루민, 초두랄루민
- → 항공기 재료

종류	특징 및 용도
두랄루민(duralumin) Al+Cu 4%, Mg 0.5% Mn 0.5%, Si 0.5%	① 시효경화성 Al 합금 ② 풀림 후 : 인장강도 18~25kg/mm^2, 연율 10~14%, H_B 40~60 시효경과 후 인장강도 30~45kg/mm^2, 연율 20~25%, H_B 90~120 ③ 가볍고 강도가 크므로 항공기, 자동차, 운반기계 등에 사용
초두랄루민	① 두랄루민에 Mg 다소 증가, Si 감소 ② 시효경과 후 : 인장강도 50kg/mm^2 이상 ③ 종류 : Alcoa 24ⅡS(미국), DM31(독일 : Mn양 증가), RR56(영국 : Ni 첨가) ④ 초강 두랄루민 : 인장강도 54kg/mm^2 이상을 말하며 균열방지를 위해 Mn, Cr을 첨가한 것 ㉠ 종류 : Alcoa 75S, KS 7075 합금 ㉡ 용도 : 항공기의 구조용 재료

(2) 내식용 Al 합금

종 류	특징 및 용도
하이드로 날륨 (Al – Mg계)	① 압출재 25%, 특수목적 10%의 Mg 첨가 ② 해수, 알칼리성에 대한 내식성이 강함 ③ 용접성 양호, 가공경화에 의해 경화 ④ 일반적으로 Mg 6% 이하로 첨가
알민 (Al – Mn 1~1.5%)	① 내식성 우수 ② Alcoa 3S는 가공성, 용접성 우수하며, 저장 탱크, 기름 탱크에 사용
알드리 (Al – Mg – Si계)	① 강도와 인성이 있고 큰 가공 변형에도 견딤 ② 담금질 온도 : 560℃ ③ 담금 후 120 ~ 200℃로 인공시효경화, 송전선에 사용
알클래드 (Alclad)	① 강력 Al 합금 표면에 순수 Al 또는 내식 Al 합금을 피복한 것 ② 내식성과 강도 증가의 목적

(3) 내열 Al 합금

Y합금은 내열용 Al 합금이라고도 한다. 용도는 단조 피스톤에 적합

(4) 알루미늄 분말 소결체(sintered aluminum powder : SAP)

특수한 방법으로 Al_2O_3 가루를 압축성형하여 500~600℃로 소결한 후 압출 또는 압축가공으로 제조한 분산 강화형 합금이다.
내열재료로서 피스톤, 블레이드(blade) 등에 사용

03 마그네슘과 그 합금

* 마그네슘의 제조

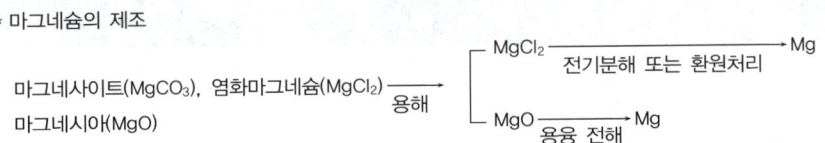

1 마그네슘의 성질

(1) 비중 1.74, 용융점 650℃, 재결정 온도 150℃이다.
(2) 조밀육방격자이며, 고온에서 발화하기 쉽다.
(3) 대기 중에서 내식성이 양호하나 산이나 염류에는 침식되기 쉽다.

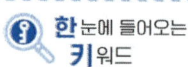

한눈에 들어오는 키워드

● Point
도우메탈(Mg – Al)
엘렉트론

(4) 냉각가공이 거의 불가능하여 200℃ 정도에서 일간 가공(300 ~ 400℃) 압연·압출한다.
(5) 용도는 Al합금용, 구상흑연 주철 첨가제, 사진용 플래쉬, 건전지의 음극보호용, 인쇄제판, 항공기 공업에 사용
(6) 합금시 단련재의 강도는 두랄루민의 1/3 정도이며 비중은 증가(1.75 ~ 2.0)
(7) Al 6%에서 인장강도 최대, Al 4%에서 연신율과 단면수축률은 최대

2 Mg 합금의 종류

종 류	특징 및 용도
도우메탈 (Mg – Al 합금)	① 인장강도 Al 6%, 연율, 단면수축률 4%에서 최고, 경도는 직선으로 증가 ② 비중은 Mg합금 중 가장 적고 용해, 단조, 주조가 용이하다.
엘렉트론 (Mg – Al – Zn 합금) Al 3~7%, An 2~4%	① Al첨가로 고온 내식성 향상 ② 강도, 경도 증가를 위해 Zn, Cd, Mn 첨가 ③ 항공기, 자동차 부품에 주로 사용

그 밖의 Mg 합금으로는 Mg - Zn, Mg - Th - Mn계, Mg - Th - Zr, Mg - Mn계 등

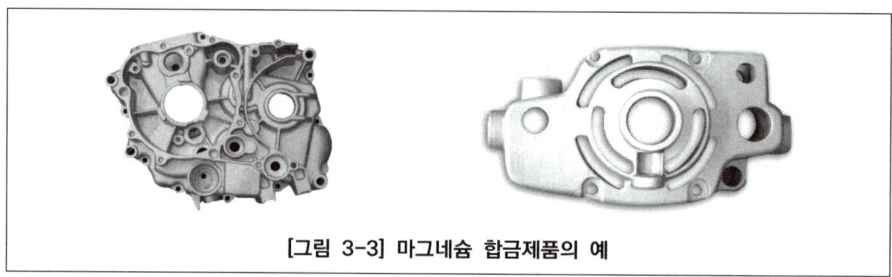

[그림 3-3] 마그네슘 합금제품의 예

04 니켈과 그 합금

● Point
니켈의 특성

1 Ni의 성질

(1) 니켈(Ni)의 제조법에는 전기 분해법으로 만든 전해 Ni과 광석에서 몬드법(mond process)으로 만든 몬드 니켈이 있다.
(2) 은백색의 면심입방격자, 비중 : 8.9, 용융점 : 1455℃
(3) 상온에서 전연성이 좋고, 소성가공 및 내식성, 내산화성이 우수
(4) 상온에서 강자성체 360℃에서 자성을 잃는다.(자기변태)

(5) 내식성이 크고 공기 중에서 500~1000℃로 가열해도 열로 산화 안됨. 질산, 염산에 침식되고, 황산에 부식되지 않으며, 알칼리에 강하다.
(6) 용도는 화학공업, 식품공업, 화폐, 도금용 등에 사용된다.

2 Ni 합금

종류		특징 및 용도	
Ni-Cu계 합금	Ni 15%(베네딕트메탈)	소총탄 피복, 급수 가열기, 증기기관의 콘덴서	
	Ni 20%(큐푸로스니켈)	① 각종 식기, 포장품, 공예품 ② 붉은 구리색 완전 소멸	
	Ni 40~45%(콘스탄탄) Cu 54%, Ni 44%, Mn 1%, Fe 0.5%(어드밴스)	① 열기전력, 전기저항이 크고 온도계수가 작아 열전대 재료, 저항선에 사용 ② 해수, 희석황산, 알칼리 용액에 강하다.	
	Fe 1~3%(모넬메탈) Ni 60~70%	KR모넬(C 0.28%) K모넬 R모넬(S 0.035%) H모넬(Si 3%) S모넬(Si 4%)	① 내열성, 내식성, 연신율, 내마멸성이 크다. ② R, KR모넬: 쾌삭성 양호, H, S모넬: 경화성, 강도크다. ③ 광산·염색기계, 화학공업용 펌프, 증기밸브에 사용 ④ Ni 50% 부근: 전기저항 최대, 온도계수 최소 ⑤ Ni 40% 부근: 열전위차 최대
Ni-Fe계	인바(invar)(Ni 36%, C 0.2%, Mn 0.4%)	① 측량용 테이프, 미터표준용, 지진계, 시계진자, 바이메탈 재료로 길이 불변 ② 초인바: Cu-Ni 30~32%, Co 4~6%	
	엘린바(elinvar)(Ni 36%, Cr 12%, Fe 52%)	① 고급시계, 스프링 재료로 탄성 불변 ② 고엘린바: Cu-Ni-Cr-Co 첨가	
	플래티 나이트 (Ni 42~48%)	① 열팽창계수: 9×10^{-6}으로 유리, 백금선과 비슷 ② 전구 봉입선	
	니칼로이 (Ni 50%, Fe 50%)	① 고주파율 합금이 일종으로 초투자율이 크다. ② 해저 전선, 소형 변압기	
	퍼멀로이 (Ni 70~90%, Fe 10~30%)	투자율이 높아 고주파용 철심재료, 해저전선의 장하코일	
Ni-Cr계	인코넬(inconel) (Ni 78~80%, Cr 12~13%, Fe 4~6%)	내산성이 강하여 우유가공용, 전열기의 부품, 고온계의 보호판, 항공기의 배기 밸브 등	
Ni-Mo	하스텔로이(hastelloy) (Ni, Mo, Fe계)	내식성 및 고온강도가 크므로 가스터빈용으로 사용	

* 열전대선
① 크로멜-알루멜: 최고 1200℃까지 측정　② 철-콘스탄탄: 800℃까지 측정
③ 구리-콘스탄탄: 600℃까지 측정　　　④ 백금-백금, 로듐: 1600℃까지 측정

Point
콘스탄탄
어드밴스
모넬메탈

Point
인바강
엘린바
퍼멀로이
인코넬

05 티탄과 그 합금

(1) 비중 : 4.5(밀도 : 4.54g/cm³), 용융점 : 1668℃, 변태 : 883℃(αTi $\rightleftharpoons$ βTi)
(2) 크리프 강도가 크고, 내식성, 내열성이 우수하다.(가격은 고가)
(3) 티탄 제조법에는 크롤(kroll)법과 헌터(hunter)법이 있다.
(4) 용도 : 항공기, 우주선, 가스터빈, 디스크(disc), 제트엔진 등의 재료에 사용
(5) Ti 합금 : Ti - Mn계(크리프 우수), Ti - Al계(고온 크리프 우수)

06 코발트와 그 합금

(1) 자성이 있고 비중 : 8.85, 용융점 : 1490℃, 자기변태
(2) 은백색을 띠며, 자석재료, 내열합금, 공구 소결재, 내마멸성 재료 사용

(3) 합금 종류

① Co - Cr - W - C(주조경질합금) : 내마멸성, 내식성, 고온경도, 내산화성이 요구되는 곳에 사용
② Co - Cr - Mo(바이탈륨) : 외과, 정형외과, 치과 분야의 이식에 사용
③ MP35N(Co - Ni 35% - Cr 20% - Mo 10%) : 고강도 코발트 합금으로 산업용 파스너(fastener)에 사용
④ 항복강도 : 143kg/mm² 이상, 연성, 인성, 내식성 우수
⑤ UMCo50(Co - Cr - Fe 고용체 강화합금) : 열처리 부품에 사용

그밖에 L - 605, 해이네스 합금(188), S - 816 등이 있다.

07 아연, 납, 주석과 그 합금

1 아연과 그 합금

(1) 용융점 419℃, 비중 7.14, 조밀육방격자의 청백색 금속
(2) 습기, 탄산가스의 영향으로 표면에 염기성 탄산염의 피막을 형성한다.
(3) 인장강도, 연율이 적고 취약하여 상온가공이 곤란하다.
(4) 용도 : 건전지 재료, 인쇄용의 판재, 아연도금(양철판), 다이캐스팅용 아연 등

(5) 아연합금

① 다이캐스팅 합금(자마크<미국>, 마자크<영국>, ZAC, MAC<일본>) : Zn - Cu - Al계
내식성, 가공성이 나빠지나 강도는 증가
② 가공용 합금 : Zn - Cu계, Zn - Cu - Mg계, Zn - Cu - Ti계(hydro - T - metal)
강도와 고온 크리프 우수
③ 베어링용 합금 : Zn - Cu 3~6%, Al 2~3% 및 Cu 5~6%, Sn 10~20%, Pb 5%
다른 베어링 합금보다 비중 적고, 경도가 크고, 마찰에 대한 저항이 있다.
④ 금형용 합금 : Zn - Al 4% - Cu 3% - Mg계, 강도, 경도가 크다.

2 납과 그 합금

(1) 비중 : 11.34, 용융점 : 325.6℃, 면심입방격자
(2) 주조성, 윤활성, 내식성 우수하나 전기전도율은 나쁘다.
(3) Pb은 방사선을 흡수하므로 원자로나 X선의 차단재료로 사용
(4) 용도로 산류탱크, 축전지, 수도관, 케이블 피복, 패킹재 등에 사용
(5) 증류수에는 용해하여 유독하다.
(6) Pb합금 : Pb - Sn계(연납), Pb - Sb계(경납 : 은납, 황동납, 금납, 동납 등)

3 주석과 그 합금

(1) 비중 7.3%, 용융점 232℃, 동소변태 13℃[α - Sn(회주석) $\underset{13℃}{\rightleftharpoons}$ β - Sn(백주석)]
(2) 광택이 있고 소성이 커서 박판의 제조가 용이하다.(선으로 인발이 어렵다.)
(3) 상온에서 공기, 물, 희박한 산에 저항이 크다.
(4) 용도 : 위생용 튜브, 식기, 철 및 구리표면 부식방지, 식료품 포장용, 주석도금(함석판)용

(5) Sn 합금

① Sn – Sb – Cu계(퓨터<pewter> 또는 브리타니아 메탈) 합금
그림물감, 의약품 튜브, 냉간 압연판에 사용되며, 통상적으로 배빗 메탈(Babbit metal)이라고 한다.
② 퓨즈용 합금
Pb, Sn, Bi, Cd 등의 저용융 합금 첨가. 용도로는 자동차 소화기, 화재경보장

Point
자마크(Zn – Cu – Al)

Point
연납(Pb – Sn)

치, 보일러 안전밸브, 전기용 퓨즈에 사용
종류로는 4원합금(Bi - Pb - Sn - Cd)에 우드메탈, 리포위즈 합금, 다아세트 합금, 3원합금(Bi - Pb - Sn)에 뉴턴 합금, 로즈 합금, 비스무트 합금 등이 있으며 기타 합금으로 브란트 메탈 등이 있다.

③ **활자 합금**
Pb - Sn - Sb계 합금의 경도와 내마멸성 요구되는 곳에 사용

4 베어링용 합금

(1) 주석계 화이트 메탈(배빗 메탈 : Sn – Sb – Cu계)

내마멸성, 내충격성, 내열성 우수(가격이 비싸다.)

(2) 납계 화이트 메탈(엔티프릭션 메탈 : Pb + Sn + Sb)

값이 싸고 마찰이 적다.

(3) 아연계 화이트 메탈(Zn + Cu + Sn)

비중이 적고 경도가 크며, 마찰계수 크고 내해수성이 있다.(선박의 스턴 튜브의 베어링용)

(4) 카드뮴계 화이트 메탈(Cd + Ni, Ag, Cu)

하중이 큰 고속 베어링에 사용

(5) Cu계 베어링 합금

포금, 인청동, 켈밋, 알루미늄 청동

(6) 오일리스 베어링(oilless bearing)

주성분은 Cu - Sn 분말 10% - 흑연분말을 혼합하여 가압 소결한 것 내마멸성이 우수하고 강도가 적으므로 자동차, 전기, 시계, 방적기계 등의 급유가 어려운 베어링용으로 사용되며, 고속회전부 및 고하중에는 부적합하다.

(7) Al계 베어링용 합금

고속 고하중 베어링 합금(Sn - Cu - Ni - Al), Al - Pb계 합금(Pb 8.5% - Si 4% - Sn 1.5% - Cu 1% 및 Al 85%)

08 귀금속과 그 합금

(1) 금(Au)

① 황금색이며 면심입방격자
② 가공성 우수, 전기전도와 내식성 우수
③ 비중 19.3, 용융점 1063℃
④ 캐럿(carat : K) : Au의 순도를 나타내는 단위, 순금(순도 100%) ⇒ 24K
⑤ Au의 합금 종류
    ㉠ Au - Cu계 합금 : Au - Cu 10% ⇒ 금화, 9~18K ⇒ 반지, 장신구
    ㉡ Au - Ag - Cu계 합금
       • 핑크 골드(pink gold) ⇒ Au 58.3%, Ag 4.9%, Cu 31.6%, Ni 5.2%,
       • 치과용 ⇒ Ag 5%, Cu 3%,
       • 금침 ⇒ Ag 15%, Cu 13% 정도의 것이 이용된다.
    ㉢ Au - Ni - Cu - Zn계 합금 : 화이트 골드(white gold)로 불리는 은백색의 합금.
       주로 18, 14, 12K로 만들어지고, 치과용, 장식용에 사용된다.
    ㉣ Au - Pt계 합금 : 노즐 재료로 사용
    ㉤ Au - Cr계 합금 : Cr 2.5% 함유한 금합금으로 전기저항의 온도계수가 작다.

(2) 은(Ag)

① 은백색이며, 면심입방격자, 대기 중에서 내식성 우수
② 전기 및 열전도도는 가장 우수, 전연성은 금(Au) 다음으로 우수
③ 황화수소에는 검게 변하여 진한염산, 황산, 질산 등에 부식
④ 용도는 전자, 전기재료, 장식품, 화폐 등으로 사용
⑤ 비중 10.5, 용융점 960.5℃
⑥ **Ag 합금의 종류**
    ㉠ Ag - Cu계 합금 : Ag - Cu 7.5%(은화) ⇒ 스털링 실버(sterling silver)
       Ag - Cu10% ⇒ 코인 실버(coin silver)
    ㉡ Ag - Pb계 합금 : Ag - Pb 25% - Cu 0~10%(치과용에 사용)
    ㉢ Ag - Cd계 합금
    ㉣ Ag - Ni계 합금
    ㉤ Ag - Hg - Cu - Sn계 합금

Point
24K → 순금 100%

CHAPTER 03 단원 예상문제

저자가 콕! 찝어주는 예상문제 풀어보기!

01 구리(Cu)에 관한 다음 사항 중 틀린 것은?

① 비중이 1.7이다.
② 용융점이 1083℃ 정도이다.
③ 비자성으로 내식성이 철강보다 우수하다.
④ 전기 및 열의 양도체이다.

> **Cu의 성질**
> ① 비중 : 8.96
> ② 용융점 : 1083℃
> ③ 전기 및 열전도율이 높다.(전기 전도율을 해치는 원소 : Ti, P, Fe, Si, As, Mn Al 등)
> ④ 공기 중에는 내식성이 우수하다.
> ⑤ 유연하고 절연성이 좋으므로 가공이 용이하다.
> ⑥ 염산, 황산, 질산에 침식 또한, CO_2, 습기, 해수에 침식
> ⑦ 인장강도는 가공도 70%에서 최대가공 경화 시 600~700℃에서 30분간 풀림한다.

02 다음 중 구리의 결정격자는 어느 것인가?

① 체심입방격자
② 면심입방격자
③ 조밀육방격자
④ 규칙 - 불규칙격자

03 다음 중 구리 중에 함유되어 전기전도율을 저하(감소)시키는 불순물들로 이루어진 항은?

① Si, Cr, W
② P, Mn, Al
③ C, Ni, Ag
④ Na, Mo, Sn

04 황동의 합금 원소는 무엇인가?

① Cu + Sn
② Cu + Zn
③ Cu + Al
④ Cu + Ni

> 황동(brass) : Cu + Zn
> 1. 7:3 황동 : Zn 30% 함유
>   ① α 고용체
>   ② 연신율 최대(가공성이 목적)
>   ③ 열간가공 곤란
> 2. 6:4 황동 : Zn 40% 함유
>   ① $\alpha + \beta$ 고용체
>   ② 인장강도 최대(강도가 목적)
>   ③ 열간가공 가능
>   ④ 문쯔 메탈이라 함

05 황동의 기계적 성질은 아연(Zn) 함유량에 따라 변한다. 아연(Zn) 함유량이 몇 % 일 때 ㉠ 인장강도, ㉡ 연신율이 최대로 되는가? (단, 풀림한 황동이다.)

① ㉠ 40%, ㉡ 30%
② ㉠ 60%, ㉡ 40%
③ ㉠ 20%, ㉡ 20%
④ ㉠ 30%, ㉡ 20%

정답 1 ① 2 ② 3 ② 4 ② 5. ①

08 귀금속과 그 합금

(1) 금(Au)

① 황금색이며 면심입방격자
② 가공성 우수, 전기전도와 내식성 우수
③ 비중 19.3, 용융점 1063℃
④ 캐럿(carat : K) : Au의 순도를 나타내는 단위, 순금(순도 100%) ⇒ 24K
⑤ Au의 합금 종류
　㉠ Au - Cu계 합금 : Au - Cu 10% ⇒ 금화, 9~18K ⇒ 반지, 장신구
　㉡ Au - Ag - Cu계 합금
　　• 핑크 골드(pink gold) ⇒ Au 58.3%, Ag 4.9%, Cu 31.6%, Ni 5.2%,
　　• 치과용 ⇒ Ag 5%, Cu 3%,
　　• 금침 ⇒ Ag 15%, Cu 13% 정도의 것이 이용된다.
　㉢ Au - Ni - Cu - Zn계 합금 : 화이트 골드(white gold)로 불리는 은백색의 합금.
　　주로 18, 14, 12K로 만들어지고, 치과용, 장식용에 사용된다.
　㉣ Au - Pt계 합금 : 노즐 재료로 사용
　㉤ Au - Cr계 합금 : Cr 2.5% 함유한 금합금으로 전기저항의 온도계수가 작다.

(2) 은(Ag)

① 은백색이며, 면심입방격자, 대기 중에서 내식성 우수
② 전기 및 열전도도는 가장 우수, 전연성은 금(Au) 다음으로 우수
③ 황화수소에는 검게 변하여 진한염산, 황산, 질산 등에 부식
④ 용도는 전자, 전기재료, 장식품, 화폐 등으로 사용
⑤ 비중 10.5, 용융점 960.5℃
⑥ **Ag 합금의 종류**
　㉠ Ag - Cu계 합금 : Ag - Cu 7.5%(은화) ⇒ 스털링 실버(sterling silver)
　　Ag - Cu10% ⇒ 코인 실버(coin silver)
　㉡ Ag - Pb계 합금 : Ag - Pb 25% - Cu 0~10%(치과용에 사용)
　㉢ Ag - Cd계 합금
　㉣ Ag - Ni계 합금
　㉤ Ag - Hg - Cu - Sn계 합금

Point
24K → 순금 100%

(3) 백금(Pt)

① 비중 21.457, 용융점 1773.5℃, 면심입방격자
② 가공성, 내열성, 내식성 및 고온저항성이 우수하다.
③ 용도로는 전기화학에서 전극과 실험기구장치, 용해로, 전기가열기구, 열전대 보호관 제작 및 광학 등에 광범위하게 사용
④ Pt합금의 종류
   ㉠ Pt-Rh계 합금 : Rh 10~13% 함유, 열전대로서 고온계(pyrometer)에 사용
   ㉡ Pt-Pd계 합금 : Pd는 비중 12, 용융점 1554℃이며, Pd 10~75% 함유, 장식품에 사용
   ㉢ Pt-Ir계 합금 : Ir은 비중 22.5, 용융점 2454℃이며, Ir 5~30% 함유, 내식용 및 만년필 촉에도 사용

09 기타 금속

(1) 규소(Si)

① 비중 : 2.33, 용융점 : 1420℃
② 용도로는 트랜지스터 재료로 사용

(2) 게르마늄(Ge)

① 비중 : 5.36, 용융점 : 959℃이고, 취성이 크므로 가공이 곤란하다.
② 반도체 재료로 사용

(3) 세륨(Ce)

① 비중 : 6.92, 용융점 : 600℃이고, 가단성이 있다.
② 도자기의 착색재로 사용

10 비금속 재료

1 합성수지

가소성이 뛰어나며 다음과 같은 특징이 있다.

(1) 가볍고 튼튼하다.
(2) 전기절연성이 우수하다.
(3) 가공소성이 크므로 성형이 쉽고 대량생산이 가능하다.
(4) 투명하고 채색이 자유로우며 내구성이 크다.
(5) 산, 알칼리, 유류, 화학약품에 강하다.
(6) 열에 약하다.

2 세라믹(ceramic)

도자기, 유리, 시멘트 등과 같이 주로 비금속의 무기질을 고온에서 처리하여 얻어진다.

(1) 단단하고 취성이 크다.
(2) 융점이 높다.
(3) 내열, 내산화성이 양호하다.
(4) 고온강도가 높다.
(5) 열전도율이 낮으며 전기절연성이 크다.
(6) 내충격성, 내열충격성이 낮다.
(7) 성형 및 기계가공성이 나쁘다.

3 복합재료

물리적, 화학적으로 특성이 다른 수종의 재료를 조합하며 단일재보다 뛰어난 특성을 갖는 재료

강화용 섬유(reinforcement)	모재(matrix)	복합재료
금속섬유 : steel, born, Al_2O_3 등 유기섬유 : nylon, kevlar 등 무기섬유 : glass, carbon, sic 등	cement metal plastic rubber	FRC FRM FRP FRR

Point
합성수지(플라스틱) 성질

Point
열경화성 수지
페놀수지, 소수지, 멜라민수지, 규소수지, 폴리에스테르 등

열가소성 수지
스타이렌수지, 염화비닐, 폴리에틸렌, 초산비닐, 아크릴수지 등

Point
복합재료 종류
섬유, 모재에 따라 분류

CHAPTER 03 단원 예상문제

저자가 콕! 찝어주는 예상문제 풀어보기!

01 구리(Cu)에 관한 다음 사항 중 틀린 것은?

① 비중이 1.7이다.
② 용융점이 1083℃ 정도이다.
③ 비자성으로 내식성이 철강보다 우수하다.
④ 전기 및 열의 양도체이다.

> Cu의 성질
> ① 비중 : 8.96
> ② 용융점 : 1083℃
> ③ 전기 및 열전도율이 높다.(전기 전도율을 해치는 원소 : Ti, P, Fe, Si, As, Mn Al 등)
> ④ 공기 중에는 내식성이 우수하다.
> ⑤ 유연하고 절연성이 좋으므로 가공이 용이하다.
> ⑥ 염산, 황산, 질산에 침식 또한, CO_2, 습기, 해수에 침식
> ⑦ 인장강도는 가공도 70%에서 최대가공 경화 시 600~700℃에서 30분간 풀림한다.

02 다음 중 구리의 결정격자는 어느 것인가?

① 체심입방격자
② 면심입방격자
③ 조밀육방격자
④ 규칙-불규칙격자

03 다음 중 구리 중에 함유되어 전기전도율을 저하(감소)시키는 불순물들로 이루어진 항은?

① Si, Cr, W
② P, Mn, Al
③ C, Ni, Ag
④ Na, Mo, Sn

04 황동의 합금 원소는 무엇인가?

① Cu+Sn
② Cu+Zn
③ Cu+Al
④ Cu+Ni

> 황동(brass) : Cu+Zn
> 1. 7:3 황동 : Zn 30% 함유
>   ① α 고용체
>   ② 연신율 최대(가공성이 목적)
>   ③ 열간가공 곤란
> 2. 6:4 황동 : Zn 40% 함유
>   ① α+β 고용체
>   ② 인장강도 최대(강도가 목적)
>   ③ 열간가공 가능
>   ④ 문쯔 메탈이라 함

05 황동의 기계적 성질은 아연(Zn) 함유량에 따라 변한다. 아연(Zn) 함유량이 몇 % 일 때 ㉠ 인장강도, ㉡ 연신율이 최대로 되는가? (단, 풀림한 황동이다.)

① ㉠ 40%, ㉡ 30%
② ㉠ 60%, ㉡ 40%
③ ㉠ 20%, ㉡ 20%
④ ㉠ 30%, ㉡ 20%

정답 1 ① 2 ② 3 ② 4 ② 5. ①

06 황동의 자연균열(season cracking)이 일어나는 원인은?

① 200~300℃에서 풀림하였기 때문에
② 180~200℃에서 불림하였기 때문에
③ 표면에 도료를 칠하였기 때문에
④ 암모니아 또는 암모늄염에 의한 내부응력 때문에

> 1. 자연균열 : 냉간가공한 황동의 파이프, 봉재제품 등이 보관 중에 자연히 균열이 생기는 현상
>   ① 원인 : 냉간가공에 의한 내부응력
>   ② 방지법 : 표면을 도색 또는 도금하거나 200~300℃로 저온 풀림하여 내부응력 제거
> 2. 경년변화 : 냉간가공 후 시간이 경과됨에 따라 스프링의 특성을 잃는 현상

07 황동의 자연균열 방지법으로 틀린 것은?

① 수은과 물에 침전
② 도금
③ 도장
④ 응력제거 풀림

08 순구리와 같이 연하고 코이닝(coining)하기 쉬우므로 동전, 메달 등에 사용되는 황동의 종류는?

① gilding metal
② commercial bronze
③ red brass
④ low brass

> ① Cu 95%-Zn 5%(gilding metal) : 순동과 같이 연하고 coining을 하기 쉬우므로 화폐, 메달 등에 사용
> ② Cu 90%-Zn 10%(commerical bronze) : deep drawing용, 메달, 배지(badge) 등에 사용
> ③ Cu 85%-Zn 15%(red brass) : 연하고 내식성이 좋으므로 소켓, 체결구 등에 사용

09 5~20% Zn의 황동으로 강도는 낮으나 전연성이 좋고 색깔이 금색에 가까우므로 모조금으로 사용되는 것은?

① 톰백(tombac)
② 길딩 합금(gilding metal)
③ 델타 메탈(delta metal)
④ 문쯔(muntz)

> 황동의 종류
> ① 7.3황동 : 상온에서 전성이 있어 압연 드로잉 등의 가공을 하여 쉽게 판재, 봉재, 관재로 만들 수 있고 연신율이 최대이다.(열간가공이 곤란하다.)
> ② 6.4황동 : 500~600℃로 가열하면 연성이 회복되어 열간가공이 적합하며 인장강도도 최대이다. Zn 40% 내외의 것을 문쯔메탈이라 한다.
> ③ 톰백 : Zn 5~20%의 황동으로 강도는 낮으나 절연성이 좋고 색깔이 금색에 가까우므로 모조금이나 장식용에 사용된다.
> ④ Ni 황동(양은, 양백) : 7.3 황동에 Ni 15~21%에 첨가하여 기계적 성질 및 내식성이 우수하며 정밀 저항기 등에도 사용된다.
> ⑤ 연황동
>   ㉠ 황동에 납을 넣으면 경도와 연신율이 감소하나 절삭성은 좋게 된다.
>   ㉡ 납 1.5~3.0% 함유한다.
>   ㉢ 쾌삭황동이라 하며 대량생산 부품에 사용한다.
> ⑥ 주석 황동 : 황동의 내식성 개선을 위해 1% 주석을 첨가한 것이다.
>   ㉠ 7.3황동+1% 주석 : 에드미럴티 황동
>   ㉡ 6.4황동+1% 주석 : 네이벌 황동
>   ㉢ 용도 : 스프링용 및 선박용
> ⑦ 델타 메탈 : 4.6황동에 철 1~2% 첨가하여 강도가 크고 내식성이 좋아 광산기계, 선박용기계, 화학기계에 사용된다.
> ⑧ 강력 황동 : 4.6황동에 Mn, Al, Fe, Ni, Sn 등을 첨가하여 한층 강력하게 한 황동

10 쾌삭황동(free cuting brass or hard brass)은 α-황동에 다음 중 어떤 원소를 넣은 것인가?

① Pb   ② Al
③ Si   ④ Sb

11 황동에 납을 넣으면 결정경계에 석출해 강도와 연신율은 감소하나 절삭성이 좋게 되는 쾌삭황동은?

① 연황동 ② 주석황동
③ 델타 메탈 ④ 강력황동

12 황동 1% 내외의 주석을 첨가하였을 때 나타나는 현상으로서 가장 적합한 사항은?

① 탈산작용에 의하여 부스러지기 쉽게 되며, 주조성을 증가시킨다.
② 탈아연의 부식이 억제되며 내해수성이 좋아진다.
③ 전연성을 증가시키며 결정입자를 조대화시킨다.
④ 강도와 경도가 감소하여 절삭성이 좋아진다.

13 양은(german silver)에 대한 설명 중 잘못된 것은?

① Ni 15~20%, Zn 20~30%, 나머지는 구리를 함유하는 구리 합금이다.
② 백동이라고도 한다.
③ 전류조정용 저항, 식기, 장식품 등에 사용된다.
④ 청동에 Ni 40~50% 함유한 것이다.

14 청동의 종류가 아닌 것은?

① 화폐용 청동
② 미술용 청동
③ 베어링용 청동
④ 건축구조용 청동

> 청동의 종류에는
> ① 화폐용 청동 : Sn 3~8%, Zn 1% 함유
> ② 미술용 청동 : Sn 2~8%, Zn 1~12%, Pb 5~15% 함유
> ③ 기계용 청동 : 포금이라고도 하며, Cu 90%, Sn 10% 함유
> ④ 베어링용 청동 : Sn 10~14% 함유

15 주석(Sn)의 함유량이 몇 %일 때 청동의 인장강도가 최대인가?

① 10% ② 20%
③ 30% ④ 40%

> 청동의 인장강도는 Sn 17~20%에서 최대이고, 연신율은 Sn 4% 내외에서 최대이다.

16 청동합금에 유동성을 좋게 하기 위해 첨가하는 원소는?

① 망간 ② 납
③ 인 ④ 아연

17 해수에 잘 침식되지 않고 수압, 증기압에도 잘 견디므로 선박 등에 널리 이용되는 구리합금은?

① 양백 ② 포금
③ 톰백 ④ 인청동

18 베어링 합금으로 잘못 짝지어진 것은?

① 포금 ② Al 청동
③ P 청동 ④ Be 청동

> 포금은 일반기계부품, 밸브의 콕, 프로펠러에 쓰인다.
> Cu-Sn-Zn의 합금

정답 11 ① 12 ② 13 ④ 14 ④ 15 ② 16 ④ 17 ② 18 ②

19 베어링 청동에서 Sn 함유율은?

① 5~10
② 10~12
③ 12~15
④ 20~30

> 베어링용 청동은 Sn 10~14% 함유, 연성 감소, 경도, 내마성 우수

20 주석 청동 중에 Pb을 3.0~26% 첨가한 것으로 베어링 패킹 재료 등에 널리 사용되는 청동 명칭은?

① 연청동
② 인청동
③ 포금
④ 양백

> 베어링용 청동(연청동)
> 청동속에 약 4~20% Pb을 함유한 것으로 윤활성이 좋으므로 고압용 베어링 재료에 적당하며 Pb이 23~42% 첨가한 합금을 켈밋(kelmet alloy)이라 한다.

21 뜨임 시효경화성이 있고 내식성, 내열성, 내피로성 등이 좋으므로 베어링이나 고급 스프링 등에 사용되며, 인장강도는 133kg/mm² 정도인 청동은?

① 베릴륨 청동(be-bronze)
② 콜손 합금(colson alloy)
③ 암즈 청동(arms bronze)
④ 에버르(evardur)

> 베릴륨 청동
> ① 2~3%의 베릴륨(Be)을 합금한 청동으로 인장강도는 133kg/mm²이다.
> ② 뜨임 시효경화성이 있어 내식성, 내열성, 내피로성이 좋다.
> ③ 베어링, 고급 스프링에 사용된다.

22 알루미늄 청동에 관한 다음 사항 중 맞는 것은?

① 알루미늄 8~12%를 함유하는 구리-알루미늄 합금으로 자기풀림 현상을 갖고 있다.
② 구리, 주석, 동이 주성분으로 주조, 단조, 용접성이 좋다.
③ 청동에 탈산제로 인을 첨가한 후 알루미늄을 첨가한 것으로 상온에서 $\alpha+\beta$의 공정조직을 갖고 있다.
④ 보통 10~12%의 알루미늄을 첨가한 것이 가장 많이 사용되며 소성가공할 수 없다.

> 알루미늄 청동
> ① Al 8~12% 함유청동으로 황동이나 청동에 비해 기계적 성질이 우수하고 내식성, 내열성, 내마멸성이 우수하다.
> ② 화학공업기계, 선박, 항공기, 차량용 부품에 사용된다.
> ③ 주조, 단조, 용접이 곤란하며 자기풀림 현상이 있다.

23 베어링에 사용되는 대표적인 구리합금으로 70% Cu-30% Pb 합금은?

① 켈밋(kelmet)
② 배빗 메탈(babbit metal)
③ 다우 메탈(dow metal)
④ 톰백(tombac)

> 켈밋 : Cu-Pb 30~40% 고속 고하중용 베어링

정답 19 ② 20 ① 21 ① 22 ① 23 ①

24 오일리스(oilless) 베어링의 설명 중 옳지 않은 것은?

① 기름보급이 곤란한 곳에 사용하는 것이 좋다.
② 구리, 주석, 흑연, 분말을 가압성형한 소결합금이다.
③ 기름에서 가열하면 20~30%의 기름을 흡수한다.
④ 큰하중이나 고속도 회전부에 적당하다.

> **오일리스 베어링**
> 구리, 주석, 흑연분말을 가압성형하여 700~750℃의 수소기류 중에서 소결하여 만든 소결합금이다. 기름에서 가열하면 무게로 20~30%의 기름이 흡수되어 기름 보급이 곤란한 곳에 사용한다. 너무 큰 하중이나 고속회전부는 부적합하다.

25 다음 중 청동(bronze)의 합금 원소는?

① Cu - Zn   ② Cu - Al
③ Cu - Pb   ④ Cu - Sn

26 알루미늄의 물리적 성질 중 맞지 않는 것은?

① 공기중에서 표면에 Al_2O_3의 얇은 막이 생겨 내식성이 좋다.
② 산과 알칼리에 강하다.
③ 전기 및 열의 양도체이다.
④ 비중이 가벼운 경금속이다.

> **알루미늄의 성질**
> ① 보크 사이트로 부터 제련
> ② 비중 2.7, 용융점 660℃, 면심입방격자
> ③ 표면에 산화막이 형상되어 내식성 우수
> ④ 염산, 황산, 해수 등에 대해 침식
> ⑤ 전기 및 열의 양도체
> ⑥ 변태점이 없다.
> ⑦ 석출경화 또는 시효경화 이용

27 주조가 쉽고 금속과 잘 합금되며 가벼울 뿐만 아니라 대기 중에서 내식력이 강하고 전기와 열의 양도체이므로 송전선으로도 쓰이는 금속은?

① 구리(Cu)   ② 알루미늄(Al)
③ 마그네슘(Mg) ④ 텅스텐(W)

28 고도로 산화된 Al 분말을 만들고, 이것을 가압, 성형, 소결한 후 압출한 알루미늄분말 소결체는?

① SAP(Sintered Aluminum Powder)
② Y - alloy
③ Almin
④ Alclad

> **SAP(알루미늄 분말 소결체)**
> ① 내산화성, 고온경도가 우수
> ② 내열재료 : 피스톤, 블레이드(blade)

29 알루미늄 합금으로 점도가 좋으며 다량 생산을 할 경우 어느 주조법이 가장 좋은가?

① 원심주조법
② 칠드 주조법
③ 주물주조법
④ 다이캐스팅법

30 다이캐스팅용 알루미늄 합금의 성질이 아닌 것은?

① 유동성이 좋을 것
② 열간취성이 적을 것
③ 금형에 대한 점착성이 좋을 것
④ 응고 수축에 대한 용탕 보급성이 좋을 것

> 주물의 분리가 용이할 것

정답 24 ④ 25 ④ 26 ② 27 ② 28 ① 29 ④ 30 ③

31 알루미늄-규소계 합금으로 10~14% Si가 포함된 것으로 주조성은 좋으나 절삭성은 좋지 않아 약한 합금은?

① 라우탈 ② 실루민
③ 알민 ④ 하이드로날륨

> **주조용 Al 합금**
> ① 실루민(Al+Si) : 절삭성이 좋지 않아 Na을 첨가하여 개량 처리함.(다이캐스팅)
> ② 라우탈(Al+Cu+Si) : Si첨가로 주조성 향상, Cu 첨가로 절삭성 보완
> ③ Y합금(Al+Cu+Ni+Mg) : 대표적인 내열용 Al합금
> ④ 하이드로날륨(Al+Mg) : 대표적인 내식용 Al합금
> ⑤ 로엑스(Al+Cu+Ni+Mg+Si)

32 알루미늄-규소계의 합금에서 가장 많이 쓰이는 개질법은 어느 것인가?

① 불소화합물을 쓰는 방법
② 수산화 나트륨을 쓰는 방법
③ 금속나트륨을 쓰는 방법
④ 질화물을 이용하는 방법

33 알루미늄(Al) 합금 중 510~530℃에서 더운 물로 냉각한 후 4일간 상온 시효시키거나 100~150℃에서 인공 시효시켜 내연기관의 실린더, 피스톤, 실린더 헤드로 사용되는 재료는?

① 실루민(silumin)
② 라우탈(lautal)
③ 하이드로날륨(hydronalium)
④ 와이 합금(Y - alloy)

> Y합금(내열합금) : Al-Cu(1)-Ni(2)-Mg(1.5) 합금 고온강도가 크므로(250℃에서도 상온의 90% 강도 유지) 내연기관 실린더에 사용. 열처리는 510~530℃로 가열후 온수 냉각, 4일간 상온시효시킨다.

34 와이(Y) 합금에 대한 설명으로 잘못된 것은?

① Al에 Cu(4%), Ni(2%), Mg(1.5%) 정도가 함유된 합금이다.
② 소성가공이 좋고, 시효경화성이 없으므로 단조품으로도 많이 이용된다.
③ 알루미늄의 내열성 주물로서 공랭 실린더 헤드, 피스톤 등에 많이 상용된다.
④ α 고용체 중에 삼원 화합물이 산재하고 있는 합금 조직이다.

35 Al계 합금으로 피스톤 재료에 사용되는 합금은 어느 것인가?

① Al - Cu - Ni - Mg
② Al - Mg - Cr
③ Al - Cu - Mo - Mn
④ Al - Si - Mn - Mg

36 석출경화와 가장 관계가 적은 것은?

① 냉각속도
② 석출온도
③ 합금원소의 각 융점
④ 합금원소의 용해한도

37 가장 대표적인 시효경화를 일으키는 합금은?

① Fe - C계 ② Cu - Sn계
③ Al - Cu계 ④ Cu - Ni계

> **두랄루민 성분 중 시효경화에 필요한 성분**
> Al에 Cu, Mg, Si

정답 31 ② 32 ③ 33 ④ 34 ② 35 ① 36 ③ 37 ③

38 비행기 몸체로 주로 쓰기 위하여 개발된 합금은?

① 알코아　　② 도이치
③ 두랄루민　④ 실루민

> ① 두랄루민(duralumin) : Al-Cu-Mg-Mn 합금, 가볍고 강인하여 단조용으로 사용. 담금질하고 나면 시간이 지남에 따라 단단해지는 성질(시효경화)을 상온에서 진행한다.(항공기 재료로 사용)
> ② 초 두랄루민(super duralumin) 두랄루민+Zn, Cr, 리벳, 기계기구류, 구조용 재료에 널리 사용

39 두랄루민의 중요한 합금 원소가 아닌 것은?

① 알루미늄(Al)　② 구리(Cu)
③ 니켈(Ni)　　　④ 망간(Mn)

40 고강도 Al 합금은 내식성은 적으나 인장강도는 크다. 내식성을 개선하기 위하여 고강도 Al합금 표면에 내식성 Al 합금을 접착시킨 것을 무엇이라고 하는가?

① 알민　　② 알펙스
③ 알드리　④ 알크래드

> 내식용 Al 합금
> ① 하이드로 날륨(Al+Mg) : 내식성이 가장 우수
> ② 알민(Al+Mn) : 내식성 우수
> ③ 알드리(Al+Mg+Si) : 강도, 인성이 크다
> ④ 알크래드 : 두랄루민에 순수 Al 피복하여 강도와 내식성 우수

41 다음 알루미늄 합금 중 Al-Mg계 합금으로 내식성 알루미늄 합금의 대표적인 것은?

① 하이드로날륨(Hydronalium)
② 알민(Almin)
③ 알드레이(Aldrey)
④ 두랄루민(Duralumin)

42 마그네슘에 대한 성질에서 틀린 것은?

① 비중이 1.74로서 실용금속 중에서 가장 가볍다.
② 표면이 산화마그네슘은 내부의 부식을 방지한다.
③ 산, 알칼리에 대해 거의 부식하지 않는다.
④ 망간의 첨가로 철의 용해작용을 어느 정도 막을 수 있다.

> Mg 성질
> ① 실용 금속중 가장 가벼운 금속(비중 1.74)
> ② 조밀육방격자, 용융점(650℃)
> ③ 고온에서 발화하므로 사진용 플래시로 사용
> ④ 알칼리에 강하고 산이나 염류에 부식

43 다음 중 Mg-Al-Zn계 합금의 대표적인 것은?

① 하이드로날륨　② 배빗 메탈
③ 콘스탄탄　　　④ 일렉트론

> Mg 합금에는
> ① 다우메탈 : Mg+Al
> ② 일렉트론 : Mg+Al+Zn

44 비중이 8.9로서 전기분해법 및 몰드법을 쓰며 화폐의 도금용으로 사용되는 것은?

① Cu　② Si
③ Ni　④ Mn

> Ni의 성질
> ① 비중 : 8.9, 용융점 : 1455℃
> ② 면심입방격자
> ③ 자기 변태점 : 360℃
> ④ 내산화성 우수하며, 도금용으로 사용

정답 38 ③ 39 ③ 40 ④ 41 ① 42 ③ 43 ④ 44 ③

45 니켈-구리계 합금의 특성을 설명한 것 중 옳은 것은?

① 탄환의 외피에 사용하기 위하여 구리에 15% Ni 을 첨가한 것이 베네딕트 메탈이다.
② 열전쌍의 재료는 표준 저항선으로 사용하기 위하여 구리에 40~50% Ni을 첨가한 것이 모넬 메탈이다.
③ 내열·내식성 합금으로서 기계적, 화학적 성질이 매우 우수한 합금이 콘스탄탄이다.
④ 석출 경화성을 부여하기 위하여 모넬 메탈에 알미늄 3%를 첨가한 것이 H·S모넬이다.

46 열전대용으로 사용되는 합금은?

① 실루민　　② 모넬 메탈
③ 콘스탄탄　　④ 엘린바

47 니켈 60~70% 정도로 함유한 Ni-Cu계의 합금이며, 내식성이 좋으므로 화학공업용 재료로 많이 쓰이는 재료는?

① 톰백　　② 알코아
③ Y합금　　④ 모넬 메탈

니켈 합금
1. Ni-Cu계 합금
　① 베네딕트 메탈(benedict metal) : Ni 15%를 함유한 합금으로 주로 탄피에 사용
　② 큐프로 니켈(cupro-nickel) : Ni 10~30%를 함유한 합금으로 내해수성이 우수하여 화폐, 급수가열기 등에 관재로 사용
　③ 콘스탄탄(constantan) : Ni 40~45%를 함유한 합금으로 전기전항선이다. 열전쌍의 재료로 많이 사용
　④ 모넬 메탈(monel metal) : Ni 65~70%를 함유한 합금으로 내열성, 내식성이 우수하여 열기관 부품이나 화학, 기계부품 등의 재료로 널리 사용
　⑤ 어드밴스(Ni44+Cu54+Mn 1%)
2. Ni-Fe계 합금
　① 인바(invar) : Ni 36%의 합금
　② 엘린바(elinvar) : Ni 36%, Cr 12%의 합금
　③ 플레티나이트(platinite) : Ni 46% 합금으로 백금대용이 될 수 있어 전구 도입선 등으로 사용

　④ 퍼멀로이(permalloy) : Ni 78.5% 합금으로 고투자율 자석재료 및 해저전선의 장하코일용
3. Ni-Cr계 합금
　① 인코넬(inconel) : Ni 78~80%, Cr 12~14% 합금으로 전열기 부품, 열전쌍재료로 사용
　② 알루멜(alumel) : Al 3%의 합금으로 고온측정용 열전쌍으로 사용
　③ 크로멜(chromel) : Cr 10%의 합금으로 고온측정용 열전쌍으로 사용

---

48 주조상태에서는 대부분 수지상 조직의 α 상이므로 유연성이 있어 차축에 적합하며, 철도차량이나 공작기계, 압연기계 등의 고압용 베어링으로 적당한 재료는?

① Cu-Ti-Ag 합금
② Cu-Ni-Zn 합금
③ Cu-Sn-Pb 합금
④ Cu-Ni-Al 합금

49 칼슘, 바륨, 나트륨을 함유하는 납계 화이트 메탈은 다음 중 어느 것인가?

① 엘렉트론 합금
② 라우탈(lautal)
③ 코슨(corson) 합금
④ 루르기 메탈(lurgi metal)

50 베어링 합금의 종류가 아닌 것은?

① 동대 베어링 합금
② 주석대 베어링 합금
③ 연대 베어링 합금
④ 철대 베어링 합금

베어링용 합금에는 Al계 베어링 합금, 화이트 메탈, Cu계 베어링 합금, Cd계 베어링 합금, Zn계 베어링 합금, 오일리스 베어링 등이 있다.

정답　45 ①　46 ③　47 ④　48 ③　49 ④　50 ④

51 티탄과 그 합금에 관한 설명으로 틀린 것은?

① 티탄은 비중에 비해서 경도가 크며, 고온에서 내식성이 좋다.
② 티탄에 Mo, V 등을 첨가하면 내식성이 더욱 향상된다.
③ 티탄 합금은 인장강도가 작고 또 고온에서 크리프(creep) 한계가 낮다.
④ 티탄은 가스터빈 재료로서 사용된다.

> 티탄합금은 인장강도가 100kg/mm²으로 우수하며 크리프 한계가 높다. 용도로는 가스터빈 재료, 제트 엔진 등에 사용

52 아연에 대한 설명 중 틀린 것은?

① 조밀 육방 격자형이다. 백색의 연한 금속이다.
② 비중이 7.1, 용융점이 419℃이다.
③ 산, 알칼리, 해수 등에 부식되지 않는다.
④ 상온에서 메져서 100~150℃에서 열간 가공한다.

53 베어링 메탈의 재료는 다음과 같은 성질을 가지고 있어야 하는데 틀린 것은?

① 내식성이 높아야 한다.
② 피로강도가 낮아야 한다.
③ 마찰에 의한 마멸이 적어야 한다.
④ 압축강도가 높아야 한다.

54 다음 중 베어링(bearing)용 합금이 아닌 것은?

① 화이트 메탈(white metal)
② 배빗 메탈(babbit metal)
③ 문쯔 메탈(muntz metal)
④ 켈밋(kelmet)

> 화이트 메탈(white metal)
> Sn-Sb-Pb-Zn-Cu계 합금으로 백색이며 용융점이 낮고, 강도가 약하다. 베어링용 합금이다.

55 큰 하중에 견디는 동시에 바닥은 인성이 있어서 축과 잘 어울리고, 충격과 진동에도 잘 견디며, 비열이 작고 열전도도가 커서 고속도 대하중의 기계용으로 가장 적합한 베어링 합금은?

① Sn+Sb+Cu
② Pb+Sb+Sn
③ Zn+Cu+Sn+Pb
④ Al+Sn+Cu+Ni

56 다음 재료 중 용융온도가 낮아서 쉽게 주조하여 원하는 금형을 만들 수 있고 용해하여 재사용할 수 있는 것은?

① 초경 합금 ② 구리 합금
③ 아연 합금 ④ 알루미늄 합금

57 연납은 주로 납과 무엇으로 그 성분이 구성되어 있는가?

① 니켈   ② 주석
③ 알루미늄 ④ 스테인리스

> 연납: Pb-Sn계, 경납: Pb-Sb계

정답 51 ③ 52 ③ 53 ② 54 ③ 55 ① 56 ③ 57 ②

58 땜납(solder)의 합금원소로 옳은 것은?

① Sn - Pb ② Pt - Al
③ Sb - Pb ④ Cd - Pb

> 땜납용 합금에는 연납과 경납이 있는 데 보통 연질땜납(Sn-Pb)을 뜻한다.

59 다음 중 주석보다 용융점이 낮아 주로 퓨즈, 활자, 안전장치, 정밀 모형 등에 사용되는 저용융점 합금에 해당되지 않는 것은?

① 우드 메탈 ② 비스무트 땜납
③ 뉴턴 합금 ④ 스티어링 땜납

> 저 용융점 합금: 주석보다 용융점(232℃)이 더 낮은 합금의 총칭
> ① 3원 합금(비스무트+납+주석): 로즈 합금, 비스무드 합금, 뉴턴 합금 등
> ② 4원 합금(비스무트+납+주석+카드뮴): 우드메탈, 리포위즈, 디아세트 등

60 White-gold를 설명한 것은?

① Ag에 Zn을 도금한 것이다.
② Au-Ni 등 합금으로 치과용이나 장식용에 쓰인다.
③ Au-Pb 등 합금으로 화폐에 이용한다.
④ Ag의 순도를 90% 이하로 낮추어 공업용으로 쓴다.

> 금(Au) 합금
> ① 화이트 골드(white gold): Au-Ni-Cu-Zn이 함유된 은백색의 합금
> ② 핑크 골드(pink gold): Au-Ag-Cu계 합금

61 18금이란 순금(Au) 몇 %가 함유된 것인가?

① 18 ② 24
③ 75 ④ 90

> 순금(Au)의 순도 100%를 24K라 한다.
> 18K의 순도=18K/24K×100%=75%

62 다이오드 및 트랜지스터에 사용되는 불순물 반도체의 성분원소는?

① Ge, Si ② Al, Si
③ W, Ge ④ Ge, Cu

63 Si, Ge은 전자 공업용 재료로 각광을 받는 소재들이다. 이들의 원소를 분류하면?

① 비금속 원소 ② 금속 원소
③ 준금속 원소 ④ 비철금속 원소

64 온도 측정용 열전쌍(thermocouple)에 사용되는 것은?

① 니켈과 은이 쌍을 만든 것
② 콘스탄탄과 철이 쌍을 만든 것
③ 크로멜과 티탄이 쌍을 만든 것
④ 구리와 은이 합금된 것

> 열전쌍 재료
> ① 철-콘스탄탄
> ② 구리-콘스탄탄
> ③ 백금-백금, 로듐(1600℃)
> ④ 크로멜-알루멜(1200℃)

정답 58 ① 59 ④ 60 ② 61 ③ 62 ① 63 ③ 64 ②

65 다음 설명 중에서 합성수지의 특성이 아닌 것은 어느 것인가?

① 가공성이 크고 성형이 간단하다.
② 전기 절연성이 좋다.
③ 단단하고 열에 강하다.
④ 산이나 알칼리에 강하다.

> **합성수지의 공통된 성질**
> ① 가볍고 튼튼하다.(비중은 1~1.5)
> ② 가공성이 크고 성형이 간단하다.
> ③ 전기 절연성이 좋다.
> ④ 산, 알칼리, 유류, 약품 등에 강하다.
> ⑤ 단단하나 열에 약하다.
> ⑥ 투명한 것이 많으며 착색이 자유롭다.
> ⑦ 비중과 강도의 비인 비강도는 비교적 높다.
> ⑧ 내열성은 금속재료보다 못하며 50~300℃이다.

66 비강도(比强度)가 커서 항공기 부품용 등에 가장 많이 쓰이는 합금은?

① Au 합금
② Mg 합금
③ Ni 합금
④ Cr 합금

> **Mg 합금**
> 비강도가 커서 항공기 부품용 등에 널리 사용된다.

67 다음 중 합금이 아닌 것은?

① 니켈
② 황동
③ 두랄루민
④ 켈밋

68 Ni에 Cr 13~21% 와 Fe 6.5%를 함유한 우수한 내열, 내식성을 가진 합금은?

① 게이지용강
② 스테인레스강
③ 인코넬
④ 엘린바

69 알루미늄 합금으로 피스톤 재료에 사용되는 Y-합금의 성분을 바르게 표현한 것은?

① Al - Cu - Ni - Mg
② Al - Mg - Fe
③ Al - Cu - Mo - Mn
④ Al - Si - Mn - Mg

70 금반지를 18(K)금으로 만들었다. 순금(Au)은 몇 %가 함유된 것인가?

① 18
② 34
③ 75
④ 100

> 24K : 99.9%, 18K : 75%, 14K : 58.5%

71 구리합금 중 6 : 4 황동에 약 0.8% 정도의 주석을 첨가하며 내해수성이 강하기 때문에 선박용 부품에 사용하는 특수 황동은?

① 네이벌 황동
② 강력 황동
③ 납 황동
④ 애드미럴티 황동

정답 65 ③ 66 ② 67 ① 68 ③ 69 ① 70 ③ 71 ①

CHAPTER 04 강의 열처리

주요내용 알고 가기!

- 일반 열처리
- 항온 열처리
- 표면 경화열 처리
- 금속 침투법
- 신소재 종류

한 눈에 들어오는 키워드

01 열처리

강의 열처리는 적당한 온도로 가열하여 냉각하는 방법으로 강의 재결정, 원자의 확산 및 상의 변태 등을 이용하여 조직을 조정하거나 내부의 변형을 제거하며, 그 밖에 변태의 일부를 억제하여 적당한 조직을 만들어 목적하는 성질이나 상태를 얻기 위한 방법을 열처리(heat treatment)라 한다.

> **Point**
> 열처리 의미

1 열처리의 종류

(1) 일반 열처리

① 담금질(quenching : 소입) : 급냉으로 재질 경화
② 뜨임(tempering : 소려) : 담금질한 것에 인성 부여
③ 풀림(annealing : 소둔) : 재질을 연하고 균일하게 함
④ 불림(normalizing : 소준) : 재질의 조직을 표준화

> **Point**
> 일반 열처리 종류

(2) 항온 열처리

① 항온 풀림(Isothermal annealing)
② 항온 담금질(Isothermal hardening)
   ㉠ 오스템퍼(austemper)

> **Point**
> 항온 열처리 종류

㉡ 마템퍼(martemper)
㉢ 마퀜칭(marquenching)
㉣ Ms퀜칭(Ms quenching)
③ 항온 뜨임(Isothermal tempering)

(3) 표면경화 열처리

① 침탄법 : 고체 침탄법, 가스 침탄법, 액체 침탄법(청화법)
② 질화법
③ 고주파 경화법, 화염 경화법
④ 금속용사법, 전해경화법

(4) 그 밖의 표면경화법

① 하드 페이싱(hard facing)
② 숏 피닝(shot peening)
③ 금속침투법

2 일반 열처리

(1) 담금질(quenching)

① **목적**
  강을 강하고 경하게 하기 위한 것
② **가열온도**
  ㉠ 아공석강 : A_3 변태점보다 30~50℃ 높게 가열
  ㉡ 공석강, 과공석강 : A_1 변태점보다 30~50℃ 높게 가열
③ **탄소강(C 0.9%)의 냉각속도에 따른 조직변화**

냉각방법	조 직
노중 냉각(노냉)	펄라이트
공기중 냉각(공랭)	소르바이트
유중 냉각(유랭)	트루스타이트
수중 냉각(수랭)	마텐자이트

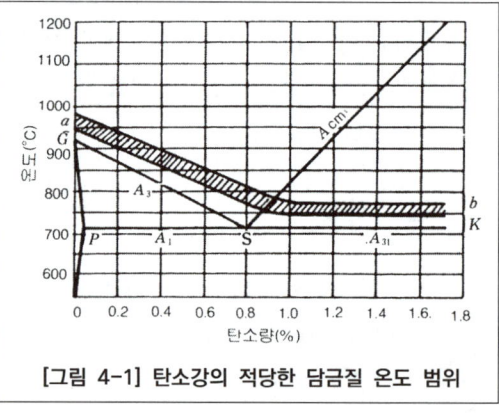

[그림 4-1] 탄소강의 적당한 담금질 온도 범위

④ 탄소강의 조직과 경도

조 직	경 도	
	브리넬 경도 (HB)	로크웰 경도 (HR)
페라이트 (F)	90	-
오스테나이트 (A)	155	9
펄라이트(0.9% C) (P)	225	26
소르바이트(0.9% C) (S)	275	34
트루스타이트(0.9% C) (T)	400	47
마텐자이트 (M)	720	68.5
시멘타이트 (C)	820	74

* 경도 크기 순서 : M > T > S > P > A, 담금질 균열(팽창) : M > T > S > P > A

㉠ 오스테나이트(austenite) : 고탄소강, 특수강에서 나타나는 조직으로 탄소강에서는 마텐자이트에 혼합되어 존재하며, 불안정하여 가열, 가압에 의하여 쉽게 마텐자이트로 변화한다.

㉡ 마텐자이트(martensite) : 강을 수냉한 침상조직으로 부식저항, 경도, 인장강도가 크나 취성이 있고 연성이 적다.
  * 마텐자이트가 큰 경도를 갖는 원인
    ① 내부응력의 증가
    ② 초격자
    ③ 무확산 변태에 의한 체적 변화

㉢ 트루스타이트(troostite) : 강을 유냉하는 조직으로 페라이트와 시멘타이트가 혼합된 조직이다. 마텐자이트보다 인성은 크고 경도는 작으며 부식되기 쉽다.(미세 펄라이트)

㉣ 소르바이트(sorbite) : 큰 강재를 유냉한 조직으로 Fe_3C와 $\alpha - Fe$가 혼합된 조직이다. 트루스타이트보다 강인성이 크고 연하다.(중간 펄라이트 : 스프링이나 와이어 로프)

㉤ 펄라이트(pearlie) : A_1 변태가 700℃ 부근에서 완료된 $\alpha - Fe$와 Fe_3C의 침상조직으로 연성이 크고 상온 가공성과 절삭성이 양호하다.

⑤ **담금질액(Quenching media)**

㉠ 소금물 : 냉각속도가 가장 빠르다(NaOH액 : 2.06, NaCl액 : 1.96, 물 : 1.0, 기계유 : 0.18)

㉡ 물 : 처음은 경화능이 크나 온도가 올라갈수록 저하한다(C강, Mn강, W강의 간단한 구조)

㉢ 기름 : 처음은 경화능이 작으나 온도가 올라갈수록 커진다.(20℃까지 경화능 유지) 특수강이나 형상이 복잡한 제품에 사용한다.
  * 경화능 : 담금질성이라고도 하며 급랭 경화된 깊이를 말한다.

⑥ **질량효과**

같은 조성의 탄소강을 같은 방법으로 담금질하여도 그 재료의 굵기나 두께에 따라 담금질 효과가 달라지는데, 이는 냉각속도가 질량의 영향을 받기 때문이다. 이와 같이 질량의 대소에 따라 담금질 효과가 다른 현상을 질량효과라 한다.

질량효과가 작다는 것은 내부와 외부의 냉각속도 차이가 작다는 것이고, 효과가 크다는 것은 차이가 크다는 것을 의미한다.

- **질량효과를 작게 하는 원소**: Ni, Cr, Mo, Mn 등

(2) 뜨임(tempering)

강을 담금질하면 경도가 커지는 반면 메지기 쉽다. 인성을 증가시키고 경도를 낮게 하기 위해서 A_1 변태점 이하의 온도에서 가열하는 방법을 말한다.

① **저온 뜨임**

담금질에 의해 발생한 내부응력이 제거되고, 강재의 표면에 발생한 응력이나 마텐자이트의 메짐성이 없어진다. 이와 같이 경도만이 요구되는 경우 약 100~200℃ 부근에서 뜨임하는 것을 말한다.(오스테나이트 → 트루스타이트) 또는 마텐자이트를 400℃로 뜨임하면 트루스타이트가 얻어진다.(M → T)

② **고온 뜨임**

강인한 재질로 만들기 위하여 500~600℃의 고온에서 뜨임하는 것을 말한다. (트루스타이트 → 소르바이트)

* 열처리 조직 변화 순서

오스테나이트 →(700℃) 마텐자이트 →(200℃) 트루스타이트 →(400℃) 소르바이트 →(600℃) 입상 펄라이트

[표 4-1] 템퍼링온도에 대한 색

온도	색	온도	색
200	엷은 청색	290	짙은 청색
220	황색	300	청색
240	갈색	350	청회색
260	자주색	400	회색
280	보라색		

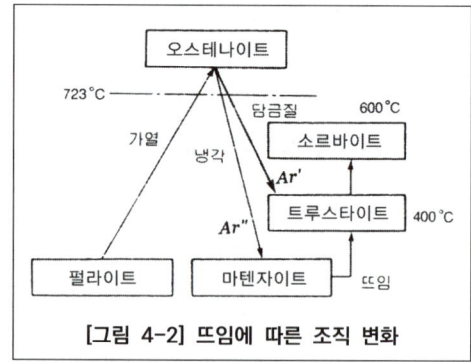

[그림 4-2] 뜨임에 따른 조직 변화

(3) 풀림(annealing)

단조, 주조, 기계가공할 때 발생된 내부응력을 제거하며, 상온가공 또는 열처리에 의해 경화된 재료를 연화하기 위한 열처리방법을 말한다.(노중냉각)

① **항온 풀림**

A_1 변태점 이하의 항온에서 변태를 완료시킨 것으로 가장 짧은 시간에 풀림을 할 수 있다.

② **응력제거 풀림**

냉간가공 및 열처리에 의해 발생된 응력을 제거하기 위해서 450~600℃ 정도에서 냉각시키는 처리를 말한다. (저온 풀림)

③ **연화 풀림**

냉간가공 도중 경화된 재료를 연화시키기 위해 650~750℃로 풀림처리하는 것을 말한다. (중간 풀림)

④ **구상화 풀림**

소성가공이나 절삭가공을 쉽게 하고 담금질 균열의 방지 및 기계적 성질을 개선할 목적으로 탄화물을 구상화시키는 열처리를 말한다.

⑤ **완전 풀림**

결정입자를 미세화시키기 위하여 오스테나이트 범위로 가열한 후 서냉하는 방법이다.

(4) 불림(normalizing)

단조나 압연 등의 소성가공을 거친 강재를 A_3, A_{cm} 이상 30~50℃로 가열 후 공기 중에서 냉각시켜 내부응력 제거 및 결정조직을 조정하고 표준화시키기 위함이다. 불림하면 연신율, 단면수축률이 좋아진다.

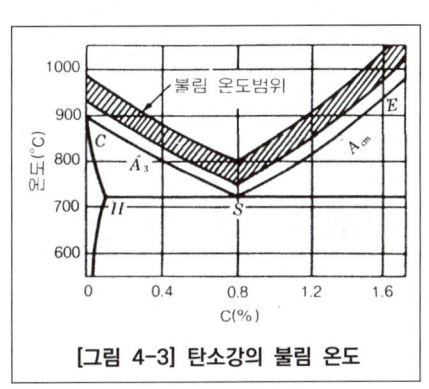

[그림 4-3] 탄소강의 불림 온도

3 항온 열처리(Isothermal transformation)

강을 가열(오스테나이트)한 후 냉각할 때, 냉각 도중 어떤 온도에서 냉각을 정지하고 그 온도에서 변태개시 온도와 변태완료 온도를 온도-시간 곡선으로 나타낸 것을 항온변태곡선 또는 TTT곡선(S곡선)이라 한다.

* TTT(time-temperature-transformation)

(1) 오스템퍼링(austempering)

① γ 고용체를 Ar'와 Ar'' 중간의 염욕 중에서 항온변태 후 상온까지 냉각하여 강인한 하부 베이나이트 조직을 얻는 방법
② 뜨임할 필요가 없고 강인성이 크며, 담금질 변형 및 균열방지(HRC35~40)

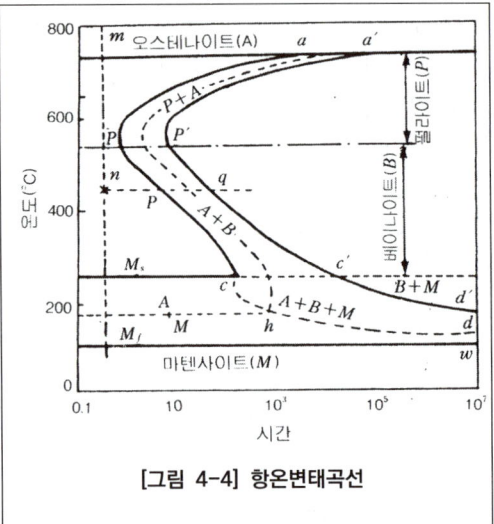

[그림 4-4] 항온변태곡선

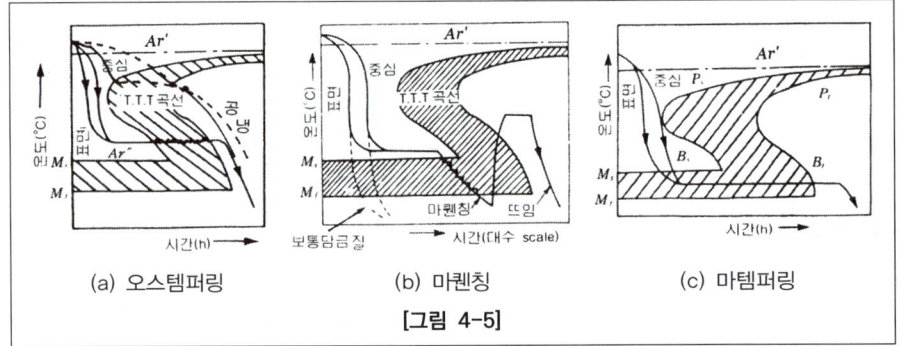

(a) 오스템퍼링 (b) 마퀜칭 (c) 마템퍼링

[그림 4-5]

(2) 마템퍼링(martempering)

① Ar'' 구역 중에서 Ms와 Mf간의 염욕 중에서 항온변태 후 공냉하여 마텐자이트와 베이나이트의 혼합조직을 얻는 방법
② 마텐자이트의 자기 뜨임, 담금질 변형의 제거, 잔류 오스테나이트의 베이나이트화에 의한 균열 및 변형이 없으며 메짐성도 제거된다.

(3) 마퀜칭(marquenching)

① 오스테나이트 구역에서 Ms(Ar'')점보다 약간 높은 온도에서 염욕에 담금질하여 항온을 유지한 후 급냉 오스테나이트가 항온변태를 일으키기 전에 공랭으로 Ar'' 변태가 진행되어 마텐자이트 조직을 얻는 방법(마퀜칭 후 뜨임하여 사용)

② 합금강(특히 고속도강), 고탄소강, 기어(gear), 베어링, 게이지(gauge) 등에 적합하다.

(4) 오스포밍(ausforming)

준안정(準安定) 오스테나이트를 항온변태곡선 온도까지 급랭시켜 이 온도에서 소성변형을 부여한 다음 담금질하여 마텐자이트 변태를 일으키게 한 뒤에 템퍼링하는 처리이다.

(5) Ms 퀜칭

담금질 균열이나 찌그러짐을 적게 일으키고 마텐자이트 생성구역을 급냉하여 잔류 오스테나이트를 작게 해주는 열처리

4 표면 경화법

기어, 크랭크축, 캠 등은 내마멸성과 강인성이 있어야 한다. 이 때 강인성이 있는 재료의 표면을 열처리하여 경도를 크게 하는 것을 표면 경화법이라 한다.

(1) 침탄법

재료의 내부는 탄소량이 적고 인성이 큰 재질로, 표면은 내마모성이 크도록 하기 위해 표면에 탄소를 침투시켜 경도를 크게 하는 방법을 말한다.

① **고체 침탄법**
침탄제(목탄, 코크스 분말), 침탄 촉진제($BaCO_3$, Na_2CO_3, NaCl 등)를 6 : 4 정도의 비로 배합하여 소재와 함께 침탄상자에서 900~950℃로 3~4시간 가열 후 급랭하여 표면에서 0.5~2mm의 침탄층을 얻는 방법이다.

② **가스 침탄법**
고온에서 탄화수소계(CO_2, CO, CH_4(메탄), C_2H_6(에탄), 에틸(C_2H_4), C_3H_8(프로판))의 가스를 표면에 접촉시켜 활성탄소를 석출시키는 방법
㉠ 열효율이 좋고, 작업이 간단하다.
㉡ 연속적인 침탄이 가능하고 침탄온도에서 직접 담금질이 가능하여 대량 생산에 적합하다.

③ **액체 침탄법(청화법=시안화법)**
시안화 나트륨(NaCN), 시안화 칼륨(KCN)의 유동성을 양호하게 하고 융점을 내리기 위해 NaCl, KCl, Na_2CO_3, $BaCl_2$, $BaCO_3$ 등을 40~50% 첨가한 액 중에 600~900℃로 용해시키고 그 중에서 작업하여 탄소와 질소를 강의 표면에 침투시키는 방법을 말한다.

Point
염욕(salt bath)
열처리용 염욕을 용융한 탱크, 염을 용융하는 데는 외부 가열식(전열, 불꽃)과 내부 가열식(전류 직열식)의 두 방법이 있다.

Point
오스포밍

Point
고체 침탄제의 종류

Point
청화법

(2) 질화법

철강재료를 500~550℃의 암모니아(NH_3) 기류 중에서 50~100시간 가열하면 질소를 흡수하여 Fe_4N, Fe_2N 등의 질화물을 형성하며, 0.4~0.8mm 정도의 질화층을 만든다.

① 특징
  ㉠ 경화층이 얇고, 경도는 침탄한 것보다 크다.
  ㉡ 마모, 부식 저항이 크며, 담금질할 필요가 없고 변형이 적다.
  ㉢ 600℃ 이하의 온도에서는 경도가 감소되지 않으며 산화가 잘 안 된다.

② 용도
  자동차의 크랭크축, 캠, 스핀들, 동력전달용 체인, 펌프축

(3) 고주파 경화법(고주파 담금질)

① 표면 경화법 중 가장 편리한 방법은 고주파 유도전류에 의하여 소요 깊이까지 급가열하여 급랭 경화하는 방법을 말한다.
② 가열시간이 짧고 복잡한 형상에 사용된다.
③ 값이 저렴하고 경제적이다.

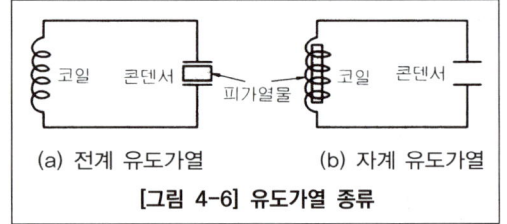

[그림 4-6] 유도가열 종류

(4) 화염 경화법

C 0.4% 전후의 강에 이용되며 산소-아세틸렌 불꽃으로 표면만 가열하여 수냉으로 담금질하는 방법으로 주로 대형 가공물에 사용(선반의 베드)

5 그밖의 표면 경화법

(1) 전해 경화법(전해 담금질)

전해 담금질은 강재를 음극(-)에 걸고, 양극(+)에는 양극판을 사용하여 전기 분해의 원리를 이용한 것이다.

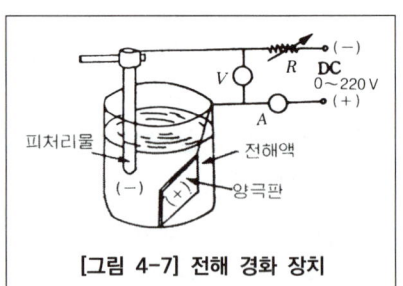

[그림 4-7] 전해 경화 장치

(2) 금속 용사법

이 방법은 강의 표면에 용융 또는 반용융 상태의 미립자를 고속으로 분사시키는 방법을 말한다.

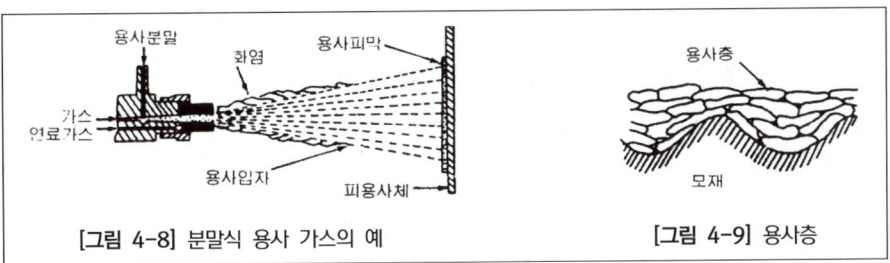

[그림 4-8] 분말식 용사 가스의 예   [그림 4-9] 용사층

Mn-Ni, Cr-Mn, Cr 계통의 강종에서는 이러한 혼합 용융층이 내마멸성과 내열성 및 내식성을 더욱 양호하게 하므로 강 표면에 보호 피막이 형성된다.

(3) 하드 페이싱(hard facing)

금속 표면에 스텔라이트(Co-Cr-W)나 경합금 등의 특수금속을 용착시켜 표면 경화층을 만드는 것이다.

(4) 숏 피닝(shot peening)

금속재료의 표면에 강이나 주철의 작은 입자($\phi 0.05 \sim 1mm$) 들을 고속으로 분사시켜 가공경화에 의하여 표면층의 경도를 높이는 방법. 피로한도를 현저히 증가시킨다.

(5) 시멘테이션에 의한 경화법(금속침투법)

제품을 가열하여 그 표면에 다른 종류의 금속을 피복시키는 동시에 확산에 의하여 합금 피복층을 얻는 방법
① **크로마이징**(chromizing) : Cr을 강의 표면에 침투시켜 내식, 내산, 내마멸성을 좋게 하는 방법
② **칼로라이징**(calorizing) : Al을 강의 표면에 침투시켜 내스케일성을 증가시키는 방법
③ **실리코나이징**(siliconizing) : 강의 표면에 Si의 침투로 내산성을 증가시키는 방법
④ **보론나이징**(boronizing) : 강의 표면에 B를 침투시키는 방법
⑤ **세라다이징**(sheradizing) : 강의 표면에 Zn을 침투시키는 방법

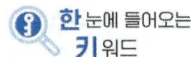

6 담금질에 의한 변형 방지법

(1) 열처리할 소재를 액중(液中)에 가라앉게 하지 말 것
(2) 가열된 소재를 냉각액 중에서 급격히 흔들 것
(3) 소재를 대칭되는 축방향으로 냉각액 중에 넣을 것 특히 축은 수직으로, 기어류는 수평으로 급랭시킬 것
(4) 스핀들과 같은 중공 물품은 구멍을 막고 작업할 것
(5) 형상이 복잡하거나 두꺼운 이형(異形) 단면의 소재는 큰 단면 부분이 먼저 냉각액에 닿도록 할 것

CHAPTER 04 단원 예상문제

저자가 콕! 찝어주는 예상문제 풀어보기!

01 탄소강의 내부응력을 제거하고 재질을 연화시킬 목적으로 500~650℃ 부근에서 풀림하는 현상을 무엇이라고 하는가?

① 저온 풀림
② 완전 풀림
③ 자연 풀림
④ 냉간 풀림

> 풀림 : 재료가 가공경화나 내부응력이 생겼을 때 이를 제거하기 위하여 적정 온도로 가열하여 냉각시키는 조작이다.
> ① 저온 풀림 : 탄소강의 내부응력을 제거하고 재질을 연화시키는 것이 주 목적이다. 500~650℃ 부근에서의 풀림이다.
> ② 완전 풀림 : 탄소강을 고온으로 가열하면 결정입자가 커지고 재질이 약해진다. 이 결점을 제거하기 위해 A_3~A_1 변태점보다 30~50℃ 높은 온도에서의 풀림이다.

02 마텐자이트(martensite)를 400℃ 직하에서 소려(tempering)하면 어떻게 변하는가?

① 펄라이트(pearlite)가 된다.
② 트루스타이트(troostite)가 된다.
③ 소르바이트(sorbite)가 된다.
④ 오스테나이트(austenite)가 된다.

> ① 저온뜨임 : 100~200℃ 부근 또는 400℃ 이하 (마텐자이트 → 트루스타이트)
> ② 고온뜨임 : 500℃ 부근(트루스타이트→소르바이트)

03 강의 열처리의 종류가 아닌 것은?

① 계단열처리
② 항온열처리
③ 연속가열 열처리
④ 표면경화 열처리

04 금속의 냉각속도가 빠르면 조직은 어떻게 되는가?

① 조직이 치밀해진다.
② 조직이 거칠어진다.
③ 불순물이 적어진다.
④ 냉각속도와 조직은 아무 관계가 없다.

05 탄소가 0.9% 함유되어 있는 탄소강을 수중 냉각하였을 때 나타나는 조직은?

① 소르바이트
② 펄라이트
③ 트루스타이트
④ 마텐자이트

> 담금질 조직
> ① 수중 냉각 : 마텐자이트
> ② 유중 냉각 : 트루스타이트
> ③ 공기중 냉각 : 소르바이트
> ④ 노중 냉각 : 펄라이트

06 강의 열처리조직 중 경도가 가장 낮은 것은?

① 페라이트
② 오스테나이트
③ 펄라이트
④ 소르바이트

> 담금질에 의해서 나타나는 조직은 마텐자이트, 트루스타이트, 소르바이트, 오스테나이트 등의 네 가지가 있으며, 경도와 강도의 크기는 다음과 같다.
> 마텐자이트 > 트루스타이트 > 소르바이트 > 오스테나이트

정답 1 ① 2 ② 3 ③ 4 ① 5 ④ 6 ②

07 탄소강의 담금질에서 A_1과 A_3 선에서 얼마 정도의 온도가 적당한가?

① 70℃ 이상   ② 30℃ 이상
③ 70℃ 이하   ④ 30℃ 이하

담금질에서 가열온도는
① 아공석강 : A_3 변태점보다 30~50℃ 높게
② 공석강, 과공석강 : A_1 변태점보다 30~50℃ 높게

08 탄소강의 경도를 높이기 위하여 하는 열처리는 어느 것인가?

① 불림   ② 풀림
③ 담금질   ④ 뜨임

일반 열처리의 목적
① 담금질 : 강도, 경도를 우수하게 하기 위해
② 뜨임 : 내부응력 제거 및 인성 개선
③ 풀림 : 내부응력 제거 및 재료의 연화
④ 불림(노멀라이징) : 내부응력 제거 및 조직의 균일화

09 내부응력을 제거하고 인성을 개선하기 위한 열처리 방법은?

① 풀림   ② 뜨임
③ 담금질   ④ 불림

뜨임 : 기름이나 염욕에서 일정 온도를 일정 시간 동안 두었다가 꺼내어 공기 중에서 냉각하는 방법으로 내부응력을 제거하고 인성을 부여한다.

10 불림(normalizing)에 의해서 얻는 조직은?

① 열처리조직
② 표준조직
③ 유심조직
④ 항온열처리조직

불림(normalizing)
① 가열온도 : A_3 변태선 도는 A_{cm}선보다 30~50℃ 높은 온도
② 냉각방법 : 대기 중에서 공랭

11 다음 중 가공경화된 금속을 풀림처리할 때 회복(回復)단계에서 일어나는 현상은?

① 내부응력의 감소
② 연율의 급격한 저하
③ 새로운 결정립의 생성
④ 결정립의 성장

연화풀림 : 가공 도중 경화된 재료를 연화시키는 열처리방법. 연화풀림의 온도는 650~750℃이다.
※ 연화과정 3단계
① 제1단계 : 회복
② 제2단계 : 재결정
③ 제3단계 : 결정입자 성장

12 강을 오스테나이트의 범위에서 가열하여 이것을 노 중에서 천천히 냉각하는 열처리는?

① 담금질   ② 풀림
③ 불림   ④ 뜨임

풀림(annealing)
① 가열온도
  ㉠ 아공석강 : A_3 변태점 보다 30~50℃ 높게
  ㉡ 공석강, 과공석강 : A_1 변태점 보다 30~50℃ 높게
② 냉각방법 : 노내에서 서냉

정답 7 ② 8 ③ 9 ② 10 ② 11 ③ 12 ②

13 다음 중 풀림처리의 목적으로 맞는 것은?

① 연화 및 내부응력 제거
② 인성의 증가
③ 조직의 균질화
④ 표면의 경화

14 다음 중 심냉처리(sub-zero treat-ment)의 특징이 아닌 것은?

① 담금한 강의 경도의 균일화
② 재질의 연화
③ 치수의 안정화
④ 착자성의 향상

15 담금질조직 중 가장 경도가 높은 것은?

① 펄라이트
② 마텐자이트
③ 소르바이트
④ 트루스타이트

오스테나이트 < 마텐자이트 > 트루스타이트 > 소르바이트 > 펄라이트

16 담금질 변형을 작게 하기 위한 방법으로 옳지 못한 것은?

① 담금질 전에 가공응력을 미리 제거한다.
② 가열은 빠르게 그리고 균일하게 한다.
③ 경사담금질한다.
④ 미리 역캠버를 준 다음 담금질한다.

17 다음 중 풀림의 목적이 아닌 것은?

① 내부응력제거
② 인성을 증가
③ 조직을 미세화
④ 경화된 재료를 연화

> **풀림의 종류**
> ① 완전 풀림 : 일반적인 풀림
> ② 항온 풀림 : A_1 변태점 이하의 항온에서 변태를 완료한 것으로 가장 짧은 시간에 풀림 가능
> ③ 저온 풀림(응력제거 풀림) : 500~650℃ 부근에서 풀림
> ④ 연화 풀림 : 가공도중 경화된 재료를 연화시키는 풀림
> ⑤ 구상화 풀림 : 소성가공이나 절삭가공을 쉽게 하거나 기계적 성질을 개선할 목적으로 탄화물을 구상화시키는 풀림

18 다음 중 항온변태와 가장 관계가 깊은 조직은?

① 오스테나이트
② 베이나이트
③ 펄라이트
④ 소르바이트

19 다음 중 강의 Ms점과 Mf점에 가장 큰 영향을 미치는 것은?

① 가열온도
② 화학성분
③ 재료의 질량
④ 임계냉각속도

정답 13 ① 14 ② 15 ② 16 ③ 17 ② 18 ② 19 ①

20 그림에서 오스테나이트강을 재결정 온도 이하, Ms 점 이상의 온도범위에서 소성가공을 한 후 소입(quenching)하는 열처리는?

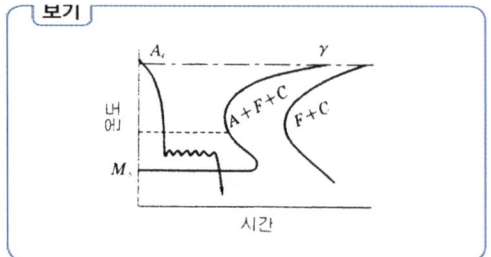

① Austempering
② Ausforming
③ Marquenching
④ Time quenching

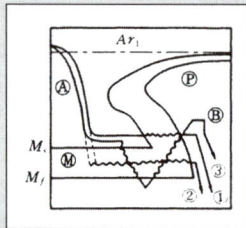

① 마퀜칭: Ms 점보다 다소 높은 온도의 염욕 중에 담금질한 후 마텐자이트 구역에서 서냉으로 변태시키고 다시 뜨임하면 담금질 변형이 없는 마텐자이트 조직을 얻을 수 있으며 복잡한 물건의 담금질에 사용된다.
② 마템퍼링: Ms점과 Mf점 사이에서 항온변태시킨 후 공랭하는 방법으로 마텐자이트와 베이나이트 혼합조직이 얻어진다. 이 조직은 경도가 크고 인성이 있다.
③ 오스템퍼링(베이나이트 조직): 뜨임이 필요 없고 균열과 변형이 잘 생기지 않는다.
<항온 열처리>
① 오스템퍼, ② 마템퍼, ③ 마퀜칭

21 다음 설명 중 강의 열처리에서 Mf 점을 바르게 설명한 것은?

① 마텐자이트에서 오스테나이트로 변하는 온도
② 전체가 마텐자이트 조직으로 되는 온도
③ 오스테나이트가 전부 미세한 펄라이트로 변태하는 온도
④ 고용탄소가 유리탄소로 변하는 온도

① Ms점: 마텐자이트 조직이 생기기 시작하는 온도
② Mf점: 마텐자이트가 완료되는 온도

22 퀜칭(quenching)한 강을 템퍼링(tempering)하여 고급 칼날과 같은 탄성한계가 높은 troostite 조직을 얻고자 한다. 적당한 열처리 온도는?
① 100~250℃ ② 250~400℃
③ 400~600℃ ④ 550~650℃

① 저온뜨임: 100~200℃에서의 뜨임. 경도만 요구되는 경우(트루스타이트)
② 고온뜨임: 500~600℃에서의 뜨임. 조직을 소르바이트로 바꾸어 강인한 재질을 만들 경우

23 물 또는 기름에 담금질하여 그 물체가 Ms점 부근까지 냉각된 후에 냉각제에서 꺼낸 후 다시 물 또는 기름냉각을 하는 담금질을 무엇이라고 하는가?

① austemper
② isothermal temper
③ martemper
④ time quenching

24 다음 중 항온열처리의 종류에 해당되지 않는 것은?

① 마템퍼링(martempering)
② 오스템퍼링(austempering)
③ 마퀜칭(marquenching)
④ 오스퀜칭(ausquenching)

> **항온 열처리**
> ① 오스템퍼링: 베이나이트 조직
> ② 마템퍼링: 마텐자이트＋베이나이트 조직
> ③ 마퀜칭: 마텐자이트 조직

25 질화법에 관한 설명 중 틀린 것은?

① 담금질을 할 필요가 없고 질화 후는 그대로 제품으로 쓸 수 있다.
② 질화층은 고온에서도 매우 경하며 내식성도 크다.
③ 질화용강은 질화로 표면에 질화철의 층, 즉 질화층을 만든다.
④ 질소만 함유하는 강을 질화용강이라 한다.

> **질화법**: Al, Cr, Mo 등이 질화물을 형성하여 단단한 경화층을 얻는다.
> • 특징
> ① 높은 표면경도, 내마멸성이 크다.
> ② 피로한도 향상, 내식성 우수
> ③ 고온강도가 높다. 변형이 적다.
> ④ 자동차의 크랭크축, 캠, 스핀들 등에 적용한다.

26 자동차의 크랭크축, 캠(cam), 스핀들, 동력전달용 체인 펌프축, 밸브, 톱니바퀴 등과 같은 제품의 표면경화법으로 가장 적합한 것은?

① 질화법
② 청화법
③ 화염경화법
④ 침탄법

27 오스테나이트(austenite)에서 마텐자이트(martensite)로 변환하는 과정의 시작점은?

① 공정점
② Ms
③ Mf
④ Mc

> **Martensite**
> 탄소강을 수중담금질하여 Ar″(Ms : 300℃) 변태만을 일으키게 하였을 때 얻어지는 조직(인장강도, 경도는 크고 취성있고, 연신율은 적다. 부식에 대한 저항이 크다.)

28 프로판, 메탄가스를 사용해서 효율이 가장 좋고 다량 생산할 수 있는 법은?

① 고체 침탄법
② 가스 침탄법
③ 액체 침탄법
④ 고주파 건조법

29 다음 중 극히 짧은 시간(수초)으로 가열할 수 있고 피가열물의 스트레인(strain)을 최소한 억제하며 전자 에너지의 형식으로 가열하여 표면을 경화시키는 법은 어느 것인가?

① 침탄법
② 질화법
③ 청화법
④ 고주파 표면 경화법

> **표면 경화법**
> 1. 화학적인 방법
>   ① 고체 침탄법: 목탄, 코크스와 탄산바륨($BaCO_3$)을 이용한 침탄
>   ② 가스 침탄법: 탄화수소계의 가스를 이용한 침탄
>   ③ 시안화법(액체침탄법, 청화법): KCN, NaCN 등을 이용한 침탄
>   ④ 질화법: NH_3를 이용하여 표면경화, 자동차의 크랭크축, 캠, 스핀들에 사용된다.
> 2. 물리적인 방법
>   ① 화염경화: 산소-아세틸렌 화염으로 경화(대형 일감에 사용)
>   ② 고주파 경화: 고주파 전류를 이용하여 경화(담금질 시간이 짧고 복잡한 형상에 사용)
>   ③ 숏 피닝: 강구를 고속분사시켜 표면의 피로한도를 높임
>   ④ 하드 페이싱(도금): 표면에 특수금속을 융착시켜 경화

정답 24 ④ 25 ④ 26 ① 27 ② 28 ② 29 ④

30 다음 중 탄소를 0.25% 이하 함유하고 있는 강으로서, 표면에 탄소를 확산침투시켜 표면만 고탄소강으로 열처리하는 것은?

① 질화강
② 탄소공구강
③ 침탄강
④ 고속도공구강

31 금속침투에서 칼로라이징은?

① Cr
② Zn
③ Al
④ Si

> 금속 침투법(metallic cementation)
> ① Cr 침투 : 크로마이징(cromizing) : 내산, 내식, 내마멸성이 우수, 다이스, 게이지, 절삭공구
> ② Al 침투 : 칼로라이징(calorizing) : 내식성, 내해수성이 크다. 내스케일성 향상
> ③ Si 침투 : 실리코나이징(siliconizing) : 내식성 증가
> ④ B 침투 : 보로나이징(boronizing) : Hv(경도) ⇒ 1300~1400 정도
> ⑤ Zn 침투 : 세라다이징(sheradizing)

32 저탄소강 기어(gear)의 표면에 내마모성을 주려고 한다. 다음 처리방법 중 어느 것이 가장 적합한가?

① 세라다이징(sherardizing)
② 아노다이징(anodizing)
③ 보로나이징(boronizing)
④ 칼로라이징(calorizing)

33 표면경화처리 중 담금질이 필수적인 것은?

① 침탄법
② 질화법
③ 숏 피닝(shot peening)
④ 크로마이징(chromizing)

34 강의 표면을 고온산화에 견디게 하기 위한 처리는?

① calorizing
② chromizing
③ sheradizing
④ siliconizing

> 칼로라이징(calorizing)
> 상온에서 내식성, 내해수성, 질산에 강하며, 고온에서는 SO_2, H_2S, NH_3 CN계에서 강하다.

35 금속의 표면에 스텔라이트나 경합금 등의 특수금속을 용착시켜 표면 경화층을 만드는 것은?

① 숏 피닝
② 하드 페이싱
③ 금속 침투법
④ 시안화법

36 케이스 하드닝(case hardening)을 올바르게 설명한 것은?

① 고체침탄법
② 액체침탄법
③ 가스침탄법
④ 침탄 후 담금질 열처리

정답 30 ③ 31 ③ 32 ③ 33 ① 34 ① 35 ② 36 ④

02 신소재

1 초전도 재료(superconducting materials)

어떤 임계온도에서 전기 저항이 완전히 없어지는 현상을 초전도(super conductivity)라 한다. 이러한 거동을 나타내는 재료를 초전도 재료(superconducting materials)라 한다.

Point
초전도 현상

(1) 초전도 상태

수은(Hg)은 온도 저하에 따라 전기 저항이 감소하다가 4.2K에서는 영이다. 이 점의 온도를 임계 온도(critical temperature) TC라 한다. 이 임계 온도 이하에서의 재료를 초전도체라 한다.

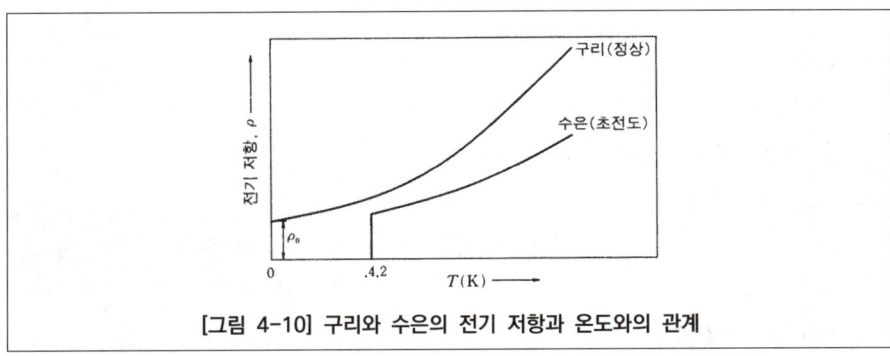

[그림 4-10] 구리와 수은의 전기 저항과 온도와의 관계

[표 4-2] 금속, 금속간 화합물 및 세라믹 화합물의 임계 온도

금 속	T_c(K)	금속간 화합물	T_c(K)	세라믹 화합물	T_c(K)
니오브(Nb)	9.15	Nb₃Ge	23.2	Tl2Ba2Ca2Cu3Ox	122
바나듐(V)	5.30	Nb₃Sn	21	YBa2Cu3O7−x	90
탄탈룸(Ta)	4.48	Nb₃Al	17.5	Ba1−xKxBiO3−y	30
티탄(Ti)	0.39	NbTi	9.5		
주석(Sn)	3.72				

(2) 초전도 재료의 특성

초전도 상태의 온도(T) 이외에 자기장(H)과 전류 밀도(J)에 의하여 크게 영향을 받는다.

[그림 4-11]에서 $T-H-J$ 좌표 공간에서 한 임계면이 형성되어 그 내측에서는 초전도 상태이고 외측에서는 정상 상태이다. T_c가 높으면 냉각되기 쉽고, H_c와 J_c가 높을수록 강한 자기장이 형성되어 기기를 소형화할 수 있다.

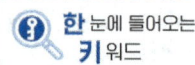

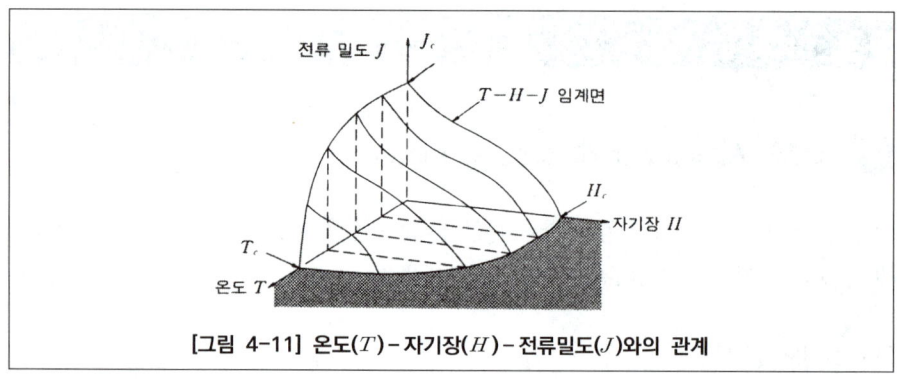

[그림 4-11] 온도(T) - 자기장(H) - 전류밀도(J)와의 관계

① 임계자기장(H_c) : 임계온도 이하에서 초전도 재료의 전기저항을 정상상태로 되돌리는 데 필요한 자기장이다.

(3) 초전도 재료의 종류

① **니오브-티탄 합금**
   ㉠ 가격이 싸고 가공이 용이하다.
   ㉡ 실용선재의 대부분을 차지한다.

② **Nb_3Sn 화합물**
   니오브의 테이프 표면에 녹인 주석을 연속적으로 확산시켜서 테이프 형태의 선재료 만든다.

③ **Nb_3Ge 화합물**
   ㉠ 임계온도는 23K이다.
   ㉡ 액체 수소 중에서도 초전도성을 나타내는 화합물이다.
   ㉢ 진공 증착법, 화학 증착법 등으로 합성된다.

④ **Nb_3Al 화합물**
   ㉠ 임계온도는 20K이다.
   ㉡ 임계 자기장이 40T이다. 여기서, T는 자속 밀도의 국제 단위인 Tesla이다.

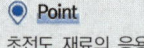
초전도 재료의 응용

(4) 초전도 재료의 응용

① **대형 응용**
   초전도 자석, 자기분리와 여과, 자기부상, 고출력 키블, 자기공명 영상과 분광학, 원자로 자기장치 등이 있다.

② **소형 응용**
   초전도 재료인 납합금과 니오브를 얇은 막 형태로 하여 컴퓨터에 필요한 고집적 회로에 사용한다.

2 자성 재료(magnetic materials)

자석 재료는 발전기, 변압기, 전기 전동기, 라디오, 텔레비전, 전화기, 컴퓨터, 음성 및 영상 제품 등의 부품에 이르기까지 사용되고 있다. 상온에서 자화시켜 강한 자기장을 얻을 수 있는 금속들에는 철, 니켈, 코발트 등이 있다.

> **Point**
> 자성재료의 의미
> 철, 니켈, 코발트

(1) 자성 재료의 종류

① **연자성 재료**

쉽게 자화되고 탈자화되는 재료이고 변압기, 전동기 및 발전기의 철심재료로 사용된다.

㉠ 금속 유리(metallic glass)
- 비정질 조의 특징을 갖는 금속형 연자성 재료이다.
- 저 에너지 코어 : 전력 손실 변압기, 자기센서 및 기록용 헤드 등에 사용된다.
- 강자성체인 철(Fe), 코발트(Co) 및 니켈(Ni)과 비금속인 붕소(B), 규소(Si)와의 조합으로 이루어져 있다.

㉡ 니켈 - 철 합금
- 통신기기에 사용한다.
- 퍼멀로이(permalloy), 무메탈(mumetal) 등의 합금이 있다.
- 음향기기나 측정기기에 쓰이는 변압기에 주로 사용된다.

② **경자성 재료**

자화하기 어렵고, 한 번 자화되면 탈자화 하기 어려운 것으로 보자력과 잔류 자기 유도가 높아 영구 자석 재료로 사용된다.

㉠ 알니코(알루미늄 - 니켈 - 코발트) : 알루미늄, 니켈 및 코발트에 약 3% Cu를 첨가한 것이다.

㉡ 사마듐 - 코발트 자석(희토류 자석)
- 의료용 기기 : 인체 내에 이식이 가능한 펌프나 밸브 등의 얇은 전동기에 사용된다.
- 전자 손목시계 : 직류 전동기와 발전기도 희토류 자석을 사용하여 작은 크기로 만들 수 있다.

㉢ 네오디뮴 - 철 - 붕소 영구자석 합금 : 무게와 조밀함의 감소가 요구되는 자동차의 구동 전동기에 사용된다.

㉣ 철 - 크롬 - 코발트계 자석
- 금속학적 구조와 영구 자석으로서의 성질을 알니코 합금과 유사하다.
- 상온에서 냉각 성형이 가능하므로 공업적으로 중요하다.
- 전화 수화기에 사용되는 영구자석이 이것이다.

③ **페라이트(ferrite)**

Fe_2O_3와 다른 산화물, 탄산염을 분말 형태로 섞어 고온에서 압축 소결한 자성 세라믹 재료이다.

㉠ 연페라이트
- 저신호, 기억소자, 음성 및 화상 기록용 헤드 등의 용도로 사용된다.
- 망간-아연, 니켈-아연 스피넬 페라이트 등이 있다.
- 자기 편향 장치, 변압기 및 TV 수상기의 접속 코일롱으로도 사용된다.

㉡ 경페라이트
- 영구자석으로 사용된다.
- 경페라이트 중에서 가장 중요한 것은 비륨 페라이트($BaO, 6Fe_2O_3$)이다.
- 발전기, 계전기, 전동기, 스피커용 자석, 전화기 벨, 수화기 등에도 사용된다.

3 형상기억합금(shape memory alloy)

항복점을 넘어 소성변형된 재료는 외력을 제거하여도 원상태로 회복시킬 수 없지만, 열을 가하면 연해진다. 형상기억합금은 일단 어떤 형상을 기억하면 여러 가지의 형상으로 변형시켜도 적당한 온도로 가열하면 변형전의 형상으로 돌아오는 성질의 금속이다. 이러한 금속으로는 초기에 금-카드뮴 합금(1951년), 인듐-탈륨 합금(1956년), 니켈-티탄 합금(1964년) 등이 개발되었다.

(1) 형상기억합금의 특징

① 고온에서 체심입방격자(BCC), MS(마텐자이트 개시점) 이하로 냉각하면 마텐자이트 조직으로 변하게 된다.
② 마텐자이트 합금을 변형했을 때 외견상으로만 항복현상이 발생한다.
③ 이러한 변형이 수반되었을 때 보통 금속에서 볼 수 있는 미끄럼 변형은 아니다.

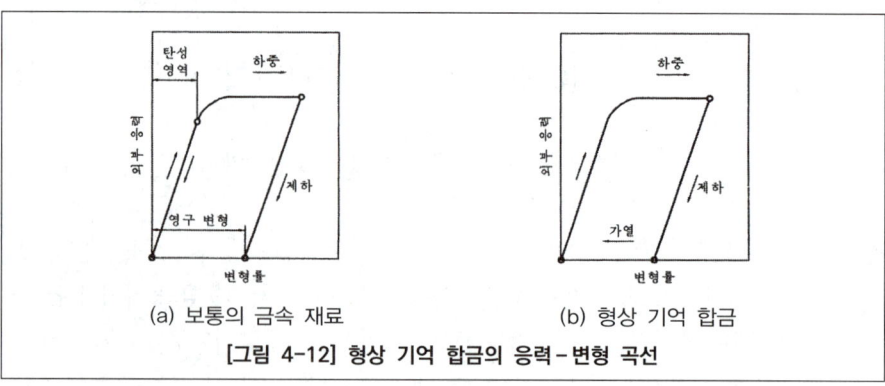

[그림 4-12] 형상 기억 합금의 응력-변형 곡선

④ 개별적인 결정이 함께 방향을 바꾸어 전체가 변형되므로 변형의 전후에서 인접한 원자와 연결이 변화하지 않는다. 그래서 열을 가하면 본래의 상태로 회복할 수 있다.
⑤ 형상기억 합금을 역변태 온도(A_f)보다 높은 온도에서 변형시키면 고무와 같은 탄성 거동을 나타낸다.

(2) 형상 기억 합금의 종류

산업적으로 사용되고 있는 실용합금으로는 니켈-티탄계와 구리계의 구리-알루미늄-니켈, 구리-아연-알루미늄 합금 등이다.

① **구리계 합금 : 구리-아연-알루미늄 합금**
  ㉠ 결정립의 미세화가 어렵다.
  ㉡ 내피로성, 내마멸성이 니켈-티탄 합금에 비해서 떨어진다.
  ㉢ 가격이 싸다.
  ㉣ 소성가공이 용이하다.
  ㉤ 반복 사용되지 않는 이음쇠(fitting) 등에 이용된다.

② **니켈-티탄계 합금**
  ㉠ 내식성, 내마멸성 및 내피로성이 우수하다.
  ㉡ 가격이 비싸다.
  ㉢ 소성가공이 쉽다.
  ㉣ 센서(sensor)와 액추에이터(actuator) 등에 이용된다.

[표 4-3] 니켈-티탄 형상 기억 합금과 구리계 형상 기억 합금의 특성

특성	Ni-Ti	Cu-Zn-Al	Cu-Al-Ni
용융 온도(℃)	1,300	950 ~ 1,020	1,000 ~ 1,050
비중(g/cm³)	6.45	7.64	7.12
전기저항($\mu\Omega \cdot$ cm)	오스테나이트 ≒ 100 마텐자이트 ≒ 70	8.5 ~ 9.7	11 ~ 13
열전도율(W/m·K)	오스테나이트 18 마텐자이트 85	120	30 ~ 40
탄성 계수(GPa)	오스테나이트 ≒ 83 마텐자이트 ≒ 28 ~ 41	β상 72 마텐자이트 70	β상 85 마텐자이트 80
항복 강도(MPa)	오스테나이트 195 ~ 69 마텐자이트 70 ~ 140	β상 35 마텐자이트 80	β상 40 마텐자이트 13
변태 온도(℃)	-200 ~ 110	120 미만	200 미만
형상 기억 변형률(%)	8.5 미만	4	4

(3) 형상 기억 합금의 응용

① **산업계 - 군사용**

수신용 안테나, 유압배관용 파이프 이음쇠(pipe fitting) 등

② **일반 산업용**

고정핀, 냉난방 겸용 에어컨, 커피 메이커, 자동 개폐창, 전자레인지, 로봇(robot) 등

③ **의료용**

니켈 - 티탄 합금 - 인플랜트 재로 사용된다.

(4) 초탄성(super elastic) 합금의 응용

코일형의 금속에 외력을 가하여 소성 변형시킨 후에도 외력을 제거하면 원형으로 돌아오는 현상의 금속을 초탄성 합금이라 하고 형상기억합금과 같은 현상을 보이는 소재이다.

- **용도**: 치과 교정용 와이어, 안경테, 전기 커넥터, 여성의 브래지어 등

4 복합재료(composite materials)

물리·화학적으로 특성이 다른 수종의 재료를 합성시켜 단일재료보다 우수한 특성을 가진 재료로 만든 것을 복합재료라 한다.

(1) 복합재료의 특징

① 비강도(강도/비중)와 비강성(탄성계수/비중)이 크다.
② 기계 구조물(우주, 항공기 등의 구조물)에 사용할 경우 중량 감소로 에너지를 절감할 수 있다.
③ 재료의 이방성을 이용하여 제품의 필요 부분에만 적당한 강도와 강성을 줄 수 있다.
④ 제품 설계의 고효율화를 가져올 수 있다.
⑤ 단일재료로서는 얻을 수 없는 기능성을 갖추고 있다.

(2) 복합 재료의 기능

① 역학적 기능: 강성, 강도, 진동 등
② 열적 기능: 열팽창, 내열성, 비열, 크리프 특성 등
③ 전기적 기능: 도전성, 절연성, 압전 특성 등
④ 자기적 기능: 투자율, 자기 저항 효과, 자기 탄성 등
⑤ 광학적 기능: 감광 특성, 발광 특성, 광전 효과 등

(3) 복합 재료의 용도

① 기계
② 우주 항공기
  ㉠ 복합 재료: 섬유 강화재 및 샌드위 구조
  ㉡ 보강 섬유: 유리, 탄소, 보론 및 유기물
  ㉢ 모재: 에폭시, 페놀 등 플라스틱, 알루미늄, 티탄과 이의 합금
③ 자동차
④ 스포츠 용품: 테니스 라켓, 골프채, 낚시대, 자전거, 스키활, 스키, 체조 기구 등
⑤ 전기 전자 제품
⑥ 고층 건물

(4) 복합 재료의 종류

복합 재료는 섬유(fiber), 입자(particle), 층(lamina), 모재(matrix) 등으로 구성되어 있다. 이와 같은 요소의 형상 및 구성 방법에 따라 연속 섬유 강화 복합 재료, 단섬유 강화 복합 재료, 입자 강화 복합 재료, 층상 복합 재료 등이 있다.
모재의 종류에 따라 금속이면 FRM(fiber reinforced metal), 플라스틱이면 FRP(fiber reinforced plastics) 등으로 분류되고 FRP에 보강 섬유가 유리이면 GFRP, 탄소이면 CFRP라고 한다.

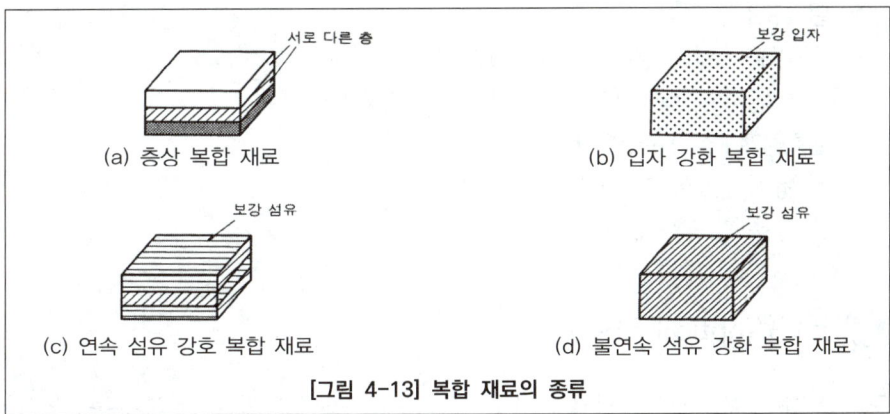

[그림 4-13] 복합 재료의 종류

① **층상 복합 재료**
  ㉠ 스테인리스강, 구리, 니켈 등을 입힌 클래딩(cladding) 금속 판재 및 허니콤(honeycomb) 구조물 등이 있다.
  ㉡ 벌집형 샌드위치 패널의 구성도 - 항공기의 천장, 벽면 등에 이용된다.
② **섬유 강화 복합 재료(적층판 구조: laminar composites)**
  ㉠ 일방향 단층판으로 적층된 평면 적층판: 항공기의 패널에 사용된다.
  ㉡ 원통형 적층판: 압력관과 같은 용기의 벽으로 사용된다.

5 세라믹(ceramic)

세라믹이란 도자기, 유리, 시멘트 등과 같은 비금속의 무기 재료를 의미한다. 공업용 세라믹을 성분별로 분류하면 산화물계, 탄화물계, 질화물계 등이 있으며 사용 목적별로 분류하면 기계구조 재료, 내열 재료, 초경 재료, 전자 재료, 생체 재료, 광학 재료, 보석 재료 등이 있다.

(1) 산화물계

알루미나(Al_2O_3), MgO, ZrO_2 등의 종류가 산화물계 세라믹이다.
① 알루미나의 특성
  ㉠ 융점온도 : 2050℃, 압축강도 : 3000 ~ 4000MPa
  ㉡ 열전도성 및 전기 절연성이 우수

(2) 탄화물계

탄화규소(SiC), 탄화티탄(TiC) 및 탄화붕소(B_4C) 등의 탄화물계 세라믹이다.
  ㉠ 산화물계에 비해 융점 온도(2200 ~ 3200℃) 및 경도가 높다.
  ㉡ 열전도율, 고온 강도가 크다.
  ㉢ 내산화성이 낮다.
① 탄화규소
  ㉠ 비중이 낮고 열팽창 계수도 비교적 작다.
  ㉡ 내열 충격성이 요구되는 부재에 사용된다.
② 질화물계 – 질화규소(Si_3N_4)
  ㉠ 융점 온도(1800℃)가 낮다.
  ㉡ 압축 강도(3500MPa)가 높다.

6 광섬유(optical fiber)

구리 전화선 대용으로 개발된 것으로 광통신에 사용되고 있는 광섬유는 규산유리(SiO_2)이고 광섬유 지름은 $1.25\mu m$이다. 통신체계에 사용되는 광섬유는 규산유리에 있는 불순도(Fe^{2+})의 함유량이 매우 적어야 한다. 광유리의 광손실은 킬로미터당 데시벨(dB/km)로 측정한다.

CHAPTER 04 단원 예상문제

저자가 콕! 찝어주는 예상문제 풀어보기!

01 어떤 임계온도에서 전기저항이 완전히 없어지는 현상을 무엇이라 하는가?

① 초전도 ② 대류
③ 복사   ④ 초절전

02 초전도체는 무엇을 기준으로 구분하는가?

① 임계온도 ② 임계압력
③ 임계체적 ④ 임계하중

> 임계온도 이하에서의 재료를 초전도체라 한다.

03 다음 중 임계온도가 가장 높은 물질은?

① Nb
② Nb_3Ge
③ NbTi
④ $TI_2Ba_2Ca_2Cu_3Ox$

> 세라믹 화합물
> Nb = 9.15K
> Nb_3Ge = 23.2K
> NbTi = 9.5K
> $TI_2Ba_2Ca_2Cu_3Ox$ = 122K

04 다음 중 초전도 재료에 영향을 미치는 요소가 아닌 것은?

① 온도   ② 자기장
③ 전류밀도 ④ 재료의 모양

> 초전도 상태는 온도(T) 이외에 자기장(H)과 전류 밀도(J)에 의하여 크게 영향을 받는다.

05 임계온도 이하에서 초전도 재료의 전기저항을 정상상태로 되돌리는 데 필요한 자기장을 무엇이라 하는가?

① 임계 자기장 ② 절대 자기장
③ 정상 자기장 ④ 합성 자기장

06 다음 중 초전도 재료의 종류로 맞는 것은?

① 니오브-티탄 합금, 니켈-철 합금
② Nb_3Sn 화합물, 알니코
③ 니오브-티탄 합금, Nb_3Ge
④ 니켈-철 합금, 알니코

> 초전도 재료의 종류
> ① 니오브-티탄 합금
> ② Nb_3Sn 화합물
> ③ Nb_3Ge 화합물
> ④ Nb_3Al 화합물

정답 1 ① 2 ① 3 ④ 4 ④ 5 ① 6 ③

07 다음 중 초전도재료가 아닌 것은?

① Nb_3Sn 화합물　② Nb_3Ge 화합물
③ Nb_3Al 화합물　④ Nb_3Cu 화합물

08 니오브의 테이프 표면에 녹인 주석을 연속적으로 확산시켜서 테이프 형태의 선재로 만든 초전도재료로 다음 중 맞는 것은?

① Nb_3Sn 화합물
② Nb_3Ge 화합물
③ Nb_3Al 화합물
④ 니오브 - 티탄 합금

09 다음 중 액체 수소 중에서도 초전도성을 나타내는 화합물로 맞는 것은?

① Nb_3Sn 화합물
② Nb_3Ge 화합물
③ Nb_3Al 화합물
④ 니오브 - 티탄 합금

10 상온에서 자화시켜 강한 자기장을 얻을 수 있는 금속이 아닌 것은 다음 중 어느 것인가?

① 철　　　　② 니켈
③ 코발트　　④ 텅스텐

> 상온에서 자화시켜 강한 자기장을 얻을 수 있는 금속들에는 철, 니켈, 코발트 등이 있다.

11 다음 중 자성재료가 아닌 것은?

① 금속유리
② 사마듐 - 코발트 자석
③ Nb_3Al 화합물
④ 네오디뮴 - 철 - 붕소 영구자석 합금

> 자성재료의 종류
> 1. 연자성 재료
>   ① 금속 유리(metallic glass)
>   ② 니켈-철 합금
> 2. 경자성 재료
>   ① 알니코(알루미늄-니켈-코발트)
>   ② 사마듐-코발트 자석(희토류 자석)
>   ③ 네오디뮴-철-붕소 영구자석 합금
>   ④ 철-크롬-코발트계 자석
> 3. 페라이트(ferrite)
>   ① 연페라이트
>   ② 경페라이트

12 알루미늄, 니켈 및 코발트에 약 3% Cu를 첨가한 자성재료는?

① 알니코
② 사마듐 - 코발트 자석
③ 철 - 크롬 - 코발트계 자석
④ 니켈 - 철 합금

13 일명 희토류 자석으로 불리는 자성재료는?

① 알니코
② 사마듐 - 코발트 자석
③ 철 - 크롬 - 코발트계 자석
④ 니켈 - 철 합금

정답　7 ④　8 ①　9 ②　10 ④　11 ③　12 ①　13 ②

14 전화 수화기에 사용되는 영구자석용 자성재료는?

① 알니코
② 사마듐 - 코발트 자석
③ 철 - 크롬 - 코발트계 자석
④ 니켈 - 철 합금

15 Fe_2O_3와 다른 산화물, 탄산염을 분말 형태로 섞어 고온에서 압축 소결한 자성 세라믹 재료로 다음 중 맞는 것은?

① 알니코
② 사마듐 - 코발트 자석
③ 페라이트(ferrite)
④ 철 - 크롬 - 코발트계 자석

16 항복점을 넘어 소성변형된 재료는 외력을 제거하여도 원상태로 회복시킬 수 없지만 열을 가하면 연해진다. 그런데 여러 가지의 형상으로 변형시켜도 적당한 온도로 가열하면 변형 전의 형상으로 돌아오는 성질의 금속이다. 이것을 무엇이라 하는가?

① 초전도 합금
② 자성재료
③ 형상기억합금
④ 복합재료

17 다음 중 형상기억합금의 내용이 아닌 것은?

① 고온에서 체심입방격자(BCC), M_s 이하로 냉각하면 마텐자이트 조직으로 변하게 된다.
② 마텐자이트 합금을 변형했을 때 외견상으로만 항복현상이 발생한다.
③ 형상기억합금을 역변태 온도(A_f)보다 높은 온도에서 변형시키면 고무와 같은 탄성 거동을 나타낸다.
④ 발전기, 변압기, 전기 전동기, 라디오, 텔레비전, 전화기, 컴퓨터, 음성 및 영상제품 등의 부품에 이르기까지 사용되고 있다.

> 발전기, 변압기, 전기 전동기, 라디오, 텔레비전, 전화기, 컴퓨터, 음성 및 영상 제품 등의 부품에 이르기까지 사용되고 있는 소재는 자성재료이다.

18 다음 중 형상기억합금의 종류가 아닌 것은?

① Ni - Ti
② Cu - Zn - Al
③ Cu - Al - Ni
④ Fe - Cr - Co

19 내식성, 내마멸성 및 내피로성이 우수한 형상기억합금은?

① Ni - Ti
② Cu - Zn - Al
③ Cu - Al - Ni
④ Fe - Cr - Co

20 코일형의 금속에 외력을 가하여 소성 변형시킨 후에도 외력을 제거하면 원형으로 돌아오는 현상의 금속은 다음 중 어느 것인가?

① 초탄성 합금
② 초전도 합금
③ 초소성 합금
④ 초점성 합금

정답   14 ③   15 ③   16 ③   17 ④   18 ④   19 ①   20 ①

21 다음 중 형상기억합금과 같은 현상을 보이는 소재로 맞는 것은?

① 초탄성 합금
② 초전도 합금
③ 복합재료
④ 세라믹 합금

22 물리·화학적으로 특성이 다른 수종의 재료를 합성시켜 단일재료보다 우수한 특성을 가진 재료로 만든 신소재를 무엇이라 하는가?

① 초탄성 합금
② 초전도 합금
③ 복합재료
④ 세라믹

23 다음 중 복합재료의 특징으로 부적당한 것은?

① 비강도와 비강성이 작다.
② 기계 구조물에 사용할 경우 중량 감소로 에너지를 절감할 수 있다.
③ 재료의 이방성을 이용하여 제품의 필요 부분에만 적당한 강도와 강성을 줄 수 있다.
④ 제품 설계의 고효율화를 가져올 수 있다.

> **복합재료의 특징**
> ① 비강도와 비강성이 크다.
> ② 기계 구조물(우주, 항공기 등의 구조물)에 사용할 경우 중량 감소로 에너지를 절감할 수 있다.
> ③ 재료의 이방성을 이용하여 제품의 필요 부분에만 적당한 강도와 강성을 줄 수 있다.
> ④ 제품 설계의 고효율화를 가져올 수 있다.
> ⑤ 단일재료로서는 얻을 수 없는 기능성을 갖추고 있다.

24 다음은 복합재료의 기능이다. 부적당한 것은 어느 것인가?

① 역학적 기능
② 열적 기능
③ 전기적 기능
④ 기계적 기능

> **복합재료의 기능**
> ① 역학적 기능 : 강성, 강도, 진동 등
> ② 열적 기능 : 열팽창, 내열성, 비열, 크리프 특성 등
> ③ 전기적 기능 : 도전성, 절연성, 압전 특성 등
> ④ 자기적 기능 : 투자율, 자기저항 효과, 자기탄성 등
> ⑤ 광학적 기능 : 감광 특성, 발광 특성, 광전 효과 등

25 복합재료의 투자율, 자기저항 효과, 자기탄성 등은 어떤 기능과 관계가 있는가?

① 역학적 기능
② 열적 기능
③ 전기적 기능
④ 자기적 기능

26 다음 중 복합재료의 구성요소로 볼 수 없는 것은 어느 것인가?

① 섬유(fiber)
② 격자(grid)
③ 층(lamina)
④ 모재(matrix)

> **복합재료의 구성요소**
> 섬유(fiber), 입자(particle), 층(lamina), 모재(matrix) 등

정답 21 ① 22 ③ 23 ① 24 ④ 25 ④ 26 ②

27 모재가 금속인 복합재료는?

① FRM(fiber reinforced metal)
② FRP(fiber reinforced plastics)
③ GFRP(glass fiber reinforced plastics)
④ CFRP(carbon fiber reinforced plastics)

> 모재의 종류에 따라 금속이면 FRM(fiber reinforced metal), 플라스틱이면 FRP(fiber reinforced plastics) 등으로 분류되고 FRP에 보강 섬유가 유리이면 GFRP, 탄소이면 CFRP라고 한다.

28 공업용 세라믹을 성분별로 분류했을 때, 다음 중 그 종류가 아닌 것은?

① 산화물계
② 탄화물계
③ 질화물계
④ 황화물계

29 다음 중 산화물계 세라믹의 종류가 아닌 것은?

① Al_2O_3
② MgO
③ TiC
④ ZrO_2

> ① 산화물계 세라믹 : 알루미나(Al_2O_3), MgO, ZrO_2
> ② 탄화물계 세라믹 : 탄화규소(SiC), 탄화티탄(TiC) 및 탄화붕소(B_4C)

정답 27 ① 28 ④ 29 ③

CHAPTER 05 공작기계의 종류와 용도

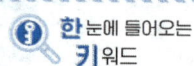

01 선반가공

1 선반의 개요

(1) 선반의 종류

- Point
  선반의 종류
  ① 터릿 선반
  ② 수직 선반
  ③ 정면 선반
  ④ 공구 선반

① **보통 선반**(engine lathe)
   가장 널리 사용, 다종 소량 생산과 수리에 사용
② **탁상 선반**(bench lathe)
   작업대 위에 설치, 소형이며 계기·시계 부품 가공에 사용
③ **터릿 선반**(turret lathe)
   여러 개의 공구 방사형, 콜릿 척을 사용, 대량 생산에 적합
④ **자동 선반**(automatic lathe)
   자동적으로 작동하며, 대량 생산에 적합(자동차 부품생산)
⑤ **모방 선반**(copying lathe)
   형판이나 모형을 이용하여 형판과 같은 윤곽절삭
⑥ **수직 선반**(vertical lathe)
   공구의 길이방향 이송이 수직방향으로 되어 있고 대형이고 중량물을 깎는데 사용. 안정된 중절삭과 정밀도가 높다.

⑦ **정면 선반(face lathe)**

정면 선반(face lathe)은 짧고 지름이 큰 일감을 절삭하는데 쓰이는 것으로 주축내에 지름이 큰 면판을 구비하고 있다.

⑧ **공구 선반(tool room lathe)**

테이퍼 가공장치, 콜릿(collet) 장치, 방진구, 릴리빙(relieving) 장치가 부속되어 있으며, 공구선반은 작은 공구 게이지 및 정밀기계 부품을 가공하는데 사용

⑨ **기타 특수 선반**

㉠ 차축 선반(axle lathe) : 철도 차량용 차축을 주로 가공하는 선반이며, 면판 붙이 주축대 2개를 마주세운 구조이다.

㉡ 크랭크축 선반(crank shaft lathe) : 크랭크축의 베어링 저널 부분과 크랭크 핀을 가공하는 선반이며, 베드 양쪽에 크랭크 핀을 편심시켜 고정하는 주축대가 있다.

㉢ 수치제어 선반(numerical control lathe) : 가공에 필요한 절삭조건을 수치적인 부호로 변환시켜, 천공 테이프 또는 카드에 기록하고 컴퓨터의 정보처리회로와 서보(servo) 기구를 이용 정보화하여, 공구와 새들을 제어시켜 자동적으로 절삭가공이 이루어지도록 만든 선반이다.

(2) 선반의 크기

① **베드 위의 스윙**

일감이 베드에 닿지 않고 깎을 수 있는 공작물의 최대 지름

② **양 센터 사이의 최대 거리**

깎을 수 있는 공작물의 최대 거리

③ **왕복대 위의 스윙**

왕복대 위에 공작물이 닿지 않고 깎을 수 있는 최대 지름

(3) 선반작업의 종류

① 바깥지름 절삭　　② 단면 절삭
③ 절단(홈) 작업　　④ 테이퍼 작업
⑤ 드릴링　　　　　⑥ 보링
⑦ 수나사 절삭　　　⑧ 암나사 절삭
⑨ 정면 절삭　　　　⑩ 곡면 절삭
⑪ 총형 절삭　　　　⑫ 널링 작업
⑬ 구면가공

> **Point**
> **선반의 크기**
> ① 베드 위의 스윙
> ② 양 센터 사이의 최대거리
> ③ 왕복대 위의 스윙

2 선반의 구성요소

Point
선반의 주요 구성요소
① 주축대
② 심압대
③ 왕복대
④ 베드

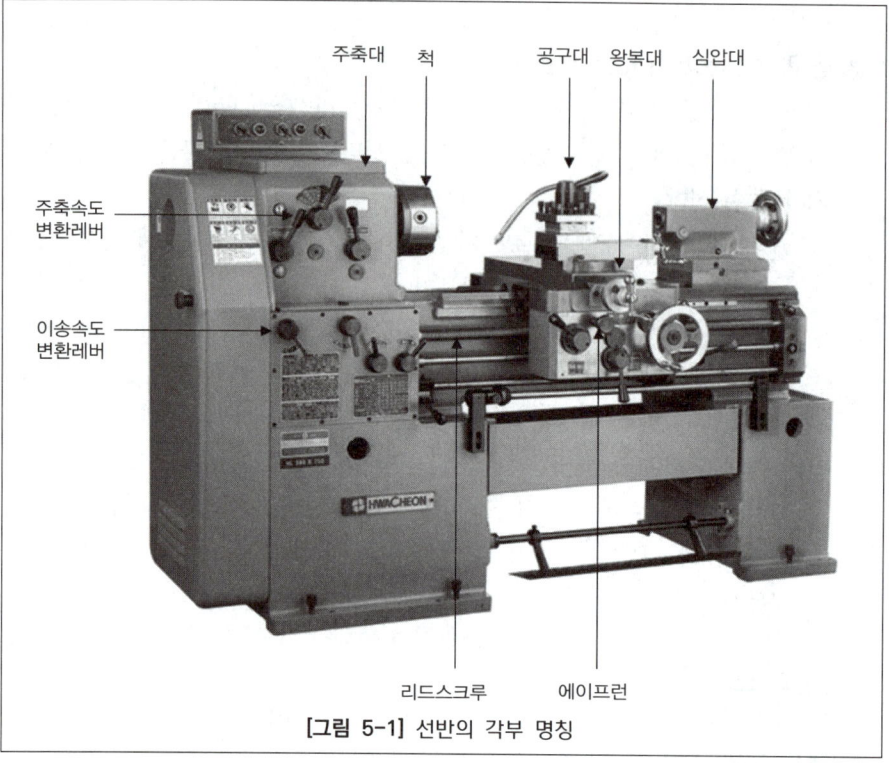

[그림 5-1] 선반의 각부 명칭

Point
주축을 중공축으로 한 이유
① 무게를 감소, 베어링에 작용하는 하중을 줄이기 위하여
② 긴 가공물 고정이 편리하게 하기 위하여
③ 굽힘과 비틀림 응력의 강화를 위하여

(1) 주축대(head stork)

주축대는 가공물을 지지하고 회전력을 주는 추축과 주축을 지지하는 베어링, 바이트에 이송을 주기 위한 원동력을 전달시키는 부분으로 끝단은 센터를 고정할 수 있도록 모스(morse taper)로 되어 있다. 또한 중공원으로 되어 있어 긴 공작물을 가공할 수 있으며, 재질은 Ni - Cr강을 퀜칭 한 후에 사용한다.

(2) 심압대(tail stork)

주축대와 마주보는 구조로서, 작업자를 기준으로 오른쪽 베드 위에 위치하며, 심압축을 포함한다. 모스테이퍼 구멍 안에 부속품을 설치하여 가공물 지지, 드릴가공, 리머가공, 센터드릴 가공을 주로 한다.

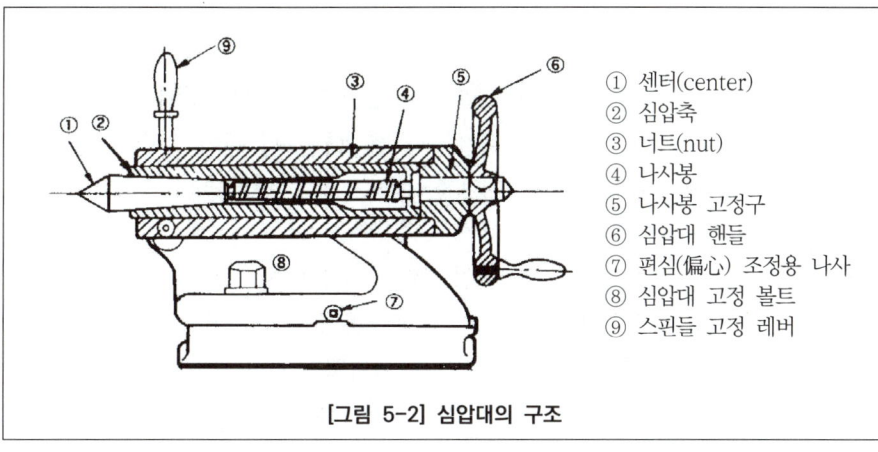

[그림 5-2] 심압대의 구조

① 센터(center)
② 심압축
③ 너트(nut)
④ 나사봉
⑤ 나사봉 고정구
⑥ 심압대 핸들
⑦ 편심(偏心) 조정용 나사
⑧ 심압대 고정 볼트
⑨ 스핀들 고정 레버

(3) 왕복대(carriage)

왕복대는 베드(bed) 상에서 공구대에 부착된 바이트에 가로이송 및 세로이송(절삭 깊이 및 이송)을 하는 구조로 되어 있으며 크게 나누어 새들과 에이프런으로 나눈다.

① **구성**

회전대, 공구이송대, 복식공구대

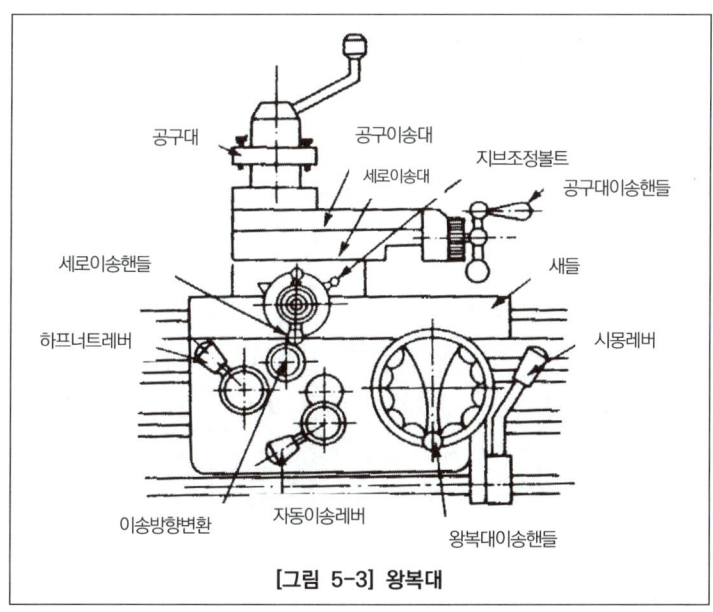

[그림 5-3] 왕복대

Point
심압대 축은 중공축

Point
왕복대 구성
: 새들, 에이프런, 공구대

(4) 베드(bed)

베드(bed)는 리브(rib)가 있는 상자형의 주물(cast)로서, 베드 위에 주축대, 왕복대, 심압대를 지지하며, 주축대의 회전운동, 절삭력, 중량 등에 의하여, 진동이나 휨(bending)이 발생하기 쉬우므로 충분한 강도, 강성, 칩 처리와 절삭유의 회수 등을 고려하여 형태를 결정한다.

베드의 재질은 합금주철이나 구상흑연 주철, 미하나이트 주철(meehanite cast) 등의 고급 주철을 사용한다. 주조로 인한 내부응력을 제거하기 위하여 주조 후에 시즈닝(seasoning) 상에서 공구대에 부착된 바이트에 가로이송 및 세로이송(절삭 깊이 및 이송)을 하는 구조로 되어 있으며 크게 새들과 에이프런으로 나눈다.

① 영국식(영식)
  ㉠ 안내면 : 평형
  ㉡ 수압면적이 크다.
  ㉢ 대형 선반에 쓰인다.
  ㉣ 강력절삭(중절삭)에 적합하다.

② 미국식(미식)
  ㉠ 안내면 : 산형
  ㉡ 진동이 적다.
  ㉢ 정밀선반에 쓰인다.
  ㉣ 정밀절삭(소형 절삭)에 적합하다.

3 선반에 쓰이는 부속장치

(1) 센터(center)

센터는 공작물을 지지하는 부속장치이며, 양질의 탄소강 또는 고속도강, 특수 공구강으로 만들며 열처리를 하여 주로 사용된다. 센터의 선단각(θ)은 보통 일감 : 60°(미국식), 대형 중량물을 지지할 때 : 75° 또는 90°(영국식)이다.

① 회전 센터(live center)
  주축에 삽입, 재질은 연강
② 정지 센터(dead center)
  심압대에 삽입, 윤활유(그리스) 주입해야 하며, 가장 정밀한 작업에 쓰인다.(a)

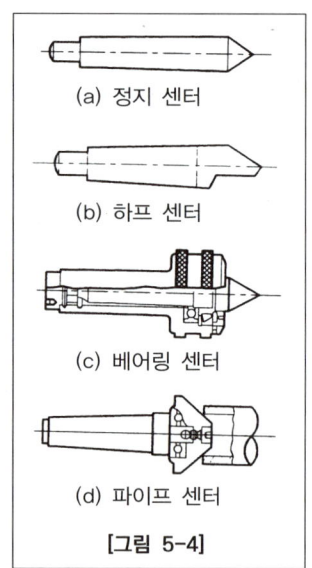

(a) 정지 센터
(b) 하프 센터
(c) 베어링 센터
(d) 파이프 센터

[그림 5-4]

③ **하프 센터(half center)**
  끝면깎기에 사용(b)
④ **베어링 센터(bearing center)**
  중량물가공 및 고속회전절삭에 사용한다.(c)
⑤ **파이프 센터(pipe center)**
  관류나 중량이 큰 공작물 가공 시 사용한다.

(2) 센터 드릴(center drill)

센터 드릴은 선반에서 공작물에 센터의 끝이 들어가는 구멍을 뚫는 드릴이며, 일반적으로 센터 드릴의 크기는 공작물의 무게나 지름에 따라서 각각 다르다.
<표 5-1><그림 5-4>

> **Point**
> 주축대에 만 사용하는 부속장치 : 회전센터, 척, 돌림판과 돌리개, 면판 등

[표 5-1] 공작물 지름과 센터 드릴

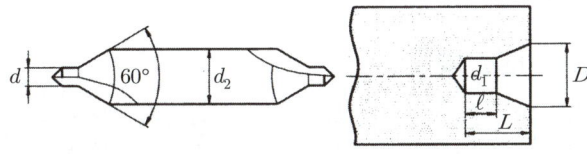

일감 지름(mm)	호칭 치수 d_1 (mm)	드릴 지름 d_2 (mm)	D (mm)	L (mm)	l (mm)
5 이하	0.7	3.5	2	2	0.8
5 ~ 15	1	4	2.5	2.5	1.2
10 ~ 25	1.5	5	4	4	1.8
20 ~ 35	2	6	5	5	2.4
30 ~ 45	2.5	8	6.5	6.5	3
35 ~ 60	3	10	8	8	3.6
40 ~ 80	4	12	10	10	4.8
60 ~ 100	5	14	12	12	6
80 ~ 140	6	18	15	15	7.2

(3) 척(chuck)

공작물을 지지하고 회전시키는 부품

① **단동 척**
  조(jaw) 4개, 불규칙한 형상을 물릴 때(조는 개별적으로 움직인다.)
② **연동 척(스크롤 척)**
  조(jaw) 3개, 조가 동시에 움직인다.(원형, 삼각·육각 봉재에 사용)
③ **마그네틱 척(자기 척)**

> **Point**
> 마그네틱 척 : 자력을 이용

두께가 얇은 공작물을 가공시 사용, 선반의 부품 중 원판 안에 전자석을 설치하고 이것에 전류를 흘려 보내면 자화되어 가공물을 고정시키는 척이다.

④ **콜릿 척(collet chuck)**
가는 지름 또는 각재를 가공할 때 편리(터릿 선반에서 대량 생산시)

⑤ **복동 척**
단동 척과 연동 척의 기능을 갖도록 한 척

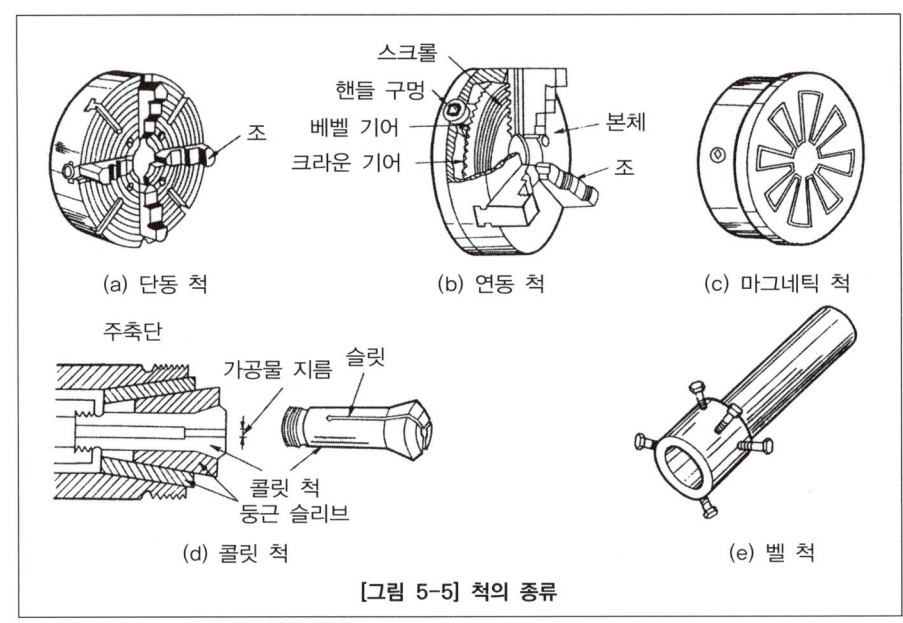

[그림 5-5] 척의 종류

(4) 기타 부속장치

① **면판(face plate)**
큰공작물, 복잡한 형상의 공작물을 고정할 때 볼트나 앵글 플레이트를 사용하여 고정

② **심봉(mandrel)**
내면을 다듬질한 중공의 공작물 외면을 가공할 때 그 구멍에 맨드릴을 끼워 맨드릴의 센터 구멍으로 지지하여 벨트 풀리나 기어 소재 가공시 사용한다.
㉠ 사용목적 : 구멍과 바깥지름을 동심원으로 가공하기 위하여 사용한다.
㉡ 맨드릴의 종류
  • 표준 맨드릴 : 테이퍼값이 1/100, 1/1000 정도이고 가공물을 지지하는데 사용한다.
  • 팽창식 맨드릴 : 바깥지름을 다소 조절하여 가공물을 지지하는데 사용한다.
  • 조립식 맨드릴 : 지름이 큰 파이프 가공에 주로 사용한다.(원뿔 맨드릴)
  • 너트 맨드릴 : 기어, 와셔, 칼라와 같은 가공물을 여러 개 설치하는 것으

로 갱 맨드릴이라고도 한다.

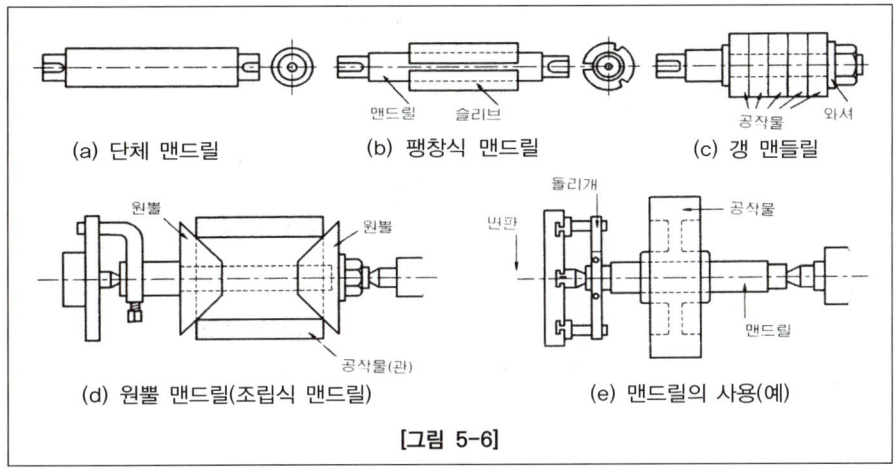

[그림 5-6]

③ **방진구(work rest)**

가늘고 긴 모양의 가공물을 절삭할 때 가공물의 자중(self load)으로 휘거나 절삭력에 의해 구부러지는 경우 이것을 방지하기 위해 사용한다.(길이가 지름의 20배 이상일 때 사용)

㉠ 고정식 방진구 : 베드 위에 고정, 조 3개(120°)(긴 구멍 가공시)
㉡ 이동식 방진구 : 왕복대의 새들에 설치, 조 2개(긴축 가공시)

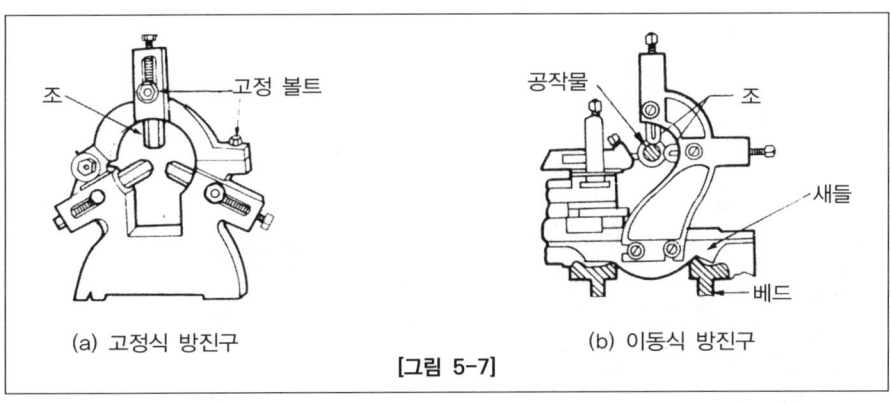

[그림 5-7]

4 테이퍼 절삭방법

(1) 복식 공구대를 선회시키는 방법

선반 센터의 선단 또는 베벨 기어(bevel gear)의 소재 등과 같이 테이퍼가 크고 비교적 길이가 짧은 공작물의 테이퍼 절삭에 사용되는 방법

한눈에 들어오는 키워드

Point
복식공구대 선회량
$$x = \ell \cdot \tan\theta = \frac{D-d}{2}$$

Point
수평투영선이 평행하고 양 센터의 높이가 다를 경우
쌍곡면 절삭

$$\tan\theta = \frac{x}{l}, \quad x = \frac{D-d}{2}$$

$$\therefore \tan\theta = \frac{D-d}{2l}$$

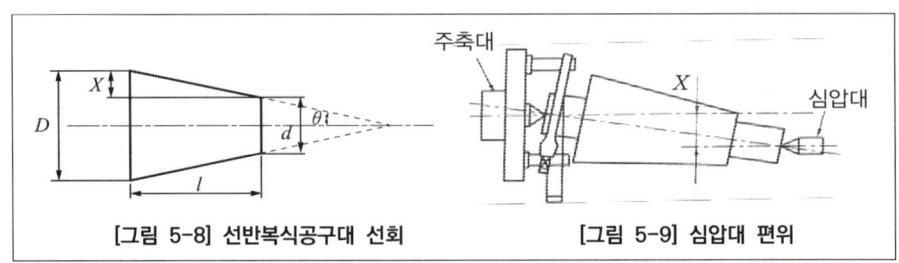

[그림 5-8] 선반복식공구대 선회 [그림 5-9] 심압대 편위

예제문제

문제 그림과 같은 가공물의 테이퍼를 가공할 때, 복식 공구대의 선회각 θ를 구하시오.

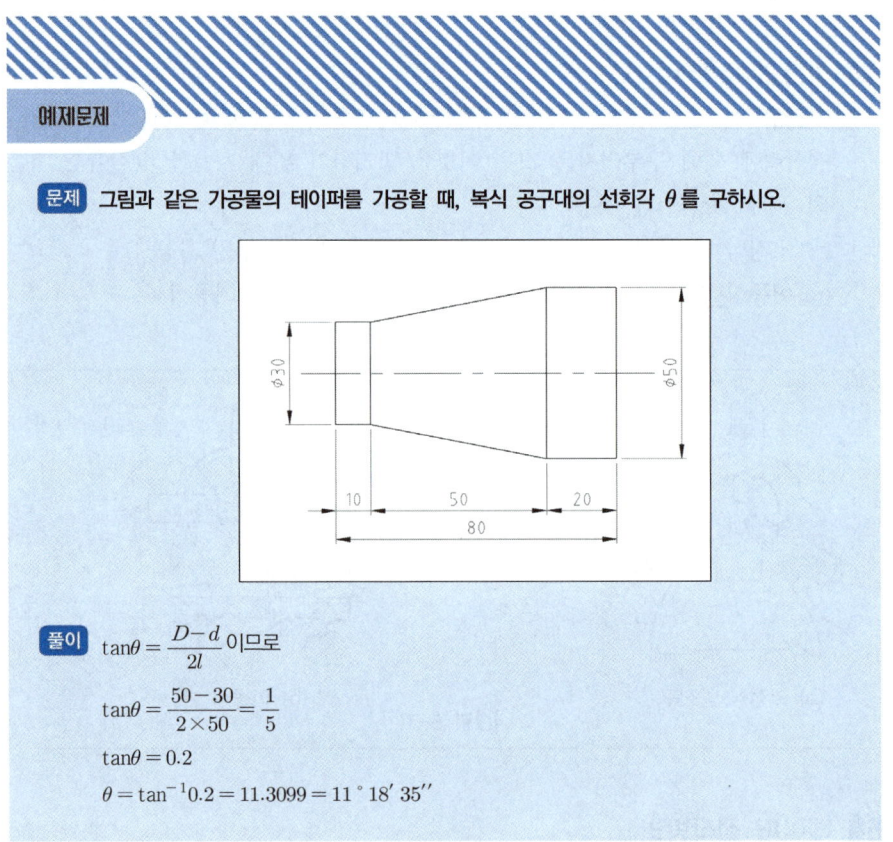

풀이 $\tan\theta = \dfrac{D-d}{2l}$ 이므로

$\tan\theta = \dfrac{50-30}{2 \times 50} = \dfrac{1}{5}$

$\tan\theta = 0.2$

$\theta = \tan^{-1} 0.2 = 11.3099 = 11°\,18'\,35''$

(2) 심압대를 편위시키는 방법

양 센터 사이에 공작물을 설치하고 센터를 서로 엇갈리게 하여 절삭하는 방법으로 심압대를 편위시키는 방법이며 비교적 길이가 긴 공작물을 가공할 때 사용된다.

Point
심압대 편위량
$$x = \frac{(D-d)L}{2\ell}$$

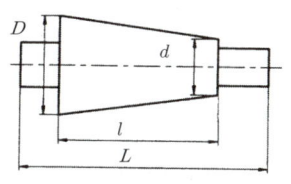

여기서, D : 공작물의 큰 지름
d : 공작물의 작은 지름
L : 공작물의 길이
l : 테이퍼의 길이
x : 심압대의 편위량(mm)

[그림 5-10]

$$x = \frac{(D-d)L}{2l}\,\text{mm}$$

단, $L = l$ 일 때 $x = \frac{(D-d)}{2}$

예제문제

문제 그림과 같은 가공물의 테이퍼를 심압대를 이용하여 가공하고자 한다. 편위량을 구하시오.

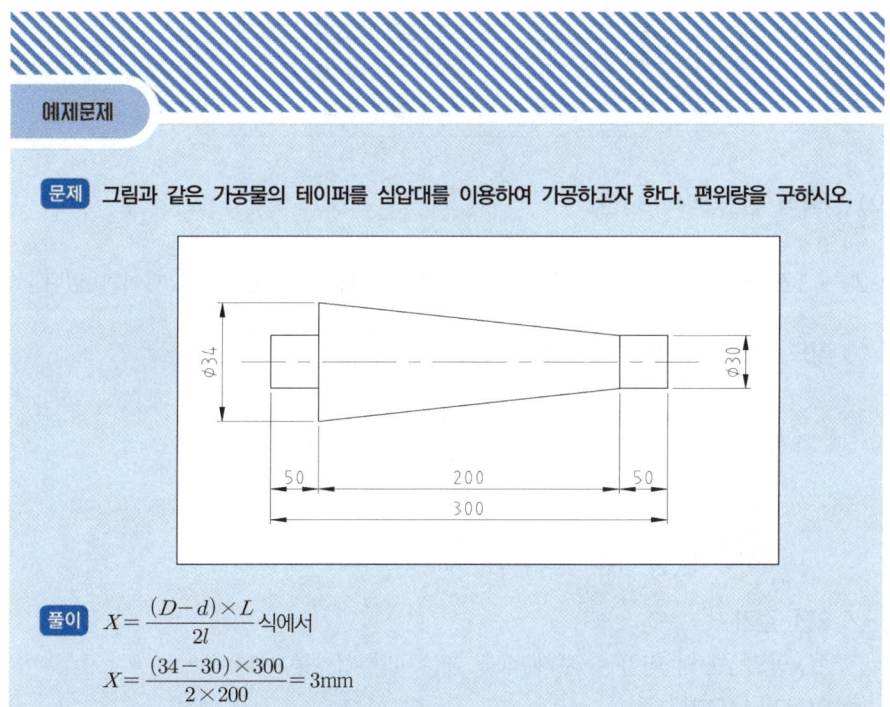

풀이 $X = \frac{(D-d) \times L}{2l}$ 식에서

$X = \frac{(34-30) \times 300}{2 \times 200} = 3\,\text{mm}$

(3) 테이퍼 절삭장치(taper cutting attachment)를 사용하는 방법

(4) 가로깎는 이송과 세로깎는 이송을 동시에 작업하는 방법(NC 선반)

● Point

테이퍼 절삭
① 복식공구대 이용
② 심압대 편위
③ 테이퍼 절삭장치 사용
④ 가로이송과 세로 이송을 동시에 작업

5 나사 절삭 방법

(1) 미국식 선반(미식 선반)

20~60개 사이는 4개씩 잇수가 증가하고, 그 외 72, 80, 120, 127개의 잇수를 가진 기어가 있다.

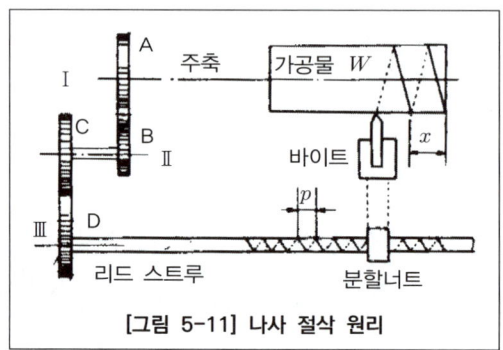

[그림 5-11] 나사 절삭 원리

(2) 영국식 선반(영식 선반)

20~120개 사이는 5개씩 증가하고, 그 외 127개의 잇수를 가진 기어가 있다.

① **리드 스크루가 미터식인 경우**

$$\frac{\text{공작물의 피치(mm)}}{\text{리드 스크루의 피치(mm)}} = \frac{A}{B} \times \frac{C}{D} (4단걸기)$$

(어미나사)

여기서, A : 주축측의 기어 잇수
D : 리드 스크루측의 기어 잇수

② **2단 걸기**

AD(만일 AD의 비가 16보다 작을 때는 4단 걸기를 한다.)

③ **인치가 나오면**

인치가 127인 기어는 반드시 들어간다.(단, 어미나사와 공작물의 피치가 인치인 경우에는 예외로 한다.)

● Point

나사가공 시 기어 선택

$$\frac{\text{공작물의 피치}}{\text{리드 스크루의 피치}} = \frac{A \times C}{B \times D}$$

1inch=25.4mm

피치= $\frac{25.4}{산수}$ mm

6 바이트의 공구각

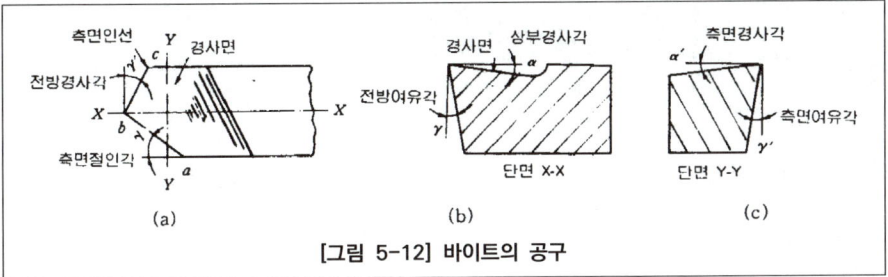

[그림 5-12] 바이트의 공구

(1) 전방경사각(front rake angle)

바이트 절인의 선단에서 바이트 밑면에 그은 수평면과 경사면이 이루는 각도

(2) 측면 경사각(side rake angle)

직각된 면 내에서 측정한 밑변에 평행한 평면과 경사면과 형성하는 각도

(3) 전방여유각(front clearance angle)

바이트의 선단에서 그은 수직선과 여유면과의 사이의 각도

(4) 측면여유각(side clearance angle)

측면 여유면과 밑면에 직각된 직선이 형성하는 각도

(5) 측면 절인각(side cutting edge angle)

주절인과 바이트 중심선과의 각도

(6) 전방 절인각(front cutting edge angle)

부절인과 바이트의 중심선에 직각된 각도이다.

> **Point**
> **경사각**
> 칩을 원활하게 발생시켜 가공을 수월하게 하기 위한 각
> **여유각**
> 공작물과 간섭을 줄여 충돌을 피하기 위한 각

> **Point**
> **날 붙임 바이트**
> 고속도강이나 초경합금의 팁을 공구강의 자루에 납땜하는 것으로 팁바이트라고도 한다.

CHAPTER 05 단원 예상문제

저자가 콕! 찝어주는 예상문제 풀어보기!

01 다음 중 선반에서 할 수 없는 작업은?

① 드릴링 작업(drilling)
② 인덱싱 작업(indexing)
③ 보링 작업(boring)
④ 널링 작업(knurling)

> **공작선반가공의 종류**
> 바깥지름, 안지름, 테이퍼, 곡면, 단면, 절단, 드릴링, 정면, 총형, 나사깎기, 널링, 구면 및 특수가공도 할 수 있다.

02 선반의 주축재료 중 강도가 크고 마모저항이 가장 큰 재료는?

① 텅스텐 - 크롬강
② 니켈 - 크롬강
③ 고탄소 니켈강
④ 고속도강

03 다음 선반에 대한 각각의 설명으로 옳은 것은?

① 공구선반은 보통선반과 같으나 정밀한 형식으로 되어 있고, 테이퍼 깎기장치 등이 부속되어 있다.
② 차축선반은 크랭크축의 베어링 저널 부분과 크랭크 핀을 깎는 선반이다.
③ 터릿 선반은 자동모방장치를 이용하여 형판을 따라 바이트를 안내하여 가공하는 선반이다.
④ 자동선반은 자동장치를 이용하여 주로 철도차량용 차축을 깎는 선반이다.

> **선반의 종류**
> ① 보통선반 : 가장 널리 사용되는 선반으로 베드, 주축대, 왕복대, 심압대, 이송장치로 구성
> ② 탁상선반 : 작업대에 설치하여 사용하는 소형 선반으로 계기, 시계 등의 부품과 같은 것을 절삭하는 것
> ③ 터릿선반 : 여러 개의 바이트나 공구를 부착시켜 이것을 차례로 회전시켜 절삭하는 선반
> ④ 수직선반 : 공작물을 수평면에서 회전하는 테이블 위에 장치하고 공구대는 크로스 레일 또는 칼럼상을 이용 운송한다.
> ⑤ 정면선반 : 주로 정면절삭가공을 행하기 위해 큰 면판을 설치하고 공구대가 주축에 직각방향으로 광범위하게 움직이는 선반
> ⑥ 자동선반 : 주로 선반에 의한 작업 조작을 자동적으로 행하는 선반
> ⑦ 다인선반 : 공구대에 여러 개의 바이트가 부착되어 이 바이트 전부 또는 일부가 동시에 절삭가공 하는 선반

정답 1 ②   2 ②   3 ①

04 선반의 규격은 무엇으로 표시하는가?

① 선반의 총중량으로 표시한다.
② 선반의 원동기의 마력으로 표시한다.
③ 선반의 주축대의 구조와 베드로 표시한다.
④ 선반의 스윙으로 표시한다.

① 베드 위의 스윙: 일감이 베드에 닿지 않고 깎을 수 있는 공작물의 최대지름
② 양 센터 사이의 최대거리: 깎을 수 있는 공작물의 최대 거리
③ 왕복대 위의 스윙: 왕복대 위에 공작물이 닿지 않고 깎을 수 있는 최대 지름

05 짧고 지름이 큰 일감을 깎는 데 쓰는 것으로 주축대에 지름이 큰 면판을 구비하고 있으며 왕복대는 주축 중심선과 수직으로 왕복하는 베드 위에 놓여 있는 선반은?

① 터릿 선반
② 정면선반
③ 수직선반
④ 모방선반

06 다음 선반에 대한 각각의 설명으로 틀린 것은?

① 크랭크축 선반은 크랭크축의 베어링 저널 부분과 크랭크 핀을 깎는 선반이다.
② 크랭크축 선반은 베드 양쪽에 크랭크 핀을 편심시켜 고정하는 주축대가 있다.
③ 공구선반은 테이퍼 깎기장치, 릴리빙(relieving) 밀링 커터의 여유각깎기장치가 부속되어 있다.
④ 공구선반은 각종 차량용 공구를 깎는 선반이며 면판붙이 주축대를 2대 마주세운 구조이다.

① 차축선반: 차축선반은 철도차량용 차축을 깎는 선반이며 면판붙이 주축대를 2대 마주세운 구조이다.
② 크랭크축 선반: 크랭크축의 베어링 저널 부분과 크랭크 핀을 깎는 선반이며 베드 양쪽에 크랭크 핀을 편심시켜 고정하는 주축대가 있다.
③ 공구선반(tool room lathe): 공구선반은 보통선반과 같으나 정밀한 형식으로 되어 있으며 테이퍼 깎기 장치, 릴리빙 장치가 부속되어 있고, 공구선반은 고정도의 가공을 목적으로 각종 공구 종류나 테이퍼 게이지, 나사 게이지 등을 만들기 위한 선반이다.

07 선반 작업 시 심봉(mandrel)을 사용하는 목적은?

① 척으로 고정할 수 없는 큰 물건일 때
② 구멍 때문에 직접 선반에 고정할 수 없을 때
③ 작업하기 편리하기 때문에
④ 나사로 공작물을 고정시키기 위하여

정답 4 ④ 5 ② 6 ④ 7 ②

08 선반 센터 작업용 부속품에 해당되지 않는 것은?
① 돌림판　② 돌리개
③ 브로치　④ 맨드릴

> 선반가공에서 센터 작업용 부속장치
> 주축 및 심압 센터, 돌림판, 돌리개 등이며, 면판 및 척을 쓰기도 한다.

09 선반의 왕복대를 구성하는 부속품은?
① 새들　② 심압대
③ 방진구　④ 돌리개

> 왕복대의 구성은 새들과 에이프런으로 되어 있으며, 에이프런에는 자동이송장치가 붙어 있다.

10 운전을 정지하지 않고 일감을 고정하거나 분리시킬 수 있는 선반척은 어느 것인가?
① 연동 척　② 마그네틱 척
③ 압축공기 척　④ 단동 척

> ① 단동 척: 4개의 조가 있어 각각 별도로 움직이므로 불규칙한 형상을 설치하는 데 편리
> ② 연동 척: 3개의 조로 동시에 움직이므로 원형 정다각형의 공작무 설치에 쓰임(스크롤 척이라고도 한다.)
> ③ 콜릿 척: 가는 지름 또는 각재를 가공할 때 편리(터릿 선반에 사용)
> ④ 마그네틱 척: 두께가 얇은 것을 가공할 때 쓰임

11 다음 센터 중 끝면깎기를 하는 것은?
① 베어링 센터　② 하프 센터
③ 정지 센터　④ 45° 센터

12 다음 중 선반작업에서 사용하는 센터가 아닌 것은?
① 하프 센터
② 게이지 센터
③ 보통 센터
④ 베어링 센터

> 센터의 종류
> ① 회전 센터(live center): 주축에 삽입, 재질은 연강
> ② 정지 센터(dead center): 심압대에 삽입, 윤활유(그리스) 주입
> ③ 하프 센터: 끝면깎기
> ④ 베어링 센터: 중량물 가공 및 고속회전 절삭에 사용한다.

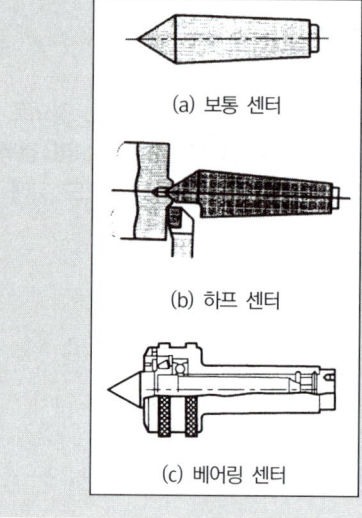

(a) 보통 센터
(b) 하프 센터
(c) 베어링 센터

정답　8 ③　9 ①　10 ③　11 ②　12 ②

13 베드에 대한 설명 중 틀린 것은 어느 것인가? (선반에서)

① 베드 위에서 절삭가공이 이루어지므로 일감의 무게절삭저항 등 여러 가지 외력에 잘 견디어야 한다.
② 변형과 진동이 적도록 리브(rib)를 붙여 튼튼하게 만들어야 한다.
③ 베드의 재질은 주로 80~90%의 강철 파쇠를 넣어 만든 강인 주철을 사용하여 만든다.
④ 미끄럼면은 기계가공뒤 스크레이핑 또는 연삭가공한다.

① 베드는 주로 40~60%의 강철파쇠를 넣어 만든 강인주철을 사용한다.

* 영식과 미식의 비교

항목	영식	미식
수압면적	크다	작다
단면모양	평면	산형
용도	강력절삭용	정밀절삭용
사용범위	대형 선반	중소형 선반

14 가늘고 긴 공작물의 정확한 가공을 하기 위하여 고정방진구와 이동방진구를 사용하게 되는데 이동방진구에 대한 설명 중 틀린 것은 어느 것인가?

① 왕복대의 새들에 고정시켜 사용한다.
② 두 개의 조(jaw)로 일감을 지지한다.
③ 바이트와 함께 이동하면서 일감을 지지한다.
④ 베드의 상면에 고정하여 사용한다.

방진구(work rest) : 가늘고 긴 모양의 가공물을 절삭할 때 가공물이 자중으로 휘거나 절삭력에 의해 구부러지는 경우 이것을 방지하기 위해 사용한다.(길이가 지름의 20배 이상일 때 사용)
① 고정식 방진구 : 베드 위에 고정, 조 3개(120°)
② 이동식 방진구 : 새들에 설치, 조 2개(긴축 가공시)

15 선반에서 보링 작업 시 주의할 점을 옳게 설명한 것은?

① 회전 중에도 측정할 수 있다.
② 손가락을 구멍에 넣지 않는다.
③ 보링 바이트의 길이는 되도록 길게 고정한다.
④ 회전 중에 걸레로 칩을 제거한다.

16 선반의 가로 이송대에 4mm 리드로서 200등분한 눈금의 핸들이 달려있을 때 지름 36mm의 둥근 일감을 지름 34mm로 깎으려면 핸들의 눈금을 몇 눈금 돌리면 되겠는가?

① 25
② 50
③ 75
④ 100

$4 \div 200 = 0.02$mm(한 눈금의 값)
$36 - 34 = 2$mm(∵ 선반에서는 절삭 깊이는 1/2로 한다. 그러므로 1mm 이송한다.)
∴ $0.02 \times x = 1$이므로 $x = 50$이다.

정답 13 ③ 14 ④ 15 ② 16 ②

17 기울기가 작고 가늘며 긴 공작물의 테이퍼 가공 시 맞는 것은?

① 심압대 편위
② 총형 바이트
③ 복식 공구대 회전
④ 심압대와 복식 공구대 동시 사용

테이퍼 작업
① 복식 공구대를 회전시키는 방법 : 테이퍼 부분이 짧고 값이 큰 경우 사용
선회각도 : $\tan\theta \dfrac{D-d}{2l}$ $\begin{bmatrix} d : \text{작은쪽 지름} \\ D : \text{큰쪽 지름} \\ l : \text{테이퍼부의 지름} \end{bmatrix}$
② 심압대를 편위시키는 방법 : 테이퍼 부분이 길고 테이퍼량이 작을 때
편위량 : $x = \dfrac{D-d}{2}$ (전체가 테이퍼일 때)
$x = \dfrac{(D-d)L}{2l}$ (일부만 테이퍼인 경우)
③ 테이퍼 절삭장치에 의한 방법(어태치먼트)

18 절삭속도 140m/min, 절삭깊이 6mm, 이송 0.25mm/rev로 75mm 지름의 원형단면봉을 선삭한다. 300mm의 길이만큼 선삭하는 데 필요한 가공시간은?

① 약 2분 ② 약 4분
③ 약 6분 ④ 약 8분

원형단면봉의 지름 $D = 75mm$,
절삭속도 $V = 140m/min$일 때 회전수 Nrpm은
$N = \dfrac{1000V}{\pi D} = \dfrac{1000 \times 140}{\pi \times 75} = 594.4$rpm
재료의 길이 $l = 300mm$,
이송 $f = 0.25mm/rev$일 때 가공시간 T는
$T = \dfrac{l}{Nf} = \dfrac{300}{594.4 \times 0.25} \fallingdotseq 2$min

19 바이트의 날끝 반지름이 2mm인 바이트로 0.1mm/rev의 이송속도로 가공했을 때 이론상 표면거칠기는? (단, 선삭에서)

① $0.625\mu m$ ② $0.734\mu m$
③ $0.843\mu m$ ④ $0.952\mu m$

$f = \sqrt{8rh}$ 에서
$\therefore h = \dfrac{f^2}{8r} = \dfrac{0.1^2}{8 \times 2} = 0.000625mm$
$= 0.625\mu m$

20 선반공구 중 바이트의 공구각에 대한 설명 중 잘못된 것은?

① 바이트의 윗면 경사각이 크면 절삭성이 좋고 일감의 표면이 깨끗하다.
② 여유각은 공구 날끝과 일감의 마찰을 방지하며 너무 크면 날이 약하게 된다.
③ 경사각이 크면 날끝이 강하므로 공구 수명이 길다.
④ 경사각과 여유각은 일감 재질과 절삭 조건에 따라 선택하여야 한다.

21 뚫린 구멍을 넓히거나 다듬질하는 바이트는?

① 태핑   ② 막깎기 바이트
③ 보링 바이트 ④ 다듬질 바이트

22 지름 50mm의 둥근봉을 보통선반에서 가공할 때 이송 0.2mm/rev, 절삭속도 40m/min로 하면 회전수는 몇 rpm인가?

① 약 127   ② 약 2550
③ 약 1270 ④ 약 255

$N = \dfrac{1000v}{\pi d}$rpm 에서
$N = \dfrac{1000 \times 40}{\pi \times 50} = 254.65 \fallingdotseq 255$rpm

정답 17 ① 18 ① 19 ① 20 ③ 21 ③ 22 ④

23 길이 350mm, 지름 50mm인 둥근봉을 절삭속도 100m/min로 1회 선삭하려 할 때 절삭 시간은 몇 min인가? (단, 이송 속도는 0.1mm/rev이고 기타 시간은 무시한다.)

① 3.5　　　② 4.5
③ 5.0　　　④ 5.5

둥근봉의 지름 $D = 50\text{mm}$,
절삭속도 $V = 10\text{m/min}$일 때 회전수 N 는
$N = \dfrac{1000V}{\pi D} = \dfrac{1000 \times 100}{3.14 \times 50} \fallingdotseq 636.9\text{rpm}$
둥근봉의 길이 $l = 350\text{mm}$,
이송속도 $f = 0.1\text{mm/rev}$일 때 가공시간 T 는
$T = \dfrac{l}{Nf} = \dfrac{350}{636.9 \times 0.1} = 5.49\text{min}$

24 어미나사 피치 8mm의 선반에서 피치 1mm의 나사를 절삭할 때 변환 기어는?

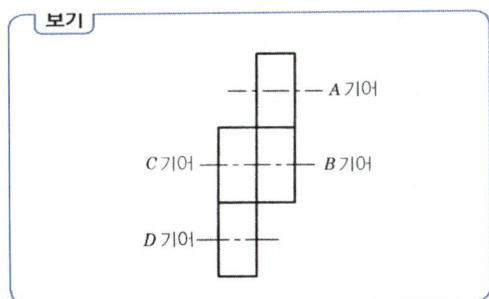

① $A = 20$, $B = 80$, $C = 30$, $D = 45$
② $A = 80$, $B = 20$, $C = 90$, $D = 45$
③ $A = 80$, $B = 20$, $C = 45$, $D = 90$
④ $A = 20$, $B = 80$, $C = 45$, $D = 90$

$\dfrac{\text{공작물의 피치(mm)}}{\text{어미나사의 피치(mm)}} = \dfrac{A}{B} \times \dfrac{C}{D}$ 에서
$\dfrac{1}{8} = \dfrac{1 \times 1}{4 \times 2} = \dfrac{20}{80} \times \dfrac{45}{90}$
$A = 20$, $B = 80$, $C = 45$, $D = 90$ 이다

25 어미나사가 24회전할 때 체이싱 다이얼(chasing dial)이 1회전하고 다이얼 눈금이 8등분되어 있다고 하면 어미나사 산의 크기가 6산/인치인 선반에서 15산/인치의 나사를 깎으려면 분할 너트(half nut)를 넣는 시기는?

① 1눈금 마다　　② 2눈금 마다
③ 3눈금 마다　　④ 5눈금 마다

$\dfrac{\text{일감의 산수/인치}}{\text{리드 스크루 산수/인치}} = \dfrac{15}{6} = \dfrac{5}{2}$
∴ 2눈금마다

26 다음 그림에서 테이퍼값은?

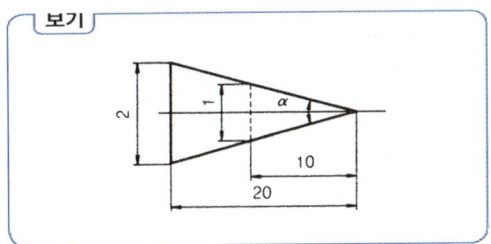

① 1/20　　　② 1/10
③ 1/5　　　④ 1/2

$T = \dfrac{D - d}{l} = \dfrac{2 - 0}{20} = \dfrac{1}{10}$

27 그림과 같은 테이퍼를 가공하려면 심압대의 편위량은 몇 mm인가?

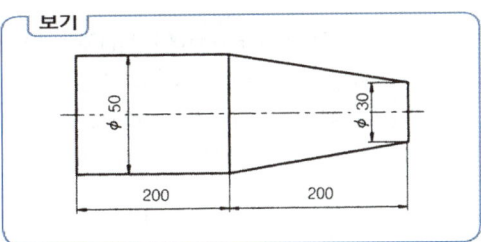

① 10　　　② 20
③ 30　　　④ 40

$x = \dfrac{(D-d)L}{2l}$ 에서

$x = \dfrac{(50-30) \times 400}{2 \times 200} = 20\text{mm}$

$\dfrac{\text{공작물의 피치}}{\text{리드 나사의 피치}} = \dfrac{A}{B}$ 에서

$\dfrac{x}{6} = \dfrac{127}{120} \Rightarrow x = \dfrac{127}{20}\text{mm} = \dfrac{1}{4}\text{inch}$

28 테이퍼 깎기에서 테이퍼부의 작은 끝의 지름이 35.91mm, 큰 끝의 지름이 41.27mm, 길이가 203.7mm이며, 재료의 전 길이는 320mm의 것을 깎으려고 한다. 심압대 센터의 편심 거리를 계산하면 몇 mm인가?

① 약 1.71mm　② 약 4.21mm
③ 약 2.71mm　④ 약 3.21mm

심압대를 편위시키는 방법
① $x = \dfrac{D-d}{2}$ (전체가 테이퍼인 경우)
② $x = \dfrac{(D-d)L}{2l}$ (일부만 테이퍼인 경우)
$x = \dfrac{(41.27 - 35.91)320}{2 \times 203.7} = 4.21\text{mm}$

31 지름을 다소 조절할 수 있는 맨드릴은?

① 표준 맨드릴
② 팽창식 맨드릴
③ 조립식 맨드릴
④ 사용 맨드릴

맨드릴: 내면을 다듬질한 중공의 공작물 외면을 가공할 때 그 구멍에 맨드릴을 끼워 맨드릴의 센터 구멍으로 지지한다.
① 표준 맨드릴: 테이퍼값이 1/100, 1/1000 정도이고 가공물을 지지하는데 사용한다.
② 팽창식 맨드릴: 바깥지름을 다소 조절하여 가공물을 지지하는데 사용한다.
③ 조립식 맨드릴: 지름이 큰 파이프 가공에 주로 사용된다.
④ 너트 맨드릴: 기어, 와셔, 칼라와 같은 가공물을 여러개 설치하는 것으로 갱 맨드릴이라고도 한다.
⑤ 나사 맨드릴: 너트의 측면을 가공하거나 암나사를 가공한 가공물을 맞추어 외형을 가공하는데 사용한다.
⑥ 테이퍼 맨드릴: 공작기계 주축구멍에 맞는 테이퍼 자루를 가공할 때 사용된다.

29 지름 50mm인 연강 둥근봉을 20m/min의 절삭속도로 선삭할 때, 스핀들의 회전수는 얼마인가?

① 약 100rpm　② 약 127rpm
③ 약 440rpm　④ 약 500rpm

$N = \dfrac{1000v}{\pi D} = \dfrac{1000 \times 20}{\pi \times 50} = 127\text{rpm}$

32 선반의 크기를 정하는 데 관계없는 것은?

① 베드 위의 스윙
② 왕복대위의 스윙
③ 베드의 높이
④ 양센터 사이의 최대거리

30 리드 나사의 피치가 6mm인 선반에서 나사를 가공하는데 주축 및 리드 나사측의 교환 기어(change gear)의 치수가 각각 127, 120이었다. 이때 가공되는 나사의 피치는 얼마가 되겠는가?

① $\dfrac{1}{4}$ inch　② $\dfrac{127}{20}$ inch
③ $\dfrac{20}{127}$ mm　④ $\dfrac{1}{4}$ mm

선반의 크기
깎을 수 있는 공작물의 최대지름(베드상의 스윙), 양센터 사이의 최대거리, 왕복대상의 스윙

정답 28 ②　29 ②　30 ①　31 ②　32 ③

33 절삭속도 120m/min, 절삭깊이 6mm, 이송속도 0.25mm/rev으로 지름 80mm의 원형 단면봉을 선삭한다. 500mm 길이를 선삭하는 데 필요한 가공 시간은 다음 중 어느 것인가?

① 약 2분   ② 약 4분
③ 약 6분   ④ 약 8분

$$T = \frac{l}{ns} = \frac{\pi dl}{1000vs}$$
$$= \frac{\pi \times 80 \times 500}{1000 \times 120 \times 0.25} = 4.12 \fallingdotseq 4\,min$$

34 선반에서 가공물을 절삭할 때 공구 경사각이 크고, 절삭깊이가 얕고, 절삭속도가 빠르면 다음 중 어느 결과를 가져오는가?

① 절삭 동력이 증가하고 공구의 마멸이 심하나 면이 깨끗하다.
② 절삭력은 감소하고 칩이 코일 모양으로 나타나며 빌트 업 에지의 발생이 적고 면의 다듬질 정도가 양호하다.
③ 빌트 업 에지의 발생이 심하고 다듬질이 불량하다.
④ 공구 끝이 온도 상승이 감소되며 수명이 길다.

공구의 경사각이 크면 빌트 업 에지가 생기지 않고 칩은 유동형으로 되며, 절삭깊이가 얕고, 절삭속도를 빠르게 하면 가공면이 아름답게 된다.

35 여러 개의 절삭 공구를 한번에 부착하고 차례로 공작물을 가공하는 선반은?

① 다인 선반   ② 터릿 선반
③ 수직 선반   ④ 생산형 선반

① 다인선반 : 공구대 위에 여러 개의 바이트가 설치되어 이 바이트가 전부 또는 일부가 동시에 절삭 가공하는 선반
② 터릿 선반 : 터릿 헤드를 설치하고 여기에 여러 개의 바이트 또는 공구를 부착시켜 이것을 순차적으로 회전시켜 절삭하는 선반
③ 수직 선반 : 공작물은 수평면에서 회전하는 테이블 위에 장치하고 공구대는 크로스 레일 또는 칼럼 위를 이송 운동하는 선반

36 선반에서 양센터의 높이가 다를 경우, 가공 공작물에 나타나는 결과는?

① 포물선이 나타난다.
② 쌍곡면이 나타난다.
③ 타원의 가공면이 나타난다.
④ 원추형인 테이퍼 가공이 된다.

주축의 센터와 심압축의 센터의 높이가 다르면 절삭 시 쌍곡면이 나타난다.

37 선반 주축에 사용되는 부속품으로 짝지어지지 않은 것은?

① 단동척 및 연동척
② 복동척 및 마그네틱척
③ 콜릿척 및 면판
④ 돌리개 및 원형 테이블

선반 주축에 사용되는 부속물
① 단동척, 연동척, 복동척, 마그네틱척, 콜릿척, 벨척
② 면판, 회전센터(live center)

정답 33 ② 34 ② 35 ② 36 ② 37 ④

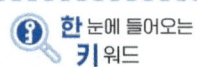

Point
밀링 작업의 종류
① 평면절삭
② 홈절삭
③ 각도절삭
④ 기어절삭
⑤ 나선홈절삭

02 밀링가공

밀링 머신은 주축에 고정된 밀링커터(milling cutter)를 회전시키고, 테이블에 고정한 가공물에 절삭 깊이와 이송을 주어 가공물을 필요한 형상으로 절삭하는 공작기계이다.

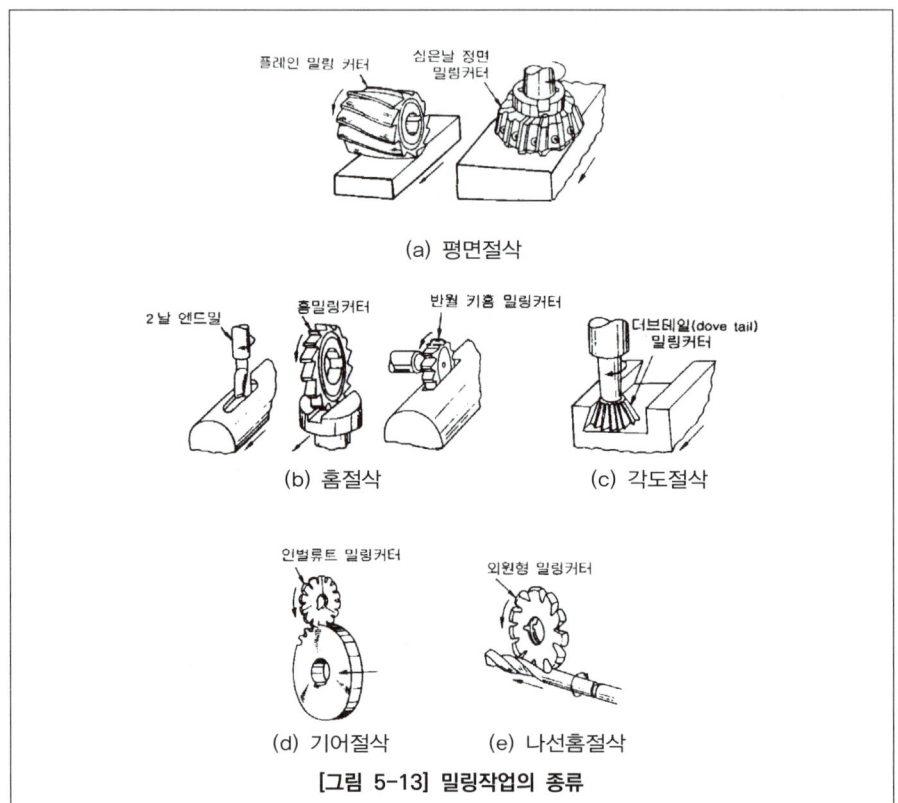

[그림 5-13] 밀링작업의 종류

1 밀링 머신의 개요

(1) 밀링 머신(milling machine)의 작업종류와 밀리커터

① **평면절삭**
플레인 밀링 커터(수평 밀링), 정면 커터(수직 밀링 M/C에 사용)

② **홈절삭**
엔드 밀, 홈밀링 커터, 반월 키홈 밀링 커터

③ **측면절삭**
사이드 밀링 커터

Point
엔드밀
홈절삭 및 판캠 등 가공

④ **절단작업**
   메탈소, 등각 밀링 커터
⑤ **각도절삭**
   앵글 커터
⑥ **총형절삭**
   인벌류트 밀링 커터(기어 절삭), 외원형 밀링 커터(나선홈 절삭)
⑦ **정면절삭**
   엔드 밀, 정면 밀링 커터

(2) 밀링 머신의 크기

① **수평 밀링 머신**
   ㉠ 테이블면의 크기
   ㉡ 테이블의 최대 이동(좌우 × 전후 × 상하)거리
   ㉢ 주축의 중심선에서 테이블면까지의 최대 거리
② **수직 밀링 머신**
   ㉠ 테이블면의 크기
   ㉡ 테이블의 최대 이동(좌우 × 전후 × 상하)거리
   ㉢ 주축단에서 테이블면까지의 최대 거리
   ㉣ 주축대의 최대 이동 거리

[표 3-1] 밀링 머신의 호칭 번호와 크기

규격번호 No.	No. 0	No. 1	No. 2	No. 3	No. 4	No. 5
테이블(table)의 좌우 이동	450	550	700	850	1050	1250
새들(saddle)의 전후 이동	150	200	250	300	350	400
니(knee)의 상하 이동	300	400	400	450	450	500

2 밀링 머신의 종류 및 구조

(1) 밀링 머신의 종류

① **니형 밀링 머신(knee type milling machine)**
   ㉠ 수직 밀링 머신(vertical milling machine) : 주축이 테이블에 대하여 수직으로 장치되어 주축에 정면 밀링 커터, 엔드 밀(end mill) 등을 고정시켜 회전을 주어 절삭하는 공작기계

ⓒ 수평 밀링 머신(horizontal milling machine) : 주축이 수평으로 되어 있으며 중공원으로 되어 있는 주축에 아버(arbor)를 끼우고 아버에 커터를 장치하여 절삭하는 공작기계

ⓒ 만능 밀링 머신(universal milling machine) : 수평 밀링 머신과 거의 비슷하며 테이블이 45° 정도 회전할 수 있다. 특히 분할대와 기타 부속장치를 이용하여 비틀림홈, 나선홈, 헬리컬 기어 등을 가공할 수 있다.

② **생산형 밀링 머신(production milling machine : 베드형 밀링 머신)**
대량 생산을 목적으로 만든 밀링 머신이며, 종류는 단두형, 쌍두형, 다두형 및 회전 테이블식 등이 있다.

③ **플레이너형 밀링 머신(planer type milling machine)**
플라노 밀러라고도 하며 중량물 및 대형 가공물의 중절삭에 사용한다. 여러 개의 밀링 커터를 사용하여 강력 절삭용으로 쓰인다.

④ **특수 밀링 머신**
ⓐ 공구 밀링 머신
ⓑ 나사 밀링 머신 : 나사를 깎는 전용 밀링 M/C
ⓒ 형조각 밀링 머신(모방 밀링 M/C)
ⓓ 수치제어 밀링 머신

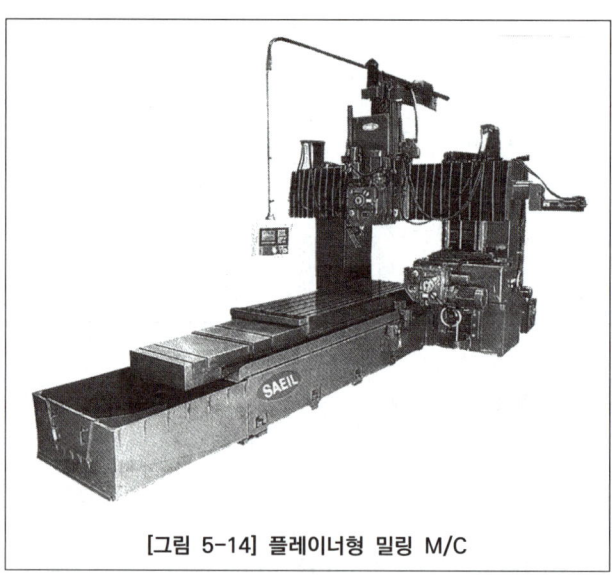

[그림 5-14] 플레이너형 밀링 M/C

[그림 5-15] 수직 밀링 머신   [그림 5-16] 수평 밀링 머신의 구조

(2) 밀링 머신의 구조

① **칼럼(기둥 : column)**
  기계를 지지하는 몸체
② **오버 암(over arm)**
  아버의 휨(굽힘) 방지
③ **주축(스핀들 : spindle)**
  중공원으로 되어 있으며 앞쪽은 내셔날 테이퍼($T=7/24$)로 되어 있고 아버에 커터를 끼워서 사용한다.(테이퍼 롤러 베어링 사용, 재질은 Ni-Cr강 사용)
④ **니(knee)**
  상하 이동을 하며 수동 및 자동이송장치가 내장되어 있다.
⑤ **새들(saddle)**
  전후 이동을 한다.
⑥ **테이블(table)**
  좌우 이동을 하며 테이블 윗면에 T홈이 파져 있으며 직접 또는 바이스에 의해 일감을 고정한다.

(3) 밀링 머신의 부속장치

① **아버(arbor)**
  커터를 고정할 때 사용. 또는 커터 고정시 어댑터(adapter)와 콜릿(collet)을 이용하여 설치한다.

> **Point**
> 밀링머신의 주요 구성
> ① 칼럼
> ② 오버 암
> ③ 주축
> ④ 니
> ⑤ 새들
> ⑥ 테이블

> **Point**
> 밀링머신의 주요 부속장치
> ① 아버
> ② 분할대
> ③ 회전테이블
> ④ 슬로팅 장치

한눈에 들어오는 키워드

② **밀링 바이스(milling vice)**
일감을 고정시킬 때 사용하며, 종류로는 수평, 회전, 만능, 유압 바이스가 있다.

③ **분할대(indexing head)**
테이블 위에 설치하여 스핀들에 장치한 척에 일감을 물려 분할할 때 사용한다.

④ **회전 테이블(rotary table)**
가공물에 회전운동이 필요할 때 사용, 분할 및 윤곽가공 시 사용

⑤ **슬로팅 장치(slotting attachment)**
수평 및 만능 밀링 머신의 기둥면에 설치하여 주축의 회전운동을 공구대의 왕복운동으로 변환시키는 장치

⑥ **수직축 장치(vertical milling attachment)**
수평 및 만능 밀링 머신에서도 수직 밀링 가공을 할 수 있도록 기둥면에 설치하고 수평방향의 주축회전을 기어를 거쳐 수직방향으로 전환시키는 장치

⑦ **랙 절삭장치(rack cutting attachment)**
수평 또는 만능 밀링 M/C의 주축단에 장치하여 기어 절삭을 하는 장치

⑧ **로터리 밀링 헤드 장치(rotary milling head attachment)**
밀링 헤드 장치는 적당한 브래킷(bracket)으로 칼럼을 고정하고 주축의 오프셋(offset)을 가능케 한 것으로 주축은 15° 정도 경사시킬 수 있다.

3 밀링 절삭

(1) 밀링 절삭 방법

Point
· 상향절삭 원리와 특징
· 하향절삭 원리와 특징

① **상향절삭(올려깎기)**
밀링 커터의 회전방향과 공작물의 이송방향이 서로 반대일 때의 절삭

② **하향절삭(내려깎기)**
밀링 커터의 회전방향과 공작물의 이송방향이 같을 때의 절삭

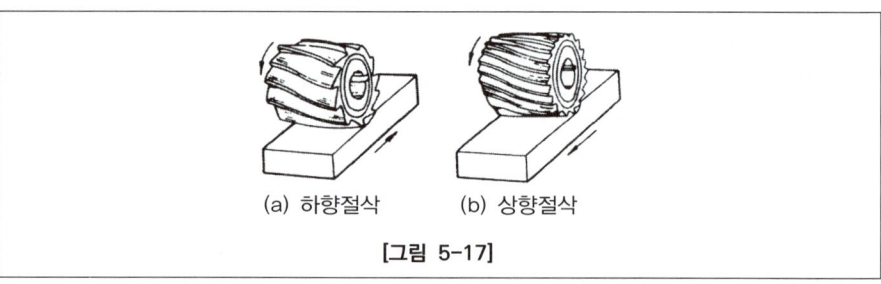

(a) 하향절삭   (b) 상향절삭

[그림 5-17]

③ 상향절삭과 하향절삭의 장단점

[표 5-2] 상향절삭과 하향절삭의 장단점

구분	상향절삭	하향절삭
장점	① 칩이 날을 방해하지 않는다. ② 밀링 커터의 진행방향과 테이블의 이송방향이 반대이므로 이송기구의 백 래시가 제거 ③ 기계에 무리를 주지 않는다.	① 커터가 공작물을 아래로 누르는 것과 같은 작용을 하므로 공작물 고정이 간단하다. ② 커터의 마모가 적고 또한 동력 소비가 적다. ③ 가공면이 깨끗하다.
단점	① 커터가 공작물을 올리는 작용을 하므로 공작물을 견고히 고정해야 한다. ② 커터의 수명이 짧다. ③ 동력의 낭비가 많다. ④ 가공면이 깨끗하지 못하다.	① 칩이 커터와 공작물 사이에 끼어 절삭을 방해한다. ② 떨림이 나타나 공작물과 커터를 손상시키며 백 래시(back lash) 제거장치가 없으면 작업을 할 수 없다.

(2) 절삭속도 및 이송(feed)

① 절삭속도의 선정
 ㉠ 커터의 수명을 길게 하기 위해서 절삭속도를 낮게 한다.
 ㉡ 거친 가공에는 저속과 큰 이송, 다듬질 가공에는 고속과 저이송을 한다.
 ㉢ 커터의 날끝이 빨리 마찰 손상될 때에는 절삭속도를 감소시킨다.

② 절삭속도 : v

$$v = \frac{\pi d n}{1000} \text{m/min}$$

여기서, d : 밀링 커터의 지름
n : 커터의 회전수(rpm)

③ 1분간의 테이블 이송량 : f

$$f = fz \cdot Z \cdot n$$
$$= fz \cdot Z \cdot \frac{1000v}{\pi d} \text{mm/min}$$

여기서, f : 1분간의 이송량(mm)
Z : 커터날의 수
n : 커터의 회전수
fz : 날 1개당 피드

④ 절삭 동력
 ㉠ 단위시간에 절삭되는 칩의 체적 : Q

$$Q = \frac{btf}{1000} \text{cm}^3/\text{min}$$

여기서, b : 칩의 폭(mm)
t : 칩의 두께(mm)
f : 매분 피드(mm/min)

 ㉡ 정미 절삭 동력 : N_C

$$N_C = \frac{P_1 V}{75 \times 60} PS = \frac{P_1 V}{102 \times 60} \text{kW}$$

 ㉢ 피드 동력 : N_f

$$N_f = \frac{P_2 f}{75 \times 60} PS = \frac{P_2 f}{102 \times 60} \text{kW}$$

여기서, P_1 : 주절삭 분력(kg)
P_2 : 이송분력(kg)
V : 절삭속도(m/min)
f : 피드 속도(m/min)

Point

절삭속도
$$v = \frac{\pi d n}{1000} \text{m/min}$$

이송속도
$$f = f_z \cdot Z \cdot n (\text{mm/min})$$

4 분할작업

(1) 분할작업

분할대는 밀링 가공 시 분할작업 및 각도 변위가 요구되는 작업에 이용된다.

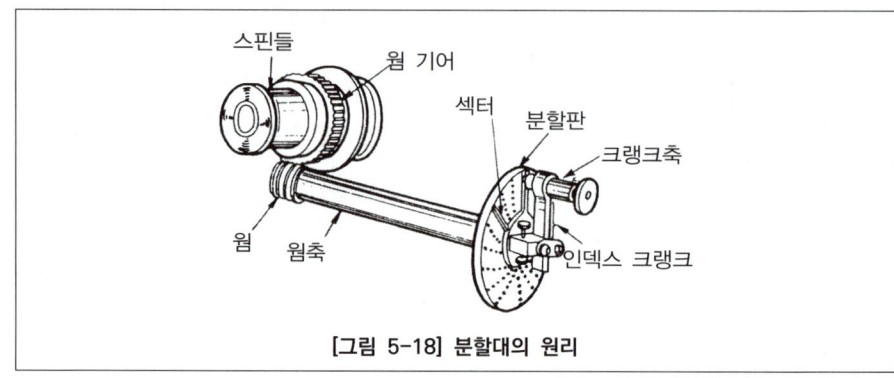

[그림 5-18] 분할대의 원리

① **직접 분할법(direct indexing)**
주축의 앞면에 있는 24구멍의 분할판을 이용
(2, 3, 4, 6, 8, 12, 24등분이 가능)

예제문제

문제 직접 분할법으로 5등분과 8등분을 할 때, 직접 분할판의 회전 구멍수 x를 구하시오.

풀이 $X=\dfrac{24}{n}$ 에서 $X=\dfrac{24}{5}=4.8$ 이나 정수가 아니므로 분할 할 수 없다.

$X=\dfrac{24}{n}$ 에서 $X=\dfrac{24}{8}=3$

직접 분할판에서 3구멍씩 이동시키면서 가공하면 8등분이 된다.

---

② **단식 분할법(simple indexing)**
분할 크랭크와 분할판을 이용하며, 분할 크랭크를 1회전시키면 스핀들(주축)은 1/40회전한다.

㉠ 브라운 샤프형과 신시내티형

$$n=\dfrac{40}{N}=\dfrac{x°}{9°}=\dfrac{h}{H}$$

여기서, n : 분할 크랭크의 회전수
N : 일감의 등분 분할수
H : 원판의 구멍수
h : 핸들을 돌리는 구멍수

한 눈에 들어오는 키워드

Point
분할작업
① 직접분할
② 단식분할
③ 차동분할

Point
직접분할
24인자 만 가능

Point
단식 분할
① $n=\dfrac{40}{N}$
② 각도분할 $n=\dfrac{x°}{9}$

[표 5-3] 브라운·샤프 분할판

판번호	구멍수				
제1판	15	16	17	18	19
제2판	21	23	27	29	31
제3판	37	39	41	43	47

ⓛ 밀워키형

$$n = \frac{5}{N} = \frac{h}{H}$$

예제문제

문제 원주를 2.7등분과 27등분 하시오.(단, 브라운샤프 구멍 열을 이용)

풀이 ㉠ 2.7등분

$$\frac{h}{H} = \frac{40}{N} \text{ 식에서 N이 2.7이므로, } \frac{40}{2.7} = \frac{h}{H} = \frac{10 \times 40}{2.7 \times 10} = \frac{400}{27} = 14\frac{22}{27}$$

따라서 브라운샤프 No 2판의 27구멍 열에서 분할 크랭크를 14회전시키고, 22구멍씩 전진하면서 가공한다.
여기서 분모와 분자에 10을 곱하는 이유는 H, 즉 분할 판의 구멍의 종류에 맞추기 위한 것이며, 가분수는 대분수로 바꾸어 분할 크랭크의 회전수와 구멍수로 분리하여야 한다.

㉡ 27등분

$$\frac{40}{27} = 1\frac{13}{27}$$

브라운샤프 No 2판의 27구멍 열에서 분할 크랭크를 1회전 시키고, 13구멍씩 전진하면서 가공하면 원주를 27등분 할 수 있다.

③ **차동 분할법(만능 분할법 : differential indexing)**

변환 기어 12개(24(2개), 28, 32, 40, 44, 48, 56, 64, 72, 86, 100)를 이용하여 1008 등분까지 분할할 수 있다.

$$i = \frac{(N' - N)40}{N'}$$

여기서, i : 변환 기어의 차동비(기어비)
N' : N에 가까운 단식분할 수

④ **각도 분할법**

도면에 각도로 분할이 표시되어 있을 때는, 등분수를 별도로 계산할 필요가 없이 다음 식으로 각도를 분할하여 가공하면 편리하다.

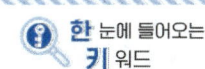

Point
차동 분할
단식 분할이 불가능할 때 적용

㉠ 도면에 도로 표시되어 있을 때

$$\frac{h}{H} = \frac{D°}{9}$$

㉡ 도면에 도 및 분으로 표시되어 있을 때

$$\frac{h}{H} = \frac{D'}{540}$$

㉢ 도면에 도 및 분, 초로 표시되어 있을 때

$$\frac{h}{H} = \frac{D''}{32400}$$ 로 각도 분할을 할 수 있어 매우 편리

예제문제

문제 원주를 10° 30′ 으로 분할하시오.

풀이 ㉠ 도로 분할하면

$$\frac{h}{H} = \frac{D°}{9} = \frac{10.5}{9} = \frac{2 \times 10.5}{2 \times 9} = \frac{21}{18} = 1\frac{3}{18}$$

따라서 브라운샤프 No1 분할 판 18구멍 열에서 1회전하고 3구멍씩 전진하며 가공하면 원주를 10° 30′ 으로 등분할 수 있다.

㉡ 초로 분할하면

$$\frac{h}{H} = \frac{D'}{540} = \frac{630}{540} = \frac{630 \div 30}{540 \div 30} = \frac{21}{18} = 1\frac{3}{18}$$

따라서, 브라운샤프 분할판 18구멍 열에서 1회전하고 3구멍씩 전진하며 가공하면 원주를 10° 30′ 으로 등분할 수 있다.

(2) 정면 밀링 커터의 공구각

① **절인각**(cutting edge angle)
경사면과 여유면이 이루는 각(각이 작으면 날이 약하다.)

② **경사각**(rake angle)
밀링 커터의 중심선과 경사면이 이루는 각(각이 클수록 절삭저항은 감소한다.)

③ **여유각**(clearance angle)
날 끝에 적당한 각도를 주어 날 끝의 배면(背面)이 공작물과 마찰되지 않도록 하기 위한 것이다.

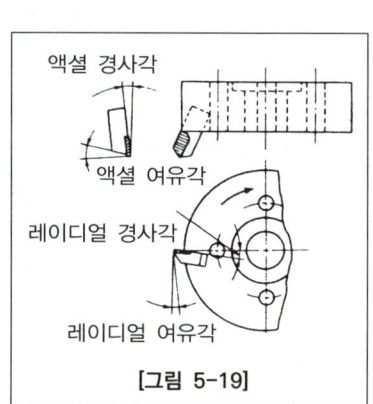

[그림 5-19]

CHAPTER 05 단원 예상문제

저자가 콕! 찝어주는 예상문제 풀어보기!

01 다음 중 수평 밀링 머신의 크기를 나타내는 설명이 아닌 것은?

① 테이블의 크기
② 테이블의 이동 거리(좌우 × 전후 × 상하)
③ 스핀들 헤드의 이동거리
④ 스핀들 중심선부터 테이블면까지의 최대 거리

> 밀링 M/C의 크기
> 1. 수평 밀링 머신
>   ① 테이블면의 크기
>   ② 테이블의 최대 이동(좌우 × 전후 × 상하)거리
>   ③ 주축의 중심선에서 테이블면까지의 최대 거리
> 2. 수직 밀링 머신
>   ① 테이블면의 크기
>   ② 테이블의 최대 이동(좌우 × 전후 × 상하)거리
>   ③ 주축단에서 테이블면까지의 최대 거리
>   ④ 주축대의 최대 이동 거리

02 수평 밀링 머신에서 전후 이송을 하는 안내면은 어느 것인가?

① 기둥   ② 니(knee)
③ 새들   ④ 스핀들

> ① 니(knee) : 상하이동을 하며 수동 및 자동이송장치가 내장되어 있다.
> ② 새들 : 전후이동을 한다.
> ③ 테이블 : 좌우이동을 하며 테이블 윗면에 T홈이 파져 있으며 직접 또는 바이스에 의해 일감을 고정한다.

03 범용 밀링 머신의 규격(이동거리 : mm)에서 No.1의 테이블의 좌우 이동거리는?

① 450mm   ② 550mm
③ 700mm   ④ 850mm

> *규격번호 No
>
> | 규격번호 No. | No.0 | No.1 | No.2 | No.3 | No.4 | No.5 |
> |---|---|---|---|---|---|---|
> | 테이블(table)의 좌우 이동 | 450 | 550 | 700 | 850 | 1050 | 1250 |
> | 새들(saddle)의 전후 이동 | 150 | 200 | 250 | 300 | 350 | 400 |
> | 니(knee)의 상하 이동 | 300 | 400 | 400 | 450 | 450 | 500 |

04 특수 밀링 머신은?

① 플래노밀러
② 공구 밀링 머신
③ 직립 밀링 머신
④ 생산 밀링 머신

> 특수 밀링 M/C에는 편심 밀링 M/C, 유성 밀링 M/C, 모방 밀링 M/C, 공구 밀링 M/C, 나사 밀링 M/C 등이 있다.

정답 1 ③ 2 ③ 3 ② 4 ②

05 밀링 머신에서 사용하지 않는 바이스는 어느 것인가?

① 스위블 바이스
② 플레인 바이스
③ 만능 바이스
④ 벤치 바이스

> 벤치 바이스는 손다듬질작업에서 사용된다.

06 다음 중 니 칼럼 밀링 머신의 설명 중 맞는 것은?

① 칼럼은 밀링 머신의 본체로서 앞면은 미끄럼면으로 되어 있으며, 아래는 베이스를 포함하고 있다.
② 새들은 공작물을 고정하는 부분이다.
③ 오버암(overarm)은 테이블을 지지한다.
④ 니(knee)는 테이블을 좌우·상하로만 움직이게 한다.

> 니형 밀링 머신(knee type milling machine)
> ① 수직 밀링 머신(vertical milling machine) : 주축이 테이블에 대하여 수직으로 장치되어 주축에 정면 밀링 커터, 엔드 밀 등을 고정시켜 회전을 주어 절삭하는 공작기계
> ② 수평 밀링 머신(horizontal milling machine) : 수축이 수평으로 되어 있으며 중공원으로 되어 있는 주축에 아버를 끼우고 아버에 커터를 절삭하는 공작기계
> ③ 만능 밀링 머신(universal milling machine) : 수평 밀링 머신과 거의 비슷하며 테이블이 45°정도 회전할 수 있다. 특히 분할대와 기타 부속장치를 이용하여 비틀림홈, 나선홈, 헬리컬 기어 등을 가공할 수 있다.

07 일감의 바깥둘레를 필요한 수로 등분하거나, 일정한 각도만큼 일감을 회전시킬 때 쓰이는 밀링 머신의 부속품은?

① 공구대　　② 맨드릴
③ 분할대　　④ 방진구

08 다음 중 밀링 머신으로 가공할 수 없는 작업은?

① 키홈 가공작업
② 총형 밀링 작업
③ 각도 분할작업
④ 래핑 작업

> 가공의 종류 : 키홈, 절단, 각홈, 정면, 곡면, 기어, 총형 절삭(비틀림홈, 나선홈) 등

09 고속도강, 밀링 커터의 경사각은?

① +각　　② -각
③ 0　　　④ 상관없다.

> 밀링 커터의 윗면 경사각($\alpha=15°$)과 윗면 여유각($\beta=$1번: 3~5°, 2번: 9~15°)은 +각을 갖는다.(강의 경우)

10 밀링 머신의 부속장치가 아닌 것은?

① 분할대　　② 랙 절삭장치
③ 아버　　　④ 에이프런

> 밀링 머신의 부속장치 : 수직 밀링 장치, 슬로팅 장치, 만능 밀링 장치, 랙 밀링 장치, 분할대, 아버 등

정답　5 ④　6 ①　7 ③　8 ④　9 ①　10 ④

11 하향절삭을 설명한 것 중 옳지 않은 것은? (단, 밀링에서)

① 가공할 면을 잘 볼 수 있다.
② 기계에 무리를 주고 동력소비가 많다.
③ 백 래시 제거장치가 필요하다.
④ 절삭날의 마멸이 많다.

1. 하향절삭(내려깎기) : 밀링 커터의 회전방향과 공작물의 이송방향이 같을 때의 절삭
   ① 칩이 커터와 공작물 사이에 절삭을 방해한다.
   ② 백 래시가 커지고 공작물이 날에 끌려온다. 따라서 떨림이 나타나 공작물과 커터를 손상시킨다.
   ③ 커터가 공작물을 아래로 누르는 것과 같이 작용하므로 공작물의 설치가 간단하다. 커터의 마멸이 적다.
2. 상향절삭(올려깎기) : 밀링 커터의 회전방향과 공작물의 이송방향이 서로 반대일 때의 절삭
   ① 칩은 커터에 의해 가공된 면에 떨어지므로 절삭을 방해하지 않는다.
   ② 이송기구의 백 래시가 자연히 제거된다.
   ③ 커터가 공작물을 들어올리는 것과 같은 작용을 하므로 공작물의 설치를 확실히 해야 한다.
   ④ 커터의 수명이 짧고 동력 낭비가 많다.

12 넓은 평면을 빨리 깎기에 적합한 커터는 어느 것인가?

① T 커터   ② 엔드 밀
③ 페이스 커터   ④ 앵글 커터

정면 커터(페이스 커터) : 평면절삭, 강력절삭을 할 수 있다.

13 지름 50mm, 날수 15개인 밀링 커터로 가공을 하는데, 주축의 회전수가 200rpm, 이송속도가 매 분당 1500mm였다. 이때의 커터 날 하나당 이송량은 얼마인가?

① 0.5mm   ② 7.5mm
③ 5mm   ④ 2.5mm

$f = f_z \cdot Z \cdot n = f_z \cdot Z \cdot \dfrac{1000v}{\pi D}$ mm/min

∴ $f_z = \dfrac{f}{Z \cdot n} = \dfrac{1500}{15 \times 200} = 0.5$mm

14 절삭속도 2m/sec, 밀링 커터의 지름이 3cm이라면, 밀링 커터의 회전수는 몇 rpm 정도인가?

① 12732   ② 1273
③ 2122   ④ 212

$V = \dfrac{\pi d n}{1000}$ m/min 에서

$n = \dfrac{1000 V}{\pi d} = \dfrac{1000 \times 2 \times 60}{3.14 \times 30} = 1273$rpm

여기서, $\begin{cases} V = 2\text{m/sec} = 2 \times 60\text{m/min} \\ d = 3\text{cm} = 30\text{mm} \end{cases}$

15 다음 그림에서 분할 크랭크는 어느 것인가?

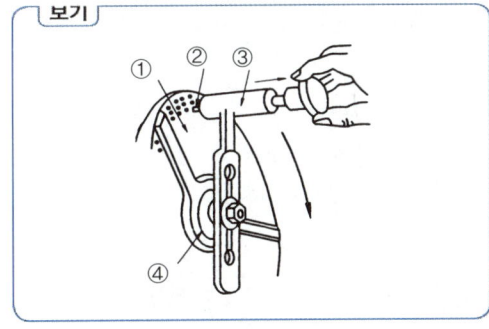

① [①]   ② [②]
③ [③]   ④ [④]

① 분할판, ② 핀, ③ 분할 크랭크, ④ 섹터

16 일감에 회전운동을 주고 분할, 윤곽가공을 할 수 있는 밀링 머신의 부속장치는 어느 것인가?

① 면판
② 원형 테이블
③ 머신 바이스
④ 슬로팅 장치

> **밀링 머신의 부속장치**
> ① 분할대 : 일감의 바깥둘레를 필요한 수로 등분하거나 일정한 각도만큼 일감을 회선시킬 때 쓰인다.
>   ㉠ 만능 분할대 : 등분도 하며, 수직면 내에서 적당한 각도로 경사시킬 수 있다.
>   ㉡ 비틀림각 구동장치 등과 겸용하여 베벨 기어나 밀링 커터의 비틀림 홈 등을 깎는다.
> ② 슬로팅 장치 : 수평 및 만능 밀링 머신의 주축에 부착시켜 슬로터와 같이 회전운동을 왕복운동으로 변화시켜 커터를 상하로 움직여 키 홈을 절삭한다.
> ③ 회전 테이블 : 보통 직선 이송만을 행하는 밀링 머신에서 회전이송을 할 수 있도록 만든 장치로, 연속 정면 절삭이나 원주형 또는 반원형 모양의 윤곽절삭을 가능토록 한 것이다.

17 절삭속도 30m/min, 밀링 커터날수 10, 지름 150mm, 1날당 이송 0.2mm로 밀링 가공할 때 테이블 이송량은?

① 약 636.9mm/min
② 약 31.8mm/min
③ 약 62.8mm/min
④ 약 127.3mm/min

> $f = f_z \cdot Z \cdot n = f_z \cdot Z \cdot \dfrac{1000\,V}{\pi d}$ 에서
> $f = 0.2 \times 10 \times \dfrac{1000 \times 30}{3.14 \times 150} = 127.3 \text{mm/min}$

18 밀링에서 분할대를 사용 원주를 20등분하려고 한다. 어떤 방법으로 분할하는 것이 가장 적합한가?

① 직접 분할법
② 단식 분할법
③ 복식 분할법
④ 차동 분할법

> $n = \dfrac{40}{N} = \dfrac{40}{20} = 2$ (크랭크축 2회전) : 단식 분할법

19 분할대로서 5등분하려면 분할 크랭크의 회전수를 얼마로 하면 되는가?

① 7
② 8
③ 9
④ 10

> $n = \dfrac{40}{N} = \dfrac{40}{5} = 8$

20 원주를 35등분 분할하려 할 때 사용해야 할 분할판의 구멍열은? (단, 밀링 작업에서 브라운 샤프형을 사용한다.)

① 19
② 20
③ 21
④ 27

> 분할 크랭크의 회전수를 n, 분할수를 N, 웜 기어의 회전비를 R이라면,
> $n = \dfrac{R}{N} = \dfrac{40}{N}$ (브라운 샤프형과 신시내티형) ············①
> $n = \dfrac{R}{N} = \dfrac{5}{N}$ (밀 워키형) ············②
> 식 ①에서 $n = \dfrac{40}{N} = \dfrac{40}{35} = \dfrac{8}{7} = \dfrac{24}{21} = 1\dfrac{3}{21}$

16 ② 17 ④ 18 ② 19 ② 20 ③

21 다음은 밀링의 상향절삭(up cutting)에 대한 설명이다. 옳은 것은 어느 것인가?

① 커터의 회전방향과 공작물의 이송방향이 반대이다.
② 커터의 회전방향과 공작물의 이송방향이 직각이다.
③ 커터의 회전방향과 공작물의 이송방향이 같다.
④ 커터의 회전방향과 공작물의 이송방향이 45°이다.

22 밀링 머신의 분할작업에서 $4\frac{1}{2}°$를 분할하여라.

(단, 분할판 1번판의 구멍수는 15-16-17-18-19-20을 이용한다. 웜 기어의 잇수는 40이다.)

① $\frac{9}{18}$ ② $\frac{18}{9}$
③ $\frac{18}{19}$ ④ $\frac{18}{8}$

$x = 4\frac{1}{2}° = \frac{9°}{2}$ 이므로 $n = \frac{x°}{9} = \frac{9}{2 \times 9} = \frac{9}{18}$

23 밀링 머신에서 스파이럴 밀링 장치로 커팅할 때, 가공물의 원통 지름을 120mm, 스파이럴 각도를 30°로 할 경우의 리드(lead)의 값은?

① 약 548mm   ② 약 653mm
③ 약 623mm   ④ 약 638mm

가공물의 지름 $D = 120$mm, 스파이럴 각도 $\theta = 30°$일 때 리드 l mm는
$l = \frac{\pi D}{\tan\theta} = \frac{\pi \times 120}{\tan 30°} ≒ 653$mm

24 플레인 밀링 커터의 지름이 100mm, 절삭날수가 8개인 초경합금 공구를 사용하여 길이 190mm의 강재를 가공하려고 한다. 날 1개당 이송을 0.1mm라 하면 1회 절삭에 소요되는 정미 절삭시간은 얼마 정도나 걸리겠는가? (단, 절삭속도를 70m/min으로 하고, 절삭 깊이는 매우 작다고 가정한다.)

① 1분   ② 3분
③ 5분   ④ 7분

$T = \frac{l}{f} = \frac{l}{f_z \cdot Z \cdot n} = \frac{\pi Dl}{f_z \cdot Z \cdot 1000v}$ min
$\therefore T = \frac{\pi \times 100 \times 190}{0.1 \times 8 \times 1000 \times 70} = 1$min

25 다음은 분할대를 사용하여 분할하는 방법들이다. 틀린 것은 어느 것인가?

① 단식 분할법
② 차동 분할법
③ 간접 분할법
④ 직접 분할법

분할방법
① 직접 분할법 : 직접 분할판을 써서 분할하는 방법. 분할판에는 24구멍이 있어 24의 약수인 2, 3, 4, 6, 8, 12, 24로 분할이 된다.
② 단식 분할법 : 직접 분할을 할 수 없는 수를 분할하는 방법이다.
$n = \frac{40}{N}$ (브라운 샤프형과 신시내티형)

각도 분할에서 분할 크랭크가 1회전하면 스핀들은 1/40회전 또는 360°/40 = 9° 회전한다. 분할각을 도로 표시할 때는
$n = \frac{D°}{9}$

③ 차동 분할법(만능 분할법) : 변환 기어 12개(24(2개)~100개)를 이용하여 1008등분까지 분할할 수 있다.

정답 21 ① 22 ① 23 ② 24 ① 25 ③

03 연삭가공

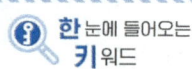

한눈에 들어오는 키워드

Point
연산기 작업
① 각 면의 다듬질 작업
② 공구연삭
③ 나사연삭
④ 기어연삭

연삭숫돌바퀴를 고속회전시켜 일감의 표면으로부터 미소한 칩을 깎아내는 고속절삭방법을 연삭가공이라 한다.

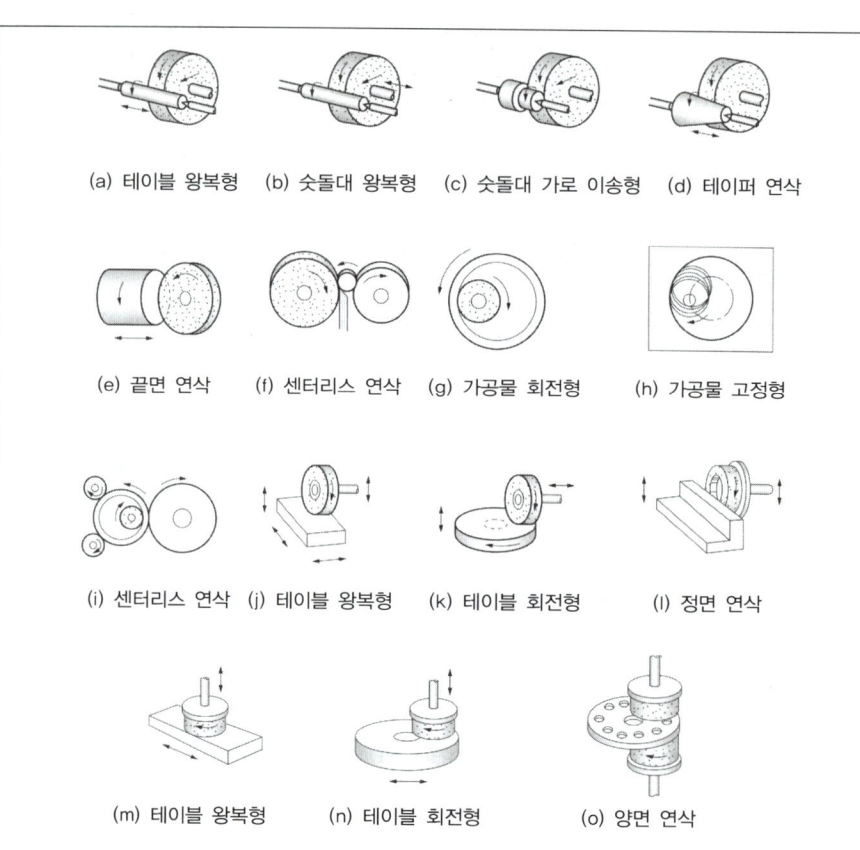

[그림 5-20] 연삭가공의 종류와 연삭 방법

- **연삭가공의 특징**
  ① 경화된 강(鋼)과 같은 굳은 재료를 연삭할 수 있다.
  ② 칩이 작으므로 가공 표면이 매우 매끈하다.
  ③ 연삭 압력 및 저항은 작게 작용하며, 자석 척(magnetic chuck)을 사용하여 공작물을 고정할 수 있다.

1 연삭기의 종류

(1) 원통 연삭기(cylinderical grinding machine)

원통형 일감의 외면, 테이퍼 및 측면 등을 주로 연삭하는 기계이다.

① 원통 연삭기의 종류

㉠ 테이블 왕복형 : 숫돌은 회전만하고 공작물이 회전 및 왕복운동하며, 소형 공작물 연삭에 적당하다.

㉡ 숫돌대 왕복형 : 공작물에는 회전운동만 시키고 숫돌대를 수평 이송시키는 방법으로 대형 공작물 연삭에 사용된다.

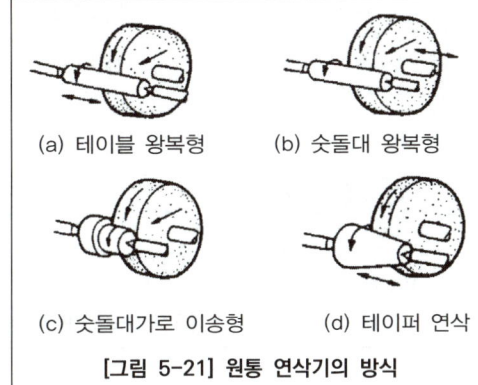

[그림 5-21] 원통 연삭기의 방식

㉢ 플런지 컷형(plunge cut) : 숫돌을 테이블과 직각으로 이동시켜 연삭하는 형식(전체길이를 동시에 가공)

㉣ 만능 연삭기 : 보통 원통 연삭기와 비슷하지만 테이블, 숫돌대, 주축대가 각각 회전할 수 있기 때문에 작업의 범위가 넓다. 주로 테이퍼 및 내면 연삭에 쓰인다.

(2) 내면 연삭기(internal grinding machine)

내면 연삭기는 곧은 구멍, 테이퍼 구멍, 막힌 구멍, 롤러 베어링의 레이스 궤도 홈 등을 연삭하는 기계이다.

① 보통형

공작물과 연삭 숫돌에 회전운동을 주어 연삭하는 방식으로 축 방향의 이송은 연삭 숫돌대의 왕복 운동으로 한다.

② 유성형(planetary type)

공작물은 정지시키고 숫돌축이 회전 연삭 운동과 동시에 공전운동을 하는 방식, 공작물의 형상이 복잡하거나 대형일 때 사용

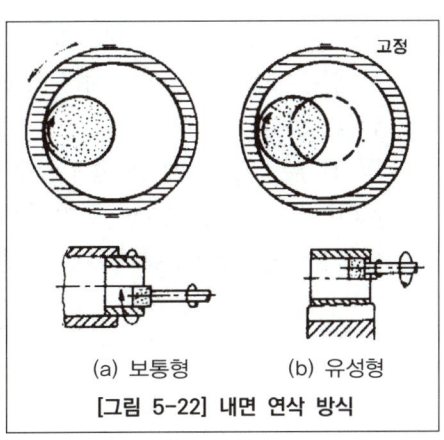

[그림 5-22] 내면 연삭 방식

(3) 평면 연삭기(surface grinding machine)

평면 연삭에 사용하는 연삭기로 수평형과 수직형 평면 연삭기가 있다.

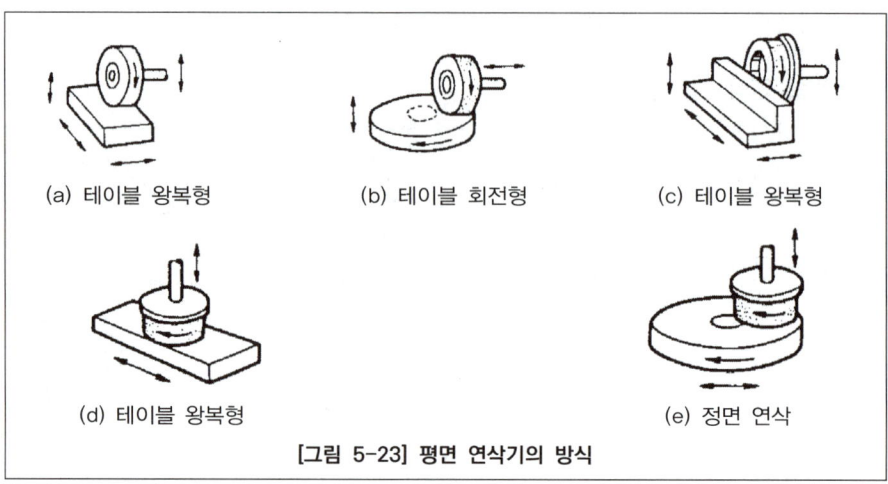

(a) 테이블 왕복형   (b) 테이블 회전형   (c) 테이블 왕복형

(d) 테이블 왕복형   (e) 정면 연삭

[그림 5-23] 평면 연삭기의 방식

(4) 센터리스 연삭기(centerless grinding machine)

센터나 척을 사용하지 않고 일감의 바깥원통을 연삭하는 기계이다. 조정 숫돌바퀴의 역할을 일감의 회전 및 이송을 한다.

① **장점**
  ㉠ 연속작업을 할 수 있어 대량 생산에 적합하다.
  ㉡ 긴축재료의 연삭이 가능하며, 중공의 원통연삭에 편리하다.
  ㉢ 연삭 여유가 작아도 된다.
  ㉣ 연삭 숫돌바퀴의 넓이가 크므로, 지름의 마멸이 작고 수명이 길다.
  ㉤ 일단 기계의 조정이 끝나면 가공이 쉽고, 작업자의 숙련이 필요 없다.

② **단점**
  ㉠ 긴 홈이 있는 일감은 연삭할 수 없다.
  ㉡ 대형 중량물은 연삭할 수 없다.
  ㉢ 연삭 숫돌바퀴의 나비보다 긴 일감은 전후 이송법으로 연삭할 수 없다.

● Point
센터리스 연삭기 특징

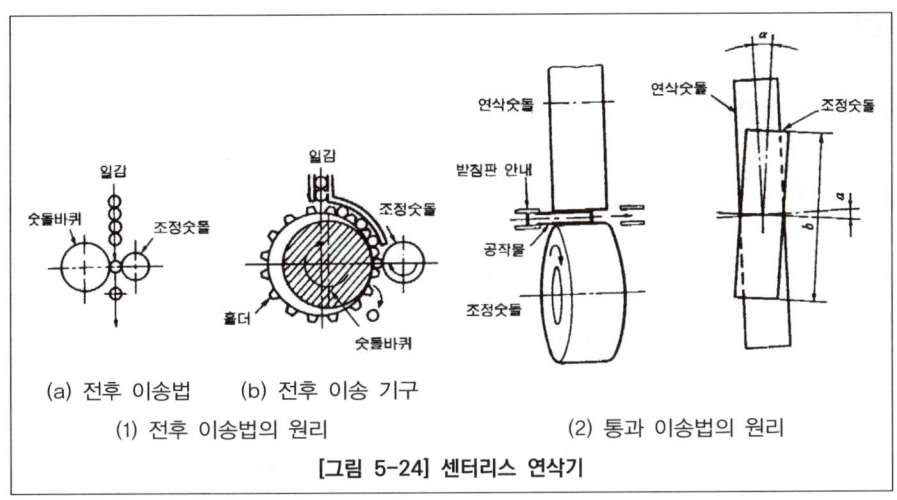

(a) 전후 이송법　(b) 전후 이송 기구
(1) 전후 이송법의 원리　　　　　(2) 통과 이송법의 원리

[그림 5-24] 센터리스 연삭기

(5) 만능공구 연삭기(universal tool & cutter grinding machine)

여러 가지 부속장치를 사용하여 밀링 커터, 호브, 리머 등 여러 종류의 연삭을 할 수 있는 연삭기로 정밀도가 높다.

[그림 5-25] 만능공구 연삭기

(6) 특수 연삭기

① 나사 연삭기
② 성형 연삭기
③ 캠 연삭기
④ 기어 연삭기
⑤ 크랭크축 연삭기

2 연삭숫돌

(1) 연삭숫돌바퀴의 3요소 및 5가지 인자(因子)

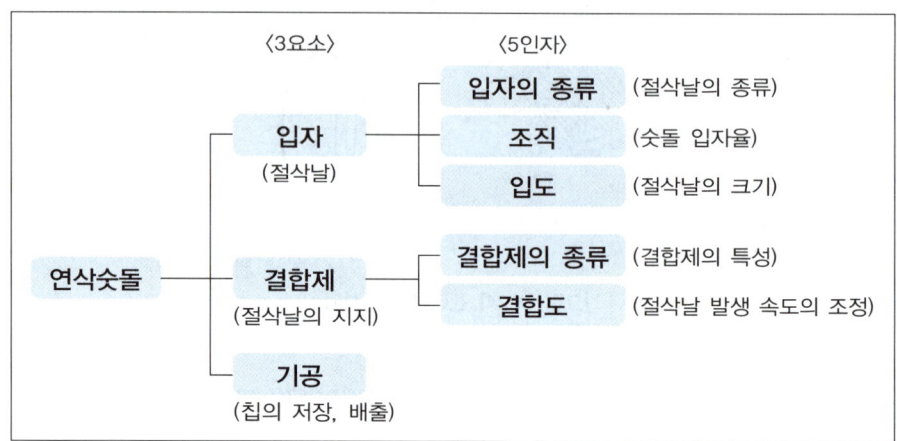

(2) 연삭숫돌의 구성요소

① 숫돌입자
  ㉠ 인조입자
    - Al_2O_3(알루미나)
      - A숫돌(갈색) : 일반강재, 중연삭
      - WA숫돌(백색) : 담금질강, 경연삭 등 인장강도가 큰 강 계통의 연삭에 적합
    - SiC(탄화규소)
      - C숫돌(암자색) : 주철, 비금속 등 취성이 크고 인장강도가 낮은 재료 연삭에 적합
      - GC숫돌(녹색) : 초경합금, 유리
    - 탄화붕소
  ㉡ 천연입자
    - 사암(砂岩), 석영
    - 에머리(emery), 50~60% Al_2O_3 결정체 + 산화철
    - 코런덤(corundum), 75~90% Al_2O_3 결정체 + 산화철
    - 다이아몬드

[그림 5-26] 연삭숫돌의 구성

[그림 5-27] 다양한 연삭 숫돌

② **입도(粒度)**
숫돌입자의 크기를 입도라 하고 이것을 매시 번호로 표시

[표 5-4]

호칭구분	황 목	중 목	세 목	극세목
입 도	10, 12, 14, 16, 20, 24	30, 36, 46, 54, 60	70, 80, 90, 100, 120, 150, 180, 200	240, 280, 320, 400, 500, 600, 700, 800
용도별	거친연삭	다듬질연삭	경질연삭	광택내기

③ **결합도**
입자를 결합하고 있는 결합제의 세기를 결합도라 한다.

[표 5-5]

결합도 번호	E, F, G	H, I, J, K	L, M, N, O	P, Q, R, S	T, U, V, W, X, Y, Z
결합도 호칭	극연	연	중	경	극경

* 결합도에 따른 숫돌의 선택기준
- 결합도가 높은 숫돌(굳은 숫돌) : 연질재료연삭, 숫돌차의 원주 속도가 느릴 때 연삭깊이가 얕을 때, 접촉면이 작을 때, 재료표면이 거칠 때

④ **조직**
숫돌 내부의 입자 밀도

[표 5-6]

입자의 밀도	치밀(C)	중간(M)	거친(W)
조직번호	0, 1, 2, 3	4, 5, 6	7, 8, 9, 10, 11, 12

⑤ **결합제**
입자를 결합하여 숫돌바퀴를 형성하는 것

[표 5-7]

결합제의 종류	기 호	재 질	용 도
비트리파이드	V	점토와 장석	숫돌의 대부분을 차지하며, 거친연삭이나 정밀연삭에 사용
실리케이트	S	규산 나트륨	대형 숫돌바퀴, 균열이 생기기 쉬운 재료연삭 및 연삭에 의한 발열을 피할 경우에 사용

Point
비트리파이드 : 점토와 장석
레지노이드 : 합성수지

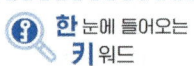

결합제의 종류		기 호	재 질	용 도
탄성숫돌	고무	R	생고무와 인조고무	얇은 숫돌은 만들 수 있으나 열에 약하다. 절단용으로 사용
	레지노이드	B	합성수지	
	셸락	E	천연셸락	
	비닐	PVA	폴리비닐 알코올	
금속		M	다이아몬드	초경합금, 보석류 연삭에 사용

(3) 연삭숫돌바퀴 표시

연삭숫돌을 표시하는 방법은 구성요소를 기호로 나타내 일정순서로 나열한다.

WA   60   K   5   V   300 × 25 × 100
↓   ↓   ↓   ↓   ↓   ↓   ↓   ↓
입자   입도   결합도   조직   결합제   바깥지름   두께   구멍지름

(4) 연삭숫돌작용과 수정

① **글레이징(무딤 : glazing)**

숫돌바퀴의 입자가 탈락이 되지 않고 마멸에 의하여 납작해지는 현상

㉠ 원인
- 연삭숫돌의 결합도가 높다.
- 연삭숫돌의 원주속도가 너무 크다.
- 숫돌의 재료가 공작물의 재료에 부적합하다.

㉡ 결과
- 연삭성이 불량하고 가공물이 발열한다.
- 연삭 소실(燒失)이 생긴다.

② **로딩(눈메움 : loading)**

숫돌입자의 표면이나 기공에 칩이 끼여 연삭성이 나빠지는 현상

㉠ 원인
- 숫돌입자가 너무 잘다.
- 조직이 너무 치밀하다.
- 연삭 깊이가 깊다.
- 숫돌바퀴의 원주속도가 느리다.

㉡ 결과
- 연삭성이 불량하고 다듬면이 거칠다.

[그림 5-28] 다이아몬드 드레서

- 다듬면에 상처가 생긴다.
- 숫돌입자가 마모되기 쉽다.

③ **드레싱(dressing)**

눈메움 또는 무딤 발생 시 숫돌 표면을 드레서라는 공구를 이용하여 숫돌 날을 생성시키는 작업

④ **트루잉(모양고치기 : truing)**

숫돌의 연삭면을 숫돌과 축에 대하여 평행 또는 일정한 형태로 성형시키는 방법. 트루잉을 할 때는 다이아몬드 드레서, 프레스 롤러 또는 크러시 롤러를 쓴다.

⑤ **자생작용**

연삭 시 숫돌의 마모된 입자가 탈락되고 새로운 입자가 나타나는 현상
(마멸 → 파괴 → 탈락 → 생성이 주기적으로 반복된다.)

3 연삭조건

(1) 숫돌의 원주속도

① 원주속도

$$V = \frac{\pi DN}{1000} \text{m/min}$$

㉠ 단, 원통 연삭기의 경우 숫돌과 일감의 회전방향이 다를 때에는

$$V = V_1 + V_2 \text{m/min}$$

여기서, V_1 : 연삭숫돌의 원주속도(m/min)
V_2 : 일감의 원주속도(m/min)

㉡ 숫돌과 일감의 회전방향이 동일할 때

$$V = V_1 - V_2$$

② 센터리스 연삭기의 원주속도

$$V = \frac{\pi DN \sin\alpha}{1000} \text{(m/min)}$$

여기서, α : 경사각(deg)

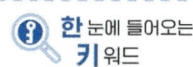
한 눈에 들어오는 키워드

Point

연삭균열 방지법
① 연한숫돌 사용
② 이송을 크게 한다.
③ 절삭깊이를 작게 한다.
④ 충분한 연삭액을 주어 발열 방지

스필링
작은 연삭저항에도 결합도가 약하여 쉽게 탈락하는 현상

Point

연삭속도
$$V = \frac{\pi DN}{1000} \text{m/min}$$

센터리스 연삭기
$$V = \frac{\pi DN}{1000} \sin\alpha$$

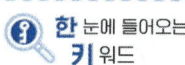

[표 5-8] 적당한 연삭숫돌의 표준 원주속도

연삭기의 종류	숫돌의 주속 m/min
외경 연삭기	1600 ~ 2000
내경 연삭기	600 ~ 1800
평면 연삭기	1200 ~ 1800
공구 연삭기	1400 ~ 1800

③ **이송(feed)**

가공물의 1회전당, 이송량 f(mm/rev)일 때, 이송속도 f'(m/min)을 구하는 식은 다음과 같다.

$$f' = \frac{f \times n}{1000}$$

(2) 공작물의 원주속도

가공물의 원주속도는 그 재질에 따라 광범위하게 변하나, 대체로 6~48m/min의 사이에서 적용된다.

(3) 연삭비

$$연삭비 = \frac{피연삭재의\ 연삭된\ 부피}{숫돌바퀴의\ 소모된\ 부피}$$

(4) 컵형 숫돌에 의한 연삭

편심거리 : $C = \dfrac{d}{2}\sin\gamma = 0.0088 d\gamma$ 　여기서, $\begin{cases} d : 커터의\ 지름 \\ \gamma : 여유각 \end{cases}$

(5) 연삭동력

$$L = \frac{P \cdot V}{102\eta}(\text{kW})$$

여기서, $\begin{cases} P : 연삭력(\text{kg}) \\ V : 원주속도(\text{m/sec}) \\ \eta : 연삭기의\ 효율(\%) \end{cases}$

● Point
연삭동력과 효율
$L = \dfrac{P \cdot V}{\eta}$

CHAPTER 05 단원 예상문제

저자가 콕! 찝어주는 예상문제 풀어보기!

01 연삭기 중에서 마그네틱 척(magnetic chuck)을 항상 사용하며, 평평한 면의 연삭에 적합한 것은?

① 공구 연삭기(tool grinder)
② 내면 연삭기(internal grinder)
③ 평면 연삭기(surface grinder)
④ 원통 연삭기(cylindrical grinder)

> 평면 연삭기의 테이블에 가공물을 고정하는 방법에는 마그네틱 척을 사용하는 것과 고정구를 사용하는 것이 있으며 마그네틱 척은 소형 전자석으로 조합된 표면이 평활한 척으로 작용한다. 보통 테이블 위에 고정하여 사용하나 테이블 자체가 척으로 되어 있는 것도 있다. 마그네틱 척은 얇은판의 가공 및 소형 가공물을 동시에 다수 가공할 때에 편리하다.

02 외경 연삭에서 플런지 컷(plunge cut) 방식이란?

① 연삭숫돌을 절입하고 공작물을 세로이송만 하는 경우의 연삭방식
② 연삭숫돌은 세로와 가로이송을 하고 공작물은 회전만을 하는 방식
③ 연삭숫돌을 테이블과 직각으로 이동시켜 연삭하는 방식
④ 연삭숫돌은 세로이송만 하고 공작물은 회전만 하는 방식

> 원통 연삭기의 종류
> ① 테이블 왕복형 : 숫돌은 회전만하고 공작물이 회전 및 왕복 운동하며, 소형 공작물 연삭에 적당하다.
> ② 숫돌대 왕복형 : 공작물에는 회전운동만 시키고 숫돌대를 수평 이송시키는 방법으로 대형 공작물 연삭에 사용된다.
> ③ 플런지 컷형 : 숫돌을 테이블과 직각으로 이동시켜 연삭하는 형식(전체 길이를 동시에 가공)
> ④ 만능 연삭기 : 원통 연삭기와 비슷하며, 테이블, 숫돌대, 주축대가 각각 회전할 수 있어 주로 테이퍼 및 내면연삭에 쓰인다.

03 내면 연삭을 할 때 숫돌바퀴의 사용 원주속도의 범위(m/min)는? (단, 비트리파이드 숫돌바퀴일 때)

① 100 ~ 300   ② 300 ~ 600
③ 600 ~ 1800 ④ 1800 ~ 2500

> 연삭숫돌의 표준 원주속도
> ① 외경 연삭기 : 1600 ~ 2000m/min
> ② 내경 연삭기 : 600 ~ 1800m/min
> ③ 평면 연삭기 : 1200 ~ 1800m/min
> ④ 공구 연삭기 : 1400 ~ 1800m/min

04 연삭균열을 방지하는 효과적이고 실제적인 수단은 다음 중 어느 것인가?

① 연삭속도를 감소시킨다.
② 연삭제로 연삭작업 중 공작물을 냉각한다.
③ 경도가 큰 숫돌을 사용한다.
④ 숫돌의 드레싱을 자주한다.

> ① 연한 숫돌 사용
> ② 이송을 크게
> ③ 절삭 깊이 작게
> ④ 연삭액을 충분히 사용하여 발열을 막는 것이 좋다.

05 연삭숫돌을 선택하는데 필요한 요소로 거리가 제일 먼 것은?

① 입도와 결합도   ② 조직과 결합도
③ 연삭입자   ④ 회전도

> 숫돌바퀴의 선택은 연삭숫돌의 입자와 입도, 결합도, 조직, 결합제 및 숫돌바퀴의 모양 등에 따라 다르다.

정답 1 ③ 2 ③ 3 ③ 4 ② 5 ④

06 연삭숫돌의 파단원인으로 적합하지 않은 것은?

① 숫돌과 공작물, 숫돌과 지지대 간에 불순물이 끼었을 경우
② 숫돌이 과도한 고속으로 회전하는 경우
③ 숫돌의 측면을 공작물로 심하게 삽입됐을 때
④ 숫돌이 진원이 아닐 경우

> **숫돌 파괴의 원인**
> ① 숫돌에 균열이 있는 경우
> ② 숫돌이 과도의 고속으로 회전하는 경우
> ③ 고정할 때 불량하게 되어 일 국부만을 과도하게 가압하는 경우 또는 축과 숫돌과의 여유가 전혀 없어서 축이 팽창하여 균열이 생기는 경우
> ④ 숫돌과 공작물 또는 숫돌과 지지구 사이에 물건이 떨어져 끼워졌을 때
> ⑤ 무거운 물체가 충돌했을 때
> ⑥ 숫돌의 측면을 공작물로서 심하게 가압했을 경우(특히 숫돌이 얇을 때 위험하다.)
> ⑦ 숫돌과 공작물 사이에 압력이 증가하여 열을 발생시키고 클래스(glass)화되는 경우

07 센터리스(centerless) 연삭기에서 할 수 없는 연삭 작업은?

① 외경연삭
② 내경연삭
③ 테이퍼 연삭
④ 키홈이 있는 일감의 연삭

08 바깥지름 연삭 시 방진구를 사용하는 경우는?

① 단면만 연삭할 경우
② 지름에 비하여 길이가 긴 일감을 연삭할 경우
③ 지름이 작은 경우
④ 지름이 큰 공작물을 연삭할 경우

09 숫돌 결합제의 구비조건이 잘못 설명된 것은? (단, 연삭에서)

① 충격에 견뎌야 하므로 기공이 없이 치밀해야 한다.
② 결합력의 조절범위가 넓어야 한다.
③ 열이나 연삭액에 잘견뎌야 한다.
④ 성형성이 좋아서 어떤 모양도 쉽게 만들 수 있어야 한다.

> **결합제의 구비조건**
> ① 결합도가 부드러운 것에서부터 굳은 것에 이르기까지 광범위하게 작용할 수 있을 것
> ② 적당한 기공이 있을 것
> ③ 열이나 연삭액에 대하여 안정될 것
> ④ 원심력, 충격 등에 대해서 기계적 강도가 충분할 것
> ⑤ 임의로 형상 및 치수가 쉽게 만들어질 것

10 원통 연삭기에서 숫돌바퀴의 바깥지름이 300mm, 회전수는 1500rpm이고, 일감의 원주속도가 20m/min이며, 일감의 회전방향과 숫돌바퀴의 회전방향이 반대일 때의 연삭속도는 얼마인가?

① 20m/min
② 1433.7m/min
③ 1413.7m/min
④ 1393.7m/min

> 원통 연삭기의 경우 숫돌과 일감의 회전방향이 다를 때에는
> $V = V_1 + V_2$ m/min
> 여기서, V_1 : 연삭숫돌의 원주속도(m/min)
> V_2 : 일감의 원주속도(m/min)
> $V = \dfrac{\pi dn}{1000} + V_2$
> $= \dfrac{\pi \times 300 \times 1500}{1000} + 20 = 1433.7 \text{m/min}$

정답 6 ④ 7 ④ 8 ② 9 ① 10 ②

11 센터리스 연삭기에서 통과 이송법으로 연삭하려고 한다. 조정 숫돌바퀴의 바깥지름이 400mm, 회전수가 30rpm, 경사각이 4°일 때 1분 동안의 이송속도는 얼마인가?

① 540.44m/min
② 37.70m/min
③ 37.61m/min
④ 2.63m/min

$$V = \frac{\pi dn \sin\alpha}{1000} = \frac{3.14 \times 400 \times 30 \times 0.0698}{1000} = 2.63$$

12 다음의 결합제(結合劑)에 의한 연삭(研削)숫돌의 분류(分類) 중 가장 흔히 사용하는 것은 어느 것인가?

① 비트리파이드 숫돌
② 실리케이트 숫돌
③ 레지노이드 숫돌
④ 셀락 숫돌

결합연삭숫돌의 5대 성능표시
① 숫돌입자
  ㉠ Al_2O_3(알루미나)
    • A숫돌(갈색) : 일반강재
    • WA숫돌(백색) : 담금질강
  ㉡ SiC(탄화규소)
    • C숫돌(암자색) : 주철, 비금속 등
    • GC숫돌(녹색) : 초경합금, 유리
② 입도 : 숫돌입자의 크기를 번호로 표시
③ 결합도 : 숫돌의 단단한 정도(L, M, N, O : 보통)
④ 조직 : 숫돌의 단위 부피중 입자의 밀도
  • 치밀(C : 0, 1, 2, 3)
  • 중간(M : 4, 5, 6)
  • 거친 것(W : 7, 8, 9, 10, 11, 12)
⑤ 결합제

결합제의 종류		기호	재질	용도
비트리파이드		V	점토와 장석	숫돌의 대부분을 차지하며, 거친연삭이나 정밀연삭에 사용
실리케이트		S	규산 나트륨	대형 숫돌바퀴, 균열이 생기기 쉬운 재료연삭 및 연삭에 의한 발열을 피할 경우에 사용
탄성 숫돌	고무	R	생고무와 인조고무	얇은 숫돌은 만들 수 있으나 열에 약하다. 절단용으로 사용
	레지노이드	B	합성수지	
	셀락	E	천연 셀락	
	비닐	PVA	폴리비닐 알코올	
금속		M	다이아몬드	초경합금, 보석류 연삭에 사용

13 열처리경화된 합금강을 연삭할 때의 연삭입자는 어느 것을 사용하는가?

① A
② WA
③ C
④ GC

14 숫돌의 입도는 어떻게 나타내는가?

① 번호로 표시한다.
② 밀도로 표시한다.
③ 알파벳으로 표시한다.
④ 결합도로 표시한다.

15 연삭숫돌의 결합도는 알파벳으로 표시하는데 중간 정도의 결합도를 나타내는 기호는?

① F, G
② J, K
③ Q, R
④ L, O

정답 11 ④ 12 ① 13 ② 14 ① 15 ④

16 다음 연삭재 중 천연산인 것은? (단, 숫돌입자에서)

① 커런덤　　② 알록사이트
③ 커보런덤　④ 알런덤

> 천연산에는 에머리(emery), 커런덤(corundum), 인조산에는 알런덤(alundum)이 있다.

17 WA 46km V라고 표시한 숫돌에서 결합제 표시는 어느 것인가?

① WA　② K
③ m　④ V

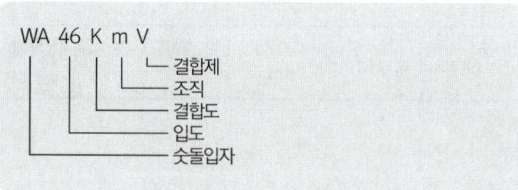

18 연삭숫돌의 표시방법 중 WA는 무엇을 나타내는가?

> 보기
> WA 46-H8-V

① 입도　　　② 연삭숫돌 재료
③ 결합도　　④ 조직

19 센터 척을 고정하지 않고 일감의 바깥 표면을 연삭하는 연삭기는?

① 평면 연삭기
② 직립형 평면 연삭기
③ 센터리스 연삭기
④ 수직형 평면 연삭기

> 센터리스 연삭기(centerless grinding machine)
> 센터나 척을 사용하지 않고 원통의 바깥면을 연삭하는 기계로 연삭용 숫돌바퀴에 조정숫돌바퀴를 써서 일감에 회전과 이송을 주어 연삭하며 통과 이송법과 전후 이송법이 있다.

20 센터리스형 내면 연삭기의 단점이 아닌 것은?

① 대형 공작물의 연삭은 곤란하다.
② 숙련된 기술을 요하므로 일반적으로 불편하다.
③ 긴 홈을 가진 재료는 연삭이 곤란하다.
④ 숫돌의 나비보다 긴 공작물은 전후 이송법으로 연삭이 곤란하다.

> 단점
> ① 긴 홈이 있는 일감은 연삭할 수 없다.
> ② 대형 중량물은 연삭할 수 없다.
> ③ 연삭숫돌바퀴의 나비보다 긴 일감은 전후 이송법으로 연삭할 수 없다

21 센터리스(centerless) 연삭기의 장점을 열거한 것이다. 맞지 않는 것은?

① 연속작업을 할 수 있어 대량 생산에 적합하다.
② 긴축재료의 연삭이 가능하다.
③ 연삭여유가 적어도 된다.
④ 대형 중량을 연삭할 수 있다.

> 센터리스 연삭기의 장점
> ① 센터를 필요로 하지 않으므로 센터 구멍을 뚫을 필요가 없고, 중공의 원통을 연삭하는 데 편리하다.
> ② 연속작업을 할 수 있어 대량 생산에 적합하다.
> ③ 긴축재료의 연삭이 가능하다.
> ④ 연삭여유가 적어도 된다.
> ⑤ 연삭숫돌바퀴의 나비가 크므로 지름의 마멸이 적고, 수명이 길다.
> ⑥ 일단 기계의 조정이 끝나면 가공이 쉽고, 작업자의 숙련이 필요 없다.

정답　16 ①　17 ④　18 ②　19 ③　20 ②　21 ④

22 연삭에 대한 다음 설명 중 맞지 않는 항목은 어느 것인가?

① 로딩(loading)이란 칩이나 숫돌입자가 기공에 차서 메워지는 현상이다.
② 글레이징(glazing)이란 마모된 숫돌입자가 탈락되지 않아 표면이 매끄러워지는 현상이다.
③ 스필링(spilling)이란 작은 연삭저항에도 입자가 쉽게 떨어지는 현상이다.
④ 트루잉(truing)이란 숫돌의 표면이 깎여져서 새로운 입자가 나타나는 현상이다.

① 글레이징(무딤) : 숫돌바퀴의 입자가 탈락되지 않고 마멸에 의해 납작하게 된 상태
 • 원인 : 숫돌의 결합도가 높고 숫돌의 원주속도가 빠르다. 숫돌의 재료가 공작물의 재료에 부적합하다.
 • 결과 : 연삭성 불량과 가공물의 발열로 연삭손실이 크다.
② 로딩(눈메움) : 연삭작업 중 숫돌입자의 표면이나 가공에 쇳가루가 차 있어 연삭성이 나빠지는 현상
 • 원인 : 원주속도가 너무 느리다. 조직이 너무 치밀하고 연삭 깊이가 깊다.
 • 결과 : 연삭성이 불량하고 다듬면이 거칠다. 다듬면에 떨림자리가 나타난다.
③ 드레싱(dressing) : 숫돌면의 표면층을 깎아 떨어뜨려서 절삭성이 나빠진 숫돌의 면에 새롭고 날카로운 입자를 발생시키는 것
④ 트루잉(truing) : 모양고치기라고도 하며 숫돌의 연삭면을 숫돌과 축에 대하여 평행 또는 일정한 형태로 성형시키는 방법(나사, 기어 연삭 등)
⑤ 자생작용 : 연삭 시 숫돌의 마모된 입자가 탈락되고 새로운 입자가 나타나는 현상(마멸 → 파괴 → 탈락 → 생성)

23 숫돌을 원하는 모양으로 깎아내는 작업은? (단, 연삭에서)

① 트루잉 ② 드레싱
③ 로딩   ④ 글레이징

24 연삭숫돌입자에 무딤(glazing)이나 눈메움(loading) 현상으로 연삭성이 떨어졌을 때 하는 작업은?

① 드레싱(dressing)
② 트루잉(truing)
③ 리밍(reamming)
④ 시닝(thining)

25 그림과 같이 연삭숫돌의 외형을 사용전의 형태로 수정하였다. 이런 작업 과정을 무엇이라 하는가?

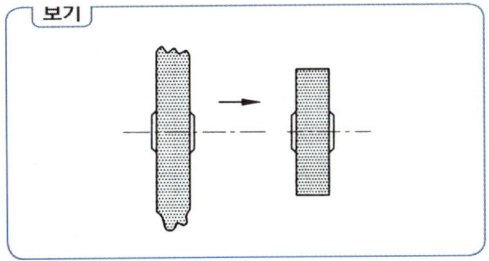

① 로딩(loading)
② 트루잉(truing)
③ 글레이징(glazing)
④ 래핑(lapping)

26 평면 연삭기에서 숫돌의 원주속도 $v=2600\text{m/min}$이고, 연삭력 $P=16\text{kg}$이며 연삭기에 공급된 동력이 12HP일 때, 이 연삭기의 효율은 몇 % 정도인가?

① 70 ② 75
③ 77 ④ 80

연삭동력은 연삭기의 효율을 고려할 때 연삭동력 $H(\text{HP})$는
$$H=\frac{Pv}{75\times 60\times \eta}$$
$$\therefore \eta=\frac{Pv}{75\times 60\times H}=\frac{16\times 2600}{75\times 60\times 12}=0.77=77\%$$

정답 22 ④ 23 ① 24 ① 25 ② 26 ③

27 연삭가공에서 일감 표면에 떨림자리가 나타나는 원인은?

① 숫돌바퀴의 입자탈락 현상
② 숫돌바퀴의 무딤상태
③ 숫돌바퀴의 형상이 심하게 변할 때
④ 숫돌바퀴의 눈메움 현상

> ① 기계의 진동에 의한 경우
> ② 숫돌의 선택이나 사용법에 의한 경우(숫돌의 밸런스가 맞지 않을 때
> ③ 공작물의 고정불량 및 불균형일 때

28 연삭비란 다음 중 어느 것인가?

① 연삭비 = 숫돌바퀴의 소모된 부피/피연삭재의 연삭된 부피
② 연삭비 = 피연삭재의 연삭된 부피/숫돌바퀴의 소모된 부피
③ 연삭비 = 공작물의 이송량/숫돌바퀴의 소모된 부피
④ 연삭비 = 숫돌바퀴의 소모된 부피/공작물의 이송량

29 다음 중 숫돌바퀴(grinding wheel)의 3구성 요소는?

① 연삭입자, 지름과 두께, 구멍지름
② 연삭입자, 결합제, 지름과 두께
③ 결합제, 숫돌입자, 기공
④ 기공, 조직, 결합도

> 숫돌바퀴의 3요소는 숫돌입자, 결합제, 기공 등이 있다.

30 센터리스 연삭기에서 조정연삭숫돌(regulating wheel)의 기능을 가장 바르게 나타낸 것은?

① 일감의 회전과 이송
② 일감의 지지와 이송
③ 일감의 회전과 지지
④ 일감의 절삭량 조정

> 조정숫돌바퀴의 역할은 일감의 회전 및 이송을 한다.

31 연삭(硏削) 숫돌의 설치에 관한 설명으로 옳지 않은 것은?

① 불균형에 의한 원심력은 고속회전을 할 때 숫돌에 많은 응력을 발생시킨다.
② 연삭숫돌은 고속회전으로써 정밀도로 가공하기 때문에 그 설치에 있어서 불균형이 나타나지 않도록 주의한다.
③ 플랜지가 축에 접하는 부분은 압입 또는 키로써 고정하여 숫돌의 공진을 방지한다.
④ 숫돌은 플랜지면과 숫돌의 옆면 전체가 닿도록 하며 플랜지용 너트의 나사는 숫돌이 회전함에 따라 잠겨져야 한다.

> 플랜지면이 숫돌의 $\frac{1}{3}$ 이상 접촉하도록 하여 너트로 체결

32 원통 절삭에서 연삭 숫돌의 회전수를 증가시키면 연삭 입자의 결합도는?

① 변하지 않는다.
② 단단하게 된다.
③ 무르게 된다.
④ 무디게 된다.

> 연삭 숫돌에서 연삭 속도가 클 때 결합도는 굳게 작용하므로 무른 결합도의 것을 택한다.

33 다음 연삭에 관한 설명 중 옳은 것은?

① 초경공구의 거칠은 연삭에는 WA입자가 쓰인다.
② 일반적으로 굳은 공작물에는 결합도가 높은 숫돌을 무른 공작물에는 결합도가 낮은 숫돌을 사용한다.
③ 연삭 숫돌 바퀴의 속도가 증가하면 입자의 결합도는 높아진다.
④ 입자의 연삭깊이는 연삭입자의 간격에 반비례한다.

① 연질재료는 경한 숫돌, 경질재료에는 연한 숫돌
② 숫돌의 원주속도가 클 때 연한 숫돌
③ 공작물의 원주속도가 클 때 경한 숫돌
④ 공작물과 숫돌의 접촉면적이 클 때 연한 숫돌

34 연삭가공에서 숫돌입자의 연삭깊이는 어떻게 되는가?

① 숫돌의 원주속도에 비례한다.
② 연삭입자의 간격(間隔)에 반비례한다.
③ 숫돌의 원주속도에 반비례한다.
④ 공작물의 원주속도에 반비례한다.

연삭깊이가 얇을 때 결합도가 굳은 숫돌을 사용한다.
∴ 연삭깊이와 숫돌의 원주속도는 반비례한다.

35 숫돌 바퀴의 결합제 구비 조건이 아닌 것은?

① 기공이 커야 한다.
② 원심력에 충분히 견디어야 한다.
③ 숫돌입자의 접착력이 강해야 한다.
④ 적당한 입자의 탈락이 있어야 한다.

36 연삭숫돌에서 글레이징(glazing)의 원인이 아닌 것은?

① 결합도가 너무 높다.
② 숫돌차의 원주속도가 너무 크다.
③ 숫돌 재질과 연삭 재질이 적합지 않다.
④ 구리와 같이 연성이 풍부한 재질의 연삭이 발생한다.

④의 경우는 로우딩(눈메움)의 원인이 된다.

37 연삭작업에서 눈메꿈(loading)을 일으킨 칩을 제거하여 꺾임새를 회복시키는 작업은?

① 드레싱(dressing)
② 로우딩(roading)
③ 트루잉(truing)
④ 글레이징(glazing)

드레싱(dressing)
절삭성이 나빠진 숫돌의 면에 새롭고 날카로운 날끝을 발생시킨다.

38 연삭작업때 일감이 1회전할 때의 이송량은 얼마가 좋은가?

① 숫돌차의 폭보다 작게 한다.
② 숫돌차의 폭과 같게 한다.
③ 숫돌차의 폭을 $1\frac{1}{2}$배로 한다.
④ 숫돌차의 폭을 2배로 한다.

일감 1회전 시 숫돌폭의 이송량은
• 보통연삭 : 3/2~3/4 정도
• 다듬연삭 : 1/4~1/2 정도
• 거친연삭 : 3/4~5/6 정도

04 기타 공작기계를 이용한 가공

1 드릴링 머신(drilling machine)

주축에 드릴을 고정하여 회전시키면서 이송을 주어 일감에 구멍을 뚫는 공작기계

(1) 드릴링 머신에 의한 가공

① **드릴링(drilling)**
  드릴로 구멍을 뚫는 작업

② **리밍(reaming)**
  드릴로 뚫은 구멍의 내면을 깨끗하고 정밀한 치수로 가공하기 위해 리머로 다듬는 작업

③ **태핑(tapping)**
  암나사 내는 작업

④ **보링(boring)**
  주조된 구멍이나 이미 뚫린 구멍을 정밀한 치수로 넓히는 작업

⑤ **스폿 페이싱(spot facing)**
  볼트, 너트 등이 닿는 부분을 깎아서 자리를 만드는 작업

⑥ **카운터 보링(counter boring)**
  작은 나사, 볼트의 머리부를 일감에 묻히게 하기 위해 단이 있는 구멍 뚫기 작업

⑦ **카운터 싱킹(counter sinking)**
  접시머리나사의 머리부를 묻히게 하기 위해 원뿔자리를 만드는 작업

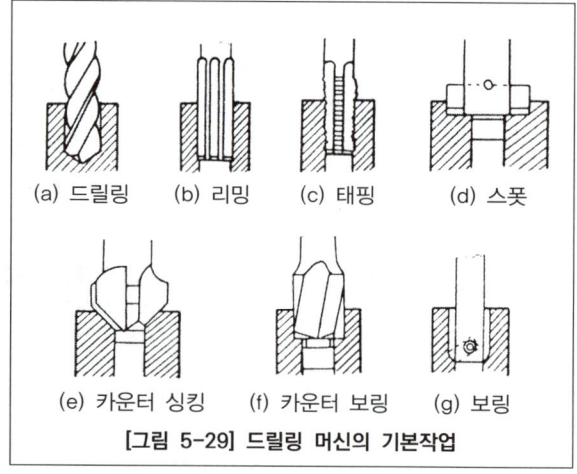

[그림 5-29] 드릴링 머신의 기본작업

● Point
드릴링 머신 작업
① 드릴링
② 리밍
③ 태핑
④ 보링
⑤ 스폿 페이싱
⑥ 카운터 보링
⑦ 카운터 싱킹

(2) 드릴 머신의 종류

① **레이디얼 드릴링 머신(만능 드릴링 머신 : radial drilling machine)**
  기둥(칼럼)을 중심으로 360° 회전, 주축은 암을 따라 이동되며, 대형 일감 가공에 편리하다.

② **다축 드릴링 머신(multiple spindle drilling machine)**
  다수의 구멍을 동시에 가공 시 편리하다.

③ **심공 드릴링 머신**
  깊은 구멍 가공 시 사용

④ **직립 드릴링 머신(upright drilling machine)**
  가장 널리 사용되는 것으로 주축이 수직으로 되어 있고 칼럼, 주축 헤드, 베이스, 테이블로 구성되어 있다.

⑤ **탁상 드릴링 머신(bench type drilling machine)**
  작업대 위에 설치하여 사용하는 소형 드릴링 머신으로 비교적 작은 공작물인 13mm 이하의 구멍을 뚫는데 편리하다.

⑥ **다두 드릴링 머신(multi head drilling machine)**
  다축 드릴링 머신의 형상이며 직선상에 2 ~ 10개의 스핀들을 갖는 기계이다. 제품의 대량 생산에 적합하다.

> **Point**
> 드릴링 머신의 구성
> ① 베이스
> ② 칼럼
> ③ 테이브
> ④ 주축
> ⑤ 아암

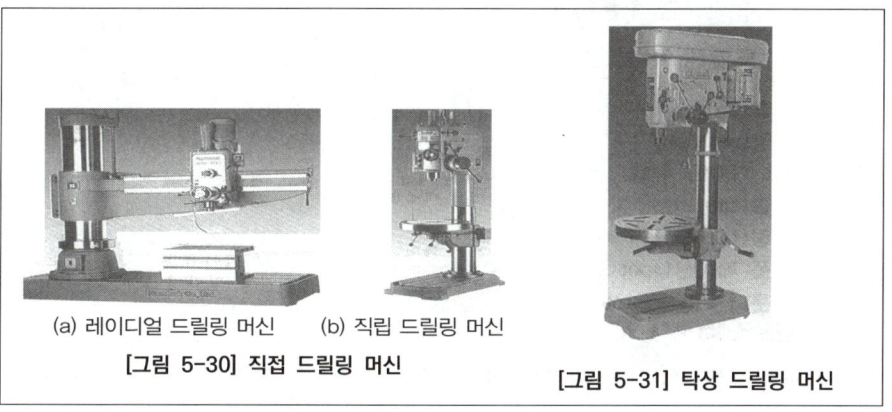

(a) 레이디얼 드릴링 머신   (b) 직립 드릴링 머신
[그림 5-30] 직접 드릴링 머신

[그림 5-31] 탁상 드릴링 머신

(3) 절삭공구와 절삭조건

① **절삭공구**

  ㉠ 드릴의 종류
   • 트위스트 드릴(twist drill)
    : 가장 널리 사용 (a)
   • 직선 홈 드릴(straight flute drill) (b)

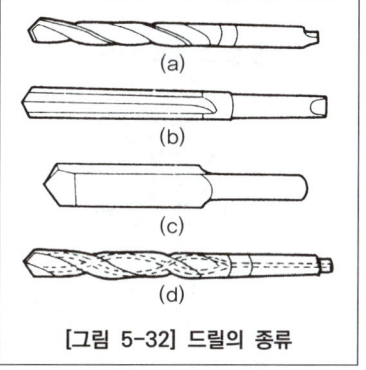

[그림 5-32] 드릴의 종류

> **Point**
> 트위스트 드릴
> ① 탄소공구강
> ② 날끝각 118°
> ③ 여유각 12~15°
> ④ 비틀림각 20~32°

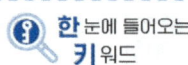

- 플랫 드릴(flat drill : 평드릴) (c)
- 유공 드릴(oil tublar drill) (d)
- 반원 드릴(rifle barvel drill)
- 센터 드릴(center drill)

ⓒ 드릴의 재질 : 합금 공구강, 고속도강으로 만들며, 절삭날 부분만 초경합금을 심은 날도 있다.

ⓒ 드릴의 구조
- 날끝부분은 원뿔이며, 비틀림 홈과 교차하는 그곳이 절삭날이 된다. 드릴의 표준 날끝각은 118° 이며, 여유각은 12~15°, 비틀림각은 20~32° 이다.
- 자루는 지름 13mm 이하는 곧은 자루이고 드릴 척에 고정하여 사용되며, 지름 13~75mm까지의 드릴 자루는 모스 테이퍼로 되어 있고, 스핀들의 구멍에 삽입하여 사용한다.

Point
마진
드릴의 홈을 따라서 만들어진 좁은 날로 드릴을 안내하는 역할을 한다.

탱
줄을 자루에 박아 넣는 부분

랜드
드릴이나 리머 등의 홈과 홈 사이의 면

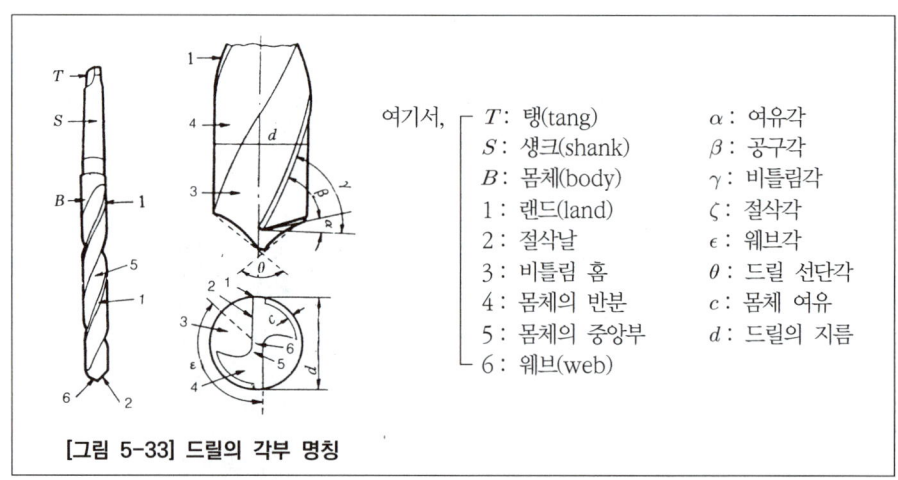

[그림 5-33] 드릴의 각부 명칭

여기서,
- T : 탱(tang)
- S : 생크(shank)
- B : 몸체(body)
- 1 : 랜드(land)
- 2 : 절삭날
- 3 : 비틀림 홈
- 4 : 몸체의 반분
- 5 : 몸체의 중앙부
- 6 : 웨브(web)
- α : 여유각
- β : 공구각
- γ : 비틀림각
- ζ : 절삭각
- ϵ : 웨브각
- θ : 드릴 선단각
- c : 몸체 여유
- d : 드릴의 지름

② **절삭조건**

드릴의 회전수와 이송속도는 드릴의 재질, 공작물의 재질, 절삭유의 사용 여부 등으로 정해진다.

ⓐ **드릴의 절삭속도**

$$V = \frac{\pi dN}{1000} \text{m/min}$$

여기서, V : 절삭속도(m/min)
d : 드릴의 지름(mm)
N : 드릴의 회전수(rpm)

ⓑ **절삭시간** : T min

$$T = \frac{t+h}{Ns} = \frac{\pi d(t+h)}{1000\,VS} \text{min}$$

여기서, S : 드릴이 1회전하는 동안에 이송거리(mm)
h : 드릴 끝 원뿔의 높이(mm)
t : 구멍의 깊이(mm)

Point
절삭속도
$V = \dfrac{\pi dN}{1000}$ m/min

절삭시간
$T = \dfrac{t+h}{N \cdot s}$ min

(4) 공작물 고정법

드릴 머신에 공작물을 고정하는데는 클램프, 바이스 및 지그 등을 사용한다. 공작물을 클램핑하는 데는 시간과 숙련이 필요하다. 그래서 신속하고 정확한 가공을 하고 대량 생산에 이용할 수 있도록 지그를 사용한다.

① 플레이트 지그(plate jig)
플랜지와 같은 평면에 많은 구멍을 뚫을 때 사용하는 판상 지그를 플레이트 지그라고 한다.

② 박스 지그(box jig)
복잡한 가공물에 구멍을 뚫을 때 사용하는 것으로 이것은 일면의 드릴링 뿐만 아니라 이면(二面)도 할 수 있도록 외부를 안내하는 지그(jig)이다.

(5) 치공구의 기능과 종류

① 치공구
치공구는 복제 부품(duplicated parts)을 정밀하고 호환성 있게 가공하는데 사용되는 생산용 특수공구이다. 치공구로서 사용되는 지그와 고정구는 공작물의 가공을 정확히 수행할 뿐만 아니라, 기타 조립, 검사, 용접 등의 작업을 능률적이고 고정적으로 수행하기 위한 특수공구이다.

② 치공구의 기능
㉠ 생산제품의 정도가 향상되고 호환성이 있다.
㉡ 절삭가공에 있어서 금긋기작업이나 위치결정 등의 조절작업을 없앨 수 있다.
㉢ 제품의 검사 시간 및 방법이 간단하다.
㉣ 미숙련자나 여자 기능인도 작업이 가능하다.
㉤ 제품의 위치결정, 클램핑(clamping), 지지 등이 정확하므로 불량이 감소된다.
㉥ 제품의 대량 생산이 가능하고 생산비를 절약할 수 있어 생산 능률을 향상시킨다.

③ 지그의 종류
㉠ 템플레이트 지그(template jig) : 최소의 경비로 가장 단순하게 사용될 수 있는 지그
㉡ 플레이트 지그(plate jig) : 가장 단순하게 생산속도를 증가시킬 목적으로 만든 지그
㉢ 샌드위치 지그(sandwich jig) : 상·하 플레이트를 이용하여 공작물을 고정
㉣ 앵글 플레이트 지그(angle plate jig) : 공작물을 위치결정면에 직각으로 유지시키는데 사용
㉤ 리프 지그(leaf jig) : 쉽게 조작이 용이하다.(장착 및 장탈)

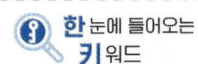

Point
드릴 지그
종류에는 고정부시, 삽입부시, 안내부시가 있으며, 드릴과 리머 가공 시 정확한 드릴링 위치를 신속히 결정할 때 사용한다.

드릴 지그 구성 3요소
위치결정, 체결, 공구의 안내

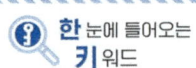

한눈에 들어오는 키워드

Point
박스 지그의 종류
① 개방형
② 밀폐형
③ 조립형

ⓑ 박스 지그(box jig) : 공작물을 재위치 결정시키지 않고도 모든 면을 완성
ⓢ 채널 지그(channel jig) : 공작물의 두면에 지그를 설치하여 단순한 가공을 할 때 사용
ⓞ 분할 지그(indexing jig) : 부품 주위에 정확한 간격으로 구멍을 뚫을 때
ⓙ 트러니언 지그(trunnion jig) : 대형 공작물이나 불규칙한 형상의 공작물 가공 시
ⓒ 펌프 지그(pump jig)
ⓚ 멀티스테이션 지그(multistation jig)

④ **고정구의 종류**
㉠ 플레이트 고정구(plate fixture) : 적용이 넓고 가장 간단한 형태
㉡ 앵글 프레이트 고정구(angle plate fixture) : 공작물을 위치결정구와 직각이 되도록 사용
㉢ 바이스 조 고정구(vise-jaw fixture) : 소형 공작물 가공에 적합
㉣ 분할 고정구(indexing fixture) : 일정간격으로 기계가공할 공작물에 적합
㉤ 멀티스테이션 고정구(multistation fixture) : 가공 cycle이 계속되어야 할 경우
㉥ 총형 고정구(profiling fixutre)

2 보링 머신(boring machine)

주조할 때 뚫린 구멍이나 드릴로 뚫은 구멍을 깎아서 크게 하거나, 정밀도를 높게 하기 위한 가공이다. 가공의 종류로는 보링이나 면깎기 외에 구멍뚫기, 엔드 밀, 바깥지름, 수나사, 암나사 깎기 등을 할 수 있다.

(1) 보링 머신의 종류

Point
수평 보링 머신의 종류

① **수평 보링 머신(horizontal boring machine)**

대표적인 보링 M/C이며 주축대가 기둥 위를 상하로 이동하고 주축이 동시에 축방향으로 움직인다. 크기는 테이블의 크기, 주축의 이동거리 및 주축의 지름으로 표시한다.
종류로는 테이블형, 플로어형(floor type), 플레이너형(planner type) 등이 있다.

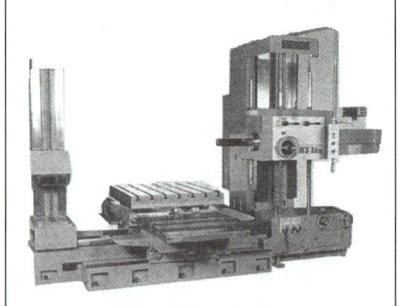

[그림 5-34] 테이블형 수평식 보링 머신

② **정밀 보링 머신(fine boring machine)**
고속 경절삭으로 정밀한 보링을 하는 기계로서 가공한 구멍의 진원도, 진직도가 매우 높다.

③ **지그 보링 머신(jig boring machine)**
매우 정밀도가 높은 기계로서, 주로 공구나 지그 가공을 목적으로 $2\sim10\mu$의 정밀한 구멍을 가공할 수 있다.

(2) 보링 공구

① **보링 바이트**
선반용 바이트와 거의 같은 구조이며, 재질은 고속도강, 초경합금 등이 쓰인다.

② **보링 바(boring bar)**
보링 바이트를 장치하는 봉으로 직접 보링 바에 보링 바이트를 나사로 고정하여 사용한다.

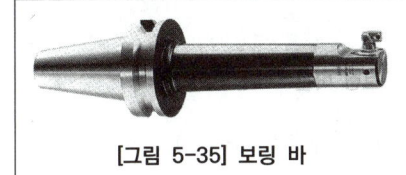

[그림 5-35] 보링 바

(3) 보링 헤드(boring head)

2개 이상의 바이트를 고정하며 큰 구멍 가공시에 사용한다.

3 플레이너, 셰이퍼, 슬로터

셰이퍼, 플레이너는 평면 가공용 기계이다. 셰이퍼는 작은 평면 가공용이고 플레이너는 큰 평면을 절삭하는 기계이며, 슬로터는 수직 셰이퍼라고도 하는 데 주로 구멍의 내면 가공에 사용한다. 이 세 가지의 기계에는 절삭 능률을 높이기 위한 급속귀환 장치가 되어 있으며, 특징은 다음과 같다.

- **급속귀환 운동기구**
  ① 랙과 피니언에 의한 기구
  ② 나사 로드와 나사에 의한 기구
  ③ 유압 운전장치에 의한 기구
  ④ 랙과 웜에 의한 기구
  ⑤ 크랭크에 의한 기구

Point
지그 보링 머신
지그 장착, 정밀 구멍 가공

Point
금속귀환 운동
① 셰이퍼
② 슬로터
③ 플레이너

한눈에 들어오는 키워드

[표 5-10] 플레이너, 셰이퍼, 슬로터의 특징

특징 \ 종류	플레이너	셰이퍼	슬로터
기계명	평삭기	형삭기	수직 셰이퍼
급속 귀환 장치	벨트 및 유압	크랭크 기어와 암	크랭크 기어와 암
바이트의 운동	이송(상하, 좌우)	직선 왕복운동	상하 왕복운동
공작물(테이블)	직선 왕복운동	이송(좌우)	이송(전후, 좌우) 또는 회전운동
크기	테이블의 최대 행정	램의 최대 행정	램의 최대 행정 원형 테이블의 지름
가공물	큰일감 가공	평면, 측면, 홈 더브 테일 가공	구멍의 내면, 키홈, 내접 기어, 스플라인 구멍, 곡면

● Point
플레이너의 크기
테이블의 최대 행정

(1) 플레이너(planer)

① 플레이너의 종류
- ㉠ 쌍주형 플레이너(double housing planer) : 칼럼 2개, 견고하고 폭에 제한을 받는다.
- ㉡ 단주형 플레이너(open side planer) : 칼럼 1개, 재료의 폭에 제한이 없다.
- ㉢ 피트 플레이너(pit-type planer) : 문형(門形) 칼럼이 이동하는 것
- ㉣ 에지 플레이너(edge planer) : 판금에서의 귀부분을 깎아내어 다듬질하는 기계

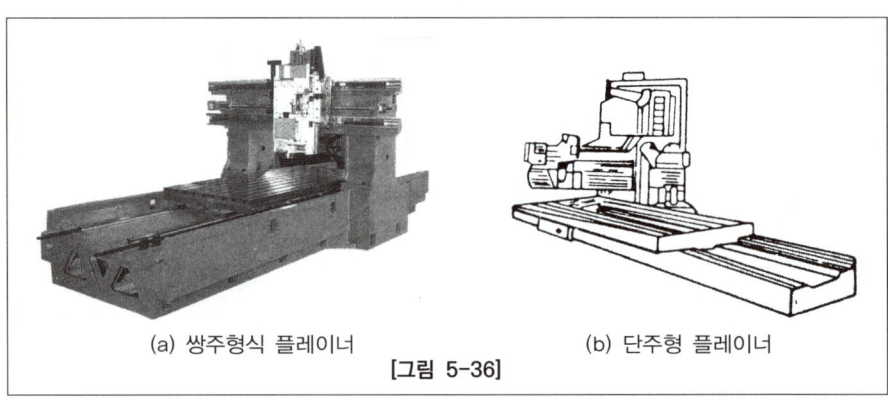

(a) 쌍주형식 플레이너   (b) 단주형 플레이너
[그림 5-36]

② 플레이너의 구조
- ㉠ 베드와 테이블
- ㉡ 공구대(tool head)
- ㉢ 테이블의 구동장치

③ 플레이너의 절삭속도 및 가공시간

㉠ 절삭속도

$$V_m = \frac{2L}{t} = \frac{2Vs}{1+\frac{1}{n}} \text{m/min}$$

여기서, $t = \frac{L}{V_s} + \frac{L}{V_r}$, $n = \frac{V_r}{V_s}$

여기서,
- V_m : 평균속도(m/min)
- L : 행정(m)
- V_s : 절삭속도(m/min)
- V_r : 귀환속도(m/min)
- t : 1회 왕복시간(mim)
- n : 속도비 = $\frac{V_r}{V_s}$ (보통 3~4)

㉡ 가공시간

$$T = \frac{2bL}{\eta S V_m} \text{min}$$

여기서,
- T : 가공시간(min)
- b : 일감의 폭(m)
- L : 행정(m)
- η : 절삭효율
- S : 이송(m/stroke)
- V_m : 평균속도(m/min)

(2) 셰이퍼

- **절삭속도** : V(m/min)

$$V = \frac{LN}{1000k} \text{(m/min)}$$

여기서,
- N : 램(바이트)의 1분간의 왕복 횟수(stroke/min)
- L : 행정의 길이(mm)
- k : 급속귀환 시간비($k = 3/5 \sim 2/3$)

① 셰이퍼의 종류

㉠ 수평식 보통형 셰이퍼(plain horizontal shaper) : 수평식 셰이퍼는 램은 안내면을 따라 전후로 왕복운동하고, 테이블은 좌우로 이송하며 절삭

㉡ 트래버서 셰이퍼(traverse shaper) : 대형의 가공물을 절삭하는데 적합한 셰이퍼로 테이블에 가공물을 고정하고, 상하로 이송하며, 램이 왕복운동과 가로방향의 이송을 하며 절삭

② 셰이퍼의 운동기구

㉠ 래크(rack)와 피니언(pinion)에 의한 방법

㉡ 유압기구에 의한 방법

㉢ 스크류(screw)와 너트(nut)에 의한 방법

㉣ 크랭크(crank)와 로커 암(rocker arm)에 의한 방법

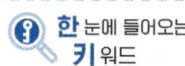

Point
셰이퍼 절삭속도
$V = \frac{LN}{1000k}$ (m/min)

Point
셰이퍼 가공시간
$T = \frac{b}{N \cdot S}$ (min)
b : 폭(mm)
셰이퍼 크기 : 램의 최대행정

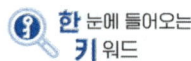

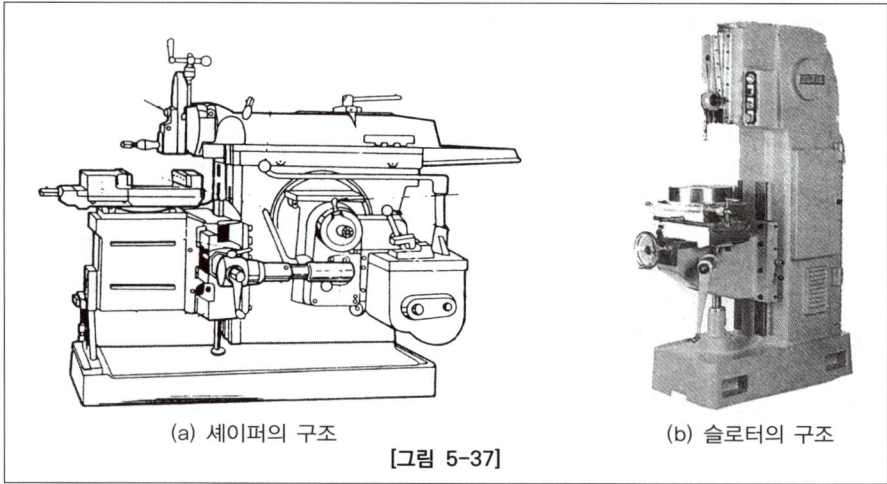

(a) 셰이퍼의 구조   (b) 슬로터의 구조

[그림 5-37]

(3) 슬로터(slotter)

직립 셰이퍼라고도하며 공구는 상하 직선 왕복운동을 한다. 테이블은 수평면에서 직선운동과 회전운동을 하여 키 홈(key way), 스플라인(spline), 세레이션(serration) 등의 내경가공을 주로 하는 공작기계이다.

4 기어 가공

(1) 기어 절삭법

① **형판에 의한 법(모방 절삭법)**
거칠게 가공된 기어소재와 치형이 똑같은 곡면을 가진 형판을 셰이퍼 테이블에 설치, 공구대와 이송나사와의 연결을 끊고 추(錐)를 걸어 안내봉을 형판으로 지지하고 테이블을 오른쪽으로 이송하면 안내봉과 바이트가 평행 이동을 하며 치형을 절삭

② **총형 공구에 의한 절삭법(밀링 커터)**
공구의 모양을 절삭하는 기어의 치형에 맞추어서 기어소재 원판을 같은 간격으로 분할하면서 한 이씩 가공하여 기어를 제작
절삭공구로는 총형 바이트를 사용하여, 절삭하는 경우에는 셰이퍼, 플레이너, 슬로터 등이 사용된다. 총형 커터의 경우는 밀링 머신이 사용되며, 브로치를 통과시켜 안쪽 기어를 만드는 경우에는 브로칭 머신이 사용된다.

③ **창성에 의한 절삭법(창성법)**
가장 널리 사용되며 인벌류트 곡선을 그리는 성질을 응용하여 기어를 깎는 방법

Point
슬로터
내접기어가공

슬로터 크기
램의 최대 행정

Point
창성법
인벌류트치형

㉠ 호브에 의한 방법 : 호빙 머신
　㉡ 랙 커터에 의한 방법 : 마그식 기어 셰이퍼
　㉢ 피니언 커터에 의한 방법 : 펠로우즈식 기어 셰이퍼
④ **전조에 의한 방법**
　소형 기어 가공에 사용

(2) 호빙 머신

나사모양인 호브를 돌리며 기어 소재에 대응하는 회전이송을 기어 소재에 주어 창성법으로 기어의 이를 절삭하는 기어 절삭용 전용 공작기계이다.

[그림 5-38] 선반호빙 M/C

① 스퍼 기어, 헬리컬 기어, 웜 휠(반지름 방향 이송), 스플라인축 등을 가공할 수 있다.
② **호빙 머신의 종류**
　수직형 - 대형 기어, 수평형 - 작은 기어
③ **크기**
　가공할 수 있는 기어는 최대 피치원의 지름과 기어폭 및 최대 모듈로

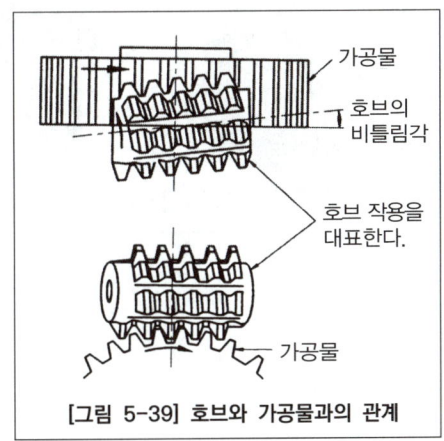

[그림 5-39] 호브와 가공물과의 관계

표시한다.

④ **호브**

랙(rack)을 나선 모양으로 감고, 스파이럴에 직각이 되도록 축방향으로 여러 개의 홈을 파서 절삭날을 형성하게 한 것이다.

(3) 베벨 기어 가공

① **직선 베벨 기어 절삭기**

글리슨식 직선 베벨 기어 절삭기가 대표적이다.

② **스파이럴 베벨 기어 절삭기**

글리슨식 스파이럴 베벨 기어 절삭기가 대표적이다.

(4) 기어 셰이빙

기어 절삭기로 가공된 기어의 면을 매끄럽고 정밀하게 다듬질하기 위해 높은 정밀도로 깎여진 잇면에 가는 홈붙이날을 가진 커터로 다듬는 가공을 말한다.

5 브로칭 머신(broaching machine)

가늘고 긴 일정한 단면 모양을 가진 공구에 많은 날을 가진 브로치(broach)라는 공구를 사용하여 일감의 표면 또는 내면을 필요한 모양으로 절삭가공하는 가공법으로 1회 통과시켜 제품을 완성한다. (대량 생산 시 사용)

절삭속도는 5 ~ 20m/min이고, 귀환속도는 15 ~ 40m/min 정도이다.

[그림 5-40] 직립브로칭머신과 가공품

(1) 브로치의 구조

① **자루부**
② **절삭부** : 거친날, 중간날, 다듬날로 구성
③ **평행부**
④ **후단부**

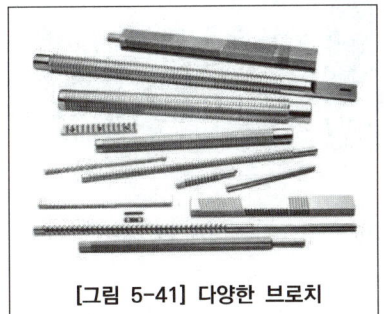

[그림 5-41] 다양한 브로치

(2) 브로치의 종류

① **수평 브로칭 머신**
  브로치가 수평으로 설치, 큰 면적이 필요
② **직립형 브로칭 머신**
  브로치가 수직으로 설치, 가공물 고정이 편리하고 소형제품 대량생산에 적합

(3) 브로치 작업

① **내면 브로치의 작업**
  둥근 구멍에 키홈, 스플라인 구멍, 다각형 구멍 등을 내는 작업
② **외면 브로치의 작업**
  세그먼트 기어의 치형이나 홈, 특수한 모양의 면을 가공하는 작업

(4) 브로치의 피치와 날수

피치는 공작물의 길이에 따라 결정된다.

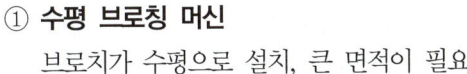

여기서, P : 피치(mm)
  L : 절삭부 길이(mm)
  k : 정수 1.5 ~ 2(피삭재의 재질에 따르는 값)

(5) 브로칭 머신의 크기

최대 인장력과 브로치의 최대 행정 길이로 표시

Point
브로치의 피치 간격을 일정하게 하지 않는 이유는 떨림 발생을 방지하기 위해서 이다.

CHAPTER 05 단원 예상문제

저자가 콕! 찝어주는 예상문제 풀어보기!

01 드릴링 머신에 의한 가공으로 거리가 먼 것은?

① 슬로팅
② 리밍
③ 태핑
④ 스폿 페이싱

> **드릴링 머신에 의한 가공**
> ① 드릴링(drilling) : 드릴로 구멍을 뚫는 작업
> ② 리밍(reaming) : 드릴로 뚫은 구멍을 정밀치수로 가공하기 위해 리머로 다듬는 작업
> ③ 태핑(tapping) : 암나사 내는 작업
> ④ 보링(boring) : 주조된 구멍이나 이미 뚫린 구멍을 정밀한 치수로 넓히는 작업
> ⑤ 스폿 페이싱(spot facing) : 볼트, 너트 등이 닿는 부분을 깎아서 자리를 만드는 작업
> ⑥ 카운터 보링(counter poring) : 작은 나사, 볼트의 머리부를 일감에 묻히게 하기 위해 단이 있는 구멍 뚫기 작업
> ⑦ 카운터 싱킹(counter sinking) : 접시머리나사의 머리부를 묻히게 하기 위해 원뿔자리를 만드는 작업

02 일감에 여러 개의 구멍을 뚫고자 할 때 일감을 움직이지 않고 스핀들을 움직여 구멍을 뚫는 기계는?

① 벤치 드릴링 머신
② 레이디얼 드릴링 머신
③ 수평식 드릴링 머신
④ 직립 드릴링 머신

> ① 레디얼 드릴링 머신 : 기둥(칼럼)을 중심으로 360° 회전, 주축은 암을 따라 이동되며, 대형 일감 가공에 편리하다. 암에는 스핀들, 슬리브, 구동 변속장치 등이 장치되어 있다.
> ② 다축 드릴링 머신 : 다수의 구멍을 동시에 가공 시 편리
> ③ 심공 드릴링 머신 : 깊은 구멍 가공 시 사용

03 다음 중 드릴의 소재로 사용되지 않는 것은?

① 탄소공구강(STC)
② 합금공구강(STS)
③ 고속도강(SKH)
④ 세라믹(Al_2O_3)

> 드릴의 소재로는 합금 공구강, 고속도강으로 만들며, 절삭날 부분만 초경합금을 심은 날도 있다.

04 작은 나사머리, 볼트의 머리를 일감에 묻히게 하기 위한 단이 있는 구멍뚫기의 가공법은?

① 스폿 페이싱
② 카운터 보링
③ 카운터 싱킹
④ 보링

05 직립 드릴링 머신의 크기에서 스윙을 나타내는 것은?

① 칼럼의 중심부터 주축 표면까지 거리의 3배
② 주축의 중심부터 칼럼 표면까지 거리의 3배
③ 칼럼의 중심부터 주축 표면까지 거리의 2배
④ 주축의 중심부터 칼럼 표면까지 거리의 2배

정답 1 ① 2 ② 3 ④ 4 ② 5 ④

06 리머와 드릴의 관계에서 가장 옳은 것은?

① 리머의 절삭속도가 드릴의 절삭속도보다 빠르다.
② 리머의 절삭속도가 드릴의 절삭속도보다 느리게 한다.
③ 리머의 절삭속도와 드릴의 절삭속도를 같게 한다.
④ 리머의 절삭속도와 드릴의 절삭속도는 상관없다.

* 리머와 드릴의 관계

구 분	절삭속도	이 송
드릴	빠르게	느리게
리머	느리게	빠르게

07 다음 사항 중 틀린 것은?

① 리밍 작업을 할 때는 드릴 작업 시 보다 고속에서 절삭하고 피드를 작게 한다.
② 리벳 작업할 때 가스, 고압 증기 및 액체 등이 새어나오지 않도록 하는 작업을 코킹이라 한다.
③ 상온에서 사용하는 경강용 정(chisel)의 일반적인 날끝각은 60° 정도이다.
④ 래핑 작업에서 습식은 거친 다듬질, 건식은 정밀 다듬질할 때 사용된다.

리밍 작업은 드릴 작업 시 보다 절삭속도를 느리게 하고 피드를 크게 한다. 보통 탄소강을 드릴 작업할 때는 절삭속도를 33 ~ 35m/min로 하고 리밍 작업을 할 때는 3 ~ 6m/min로 한다.

08 드릴의 표준 날의 각은?

① 118°   ② 120°
③ 122°   ④ 124°

드릴의 날끝부분은 원뿔이며 비틀림 홈과 교차하는 그곳이 절삭날이 된다. 드릴의 표준 날끝각은 118° 이며, 여유각은 12 ~ 15°, 비틀림각은 20 ~ 32° 이다.

09 다음 중 표준 드릴의 여유각은 얼마인가?

① 2 ~ 5°   ② 5 ~ 10°
③ 12 ~ 15°   ④ 15 ~ 20°

10 드릴에서 날부분의 뒷면이 구멍내면과 접촉하지 않도록 좁은 띠를 남겨 놓고 나머지 부분은 조금 깎아 놓은 것을 무슨 여유라 하는가?

① 지름여유   ② 몸여유
③ 날여유   ④ 드릴 여유

* 드릴의 각부 명칭

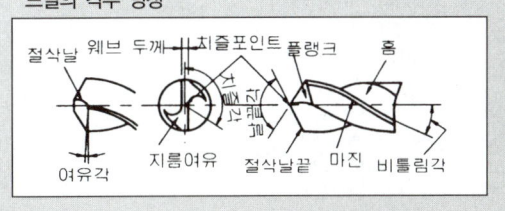

11 드릴 작업에서 절삭속도 18m/min, 회전수 115 rpm일 때 드릴의 지름은 얼마 정도로 계산되는가?

① 35.91mm   ② 49.82mm
③ 54.73mm   ④ 68.64mm

$V = \dfrac{\pi d n}{1000}$ m/min에서 $d = \dfrac{1000 V}{\pi n}$ 이므로
$d = \dfrac{1000 \times 18}{3.14 \times 115} = 49.82$mm

정답 6 ② 7 ① 8 ① 9 ③ 10 ① 11 ②

12 드릴의 회전수가 1000rpm이고 드릴의 지름이 50mm일 때 절삭속도는 몇 m/min인가?

① 15.7 ② 31.4
③ 157   ④ 314

$$v = \frac{\pi dn}{1000} = \frac{\pi \times 50 \times 1000}{1000} = 157 \text{m/min}$$

13 지름 4mm, 드릴의 절삭속도를 80m/min로 하려면 드릴링 머신 주축 회전수는 몇 rpm인가?

① 6300 ② 5300
③ 6000 ④ 5000

$$N = \frac{1000v}{\pi d} = \frac{1000 \times 80}{\pi \times 4} = 6300 \text{rpm}$$

14 드릴링의 작업조건으로 절삭속도 20m/min, 드릴의 지름 20mm, 이송을 0.1mm/rev이라 하고 드릴끝의 원뿔 높이를 6mm라 하면 깊이 94mm인 구멍을 뚫는 데 소요되는 정미시간은?

① 2.1분   ② 2.46분
③ 2.85분   ④ 3.14분

$$T = \frac{(t+h)}{ns} = \frac{\pi d(t+h)}{1000vs} \text{에서}$$
$$T = \frac{\pi \times 20(94+6)}{1000 \times 20 \times 0.1} = 3.14 \text{min}$$

15 드릴 작업에서 JIG를 사용할 때 가장 알맞은 것은?

① 드릴 작업 시는 반드시 사용한다.
② 드릴 작업 시 다량 생산과 호환성을 얻기 위함이다.
③ 드릴 작업 시 소량 생산에도 적합하다.
④ 드릴 작업 시 불량품을 극소화하기 위함이다.

16 드릴 머신에서 구멍을 똑바로 뚫는데 사용되는 것은 다음의 어느 것인가?

① 박스 지그(box jig)
② 드릴 플레이트(drill plate)
③ 안내 부시(guide bush)
④ 드릴 검사 게이지

안내 부시(guide bush)는 탄소강으로 만들고 열처리하여 사용하며 지그의 체대(體台)는 선반으로 정밀한 가공을 하고 적당한 위치에 구멍을 뚫고 이것에 연삭다듬질한 부시를 압입하여 지그로 사용한다.

17 드릴의 연삭에서 좌우의 날이 같지 않은 경우 생기는 결과로서 해당되는 것은 어느 것인가?

① 드릴의 수명이 길어진다.
② 정밀하게 가공된다.
③ 구멍이 휜다.
④ 가공된 구멍이 드릴 지름보다 커진다.

18 다음 드릴 작업 시 안전관리 사항으로 틀린 것은?

① 눈에 칩이 튀는 것을 막는다.
② 작업장에서 안전모를 쓴다.
③ 연속적으로 나온 칩을 손으로 끊는다.
④ 장갑착용을 하지 않는다.

정답 12 ③ 13 ① 14 ④ 15 ② 16 ③ 17 ④ 18 ③

19 수평 보링 머신의 크기를 나타낸 것 중 틀린 것은?

① 테이블의 회전수
② 주축의 이동거리
③ 테이블의 크기
④ 주축의 지름

> 크기는 테이블의 크기, 주축의 이동거리 및 주축의 지름을 표시한다.

20 보링(boring) 머신에서 할 수 없는 작업은?

① 널링 작업
② 엔드 밀 작업
③ 수나사 깎기
④ 암나사 깎기

> 보링 가공 : 주조할 때 뚫린 구멍이나 드릴로 뚫은 구멍을 깎아서 크게 하거나, 정밀도를 높게 하기 위한 가공이다. 가공의 종류로는 보링이나 면깎기 외에 구멍뚫기, 엔드 밀(end mill), 바깥지름, 수나사·암나사 깎기 등을 할 수 있다.

21 보링 머신의 대표적인 수평식 보링 머신은 구조에 따라 몇 가지 항으로 분류되는데 이에 맞지 않는 것은?

① 플로어형(floor type)
② 플레이너형(planer type)
③ 베드형(bed type)
④ 테이블형(table type)

> ① 수평 보링 머신(horizontal boring machine) : 주축대가 기둥 위를 상하로 이동하고 주축이 동시에 축방향으로 움직인다. 종류로는 플로어형, 플레이너형, 테이블형이 있다.
> ② 정밀 보링 머신(fine boring machine) : 고속 경절삭으로 정밀한 보링을 하는 기계로서 가공한 구멍의 진원도, 진직도가 매우 높다.
> ③ 지그 보링 머신(jig boring machine) : 매우 정밀도가 높은 기계로서, 주로 공구나 지그 가공을 목적으로 2~10μ의 정밀한 구멍을 가공할 수 있다.

22 트위스트 드릴은 절삭날의 각도가 중심에 가까울수록 절삭 작용이 나쁘다. 이것을 보충하기 위해 어떻게 해야 하는가?

① 드레싱(dressing)
② 트루잉(truing)
③ 디닝(thinning)
④ 글레이징(glazing)

> 디닝(thinning) : 드릴은 웨브가 클수록 절삭성이 나빠진다. 따라서 사용하여 점점 마모된 드릴은 웨브 부분을 연삭하는데 이를 디닝이라 한다. 디닝하면 칩의 배출이 좋고, 누르는 힘도 적어 드릴의 수명이 길어진다.

23 셰이퍼의 크기를 표시하는 방법으로 맞는 것은?

① 램의 크기
② 램의 최대 행정
③ 셰이퍼의 중량
④ 램의 매분 왕복회수

> 셰이퍼(shaper)의 크기 표시
> ① 램의 최대 행정
> ② 테이블의 크기와 이송거리

24 셰이퍼 작업 시 주의할 점으로 틀린 것은?

① 셰이퍼 정면 앞에서 작업을 하지 말 것
② 바이트는 될수록 짧게 고정할 것
③ 셰이퍼 운전 중에는 어느 곳이나 급유하지 말 것
④ 쇳밥(chip)은 맨손으로 신속하게 제거할 것

정답 19 ① 20 ① 21 ③ 22 ③ 23 ② 24 ④

25 셰이퍼 가공에서 절삭속도를 v m/min, 절삭행정 시간과의 바이트 1왕복 시간과의 비를 k라고 할 때, 바이트의 1분간 왕복횟수를 n(stroke/min)라 하면 행정의 길이 L mm을 구하는 식은?

① $L = \dfrac{n}{1000kv}$　　② $L = \dfrac{1000kv}{n}$

③ $L = \dfrac{n}{kv}$　　④ $L = \dfrac{kv}{n}$

> 셰이퍼의 절삭속도 : v m/min
> $V = \dfrac{LN}{1000k}$ m/min
>
> 여기서, N : 램(바이트)의 1분간의 왕복횟수(stroke/min)
> L : 행정의 길이(mm)
> k : 급속귀환비($k = 3/5 \sim 2/3$)

26 다음 중 급속귀환장치가 있는 기계는 어느 것인가?

① 밀링　　② 선반
③ 지그 보링 머신　　④ 셰이퍼

특징＼종류	플레이너	셰이퍼	슬로터
기계명	평삭기	형삭기	수직 셰이퍼
급속 귀환 장치	벨트 및 유압	크랭크 기어와 암	크랭크 기어와 암
바이트의 운동	이송 (상하, 좌우)	직선 왕복운동	상하 왕복운동
공작물 (테이블)	직선 왕복운동	이송(좌우)	이송 (전후, 좌우) 또는 회전운동
크기	테이블의 최대 행정	램의 최대 행정	램의 최대 행정 원형 테이블의 지름
가공물	큰일감 가공	평면, 측면, 홈 더브 테일 가공	구멍의 내면, 키홈, 내접 기어, 스플라인 구멍

27 구멍의 내면이나 곡면 이외에 내접 기어, 스플라인 구멍 등을 가공하는 공작기계로서, 바이트는 램에 고정되어 수직 왕복운동을 하며, 일감은 수평방향으로 단속적으로 이송되는 것은?

① 호빙 머신
② 슬로터
③ 보링 머신
④ 플레이너

28 슬로터에서 할 수 없는 작업은?

① 구멍의 내면가공
② 내접 기어의 구멍가공
③ 스플라인 구멍가공
④ 널링 가공

29 램의 행정 길이가 350mm이고, 행정수가 20회/min 일 때 셰이퍼의 절삭속도는? (단, 절삭행정에 요하는 시간과 귀환행정에 요하는 시간비는 5 : 3이다.)

① 약 8.2m/min
② 약 11.2m/min
③ 약 15.6m/min
④ 약 20.6m/min

> $v = \dfrac{LN}{1000k}$ 에서
> $v = \dfrac{350 \times 20}{1000 \times \dfrac{3}{5}} = 11.67$ m/min

정답　25 ②　26 ④　27 ②　28 ④　29 ②

30 셰이핑(shaping) 작업 시 70m/min의 속도로 절삭할 절삭력이 1000kg이었다. 이 때 구동동력을 구하면? (단, 절삭효율은 $\eta = 0.75$이다.)

① 10.42kW
② 15.25kW
③ 17.45kW
④ 20.75kW

$H' = \dfrac{PV}{102\eta}$ kW 에서

$H' = \dfrac{1000 \times 70}{102 \times 60 \times 0.75} = 15.25$kW

31 다음 중 슬로터(slotter)의 구성 요소가 아닌 것은?

① 호브
② 회전 테이블
③ 램
④ 테이블 안내면

슬로터의 구성요소에는 램, 회전 테이블, 칼럼, 베드(테이블 안내면) 등이 있다.

32 일감의 운동은 왕복운동을 하며 평면절삭(대형 공작물)에 적합한 공작기계는?

① 밀링 머신
② 플레이너
③ 호닝 머신
④ 셰이퍼

33 플레이너에서 고속도강 바이트를 사용하여 보통강재를 절삭할 때 절삭속도가 23m/min이면 귀환속도는 몇 m/min인가? (단, 절삭깊이는 3mm, 이송은 1mm/ stroke, 속도비는 4)

① 46
② 65
③ 92
④ 102

$n = \dfrac{V_r}{V_s}$ 에서 $V_r = n \cdot V_s$

여기서, V_s : 절삭속도(m/min)
V_r : 귀환속도(m/min)
n = 속도비 = $\dfrac{V_r}{V_s}$ (보통 3~4)

$\therefore V_r = 4 \times 23 = 92$m/min

34 플레이너 베드의 V홈에는 여러 개의 기름 홈이 설치되어 있다. 그 이유로 적당한 것은?

① 테이블에 기름을 공급하여 마찰을 크게 한다.
② 테이블과 베드의 접촉면에 급유하여 마찰을 적게 한다.
③ 크로스 레일에 기름을 공급한다.
④ 기둥에 기름을 공급한다.

정답 30 ② 31 ① 32 ② 33 ③ 34 ②

35 브로칭(broaching)에 대한 설명 중 틀린 것은?

① 각 제품에 따라 브로치를 만들어야 하는 불편이 있다.
② 설계, 제작에 시간이 걸리며 공구의 값이 비싸다.
③ 키홈, 스플라인홈, 다각형의 홈 등을 가공하는 데 사용한다.
④ 원통 일감 표면에 브로치를 작은 압력으로 눌러 대어 미세한 칩을 표면에서 제거하는 가공이다.

> **브로칭 가공**
> 브로치라는 공구를 사용하여 일감의 표면 또는 내압을 한 번 통과로 제품이 완성되는 가공법으로 대량 생산에 쓰인다.
> ① 내면 브로치 작업 : 둥근 구멍에 키홈, 스플라인 구멍, 다각형 구멍 등을 내는 작업
> ② 외면 브로치 작업 : 세그먼트 기어의 치형이나 홈, 특수한 모양의 면을 가공하는 작업

36 스플라인 키홈 작업에 사용하는 기계는?

① 호닝 머신
② 브로칭 머신
③ 호빙 머신
④ 래핑 머신

37 브로치 작업은 어느 경우에 유효하게 이용할 수 있는가?

① 대칭형의 윤곽을 가공할 때
② 복잡한 형상의 구멍을 가공할 때
③ 나선홈을 가공할 때
④ 베벨 기어를 가공할 때

38 브로칭 머신에서 브로치를 움직이는 방식에 속하지 않는 것은?

① 나사식
② 기어식
③ 유압식
④ 벨트식

> 브로치를 움직이는 방법에는 나사식, 기어식, 유압식 등이 있으며, 현재는 거의 유압식이 사용된다.

39 브로치는 보통 네 가지 부분으로 구분하는데 이에 해당하지 않는 것은?

① 앞쪽 안내부
② 평행부
③ 절삭부
④ 자루부

> 브로칭 머신은 고정대에 고정되는 자루부, 공작물의 구멍에 도입되는 역할을 하는 안내부, 날끝이 차츰 커지면서 공작물을 절삭하는 날이 있는 절삭부, 절삭이 끝날 때까지 브로치를 지지하는 평행부, 뒤쪽물림부인 후단부 등으로 되어 있다.(자루부, 절삭부, 평행부, 후단부)

40 각형 구멍, 키홈, 스플라인의 구멍 등을 다듬는 데 사용되고 제품모양과 꼭맞는 단면모양을 한 공구를 한번 통과시켜 가공 완성하는 기계는?

① 호빙 머신
② 기어 셰이퍼
③ 브로칭 머신
④ 보링 머신

정답 35 ④ 36 ② 37 ② 38 ④ 39 ① 40 ③

41 절삭공구 및 일감에 절삭운동을 주는 공작기계는?

① 선반
② 호빙 머신
③ 드릴링 머신
④ 플레이너

> 호빙 머신 : 나사 모양인 호브를 돌리며 기어 소재에 대응하는 회전 이송을 기어 소재에 주어 창성법으로 기어의 이를 절삭하는 기어 절삭용 전용 공작기계이다.
> ① 스퍼 기어, 베벨 기어, 헬리컬 기어, 웜 휠(반지름 방향 이송), 스플라인축 등을 가공할 수 있다.
> ② 호빙 머신의 종류 : 수직형-대형 기어, 수평형-작은 기어
> ③ 크기 : 가공할 수 있는 기어는 최대 피치원의 지름과 기어 폭 및 최대 모듈로 표시한다.
> ④ 호브 : 랙(rack)을 나선 모양으로 같고, 스파이럴에 직각되도록 축방향으로 여러 개의 홈을 파서 절삭날을 형성하게 한 것이다.

42 인벌류트 곡선을 그리는 원리를 응용한 이(齒)의 절삭 방법을 무엇이라 하는가?

① 창성법
② 총형 커터에 의한 방법
③ 형판에 의한 방법
④ 오토 그래프에 의한 방법

> 기어의 절삭법
> ① 성형법 : 셰이퍼, 슬로터에서 기어 이의 홈과 같은 성형 바이트를 사용하여 이의 홈을 1피치씩 절삭해 나가는 방법
> ② 형판법 : 형판을 따라서 바이트를 이동시켜 기어를 절삭하는 방법
> ③ 창성법 : 가장 널리 사용되며 인벌류트 곡선을 그리는 성질을 응용하여 기어를 깎는 방법
> ㉠ 호브에 의한 방법 : 호빙 머신
> ㉡ 랙 커터에 의한 방법 : 마그식 기어 셰이퍼
> ㉢ 피니언 커터에 의한 방법 : 펠로즈 기어 셰이퍼
> ④ 전조에 의한 방법 : 소형 기어 가공에 사용

43 기어 절삭기에서 창성법에 의해 사용되는 공구 중 사용할 수 없는 것은?

① 랙 커터(rack cutter)
② 호브(hob)
③ 피니언 커터(pinion cutter)
④ 브로치(broach)

44 창성법(generating method)에 의하여 기어의 치형을 절삭하는 공작기계와 공구는 다음 중 어느 것이 옳은가?

① 기어 셰이퍼와 호브
② 호빙 머신과 호브
③ 밀링 머신과 기어 커터
④ 호빙 머신과 피니언 커터

45 직립 호빙 머신에서 스퍼 기어(평치차)를 절삭할 때 호브 스핀들을 어떻게 하는 것이 가장 적합한가?

① 나선각보다 조금 크게 하여 작업한다.
② 호브의 압력각과 같게 하여 작업한다.
③ 호브의 리드각과 같게 경사시켜 작업한다.
④ 호브의 모듈 크기에 따라 결정하고 작업한다.

> 스퍼 기어의 절삭에 있어서는 호브 헤드를 그 선회하는 눈금에 따라서 비틀림각을 경사시켜야 한다.

정답 41 ② 42 ① 43 ④ 44 ② 45 ③

46 기어 호빙에 대한 설명 중 옳은 것은?

① 호빙으로는 헬리컬 기어, 베벨 기어, 스플라인 등을 가공할 수 있다.
② 웜과 웜 기어가 물고 돌아가는 것과 같은 작용으로 치형을 절삭한다.
③ 오돈토 그래프를 이용한 치형가공법이다.
④ 호브는 웜 기어에 해당하며, 공작물은 웜에 해당한다.

> ① 호빙 머신은 호브를 이용한 호빙 M/C은 평 기어, 헬리컬 기어, 웜 기어 등을 깎을 수 있다.
> ② 호브로 기어를 가공할 때에는 랙(rack)과 피니언이 맞물리는 것과 같은 상태로 치형이 창성된다.

47 펠로즈 기어 셰이퍼에서 사용되고 있는 공구는?

① 총형 밀링 커터
② 랙 커터
③ 피니언 커터
④ 호브

> 호브의 이송
> ① 상하방향이송 : 호브를 기어 소재에 대해 축방향으로 이송하는 방법
> ② 반지름방향이송 : 웜 기어를 깎을 때, 호브를 반지름 방향으로 절삭깊이만큼 이송시켜 깎는다.

48 호빙 머신에서 기어 절삭할 때 이높이 방향에 절삭 깊이 주는 운동은 어느 것인가?

① 호브 새들의 이송운동
② 테이블의 이송운동
③ 바이트의 이송운동
④ 테이블과 호브의 복합운동

49 램이 상하로 직선운동을 하며 급속귀한 장치가 있는 공작기계는?

① 셰이퍼   ② 슬로터
③ 브로치   ④ 플레이너

50 드릴가공에서 접시머리나사의 머리부를 묻히게 하기 위해 원뿔자리를 만드는 작업은?

① 카운터 보링   ② 탭핑
③ 스폿 페이싱   ④ 카운터 싱킹

> 드릴링 머신에 의한 가공
> ① 드릴링 : 드릴로 구멍뚫기
> ② 리밍 : 드릴로 뚫은 구멍을 더욱 정밀하게 가공
> ③ 태핑 : 암나사 가공
> ④ 보링 : 전가공상태에서 얻어진 면을 크고 정밀하게 가공
> ⑤ 스폿 페이싱 : 볼트나 너트 등이 닿는 부분을 평평하게 자리를 만드는 작업
> ⑥ 카운터 보링 : 작은나사, 볼트의 머리부를 일감에 묻히게 하기 위한 단을 만드는 작업
> ⑦ 카운터 싱킹 : 접시머리나사의 머리부를 묻히게 하기 위해 원뿔자리를 만드는 작업

51 드릴의 홈을 따라서 나타나 있는 좁은 면으로, 드릴의 크기를 정하며, 드릴의 위치를 잡아주는 것은?

① 몸통(body)   ② 웨브(web)
③ 생크(shank)   ④ 마진(margin)

> ① body : 드릴 몸체
> ② web : 두개의 드릴홈 사이의 얇은 벽
> ③ shank : 드릴자루
> ④ flute : 드릴의 홈(칩배출, 절삭유 공급)

정답 46 ② 47 ③ 48 ① 49 ② 50 ④ 51 ④

52 리머에 대한 설명이 옳지 않은 것은?

① 리머의 절삭속도는 드릴의 절삭속도보다 느리다.
② 리머의 가공여유는 100mm에 대해 0.3mm로 한다.
③ 드릴에 의해 가공된 구멍을 다듬어서 치수 정도를 높인다.
④ feed는 드릴의 경우에 비하여 3배로 크게 한다.

> 리머의 가공여유는 ϕ10mm에 0.05mm 정도이며 0.4mm보다 적게 한다.

53 다음 중 주축중심선과 테이블의 상대 위치에 대한 정밀 측정장치를 가지고 있는 것은?

① 보통 보링 머신
② 지그 보링 머신
③ 수직 보링 머신
④ 심공 보링 머신

> - 수평 보링 머신: 일반적인 가장 널리 사용(테이블형, 플로어형, 프레이너형)
> - 정밀 보링 머신: 정밀한 보링
> - 지그 보링 머신: 정밀 계측기가 부착된 기계로 주로 공구나 지그 가공을 목적으로 2~10μ의 정밀한 구멍을 가공

54 다음 셰이퍼와 슬로터의 구조 중에서 슬로터만 가지고 있는 것은?

① 급속 귀환장치
② 원형 테이블
③ 공구대
④ 램

> 슬로터는 셰이퍼와 달리 램을 올리는 것은 내리는 것보다 큰 힘이 들므로 웨이트(추, weight)를 칼럼 속에 넣어, 램의 무게와 평행추의 무게를 같게 하여 균형이 잡히도록 해야 램의 운동을 원활하게 할 수 있다.

정답 52 ② 53 ② 54 ②

05 정밀입자가공 및 특수가공

1 정밀입자 가공

(1) 호닝(honing)

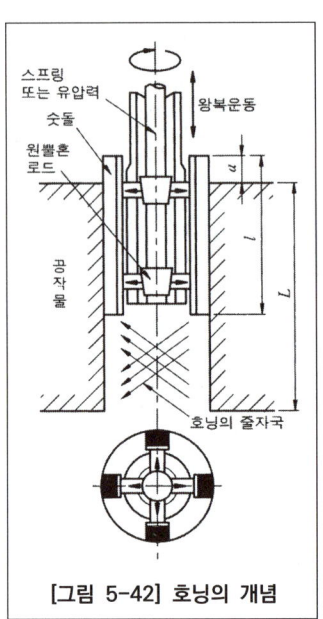

[그림 5-42] 호닝의 개념

호닝 가공은 연삭기나 보링 머신에 의해 1차적으로 정밀가공된 원통의 내면 및 외면에 대하여 진원도, 진직도 및 표면조도를 향상시키기 위한 가공으로 막대모양의 숫돌을 방사상으로 배치한 혼(hone)을 사용한다. 이때 혼(hone)은 회전 및 직선왕복운동을 한다.

- **호닝 숫돌의 연삭입자**: 가공물의 재질에 따라 구분하여 사용한다.
  - WA : 강, 주강
  - GC : 주철, 비금속
  - 다이아몬드 : 주철, 초경합금
  - CBN : 고경도의 경화강

① **호닝 조건**
  ㉠ 치수 정도는 3~10μ 정도이며 표면거칠기는 1~4μ이다.
  ㉡ 호닝의 원주속도 : 재질에 따라 다르나 15~60m/min 정도, 왕복운동 속도는 원주속도의 1/2~1/5로 한다.
  ㉢ 호닝유는 등유나 경유에 라드(lard)유를 혼합한다.
  ㉣ 비트리파이드 결합제에서 거친 호닝의 경우는 10kg/cm^2 이상, 다듬 호닝은 4~6kg/cm^2 정도이고, 레지노이드 결합제는 1/10 정도로 한다.
  ㉤ 호닝 다듬정도와 입도 : 거친 호닝(80~120번), 보통 호닝(220~280번), 다듬 호닝(400~500번)

② **호닝 가공의 특징**
  ㉠ 신속하고 정밀한 가공을 할 수 있다.
  ㉡ 모든 금속재료에 대하여 가공할 수 있다.
  ㉢ 표면 조도 및 정밀도를 향상시킬 수 있다.
  ㉣ 진원도, 진직도를 정확하게 교정할 수 있다.
  ㉤ 가공된 구멍의 위치를 변경할 수는 없다.

> **Point**
> 호닝가공 공구 혼
> 혼은 회전 및 직선운동

③ 액체 호닝(liquid honing)

피로한도와 크리프를 증가시키며 연마제(SiO_2[#100~5000])를 가공액과 혼합한 다음, 압축 공기와 함께 노즐로 고속 분사시켜 미려한 다듬면을 얻는 가공방법이다.

액체 호닝의 장점은 다음과 같다.
㉠ 가공시간이 짧다.
㉡ 광택은 적으나 피닝효과가 있다.
㉢ 복잡한 형상의 일감도 쉽게 다듬질할 수 있다.
㉣ 피로한도가 향상된다.
㉤ 표면의 산화피막이나 거스러미를 제거한다.
㉥ 연삭선을 제거한다.
㉦ 예를 들면 베어링 접촉면의 내마모성 증가, 연결볼트의 인장피로한계 상승 및 절삭공구의 수명 증가

(2) 슈퍼 피니싱(super finishing)

입도가 작고 연한 숫돌을 작은 압력으로 가공물의 표면에 가압하면서 공작물에 피드를 주고, 또 숫돌을 진동(진폭 : 1.5mm, 진동수 : 500사이클, 진폭 : 5mm, 진동수 : 100 정도)시키면서 가공물을 완성 가공하는 방법으로 변질층 표면깎기, 원통외면, 내면, 평면을 다듬질할 수 있다.

① 슈퍼 피니싱 가공의 조건 및 특징
㉠ 표면 정밀도는 0.1 ~ 0.3μ이고, 압력 0.2 ~ 1.5kg/cm²이다.
㉡ 표면의 변질층을 금속 표면에서 제거한다.
㉢ 짧은 시간(30초 ~ 2분)에 가공이 완료되며, 방향성이 없는 다듬질면을 얻을 수 있다.
㉣ 중요한 축의 베어링 접촉부, 각종 게이지, 각종 롤러의 초정밀가공에 이용된다.

• **숫돌압력** : 가공물의 경도, 결합도, 운동조건 전(前) 가공의 거칠기, 가공시간에 따라 선택

┌ 제1단가공 : 1.0 ~ 2.0kg/cm² 정도
└ 제2단가공 ┌ 거친가공 : 2.0 ~ 5.0kg/cm²
            └ 다듬질가공 : 0.5 ~ 1.5kg/cm²

• 숫돌과 가공물의 접촉면적은 1cm²에 대해 0.5l/min 이상이 좋다.

한 눈에 들어오는 키워드

Point
액체 호닝의 조건
연마제의 농도, 공기압력, 분사시간, 노즐과 일감의 거리, 분사각 등에 따라 가공면이 다르며, 압력이 높을수록 가공능률이 좋다.
① 공기압력 : 3.5~7.0kg/cm²
② 연마제와 가공액의 혼합비 : 용적의 1 : 2 정도
③ 분사 노즐과 일감 사이의 거리 : 60~80mm 정도
④ 분사각 : 철강의 경우 40~50° 정도

Point
슈퍼 피니싱 공구 숫돌
숫돌 무방향 진동

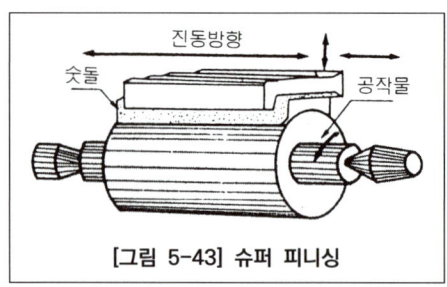

[그림 5-43] 슈퍼 피니싱

(3) 래핑(lapping)

랩이라고 하는 공구와 다듬질할 일감 사이에 랩제를 넣고 일감을 누르며 상대 운동을 시킴으로써 매끈한 다듬질을 얻는 가공방법을 말한다.

- **장점**
  - ㉠ 가공면이 곱다.
  - ㉡ 정밀도가 높다.
  - ㉢ 대량 생산 가능
  - ㉣ 비용이 저렴하다.
  - ㉤ 내식성, 내마멸성이 우수하다.

① **종류**
  - ㉠ 습식법(거친 래핑) : 석유, 경유 등의 광유나 물, 올리브유 등에 랩제와 혼합해서 사용
  - ㉡ 건식법(정밀 래핑) : 랩제만 사용하며, 다듬질량은 습식의 1/10 정도이다. (블록 게이지 가공)

② **랩제의 종류 및 용도**
  - ㉠ 탄화규소(SiC) 및 산화철 : 연한금속, 유리, 수정
  - ㉡ 알루미나(Al_2O_3) : 강
  - ㉢ 산화 크롬 : 마무리 다듬질
  - ㉣ 그밖에 다이아몬드, WC(텅스텐 카바이드), 탄화붕소 등이 있다.

③ **랩 재료**

가공물의 경도보다 재질이 연한 것을 사용하고 보통 주철이 많이 사용되며, 동합금, 납, 연강 등이 사용되기도 한다.

④ **래핑유**

래핑유는 래핑(lapping) 입자와 섞어서 사용하는 것으로, 주철 랩으로 경화강을 래핑할 때는 석유와 기계유를 혼합한 것이 많이 사용되고 유리, 수정 등에는 물이 사용된다.

⑤ **치수 정밀도**

치수 정밀도는 $0.0125 \sim 0.025\mu$이다. 래핑 다듬질 여유는 $0.01 \sim 0.02$mm 정도

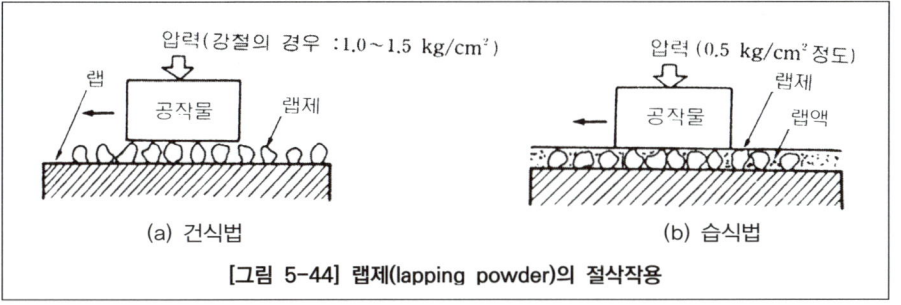

[그림 5-44] 랩제(lapping powder)의 절삭작용

[표 5-11] 호닝, 슈퍼 피니싱, 래핑의 비교표

종 류	용 도	사용공구	사용압력 (kg/cm^2)	운동상태	가공 후의 정도(μ)
호닝 (honing)	구멍의 내면, 외면 및 평면 다듬질	호운(숫돌)	4 ~ 30	회전 및 직선 왕복운동	3 ~ 10
슈퍼 피니싱 (super finishing)	원통의 외면과 평면 및 내연기관 등의 부속품	숫돌	0.1 ~ 5.0	직선, 왕복, 진동운동	0.1 ~ 0.3
래핑 (lapping)	각종 게이지, 렌즈, 프리즘 등의 정밀다듬질	랩과 랩제 (연삭제)	1.5	미끄럼 운동	0.0125 ~ 0.025

2 특수 가공

(1) 방전 가공(electric discharge machining)

일감을 가공액이 들어 있는 탱크 속에 가공할 형상의 전극과 일감 사이에 전압을 주면서 가까운 거리로 접근시키면, 아크(Arc) 방전에 의한 열작용과 가공액의 기화폭발작용으로 일감을 미소량씩 용해하여 용융 소모시켜 가공용 전극의 형상에 따라 가공하는 방법이다.

전극에 의해 가공되는 방전 가공(EDM)과 와이어에 의하여 가공하는 와이어 컷 방전 가공으로 분류된다.

Point
방전가공
난삭성재료 가공

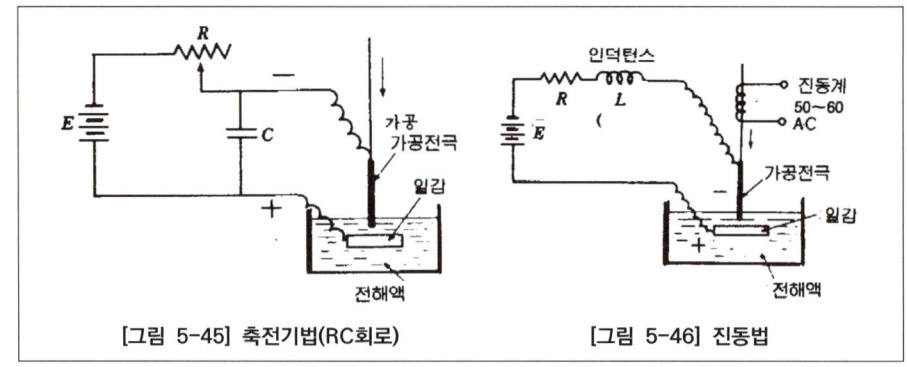

[그림 5-45] 축전기법(RC회로)　　[그림 5-46] 진동법

① **전극 재료**

흑연, 텅스텐, 구리 합금(공작물: +, 공구: -)
- 전극 재료의 조건
  ㉠ 방전이 안전하고 가공속도가 클 것
  ㉡ 가공 정밀도가 높을 것
  ㉢ 기계가공이 쉬울 것
  ㉣ 가공전극의 소모가 작을 것
  ㉤ 구하기 쉽고 값이 저렴할 것

② **가공재료**

경질합금, 담금질된 고속도강, 내열강, 스테인리스, 다이아몬드, 수정 등 각종 재질의 절단, 천공(구멍뚫기), 연마에 이용된다.
열영향이 적으므로 가공변질층이 얇고, 내마멸성, 내부식성이 높은 표면을 얻는다.

③ **가공액**

백등유, 경유, 스핀들유, 물 비눗물 등의 절연물을 사용하며, 전류는 펄스상 전류가 주체가 된다.

④ **방전의 진행과정**

암류 → 코로나 → 불꽃 → 글로 → 아크

⑤ **방전 가공의 특징**

㉠ 가공물의 경도와 관계없이 가공 가능
㉡ 무인 가공이 가능
㉢ 숙련을 요하지 않음
㉣ 전극의 형상대로 정밀하게 가공
㉤ 전극 및 가공물에 큰 힘을 가해지지 않음
㉥ 전극이 연한 재료이므로 가공이 쉬움
㉦ 전극이 필요
㉧ 가공 부분에 변질층이 남음

(2) 초음파 가공(ultrasonic machining)

초음파를 이용한 전기적 에너지를 기계적인 에너지로 변환시켜, 금속, 비금속, 등의 재료에 관계없이 정밀가공하는 방법으로 물이나 경유 등에 연삭 입자를 혼합한 가공액을 공구의 진동면과 일감 사이에 주입시켜 가면서 16~30kHz/sec의 초음파에 의한 상하 진동으로 표면을 다듬는 가공방법이다.

① **가공법**
메짐이 큰 재료에 사용되며, 초경합금, 보석류, 세라믹, 유리 등의 구멍 뚫기, 절단, 평면 가공, 표면가공 등을 한다.

② **공구(혼)의 재료**
황동, 연강, 공구강, 모넬 메탈, 피아노선재 등

③ **연삭 입자의 재질**
알루미나, 탄화규소, 탄화붕소 등

④ **초음파 가공의 장점**
㉠ 구멍을 가공하기 쉬움
㉡ 복잡한 형상도 쉽게 가공
㉢ 부도체도 가공할 수 있음
㉣ 가공재료의 제한이 매우 적음

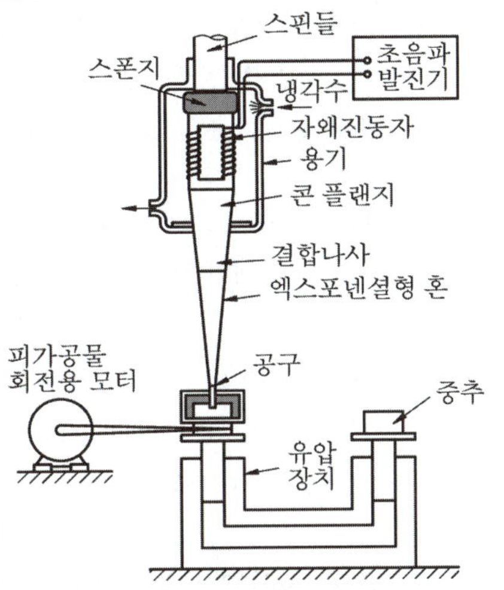

[그림 5-47] 초음파 가공

> **Point**
> 초음파 가공
> 취성이 큰 보석류 등 가공

> **Point**
> 가공액과 함께 연삭 입자 사용

(3) 전해 연마(electrolytic polishing)

전기 화학적인 방법으로 표면을 다듬질하는 방법을 전해연마라고 한다. 일감을 양극으로 하고 전해액 속에 달아매면 일감의 전기분해에 의해 깨끗하고 아름답게 된다.

① 가공물인 양극의 금속이 용해되어 전해연마 되고 피연마재료는 석출되어 음극으로 전기 도금이 된다. 복잡한 형상의 연마가 가능하고 내마멸성 및 내부식성이 좋다.
② 치수정밀도보다 표면에 광택이 있는 거울면이 중요시될 때 사용된다.
③ 드릴의 홈, 주사침, 반사경 등이 있는 거울면을 얻을 수 있다.

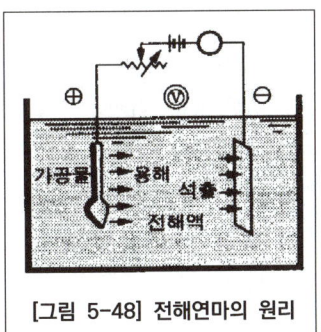

[그림 5-48] 전해연마의 원리

> **Point**
> 거울면처럼 깨끗한 면을 얻을 수 있는 가공

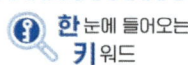

Point
전해액 종류

④ 연질 금속, 알루미늄, 구리 제품류, 탄소강, 스테인리스강, 텅스텐 등 다양한 금속을 용이하게 연마한다.
⑤ **전해액**
　　과염소산($HClO_4$), 황산(H_2SO_4), 인산(H_3PO_4), 질산, 청화 알칼리, 불산 등

(4) 전해 가공(electro-chemical machine : ECM)

전극을 음극에 가공물을 양극으로 연결한 후 전극과 가공물의 간격을 0.02~0.7mm 유지하면서 전해액을 분출하여 전기를 통전하면 가공물이 전극의 형상으로 용해되어 제거되며 가공하는 방법

전해 가공은 다음과 같은 특징이 있다.
① 방전가공과 전해연마를 응용한 가공방법으로 정밀도는 방전가공에 비하여 낮으나 가공능률은 높다.(방전가공의 10배, 전해연마의 100배)
② 금형이나 부품가공에 적합
③ 스파크를 발생시키지 않아 소모 및 변형이 적고 1개의 전극으로 여러 개의 제품을 가공 가능

(5) 전해 연삭(electrolytic chemical grinding : ECG)

Point
전해 연삭은 연삭숫돌과 상대 접촉에 의한 가공

전해 가공과 유사, 전해 가공은 비접촉식이고, 전해 연삭은 연삭숫돌에 의한 접촉방식으로 기계적인 연삭 가공을 전해 작용과 복합시킨 가공 방법이다.

전해 연삭은 다음과 같은 특징이 있다
① 가공속도가 빠르고, 숫돌의 소모가 적으며 가공면이 연삭가공 면보다 우수하여 초경합금과 같은 경질의 가공물, 열에 민감한 가공물, 연질 가공물, 두께가 얇은 판 등을 변형 없이 가공한다.
② 전자 현미경의 시편가공 및 반도체 가공에도 적용한다.
③ 평면 및 원통, 내면가공을 할 수 있으며, 가공 변질층 및 표면 거칠기가 우수하다.
④ 설비비가 많이 들고, 숫돌의 가격이 비싸다.
⑤ 정밀도는 기계적인 연삭보다 낮다.
⑥ 거스러미(burr)가 나타나지 않아 주사바늘 가공에 적합하다.

(6) 버니싱(burnishing) 다듬질

필요한 형상을 한 공구를 공작물의 표면을 누르며(압입) 이동시켜 표면에 소성변형을 이르키게 하여 매끈하고 정도가 높은 면을 얻는 가공법으로 주로 구멍 내면의 다듬질에 사용된다. 드릴 리머로 가공한 면의 치수 정밀도를 높이고, 표면을 다듬질하는 데 시간이 적합하다.

스프링 백을 고려하여야 하고 강구는 가공물의 재질이 알루미늄, 알루미늄 합금, 구리, 구리 합금 등의 비철합금에 사용하고 가공물의 재질이 강일 때는 초경합금 볼을 사용한다.
(구리, Al 및 그 합금과 같은 비철금속에만 사용)

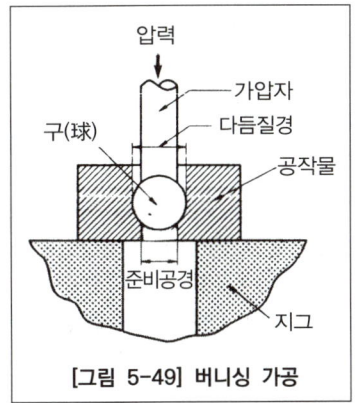

[그림 5-49] 버니싱 가공

Point
버니싱 소성가공

(7) 롤러 다듬질

회전하는 원통형의 일감에 롤러를 눌러 표면을 매끈하게 하는 동시에 표면경화시키는 가공법이다. 주로 선반이나 일반 공작기계에서 가공한 표면에 절삭공구의 이송자국, 뜯긴 자국 등을 매끈하게 가공하기 위해 사용되는 가공이다.
1개의 롤러가공으로 가공물의 변형 될 우려가 있을 때는 3개의 롤러를 이용하여 가공한다.

(8) 버핑(buffing)

포목이나 가죽으로 된 버프(buff)를 회전시키며 연삭제를 버프와 공작물 사이에 넣어 공작물 표면의 녹을 제거하거나 광내기에 사용하는 방법이다. (치수정밀도와 무관하며 광택내기가 주목적이다.)

Point
폴리싱(polishing)
폴리싱이라 함은 목재, 피혁, 캔버스, 직물 등 탄성이 있는 재료로 된 바퀴 표면에 부착시킨 미세한 연삭입자로서 연삭작용을 하게 하여 공작물 표면을 버핑하기 전에 다듬는 방법

(9) 배럴(barrel) 다듬질

회전하는 상자에 공작물과 숫돌 입자, 공작액, 콤파운드 등을 함께 넣어 공작물이 입자와 충돌하는 동안에 그 표면의 요철을 제거하며, 매끈한 가공면을 얻는 방법. 이때 공작물을 넣고 회전하는 상자를 배럴이라고 한다.(종류는 회전형과 진동형이 있다.)

① 미디어(media)
형석, 나무 부스러기, 가죽 부스러기 등

Point
배럴가공

② **콤파운드(compound)**
   스케일의 제거, 녹떨기, 변색의 방지, 광택내기에 사용
③ **공작액**
   물, 경유, 글리세린, 유화액 등
④ **배럴효과**
   연삭의 효과, 스케일 제거, 버니싱 효과

(10) 숏 피닝(shot peening)

숏이라고 하는 금속제 입자를 고속으로 가공물의 표면에 분사시켜 금속 표면의 강도와 경도를 증가시켜 주는 방법으로 피로한도, 탄성한도를 높인다.
주로 기어, 판스프링, 크랭크축의 표면 경화에 쓰인다.

① **가공조건**
   숏 피닝에서 중요한 문제는 분사속도, 분사각도 및 분사면적이다.
   └ 가공속도에 영향을 미친다.

② **숏(shot)**
   숏에는 칠드 주철 숏, 가단주철 숏, 주철 숏, 컷 와이어 숏(cut wire shot)
   └ H_B 800~900 정도   └ 강을 절단한 것이며 크기는 보통 0.5~1mm이다.

(11) 레이저 가공

레이저(laser)는 "light amplification by stimulated emission of radiation"의 머리글자를 따서 레이저라 한다.

레이저 광원의 빛은 여러 가지 특징이 있으며, 그 중에서 밀도가 높은 단색성과 평형도가 높은 지향성을 이용하여 렌즈나 반사경을 사용하여 직접 가공물에 빛을 쏘이면 순간적으로 일부분이 가열되어, 용해되거나 증발되는 원리이다. 따라서 대기 중에서 비접촉으로 필요한 형상으로 가공하는 것을 레이저 가공이라 한다.

레이저의 종류는 기체 레이저(He-Ne, A, CO_2), 액체 레이저, 고체 레이저(루비, YAG, 유리, $CaWO_4$), 반도체 레이저 등이 있으나 가장 많이 이용되는 것은 고체 레이저와 기체 레이저이며 난삭재 미세가공에 적합하다.

레이저 시공은 시계의 베어링, 보석, 다이아몬드, 다이스에 구멍 뚫기, 반도체 가공, IC저항의 트리밍 등에 많이 사용되며 용접, 절단, 국부 열처리 등에 이용되고 있다.

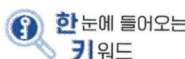 한눈에 들어오는 키워드

● **Point**
숏피닝
탄성한도, 피로한도가 요구되는 반복하중을 받는 제품에 적당, 가공경화 수반됨

● **Point**
텀블링
텀블러라는 회전기계 속에 스타(star)라는 돌기가 달린 작은 구름쇠와 함께 주물을 넣고 회전시켜 스타와 주물이 마찰로 모래를 털어내고 주물 표현을 깨끗하게 다듬는 작업이다.

CHAPTER 05 단원 예상문제

저자가 콕! 찝어주는 예상문제 풀어보기!

01 호닝(honing)에 관한 설명으로 틀린 것은?

① 호닝 속도는 일감의 표면을 통과하는 입자의 속도를 나타낸다.
② 혼(hone)에 일감의 축방향으로 진동을 주어 작업한다.
③ 혼(hone)이라는 회전공구로 정밀 다듬질하는 방법이다.
④ 호닝 숫돌은 연삭입자를 결합제로 결합하여 성형한 것이다.

> • 호닝(honing) : 보링, 리밍, 연삭가공 등을 끝낸 원통 내면의 정밀도를 더욱 높이기 위하여 막대 모양의 가는 입자의 숫돌을 방사상으로 배치한 혼(hone)으로 다듬질하는 방법
> • 호닝 조건
>   ① 치수 정도는 3～10μ 정도이며 표면거칠기는 1～4μ이다.
>   ② 호닝의 원주속도 : 재질에 따라 다르나 15～60m/min 정도
>   ③ 호닝유는 등유나 경유에 라드(lard)유를 혼합(칩이나 숫돌의 부스러기를 씻어 내고, 열을 방지하기 위해서 냉각액을 사용)
>   ④ 가공분야 : 원통의 내외면, 평면 및 크랭크축 등은 가공한다.
> • 호닝 다듬질 정도와 입도
>   ① 거친 호닝 : 80～120번
>   ② 보통 호닝 : 220～280번
>   ③ 다듬질 호닝 : 400～500번

02 직사각형 단면의 긴 숫돌을 지지봉의 끝에 방사방향으로 붙여 놓은 혼(hone)을 구멍에 넣고, 회전운동과 축방향의 운동을 동시에 시켜가며 구멍의 내면을 정밀 다듬질하는 가공법은?

① 호닝 가공
② 슈퍼 피니싱 가공
③ 래핑
④ 액체 호닝

03 호닝(honing) 작업 시 혼(hone)의 왕복속도는 원주속도의 몇 배인가?

① 1～1/2   ② 1/2～1/5
③ 1/6～1/8   ④ 1/9～1/12

> 호닝에서 혼의 왕복운동 속도는 원주속도의 1/2～1/5로 한다.

04 숫돌차 또는 숫돌 입자를 사용하지 않는 공작기계는?

① 호닝 머신
② 슈퍼 피니싱 머신
③ 래핑 머신
④ 브로칭 머신

> 입자를 사용한 정밀가공에는 호닝(honing), 래핑(lapping), 슈퍼 피니싱(super finishing)이 있다. 브로칭(broaching)이란 일련의 수많은 절삭인선을 가진 브로치라고 하는 공구로서 필요한 형상으로 가공하기 위하여 인발 또는 압입하여 절삭작업하는 방식이다.

05 입도가 적고, 연한 숫돌을 작은 압력으로 가공물의 표면에 가압하면서 가공물에 피드를 주고, 또 숫돌을 진동시키면서 가공물을 완성 가공하는 방법은?

① 브로칭   ② 래핑
③ 버핑   ④ 슈퍼 피니싱

정답 1 ② 2 ① 3 ② 4 ④ 5 ④

06 슈퍼 피니싱(super finishing) 작업에 관한 내용이다. 틀린 것은?

① 숫돌을 가공물 표면에 작은 압력으로 가압하여 숫돌을 진동시키며 직선이송 또는 회전이송 운동을 준다.
② 가공물의 표면은 초정밀 가공이나 변질층이 많이 생긴다.
③ 방향성이 생기지 않으며 짧은 시간내에 비교적 아름다운 면을 가공할 수 있다.
④ 주로 원통면 가공에 이용되나 평면 및 내면가공에도 사용할 수 있다.

- 슈퍼 피니싱 : 숫돌입자가 작은 숫돌로 일감을 가볍게 누르면서 축방향으로 진동을 주는 것으로 변질층 표면깎기, 원통 외면, 내면 평면을 다듬질할 수 있다.
- 슈퍼 피니싱 가공의 조건 및 특징
  ① 표면 정밀도는 0.1 ~ 0.3μ이다.
  ② 표면의 변질층을 금속 표면에서 제거한다.
  ③ 짧은 시간(30초~2분)에 가공이 완료되며, 방향성이 없는 다듬질면을 얻을 수 있다.
  ④ 연삭액으로 경유, 머신유(기계유), 스핀들유 등이 쓰인다.
  ⑤ 발열이 적고 내마멸성, 내식성이 높은 다듬질면을 얻을 수 있다.

07 슈퍼 피니싱 가공의 설명 중 잘못된 것은?

① 가공 시간이 길다.
② 방향성이 없다.
③ 전 가공의 변질층을 제거한다.
④ 내마멸성이 높은 다듬질면을 얻는다.

08 래핑(lapping)의 단점에 해당되는 것은?

① 소량 생산만 한다.
② 작업방법이 복잡하고 설비비가 많이 든다.
③ 거울 같은 가공면을 얻지 못한다.
④ 가공면에 랩제가 잔류하기 쉽다.

09 래핑 작업에 사용하는 랩제의 종류가 아닌 것은?

① 탄화규소   ② 산화 알루미늄
③ 산화 크롬   ④ 흑연가루

랩제(lapping compound)로는 탄화규소(SiC), 알루미나(Al_2O_3)가 주로 쓰이며, 그 밖에 산화 크롬, 산화철 등이 있다.

10 액체 호닝의 설명 중 잘못된 것은?

① 단시간에 매끈하고 광택이 나지 않는 다듬질면을 얻는다.
② 피닝 효과가 있고 일감의 피로한계를 높일 수 있다.
③ 복잡한 모양의 일감에 대해서는 가공이 어렵다.
④ 일감 표면에 잔류하는 산화피막과 거스러미를 간단히 제거할 수 있다.

액체 호닝 가공 : 연마제를 가공액(물)과 혼합한 다음, 압축 공기(5~6.5kgf/cm^2)와 함께 노즐로 고속 분사시켜 미려한 다듬질면을 얻는 가공 방법이다.
- 특징
  ① 피닝 효과가 있어 피로 강도가 약 10% 정도 증가한다.
  ② 복잡한 모양의 일감도 다듬질이 가능하다.
  ③ 일감 표면의 산화막이나 도료 등을 제거할 수 있는 이점이 있어 도장이나 도금의 바탕을 깨끗이 다듬는 데 좋다.
  ④ 가공 시간을 짧게 할 수 있지만 광택이 적다.

11 액체 호닝 작업에서 양호한 가공면을 얻기 위한 조건 설명 중 서로 잘못 연결된 것은?

① 공기압력 : 압력이 높을수록 능률이 좋다.
② 연마제의 농도 : 80%(연마제와 가공액과의 혼합)
③ 분사각도 : 철강의 경우 40 ~ 50°
④ 분사 노즐과 일감 사이의 거리 : 60~80mm

액체 호닝의 가공조건 : 연마제의 농도, 공기압력, 분사시간, 노즐과 일감의 거리, 분사각 등에 따라 가공면이 다르며 압력이 높을수록 가공능률이 좋다.
① 공기압력 : 3.5~7.0kg/cm^2
② 연마제와 가공액의 혼합비 : 용적의 1 : 2 정도
③ 분사 노즐과 일감 사이의 거리 : 60~80mm 정도
④ 분사각 : 철강의 경우 40~50° 정도, 분사각이 클수록 거칠어진다.

정답 6 ② 7 ① 8 ④ 9 ④ 10 ③ 11 ②

12 다음 작업 중 작은 물건을 다량으로 연마하는 데 가장 적합한 것은?

① 벨트(belt) 연마
② 버프(buff) 연마
③ 배럴(barrel) 연마
④ 랩(lap) 연마

13 금속과 비금속 등 고형물에 대하여 시행하며 대량의 일감을 1개의 배럴에 넣고 가공하므로 노력이 절감되고 모든 일감이 균일하게 다듬어지며, 많은 양을 한번에 다듬을 수 있어 경제적인 다듬질 방법은?

① 텀블링
② 샌드 블라스팅
③ 그릿 블라스팅
④ 숏 피닝

> ① 텀블링(tumbling) 전마기 : 주조공장에서 소형 주물의 모래를 떨어내는 회전기계
> 회전하는 드럼 속에 스타(star)라는 돌기가 달린 작은 구름쇠와 함께 주물을 넣고 회전을 시켜 스타와 주물의 마찰로 모래를 떨어내고 주물 표면을 깨끗하게 다듬는다.
> ② 샌드 블라스팅(sand blasting) : 주물이나 강재 등의 표면에 붙어 있는 모래나 스케일 등을 제거하기 위해 모래 분사기를 사용하여 모래를 금속 표면에 분사하는 작업
> ③ 그릿 블라스팅(grit blasting) : 단조품이나 주조품 등의 공작물에 그릿(예리한 각이 있는 주철이나 주강의 입자)을 압축기로 뿜어 표면을 아름답게 다듬질하는 가공법
> ④ 숏 피닝(shot peening) : 숏이라고 하는 강재 소립자를 가공물 표면에 20∼50cm/sec 속도로 다수 분사시키는 냉간가공법이다.
>   ㉠ 표면에 약 0.3mm까지 압축응력이 작용하므로 표면경도가 좋다.
>   ㉡ 스프링, 차축 등의 피로수명 개선에 좋다.

14 원통 내면 가공 시 안지름 보다 큰 공구를 압입하여 정밀도가 높은 가공을 하는 방법은?

① 태핑
② 버니싱
③ 슈퍼 피니싱
④ 버핑

> 버니싱(burnishing) : 원통내면을 다듬질하는 경우 안지름보다 약간 지름이 큰 버니시를 압입하여 내면에 소성변형을 주어 정밀도가 높은 면을 얻는 가공법

15 전해연마에 관한 설명으로 옳지 않은 것은?

① 가공면에는 방향성이 없다.
② 내마멸성이 좋아진다.
③ 내부식성이 좋아진다.
④ 연마량이 많으므로 깊은 홈이 제거된다.

16 전해 연마할 때 사용하는 전해액에 해당되지 않는 것은?

① 황산
② 인산
③ 초산
④ 과염소산

17 공작물을 양극으로 하고, 불용해성 Cu, Zn을 음극으로 하여 전해액 속에 넣으면 공작물 표면이 전기분해되어 매끈한 면을 얻을 수 있는 가공방법은?

① 전해연마
② 전기화학가공
③ 정밀연삭
④ 방전가공

> 전해연마(electrolytic polishing) : 전기 화학적인 방법으로 표면을 다듬질하는 방법을 전해연마라고 한다. 일감을 양극으로 하고 전해액 속에 달아매면 일감의 전기분해에 의해 깨끗하고 아름답게 된다.
> ① 가공물인 양극의 금속이 용해되어 전해연마되고 피연마 재료는 석출되어 음극으로 전기도금이 된다.
> ② 치수정밀도보다 표면에 광택이 있는 거울면이 중요시될 때 사용된다.
> ③ 드릴의 홈, 주사침, 반사경 등이 방향성 없는 가공면을 얻을 수 있다.
> ④ 연질 금속, 알루미늄, 구리 제품류, 탄소강, 스테인리스강, 텅스텐 등 다양한 금속을 용이하게 연마한다.
> ⑤ 전해액 : 과염소산($HClO_4$), 황산(H_2SO_4), 인산(H_3PO_4), 질산 등

정답 12 ③ 13 ① 14 ② 15 ④ 16 ③ 17 ①

18 강을 열처리하지 않고 강의 표면을 다른 금속으로 피복함으로써 표면의 강도를 높이고 표면의 광택을 증가시키며, 내식성을 부여하는 표면처리법을 무엇이라고 하는가?

① 전해연마
② 화학연마
③ 도금
④ 질화

19 가공하는 전극과 공작물 사이에 지립(砥粒)의 역할을 겸하는 절연체를 개재시켜 전해작용으로 생긴 양극의 산화피막을 절연체의 기계적 작용으로 제거하는 가공방법은?

① 전해연마
② 전해연삭
③ 전기화학가공
④ 방전가공

> 초경합금공구 등을 전해가공하면 가공물의 표면에 양극 생성물이 생기고 가공속도 및 정밀도가 현저히 저하된다. 가공물의 표면에 생긴 생성피막을 연삭숫돌을 사용하여 기계적 방법으로 제거하여 전해가공하는 방법을 전해연삭이라고 하며, 연삭숫돌에는 금속결합제를 사용한 다이아몬드 숫돌, 흑연결합제 연삭숫돌 등이 사용된다. 연삭입자는 전극숫돌 바퀴와 가공물 사이의 간격을 일정하게 유지하고 생성피막을 제거하여 가공량을 증가하는 데 도움을 준다. 이 때 연삭작용도 일부가 생기나 대부분은 전해로 가공된다. 전해연삭은 가공속도가 빠르고 숫돌의 소모가 적으며 가공면이 연삭다듬질보다 우수하다.

20 EDM(방전가공), ECM(전기화학가공) 가공에 사용하는 가공액의 설명으로 바른 것은?

① 모두 전기의 양도체이다.
② 모두 전기의 부도체이다.
③ EDM가공액은 전기의 부도체, ECM가공액은 전기의 양도체이다.
④ EDM가공액은 전기의 양도체, ECM가공액은 전기의 부도체이다.

21 방전가공에서 전극재질의 구비조건이 아닌 것은?

① 기계가공이 쉬워야 한다.
② 방전이 안정되고 가공속도가 커야 한다.
③ 황동이 비교적 좋은 재료이다.
④ 가공전극의 소모가 빨라야 한다.

22 다이아몬드, 루비, 사파이어 등의 가공에 가장 적합한 특수가공방법은? (특히, 구멍 가공 시)

① 전해연마
② 방전가공
③ 슈퍼 피니싱
④ 호닝

> **방전가공(EDM 가공)**
> 일감을 가공액이 들어있는 탱크 속에 가공할 형상의 전극과 일감 사이에 전압을 주면서 가까운 거리로 접근시키면, 아크(arc) 방전에 의한 열작용과 가공액의 기화폭발작용으로 일감을 미소량씩 용해하여 용융 소모시켜 가공용 전극의 형상에 따라 가공하는 방법
> ① 전극재료 : 흑연, 텅스텐, 구리합금(공작물 : +, 공구 : −)
> ② 가공재료 : 경질합금, 담금질된 고속도강, 내열강, 스테인리스, 다이아몬드, 수정 등 각종 재질의 절단, 천공(구멍뚫기), 연마에 이용된다.
> ③ 가공액 : 백등유, 경유, 스핀들유 등
> ④ 방전시간 $3 \sim 5 \mu(sec)$, 방전횟수는 $60 \sim 10000(sec)$이다.

23 방전가공에 대한 설명이다. 틀린 것은?

① 방전가공법의 특징은 높은 경도를 갖는 재질의 절단, 천공 등에 우수한 성능을 발휘한다.
② 대표적인 원리는 직류 축전기법으로 가공액은 변압기유, 석유, 물 등이 사용된다.
③ 가공전극은 보통 황동을 사용하며 주축에 부착되어 회전운동을 한다.
④ 다이아몬드(diamond), 수정(水晶) 등의 재질도 절단, 천공 등이 가능하다.

정답 18 ③ 19 ② 20 ③ 21 ④ 22 ④ 23 ③

24 방전가공에서 콘덴서의 용량이 클 때 일어나는 현상 중 옳지 못한 것은?

① 가공능률이 높아진다.
② 가공면과 치수정밀도가 좋아진다.
③ 가공시간이 적게 걸린다.
④ 치수와 가공면이 좋지 못하다.

25 초음파검사 시 강 중의 초음파속도는 얼마 정도인가?

① 6000m/sec   ② 3300m/sec
③ 1500m/sec   ④ 9000m/sec

26 차량용 스프링의 수명을 연장시키기 위한 방법으로 이용되고 있는 가공방법은 어느 것인가?

① 액체 호닝   ② 숏 피닝
③ 호닝   ④ 래핑

> **숏 피닝 효과**
> ① 표면 경도가 증가된다.
> ② 피로에 대한 저항이 크다.
> ③ 두께가 크고 경취성 재료에도 효과가 있다.
> ④ 자동차의 스프링, 기어, 축 등의 반복하중을 받는 기계 부품의 끝가공에 적합. 그러나 부적당한 숏 피닝은 연성을 감소시켜 균열의 원인이 된다.

27 숏 피닝(shot peening)과 가장 밀접한 설명은?

① 주물 표면을 가공할 목적으로 한다.
② 마모에 견디기 위해서 가공한다.
③ 표면경화 및 피로강도의 향상에 있다.
④ 절삭성을 높이기 위해서이다.

28 숏 피닝 가공에서 피닝효과에 중요한 영향을 미치는 3가지 사항은?

① 분사면적, 분사각, 분사시간
② 분사면적, 분사각, 분사속도
③ 분사각, 분사속도, 분사시간
④ 분사면적, 분사속도, 분사거리

> **숏 피닝의 가공조건**
> ① 분사속도 : 높을수록 효과가 좋다.(공기압 4kg/cm² 이내)
> ② 분사각도 : 90° 일 때 가공층 두께가 가장 두껍다.
> ③ 분사면적 : 가공속도에 영향을 준다.

29 굳고 취약한 재료를 가공하는 데 적합하며 초경합금, 보석류, 세라믹, 유리 등의 구멍뚫기, 절단, 평면가공, 표면다듬질 등에 가장 적합한 가공은?

① 버니싱 가공   ② 전해 가공
③ 방전 가공   ④ 초음파 가공

> **초음파 가공**
> 물이나 경유 등에 연삭 입자를 혼합한 가공액을 공구의 진동면과 일감 사이에 주입시켜 가면서 16~30KHz/s의 초음파에 의한 상하진동으로 표면을 다듬는 가공방법
> ① 가공법 : 메짐이 큰 재료에 사용되며 초경합금, 보석류, 세라믹, 유리 등의 구멍 뚫기, 절단, 평면가공, 표면가공 등을 한다.
> ② 공구(혼)의 재료 : 황동, 연강, 공구강, 모넬 메탈, 피아노선재
> ③ 연삭 입자 재질 : 알루미나, 탄화규소, 탄화붕소

30 공구에 진동을 주고 공작물과 공구 사이에 연삭입자를 두고 전기적 에너지를 기계적 에너지로 변화함으로써 공작물을 정밀하게 다듬는 방법은?

① 전해연마   ② 기어 셰이빙
③ 초음파 가공 ④ 방전 가공

정답 24 ② 25 ① 26 ② 27 ③ 28 ② 29 ④ 30 ③

31 정밀입자 가공에서 호닝(honing)의 결과에 대한 설명으로 틀린 것은?

① 표면 정밀도를 향상시킨다.
② 크기를 정확히 조절할 수 있다.
③ 최소의 발열과 변형으로 신속하고 경제적인 정밀 가공을 할 수 있다.
④ 호닝에 의하여 구멍의 위치를 변경시킬 수 있다.

32 다음 중 자동차 스프링 기어축 등 반복하중을 받는 기계 부품의 끝가공에 적합한 것은?

① 그라인딩   ② 버니싱
③ 숏 피닝   ④ 입자 벨트 가공

33 구멍의 내면을 정밀하게 다듬는 가공법으로 공구에 회전운동과 동시에 축방향으로 왕복 운동을 주어 보링, 리머가공, 내면연삭을 한 구멍의 진원도, 진직도, 표면거칠기를 능률적으로 개선하기 위하여 발달된 가공법은?

① 내경연삭   ② 호닝
③ 수퍼 피니싱 ④ 래핑

34 액체 호닝(liquid honing)은 다음의 어느 가공법과 비슷한가?

① 버니싱(burnishing)
② 래핑(lapping)
③ 샌드 블라스트(sand blast)
④ 초음파 가공(ultra-sonic machining)

> 분사가공
> ① 샌드 블라스트
> ② 그릿 블라스트
> ③ 숏 피닝
> ④ 액체 호닝

35 일반적으로 가장 널리 사용되고 있는 랩의 재질은?

① 주철   ② 연강
③ 구리   ④ 납

> 랩은 주철, 구리, 황동, 연강, 납 등에서 주로 주철이다. 랩재는 탄화규소, 알루미나, 산화크롬, 산화철 등이 있다.

36 공작기계 중 가공 표면거칠기를 가장 양호하게 얻을 수 있는 공작기계는?

① 연삭
② 호닝
③ 슈퍼 피니싱
④ 브로칭

> 표면거칠기의 정밀도 순서
> 브로칭 〈 연삭 〈 호닝 〈 슈퍼 피니싱

37 방전가공에서 가장 기본적인 회로는?

① RC 회로
② 임펄즈발전기 회로
③ 트랜지스터 회로
④ 고전압법 회로

> 방전가공기의 전원장치 회로방식
> ① RC 회로(콘덴서 방전회로) : 가장 기본적인 회로(축전기법)
> ② TR 회로(트랜지스터 방전회로) : 일반 방전기에서 많이 사용
> ③ TR을 부착한 RC 회로 : 현재 가장 많이 사용

정답 31 ④ 32 ③ 33 ② 34 ③ 35 ① 36 ③ 37 ①

38 초음파 가공에 관한 설명으로 옳지 않은 것은?

① 다이아몬드, 초경합금, 담금질한 강(鋼) 등의 구멍 뚫기 가공에 이용된다.
② 공구 재료는 연강, 피아노선 등이 쓰인다.
③ 공구는 회전시켜야 되므로 비등경(非等徑) 단면 현상의 가공이 곤란하다.
④ 진동자(振動子)의 원리는 자기변형(磁氣變形) 현상을 이용한 것이다.

39 가공물을 양극(陽極)으로 하고 전해용액 중에 침지하여 금속표면의 미소 돌기부분을 용해하여 거울면 상태로 가공하는 방법을 무엇이라 하는가?

① 전해연마
② 전기도금
③ 전기화학가공
④ 방전가공

> **전해연마**
> 전기 화학적인 방법으로 표면을 다듬질하는 방법
> ① 주로 치수정밀도보다는 표면에 광택이 있는 거울면이 중요시 될 때
> ② 드릴의 홈, 주사침, 반사경 등이 있는 거울면을 얻을 수 있다.
> ③ 전해액 : 과염소산, 황산, 인산, 질산 등

40 다음 특수 가공 중 소요(所要)의 형상을 한 공구를 공작물의 표면에 누르며 이동시켜 표면에 소성 변형을 일으키게 하여 평활한 정도가 높은 면을 얻는 가공법은?

① 버니싱(burnishing)
② 숏 피닝(shot peening)
③ 배럴 다듬질(barrel finishing)
④ 버핑(buffing)

① 버니싱 : 구멍 내면을 버니시 공구를 통과시켜 깨끗하게 다듬질
② 숏 피닝 : 강구를 분사가공하여 표면을 매끄럽게 하는 가공법(피로한계)
③ 배럴 다듬질 : 다량의 일감을 컴파운드, 미디어를 넣고 회전하여 다듬질
④ 버핑 : 버프를 이용하여 광택내기가 주목적(치수공차와 무관)

41 다음은 숏 피닝(shot peening)에 대해 설명한 것이다. 틀린 것은?

① 가공물의 표면에 숏(shot)을 투사하여 피로강도를 증가시키기 위한 일종의 냉간 가공법이다.
② 두께가 큰 재료에 효과가 크며, 부적당한 숏 피닝은 연성(延性)을 증가시킨다.
③ 숏의 재질은 냉간, 주철, 주강, 강철 등이 쓰이며 대부분 환형(丸形)으로 되어 있다.
④ 숏 피닝 작업에는 피닝작업(peening work)과 청정작업(cleaning work)이 있다.

> 피로강도와 기계적 성질 향상

42 와이어 컷(wire cut) 방전가공은 다음 중 어느 것을 가공하는 데 가장 적합한가?

① 장식품의 절단가공
② 금속 주형가공
③ 블랭킹 다이의 구멍가공
④ 다이캐스팅 다이가공

정답 38 ③ 39 ① 40 ① 41 ② 42 ③

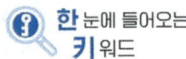
한 눈에 들어오는 키워드

06 기계가공 관련 안전수칙

기계 안전작업에 관한 내용 중 일반적인 사항은 제외하고 핵심적인 내용만 정리하였다.

1 작업복장과 보호구

(1) 작업복

① 작업복은 항상 깨끗이 하고 특히 기름이 묻었을 경우 불이 붙을 위험이 있다.
② 여름철과 같이 더운 계절이나 고온·고열 작업시에는 재해의 위험성이 따르므로 작업복을 절대로 벗지 않도록 해야 한다.
③ 기계의 주위에서 작업을 할 때 반드시 모자를 쓰도록 한다.

(2) 보호구의 종류와 용도

① **방진안경**
철분, 모래 등이 날리는 연삭, 선반, 셰이퍼, 목공기계 등의 작업에 사용할 것
② **차광안경**
용접작업과 같이 불티나 유해광선이 나오는 작업에 사용할 것
③ **보호 마스크**
먼지가 많은 장소와 납, 비소와 같은 해로운 가스가 발생되는 작업에 사용한다. 특히, 산소가 16[%] 이하로 결핍되었을 시는 산소마스크를 사용하도록 한다.
④ **장갑**
선반작업, 드릴, 목공기계, 연삭, 해머, 정밀기계 작업 등에는 장갑 착용을 금할 것
⑤ **귀마개**
소음이 발생하는 작업, 제관, 조선, 단조, 직포 작업 등에는 귀마개를 사용하도록 한다.

(3) 작업자가 작업장에서 작업을 시작하기 전 점검사항

① 기계 공구가 그 기능이 정상적인가?
② 가스 사용 시 누설이 없는가, 폭발 위험이 없는가?
③ 전기 장치에 이상이 없는가?
④ 작업장 조명이 정상인가?

Point
방진안경
연삭기, 선반, 셰이퍼 등

Point
장갑 착용불
선반, 드릴, 연삭, 해머

⑤ 정리 정돈이 잘되어 있는가?
⑥ 주변에 위험물이 없는가?

(4) 안전 표시

① **녹십자 표시**
   하얀 바탕 위에 녹십자를 그린 표지 - 우리나라에서 산업안전의 상징(1964년 노동부예규 제6호)

② **안전 표시**
   ㉠ 적색 : 방화 금지, 방향 금지
   ㉡ 오렌지색 : 위험 표시
   ㉢ 황색 : 주의 표시
   ㉣ 녹색 : 안전지도, 위생 표시
   ㉤ 청색 : 주의 수리 중, 송전중 표시
   ㉥ 진한 보라색 : 방사능 위험 표시
   ㉦ 백색 : 주의 표시
   ㉧ 흑색 : 방향 표시

2 수공구류의 안전수칙

(1) 해머 작업 시 안전수칙

① 녹 쓴 공작물에는 보호안경을 착용할 것
② 최초에는 천천히 칠 것
③ 장갑을 끼지 말 것
④ 좁은 곳에서는 사용하지 말 것

3 기계 안전

(1) 공작기계 안전수칙

① 기계 위에 공구나 재료를 올려놓지 않는다.
② 이송을 걸어 놓은 채 기계를 정지시키지 않는다.
③ 기계의 회전을 손이나 공구로 멈추지 않는다.
④ 가공물, 절삭공구의 설치를 확실히 한다.
⑤ 절삭공구는 짧게 설치하고 절삭성이 나쁘면 일찍 바꾼다.
⑥ 칩이 비산할 때는 보안경을 사용한다.

Point
해머작업
① 보안경 착용
② 장갑착용 불가

⑦ 칩을 제거할 때는 브러시나 칩 클리너를 사용하고 맨손으로 하지 않는다.
⑧ 절삭 중 절삭면에 손이 닿아서는 안 된다.
⑨ 절삭 중이나 회전 중에는 공작물을 측정하지 않는다.

(2) 선반 작업 시 안전수칙

① 가공물의 설치는 전원을 내리고 바이트를 충분히 뗀 다음 설치한다.
② 공작물의 설치가 끝나면 척, 렌치류를 곧 떼어 놓는다.
③ 편심된 가공물의 설치는 균형 추를 부착시킨다.
④ 바이트는 기계를 정지시킨 다음에 설치한다.

(3) 드릴 작업 시 안전수칙

얇은 물건을 드릴 작업할 때는 밑에 나무 등을 놓고 구멍을 뚫어야 한다.

(4) 밀링 작업 시 안전수칙

① 상하 이송용 핸들은 사용 후 반드시 벗겨 놓는다.
② 절삭 공구에 절삭유를 줄 때는 커터 위에서부터 주유한다.

(5) 연삭 작업 시 안전수칙

① 숫돌을 설치하기 전에 나무망치로 숫돌을 때려 조사한다.(균열이 있으면 탁한 소리가 난다.)
② 숫돌차의 안지름은 축의 지름보다 0.05~0.15[mm] 정도 커야 한다.
③ 숫돌은 3분 이상 작업개시 전에는 1분 이상 시운전 한다. 그 때 숫돌의 회전 방향으로부터 몸을 피하여 안전에 유의한다.
④ 숫돌과 받침대의 간격은 항상 3[mm] 이하로 유지한다.

(6) 다듬질 작업 시 안전수칙

① 공구류는 기름이 묻은 것을 사용해서는 안 된다.
② 정 작업 시 방진 안경을 착용한다.
③ 정 작업 시 반대편에 차폐막을 설치한다.
④ 정 작업은 처음에는 가볍게 두들기고 목표가 정해진 후에 차츰 세게 두들긴다. 또 작업이 끝날 때는 타격을 약하게 한다.
⑤ 담금질한 재료를 정으로 쳐서는 안 된다.

> **Point**
> 수공구 작업 안전수칙
> ① 정
> ② 스크레이퍼
> ③ 줄
> ④ 쇠톱

⑥ 스크레이핑 작업 시 허리로 스크레이퍼 작업을 할 때는 넓적다리에 스크레이퍼를 댄다.
⑦ 바이스 작업 시 가공물을 체결한 다음에는 반드시 핸들을 밑으로 내린다.
⑧ 바이스 작업 시 둥근 가공물은 프리즘형 보조구를 이용하여 고정한다.
⑨ 불안정한 공작물, 무거운 공작물을 고정할 때는 공작물 밑에 나무조각 등의 대를 받쳐서 작업 중에 공작물이 낙하하지 않도록 한다.
⑩ 줄 다듬질시 줄에 담금질 균열이 있는 것은 사용 중에 부러질 우려가 있으므로 잘 점검한다.
⑪ 줄자루는 소정의 크기의 것으로 든든한 쇠고리가 끼워진 것을 선택하고 자루를 확실하게 고정하여 사용한다.
⑫ 쇠톱 작업 시 절삭이 끝날 무렵에는 힘을 빼고 가볍게 사용한다.

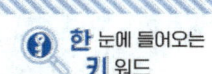

CHAPTER 05 단원 예상문제

저자가 콕! 찝어주는 예상문제 풀어보기!

01 전공장의 정리 정돈에 관한 다음 설명 중 잘못된 것은?

① 사용이 끝난 공구는 즉시 뒷정리를 하여 다음에 사용할 수 있도록 한다.
② 통로를 넓히기 위해 통로 한 쪽에 물건을 세워 놓는다.
③ 폐품은 용기 속에 넣어 정리하도록 한다.
④ 공구 재료 등은 정해놓은 장소에 넣어 정리하도록 한다.

02 작업장에서 전기 유해가스 및 위험물이 있는 곳을 식별하기 위해 사용하는 색은 다음 중 어느 것인가?

① 청색   ② 붉은색
③ 황색   ④ 녹색

> 안전표시 색상의 의미는 다음과 같다.
> ① 적색 : 방화 금지, 방향 금지
> ② 오렌지색 : 위험 표시
> ③ 황색 : 주의 표시
> ④ 녹색 : 안전지도, 위생 표시
> ⑤ 청색 : 주의 수리중, 송전중 표시
> ⑥ 진한 보라색 : 방사능 위험 표시
> ⑦ 백색 : 주의 표시
> ⑧ 흑색 : 방향 표시

03 다음 중 기계 운전작업 중에도 할 수 있는 것은?

① 급유   ② 치수측정
③ 점검   ④ 기계 주변 정리

04 다음 중 장갑을 끼고 작업해도 되는 것은?

① 선반 작업   ② 밀링 작업
③ 드릴 작업   ④ 용접

05 기계 작업에 관한 다음 설명 중 가장 타당한 것은?

① 치수 측정은 운전 중에도 필요하면 할 것
② 베드 및 테이블의 면은 공구대의 대용으로 사용할 것
③ 운전 중에는 다듬면 검사를 하지 말 것
④ 구멍 깎기 작업시 기계 운전 중에도 구멍을 청소할 것

06 공작기계의 안전사항으로 다음 중 설명이 잘못된 것은?

① 절삭가공 중에는 치수 측정을 하지 않는다.
② 공구는 움직이지 않도록 확실히 고정할 것
③ 가공 절삭 중에는 절삭면 손을 대지 않도록 할 것
④ 바이트는 가능한 길게 설치할 것

07 기계 가공 시 발생하는 칩을 제거하는 방법으로서 가장 타당한 것은?

① 작업 후에 솔 등을 사용하여 청소한다.
② 가공물의 상태를 알기 위해 작업 중에도 깨끗하게 한다.
③ 가공물의 칩은 맨손으로 깨끗이 청소한다.
④ 기계 운전 작업시 걸레 등을 사용하여 제거한다.

정답 1② 2② 3① 4④ 5③ 6④ 7①

08 공작기계에서 주축의 회전을 정지시키는 방법 중 옳은 것은?

① 손으로 멈추도록 잡는다.
② 역회전시켜 정지시킨다.
③ 스스로 정지하게 한다.
④ 수공구를 사용하여 강제로 정지시킨다.

09 안전 커버를 사용하고 있지 않은 곳은 다음 중 어느 것인가?

① 기어
② 선반의 주축
③ 체인
④ 풀리

10 다음 중 선반에서 주축 변속을 언제 하는 것이 가장 타당한가?

① 절삭 작업 중
② 저속 회전 중
③ 정지했을 때
④ 운전 중이면 어느 때든 상관없다.

11 가공이 끝난 후에 뒷정리로 해야 할 일로 볼 수 없는 것은?

① 기계를 시운전한다.
② 기계 핸들 등을 정위치에 놓는다.
③ 가공 공구를 정비한다.
④ 기계를 청소한다.

12 드릴 작업 시 보안경 착용과 관련하여 다음 중 맞는 것은?

① 필요시만 한다.
② 저속 가공시만 한다.
③ 고속 가공시만 한다.
④ 작업 시 항상 착용한다.

13 밀링 작업에서 주의할 점 중 잘못 설명한 것은?

① 커터에 옷이 감기지 않도록 한다.
② 절삭 중 측정기로 치수를 측정한다.
③ 보호안경을 착용하도록 한다.
④ 가공물은 기계가 정지한 상태에서 고정하도록 한다.

14 다음과 같은 드릴 작업 중 사고가 발생할 우려가 있는 경우는?

① 드릴 작업 중 반드시 보호안경을 착용하도록 한다.
② 얇은 판은 테이블에 힘을 주어 누르면서 작업을 하도록 한다.
③ 드릴 작업 중에는 장갑을 끼지 않도록 한다.
④ 드릴 작업 중 바이스가 회전하지 않도록 테이블을 고정한다.

15 그라인딩 작업에서 주의해야 할 사항으로 다음 중 틀린 것은?

① 숫돌의 측면을 사용하면 깨끗한 가공면을 얻을 수 있다.
② 회전 속도는 규정 이상을 넘어가지 않도록 한다.
③ 작업 중 진동이 심하게 수반되면 즉시 중지하도록 한다.
④ 작업 중 반드시 보호안경을 착용하도록 한다.

정답 8 ③ 9 ② 10 ③ 11 ① 12 ④ 13 ② 14 ② 15 ①

16 다음 사항 중 탭이 부러지는 원인으로 맞는 것은?

① 핸들에 과도한 힘을 주지 않을 때
② 구멍 밑바닥에 탭이 부딪혔을 때
③ 탭의 구멍이 일정할 때
④ 소재보다 경도가 높을 때

17 선반작업 중 안전사항을 열거한 것이다. 틀린 것은?

① 고정 센터 작업시 센터에는 주유하지 말 것
② 안지름나사 작업시 칩은 손가락으로 제거하지 말 것
③ 치수측정 시는 정지를 할 것
④ 작업 전에 기계점검을 할 것

18 다음 보기는 생산 현장에서 안전사고의 발생을 막기 위한 방법이다. 틀린 것은?

① 사용한 공구는 공구함에 보관하여 원위치해 놓는다.
② 화재가 발생하였을 경우 신속한 진화를 위해 평소 소화기 근처에 물건을 적재한다.
③ 칩을 일정한 장소에 모은다.
④ 보안경, 작업화, 보호면 등이 필요한 작업일 경우 반드시 착용한다.

19 다음 일반공구 사용법에서 안전관리에 적합하지 않은 것은 어느 것인가?

① 공구는 작업에 적합한 것을 사용한다.
② 공구는 사전에 불안전한 공구는 사용하지 말 것
③ 공구는 옆사람에게 빌려 줄 때는 빨리 던져주어 시간을 줄인다.
④ 공구에 기름이 묻었을 때 완전히 닦고 사용한다.

20 기계띠톱 및 둥근톱에 대한 안전사항으로 틀린 것은?

① 띠톱기계는 규정 이상의 속도로서 회전 점검한다.
② 띠톱날에 균열이 있는가 확인하고 끼운다.
③ 둥근톱기계의 작업대는 작업에 적합한 높이로 한다.
④ 띠톱을 풀을 때에 기계를 멈춰놓고 작업한다.

21 항해 항공의 보안시설 및 조난구조 때에 사용하는 해상 또는 상공에서 식별하기 쉬운 안전표시 색채는?

① 주황색　　② 노랑
③ 녹색　　　④ 청색

안전표시의 색체
① 빨간색 : 화재의 방지에 관계되는 물건에 나타내는 식으로 방화표지, 소화전, 소화기, 화재경보기 등이 있으며 정지표지로 긴급정지 버튼, 정지신호, 통행금지, 출입금지 등이 있다.
② 주황색 : 재해나 상해가 발생하는 장소에 위험표지로 사용, 뚜껑 없는 스위치, 스위치 박스, 뚜껑의 내면, 기계의 안전커버의 내면, 노출 톱니바퀴의 내면, 항공·선박의 시설 등에 사용된다.
③ 노란색 : 충돌·추락주의 표시, 크레인의 훅, 낮은 보, 충돌의 위험이 있는 기둥, 피트의 끝, 바닥의 돌출물, 계단의 디딤면 등에 사용된다.
④ 청색 : 함부로 조작하면 안 되는 곳, 수리 중의 운휴 정지장소를 표시하는 표지, 전기 스위치의 외부표시 등에 사용된다.
⑤ 녹색 : 위험, 구급장소를 표시, 대피장소 또는 방향을 표시하는 표지, 비상구, 안전위생 지도표지, 진행 등에 사용된다.
⑥ 흰색 : 통로의 표지, 방향지시, 통로의 구획선, 물품 두는 장소, 보조색으로서 방화 등에 사용된다.
⑦ 흑색 : 주의, 위험표지의 글자, 보조색(빨강이나 노랑에 대한) 등에 사용된다.
⑧ 보라색 : 방사능 등의 표시에 사용된다.

정답　16 ②　17 ①　18 ②　19 ③　20 ①　21 ①

22 안전 색채 빨강의 표시사항이 아닌 것은? (단, KS 규격에서)

① 주의
② 방화
③ 정지
④ 금지

23 기계와 기계사이 또는 기계와 다른 설비 사이의 통로의 넓이는 얼마 이상이어야 하는가?

① 80cm
② 1m
③ 60cm
④ 1.2m

통로
① 통로면으로 부터 높이 1.8m 이내에는 장애물이 없어야 한다.
② 기계와 기계 사이의 통로 나비는 적어도 80cm 이상으로 할 것
③ 통로 바닥은 미끄럽지 않게 하며, 불필요한 물건이나 기름 등이 없을 것
④ 가설 통로의 경사는 30° 이내로 하며 15° 이상인 때는 손잡이를 설치한다.
⑤ 작업장의 벽은 백색 칠이 가장 좋다.
⑥ 50인 이상의 근로자가 취업하는 옥내 작업장은 비상 통로를 2개 이상 설치해야 한다.
⑦ 작업장의 출입문은 미닫이 또는 밖여닫이로 한다.
⑧ 추락 위험이 있는 장소에는 75cm 이상의 난간을 설치한다.
⑨ 통행의 우선 순위 : 기중기 → 적재차량 → 빈차 → 보행자
⑩ 작업장 통행로의 폭 : 차폭 + 2ft(80cm)

24 퓨즈가 끊어져 다시 끼웠을 때, 다시 끊어졌다면?

① 다시 한번 끼워본다.
② 좀더 굵은 것으로 끼운다.
③ 기계의 합선여부를 본다.
④ 굵은 동선으로 바꾸어 끼운다.

25 다음은 안전모에 대하여 설명하였다. 잘못 설명된 것은?

① 모자를 쓸 때 머리끝 부분과의 간격은 25mm 이상 되도록 조절하여 놓을 것
② 턱끈은 반드시 꼭 매어 놓을 것
③ 전기공사 등을 할 때에는 절연이 되는 것은 사용하지 말 것
④ 될 수 있는 대로 각 개인별 전용으로 할 것

① 기계 주위에서 작업하는 경우에는 작업모를 쓸 것
② 여자, 장발자의 경우에는 머리카락이 나오지 않도록 해야 한다.
③ 안전모의 제일 윗부분과 머리와의 간격을 25mm 이상으로 한다.

26 다음에서 위험 표지를 사용한 경우 가장 옳게 설명한 것은?

① 잠재적인 위험조건에 관한 경고와 안정한 행동에 대한 주의를 환기시키기 위해 사용한다.
② 직접적인 위험에 대한 경고를 위하여 사용한다.
③ 혼란과 불편을 방지하기 위하여 유용하다고 인정될 경우 사용한다.
④ 안전한 행동에 관한 일반적인 지시나 시사를 하기 위하여 사용한다.

27 인력에 의한 물품 운반 시 주의사항 중 틀린 것은?

① 긴 물건은 앞을 조금 높여서 운반한다.
② 육체적으로 키가 고르게 같은 사람으로 조를 짠다.
③ 무거운 물건을 운반할 때는 등에 업혀서 운반한다.
④ 몸의 자세는 허리를 충분히 낮추고 등을 가급적 바르게 하며 손을 물품에 충분히 대고 든다.

정답 22 ① 23 ① 24 ③ 25 ③ 26 ① 27 ③

28 화재는 그 연소물에 따라 등급으로 표시되는데 전기 시설물 화재는 몇 급에 해당되는가?

① A급 ② B급
③ C급 ④ D급

> *** 소화기의 종류와 용도**
>
> | 소화기 \ 종류 | 보통화재 (A급) | 기름(유류) 화재(B급) | 전기화재 (C급) |
> |---|---|---|---|
> | 포말 소화기 | 적합 | 적합 | 부적합 |
> | 분말 소화기 | 양호 | 적합 | 양호 |
> | CO_2 소화기 | 양호 | 양호 | 적합 |

29 안전에서 강도율을 계산하는 공식은 다음 중 어느 것인가?

① $\dfrac{\text{사망자수}}{\text{연근로자수}} \times 1000000$

② $\dfrac{\text{사망자수}}{\text{연근로자수}} \times 1000000$

③ $\dfrac{\text{노동손실일수}}{\text{연근로시간수}} \times 1000$

④ $\dfrac{\text{연간사상자수}}{\text{평균근로자수}} \times 1000000$

> **재해 발생률**
> ① 연천인율 = $\dfrac{\text{산업재해건수}}{\text{근로자수}} \times 1000$
> ② 도수율 = $\dfrac{\text{사망자수}}{\text{연근로시간수}} \times 1000000$
> ③ 강도율 = $\dfrac{\text{노동손실일수}}{\text{연근로시간수}} \times 1000$

30 상시 취업시키는 장소에서 정밀한 작업 시 작업장의 조명은?

① 150Lux 이상이어야 한다.
② 100Lux 이상이어야 한다.
③ 300Lux 이상이어야 한다.
④ 200Lux 이상이어야 한다.

> **조명**
> ① 초정밀 작업: 600Lux 이상
> ② 정밀 작업: 300Lux 이상
> ③ 보통 작업: 150Lux 이상
> ④ 거친 작업: 60Lux 이상

정답 28 ③ 29 ③ 30 ③

07 주조

용해된 금속을 일정한 형(型)에 주입시켜 필요한 모양을 만드는 작업을 주조(鑄造 ; casting)라 하고 이와 같은 방법으로 완성된 제품을 주물(鑄物) 또는 주조품(鑄造品)이라 한다. 이러한 제품의 예로는 밥솥, 밸브나 콕, 자동차의 엔진 등이 있고 주물 작업공정 및 제조공정은 주조 방안 결정 → 모형(목형)제작 → 주형제작 → 용융금속 → 주입 → 주물 등의 순이다.

1 목형(木型 ; pattern)

(1) 목재 건조법
부패, 충해의 방지, 강도의 증대, 중량을 경감시키기 위해 필요하다. 목형의 수축 원인 중 가장 큰 영향을 주는 것은 수분이기 때문에 수분을 제거하는 것이 가장 중요한 작업이다.

① **자연 건조법**
  ㉠ 야적법 : 원목 건조
  ㉡ 가옥적법 : 판재나 할재 건조

② **인공 건조법**
  ㉠ 증재법
    원목을 증기를 이용하여 건조시키는 방법이다.
  ㉡ 침재법
    원목을 침재시키는 방법이며 균열과 변형을 방지하기 위해 목재를 담그는 것을 침수 시즈닝(seasoning)이라 한다.
  ㉢ 자재법
    용기 속에 목재를 넣고 수증기를 불어 목재의 수액을 제거시킨 후 건조하는 방법이다.
  ㉣ 훈재법
    가스를 목재에 불어서 건조시키는 방법이다.
  ㉤ 열기건조법
    목재를 건조실에 넣고 열풍을 불어넣어 건조시키는 방법이다.
  ㉥ 진공건조법
    열원을 이용하여 진공상태에서 건조시키는 방법이다.

ⓢ 전기건조법
　　전기저항열 또는 고주파열을 이용하여 건조시키는 방법이다.
ⓞ 약재건조법
　　밀폐된 건조실에서 건조재를 이용하여 건조시키는 방법이다.

(2) 목재 방부법
목재는 부패하기 쉬우므로 부패 방지를 위한 방법이다.

① **도포법**
　목재 표면에 크레졸(Cresol) 주입 또는 페인트를 도포하는 방법이다.
② **자비법**
　끓인 방부제를 침투시키는 방법이다.
③ **침투법**
　염화아연, 유산동, 황산 등의 수용액을 침투시키는 방법이다.
④ **충진법**
　구멍을 뚫어 방부제를 침투시키는 방법이다.

(3) 목형의 종류

① **현형**
　제품 치수에 가공여유, 수축여유, 테이퍼 등을 고려하여 실제 제품과 동일한 모양으로 만든 목형이다.

　㉠ 단체목형
　　단순한 주물(단일체로 제작한 모형)-레버, 뚜껑, 화격자
　㉡ 분할목형
　　복잡한 주물
　㉢ 조립목형
　　분할목형 보다 복잡한 주물-상수도관용 밸브 제작

② **부분목형**
　대칭이 되는 대형 주물-대형 기어, 프로펠러, 톱니바퀴
③ **회전목형**
　회전체 모양의 소량 주물 생산에 적합-벨트 풀리, 단차
④ **고르게 목형(긁기형 목형)**
　단면이 일정하며 가늘고 굽은 파이프 제작-밴드 파이프 제작
　• 고르개 : 흙손과 같이 편평하게 하는 도구(긁기판)

⑤ 골격목형

구조가 간단하며 골격만 목재로 대형 주물 생산-대형 파이프, 큰 곡관 제작

⑥ 코어 목형

속이 빈 중공 주물 제작 - 파이프, 수도꼭지

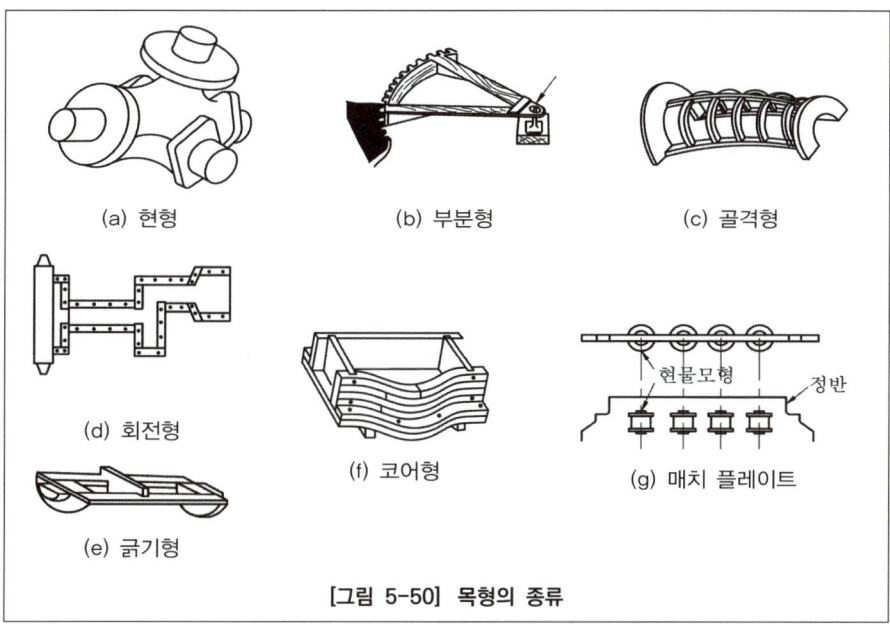

[그림 5-50] 목형의 종류

⑦ 매치 플레이트(match plate)

소형 주물을 대량 생산하고자 할 때 사용-여러 개의 주형을 동시 제작 가능

㉠ 패턴 플레이트(pattern plate)

정반에 한 면만 붙인 것

㉡ 매치 플레이트(match plate)

정반의 양면에 붙인 것

⑧ 잔형 : (loose piece)

주형에서 목형을 뽑기 곤란한 부분을 왁스로 별도로 만들어 주형 속에 남겨 놓은 부분

(4) 목형 제작시 유의사항

① 수축여유

수축 보정량이라고도 한다.

㉠ 주물자

　금속의 수축을 고려하여 만든 자-주물의 재료로 결정

㉡ 1[m] 주물자의 실제길이

　㉠ 주철 : 1008[mm]

　㉡ 주강 : 1020[mm]

　㉢ 황동 : 1014~1015[mm], 청동 : 1012~1015[mm]

　㉣ 알루미늄 : 1010~1020[mm]

㉢ 주물금속의 중량 계산식

$$\frac{W_m}{W_p} = \frac{S_m}{S_p}$$

W_m, S_m : 주물의 중량 및 비중
W_p, S_p : 목형의 중량 및 비중

② **가공여유**

주물 표면의 다듬질 가공을 위한 여유이다.

㉠ 거치른 다듬질 : 1~5[mm]

㉡ 중간 다듬질 : 3~5[mm]

㉢ 정밀 다듬질 : 5~10[mm]

③ **목형 기울기(구배)**

목형을 쉽게 빼내기 위해 주는 기울기이다.

㉠ 1[m] 길이에 대해 6~10[mm] 정도 기울기

㉡ 1[m]에 대해 1~2° 정도 기울기

④ **라운딩**

응고시 취약해지기 쉬운 목형의 모서리를 둥글게 하는 것이다.

⑤ **덧붙임**

두께가 일정하지 않으면 응고시 변형이 발생함으로 이것을 방지하기 위한 보강대이다.

⑥ **코어 프린트**

코어 고정 및 코어에서 발생되는 가스 배출을 위해 목형에 덧붙인 돌기부이다.

(5) 목형의 도장

래커, 니스, 알루미늄 분말 등을 사용하여 도장함으로써 수분으로 인한 목형의 변형을 방지하고 주물사와 잘 분리되도록 하는 것이 도장의 역할이다.

2 주조(鑄造 ; casting)

(1) 주물사

① 주물사의 구비조건
  ㉠ 성형성이 양호할 것
  ㉡ 적당한 강도가 있을 것
  ㉢ 내화성이 클 것
  ㉣ 화학적 변화가 없을 것
  ㉤ 통기성이 양호 할 것
  ㉥ 보온성이 있을 것
  ㉦ 아름답고 매끈한 주물 표면을 얻을 것

② **주물사의 주성분**
주물사란 주형을 만드는 재료로 주성분은 석영, 장석, 운모, 점토이다.
  • 강철용 주물사의 주성분 : 규사(SiO_2)-내열성 증가

③ **주철용 주물사**
  ㉠ 신사(생사 ; green sand)
    산이나 바다 모래
  ㉡ 건조사(규사 ; dry sand)
    신사 + 톱밥, 코크스, 흑연, 하천 모래 등을 혼합한 것으로 신사보다 통기성 증가, 대형 주물 및 고급 주물에 사용된다.

④ **주강용 주물사**
규사(SiO_2 ; 건조사) + 점토(점결재) : 내화성이 크고 통기성 양호

⑤ **비철 합금용 주물사**
내화성, 통기성 보다는 성형성이 좋다.

  ㉠ 일반 주물 : 주물사 + 소금
  ㉡ 대형 주물 : 신사 + 점토

⑥ **표면사**
주물과 접촉하는 부분에 사용하는 모래로 주물 표면을 깨끗하게 해준다.

⑦ **분리사**
주형상자의 분리를 원활하게 하기 위해, 위·아래 주형상자 사이에 점토분이 없는 건조된 새모래를 뿌려준다. 이것을 분리사라 한다.

(2) 배합제

① 배합제의 종류

㉠ 당밀, 유지, 인조수지
모래의 강도와 통기성 증가

㉡ 톱밥, 볏짚, 왕겨, 수모, 마분
균열 방지, 통기성 향상

㉢ 흑연, 석탄, 코크스
주물 표면을 깨끗하게

㉣ 점토
성형성 및 점결성 향상

(3) 주물사 시험

① 통기도

$$K = \frac{Qh}{PAt} \text{[cm/min]}$$

Q : 시험편을 통과한 공기량(2000[cc])
h : 시험편 높이[cm]
P : 공기압력(수주의 높이 : [cmAq])
A : 시험편의 단면적[cm^2]
t : 통과 시간[min]

② 통기도를 높이기 위한 방법

㉠ 주형을 건조
㉡ 가급적 다짐 정도를 작게 한다.
㉢ 점토의 량을 줄여 본다.

③ 입도

메시(Mesh) : 길이 1inch 내에 있는 체의 눈수 → 입도를 나타내는 척도

(4) 주형제작

① 주형상자에 따른 분류

㉠ 바닥주형법
주형 공장 바닥에 있는 모래에 목형을 집어넣고 다져 주형을 제작하는 방법

㉡ 조립주형법
주형 도마 위에 주형상자를 2개 또는 3개를 겹쳐 올려놓고 주형을 제작하는 방법

㉢ 혼성주형법
바닥주형법과 조립주형법의 혼합형으로 주형을 제작하는 방법

② 주형 상자를 이용한 주형제작법
  ㉠ 졸트법
    주형상자에 모래를 넣고 압축 공기를 이용하여 상하로 진동시켜 제작
  ㉡ 스퀴즈법
    주형 상자 속의 모래에 압력을 가하여 상하 압축시켜 제작
  ㉢ 슬링거법
    회전 임펠러(impeller)에 의해 주형 상자에 모래를 고르게 뿌리며 다져 제작
  ㉣ 블로우법
    코어를 만들 때 이용하는 방법
  ㉤ 스트립법
    주형 상자에서 모형을 뽑기 위해 주형상자를 위로 밀어 올리는 방법
  ㉥ 드로우법
    주형 상자에서 모형을 위로 뽑아 올려 꺼내는 방법-스트립법의 반대

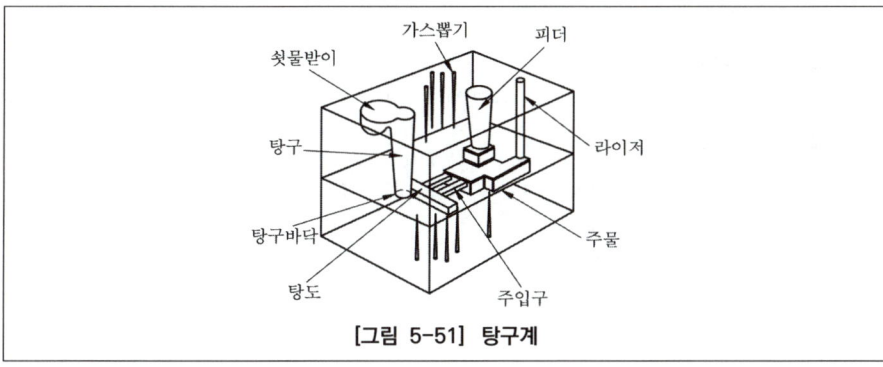

[그림 5-51] 탕구계

③ 탕구계
  쇳물을 주형에 주입하기 위해 만든 통로로 주조 방안 결정시 중요한 설계 사항이 된다.

  ㉠ 구성요소
    쇳물받이, 탕구, 탕도, 주입구
  ㉡ 탕구비

    $$탕구비 = \frac{탕구봉\ 단면적}{탕도\ 단면적}$$

ⓒ 주입시간

$$t = S\sqrt{W} \text{ [sec]}$$

W : 주물의 중량
S : 주물 두께에 따른 계수

ⓔ 응고시간

$$t \propto \left(\frac{V}{S}\right)^2$$

S : 주물의 표면적
V : 주물의 체적

④ **덧쇳물(압탕 ; feeder or riser)**
쇳물의 부족한 양을 보급하기 위한 것이다.

ⓐ 주형내의 공기 및 가스 제거
ⓑ 금속 응고시 쇳물의 부족 양을 보충
ⓒ 주형내 쇳물에 압력을 가해 줌
ⓓ 주형내의 불순물과 용재의 제거

⑤ **플로우 오프(flow off)**
주형내 쇳물을 관찰하기 위한 구멍으로 피이너나 가스빼기의 역할을 한다.

⑥ **중추**
주물의 압력으로 윗 상자가 뜨는 것을 방지하기 위한 것이다.

ⓐ 압상력의 3배가 중추의 무게
ⓑ 쇳물의 압상력

$$P = AH\gamma \text{[kg, N]}$$

ⓒ 코어를 포함하고 있는 경우

$$P = AH\gamma + \frac{3}{4}V\gamma \text{[kg, N]}$$

P : 압상력
A : 주물을 위에서 본 면적
H : 주물의 표면에서 주입구 표면까지 높이
γ : 주입금속의 비중량
V : 코어의 체적

(5) **용해로(鎔解爐)**

① **용광로**
ⓐ 철광석을 용해하여 선철을 만드는 로(爐)
ⓑ 용량 : ton/day

② **큐폴러(cupla ; 용선로)**
ⓐ 주철 용해

ⓒ 용량 : ton/hr
　　ⓒ 주철 : 탄소(C) + 규소(Si) 성분
③ 도가니로
　　㉠ 경합금, 동합금, 합금강 용해
　　ⓒ 용량 : 1회 용해할 수 있는 구리의 중량(ton/rev)
　　ⓒ 도가니로의 규격 : 1회 용해할 수 있는 금속(구리)의 중량을 번호로 표시
④ 전기로
　　㉠ 제강, 특수 주철 용해
　　ⓒ 용량 : ton/rev
⑤ 평로
　　㉠ 선철, 고철 용해
　　ⓒ 용량 : ton/rev
⑥ 전로
　　㉠ 주강 용해
　　ⓒ 용량 : ton/rev
⑦ 반사로
　　㉠ 가단주철 용해
　　ⓒ 용량 : ton/rev(1회 장입량)

3 주물의 결함(缺陷)

(1) 수축공(shrinkage hole)
수축으로 인해 쇳물이 부족하게 되어 공간이 생기는 결함이다.

① 방지법
　　㉠ 쇳물 아궁이를 크게 만든다.
　　ⓒ 덧쇳물을 붓는다.

(2) 기공(blow hole)
가스가 외부로 배출되지 못해 생기는 결함이다.

① 방지법
　　㉠ 통기성 양호하게
　　ⓒ 쇳물 아궁이 크게

ⓒ 쇳물 주입 온도를 적당하게
ⓔ 주형의 수분을 제거

(3) 편석
용융 금속에 불순물이 있을 때 발생하는 결함이다.

① **성분편석**
주물의 부분적 위치에 따라 성분의 차가 있는 것
② **중력편석**
비중 차에 의하여 불균일한 합금이 되는 것
③ **정상편석**
응고 방향에 따라 용질이 액체 중에 이동하여 그 결과 주물의 중심부에 용질이 모이게 되며 응고 시간이 길수록 성분 함량이 많게 되는 편석이다.
④ **역편석**
청동 주조를 위하여 주입할 때 두드러지게 나타나는 편석이다.

(4) 균열(crack)
불균일한 수축으로 인하여 응력이 발생하고, 이 응력에 의하여 주물에 균열이 발생하는 현상

① **방지법**
  ㉠ 각부의 온도차를 줄일 것
  ㉡ 주물을 급랭시키지 말 것
  ㉢ 주물의 두께 차를 두지 말 것
  ㉣ 각이진 모서리는 둥글게 할 것 : 라운딩을 줄 것

(5) 핀(fin)
주형을 만들 때 상형과 하형의 밀착부족으로 인하여 발생하는 결함이다.

(6) 블래스팅(blasting)
흑연 또는 석탄 분말을 주형에 블래스팅 하는 것-주물청소

① **특징**
  ㉠ 주물의 표면이 깨끗해진다.
  ㉡ 모래가 주물 표면에서 잘 떨어진다.
  ㉢ 내열성, 통기성이 좋고 고온에서 잘 타지 않는다.

4 특수주조법(特殊鑄造法)

(1) 원심 주조법
주형을 고속 회전(300~3000[rpm])을 시켜 원심력을 이용 중공 주물을 생산하는 방법이다.

① 주물
파이프, 피스톤 링, 실린더 라이너 등

(2) 셸(몰드) 주조법
주형을 규소(Si)모래, 열 경화성의 합성수지를 배합한 분말을 가열된 금형에 뿌려서 만듦

① 특징
  ㉠ 주물 표면이 깨끗하다.
  ㉡ 정밀도가 높다.
  ㉢ 기계가공이 필요치 않음
  ㉣ 주형을 신속히 대량 생산 가능

(3) 인베스트먼트 주조법(investment casting)

① 모형재료
왁스, 파라핀-가열하여 녹여서 제거

② 특징
  ㉠ 주물 치수가 매우 정확하다.
  ㉡ 주물 표면이 깨끗하다.
  ㉢ 모형 재료의 특성상 복잡한 형상의 제품도 만들기 쉽다.
  ㉣ 정밀 주조법에 해당한다.

(4) 이산화 탄소법
탄산가스를 주형 내에 불어넣어 주형을 경화시키는 방법

(5) 진공 주조법
금속을 진공 중에서 용해하고 주조하는 방법

(6) 칠드(chilled) 주조법(냉간 주조법)

사형, 열도전율이 큰 급냉으로 주형을 완성하여 주조한다. 특별한 기계적 성질을 가진 주철 주물을 얻고자 할 때 사용한다. 주물 표면은 경도가 높고 내부는 경도가 낮은 주조법이다.

(7) 다이 캐스팅(die casting)

용해 금속을 금형에 고압으로 주입시켜 주조하는 방법

① **특징**
- ㉠ 주물 표면이 깨끗하다.
- ㉡ 정밀도가 높다.
- ㉢ 기계가공이 필요치 않다.
- ㉣ 단 시간내 대량 생산 가능
- ㉤ 아연, 알루미늄, 구리 등의 합금 : 다이 캐스팅이 가능한 금속
- ㉥ 기화기, 광학기계 등의 주조품 생산
- ㉦ 다이 분할면에 슬릿을 마련해 두어 공기를 배제한다.
- ㉧ 슬릿 : 공기제거를 위한 홈으로 폭 25~38[mm], 깊이 0.08~0.13[mm] 정도이다.

CHAPTER 05 단원 예상문제

저자가 콕! 찝어주는 예상문제 풀어보기!

01 칠드 주조(chilled cast iron)란 무엇인가?

① 강철을 담금질하여 경화한 것
② 주철의 조직을 마텐자이트로 한 것
③ 용융주철을 급냉하여 표면을 시멘타이트 조직으로 만든 것
④ 미세한 펄라이트 조직의 주물

> **칠드 주조**
> 사형과 금형을 사용하여 주철이 급랭되면 표면은 단단한 백주철이 되고 내부는 연한 회주철이 되도록 한 주조 방법

02 목형의 중량이 3[N], 비중이 0.6인 적송일 때, 주철 주물의 무게는 약 몇 [N]인가? (단, 주철의 비중은 7.2이다.)

① 27   ② 32
③ 36   ④ 40

> $\dfrac{W_p}{W_m} = \dfrac{S_p}{S_m}$
> $\dfrac{3}{W_m} = \dfrac{0.6}{7.2}$, $W_m = 36$ [N]

03 주물자를 선택할 때 무엇을 기준으로 하는가?

① 목재의 재질   ② 주물의 가열온도
③ 목형의 중량   ④ 주물의 재질

> - 주물자 : 금속의 수축을 고려하여 수축량만큼 크게 만든 자
> - 1[m] 주물자의 실제 길이
>   - 주철 : 1008[m]
>   - 황동, 청동 : 1015[mm]
>   - 주강 : 1020[mm]
>   - 알루미늄 : 1020[mm]

04 주물사의 시험에 속하지 않는 것은?

① 통기도 시험   ② 내화도 시험
③ 점착력 시험   ④ 피로 시험

> **주물사의 시험**
> - 압축강도 시험법
> - 입도 시험법
> - 통기도 시험법
> - 내화도 시험법
> - 점착력 시험법

05 압탕의 역할로서 옳지 않은 것은?

① 균열이 생기는 것을 방지한다.
② 주형내의 쇳물에 압력을 준다.
③ 주형내의 용재를 밖으로 배출시킨다.
④ 금속이 응고할 때 수축으로 인한 쇳물 부족을 보충한다.

06 목형 재료로서 목재에 대한 특징의 설명 중 틀린 것은?

① 영구적으로 쓸 수 있다.
② 열의 불양도체이고 팽창계수가 작다.
③ 가공이 용이하다.
④ 가볍다.

> **목재의 특징**
> - 가벼워 취급하기 쉽다.
> - 가공하기 용이하다.
> - 불양도체이고 팽창계수가 작다.
> - 가격이 저렴하다.
> - 변형되기 쉽다.
> - 손상되거나 훼손이 쉽다.
> - 가공면이 금속보다 거칠다.
> - 부패하기 쉽다.

정답 1 ③ 2 ③ 3 ④ 4 ④ 5 ③ 6 ①

07 왁스와 같은 재료로 모형을 만들고, 여기에 주형재를 부착시켜 굳힌 후 가열하여 왁스를 녹여서 제거하고, 여기에 쇳물을 주입하여 주물을 만드는 방법으로, 주물의 치수가 정확하고, 표면이 깨끗하며, 복잡한 형상을 만드는데 사용하는 주조법은?

① 원심 주조법 ② 인베스트먼트 주조법
③ 다이 캐스팅 ④ 셸 주조법

08 주물의 일부분에 불순물이 집중하여 석출(析出)되든가, 가벼운 부분이 위에 뜨고 무거운 부분이 밑에 가라앉아 굳어지든가 또는 처음 생긴 결정과 후에 생긴 결정의 배합이 달라질 때가 있다. 이 현상을 무엇이라 하는가?

① 편석 ② 변형
③ 기공 ④ 수축공

> **주물의 결함**
> • 수축공(shrinkage hole) : 수축으로 쇳물이 부족해 생긴 구멍
> • 기공(blow hole) : 가스가 외부로 배출되지 못해 생긴다.
> • 편석(segregation) : 용해금속에 불순물이 함유되어, 이것이 모여 석출되는 현상
> • 균열(crack) : 불균일한 수축으로 인하여 주물에 금이 가는 현상

09 매치 플레이트(match plate)에 대한 설명 중 맞는 것은?

① 주형에서 소형 제품을 대량으로 생산할 때 사용된다.
② 목형의 평면을 깎을 때 사용된다.
③ 주형을 다져 목형을 만들 때 사용된다.
④ 주물사의 입도를 분류할 때 사용된다.

10 목형 제작에서 주물자(shrinkage scale)를 사용하는 이유는?

① 주형을 만들 때 흙이 줄기 때문에
② 쇳물이 굳을 때 줄기 때문에
③ 주형을 뽑을 때 움직이기 때문에
④ 나무가 줄기 때문에

> **주물자(shrinkage scale)**
> 금속의 수축을 고려하여 수축량 만큼 크게 만든 자

11 주물사의 구비조건으로 틀린 것은?

① 양호한 열전도성 ② 성형성
③ 내화성 ④ 통기성

> **주물사의 구비조건**
> • 내화성이 클 것
> • 성형성, 통기성, 보온성 등이 양호할 것
> • 적당한 강도를 가질 것
> • 화학적 변화가 없을 것
> • 아름답고 매끈한 주물표면이 얻어질 수 있을 것

12 라이저(riser)의 목적과 관계가 가장 먼 것은?

① 주물의 흔들림을 방지한다.
② 수축으로 인한 쇳물의 부족을 보충한다.
③ 주형내의 공기 및 가스의 배출을 한다.
④ 주물내의 기공, 수축성, 편석을 방지한다.

> **압탕의 목적(덧쇳물, feeder, riser)**
> • 주형내의 공기 및 가스 제거
> • 금속응고시 쇳물의 부족양을 보충
> • 주형내 쇳물에 압력을 가해 준다.
> • 주형내의 불순물과 용재의 제거

정답 7 ② 8 ① 9 ① 10 ② 11 ① 12 ①

13 모형을 왁스(wax) 같은 재료로 만들어서 매우 복잡한 주물을 제작할 때 가장 좋은 주조법은?

① 탄산가스 주조법(CO_2-process)
② 인베스트먼트 주조법(investment process)
③ 다이 캐스팅 주조법(die casting process)
④ 원심 주조법(centrifugal casting process)

- 탄산가스 주조법 : 규사에 규산 나트륨을 첨가 배합하여 주형 내에 불어 넣어 주형을 경화시키는 방법
- 다이 캐스팅 주조법 : 금형에 용융금속을 고압·고속으로 주입시켜 표면이 깨끗한 정밀한 주물을 대량생산할 수 있다.
- 원심주조법 : 주형을 고속으로 회전시키며 용융금속을 주입하여 원심력을 이용한 주조법이다.

14 W_m은 주물의 중량, S_m은 주물의 비중이고, W_p는 목형의 중량, S_p는 목형의 비중이라 할 때 옳은 관계식은?

① $W_m \fallingdotseq \dfrac{S_m}{S_p} \cdot W_p$
② $W_m \fallingdotseq \dfrac{S_p}{S_m} \cdot W_p$
③ $W_m \fallingdotseq \dfrac{S_p}{W_p} \cdot S_m$
④ $W_m \fallingdotseq \dfrac{W_p}{S_m S_p}$

$W_m : S_m = W_p : S_p$
$W_m = \dfrac{S_m}{S_p} W_p$

15 주물사의 구비조건 중 틀린 것은?

① 적당한 강도를 가질 것
② 내화성이 클 것
③ 통기성이 좋을 것
④ 열전도성이 좋을 것

주물사의 구비조건
- 성형성이 양호할 것
- 적당한 강도가 있을 것
- 내화성이 클 것
- 화학적 변화가 없을 것
- 통기성이 양호할 것
- 보온성이 있을 것
- 깨끗한 표면을 얻을 수 있을 것

16 다이 캐스팅(die casting) 주조법에 관한 설명이다. 옳지 않은 것은?

① 용융금속을 강철로 만든 금속 주형중에서 대기압 이상의 압력으로 압입하는 방법이다.
② 금속형(die)의 주성분은 Cr-Mo-V 강철이다.
③ 제품의 표면이 매끈하고 또한 두께가 얇아 중량을 가볍게 할 수 있다.
④ 주철관(鑄鐵管), 주강관(鑄鋼管), 실린더 라이너(cylinder liner) 등의 제조에 사용된다.

원심 주조법
주형을 300~3000[rpm]으로 고속회전시켜 발생하는 원심력을 이용하여 속이 빈 중공제품을 얻는 방법이다. 주철관, 주강관, 실린더 라이너 등의 제종 사용된다.

17 목형의 종류 중 대형이고 제작 수량이 적은 주물에서 재료와 공사비를 절약하기 이해 골격만 목재료 만드는 것은?

① 코어 목형(core pattern)
② 부분 목형(section pattern)
③ 긁기 목형(strickle pattern)
④ 골격 목형(skeleton pattern)

정답 13 ② 14 ① 15 ④ 16 ④ 17 ④

18 목형의 종류 중 현형의 종류가 아닌 것은?

① 단체 목형
② 분할 목형
③ 부분 목형
④ 조립 목형

19 도가니로의 규격 표시법은 무엇인가?

① 1회에 용해할 수 있는 구리의 중량으로 표시
② 1시간에 용해할 수 있는 최대량으로 표시
③ 1일에 용해할 수 있는 최대량으로 표시
④ 1[kW]로 용해할 수 있는 알루미늄의 중량으로 표시

20 다이 캐스팅에 일반적으로 많이 사용되는 금속은?

① 아연, 알루미늄의 합금
② 구리, 코발트의 합금
③ 아연, 텅스텐의 합금
④ 스테인리스, 아연의 합금

21 주물에 기포(또는 기공)가 생기게 하는 가장 큰 원인은?

① 너무 높은 주입 온도
② 가스배출의 불충분
③ 너무 빠른 주입 속도
④ 주형의 표면 줄량

22 공기 통과량 $Q=2,000[cc]$, 통과 시간 $t=15[min]$, 수주의 압력차는 $p=10[mm]$, 시편의 지름 $d=50[mm]$, 시편의 높이 $h=50[mm]$일 때, 통기도 K값은 몇 [cm/min] 정도인가?

① 34[cm/min]
② 86[cm/min]
③ 38[cm/min]
④ 40[cm/min]

$$K = \frac{Qh}{pAt} = \frac{4 \times 2000 \times 5}{1 \times \pi \times 5^2 \times 15} = 34[cm/min]$$

23 용해할 수 있는 구리 중량으로 규격을 표시하고, 흑연 또는 내화점토로 만드는 노는?

① 전기로(electric furnace)
② 도가니로(crucible furnace)
③ 평로(open hearth)
④ 용선로(cupola)

24 큐폴러(cupola) 용량의 기준은?

① 1회 용출되는 최대량
② 큐폴러의 내부용적
③ 매 시간당 용해량
④ 1회에 장입할 수 있는 최대량

정답 18 ③ 19 ① 20 ① 21 ② 22 ① 23 ② 24 ③

25 주물제작 과정에서 목재의 수축원인 중 가장 중요한 것은?

① 햇빛　　　② 바람
③ 수분　　　④ 섬유조직

26 실린더 라이너의 피스톤 링을 만들 때, 어떤 주조법으로 만드는 것이 가장 좋은가?

① 원심 주조법　　　② 셸 몰드법
③ 다이 캐스팅법　　　④ 인베스트먼트법

27 주물이 500×500[mm]의 각재이고 쇳물 아궁이의 높이가 100[mm], 주철의 비중량이 70.56[kN/m³]일 때 상형(上型)을 들어 올리는 힘(압상력)은?

① 0.18[kN]　　　② 1.76[kN]
③ 17.6[kN]　　　④ 0.018[kN]

$p = \gamma h A = 70.56 \times 0.1 \times 0.5 \times 0.5 = 1.76[kN]$

28 기공의 방지법에 해당하지 않는 것은?

① 쇳물주입 온도를 필요 이상 높게 하지 말 것
② 통기성을 좋게 할 것
③ 쇳물 아궁이를 크게 하고 또한 덧쇳물을 부어 용융금속에 압력을 가할 것
④ 주형내의 수분을 많게 할 것

29 목형이 크고 모양이 대칭이거나 같은 모양의 부분이 연속하여 전체를 구성하고 있을 때, 어느 종류의 목형을 택하는가?

① 형형(solid pattern)
② 부분형(section pattern)
③ 회전형(sweep pattern)
④ 긁기형(strickle pattern)

30 보통 주철의 수축여유(shrinkage allowance)는 길이 1[m]당 얼마인가?

① 8[mm/m]　　　② 10[mm/m]
③ 14[mm/m]　　　④ 20[mm/m]

정답　25 ③　26 ①　27 ②　28 ④　29 ②　30 ①

08 소성가공

1 소성가공(塑性加工)의 개요

(1) 소성 변형
소성이란 소재에 가했던 외력을 제거해도 영구 변형되는 재료의 특성을 의미한다.

① **탄성(elasticity)변형**
  소재에 가했던 외력을 제거하면 변형되었던 것이 원래 상태로 돌아오는 재료의 특성이다.
② **소성가공에 이용되는 성질**
  ㉠ 가단성
  ㉡ 가소성
  ㉢ 접합성
  ㉣ 연성
③ **소성가공의 특징**
  ㉠ 주물에 비하여 치수가 정확하다.
  ㉡ 금속의 조직이 치밀해 진다.
  ㉢ 복잡한 형상 가공은 어렵다.
  ㉣ 다량생산으로 균일한 제품을 얻는다.
  ㉤ 경도와 강도는 커진다.
④ **바우싱거 효과(bauschinger effect)**
  금속 재료가 먼저 받은 것과 반대방향에 대하여는 탄성한도나 항복점이 현저히 저하되는 현상이다.

(2) 가공경화와 재결정
① **가공경화(strain hardening)**
  재료에 외력을 가하여 변형시키면 원래의 재료보다 강해지는 현상

  ㉠ 강도, 경도 증가
  ㉡ 연신율, 단면 수축률 감소
  ㉢ 내부응력 증가

② 재결정온도

가열된 금속이 새로운 결정입자의 조직을 형성하는 현상을 재결정(recrystallization)이라 하고, 이때의 온도를 재결정온도라 한다.

[표 5-12] 재결정 온도

원소	Fe	Ni	Cu	Ag	W	Al	Pt	Au	Mg
재결정온도([℃])	350~450	600	200	200	1200	150	450	200	150

(3) 열간가공과 냉간가공

① 냉간가공(cold working)의 특징

재결정 온도 이하에서 가공-상온가공

㉠ 강도증가 및 연신율 감소

㉡ 제품의 치수가 정확하고 가공면이 아름답다.

㉢ 가공 방향으로 섬유조직이 되어 방향에 따라 강도가 달라진다. 섬유조직이란 미세한 실모양의 조직으로 섬유세포가 모여서 된 조직, 관다발, 온실조직이라고도 한다.

② 열간가공(hot working)의 특징

재결정 온도 이상에서 가공-고온가공

㉠ 작은 동력으로 큰 변형을 발생시킨다.

㉡ 균일한 재질을 얻는다.

㉢ 가공이 용이하다.

㉣ 가공도를 크게 할 수 있고 거친 가공에 적합하다.

㉤ 산화되기 쉽고 정밀 가공이 곤란하다.

(4) 소성가공의 종류

① 단조(forging)

해머로 두들겨 성형시키는 가공법이다.

② 압연(rolling)

회전하는 롤러 사이에 재료를 통과시켜 두께는 감소시키고 길이와 폭은 증가시키는 가공 방법이다. 압연가공시 발생하는 내부응력 때문에 열간압연된 H형강이나 I형강에는 잔류응력이 존재한다.

③ 압출(extruding)

실린더 모양의 컨테이너에 빌렛을 넣고 한쪽에서 압력을 가하는 가공법이다.

④ 인발(drawing)

봉, 관을 다이에 넣고 축 방향으로 통과시켜 지름은 감소하고 길이방향을 증가시키는 가공 방법이다.

⑤ **전조가공**

압연가공과 유사한 방법으로 수나사, 볼, 기어 등을 가공할 수 있다.

⑥ **판금가공**

판재를 형에 맞추어 해머로 두드려 각종 용기, 장식품 등을 가공하는 방법이다.

2 단조작업

해머 또는 프레스로 앤빌(anvil) 위에 있는 공작물에 충격력 또는 압력을 가하여 원하는 형상으로 가공하는 방법이다.

(1) 단조 방법에 따른 종류

① **자유단조(free forging)**

금형이 필요 없고, 단조 후 절삭 가공하여 완성품을 얻는다.

② **형 단조**

금형을 사용하고, 정밀도가 높고, 소형 제품의 대량생산에 적합하며, 가격이 저렴하다.

③ **자유 단조 작업의 종류**

㉠ 절단(cutting off) 작업

판재 및 봉재 절단

㉡ 늘이기(drawing) 작업

재료를 앤빌과 램 사이에 넣고 타격하여 단면을 좁히고 길이를 늘리는 작업이다.

㉢ 눌러 붙이기(up-setting) 작업

압축하여 길이를 줄이고 단면을 확대하는 작업

㉣ 굽히기(bending) 작업

㉤ 단짓기(setting down) 작업

소재의 어느 한 단면을 경계로 하여 늘리기 작업

㉥ 구멍뚫기(punching) 작업

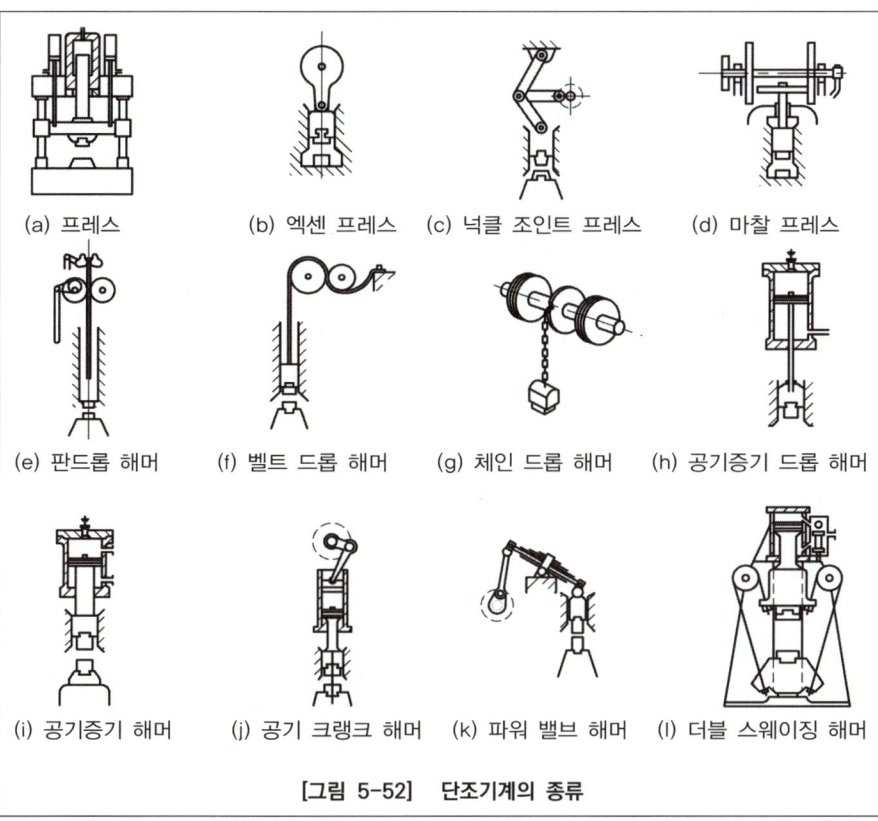

[그림 5-52] 단조기계의 종류

(2) 온도에 따른 분류

① **열간단조**

㉠ 해머 단조

㉡ 프레스 단조

㉢ 업셋 단조

㉣ 압연단조(롤 단조)

② **냉간단조**

㉠ 콜드 헤딩(cold heading)

볼트, 리벳 머리 제작

㉡ 코이닝(coining, 압인가공)

주화, 메달 제작

㉢ 스웨이징(swaging)

재료를 길이 방향으로 압축하여 그 일부 또는 전체의 단면을 크게 만드는 작업으로 봉재, 관재의 지름을 축소하거나 또는 테이퍼 제작이 가능하다.

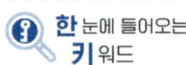

③ 단조온도

  ㉠ 최고 단조 온도 : 용융시작 온도에 100[℃] 이내로 접근
  - 강의 최고 단조 온도 : 1200[℃]

  ㉡ 단조 완료 온도(최저 온도)
  - 재결정 온도 근처
  - 단조 완료온도가 높으면 결정립이 조대화 된다.
  - 재질이 다르면 고온에서 최적 단조 온도가 다르게 된다.
  - 단조 온도를 단조 최고 온도보다 높게 하면 산화가 심하다.
  - 강의 단조 완료 온도 : 800[℃]

  ㉢ 주철은 단조가공이 불가(不可)이다.

(3) 단조기계

① **유압 프레스의 용량**

  ㉠ 단조 프레스의 용량

$$Q = \frac{A \cdot \sigma_e}{\eta} \text{[N, ton]}$$

A : 단조물의 유효 단면적
σ_e : 단조재료의 변형 저항
η : 프레스 효율

② **단조 해머의 효율**

$$\eta = \frac{W_2}{W_1 + W_2} [\%]$$

W_1 : 해머의 중량(질량)
W_2 : 단조물 및 앤빌 등의 타격을 받는 부분의 전체 중량(질량)

③ **해머의 타격속도**

$$E = \frac{WV^2\eta}{2g} \text{[N·m, J, kgf·m]}$$

E : 단조 에너지
η : 해머 효율
W : 해머의 무게
V : 타격속도[m/s]

3 압연가공

두 개의 회전하는 롤러 사이에 소재를 통과시켜 단면적 또는 두께를 감소시켜 각종 판재, 형재, 봉재 등을 성형하는 가공법이다.

(1) 압연 롤러

① **압연 롤러의 구성 요소**
  ㉠ 몸체(body)
    몸체의 형태에 따라 소재에 원하는 형상을 주는 곳
  ㉡ 네크(neck)
    몸체를 지지하는 부분
  ㉢ 웨블러(webbler)
    구동계와 연결되어 동력을 전달받아 롤러를 회전시키는 부분

② **압연 롤러의 절손**
  ㉠ 롤러의 목(Neck) 절손
  ㉡ 목과 동체 경계 절손(목과 롤러 몸체의 경계)
  ㉢ 동체 절손(롤러몸체)
  ㉣ 롤러의 표면 거칠기 정도에 따른 절손

③ **압연 롤러의 재질**
  칠드 주철-칠드 롤(chilled roll)

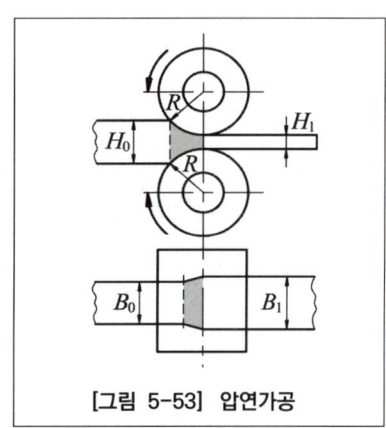

[그림 5-53] 압연가공

(2) 압연의 원리

① **압하율**

$$\frac{H_0 - H_1}{H_0} \times 100 \, [\%]$$

H_0 : 롤러 통과 전 두께
H_1 : 롤러 통과 후 두께

② **압하율을 증가시키는 방법**
  ㉠ 지름이 큰 롤러 사용한다.
  ㉡ 롤러의 회전 속도를 느리게 한다.
  ㉢ 압연 재를 뒤에서 밀어 준다-인장력을 가해 압연압력을 크게 한다.
  ㉣ 자력압연 조건

$$\mu \geqq \tan\theta$$

μ : 마찰계수
θ : 접촉각

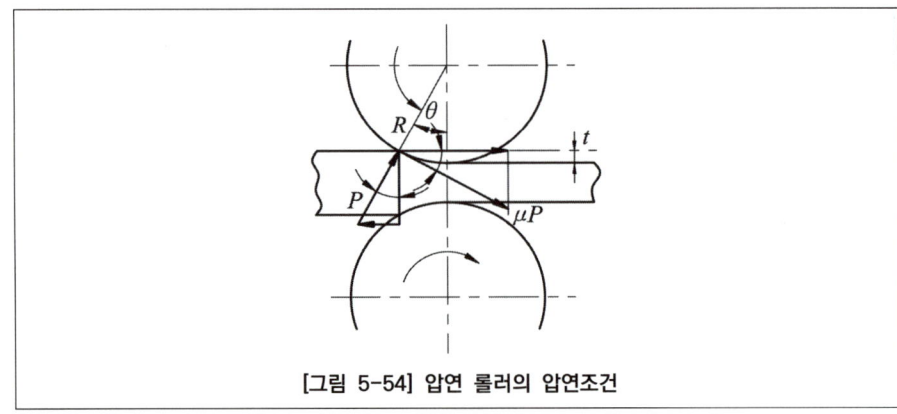

[그림 5-54] 압연 롤러의 압연조건

$$\cos\theta = \frac{(R-t)}{R}$$

t : 압연시 변화 두께
R : 롤러의 반지름

(3) 압연의 종류

① **분괴압연**

강괴에서 제품의 중간재를 만드는 압연으로, 강괴(ingot)란 거푸집에 부어 여러 가지 형상으로 주조한 금속이나 합금의 덩어리이다.

㉠ 블룸(bloom)-조강
  줄강편, 대강편 등으로 인고트(ingot ; 주괴)를 압연하여 4각 또는 원형 단면의 가늘고 긴 모양으로 한 것

㉡ 슬랩(Slab)-후강

㉢ 시트 바아(Sheet Bar)-박강판
  압연기로 만들어진 얇은 판상(두께 6~12[mm])의 강

㉣ 빌릿(Billet)-강편
  형강으로 압연하기 전의 각형 단면인 강재

② **판재압연**
  후판(厚板 ; 두꺼운 판), 박판(薄板 ; 얇은 판)을 만듦

③ **형재압연(형강압연)**
  봉재, 평재, 형재, 레일 등을 제조

4 압출가공

각종 형상의 단면재, 각종 파이프 및 선재 등을 제작할 때 소성이 큰 재료에 강력한 압력으로 다이를 통과시켜 가공하는 방법이다.

(1) 압출가공

① **압출가공의 종류**
  ㉠ 직접압출(전방압출)
     램의 진행 방향으로 빌릿이 압출되어 나옴
  ㉡ 간접압출(후방압출, 역식압출)
     램의 반대 방향으로 빌릿이 압출되어 나옴
  ㉢ 충격압출
     • 재료 : Zn, Pb, Al, Cu 등 순금속 및 일부 합금
     • 용도 : 치약 튜브, 화장품, 약품 등의 용기, 아연 건전지 케이스 등에 사용

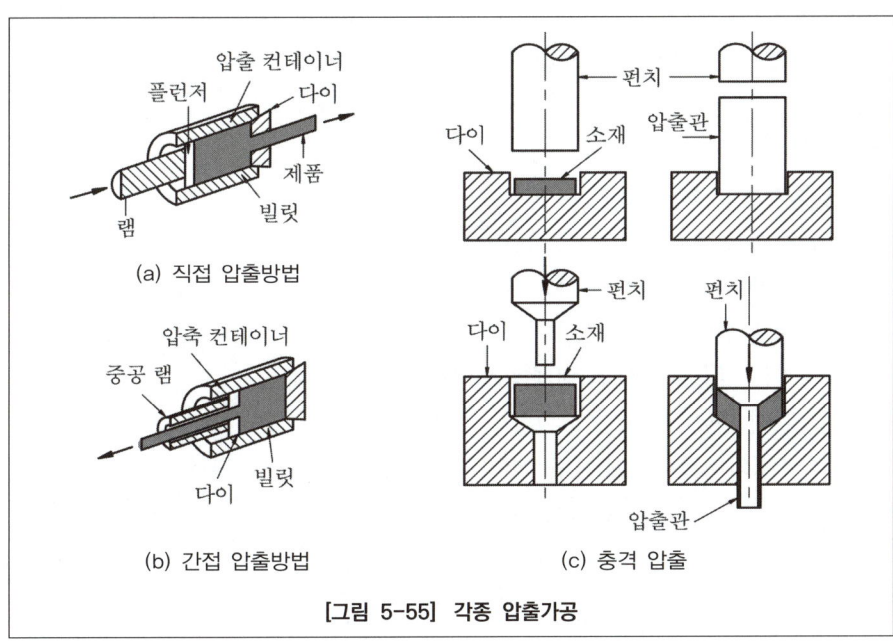

[그림 5-55] 각종 압출가공

② **압출가공 종류에 따른 비교**
  ㉠ 직접압출보다 간접압출에서 마찰력이 적다.
  ㉡ 직접압출보다 간접압출에서 소요동력이 작다.

ⓒ 직접압출보다 간접압출에서 압출 종료시 컨테이너에 남는 소재량이 적다.

③ **압출가공 인자**
   압출가공에 필요한 압출력을 좌우하는 중요한 조건

   ㉠ 압출 방법
   ㉡ 압출비
   ㉢ 압출 온도
   ㉣ 변형 속도
   ㉤ 다이와 용기의 마찰
   ㉥ 압출비

$$압출비 = \frac{빌렛의\ 초기\ 단면적}{압출\ 후의\ 단면적}$$

5 인발가공

테이퍼(taper) 구멍을 가진 다이(die)의 안쪽에 소재를 밀착시키고 다이 바깥에서 소재를 끌어내어 봉이나 선재를 만드는 방법이다.

(1) 인발가공

① **인발가공의 종류**

   ㉠ 봉재 인발
      다이 구멍의 형상에 따라 원형, 각형, 및 기타 형상의 봉을 가공
   ㉡ 선재 인발
      지름 5[mm] 이하의 선재를 압연 가공 후 인발가공
   ㉢ 관재 인발
      소정의 심봉(mandrel)을 넣어 다이를 통과하는 인발가공

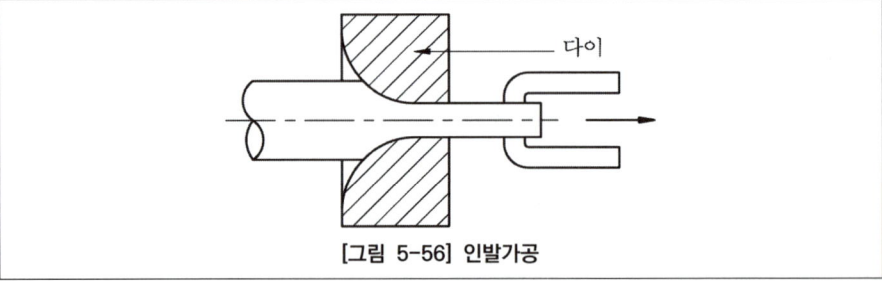

[그림 5-56] 인발가공

② 인발에 영향을 주는 인자
  [인발가공의 조건]
  ㉠ 인발력 : 인발력에 영향을 주는 인자-다이마찰, 단면감소율, 재료의 유동성
  ㉡ 인발재의 재질
  ㉢ 단면 감소율
  ㉣ 다이의 각
  ㉤ 윤활법
  ㉥ 인발속도
  ㉦ 역장력 : 다이의 저항을 줄이는 힘

③ 역장력 작용시 나타나는 현상
  ㉠ 와이어 구멍의 확대 변형이 적다.
  ㉡ 다이 수명이 길어진다.
  ㉢ 인발력이 증가한다.-후방 장력을 주는 목적
  ㉣ 제품 정도가 좋아진다.

④ 윤활제
  흑연, 석회, 비누, 그리스 등을 사용한다.

⑤ 단면감소율과 가공도
  ㉠ 단면감소율

  $$\text{단면감소율} = \frac{A_0 - A_1}{A_0} \times 100\,[\%]$$

  A_0 : 가공 전 단면적
  A_1 : 가공 후 단면적

  ㉡ 가공도

  $$S = \frac{A_1}{A_0} \times 100\,[\%]$$

6 전조가공(roll forming)

공구나 소재, 또는 이 양쪽을 회전시키거나 왕복시킴으로서 공구의 형상을 소재에 복사시키는 방법이다. 나사, 기어, 볼 그리고 관재 전조 등이 있다.

(1) 나사전조

나사와 산형 및 피치 등이 파져있는 전조 다이를 써서 나사를 가공

(2) 기어 전조

래크형 다이, 피니언형 다이, 호브형을 사용한 기어 가공

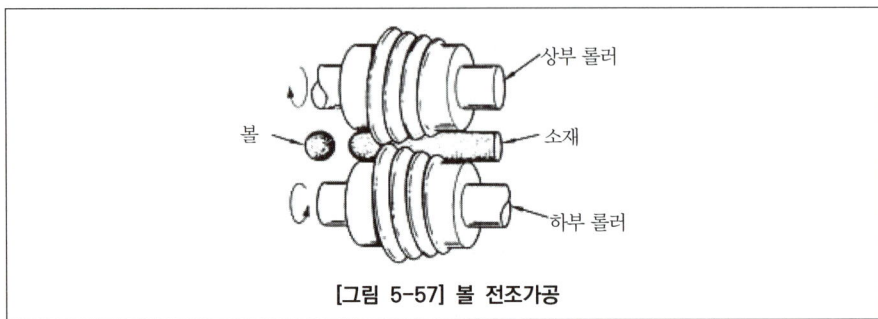

[그림 5-57] 볼 전조가공

7 제관가공(製管加工 ; piping)

(1) 용접관

① 용접관의 종류
  ㉠ 맞대기 단접관 : 지름 3~100[mm]
  ㉡ 겹치기 단접관 : 지름 30~750[mm]
  ㉢ 전기저항 용접관 : 전 치수 사용 가능

(2) 심리스 파이프(이음매 없는 파이프 ; seamless pipe)

① 천공법
  ㉠ 만네스만(Mannesman) 압연 천공법
    소성변형이 일어나기 쉬운 재료에 회전 압축력을 주면 재료의 중앙에서부터 자연적으로 공극이 발생하면서 파이프가 만들어지는 가공이다.
  ㉡ 압출법
  ㉢ 에르하르트(Ehrhardt) 천공법
  ㉣ 스티펠(Stifel) 천공법
    만네스만 제관법에 의하여 제조된 관을 원판형롤을 사용하여 얇게 가공하면서 지름을 확장시키는 가공법이다.

② 큐핑 방법(cupping process ; 오므리기법)

8 프레스 가공

제품의 형상을 가진 펀치와 다이를 이용하여 소재를 눌러 제품으로 가공하는 방법으로서 주로 판재의 성형, 봉, 각재 등의 성형에 적합하다.

(1) 프레스 가공의 분류

① **전단가공의 분류**
블랭킹(blanking), 구멍뚫기(punching), 전단(shearing), 트리밍(trimming), 셰이빙(shaving), 브로칭(broaching), 노칭(notching), 분단(parting) 등이 있다.

② **성형가공의 분류**
굽힘(bending), 비딩(beading), 딥 드로잉(deep drawing), 커링(curing), 시밍(seaming), 벌징(bulging), 스피닝(spinning) 등이 있다.

③ **압축가공의 분류**
압인(coining), 엠보싱(embossing), 스웨이징(swaging), 버니싱(burnishing), 충격압출(impact extrusion) 등이 있다.

(2) 판금가공 전단기계

① **전단기계의 종류**
스퀘어 전단기, 곡선 전단기, 갱슬리터 등이 있다.

② **전개도**
판금 작업시 이용하는 도면으로 각 부분은 실제 길이로 표시한다.

(3) 전단가공(shearing operation)

① **전단가공의 종류**
  ㉠ 블랭킹(blanking)
  판재에서 펀치로서 소요의 형상을 뽑는 작업
  ㉡ 구멍뚫기(punching)
  판재에서 구멍을 만들거나 원형편을 제작하는 작업
  ㉢ 전단(shearing)
  판재를 잘라내는 작업
  ㉣ 트리밍(trimming)
  판재를 드로잉 가공 후 삐져 나와 있는 부분을 둥글게 자르는 작업
  ㉤ 셰이빙(shaving)
  펀칭을 한 다음 절단면을 깨끗하게 다듬질하는 작업

ⓗ 브로칭(broaching)
   브로치 공구를 사용하여 다양한 구멍뚫기 작업
ⓢ 노칭(notching)
   노치 모양으로 가공하는 작업
ⓞ 분단(parting)
   부분 절단 작업

② **시어각(shear angle)**
   ㉠ 전단가공시 펀치나 다이면을 기울이는 각 - 4°
   ㉡ 전단하중을 줄이기 위하여 둔다.
   ㉢ 펀치와 다이 사이의 간격(틈새 ; clearance)

③ **전단응력과 소요동력**
   ㉠ 전단응력

   $$\tau = \frac{P}{A}$$

   P : 전단하중[N, kgf]
   A : 전단면적[m²]

   ㉡ 소요동력

   $$H = \frac{P \cdot V}{1,000 \cdot \eta} \text{[kW]}$$

   V : 슬라이드 속도[m/s]
   η : 기계효율[%]
   P : 전단하중[N]

(4) **성형가공(forming operation)**

① **성형가공의 종류**
   ㉠ 굽힘(bending)
   ㉡ 비딩(beading)
      장식 또는 보강 목적으로 돌기부를 만드는 작업
   ㉢ 디프 드로잉(deep drawing)
      판재를 다이 구멍에 밀어 넣어 밑이 있는 용기를 만드는 가공
      • 드로잉률

      $$m = \frac{d_p}{D_0} \times 100$$

      d_p : 펀치의 지름(제품의 지름)
      D_0 : 소재의 지름

- 드로잉비

$$Z = \frac{D_0}{d_p}$$

- 소재의 크기(가공 제품의 모양과 블랭크의 지름)

$$d_0 = \sqrt{d^2 + 4dh}$$

d : 용기 밑부분의 지름
h : 제품의 높이

[표 5-13] 가공제품의 모양과 블랭크의 지름

가공제품	블랭크 지름 d_0
(원통, d, h)	$\sqrt{d^2 + 4dh}$
(모서리 둥근, d, r_p, h)	$\sqrt{d^2 + 4d(h - 0.43r_p)}$
(반구, d)	$\sqrt{2d^2} = 1.41d$

ㄹ) 커링(curling)
제품의 테두리에 모양을 내거나 안전을 목적으로 한 끝말기 가공법

ㅁ) 시밍(seaming)
여러 겹으로 구부려 두 장의 판을 연결시키는 가공

ㅂ) 벌징(bulging)
밑 부분을 볼록하게 만드는 작업-금속의 Die 사용

ㅅ) 스피닝(spinning)
선반을 이용하여 회전하는 축에 원형을 고정, 그 뒤에 소재를 끼워 넣고 소재에 외력을 가하여 원형과 같은 모양의 제품을 성형하는 방법

② 특수 드로잉(drawing) 가공
용기의 입구보다 중앙 부분이 넓은 용기를 만드는 가공

㉠ 마폼법(marforming)
다이로 고무를 사용하고 소품종 소량 생산에 적합

㉡ 하이드로폼법(hydroforming)
고무 대신 고무 막으로 격리시킨 내부에 액체를 넣어 다이로 사용한다.

③ 스프링 백(spring back) 현상

굽힘 가공에서 굽힘 힘을 제거하면 판의 탄성 때문에 소성 변형된 부분일지라도 다소 원상태로 돌아가 굽힘 각도나 굽힘 반지름이 열려 벌어지는 현상이다. 스프링 백 현상은 탄성한계, 경도, 구부림 반지름이 클수록, 두께가 얇을수록, 구부림 각도가 작을수록 커진다.

(5) 압축가공(squeezing operation)

① 압축가공의 종류

㉠ 압인(coining)
주화, 메달, 장식품에 이용
상하형이 서로 관계없는 요철을 가지고 있으며, 재료를 압축함으로써 상하면 위에는 다른 모양의 각인이 되는 가공법이다.

㉡ 엠보싱(embossing)
소재에 두께의 변화가 없는 상하 반대 모양의 요철 가공

㉢ 스웨이징(swaging)
재료의 두께를 감소시키는 작업

㉣ 버니싱(burnishing)
구멍의 내경보다 약간 큰 버니시를 압입하여 내면을 다듬는 작업

9 분말야금(粉末冶金 ; power metallurgy)

제품을 구성하는 여러 재료의 고운 분말을 혼합(blended)하고, 금형 다이 속에 넣어 원하는 형상으로 압축한 후, 주성분의 용융점 이하의 온도에서 소결(燒結 ; sintering)처리하는 가공 방법이다.

(1) 소결(燒結 ; sintering)

압축된 상태의 제품이 완전한 기계적 특성 및 강도를 갖도록 일정한 온도 하에서 구워내는 작업이다.

CHAPTER 05 단원 예상문제

저자가 콕! 찝어주는 예상문제 풀어보기!

01 특수 드로잉 가공에서 다이 대신 고무를 사용하는 성형가공법은 어느 것인가?

① 액압성형법(hydroforming)
② 마폼법(marforming)
③ 벌징법(bulging)
④ 폭발성형법(explosive forming)

> **하이드로 폼법**
> 고무 대신 고무막으로 격리시킨 내부에 액체를 넣어 다이로 사용하여 용기의 입구보다 중앙부분이 넓은 용기를 만들어 가공하는 방법이고, 다이 대신 고무를 사용한 것을 마폼법이라 한다.

02 인발가공에서 인발 조건의 인자(因子)가 아닌 것은?

① 역장력   ② 마찰력
③ 다이(die)각   ④ 천공기

> **인발가공에 영향을 미치는 인자**
> 인발력, 다이 각도, 단면감소율, 윤활법, 역장력 등

03 프레스용 및 가정용 기구를 만드는데 사용되는 양은(洋銀)은 은백색(銀白色)의 금속이다. 그 성분은?

① Al의 합금
② Ni와 Ag의 합금
③ Cu, Zn 및 Ni의 합금
④ Zn과 Sn의 합금

04 두께 1.5[mm]인 연질 탄소 강판에 지름 3.2[mm]의 구멍을 펀칭할 때 전단력은 약 몇 [kN]인가? (단, 전단저항력 $\tau = 245[N/mm^2]$이다.)

① 3.69   ② 4.85
③ 2.89   ④ 6.57

> $P = \tau \cdot A = 245 \times \pi \times 3.2 \times 1.5 \times 10^{-3} = 3.69[kW]$

05 압출 가공의 종류에 해당되지 않는 것은?

① 복식 압출   ② 직접 압출
③ 간접 압출   ④ 충격 압출

> **압출 가공의 종류**
> • 직접 압출(전방 압출) : 램의 진행방향으로 소재가 압출
> • 간접 압출(후방 압출, 역식 압출) : 램의 반대방향으로 소재가 압출
> • 충격 압출 : 치약 튜브, 화장품, 약품의 용기제작시 사용하는 방법으로 Zn, Pb, Al, Cu 등의 재료를 사용한다.

06 소성가공에서 열간가공과 냉간가공을 구분하는 온도는?

① 금속이 녹는 온도   ② 변태점 온도
③ 발광 온도   ④ 재결정 온도

> **재결정 온도**
> 가열된 금속이 새로운 결정입자의 조직을 형성시키는 온도로 재결정온도 이상의 소성가공을 열간가공이라 하고 재결정온도 이하의 소성가공을 냉간가공이라 한다.

정답 1 ② 2 ④ 3 ③ 4 ① 5 ① 6 ④

07 인발작업에서 지름 15[mm]의 철사(wire)를 인발하여 지름 13[mm]로 하였을 때, 가공도 및 단면 수축률은?

① 가공도 ≒ 24.9[%], 단면수축률 ≒ 75.1[%]
② 가공도 ≒ 75.1[%], 단면수축률 ≒ 24.9[%]
③ 가공도 ≒ 75.1[%], 단면수축률 ≒ 50.3[%]
④ 가공도 ≒ 24.9[%], 단면수축률 ≒ 85.1[%]

- 인발가공도 : $\dfrac{A_1}{A_0} \times 100 = \dfrac{13^2}{15^2} \times 100 = 75.1[\%]$
- 인발 단면 수축률 :
  $\dfrac{A_0 - A_1}{A_0} \times 100 = \dfrac{15^2 - 13^2}{15^2} \times 100 = 24.89[\%]$

08 인발작업에서 인발력(引拔力)이 결정되기 위한 인자에 해당되지 않는 것은?

① 다이(die) 마찰   ② 다이(die) 각
③ 단면 감소율   ④ 압력각

09 소성가공에 해당되는 것은?

① 선삭   ② 엠보싱
③ 드릴링 ④ 브로칭

10 전단가공에 속하지 않는 것은?

① 구멍뚫기(punching)   ② 셰이빙(shaving)
③ 비딩(beading)   ④ 트리밍(tri[mm]ing)

> 프레스 소성가공
> - 전단가공 : 블랭킹, 펀칭, 전단, 트리밍, 셰이빙, 브로칭, 노칭, 분단
> - 성형가공 : 굽힘, 비딩, 컬링, 시밍, 벌징, 스피닝, 딥드로잉
> - 압축가공 : 압인, 엠보싱, 버니싱, 충격압출

11 스프링 백(spring back)의 양(量)이 커지는 원인이 아닌 것은?

① 소성이 큰 재료일수록
② 경도가 높을수록
③ 구부림 반지름이 클수록
④ 탄성한계가 높을수록

12 열간 압연강판과 비교한, 냉간 압연강판의 장점이 아닌 것은?

① 스케일(scale) 부착이 있고 판의 표면이 깨끗하고 아름답다.
② 가공경화로 인한 재료의 강도를 증가시킨다.
③ 표면처리하면 내식성이 우수하다.
④ 기계적 성질과 가공성이 우수하다.

> 냉간가공의 특징
> - 강도, 경도는 증가하고 연신율과 단면수축율은 감소한다.
> - 기계적 성질을 개선시킨다.
> - 가공면이 깨끗하다.
> - 치수가 정확하다.
> - 가공방향에 따라 강도가 달라진다.

13 두께 3[mm], 0.1[%] C의 연강에 지름 20[mm]의 구멍으로 펀칭할 때, 프레스의 슬라이드 평균 속도를 5[m/min], 기계효율을 70[%]로 하면 소요 동력은 얼마인가? (단, 판의 전단저항은 245[N/mm²]이다.)

① 1.66[kW]   ② 2.66[kW]
③ 3.66[kW]   ④ 5.5[kW]

$H = \dfrac{\tau A V}{1{,}000\eta} = \dfrac{245 \times \pi \times 20 \times 3 \times 5}{1{,}000 \times 0.7 \times 60} = 5.5[\text{kW}]$

정답 7 ②   8 ④   9 ②   10 ③   11 ①   12 ①   13 ④

14 강의 단조 온도에 관하여 옳은 설명은?

① 고온일수록 변형저항이 감소하므로 단조가 용이하고, 결정입자의 성장을 억제할 수 있어 좋다.
② 단조가 끝나는 온도가 낮으면 결정입자는 미세해지나 내부 응력이 남아서 국부적인 취성을 가질 우려가 있다.
③ 단조가 끝나는 온도가 높으면 변태점까지 냉각되는 동안 재결정이 일어나지 않으므로 좋다.
④ 용융온도 이하로 가열하고 재료가 파열되지 않는 온도까지 단조가 완료되면 된다.

> 단조 온도가 너무 높거나 오래 가열시키면 산화가 심하고 조직 내부에 해가 발생하며 단조 완료시 온도가 높으면 결정입자의 조직이 조대화되는 경향이 있으므로 단조작업 개시시에는 용융시작 온도의 100[℃] 이내로 하고 완료시는 재결정온도 범위에서 한다.

15 프레스 가공의 전단 작업에서 얻는 제품 전단면의 단면형상은 다음 중 어느 영향이 가장 큰가?

① 소재의 재질 ② 클리어런스(clearance)
③ 프레스의 종류 ④ 소재의 전단 저항

> 클리어런스(clearance)
> 전단가공시 펀치와 다이의 간극

16 해머의 질량은 m_1, 단조물 및 앤빌 등의 타격을 받는 부분의 전체 질량은 m_2라 할 때, 단조 해머의 효율 η의 옳은 식은?

① $\eta = \dfrac{m_1 + m_2}{m_2}$ ② $\eta = \dfrac{1}{m_1 + m_2}$
③ $\eta = \dfrac{m_2}{m_1 + m_2}$ ④ $\eta = \dfrac{m_1 + m_2}{m_1}$

17 소성가공에 성형완성을 정밀하게 하고 동시에 강도를 크게 할 목적으로 사용되는 가공법으로 인장강도, 항복점 등은 점차 증가되고 연신율, 단면수축률 등은 반대로 감소되는 가공방법은?

① 냉간가공(cold working)
② 열간가공(hot working)
③ 방전가공(discharge working)
④ 절삭가공(machining of metals)

18 프레스 가공 방식에서 상하형이 서로 무관계한 요철(凹凸)을 가지고 있으며 재료를 압축함으로써 상하면 상에는 다른 모양의 각인(刻印)이 되는 가공법은?

① 코이닝 가공(coining work)
② 굽힘 가공(bending work)
③ 엠보싱 가공(embossing work)
④ 드로잉 가공(drawing work)

> • 굽힘 가공(bending) : 평평한 소재나 판을 그 중립면에 있는 굽힘 축 주위를 움직임으로써 재료에 굽힘 변형을 주는 가공
> • 엠보싱 가공(embossing) : 소재에 두께의 변화를 일으키지 않고 상하반대로 여러 가지 모양의 요철을 만드는 가공
> • 드로잉 가공(drawing) : 블랭킹한 제품을 이용하여 원통형, 각통형, 반구형, 원뿔형 등의 이음새 없는 중공용기를 성형하는 가공

19 압연가공에서 강판을 압연할 때, 사용하는 롤러(roller)는?

① 원통형 roller ② 홈형 roller
③ 개방형 roller ④ 밀폐형 roller

정답 14 ② 15 ② 16 ③ 17 ① 18 ① 19 ①

20 만네스만식 제관법은 다음의 어느 제관법에 속하는가?

① 단접관법
② 용접관법
③ 천공법(piercing process)
④ 오무리기법(cupping process)

> 이음매 없는 파이프 제관법
> • 천공법(piercing process)
> – 만네스만 압연천공법
> – 압출법
> – 에르하르트 천공법
> – 스티펠 천공법
> • 오무리기법(cupping process)

21 스프링 백(spring back)이란?

① 스프링에서 장력의 세기를 나타내는 척도이다.
② 스프링의 피치를 나타낸다.
③ 판재를 구부릴 때 하중을 제거하면 탄성에 의해 약간 처음 상태로 돌아가는 것이다.
④ 판재를 구부렸을 때 구부린 모양의 활 모양으로 되는 현상이다.

> 스프링 백이 커지는 경우
> • 탄성한계, 경도, 구부림, 반지름이 클수록 스프링 백이 크다.
> • 두께가 얇을수록 크다.
> • 구부림 각도가 작을수록 크다.

22 단조종료 온도에 관한 설명으로 옳지 않은 것은?

① 단조 온도가 낮으면(재결정 온도 이하) 가공경화되어 내부에 변형이 남을 때가 있다.
② 재결정 온도 이상에서는 경화되어도 재결정 현상으로 연화되므로 경화되지 않은 것과 같은 결과가 된다.
③ 단조에 적합한 온도는 재결정 온도와 융점과의 사이에 있고 온도가 높을수록 변형저항이 작아 가공이 용이하다.
④ 단조 종료 온도가 높으면 결정이 미세화되고 기계적 성질이 좋아 열처리할 필요가 없다.

23 열간 단조(hot forging) 작업에 해당되는 것은?

① 업셋 단조(upset forging)
② 콜드 헤딩(cold heading)
③ 코이닝(coining)
④ 스웨이징(swaging)

> 가열온도에 따라 열간 단조와 냉간 단조가 있다. 재결정온도 이상에서 단조작업을 열간단조라 하고, 재결정온도 이하에서 단조작업을 냉간 단조라 한다.
>
> • 냉간 단조의 종류
> – 코이닝(coining)
> – 스웨이징(swaging)
> – 콜드 헤딩(cold heading)
> • 열간 단조의 종류
> – 해머 단조(ha[mm]er forging)
> – 프레스 단조(press forging)
> – 업셋 단조(upset forging)
> – 압연 단조(roll forging)

24 단조작업에서 소재를 축방향으로 압축하여 길이를 짧게 하는 작업의 명칭은?

① 늘이기(drawing)
② 업세팅(up setting)
③ 넓히기(spreading)
④ 단짓기(setting down)

> • 늘이기(drawing) : 재료를 앤빌과 램 사이에 넣고 타격하여 단면을 좁히고 길이를 늘리는 작업
> • 넓히기(spreading) : 재료를 얇고 넓게 펴는 작업
> • 단짓기(setting down) : 소재의 어느 단면을 경계로 하여 한쪽만 압력을 가하여 가늘게 하는 작업

25 소성가공에서 바우싱거 효과(Bauschinger effect)란 무엇인가?

① 금속재료가 먼저 받은 것과 반대 방향의 변형에 대하여는 탄성한도나 항복점이 저하되는 현상이다.
② 금속재료에서 한번 어떤 방향으로 소성변형을 받으면 같은 방향으로 소성변형을 일으키는데 대하여 저항력이 증대하여 간다는 현상이다.
③ 시간과 더불어 변형률이 커져가는 현상이다.
④ 외력을 제거한 후 시간의 경과에 따라 잔류 변형이 감소하는 현상이다.

26 압출가공의 종류에 해당되지 않는 것은?

① 단식 압출 ② 전방 압출
③ 후방 압출 ④ 충격 압출

27 재료를 열간 또는 냉간가공하기 위하여, 회전하는 롤러 사이를 통과시켜 예정된 두께, 폭 또는 지름으로 가공하는 소성가공법은?

① 주조가공 ② 압연가공
③ 판금가공 ④ 단조가공

- 주조가공 : 용해금속을 얻고자 하는 제품형상의 주형에 부어 응고시켜 소정의 제품을 얻는 가공
- 판금가공 : 펀치와 다이를 이용한 판재 가공법으로 프레스 가공(press work) 분야이다.
- 단조가공 : 해머나 프레스 등을 이용하여 소재에 외력을 가해 목적하는 형상을 가공하는 방법으로 자유단조와 형단조가 있다.

28 상하형이 서로 관계없는 요철을 가지고 있으며, 재료를 압축함으로써 상하면 위에는 다른 모양의 각인이 되는 가공법은?

① 코이닝(coining) ② 엠보싱(embossing)
③ 벤딩(bending) ④ 드로잉(drawing)

- 엠보싱(embossing) : 소재에 두께의 변화가 없는 상하 반대 모양의 요철가공
- 드로잉(drawing) : 재료를 앰빌과 램 사이에 넣고 타격하여 단면을 좁히고 길이를 늘리는 작업

29 소재의 지름 20[mm], 소재의 두께 0.2[mm], 전단저항 352.8[N/mm²]인 경우 블랭킹(blanking)에 필요한 힘을 구하면?

① 약 142[N] ② 약 4,433.42[N]
③ 약 7,379.4[N] ④ 약 22,148[N]

$F = \tau \cdot A = 352.8 \times \pi \times 20 \times 0.2 = 4,433.42[N]$

30 소성가공에서 열간가공이란?

① 냉각하면서 가공한다.
② 변태점 이상에서 가공한다.
③ 600[℃] 이상에서 가공한다.
④ 재결정온도 이상에서 가공한다.

- 냉간가공 : 재결정온도 이하의 소성가공
- 열간가공 : 재결정온도 이상의 소성가공

정답 25 ① 26 ① 27 ② 28 ① 29 ② 30 ④

31 스패너(spanner)를 단조하는데 보통 많이 사용되는 단조방식은 다음 중 어느 것인가?

① 형(型) 단조
② 자유(自由) 단조
③ 업셋(upset) 단조
④ 회전 스웨이징(回轉 swaging)

- 업셋 단조(upset forging) : 소재를 축방향으로 압축하여 일부 또는 전체를 굵고 짧게 하는 작업
- 스웨이징(swaging) : 봉 등의 바깥지름을 축소하거나 테이퍼로 가공하는 작업

32 지름 500[mm], 길이 500[mm]의 롤러로 두께 25[mm]의 연강판을 두께 20[mm]로 열간 압연할 때 압하율은?

① 28[%]
② 25[%]
③ 20[%]
④ 14[%]

$$압하율 = \frac{변형전\ 두께 - 변형후\ 두께}{변형전\ 두께} \times 100$$
$$= \frac{(25-20) \times 100}{25} = 20[\%]$$

33 외력을 제거하면 시간과 더불어 잔류응력이 감소되는 현상을 무엇이라고 하는가?

① 시효경화
② 가공경화
③ 탄성여효
④ 결정성장

- 시효경화 : 저절로 시간과 더불어 가공경화되어지는 현상
- 가공경화 : 외력으로 인하여 재료의 경도와 강도가 증가하고 연신율 및 단면수축율이 감소하는 현상

34 인발작업에서 실시하는 파텐팅(patenting) 열처리의 대상 재료로서 옳은 것은?

① 연강(C 0.05~0.24[%]선
② 황동선
③ 경강(C 0.4~0.8[%]선
④ 청동선

파텐팅(patenting)
담금질 소르바이트라고도 하며 피아노선, 경강선을 인발하기 전에 900~980[℃]로 급속가열 후 Ar_1 변태점 이하 400~450[℃]정도의 염욕에서 항온 변태시키는 열처리이다.

35 단조 프레스의 용량이 49[kN], 단조물의 유효단면적이 500[mm²]인 재료를 효율 80[%]로 단조할 때, 이 단조 재료의 변형저항은?

① 39.2[N/mm²]
② 499.8[N/mm²]
③ 78.4[N/mm²]
④ 98[N/mm²]

$$\sigma_e = \frac{Q}{A}\eta = \frac{49 \times 10^3}{500} \times 0.8 = 78.4[N/mm^2]$$

36 펀치나 다이에 시어각(shear angle)을 주는 까닭은 무엇인가?

① 펀치나 다이를 보호하기 위해서
② 전단면을 아름답게 하기 위하여
③ 전단하중을 줄이기 위하여
④ 다이에 대해 펀치의 편심을 방지하기 위해

시어각(shear angle)
전단하중을 줄이기 위하여 펀치와 다이면을 기울인 각

37 소성가공에는 상온가공과 고온가공이 있다. 고온가공을 제일 적합하게 설명한 것은?

① 고온에서 가공하는 방법
② 재결정 온도 이상에서 가공하는 것
③ 가열하면서 가공하는 것
④ 변태점 이하의 낮은 온도에서 가공하는 방법

> 고온가공은 열간가공으로 재결정온도 이상에서의 소성가공이다.

38 소성가공이 아닌 것은?

① 인발(drawing)
② 단조(forging)
③ 나사전조(thread rolling)
④ 브로칭(broaching)

39 인발 작업에서 지름 5.5[mm]의 와이어를 $\phi 4$[mm]로 가공하려고 한다. 이 때의 단면 수축률 및 가공도는 얼마인가?

① 약 47[%], 약 53[%]
② 약 47[%], 약 55[%]
③ 약 53[%], 약 47[%]
④ 약 55[%], 약 47[%]

> • 단면 수축률 : $\dfrac{A'-A}{A} = \dfrac{4^2 - 5.5^2}{5.5^2} \times 100 = 47[\%]$ (감소)
> • 가공도 : $\dfrac{A'}{A} = \dfrac{4^2}{5.5^2} \times 100 = 53[\%]$

40 형단조(型鍛造)에서 플래시(flash)의 주된 역할로 맞는 것은?

① 단형을 보호한다.
② 단형 내부의 재료를 부족하게 한다.
③ 단형에서 남은 재료가 밀려 나가게 한다.
④ 단형 내부의 압력을 낮춘다.

> **플래시(flash)**
> 금형의 파팅 라인상에서 금형 사이로 재료가 흘러나오는 것을 방지하고, 상형과 하형의 타격을 완화시키는 역할을 한다. 그리고 남은 재료는 밖으로 밀려나가게 한다.

41 프레스 작업에서 스프링 백(spring back)의 설명으로서 틀린 것은?

① 탄성한도 및 강도가 클수록 스프링 백의 양은 커진다.
② 다이의 어깨너비가 작을수록 스프링 백의 양은 커진다.
③ 동일 두께의 판에서 굽힘 강도가 예리할수록 스프링 백의 양은 커진다.
④ 동일 재료인 경우 굽힘 반지름이 작을수록 스프링 백의 양은 커진다.

> **스프링 백(spring back) 현상**
> 굽힘가공에서 굽힘 힘을 제거하면 판의 탄성 때문에 탄성변형 부분이 원상태로 돌아가 굽힘각도와 굽힘 반지름이 커지는 현상
> • 탄성한계, 경도, 구부림 반지름이 클수록 크다.
> • 두께가 얇을수록 크다.
> • 구부림 각도가 작을수록 크다.

정답 37 ② 38 ④ 39 ① 40 ③ 41 ④

42 단조용 드롭 해머(drop hammer)의 종류가 아닌 것은?

① 링(ring) 드롭 해머
② 로프(rope) 드롭 해머
③ 마찰봉 드롭 해머
④ 벨트(belt) 드롭 해머

> 단조용 해머의 종류
> • 낙하 해머(drop hammer) : 램(ram)의 상하운동
> – 압축공기
> – 증기
> – 벨트
> – 체인
> – 링(ring)
> • 파워 해머(power hammer) : 피스톤의 상하운동

43 가공경화(work hardening) 현상이란?

① 소성변형에 대하여 강도가 감소하는 현상이다.
② 소성변형에 대하여 저항이 증가하는 현상이다.
③ 입자들 사이에 슬립이 생기는 현상이다.
④ 결정격자가 변화하는 현상이다.

44 다음 중 전단가공에 속하지 않는 것은?

① 펀칭(punching)
② 블랭킹(blankin)
③ 트리밍(trimming)
④ 엠보싱(embossing)

45 업셋(up set) 작업에 대하여 올바르게 설명한 것은?

① 단면적을 크게하여 길이를 줄인다.
② 단면적을 작게하여 길이를 늘린다.
③ 단면적을 크게하여 길이를 늘린다.
④ 단면적을 작게하여 길이를 줄인다.

46 압출가공에서 압출력에 영향을 미치는 인자(因子)에 해당되지 않는 것은?

① 압출비
② 가공온도
③ 역장력
④ 변형속도

47 관 모양의 속이 빈(주철관) 주물을 주조하는데 쓰이는 주조법은?

① 셸 주형법(shell moulding process)
② 쇼 주조법(show process)
③ 인베스트먼트 주조법(investment process)
④ 원심 주조법(centrifugal casting)

48 소성가공(塑性加工)이 아닌 것은?

① 프레스 작업
② 잡아늘임 작업
③ 연삭 작업
④ 압연 작업

정답 42 ③ 43 ② 44 ④ 45 ① 46 ③ 47 ④ 48 ③

49 소재의 두께를 변화시키지 않고 상하형의 요철이 서로 반대가 되도록 한 쌍의 다이 사이에 넣고 성형하는 것은?

① 엠보싱(embossing)
② 벌징(bulging)
③ 컬링(curling)
④ 코이닝(coining)

50 소성가공에 이용되는 성질이 아닌 것은?

① 가소성
② 취성
③ 연성
④ 가단성

51 판금가공작업에서 전단기계에 해당되지 않는 것은?

① 스퀘어 전단기(square shear)
② 곡선 전단기(circular shear)
③ 갱 슬리터(gang slitter)
④ 탄젠트 벤더(tangent bender)

> **탄젠트 벤더**
> 플랜지가 달린 판을 주름이 생기지 않고, 또 표면에 홈이 생기지 않게 정확히 원호상으로 굽히는 기계이다.

52 강선의 반복적인 소성변형시 내부응력이 증가되는 이유는?

① 탄성변형
② 열간가공
③ 냉간가공
④ 가공경화

53 압연 롤러의 구성 요소 중 틀린 것은?

① 네크(neck)
② 웨블러(webbler)
③ 몸체(body)
④ 캘리버(caliber)

54 두께 2[mm]인 연강판에 지름 20[mm]의 구멍을 펀칭 프레스로 뚫을 때, 필요한 힘(N)은? (단, 전단응력은 30[N/mm²]이다.)

① 약 2770
② 약 3620
③ 약 3770
④ 약 5620

> $F = 30 \times \pi \times 20 \times 2 = 3770[N]$

55 단조작업에서 해머 무게가 98[N]이고 해머의 효율이 80[%]이며, 중력가속도가 $g = 9.8[m/sec^2]$이고, 단조 에너지가 196[N·m]일 때, 해머의 타격속도는 몇 [m/sec]인가?

① 20
② 15
③ 10
④ 7

> $$E = \frac{WV^2}{2g}\eta$$
> $196 = \frac{98 \times V^2}{2 \times 9.8} \times 0.8, \ V = 7[m/s]$

정답 49 ① 50 ② 51 ④ 52 ④ 53 ④ 54 ③ 55 ④

56 단조 완료 온도가 적정 온도보다 높으면 어떤 현상이 나타나는가?

① 단조 시간이 길어진다.
② 결정입이 조대하여 진다.
③ 결정입이 미세하여 진다.
④ 내부 응력이 발생한다.

57 프레스 가공의 가공 방식에 따라 분류한 종류가 아닌 것은?

① 선삭가공　　② 압인가공
③ 굽힘가공　　④ 전단가공

58 전개도를 그리는데 있어서 가장 중요한 것은?

① 투영도
② 정면도 및 우측면도
③ 정면도 및 평면도
④ 각부의 실제길이

59 비교적 얇은판을 회전하는 틀인 금형에 밀어붙여 성형하는 가공법을 무엇이라고 하는가?

① 스피닝(spinning)
② 컬링(curling)
③ 코이닝(coining)
④ 스웨이징(swagin)

> **스피닝(spinning)**
> 선반을 이용하여 소재를 회전 시키면서 스피닝 형틀에 맞추어 용기를 만들거나 용기의 아가리를 오므라들게 좁히는 가공법이다.

60 일반적으로 냉간가공하면 감소되는 기계적 성질은?

① 연신율
② 항복점
③ 경도
④ 인장강도

61 인발 작업에서 역장력을 작용시켰을 때, 나타나는 현상으로 틀린 것은?

① 다이 구멍의 확대변형이 적다.
② 다이 수명이 길어진다.
③ 인발력이 감소한다.
④ 제품 정도가 좋아진다.

62 다음 가공법 중 소성가공에 속하지 않는 것은?

① 압출
② 압접
③ 업셋 단조
④ 압연

정답　56 ②　57 ①　58 ④　59 ①　60 ①　61 ③　62 ②

63 소성가공의 특징과 관계가 먼 것은?

① 주물에 비하여 치수가 정확하다.
② 복잡한 형상을 만들기 쉽다.
③ 금속의 조직이 치밀해진다.
④ 다량생산으로 균일한 제품을 얻는다.

64 치약, 화장품 용기 등 연한 금속의 짧고 얇은 관을 제작하는데 많이 이용되는 소성가공 방법은 무엇인가?

① 빌렛 압출법
② 충격 압출법
③ 관재 인발
④ 디프 드로잉

65 단조 온도에 대한 설명 중 틀린 것은?

① 단조 완료 온도가 높으면 결정이 미세화된다.
② 재질이 다르면 고온에서 체적 단조 온도가 다르게 된다.
③ 단조 가공 완료 온도는 재결정 온도 근처로 하는 것이 좋다.
④ 단조 온도를 단조 최고 온도보다 높게 하면 산화가 심하다.

66 단품가공에서 강판의 스프링 백에 관한 설명 중 틀린 것은?

① 탄성한계 및 강도가 높을수록 스프링백의 양이 커진다.
② 같은 두께의 판재에서는 굽힘강도가 클수록 스프링 백의 양이 작아진다.
③ 같은 판재에서 굽힘 반지름이 같을 때에는 두께가 두꺼울수록 스프링 백의 양은 작아진다.
④ 같은 두께의 판재에서는 굽힘 반지름이 작을수록 스프링 백의 양이 커진다.

67 냉간가공이 열간가공에 비해서 우수한 점은?

① 작은 동력으로 큰 변형을 만든다.
② 치수가 정밀하다.
③ 재질이 균일화된다.
④ 유동성이 좋다.

68 소성가공에 속하지 않는 것은?

① 단조가공
② 압연가공
③ 전조가공
④ 방전가공

69 단조온도에 관한 설명으로 옳지 않은 것은?

① 너무 급하게 고온도로 가열하지 않는다.
② 단조재료를 가열할 때는 버닝 온도 또는 용융 시작온도의 100[℃] 이내에 접근시키지 않는 것이 좋다.
③ 필요 이상의 고온으로 너무 오래 가열하지 말고 균일하게 가열한다.
④ 가공완료 온도는 재결정 온도보다 낮아야 한다.

정답 63 ② 64 ② 65 ① 66 ④ 67 ② 68 ④ 69 ④

09 용접

1 금속 및 비금속을 접합하는 방법

(1) 기계적 접합 방법

기계요소를 이용한 접합 방법이다.

① 나사(screw) - 볼트 체결
② 키(key)
③ 핀(pin)
④ 코터(cotter)
⑤ 리벳(rivet)

(2) 야금학적(금속적) 접합 방법 - 용접(welding)

① **융접(融接 ; fusion welding)**
   접합하고자 하는 물체의 접합부를 가열 용융시키고 여기에 용재를 첨가하여 접합하는 방법이다. 종류에는 가스 용접, 아크 용접, 테르밋 용접 등이 있다.

② **압접(壓接)**
   접합부를 냉간 상태 또는 적당한 온도로 가열 후 국부적으로 압력을 주어 접합하는 방법으로 용가재를 사용하지 않으며 가압용접(pressure welding)이라고도 한다. 종류에는 단접, 냉간압접, 저항용접, 가스압접 등이 있다.

③ **납접**
   모재를 용융시키지 않고 저 용융점의 합금(납)을 녹여서 접합시키는 방법으로 경납접(brazing)과 연납접(soldering)이 있다.

(3) 용어 정리

① **모재(母材 ; base metal, parent metal)**
   접합할 때 양쪽 금속의 부재
② **용가재(溶加材 ; filler material)**
   제3의 금속인 용접봉

③ 불순물 피막(不純物 被膜)
    모재 접합면의 용융으로 그 표면에 존재하고 있던 불순물들이 용융 금속 중에 유리되어 접합면에 남아 있는 물질
④ 슬래그(용재 ; slag)
    접합면의 불순물을 용제(溶劑 ; flux)의 도움으로 제거되어 굳어져 있는 것
⑤ 용착금속(溶着金屬 ; deposit metal)
    모재와 용가재가 융합 응고되어 생긴 부분으로 비드(bead)라고도 한다.

(4) 용접의 특징
① 기밀, 수밀성을 유지할 수 있다.
② 용접부의 결함 검사가 곤란
③ 10~15[%] 정도의 재료 절약이 가능
④ 응력 집중 현상이 발생한다.(잔류응력이 발생)
    용접 가공시 발생된 열영향부(HAZ : Heat Affect Zone)는 반드시 풀림 처리나 피닝 처리를 하여 잔류응력을 제거해야 한다.
⑤ 이음 효율이 양호하다.
⑥ 용접사의 양심에 따라 제품의 품질 향상
⑦ 작업속도 증가-리벳 조인트보다 공정수가 적다.
⑧ 제품의 성능 및 수명 향상
⑨ 탄소강 용접시 탄소 함유량이 증가하면 급랭시 경화 현상이 심해진다.

(5) 용도
① 건축물, 교량, 선체 등의 기계 구조물 및 대형 구조물
② 철도차량의 대차
③ 수차의 케이싱
④ 보일러, 선박용 엔진의 프레임

2 가스 용접(gas welding)

가연성(可燃性)가스와 조연성가스(산소)를 혼합 연소하여 그 열로 용가제와 모재를 녹여서 접합하는 방법, 전기용접에 비해 열손실이 크고 변형이 많이 생긴다.
※ 가연성(可燃性) : 불에 잘 타는 성질 ↔ 불연성(不燃性) : 불에 잘 타지 않는 성질

(1) 가스 용접의 용도

① 균열 발생의 우려가 있는 금속
② 얇은 판이나 파이프(pipe)
③ 비철금속 및 그 합금
④ 용융점 및 비등점이 낮은 금속

(2) 가스 용접의 특징

① 폭발의 위험이 있어 취급에 주의가 요구된다.
② 불꽃의 온도가 낮고 탄화 및 산화의 우려가 있다.
③ 기계적 강도 저하가 발생할 수 있다.

(3) 가스 용접의 종류

① **산소-아세틸렌 용접**

가연성가스는 아세틸렌이고 조연성가스는 산소이다.

② **공기-아세틸렌 용접**

가연성가스는 아세틸렌이고 조연성가스는 공기이다.

③ **산소-수소 용접**

가연성가스는 수소이고 조연성가스는 산소이다.

④ **산소-프로판 용접**

가연성가스는 프로판이고 조연성가스는 산소이다.

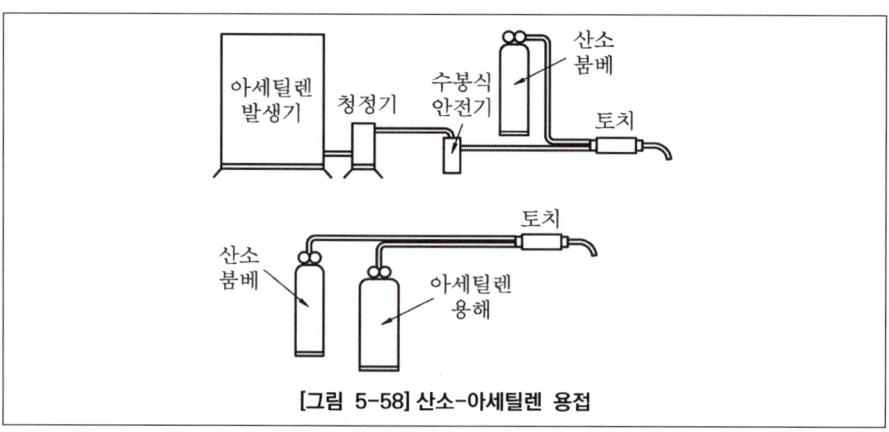

[그림 5-58] 산소-아세틸렌 용접

(4) 산소-아세틸렌 용접(oxiacetylene welding)

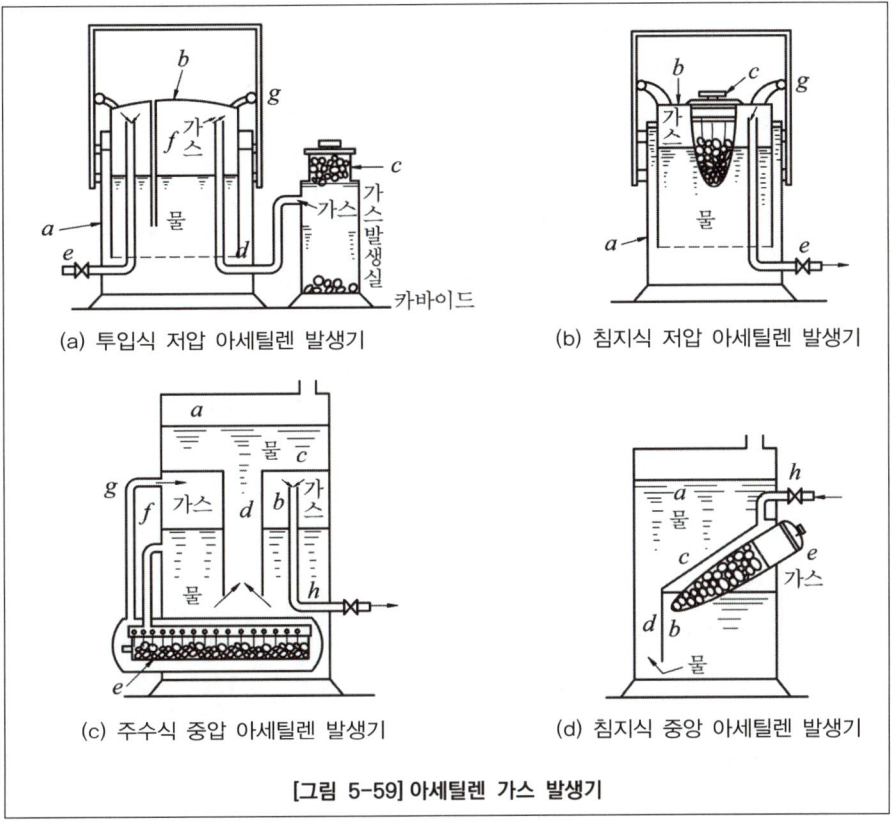

(a) 투입식 저압 아세틸렌 발생기
(b) 침지식 저압 아세틸렌 발생기
(c) 주수식 중압 아세틸렌 발생기
(d) 침지식 중앙 아세틸렌 발생기

[그림 5-59] 아세틸렌 가스 발생기

① **아세틸렌 가스 발생기**

침지식 발생기가 가장 간단하지만 충격에 의한 폭발 위험이 크다.

㉠ 주수식 발생기
  용기에 카바이드를 넣고 필요량의 물을 넣어 아세틸렌을 발생
㉡ 투입식 발생기
  용기에 물을 넣고 필요량의 카바이드를 넣어 아세틸렌을 발생
㉢ 침지식 발생기
  용기에 물을 넣고 카바이드를 천에 싸서 필요시 물에 담가서 아세틸렌을 발생

② **불꽃의 종류**

용접은 불꽃심에서 2~3[mm] 떨어진 상태를 유지하면서 한다.

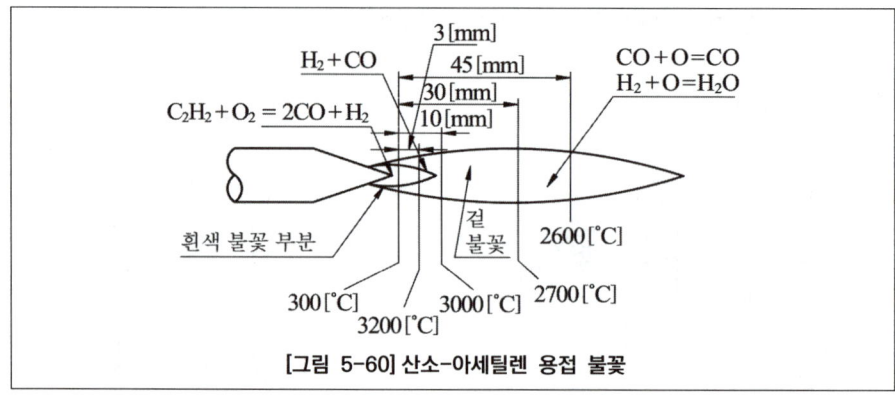

[그림 5-60] 산소-아세틸렌 용접 불꽃

㉠ 표준 불꽃(중성염 불꽃)

산소와 아세틸렌의 비가 1 : 1인 상태의 불꽃으로 연강, 주철, 구리, 알루미늄 용접에 적합하다.

$$C_2H_2 + O_2 = 2CO + H_2$$

㉡ 탄화염 불꽃(아세틸렌 과잉 불꽃)

산소보다 아세틸렌을 많이 사용한 불꽃으로 경강, 스테인리스강, 스텔라이트, 모넬메탈 등의 용접에 적합하다.

㉢ 산화염 불꽃(산소 과잉 불꽃)

아세틸렌 보다 산소를 많이 사용한 불꽃으로 구리, 황동 용접에 적합하다.

③ **청정기**

아세틸렌 발생기에서 불순물인 인화수소, 황하수소, 암모니아 등을 제거하기 위한 것

④ **안전기**

발생기로 산소가 역류(逆流)되거나 또는 역화(逆火)되는 것을 방지하기 위한 것

㉠ 수봉식 안전기 : 저압용에 사용

㉡ 스프링식 안전기 : 고압용에 사용

⑤ **토치 팁의 능력**

㉠ 프랑스식

표준 불꽃으로 1시간동안 용접시 아세틸렌 가스의 소비량[L]로 나타낸다.

예를 들어 팁 100이라면 1시간 동안 표준 불꽃으로 용접할 때 아세틸렌 소비량이 100[L]라는 뜻이다.

㉡ 독일식

용접할 연강판 두께로 나타냄

예를 들어 1번 팁이라고 하면 두께 1[mm]의 연강판 용접에 적합하다는 뜻이다.

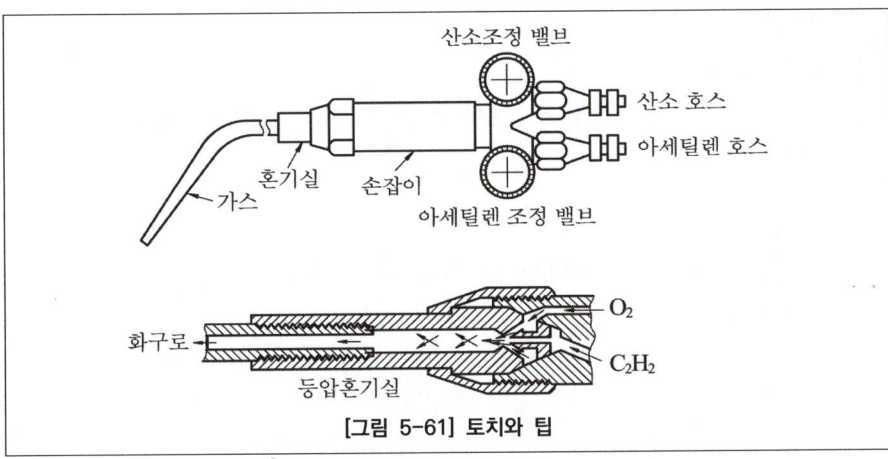

[그림 5-61] 토치와 팁

(5) 가스 절단(gas cutting)

금속의 가스 절단은 산소와 철의 화학 반응을 이용한 연강의 산소 절단을 의미한다.

$$3Fe + 2O_2 = Fe_3O_4$$

① **산소-아세틸렌 가스 절단**
  ㉠ 가장 잘 절단할 수 있는 금속 : 연강
  ㉡ 절단이 곤란한 금속 : 구리, 주철, 알루미늄, 스테인리스강

② **스카핑(Scarfing)**
  강제품의 각종 흠집(균열, 요철, 주조결함, 탈탄층)을 불꽃에 의해 녹여 제거하는 작업

3 아크 용접(arc welding)

모재와 전극 사이에서 4500~6000[℃]의 아크 열을 발생시켜, 이 열을 이용하여 용접봉과 모재를 녹여 접합하는 방법이다. 아크 용접에는 피복 아크 용접과 특수 아크 용접인 불활성가스 아크 용접, 서브머지드 아크 용접, CO_2가스 아크 용접 등이 있다.

(1) 피복 아크 용접

피복제가 심선을 둘러싸고 있는 용접봉을 사용한 아크 용접

① **아크의 길이**

아크 길이가 일정할 때, 전압은 전류가 증가함에 따라 지수 곡선 모양으로 변화한다.

② **아크 용접봉**

피복 아크 용접봉의 내부는 심선이 들어가 있고 이 심선을 피복제가 둘러싸고 있다.

㉠ 심선

심선의 지름은 3.2~6.0[mm]가 가장 많이 사용된다.

㉡ 피복제의 역할
- 대기중의 산소와 질소의 침입을 방지하고 용융 금속을 보호한다.
- 용착 금속의 기계적 성질을 개선한다.
- 용융 금속의 응고와 냉각 속도를 지연시켜 준다.

㉢ 연강용 피복 용접봉의 표시방법

     E   43   △   □
     ㉠   ㉡   ㉢   ㉣

- Electric Arc Welding의 첫글자(전극봉의 첫글자)
- 용착 금속의 최소 인장강도[kg/mm^2, N/mm^2]
- 용접자세
- 피복제의 종류

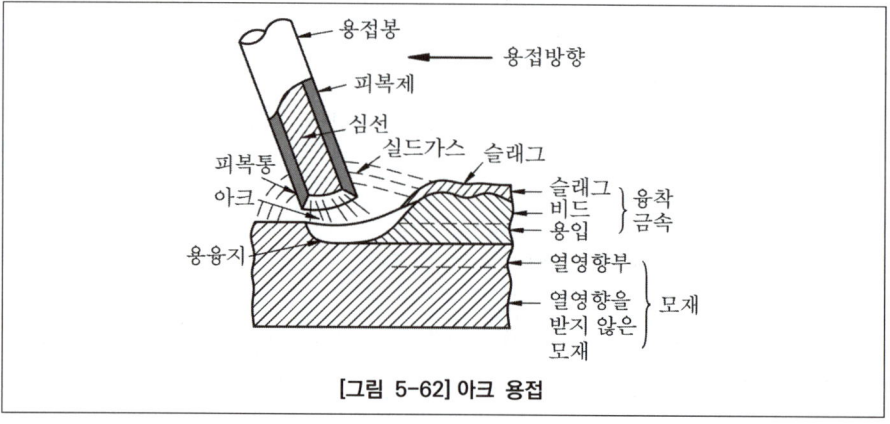

[그림 5-62] 아크 용접

③ 아크 용접부의 결함
  ㉠ 오버랩(overlap)
    낮은 전류로 용융열이 부족하여 용가재와 모재가 잘 융합하지 않고 용착 금속의 모재 위에 겹쳐서 쌓인 결함이다. 원인은 다음과 같다.
    • 용접봉이 굵을 때
    • 용접 전류가 약할 때
    • 운봉의 불량
    • 용접 속도가 느릴 때
  ㉡ 기공
    용착 금속의 내부에 가스가 남아 있어 생긴 구멍 결함이다.
    • 모재에 불순물이 함유되어 있을 때
    • 용접봉에 습기가 있을 때
    • 용접 전류가 과대할 때
    • 가스 용접시 과열되었을 때
  ㉢ 슬래그 섞임
    용착 금속 속에 피복제가 섞여 굳어서 생긴 결함
    • 운봉의 불량
    • 용접 전류 속도의 부적당
    • 피복제의 조성 불량
  ㉣ 언더컷(under cut)
    용접비드의 양쪽 경계부에 용접전류의 과다로 인해 용접부 테두리가 파이는 결함이다.
    • 운봉의 불량
    • 용접전류 속도의 부적당
    • 용접전류의 과대
  ㉤ 용입부족
    접합부의 끝의 홈 밑바닥 부분까지 충분히 용착금속이 형성되지 못해 생긴 결함
    • 부적합한 용접봉 사용
    • 용접 속도가 너무 빠를 때
    • 모재에 황 함유량이 많을 때

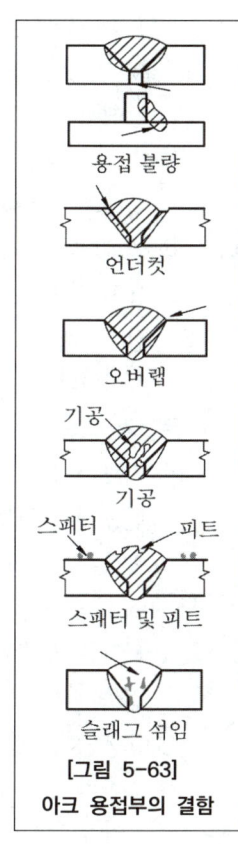

[그림 5-63]
아크 용접부의 결함

ⓗ 피시 아이(fish eye)
용착 금속의 인장 또는 굽힘 시험편의 파단면 또는 중심부의 공간에 흠등의 결함이 나타나는 현상이다.

ⓢ 크레이터(crater)
비드의 끝부분은 용착금속의 수축으로 인해 용착금속 부족으로 폭 파여진 형태의 결함이다.

ⓞ 스패터(spatter)
용착 금속의 기포 팽창, 용착금속 폭발, 피복제에 수분함유, 운봉각도 부적합, 모재의 온도가 현저히 낮을 때 비산되는 금속 방울 때문에 발생하는 결함이다.

④ **용접기 종류**
  ㉠ 직류 용접기
  전동 발전형(정전압형, 정전력형)과 정류기형(정전류형)이 있다.
  • 직류 정극성 용접 : 모재 (+)전류와 용접봉 (-)전류의 아크로 두꺼운 모재에 용입을 깊게 용접할 수 있다.
  • 직류 역극성 용접 : 모재 (-)전류와 용접봉 (+)전류의 아크로 얇은 모재에 열을 적게 받게 하여 용접한다.
  ㉡ 교류 용접기
  일종의 변압기 - 직류용접기에 비해 안전성은 떨어지나 가격은 저렴하다.
  • 가동 철심형 용접기
  • 가동 코일형 용접기
  • 가포화 리액터형 용접기 : 원격 조정이 가능한 용접기
  • 탭전환형
  ㉢ 고주파 아크 용접기
  고주파 아크를 50000~200000[Hz]의 고주파 전류로 전환시키므로 아크와 전류는 안전성이 높으며 5~10[A] 범위의 작은 전류에도 쉽게 작업 가능하다. 극박강판, 구리, 알루미늄 용접에 적합하다.
  ㉣ 고주파 유도 용접
  파이프끼리 서로 맞대기 용접을 하는데 가장 좋은 용접

⑤ **용접기의 특성**
  ㉠ 수하특성(垂下特性 ; drooping characteristic)
  전류가 증가하면 단자간의 전압이 저하되는 특성 - 아크를 안정시키는데 필요한 조건
  ㉡ 정전압특성(constant voltage characteristic)

MIG 용접과 CO_2 용접에서는 부하 전류가 변화해도 단자 전압은 거의 변화하지 않는다.

ⓒ 상승특성(rising characteristic)
부하전류가 증가하면 단자 전압이 증가한다.

⑥ **용접기의 규격**

㉠ 사용률
용접기의 2차 측에서 아크를 발생시키는 시간율

$$사용률[\%] = \frac{아크\ 발생시간}{아크\ 발생시간 + 아크\ 중지시간} \times 100$$

$$허용사용률[\%] = \frac{(정격2차\ 전류)^2}{(실제사용전류)^2} \times 사용률[\%]$$

허용 사용률이 100[%]가 넘으면 휴식시간 없이 계속 사용해도 용접기는 아무 무리가 없다.

㉡ 교류 용접기의 효율과 역률
- 효율 = (아크 출력/소비전력)×100
- 역률 = (소비전력/전원입력)×100

(2) 불활성 가스 아크 용접

용접부의 질화나 산화를 방지하기 위하여 용착금속과 모재에 영향을 주지 않는 아르곤(Ar), 네온(Ne), 헬륨(He) 등의 불활성가스를 분출시켜 그 속에서 아크를 발생시켜 열을 공급해 용접하는 방법이다.

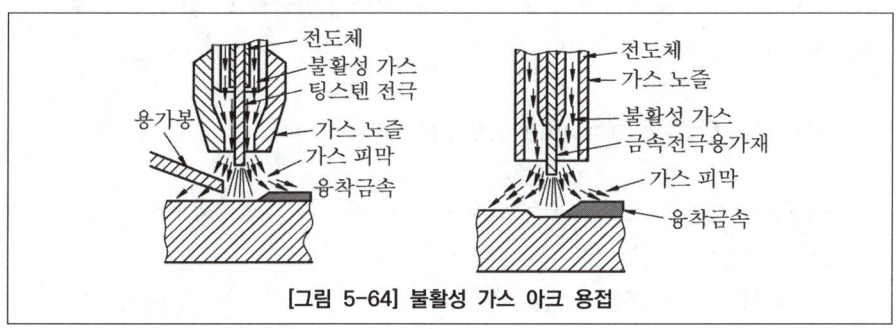

[그림 5-64] 불활성 가스 아크 용접

① **불활성 가스를 사용하는 이유**
산소와 공기의 접촉으로 생길 수 있는 기공이나 산화를 막을 수 있기 때문이다.

② 불활성 가스 아크 용접의 종류
　㉠ TIG 용접(tungsten innert gas arc welding)
　　텅스텐 전극(용접봉)을 사용한 텅스텐 불활성 가스 아크 용접
　㉡ MIG 용접(metal inert gas arc welding)
　　금속 비피복봉을 사용한 금속 불활성 가스 아크 용접 - 직류 역극성 용접

③ 용접 가능 금속
　㉠ 특수강 - 내식강, 내열강 등
　㉡ 구리, 동합금, 이종(異種) 금속
　㉢ 경합금 - 알루미늄, 마그네슘 합금 등

④ 불활성 가스 아크 용접의 특징
　㉠ 전자세 용접이 용이하고 고능률적이다.
　㉡ 청정작용이 있다.
　㉢ 아크가 극히 안정되고 스패터가 적다.
　㉣ 기포나 산화 및 질화 방지
　㉤ 용제를 사용하지 않는다.

(3) CO_2 가스 아크 용접(탄산가스 아크 용접)

불활성 가스 대신 탄산가스를 노즐에서 분출시켜 아크 열로 접합하는 방법 - 주로 연강 용접

[CO_2 가스 아크 용접의 특징]
① 산화·질화가 없어 우수한 용착금속을 얻을 수 있다.
② 용착금속 중 수소 함유량이 적어 수소로 인한 결함이 거의 없다.
③ 용입이 양호하다.

(4) 서브머지드 아크 용접(submerged arc welding)

분말용재 속에 용접 심선을 와이어 식으로 공급해 심선과 모재 사이에서 아크를 발생시켜 용접하는 방법이다.

① 서브머지드 아크 용접의 다른 명칭
　㉠ 잠호용접
　㉡ 유니온 벨트 용접
　㉢ 링컨(Lincoln)
　㉣ 자동 아크 용접

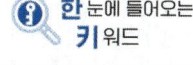

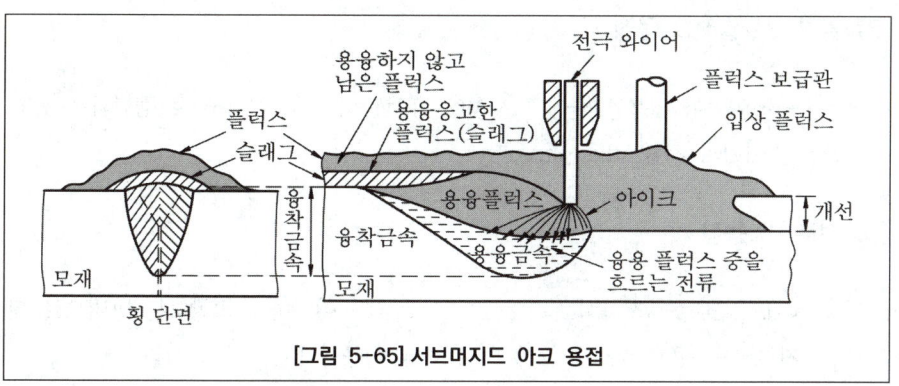

[그림 5-65] 서브머지드 아크 용접

(5) 원자수소용접

두 텅스텐 전극 사이에서 아크를 발생시키고 그 사이에 수소가스를 공급하면 수소는 아크열에 의해 분해되어 원자상태의 수소로 되었다가 모재면에서 다시 분자상태로 환원될 때 고열이 발생하는데 이 열을 이용하여 접합하는 방법이다.

(6) 스터드 용접

볼트나 환봉 등의 선단과 모재 사이에 아크를 발생하여 접합하는 방법

(7) 플라즈마 용접

플라즈마란 기체의 온도가 수천도가 되면 기체 일부 또는 전부가 이온화하여 전자와 양자이온의 집합체인 가스 또는 증기 형태로 되어 도전성을 띠게 되는 상태이다. 텅스텐 전극을 사용하고 실드 가스로 아르곤을 사용한 비소모 전극식 아크 용접이다.

4 특수 용접

(1) 테르밋 용접

① 알루미늄 분말과 산화철분말의 혼합반응으로 발생하는 열로 접합하는 방법
② 금속 산화물이 알루미늄에 의하여 산소를 빼앗기는 화학반응을 이용한 용접
③ 용도 : 운반 이송이 곤란한 대형 구조물의 수리 제작시 사용

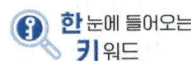

(2) 일렉트로 슬래그 용접

연속 공급 와이어와 용융 슬래그 사이에 통전된 전류의 저항 열로 접합하는 방법
- 전극 와이어의 지름 : 2.5~3[mm]

(3) 전자 빔 용접

진공 중에서 고속의 전자빔을 만들고, 그 전류를 이용하여 접합하는 방법으로 티타늄, 지르코늄, 규소, 게르마늄 등의 용접에 이용한다.

(4) 레이저 용접

금, 동, 니켈 등과 같이 용융점과 비등점의 차가 큰 금속의 용접에 적합하다.

(5) 초음파 용접

모재에 초음파(18[kHz] 이상) 횡진동을 주어 진동 에너지에 의해 접촉부의 원자가 서로 확산되어 접합하는 방법으로 비금속 플라스틱 용접, 비철금속의 용접에 적합하다.

① 접촉면 사이의 원자간의 인력이 작용하여 용접이 된다.
② 용접 가능한 판 두께가 매우 얇다.
③ 가압력이 필요하다.
④ 서로 다른 금속간의 용접에 극히 유용하다.

6 전기 저항 용접

접합하고자 하는 두 모재를 접촉시켜 놓고 이 모재들에 전류를 통하면 접촉 부위에 저항열이 발생하여 모재를 녹이고 외력을 가해 접합하는 방법이다.

(1) 전

① 겹치기 용접
  ㉠ 점 용접(spot welding)
    두 모재를 겹쳐서 전극 사이에 끼워 넣고 전기 저항열에 의하여 접합하는 방법으로 6[mm] 이하의 판재를 접합, 자동차, 항공기 분야에 널리 사용되

고 있다.

  ⓒ 심 용접(seam welding)

   점 용접을 연속적으로 하는 방법으로 롤러 형태의 전극을 이용하여 용접함으로 기밀, 수밀이 필요한 이음부에 사용된다. 예를 들어 얇은 용접관 용접에 적당하다.

  ⓒ 프로젝션 용접(projection welding ; 돌기용접 ; 판금용접)

   모재 표면의 한쪽 또는 양쪽에 돌기를 만들고 이 부분에 대전류와 압력을 가해 접합하는 방법으로 판금 공작물 접합, 자동차 부품 용접에 적당하다.

② **맞대기 용접**

  ㉠ 플래시 용접(flash welding)

   두 재료를 천천히 가까이 접촉시키면 접촉면에 단락 대전류가 흘러 예열되고 이를 반복하여 접촉면이 적당한 온도에 도달하면 강한 압력을 주어 압접하는 방법이다.

  ⓒ 업셋 용접(up-set welding)

   용접재를 세게 맞대어 놓고 대전류를 통하여 이음부 부근에서 발생하는 접촉 저항열에 의해 접촉면이 적당한 온도에 도달하면 축 방향으로 강한 압력을 주어 압접하는 방법이다.

  ⓒ 퍼커션 용접(percussion welding ; 방전 충격 용접 ; 충돌 용접)

   극히 짧은 지름의 용접물을 접합하는데 사용되며 피용접물을 두 전극사이에 끼운 후에 전류를 통하며 빠른 속도로 피용접물이 충돌하면서 접합되는 용접이다.

(2) 전기저항 용접의 3대 요소

① 전류의 세기
② 전류를 통하는 시간
③ 가압력

(3) 고주파 저항 용접의 특징

① 용접부 조직이 우수하다.
② 연강, 스테인리스강 및 비철금속 등의 재료에 용접이 가능
③ 열 영향을 적게 받는다.
④ 용접재 표면의 정도에 지장을 주지 않는다.

6 기타 압접

(1) 가스 압접

접합부분를 재결정 온도 이상으로 가스불꽃을 이용하여 가열시킨 후 축 방향으로 압축력을 가하여 접합시키는 방법이다.

(2) 단접

용접물을 가열하여 해머 등으로 타격을 가해 압접하는 방법으로 탄소 강재를 단접할 때, 사용하는 용제(flux)로 붕사를 사용한다.

(3) 마찰 용접

선반과 유사한 구조의 용접기를 사용하여 모재의 한 쪽은 고정시키고 다른 쪽은 고속회전시켜 발생하는 마찰열로 압접하는 방법이다.

(4) 냉간 압접

상온에서 가압만의 조작으로 상호간에 확산을 일으켜 압접으로 접합시키는 방법이다.

(5) 폭발 용접

순간적인 충격 및 압력으로 금속을 압접시켜 접합하는 방법이다.

7 납땜

(1) 연납땜

연납땜의 주성분 - 주석(Sn), 납(Pb)

(2) 경납땜

연납보다 큰 강도를 요할 때 사용한다.

① **황동납**
Cu 30~50[%], Zn 50~70[%]의 합금으로 융점은 800~1000[℃] - 구리합금, 강철 등 사용

② **은납**
  Cu, Zn, Ag의 합금으로 용융점은 600~900[℃]이며 은세공에 사용

③ **양은납**
  Cu, Zn의 합금에 Ni배합 - 양은, Ni, 합금 등의 땜에 사용

CHAPTER 05 단원 예상문제

저자가 콕! 찍어주는 예상문제 풀어보기!

01 2개의 금속편 끝을 융점 가까이 가열하여 양 끝을 접촉시켜 압력을 가해 결합시키는 작업으로 다음 중 맞는 것은?

① 가스 용접 ② 아크 용접
③ 전기 용접 ④ 단접

> **단접(bleeksmith welding, forge welding)**
> 연철, 연강, 구리, 알루미늄 등을 반용융 상태로 가열해서, 이에 압력을 가하거나 망치로 쳐서 접합하는 작업

02 용접 부위의 검사방법으로 파괴검사는 어느 것인가?

① 방사선 투과검사 ② 자기분말검사
③ 초음파검사 ④ 금속조직검사

> **금속조직검사(microscopiz test)**
> 현미경에 의하여 용접부의 결정조직을 조사하는 검사

03 테르밋 용접(thermit welding)이란?

① 전기 용접과 가스 용접을 결합한 것이다.
② 원자수소의 반응열을 이용한 것이다.
③ 산화철과 알루미늄의 반응열을 이용한 것이다.
④ 액체산소를 이용한 가스 용접의 일종이다.

04 아크나 발생가스가 다같이 용제속에 잠겨져 있어서 잠호 용접이라고 하며, 상품명으로는 링컨 용접법이라고도 하는 것은?

① TIG 용접 ② 서브머지드 용접
③ MIG 용접 ④ 일렉트로 슬래그 용접

> **아크 용접**
> • 피복 아크 용접 : 모재와 전극 사이에 아크열을 발생시켜 이 열로 용접봉과 모재를 녹여 접합시키는 방법
> • 불활성 가스 아크 용접 : Ar, Ne, He 등의 불활성 가스 속에서 아크열을 발생시켜 접합하는 방법으로 MIG 용접(금속 전극봉)과 TIG 용접(텅스텐 전극봉)이 있다.
> • 일렉트로 슬래그 용접 : 와이어와 용융 슬래그 사이에 통전된 전류의 저항열로 접합하는 방법

05 산소-아세틸렌 가스 용접법의 장점이 아닌 것은?

① 토치의 거리나 화염의 크기를 가감함으로서 가열의 조정이 자유롭다.
② 열 에너지의 집중이 높다.
③ 전원설비가 필요치 않고 언제 어디서나 장치를 운반하여 용접작업이 가능하다.
④ 토치나 화구(火口)를 교환하면 절단, 열처리, 굽힘 가공 등의 각종 가열작업에 이용할 수 있다.

> **가스 용접(산소-아세틸렌 용접)의 특징**
> • 설치 및 운반이 비교적 편리하고 전기가 필요없다.
> • 유해광선의 발생률이 적고 응용범위가 넓다.
> • 가열할 때 열량조절이 쉽다.
> • 박판 용접이 가능하다.
> • 고압가스로 인한 폭발, 화재 위험이 크다.
> • 용접속도가 느리고 열의 집중성이 떨어져 용접이 어렵다.
> • 용접 부위의 변형이 크다.
> • 용접부 기계적 강도가 떨어지고 신뢰성이 작다.

정답 1 ④ 2 ④ 3 ③ 4 ② 5 ②

06 그림에서 I형 맞대기 용접을 하려고 한다. 올바른 용접 기호는?

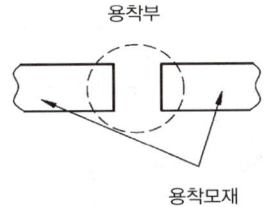

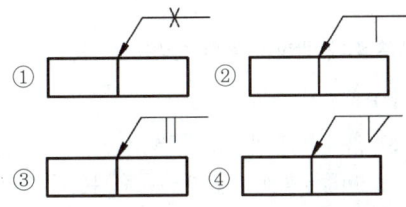

겹치기 저항 용접
- 점 용접(spot welding) : 두 모재의 접촉면에 전류를 통과하게 하여 가압시켜 용접
- 심 용접(seam welding) : 연속적인 점 용접으로 얇은 용접 관 접합
- 프로젝션 용접(projection welding) : 용접부에 돌기부를 만들어 놓고 압력을 가해 접합하는 방법

08 교류 아크 용접기의 효율을 옳게 나타내는 식은? (단, 아크 출력의 단위는[kW], 소비전력의 단위는 [kVA], 전원입력의 단위는[kVA]이다.)

① (아크 출력÷소비 전력)×100[%]
② (소비 전력÷아크 출력)×100[%]
③ (소비 전력÷전원 입력)×100[%]
④ (아크 출력÷전원 입력)×100[%]

용접기호

용접부 모양	기본 기호	용접부 모양	기본 기호
양쪽 플랜지 형	⏊⏉	한쪽 플랜지형	⎪⎿
I형	‖	V형, X형	V
V형, K형	V	J형	⊢
U형, H형	Y	플레어 V형 플레어 X형	⁾⁽
플레어 V형 플레어 K형	⎪⎾	필릿	△
플러그, 슬롯	⊓	비드살돋음	⌒
점, 프로젝션, 심	✕		

09 철강 용접과 비교한, 구리의 용접이 곤란한 이유를 열거한 것이다. 틀린 것은?

① 열전도율이 낮고, 냉각속도가 작다.
② 용융시 매우 심하게 산화한다.
③ 수소와 같은 확산성이 큰 가스를 석출한다.
④ 구리 중의 산화구리 부분이 순구리에 비하여 용융점이 약간 낮아, 균열이 생긴다.

구리의 성질
- 전기 및 열전도율이 높다.
- 전연성이 풍부해 가공이 용이하다.
- 색이 아름답다.
- Zn, Sn, Al 등과 합금하여 내식성 증가, 기계적 성질 향상

07 강, 구리, 황동의 작은 단면의 선, 봉, 관 등을 접합하는데 가장 적합한 저항 용접은?

① 점 용접(spot welding)
② 심 용접(seam welding)
③ 프로젝션 용접(projection welding)
④ 업셋 용접(upset welding)

10 직류 아크 용접에서 모재에 (+)극, 용접봉에 (−)극을 연결하여 용접할 때의 극성은?

① 역극성   ② 정극성
③ 용극성   ④ 모극성

> **극성(polarity)**
> - 정극성(straight polarity) : 모재에 ⊕극, 용접봉 ⊖극 연결, 모재쪽 용융이 빨라 모재의 용입이 깊다.
> - 역극성(reverse polarity) : 모재에 ⊖극, 용접봉에 ⊕극 연결, 용접봉의 용융 속도가 빠르므로 모재의 용입이 얕아 박판 용접에 적당하다.

11 파이프끼리 서로 맞대기 용접을 하는데 가장 좋은 용접결과를 얻을 수 있는 것은?

① 가스 압접
② 플래시 벗 용접(flash butt welding)
③ 고주파 유도 용접
④ 초음파 용접

12 자전거에 쓰이는 프레임용 파이프를 제작하는 방법은?

① 경납땜(brazing)
② 맞대기 심 용접(butt seam welding)
③ 레이저 빔 용접(laser beam welding)
④ 테르밋 용접(thermit welding)

> **용접관(weld pipe)**
> 이음매가 있는 파이프로 심 용접(seam welding)으로 제관
> - 맞대기 단접관(butt weld process)
> - 겹치기 단접관(lap weld process)
> - 전기저항 용접관(resistance weld rocess)

13 선반(lathe)과 유사한 구조의 용접기로 접합면에 압력을 가한 상태로 상대적인 회전을 시키는 압접 방법은?

① 롤 용접(roll welding)
② 확산 용접(diffusion welding)
③ 냉간압접(cold welding)
④ 마찰 용접(friction welding)

14 냉접(冷接)에 관하여 틀린 설명은?

① 가압 용접의 일종이다.
② 상온(常溫) 압접이라고도 한다.
③ 주로 비철금속에 적용되나 서로 다른 금속끼리는 곤란하다.
④ 전자통신기기의 부품결합에 적합하다.

> **냉간압접**
> 상온에서 2개의 금속을 밀착시켜 가압만의 조작으로 금속상호 간의 확산을 일으켜 압접시키는 방법이다. 전자통신기기의 부품 결합에 적합하다.

15 용접의 결점에 해당되지 않는 것은?

① 품질검사가 곤란하다.
② 용접모재의 재질에 대한 영향이 크다.
③ 제품의 두께가 두껍고 가공수가 많이 든다.
④ 응력집중에 대하여 극히 민감하다.

> **용접의 특징(리벳 이음과 비교)**
> - 자재의 절약과 공정수가 적다.
> - 기밀·수밀성이 좋다.
> - 이음효율이 향상된다.
> - 제품의 성능과 수명이 향상된다.
> - 작업의 자동화가 가능하다.
> - 품질 검사가 곤란하다.
> - 모재의 변질과 응력집중 현상이 발생한다.
> - 용접공의 숙련도에 따라 용접 정도가 다르다.

정답 10 ② 11 ③ 12 ② 13 ④ 14 ③ 15 ③

16 금속 아크 용접봉의 피복제 작용 중 틀린 것은?

① 아크를 안정시킨다.
② 용착금속을 보호한다.
③ 모재의 응력집중을 방지한다.
④ 용착금속의 급냉을 방지한다.

17 테르밋 용접(thermit welding)이란?

① 원자수소의 발열을 이용하는 방법이다.
② 전기 용접과 가스 용접법을 결합시킨 것이다.
③ 산화철과 알루미늄의 반응열을 이용한 방법이다.
④ 액체산소를 이용한 용접법의 일종이다.

18 초음파 용접에 관한 설명 중 틀린 것은?

① 접촉면 사이의 원자간의 인력(引力)이 작용하여 용접이 된다.
② 용접가능한 판두께가 매우 얇다.
③ 가압력이 필요없다.
④ 서로 다른 금속간의 용접에 극히 유용하다.

> **초음파 용접**
> 모재에 초음파(18kHz 이상)의 횡진동을 주어 진동 에너지에 의해 접촉부의 원자가 서로 확산되어 접합하는 방법으로 비금속 플라스틱, 비철금속 용접 등에 사용된다.

19 산소병을 취급할 때 주의사항으로 틀린 것은?

① 밸브 등에 기름을 주유하여 사용한다.
② 충격을 주지 않는다.
③ 밸브의 개폐는 천천히 한다.
④ 직사광선에 노출시키지 않는다.

20 가스 용접시 역화(back fire)의 원인 중 틀린 것은?

① 혼합가스의 연소 속도가 분출 속도보다 낮을 때
② 팁의 구멍이 불결할 때
③ 팁의 구멍이 확대 변형되었을 때
④ 작업 중 불꽃이 역행할 때

> **역화(back fire, flash back)**
> 팁속에서 폭발음이 나면서 불꽃이 꺼졌다가 다시 켜지는 현상
> • 순간적으로 팁끝이 막혔을 때
> • 팁의 고열, 팁조임의 불량
> • 사용가스 압력이 부적당할 때

21 용접가공에서 열 영향부(HAZ)의 재질을 향상시키기 위하여 흔히 취해지는 옳은 방법은?

① 특수한 용가재의 사용
② 용접부의 냉각속도의 감소
③ 용접부의 피닝
④ 용접부의 예열과 후열

22 산화염으로 용접하는 것이 적합한 금속은?

① 저탄소강
② 고탄소강
③ 알루미늄계 합금
④ 6·4 황동

23 용입 부족에 대한 그 원인에 해당되지 않는 것은?

① 용접 이음의 설계에 결함이 있을 때
② 부적합한 용접봉을 사용할 때
③ 용접 속도가 너무 빠를 때
④ 모재에 황 함량이 많을 때

정답 16 ③ 17 ③ 18 ③ 19 ① 20 ① 21 ③ 22 ④ 23 ①

24 가스 용접에서 아세틸렌 가스 발생기의 형식이 아닌 것은?

① 발전식
② 침지식
③ 투입식
④ 주수식

25 알곤, 헬륨 등의 불활성 가스 분위기 속에서 텅스텐 용접봉을 사용하여 용접하는 것은?

① CO_2 알곤 용접
② 서브머지드 용접
③ MIG 용접
④ TIG 용접

26 저항 용접중에서 판금 공작물을 접합하는데 가장 적당한 것은?

① 심 용접　　　② 플래시 맞대기 용접
③ 프로젝션 용접　④ 업셋 맞대기 용접

27 용접의 단점으로 틀린 것은?

① 잔류응력(殘留應力)이 생기기 쉽다.
② 자재가 많이 소모된다.
③ 품질검사가 곤란하다.
④ 용접 모재의 재질에 대한 영향이 크다.

28 교류 아크 용접기와 비교한 직류 아크 용접기의 설명에 해당되는 것은?

① 사용하기 쉽고 고장이 적다.
② 아크가 안전하다.
③ 감전의 위험이 크다.
④ 용접기의 가격이 저렴하다.

29 고주파 저항 용접의 장점에 관한 설명으로 틀린 것은?

① 용접재의 표면 상황에 지장이 없다.
② 용접부의 조직이 우수하다.
③ 연강, 스테인리스강 및 비철금속 등의 재료에 용접이 가능하다.
④ 열영향부가 넓다.

> **고주파 저항 용접**
> 용접하려는 물건에 접촉자를 통해서 고주파 전류를 직접 흘리고, 고주파 전류의 표피효과, 근접효과를 이용하여 용접하려는 위치를 집중적으로 가열·가압하여 행하는 용접이다.

30 일렉트로 슬래그(electro slag) 용접에서 사용하는 전극 와이어의 지름은 보통 몇 [mm]를 사용하는가?

① 1[mm]　　　② 3.2[mm]
③ 5.5[mm]　　④ 8.3[mm]

31 특수 아크 용접에 해당되지 않는 것은?

① TIG 용접　　② 잠호 용접
③ MIG 용접　　④ 심(seam) 용접

CHAPTER 06 측정기

주요내용 알고 가기!
- 직접측정기와 비교측정기의 종류와 특징
- 측정기의 사용 범위
- 한계 게이지
- 각도 측정기
- 나사 측정기

한 눈에 들어오는 키 워드

기계요소 부품의 치수, 모양, 면 및 표면거칠기 등을 가공 중 또는 제작 후에 측정, 검사하는 것을 정밀측정이라 한다.

01 측정의 개념

● Point
표준측정온도 : 20℃

측정량을 단위로 하여 같은 종류의 다른 양과 비교하는 것이며, 표준측정온도는 20℃이며, 습도는 58% 표준 대기압은 760mmHg(수은주밀리미터)이다.

1 측정방법

● Point
직접측정이 비교측정 보다 측정 범위가 넓다.

(1) 직접 측정

눈금이 있는 측정기를 사용하여 실제 치수를 재는 것

(2) 비교 측정

이미 알고 있는 표준편의 양과의 차를 비교하는 것

(3) 간접 측정

기하학적으로 간단히 측정할 수 없는 경우 측정물에 볼, 롤러 등을 끼워 측정하는 것

2 측정오차의 종류

- 측정오차 = 측정값 - 참값

(1) 계기오차

측정기의 구조상 오차, 측정압력, 측정온도, 측정기의 마모 등에 따른 오차를 계기오차 또는 측정기의 오차라 한다.

(2) 개인오차

측정자의 버릇, 부주의, 숙련도에서 발생하는 오차를 말한다.

(3) 우연오차

기계에서 발생하는 소음이나 진동등과 같은 주위환경에서 오는 오차 또는 자연현상의 급변 등으로 생기는 오차를 우연오차라 한다.

> **Point**
> 우연오차 : 반복측정으로 해결

(4) 아베의 원리

"표준자와 피측정물은 같은 축선 상에 있어야 한다." 는 원리이다. 아베의 원리에 위배되는 측정기에는 버니어 캘리퍼스, 캘리퍼스형 내측 마이크로미터 등이 있다.

> **Point**
> 아베의 원리 만족
> 외측마이크로미터
>
> 아베의 원리 불만족
> 버니어 캘리퍼스

3 측정기의 특성

(1) 최소 눈금과 눈금선 간격

측정기의 최소 눈금은 눈금선 위에서 한 눈금만큼 지침 또는 기선의 이동에 해당하는 측정량의 변화를 말한다.

즉, 감도(E) = 지시 변화(ΔA) / 측정량 변화(ΔM)
배율(V) = 눈금선 간격(l) / 최소 눈금(S)이다.

(2) 측정 범위

측정기에서 읽을 수 있는 측정값의 범위를 측정 범위라고 한다.

4 측정기의 사용

(1) 바깥지름, 길이

버니어 캘리퍼스, 외경 마이크로미터, 축용 한계 게이지(스냅 게이지), 공기 마이크로미터, 외경 지침 측미기 등

(2) 안지름

실린더 게이지, 내경 마이크로미터, 내경 지침 측미기, 구멍용 한계 게이지(플러그 게이지), 공기 마이크로미터 등

(3) 각도

만능 각도기, 사인 바, 각도 게이지, 컴비네이션 세트

(4) 나사

나사 마이크로미터, 공구 현미경, 삼침법

(5) 기어

기어 시험기 등

(6) 다듬면

옵티컬 플랫, 스트레이트 에지, 정반, 정밀 수준기, 오토 콜리미터 등

02 직접 측정

길이의 단위는 미터법이며, 1984년 2월에 개최된 국제 도량형 총회에서 "1m는 빛이 진공중에서 299,792,458분의 1초 동안 진행된 거리로 한다." 고 결정하였다.

1 버니어 캘리퍼스(vernier calipers)

버니어 캘리퍼스는 자와 캘리퍼스를 조합한 것으로, 일감의 바깥지름, 안지름, 깊이, 두께 등을 측정하는데 사용한다.

(1) 버니어 캘리퍼스의 종류

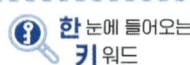

Point
최소측정값 계산법
가장 많이 사용되는 아들자 눈금으로서, 어미자의 $(n-1)$눈금을 n 등분한 것이다.
$(n-1)S = nV$
$V = \dfrac{n-1}{n}S$
$C = S - V = S - \dfrac{n-1}{n}S = \dfrac{S}{n}$

여기서,
S : 어미자의 1눈금 간격
V : 아들자의 1눈금 간격
C : 아들자로 읽을 수 있는 최소 측정값

주척 19눈금(19mm)을 20등분한 부척의 1눈금 차이는
$1 - \dfrac{19}{20} = \dfrac{1}{20}$mm

[표 6-1]

종 류	눈금기입방법	최소 측정값
M_1형	• 어미자 최소눈금 : 1mm • 어미자 눈금 19mm 또는 39mm를 20등분 한 아들자로 되어 있다.	$\dfrac{1}{20}$mm
M_2형	• 어미자 최소눈금 : 0.5mm • 어미자 24.5mm를 25등분 한 아들자로 되어 있다.	$\dfrac{1}{50}$mm
CB형	• 어미자 최소눈금 : 0.5mm • 어미자 12mm를 25등분 한 아들자로 되어 있다.	$\dfrac{1}{50}$mm
CM형	• 어미자 최소눈금 : 1mm • 어미자 49mm를 50등분 한 아들자로 되어 있다.	$\dfrac{1}{50}$mm

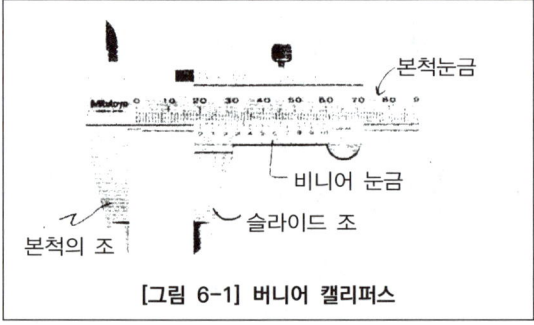

[그림 6-1] 버니어 캘리퍼스

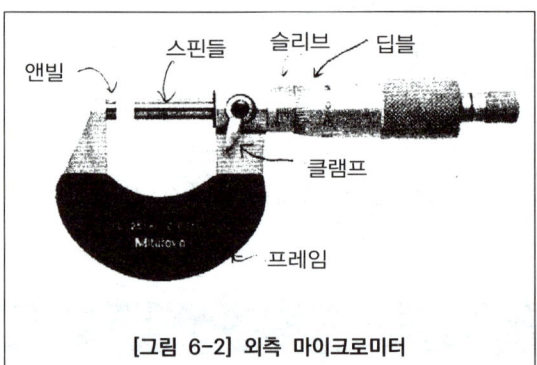

[그림 6-2] 외측 마이크로미터

2 마이크로미터(micrometer)

Point
마이크로미터
나사의 원리 이용

마이크로미터는 바깥지름, 안지름 및 깊이 측정에 사용하며 암나사와 수나사의 끼워맞춤을 응용한 정밀도가 높은 측정기이다.

(1) 마이크로미터의 원리

외경 마이크로미터로서 스핀들과 같은 축에 있는 1중 나사인 수나사(미터식에서는 피치 0.5mm가 많음)와 암나사가 맞물려 있어서 스핀들이 1회전하면 0.5mm 움직인다. 표준 마이크로미터는 나사의 피치가 0.5mm, 딤블의 원주 눈금이 50등분 되어 있으며, 최소 측정값은 0.01mm이다.

(2) 마이크로미터의 종류

외측·내측·지시·깊이·나사·이두께·V앤빌·글루브·포인트 마이크로미터 등이 있으며, 0 ~ 25mm, 25 ~ 50mm, 50 ~ 75mm, 75 ~ 100mm, 즉 25mm 단계로 있는데 안지름용에서는 0 ~ 25mm가 없고 5 ~ 25mm가 있다.

(3) 마이크로미터 취급 시 주의사항

① 동일한 장소에서 3회 이상 측정하여 평균값을 내어서 측정값을 얻는다.
② 장시간 손에 들고 있으면 체온에 의한 오차가 생기므로 신속히 측정한다.
③ 사용 후의 보관시에는 반드시 앤빌과 스핀들의 측정면을 약간 띄워둔다.
④ 0점 조정시에는 비품으로 딸린 스패너를 사용하여 슬리브의 구멍에 끼우고 돌려서 조정한다.

3 하이트 게이지(height gauge)

하이트 게이지는 대형 부품, 복잡한 모양의 부품 등을 정반 위에 올려놓고 정반면을 기준으로 하여 높이를 측정하거나 스크라이버(scriber) 끝으로 금긋기 작업을 하는데 이용된다.

(1) 하이트 게이지의 종류

하이트 게이지는 HM형, HB형, HT형의 3종류가 대표적이며, HM형은 0점을 조정할 수 없으며 이송 바퀴를 돌려 슬라이더의 미동이나 측정력을 조정할 수 있고, 특히 HT형은 본척을 이동시켜 0점을 조정할 수 있고, 확대경이 붙어 있어 눈금 읽기가 편리하다.

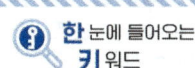

Point
최소측정값
= 나사의 피치 / 딤블의 원주등분수

Point
하이트게이지
높이 측정

Point
HT형
0점 조정기능

측장기
구멍, 테이퍼, 정밀게이지, 공구검사 등 사용

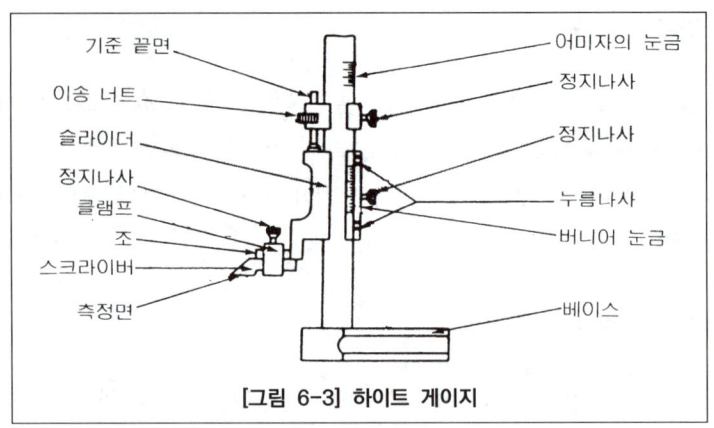

[그림 6-3] 하이트 게이지

4 측장기

측장기는 내부에 표준자를 가지고 있어 피측정물의 치수와 길이를 직접 구할 수 있는 길이 측정기이다. 비교적 큰 치수의 제품을 높은 정밀도($1\mu m$)로 측정하는 장치로 되어 있다.

측장기는 안지름, 작은 구멍, 암나사, 테이퍼 측정이 가능하며 정밀 게이지, 공구검사에 쓰인다.

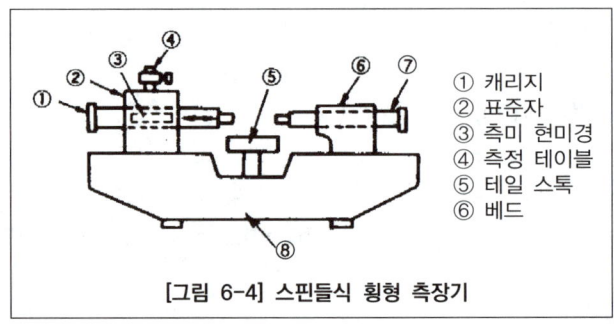

① 캐리지
② 표준자
③ 측미 현미경
④ 측정 테이블
⑤ 테일 스톡
⑥ 베드

[그림 6-4] 스핀들식 횡형 측장기

03 비교측정

비교측정기
① 다이얼게이지
② 공기마이크로미터
③ 전기마이크로미터
④ 옵티미터
⑤ 미니미터

기준 치수와 실제 치수를 비교하여 측정하는 방법을 비교측정이라 하고, 이때 사용하는 측정기를 비교측정기라 한다. 비교측정기는 측정 범위가 좁고, 최소 눈금은 0.01 ~ 0.001mm가 보통이지만, 그 이하인 것도 있다. 확대의 방식에는 기계식, 공기식, 전기식, 광학식 등의 기구가 쓰인다.

1 다이얼 게이지(dial gauge)

기어장치로서 미소한 변위를 확대하여 길이 또는 변위를 정밀측정하는 게이지를 말한다.

(1) 다이얼 게이지의 측정 범위

평면이나 원통형의 평면도, 원통의 진원도, 축이 흔들림, 직각도 등의 검사나 측정에 사용된다. (최소눈금은 1/100mm, 1/1000mm) 여기서, 진원도 측정방법에는 지름법, 반지름법, 삼점법 등이 있다.

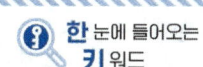

[그림 6-5] 0.01mm 다이얼 게이지

(2) 사용상 주의사항

① 다이얼 게이지는 단독으로 사용할 수 없으므로 지지장치가 필요하다. 이때 다이얼 게이지를 고정시킨 암이 길면 측정력에 의해 휨이 생겨 오차가 생기기 쉽다.
② 다이얼 게이지는 측정자의 움직이는 방향과 측정하는 방향을 일치시켜야 한다.
③ 보관시는 모든 부분의 먼지, 습기 등을 닦아 상자에 보관하며, 이때 기름칠을 하지 않는다.
④ 정밀 측정기이므로 충격 및 취급에 주의해야 한다.
⑤ 측정자를 피측정면에 접촉시킬 때는 손으로 가볍게 누른다.

2 공기 마이크로미터(air micrometer)

공기의 흐름을 확대기구로 하여 길이를 측정하는 방법으로 노즐부분을 교환함으로써 바깥지름, 안지름, 직각도, 진원도, 평면도, 테이퍼, 타원 등을 측정할 수 있다. 공기 마이크로미터의 종류로는 유량식, 배압식, 유속식 그리고 공기압력에 따라 저압식, 중압식, 고압식이 있다.

(1) 특징

① 디지털 지시장치에 의해 배율이 높다.
② 정도가 높고 내경측정에 편리하다.
③ 입력보조장치가 필요하다.
④ 압축공기원(콤프레서)이 필요하다.

Point
다이얼게이지
기억의 원리 이용

Point
공기 마이크로미터
압축공기를 이용 확대 측정

(2) 장점

① 확대율이 매우 쉽다.
② 측정력이 작아 무접촉 측정이 가능하다.
③ 반지름이 작은 다른 종류의 측정기로는 불가능한 것을 측정할 수 있다.

3 전기 마이크로미터(electrical comparator)

보통 측정자의 기계적 변위를 전기량으로 변환하여 지시계의 지침이 흔들리는 것으로 표시하는 측미기로 측정한다.

(1) 특징

① 자동선별, 자동치수, 디지털 표시 등에 이용하기 쉽다.
② 응답속도가 빠르고 고속측정이 가능하다.
③ 동시에 여러 곳에 측정할 수 있으며, 그 치수가 합격인지 불합격인지 등의 신호를 간단히 얻을 수 있다.

4 옵티미터(optimeter)

광학적으로 길이의 미소범위를 확대하여 측정하는 것

5 미니미터(minimeter)

컴퍼레이터의 일종으로 제품의 치수와 표준 게이지와의 치수차를 측정하는 측미지시계로 레버확대지시장치가 있다. 측정 범위는 ±0.1mm 정도이다.(100배 또는 1000배로 확대)

04 단면(端面) 측정(단도기)

1 표준 게이지

(1) 블록 게이지(block gauge)

측정기에서 선과 선의 간격으로 길이를 표시하는 선도기와 면과 면을 간격으로 표시하는 단도기 중 가장 정도가 높은 것이 블록 게이지이다. 재질은 특수 공구강을 열처리하여 연마한 후 래핑(lapping)된 것이다.

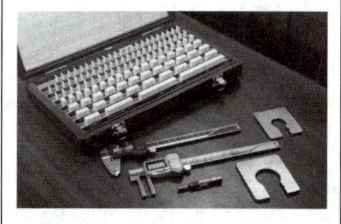

[그림 6-6] 블록 게이지 및 버니어켈리퍼스

① 종류
- ㉠ 요한슨형(johanson type) : KS에는 1000mm까지 규정(직사각형 단면)
- ㉡ 호크형(hoke type) : 직사각형으로 미국에서 많이 사용되며, 중앙에 구멍이 뚫려 있다.
- ㉢ 캐리형(cary type) : 얇은 치수에 중공형 원판형이다.

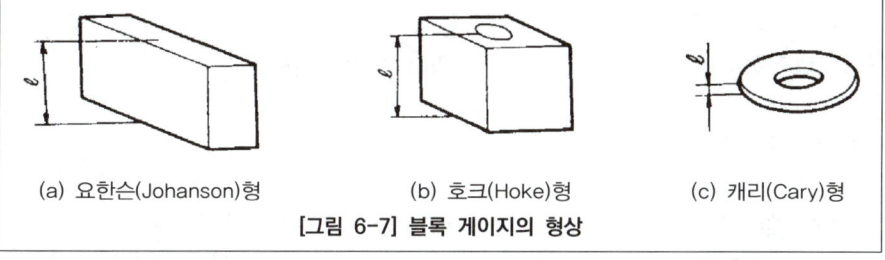

(a) 요한슨(Johanson)형 (b) 호크(Hoke)형 (c) 캐리(Cary)형
[그림 6-7] 블록 게이지의 형상

② 블록 게이지의 종류

[표 6-2] 등급에 따른 분류

등 급	용 도	검사주기
AA(00)	연구소용(참조용) : 표준용 블록 게이지의 참조, 정도점검, 연구용	3년
A(0)	표준용 : 검사용 게이지, 공작용 게이지의 정도점검, 측정기구 정도 점검용	2년
B(1)	검사용 : 기계공구 등의 검사, 측정기구의 정도 조정	1년
C(2)	공작용(일감용) : 공구, 날공구의 장착용, 게이지 제작, 측정기류의 조정	6개월

* 각 면을 몇 개 조합 밀착(wringing)시켜 필요한 치수로 만들어 길이의 기준으로 한다. 보통 103, 76, 47, 32, 27, 8개가 한 세트로 조합되어 있다.
• 밀착(wringing) : 흡착력 20~40kg 정도

(2) 표준 테이퍼 게이지(standard taper gauge)

공작물의 테이퍼를 측정하는 것으로 테이퍼 부분에 광명단을 엷게 칠하고 게이지와 공작물을 끼워 맞추어 가볍게 회전시켜 접촉상태를 본다.

① **모스 테이퍼**(Morse taper) : 1/20(No.0 ~ No.7) 8종류
② **브라운 샤프 테이퍼**(Brown & Sharpe taper) : 1/24(No.5 ~ No.12) 8종류
③ **쟈노 테이퍼**(Jarno taper) : 1/20(No.2 ~ No.10) 9종류
④ **내셔널 테이퍼**(National taper) : 7/24

2 한계 게이지(limit gauge)

주어진 치수대로 제품을 가공하기는 대단히 곤란하므로 대소의 한계를 주면 가공이 쉽고 시간도 절약된다. 이와 같은 경우에 사용하는 것이 한계 게이지이다. 통과측(go side)과 정지측(no go side)이 있다.

(1) 구멍용 한계 게이지

① **플러그 게이지** : 비교적 작은 구멍(1 ~ 100mm)의 검사에 사용된다.
② **평 게이지** : 원통의 일부를 측정면으로 하여 비교적 큰 구멍(50 ~ 250mm)의 검사에 사용된다.
③ **봉 게이지** : 250mm를 초과하는 구멍의 검사에 사용된다.

(2) 축용 게이지

① **링 게이지** : 지름이 작거나 얇은 두께의 공작물 검사에 사용된다.
② **스냅 게이지** : 축의 지름 검사 등에 사용하는데, 고유 치수와 작동 치수를 갖고 있다. 종류로는 단형, C형, A형 등이 있다.

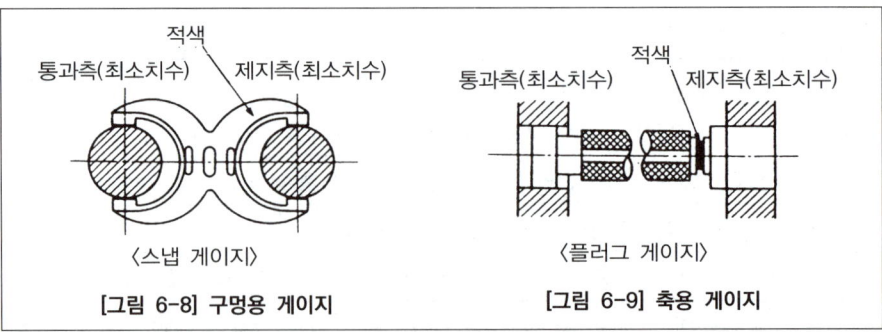

[그림 6-8] 구멍용 게이지 [그림 6-9] 축용 게이지

(3) 나사용 한계 게이지

① 플러그 나사 게이지 : 너트의 유효 지름을 검사
② 링 나사 게이지 : 볼트의 유효 지름을 검사

(4) 테일러의 원리(Taylors theory)

"통과 측에는 모든 치수 또는 결정량이 동시에 검사되고 정지측에는 각 치수를 개개로 검사하지 않으면 안 된다." 즉, 한계 게이지에 의해 합격된 제품도 축의 휨이나 구멍의 요철 및 타원 등에 구별하지 못하기 때문에 게이지로 측정하든지, 검사할 필요가 있다.

3 기타 게이지(표준 게이지)

(1) 반지름 게이지(radius gauge)

반경 게이지 또는 레이디어스 게이지라고도 한다.

(2) 센터 게이지(center gauge)

선반작업의 센터고정이나 바이트의 각도를 검사하는데 사용

(3) 틈새 게이지(thickness gauge)

미세한 간격이나 틈새를 측정하는데 사용

(4) 피치 게이지(pitch gauge)

나사산의 피치를 신속하게 측정

(5) 와이어 게이지(wire gauge)

강판의 두께나 철사의 지름을 번호로 나타낼 수 있게 만든 게이지

(6) 드릴 게이지(drill gauge)

드릴의 지름을 측정하는 판에 구멍이 여러 개 뚫린 게이지

Point
테일러의 원리
한계게이지 측정에 적용

Point
반지름 게이지
라운딩 측정

Point
틈새 게이지
미세 간격 측정

Point
와이어 게이지
얇은 판 두께

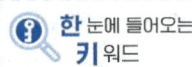

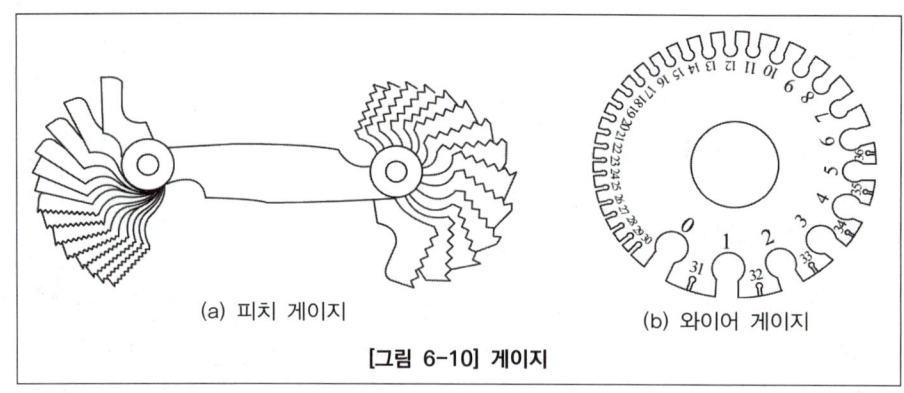

(a) 피치 게이지   (b) 와이어 게이지

[그림 6-10] 게이지

05 각도 측정기

1 각도 게이지

Point
각도 게이지 종류

(1) 요한손식 각도 게이지

4개의 모서리 또는 2개의 모서리를 정밀도 ±12초로 정밀하게 다듬질한 것으로 49개조, 85개조가 있어 10 ~ 350° 사이에는 1′ 건너(49개조는 5′ 건너), 0~10° 및 350 ~ 360° 는 1° 간격으로 만들어져 있다.

(2) N.P.L식 각도 게이지

쐐기형의 열처리된 블록으로 6′, 18′, 30′, 1″, 3″, 9″, 27″, 1°, 3°, 9°, 27°, 41° 의 각도를 가진 12개의 게이지를 한조로 한다.

2 사인 바(sine bar)

Point
사인바
간접측정기, 45° 이내 각도 측정

블록 게이지를 이용하여 삼각함수의 사인(sine)에 의해 각도측정

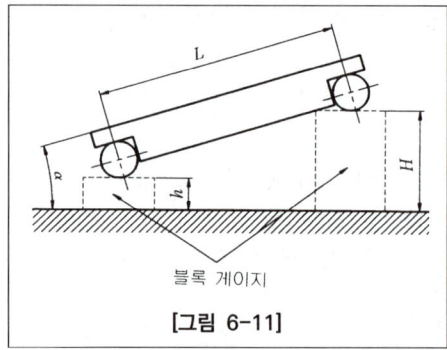

[그림 6-11]

(1) 각도 구하는 공식

$$\sin\alpha = \frac{H-h}{L}$$

여기서, H : 높은 쪽 높이
h : 낮은 쪽 높이
L : 사인 바의 길이

(2) 사인 바의 길이(크기) : 양쪽 롤러의 중심거리

(3) 사인 바의 호칭치수 : 100mm, 200mm

(4) 사인 바는 α가 45° 이하의 각도측정에 사용한다.

3 수준기(level)

수직, 수평 측정에 쓰이며 기포관 속에는 에테르 또는 알코올이 기포관 1눈금은 수평방향 1m 마다의 기울기를 표시한다. 용도는 기계의 조립, 설치 등의 수평, 수직을 조사할 때 사용한다.

수준기의 감도는 1종 : 0.02mm/m = 4초
             2종 : 0.05mm/m = 10초
             3종 : 0.1mm/m = 20초 등이 있다.

> **Point**
> **수준기**
> 수직도, 수평도, 각도측정

4 강구 및 롤러에 의한 테이퍼 측정

(1) 롤러를 이용하는 방법

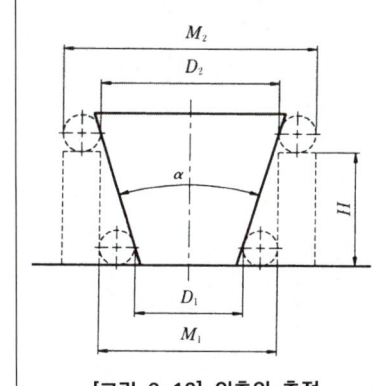

$$C = \frac{M_2 - M_1}{H} : \tan\frac{\alpha}{2} = \frac{M_2 - M_1}{2H}$$

$$D_1 = M_1 - d\left(1 + \sec\frac{\alpha}{2}\right)$$

$$D_2 = M_2 - d\left(1 + \sec\frac{\alpha}{2}\right)$$

C : 테이퍼
α : 테이퍼의 각도(보통 ± 20 ~ 30초 정도)
D_1, D_2 : 롤러 중심을 통과하는 평면 내의 지름

[그림 6-12] 외측의 측정

(2) 두 개의 강구를 사용한 두 강구의 높이차

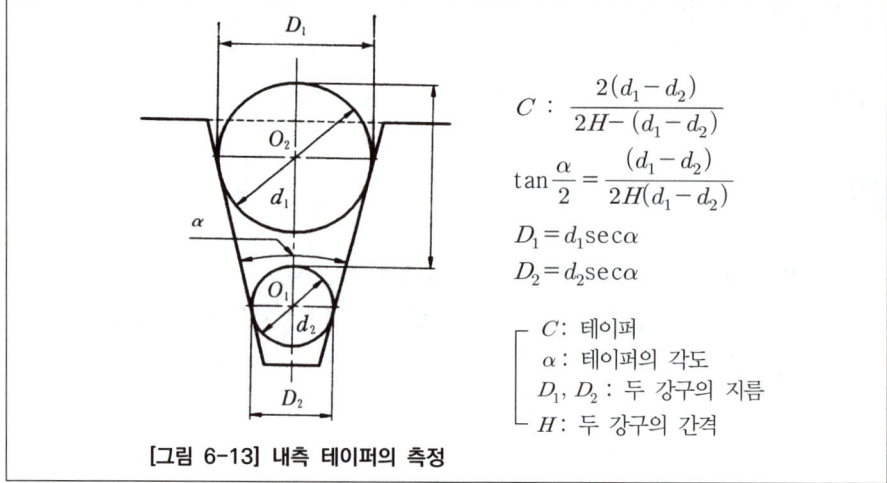

$$C : \frac{2(d_1-d_2)}{2H-(d_1-d_2)}$$

$$\tan\frac{\alpha}{2} = \frac{(d_1-d_2)}{2H(d_1-d_2)}$$

$$D_1 = d_1 \sec\alpha$$
$$D_2 = d_2 \sec\alpha$$

- C: 테이퍼
- α: 테이퍼의 각도
- D_1, D_2: 두 강구의 지름
- H: 두 강구의 간격

[그림 6-13] 내측 테이퍼의 측정

5 기타 각도 측정기

(1) 만능 각도 측정기(bevel protractor)

스토크와 블레이드 사이에 측정물을 넣어 본척과 부척에 의해 5′ 단위의 각도를 읽을 수 있다.

(2) 컴비네이션 세트(combination set)

강철자, 직각자 및 각도기 등을 조합하여 각도 측정

(3) 광학식 클리노미터(optical clinometer)

(4) 광학식 각도기(optical protrator)

본체 내부에 있는 유리판 위의 원주눈금을 확대경 또는 현미경으로 읽는다.

(5) 오토 콜리미터(auto collimator)

미소각을 측정하는 광학적 측정기로서 정밀 정반의 평면도, 마이크로미터 측정면의 직각도, 평행도 및 미소각의 차, 변화, 흔들림 등을 측정한다.
주요 부속품으로는 평면경, 폴리곤 프리즘, 펜타프리즘, 조정기, 변압기 등이 있다.

06 기타 측정

1 안지름(내경) 측정

안지름 측정은 내경 마이크로미터, 실린더 게이지, 텔리스코핑 게이지, 스몰 홀 게이지 등에 의하여 측정이 가능하며, 안지름 측정, 홈 및 폭을 측정할 때 게이지 설정 위치에 의한 오차가 수반된다. 오차를 작게 하기 위하여 3점법이라 하는 내경 측정기를 사용한다.

2 나사 측정

나사의 측정은 바깥지름(또는 안지름), 골지름, 나사 유효지름, 피치, 나사산의 각도 등을 측정한다. 나사의 유효지름 측정에는 나사 마이크로미터(thread micrometer), 삼침법(three wire method), 공구 현미경(tool maker's microscope), 만능 투영기(profile projector) 등이 있으며 가장 정밀도가 높은 유효지름을 측정하는 게이지는 삼침법이다.

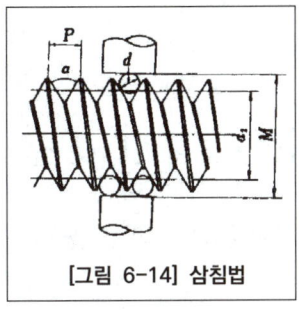

[그림 6-14] 삼침법

여기서, P: 피치
M: 측정기의 읽음
α: 산의 각도
d_2: 유효지름
d: 3침의 지름

> **Point**
> **유효지름 측정**
> 나사 마이크로미터, 삼침법, 공구현미경, 만능투영기 등

(1) 삼침법의 유효지름계산

① **미터식**: $de = M - 3d + 0.86603p$
② **휘트워드식**: $de = M - 3.16567d + 0.96049p$

- **외측 마이크로미터**: 삼침법에 의해 수나사의 유효자료를 측정할 때 사용

3 광선 정반(optical flat)

광선 정반은 비교적 작은 부분의 평면도를 측정, 검사하는데 사용되는 것으로 천연 수정 또는 광학 유리로 만들어진 지름 30~60mm, 두께 11~15mm의 원판이며, 그 양면은 매우 정확한 평행 평면으로 되어 있다. 이것을 측정면에 올려놓고 표면에 백색빛 또는 단색빛을 투사하면 이 빛에 의하여 나타나는 간섭 무늬로 평면도를 판정한다.

> **Point**
> **평행 광선 정반(Optical Parallel)**
> 평행도 검사에 주로 쓰이며, 마이크로미터의 종합 정밀도 검사(측정면의 평면도 및 평행도를 측정)에 쓰인다.

$$F = \frac{\lambda}{2} \times \frac{b}{a}$$

여기서, F : 평면도
λ : 사용하는 빛의 파장(μm)
a, b : 간섭 무늬의 중심간격 및 굽힘량(mm)
- 최대 측정길이 250mm 미만 : 간섭무늬 수 2개
- 최대 측정길이 250mm 이상 : 간섭무늬 수 4개
※ 간섭무늬수 1개당 $0.32\mu m$이다.

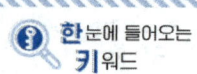

Point
이두께 측정법
현이두께법, 걸치기 이두께법, 오우버핀법

4 기어의 측정

이두께 측정, 피치 측정, 편심오차 치형 곡선 측정, 물림 상태 측정이 있으며, 이두께 측정법에는 현이두께법, 걸치기 이두께법, 오우버핀법이 있다.

(1) 기어시험기

피측정 기어와 표준 기어를 맞물려서 회전시킨다. 이때 이 홈의 흔들림, 치형오차, 압력각 오차, 피치오차 등을 종합적으로 측정할 수 있다.

(2) 치형 버니어 캘리퍼스

피치 원주상의 활줄 이두께(chordal thickeness)를 측정한다.

5 표면거칠기 측정

(1) 표면거칠기 측정법

① 촉침법
② 광선절단법
③ 광선반사법(광파간섭법)

(2) 표면거칠기의 종류

① 최대높이($R_{\max}$)
② 10점평균거칠기(R_z)
③ 중심선평균거칠기(R_a)

CHAPTER 06 단원 예상문제

저자가 콕! 찝어주는 예상문제 풀어보기!

01 다음 측정기를 선택하는 기준 중 거리가 가장 먼 것은?

① 공차의 크기
② 측정할 물체의 수량
③ 측정 한계
④ 측정물의 경도

> 측정기의 선택기준
> 공차의 크기, 공작물의 수량, 측정방법에 따라 다르다.

02 다음 중 직접측정기에 속하는 것은?

① 옵티미터
② 미니미터
③ 다이얼 게이지
④ 마이크로미터

> 직접측정기에는 버니어 캘리퍼스, 마이크로미터, 하이트 게이지, 측장기 등이 있다.

03 V블록 위에 측정물을 올려놓은 뒤 회전하였더니 다이얼 게이지의 눈금에 0.5mm의 차이가 있었다면 그 진원도는 얼마인가?

① 0.25mm   ② 0.5mm
③ 1.0mm   ④ 5mm

> 진원도
> = 다이얼 게이지의 눈금값 ÷ 2 = 0.5 ÷ 2 = 0.25mm

04 다음 보기 중 다이얼 게이지에 대한 진원도 측정방법이 아닌 것은?

① 3점법
② 2침법
③ 반지름법
④ 지름법

> 진원도 측정방법에는 지름법, 반지름법, 3점법의 3종류가 있으며, 가장 좋은 방법은 반지름법을 사용한다.

05 진원도 측정법 중 피측정물의 양 센터를 벤치 센터(bench center)에 걸고 회전시켜 다이얼 게이지로 측정하는 것은?

① 반지름법
② 삼점법
③ 지름법
④ 벤치 센터법

06 보통 버니어 캘리퍼스로 할 수 없는 측정은?

① 외측측정
② 유효경측정
③ 좁은폭의 외측 측정
④ 내측 측정

> 버니어 캘리퍼스는 공작물의 두께, 폭, 깊이를 측정하며 구와 구멍의 지름도 측정한다.

정답 1 ④ 2 ④ 3 ① 4 ② 5 ① 6 ②

07 다음 측정기 중 아베(Abbe)의 원리에 맞는 구조를 갖고 있는 것은?

① 하이트 게이지
② 외경 마이크로미터
③ 다이얼 게이지
④ 버니어 캘리퍼스

> 아베의 원리 : 측정하려는 시료와 표준자는 측정방향에 있어서 동일 축선상의 일직선상에 배치하여야 한다.

08 다음 중 비교 측정기에 해당되는 것은?

① 버니어 캘리퍼스
② 마이크로미터
③ 다이얼 게이지
④ 블록 게이지

> 비교 측정기란 실물의 치수와 표준치수의 차를 측정해서 실물의 치수를 알아내는 것으로 다이얼 게이지, 옵티미터, 옵티컬 컴퍼레이터, 전관식 컴퍼레이터, 전기 마이크로미터, 공기 마이크로미터, 전기저항 스트레인 게이지 및 길이 변위계 등이 있다.
> • 다이얼 게이지 : 비교 측정기로 축의 휨, 표면거칠기, 백래시 등을 측정하는 게이지이다.

09 기준 치수로 되어 있는 표준편과 제품을 측정기로 비교하여 지침이 지시하는 눈금의 차를 읽어 측정하는 방법은?

① 절대 측정
② 비교 측정
③ 표준 측정
④ 한계 측정

10 버니어 캘리퍼스의 종류가 아닌 것은?

① M_2형 버니어 캘리퍼스
② CB형 버니어 캘리퍼스
③ CM형 버니어 캘리퍼스
④ CD형 버니어 캘리퍼스

> 버니어 캘리퍼스의 종류에는 M1, M2형과 CB형, CM형이 있다.

11 버니어 캘리퍼스에서 어미자의 눈금이 1mm일 때 아들자의 눈금이 39mm를 20등분할 때 최소 눈금은?

① 0.01 ② 0.05
③ 0.1   ④ 0.2

> 최소눈금 = $\dfrac{\text{어미자의 눈금}}{\text{등분}} = \dfrac{1}{20} = 0.05\text{mm}$

12 M1형 버니어 캘리퍼스에서 버니어의 19mm를 20등분하여 읽을 수 있는 최소측정값은 몇 mm인가?

① 0.01 ② 0.02
③ 0.03 ④ 0.05

> $1 - \dfrac{19}{20} = \dfrac{1}{20} = 0.05\text{mm}$

정답 7 ② 8 ③ 9 ② 10 ④ 11 ② 12 ④

13 하이트 게이지 종류가 아닌 것은?

① HC형 하이트 게이지
② HM형 하이트 게이지
③ HT형 하이트 게이지
④ HB형 하이트 게이지

> 하이트 게이지는 정반 위에 설치하여 금긋기, 높이 측정을 하는데 사용한다.
> 종류 : HB형, HM형, HT형(0점 조정 가능)

14 마이크로미터(micrometer) 스핀들 나사의 피치가 0.5mm이고, 딤블을 100등분하였다면 최소 눈금은?

① 0.01mm   ② 0.001mm
③ 0.05mm   ④ 0.005mm

> 마이크로미터의 최소 측정값은
> $$\text{최소값} = \frac{\text{나사의 피치}}{\text{딤블의 등분수}} = \frac{0.5}{100} = 0.005\text{mm}$$

15 마이크로미터의 보관에 대한 다음 설명이 틀린 것은?

① 래칫 스톱을 돌려 일정한 압력으로 앤빌과 스핀들 측정면을 밀착시켜 둔다.
② 기름을 발라 나무상자에 넣어둔다.
③ 습기와 먼지가 없는 장소에 둔다.
④ 직사광선을 피하여 진동이 없는 장소에 둔다.

> 사용 후 보관 시에는 앤빌과 스핀들의 측정면을 약간 띄어 둔다.

16 다음 중 안지름 측정용 게이지가 아닌 것은?

① 실린더 게이지
② 내경 마이크로미터
③ 텔리스코핑 게이지
④ 다이얼 게이지

> 안지름 측정 게이지에는 내경 마이크로미터, 실린더 게이지, 텔리스코핑 게이지, 스몰 홀 게이지, 공기마이크로미터

17 다음 중 안지름 측정에만 이용되는 측정기는 어느 것인가?

① 실린더 게이지
② 버니어 캘리퍼스
③ 측장기
④ 블록 게이지

> ① 길이 측정 : 강철자, 곡자, 캘리퍼스, 디바이더, 마이크로미터, 버니어 캘리퍼스, 높이 게이지, 다이얼 게이지, 두께 게이지, 표준 게이지, 한계 게이지, 광학측장지, 전기 마이크로미터, 공기 마이크로미터, 공구 현미경
> ② 각도 측정기 : 각도 게이지, 직각자, 각도기, 컴비네이션 레벨, 사인바, 데이퍼 게이지, 만능각도기, 분할대
> ③ 평면 측정기 : 수준기, 직각자, 서피스 게이지, 정반, 옵티컬 플랫, 조도계

18 다음 중 각도 측정기는?

① 미니미터
② 공기 마이크로미터
③ 블록 게이지
④ 오토 콜리메이터

정답 13 ① 14 ④ 15 ① 16 ④ 17 ① 18 ④

19 각도를 측정할 수 없는 측정기는?

① 콤비네이션 세트　② sine bar
③ 실린더 게이지　　④ 각도 게이지

> 각도 측정기에는 분도기, 만능각도기, 컴비네이션 세트(combination set), 각도 블록 게이지, 사인 바, 오토 콜리미터(auto colimeter), 수준기 등이 있다.

20 오토 콜리메이터를 이용하여 측정할 수 없는 것은?

① 구멍의 위치　　② 평행도
③ 직각도　　　　④ 단면의 흔들림

> 오토 콜리메이터(auto collimator) : 미소각을 측정하는 광학적 측정기로서 정밀 정반의 평면도, 마이크로미터 측정면의 직각도, 평행도 및 미소각의 차, 변화, 흔들림 등을 측정한다. 주요 부속품으로는 평면경, 폴리곤 프리즘, 펜타프리즘, 조정기, 변압기 등이 있다.

21 그림과 같은 확대기구를 이용한 측정기의 배율은?

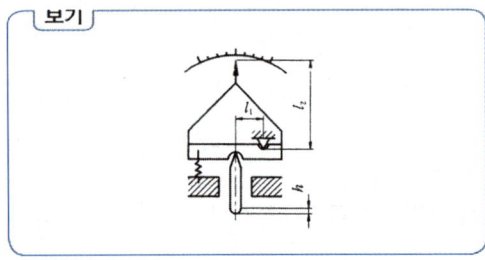

① l_2/l_1　　② l_1/l_2
③ l_1/h　　④ l_2/h

> 레버를 이용한 것으로 확대율 100~1000배이며, 그 양의 지침을 l2/l1배로 확대하여 나타낸다.

22 측정자의 미소한 움직임을 광학적으로 확대하여 측정하는 측정기는?

① 공구현미경
② 미니 미터
③ 옵티미터
④ 전기 마이크로미터

> ① 옵니미터 : 광학적으로 미소범위를 확대
> ② 미니미터 : 레버 확대 기구를 이용한 측정기

23 오차가 +50μm인 하이트 게이지로 측정한 결과 55.25mm의 측정값을 얻었다면 실제값은 몇 mm인가?

① 55.30　　② 55.40
③ 55.20　　④ 55.25

> 오차 = 측정값 − 실제값
> $0.050 = 55.25 - x$
> ∴ $x = 55.25 - 0.050 = 55.20$mm

24 다음 측정기 중 평면도 측정과 가장 관계가 적은 것은?

① 옵티컬 플랫(optical flat)
② 오토 콜리메이터(auto collimator)
③ 베벨 프로트랙터(bevel protractor)
④ 수준기(level)

> 베벨 프로트랙터는 만능각도측정기라고 한다.

25 표면거칠기의 측정법이 아닌 것은?

① 촉침법　　② 광절단법
③ 광파간섭법　④ 삼침법

> 표면거칠기의 검사에는 촉침법, 광선 절단법, 광선 반사법 등이 있다.
> • 표면거칠기의 종류
>   ① 최대높이(R_{max})
>   ② 10점 평균거칠기(R_Z)
>   ③ 중심선 평균거칠기(R_a)

26 선재의 지름 및 금속판재 두께를 표시할 때 널리 사용되는 게이지는 어느 것인가?

① 와이어 게이지　② 다이얼 게이지
③ 블록 게이지　　④ 드릴 게이지

> ① 테이퍼 게이지: 모스 테이퍼(1/20), 브라운 샤프 테이퍼(1/24), 내셔널 테이퍼(7/24)를 측정
> ② 피치 게이지: 나사의 피치를 측정
> ③ 반지름(radian) 게이지: 주물 제품 등의 라운드를 측정
> ④ 시그네스 게이지(틈새 게이지): 부품 사이의 틈새나 좁은 홈 등을 측정
> ⑤ 드릴 게이지: 드릴의 지름을 판정
> ⑥ 와이어 게이지: 철강선(와이어)의 굵기 및 얇은 강판의 두께 측정

27 기어의 측정방법 중에서 마스터(master) 기어를 이용한 가장 이상적이고 종합적인 방법은?

① 치형 검사기에 의한 방법
② 피치 검사기에 의한 방법
③ 맞물림 시험기에 의한 방법
④ 3차원 측정기에 의한 방법

28 200mm의 사인 바를 사용하여 피측정물의 경사면과 사인 바의 측정면이 일치하였을 때 블록 게이지의 높이가 42mm이었다면, 이때의 각도 θ는?

① 5.5°　　② 8.15°
③ 12.12°　④ 16.30°

> 사인 바의 길이 $L=200\text{mm}$, 블록 게이지의 높이 $H=42\text{mm}$ 일 때
> $\sin\theta = \dfrac{H}{L} = \dfrac{42}{200} = 0.21$
> $\therefore \theta = \sin^{-1} 0.21 = 12.12°$

29 사인 바(sine bar)에 관하여 틀린 설명은 다음 중 어느 것인가?

① 양 롤러는 직각자의 측정면에 평행이고 롤러 중심 사이의 거리가 일정하다.
② 직각삼각형의 삼각함수(sine)에 의하여 높이를 각도로 계산하여 직접적으로 높이를 구하는 방법이다.
③ 윗면의 평면도, 롤러의 치수 및 진원도가 정확해야 하며 롤러 중심선이 윗면과 평행해야 한다.
④ 직각자의 양끝을 지지하는 같은 크기의 원통 롤러로 구성되어 있다.

> 직각 삼각형에 삼각함수에 의하여 높이를 각도로 계산하여 간접적으로 각도를 구하는 방법이다.

30 표준 게이지(standard gauge)에 해당되지 않는 것은?

① 하이트 게이지　② 와이어 게이지
③ 블록 게이지　　④ 드릴 게이지

> 하이트 게이지는 직접측정기이다.

정답　25 ④　26 ①　27 ③　28 ③　29 ②　30 ①

31 블록 게이지는 매우 정밀한 측정기이다. 학술적 연구에 사용되는 블록 게이지는 어느 것인가?

① 표준용
② 참조용
③ 검사용
④ 공작용

32 다음 1급 게이지 블록은 주로 무슨 용도로 사용하는가?

① 참조용
② 공작용
③ 검사용
④ 표준용

*블록 게이지의 등급 및 용도

등 급	용 도	검사주기
AA(00)	연구소용(참조용)	3년
A(0)	표준용	2년
B(1)	검사용	1년
C(2)	공작용(일감용)	6개월

33 블록 게이지를 다듬질 가공할 때에 가장 적당한 방법은?

① 호닝
② 래핑
③ 버핑
④ 수퍼 피니싱

블록 게이지는 래핑의 건식법에 의하여 가공된다.

34 센터 게이지의 용도를 바르게 설명한 것은?

① 가공물의 중심찾기
② 센터의 높이측정
③ 나사 바이트 설치
④ 홈깊이 측정

센터 게이지: 선반 작업시 나사깎기 바이트의 각도를 검사하는데 사용(미터나사: $\alpha = 60°$, 휘트워드 나사: $\alpha = 55°$)

35 숫나사 측정법 중 유효지름을 측정하는 방법이 아닌 것은?

① 나사 마이크로미터에 의한 방법
② 삼선법
③ 스크린에 의한 방법
④ 광학적 측정기에 의한 방법

나사의 유효지름 측정
① 공구 현미경 및 투영기
② 나사 마이크로미터
③ 삼침법(삼선법): 가장 정밀도가 높은 측정법

36 나사의 바깥지름, 골지름, 유효지름, 나사산의 각도, 피치를 모두 측정할 수 있는 측정방법 또는 측정기는 다음 중 어느 것이 가장 좋은가?

① 공구 현미경
② 삼침법
③ 나사 마이크로미터
④ 버니어 캘리퍼스

공구 현미경은 길이 측정, 각도 측정 등에 사용되며 특히 절삭공구, 예를 들면 나사용 탭과 밀링 커터, 호브 리머 등의 측정에서 좌우길이 25~150mm, 전후길이 25~50mm 범위에 편리하다. 공구현미경에 부착된 마이크로미터의 정밀도는 0.01~0.001mm 까지 측정된다. 또한 나사각도 피치의 측정, 바이트의 각도 및 스냅 게이지의 측정에도 쓰인다.

정답 31 ② 32 ③ 33 ② 34 ③ 35 ④ 36 ①

37 테스트 인디케이터의 사용 목적 중 옳지 않은 것은?

① 평면도 측정 ② 비교 측정
③ 지름 측정 ④ 평행도 측정

> 테스트 인디케이터로 비교측정 및 평면도, 평행도, 진원도, 진직도 등을 측정할 수 있다.

38 나사의 측정대상이 아닌 것은?

① 유효지름 ② 리드각
③ 산의 각도 ④ 피치

> 나사의 측정대상
> ① 수나사의 바깥지름(d), 암나사의 골지름(D_1)
> ② 수나사의 골지름(d_1), 암나사의 안지름(D)
> ③ 유효지름
> ④ 피치, 리드
> ⑤ 산의 각도

39 구멍용 한계 게이지가 아닌 것은?

① 평형 플러그 게이지
② 봉 게이지
③ 스냅 게이지
④ 판형 플러그 게이지

> 구멍용 한계 게이지에는 플러그 게이지, 평 게이지, 봉 게이지 등이 있다. 또한, 축용 한계 게이지에는 링 게이지와 스냅 게이지가 있다.

40 한계 게이지의 마모여유는 어느 측에 두는가?

① 통과측
② 정지측
③ 통과측, 정지측, 양쪽 모두에
④ 스냅 게이지나 플러그 게이지냐에 따라 다르다.

41 각도의 단위인 1라디안(rad)은 몇 도(°)인가?

① 60° ② 90°
③ 59.29578° ④ 57.29578°

> $1\text{rad} = \dfrac{180°}{\pi} = 57.29578°$

42 그림에서 M값은 얼마인가? (단, tan30° = 0.5773, sin30° = 0.4539, tan60° = 1.376, sin60° = 0.8090이다.)

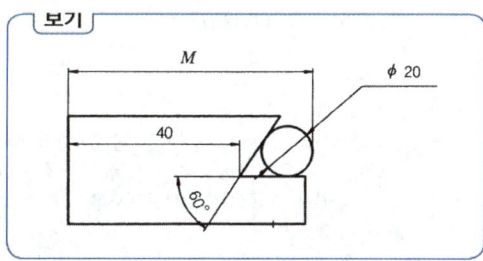

① 60 ② 77.26
③ 67.32 ④ 76.62

> $2M = 2 \times 40 + d\left(1 + \cot\dfrac{\alpha°}{2}\right)$
>
> $M = \dfrac{2 \times 40 + 20\left(1 + \cot\dfrac{60°}{2}\right)}{2} = 67.32$

정답 37 ③ 38 ② 39 ③ 40 ① 41 ④ 42 ③

43 오토 콜리미터와 함께 사용할 수 있는 각도 측정기는?

① 요한슨식 각도 게이지
② 베벨 각도기
③ 폴리곤 프리즘(polygonal prism)
④ 콤비네이션 세트(combination set)

> 오토 콜리미터의 주요부속품으로는 평면지름, 폴리곤프리즘, 펜타프리즘, 조정기, 변압기 등이 있다.

44 3선법에 의하여 미터나사의 유효지름 d_2를 구하는 공식은 다음 중 어느 것인가? (단, d_0=삼선의 지름(mm), P=나사의 피치(mm), M=삼선을 나사의 골에 넣고 측정한 외측거리)

① $M - 3.16567d_0 + 0.96049P$
② $M - 3d_0 + 0.866025P$
③ $M + 3.16567d_0 - 0.96049P$
④ $M + 3d_0 - 0.866025P$

> 삼침법(三針法: three wire method)
> 골부에 적당한 굵기의 침(針)을 3개 끼워서 침선(針線)의 밖에서 마이크로미터 등으로 측정한 치수 M을 다음 식에 의하여 유효지름 d_1 mm을 산출한다. 나사의 피치를 Pmm, 철사의 지름을 $d$mm라고 하면
> $d_1 = M - 3d + 0.866025p$ (미터식 나사)
> $d_1 = M - 3.16567d + 0.96049p$ (휘트워드식 나사)

45 $-15\mu m$의 오차가 있는 블록 게이지를 다이얼 게이지에 세팅하여 측정하였더니 47.86mm로 나타났다면 참값은?

① 47.835
② 47.875
③ 47.815
④ 47.885

> 오차 = 측정값 - 참값
> ∴ 참값 = 측정값 - 오차
> = 47.86 - (-0.015) = 47.875mm

46 다음 그림은 광선정반에 의한 평면도 측정방법이다. 평면도는? (단, $b/a = 1/4$이고 광선의 평균파장은 0.64μ으로 한다.)

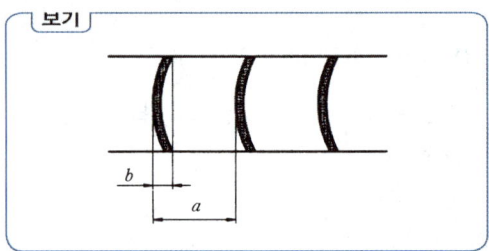

① 0.08μ
② 0.16μ
③ 1.28μ
④ 2.56μ

> $F = \dfrac{\lambda}{2} \times \dfrac{b}{a}$ 에서
> $F = \dfrac{0.64}{2} \times \dfrac{1}{4} = 0.08\mu$

47 전기 마이크로미터에서 변위와 전압과의 관계를 직선관계로 하여 사용하는 검출기의 형식은 무엇인가?

① 포텐시오미터(potentiometer)식
② 캐피시턴스식
③ 인덕턴스식
④ 차동 변압기식

48 그림과 같이 링 게이지를 이용하여 외측 테이퍼각을 측정하려고 한다. 테이퍼각 ϕ는? (단, $d=30$mm, $D=50$mm, $L=10$mm, $M=64.95$mm)

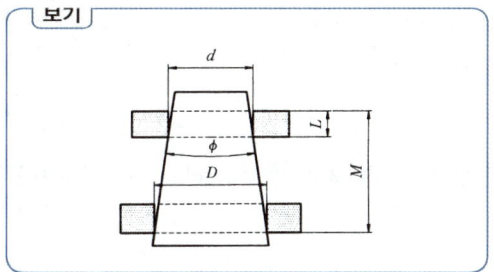

① 20°
② 21°
③ 22°
④ 23°

$\tan\phi = \dfrac{D-d}{M-L}$ 에서 $\tan\phi = \dfrac{50-30}{64.95-10} = 0.364$
$\therefore \phi = \tan^{-1} 0.364 = 20°$

49 수준기 제2종에서 수준기 1눈금이 나타내는 각도는?

① 4.5초
② 7.5초
③ 10초
④ 12초

수준기: 수직, 수평 측정에 쓰이며 기포관 속에는 에테르 또는 알코올이 기포관 1눈금은 수평방향 1m마다의 기울기를 표시한다.
수준기의 감도는 1종 : 0.02mm/m=4초,
　　　　　　　 2종 : 0.05mm/m=10초,
　　　　　　　 3종 : 0.1mm/m=20초 등이 있다.

50 다음 중 광선정반의 사용면 평행도가 높은 순서로 된 것은?

① 0급〉1급〉2급〉3급
② 3급〉2급〉1급〉0급
③ 1급〉2급〉3급〉0급
④ 0급〉3급〉2급〉1급

0급 : 0.025μ 〉1급 : 0.05μ 〉2급 : 0.1μ 〉3급 : 0.2μ

51 우연오차를 없애는 가장 좋은 방법은 무엇인가?

① 반복측정을 한다.
② 측정력을 일정하게 한다.
③ 무접촉 상태로 측정한다.
④ 측정자를 알맞게 한다.

52 그림에서 테이퍼량은 얼마인가?

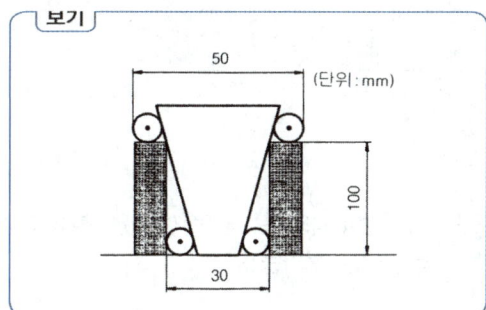

① $\dfrac{1}{5}$
② $\dfrac{1}{10}$
③ $\dfrac{1}{20}$
④ $\dfrac{1}{50}$

$C = \dfrac{H_2 - H_1}{H} = \dfrac{50-30}{100} = \dfrac{1}{5}$

정답 48 ①　49 ③　50 ①　51 ①　52 ①

53 "통과측에는 모든 치수, 또는 결정량이 동시에 검사되고, 정지측에는 각 치수가 개개로 검사되어야 한다." 는 원리는?

① 아베의 원리
② 토르그의 원리
③ 테일러의 원리
④ 결정량의 원리

> 한계 게이지에서 "테일러의 원리" 이다.

54 옵티컬 플랫을 사용하여 평면도를 구하는 식 $F = \lambda/2 \times b/a$ 에서 a 에 해당되는 것은?

① 간섭무늬의 중심간격(mm)
② 간섭무늬의 굽은량(mm)
③ 사용하는 빛의 파장(μ)
④ 평면도(μ)

> 평면도: $F = \dfrac{\lambda}{2} \times \dfrac{b}{a}$
> 여기서, λ : 광선의 평균파장(μ)
> a : 간섭무늬의 중심간격(mm)
> b : 간섭무늬의 굽은량(mm)

55 가장 많이 사용하는 공작용(일감용) 블록 게이지의 검사주기는 얼마인가?

① 3개월
② 6개월
③ 9개월
④ 1년

56 마이크로미터의 측정면의 평면도에서 최대 측정길이가 240mm이면 간섭 무늬수는 최대 몇 개 이하이어야 하는가?

① 2
② 4
③ 6
④ 8

- 광선 정반(optical flat) : 비교적 작은 부분의 평면도를 측정한다.
- 최대 측정길이 250mm 미만 : 간섭무늬 수 2개
- 최대 측정길이 250mm 이상 : 간섭무늬 수 4개
- 간섭무늬 1개당 간격 : 0.32μ

57 오토 콜리메이터(auto collimator)의 부속품에 해당되지 않는 것은?

① 모터
② 변압기
③ 평면경
④ 조정기

> 그밖에 폴리곤 프리즘, 펜타 프리즘 등이 있다.

58 사인 바(sine bar)로 각도를 측정할 때 몇 도를 넘으면 오차가 많게 되는가?

① 10°
② 20°
③ 30°
④ 45°

> 사인 바(sine bar)
> - 삼각함수에 의해 각도를 구한다.
> - 사인 바의 크기는 100mm, 200mm가 있으며, 45°가 넘으면 사용하지 못한다.

59 다음 하이트 게이지의 종류 중 스크라이버 밑면이 정반면에 닿아 정반면으로 부터 높이를 측정할 수 있으며 강철자는 스탠드 홈을 따라 상하로 조금씩 이동시킬 수 있기 때문에 0점 조정을 할 수 있는 하이트 게이지는?

① HT형
② HB형
③ HM형
④ HC형

정답 53 ③ 54 ① 55 ② 56 ① 57 ① 58 ④ 59 ①

60 마이크로미터 측정면의 평면도 검사에 가장 적당한 기기는?

① 블록 게이지
② 옵티컬 플랫(optical flat)
③ 옵티컬 패럴렐(optical parallel)
④ 다이얼 게이지

> ① 광선 정반(optical flat) : 비교적 작은 부분의 평면도를 측정
>   ㉠ 최대측정길이 250mm 미만 : 간섭무늬 수 2개
>   ㉡ 최대측정길이 250mm 이상 : 간섭무늬 수 4개
> ② 평행 광선 정반(optical parallel)
>   ㉠ 평행도 검사에 쓰인다.
>   ㉡ 마이크로미터의 종합 정밀도 검사에 쓰인다.

61 다음 측정 방법 중 측정량을 가감할 수 있는 기지량(旣知量)과를 균형시켜 그 때의 균형량의 크기로부터 측정량을 구하는 방법은?

① 편위법(偏位法)
② 영위법(零位法)
③ 보상법(補償法)
④ 치환법(置換法)

> ① 편위법(deflection method) : 다이얼 게이지와 같은 측정량에 따라 지시의 변화를 가져오게 하여 그 변화량으로부터 측정량을 아는 방법
> ② 영위법(zero method) : 저울에서 무게를 측정할 때와 같이 측정량과 가감할 수 있는 기지량과 균형시켜 그 때의 크기로부터 측정량을 구하는 방법
> ③ 보상법 : 계기류로 측정해야 할 값과 표준값을 비교해서 양자의 근소한 차이를 정밀하게 측정하는 것

62 각도 측정 게이지에 해당되지 않는 것은?

① 하이트 게이지(height gauge)
② 오토 콜리메이터(auto collimator)
③ 수준기(precision)
④ 사인 바아(sine bar)

63 미소 이동량의 확대지시 장치에 다음과 같은 것이 있다. 이 중 틀린 것은 어느 것인가?

① 나사(screw)를 이용한 것은 마이크로미터이다.
② 기어(gear)를 이용한 것은 다이얼 게이지이다.
③ 레버(lever)를 이용한 것은 레버 미터이다.
④ 광학확대장치를 이용한 것은 옵티미터이다.

> ① 옵티미터 : 광학적으로 미소범위를 확대하여 측정
> ② 미니미터 : 레버 확대기구를 이용하여 수백, 수천배 확대시며 측정

64 공기 마이크로미터의 특징 중 옳지 않은 것은?

① 비교적 간단히 교배율(5000~10000배)을 얻을 수 있다.
② 무접촉 시의 측정이 가능하다.
③ 많은 치수의 동시 측정은 불가능하다.
④ 안지름의 측정은 가능하다.

> 공기 마이크로미터의 특징
> ① 배율이 높고 정도가 좋다.
> ② 1개의 피측정물의 여러 곳을 1면에 측정
> ③ 압축공기원(콤프레셔)가 필요하다.
> ④ 복잡한 구조나 형상 숙련을 요하는 것도 간단하게 측정
> ⑤ 안지름 측정이 쉽고 대량측정에 효과적이다.

65 KS에서 규정된 표면거칠기 표시법이 아닌 것은?

① 최대 높이 거칠기
② 중심선 평균 거칠기
③ 10점 평균 거칠기
④ 제곱 평균 거칠기

> 표면거칠기의 종류
> ① 최대높이(R_{max})
> ② 중심선 평균 거칠기(R_z)
> ③ 중심선 평균 거칠기(R_a)

정답 60 ② 61 ② 62 ① 63 ③ 64 ③ 65 ④

66 다음 중 나사의 피치측정에 사용되는 것은?

① 수준기
② 공구현미경과 투영기
③ 플러시 핀 게이지
④ 외경퍼스와 사인 바

> **공구 현미경**
> 정밀도는 0.01~.0001nn까지며 나사의 각도·피치·바이트 각도까지 측정

68 표준용 블록 게이지의 정도 검사에서 사용되는 등급은?

① 00급   ② 0급
③ 1급   ④ 2급

> ① 참조용(AA, 00급) : 학술적 연구
>   표준용 블록 게이지의 정도점검
> ② 표준용(A, 0급)
>   검사용 블록 게이지의 정도점검
>   공작용 블록 게이지의 정도점검

67 그림과 같이 다이얼 게이지를 이용하여 테이퍼를 검사할 때 테이퍼값이 1/25이 되기 위하여 다이얼 게이지 눈금 이동량은 얼마나 되어야 하는가?

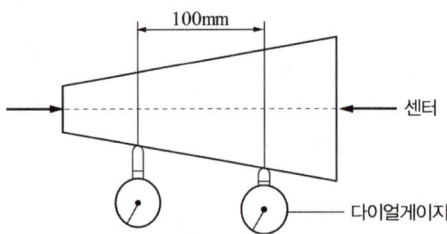

① 0.5mm   ② 1mm
③ 2mm   ④ 4mm

> $T = \dfrac{1}{25} = \dfrac{D-d}{l}$
>
> $\therefore (D-d) = 100 \times \dfrac{1}{25} = 4mm$
>
> $\therefore$ 다이얼 게이지 눈금이동량 : x
>
> $x = \dfrac{D-d}{2} = 2mm$

PART 04

과년도 기출문제

PART 04 과년도 기출문제

2017년 3월 5일 시행

제1과목 기계가공법 및 안전관리

01 기어 절삭기에서 창성법으로 치형을 가공하는 공구가 아닌 것은?

① 호브(hob)
② 브로치(broach)
③ 래크 커터(rack cutter)
④ 피니언 커터(pinion cutter)

> 창성법 : 인벌류트 치형가공법
> ① 호닝머신 : 호브
> ② 마그식 기어셰이퍼 : 래크 커터
> ③ 펠로우즈식 기어셰이퍼 : 피니언 커터

02 드릴작업에 대한 설명으로 적절하지 않은 것은?

① 드릴작업은 항상 시작할 때보다 끝날 때 이송을 빠르게 한다.
② 지름이 큰 드릴을 사용할 때는 바이스를 테이블에 고정한다.
③ 드릴은 사용 전에 점검하고 마모나 균열이 있는 것은 사용하지 않는다.
④ 드릴이나 드릴 소켓을 뽑을 때는 전용공구를 사용하고 해머 등으로 두드리지 않는다.

> 드릴작업을 끝낼 때는 이송을 느리게 한다.

03 절삭공구의 절삭면에 평행하게 마모되는 현상은?

① 치핑(chiping)
② 플랭크 마모(flank wear)
③ 크레이터 마모(crater wear)
④ 온도 파손(temperature failure)

> 절삭공구의 파손에는 크레이터 마멸, 플랭크 마모, 치핑이 있다.
> ① 크레이터 마멸은 공구 윗면이 칩에 마모되어 홈이 파이는 현상이다.
> ② 치핑은 날의 일부가 깨져 떨어져 나가는 현상이다.

04 CNC 기계의 움직임을 전기적인 신호로 속도와 위치를 피드백 하는 장치는?

① 리졸버(resolver)
② 컨트롤러(controller)
③ 볼 스크루(ball screw)
④ 패리티 체크(parity-check)

> ① 컨트롤러 : NC 장치에 자료를 입하고 해석하여 인터페이스를 통해 서보모터로 정보를 보내는 장치이다.
> ② 볼스크루 : NC 테이블에서 사용하는 정밀나사이다.
> ③ 패리티 체크 : NC 테이프에 입력한 정보가 정확한지 확인하기 위한 짝수 또는 홀수 채널이다.

정답 1 ② 2 ① 3 ② 4 ①

05 연삭숫돌의 표시에 대한 설명이 옳은 것은?
① 연삭입자 C는 갈색 알루미나를 의미한다.
② 결합제 R은 레지노이드 결합제를 의미한다.
③ 연삭숫돌의 입도 #100이 #300보다 입자의 크기가 크다.
④ 결합도 K 이하는 경한 숫돌, L~O는 중간 정도 숫돌, P 이상은 연한 숫돌이다.

> 연삭숫돌의 입도는 번호가 작을 수록 입자의 크기가 크며 거친연삭에 적당하다.

06 드릴머신으로서 할 수 없는 작업은?
① 널링   ② 스폿 페이싱
③ 카운터 보링   ④ 카운터 싱킹

> 널링은 선반작업에서 가능하다.

07 나사연삭기의 연삭방법이 아닌 것은?
① 다인 나사연삭 방법
② 단식 나사연삭 방법
③ 역식 나사연삭 방법
④ 센터리스 나사연삭 방법

08 20℃에서 20mm인 게이지 블록이 손과 접촉 후 온도가 36℃가 되었을 때, 게이지 블록에 생긴 오차는 몇 mm인가? (단, 선팽창계수는 1.0×10^{-6} /℃이다.)
① 3.2×10^{-4} ② 3.2×10^{-3}
③ 6.4×10^{-4} ④ 6.4×10^{-3}

> $\epsilon = \alpha \cdot \Delta t = \dfrac{\delta}{\ell}$
> $\delta = 1.0 \times 10^{-6} \times (36-20) \times 20 = 3.2 \times 10^{-4}$

09 절삭공작기계가 아닌 것은?
① 선반
② 연삭기
③ 플레이너
④ 굽힘 프레스

> 프레스는 소성가공기로 분류된다.

10 선반에서 맨드릴(mandrel)의 종류가 아닌 것은?
① 갱 맨드릴
② 나사 맨드릴
③ 이동식 맨드릴
④ 테이퍼 맨드릴

> 맨드릴의 종류
> ① 표준 맨드릴(테이퍼 맨드릴)
> ② 팽창식 맨드릴
> ③ 조립식 맨드릴(원뿔 맨드릴)
> ④ 너트 맨드릴(갱 맨드릴)

11 구멍가공을 하기 위해서 가공물을 고정시키고 드릴이 가공 위치로 이동할 수 있도록 제작된 드릴링 머신은?
① 다두 드릴링 머신
② 다축 드릴링 머신
③ 탁상 드릴링 머신
④ 레이디얼 드릴링 머신

> ① 다두 드릴링 머신 : 직선상에 2~10개의 스핀들을 갖는 기계이다.
> ② 다축 드릴링 머신 : 다수의 구멍을 동시에 가공할 수 있다.
> ③ 탁상 드릴링 머신 : 작업대 위에 설치하여 사용하는 소형 드릴링머신이다.
> ④ 레이디얼 드릴링 머신 : 기둥을 중심으로 360° 회전이 가능하며 주축은 암을 따라 이동이 가능하다.

정답 5 ③ 6 ① 7 ③ 8 ① 9 ④ 10 ③ 11 ④

12 일감에 회전운동과 이송을 주며, 숫돌을 일감 표현에 약한 압력으로 눌러 대고 다듬질할 면에 따라 매우 작고 빠른 진동을 주어 가공하는 방법은?

① 래핑
② 드레싱
③ 드릴링
④ 슈퍼 피니싱

> ① 래핑 : 랩공구와 랩제 이용
> ② 드레싱 : 드레서이용
> ③ 드릴링 : 드릴 이용
> ④ 슈퍼피니싱 : 숫돌에 진동을 가함

13 선반을 설계할 때 고려할 사항으로 틀린 것은?

① 고장이 적고 기계효율이 좋을 것
② 취급이 간단하고 수리가 용이할 것
③ 강력 절삭이 되고 절삭 능률이 클 것
④ 기계적 마모가 높고, 가격이 저렴할 것

> 가격이 저렴할 수는 있으나 기계적 마모는 적을수록 비용이나 효율적인 측면에서 유리하다.

14 선반의 주요 구조부가 아닌 것은?

① 베드
② 심압대
③ 주축대
④ 회전 테이블

> 선반의 주요구성요소는 주축대, 심압대, 왕복대 베드이다. 회전테이블은 밀링머신의 부속장치에 해당한다.

15 그림에서 플러그 게이지의 기울기가 0.05일 때, M2의 길이[mm]는? (단, 그림의 치수단위는 mm이다.)

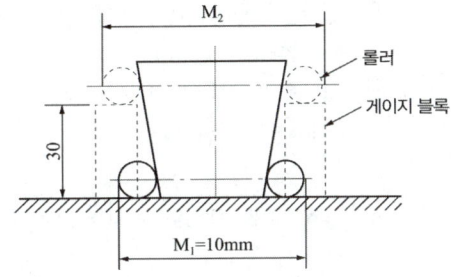

① 10.5
② 11.5
③ 13
④ 16

> $\tan\theta = \dfrac{r}{\ell}$, $\gamma = 30 \times 0.05 = 1.5mm$
> $M_2 = (M_1 - d) + 2d = 10 + 2 \times 1.5 = 13mm$

16 삼각함수에 의하여 각도를 길이로 계산하여 간접적으로 각도를 구하는 방법으로, 블록 게이지와 함께 사용하는 측정기는?

① 사인 바
② 베벨 각도기
③ 오토 콜리메이터
④ 콤비네이션 세트

> 사인 바는 원통롤러, 블록 게이지 등을 사용하여 45° 이내의 각을 측정한다.

17 상향절삭과 하향절삭에 대한 설명으로 틀린 것은?

① 하향절삭은 상향절삭보다 표면거칠기가 우수하다.
② 상향절삭은 하향절삭에 비해 공구의 수명이 짧다.
③ 상향절삭은 하향절삭과는 달리 백래시 제거장치가 필요하다.
④ 상향절삭은 하향절삭할 때보다 가공물을 견고하게 고정하여야 한다.

> 밀링 절삭 시 백래시가 필요한 가공은 하향절삭이다.

18 주축의 회전운동을 직선 왕복운동으로 변화시킬 때 사용하는 밀링 부속장치는?

① 바이스
② 분할대
③ 슬로팅 장치
④ 래크 절삭장치

> ① 바이스 : 공작물 고정구
> ② 분할대 : 분할작업 시 사용
> ③ 래크 절삭장치 : 직선운동

19 밀링작업의 단식 분할법에서 원주를 15등분하려고 한다. 이때 분할대 크랭크의 회전수를 구하고, 15구멍열 분할판을 몇 구멍씩 보내면 되는가?

① 1회전에 10구멍씩
② 2회전에 10구멍씩
③ 3회전에 10구멍씩
④ 4회전에 10구멍씩

> $n = \dfrac{40}{N} = \dfrac{40}{15} = 2 \cdot \dfrac{10}{15}$

20 일반적인 손다듬질 작업 공정순서로 옳은 것은?

① 정 → 줄 → 스크레이퍼 → 쇠톱
② 줄 → 스크레이퍼 → 쇠톱 → 정
③ 쇠톱 → 정 → 줄 → 스크레이퍼
④ 스크레이퍼 → 정 → 쇠톱 → 줄

> 손다듬질 작업 순서
> ① 금긋기 → ② 펀칭 및 드릴 → ③ 쇠톱 → ④ 정 → ⑤ 줄 → ⑥ 스크레이퍼 작업

제2과목 기계제도

21 그림과 같이 수직 원통을 30° 정도 경사지게 일직선으로 자른 경우의 전개도로 가장 적합한 형상은?

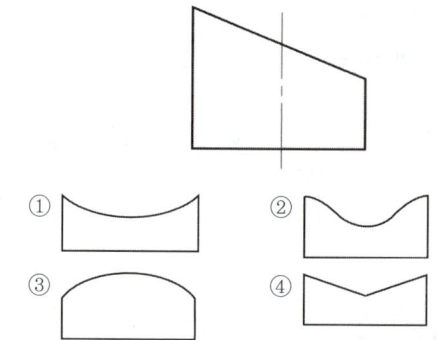

① ② ③ ④

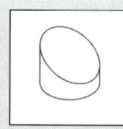

전개도
대상물을 구성하는 면을 평면 위에 전개한 그림

22 SM20C의 재료기호에서 탄소 함유량은 몇 % 정도인가?

① 0.18~0.23% ② 0.2~0.3%
③ 2.0~3.0%   ④ 18~23%

> SM20C
> 기계구조용 탄소강으로 탄소함량이 0.15~0.25% 정도이다.

23 그림에서 "A" 의 치수가 얼마인가?

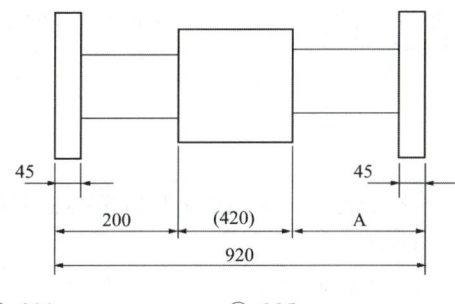

① 200   ② 225
③ 250   ④ 300

> A = 920-200-420 = 300

24 대상물의 일부를 파단한 경계 또는 일부를 떼어 낸 경계를 표시하는 선으로 옳은 것은?

① 가는 1점 쇄선
② 가는 2점 쇄선
③ 가는 1점 쇄선으로 끝부분 및 방향이 변하는 부분을 굵게 한 선
④ 불규칙한 파형의 가는 실선

25 보기는 제3각법 정투상도로 그린 그림이다. 정면도로 가장 적합한 투상도는?

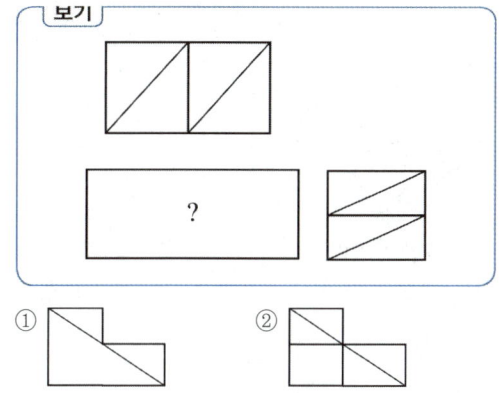

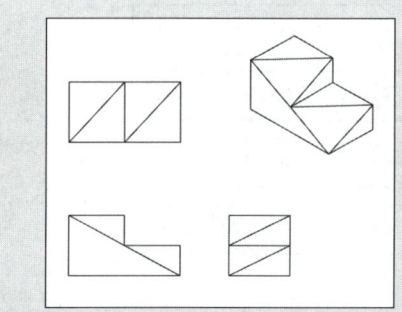

① 평면도와 우측면도에 숨은선이 없으므로 ③, ④는 답에서 제외한다.
② 평면도에서 사선의 방향을 보아 ②의 정면도는 나올 수 없다.

26 도면 작성 시 가는 실선을 사용하는 경우가 아닌 것은?

① 특별히 범위나 영역을 나타내기 위한 틀의 선
② 반복되는 자세한 모양의 생략을 나타내는 선
③ 테이퍼가 진 모양을 설명하기 위해 표시하는 선
④ 소재의 굽은 부분이나 가공 공정을 표시하는 선

> 굵은 1점 쇄선
> 특수한 가공을 하는 부분 등 특별히 요구사항을 적용할 수 있는 범위를 표시하는 데 사용한다.

정답 22 ① 23 ④ 24 ④ 25 ① 26 ①

27 그림은 맞물리는 어떤 기어를 나타낸 간략도이다. 이 기어는 무엇인가?

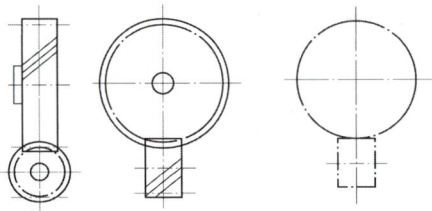

① 스퍼 기어 ② 헬리컬 기어
③ 나사 기어 ④ 스파이럴 베벨기어

28 최대 실체 공차방식을 적용할 때 공차붙이 형체와 그 데이텀 형체, 두 곳에 함께 적용하는 경우로 옳게 표현한 것은?

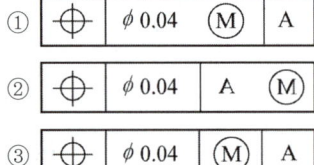

공차붙이 형체와 데이텀 형체 두 곳에 각각 ⓜ 최대 실체공사를 기입한 것을 고른다.

29 나사의 표시법 중 관용 평행나사 "A"급을 표시하는 방법으로 옳은 것은?

① Rc 1/2 A ② G 1/2 A
③ A Rc 1/2 ④ A G 1/2

① Rc : 관용테이퍼 암나사
② G : 관용평행나사
③ 등급기호는 마지막 자리에 위치한다.

30 보기와 같은 용접기호의 설명으로 옳은 것은?

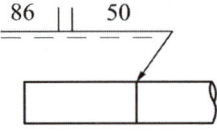

① 화살표 쪽에서 50mm 용접길이의 맞대기 용접
② 화살표 반대쪽에서 50mm 용접길이의 맞대기 용접
③ 화살표 쪽에서 두께가 6mm인 필릿 용접
④ 화살표 반대쪽에서 두께가 6mm인 필릿 용접

화살표와 식별표시(점선)를 보고 용접방향을 판단하며 I형 홈의 맞대기용접이음이다.

31 가공방법의 표시 기호에서 "SPBR"은 무슨 가공인가?

① 기어 셰이빙 ② 액체 호닝
③ 배럴 연마 ④ 숏 블라스팅

① 셰이빙 : SH
② 액체호우닝 : SPL

32 "2줄 M20×2"와 같은 나사 표시 기호에서 리드는 얼마인가?

① 5mm ② 2mm
③ 3mm ④ 4mm

$\ell = np = 2 \times 2 = 4\text{mm}$

27 ③ 28 ④ 29 ② 30 ① 31 ③ 32 ④

33 바퀴의 암(arm), 형강 등과 같은 제품을 단면을 나타낼 때, 절단면을 90° 회전하거나 절단할 곳의 전후를 끊어서 그 사이에 단면도를 그리는 방법은?
① 전단면도 ② 부분 단면도
③ 계단 단면도 ④ 회전도시 단면도

34 다음 중 합금 공구강의 재질 기호가 아닌 것은?
① STC 60 ② STD 12
③ STF 6 ④ STS 21

STC : 탄소공구강

35 다음 중 가는 실선으로 나타내지 않는 선은?
① 지시선 ② 치수선
③ 해칭선 ④ 피치선

피치선 : 가는 1점 쇄선

36 그림과 같은 입체도에서 화살표 방향 투상도로 가장 적합한 것은?

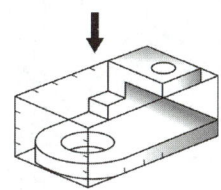

① 숨은선이 맞는 것을 선택한다.
② 좌측 끝이 라운딩된 것을 선택한다.

37 보기는 제3각법 정투상도로 그린 그림이다. 우측면도로 가장 적합한 것은?

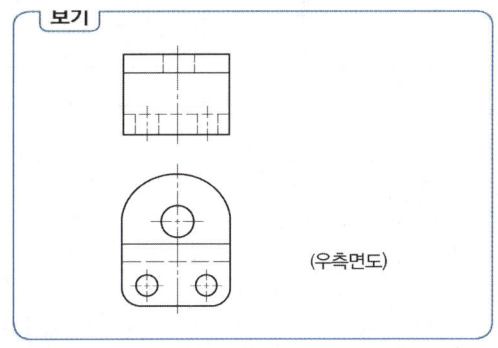

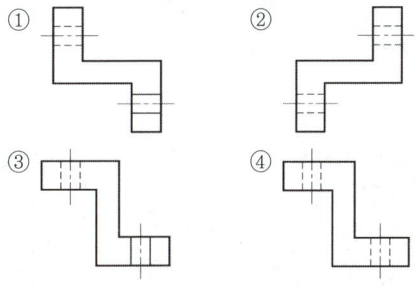

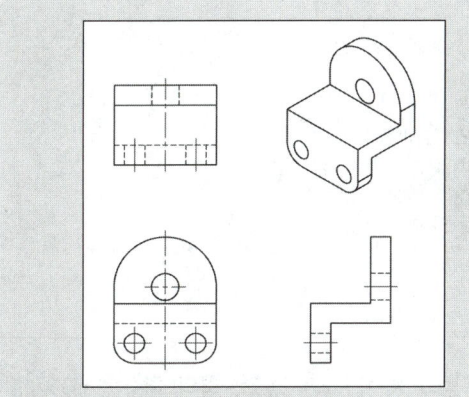

① 구멍의 중심선의 위치를 확인한다.
② 평면도와 우측면도의 연결포인점을 체크한다.

정답 33 ④ 34 ① 35 ④ 36 ③ 37 ②

38 다음과 같은 I형강 재료의 표시법으로 옳은 것은?

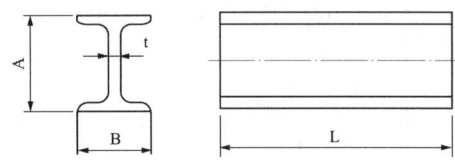

① I A×B×t-L
② t×I A×B-L
③ L-I×A×B×t
④ I B×A×t-L

> 형강의 호칭표시 : 높이×넓이×두께-길이

39 체인 스프로킷 휠의 피치원 지름을 나타내는 선의 종류는?

① 가는 실선
② 가는 1점 쇄선
③ 가는 2점 쇄선
④ 굵은 1점 쇄선

> 체인 스프로킷 휠
> ① 피치원지름 : 가는 1점 쇄선
> ② 이뿌리원지름 : 가는 실선
> ③ 이끝원지름 : 굵은 실선

40 구멍의 치수는 $\phi 35^{+0.003}_{-0.001}$, 축의 치수는 $\phi 35^{+0.001}_{-0.004}$ 일 때, 최대 틈새는?

① 0.004
② 0.005
③ 0.007
④ 0.009

> 최대틈새 : 구멍의 최대허용치수−축의 최소허용치수
> 35.003−34.996 = 0.007mm

제3과목 기계설계 및 기계재료

41 담금질한 강재의 잔류 오스테나이트를 제거하며, 치수변화 등을 방지하는 목적으로 0℃ 이하에서 열처리하는 방법은?

① 저온뜨임
② 심랭처리
③ 마템퍼링
④ 용체화처리

> 심랭처리(subzero treatment)
> 담금질한 강을 0℃ 이하로 냉각시켜 잔류오스테나이트를, 마텐사이트로 변태시키는 열처리로 주로 게이지강에 사용한다.

42 열간 가공과 냉간 가공을 구별하는 온도는?

① 포정 온도
② 공석 온도
③ 공정 온도
④ 재결정 온도

> 재결정 온도
> 열간가공과 냉간가공이 구분되는 온도이다.

43 소결합금으로 된 공구강은?

① 초경합금
② 스프링강
③ 탄소공구강
④ 기계구조용강

> 소결 초경합금
> WC, TiC, TaC 등의 분말에 코발트 분말을 결합제로 하여 혼합한 다음 가압, 성형한 것을 800~1000℃에서 소결한 후에 수소기류 중에서 1400~1500℃에서 소결시킨 합금이다.

정답 38 ① 39 ② 40 ③ 41 ② 42 ④ 43 ①

44 공구 재료가 갖추어야 할 일반적인 성질 중 틀린 것은?

① 인성이 클 것
② 취성이 클 것
③ 고온경도가 클 것
④ 내마멸성이 클 것

취성이 크면 충격에 깨져 나가므로 인성이 큰 재료를 사용해야 한다.

45 플라스틱 재료의 일반적인 성질을 설명한 것 중 틀린 것은?

① 열에 약하다.
② 성형성이 좋다.
③ 표면경도가 높다.
④ 대부분 전기 절연성이 좋다.

플라스틱 재료는 합성수지 재료로 전기절연성은 양호하나 표면경도는 금속보다 일반적으로 낮다.

46 주철에서 탄소강과 같이 강인성이 우수한 조직을 만들 수 있는 흑연 모양은?

① 편상흑연
② 괴상흑연
③ 구상흑연
④ 공정상흑연

구상흑연은 주철에 탄소강의 성질을 갖도록 한 것이다.

47 구리합금 중 최고의 강도를 가진 석출 경화성합금으로 내열성, 내식성이 우수하여 베어링 및 고급 스프링 재료로 이용되는 청동은?

① 납청동
② 인청동
③ 베릴륨 청동
④ 알루미늄 청동

구리합금 중 강도와 경도가 가장 큰 합금은 베릴륨 청동이다.

48 다음 중 발전기, 전동기, 변압기 등의 철심재료에 가장 적합한 특수강은?

① 규소강
② 베어링강
③ 스프링강
④ 고속도공구강

규소는 전자자기 특성, 내열성, 내식성을 증가시키는 성질이 있다.

49 알루미늄의 성질로 틀린 것은?

① 비중이 약 7.8이다.
② 면심입방격자 구조이다.
③ 용융점은 약 600℃이다.
④ 대기 중에서는 내식성이 좋다.

알루미늄 비중은 2.78이고 철의 비중은 7.8이다.

50 담금질 조직 중에 냉각속도가 가장 빠를 때 나타나는 조직은?

① 소르바이트
② 마텐자이트
③ 오스테나이트
④ 트루스타이트

담금질 조직의 냉각속도 및 경도 크기순서
M > T > S > P

정답 44 ② 45 ③ 46 ③ 47 ③ 48 ① 49 ① 50 ②

51 잇수 32, 피치 12.7mm, 회전수 500rpm의 스프로킷 휠에 50번 롤러 체인을 사용하였을 경우 전달동력은 약 몇 kW인가? (단, 50번 롤러 체인의 파단하중은 22.10kN, 안전율은 15이다.)

① 7.8　　② 6.4
③ 5.6　　④ 5.0

$$H_{kW} = \frac{22.10 \times 12.7 \times 32 \times 500}{15 \times 60 \times 100} = 4.99\text{kW}$$

52 0.45t의 물체를 지지하는 아이 볼트에서 볼트의 허용인장응력이 48MPa라 할 때, 다음 미터나사 중 가장 적합한 것은? (단, 나사 바깥지름은 골지름의 1.25배로 가정하고, 적합한 사양 중 가장 작은 크기를 선정한다.)

① M14　　② M16
③ M18　　④ M20

$$\sigma_a = \frac{Q}{\frac{\pi d_1^2}{4}}$$

$$48 = \frac{0.45 \times 10^3 \times 9.8}{\frac{\pi}{4} \times d_1^2}, \quad d_1 = 10.82\text{mm}$$

$$d = 1.25 d_1 = 1.25 \times 10.82 \fallingdotseq 14\text{mm}$$

53 원형 봉에 비틀림 모멘트를 가할 때 비틀림 변형이 생기는데, 이때 나타나는 탄성을 이용한 스프링은?

① 토션 바
② 벌류트 스프링
③ 와이어 스프링
④ 비틀림 코일스프링

토션 바
곧은 봉원 한쪽 끝단을 고정하고 다른 한쪽 끝단을 비틀어 발생하는 변위를 이용하는 스프링의 종류이다.

54 용접이음의 단점에 속하지 않는 것은?

① 내부 결함이 생기기 쉽고 정확한 검사가 어렵다.
② 용접공의 기능에 따라 용접부의 강도가 좌우된다.
③ 다른 이음작업과 비교하여 작업 공정이 많은 편이다.
④ 잔류응력이 발생하기 쉬워서 이를 제거하는 작업이 필요하다.

용접이음은 리벳이음에 비해 작업수가 적다.

55 볼 베어링에서 수명에 대한 설명으로 옳은 것은?

① 베어링에 작용하는 하중의 3제곱에 비례한다.
② 베어링에 작용하는 하중의 3제곱에 반비례한다.
③ 베어링에 작용하는 하중의 10/3제곱에 비례한다.
④ 베어링에 작용하는 하중의 10/3제곱에 반비례한다.

$$L_n = \left(\frac{C}{f_w \cdot P}\right)^3 \times 10^6 (\text{rev})$$

하중 P의 3제곱에 반비례한다.

56 전달동력 2.4kW, 회전수 1800rpm을 전달하는 축의 지름은 약 몇 mm 이상으로 해야 하는가? (단, 축의 허용전단응력은 20MPa이다.)

① 20　　② 12
③ 15　　④ 17

$$T = 974000 \times 9.8 \frac{H_{kW}}{N} = \tau \cdot Z_P$$

$$974000 \times 9.8 \times \frac{2.4}{1800} = 20 \times \frac{\pi d^3}{16}$$

$$d = 14.8\text{mm}$$

정답　51 ④　52 ①　53 ①　54 ③　55 ②　56 ③

57 묻힘 키(sunk key)에 생기는 전단응력을 τ, 압축응력을 σ_c라고 할 때, $\dfrac{\tau}{\sigma_c} = \dfrac{1}{2}$ 이면 키폭 b와 높이 h의 관계식으로 옳은 것은? (단, 키 홈의 높이는 키 높이의 1/2이다.)

① $b = h$
② $h = \dfrac{b}{4}$
③ $b = \dfrac{h}{2}$
④ $b = 2h$

$\dfrac{\tau}{\sigma_C} = \dfrac{2T \times h\ell d}{b\ell d \times 4T} = \dfrac{1}{2}$

$\dfrac{h}{2b} = \dfrac{1}{2}, \; b = h$

58 기어의 피치원 지름이 무한대로 회전운동을 직선운동으로 바꿀 때 사용하는 기어는?

① 베벨 기어 ② 헬리컬 기어
③ 래크와 피니언 ④ 웜 기어

치차의 종류
① 피니언: 유한한 반경, 회전운동
② 기어: 유한한 반경, 회전운동
③ 래크: 무한한 반경, 직선운동

59 주로 회전운동을 왕복운동으로 변환시키는 데 사용하는 기계요소로서 내연기관의 밸브 개폐기구 등에 사용되는 것은?

① 마찰차(friction wheel)
② 클러치(clutch)
③ 기어(gear)
④ 캠(cam)

주동절의 회전운동을 종동절의 직선왕복운동으로 변환시키는 기구는 캠(cam)이다.

60 드럼의 지름 600mm인 브레이크 시스템에서 98.1N·m의 제동 토크를 발생시키고자 할 때 블록을 드럼에 밀어붙이는 힘은 약 몇 kN인가? (단, 접촉부 마찰계수는 0.3이다.)

① 0.54 ② 1.09
③ 1.51 ④ 1.96

$T = \mu W \cdot \dfrac{D}{2}$

$98.1 = 0.3 \times W \times \dfrac{600}{2} \times 10^{-3}$

$W = 1090\text{N} = 1.09\text{kN}$

제4과목 컴퓨터응용설계

61 다음 중 기본적인 2차원 동차 좌표변환으로 볼 수 없는 것은?

① extrusion ② translation
③ rotation ④ reflection

① 이동(translation)
② 회전(rotation)
③ 대칭(reflection)
④ 스케일링(scaling)

62 CAD 소프트웨어가 반드시 갖추고 있어야 할 기능으로 거리가 먼 것은?

① 화면 제어 기능 ② 치수 기입 기능
③ 도형 편집 기능 ④ 인터넷 기능

CAD 소프트웨어 기본기능
① 그래픽 효소의 생성기능
② 데이터 변환기능
③ 디스플레이 제어와 윈도우 기능
④ 세그먼트 변환기능
⑤ 데이터 관리기능
⑥ 물리적 특성 해석기능

정답 57 ① 58 ③ 59 ④ 60 ② 61 ① 62 ④

63 $x^2 + y^2 - 25 = 0$인 원이 있다. 원 상의 점(3, 4)에서 접선의 방정식으로 옳은 것은?

① $3x + 4y - 25 = 0$
② $3x + 4y - 50 = 0$
③ $4x + 3y - 25 = 0$
④ $4x + 3y - 50 = 0$

$g(x, y) = x^2 + y^2 - 25 = 0$
$\frac{\partial g}{\partial x} = 2x, \quad \frac{\partial g}{\partial y} = 2y$
$6(x - 3) + 8(y - 4) = 0$
$6x + 8y - 50 = 0$
$3x + 4y - 25 = 0$
※ 공식
$\frac{\partial g}{\partial x}(x_1, y_1)(x - x_1) + \frac{\partial g}{\partial y}(x_1, y_1)(y - y_1) = 0$

64 $(x + 7)^2 + (y - 4)^2 = 64$인 원의 중심좌표와 반지름을 구하면?

① 중심좌표 (-7, 4), 반지름 8
② 중심좌표 (7, -4), 반지름 8
③ 중심좌표 (-7, 4), 반지름 64
④ 중심좌표 (7, -4), 반지름 64

원의 방정식
$(x + A)^2 + (y + B)^2 = r^2$
① 중심좌표 : $-A, -B$
② r : 원의 반지름

65 솔리드 모델링 방식 중 B-rep과 비교한 CSG의 특징이 아닌 것은?

① 블리언 연산자 사용으로 명확한 모델생성이 쉽다.
② 데이터가 간결하여 필요 메모리가 적다.
③ 형상수정이 용이하고 체적, 중량을 계산할 수 있다.
④ 투상도, 투시도, 전개도, 표면적 계산이 용이하다.

투상도, 투시도, 전개도, 표면적 계산이 용이한 것은 B-rep 방식이다.

66 서피스 모델에서 사용되는 기본곡면의 종류에 속하지 않는 것은?

① Revolved surface
② Topology surface
③ Sweep surface
④ Bezier surface

Topology은 위상기하학의 수학적 용어이다.

67 솔리드 모델링 기법의 일종인 특징형상 모델링 기법에 대한 설명으로 옳지 않은 것은?

① 모델링 입력을 설계자 또는 제작자에게 익숙한 형상 단위로 하자는 것이다.
② 각각의 형상단위는 주요 치수를 파라미터로 입력하도록 되어 있다.
③ 전형적인 특징현상은 모떼기(chamfer), 구멍(hole), 필렛(fillet), 슬롯(slot) 등이 있다.
④ 사용 분야와 사용자에 관계없이 특징형상의 종류가 항상 일정하다는 것이 장점이다.

특징형상모델링
구멍, 슬롯, 포켓 등의 형상단위를 라이브러리에 미리 갖추어 놓고 필요시 이들의 치수를 변화시켜 설계 시 사용하는 모델링 방식이다.

63 ①　64 ①　65 ④　66 ②　67 ④

68 곡선들 중에서 원추단면 곡선(conic section curve)이 아닌 것은?
① 포물선(parabola)
② 타원(ellipse)
③ 대수곡선(algebraic curve)
④ 쌍곡선(hyperbola)

원추곡선
포물선, 타원, 원, 쌍곡선 등

69 동차좌표(Homogeneous coordinate)에 의한 표현을 바르게 설명한 것은?
① N차원의 벡터를 N-1차원의 벡터로 표현한다.
② N차원의 벡터를 N+1차원의 벡터로 표현한다.
③ N차원의 벡터를 N(N-1)차원의 벡터로 표현한다.
④ N차원의 벡터를 N(N+1)차원의 벡터로 표현한다.

동차좌표는 일반좌표보다 +1차원 높다.

70 플로터 형식에 있어서 펜(pen)식과 래스터(raster)식으로 구분할 때 다음 중 펜식 플로터에 속하는 것은?
① 정전식
② 잉크젯식
③ 리니어 모터식
④ 열전사식

펜식 플로터의 종류
플랫베드형, 드럼형, 벨트형, 리니어 모터형 등

71 3차원 형상을 표현하는데 있어서 사용하는 Z-buffer 방법은 무엇을 의미하는가?
① 음영을 나타내기 위한 방법
② 은선 또는 은면을 제거하기 위한 방법
③ view-port에 모델을 나타내기 위한 방법
④ 두 곡면을 부드럽게 연결하기 위한 방법

Z버퍼 알고리즘
① 가장 간단한 은면 제거 알고리즘
② 프레임 버퍼의 개념을 이용
③ 화상에서 화소의 명도를 저장하는 거 대신에 각 화소의 점이나 Z 좌표값을 저장하는 알고리즘이다.

72 공학적 해석(부피, 무게중심, 관성모멘트 등의 계산)을 적용할 때 쓰이는 가장 적합한 모델은?
① 솔리드 모델
② 서피스 모델
③ 와이어프레임 모델
④ 데이터 모델

3차원적인 물체의 모델링 방법으로는 와이어 프레임, 서피스, 솔리드가 있다. 이 중에서 FEM 해석에 가장 적합한 것은 솔리드 모델이다.

73 컬러 잉크젯 플로터에 사용되는 기본적인 색상이 아닌 것은?
① magenta
② black
③ cyan
④ green

① 자홍(magenta) = 빨강+파랑
② 청록(cyan) = 녹색+파랑

정답 68 ③ 69 ② 70 ③ 71 ② 72 ① 73 ④

74 반지름이 R이고 피치(pitch)가 p인 나사의 나선(helix)을 나선의 회전각(x축과 이루는 각) θ에 대한 매개변수식으로 나타낸 것으로 옳은 것은? (단, $\hat{i}$, $\hat{j}$, $\hat{k}$는 각각 x, y, z축 방향의 단위벡터이다.)

① $\vec{r}(\theta) = R\sin\theta\hat{i} + R\tan\theta\hat{j} + \dfrac{p\theta}{\pi}\hat{k}$

② $\vec{r}(\theta) = R\sin\theta\hat{i} + R\tan\theta\hat{j} + \dfrac{p\theta}{2\pi}\hat{k}$

③ $\vec{r}(\theta) = R\cos\theta\hat{i} + R\sin\theta\hat{j} + \dfrac{p\theta}{\pi}\hat{k}$

④ $\vec{r}(\theta) = R\cos\theta\hat{i} + R\sin\theta\hat{j} + \dfrac{p\theta}{2\pi}\hat{k}$

> ① $x = R \cdot \cos\theta$, $\theta(\text{deg})$
> ② $y = R \cdot \sin\theta$
> ③ $Z = \dfrac{P \cdot \theta}{2\pi}$, $\theta(\text{rad})$

75 지정된 점(정점 또는 조정점)을 모두 통과하도록 고안된 곡선은?

① Bezier curve
② B-spline curve
③ Spline curve
④ NURBS curve

> ① 내삽법: 주어진 점군을 모두 통과
> ② 외삽법: 양 끝점을 통과하며 나머지 점군들에 근사시켜 그리는 방법

76 CAD를 이용한 설계 과정이 종래의 제도판에서 제도기를 이용하여 2차원적으로 작업하는 설계과정과의 차이점에 해당하지 않는 것은?

① 개념 설계 단계를 거치는 점
② 전산화된 데이터베이스를 활용한다는 점
③ 컴퓨터에 의한 해석을 용이하게 할 수 있다는 점
④ 형상을 수치 데이터화하여 데이터베이스에 저장한다는 점

> 개념설계 단계는 CAD를 이용하든 안 하든 필요한 작업이다.

77 베지어(Bezier) 곡선에 관한 설명 중 옳지 않은 것은?

① 곡선은 양단의 끝점을 통과한다.
② 1개의 정점 변화는 곡선 전체에 영향을 미친다.
③ n개의 정점에 의해서 정의된 곡선은 (n+1)차 곡선이다.
④ 곡선은 정점을 연결하는 다각형의 내측에 존재한다.

> n개의 정점에 의해서 정의된 곡선은 (n-1)차 곡선이다.

78 다음과 같은 특징을 가진 디스플레이는?

> - 빛을 편광시키는 특성을 가진 유기화합물을 사용한다.
> - 전자총이 없어서 두께가 얇은 모니터를 만들 수 있다.
> - 백라이트가 필요하고 시야각이 좁은 단점이 있다.

① PDP　　　　② TFT-LCD
③ CRT　　　　④ OLED

> **LCD(Liquid Crystal Display : 액정형디스플레이)**
> 수 많은 액정을 규칙적으로 배열한 패널을 전면에 배치한 뒤, 그 뒤쪽에 위치한 백라이트가 빛을 가하도록 하여, 이 빛이 액정 패널 앞에 있는 컬러필터와 편광필터를 통과, 화소의 색상과 밝기를 조절 디스플레이하는 방식이다.

79 모델링과 관계된 용어의 설명으로 잘못된 것은?

① 스위핑(Sweeping) : 하나의 2차원 단면형상을 입력하고 이를 안내곡선을 따라 이동시켜 입체를 생성하는 것
② 스키닝(Skining) : 원하는 경로상에 여러 개의 단면 형상을 위치시키고 이를 덮는 입체를 생성하는 것
③ 리프팅(Lifting) : 주어진 물체 특정면의 전부 또는 일부를 원하는 방향으로 늘어난 효과를 갖도록 하는 것
④ 블랜딩(Blending) : 주어진 형상을 국부적으로 변화시키는 방법으로 접하는 곡면을 예리한 모서리로 처리하는 것

> **블랜딩**
> 두 곡면이 만나는 부분을 부드럽게 연결시켜 주는 것

80 다음 중 데이터의 전송속도를 나타내는 단위는?

① BPS　　　　② MIPS
③ DPI　　　　④ RPM

> ① DPI : 자료의 출력밀도
> ② MIPS : 컴퓨터의 연산속도

정답　78 ②　79 ④　80 ①

PART 04 과년도 기출문제

2017년 5월 7일 시행

제1과목 기계가공법 및 안전관리

01 다이얼 게이지 기어의 백 래시(back lash)로 인해 발생하는 오차는?

① 인접 오차
② 지시 오차
③ 진동 오차
④ 되돌림 오차

> ① 기어의 백 래시: 기어의 회전을 원활하게 하기 위해 맞물린 이와 이 사이에 두는 틈새이다.
> ② 되돌림오차(후퇴오차): 주위의 상황이 변하지 않는 상태에서 동일한 측정량에 대하여 지침의 측정량이 증가하는 상태에서 읽음값과 반대로 감소하는 상태에서 읽음값의 차

02 트위스트 드릴은 절삭날의 각도가 중심에 가까울수록 절삭작용이 나쁘게 되기 때문에 이를 개선하기 위해 드릴의 웨브 부분을 연삭하는 것은?

① 디닝(thinning)
② 트루잉(truing)
③ 드레싱(dressing)
④ 글레이징(glazing)

> ① 시닝(thining): 강도를 감소시키지 않고 절삭을 증가시키기 위해 드릴의 끝 웨브 부분을 연삭하는 작업이다.
> ② 트루잉, 드레싱, 글레이징은 연삭기에서 발생하는 결함과 수정작업이다.

03 공기 마이크로미터에 대한 설명으로 틀린 것은?

① 압축 공기원이 필요하다.
② 비교 측정기로 1개의 마스터로 측정이 가능하다.
③ 타원, 테이퍼, 편심 등의 측정을 간단히 할 수 있다.
④ 확대 기구에 기계적 요소가 없기 때문에 장시간 고정도를 유지할 수 있다.

> 공기마이크로미터
> 공기의 흐름을 확대기구로 하여 길이를 측정하는 비교측정기의 한 종류이다.

04 다음 그림과 같이 피측정물의 구면을 측정할 때 다이얼 게이지의 눈금이 0.5mm 움직이면 구면의 반지름[mm]은 얼마인가? (단, 다이얼 게이지 측정자로부터 구면계의 다리까지의 거리는 20mm 이다.)

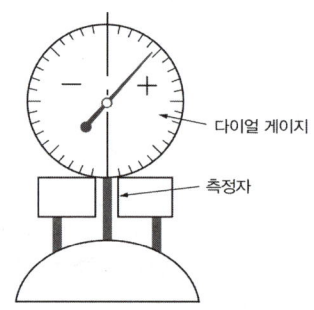

① 100.25
② 200.25
③ 300.25
④ 400.25

정답 1 ④ 2 ① 3 ② 4 ④

05 일반적으로 센터드릴에서 사용되는 각도가 아닌 것은?

① 45° ② 60°
③ 75° ④ 90°

> 센터드릴의 테이퍼 부분의 각도는 60°, 75°, 90°로 되어 있다.

06 산화알루미늄(Al_2O_3) 분말을 주성분으로 마그네슘(Mg), 규소(Si) 등의 산화물과 소량의 다른 원소를 첨가하여 소결한 절삭공구의 재료는?

① CBN
② 서멧
③ 세라믹
④ 다이아몬드

> ① CBN : 인공합성절삭공구
> ② 서멧 : 탄질화티탄(TiCN)

07 밀링 머신에서 절삭공구를 고정하는 데 사용되는 부속장치가 아닌 것은?

① 아버(arbor)
② 콜릿(collet)
③ 새들(saddle)
④ 어댑터(adapter)

> 새들은 전후 이송장치로 밀링의 주요구성요소

08 밀링 머신에서 테이블의 이송속도(f)를 구하는 식으로 옳은 것은? (단, f_z : 1개의 날당 이송[mm], z : 커터의 날 수, n : 커터의 회전수[rpm]이다.)

① $f = f_z \times z \times n$
② $f = f_z \times \pi \times z \times n$
③ $f = \dfrac{f_z \times z}{n}$
④ $f = \dfrac{(f_z \times z)^2}{n}$

> 밀링머신의 이송속도는 mm/min의 단위로 표현된다.

09 풀리(pulley)의 보스(boss)에 키 홈을 가공하려 할 때 사용되는 공작기계는?

① 보링 머신
② 호빙 머신
③ 드릴링 머신
④ 브로칭 머신

> 브로칭 머신
> 키홈, 스플라인 구멍, 다각형 구멍 등을 내는 작업이 가능하다.

10 범용 밀링 머신으로 할 수 없는 가공은?

① T홈 가공
② 평면 가공
③ 수나사 가공
④ 더브테일 가공

> 수나사는 선반에서 가공이 가능하다.

정답 5 ① 6 ③ 7 ③ 8 ① 9 ④ 10 ③

11 박스 지그(box jig)의 사용처로 옳은 것은?
① 드릴로 대량 생산을 할 때
② 선반으로 크랭크 절삭을 할 때
③ 연삭기로 테이퍼 작업을 할 때
④ 밀링으로 평면 절삭작업을 할 때

> 지그는 보통 드릴머신에서 공작물을 고정할 때 사용한다.

12 선반에서 할 수 없는 작업은?
① 나사 가공
② 널링 가공
③ 테이퍼 가공
④ 스플라인 홈 가공

> **스플라인 홈 가공**
> 슬로터, 브로우칭 머신 등

13 수기가공 할 때 작업안전 수칙으로 옳은 것은?
① 바이스를 사용할 때는 조에 기름을 충분히 묻히고 사용한다.
② 드릴가공을 할 때에는 장갑을 착용하여 단단하고 위험한 칩으로부터 손을 보호한다.
③ 금긋기 작업을 하는 이유는 주로 절단을 할 때에 절삭성이 좋아지기 위함이다.
④ 탭 작업 시에는 칩이 원활하게 배출이 될 수 있도록 후퇴와 전진을 번갈아 가면서 점진적으로 수행한다.

14 비교 측정하는 방식의 측정기는?
① 측장기
② 마이크로미터
③ 다이얼 게이지
④ 버니어 캘리퍼스

> **직접측정기**
> 버니어 캘리퍼스, 마이크로미터, 하이트 게이지, 측장기 등

15 미끄러짐을 방지하기 위한 손잡이나 외관을 좋게 하기 위하여 사용되는 다음 그림과 같은 선반 가공법은?

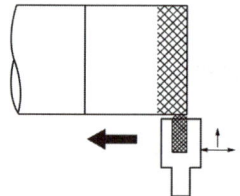

① 나사 가공   ② 널링 가공
③ 총형 가공   ④ 다듬질 가공

> **총형 가공**
> 불규칙한 곡선이나 곡면 등을 가공

16 연삭작업에 대한 설명으로 적절하지 않은 것은?
① 거친 연삭을 할 때에는 연삭 깊이를 얕게 주도록 한다.
② 연질 가공물을 연삭할 때는 결합도가 높은 숫돌이 적합하다.
③ 다듬질 연삭을 할 때는 고운 입도의 연삭숫돌을 사용한다.
④ 강의 거친 연삭에서 공작물 1회전마다 숫돌바퀴 폭의 1/2~3/4으로 이송한다.

정답 11 ① 12 ④ 13 ④ 14 ③ 15 ② 16 ①

17 심압대의 편위량을 구하는 식으로 옳은 것은?
(단, X : 심압대 편위량이다.)

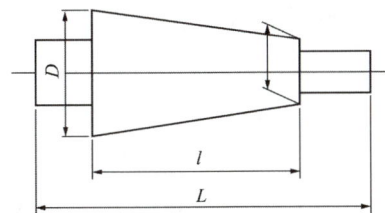

① $X = \dfrac{D-dL}{2l}$

② $X = \dfrac{L(D-d)}{2l}$

③ $X = \dfrac{l(D-d)}{2L}$

④ $X = \dfrac{2L}{(D-d)l}$

18 센터리스 연삭에 대한 설명으로 틀린 것은?
① 가늘고 긴 가공물의 연삭에 적합하다.
② 긴 홈이 있는 가공물의 연삭에 적합하다.
③ 다른 연삭기에 비해 연삭여유가 작아도 된다.
④ 센터가 필요치 않아 센터 구멍을 가공할 필요가 없다.

> 센터리스 연삭기로는 대형 중량물과 긴 홈이 있는 일감은 연삭할 수 없다.

19 래핑작업에 사용하는 랩제의 종류가 아닌 것은?
① 흑연
② 산화크롬
③ 탄화규소
④ 산화알루미나

> 랩제의 종류
> 탄화규소, 산화알루미늄, 산화크롬, 탄화붕소, 다이아몬드 등

20 입자를 이용한 가공법이 아닌 것은?
① 래핑 ② 브로칭
③ 배럴가공 ④ 액체 호닝

> 정밀입자가공
> 호닝, 액체 호닝, 슈퍼 피니싱, 래핑 등

제2과목 기계제도

21 KS 기계제도에서 특수한 용도의 선으로 아주 굵은 실선을 사용해야 하는 경우는?
① 나사, 리벳 등의 위치를 명시하는 데 사용한다.
② 외형선 및 숨은선의 연장을 표시하는 데 사용한다.
③ 평면이라는 것을 나타내는 데 사용한다.
④ 얇은 부분의 단면도시를 명시하는 데 사용한다.

> ①, ②, ③은 가는 실선을 사용한다.

22 KS 용접 기호 중 현장 용접을 뜻하는 기호가 포함된 것은?

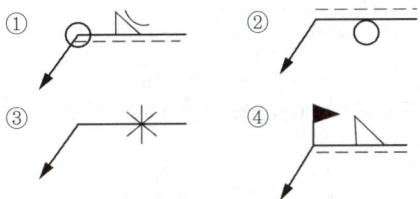

> ▶ : 현장용접보조기호
> ○ : 온둘레용접

23 제3각법으로 나타낸 그림에서 정면도와 우측면도를 고려하여 가장 적합한 평면도는?

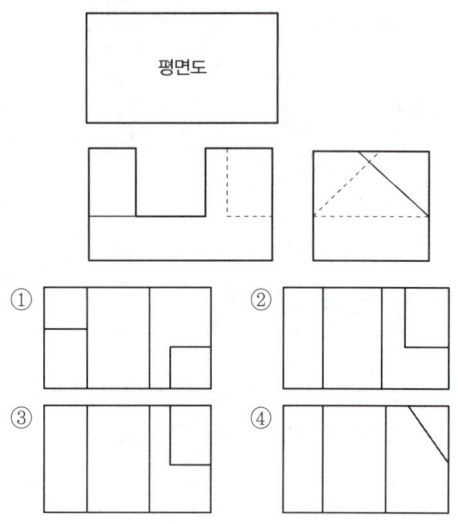

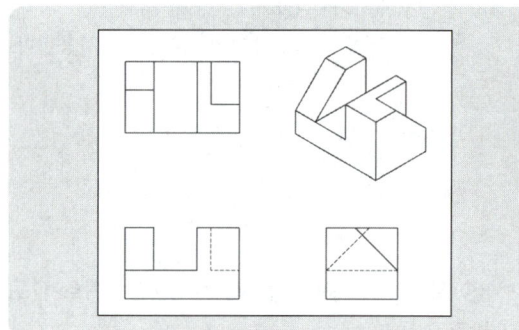

24 스프링용 스테인리스 강선의 KS 재료 기호로 옳은 것은?

① STC
② STD
③ STF
④ STS

① 스테인리스의 KS 규격 표시 : STS
② STC : 탄소공구강
③ STD : 다이스강

25 그림과 같은 물체(끝이 잘린 원추)를 전개하고자 할 때 방사선법을 사용하지 않는다면 다음 중 가장 적합한 방법은?

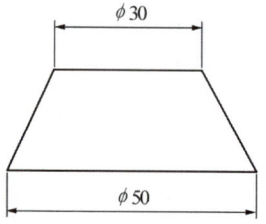

① 삼각형법
② 평행선법
③ 종합선법
④ 절단법

26 다음과 같이 치수가 도시되었을 경우 그 의미로 옳은 것은?

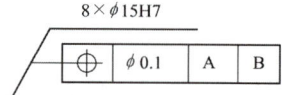

① 8개의 축이 $\phi15$에 공차등급이 H7이며, 원통도가 데이텀 A, B에 대하여 $\phi0.1$을 만족해야 한다.
② 8개의 구멍이 $\phi15$에 공차등급이 H7이며, 원통도가 데이텀 A, B에 대하여 $\phi0.1$을 만족해야 한다.
③ 8개의 축이 $\phi15$에 공차등급이 H7이며, 위치도가 데이텀 A, B에 대하여 $\phi0.1$을 만족해야 한다.
④ 8개의 구멍이 $\phi15$에 공차등급이 H7이며, 위치도가 데이텀 A, B에 대하여 $\phi0.1$을 만족해야 한다.

원통도 기호 : ⌭

27 다음의 그림에서 A, B, C, D를 보고 화살표 방향에서 본 투상도를 옳게 짝지은 것은?

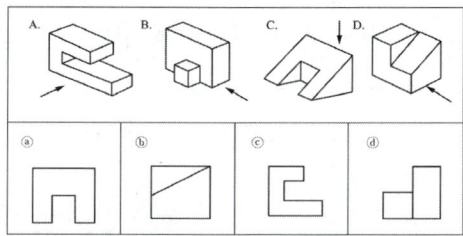

① A-ⓐ, B-ⓒ, C-ⓑ, D-ⓓ
② A-ⓒ, B-ⓓ, C-ⓐ, D-ⓑ
③ A-ⓐ, B-ⓑ, C-ⓓ, D-ⓒ
④ A-ⓓ, B-ⓒ, C-ⓐ, D-ⓑ

28 베어링의 호칭번호가 62/28일 때 베어링 안지름은 몇 mm인가?
① 28 ② 32
③ 120 ④ 140

62 : 베어링계열 기호

29 다음 V 벨트의 종류 중 단면의 크기가 가장 작은 것은?
① M형 ② A형
③ B형 ④ E형

① M형 : 최소
② E형 : 최대

30 치수 보조 기호의 설명으로 틀린 것은?
① R15 : 반지름 15
② t15 : 판의 두께 15
③ (15) : 비례척이 아닌 치수 15
④ SR15 : 구의 반지름 15

① 괄호 : 참고치수
② 밑줄 : 비례척이 아님

31 그림과 같은 입체도에서 화살표 방향이 정면일 경우 평면도로 가장 적합한 투상도는?

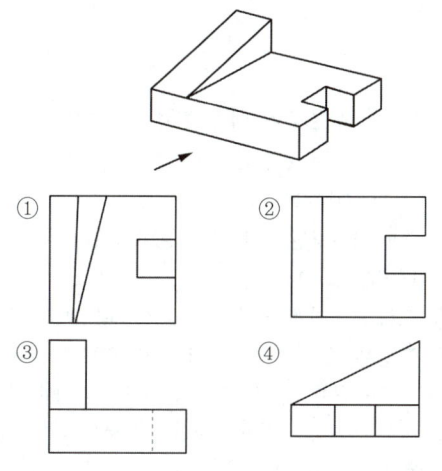

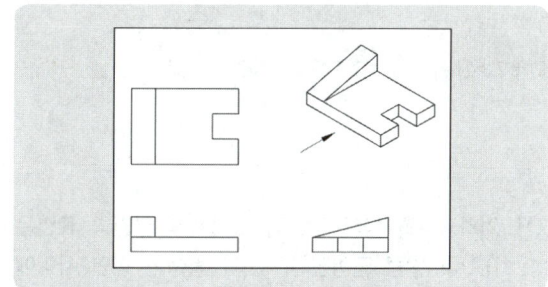

32 제3각법에 대한 설명으로 틀린 것은?
① 눈 → 투상면 → 물체의 순으로 나타난다.
② 좌측면도는 정면도의 좌측에 그린다.
③ 저면도는 우측면도의 아래에 그린다.
④ 배면도는 우측면도의 우측에 그린다.

저면도는 정면도 아래에 그린다.

정답 27 ② 28 ① 29 ① 30 ③ 31 ② 32 ③

33 가공방법의 약호 중 래핑가공을 나타낸 것은?

① FL ② FR
③ FS ④ FF

② FR : 리머가공
③ FS : 스크레이퍼가공
④ FF : 줄다듬질가공

34 스프링 도시 방법에 대한 설명으로 틀린 것은?

① 코일 스프링, 벌류트 스프링은 일반적으로 무하중 상태에서 그린다.
② 겹판 스프링은 일반적으로 스프링 판이 수평인 상태에서 그린다.
③ 요목표에 단서가 없는 코일 스프링 및 벌류트 스프링은 모두 왼쪽으로 감긴 것으로 나타낸다.
④ 스프링 종류 및 모양만을 간략도로 나타내는 경우에는 스프링 재료의 중심선만을 굵은 실선으로 그린다.

특별한 단서가 없는 한 모두 오른쪽감기로 도시한다.

35 기하공차를 나타내는 데 있어서 대상면의 표면은 0.1mm만큼 떨어진 두 개의 평행한 평면 사이에 있어야 한다는 것을 나타내는 것은?

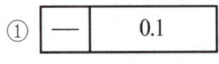

①은 진직도, ②는 평면도, ③은 원통도, ④는 직각도이다.

36 배관 결합 방식의 표현으로 옳지 않은 것은?

① ─┼─ 일반 결합
② ─✕─ 용접식 결합
③ ─╫─ 플랜지식 결합
④ ─╢─ 유니언식 결합

용접이음 :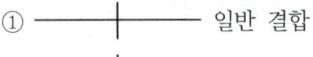

37 도면에 치수를 기입하는 방법을 설명한 것 중 옳지 않은 것은?

① 특별히 명시하지 않는 한, 그 도면에 도시된 대상물의 다듬질 치수를 기입한다.
② 길이의 단위는 mm이고, 도면에는 반드시 단위를 기입한다.
③ 각도의 단위로는 일반적으로 도(°)를 사용하고, 필요한 경우 분(′) 및 초(″)를 병용할 수 있다.
④ 치수는 될 수 있는 대로 주투상도에 집중해서 기입한다.

도면에 단위기입은 생략한다.

38 기준치수가 50mm이고, 최대허용치수 50.015mm이며, 최소 허용치수 49.99mm일 때 치수공차는 몇 mm인가?

① 0.025 ② 0.015
③ 0.005 ④ 0.010

치수공차 = 최대허용치수−최소허용치수
= 50.015−49.99 = 0.025

33 ① 34 ③ 35 ② 36 ② 37 ② 38 ①

39 가는 1점 쇄선의 용도가 아닌 것은?

① 도형의 중심을 표시하는 데 쓰인다.
② 수면, 유면 등의 위치를 표시하는 데 쓰인다.
③ 중심이 이동한 중심궤적을 표시하는 데 쓰인다.
④ 되풀이하는 도형의 피치를 취하는 기준을 표시하는 데 쓰인다.

> 수면, 유면 등의 위치를 표시하는 데는 가는 실선을 사용한다.

40 나사가 "M50×2-6H"로 표시되었을 때 이 나사에 대한 설명 중 틀린 것은?

① 미터 가는 나사이다.
② 암나사 등급 6이다.
③ 피치 2mm이다.
④ 왼 나사이다.

> ① 나사표시순서 : 나사산의 감긴방향, 나사산의 줄수, 나사의 호칭, 나사의 등급순이다.
> ② 아무런 표시가 없으면 오른나사이다.

제3과목 기계설계 및 기계재료

41 상온에서 순철(α철)의 격자구조는?

① FCC   ② CPH
③ BCC   ④ HCP

> ① 순철의 α-Fe, δ-Fe은 체심입방격자(BCC) 구조이다.
> ② γ-Fe : 면심입방(FCC)

42 백주철을 고온에서 장시간 열처리하여 시멘타이트 조직을 분해하거나 소실시켜 인성 또는 연성을 개선한 주철은?

① 가단 주철
② 칠드 주철
③ 합금 주철
④ 구상흑연 주철

> 백주철을 원료로 한 주철은 가단주철이다.

43 강의 표면에 붕소(B)를 침투시키는 처리방법은?

① 세라다이징
② 칼로라이징
③ 크로마이징
④ 보로나이징

> ① 세라다이징 : Zn 침투
> ② 칼로다이징 : Al 침투
> ③ 크로마이징 : Cr 침투

44 구리 및 구리합금에 관한 설명으로 틀린 것은?

① Cu의 용융점은 약 1083℃이다.
② 문쯔메탈은 60% Cu+40% Sn 합금이다.
③ 유연하고 전연성이 좋으므로 가공이 용이하다.
④ 부식성 물질이 용존하는 수용액 내에 있는 황동은 탈아연 현상이 나타난다.

> ① 구리 60+Zn 40 : 문쯔메탈
> ② 구리 60+Zn 40+Sn 1 : 네이벌 브래스

정답 39 ② 40 ④ 41 ③ 42 ① 43 ④ 44 ②

45 고속도강을 담금질한 후 뜨임하게 되면 일어나는 현상은?
   ① 경년현상이 일어난다.
   ② 자연균열이 일어난다.
   ③ 2차경화가 일어난다.
   ④ 응력부식균열이 일어난다.

> 고속도강은 고온경도를 높이기 위해 담금질과 뜨임 열처리를 실시한다.

46 플라스틱 성형재료 중 열가소성 수지는?
   ① 페놀 수지   ② 요소 수지
   ③ 아크릴 수지   ④ 멜라민 수지

> ① 열가소성 수지: 폴리염화비닐, 폴리스터렌, 폴리에틸렌, 아크릴, 나일론 등
> ② 열경화성 수지: 페놀수지, 아미노, 에폭시 등

47 일반적으로 탄소강에서 탄소량이 증가할수록 증가하는 성질은?
   ① 비중   ② 열팽창계수
   ③ 전기저항   ④ 열전도도

> ① 비중, 열팽창계수, 열전도도 등은 감소
> ② 비열, 전기저항은 증가

48 다음 중 알루미늄합금이 아닌 것은?
   ① 라우탈   ② 실루민
   ③ 두랄루민   ④ 화이트메탈

> 화이트메탈: Sn-Sb-Pb-Cu계

49 금속의 일반적인 특성이 아닌 것은?
   ① 연성 및 전성이 좋다.
   ② 열과 전기의 부도체이다.
   ③ 금속적 광택을 가지고 있다.
   ④ 고체 상태에서 결정구조를 갖는다.

> 순금속은 열과 전기의 양도체이다.

50 오일리스 베어링(oilless bearing)의 특징을 설명한 것으로 틀린 것은?
   ① 다공질이므로 강인성이 높다.
   ② 무급유 베어링으로 사용한다.
   ③ 대부분 분말 야금법으로 제조한다.
   ④ 동계에는 Cu-Sn-C합금이 있다.

51 지름 45mm의 축이 200rpm으로 회전하고 있다. 이 축은 길이 1m에 대하여 1/4°의 비틀림각이 발생한다고 할 때 약 몇 kW의 동력을 전달하고 있는가? (단, 축 재료의 가로탄성계수는 84GPa이다.)
   ① 2.1   ② 2.6
   ③ 3.1   ④ 3.6

$$\theta = \frac{T \cdot \ell}{G \cdot I_p} = \frac{974 \times 9.8 \times H_{kW} \times \ell}{G \cdot I_p \cdot N}$$

$$\frac{1}{4} \times \frac{\pi}{180} = \frac{974 \times 9.8 \times H_{kW} \times 1}{84 \times 10^9 \times \frac{\pi \times 0.045^4}{32} \times 200}$$

$H_{kW} = 3.1 \text{kW}$

정답 45 ③ 46 ③ 47 ③ 48 ④ 49 ② 50 ① 51 ③

52 어느 브레이크에서 제동동력이 3kW이고, 브레이크 용량(brake capacity)을 0.8N/mm²·m/s라고 할 때, 브레이크 마찰면적의 크기는 약 몇 mm²인가?

① 3200
② 2250
③ 5500
④ 3750

$$\frac{3 \times 10^3}{A} = 0.8, \quad A = 3750 mm^2$$

53 스프링에 150N의 하중을 가했을 때 발생하는 최대전단응력이 400MPa이었다. 스프링지수(C)는 10이라고 할 때 스프링 소선의 지름은 약 몇 mm인가? (단, 응력수정계수 $K = \frac{4C-1}{4C-4} + \frac{0.615}{C}$를 적용한다.)

① 3.3
② 4.8
③ 7.5
④ 12.6

$$C = \frac{2R}{d}, \quad R = \frac{dC}{2} = 5d$$
$$K = \frac{4 \times 10 - 1}{4 \times 10 - 4} + \frac{0.615}{10} = 1.14$$
$$\tau = K \cdot \frac{16P \cdot R}{\pi d^3} = K \cdot \frac{16 \times 5P}{\pi d^2}$$
$$400 = 1.14 \times \frac{16 \times 5 \times 150}{\pi \times d^2}, \quad d = 3.3mm$$

54 420rpm으로 16.20kN의 하중을 받고 있는 엔드 저널의 지름(d)과 길이(ℓ)는? (단, 베어링 작용압력은 1N/mm², 폭 지름비 $\ell/d = 2$이다.)

① d=90mm, ℓ=180mm
② d=85mm, ℓ=170mm
③ d=80mm, ℓ=160mm
④ d=75mm, ℓ=150mm

$$P = \frac{W}{d \cdot \ell} = \frac{W}{2d^2}, \quad \frac{16.20 \times 10^3}{2 \times d^2} = 1$$
$$d = 90mm, \quad \ell = 180mm$$

55 지름이 10mm인 시험관에 600N의 인장력이 작용한다고 할 때 이 시험편에 발생하는 인장응력은 약 몇 MPa인가?

① 95.2
② 76.4
③ 7.64
④ 9.52

$$\sigma_t = \frac{660}{\frac{\pi \times 10^2}{4}} = 7.64 MPa$$

56 정(Chisel) 등의 공구를 사용하여 리벳머리의 주위와 강판의 가장자리를 두드리는 작업을 코킹(caulking)이라 하는데, 이러한 작업을 실시하는 목적으로 적절한 것은?

① 리베팅 작업에 있어서 강판의 강도를 크게 하기 위하여
② 리베팅 작업에 있어서 기밀을 유지하기 위하여
③ 리베팅 작업 중 파손된 부분을 수정하기 위하여
④ 리베이 들어갈 구멍을 뚫기 위하여

57 축 방향으로 보스를 미끄럼 운동시킬 필요가 있을 때 사용하는 키는?

① 페더(feather) 키
② 반달(woodruff) 키
③ 성크(sunk) 키
④ 안장(saddle) 키

58 맞물린 한 쌍의 인벌류트 기어에서 피치원의 공통접선과 맞물리는 부위에 힘이 작용하는 작용선이 이루는 각도를 무엇이라 하는가?

① 중심각
② 접선각
③ 전위각
④ 압력각

정답 52 ④ 53 ① 54 ① 55 ③ 56 ② 57 ① 58 ④

59 M22 볼트(골지름 19.294mm)가 그림과 같이 2장의 강판을 고정하고 있다. 체결 볼트의 허용전단응력이 36.15MPa라 하면 최대 몇 kN까지의 하중(P)을 견딜 수 있는가?

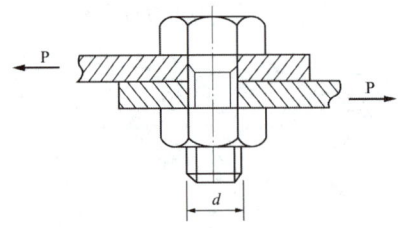

① 3.21 ② 7.54
③ 10.57 ④ 11.48

$$\tau_a = \frac{W}{\frac{\pi \times 19.294^2}{4}} = 36.15$$
$$W = 10.569 \times 10^3 N$$

60 평벨트 전동장치와 비교하여 V-벨트 전동장치에 대한 설명으로 옳은 것은?

① 접촉 면적이 넓으므로 비교적 큰 동력을 전달한다.
② 장력이 커서 베어링에 걸리는 하중이 큰 편이다.
③ 미끄럼이 작고 속도비가 크다.
④ 바로걸기로만 사용이 가능하다.

제4과목 컴퓨터응용설계

61 순서가 정해진 여러 개의 점들을 입력하면 이 모두를 지나는 곡선을 생성하는 것을 무엇이라고 하나?

① 보간(interpolation)
② 근사(approximation)
③ 스무딩(smoothing)
④ 리메싱(remeshing)

62 플로터(plotter)의 일반적인 분류 방식에 속하지 않는 것은?

① 펜(pen)식   ② 충격(impact)식
③ 래스터(raster)식 ④ 포토(photo)식

플로터는 일반적으로 펜식, 래스터식, 광전식 등으로 분류한다.

63 NURBS(Non-Uniform Rational B-Spline)에 관한 설명으로 가장 옳지 않은 것은?

① NURBS 곡선식은 B-Spline 곡선식을 포함하는 일반적인 형태라고 할 수 있다.
② B-Spline에 비하여 NURBS 곡선이 보다 자유로운 변형이 가능하다.
③ 곡선의 변형을 위하여 NURBS 곡선에서는 각각의 조정점에서 x, y, z 방향에 대한 3개의 자유도가 허용된다.
④ NURBS 곡선은 자유 곡선뿐만 아니라 원추곡선까지 하나의 방정식 형태로 표현이 가능하다.

B-Spline은 각각의 조정점에서 3개, NURBS에서는 4개의 자유도를 갖는다.

64 3차원 형상의 솔리드 모델링 방법에서 CSG 방식과 B-rep 방식을 비교한 설명 중 틀린 것은?

① B-rep 방식은 CSG 방식에 비해 보다 복잡한 형상의 물체(비행기 동체 등)를 모델링하는 데 유리하다.
② B-rep 방식은 CSG 방식에 비해 3면도, 투시도 작성이 용이하다.
③ B-rep 방식은 CSG 방식에 비해 필요한 메모리의 양이 적다.
④ B-rep 방식은 CSG 방식에 비해 표면적 계산이 용이하다.

B-rep 방식은 각 방향의 투상면을 갖고 모델링되기 때문에 CSG 방식에 비해 메모리의 양이 많다.

정답 59 ③ 60 ② 61 ① 62 ② 63 ③ 64 ③

65 그림과 같이 중간에 원형 구멍이 관통되어 있는 모델에 대하여 토폴로지 요소를 분석하고자 한다. 여기서 면(face)은 몇 개로 구성되어 있는가?

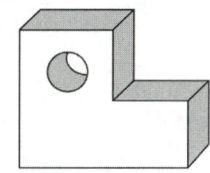

① 7　　　　　② 8
③ 9　　　　　④ 10

구멍의 내면까지 포함해 9개

66 쾌속조형(Rapid Prototyping) 등에 사용되는 STL 파일의 특징에 대한 설명으로 틀린 것은?
① 평면 삼각형들의 목록만 담고 있기 때문에 구조가 간단하다.
② 데이터 양이 많으며 데이터를 중복해서 가지고 있기도 한다.
③ 굴곡진 곡면도 실제와 같이 정확하게 표현할 수 있다.
④ 모델의 위상정보를 가지고 있지 않다.

STL(Stereo Lithography) 파일은 3D 프린팅을 위한 출력용 3D 데이터 파일이다.

67 래스터 스캔 디스플레이에 직접적으로 관련된 용어가 아닌 것은?
① flicker　　　　② Refresh
③ Frame buffer　④ RISC

RISC
CPU 안의 명령어를 최소로 줄여 단순하게 만드는 프로세서이다.

68 CAD 시스템의 3차원 공간에서 평면을 정의할 때 입력 조건으로 충분치 않은 것은?
① 한 개의 직선과 이 직선의 연장선 위에 있지 않는 한 개의 점
② 일직선 상에 있지 않은 세 점
③ 평면의 수직 벡터와 그 평면 위의 한 개의 점
④ 두 개의 직선

69 3차원에서 이미 구성된 도형자료의 확대 또는 축소를 나타내는 변환행렬로 옳은 것은? (단, 행렬에서 S_x, S_y, S_z는 각각 x, y, z 방향으로의 확대 또는 축소되는 크기이다.)

① $T_y = \begin{bmatrix} S_x & 0 & 0 & 0 \\ 0 & 1 & 0 & 0 \\ 0 & 0 & S_y & 0 \\ S_z & 0 & 0 & 1 \end{bmatrix}$

② $T_y = \begin{bmatrix} 0 & 0 & 0 & S_x \\ 0 & 0 & S_y & 0 \\ 0 & S_z & 0 & 0 \\ 1 & 0 & 0 & 0 \end{bmatrix}$

③ $T_y = \begin{bmatrix} 0 & 0 & 0 & 1 \\ 0 & S_x & 0 & 0 \\ 0 & 0 & S_y & 0 \\ 0 & 0 & 0 & S_z \end{bmatrix}$

④ $T_y = \begin{bmatrix} S_x & 0 & 0 & 0 \\ 0 & S_y & 0 & 0 \\ 0 & 0 & S_z & 0 \\ 0 & 0 & 0 & 1 \end{bmatrix}$

70 다음 중 출력용 프린터의 해상도(resolution)를 나타내는 단위는?
① DPI　　　　② BPC
③ LCD　　　　④ CPS

CPS : 프린터의 출력속도

정답　65 ③　66 ③　67 ④　68 ④　69 ④　70 ①

71 미리 정해진 연속된 단면을 덮는 표면 곡면을 생성시켜 닫혀진 부피영역 혹은 솔리드 모델을 만드는 모델링 방법은?

① 트위킹(tweaking)
② 리프팅(lifting)
③ 스위핑(sweeping)
④ 스키닝(skining)

> ① 트위킹 : 곡면을 불러들여 기존 모델의 평면을 바꾸는 방법
> ② 리프팅 : 어떤 특정면의 전부 또는 일부를 원하는 방향으로 움직여서 물체가 그 방향으로 늘어나도록 하는 작업
> ③ 스위핑 : 2차원 형상에 입체감을 주는 작업

72 CAD 시스템에서 두 개의 곡선을 연결하여 복잡한 형태의 곡선을 만들 때, 양쪽곡선의 연결점에서 2차 미분까지 연속하게 구속조건을 줄 수 있는 최소 차수의 곡선은?

① 2차 곡선
② 3차 곡선
③ 4차 곡선
④ 5차 곡선

73 그림과 같이 $P_1(2, 1)$, $P_2(5, 2)$ 점을 지나는 직선의 방정식은?

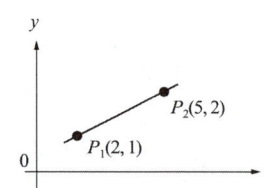

① $y = \dfrac{1}{3}x + \dfrac{1}{3}$
② $y = -\dfrac{1}{3}x + \dfrac{1}{3}$
③ $y = \dfrac{1}{3}x - \dfrac{1}{3}$
④ $y = -\dfrac{1}{3}x - \dfrac{1}{3}$

> $y - 1 = \dfrac{2-1}{5-2}(x-2)$
> $y = \dfrac{1}{3}x + \dfrac{1}{3}$

74 10진수로 표시된 11을 2진수로 옳게 나타낸 것은?

① 1011
② 1100
③ 1110
④ 1101

> $1 \times 2^3 + 0 \times 2^2 + 1 \times 2^1 + 1 \times 2^0 = 8 + 2 + 1 = 11$

75 다음과 같은 원추곡선(conic curve) 방정식을 정의하기 위해 필요한 구속조건의 수는?

$$f(x, y) = ax^2 + bxy + cy^2 + dx + ey + g = 0$$

① 3개
② 4개
③ 5개
④ 6개

76 CAD 시스템에서 서로 다른 CAD 시스템 간의 데이터 교환을 위한 대표적인 표준파일 형식이 아닌 것은?

① IGES
② ASCII
③ DXF
④ STEP

> ASCII : 문자데이터 표현을 위한 미국 표준코드이다.

77 베지어(Bezier) 곡선의 특징에 대한 설명으로 옳지 않은 것은?

① 곡선은 첫 조정점과 마지막 조정점을 지난다.
② 곡선은 조정점들을 연결하는 다각형의 내측에 존재한다.
③ 1개의 조정점 변화는 곡선전체에 영향을 미친다.
④ n개의 조정점에 의해서 정의되는 곡선은 (n+1)차 곡선이다.

> n개의 조정점에 의해 정의되는 베지어 곡선은 n-1차 곡선이다.

정답 71 ④ 72 ② 73 ① 74 ① 75 ③ 76 ② 77 ④

78 CAD 프로그램 내에서 3차원 공간상의 하나의 점을 화면상에 표시하기 위해 사용되는 3개의 기본 좌표계에 속하지 않는 것은?

① 세계 좌표계(world coordinate system)
② 벡터 좌표계(vector coordinate system)
③ 시각 좌표계(viewing coordinate system)
④ 모델 좌표계(model coordinate system)

79 IGES 파일 포맷에서 엔티티들에 관한 실제데이터, 즉 예를 들어 직선 요소의 경우 두 끝점에 대한 6개의 좌표값이 기록되어 있는 부분(section)은?

① 스타트 섹션(start section)
② 글로벌 섹션(global section)
③ 디렉토리 엔트리 섹션(directory entry section)
④ 파라미터 데이터 섹션(parameter data section)

80 형상모델링 방법 중 솔리드 모델링(Solid Nodeling)의 특징에 대한 설명으로 옳지 않은 것은?

① 은선 제거가 가능하다.
② 단면도 작성이 어렵다.
③ 불리언(Boolean) 연산에 의하여 복잡한 형상도 표현할 수 있다.
④ 명암, 컬러 기능 및 회전, 이동 등의 기능을 이용하여 사용자가 명확히 물체를 파악할 수 있다.

> 단면도 작성이 어려운 것은 와이어프레임 모델이다.

정답 78 ② 79 ④ 80 ②

PART 04 과년도 기출문제

2017년 9월 23일 시행

제1과목 기계가공법 및 안전관리

01 선반의 가로 이송대에 4mm 리드로 100등분 눈금의 핸들이 달려 있을 때 지름 38mm의 환봉을 지름 32mm로 절삭하려면 핸들의 눈금은 몇 눈금을 돌리면 되겠는가?

① 35
② 70
③ 75
④ 90

1눈금의 값 : 4÷100 = 0.04mm
38-32 = 6mm
절삭깊이 $\frac{1}{2}$로 하여, $\frac{6}{2}$ = 3mm 이송
0.04×n = 3, n = 75

02 연삭가공에서 내면연삭에 대한 설명으로 틀린 것은?

① 외경 연삭에 비하여 숫돌의 마모가 많다.
② 외경 연삭보다 숫돌 축의 회전수가 느려야 한다.
③ 연삭숫돌의 지름은 가공물의 지름보다 작아야 한다.
④ 숫돌 축은 지름이 작기 때문에 가공물의 정밀도가 다소 떨어진다.

03 동일직경 3개의 핀을 이용하여 수나사의 유효지름을 측정하는 방법은?

① 광학법
② 삼침법
③ 지름법
④ 반지름법

유효지름 측정법 중 삼침법이 가장 정밀한 측정법이다.

04 비교 측정방법에 해당되는 것은?

① 사인 바에 의한 각도 측정
② 버니어 캘리퍼스에 의한 길이 측정
③ 롤러와 게이지 블록에 의한 테이퍼 측정
④ 공기 마이크로미터를 이용한 제품의 치수 측정

비교측정기
다이얼 게이지, 공기 마이크로미터, 전기 마이크로미터, 옵티미터, 미니미터 등이 있다.

05 호닝작업의 특징으로 틀린 것은?

① 정확한 치수가공을 할 수 있다.
② 표면정밀도를 향상시킬 수 있다.
③ 호닝에 의하여 구멍의 위치를 자유롭게 변경하여 가공이 가능하다.
④ 전 가공에서 나타난 테이퍼, 진원도 등에 발생한 오차를 수정할 수 있다.

호닝작업은 구멍이 있는 공작물의 내경을 정밀가공한다. 구멍의 위치 변경과는 관련없다.

06 주축(spindle)의 정지를 수행하는 NC-code는?

① M02
② M03
③ M04
④ M005

2 : 프로그램 종료
M03 : 주축 정회전
M04 : 주축 역회전

정답 1 ③ 2 ② 3 ② 4 ④ 5 ③ 6 ④

07 합금공구강에 대한 설명으로 틀린 것은?
① 탄소공구강에 비해 절삭성이 우수하다.
② 저속 절삭용, 총형 절삭용으로 사용된다.
③ 탄소공구강에 Ni, Co 등의 원소를 첨가한 강이다.
④ 경화능을 개선하기 위해 탄소공구강에 소량의 합금원소를 첨가한 강이다.

> 합금공구강
> C 0.8~1.5% 소량의 Cr, W, Ni, V 등을 첨가한 강

08 측정자의 미소한 움직임을 광학적으로 확대하여 측정하는 장치는?
① 옵티미터(optimeter)
② 미니미터(minimeter)
③ 공기 마이크로미터(air micrometer)
④ 전기 마이크로미터(electrical micrometer)

> 광학확대기구를 이용한 비교측정기는 옵티미터이다.

09 TiC 입자를 Ni 혹은 Ni과 Mo를 결합제로 소결한 것으로 구성인선이 거의 발생하지 않아 공구수명이 긴 절삭공구 재료는?
① 서멧
② 고속도강
③ 초경합금
④ 합금 공구강

> 탄질화티탄(TiCN)을 주성분으로 한 절삭공구는 서멧이다.

10 연삭깊이를 깊게 하고 이송속도를 느리게 함으로써 재료제거율을 대폭적으로 높인 연삭방법은?
① 경면(mirror) 연삭
② 자기(magnetic) 연삭
③ 고속(high speed) 연삭
④ 크립 피드(creep feed) 연삭

11 가연성 액체(알코올, 석유, 등유류)의 화재등급은?
① A급   ② B급
③ C급   ④ D급

> ① 보통화재 : A급
> ② 기름화재 : B급
> ③ 전기화재 : C급

12 선반의 주축을 중공축으로 할 때의 특징으로 틀린 것은?
① 굽힘과 비틀림 응력에 강하다.
② 마찰열을 쉽게 발산시켜 준다.
③ 길이가 긴 가공물 고정이 편리하다.
④ 중량이 감소되어 베어링에 작용하는 하중을 줄여 준다.

> 마찰열은 축을 지지하는 베어링의 마찰로 인한 것으로 마찰열의 발산과는 관련성이 적고 재질과 관련성이 크다.

13 기어 절삭법이 아닌 것은?
① 배럴에 의한 법(barrel system)
② 형판에 의한 법(templet system)
③ 창성에 의한 법(generated fool system)
④ 총형 공구에 의한 법(formed tool system)

> 배럴가공은 공작물 표면을 연마하는 가공의 종류이다.

정답 7 ③ 8 ① 9 ① 10 ④ 11 ② 12 ② 13 ①

14 지름 75mm의 탄소강을 절삭속도 150m/min으로 가공하고자 한다. 가공 길이 300mm, 이송은 0.2mm/rev로 할 때 1회 가공 시 가공시간은 약 얼마인가?

① 2.4분 ② 4.4분
③ 6.4분 ④ 8.4분

> $V = \dfrac{\pi \times 75 \times N}{1000} = 150$
> $N = 636.62 \text{rpm}$
> $T = \dfrac{\ell}{N \cdot S} = \dfrac{300}{636.62 \times 0.2} = 2.4 \text{min}$

15 표면 거칠기의 측정법으로 틀린 것은?

① NPL식 측정 ② 촉침식 측정
③ 광 절단식 측정 ④ 현미 간접식 측정

> NPL식은 각도측정기이다.

16 수직 밀링머신의 주요 구조가 아닌 것은?

① 니 ② 칼럼
③ 방진구 ④ 테이블

> 방진구는 선반에서 직경이 작고 길이가 긴 공작물을 고정 시 사용하는 부속장치이다.

17 드릴을 가공할 때, 가공물과 접촉에 의한 마찰을 줄이기 위하여 절삭날 면에 주는 각은?

① 선단각 ② 웨브각
③ 날 여유각 ④ 홈 나선각

> 날 여유각은 가공 시 공구와 공작물의 간섭을 최대한 줄이기 위해 필요한 각이다.

18 밀링머신의 테이블 위에 설치하여 제품의 바깥부분을 원형이나 윤곽가공 할 수 있도록 사용되는 부속장치는?

① 더브테일 ② 회전 테이블
③ 슬로팅 장치 ④ 래크 절삭장치

> ① 슬로팅 장치: 수평 및 만능 밀링머신의 기둥면에 설치하여 주축의 회전운동을 공구대의 왕복운동으로 변화시키는 장치
> ② 래크 절삭장치: 수평 또는 만능 밀링머신의 주축단에 장치하여 기어절삭을 하는 장치

19 높은 정밀도를 요구하는 가공물, 각종 지그 등에 사용하며 온도 변화에 영향을 받지 않도록 항온항습실에 설치하여 사용하는 보링 머신은?

① 지그 보링 머신(jig boring machine)
② 정밀 보링 머신(fine boring machine)
③ 코어 보링 머신(core boring machine)
④ 수직 보링 머신(vertical boring machine)

> 보링머신의 종류
> ① 수평 보링 머신
> ② 정밀 보링 머신: 가공된 구멍의 진원도, 진직도가 매우 높다.
> ③ 지그 보링 머신: 공구나 지그 가공을 목적으로 한 기계이다.

20 밀링머신 테이블의 이송속도 720mm/min, 커터의 날수 6개, 커터 회전수가 600rpm일 때, 1날당 이송량은 몇 mm인가?

① 0.1 ② 0.2
③ 3.6 ④ 7.2

> $f = f_z \cdot Z \cdot N$
> $720 = f_z \times 6 \times 600$, $f_z = 0.2 \text{mm}/날$

정답 14 ① 15 ① 16 ③ 17 ③ 18 ② 19 ① 20 ②

제2과목 기계제도

21. 강구조물(steel structure) 등의 치수 표시에 관한 KS 기계 제도 규격에 관한 설명으로 틀린 것은?

① 구조선도에서 절점 사이의 치수를 표시할 수 있다.
② 형강, 강관 등의 치수를 각각의 도형에 연하여 기입할 때 길이의 치수도 반드시 나타내야 한다.
③ 구조선도에서 치수는 부재를 나타내는 선에 연하여 직접 기입할 수 있다.
④ 등변 ㄱ형강의 경우 "L 100×100× 5-1500"과 같이 나타낼 수 있다.

22. 그림에서 나타난 기하공차 도시에 대해 가장 올바르게 설명한 것은?

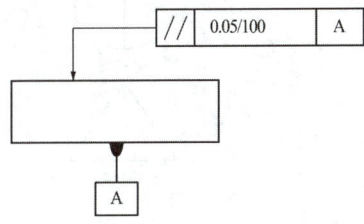

① 임의의 평면에서 평행도가 기준면 A에 대해 $\frac{0.05}{100}$ mm 이내에 있어야 한다.
② 임의의 평면 100mm×100mm에서 평행도가 기준면 A에 대해 $\frac{0.05}{100}$ mm 이내에 있어야 한다.
③ 지시하는 면 위에서 임의로 선택한 길이 100mm에서 평행도가 기준면 A에 대해 0.05mm 이내에 있어야 한다.
④ 지시한 화살표를 중심으로 100mm 이내에서 평행도가 기준면 A에 대해 0.05mm 이내에 있어야 한다.

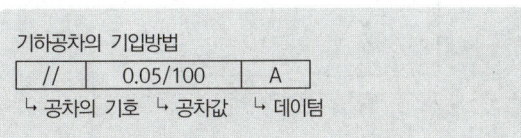

기하공차의 기입방법
↳ 공차의 기호 ↳ 공차값 ↳ 데이텀

23. 헬리컬기어 제도에 대한 설명으로 틀린 것은?

① 잇봉우리원은 굵은 실선으로 그린다.
② 피치원은 가는 1점 쇄선으로 그린다.
③ 이골원은 단면 도시가 아닌 경우 가는 실선으로 그린다.
④ 축에 직각인 방향에서 본 정면도에서 단면 도시가 아닌 경우 잇줄 방향은 경사진 3개의 가는 2점 쇄선으로 나타낸다.

잇줄방향은 보통 3개의 가는 실선으로 그린다.

24. 그림과 같은 환봉의 "A" 면을 선반 가공할 때 생기는 표면의 줄무늬 방향 기호로 가장 적합한 것은?

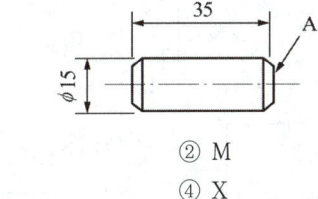

① C ② M
③ R ④ X

C는 가공으로 생긴 선이 거의 동심원일 때 줄무늬 방향의 기호이다.

25. 구름베어링의 상세한 간략 도시방법에서 복렬 자동 조심 볼 베어링의 도시기호는?

26 기하공차의 도시 방법에서 위치도를 나타내는 것은?

① 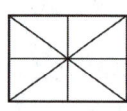 ② ○

③ ◎ ④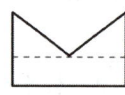

> ①은 원통도, ②은 진원도, ③은 동축도(동심도)이다.

27 그림과 같이 제3각법으로 나타낸 정면도와 평면도에 가장 적합한 우측면도는?

(평면도)

(정면도)

① 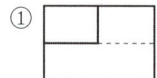 ②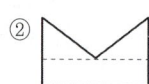

③ 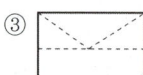 ④

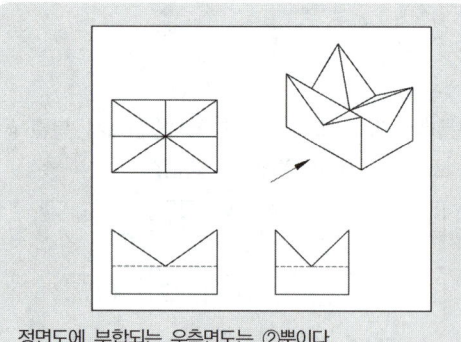

> 정면도에 부합되는 우측면도는 ②뿐이다.

28 도면에 마련되는 양식의 종류 중 작성부서, 작성자, 승인자, 도면명칭, 도면번호 등을 나타내는 양식은?

① 표제란
② 부품란
③ 중심마크
④ 비교눈금

> 표제란은 도면의 오른쪽 아래에 위치하며 도면번호, 도명, 기업명, 책임자 서명, 도면작성, 년 월 일, 척도 및 투상법을 기입한다.

29 그림과 같은 정투상도(정면도와 평면도)에서 우측면도로 가장 적합한 것은?

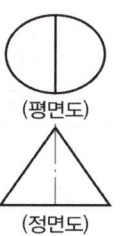

(평면도)

(정면도)

① 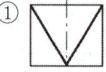 ②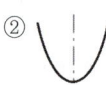

③ 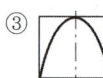 ④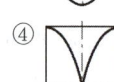

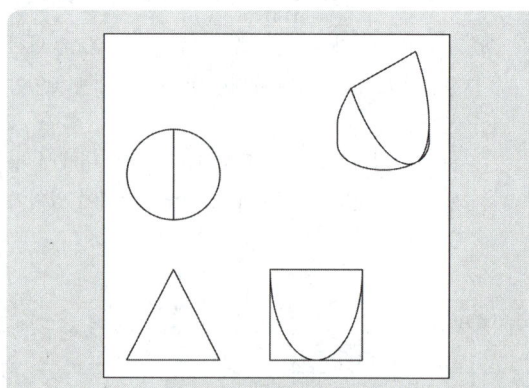

정답 26 ④ 27 ② 28 ① 29 ②

30 기하학적 형상의 특성을 나타내는 기호 중 자유 상태 조건을 나타내는 기호는?

① Ⓟ ② Ⓜ
③ Ⓕ ④ Ⓛ

Ⓟ : 돌출된 부분까지 포함하는 공차표시
Ⓜ : 최대질량의 실체를 갖는 조건

31 필릿 용접 기호 중 화살표 반대쪽에 필릿 용접을 지시하는 것은?

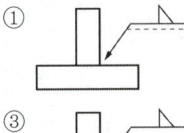
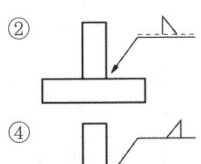

화살표 방향을 기준으로 3각형 기호와 점선이 떨어져 있으면 화살표 쪽을 용접하고 3각형과 점선이 붙어 있으면 화살표 반대쪽에 용접한다.

32 $\phi 40^{-0.021}_{-0.037}$의 구멍과 $\phi 40^{\,0}_{-0.016}$ 축 사이의 최소죔새는?

① 0.053
② 0.037
③ 0.021
④ 0.005

최소죔새 = 축의 최소허용치수 - 구멍의 최대허용치수
39.984 - 39.979 = 0.005

33 그림과 같은 도면에서 가는 실선이 교차하는 대각선 부분은 무엇을 의미하는가?

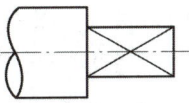

① 평면이라는 뜻
② 나사산 가공하라는 뜻
③ 가공에서 제외하라는 뜻
④ 대각선의 홈이 파여 있다는 뜻

34 V-블록을 제3각법으로 정투상한 그림과 같은 도면에서 "A" 부분의 치수는?

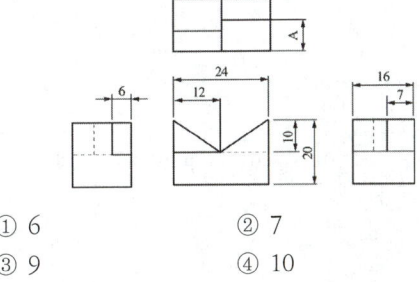

① 6
② 7
③ 9
④ 10

A = 16-7 = 9mm

35 재료기호가 "SS 275"로 나타났을 때 이 재료의 명칭은?

① 탄소강 단강품
② 용접 구조용 주강품
③ 기계 구조용 탄소 강재
④ 일반 구조용 압연 강재

① 탄소강 단강품 : SF
② 용접구조용 압연강재 : SWS
③ 기계구조용 탄소강 : SM

정답 30 ③ 31 ② 32 ④ 33 ① 34 ③ 35 ④

36 치수 기입의 원칙에 관한 설명으로 옳지 않은 것은?

① 치수는 되도록 주 투상도에 집중하여 기입한다.
② 치수는 되도록 공정마다 배열을 분리하여 기입한다.
③ 치수는 기능, 제작, 조립을 고려하여 명료하게 기입한다.
④ 중요치수는 확인하기 쉽도록 중복하여 기입한다.

중복치수기입은 피한다.

37 다음 용접기호가 나타내는 용접 작업 명칭은?

① 가장자리 용접
② 표면 육성
③ 개선 각이 급격한 V형 맞대기 용접
④ 표면 접합부

38 도면에서 부분 확대도를 그리는 경우로 가장 적합한 것은?

① 특정한 부분의 도형이 작아서 그 부분의 상세한 도시나 치수기입이 어려울 때 사용한다.
② 도형의 크기가 클 경우에 사용한다.
③ 물체의 경사면을 실제 길이로 투상하고자 할 때 사용한다.
④ 대상물의 구멍, 홈 등과 같이 그 부분의 모양을 도시하는 것으로 충분한 경우에 사용한다.

39 그림과 같은 입체도의 정면도(화살표 방향)로 가장 적합한 것은?

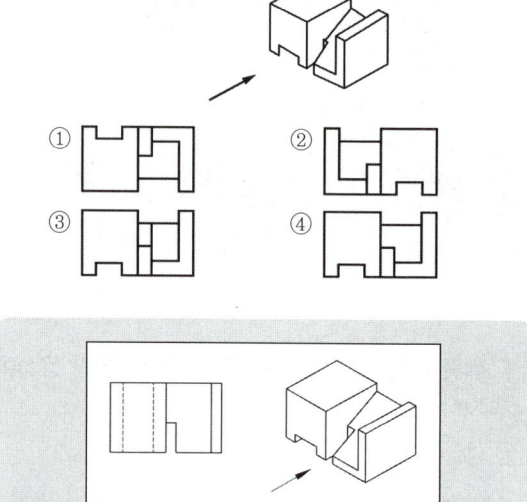

40 다음 공·유압 장치의 조작 방식을 나타낸 그림 중에서 전기 조작에 의한 기호는?

①은 솔리노이드(전기 조작), ③은 스프링 조작, ④는 푸시버튼 조작이다.

36 ④ 37 ② 38 ① 39 ④ 40 ①

제3과목 기계설계 및 기계재료

41 아연을 소량 첨가한 황동으로 빛깔이 금색에 가까워 모조금으로 사용되는 것은?
① 톰백(tombac)
② 델타 메탈(delta metal)
③ 하드 블라스(hard brass)
④ 문쯔 메탈(muntz metal)

> **톰백**
> 구리에 아연 5~20%를 함유한 것으로 모조금, 장식용 등으로 사용

42 열가소성 재료의 유동성을 측정하는 시험방법은?
① 로크웰 시험법
② 브리넬 시험법
③ 멜트 인덱스법
④ 샤르피 시험법

> 재료시험법으로 로크웰, 브리넬은 경도 시험법이고, 샤르피는 충격시험법이다.

43 금속의 결정 구조 중 체심입방격자(BCC)인 것은?
① Ni
② Cu
③ Al
④ Mo

> 니켈, 구리, 알루미늄은 면심입방격자이다.

44 담금질한 후 치수의 변형 등이 없도록 심냉처리해야 하는 강은?
① 실루민
② 문쯔메탈
③ 두랄루민
④ 게이지강

> ① 실루민 : Al+Si
> ② 문쯔메탈 : Cu 60+Zn 40
> ③ 두랄루민 : 고력 알루미늄 합금이다.
> ④ 게이지강 : 탄소강, Mn, Cr, Ni 등을 첨가시켜 800℃ 정도에서 담금질 처리한 공구용 합금강의 종류이다.

45 탄소함유량이 약 0.85%C~2.0%C에 해당하는 강은?
① 공석강
② 아공석강
③ 과공석강
④ 공정주철

> ① 아공석강 : 0.03~0.08%C
> ② 공석강 : 0.8%C
> ③ 과공석강 : 0.8~2.0%C

46 진동에너지를 흡수하는 능력이 우수하여 공작기계의 베드 등에 가장 적합한 재료는?
① 회주철
② 저탄소강
③ 고속도로공구강
④ 18-8스테인리스강

> 진동흡수능력이 좋은 재료는 보통회주철이다.

47 비정질 합금에 관한 설명으로 틀린 것은?
① 전기 저항이 크다.
② 구조적으로 장거리의 규칙성이 있다.
③ 가공경화 현상이 나타나지 않는다.
④ 균질한 재료이며, 결정 이방성이 없다.

> **비정질상태**
> 물질을 구성하는 원자나 이온이 주기성 배치를 하지 않는 상태이다.

정답 41 ① 42 ③ 43 ④ 44 ④ 45 ③ 46 ① 47 ②

48 노 내에서 Fe-Si, Al 등의 강력한 탈산제를 첨가하여 완전히 탈산시킨 강은?

① 킬드강(killed steel)
② 림드강(rimmed steel)
③ 세미킬드강(semi-killed steel)
④ 세미림드강(semi-rimmed steel)

49 강의 표면에 Al을 침투시키는 표면 경화법은?

① 크로마이징
② 칼로라이징
③ 실리코나이징
④ 보로나이징

① 크로마이징 : Cr 침투
② 실리코나이징 : Si 침투
③ 브로이징 : B 침투

50 항공기 재료에 많이 사용되는 두랄루민의 강화 기구는?

① 용질경화
② 시효경화
③ 가공경화
④ 마텐자이트 변태

두랄루민은 고력알루미늄 합금으로 시효경화가 있으며 항공기 재료로 사용된다.

51 폭(b)×높이(h) = 10mm×8mm인 묻힘 키가 전동축에 고정되어 0.25kN·m의 토크를 전달할 때, 축지름은 약 몇 mm 이상이어야 하는가? (단, 키의 허용 전단응력은 36MPa이며, 키의 길이는 47mm이다.)

① 29.6
② 35.3
③ 41.7
④ 50.2

$$\tau_k = \frac{2T}{b\ell d}$$

$$36 = \frac{2 \times 0.25 \times 10^3 \times 10^3}{10 \times 47 \times d}$$

$d = 29.6\text{mm}$

52 래크 공구로 모듈 5, 압력각은 20°, 잇수는 15인 인벌류트 치형의 전위 기어를 가공하려 한다. 이때 언더컷을 방지하기 위하여 필요한 이론전위량은 약 몇 mm인가?

① 0.124
② 0.252
③ 0.510
④ 0.613

전위계수 $x = 1 - \frac{Z}{2}\sin^2\alpha$

$x = 1 - \frac{15}{2} \times (\sin 20°)^2 = 0.123$

전위량 $x = mx = 5 \times 0.123 = 0.615\text{mm}$

정답 48 ① 49 ② 50 ② 51 ① 52 ④

53 베어링 설치 시 고려해야 하는 예압(preload)에 관한 설명으로 옳지 않은 것은?

① 예압은 축의 흔들림을 적게 하고, 회전정밀도를 향상시킨다.
② 베어링 내부 틈새를 줄이는 효과가 있다.
③ 예압량이 높을수록 예압 효과가 커지고, 베어링 수명에 유리하다.
④ 적절한 예압을 적용할 경우 베어링의 강성을 높일 수 있다.

54 평벨트 전동에서 유효장력이란 무엇인가?

① 벨트 긴장측 장력과 이완측 장력과의 차를 말한다.
② 벨트 긴장측 장력과 이완측 장력과의 비를 말한다.
③ 벨트 긴장측 장력과 이완측 장력과의 평균값을 말한다.
④ 벨트 긴장측 장력과 이완측 장력의 합을 말한다.

55 두 축의 중심선이 어느 각도로 교차되고 그 사이의 각도가 운전 중 다소 변하여도 자유로이 운동을 전달할 수 있는 축 이음은?

① 플랜지 이음   ② 셀러 이음
③ 올덤 이음   ④ 유니버설 이음

56 공업제품에 대한 표준화를 시행 시 여러 장점이 있다. 다음 중 공업제품 표준화와 관련한 장점으로 거리가 먼 것은?

① 부품의 호환성이 유지된다.
② 능률적인 부품생산을 할 수 있다.
③ 부품의 품질향상이 용이하다.
④ 표준화 규격 제정 시에 소요되는 시간과 비용이 적다.

57 두께 10mm의 강판에 지름 24mm의 리벳을 사용하여 1줄 겹치기 이음할 때 피치는 약 몇 mm인가? (단, 리벳에서 발생하는 전단응력은 35.3MPa이고, 강판에 발생하는 인장응력은 42.2MPa이다.)

① 43   ② 62
③ 55   ④ 74

$$P = d + \frac{\pi d^2 \cdot \tau_r}{4\sigma_t t} = 24 + \frac{\pi \times 24^2 \times 35.3}{4 \times 42.2 \times 10}$$
$$= 61.84mm$$

58 10kN의 물체를 수직방향으로 들어올리기 위해서 아이볼트를 사용하려 할 때, 아이볼트 나사부의 최소 골지름은 약 몇 mm인가? (단, 볼트의 허용 인장응력은 50MPa이다.)

① 14   ② 16
③ 20   ④ 22

$$\sigma_a = \frac{4 \cdot W}{\pi d_1^2}$$
$$50 = \frac{4 \times 10 \times 10^3}{\pi \times d_1^2}$$
$$d_1 = 16mm$$

59 드럼 지름이 300mm인 밴드 브레이크에서 1kN·m의 토크를 제동하려 한다. 이때 필요한 제동력은 약 몇 N인가?

① 667   ② 5500
③ 6667   ④ 795

$$T_f = Q \times \frac{D}{2}$$
$$Q = \frac{2 \times 1 \times 10^3}{0.3} = 6667N$$

정답 53 ③ 54 ① 55 ④ 56 ④ 57 ② 58 ② 59 ③

60 그림과 같은 스프링 장치에서 전체 스프링 상수 K는?

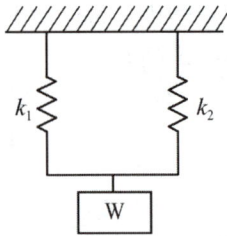

① $K = k_1 + k_2$
② $K = \dfrac{1}{k_1} + \dfrac{1}{k_2}$
③ $K = \dfrac{k_1 \times k_2}{k_1 + k_2}$
④ $K = k_1 \times k_2$

① 병렬연결 $k_e = k_1 + k_2$
② 직렬연결 $\dfrac{1}{k_e} = \dfrac{1}{k_1} + \dfrac{1}{k_2}$

제4과목 컴퓨터응용설계

61 매개변수 u방향으로 3차 곡선, v방향으로 2차 곡선으로 이루어진 Bezier 곡면을 정의하기 위해 필요한 조정점의 개수는?

① 6
② 12
③ 24
④ 48

62 CAD 용어에 대한 설명 중 틀린 것은?

① Pan : 도면의 다른 영역을 보기 위해 디스플레이 윈도를 이동시키는 행위
② Zoom : 대상물의 실제 크기(치수 포함)를 확대하거나 축소하는 행위
③ Clipping : 필요 없는 요소를 제거하는 방법, 주로 그래픽에서 클리핑 윈도로 정의된 영역 밖에 존재하는 요소들을 제거하는 것을 의미
④ Toggle : 명령의 실행 또는 마우스 클릭 시 마다 On 또는 Off가 번갈아 나타나는 세팅

Zoom
현재의 화면상태를 확대 또는 축소할 때 사용

63 다음 중 CAD 소프트웨어가 갖추어야 할 기능으로 가장 거리가 먼 것은?

① 제조 공정 제어
② 데이터 변환
③ 화면 제어
④ 그래픽 요소 생성

제조공정제어는 생산가공분야에서 갖추어야 할 기능이다.

64 4개의 경계곡선이 주어진 경우, 그 경계곡선을 선형보간하여 만들어지는 곡면은?

① Coon's 곡면
② Bezier 곡면
③ Blending 곡면
④ Sweep 곡면

65 CAD 시스템을 활용하는 방식에 따라 크게 3가지로 구분한다고 할 때 이에 해당하지 않는 것은?

① 연결형 시스템(connected system)
② 독립형 시스템(stand alone system)
③ 중앙통제형 시스템(host based system)
④ 분산처리형 시스템(distributed based system)

정답 60 ① 61 ② 62 ② 63 ① 64 ① 65 ①

66 와이어 프레임 모델의 장점에 해당하지 않는 것은?

① 데이터의 구조가 간단하다.
② 모델 작성이 용이하다.
③ 투시도의 작성이 용이하다.
④ 물리적 성질(질량)의 계산이 가능하다.

> 물리적 성질(질량)의 계산이 가능한 모델은 솔리드 모델이다.

67 벡터의 성질과 관련하여 다음 중 틀린 것은? (단, $\vec{a}$, $\vec{b}$, $\vec{c}$는 공간상의 벡터를 나타내고, λ, μ, ν는 스칼라 양을 나타낸다.)

① $\vec{a}+(\vec{b}+\vec{c})=(\vec{a}+\vec{b})+\vec{c}$
② $\lambda(\mu\vec{a})=\lambda\mu\vec{a}$
③ $\vec{a}\times\vec{b}=\vec{b}\times\vec{a}$
④ $(\mu+\nu)\vec{a}=\mu\vec{a}+\nu\vec{a}$

> 벡터의 외적의 결과는 벡터이기 때문에 벡터의 교환법칙은 성립하지 않는다.
> $\vec{A}\times\vec{B}\neq\vec{B}\times\vec{A}$
> $\vec{A}\times\vec{B}=-\vec{B}\times\vec{A}$

68 (x, y)좌표 기반의 2차원 평면에서 다음 직선의 방정식 중 기울기의 절대값이 가장 큰 것은?

① 수평축에서 135도 기울어져 있는 직선
② 점 (10, 10), (25, 55)를 지나는 직선
③ 직선의 방정식이 4y=2x+7인 직선
④ x축 절편이 3, y축 절편이 15인 직선

> ① $a=\tan(45)=1$
> ② $a=\dfrac{55-10}{25-10}=3$
> ③ $a=0.5$
> ④ $a=\tan\alpha=\dfrac{15}{3}=5$

69 다음 중 CAD(Computer aided design) 시스템을 사용함으로써 얻을 수 있는 효과로 가장 거리가 먼 것은?

① 제품 설계, 시간의 단축
② 구조해석, 응력해석 등의 가능
③ 제품 가공 시간의 단축
④ 설계 검증의 용이

> 제품가공관련한 분야는 CAM이다.

70 빛을 편광시키는 특성을 가진 유기화합물을 이용하여 투과된 빛의 특성을 수정하여 디스플레이하는 방식으로 CRT 모니터에 비해서는 두께가 얇은 모니터를 만들 수 있으나 시야각이 다소 좁고 백라이트가 필요하여 어느 정도의 두께 이상은 줄일 수 없다는 단점을 가진 이 디스플레이 장치는?

① 플라즈마 패널(Plasma panel)
② 액정 디스플레이(Liquid crystal display)
③ 전자 발광 디스플레이(Electroluminescent display)
④ 래스터 스캔 디스플레이(Rester scan display)

71 다음 중 B-Rep 모델링에서 토포로지 요소 간에 만족해야 하는 오일러-포앙카레 공식으로 옳은 것은? (단, V는 꼭짓점의 개수, E는 모서리의 개수, F는 면 또는 외부 루프의 개수, H는 면상의 구멍 루프의 개수, C는 독립된 셸의 개수, G는 입체를 관통하는 구멍의 개수이다.)

① V+F+E+H=2(C+G)
② V+F-E+H=2(C+G)
③ V+F-E-H=2(C-G)
④ V-F+E-H=2(C-G)

> 솔리드모델 관리연산자
> ① 오일러공식 : V+F-L = 2
> ② 오일러-포앙카레공식 : V+F-E-H = 2(C-G)

PART 04 과년도 기출문제

2018년 3월 4일 시행

제1과목 | 기계가공법 및 안전관리

01 W, Cr, V, Co 들의 원소를 함유하는 합금강으로 600°C까지 고온경도를 유지하는 공구재료는?
① 고속도강 ② 초경합금
③ 탄소공구강 ④ 합금공구강

- 초경합금(Wc)
- 탄소공구강(STC)
- 합금공구강(STS)

02 기어절삭가공 방법에서 창성법에 해당하는 것은?
① 호브에 의한 기어가공
② 형판에 의한 기어가공
③ 브로칭에 의한 기어가공
④ 총형 바이트에 의한 기어가공

창성법 가공 : 호브, 랙, 피니언 커터 이용

03 밀링 절삭 방법 중 상향절삭과 하향절삭에 대한 설명이 틀린 것은?
① 하향절삭은 상향절삭에 비하여 공구수명이 길다.
② 상향절삭은 가공면의 표면거칠기가 하향절삭보다 나쁘다.
③ 상향절삭은 절삭력이 상향으로 작용하여 가공물의 고정이 유리하다.
④ 커터의 회전방향과 가공물의 이송이 같은 방향의 가공방법을 하향절삭이라 한다.

상향절삭은 절삭가공이 커 공작물 고정에 큰 힘이 요구되어 공작물 고정에 어려움이 있다.

04 테일러의 원리에 맞게 제작되지 않아도 되는 게이지는?
① 링 게이지 ② 스냅 게이지
③ 테이퍼 게이지 ④ 플러그 게이지

테일러 원리란 통과 측에서는 모든 양이 동시에 측정되나 정지 측에서는 모든 양이 동시 측정이 불가해 측정량 하나하나 측정하지 않으면 안된다.

05 터릿선반에 대한 설명으로 옳은 것은?
① 다수의 공구를 조합하여 동시에 순차적으로 작업이 가능한 선반이다.
② 지름이 큰 공작물을 정면가동하기 위하여 스윙을 크게 만든 선반이다.
③ 작업대 위에 설치하고 시계부속 등 작고 정밀한 가공물을 가공하기 위한 선반이다.
④ 가공하고자 하는 공작물과 같은 실물이나 모형을 따라 공구대가 자동으로 모형과 같은 윤곽을 깎아내는 선반이다.

②는 정면선반, ③은 탁상선반, ④는 모방선반이다.

정답 1 ① 2 ① 3 ③ 4 ③ 5 ①

66 와이어 프레임 모델의 장점에 해당하지 않는 것은?

① 데이터의 구조가 간단하다.
② 모델 작성이 용이하다.
③ 투시도의 작성이 용이하다.
④ 물리적 성질(질량)의 계산이 가능하다.

> 물리적 성질(질량)의 계산이 가능한 모델은 솔리드 모델이다.

67 벡터의 성질과 관련하여 다음 중 틀린 것은? (단, $\vec{a}, \vec{b}, \vec{c}$는 공간상의 벡터를 나타내고, λ, μ, ν는 스칼라 양을 나타낸다.)

① $\vec{a}+(\vec{b}+\vec{c}) = (\vec{a}+\vec{b})+\vec{c}$
② $\lambda(\mu\vec{a}) = \lambda\mu\vec{a}$
③ $\vec{a}\times\vec{b} = \vec{b}\times\vec{a}$
④ $(\mu+\nu)\vec{a} = \mu\vec{a}+\nu\vec{a}$

> 벡터의 외적의 결과는 벡터이기 때문에 벡터의 교환법칙은 성립하지 않는다.
> $\vec{A}\times\vec{B} \neq \vec{B}\times\vec{A}$
> $\vec{A}\times\vec{B} = -\vec{B}\times\vec{A}$

68 (x, y)좌표 기반의 2차원 평면에서 다음 직선의 방정식 중 기울기의 절대값이 가장 큰 것은?

① 수평축에서 135도 기울어져 있는 직선
② 점 (10, 10), (25, 55)를 지나는 직선
③ 직선의 방정식이 4y=2x+7인 직선
④ x축 절편이 3, y축 절편이 15인 직선

> ① $a = \tan(45) = 1$
> ② $a = \frac{55-10}{25-10} = 3$
> ③ $a = 0.5$
> ④ $a = \tan\alpha = \frac{15}{3} = 5$

69 다음 중 CAD(Computer aided design) 시스템을 사용함으로써 얻을 수 있는 효과로 가장 거리가 먼 것은?

① 제품 설계, 시간의 단축
② 구조해석, 응력해석 등의 가능
③ 제품 가공 시간의 단축
④ 설계 검증의 용이

> 제품가공관련한 분야는 CAM이다.

70 빛을 편광시키는 특성을 가진 유기화합물을 이용하여 투과된 빛의 특성을 수정하여 디스플레이하는 방식으로 CRT 모니터에 비해서는 두께가 얇은 모니터를 만들 수 있으나 시야각이 다소 좁고 백라이트가 필요하여 어느 정도의 두께 이상은 줄일 수 없다는 단점을 가진 이 디스플레이 장치는?

① 플라즈마 패널(Plasma panel)
② 액정 디스플레이(Liquid crystal display)
③ 전자 발광 디스플레이(Electroluminescent display)
④ 래스터 스캔 디스플레이(Rester scan display)

71 다음 중 B-Rep 모델링에서 토폴로지 요소 간에 만족해야 하는 오일러-포앙카레 공식으로 옳은 것은? (단, V는 꼭짓점의 개수, E는 모서리의 개수, F는 면 또는 외부 루프의 개수, H는 면상의 구멍 루프의 개수, C는 독립된 셸의 개수, G는 입체를 관통하는 구멍의 개수이다.)

① V+F+E+H=2(C+G)
② V+F-E+H=2(C+G)
③ V+F-E-H=2(C-G)
④ V-F+E-H=2(C-G)

> 솔리드모델 관리연산자
> ① 오일러공식 : V+F-L = 2
> ② 오일러-포앙카레공식 : V+F-E-H = 2(C-G)

72 다음 중 서로 다른 CAD 시스템 간의 데이터 상호 교환을 위한 표준화 파일형식을 모두 고른 것은?

> (가) IGES (나) GKS (다) PRT (라) STL

① 가, 나, 다 ② 가, 다, 라
③ 가, 나, 라 ④ 나, 다, 라

> PRT는 CAD 소프트웨어의 확장자로 이용되는 파일이다.

73 서피스 모델링(surface modeling)의 일반적인 특징으로 거리가 먼 것은?

① NC 데이터를 생성할 수 있다.
② 은선 제거가 불가능하다.
③ 질량 등 물리적 성질 계산이 곤란하다.
④ 복잡한 형상표현이 가능하다.

> 은선제거가 불가능한 모델은 와이어 프레임 모델이다.

74 공간상에서 곡면을 작성하고자 한다. 안내선(guide line)과 단면모양(section)으로 만들어지는 곡면은?

① Revolve 곡면 ② Sweep 곡면
③ Blending 곡면 ④ Grid 곡면

75 래스터 그래픽 장치의 프레임 버퍼(frame buffer)에서 8bit plane을 사용한다면 몇 가지 색상을 동시에 낼 수 있는가?

① 32 ② 64
③ 128 ④ 256

> $2^8 = 256$

76 솔리드 모델링의 데이터 구조 중 CSG(Constructive Solid Geometry) 트리구조의 특징에 대한 설명으로 틀린 것은?

① 데이터 구조가 간단하고 데이터의 양이 적어 데이터 구조의 관리가 용이하다.
② CSG 트리로 저장된 솔리드는 항상 구현이 가능한 입체를 나타낸다.
③ 화면에 입체의 형상을 나타내는 시간이 짧아 대화식 작업에 적합하다.
④ 기본형상(primitive)의 파라미터 만 간단히 변경하여 입체 형상을 쉽게 바꿀 수 있다.

77 CAD 시스템에서 원호를 정의하고자 한다. 다음 중 하나의 원호를 정의내릴 수 없는 경우는?

① 중심점과 원호의 시작점과 끝점, 그리고 시작점에서 원호가 그려지는 방향이 주어질 때
② 중심점과 원호의 시작점, 현의 길이, 그리고 시작점에서 원호가 그려지는 방향이 주어질 때
③ 원호를 이루는 각각의 시작점, 중간점, 끝점이 주어질 때
④ 중심점과 원호 반지름의 크기, 그리고 시작점에서 원호가 그려지는 방향이 주어질 때

> ④는 원호의 종점에 대한 정보가 부족하다.

78 3차원 그래픽스 처리를 위한 ISO 국제표준의 하나로서 ISO-IEC TTC 1/SC 24에서 제정한 국제표준으로 구조체 개념을 가지고 있는 것은?

① PHIGS ② DTD
③ SGML ④ SASIG

> **PHIGS**
> 3차원의 움직이는 물체를 실체와 같이 화면에 나타내기 위한 국제 표준 인터페이스 파일이다.

정답 72 ③ 73 ② 74 ② 75 ④ 76 ③ 77 ④ 78 ①

79 그림과 같은 꽃병 형상의 도형을 그리기에 가장 적합한 방법은?

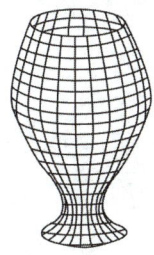

① 오프셋 곡면　② 원추 곡면
③ 회전 곡면　　④ 필릿 곡면

> **회전곡면**
> 곡선과 회전축을 지정함으로써 다각형 격자를 만드는데, 이때 회전을 시작할 각도와 회전할 각도를 입력하여 원하는 입체를 표현할 수 있다.

80 벡터 $\vec{a}=(a_1,\ a_2,\ a_3)$가 존재한다. $a_1,\ a_2,\ a_3$는 x, y, z축 방향의 변위일 때 벡터의 크기 $|\vec{a}|$는?

① $|\vec{a}| = \sqrt{a_1^2 + a_2^2 + a_3^2}$
② $|\vec{a}| = a_1^2 + a_2^2 + a_3^2$
③ $|\vec{a}| = \sqrt{a_1 + a_2 + a_3}$
④ $|\vec{a}| = \sqrt[3]{a_1^3 + a_2^3 + a_3^3}$

PART 04 과년도 기출문제

2018년 3월 4일 시행

제1과목 기계가공법 및 안전관리

01 W, Cr, V, Co 들의 원소를 함유하는 합금강으로 600℃까지 고온경도를 유지하는 공구재료는?
① 고속도강 ② 초경합금
③ 탄소공구강 ④ 합금공구강

- 초경합금(Wc)
- 탄소공구강(STC)
- 합금공구강(STS)

02 기어절삭가공 방법에서 창성법에 해당하는 것은?
① 호브에 의한 기어가공
② 형판에 의한 기어가공
③ 브로칭에 의한 기어가공
④ 총형 바이트에 의한 기어가공

창성법 가공 : 호브, 랙, 피니언 커터 이용

03 밀링 절삭 방법 중 상향절삭과 하향절삭에 대한 설명이 틀린 것은?
① 하향절삭은 상향절삭에 비하여 공구수명이 길다.
② 상향절삭은 가공면의 표면거칠기가 하향절삭보다 나쁘다.
③ 상향절삭은 절삭력이 상향으로 작용하여 가공물의 고정이 유리하다.
④ 커터의 회전방향과 가공물의 이송이 같은 방향의 가공방법을 하향절삭이라 한다.

상향절삭은 절삭가공이 커 공작물 고정에 큰 힘이 요구되어 공작물 고정에 어려움이 있다.

04 테일러의 원리에 맞게 제작되지 않아도 되는 게이지는?
① 링 게이지 ② 스냅 게이지
③ 테이퍼 게이지 ④ 플러그 게이지

테일러 원리란 통과 측에서는 모든 양이 동시에 측정되나 정지 측에서는 모든 양이 동시 측정이 불가해 측정량 하나하나 측정하지 않으면 안된다.

05 터릿선반에 대한 설명으로 옳은 것은?
① 다수의 공구를 조합하여 동시에 순차적으로 작업이 가능한 선반이다.
② 지름이 큰 공작물을 정면가동하기 위하여 스윙을 크게 만든 선반이다.
③ 작업대 위에 설치하고 시계부속 등 작고 정밀한 가공물을 가공하기 위한 선반이다.
④ 가공하고자 하는 공작물과 같은 실물이나 모형을 따라 공구대가 자동으로 모형과 같은 윤곽을 깎아내는 선반이다.

②는 정면선반, ③는 탁상선반, ④는 모방선반이다.

정답 1 ① 2 ① 3 ③ 4 ③ 5 ①

06 연삭기의 이송방법이 아닌 것은?

① 테이블 왕복식
② 플랜지 컷 방식
③ 연삭 숫돌대 방식
④ 마그네틱 척 이동 방식

07 선반에서 긴 가공물을 절삭할 경우 사용하는 방진구 중 이동식 방진구는 어느 부분에 설치하는가?

① 베드　　　　② 새들
③ 심압대　　　④ 주축대

> 고정방진구는 베드 위에 설치

08 머시닝센터에서 드릴링 사이클에 사용되는 G-코드로만 짝지어진 것은?

① G24, G43　　② G44, G65
③ G54, G92　　④ G73, G83

09 탭으로 암나사 가공작업 시 탭의 파손원인으로 적절하지 않은 것은?

① 탭이 경사지게 들어간 경우
② 탭 재질의 경도가 높은 경우
③ 탭의 가공 속도가 빠른 경우
④ 탭이 구멍바닥에 부딪쳤을 경우

> 공작물보다 탭 재질의 경도가 높아야 한다.

10 다음 연삭숫돌 기호에 대한 설명이 틀린 것은?

> 보기
> WA 60 K m V

① WA : 연삭숫돌입자의 종류
② 60 : 입도
③ m : 결합도
④ V : 결합제

> K : 결합도, m : 조직

11 래핑에 대한 설명으로 틀린 것은?

① 습식래핑은 주로 거친 래핑에 사용한다.
② 습식래핑은 연마입자를 혼합한 랩액을 공작물에 주입하면서 가공한다.
③ 건식래핑의 사용 용도는 초경질 합금, 보석 및 유리 등 특수재료에 널리 쓰인다.
④ 건식래핑은 랩제를 랩에 고르게 누른 다음 이를 충분히 닦아내고 주로 건조상태에서 래핑을 한다.

> 초음파 가공
> 초경질 합금, 보석 및 유리 등 특수재료 가공에 적합

12 측정자의 직선 또는 원호운동을 기계적으로 확대하여 그 움직임을 지침의 회전변위로 변환시켜 눈금으로 읽을 수 있는 측정기는?

① 수준기　　　② 스냅 게이지
③ 게이지 블록　④ 다이얼 게이지

정답　6 ④　7 ②　8 ④　9 ②　10 ③　11 ③　12 ④

13 다음 중 금속의 구멍작업 시 칩의 배출이 용이하고 가공 정밀도가 가장 높은 드릴날은?

① 평 드릴   ② 센터 드릴
③ 직선홈 드릴   ④ 트위스트 드릴

> 축 방향으로 나선형 홈이 파여 있어 가공 시 칩 배출이 용이하여 일반적으로 사용하는 드릴이다.

14 밀링머신에서 사용하는 바이스 중 회전과 상하로 경사시킬 수 있는 기능이 있는 것은?

① 만능 바이스   ② 수평 바이스
③ 유압 바이스   ④ 회전 바이스

15 연삭 작업에 관련된 안전사항 중 틀린 것은?

① 연삭숫돌을 정확하게 고정한다.
② 연삭숫돌 측면에 연삭을 하지 않는다.
③ 연삭가공 시 원주 정면에 서 있지 않는다.
④ 연삭숫돌 덮개 설치보다는 작업자의 보안경 착용을 권장한다.

16 절삭공구 수명을 판정하는 방법으로 틀린 것은?

① 공구 인선의 마모가 일정량에 달했을 경우
② 완성가공된 치수의 변화가 일정량에 달했을 경우
③ 절삭저항의 주분력이 절삭을 시작했을 때와 비교하여 동일할 경우
④ 완성 가공면 또는 절삭가공 한 직후에 가공 표면에 광택이 있는 색조 또는 반점이 생길 경우

17 드릴의 속도가 V(m/min), 지름이 d(mm)일 때, 드릴의 회전수 n(rpm)을 구하는 식은?

① $n = \dfrac{1000}{\pi dV}$ ② $n = \dfrac{1000\,V}{\pi d}$

③ $n = \dfrac{\pi dV}{1000}$ ④ $n = \dfrac{\pi d}{1000\,V}$

> $V = \dfrac{\pi d}{1000}$ (m/min)

18 절삭제의 사용 목적과 거리가 먼 것은?

① 공구수명 연장
② 절삭 저항의 증가
③ 공구의 온도상승 방지
④ 가공물의 정밀도 저하방지

> 절삭저항을 감소시켜 가공물 표면 정밀도를 향상, 공구수명을 연장시킨다.

19 다음 중 각도를 측정할 수 있는 측정기는?

① 사인 바   ② 마이크로미터
③ 하이트 게이지   ④ 버니어 캘리퍼스

> 사인 바는 45° 이하의 각도 측정에 적당하다.

정답 13 ④ 14 ① 15 ④ 16 ③ 17 ② 18 ② 19 ①

20 밀링가공에서 일반적인 절삭속도 선정에 관한 내용으로 틀린 것은?

① 거친 절삭에서는 절삭속도를 빠르게 한다.
② 다듬질 절삭에서는 이송속도를 느리게 한다.
③ 커터의 날이 빠르게 마모되면, 절삭 속도를 낮춘다.
④ 적정 절삭속도보다 약간 낮게 설정하는 것이 커터의 수명연장에 좋다.

> 고속절삭을 하게 되면 가공면이 깨끗하게 나온다. 고속절삭을 할수록 정밀절삭이 가능하다.

제2과목 기계제도

21 기준치수가 ∅50인 구멍기준식 끼워 맞춤에서 구멍과 축의 공차값이 다음과 같을 때 옳지 않은 것은?

구멍	위치수허용차 +0.025
	아래치수허용차 0.000
축	위치수허용차 +0.050
	아래치수허용차 +0.034

① 최소 틈새는 0.009이다.
② 최대 죔새는 0.050이다.
③ 축의 최소 허용치수는 50.034이다.
④ 구멍과 축의 조립 상태는 억지 끼워 맞춤이다.

> 죔새만 발생하므로 억지 끼워 맞춤이다.

22 호칭지름이 3/8인치이고, 1인치 사이에 나사산이 16개인 유니파이 보통나사의 표시로 옳은 것은?

① UNF 3/8 - 16   ② 3/8 - 16 UNF
③ UNC 3/8 - 16   ④ 3/8 - 16 UNC

> UNF : 유니파이 가는나사, UNC : 유니파이 보통나사

23 도면 재질란에 "SPCC"로 표시된 재료기호의 명칭으로 옳은 것은?

① 기계구조용 탄소 강관
② 냉간압연 강판 및 강대
③ 일반구조용 탄소 강관
④ 열간압연 강판 및 강대

> 기계구조용탄소강관(STKM), 열간압연강판(SHP)

24 그림에서 오른쪽에 구멍을 나타낸 것과 같이 측면도의 일부분만을 그리는 투상도의 명칭은?

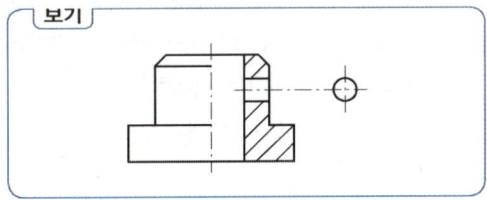

① 보조 투상도   ② 부분 투상도
③ 국부 투상도   ④ 회전 투상도

25 다음 도면과 같은 데이텀 표적 도시기호의 의미 설명으로 올바른 것은?

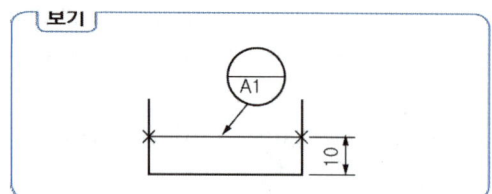

① 점의 데이텀 표적 ② 선의 데이텀 표적
③ 면의 데이텀 표적 ④ 구형의 데이텀 표적

26 현대 사회는 산업 구조의 거대화로 대량 생산체제가 이루어지고 있다. 이런 대량 생산화의 추세에서 기계 제도와 관계된 표준 규격의 방향으로 옳은 것은?

① 이익 집단 중심의 단체 규격화
② 민족 중심의 보수 규격화
③ 대기업 중심의 사내 규격화
④ 국제 교류를 위한 통용된 규격화

27 가공으로 생긴 커터의 줄무늬 방향이 기호를 기입한 그림의 투영면에 비스듬하게 2방향으로 교차하는 것을 의미하는 기호는?

① ⊥ ② ×
③ C ④ =

28 그림과 같이 제 3각 정투상도로 나타낸 정면도와 우측면도에 가장 적합한 평면도는?

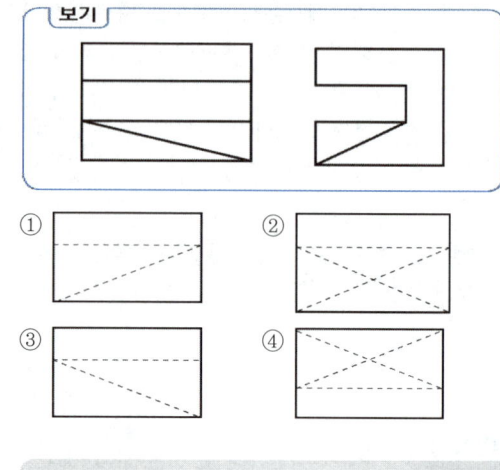

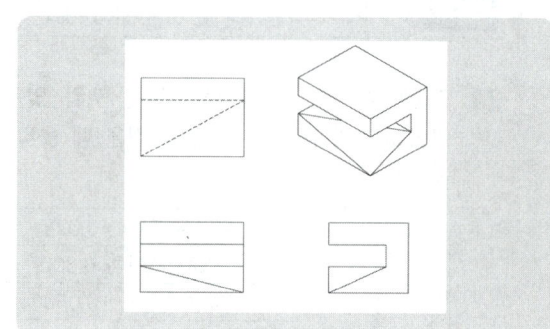

29 그림과 같은 도면에서 참고 치수를 나타내는 것은?

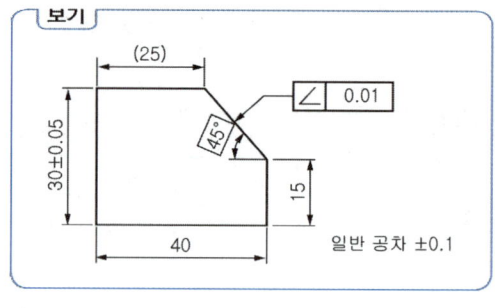

① (25) ② ∠0.01
③ 45°   ④ 일반공차 ±0.1

25 ② 26 ④ 27 ② 28 ①,③ 29 ①

30 다음 투상도 중 KS 제도 표준에 따라 가장 올바르게 작도된 투상도는?

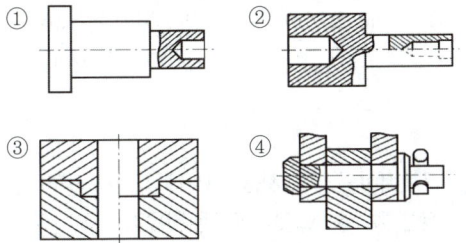

31 그림과 같은 도면에서 구멍 지름을 측정한 결과 10.1 일 때 평행도 공차의 최대 허용치는?

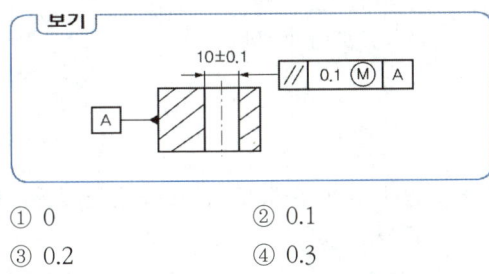

① 0 ② 0.1
③ 0.2 ④ 0.3

32 치수 기입에 있어서 누진 치수 기입 방법으로 올바르게 나타낸 것은?

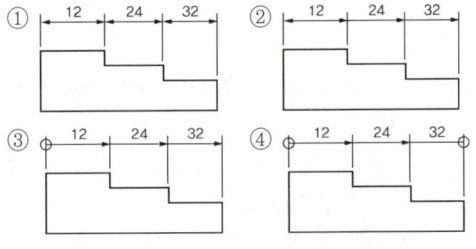

33 그림과 같은 도면에서 'L' 치수는 몇 mm인가?

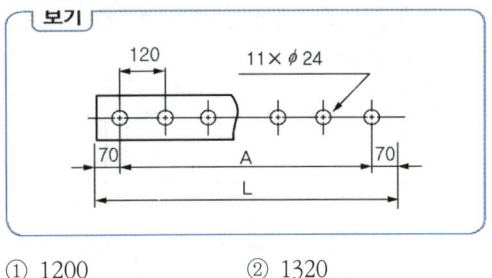

① 1200 ② 1320
③ 1340 ④ 1460

70 + (120×10) + 70 = 1340

34 기어 제도에서 선의 사용법으로 틀린 것은?
① 피치원은 가는 1점 쇄선으로 표시한다.
② 축에 직각인 방향에서 본 그림을 단면도로 도시할 때는 이골(이뿌리)의 선은 굵은 실선으로 표시한다.
③ 잇봉우리원은 굵은 실선으로 표시한다.
④ 내접 헬리컬 기어의 잇줄 방향은 2개의 가는 실선으로 표시한다.

내접 헬리컬 기어의 잇줄 방향은 2개의 가는 실선으로 표시한다.

35 그림과 같은 등각투상도에서 화살표 방향이 정면일 경우 3각법으로 투상한 평면도로 가장 적합한 것은?

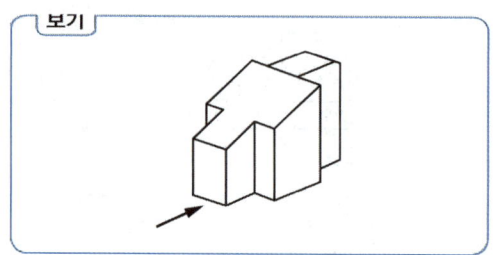

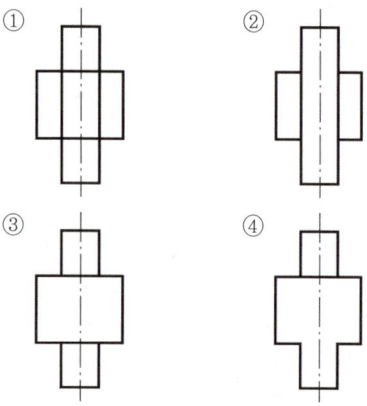

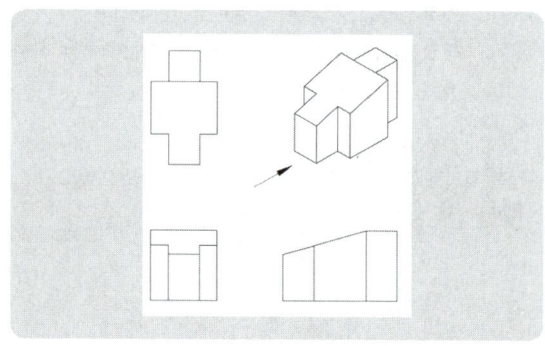

36 기계제도에서 특수한 가공을 하는 부분(범위)을 나타내고자 할 때 사용하는 선은?

① 굵은 실선
② 가는 1점 쇄선
③ 가는 실선
④ 굵은 1점 쇄선

37 다음 중 구멍 기준식 억지 끼워맞춤을 올바르게 표시한 것은?

① ⌀50 X7/h6
② ⌀50 H7/h6
③ ⌀50 H7/s6
④ ⌀50 F7/h6

38 구름베어링의 안지름 번호에 대하여 베어링의 안지름 치수를 잘못 나타낸 것은?

① 안지름번호 : 01 - 안지름 : 12mm
② 안지름번호 : 02 - 안지름 : 15mm
③ 안지름번호 : 03 - 안지름 : 18mm
④ 안지름번호 : 04 - 안지름 : 20mm

안지름번호 03이면 17mm이다.

39 그림과 같이 용접기호가 도시되었을 경우 그 의미로 옳은 것은?

① 양면 V형 맞대기 용접으로 표면 모두 평면 마감 처리
② 이면 용접이 있으며 표면 모두 평면 마감 처리한 V형 맞대기 용접
③ 토우를 매끄럽게 처리한 V형 용접으로 제거 가능한 이면 판재 사용
④ 넓은 루트면이 있고 이면 용접된 필릿 용접이며 윗면을 평면 처리

정답 35 ④ 36 ④ 37 ③ 38 ③ 39 ②

40 빗줄 널링(Diamond knurling)의 표시 방법으로 가장 올바른 것은?

① 축선에 대하여 일정한 간격으로 평행하게 도시한다.
② 축선에 대하여 일정한 간격으로 수직으로 도시한다.
③ 축선에 대하여 30°로 엇갈리게 일정한 간격으로 도시한다.
④ 축선에 대하여 80°가 되도록 일정한 간격으로 평행하게 도시한다.

제3과목 기계설계 및 기계재료

41 뜨임 취성(Temper brittleness)을 방지하는 데 가장 효과적인 원소는?

① Mo   ② Ni
③ Cr   ④ Zr

42 95%Cu – 5% Zn 합금으로 연하고 코이닝(coining)하기 쉬우므로 동전, 메달 등에 사용되는 황동의 종류는?

① Naval brass
② Cartridge brass
③ Muntz metal
④ Gilding metal

43 Kelmet의 주요 합금조성으로 옳은 것은?

① Cu - Pb계 합금
② Zn - Pb계 합금
③ Cr - Pb계 합금
④ Mo - Pb계 합금

44 Fe-C 평형상태도에서 나타나지 않는 반응은?

① 공정반응   ② 편정반응
③ 포정반응   ④ 공석반응

45 쾌삭강에서 피삭성을 좋게 만들기 위해 첨가하는 원소로 가장 적합한 것은?

① Mn   ② Si
③ C   ④ S

46 반도체 재료에 사용되는 주요 성분 원소는?

① Co, Ni   ② Ge, Si
③ W, Pb   ④ Fe, Cu

47 다음 중 블랭킹 및 피어싱 펀치로 사용되는 금형 재료가 아닌 것은?

① STD11   ② STS3
③ STC3   ④ SM15C

48 주조 시 주형에 냉금을 삽입하여 주물 표면을 급랭시킴으로써 백선화하고, 경도를 증가시킨 내마모성 주철은?

① 구상흑연주철
② 가단(malleable) 주철
③ 칠드(chilled) 주철
④ 미하나이트(meehanite) 주철

정답 40 ③ 41 ① 42 ④ 43 ① 44 ② 45 ④ 46 ② 47 ④ 48 ③

49 불변강의 종류가 아닌 것은?
① 인바 ② 엘린바
③ 코엘린바 ④ 스프링강

50 성형수축이 적고, 성형 가공성이 양호한 열가소성 수지는?
① 페놀 수지 ② 멜라민 수지
③ 에폭시 수지 ④ 폴리스티렌 수지

51 4kN·m의 비틀림 모멘트를 받는 전동축의 지름은 약 몇 mm인가? (단, 축에 작용하는 전단응력은 60MPa이다.)
① 70 ② 80
③ 90 ④ 100

$T = z \cdot z_p = \tau \cdot \dfrac{\pi d^3}{16}$
$4 \times 10^3 = 60 \times 10^6 \times \dfrac{\pi \times d^3}{16}$, $d = 0.0698\text{m} = 69.8\text{mm}$

52 양쪽 기울기를 가진 코터에서 저절로 빠지지 않기 위한 자립조건으로 옳은 것은? (단, α는 코터 중심에 대한 기울기 각도이고, ρ는 코터와 로드엔드와의 접촉부 마찰계수에 대응하는 마찰각이다.)
① $\alpha \leq \rho$ ② $\alpha \geq \rho$
③ $\alpha \leq 2\rho$ ④ $\alpha \geq 2\rho$

53 용접 가공에 대한 일반적인 특징 설명으로 틀린 것은?
① 공정수를 줄일 수 있어서 제작비가 저렴하다.
② 기밀 및 수밀성이 양호하다.
③ 열 영향에 의한 재료의 변질이 거의 없다.
④ 잔류응력이 발생하기 쉽다.

54 그림과 같은 스프링장치에서 각 스프링 상수 k_1 = 40N/cm, k_2 = 50N/cm, k_3 = 60N/cm이다. 하중 방향의 처짐이 150mm일 때 작용하는 하중 P는 약 몇 N인가?

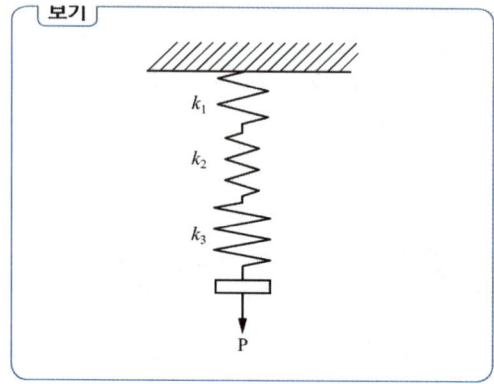

① 2250 ② 964
③ 389 ④ 243

$\dfrac{1}{k_e} = \dfrac{1}{k_1} + \dfrac{1}{k_2} + \dfrac{1}{k_3} = \dfrac{1}{40} + \dfrac{1}{50} + \dfrac{1}{60}$
$k_e = 16.129\text{N/cm}$
$P = k_e \cdot \delta = 16.29 \times 15 = 241.94\text{N}$

55 작용하중의 방향에 따른 베어링 분류 중에서 축선에 직각으로 작용하는 하중과 축선 방향으로 작용하는 하중이 동시에 작용할 때 사용하는 베어링은?
① 레이디얼 베어링(radial bearing)
② 스러스트 베어링(thrust bearing)
③ 테이퍼 베어링(taper bearing)
④ 칼라 베어링(collar bearing)

정답 49 ④ 50 ④ 51 ① 52 ① 53 ③ 54 ④ 55 ③

56 회전속도가 8m/s로 전동되는 평벨트 전동장치에서 가죽 벨트의 폭(b)×두께(t)=116mm×8mm인 경우, 최대전달동력은 약 몇 kW인가? (단, 벨트의 허용인장응력은 2.35MPa, 장력비($e^{\mu\theta}$)는 2.5이며, 원심력은 무시하고 벨트의 이음효율은 100%이다.)

① 7.45
② 10.47
③ 12.08
④ 14.46

$T_t = \sigma_t \cdot b \cdot t \cdot \eta = 2.35 \times 116 \times 8 \times 1 = 2180.8\text{N}$
$H = \dfrac{T_t \cdot (e^{\mu\theta}-1)}{e^{\mu\theta}} \times V$
$= \dfrac{2180.8 \times 1.5 \times 8 \times 10^{-3}}{2.5} = 10.47\text{kW}$

57 그림과 같은 블록 브레이크에서 막대 끝에 작용하는 조작력 F와 브레이크의 제동력 Q와의 관계식은? (단, 드럼은 반시계방향 회전을 하고 마찰계수는 μ이다.)

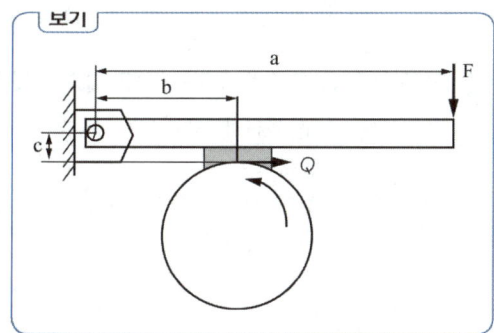

① $F = \dfrac{Q}{a}(b-\mu c)$
② $F = \dfrac{Q}{\mu a}(b-\mu c)$
③ $F = \dfrac{Q}{\mu a}(b+\mu c)$
④ $F = \dfrac{Q}{a}(b+\mu c)$

$F \cdot a - W \cdot b + \mu W \cdot c = 0$
$F = \dfrac{W(b-\mu c)}{a} = \dfrac{Q(b-\mu c)}{\mu - a}$

58 안지름 300mm, 내압 100N/cm²이 작용하고 있는 실린더 커버를 12개의 볼트로 체결하려고 한다. 볼트 1개에 작용하는 하중 W은 약 몇 N인가?

① 3257
② 5890
③ 8976
④ 11245

$100 \times \dfrac{\pi \times 30^2}{4} = \overline{W} \times 12$
$\overline{W} = 5890\text{N}$

59 응력-변형률 선도에서 재료가 저항할 수 있는 최대의 응력을 무엇이라 하는가? (단, 공칭응력을 기준으로 한다.)

① 비례한도(proportional limit)
② 탄성한도(elastic limit)
③ 항복점(yield point)
④ 극한강도(ultimate strength)

60 다음 중 기어에서 이의 크기를 나타내는 방법이 아닌 것은?

① 피치원지름
② 원주피치
③ 모듈
④ 지름피치

제4과목 컴퓨터응용설계

61 다음 중 OLED(유기발광다이오드) 디스플레이의 일반적인 장점으로 옳지 않은 것은?

① LCD와 달리 자체 발광이라 백라이트가 필요 없다.
② CRT와는 달리 발광 소자의 수명이 길어서 번인(burn-in) 현상과 같은 단점이 없다.
③ 박막화가 가능하고 무게를 가볍게 설계할 수 있다.
④ TFT-LCD보다도 시야각이 넓어서 어느 방향에서나 동일한 화질을 볼 수 있다.

> **번인(burn-in) 현상**
> 화면에서 동일한 이미지가 반복되거나 장시간 켜 놓았을 때 해당 이미지가 사라지지 않고 남아 있는 현상이다.

62 IGES 파일 구조가 가지는 5가지 section이 아닌 것은?

① directory entry section
② global section
③ start section
④ local section

63 그림과 같이 $x^2+y^2-2=0$인 원이 있다. 원 위의 점 P(1,1)에서 접선의 방정식으로 옳은 것은?

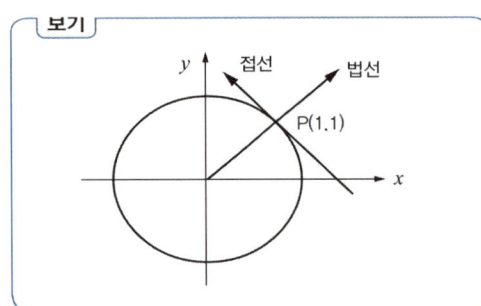

① $2(x-1)+2(y-1)=0$
② $(x-1)-(y-1)=0$
③ $2(x+1)+2(y-1)=0$
④ $(x+1)+(y+1)=0$

$$\frac{dg}{dx}(x_1, y_1)(x-x_1) + \frac{dg}{dy}(x_1, y_1)(y-y_1) = 0$$
$$y(x, y) = x^2+y^2-2=0, (x_1, y_1)=(1, 1)$$
$$2(x-1)+2(y-1)=0$$
$$2x+2y-4=0$$

64 제기된 단면곡선을 안내곡선에 따라 이동하면서 생기는 궤적을 나타낸 곡면은?

① 룰드(ruled) 곡면
② 스윕(sweep) 곡면
③ 보간 곡면
④ 블랜딩(blending) 곡면

65 솔리드 모델링에서 모델링 결과 알 수 있는 물리적 성질(property)이 아닌 것은?

① 부피
② 표면적
③ 비틀림 모멘트
④ 부피중심

66 와이어프레임 모델의 특징을 잘못 설명한 것은?

① 데이터의 구성이 간단하다.
② 처리속도가 빠르다.
③ 물리적 성질의 계산이 불가능하다.
④ 은선 제거가 가능하다.

67 컴퓨터 그래픽스에서 3D형상정보를 화면상에 표현하기 위해서는 필요한 부분의 3D 좌표가 2D 좌표정보로 변환되어야 한다. 이와 같이 3D 형상에 대한 좌표정보를 2D 평면좌표로 변환해 주는 것을 무엇이라 하는가?

① 점 변환
② 축척 변환
③ 투영 변환
④ 동차 변환

정답 61 ② 62 ④ 63 ① 64 ② 65 ③ 66 ④ 67 ③

68 다음 중 프린터의 해상도를 나타내는 단위인 "DPI"의 원어는?

① digit per increment
② digit per inch
③ dots per increment
④ dots per inch

69 2차원 평면에서 $y=3x+4$인 직선에 직교하면서 점(3, 1)인 지점을 지나는 직선의 방정식은?

① $y=-\frac{1}{3}x+2$
② $y=-3x+10$
③ $y=3x-8$
④ $y=-\frac{1}{3}x+1$

$$\frac{dg}{dy}(x_1, y_1) \cdot (x-x_1) - \frac{dy}{dx}(x_1, y_1) \cdot (y-y_1) = 0$$
$$y(x, y) = 3x - y + 4 = 0,\ (x_1, y_1) = (3,\ 1)$$
$$-(x-3) - 3(y-1) = 0$$
$$y = \frac{1}{3}x + 2$$

70 컴퓨터를 이용한 형상 모델링에 대한 일반적인 설명 중 틀린 것은?

① 형상 모델링(geometric modeling)은 물체의 모양을 완전히 수학적으로 표현하는 과정이라고 할 수 있다.
② 컴퓨터 그래픽스(computer graphics)는 시각적 디스플레이를 통하여 부품의 설계나 복잡한 형상을 표현하는 데 이용될 수 있다.
③ 3차원 모델링 및 설계는 현실감 있는 3차원 모델링과 시뮬레이션을 가능하게 하지만, 물리적 모델(목업 등)에 비해 비용이 많이 소요되는 단점이 있다.
④ 구조물의 응력해석, 열전달, 변형 및 다른 특성들도 시각적 기법들로 잘 표현될 수 있다.

71 주어진 물체를 윈도우에 디스플레이할 때 윈도우 내에 포함되는 부분만을 추출하기 위하여 사용되는 2차원 절단 코헨-서더랜드 알고리즘은 윈도우를 포함한 2차원 평면을 9개의 영역으로 구분하여 각 영역을 비트 스트링(bit string)으로 표현한다. 모든 영역을 최소 비트 수로 표현하기 위하여 이 알고리즘에서 사용되는 코드의 길이는?

① 3-비트
② 4-비트
③ 5-비트
④ 6-비트

72 CAD 모델링 방법 중 형상 구속 조건과 치수 조건을 이용하여 형태를 모델링하는 방식은?

① Feature-based modeling
② Parametric modeling
③ Hybrid modeling
④ Non-manifold modeling

73 다음 중 베지어 곡면의 특징이 아닌 것은?

① 곡면을 부분적으로 수정할 수 있다.
② 곡면의 코너와 코너 조정점이 일치한다.
③ 곡면이 조정점들의 볼록포(convex hull) 내부에 포함된다.
④ 곡면이 일반적인 조정점의 형상에 따른다.

74 다음 모델링 기법 중 컴퓨터를 이용한 자동공정계획(CAPP)에 가장 적합한 모델링 기법은?

① 특징형상 모델링
② 경계 모델링
③ 와이어 프레임 모델링
④ 조립 모델링

정답 68 ④ 69 ① 70 ③ 71 ② 72 ② 73 ① 74 ①

75 솔리드모델링 방법 중 CSG 방식과 비교할 때 B-rep 방식의 특징에 해당하는 것은?

① 메모리 용량이 적다.
② 파라메트릭 모델링을 쉽게 구현할 수 있다.
③ 3면도, 투시도, 전개도의 작성이 용이하다.
④ 자료 구조가 단순하다.

76 다음 중 반지름이 3이고, 중심점이 (1,2)인 원의 방정식은?

① $(x-1)^2 + (y-2)^2 = 3$
② $(x-3)^2 + (y-1)^2 = 2$
③ $x^2 - 2x + y^2 - 4y + 4 = 0$
④ $x^2 - 2x + y^2 - 4y - 4 = 0$

$$(x-1)^2 + (y-2)^2 = 3^2$$
$$x^2 - 2x + 1 + y^2 - 4y + 4 = 9$$
$$x^2 - 2x + y^2 - 4y - 4 = 0$$

77 일반적인 CAD 소프트웨어의 기본적인 기능으로 볼 수 없는 것은?

① 문자나 데이터의 편집 기능
② 디스플레이 제어기능
③ 도면 작성 기능
④ 가공정보 제어기능

78 일반적인 B-Spline 곡선의 특징을 설명한 것으로 틀린 것은?

① 곡선의 차수는 조정점의 개수와 무관하다.
② 곡선의 형상을 국부적으로 수정할 수 있다.
③ 원, 타원, 포물선과 같은 원추곡선을 정확하게 표현할 수 있다.
④ 조정점의 수가 오더(k)와 같은 비주기적 균일 B-Spline 곡선은 베지어 곡선과 같다.

79 2차원 평면에서 원(circle)을 정의하고자 할 때 필요한 조건으로 틀린 것은?

① 중심점과 원주상의 한 점으로 정의
② 원주상의 3개의 점으로 정의
③ 두 개의 접선으로 정의
④ 중심점과 하나의 접선으로 정의

80 누산기(accumulator)에 대하여 올바르게 설명한 것은?

① 레지스터의 일종으로 산술연산 혹은 논리연산의 결과를 일시적으로 기억하는 장치이다.
② 연산명령이 주어지면 연산준비를 하는 장소이다.
③ 연산명령의 순서를 기억하는 장소이다.
④ 연산부호를 해독하는 장치이다.

정답 75 ③ 76 ④ 77 ④ 78 ③ 79 ③ 80 ①

PART 04 과년도 기출문제

2018년 4월 28일 시행

제1과목 기계가공법 및 안전관리

01 드릴링 머신 작업 시 주의해야 할 사항 중 틀린 것은?
① 가공 시 면장갑을 착용하고 작업한다.
② 가공물이 회전하지 않도록 단단하게 고정한다.
③ 가공물을 손으로 지지하여 드릴링하지 않는다.
④ 얇은 가공물을 드릴링할 때에는 목편을 받친다.

02 일반적인 보통선반 가공에 관한 설명으로 틀린 것은?
① 바이트 절입량의 2배로 공작물의 지름이 작아진다.
② 이송속도가 빠를수록 표면 거칠기는 좋아진다.
③ 절삭속도가 증가하면 바이트의 수명은 짧아진다.
④ 이송속도는 공작물의 1회전당 공구의 이동거리이다.

> 절삭속도가 고속일 때 가공 표면이 양호하다.

03 드릴작업 후 구멍의 내면을 다듬질하는 목적으로 사용하는 공구는?
① 탭   ② 리머
③ 센터드릴   ④ 카운터 보어

04 가늘고 긴 일정한 단면모양을 가진 공구를 사용하여 가공물의 내면에 키 홈, 스플라인 홈, 원형이나 다각형의 구멍 형상과 외면에 세그먼트 기어, 홈, 특수한 외면의 형상을 가공하는 공작기계는?
① 기어 셰이퍼(gear shaper)
② 호닝 머신(honing machine)
③ 호빙 머신(hobbing machine)
④ 브로칭 머신(broaching machine)

05 밀링작업에서 분할대를 사용하여 직접 분할할 수 없는 것은?
① 3등분   ② 4등분
③ 6등분   ④ 9등분

> 직접분할판은 12의 인자에 해당하는 분할만 가능하다.
> 12의 인자로는 2, 3, 4, 6, 12 등이 있다.

06 밀링가공에서 분할대를 사용하여 원주를 6° 30′씩 분할하고자 할 때, 옳은 방법은?
① 분할크랭크를 18공열에서 13구멍씩 회전시킨다.
② 분할크랭크를 26공열에서 18구멍씩 회전시킨다.
③ 분할크랭크를 36공열에서 13구멍씩 회전시킨다.
④ 분할크랭크를 13공열에서 1회전하고 5구멍씩 회전시킨다.

> $x = \dfrac{D°}{9} = \dfrac{6.5}{9} = \dfrac{13}{18}$
> 18구멍열의 분할판 선정 후 13구멍씩 회전시킨다.

정답 1 ① 2 ② 3 ② 4 ④ 5 ④ 6 ①

07 밀링머신에 포함되는 기계장치가 아닌 것은?
① 니 ② 주축
③ 칼럼 ④ 심압대

> 심압대는 선반의 구성요소이다.

08 4개의 조가 90° 간격으로 구성 배치되어 있으며, 보통 선반에서 편심가공을 할 때 사용되는 척은?
① 단동척 ② 연동척
③ 유압척 ④ 콜릿척

09 다음 3차원 측정기에서 사용되는 프로브 중 광학계를 이용하여 얇거나 연한 재질의 피측정물을 측정하기 위한 것으로 심출 현미경, CMM계측용 TV시스템 등에 사용되는 것은?
① 전자식 프로브 ② 접촉식 프로브
③ 터치식 프로브 ④ 비접촉식 프로브

10 CNC 프로그램에서 보조기능에 해당하는 어드레스는?
① F ② M
③ S ④ T

> F : 이송기능, S : 주축기능, T : 공구기능

11 연삭 작업에서 숫돌 결합제의 구비조건으로 틀린 것은?
① 성형성이 우수해야 한다.
② 열이나 연삭액에 대하여 안전성이 있어야 한다.
③ 필요에 따라 결합 능력을 조절할 수 있어야 한다.
④ 충격에 견뎌야 하므로 기공 없이 치밀해야 한다.

> 숫돌의 3요소 : 숫돌입자, 결합제, 기공

12 윤활제의 구비조건으로 틀린 것은?
① 사용 상태에 따라 점도가 변할 것
② 산화나 열에 대하여 안정성이 높을 것
③ 화학적으로 불활성이며 깨끗하고 균질할 것
④ 한계 윤활 상태에서 견딜 수 있는 유성이 있을 것

> 점도의 변화는 거의 없어야 한다.

13 다음 나사의 유효지름 측정방법 중 정밀도가 가장 높은 방법은?
① 삼침법을 이용한 방법
② 피치 게이지를 이용한 방법
③ 버니어 캘리퍼스를 이용한 방법
④ 나사 마이크로미터를 이용한 방법

14 선반작업에서 구성인선(built-up edge)의 발생 원인에 해당하는 것은?
① 절삭 깊이를 적게 할 때
② 절삭속도를 느리게 할 때
③ 바이트의 윗면 경사각이 클 때
④ 윤활성이 좋은 절삭유제를 사용할 때

> 절삭속도는 고속일수록 구성인선을 방지할 수 있다.

15 절삭유의 사용목적으로 틀린 것은?
① 절삭열의 냉각
② 기계의 부식 방지
③ 공구의 마모 감소
④ 공구의 경도 저하 방지

> 절삭유 3대 작용 : 윤활, 냉각, 세척

정답 7 ④ 8 ① 9 ④ 10 ② 11 ④ 12 ① 13 ① 14 ② 15 ②

16 공작물을 센터에 지지하지 않고 연삭하며, 가늘고 긴 가공물의 연삭에 적합한 특징을 가진 연삭기?

① 나사 연삭기 ② 내경 연삭기
③ 외경 연삭기 ④ 센터리스 연삭기

17 도금을 응용한 방법으로 모델을 음극에 전착시킨 금속을 양극에 설치하고, 전해액 속에서 전기를 통전하여 적당한 두께로 금속을 입히는 가공방법은?

① 전주가공 ② 전해연삭
③ 레이저가공 ④ 초음파가공

18 원형 부분을 두 개의 동심의 기하학적 원으로 취했을 경우, 두 원의 간격이 최소가 되는 두 원의 반지름의 차로 나타내는 형상 정밀도는?

① 원통도 ② 직각도
③ 진원도 ④ 평행도

19 화재를 A급, B급, C급, D급으로 구분했을 때, 전기화재에 해당하는 것은?

① A급 ② B급
③ C급 ④ D급

20 표면 프로파일 파라미터 정의의 연결이 틀린 것은?

① R_t - 프로파일의 전체 높이
② R_{Sm} - 평가 프로파일의 첨도
③ R_{sk} - 평가 프로파일의 비대칭도
④ R_a - 평가 프로파일의 산술 평균 높이

제2과목 기계제도

21 래핑 다듬질 면 등에 나타나는 줄무늬로서 가공에 의한 컷의 줄무늬가 여러 방향일 때 줄무늬 방향 기호는?

① R ② C
③ X ④ M

22 지름이 같은 원기둥이 그림과 같이 직교할 때의 상관선의 표현으로 가장 적합한 것은?

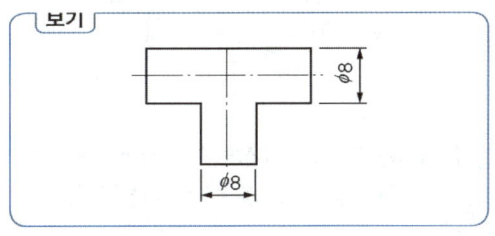

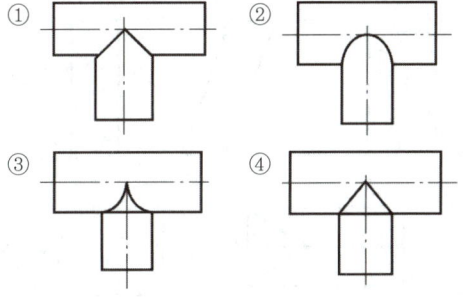

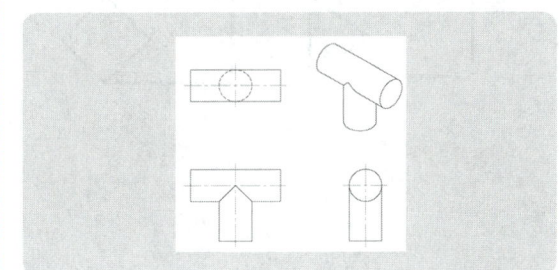

23 구멍 기준식 끼워 맞춤에서 구멍은 $\varnothing 50^{+0.025}_{0}$ 축은 $\varnothing 50^{+0.050}_{+0.034}$일 때 최소 죔새 값은?

① 0.009　　② 0.034
③ 0.050　　④ 0.075

0.034-0.025=0.009

24 기하 공차의 종류에서 위치 공차에 해당되지 않는 것은?

① 동축도 공차　　② 위치도 공차
③ 평면도 공차　　④ 대칭도 공차

25 그림은 제3각 정투상도로 나타낸 정면도와 우측면도이다. 이에 대한 평면도로 가장 적합한 것은?

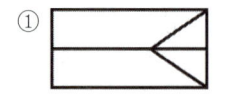 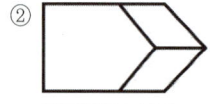
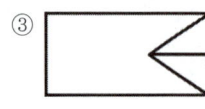 

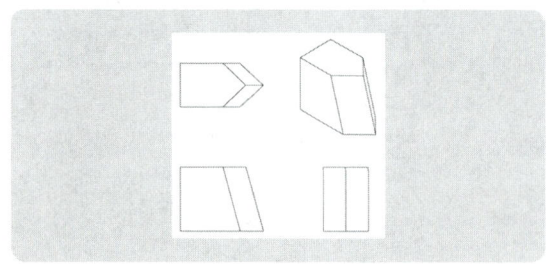

26 보기와 같이 축 방향으로 인장력이나 압축력이 작용하는 두 축을 연결하거나 풀 필요가 있을 때 사용하는 기계요소는?

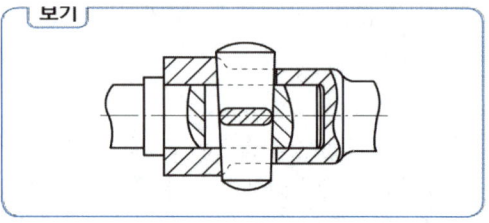

① 핀　　② 키
③ 코터　　④ 플랜지

27 구멍의 최대 치수가 축의 최소 치수보다 작은 경우에 해당하는 끼워맞춤 종류는?

① 헐거운 끼워맞춤　　② 억지 끼워맞춤
③ 틈새 끼워맞춤　　④ 중간 끼워맞춤

죔새만 발생 : 억지 끼워맞춤

28 다음 용접기호에 대한 설명으로 틀린 것은?

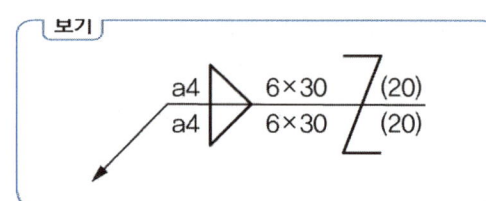

① 지그재그 필릿 용접이다.
② 목두께는 4mm이다.
③ 한쪽면의 용접부 개소는 30개이다.
④ 인접한 용접부 간격은 20mm이다.

정답　23 ①　24 ③　25 ②　26 ③　27 ②　28 ③

29 개스킷, 박판, 형강 등과 같이 절단면이 얇은 경우 이를 나타내는 방법으로 옳은 것은?

① 실제 치수와 관계없이 1개의 가는 1점 쇄선으로 나타낸다.
② 실제 치수와 관계없이 1개의 극히 굵은 실선으로 나타낸다.
③ 실제 치수와 관계없이 1개의 굵은 1점 쇄선으로 나타낸다.
④ 실제 치수와 관계없이 1개의 극히 굵은 2점 쇄선으로 나타낸다.

30 수면, 유면 등의 위치를 표시하는 수준면선에 사용하는 선의 종류는?

① 가는 파선
② 가는 1점 쇄선
③ 굵은 파선
④ 가는 실선

31 다음 중 H7 구멍과 가장 억지로 끼워지는 축의 공차는?

① f6
② h6
③ p6
④ g6

32 기계구조용 탄소 강재의 KS 재료 기호로 옳은 것은?

① SM40C
② SS235
③ ALDC1
④ GC100

33 도면에서 2종류 이상의 선이 같은 장소에서 겹치게 될 경우 우선순위로 알맞은 것은?

① 외형선 > 숨은선 > 절단선 > 중심선
② 외형선 > 절단선 > 숨은선 > 중심선
③ 외형선 > 중심선 > 숨은선 > 절단선
④ 외형선 > 절단선 > 중심선 > 숨은선

34 다음 그림에서 길이 [23] 부위만을 데이텀 A로 지정하고자 한다. 이 때 특정한 선을 사용하여 데이텀 부위를 지정할 수 있는데 이 선은 무엇인가?

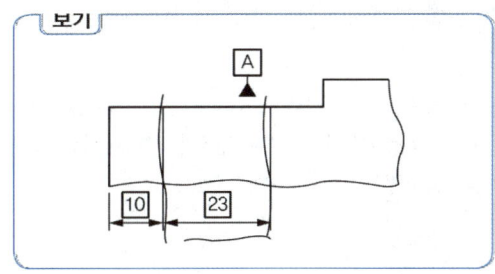

① 가는 1점 쇄선
② 굵은 1점 쇄선
③ 가는 2점 쇄선
④ 굵은 2점 쇄선

35 그림의 입체도에서 화살표 방향이 정면일 경우 정면도로 가장 적합한 것은?

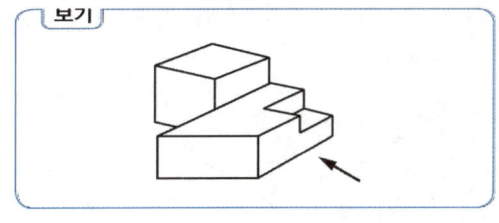

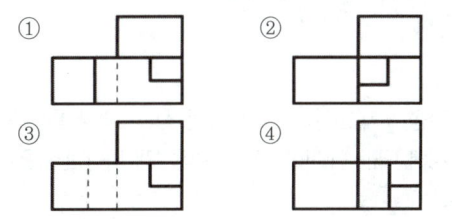

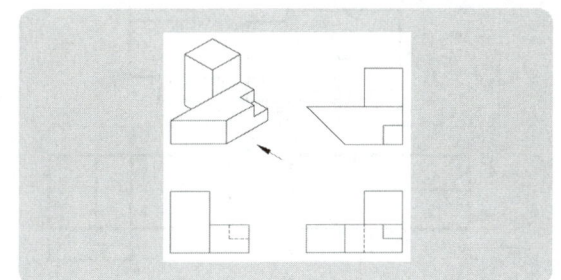

36 다음 중 스파이럴 스프링의 치수나 요목표에 기입하지 않아도 되는 사항은?
① 판 두께 ② 재료
③ 전체 길이 ④ 최대 하중

37 표준 스퍼기어의 모듈이 2이고, 이끝원 지름이 84mm일 때 이 스퍼기어의 피치원지름(mm)은 얼마인가?
① 76 ② 78
③ 80 ④ 82

$D_k = m(z+2)D + 2m$
$D = 84 - (2 \times 2) = 80\text{mm}$

38 나사의 도시법을 설명한 것으로 틀린 것은?
① 수나사의 바깥지름과 암나사의 골지름은 굵은 실선으로 표시한다.
② 완전 나사부 및 불완전 나사부의 경계선은 굵은 실선으로 표시한다.
③ 보이지 않는 나사부분은 가는 파선으로 표시한다.
④ 수나사 및 암나사의 조립 부분은 수나사 기준으로 표시한다.

39 다음은 제 3각법으로 나타낸 정면도와 우측면도이다. 이에 대한 평면도를 가장 올바르게 나타낸 것은?

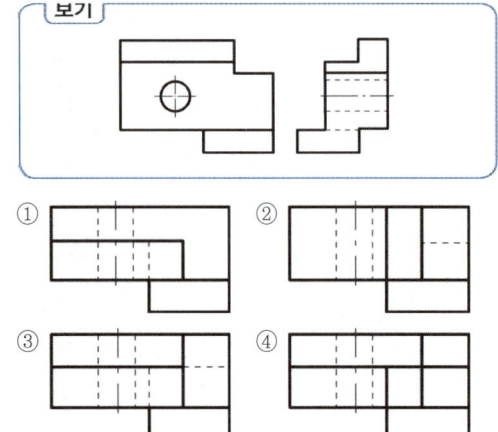

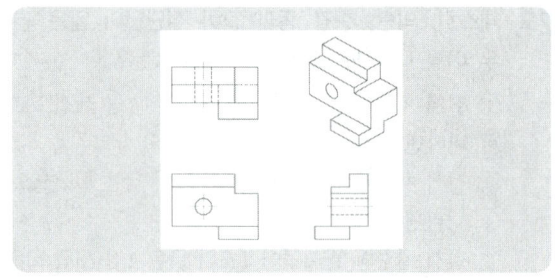

40 베어링의 호칭번호가 6026일 때 이 베어링의 안지름은 몇 mm인가?
① 6 ② 60
③ 26 ④ 130

$d = 26 \times 5 = 130\text{mm}$

제3과목 기계설계 및 기계재료

41 0.8%C 이하의 아공석강에서 탄소함유량 증가에 따라 감소하는 기계적 성질은?
① 경도 ② 항복점
③ 인장강도 ④ 연신율

42 마텐자이트(Martensite) 및 그 변태에 대한 설명으로 틀린 것은?
① 경도가 높고, 취성이 있다.
② 상온에서는 준안정상태이다.
③ 마텐자이트 변태는 확산변태를 한다.
④ 강을 수중에 담금질하였을 때 나타나는 조직이다.

43 플라스틱 재료의 특성을 설명한 것 중 틀린 것은?
① 대부분 열에 약하다.
② 대부분 내구성이 높다.
③ 대부분 전기 절연성이 우수하다.
④ 금속 재료보다 체적당 가격이 저렴하다.

정답 36 ④ 37 ③ 38 ① 39 ③ 40 ④ 41 ① 42 ③ 43 ②

44 알루미늄합금인 Al-Mg-Si의 강도를 증가시키기 위한 가장 좋은 방법은?

① 시효경화(age-hardening) 처리한다.
② 냉간가공(cold work)을 실시한다.
③ 담금질(quenching) 처리한다.
④ 불림(normalizing) 처리한다.

45 금속재료 중 일정 온도에서 갑자기 전기 저항이 0(zero)이 되는 현상은?

① 공유　　　　② 초전도
③ 이온화　　　④ 형상기억

46 다음 중 고속도공구강(SKH 2)의 표준 조성으로 옳은 것은?

① 18%W - 4%Cr - 1%V
② 17%Cr - 9%W - 2%Mo
③ 18%C0 - 4%Cr - 1%V
④ 18%W - 4%V - 1%Cr

47 섬유강화금속(FRM)의 특성을 설명한 것 중 틀린 것은?

① 비강도 및 비강성이 높다.
② 섬유축 방향의 강도가 작다.
③ 2차 성형성, 접합성이 있다.
④ 고온의 역학적 특성 및 열적안정성이 우수하다.

48 황동계 실용 합금인 톰백에 관한 설명으로 틀린 것은?

① 전연성이 우수하다.
② 5~20%의 Sn을 함유하는 황동이다.
③ 코이닝하기 쉬워 메달, 동전 등에 사용된다.
④ 색깔이 금색에 가까워서 모조금으로 사용된다.

49 주철의 접종(inoculation) 및 그 효과에 대한 설명으로 틀린 것은?

① Ca-Si 등을 첨가하여 접종을 한다.
② 핵생성을 용이하게 한다.
③ 흑연의 형상을 개량한다.
④ 칠(chill)화를 증가시킨다.

50 노에 들어가지 못 하는 대형부품의 국부 담금질, 기어, 톱니나 선반의 베드면 등의 표면을 경화시키는 데 가장 많이 사용하는 열처리 방법은?

① 화염경화법　　② 침탄법
③ 질화법　　　　④ 청화법

51 유체 클러치의 일종인 유체 토크 컨버터(fluid torque converter)의 특징을 설명한 것 중 틀린 것은?

① 부하에 의한 원동기의 정지가 없다.
② 장치 내에 스테이터가 있을 경우 작동 효율을 97% 수준까지 올릴 수 있다.
③ 무단변속이 가능하다.
④ 진동 및 충격을 완충하기 때문에 기계에 무리가 없다.

52 헬리컬 기어에서 잇수가 50, 비틀림각이 20°일 경우 상당평기어 잇수는 약 몇 개인가?

① 40　　　　② 50
③ 60　　　　④ 70

$$Z_e = \frac{Z}{\cos^3\beta} = \frac{50}{(\cos 20°)^3}$$

정답 44 ①　45 ②　46 ①　47 ②　48 ②　49 ④　50 ①　51 ②　52 ③

53 브레이크 드럼축에 754N·m의 토크가 작용하면 축을 정지하는 데 필요한 제동력은 약 몇 N인가? (단, 브레이크 드럼의 지름은 400mm이다.)

① 1920 ② 2770
③ 3310 ④ 3770

$$T = Q \times \frac{d}{2}$$
$$Q = \frac{2 \times 754 \times 10^3}{400} = 3770$$

54 긴장측의 장력이 3800N, 이완측의 장력이 1850N일 때 전달동력은 약 몇 kW인가? (단, 벨트의 속도는 3.4m/s이다.)

① 2.3 ② 4.2
③ 5.5 ④ 6.6

$$H = (T_t - T_s) \times V$$
$$= (3800 - 1850) \times 3.4 \times 10^{-3} = 6.63$$

55 연강제 볼트가 축방향으로 8kN의 인장하중을 받고 있을 때, 이 볼트의 골지름은 약 몇 mm 이상이어야 하는가? (단, 볼트의 허용인장응력은 100 MPa이다.)

① 7.4 ② 8.3
③ 9.2 ④ 10.1

$$\sigma_a = \frac{Q}{\frac{\pi d_1^2}{4}}, \quad 100 = \frac{4 \times 8 \times 10^3}{\pi \times d_1^2}$$
$$d_1 = 10.1\,mm$$

56 리벳 이음의 특징에 대한 설명으로 옳은 것은?

① 용접 이음에 비해서 응력에 의한 잔류 변형이 많이 생긴다.
② 리벳 길이방향으로의 인장하중을 지지하는 데 유리하다.
③ 경합금에서는 용접 이음보다 신뢰성이 높다.
④ 철골 구조물, 항공기 동체 등에는 적용하기 어렵다.

57 압축 코일 스프링의 소선 지름이 5mm, 코일의 평균 지름이 25mm이고, 200N의 하중이 작용할 때 스프링에 발생하는 최대전단응력은 약 몇 MPa인가? (단, 스프링 소재의 가로탄성계수(G)는 80GPa이고, Wahl의 응력수정계수 식 $[K = \frac{4C-1}{4C-4} + \frac{0.615}{C}]$, C는 스프링 지수를 적용한다.)

① 82 ② 98
③ 133 ④ 152

$$C = \frac{D}{d} = \frac{25}{5} = 5$$
$$K = \frac{4 \times 5 - 1}{4 \times 5 - 4} + \frac{0.615}{5} = 1.31, \quad \tau = K \cdot \frac{16PcdoltR}{\pi d^3}$$
$$1.31 \times \frac{16 \times 200 \times 25}{\pi \times 5^3 \times 2} = 133.44\,MPa$$

58 축의 홈 속에서 자유로이 기울어질 수 있어 키가 자동적으로 축과 보스에 조정되는 장점이 있지만, 키 홈의 깊이가 커서 축의 강도가 약해지는 단점이 있는 키는?

① 반달 키 ② 원뿔 키
③ 묻힘 키 ④ 평행 키

59 볼 베어링에서 작용 하중은 5kN, 회전수가 4000 rpm이며, 이 베어링의 기본 동정격하중이 63kN 이라면 수명은 약 몇 시간인가?

① 6300시간 ② 8300시간
③ 9500시간 ④ 10200시간

정답 53 ④ 54 ④ 55 ④ 56 ③ 57 ③ 58 ① 59 ②

$$L_h = 500\left(\frac{C}{P}\right)^r \cdot \frac{33.3}{N} = 500 \times \left(\frac{63}{5}\right)^3 \times \frac{33.3}{4000} = 8326.57$$

60 다음 중 일반적으로 안전율을 가장 크게 잡는 하중은? (단, 동일 재질에서 극한강도 기준의 안전율을 대상으로 한다.)
① 충격하중　　② 편진 반복하중
③ 정하중　　　④ 양진 반복하중

제4과목 컴퓨터응용설계

61 공간의 한 물체가 세계 좌표계의 x축에 평행하면서 세계좌표 (0, 2, 4)를 통과하는 축에 관하여 90° 회전된다. 그 물체의 한 점이 모델 좌표(0, 1, 1)를 가지는 경우, 회전 후에 같은 점의 세계좌표를 구하는 식으로 적절한 것은?

① $[X_w Y_w Z_w 1]^T$
$= \begin{bmatrix} 1000 \\ 0102 \\ 0014 \\ 0001 \end{bmatrix} \begin{bmatrix} \cos 90° & 0 & \sin 90° & 0 \\ 0 & 1 & 0 & 0 \\ -\sin 90° & 0 & \cos 90° & 0 \\ 0 & 0 & 0 & 1 \end{bmatrix} \begin{bmatrix} 100 & 0 \\ 010 & -2 \\ 001 & -4 \\ 000 & 1 \end{bmatrix} \begin{bmatrix} 0 \\ 1 \\ 1 \\ 1 \end{bmatrix}$

② $[X_w Y_w Z_w 1]^T$
$= \begin{bmatrix} 100 & 0 \\ 010 & -2 \\ 001 & -4 \\ 000 & 1 \end{bmatrix} \begin{bmatrix} \cos 90° & 0 & \sin 90° & 0 \\ 0 & 1 & 0 & 0 \\ -\sin 90° & 0 & \cos 90° & 0 \\ 0 & 0 & 0 & 1 \end{bmatrix} \begin{bmatrix} 1000 \\ 0102 \\ 0014 \\ 0001 \end{bmatrix} \begin{bmatrix} 0 \\ 1 \\ 1 \\ 1 \end{bmatrix}$

③ $[X_w Y_w Z_w 1]^T$
$= \begin{bmatrix} 1000 \\ 0102 \\ 0014 \\ 0001 \end{bmatrix} \begin{bmatrix} 1 & 0 & 0 & 0 \\ 0 & \cos 90° & -\sin 90° & 0 \\ 0 & \sin 90° & \cos 90° & 0 \\ 0 & 0 & 0 & 1 \end{bmatrix} \begin{bmatrix} 100 & 0 \\ 010 & -2 \\ 001 & -4 \\ 000 & 1 \end{bmatrix} \begin{bmatrix} 0 \\ 1 \\ 1 \\ 1 \end{bmatrix}$

④ $[X_w Y_w Z_w 1]^T$
$= \begin{bmatrix} 100 & 0 \\ 010 & -2 \\ 001 & -4 \\ 000 & 1 \end{bmatrix} \begin{bmatrix} 1 & 0 & 0 & 0 \\ 0 & \cos 90° & -\sin 90° & 0 \\ 0 & \sin 90° & \cos 90° & 0 \\ 0 & 0 & 0 & 1 \end{bmatrix} \begin{bmatrix} 1000 \\ 0102 \\ 0014 \\ 0001 \end{bmatrix} \begin{bmatrix} 0 \\ 1 \\ 1 \\ 1 \end{bmatrix}$

62 CAD 시스템에서 많이 사용한 Hermite 곡선 방정식에서 일반적으로 몇 차식을 많이 사용하는가?
① 1차식　　② 2차식
③ 3차식　　④ 4차식

63 공간상에서 선을 이용하여 3차원 물체를 표시하는 와이어 프레임 모델의 특징을 설명한 것 중 틀린 것은?
① 3면 투시도 작성이 용이하다.
② 단면도 작성이 어렵다.
③ 물리적 성질의 계산이 가능하다.
④ 은선제거가 불가능하다.

64 CAD 관련 용어 중 요구된 색상의 사용이 불가능할 때 다른 색상들을 섞어서 비슷한 색상을 내기 위해 컴퓨터 프로그램에 의해 시도되는 것을 의미하는 것은?
① 플리커(flicker)
② 디더링(dithering)
③ 섀도우 마스크(shadow mask)
④ 라운딩(rounding)

65 다음은 곡면 모델링에 관한 설명이다. 빈칸에 알맞은 말로 짝지어진 것은?

> 주어진 점들이 곡면 상에 놓이도록 피팅(fitting)하는 것을 (㉠)(이)라고 하며, 점들이 곡면으로부터 조금 떨어져 있는 것을 허용하는 경우를 (㉡)(이)라고 부른다.

① ㉠ 보간(interpolation)　㉡ 근사(approximation)
② ㉠ 근사(approximation)　㉡ 보간(interpolation)
③ ㉠ 블렌딩(blending)　㉡ 스무싱(smoothing)
④ ㉠ 스무싱(smoothing)　㉡ 블렌딩(blending)

정답　60 ①　61 ③　62 ③　63 ③　64 ②　65 ①

66 LAN 시스템의 주요 특징으로 가장 거리가 먼 것은?

① 재료의 전송속도가 빠르다.
② 통신망의 결합이 용이하다.
③ 신규장비를 전송매체로 첨가하기가 용이하다.
④ 장거리 구역에서의 정보통신에 용이하다.

67 곡면(surface)으로 기하학적 형상을 정의하는 과정에서 곡면 구성 종류가 아닌 것은?

① 쿤스 곡면(Coons surface)
② 회전 곡면(Revolved surface)
③ 베지어 곡면(Bezier surface)
④ 트위스트 곡면(Twist surface)

68 2차원 평면에서 $x^2+y^2-25=0$인 원이 있다. 원 상의 점 (3, 4)를 지니는 원의 법선의 방정식으로 옳은 것은?

① $4x+3y=0$
② $3x+4y=0$
③ $4x-3y=0$
④ $3x-4y=0$

$$\frac{\partial g}{\partial x}(x_1, y_1)\cdot(x-x_1)-\frac{\partial g}{\partial y}(x_1, y_1)(y-y_1)=0$$
$$8(x-3)-6(y-4)=0,\ 4x-3y=0$$

69 CAD 시스템으로 구축한 형상 모델에서 설계해석을 위한 각종 정보를 추출하거나, 추가로 필요로 하는 정보를 입력하고 편집하여 필요한 형식으로 재구성하는 소프트웨어 프로그램이나 처리절차를 뜻하는 용어는?

① Pre-processor
② Post-processor
③ Multi-processor
④ Multi-programming

70 다음 중 3차원 뷰잉(viewing) 연산에서 투영중심이 투영면으로부터 유한한 거리에 위치한다고 가정하는 투영법은?

① 경사(oblique) 투영
② 원근(perspective) 투영
③ 직교(orthographic) 투영
④ 축측(axonometric) 투영

71 3차원 형상모델 중 B-rep과 비교한 CSG 방식의 특징을 설명한 것으로 옳은 것은?

① 데이터의 작성에 필요한 메모리가 많이 요구된다.
② 불 연산을 통한 모델링 기법을 적용하기 곤란하다.
③ 화면 재생에 필요한 연산과정이 적게 소요된다.
④ 3면도, 투시도, 전개도 등의 작성이 곤란하다.

72 솔리드 모델의 일반적인 특징을 설명한 것 중 틀린 것은?

① 질량 등 물리적 성질의 계산이 곤란하다.
② Boolean연산(더하기, 빼기, 교차)을 통하여 복잡한 형상 표현도 가능하다.
③ 와이어 프레임 모델에 비해 데이터의 처리 시간이 많아진다.
④ 은선 제거가 가능하다.

73 CAD 용어에 관한 설명으로 틀린 것은?

① 표시하고자 하는 화면상의 영역을 벗어나는 선들을 잘라버리는 것을 트리밍(trimming)이라고 한다.
② 물체를 완전히 관통하지 않는 홈을 형성하는 특징 형상을 포켓(pocket)이라고 한다.
③ 명령의 실행 또는 마우스 클릭 시마다 On 또는 Off가 번갈아 나타나는 세팅을 토글(toggle)이라고 한다.
④ 모델을 명암이 포함된 색상으로 처리한 솔리드로 표시하는 작업을 셰이딩(shading)이라 한다.

정답 66 ④ 67 ④ 68 ③ 69 ① 70 ② 71 ④ 72 ① 73 ①

74 LCD 모니터에 대한 설명 중 틀린 것은?
① 일반 CRT 모니터에 비해 전력소모가 적다.
② 전자총으로 색상을 표현한다.
③ 액정의 전기적 성질을 광학적으로 응용한 것이다.
④ 액정의 배열 방법에 따라 TN(Twisted Nematic), IPS(In-Plane switching) 등으로 분류한다.

75 다음 중 솔리드 모델링에서 일반적으로 사용되는 기본 입체로 보기 어려운 것은?
① Block ② Sphere
③ Wedge ④ Swing

76 데이터 표시 방법 중 3개의 Zone Bit와 4개의 Digit Bit를 기본으로 하며, Parity Bit 적용 여부에 따라 총 7Bit 또는 8Bit로 한 문자를 표현하는 코드 체계는?
① FPDF ② EBCDIC
③ ASCII ④ BCD

77 3차 베지어 곡면을 정의하기 위하여 최소 몇 개의 점이 필요한가?
① 4 ② 8
③ 12 ④ 16

78 원통 좌표계에서 표시된 점의 위치가 (r, θ, z)이다. 이를 직교 좌표계(x, y, z)로 나타내고자 할 때 x, y로 옳은 것은?
① $x = r \cdot \cos\theta,\ y = r \cdot \sin\theta$
② $x = r \cdot \sin\theta,\ y = r \cdot \cos\theta$
③ $x = r \cdot \sin\theta,\ y = r \cdot \cos\theta$
④ $x = r \cdot \cos\theta,\ y = r \cdot \sin\theta$

79 다음 중 단면 곡선을 경로 곡선을 따라 이동시켜서 곡면을 만드는 기능을 의미하는 것은?
① sweep ② extrude
③ pattern ④ explode

80 CAD 소프트웨어에서 명령어를 아이콘으로 만들어 아이템별로 묶어 명령을 편리하게 이용할 수 있도록 한 것은?
① 스크롤바 ② 툴바
③ 스크린 메뉴 ④ 상태(status)바

정답 74 ② 75 ④ 76 ③ 77 ④ 78 ① 79 ① 80 ②

PART 04 과년도 기출문제

2018년 8월 19일 시행

제1과목 기계가공법 및 안전관리

01 측정 오차에 관한 설명으로 틀린 것은?
① 기기 오차는 측정기의 구조상에서 일어나는 오차이다.
② 계통 오차는 측정값에 일정한 영향을 주는 원인에 의해 생기는 오차이다.
③ 우연 오차는 측정자와 관계없이 발생하고, 반복적이고 정확한 측정으로 오차 보정이 가능하다.
④ 개인 오차는 측정자의 부주의로 생기는 오차이며, 주의해서 측정하고 결과를 보정하면 줄일 수 있다.

> 우연오차는 반복측정하여 평균을 낸다.

02 선반작업 시 절삭속도 결정조건으로 가장 거리가 먼 것은?
① 베드의 형상
② 가공물의 경도
③ 바이트의 경도
④ 절삭유의 사용유무

03 센터 펀치 작업에 관한 설명으로 틀린 것은? (단, 공작물의 재질은 SM45C이다.)
① 선단은 45° 이하로 한다.
② 드릴로 구멍을 뚫을 자리 표시에 사용된다.
③ 펀치의 선단을 목표물에 수직으로 펀칭한다.
④ 펀치의 재질은 공작물보다 경고가 높은 것을 사용한다.

04 절삭공구 재료가 갖추어야할 조건으로 틀린 것은?
① 조형성이 좋아야 한다.
② 내마모성이 커야 한다.
③ 고온경도가 높아야 한다.
④ 가공재료와 친화력이 커야 한다.

05 CNC 선반에서 나사 절삭 사이클의 준비기능 코드는?
① G02
② G28
③ G70
④ G92

06 다음 중 전해가공의 특징으로 틀린 것은?
① 전극을 양극(+)에 가공물을 음극(-)으로 연결한다.
② 경도가 크고 인성이 큰 재료도 가공능률이 높다.
③ 열이나 힘의 작용이 없으므로 금속학적인 결함이 생기지 않는다.
④ 복잡한 3차원가공도 공구자국이나 버(burr)가 없이 가공할 수 있다.

07 바깥지름 원통 연삭에서 연삭숫돌이 숫돌의 반지름 방향으로 이송하면서 공작물을 연삭하는 방식은?
① 유성형
② 플런지 컷형
③ 테이블 왕복형
④ 연삭숫돌 왕복형

정답 1 ③ 2 ① 3 ① 4 ④ 5 ④ 6 ① 7 ②

08 나사를 1회전시킬 때 나사산이 축 방향으로 움직인 거리를 무엇이라 하는가?
① 각도(angle)
② 리드(lead)
③ 피치(pitch)
④ 플랭크(flank)

09 리머에 관한 설명으로 틀린 것은?
① 드릴 가공에 비하여 절삭속도를 빠르게 하고 이송은 적게 한다.
② 드릴로 뚫은 구멍을 정확한 치수로 다듬질하는 데 사용한다.
③ 절삭속도가 느리면 리머의 수명은 길게되나 작업 능률이 떨어진다.
④ 절삭속도가 너무 빠르면 랜드(land)부가 쉽게 마모되어 수명이 단축된다.

10 공작기계의 메인 전원 스위치 사용 시 유의사항으로 적합하지 않는 것은?
① 반드시 물기 없는 손으로 사용한다.
② 기계 운전 중 정전이 되면 즉시 스위치를 끈다.
③ 기계 시동 시에는 작업자에게 알리고 시동한다.
④ 스위치를 끌 때에는 반드시 부하를 크게 한다.

11 밀링가공에서 커터의 날 수는 6개, 1날 당의 이송은 0.2mm, 커터의 외경은 40mm, 이송속도는 약 몇 mm/min인가? ($V = 29.95\text{m/min}$)
① 274
② 286
③ 298
④ 312

$V = \dfrac{\pi d N}{1000}$
$29.95 = \dfrac{\pi \times 40 \times N}{1000}$, $N = 238.33\text{rpm}$
$f = f_z \cdot z \cdot N$
$ = 0.2 \times 6 \times 238.33 = 286\text{mm/min}$

12 1대의 드릴링 머신에 다수의 스핀들이 설치되어 1회에 여러 개의 구멍을 동시에 가공할 수 있는 드릴링 머신은?
① 다두 드릴링 머신
② 다축 드릴링 머신
③ 탁상 드릴링 머신
④ 레이디얼 드릴링 머신

13 정밀 입자 가공 중 래핑(lapping)에 대한 설명으로 틀린 것은?
① 가공면의 내마모성이 좋다.
② 정밀도가 높은 제품을 가공할 수 있다.
③ 작업 중 분진이 발생하지 않아 깨끗한 작업환경을 유지할 수 있다.
④ 가공면에 랩제가 잔류하기 쉽고, 제품을 사용할 때 잔류한 랩제가 마모를 촉진시킨다.

14 절삭공구의 측면과 피삭재의 가공면과의 마찰에 의하여 절삭공구의 절삭면에 평행하게 마모되는 공구인선의 파손현상은?
① 치핑
② 크랙
③ 플랭크 마모
④ 크레이터 마모

15 밀링가공 할 때 하향절삭과 비교한 상향절삭의 특징으로 틀린 것은?
① 절삭 자취의 피치가 짧고, 가공 면이 깨끗하다.
② 절삭력이 상향으로 작용하여 가공물 고정이 불리하다.
③ 절삭 가공을 할 때 마찰열로 접촉 면의 마모가 커서 공구의 수명이 짧다.
④ 커터의 회전방향과 가공물의 이송이 반대이므로 이송기구의 백 래시(back lash)가 자연히 제거된다.

정답 8 ② 9 ① 10 ④ 11 ② 12 ② 13 ③ 14 ③ 15 ①

16 수직 밀링 머신에서 좌우 이송을 하는 부분의 명칭은?
① 니(knee)   ② 새들(saddle)
③ 테이블(table)   ④ 칼럼(column)

17 나사의 유효지름을 측정하는 방법이 아닌 것은?
① 삼침법에 의한 측정
② 투영기에 의한 측정
③ 플러그 게이지에 의한 측정
④ 나사 마이크로미터에 의한 측정

18 선반에서 지름 100mm의 저탄소 강재를 이송 0.25 mm/rev, 길이 80mm를 2회 가공했을 때 소요된 시간이 80초라면 회전수는 약 몇 rpm인가?
① 450   ② 480
③ 510   ④ 540

$$T = \frac{\ell}{N \cdot S} \quad \frac{40}{60} = \frac{80}{N \times 0.25}$$
$$N = 480 \text{rpm}$$

19 절삭유를 사용함으로써 얻을 수 있는 효과가 아닌 것은?
① 공구수명 연장 효과
② 구성인선 억제 효과
③ 가공물 및 공구의 냉각 효과
④ 가공물의 표면거칠기값 상승 효과

20 센터리스 연삭기에 필요하지 않은 부품은?
① 받침판   ② 양센터
③ 연삭숫돌   ④ 조정숫돌

제2과목 기계제도

21 축의 치수가 φ20±0.1이고 그 축의 기하공차가 다음과 같다면 최대실체공차방식에서 실효치수는 얼마인가?

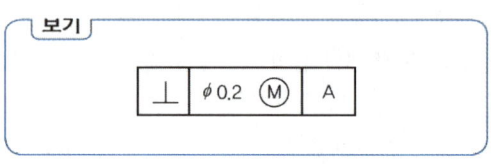

① 19.6   ② 19.7
③ 20.3   ④ 20.4

22 앵글 구조물을 그림과 같이 한쪽 각도가 30°인 직각 삼각형으로 만들고자 한다. A의 길이가 1500 mm일 때 B의 길이는 약 몇 mm인가?

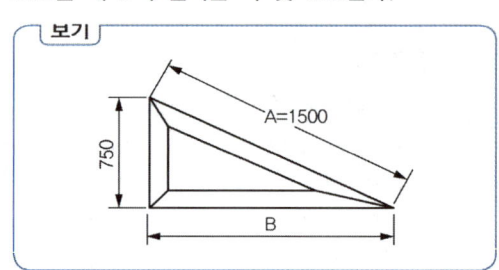

① 1299   ② 1100
③ 1131   ④ 1185

$$\sqrt{1500^2 - 750^2} = 1299$$

정답 16 ③ 17 ③ 18 ② 19 ④ 20 ② 21 ③ 22 ①

23 다음과 같이 도면에 지시된 베어링 호칭번호의 설명으로 옳지 않은 것은?

보기
```
6312 Z NR
```

① 단열 깊은홈 볼베어링
② 한쪽 실드붙이
③ 베어링 안지름 312mm
④ 멈춤링 붙이

24 다음 기하공차 중 자세공차에 속하는 것은?
① 평면도 공차 ② 평행도 공차
③ 원통도 공차 ④ 진원도 공차

25 다음과 같은 입체도에서 화살표 방향 투상도로 가장 적합한 것은?

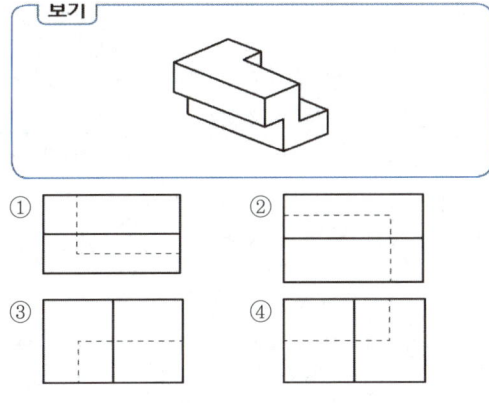

26 끼워맞춤치수 $\phi 20H6/g5$는 어떤 끼워맞춤인가?
① 중간 끼워맞춤 ② 헐거운 끼워맞춤
③ 억지 끼워맞춤 ④ 중간 억지 끼워맞춤

27 금속 재료의 표시 기호 중 탄소 공구강 강재를 나타낸 것은?
① SPP   ② STC
③ SBHG   ④ SWS

28 나사의 표시가 다음과 같이 나타날 때 이에 대한 설명으로 틀린 것은?

보기
```
L2N M10 - 6H/6g
```

① 나사의 감김방향은 오른쪽이다.
② 나사의 종류는 미터나사이다.
③ 암나사 등급은 6H, 수나사 등급은 6g이다.
④ 2줄 나사이며 나사의 바깥지름은 10mm이다.

29 그림과 같은 입체도를 제 3각법으로 나타낸 정투상도로 가장 적합한 것은?

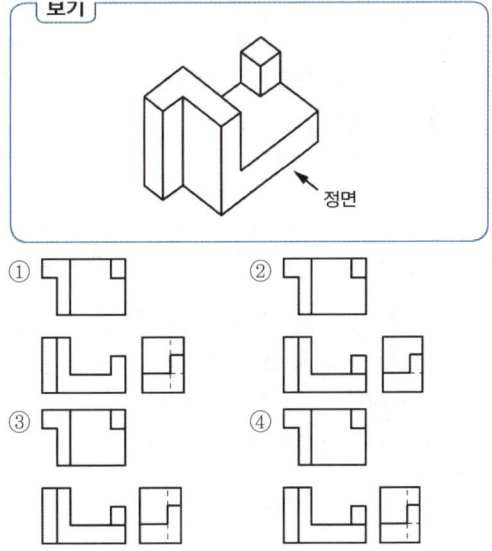

30 물체의 경사진 부분을 그대로 투상하면 이해가 곤란하여 경사면에 평행한 별도의 투상면을 설정하여 나타낸 투상도의 명칭을 무엇이라고 하는가?

① 회전 투상도 ② 보조 투상도
③ 전개 투상도 ④ 부분 투상도

31 그림과 같이 가공된 축의 테이퍼값은 얼마인가?

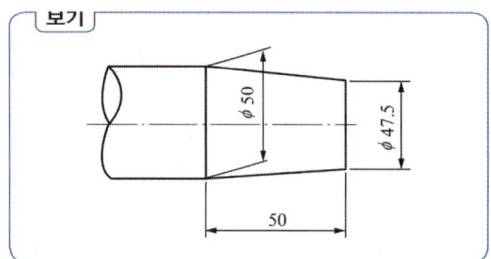

① $\dfrac{1}{5}$ ② $\dfrac{1}{10}$
③ $\dfrac{1}{20}$ ④ $\dfrac{1}{40}$

32 그림과 같이 도면에 기입된 기하 공차에 관한 설명으로 옳지 않은 것은?

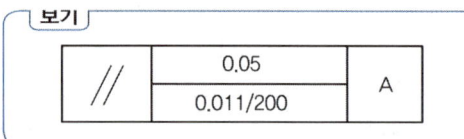

① 제한된 길이에 대한 공차값이 0.011이다.
② 전체 길이에 대한 공차값이 0.05이다.
③ 데이텀을 지시하는 문자기호는 A이다.
④ 공차의 종류는 평면도 공차이다.

33 지름이 동일한 두 원통을 90°로 교차시킬 경우 상관선을 옳게 나타낸 것은?

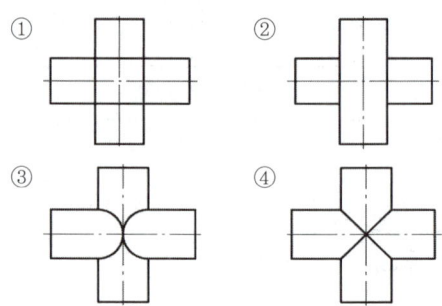

34 다음 중 복렬 깊은 홈 볼 베어링의 약식 도시 기호가 바르게 표기된 것은?

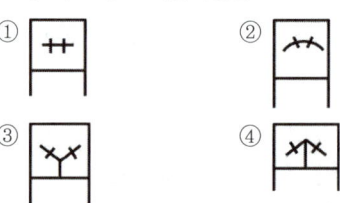

35 다음과 같은 입체도를 제3각법으로 투상한 투상도로 가장 적합한 것은?

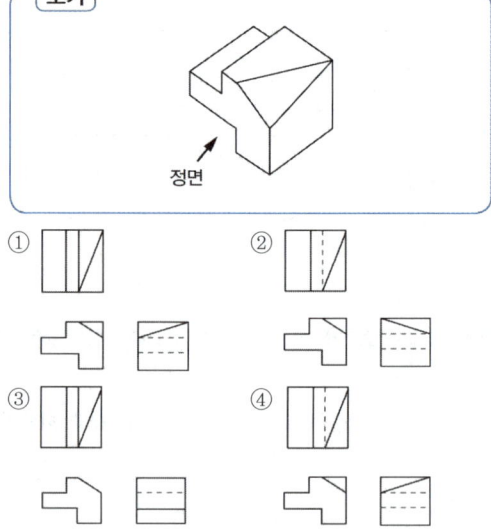

정답 30 ② 31 ③ 32 ④ 33 ④ 34 ① 35 ④

36 다음 그림과 같이 도시된 용접기호의 설명이 옳은 것은?

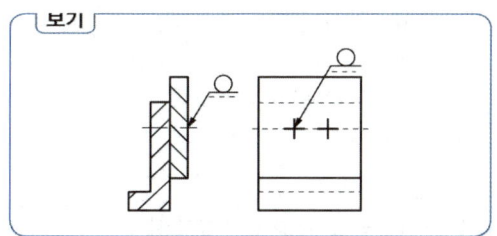

① 화살표 쪽의 점 용접
② 화살표 반대쪽의 점 용접
③ 화살표 쪽의 플러그 용접
④ 화살표 반대쪽의 플러그 용접

37 축에 센터 구멍이 필요한 경우의 그림 기호로 올바른 것은?

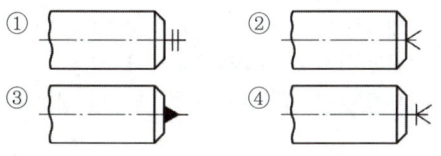

38 다음 나사 기호 중 관용 평행 나사를 나타내는 것은?
① Tr   ② E
③ R   ④ G

39 가상선의 용도에 해당되지 않는 것은?
① 가공 전 또는 가공 후의 모양을 표시하는데 사용
② 인접부분을 참고로 표시하는 데 사용
③ 대상의 일부를 생략하고 그 경계를 나타내는 데 사용
④ 되풀이 되는 것을 나타내는 데 사용

40 가공 방법에 다른 KS 가공 방법 기호가 바르게 연결된 것은?
① 방전 가공 : SPED   ② 전해 가공 : SPU
③ 전해 연삭 : SPEC   ④ 초음파 가공 : SPLB

제3과목 기계설계 및 기계재료

41 다음 중 철강에 합금 원소를 첨가하였을 때 일반적으로 나타나는 효과와 가장 거리가 먼 것은?
① 소성가공성이 개선된다.
② 순금속에 비해 용융점이 높아진다.
③ 결정립의 미세화에 따른 강인성이 향상된다.
④ 합금원소에 의한 기지의 고용강화가 일어난다.

42 다음 중 니켈-크롬강(Ni-Cr)에서 뜨임취성을 방지하기 위하여 첨가하는 원소는?
① Mn   ② Si
③ Mo   ④ Cu

43 비정질합금의 특징을 설명한 것 중 틀린 것은?
① 전기저항이 크다.
② 가공경화를 매우 잘 일으킨다.
③ 균질한 재료이고 결정이방성이 없다.
④ 구조적으로 장거리의 규칙성이 없다.

44 금속 침투법 중 철강 표면에 Al을 확산 침투시켜 표면처리하는 방법은?
① 세라다이징
② 크로마이징
③ 칼로라이징
④ 실리코나이징

45 다음 금속재료 중 용융점이 가장 높은 것은?
① W
② Pb
③ Bi
④ Sn

46 다음 철강 조직 중 가장 경도가 높은 것은?
① 펄라이트
② 소르바이트
③ 마텐자이트
④ 트루스타이트

47 다음 중 Cu + Zn계 합금이 아닌 것은?
① 톰백
② 문쯔메탈
③ 길딩메탈
④ 하이드로날륨

48 다음 중 세라믹 공구의 주성분으로 가장 적합한 것은?
① Cr_2O_8
② Al_2O_3
③ MnO_2
④ CuO_3

49 다음 중 펄라이트의 구성 조직으로 옳은 것은?
① α - Fe+Fe_3S
② α - Fe+Fe_3C
③ α - Fe+Fe_3P
④ α - Fe+Fe_3Na

50 복합재료 중 FRP는 무엇인가?
① 섬유 강화 목재
② 섬유 강화 금속
③ 섬유 강화 세라믹
④ 섬유 강화 플라스틱

51 다음 중 스프링의 용도로 거리가 먼 것은?
① 하중과 변형을 이용하여 스프링 저울에 사용
② 에너지를 축적하고 이것을 동력으로 이용
③ 진동이나 충격을 완화하는 데 사용
④ 운전 중인 회전축의 속도조절이나 정지에 이용

52 리베팅 후 코킹(caulking)과 풀러링(fullering)을 하는 이유는 무엇인가?
① 기밀을 좋게 하기 위해
② 강도를 높이기 위해
③ 작업을 편리하게 하기 위해
④ 재료를 절약하기 위해

정답 44 ③ 45 ① 46 ③ 47 ④ 48 ② 49 ② 50 ④ 51 ④ 52 ①

53 다음 중 두 축이 평행하거나 교차하지 않으며 자동차 차동기어장치의 감속 기어로 주로 사용되는 것은?

① 스퍼 기어
② 래크와 피니언
③ 스파이럴 베벨 기어
④ 하이포이드 기어

54 그림과 같이 외접하는 A, B, C 3개 기어의 잇수는 각각 20, 10, 40이다. 기어 A가 매분 10회 전하면, C는 매분 몇 회전하는가?

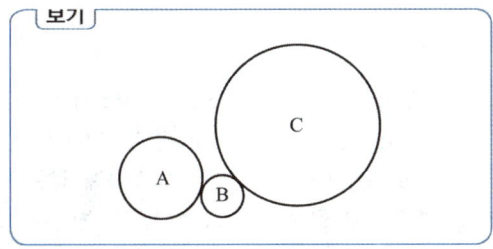

① 2.5
② 5
③ 10
④ 12.5

55 다음 중 체결용 기계요소로 거리가 먼 것은?

① 볼트, 너트
② 키, 핀, 코터
③ 클러치
④ 리벳

56 다음 중 체인전동장치의 일반적인 특징이 아닌 것은?

① 미끄럼이 없는 일정한 속도비를 얻을 수 있다.
② 진동과 소음이 없고 회전각의 전달정확도가 높다.
③ 초기 장력이 필요없으므로 베어링 마멸이 적다.
④ 전동 효율이 대략 95% 이상으로 좋은편이다.

57 2405N·m의 토크를 전달시키는 지름 85mm의 전동축이 있다. 이 축에 사용되는 묻힘키(sunk key)의 길이는 전단과 압축을 고려하여 최소 몇 mm 이상이어야 하는가? (단, 키의 폭은 24mm, 높이는 16mm이고, 키 재료의 허용전단응력은 68.7MPa, 허용압축응력은 147.2MPa이며, 키 홈의 깊이는 키 높이의 1/2로 한다.)

① 12.4
② 20.1
③ 28.1
④ 48.1

58 4000rpm으로 회전하고 기본 동정격하중이 32kN인 볼 베어링에서 2kN의 레이디얼 하중이 작용할 때 이 베어링의 수명은 약 몇 시간인가?

① 9048
② 17066
③ 34652
④ 54828

59 사각나사의 유효지름이 63mm, 피치가 3mm인 나사잭으로 5t의 하중을 들어올리려면 레버의 유효길이는 약 몇 mm 이상이어야 하는가? (단, 레버의 끝에 작용시키는 힘은 200N이며 나사 접촉부 마찰계수는 0.1이다.)

① 891
② 958
③ 1024
④ 1168

정답 53 ④ 54 ② 55 ③ 56 ② 57 ④ 58 ② 59 ①

60 그림과 같은 단식 블록 브레이크에서 드럼을 제동하기 위해 레버(lever) 끝에 가할 힘(F)을 비교하고자 한다. 드럼이 좌회전할 경우 필요한 힘을 F_1, 우회전할 경우 필요한 힘을 라고 할 때 이 두 힘의 차이(F_2)는? (단, P는 블록과 드럼사이에서 블록의 접촉면에 수직방향으로 작용하는 힘이며, μ는 접촉부 마찰계수이다.)

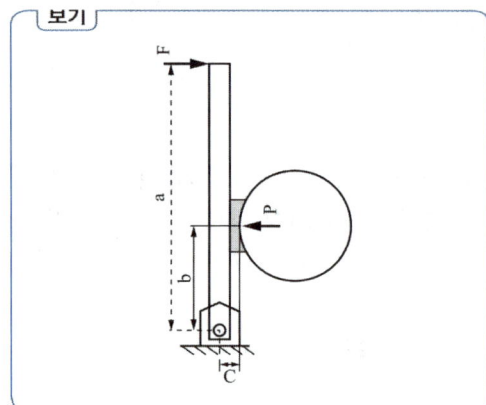

① $F_1 - F_2 = -\dfrac{\mu Pc}{a}$ ② $F_1 - F_2 = \dfrac{\mu Pc}{a}$

③ $F_1 - F_2 = -\dfrac{2\mu Pc}{a}$ ④ $F_1 - F_2 = \dfrac{2\mu Pc}{a}$

제4과목 컴퓨터응용설계

61 번스타인 다항식(Bernstein polynomial)을 근본으로 하여 만들어낸 표면은?

① 이차식 표면(Quadric surface)
② 베지어 표면(Bezier surface)
③ 스플라인 표면(Spline surface)
④ 헤르밋 표면(Hermite surface)

62 컴퓨터의 구성요소 중 중앙처리장치(CPU)의 3가지 주요 요소가 아닌 것은?

① 제어장치(control unit)
② 연산장치(ALU)
③ 기억장치(memory unit)
④ 입출력장치(input output unit)

63 8비트 ASCII 코드는 몇 개의 패리티비트를 사용하는가?

① 1개 ② 2개
③ 3개 ④ 4개

64 지구의 중심에 원점을 설정한 구면좌표계(spherical coordinate system)에서 경도 30도(동경), 위도 60도(북위)에 있는 점을 직교좌표계 값으로 변환한 것으로 옳은 것은? (단, 지구의 반경은 1로 가정하고, x축은 위도와 경도가 모두 0인 축으로 한다.)

① $\left(\dfrac{\sqrt{3}}{4}, \dfrac{1}{4}, \dfrac{\sqrt{3}}{2}\right)$

② $\left(\dfrac{\sqrt{3}}{4}, -\dfrac{1}{4}, \dfrac{\sqrt{3}}{2}\right)$

③ $\left(-\dfrac{\sqrt{3}}{4}, \dfrac{1}{4}, \dfrac{\sqrt{3}}{2}\right)$

④ $\left(-\dfrac{\sqrt{3}}{4}, -\dfrac{1}{4}, \dfrac{\sqrt{3}}{2}\right)$

65 CAD에서 사용하는 기하학적 형상의 3차원 모델링 방법이 아닌 것은?

① 와이어 프레임(wire frame) 모델링
② 서피스(surface) 모델링
③ 솔리드(solid) 모델링
④ 윈도우(window) 모델링

정답 60 ③ 61 ② 62 ④ 63 ① 64 ① 65 ④

66 서피스 모델링의 특징으로 거리가 먼 것은?
① 관성모멘트 값을 계산할 수 있다.
② 표면적 계산이 가능하다.
③ NC data를 생성할 수 있다.
④ 은선이 제거될 수 있고 면의 구분이 가능하다.

67 화면에 영상을 구성하기 위해서는 최소한 1픽셀(pixel)당 1비트가 소요된다. 이와 같이 하나의 화면을 구성하는 데 소요되는 메모리를 무엇이라고 하는가?
① 룩업(look up) 테이블
② DAC
③ 비트 플레인(bit plane)
④ 버퍼(buffer)

68 자동차 차체 곡면과 같이 곡면모델링 시스템을 활용하여 곡면을 생성하고자 한다. 이를 생성하기 위해 주로 사용하는 방법 3가지로 가장 거리가 먼 것은?
① 곡면상의 점들을 입력받아 보간 곡면을 생성한다.
② 곡면상의 곡선들을 그물 형태로 입력받아 보간 곡면을 생성한다.
③ 주어진 단면 곡선을 직선 또는 회전 이동하여 곡면을 생성한다.
④ 곡면의 경계에 있는 꼭짓점만을 입력받아 보간곡면을 생성한다.

69 곡면을 모델링하는 여러 방법들 중에서 평면도, 정면도, 측면도상에 나타난 곡면의 경계곡선들로부터 비례적인 관계를 이용하여 곡면을 모델링(modeling)하는 방법은?
① 점 데이터에 의한 방식
② 쿤스(coons) 방식
③ 비례 전개법에 의한 방식
④ 스윕(sweep)에 의한 방식

70 PC가 빠르게 발전하고 성능이 발달됨에 따라 윈도우 기반 CAD 시스템이 발달되었다. 다음 중 윈도우 기반 CAD 시스템의 일반적인 특징으로 보기 어려운 것은?
① 컴퓨터 장치의 발전에 달 대형 컴퓨터가 중앙에서 관리하는 중앙 집중 관리 방식의 CAD 시스템이 발전되었다.
② 구성요소 기술(component technology)을 사용하여 기 검증된 구성요소들을 결합시켜 시스템을 개발할 수 있다.
③ 객체지향 기술(object-oriented technology)을 사용하여 다양한 기능에 따라 프로그램을 모듈화시켜 각 모듈을 독립된 단위로 재사용한다.
④ 파라메트릭 모델링(parametric modeling) 기능을 제공하여 사용자가 요소의 형상을 직접 변형시키지 않고, 구속조건(constraints)을 사용하여 형상을 정의 또는 수정한다.

71 설계해석 프로그램의 결과에 따라 응력, 온도 등의 분포도나 변형도를 작성하거나, CAD 시스템으로 만들어진 형상 모델을 바탕으로 NC공작기계의 가공 data를 생성하는 소프트웨어 프로그램이나 절차를 뜻하는 것은 무엇인가?
① Post-processor   ② Pre-processor
③ Multi-processor   ④ Co-processor

72 잉크젯 프린터 등의 해상도를 나타내는 단위는?
① LPM   ② PPM
③ DPI   ④ CPM

정답 66 ① 67 ③ 68 ④ 69 ③ 70 ① 71 ① 72 ③

73 점 P(x, y, z)가 xy평면에 직교 투영되는 경우 나타나는 투영 P*를 생성하는 변환행렬식으로 옳은 것은?

① $[x^* 0 z^* 1] = [xyz1] \begin{bmatrix} 1 & 0 & 0 & 0 \\ 0 & 0 & 0 & 0 \\ 0 & 0 & 1 & 0 \\ 0 & 0 & 0 & 1 \end{bmatrix}$

② $[x^* y^* 0 1] = [xyz1] \begin{bmatrix} 1 & 0 & 0 & 0 \\ 0 & 1 & 0 & 0 \\ 0 & 0 & 1 & 0 \\ 0 & 0 & 0 & 1 \end{bmatrix}$

③ $[0 y^* z^* 1] = [xyz1] \begin{bmatrix} 0 & 0 & 0 & 0 \\ 0 & 1 & 0 & 0 \\ 0 & 0 & 1 & 0 \\ 0 & 0 & 0 & 1 \end{bmatrix}$

④ $[x^* y^* z^* 1] = [xyz1] \begin{bmatrix} 1 & 0 & 0 & 0 \\ 0 & 1 & 0 & 0 \\ 0 & 0 & 1 & 0 \\ 0 & 0 & 0 & 1 \end{bmatrix}$

74 산업현장에서 컴퓨터를 활용한 제품 설계(CAD)와 컴퓨터를 활용한 제품 생산(CAM)이 많이 활용되고 있다. 다음 중 CAD의 응용분야에 속하는 것은?

① 컴퓨터 이용 공정 계획
② 컴퓨터 이용 제품 공차 해석
③ 컴퓨터 이용 NC 프로그래밍
④ 컴퓨터 이용 자재 소요계획

75 그림과 같은 선분 A의 양 끝점에 대한 행렬값 $\begin{bmatrix} 1 & 1 \\ 2 & 4 \end{bmatrix}$를 원점을 기준으로 하여 x방향과 y방향으로 각각 3배만큼 스케일링(scaling)할 때 그 행렬 결과값으로 옳은 것은?

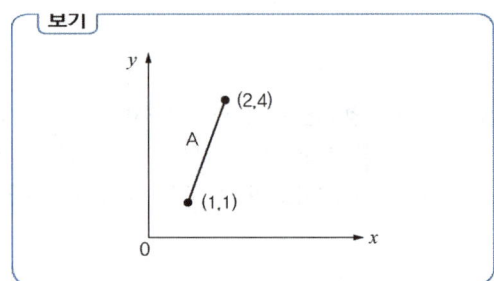

① $\begin{bmatrix} 3 & 3 \\ 3 & 6 \end{bmatrix}$
② $\begin{bmatrix} 3 & 3 \\ 6 & 12 \end{bmatrix}$
③ $\begin{bmatrix} 4 & 1 \\ 2 & 7 \end{bmatrix}$
④ $\begin{bmatrix} 3 & 12 \\ 6 & 3 \end{bmatrix}$

76 CAD시스템에서 이용되는 2차 곡선방정식에 대한 설명으로 거리가 먼 것은?

① 매개변수식으로 표현하는 것이 가능하기도 하다.
② 곡선식에 대한 계산시간이 3차, 4차식보다 적게 걸린다.
③ 연결된 여러 개의 곡선 사이에서 곡률의 연속이 보장된다.
④ 여러 개 곡선을 하나의 곡선으로 연결하는 것이 가능하다.

73 ② 74 ② 75 ② 76 ③

77 3차원 공간에서 y축을 중심으로 θ만큼 회전했을 때의 변환행렬(4×4)로 옳은 것은? (단, 변환행렬식은 다음과 같다.)

> **보기**
> $[x'y'z'1] = [xyz1] \times$ 변환행렬

① $\begin{bmatrix} \cos\theta & -\sin\theta & 0 & 0 \\ \sin\theta & \cos\theta & 0 & 0 \\ 0 & 0 & 1 & 0 \\ 0 & 0 & 0 & 1 \end{bmatrix}$
② $\begin{bmatrix} \cos\theta & 0 & -\sin\theta & 0 \\ 0 & 1 & 0 & 0 \\ \sin\theta & 0 & \cos\theta & 0 \\ 0 & 0 & 0 & 1 \end{bmatrix}$

③ $\begin{bmatrix} 1 & 0 & 0 & 0 \\ 0 & \cos\theta & \sin\theta & 0 \\ 0 & -\sin\theta & \cos\theta & 0 \\ 0 & 0 & 0 & 1 \end{bmatrix}$
④ $\begin{bmatrix} \cos\theta & 0 & \sin\theta & 0 \\ 0 & 1 & 0 & 0 \\ -\sin\theta & 0 & \cos\theta & 0 \\ 0 & 0 & 1 & 0 \end{bmatrix}$

78 2차원 도형을 임의의 선을 따라 이동시키거나 임의의 회전축을 중심으로 회전시켜 입체를 생성하는 것을 나타내는 용어?
① 블랜딩
② 스위핑
③ 스키닝
④ 라운딩

79 공간상의 한 점을 표시하기 위해 사용되는 좌표계로 xy 평면으로 한 점을 투영했을 때 원점으로부터 투영점까지의 거리(r), x축과 원점과 투영점이 지나는 직선과의 각도(θ), xy평면과 그 점의 높이(z)로써 나타내어지는 좌표계는?
① 직교 좌표계
② 극 좌표계
③ 원통 좌표계
④ 구면 좌표계

80 CSC 모델링 방식에서 불 연산(boolean operation)이 아닌 것은?
① Union(합)
② Subtract(차)
③ Intersect(적)
④ Project(투영)

정답 77 ② 78 ② 79 ③ 80 ④

PART 04 과년도 기출문제

2019년 3월 3일 시행

제1과목 기계가공법 및 안전관리

01 밀링머신에서 커터 지름이 120mm, 한 날 당 이송이 0.1mm, 커터 날수가 4날, 회전수가 900rpm 일 때, 절삭속도는 약 m/min인가?

① 33.9 ② 113
③ 214 ④ 339

$$V = \frac{\pi d N}{1000} = \frac{\pi \times 120 \times 900}{1000} = 339 \text{m/min}$$

02 측정에서 다음 설명에 해당하는 원리는?

[보기]
표준자와 피측정물은 동일 축 선상에 있어야 한다.

① 아베의 원리   ② 버니어의 원리
③ 에어리의 원리 ④ 헤르쯔의 원리

03 밀링 분할판의 브라운 샤프형 구멍열을 나열한 것으로 틀린 것은?

① No.1 - 15, 16, 17, 18, 19, 20
② No.2 - 21, 23, 27, 29, 31, 33
③ No.3 - 37, 39, 41, 43, 47, 49
④ No.4 - 12, 13, 15, 16, 17, 18

브라운 샤프형 분할판에는 1, 2, 3판이 있다.

04 일반적인 밀링작업에서 절삭속도와 이송에 관한 설명으로 틀린 것은?

① 밀링커터의 수명을 연장하기 위해서는 절삭속도는 느리게 이송을 작게 한다.
② 날 끝이 비교적 약한 밀링커터에 대해서는 절삭속도는 느리게 이송을 작게 한다.
③ 거친 절삭에서는 절삭 깊이를 얕게, 이송은 작게, 절삭속도를 빠르게 한다.
④ 일반적으로 나비와 지름이 작은 밀링커터에 대해서는 절삭속도를 빠르게 한다.

절삭 깊이를 작게 절삭속도를 빠르게 하면 절삭면이 깨끗하게 가공된다.

05 절삭공구에서 칩 브레이커(chip breaker)의 설명으로 옳은 것은?

① 전단형이다.
② 칩의 한 종류이다.
③ 바이트 생크의 종류이다.
④ 칩이 인위적으로 끊어지도록 바이트에 만든 것이다.

연속형 칩에서 필요한 장치이다.

06 구성인선의 방지 대책으로 틀린 것은?

① 경사각을 작게 할 것
② 절삭 깊이를 적게 할 것
③ 절삭속도를 빠르게 할 것
④ 절삭공구의 인선을 날카롭게 할 것

윗면 경사각은 크게 해야한다.

 1 ④ 2 ① 3 ④ 4 ③ 5 ④ 6 ①

07 게이지 블록 구조형상의 종류에 해당되지 않은 것은?
① 호크형　　② 캐리형
③ 레버형　　④ 요한슨형

> 형상에 따른 블록게이지 종류 : 요한슨형, 호크형, 캐리형

08 호칭치수가 200mm인 사인바로 20°31′의 각도를 측정할 때 낮은 쪽 게이지 블록의 높이가 5mm라면 높은 쪽은 얼마인가? (단, sin21°30′ = 0.3665이다.)
① 73.3mm　　② 78.3mm
③ 83.3mm　　④ 88.3mm

> $\sin x = \dfrac{H-h}{L}$
> $0.3665 = \dfrac{H-5}{200}$, $H = 78.3\text{mm}$

09 드릴가공에서 깊은 구멍을 가공하고자 할 때 다음 중 가장 좋은 드릴가공 조건은?
① 회전수와 이송을 느리게 한다.
② 회전수는 빠르게 이송을 느리게 한다.
③ 회전수는 느리게 이송은 빠르게 한다.
④ 회전수와 이송은 정밀도와는 관계없다.

10 가공능률에 따라 공작기계를 분류할 때 가공할 수 있는 기능이 다양하고, 절삭 및 이송속도의 범위도 크기 때문에 제품에 맞추어 절삭조건을 선정하여 가공할 수 있는 공작기계는?
① 단능 공작기계　　② 만능 공작기계
③ 범용 공작기계　　④ 전용 공작기계

11 주성분이 점토와 장석이고 균일한 기공을 나타내며 많이 사용하는 숫돌의 결합제는?
① 고무 결합제(R)
② 셸락 결합제(E)
③ 실리케이트 결합제(S)
④ 비트리파이드 결합제(V)

12 윤활유의 사용 목적이 아닌 것은?
① 냉각　　② 마찰
③ 방청　　④ 윤활

> 절삭유의 3대 작용 : 윤활, 냉각, 세척

13 $\phi 13$ 이하의 작은 구멍 뚫기에 사용하며 작업대 위에 설치하여 사용하고, 드릴 이송은 수동으로 하는 소형의 드릴링머신은?
① 다두 드릴링머신
② 직립 드릴링머신
③ 탁상 드릴링머신
④ 레이디얼 드릴링머신

14 서보기구의 종류 중 구동 전동기로 펄스 전동기를 이용하며 제어장치로 입력된 펄스 수만큼 움직이고 검출기나 피드백 회로가 없으므로 구조가 간단하며, 펄스 전동기의 회전 정밀도와 볼 나사의 정밀도에 직접적인 영향을 받는 방식은?

① 개방 회로 방식
② 폐쇄 회로 방식
③ 반폐쇄 회로 방식
④ 하이브리드 서보 방식

> 개방회로방식은 스템핑 모터를 사용하여 속도 및 위출 검출이 불가

15 마이크로미터의 나사 피치가 0.2mm일 때 딤블의 원주를 100 등분하였다면 딤블 1눈금의 회전에 의한 스핀들의 이동량은 몇 mm인가?

① 0.005
② 0.002
③ 0.01
④ 0.02

> 최소눈금 = $\dfrac{나사의\ 피치}{딤블의\ 원주\ 등분수}$
> = $\dfrac{0.2}{100}$ = 0.002mm

16 슬로터(slotter)에 관한 설명으로 틀린 것은?

① 규격은 램의 최대행정과 테이블의 지름으로 표시된다.
② 주로 보스(boss)에 키 홈을 가공하기 위해 발달된 기계이다.
③ 구조가 셰이퍼(shaper)를 수직으로 세워 놓은 것과 비슷하여 수직 셰이퍼(shaper)라고도 한다.
④ 테이블의 수평 길이 방향 왕복운동과 공구의 테이블 가로방향 이송에 의해 비교적 넓은 평면을 가공하므로 평삭기라고도 한다.

> 세이퍼는 좁은면 가공에 사용한다.

17 드릴링 머신의 안전사항으로 틀린 것은?

① 장갑을 끼고 작업을 하지 않는다.
② 가공물을 손으로 잡고 드릴링 한다.
③ 구멍 뚫기가 끝날 무렵은 이송을 천천히 한다.
④ 얇은 판의 구멍가공에는 보조 판 나무를 사용하는 것이 좋다.

18 절삭공구에서 크레이터 마모(crater wear)의 크기가 증가할 때 나타나는 현상이 아닌 것은?

① 구성인선(built up edge)이 증가한다.
② 공구의 윗면경사각이 증가한다.
③ 칩의 곡률반지름이 감소한다.
④ 날끝이 파괴되기 쉽다.

> 구성인선은 칩이 공구 끝에 달라붙어 성장하고 파괴되는 과정들이 반복되는 현상이다.

19 방전가공용 전극 재료의 구비 조건으로 틀린 것은?

① 가공정밀도가 높을 것
② 가공전극의 소모가 적을 것
③ 방전의 안전하고 가공속도가 빠를 것
④ 전극을 제작할 때 기계가공이 어려울 것

정답 14 ① 15 ② 16 ④ 17 ② 18 ① 19 ④

20 연삭숫돌의 입도(grain size) 선택의 일반적인 기준으로 가장 적합한 것은?

① 절삭 깊이와 이송량이 많고 거친 연삭은 거친 입도를 선택
② 다듬질 연삭 또는 공구를 연삭할 때는 거친 입도를 선택
③ 숫돌과 일감의 접촉 면적이 작을 때는 거친 입도를 선택
④ 연성이 있는 재료는 고운 입도를 선택

입도란 숫돌입자의 크기를 의미한다.

제2과목 | 기계제도

21 다음 끼워맞춤 중에서 헐거운 끼워맞춤인 것은?

① 25N6/h5　　② 20P6/h5
③ 6 JS7/h6　　④ 50G7/h6

N, P : 억지 끼워맞춤　　JS : 중간 끼워맞춤
G : 헐거운 끼워맞춤

22 다음 치수 보조기호에 대한 설명으로 옳지 않은 것은?

① (50) : 데이텀 치수 50mm를 나타낸다.
② t=5 : 판재의 두께 5mm를 나타낸다.
③ ⌒20 : 원호의 길이 20mm를 나타낸다.
④ SR30 : 구의 반지를 30mm를 나타낸다.

( ) : 괄호는 참고치수

23 그림은 축과 구멍의 끼워맞춤을 나타낸 도면이다. 다음 중 중간 끼워맞춤에 해당하는 것은?

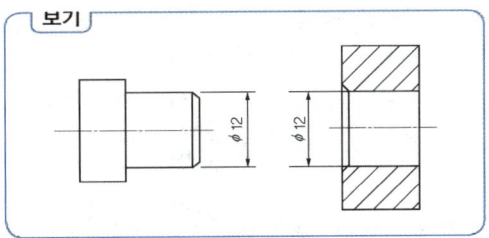

① 축 - ø12k6, 구멍 - ø12H7
② 축 - ø12h6, 구멍 - ø12G7
③ 축 - ø12e8, 구멍 - ø12H8
④ 축 - ø12h5, 구멍 - ø12N6

축 기준식(H7)　　중간 끼워맞춤(K)

24 암, 리브, 핸들 등의 전단면을 그림과 같이 나타내는 단면도를 무엇이라 하는가?

① 온 단면도　　② 회전도시 단면도
③ 부분 단면도　　④ 한쪽 단면도

25 나사의 제도방법을 설명한 것으로 틀린 것은?

① 수나사에서 골지름은 가는 실선으로 도시한다.
② 불완전 나사부를 나타내는 골지름 선은 축선에 대해서 평행하게 표시한다.
③ 암나사를 축방향으로 본 측면도에서 호칭지름에 해당하는 선은 가는실선이다.
④ 완전 나사부란 산봉우리와 골 밑 모양의 양쪽 모두 완전한 산형으로 이루어지는 나사부이다.

불완전나사의 골을 나타내는 선은 축선에 대하여 30°의 가는 실선으로 그린다.

26 도면에 나사의 표시가 "M50×2-6H"로 기입되어 있을 경우 이에 대한 올바른 설명은?

① 감김 방향은 왼나사이다.
② 나사의 피치는 알 수 없다.
③ M50×2의 2는 수량 2개를 의미한다.
④ 6H는 암나사의 등급 표시이다.

미터보통나사(M), 외경 50mm, 피치 2mm의 오른나사

27 다음 도면에 대한 설명으로 옳은 것은?

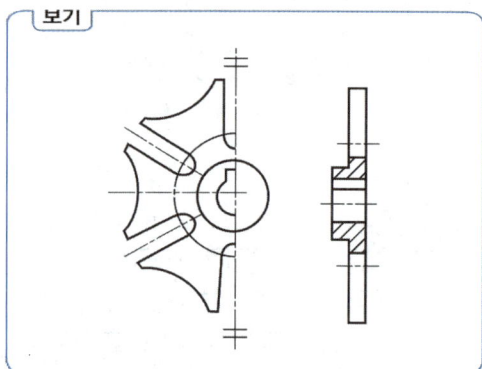
보기

① 부분 확대하여 도시하였다.
② 반복되는 형상을 모두 나타냈다.
③ 대칭되는 도형을 생략하여 도시하였다.
④ 회전도시 단면도를 이용하여 키 홈을 표현하였다.

28 KS 용접 기호표시와 용접부 명칭이 틀린 것은?

① ⊓ : 플러그 용접
② ○ : 점 용접
③ || : 가장자리 용접
④ △ : 필릿 용접

|| : I형 용접부

29 스퍼 기어의 도시 방법에 대한 설명으로 틀린 것은?

① 잇봉우리원은 굵은실선으로 그린다.
② 피치원은 가는 2점 쇄선으로 그린다.
③ 이골원은 가는실선으로 그린다.
④ 축에 직각 방향으로 단면 투상할 경우, 이골원은 굵은실선으로 그린다.

피치원은 가는 1점쇄선

30 다음 보기의 설명에 적합한 기하공차 기호는?

보기
구 형상의 중심은 데이텀 평면 A로부터 30mm, B로부터 25mm 떨어져 있고, 데이텀 C의 중심선 위에 있는 점의 위치를 기준으로 지름 0.3mm 구 안에 있어야 한다.

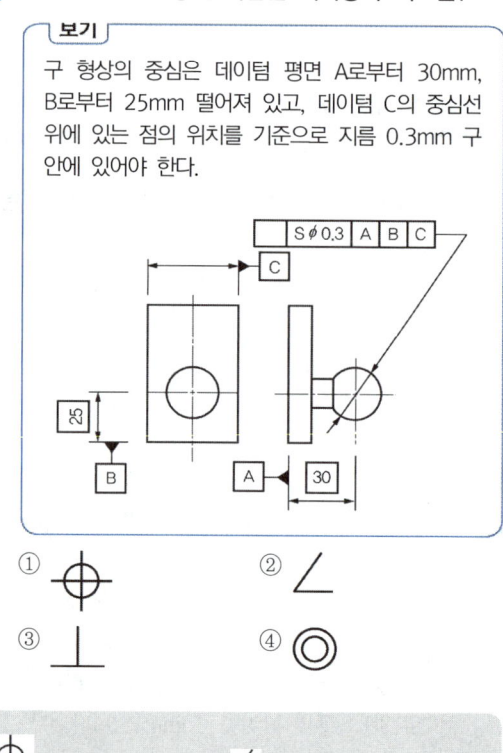

정답 26 ④ 27 ③ 28 ③ 29 ② 30 ①

31 절단면 표시 방법인 해칭에 대한 설명으로 틀린 것은?

① 같은 절단면상에 나타나는 같은 부품의 단면에는 같은 해칭을 한다.
② 해칭은 주된 중심선에 대하여 45°로 하는 것이 좋다.
③ 인접한 단면의 해칭은 선의 방향 또는 각도를 변경하든지 그 간격을 변경하여 구별한다.
④ 해칭을 하는 부분에 글자 또는 기호를 기입할 경우에는 해칭선을 중단하지 말고 그 위에 기입해야 한다.

> 해칭을 하는 부분속에 문자, 기호 등을 기입하기 위해 필요한 경우에는 해칭을 중단한다.

32 다음 중 표시해야할 선이 같은 장소에 중복될 경우 선의 우선순위가 가장 높은 것은?

① 무게 중심선 ② 중심선
③ 치수 보조선 ④ 절단선

> 중복 우선순위 : 외형선 → 숨은선 → 절단선 → 중심선

33 그림과 같은 입체도를 화살표 방향에서 본 투상도면으로 가장 적합한 것은?

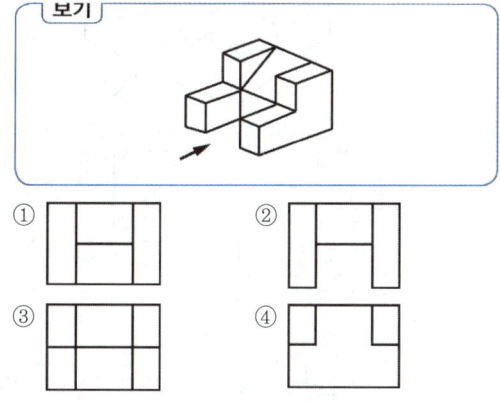

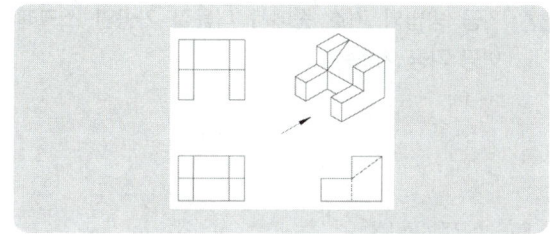

34 KS 나사에서 ISO 표준에 있는 관용 테이퍼 암나사에 해당하는 것은?

① R 3/4   ② Rc 3/4
③ PT 3/4 ④ Rp 3/4

> R : 테이퍼 수나사,   RP : 평행 암나사
> PT : ISC규격에 없는 관용테이퍼나사

35 다음 그림에 대한 설명으로 가장 올바른 것은?

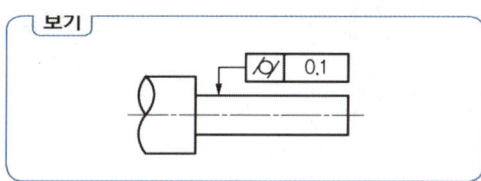

① 대상으로 하고 있는 면은 0.1mm만큼 떨어진 두 개의 동축 원통면 사이에 있어야 한다.
② 대상으로 하고 있는 원통의 축선은 ø0.1mm의 원통 안에 있어야 한다.
③ 대상으로 하고 있는 원통의 축선은 0.1mm만큼 떨어진 두 개의 평행한 평면 사이에 있어야 한다.
④ 대상으로 하고 있는 면은 0.1mm만큼 떨어진 두 개의 평행한 평면 사이에 있어야 한다.

> ⌭ : 원통도 공차

정답 31 ④ 32 ④ 33 ③ 34 ② 35 ①

36 가공 방법의 기호 중에서 다듬질 가공인 스크레이핑 가공 기호는?

① FS
② FSU
③ CS
④ FSD

> FS : 스크레이퍼 다듬질

37 다음 제3각법으로 그린 투상도 중 옳지 않은 것은?

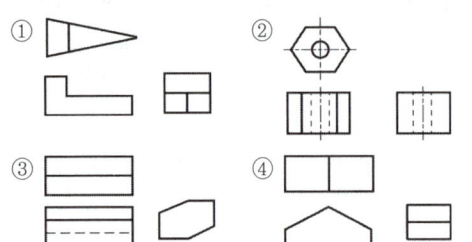

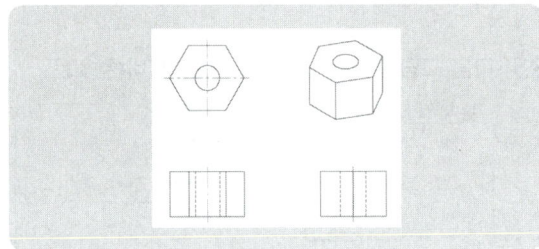

38 그림과 같은 도시 기호에 대한 설명으로 틀린 것은?

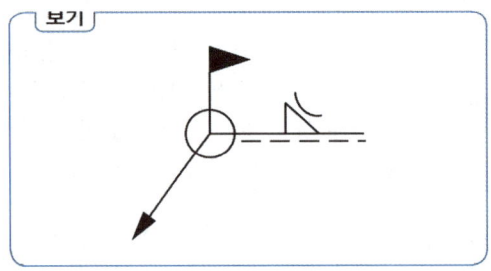

① 용접하는 곳이 화살표쪽이다.
② 온둘레 현장용접이다.
③ 필릿 용접을 오목하게 작업한다.
④ 한쪽 플랜지형으로 필릿 용접 작업한다.

⎧ : 한쪽 플랜지형 용접부 기호

39 최대 실체 공차방식으로 규제된 축의 도면이 다음과 같다. 실제 제품을 측정한 결과 축 지름이 49.8mm일 경우 최대로 허용할 수 있는 직각도 공차는 몇 mm인가?

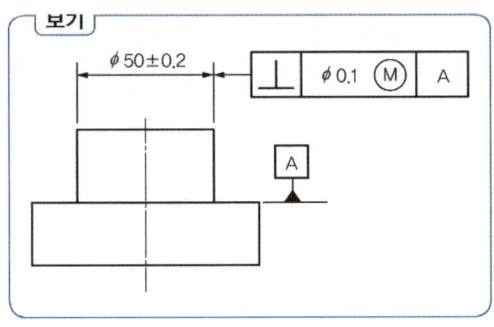

① ø0.3mm
② ø0.4mm
③ ø0.5mm
④ ø0.6mm

> 최대로 허용되는 직각은 공차 : (50.2−49.8)+0.1=0.5mm

40 그림과 같은 입체도를 제3각법으로 투상할 때 가장 적합한 투상도는?

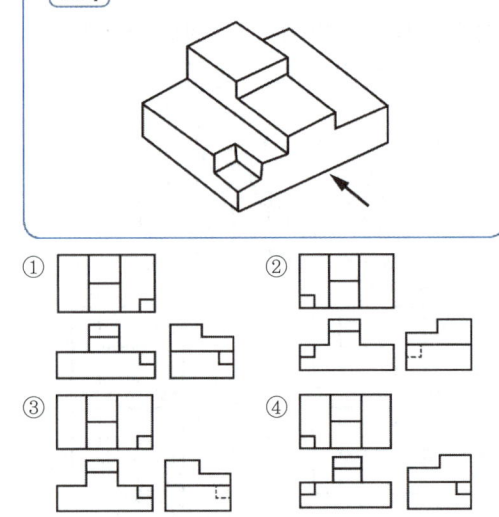

정답 36 ① 37 ① 38 ④ 39 ③ 40 ②

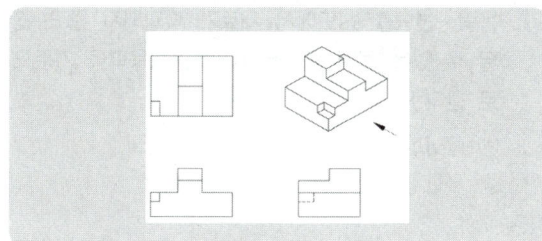

제3과목 기계설계 및 기계재료

41 다음 중 강자성체 금속에 해당되지 않는 것은?
① Fe
② Ni
③ Sb
④ CO

강자성체 : Fe, Ni, CO

42 기계가공으로 소성 변형된 제품이 가열에 의하여 원래의 모양으로 돌아가는 것과 관련 있는 것은?
① 초전도 효과
② 형상기억 효과
③ 연속주조 효과
④ 초소성 효과

43 Al을 침투시켜 내식성을 향상시키는 금속침투법은?
① 브로나이징
② 칼로라이징
③ 세라다이징
④ 실리콘나이징

브로나이징 : B, 세라다이징 : Zn, 실리콘나이징 : Si

44 다음 중 합금 공구강에 해당되는 것은?
① SUS 316
② SC 40
③ STS 5
④ GCD 550

GCD : 구상흑연 주철품
SC : 탄소 주강품

45 철강 소재에서 일어나는 다음 반응은 무엇인가?

〈보기〉
γ고용체 → α고용체 + Fe_3C

① 공석반응
② 포석반응
③ 공정반응
④ 포정반응

46 두랄루민의 구성 성분으로 가장 적절한 것은?
① Al + Cu + Mg + Mn
② Al + Fe + Mo + Mn
③ Al + Zn + Ni + Mn
④ Al + Pb + Sn + Mn

47 다음 중 열처리 방법과 목적이 서로 맞게 연결된 것은?
① 담금질 - 서냉시켜 재질에 연성을 부여한다.
② 뜨임 - 담금질한 것에 취성을 부여한다.
③ 풀림 - 재질을 강하게 하고 불균일하게 한다.
④ 불림 - 재료의 결정입자를 미세하게 하고 조직을 균일하게 한다.

담글질 : 경도·강도 증가
뜨임 : 인성증가
풀림 : 연성증가

정답 41 ③ 42 ② 43 ② 44 ③ 45 ① 46 ① 47 ④

48 일반적인 청동합금의 주요 성분은?
① Cu - Sn   ② Cu - Zn
③ Cu - Pb   ④ Cu - Ni

> 황동 : Cu+Zn

49 금속 표면에 스텔라이트, 초경합금 등을 용착시켜 표면 경화층을 만드는 방법은?
① 침탄처리법   ② 금속침투법
③ 쇼트피닝   ④ 하드페이싱

50 플라스틱의 일반적인 특성에 대한 설명으로 옳은 것은?
① 금속재료에 비해 강도가 높다.
② 전기절연성이 있다.
③ 내열성이 우수하다.
④ 비중이 크다.

51 코일 스프링에서 코일의 평균 지름은 32mm, 소선의 지름은 4mm이다. 스프링 소재의 허용전단응력이 340MPa일 때 지지할 수 있는 최대 하중은 약 몇 N인가? (단, Wahl의 응력수정계수(K)는 $K = \dfrac{4C-1}{4C-4} + \dfrac{0.615}{C}$ (C : 스프링지수)이다.)
① 174   ② 198
③ 225   ④ 246

> $C = \dfrac{D}{d} = \dfrac{32}{4} = 8$
> $K = \dfrac{4 \times 8 - 1}{4 \times 8 - 4} + \dfrac{0.615}{8} = 1.18$
> $\tau = K \cdot \dfrac{16PR}{\pi d^3}$
> $340 = 1.18 \times \dfrac{16 \times P \times 16}{\pi \times 4^3}$
> $P = 226.3N$

52 응력-변형률 선도에서 재료가 파괴되지 않고 견딜 수 있는 최대 응력은? (단, 공칭응력을 기준으로 한다.)
① 탄성한도   ② 비례한도
③ 극한강도   ④ 상항복점

53 다음 중 마찰력을 이용하는 브레이크가 아닌 것은?
① 블록 브레이크
② 밴드 브레이크
③ 폴 브레이크
④ 내부확장식 브레이크

54 950N·m의 토크를 전달하는 지름 50mm인 축에 안전하게 사용할 키의 최소 길이는 약 몇 mm인가? (단, 묻힘 키의 폭과 높이는 모두 8mm이고, 키의 허용 전단응력은 80N/mm²이다.)
① 45   ② 50
③ 65   ④ 60

> $\tau = \dfrac{2T}{b \ell d}$, $80 = \dfrac{2 \times 950 \times 10^3}{8 \times \ell \times 50}$, $\ell = 59.375mm$

55 길이에 비하여 지름이 5mm 이하로 아주 작은 롤러를 사용하는 베어링으로, 일반적으로 리테이너가 없으며 단위 면적당 부하용량이 큰 베어링은?
① 니들 롤러 베어링
② 원통 롤러 베어링
③ 구면 롤러 베어링
④ 플렉시블 롤러 베어링

정답 48 ① 49 ④ 50 ② 51 ③ 52 ③ 53 ③ 54 ④ 55 ①

56 체인 피치가 15.875mm, 잇수 40, 회전수가 500 rpm이면 체인의 평균속도는 약 몇 m/s인가?

① 4.3
② 5.3
③ 6.3
④ 7.3

$$V = \frac{PZ \cdot N}{1000} = \frac{15.875 \times 40 \times 500}{1000} = 317.5 \text{m/sec}$$

57 축방향으로 32MPa의 인장응력과 21MPa의 전단응력이 동시에 작용하는 볼트에서 발생하는 최대전단응력은 약 몇 MPa인가?

① 23.8
② 26.4
③ 29.2
④ 31.4

$$\tau_{max} = \sqrt{\left(\frac{\sigma_t}{2}\right)^2 + \tau^2} = \sqrt{\left(\frac{32}{2}\right)^2 + 21^2} = 26.4 \text{MPa}$$

58 기어 감속기에서 소음이 심하여 분해해보니 이뿌리 부분이 깎여 나가 있음을 발견하였다. 이것을 방지하기 위한 대책으로 틀린 것은?

① 압력각이 작은 기어로 교체한다.
② 깎이는 부분의 치형을 수정한다.
③ 이끝을 깎아 이의 높이를 줄인다.
④ 전위기어를 만들어 교체한다.

59 10kN의 인장하중을 받는 1줄 겹치기 이음이 있다. 리벳의 지름이 16mm라고 하면 몇 개 이상의 리벳을 사용해야 되는가? (단, 리벳의 허용전단응력은 6.5MPa이다.)

① 5
② 6
③ 7
④ 8

$$\tau = \frac{P}{\frac{\pi d^2}{4} \times n}, \quad 6.5 = \frac{4 \times 10^4}{\pi \times 16^2 \times n}, \quad n = 7.65 ≒ 8$$

60 다음 커플링의 종류 중 원통 커플링에 속하지 않는 것은?

① 머프 커플링
② 올덤 커플링
③ 클램프 커플링
④ 셀러 커플링

제4과목 컴퓨터응용설계

61 공간상에 존재하는 2개의 곡면이 서로 교차하는 경우, 교차되는 부분에서 모서리(edge)가 발생하는데, 이 모서리(edge)를 주어진 반경으로 부드럽게 처리하는 기능을 무엇이라고 하는가?

① intersecting
② projecting
③ blending
④ stretching

62 CAD시스템을 활용하기 위한 주변장치 중 입력장치는 어느 것인가?

① 프린터(Printer)
② LCD
③ 모니터(Monitor)
④ 마우스(Mouse)

63 솔리드 모델을 정육면체와 같은 간단한 입체의 집합으로 대략 근사적으로 표현하는 모델을 분해 모델(decomposition model)이라고 하는데, 다음 중 이러한 분해 모델의 표현에 해당하지 않는 것은?

① 복셀(voxel) 표현
② 컴파운드(compound) 표현
③ 옥트리(octree) 표현
④ 세포(cell) 표현

정답 56 ② 57 ② 58 ① 59 ④ 60 ② 61 ③ 62 ④ 63 ②

64 m 행과 n 열을 가진 행렬을 m×n 행렬이라고 한다. 3×2 행렬과 2×3 행렬을 서로 곱했을 때, 행(row)의 개수는?

① 2
② 3
③ 5
④ 6

> 계산결과는 3×3행렬

65 다음 설명에 해당하는 것은?

> 이미 제작된 제품에서 3차원 데이터를 측정하여 CAD모델로 만드는 작업

① Reverse engineering
② Feature - based modeling
③ Digital Mock - Up
④ Virtual Manufacturing

66 화면에 나타난 데이터를 확대하여 데이터의 일부분만을 스크린에 나타낼 때 상당부분이 viewport를 벗어나는데 이와 같이 일정한 영역을 벗어나는 부분을 잘라버리는 것을 무엇이라고 하는가?

① 윈도잉(Windowing)
② 클리핑(Clipping)
③ 매핑(Maooing)
④ 패닝(Panning)

67 전자발광형 디스플레이 장치(혹은 EL 패널)에 대한 설명으로 틀린 것은?

① 스스로 빛을 내는 성질을 가지고 있다.
② TFT - LCD 보다 시야각에 제한이 없다.
③ 백라이트를 사용하여 보다 선명한 화질을 구현한다.
④ 응답시간이 빨라 고화질 영상을 자연스럽게 처리할 수 있다.

68 퍼거슨(Ferguson) 곡면의 방정식에는 경계조건으로 16개의 벡터가 필요하다. 그 중에서 곡면 내부의 볼록한 정도에 영향을 주는 것은 무엇인가?

① 꼭짓점 벡터
② U 방향 접선벡터
③ V 방향 접선벡터
④ 꼬임 벡터

69 래스터 방식의 그래픽 모니터에서 수직, 수평선을 제외한 선분들이 계단모양으로 표시되는 현상을 무엇이라고 하나?

① 플리커
② 언더컷
③ 클리핑
④ 앨리어싱

70 CAD 활용의 확장과 관련하여 공정의 계획, 운용, 공장 자원과의 직간접적인 인터페이스를 통한 생산운전 제어를 위해 컴퓨터를 활용하는 기술은?

① CAP(Computer - aided Planning)
② CAM(Computer - aided Manufacturing)
③ CAE(Computer - aided Engineering)
④ CAI(Computer - aided Inspection)

71 일방적인 CAD시스템에서 2차원 평면에서 정해진 하나의 원을 그리는 방법이 아닌 것은?

① 원주상의 세점을 알 경우
② 원의 반지름과 중심점을 알 경우
③ 원주상의 한 점과 원의 반지름을 알 경우
④ 원의 반지름과 2개의 접선을 알 경우(단, 2개의 접선은 만나는 점을 기준으로 한쪽으로만 무한히 연장되는 경우로 가정한다.)

정답 64 ② 65 ① 66 ② 67 ③ 68 ④ 69 ④ 70 ② 71 ③

72 컴퓨터에서 최소의 입출력 단위로 물리적으로 읽기를 할 수 있는 레코드에 해당하는 것은?
① block
② field
③ word
④ bit

73 다음 모델링에 관한 설명 중 틀린 것은?
① 솔리드 모델링은 3차원의 형상정보를 명확하게 표현하는 표현방식이다.
② 솔리드 모델의 표현방식에는 CSG(Constructive Solid Geometry)방식과 B-rep(Boundary Representation)방식 등이 있다.
③ B-rep방식은 경계가 잘 정의되는 단위형상(primitive)의 조합으로 솔리드를 표현하는 방법이다.
④ 모떼기(chamfer), 필릿(fillet), 포켓(pocket) 등 전형적인 특징 형상을 시스템에 기억하고 있다가 불러내어 모델링 하는 방법도 있다.

74 Bezier 곡선을 이루기 위한 블렌딩 함수의 성질에 대한 설명으로 틀린 것은?
① 시작점이나 끝점에서 n번 미분한 값은 그 점을 포함하여 인접한 n-1개의 꼭짓점에 의해 결정된다.
② 생성되는 곡선은 다각형의 시작점과 끝점을 반드시 통과해야 한다.
③ Bezier 곡선을 이루는 다각형의 첫 번째 선분은 시작점에서의 접선벡터와 같은 방향이고, 마지막 선분은 끝점에서의 접선벡터와 같은 방향이어야 한다.
④ 다각형의 꼭짓점 순서가 거꾸로 되어도 같은 곡선이 생성되어야 한다.

75 다음 그림에서 벡터 a의 크기가 5, 벡터 b의 크기가 3이고 $\theta = 30°$라면 이 두 벡터의 내적은 얼마인가?

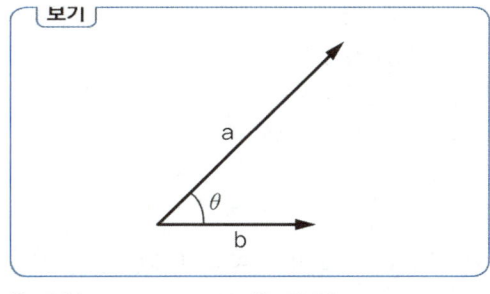

① 7.50
② 10.58
③ 12.99
④ 15.39

$\vec{a} \cdot \vec{b} = ab \cdot \cos\theta = 5 \times 3 \times \cos 30° = 12.99$

76 다음 중 형상 구속조건과 치수조건을 입력하여 모델링 하는 기법은?
① 파라메트릭 모델링
② Wire frame 모델링
③ B-rep(Boundary Representation)
④ CSG(Constructive Solid Geometry)

77 일반적으로 3차원 기하학적 형상 모델링이 아닌 것은?
① 서피스 모델링
② 솔리드 모델링
③ 시스템 모델링
④ 와이어 프레임 모델링

78 다음은 CAD시스템에서 사용되고 있는 출력장치들이다. 이 중 래스터 방식을 이용한 장치가 아닌 것은?

① 펜 플로터
② 정전식 플로터
③ 열전사식 플로터
④ 잉크 제트식 플로터

79 CAD에서 곡선을 표현하기 위한 방법 중 고전적인 보간법과 관계가 먼 것은?

① 선형보간
② 3차 스플라인 보간
③ Lagrange 다항식에 의한 보간
④ Bernstein 다항식에 의한 보간

80 3차원 직교좌표계 상의 세 점 A(1,1,1), B(2,1,4), C(5,1,3)가 이루는 삼각형의 면적은 얼마인가?

① 4   ② 5
③ 8   ④ 10

$\overline{AB} = \sqrt{(2-1^2) + (1-1)^2 + (4-1)^2} = 3.16$
$\overline{BC} = \sqrt{(5-2^2) + (1-1)^2 + (3-4)^2} = 3.16$
$\overline{CA} = \sqrt{(5-1^2) + (1-1)^2 + (3-1)^2} = 4.47$
$S = \dfrac{3.16 + 3.16 + 4.47}{2} = 5.395$
$A = \sqrt{S(S-\overline{AB}) \cdot (S-\overline{BC}) \cdot (S-\overline{CA})}$
$= \sqrt{5.395 \times (5.395-3.16) \times 2 \times (5.395-4.47)} = 4.72$

78 ① 79 ④ 80 ②

PART 04 과년도 기출문제

2019년 4월 27일 시행

제1과목 기계가공법 및 안전관리

01 다음 중 수용성 절삭유에 속하는 것은?
① 유화유
② 혼성유
③ 광유
④ 동식물유

02 구성인선(built-up edge)이 생기는 것을 방지하기 위한 대책으로 틀린 것은?
① 절삭속도를 높인다.
② 절삭 깊이를 깊게 한다.
③ 절삭유를 충분히 공급한다.
④ 공구의 윗면 경사각을 크게 한다.

03 원주를 단식 분할법으로 32등분하고자 할 때, 다음 준비된 〈분할판〉을 사용하여 작업하는 방법으로 옳은 것은?

〈분할판〉
No. 1 : 20, 19, 18, 17, 16, 15
No. 2 : 33, 31, 29, 27, 23, 21
No. 3 : 49, 47, 43, 41, 39, 37

① 16구멍 열에서 1회전과 4구멍씩
② 20구멍 열에서 1회전과 10구멍씩
③ 27구멍 열에서 1회전과 18구멍씩
④ 33구멍 열에서 1회전과 18구멍씩

$N = \dfrac{40}{n} = \dfrac{40}{32} = \dfrac{5}{4} = \dfrac{20}{16}$

04 다음 중 대형이며 중량이 공작물을 가공하기 위한 밀링머신으로 중절삭이 가능한 것은?
① 나사 밀링머신(thread milling machine)
② 만능 밀링머신(universal milling machine)
③ 생산형 밀링머신(production milling machine)
④ 플레이너형 밀링머신(planer type milling machine)

05 선반가공에 영향을 주는 절삭조건에 대한 설명으로 틀린 것은?
① 이송이 증가하면 가공변질층은 깊어진다.
② 절삭각이 커지면 가공변질층은 깊어진다.
③ 절삭속도가 증가하면 가공변질층은 얕아진다.
④ 절삭온도가 상승하면 가공변질층은 깊어진다.

06 드릴로 구멍 가공을 한 다음에 사용하는 공구가 아닌 것은?
① 리머
② 센터 펀치
③ 카운터 보어
④ 카운터 싱크

정답   1 ④   2 ②   3 ①   4 ④   5 ④   6 ②

07 CNC선반에 대한 설명으로 틀린 것은?
① 축은 공구대가 전후좌우의 2방향으로 이동하므로 2축을 사용한다.
② 휴지(dwell)기능은 지정한 시간 동안 이송이 정지되는 기능을 의미한다.
③ 좌표치의 지령방식에는 절대지령과 증분지령이 있고, 한 블록에 2가지를 혼합하여 지령할 수 없다.
④ 테이퍼나 원호를 절삭 시, 임의의 인선 반지름을 가지는 공구의 인선 반지름에 의한 가공 경로의 오차를 CNC장치에서 자동으로 보정하는 인선 반지름 보정 기능이 있다.

08 다음 중 산화알루미늄(Al_2O_3) 분말을 주성분으로 소결한 절삭공구 재료는?
① 세라믹　　② 고속도강
③ 다이아몬드　　④ 주조경질합금

09 탭(tap)이 부러지는 원인이 아닌 것은?
① 소재보다 경도가 높은 경우
② 구멍이 바르지 못하고 구부러진 경우
③ 탭 선단이 구멍바닥에 부딪혔을 경우
④ 탭의 지름에 적합한 핸들을 사용하지 않는 경우

10 다음 중 기어 가공의 절삭법이 아닌 것은?
① 형판을 이용하는 절삭법
② 다인 공구를 이용하는 절삭법
③ 총형 공구를 이용하는 절삭법
④ 창성을 이용하는 절삭법

11 도면에 편심량이 3mm로 주어졌다. 이때 다이얼게이지 눈금의 변위량이 얼마로 나타나도록 편심시켜야 하는가?
① 3mm　　② 4.5mm
③ 6mm　　④ 7.5mm

다이얼게이지 눈금의 변위량 = 2× 편심량 = 2× 3×=6mm

12 고속도강 절삭공구를 사용하여 저탄소강재를 절삭할 때 가장 일반적인 구성인선(built-up edge)의 임계속도(m/min)는?
① 50　　② 120
③ 150　　④ 170

13 일반적으로 니형 밀링머신의 크기 또는 호칭을 표시하는 방법으로 틀린 것은?
① 콜릿 척의 크기
② 테이블 작업면의 크기(길이×폭)
③ 테이블의 이동거리(좌우×전후×상하)
④ 테이블의 전·후 이송을 기준으로 한 호칭번호

14 연삭가공 중 가공표면의 표면 거칠기가 나빠지고 정밀도가 저하되는 떨림 현상이 나타나는 원인이 아닌 것은?
① 숫돌의 평형 상태가 불량할 경우
② 숫돌축이 편심되어 있을 경우
③ 숫돌의 결합도가 너무 작을 경우
④ 연삭기 자체에 진동이 있을 경우

15 연삭균열에 관한 설명으로 틀린 것은?
① 열팽창에 의해 발생된다.
② 공석강에 가까운 탄소강에서 자주 발생된다.
③ 연삭균열을 방지하기 위해서는 결합도가 연한 숫돌을 사용한다.
④ 이송을 느리게 하고 연삭액을 충분히 사용하여 방지할 수 있다.

정답　7 ③　8 ①　9 ④　10 ②　11 ③　12 ②　13 ①　14 ③　15 ④

16 밀링머신에 관한 안전사항으로 틀린 것은?
① 장갑을 끼지 않도록 한다.
② 가공 중에 손으로 가공면을 점검하지 않는다.
③ 칩 받이가 있기 때문에 보호안경은 필요없다.
④ 강력 절삭을 할 때에는 공작물을 바이스에 깊게 물린다.

17 게이지 블록 중 표준용(calibration grade)으로서 측정기류의 정도 검사 등에 사용되는 게이지의 등급은?
① 00(AA)급 ② 0(A)급
③ 1(B)급   ④ 2(C)급

18 가늘고 긴 일정한 단면 모양을 가진 공구에 많은 날을 가진 절삭 공구가 사용되며, 공작물의 홈을 빠르게 가공할 수 있어 대량생산에 적합한 가공 방법은?
① 보링(boring)   ② 태핑(tapping)
③ 셰이핑(shaping) ④ 브로칭(broaching)

19 허용할 수 있는 부품의 오차 정도를 결정한 후 각각 최대 및 최소 치수를 설정하여 부품의 치수가 그 범위 내에 드는지를 검사하는 게이지는?
① 다이얼 게이지 ② 게이지 블록
③ 간극 게이지   ④ 한계 게이지

20 선반에서 테이퍼의 각이 크고 길이가 짧은 테이퍼를 가공하기에 가장 적합한 방법은?
① 백기어 사용 방법
② 심압대의 편위 방법
③ 복식 공구대를 경사시키는 방법
④ 테이퍼 절삭장치를 이용하는 방법

제2과목 기계제도

21 그림과 같이 스퍼 기어의 주투상도를 부분 단면도로 나타낼 때, 'A'가 지시하는 곳의 선의 모양은?

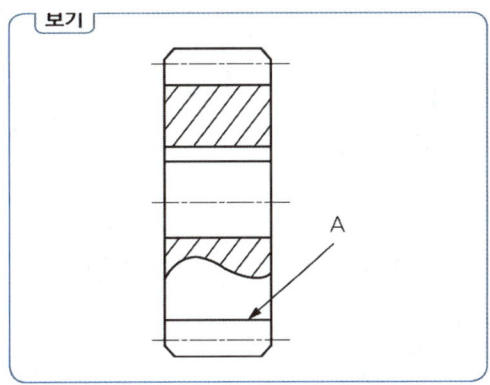

① 가는 실선   ② 굵은 파선
③ 굵은 실선   ④ 가는 파선

22 다음 중 가는 1점쇄선으로 표시하지 않는 선은?
① 피치선 ② 기준선
③ 중심선 ④ 숨은선

23 다음과 같은 표면의 결 도시기호에서 C가 의미하는 것은?

① 가공에 의한 컷의 줄무늬가 투상면에 평행
② 가공에 의한 컷의 줄무늬가 투상면에 경사지고 두 방향으로 교차
③ 가공에 의한 컷의 줄무늬가 투상면의 중심에 대하여 동심원 모양
④ 가공에 의한 컷의 줄무늬가 투상면에 대해 여러 방향

정답 16 ③ 17 ② 18 ④ 19 ④ 20 ③ 21 ① 22 ④ 23 ③

24 그림과 같은 3각법으로 정투상한 정면도와 평면도에 대한 우측면도로 가장 적합한 것은?

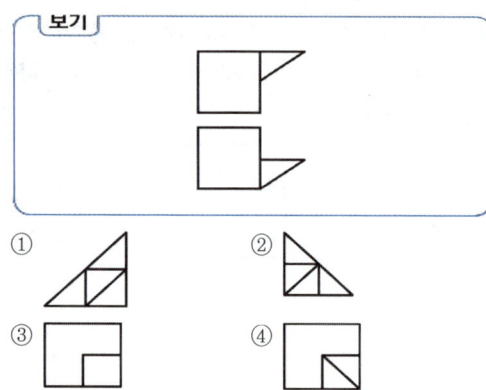

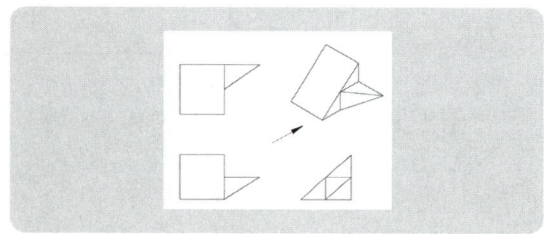

25 그림과 같은 용접기호의 명칭으로 맞는 것은?

① 개선 각이 급격한 V형 맞대기 용접
② 개선 각이 급격한 일면 개선형 맞대기 용접
③ 가장자리(edge) 용접
④ 표면 육성

26 다음 중 단열 앵귤러 볼 베어링의 간략 도시 기호는?

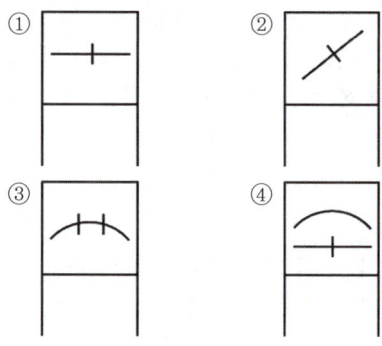

27 그림과 같은 치수 120 숫자 위의 기호가 뜻하는 것은?

① 원호의 길이　② 참고 치수
③ 현의 길이　　④ 각도 치수

28 크로뮴 몰리브데넘 강의 KS 재료 기호는?

① SMn　　② SMnC
③ SCr　　 ④ SCM

29 다음 도면의 크기 중 A1 용지의 크기를 나타내는 것은? (단, 치수의 단위는 mm이다.)

① 849×1189
② 594×841
③ 420×594
④ 297×420

정답　24 ①　25 ③　26 ②　27 ①　28 ④　29 ②

30 KS에서 정의하는 기하공차 기호 중에서 위치공차 기호들만으로 짝지어진 것은?

① ▱ ○ —
② ∠ ⊥ ⌀
③ ⌖ ◎ ≡
④ ↗ ⌒ ◎

31 기계제도에서 도면이 구비해야 할 기본요건으로 거리가 먼 것은?

① 대상물의 도형과 함께 필요로 하는 크기, 모양, 자세 등의 정보를 포함하여야 하며, 필요에 따라 재료, 가공방법 등의 정보를 포함하여야 한다.
② 무역 및 기술의 국제 교류의 입장에서 국제성을 가져야 한다.
③ 도면 표현에 있어서 설계자의 독창성이 잘 나타나야 한다.
④ 마이크로 필름 촬영 등을 포함한 복사 및 도면의 보존, 검색, 이용이 확실히 되도록 내용과 양식이 구비되어야 한다.

32 지름이 10cm이고, 길이가 20cm인 알루미늄봉이 있다. 이 알루미늄의 비중이 2.7일 때 질량(kg)은?

① 0.424kg
② 4.24kg
③ 1.70kg
④ 17.0kg

$$m = s\rho_w \cdot V = 2.7 \times 1000 \times \frac{\pi \times 0.1^2}{4} \times 0.2 = 4.24\text{kg}$$

33 아래 그림은 제3각법으로 투상한 정면도와 평면도를 나타낸 것이다. 여기에 가장 적합한 우측면도는?

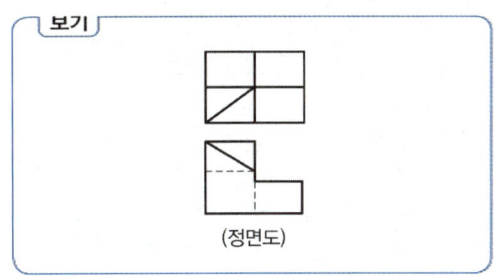

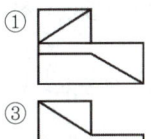 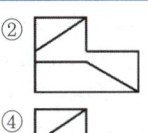

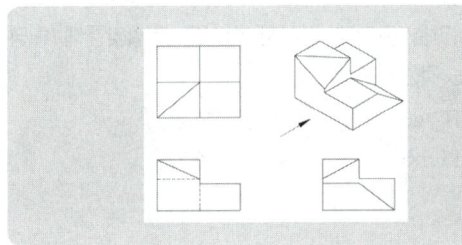

34 구름 베어링 기호 중 안지름이 10mm인 것은?

① 7000
② 7001
③ 7002
④ 7010

35 그림과 같은 기하공차의 해석으로 가장 적합한 것은?

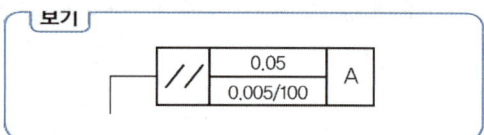

① 지정 길이 100mm에 대하여 0.05mm, 전체길이에 대해 0.005mm의 대칭도
② 지정 길이 100mm에 대하여 0.05mm, 전체길이에 대해 0.005mm의 평행도
③ 지정 길이 100mm에 대하여 0.005mm, 전체길이에 대해 0.05mm의 대칭도
④ 지정 길이 100mm에 대하여 0.005mm, 전체길이에 대해 0.05mm의 대칭도

36 끼워맞춤 관계에 있어서 헐거운 끼워맞춤에 해당하는 것은?

① H7/g6　　② H7/n6
③ P6/h6　　④ N6/h6

37 다음 용접 기호에 대한 설명으로 옳지 않은 것은?

① ⍁ : 매끄럽게 처리한 필릿 용접
② ⊻ : 넓은 루트면이 있고 이면 용접된 V형 맞대기 용접
③ ▽ : 평면 마감 처리한 V형 맞대기 용접
④ ⍁ : 볼록한 필릿 용접

38 그림과 같은 제3각법 정투상도면의 입체도로 가장 적합한 것은?

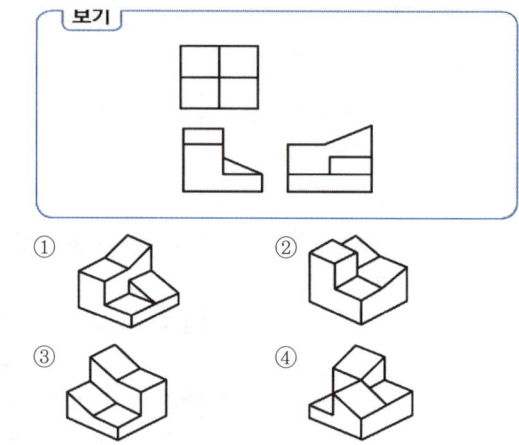

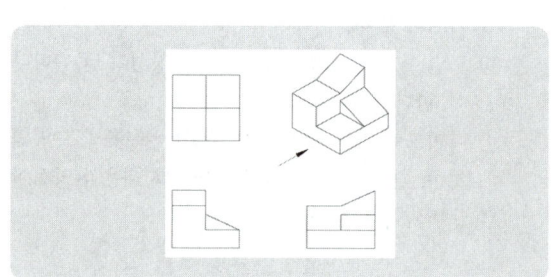

39 KS 나사의 표시기호에 대한 설명으로 잘못된 것은?

① 호칭 기호 M은 미터 나사이다.
② 호칭 기호 UNF는 유니파이 가는 나사이다.
③ 호칭 기호 PT는 관용 평행 나사이다.
④ 호칭 기호 TW는 29도 사다리꼴 나사이다.

40 그림과 같이 크기와 간격이 같은 여러 구멍의 치수 기입에서 (A)dp 들어갈 치수로 옳은 것은?

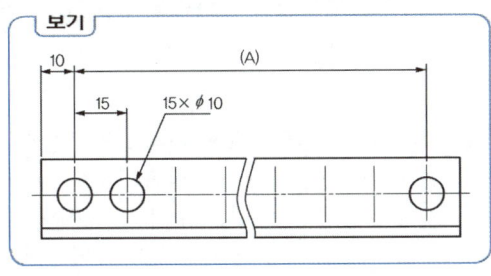

① 180 ② 195
③ 210 ④ 225

제3과목 기계설계 및 기계재료

41 강의 표면 경화법에 대한 설명으로 틀린 것은?
① 침탄법에는 고체침탄법, 액체침탄법, 가스침탄법 등이 있다.
② 질화법은 강 표면에 질소를 침투시켜 경화하는 방법이다.
③ 화염경화법은 일반 담금질법에 비해 담금질 변형이 적다.
④ 세라다이징은 철강 표면에 Cr을 확산 침투시키는 방법이다.

42 아공석강에서 탄소함량이 증가함에 따른 기계적 성질 변화에 대한 설명으로 틀린 것은?
① 인장강도가 증가한다.
② 경도가 증가한다.
③ 항복강도가 증가한다.
④ 연신율이 증가한다.

43 다음 중 열가소성 수지로 나열된 것은?
① 페놀, 폴리에틸렌, 에폭시
② 알키드 수지, 아크릴, 페놀
③ 폴리에틸렌, 염화비닐, 폴리우레탄
④ 페놀, 에폭시, 멜라민

44 구리에 아연이 5~20% 정도 첨가되어 전연성이 좋고 색깔이 아름다워 장식용 악기 등에 사용되는 것은?
① 톰백 ② 백동
③ 6-4 황동 ④ 7-3 황동

45 다음 중 철-탄소상태도에서 나타나지 않는 불변점은?
① 공정점 ② 포석점
③ 공석점 ④ 포정점

46 공구재료가 구비해야 할 조건으로 틀린 것은?
① 내마멸성과 강인성이 클 것
② 가열에 의한 경도 변화가 클 것
③ 상온 및 고온에서 경도가 높을 것
④ 열처리와 공작이 용이할 것

47 다음 중 결정격자가 면심입방격자인 금속은?
① Al ② Cr
③ Mo ④ Zn

48 다음 중 구리에 대한 설명과 가장 거리가 먼 것은?
① 전기 및 열의 전도성이 우수하다.
② 전연성이 좋아 가공이 용이하다.
③ 건조한 공기 중에서는 산화하지 않는다.
④ 광택이 없으며 귀금속적 성질이 나쁘다.

정답 40 ③ 41 ④ 42 ④ 43 ③ 44 ① 45 ② 46 ② 47 ① 48 ④

49 금속재료와 비교한 세라믹의 일반적인 특징으로 옳은 것은?
① 인성이 크다.
② 내충격성이 양호하다.
③ 내산화성이 양호하다.
④ 성형성 및 기계가공성이 좋다.

50 다음 구조용 복합재료 중에서 섬유강화 금속은?
① SPF
② FRTP
③ FRM
④ GFRP

51 재료의 파손이론 중 취성 재료에 잘 일치하는 것은?
① 최대주응력설
② 최대전단응력설
③ 최대주변형률설
④ 변형률 에너지설

52 그림과 같은 기어열에서 각각의 잇수가 Z_A는 16, Z_B는 60, Z_C는 12, Z_D는 64인 경우 A 기어가 있는 Ⅰ축이 1500rpm으로 회전할 때, D 기어가 있는 Ⅲ축의 회전수는 얼마인가?
① 56rpm
② 60rpm
③ 75rpm
④ 85rpm

$$\frac{N}{1500} = \frac{16 \times 12}{60 \times 64}, \ N = 75\text{rpm}$$

53 레이디얼 볼 베어링 '6304'에서 한계속도계수(dN, mm·rpm)값을 120000이라 하면, 이 베어링의 최고 사용 회전수는 약 몇 rpm인가?
① 4500
② 6000
③ 6500
④ 8000

$$N = \frac{120,000}{4 \times 5} = 6000\text{rpm}$$

54 다음 중 스프링의 용도와 거리가 먼 것은?
① 하중의 측정
② 진동 흡수
③ 동력 전달
④ 에너지 축적

55 원주속도 5m/s로 2.2kW의 동력을 전달하는 평벨트 전동장치에서 긴장측 장력은 약 몇 N인가? (단, 벨트의 장력비($e^{\mu\theta}$)는 2이다.)
① 450
② 660
③ 750
④ 880

$$H = \frac{T_t(e^{\mu\theta}-1)}{e^{\mu\theta}}, \ 2.2 \times 10^3 = \frac{T_t \times 1 \times 5}{2}$$
$$T_t = 880N$$

56 기계의 운동 에너지를 마찰에 따른 열에너지 등으로 변환·흡수하여 속도를 감소시키는 장치는?
① 기어
② 브레이크
③ 베어링
④ V-벨트

57 두 축을 주철 또는 주강제로 이루어진 2개의 반원통에 넣고 두 반원통의 양쪽을 볼트로 체결하며 조립이 용이한 커플링은?
① 클램프 커플링
② 셀러 커플링
③ 머프 커플링
④ 플랜지 커플링

정답 49 ③ 50 ③ 51 ① 52 ③ 53 ② 54 ③ 55 ④ 56 ② 57 ①

58 축방향으로 10000N의 인장하중이 작용하는 볼트에서 골지름은 약 몇 mm 이상이어야 하는가? (단, 볼트의 허용인장응력은 48N/mm²이다.)

① 13.2 ② 14.6
③ 15.4 ④ 16.3

$$\sigma_t = \frac{P}{\frac{\pi}{4}d_1^2}$$

$$48 = \frac{4 \times 10,000}{\pi \times d_1^2}, \quad d_1 = 16.29\text{mm}$$

59 접합할 모재의 한쪽에 구멍을 뚫고, 판재의 표면까지 용접하여 다른 쪽 모재와 접합하는 용접방법은?

① 그루브 용접 ② 필릿 용접
③ 비드 용접 ④ 플러그 용접

60 너클 핀이음에서 인장하중(P) 20kN을 지지하기 위한 핀의 지름(d_1)은 약 몇 mm 이상이어야 하는가? (단, 핀의 전단응력은 50N/mm²이며, 전단응력만 고려한다.)

① 10 ② 16
③ 20 ④ 28

$$\tau = \frac{P}{\frac{\pi}{4}d_1^2 \times 2}$$

$$50 = \frac{4 \times 20 \times 10^3}{\pi \times d_1^2 \times 2}$$

$$d_1 = 15.96\text{mm}$$

제4과목 컴퓨터응용설계

61 변환 행렬(Matrix)을 사용할 필요가 없는 작업은?

① Scaling ② Erasing
③ Rotation ④ Reflection

62 솔리드 모델을 구성하는 면의 일부 혹은 전부를 원하는 방향으로 당겨서 결과적으로 물체가 늘어나도록 하는 모델링 작업은?

① 스키닝(skinning)
② 리프팅(lifting)
③ 스위핑(sweeping)
④ 트위킹(tweaking)

63 CAD 용어 중 회전 특징 형상 모양으로 잘려나간 부분에 해당하는 특징 형상은?

① 그루브(groove)
② 챔퍼(chamfer)
③ 라운드(round)
④ 홀(hole)

64 화면에 CA 모델들을 현실감 있게 나타내기 위하여 채색이나 음영 등을 주는 작업은 무엇인가?

① Animation ② Simulation
③ Modelling ④ Rendering

정답 58 ④ 59 ④ 60 ② 61 ② 62 ② 63 ① 64 ④

65 분산처리형 CAD시스템이 갖추어야 할 기본 성능에 해당하지 않는 것은?

① 사용자별로 단일 프로세서를 사용하거나 혹은 정보 통신망으로 각자의 시스템별로 상호간에 연결되어 중앙에서 제어받는 것과 같은 방식으로도 사용할 수 있어야 한다.
② 어떤 시스템에서 작성된 자료나 프로그램을 다른 사용자가 사용하고자 할 때 언제라도 해당 자료를 사용하거나 보내 줄 수 있어야 한다.
③ 분산처리 시스템의 주 시스템과 부 시스템에서 각각 별도의 자료 처리 및 계산 작업이 이루어질 수 있어야 한다.
④ 자료의 정합성을 담보하기 위해 일부 시스템에 고장이 발생하면 다른 시스템에서도 자료의 이동 및 교환을 막아야 한다.

66 미국 표준협회에서 제정한 코드로서 기계와 기계 또는 시스템과 시스템 사이의 상호 정보 교환을 목적으로 개발된 7비트 혹은 8비트로 한 문자를 표현하며 총 128가지의 문자를 표현할 수 있는 코드는?

① BCD ② EIA
③ EBCDIC ④ ASCII

67 솔리드 모델링 기법에서 B-rep방식을 사용하는 경우 물체를 형성하는데 사용되는 기본요소로서 위상요소가 아닌 것은?

① 면(face) ② 공간(space)
③ 모서리(edge) ④ 꼭지점(vertex)

68 중심점이 (1,2,3)이고 반지름이 5인 구면(spherical surface)의 점 (4,2,7)에서 단위 법선벡터 $\vec{n}$을 계산한 것으로 옳은 것은? (단, $\hat{i}$, $\hat{j}$, $\hat{k}$는 각각 x, y, z축 방향의 단위벡터이다.)

① $\vec{n} = 0.6\hat{i} + 0.8\hat{j}$
② $\vec{n} = 0.6\hat{i} + 0.8\hat{k}$
③ $\vec{n} = 0.8\hat{i} + 0.6\hat{j}$
④ $\vec{n} = 0.8\hat{i} + 0.6\hat{k}$

69 컴퓨터 하드웨어의 기본적인 구성요소라고 할 수 없는 것은?

① 중앙처리장치(CPU)
② 기억장치(Memory Unit)
③ 운영체제(Operating System)
④ 입·출력장치(Input-Output Device)

70 다음 설명의 특징을 가진 곡면에 해당하는 것은?

> 보기
> – 평면상의 곡선뿐만 아니라 3차원 공간에 있는 형상도 간단히 표현할 수 있다.
> – 곡면의 일부를 표현하고자 할 때는 매개변수의 범위를 두므로 간단히 표현할 수 있다.
> – 곡면의 좌표변환이 필요하면 단순히 주어진 벡터만을 좌표 변화하여 원하는 결과를 얻을 수 있다.

① 원추(Cone)곡면
② 퍼거슨(Ferguson)곡면
③ 베지어(Bezier)곡면
④ 스플라인(Spline)곡면

정답 65 ④ 66 ④ 67 ② 68 ② 69 ③ 70 ②

71 일반적으로 CAD 도면에서 형상정보로 분류될 수 있는 것은?
① 부품의 수량
② 부품의 재질
③ 부품 간의 위치
④ 부품의 제작방법

72 다음 행렬의 곱($A \times B$)을 옳게 구한 것은?

보기
$$A = \begin{bmatrix} 2 & 4 \\ 1 & 3 \end{bmatrix} \quad B = \begin{bmatrix} 6 & -1 \\ 3 & 5 \end{bmatrix}$$

① $\begin{bmatrix} 24 & 18 \\ 14 & 15 \end{bmatrix}$
② $\begin{bmatrix} 18 & 24 \\ 15 & 14 \end{bmatrix}$
③ $\begin{bmatrix} 24 & 18 \\ 15 & 14 \end{bmatrix}$
④ $\begin{bmatrix} 18 & 24 \\ 14 & 15 \end{bmatrix}$

$$A \times B = \begin{bmatrix} 2 \times 6 + 4 \times 3 & 2 \times (-1) + 4 \times 5 \\ 1 \times 6 + 3 \times 3 & 1 \times (-1) + 3 \times 5 \end{bmatrix} = \begin{bmatrix} 24 & 18 \\ 15 & 14 \end{bmatrix}$$

73 국제표준화기구(ISO)에서 제정한 제품모델의 교환과 표현의 표준에 관한 줄인 이름으로 형상정보뿐 아니라 제품의 가공, 재료, 공정, 수리 등 수명주기 정보의 교환을 지원하는 것은?
① IGES
② DXF
③ SAT
④ STEP

74 기본 입체에 적용한 불리안(Boolean) 연산 과정을 트리구조로 저장하는 CSG 구조에 대한 설명으로 틀린 것은?
① 내부와 외부가 분명하게 구분되지 않는 입체라도 구현이 가능하다.
② 자료 구조가 간단하고 데이터의 양이 적어 데이터의 관리가 용이하다.
③ CGS 표현은 대응되는 B - rep 모델로 치환 가능하다.
④ 파라메트릭(Parametric) 모델링의 구형이 쉽다.

75 다음은 3차원 모델링에 대한 설명으로 틀린 것은?
① 와이어 프레임 모델링은 구조가 간단하여 도형처리가 용이하다.
② 서피스 모델링은 은선 제거가 가능하다.
③ 솔리드 모델링은 데이터를 처리하는데 소요되는 시간이 상대적으로 짧다.
④ 서피스 모델링은 내부에 관한 정보가 없어 해석용 모델로 사용하지 못한다.

76 평면 좌표값(x, y)에서 x, y가 다음과 같은 식으로 주어질 때 그리는 궤적의 모양은? (단, r은 일정한 상수이다.)

보기
$$x = r\cos\theta, \ y = r\sin\theta \ (-x \leq \theta \leq \pi)$$

① 원
② 타원
③ 쌍곡선
④ 포물선

77 CAD시스템의 입력 장치 중 미리 작성된 문자나 도형의 이미지 입력에 사용되는 장치는?
① 프린터
② 키보드
③ 스캐너
④ 썸 휠

78 베지어(Bezier) 곡선의 특징이 아닌 것은?
① 다각형의 양끝의 선분은 시작점과 끝점의 접선벡터와 다른 방향이다.
② 곡선은 정점을 통과시킬 수 있는 다각형의 내측에 존재한다.
③ 1개의 정점변화가 곡선전체에 영향을 미친다.
④ 곡선은 양단의 끝점을 반드시 통과한다.

정답 71 ③ 72 ③ 73 ④ 74 ① 75 ③ 76 ① 77 ③ 78 ①

79 제품 도면 정보가 컴퓨터에 저장되어 있는 경우에 공정계획을 컴퓨터를 이용하여 빠르고 정확하게 수행하고자 하는 기술은?

① CAPP(Computer - aided Process Planning)
② CAE(Computer - aided Engineering)
③ CAI(Computer - aided Inspection)
④ CAD(Computer - aided Design)

80 다음에서 설명하고 있는 모델링 방식은?

> 보기
> – CSG 등의 물체 표현 방식이 있다.
> – 표면적, 부피, 관성모멘트 계산이 가능하다.

① 와이어 프레임 모델
② 서피스 모델
③ 솔리드 모델
④ 지오메트릭 모델

PART 04 과년도 기출문제

2019년 8월 4일 시행

제1과목 기계가공법 및 안전관리

01 드릴 머신에서 공작물을 고정하는 방법으로 적합하지 않은 것은?
① 바이스 사용   ② 드릴 척 사용
③ 박스 지그 사용   ④ 플레이트 지그 사용

- 공작물 고정법 : 바이스, 지그, 클램프
- 척 : 선반 주축에 장착하여 공작물 고정

02 커터의 지름이 100mm이고, 커터의 날 수가 10개인 정면 밀링 커터로 200mm인 공작물을 1회 절삭할 때 가공시간은 약 몇 초인가? (단, 절삭속도는 100m/min, 1날 당 이송량은 0.1mm이다.)
① 48.4   ② 56.4
③ 64.4   ④ 75.4

$V = \dfrac{\pi d N}{1000}$, $100 = \dfrac{\pi \times 100 \times N}{1000}$, $N = 318.31 \text{rpm}$
$T = \dfrac{L}{N \cdot S} = \dfrac{(200+100)}{318.31} = 0.94\text{min}$,
$f = f_z \cdot Z \cdot N = 0.1 \times 10 \times 318.31 = 318.31 \text{mm/min}$

03 CNC 선반에서 홈 가공 시 1.5초 동안 공구의 이송을 잠시 정지시키는 지령 방식은?
① G04 Q1500   ② G04 P1500
③ G04 X1500   ④ G04 U1500

- 일시정지 좌표어드레스
① P : 정수, ② X, U : 실수

04 절삭가공에서 절삭조건과 거리가 가장 먼 것은?
① 이송속도   ② 절삭깊이
③ 절삭속도   ④ 공작기계의 모양

05 다음 공작기계 중 공작물이 직선왕복운동을 하는 것은?
① 선반   ② 드릴머신
③ 플레이너   ④ 호빙머신

- 선반 : 회전운동
- 드릴 : 고정
- 호빙 : 회전

06 드릴링 작업 시 안전사항으로 틀린 것은?
① 칩의 비산이 우려되므로 장갑을 착용하고 작업한다.
② 드릴이 회전하는 상태에서 테이블을 조정하지 않는다.
③ 드릴링의 시작부분에 드릴이 정확히 자리 잡힐 수 있도록 이송을 느리게 한다.
④ 드릴링이 끝나는 부분에서는 공작물과 드릴이 함께 돌지 않도록 이송을 느리게 한다.

07 옵티컬 패러렐을 이용하여 외측 마이크로미터의 평행도를 검사하였더니 백색광에 의한 적색 간섭무늬의 수가 앤빌에서 2개, 스핀들에서 4개였다. 평행도는 약 얼마인가? (단, 측정에 사용한 빛의 파장은 $0.32\mu m$이다.)
① $1\mu m$ ② $2\mu m$
③ $4\mu m$ ④ $6\mu m$

정답 1② 2② 3② 4④ 5③ 6① 7①

$$\frac{(4+2)}{2} \times 0.32 = 0.96\mu m \risingdotseq 1.0\mu m$$

08 투영기에 의해 측정할 수 있는 것은?
① 각도
② 진원도
③ 진직도
④ 원주 흔들림

09 절삭조건에 대한 설명으로 틀린 것은?
① 칩의 두께가 두꺼워질수록 전단각이 작아진다.
② 구성인선을 방지하기 위해서는 절삭깊이를 적게 한다.
③ 절삭속도가 빠르고 경사각이 클 때 유동형 칩이 발생하기 쉽다.
④ 절삭비는 공작물을 절삭할 때 가공이 용이한 정도로 절삭비가 1에 가까울수록 절삭성이 나쁘다.

절삭비 : 칩 발생 시 일감의 전단변형의 크기를 나타내는 값

10 접시머리나사를 사용할 구멍에 나사머리가 들어갈 부분을 원추형으로 가공하기 위한 드릴가공 방법은?
① 리밍
② 보링
③ 카운터 싱킹
④ 스폿 페이싱

스폿 페이싱 : 볼트와 너트 자리면을 평평하게 만드는 작업

11 연삭숫돌의 성능을 표시하는 5가지 요소에 포함되지 않는 것은?
① 기공
② 입도
③ 조직
④ 숫돌입자

기공 : 기포가 외부로 배출되지 못해 발생한 결함

12 일반적인 손 다듬질 가공에 해당되지 않는 것은?
① 줄 가공
② 호닝 가공
③ 해머 작업
④ 스크레이퍼 작업

호닝 : 정밀입자가공

13 공작물의 단면절삭에 쓰이는 것으로 길이가 짧고 직경이 큰 공작물의 절삭에 사용되는 선반은?
① 모방 선반
② 수직 선반
③ 정면 선반
④ 터릿 선반

14 삼점법에 의한 진원도 측정에 쓰이는 측정기기가 아닌 것은?
① V 블록
② 측미기
③ 3각 게이지
④ 실린더 게이지

실린더게이지는 내경 측정

15 연마제를 가공액과 혼합하여 짧은 시간에 매끈해지거나 광택이 적은 다듬질 면을 얻게 되며, 피닝(peening)효과가 있는 가공법은?
① 래핑
② 숏 피닝
③ 배럴가공
④ 액체호닝

16 선반의 심압대가 갖추어야 할 구비 조건으로 틀린 것은?
① 센터는 편위 시킬 수 있어야 한다.
② 베드의 안내면을 따라 이동할 수 있어야 한다.
③ 베드의 임의위치에서 고정할 수 있어야 한다.
④ 심압축은 중공으로 되어 있으며 끝부분은 내셔널 테이퍼로 되어 있어야 한다.

선반은 모오스 테이퍼로 되어 있음

정답 8 ① 9 ④ 10 ③ 11 ① 12 ② 13 ③ 14 ④ 15 ④ 16 ④

17 브로칭 머신의 특징으로 틀린 것은?
① 복잡한 면의 형상도 쉽게 가공할 수 있다.
② 내면 또는 외면의 브로칭 가공도 가능하다.
③ 스플라인 기어, 내연기관 크랭크실의 크랭크 베어링부는 가공이 용이하지 않다.
④ 공구의 일회 통과로 거친 절삭과 다듬질 절삭을 완료할 수 있다.

18 연삭가공 중 발생하는 떨림의 원인으로 가장 관계가 먼 것은?
① 연삭기 자체의 진동이 없을 때
② 숫돌축이 편심 되어 있을 때
③ 숫돌의 결합도가 너무 클 때
④ 숫돌의 평행상태가 불량할 때

19 척을 선반에서 떼어내고 회전센터와 정지센터로 공작물을 양센터에 고정하면 고정력이 약해서 가공이 어렵다. 이 때 주축의 회전력을 공작물에 전달하기 위해 사용하는 부속품은?
① 면판   ② 돌리개
③ 베어링 센터   ④ 앵글 플레이트

20 지름이 150mm인 밀링커터를 사용하여 30m/min의 절삭속도로 절삭할 때 회전수는 약 몇 rpm인가?
① 14   ② 38
③ 64   ④ 72

$$V = \frac{\pi dN}{1000}$$
$$30 = \frac{\pi \times 150 \times N}{1000}, \ N = 63.66 \text{rpm}$$

제2과목 기계제도

21 다음과 같이 3각법으로 나타낸 도면에서 정면도와 우측면도를 고려할 때 평면도로 가장 적합한 것은?

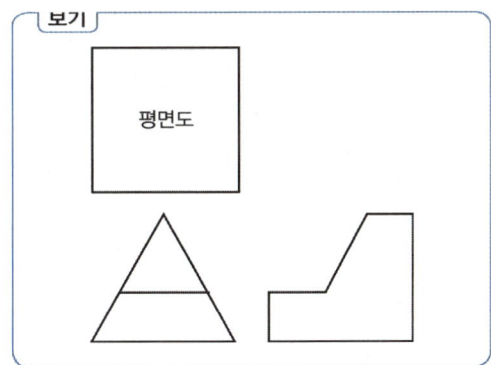

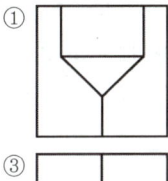 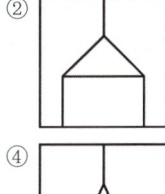

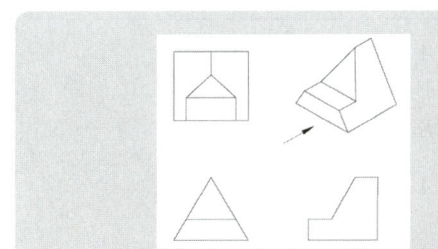

22 다음 도면에서 대상물의 형상과 비교하여 치수 기입이 틀린 것은?

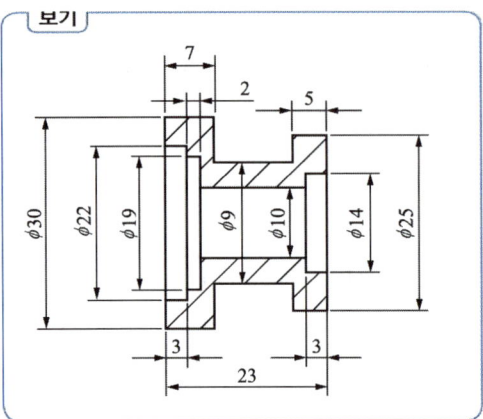

① 7 ② ∅9
③ ∅14 ④ ∅30

23 그림과 같은 부등변 ㄱ 형강의 치수 표시방법은? (단, 형강의 길이는 L이고, 두께는 t로 동일하다.)

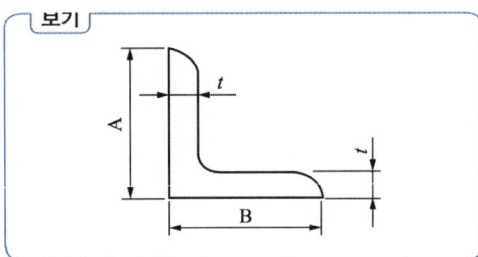

① L $A \times B \times t - L$
② L $t \times A \times B \times L$
③ L $B \times A + 2t - L$
④ L $A + B \times \dfrac{t}{2} - L$

형상 : 높이×폭×두께-길이

24 물체를 단면으로 나타낼 때 길이 방향으로 절단하여 나타내지 않는 부품으로만 짝지어진 것은?
① 핀, 커버 ② 브래킷, 강구
③ O-링, 하우징 ④ 원통 롤러, 기어의 이

25 표준 스퍼 기어의 모듈이 2이고, 잇수가 35일 때, 이끝원(잇봉우리원)의 지름은 몇 mm로 도시하는가?
① 65 ② 70
③ 72 ④ 74

$D = mz = 2 \times 35 = 70mm$
$D_c = D + 2m = 70 + (2 \times 2) = 74mm$

26 〈보기〉와 같이 정면도와 평면도가 표시될 때 우측면도가 될 수 없는 것은?

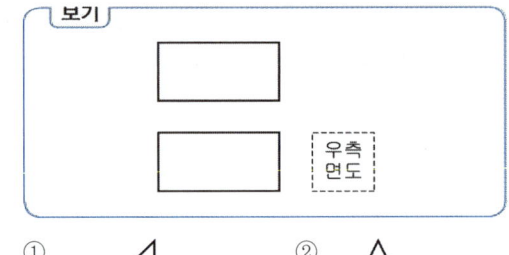

① 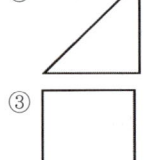 ②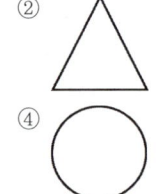

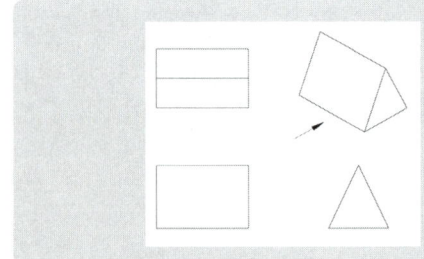

정답 22 ② 23 ① 24 ④ 25 ④ 26 ②

27 가공 방법의 기호 중 호닝(Honing) 가공 기호는?
① GB   ② GH
③ HG   ④ GSP

GB : 벨트샌드가공

28 다음과 같은 리벳의 호칭법으로 옳은 것은? (단, 재질은 SV330이다.)

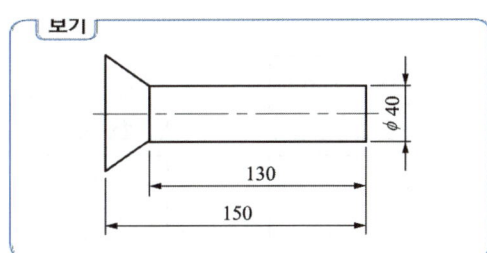

① 납작 머리 리벳 40×130 SV330
② 납작 머리 리벳 40×150 SV330
③ 접시 머리 리벳 40×130 SV330
④ 접시 머리 리벳 40×150 SV330

종류, 지름×길이, 재질

29 다음 중 온 흔들림 기하공차의 기호는?
① ↗↗   ② ↗↗
③ ↗   ④ ↗

: 원주 흔들림 공차

30 KS 재료 표시기호 중 'SS235'에서 '235'의 의미는?
① 경도   ② 종별 번호
③ 탄소 함유량   ④ 최저 항복 강도

SS : 일반구조용 압연 강판

31 치수가 $80^{+0.008}_{+0.002}$일 경우 위치수 허용차는?
① 0.002   ② 0.006
③ 0.008   ④ 0.010

0.002는 아래치수허용차

32 나사 제도에 대한 설명으로 틀린 것은?
① 나사부의 길이 경계가 보이는 경우는 그 경계를 굵은 실선으로 나타낸다.
② 숨겨진 암나사를 표시할 경우 나사산의 봉우리와 골 밑은 모두 가는 파선으로 나타낸다.
③ 수나사를 측면에서 볼 경우 나사산의 봉우리는 굵은 실선, 나사의 골 밑은 가는 실선으로 표시한다.
④ 나사의 끝면에서 본 그림에서 나사의 골밑은 굵은 실선으로 그린 원주의 $\frac{3}{4}$에 거의 같은 원의 일부로 나타낸다.

수나사와 암나사의 측면도시에서 각각의 골지름은 가는 실선으로 약 $\frac{3}{4}$ 원으로 그린다.

33 허용한계 치수기입이 틀린 것은?

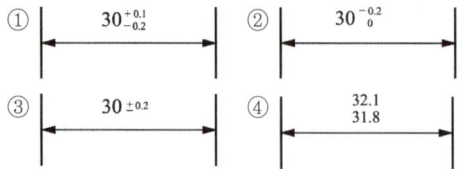

34 그림과 같은 용접기호의 의미는?

보기

① 현장용접 표시이다.
② 양쪽용접 표시이다.
③ 용접 시작점 표시이다.
④ 전체둘레 용접 표시이다.

35 축의 중심에 센터구멍을 표현하는 방법으로 틀린 것은?

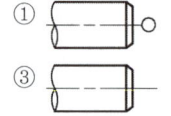 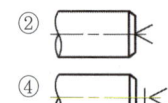

36 다음 기계 재료 중 기계 구조용 탄소 강재에 해당하는 것은?

① SS 235   ② SCr 410
③ SM 40C   ④ SCS 55

SCr : 크롬 강재

37 다음 중 주어진 평면도와 우측면도를 보고 누락된 정면도로 가장 적합한 것은?

보기

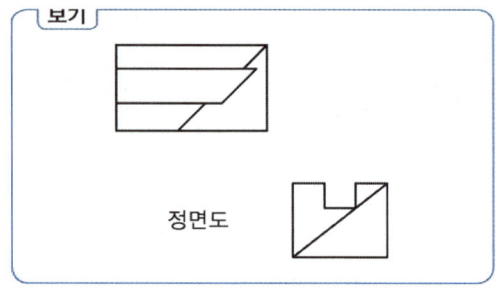

정면도

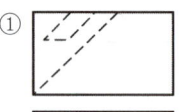 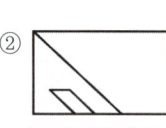
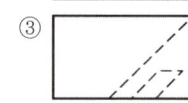 

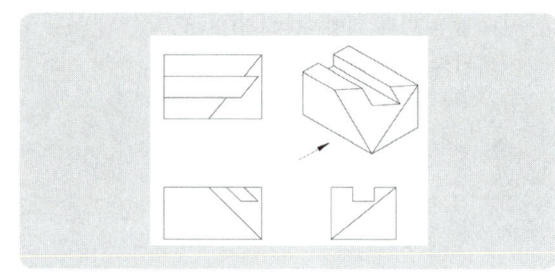

38 다음 그림과 같은 도형일 때 기하학적으로 정확한 도형을 기준으로 설정하고 여기에서 벗어나는 어긋남의 크기를 대상으로 하는 기하공차는?

보기

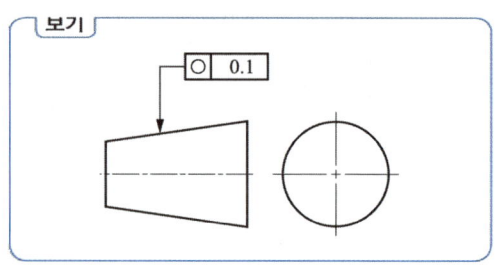

① 대칭도   ② 윤곽도
③ 진원도   ④ 평면도

33 ② 34 ① 35 ① 36 ③ 37 ④ 38 ③

39 기하공차의 표현이 틀린 것은?

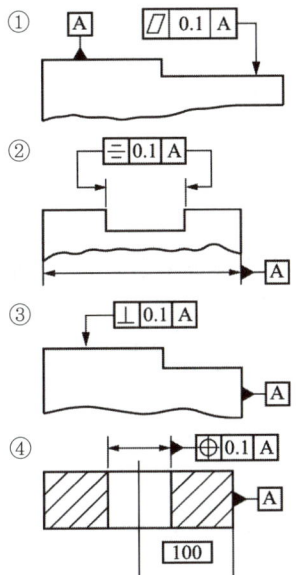

= : 대칭도 공차,   ⊥ : 직각도 공차,
⊕ : 위치도 공차
①번 그림에는 평행도 공차()사용

40 다음과 같이 도시된 도면에서 치수 A에 들어갈 치수 기입으로 옳은 것은?

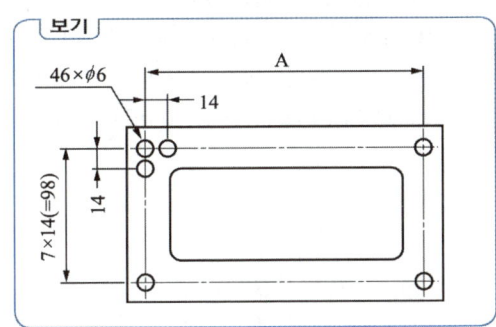

① 7×7(= 49)   ② 15×14(= 210)
③ 16×14(= 224)   ④ 17×14(= 238)

$$\frac{46-(7\times2)}{2}\times14=224\text{mm}$$

제3과목 기계설계 및 기계재료

41 다음 조직 중 2상 혼합물은?
① 펄라이트   ② 시멘타이트
③ 페라이트   ④ 오스테나이트

펄라이트 $=(\alpha-\text{Fe})+\text{Fe}_3\text{C}$

42 티타늄 합금의 일반적인 성질에 대한 설명으로 틀린 것은?
① 열팽창계수가 작다.   ② 전기저항이 높다.
③ 비강도가 낮다.   ④ 내식성이 우수하다.

43 다음 금속재료 중 인장강도가 가장 낮은 것은?
① 백심가단주철   ② 구상흑연주철
③ 회주철   ④ 주강

회주철은 주철 중 가장연한 주철로 인장 강도가 가장 낮다.

44 초경합금에 관한 사항으로 틀린 것은?
① WC분말에 Co분말을 890℃에서 가열 소결시킨 것이다.
② 내마모성이 아주 크다.
③ 인성, 내충격성 등을 요구하는 곳에는 부적합하다.
④ 전단, 인발, 압출 등의 금형에 사용된다.

초경합금은 취성이 커 소성가공용 금형으로는 부적합하다.

45 표준상태의 탄소강에서 탄소의 함유량이 증가함에 따라 증가하는 성질로 짝지어진 것은?
① 비열, 전기저항, 항복점
② 비중, 열팽창계수, 열전도도
③ 내식성, 열팽창계수, 비열
④ 전기저항, 연신율, 열전도도

46 담금질한 강재의 잔류 오스테나이트를 제거하며, 치수변화 등을 방지하는 목적으로 0℃ 이하에서 열처리하는 방법은?
① 저온뜨임
② 심랭처리
③ 마템퍼링
④ 용체화처리

47 다음 중 온도변화에 따른 탄성계수의 변화가 미세하며 고급시계, 정밀저울의 스프링에 사용되는 것은?
① 인코넬
② 엘린바
③ 니크롬
④ 실리콘브론즈

> 엘린바 : Ni36%, Cr13%, Fe의 합금

48 Fe-Mn, Fe-Si으로 탈산시켜 상부에 작은 수축관과 소수의 기포만이 존재하며 탄소 함유량이 0.15~0.3% 정도인 강은?
① 킬드강
② 캡드강
③ 림드강
④ 세미킬드강

> 세미킬드강 : 페르망간(Fe-Mn). 페르실리콘(Fe-Si), Al 등을 이용하여 약 탈산시켜 기포와 편석을 적게 한 강이다.

49 다음 중 뜨임의 목적과 가장 거리가 먼 것은?
① 인성 부여
② 내마모성의 향상
③ 탄화물의 고용강화
④ 담금질할 때 생긴 내부응력 감소

50 다음 중 피로 수명이 높으며 금속 스프링과 같은 탄성을 가지는 수지는?
① PE
② PC
③ PS
④ POM

51 스퍼 기어에서 이의 크기를 나타내는 방법이 아닌 것은?
① 모듈로서 나타낸다.
② 전위량으로 나타낸다.
③ 지름 피치로 나타낸다.
④ 원주 피치로 나타낸다.

> 정위량은 전위기어의 가공량이다.

52 회전수 600rpm, 베어링하중 18kN의 하중을 받는 레이디얼 저널 베어링의 지름은 약 몇 mm인가? (단, 이때 작용하는 베어링압력은 1N/mm², 저널의 폭(l)과 지름(d)의 비 $l/d = 2.0$으로 한다.)
① 80
② 85
③ 90
④ 95

$$P = \frac{W}{l \cdot d} = \frac{W}{2d^2}, \ l = \frac{18 \times 10^3}{2 \times d^2}, \ d = 94.86mm$$

정답 45 ① 46 ② 47 ② 48 ④ 49 ③ 50 ④ 51 ② 52 ④

53 재료의 기준강도(인장강도)가 400N/mm²이고 허용응력이 100N/mm²일 때, 안전율은?

① 0.2
② 1.0
③ 4.0
④ 16.0

$$S = \frac{400}{100} = 4$$

54 다음 중 용접법을 분류할 경우 용접부의 형상에 따라 구분한 것은?

① 가스 용접
② 필릿 용접
③ 아크 용접
④ 플라스마 용접

55 V벨트의 회전 속도가 30m/s, 벨트의 단위 길이당 질량이 0.15kg/m, 긴장측의 장력이 196N일 경우, 벨트의 회전력(유효장력)은 약 몇 N인가? (단, 벨트의 장력비는 $e^{\mu'\theta} = 4$이다.)

① 20.21
② 34.84
③ 45.75
④ 56.55

$$T_t = Pe \cdot \frac{e^{\mu'\theta}}{e^{\mu'\theta} - 1} + T_g$$
$$196 = Pe \times \frac{4}{4-1} + \left(\frac{0.15 \times 30^2 \times 9.8}{9.8}\right),\ Pe = 45.75N$$

56 핀 전체가 두 갈래로 되어 있어 너트의 풀림 방지나 핀이 빠져 나오지 않게 하는데 사용되는 핀은?

① 너클 핀
② 분할 핀
③ 평행 핀
④ 테이퍼 핀

57 150rpm으로 5kW의 동력으로 전달하는 중실축의 지름은 약 몇 mm 이상이어야 하는가? (단, 축 재료의 허용전단응력은 19.6MPa이다.)

① 36
② 40
③ 44
④ 48

$$974000 \times \frac{5}{150} \times 9.8 = 19.6 \times \frac{\pi d^3}{10}$$
$$d = 43.56mm$$

58 하중이 W[N]일 때 변위량을 δ[mm]라 하면 스프링 상수 k[N/mm]는?

① $k = \frac{\delta}{W}$
② $k = \frac{W}{\delta}$
③ $k = \delta \times W$
④ $k = W - \delta$

59 다음 ( )안에 들어갈 내용으로 옳은 것은?

> 보기
> 나사에서 나사가 저절로 풀리지 않고 체결되어 있는 상태를 자립상태(self-sustenance)라고 한다. 이 자립상태를 유지하기 위한 사각나사 효율은 ( ) 이어야 한다.

① 50% 이상
② 50% 미만
③ 25% 이상
④ 25% 미만

60 폴(pawl)과 결합하여 사용되며, 한쪽 방향으로는 간헐적인 회전운동을 주고 반대쪽으로는 회전을 방지하는 역할을 하는 장치는?

① 플라이 휠(fly wheel)
② 래칫 휠(rachet wheel)
③ 블록 브레이크(block brake)
④ 드럼 브레이크(drum brake)

정답 53 ③ 54 ② 55 ③ 56 ② 57 ③ 58 ② 59 ② 60 ②

제4과목 컴퓨터응용설계

61 곡면(Surface) 모델링 기법에 관한 설명으로 틀린 것은?
① 곡면 모델링 시스템은 와이어프레임 모델에 면 정보를 추가한 형태이다.
② 곡면을 이루는 각 면들의 곡면 방정식이 데이터베이스 내에 추가로 저장된다.
③ 곡면과 곡면의 인접한 정보는 Solid 모델에서는 다루는 정보이며 Surface 모델에서는 다루지 않는다.
④ 금형가공을 위한 NC 공구 경로 계산 프로그램에서 가공곡면의 형상을 제공하는데 사용될 수 있다.

면과 면의 인접정보, 즉 면옆에 면이 있다는 정보는 Surface 모델링에서도 가능하다.

62 서로 다른 CAD/CAM 프로그램 간의 데이터를 상호 교환하기 위한 데이터 표준이 아닌 것은?
① PHIGS   ② DIN
③ DXF   ④ STEP

interface file : PHIGS, DXF, STEP, IGES 등

63 IGES 파일의 구분에 해당하지 않는 것은?
① Start Section
② Local Section
③ Directory Entry Section
④ Parameter Data Section

Local Section은 DXF파일의 구조에 해당한다.

64 CAD시스템의 출력장치로 볼 수 없는 것은?
① 플로터(Plotter)
② 프린터(Printer)
③ 라이트 펜(Light Pen)
④ 래피드 프로토타이핑(Rapid Prototyping)

라이트 펜은 입력장치

65 제품이 수정되어 최적화될 수 있도록, 제품이 어떻게 작동할지를 모의실험하고 연구하는데 컴퓨터를 활용하는 기술은?
① CAD(Computer-aided Design)
② CAM(Computer-aided Manufacturing)
③ CAI(Computer-aided Inspection)
④ CAE(Computer-aided Engineering)

CAD : 컴퓨터응용설계
CAM : 컴퓨터응용생산
CAE : 컴퓨터응용공학

66 그림과 같이 2개의 경계곡선(위 그림)에 의해서 하나의 곡면(아래 그림)을 구성하는 기능을 무엇이라고 하는가?

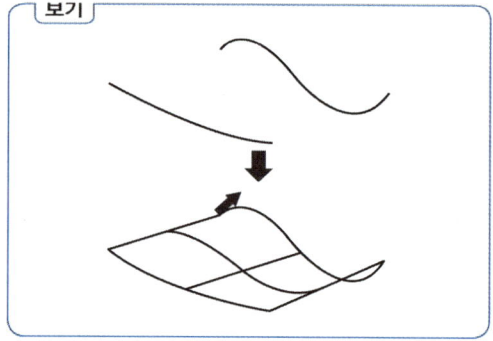

보기

① revolution   ② twist
③ loft   ④ extrude

정답 61 ③ 62 ② 63 ② 64 ③ 65 ④ 66 ③

67 3차원 형상의 솔리드 모델링에서 B-rep(Boundary representation)과 비교한 CSG(Constructive Solid Geometry)의 상대적인 특징으로 틀린 것은?

① 데이터의 구조가 간단하다.
② 데이터의 수정이 용이하다.
③ 전개도의 작성이 용이하다.
④ 메모리의 용량이 소용량이다.

> 면과 관련된 정보 이용에는 B-REP 방식이 유리하다

68 곡선의 양 끝점을 P_0과 P_1, 양 끝점에서의 접선 벡터를 P_0'과 P_1'이라고 할 때, 아래와 같은 식으로 표현되는 곡선($P(u)$)은?

> 보기
>
> $P(u) =$
> $[1-3u^2+2u^3 \quad 3u^2-2u^3 \quad u-2u^2+u^3 \quad -u^2+u^3]\begin{bmatrix} P_0 \\ P_1 \\ P_0' \\ P_1' \end{bmatrix}$

① Bezier 곡선 ② B-spline 곡선
③ Hermite 곡선 ④ NURBS 곡선

69 (x, y) 평면 좌표계에서 두 점 $P_1(x_1, y_1)$, $P_2(x_2, y_2)$를 알고 있을 때 두 점을 지나는 직선의 방정식을 바르게 표현한 것은?

① $(x_2-x_1)(y-y_1) = (y_2-y_1)(x-x_1)$
② $(y_2-x_1)(y-y_2) = (x_2-y_1)(x-x_1)$
③ $(x-y_2)(y_1-x_2) = (x_2-y_1)(y-x_1)$
④ $(x_2-x_1)(x-x_1) = (y_2-y_1)(y-y_1)$

> ① $y-y_1 = \left(\dfrac{y_2-y_1}{x_2-x_1}\right) \cdot (x-x_1)$
> ② $y-y_2 = \left(\dfrac{y_2-y_1}{x_2-x_1}\right)(x-x_2)$

70 B-spline 곡선의 특징으로 틀린 것은?

① 하나의 꼭지점을 움직여도 이웃하는 단위 곡선과의 연속성이 보장된다.
② 1개의 정점 변화는 곡선 전체에 영향을 준다.
③ 다각형에 따른 형상 예측이 가능하다.
④ 곡선상의 점 몇 개를 알고 있으면 B-spline 곡선을 쉽게 알 수 있다.

> 1개의 정점 변화가 곡선 전체에 영향을 주는 것은 Bezier 곡선이다.

71 R(빨강), G(초록), B(파랑) 계열의 색상에 각각 4bit씩 할당된 총 12bit plane을 사용하는 그래픽 장치에서 동시에 표시할 수 있는 색깔의 개수는 얼마인가?

① 512   ② 1024
③ 2048 ④ 4096

> $2^4 = 16$, $16^3 = 4096$

정답 67 ③ 68 ③ 69 ① 70 ② 71 ④

72 다음 중 NURBS 곡선의 방정식으로 옳은 것은? (단, $\vec{V}$는 조정점, h_i는 동차 좌표, $N_{i,k}$는 블렌딩 함수를 각각 의미한다.)

① $\vec{r}(u) = \sum_{i=0}^{n} \vec{V_i} N_{i,k}(u)$

② $\vec{r}(u) = \dfrac{\sum_{i=0}^{n} \vec{V_i} N_{i,k}(u)}{\sum_{i=0}^{n} h_i N_{i,k}(u)}$

③ $\vec{r}(u) = \dfrac{\sum_{i=0}^{n} \vec{V_i} h_i N_{i,k}(u)}{\sum_{i=0}^{n} N_{i,k}(u)}$

④ $\vec{r}(u) = \dfrac{\sum_{i=0}^{n} \vec{V_i} h_i N_{i,k}(u)}{\sum_{i=0}^{n} h_i N_{i,k}(u)}$

73 3차원 공간상에서 세 점 $r_0(x_0, y_0, z_0)$, $r_1(x_1, y_1, z_1)$, $r_2(x_2, y_2, z_2)$를 지나는 평면의 방정식 ($r(x, y, z)$)을 나타내는 식으로 옳은 것은?

① $r \cdot [(r_1 - r_0) \times (r_2 - r_0)] = r_1 \cdot [(r_1 - r_0) \times (r_2 - r_1)]$

② $r \cdot [(r_1 - r_0) \times (r_2 - r_0)] = r_0 \cdot [(r_1 - r_0) \times (r_2 - r_0)]$

③ $r \cdot [(r_1 - r_0) \times (r_2 - r_1)] = r_2 \cdot [(r_1 - r_0) \times (r_2 - r_0)]$

④ $r \cdot [(r_2 - r_1) \times (r_2 - r_0)] = r_0 \cdot [(r_2 - r_1) \times (r_2 - r_1)]$

74 특징 형상 모델링(Feature-based Modeling)의 특징으로 거리가 먼 것은?

① 기본적인 형상 구성 요소와 형상 단위에 관한 정보를 함께 포함하고 있다.
② 전형적인 특징 형상으로 모떼기(chamfer), 구멍(hole), 슬롯(slot), 등이 있다.
③ 특징 형상 모델링 기법을 응용하여 모델로부터 공정계획을 자동으로 생성시킬 수 있다.
④ 주로 트위킹(tweaking)) 기능을 이용하여 모델링을 수행한다.

75 CAD 소프트웨어에서 형상 모델러가 하는 가장 기본적인 역할은?

① 컴퓨터 내에 저장되어 있는 형상정보를 인쇄하는 기능
② 물체의 기하학적인 형상을 컴퓨터 내에서 표현하는 기능
③ 물체의 3차원 위상정보를 컴퓨터에 입력하는 기능
④ 컴퓨터 내에 저장되어 있는 형상을 다른 소프트웨어로 보내는 기능

76 다음 중 솔리드 모델링 시스템에서 사용하는 일반적인 기본형상(Primitive)이 아닌 것은?

① 곡면　　　② 실린더
③ 구　　　　④ 원추

> 곡면은 2차원 Primitive이다.

정답　72 ④　73 ②　74 ④　75 ②　76 ①

77 2차원 변환 행렬이 다음과 같을 때 좌표변환 H는 무엇을 의미하는가?

> 보기
> $$H = \begin{bmatrix} 3 & 0 & 0 \\ 0 & 3 & 0 \\ 0 & 0 & 1 \end{bmatrix}$$

① 확대
② 회전
③ 이동
④ 반사

78 솔리드 모델을 나타내는데 있어서 분해모델(decomposition model)을 나타내는 표현 방법에 속하지 않는 것은?

① 복셀 표현(voxel representation)
② 옥트리 표현(Octree representation)
③ 날개 모서리 자료 표현(Winged-edge representation)
④ 세포 표현(cell representation)

> 분해 모델로는 voxel, Octree, cell 등이 있다.

79 이진법 1011을 십진법으로 계산하면 얼마인가?

① 2
② 4
③ 8
④ 11

> $1 \times 2^3 + 0 \times 2^2 + 1 \times 2^1 + 1 \times 2^0 = 11$

80 기존에 만들어진 제품의 도면이 없는 경우, 실제 제품의 크기와 형상 자료를 얻는데 편리한 입력 장치는?

① 3차원 측정기
② 비트 플레인
③ 태블릿(tablet)
④ 스타일러스 펜(stylus pen)

정답 77 ① 78 ③ 79 ④ 80 ①

PART 04 과년도 기출문제

1·2회 통합
2020년 6월 21일 시행

제1과목 기계가공법 및 안전관리

01 구성인선에 대한 설명으로 틀린 것은?
① 치핑 현상을 막는다.
② 가공 정밀도를 나쁘게 한다.
③ 가공면의 표면 거칠기를 나쁘게 한다.
④ 절삭공구의 마모를 크게 한다.

> ① 구성인선(built-up-edge) : 칩이 날 끝에 달라붙어 성장하며 충격으로 깨지고 떨어져 나가고 다시 달라붙어 성장하는 일련의 과정이 반복되는 현상
> ② 치핑(Chiping) : 날이 부서져 떨어져 나가는 현상

02 GC 60 K m V 1호이며 외경이 300mm인 연삭 숫돌을 사용한 연삭기의 회전수가 1700rpm이라면 숫돌의 원주 속도는 약 몇 m/min인가?
① 102   ② 135
③ 1602   ④ 1725

> $V = \dfrac{\pi d N}{1000} = \dfrac{\pi \times 300 \times 1700}{1000} = 1602\,m/min$

03 게이지 블록을 취급할 때 주의사항으로 적절하지 않은 것은?
① 목재 작업대나 가죽 위에서 사용할 것
② 먼지가 적고 습한 실내에서 사용할 것
③ 측정면은 깨끗한 천이나 가죽으로 잘 닦을 것
④ 녹이나 돌기의 해를 막기 위하여 사용한 뒤에는 방청유를 칠해 둘 것

> 블록게이지는 표면이 건식래핑 처리되어 있어 정밀도가 아주 우수하다.
> 사용시 먼지가 적고 습하지 않은 곳에서 사용해야 한다.

04 총형공구에 의한 기어절삭에 만능밀링머신의 분할대와 같이 사용되는 밀링커터는?
① 베벨 밀링커터
② 헬리컬 밀링커터
③ 인벌류트 밀링커터
④ 하이포이드 밀링커터

> 밀링머신에서 인벌류트 밀링커터로 기어를 가공하는 방법을 총형법이라 한다.

05 리드 스크루가 1인치당 6산의 선반으로 1인치에 대하여 $5\dfrac{1}{2}$산의 나사를 깎으려고 할 때, 변환기어 값은? (단, 주동측 기어 : A, 종동측 기어 : C이다.)
① A : 127, C : 110
② A : 130, C : 110
③ A : 110, C : 127
④ A : 120, C : 110

> $i = \dfrac{\text{나사산의 피치}}{\text{리드스크류의 피치}} = \dfrac{\text{주동기어잇수}}{\text{종동기어잇수}} = \dfrac{6}{5.5} = \dfrac{120}{110}$

정답 1 ③   2 ③   3 ②   4 ③   5 ④

06 수평밀링과 유사하나 복잡한 형상의 지그, 게이지, 다이 등을 가공하는 소형 밀링머신은?
① 공구 밀링머신
② 나사 밀링머신
③ 플레이너형 밀링머신
④ 모방 밀링머신

07 드릴 선반부에 마멸이 생긴 경우 선단부의 끝날을 연삭하여 사용하는 방법은?
① 시닝(thinning)
② 트루잉(truing)
③ 드레싱(dressing)
④ 글레이징(glazing)

드릴의 원추 끝 부분이 마모되었을 때 연삭기로 가공하여 날 끝 재생시키는 작업을 시닝(thinning)이라 한다.

08 진직도를 수치화할 수 있는 측정기가 아닌 것은?
① 수준기
② 광선정반
③ 3차원 측정기
④ 레이저 측정기

광선정반 : 평면측정

09 공작기계의 종류 중 테이블의 수평 길이 방향 왕복운동과 공구는 테이블의 가로 방향으로 이송하며, 대형 공작물의 평면 작업에 주로 사용하는 것은?
① 코어 보링 머신
② 플레이너
③ 드릴링 머신
④ 브로칭 머신

소형공작물의 면 가공은 셰이퍼, 셰이퍼로 가공할 수 없는 대형공작물의 면 가공은 플레이너로 한다.

10 다음 연삭숫돌의 규격표시에서 'L'이 의미하는 것은?

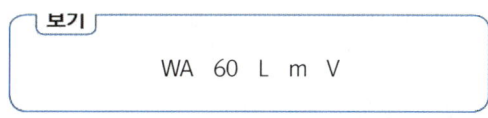

① 입도
② 조직
③ 결합제
④ 결합도

- WA : 입자
- 60 : 입도
- L : 결합도
- m : 조직
- V : 결합제

11 CNC 선반에서 그림과 같이 A에서 B로 이동시 증분좌표계 프로그램으로 옳은 것은?

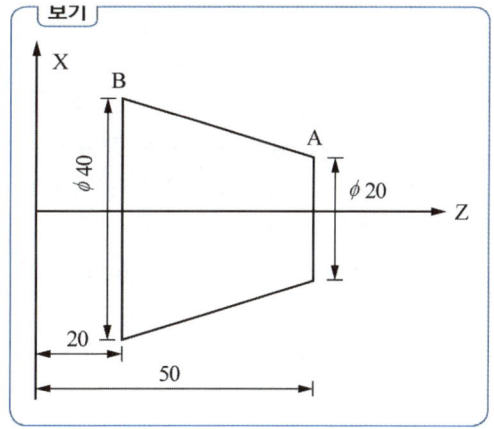

① X40.0 Z20.0 ;
② U20.0 Z20.0 ;
③ U20.0 W-30.0 ;
④ X40.0 W-30.0 ;

① X, Z : 절대좌표 어드레스
② U, W : 증분좌표 어드레스

정답 6 ① 7 ① 8 ② 9 ② 10 ④ 11 ③

12 수평식 보링머신의 분류가 아닌 것은?
① 베드형   ② 플로우형
③ 테이블형   ④ 플레이너형

> 수평식 보링머신의 종류 3가지
> ① 플로우형
> ② 테이블형
> ③ 플레이너형

13 게이지블록 등의 측정기 측정면과 정밀기계 부품, 광학 렌즈 등의 마무리 다듬질 가공방법은 가장 적절한 것은?
① 연삭   ② 래핑
③ 호닝   ④ 밀링

> 게이지블록의 표면은 건식래핑 처리 되어 있다.

14 밀링 가공에서 테이블의 이송속도를 구하는 식으로 옳은 것은? (단, F는 테이블 이송속도(mm/min), f_z는 커터 1개의 날 당 이송(mm/tooth), Z는 커터의 날수, n은 커터의 회전수(rpm), f_r은 커터 1회전당 이송(mm/rev)이다.)
① $F = f_z \times Z$
② $F = f_r \times f$
③ $F = f_z \times f_r \times n$
④ $F = f_z \times Z \times n$

> 밀링머신에서 이송속도는 밀링커터가 분당 몇 mm를 이송하는지를 표현한다.

15 전해연삭의 특징이 아닌 것은?
① 가공면은 광택이 나지 않는다.
② 기계적인 연삭보다 정밀도가 높다.
③ 가공물의 종류나 경도에 관계없이 능률이 좋다.
④ 복잡한 형상의 가공물을 변형없이 가공할 수 있다.

> 전해연삭시 정밀도는 기계적 연삭보다 정밀도가 낮다. 기계적 연삭이란 연삭시 가공을 예로 들 수 있다.

16 치공구를 사용하는 목적으로 틀린 것은?
① 복잡한 부품의 경제적인 생산
② 작업자의 피로가 증가하고 안전성 감소
③ 제품의 정밀도 및 호환성의 향상
④ 제품의 불량이 적고 생산능력을 향상

> 치공구의 목적은 가공시 제품의 정밀도, 가공공구와의 호환성, 생산능력을 향상시키고 경제적인 생산에 있다.

17 선반 작업에서의 안전사항으로 틀린 것은?
① 칩(chip)은 손으로 제거하지 않는다.
② 공구는 항상 정리정돈하며 사용한다.
③ 절삭 중 측정기로 바깥지름을 측정한다.
④ 측정, 속도변환 등은 반드시 기계를 정지한 후에 한다.

정답 12 ① 13 ② 14 ④ 15 ② 16 ② 17 ③

18 범용 선반작업에서 내경 테이블 절삭가공방법이 아닌 것은?

① 테이퍼 리머에 의한 방법
② 복식공구대의 회전에 의한 방법
③ 테이퍼 절삭장치를 이용하는 방법
④ 심압대를 편위시켜 가공하는 방법

> **심압대를 편위시키는 방법**
> 비교적 길이가 긴 공작물을 가공할 때 사용하는 방법으로 양 센터 사이에 공작물을 설치하고 센터를 서로 엇갈리게 하여 절삭하는 방법이다.

19 절삭유의 사용 목적이 아닌 것은?

① 공작물 냉각
② 구성인선 발생 방지
③ 절삭열에 의한 정밀도 저하
④ 절삭공구의 날 끝의 온도상승 방지

> **절삭유 사용목적**
> ① 냉각작용
> ② 윤활작용
> ③ 세척작용

20 배럴 가공 중 가공물의 치수 정밀도를 높이고, 녹이나 스케일 제거의 역할을 하기 위해 혼합되는 것은?

① 강구　　② 맨드릴
③ 방진구　　④ 미디

> **배럴가공**
> 회전하는 상자에 공작물과 숫돌입자, 공작액, 콤파운드 등을 함께 넣어 공작물이 입자와 충돌하는 동안에 그 표면의 요철을 제거하며, 매끈한 가공면을 얻는 방법이다.

제2과목 기계제도

21 다음 용접 기호 중 필릿 용접 기호는?

① I형 홈 용접
② V형, X형
③ V형, K형
④ 필릿용접 기호

22 베어링 호칭 번호가 6301인 구름베어링의 안지름은 몇 mm인가?

① 10　　② 11
③ 12　　④ 15

> ① 10mm : 00번
> ② 12mm : 01번
> ③ 15mm : 02번

23 그림에서 도시한 KS A ISO 6411-A4/8.5의 해석으로 틀린 것은?

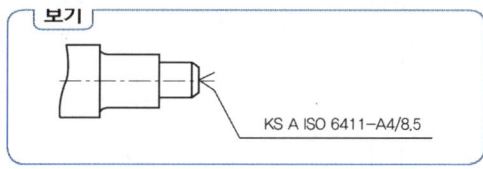

① 센터구멍의 간략 표시를 나타낸 것이다.
② 종류는 A형으로 모따기가 있는 경우를 나타낸다.
③ 센터 구멍이 필요한 경우를 나타내었다.
④ 드릴 구멍의 지름은 4mm, 카운터싱크 구멍지름은 8.5mm이다.

> A : A형 센터 구멍을 의미한다.

24 다음 기하공차 중에서 자세 공차를 나타내는 것은?

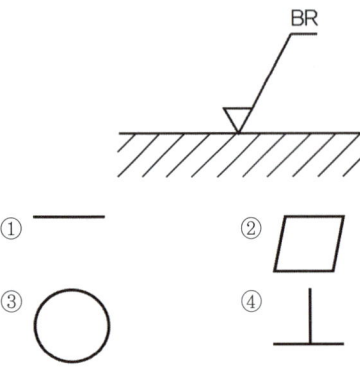

① 진직도 공차
② 평면도 공차
③ 진원도 공차
④ 직각도 공차
여기서, ①, ②, ③은 모양공차, ④는 자세공차이다.

25 그림과 같이 입체도에서 화살표 방향이 정면일 경우 평면도로 가장 적합한 투상도는?

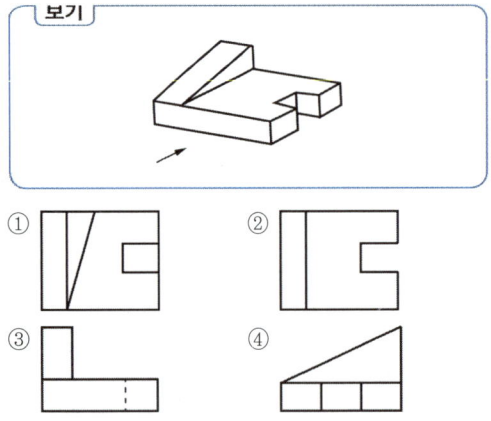

② 평면도
③ 정면도
④ 우측면도

26 다음과 같은 3각법으로 그린 투상도의 입체도로 가장 옳은 것은? (단, 화살표 방향이 정면이다.)

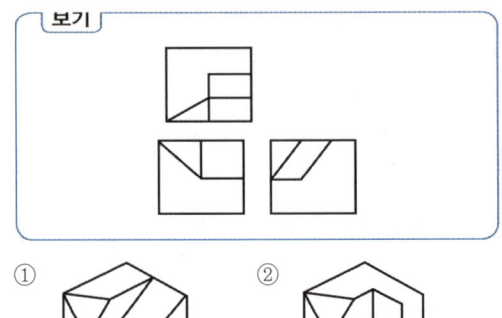

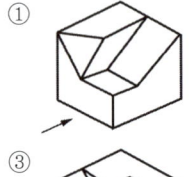 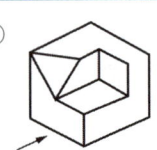

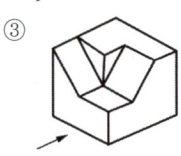 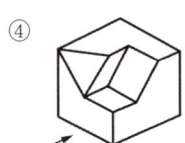

27 그림과 같이 탄소강 재질의 가공품 질량은 약 몇 g인가? (단, 치수의 단위는 mm이며, 탄소강의 밀도는 7.8g/cm³으로 계산한다.)

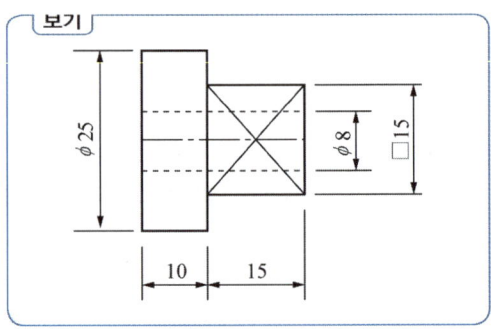

① 49.09   ② 54.81
③ 64.54   ④ 71.75

$$m = \rho \cdot V \\ = 7.8 \times \left\{ \frac{\pi}{4} \times (2.5^2 - 0.8^2) \times 1 + (1.5 \times 1.5 - \frac{\pi}{4} \times 0.8^2) \times 5 \right\} \\ = 54.81g$$

24 ④   25 ②   26 ④   27 ②

28 다음과 같은 기하공차에 대한 설명으로 틀린 것은?

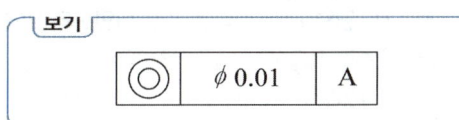

① 허용공차가 ⌀0.01 이내이다.
② 문자 'A'는 데이텀을 나타낸다.
③ 기하공차는 원통도를 나타낸다.
④ 지름이 여러 개로 구성된 다단 축에 주로 적용하는 기하공차이다.

기하공차는 동축도이다.

29 치수를 기입할 때 기준면을 설정하여 기점기호(○)를 사용한 후 기점기호를 기준으로 치수를 기입하는 방법은?
① 직렬 치수기입
② 병렬 치수기입
③ 누진 치수기입
④ 좌표 치수기입

① 직렬치수기입방법: 직렬로 나란히 연속되는 개개의 치수가 계속되어도 상관이 없는 경우 사용한다.
② 병렬치수기입방법: 하나 하나의 치수에 대한 공차에는 영향을 주지 않을 때 사용한다.

30 다음 중 토우를 매끄럽게 하라는 용접부 및 용접부 표면의 보조기호는?
① 　②
③ 　④

-  : 끝단부를 매끄럽게
- ──── : 평면 다듬질
- ⌢ : 볼록(凸)형
- M : 영구적인 덮개판 사용

31 KS재료 기호 명칭 중에서 "SF340A"로 나타내는 재질의 명칭은?
① 냉간 압연 강재
② 탄소강 단강품
③ 보일러용 압연 강재
④ 일반 구조용 탄소 강관

① 냉간압연강재: SCP
② 기계구조용탄소강재: SM

32 그림의 기호가 의미하는 표면의 무늬결의 지시에 대한 설명으로 옳은 것은?

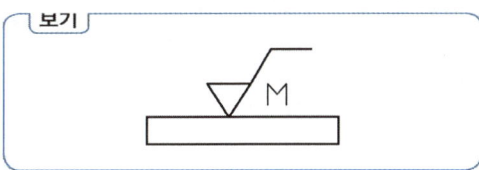

① 표면의 무늬결이 여러 방향이다.
② 표면의 무늬결 방향이 기호가 사용된 투상면에 수직이다.
③ 기호가 적용되는 표면의 중심에 관해 대략적으로 원이다.
④ 기호가 사용되는 투상면에 관해 2개의 경사방향에 교차한다.

② ⊥
③ C
④ X

33 다음 제3각법으로 투상된 도면 중 잘못된 투상도가 포함된 것은?

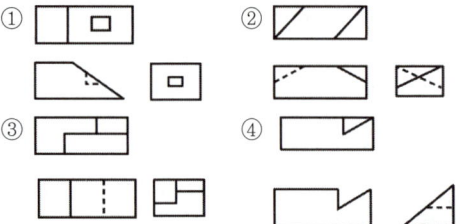

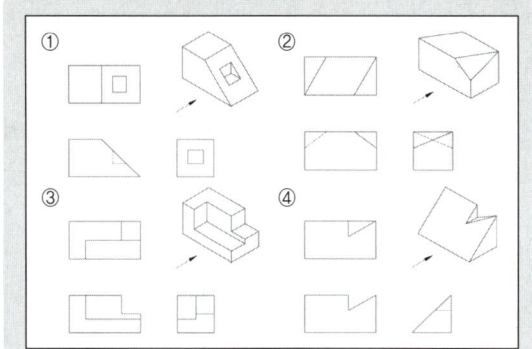

34 그림과 같은 KS 용접기호의 명칭은?

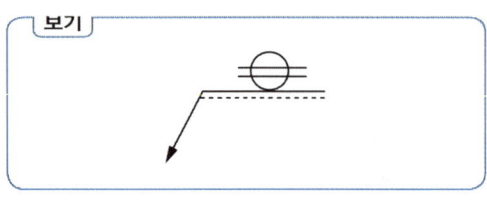

① 플러그 용접 ② 점 용접
③ 이면 용접 ④ 심 용접

① 플러그 용접 :

35 그림과 같이 절단할 곳의 파단선으로 끊어서 회전도시 단면도로 나타낼 때 단면도의 외형선은 어떤 선을 사용해야 하는가?

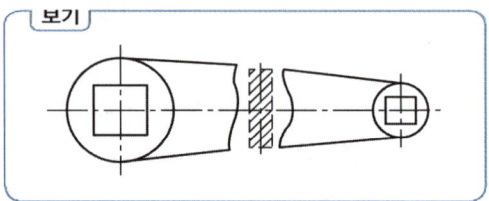

① 굵은 실선 ② 가는 실선
③ 굵은 1점 쇄선 ④ 가는 2점 쇄선

36 다음 그림과 같은 I형강의 표시방법으로 옳은 것은? (단, L은 형강의 길이이다.)

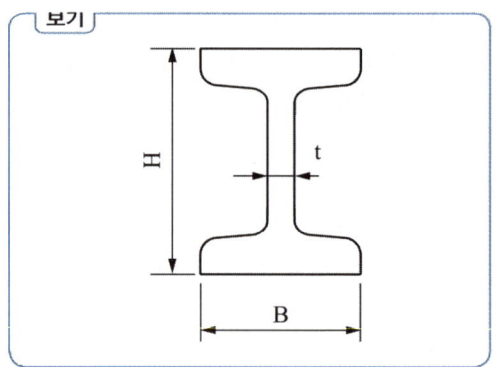

① I H×B×t×L ② I B×H×t-L
③ I B×H×t×L ④ I H×B×t-L

형, 높이, 폭, 두께, 길이 순으로 표시

정답   33 ③   34 ④   35 ①   36 ④

37 일반적으로 그림과 같은 입체도를 제1각법과 제3각법으로 도시할 때 배열 위치가 동일한 것을 모두 고른 것은?

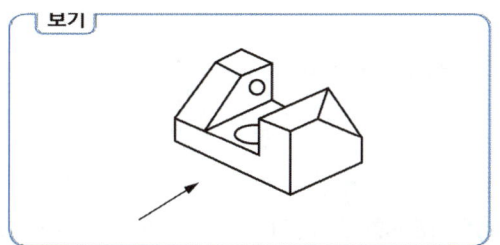

① 정면도, 배면도
② 정면도, 배면도
③ 우측면도, 배면도
④ 정면도, 우측면도

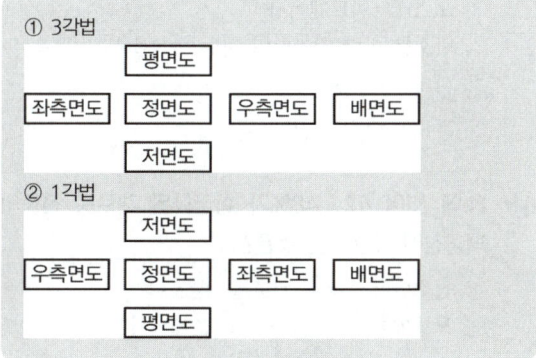

38 다음 도면에서 L로 표시된 부분의 길이(mm)는?

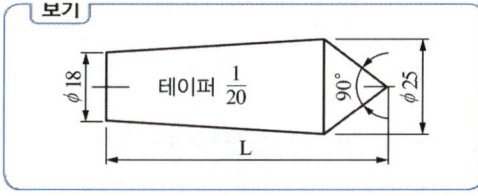

① 52.5
② 85.0
③ 140.0
④ 152.5

39 구멍의 치수가 $\phi 50^{+0.005}_{-0.004}$이고, 축의 치수가 $\phi 50^{+0.005}_{-0.004}$일 때 최대틈새는?

① 0.004
② 0.005
③ 0.008
④ 0.009

최대틈새 = 50.005 − 49.996 = 0.009

40 다음 중 무하중 상태로 그려지는 스프링이 아닌 것은?

① 접시 스프링
② 겹판 스프링
③ 벌류트 스프링
④ 스파이럴 스프링

겹판스프링은 하중상태에서 그린다.

제3과목 기계설계 및 기계재료

41 다음 중 소결경질합금이 아닌 것은?

① 위디아(Widia)
② 탕갈로이(Tungaloy)
③ 카보로이(Carboloy)
④ 코비탈륨(Cobitalium)

코비탈륨(Cobitalium) : Al-Cu-Si

42 0.4%C의 탄소강을 950℃로 가열하여 일정시간 충분히 유지시킨 후 상온까지 서서히 냉각시켰을 때의 상온 조직은?

① 페라이트 + 펄라이트
② 페라이트 + 소르바이트
③ 시멘타이트 + 펄라이트
④ 시멘타이트 + 소르바이트

정답 37 ① 38 ④ 39 ④ 40 ② 41 ④ 42 ①

43 순철의 변태에서 α-Fe이 γ-Fe로 변화하는 변태는?

① A₁ 변태 ② A₂ 변태
③ A₃ 변태 ④ A₄ 변태

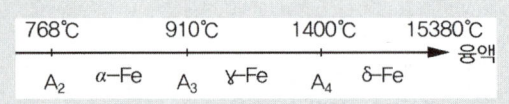

44 다공질 재료에 윤활유를 흡수시켜 계속해서 급유하지 않아도 되는 베어링 합금은?

① 켈밋 ② 루기메탈
③ 오일라이트 ④ 하이드로날륨

윤활유 급유가 필요없는 베어링은 오일리스 베어링이다.

45 7:3 황동에 Sn을 1% 첨가한 것으로 전연성이 우수하여 관 또는 판을 만들어 증발기와 열교환기 등에 사용되는 것은?

① 에드미럴티 황동 ② 네이벌 황동
③ 알루미늄 황동 ④ 망간 황동

• 7:3 황동 + 1% 주석 → 어드미럴티 황동
• 6:4 황동 + 1% 주석 → 네이벌 황동

46 다음 중 열처리에 풀림의 목적과 가장 거리가 먼 것은?

① 조직의 균질화 ② 냉간 가공성 향상
③ 재질의 경화 ④ 잔류 응력 제거

재질의 경화는 담금질과 관련있다.

47 열가소성 재료의 유동성을 측정하는 시험방법은?

① 뉴턴 인덱스법 ② 멜트 인덱스법
③ 캐스팅 인덱스법 ④ 샤르피 시험법

샤르피 시험법 : 충격시험

48 18-8형 스테인리스강의 특징에 대한 설명으로 틀린 것은?

① 합금성분은 Fe를 기반으로 Cr 18%, NI 8%이다.
② 비자성체이다.
③ 오스테나이트계이다.
④ 탄소를 다량 첨가하면 피팅 부식을 방지할 수 있다.

49 Fe에 Ni이 42~48%가 합금화된 재료로 전등의 백금선에 대용되는 것은?

① 콘스탄탄 ② 백동
③ 모넬메탈 ④ 플래티나이트

• 콘스탄탄 : Ni 45% 함유, 열전대선
• 모넬메탈 : Ni 55% 함유, 증기밸브 등
• 백동 : NI 20% 함유, 화폐, 열교환기 등

50 주철을 파면에 따라 분류할 때 해당되지 않는 것은?

① 회주철 ② 가단주철
③ 반주철 ④ 백주철

가단주철 : 백주철을 원료로 하여 만듦

정답 43 ③ 44 ③ 45 ① 46 ③ 47 ② 48 ④ 49 ④ 50 ②

51 용접이음의 단점에 속하지 않는 것은?
① 내부 결함이 생기기 쉽고 정확한 검사가 어렵다.
② 다른 이음작업과 비교하여 작업 공정이 많은 편이다.
③ 용접공의 기능에 따라 용접부의 강도가 좌우된다.
④ 잔류응력이 발생하기 쉬워서 이를 제거하는 작업이 필요하다.

> 용접은 기계적 이음에 비해 공정수가 적고 이음효율이 높아 영구적 이음에 해당한다.

52 어떤 블록 브레이크 장치가 5.5kW의 동력을 제동할 수 있다. 브레이크 블록의 길이가 80mm, 폭이 20mm라면 이 브레이크의 용량은 몇 MPa·m/s인가?
① 3.4　　② 4.2
③ 5.9　　④ 7.3

> $\frac{5.5 \times 10^3}{0.08 \times 0.02} \times 10^{-6} = 3.44 \text{MPa} \cdot \text{m/sec}$

53 회전수 1500rpm, 축의 직경 110mm인 묻힘키를 설계하려고 한다. 폭이 28mm, 높이가 18mm, 길이가 300mm일 때 묻힘키가 전달할 수 있는 최대 동력(kW)은? (단, 키의 허용전단응력 τ_a= 40MPa이며, 키의 허용전단응력만을 고려한다.)
① 933　　② 1265
③ 2903　　④ 3759

> $\tau_k = \frac{2T}{b\ell d} = \frac{2 \times 974000 \times 9.8 \times H}{b\ell d \times N}$
> $40 = \frac{2 \times 974000 \times 9.8 \times H}{28 \times 300 \times 110 \times 1500}$
> $H = 2904.08 \text{kW}$

54 45kN의 하중을 받는 엔드 저널의 지름은 약 몇 mm인가? (단, 저널의 지름과 길이의 비 $\frac{길이}{지름}$ = 1.5이고, 저널이 받는 평균압력은 5MPa이다.)
① 70.9　　② 74.6
③ 77.5　　④ 82.4

> $P = \frac{W}{d \cdot \ell} = \frac{W}{1.5d^2}$
> $5 = \frac{45 \times 10^3}{1.5 \times d^2}$, $d = 77.46 \text{mm}$

55 기어 절삭에서 언더컷을 방지하기 위한 방법으로 옳은 것은?
① 기어의 이 높이를 낮게, 압력각은 작게 한다.
② 기어의 이 높이를 낮게, 압력각은 크게 한다.
③ 기어의 이 높이를 높게, 압력각은 작게 한다.
④ 기어의 이 높이를 높게, 압력각은 크게 한다.

> 이의 간섭이 발생하지 않고 이를 크게 하는 것이 언더컷을 방지할 수 있다.

56 외경 10cm, 내경 5cm의 속빈 원동이 축 방향으로 100kN의 인장 하중을 받고 있다. 이 때 축 방향 변형률은? (단, 이 원통의 세로탄성계수는 120GPa이다.)
① 1.415×10^{-4}　　② 2.415×10^{-4}
③ 1.415×10^{-3}　　④ 2.415×10^{-3}

> $\epsilon = \frac{P}{EA} = \frac{4 \times 100 \times 10^3}{120 \times 10^9 \times \pi \times (0.1^2 - 0.05^2)} = 1.415 \times 10^{-4}$

정답　51 ②　52 ①　53 ③　54 ③　55 ②　56 ①

57 나사의 종류 중 먼지, 모래 등이 나사산 사이에 들어가도 나사의 작동에 별로 영향을 주지 않으므로 잔구와 소켓의 결합부, 또는 호스의 이음부에 주로 사용되는 나사는?
① 사다리꼴나사 ② 톱니나사
③ 유니파이 보통나사 ④ 둥근나사

58 축을 형상에 따라 분류할 경우 이에 해당되지 않는 것은?
① 크랭크축 ② 차축
③ 직선축 ④ 유연성축

59 8m/s의 속도로 15kW의 동력을 전달하는 평벨트의 이완측 장력(N)은? (단, 긴장측의 장력은 이완측 장력의 3배이고, 원심력은 무시한다.)
① 938 ② 1471
③ 1961 ④ 2942

$P_e = T_e - T_s = 2T_s$
$H = P_e \cdot V$, $15 = 2T_s \times 8 \times 10^{-3}$
$T_s = 937.5N$

60 스프링 종류 중 하나인 고무 스프링(rubber spring)의 일반적인 특징에 관한 설명으로 틀린 것은?
① 여러 방향으로 오는 하중에 대한 방진이나 감쇠가 하나의 고무로 가능하다.
② 형상을 자유롭게 선택할 수 있고, 다양한 용도로 적용이 가능하다.
③ 방진 및 방음 효과가 우수하다.
④ 저온에서의 방진 능력이 우수하여 -10℃ 이하의 저온저장고 방진장치에 주로 사용된다.

제4과목 컴퓨터응용설계

61 B-rep 모델링 방식의 특성이 아닌 것은?
① 화면 재생시간이 적게 소요된다.
② 3면도, 투시도, 전개도 작성이 용이하다.
③ 데이터의 상호 교환이 쉽다.
④ 입체의 표면적 계산이 어렵다.

B-rep 방식은 모든 방향에서 본 면을 생성하여 조합하는 방식의 모델링 방식으로 표면적 계산에는 유리하다.

62 미리 정해진 내용의 문자나 숫자들을 컴퓨터가 인식할 수 있도록 정한 후 사람의 글씨 또는 인쇄된 문자를 스캔하여 컴퓨터에 문자를 인식시키는 입력장치는?
① CRT ② MICR
③ OCR ④ OMR

① CRT : 그래픽 스크린
② OCR(Optical Chelacter Recognition)
 - 서류, 서적 등의 정보를 디지털정보로 변환이 가능
 - 이미지 파일로 된 문자를 따로 타이핑할 필요없이 텍스트 파일로 변환
③ 스캔과 동시에 글자가 타이핑되어 편집이 가능

63 Bezier 곡선방정식의 특징으로서 적당하지 않은 것은?
① 생성되는 곡선은 조정 다각형의 시작점과 끝점을 반드시 통과해야 한다.
② 조정 다각형의 첫째 선분은 시작점의 접선벡터와 같은 방향이고, 마지막 선분은 끝점의 접선벡터와 같은 방향이다.
③ 조정 다각형의 꼭짓점의 순서를 거꾸로 하여 곡선을 생성하여도 같은 곡선을 생성하여야 한다.
④ 꼭짓점의 한 곳이 수정될 경우 그 점을 중심으로 일부만 수정이 가능하므로 곡선의 국부적인 조정이 가능하다.

57 ④ 58 ② 59 ① 60 ④ 61 ④ 62 ③ 63 ④

베지에 곡선은 조정점 1개만 수정하여도 전혀 다른 곡선으로 변경됨

64 원기둥을 3가지 3차원 형상 모델(CSG, B-rep, Voxel)로 표현할 때 요구되는 메모리 공간의 일반적인 크기의 비교로 옳은 것은?

① B-rep > CSG > Voxel
② B-rep > Voxel > CSG
③ Voxel > CSG > B-rep
④ Voxel > B-rep > CSG

복셀(Voxel)
3차원 공간의 한 점을 정의한 그래픽 정보 용어로 볼 수 있으면 3D 형상의 모든 점을 표현할 수 있는 메모리 공간이 필요하다.

65 3D CAD 데이터를 사용하여 레이아웃이나 조립성 등을 평가하기 위하여 컴퓨터상에서 부품을 설계하고 조립체를 생성하는 것은?

① rapid prototyping
② digital mock-up
③ part programming
④ reverse engineering

Mock-up
제품디자인의 평가를 위하여 실물크기의 모형을 생성하는 것

66 다음은 컴퓨터를 구성하는 장치의 5대 요소에 의한 기본적인 정보처리과정을 나타낸 것이다. (A)안에 들어갈 것으로 옳은 것은?

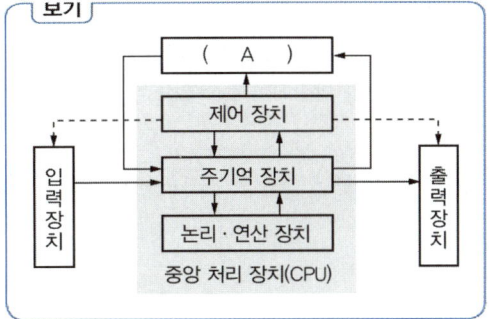

① 인터페이스(interface)
② 보조 기억 장치(auxiliary memory)
③ 부호기(encoder)
④ 마이크로프로세서(microprocessor)

컴퓨터의 5대 장치
① 입력장치
② 제어장치
③ 기억장치
④ 연산장치
⑤ 출력장치

67 B-spline 곡선을 다양하게 변형할 수 있는 non-uniform한 곡선을 무엇이라고 하는가?

① Bezier 곡선   ② Spline 곡선
③ NURBS 곡선   ④ Coons 곡선

NURBS 곡선
공학설계에서 가장 많이 사용되는 곡선 표현 방식으로 다른 종류의 곡선표현을 포용한다.

정답 64 ④ 65 ② 66 ② 67 ③

68 (x, y)좌표 기반의 2차원 평면에서 정의되는 직선의 방정식에서 기울기의 절댓값이 가장 큰 것은?

① 수평축에서 135도 기울어져 있는 직선
② x축 절편이 3, y축 절편이 15인 직선
③ 점 (10, 10), (25, 55)을 지나는 직선
④ 직선의 방정식이 4y = 2x+7인 직선

① $\tan(180-135) = 1$
② $a = \dfrac{-15}{3} = -5$
③ $a = \dfrac{45}{15} = 3$
④ $a = \dfrac{2}{4} = \dfrac{1}{2}$

69 다음 중 knot 벡터를 사용하여 국부적인 변형이 가능한 곡선은?

① Bezier 곡선
② B-spline 곡선
③ Ferguson 곡선
④ 음함수 곡선

B-spline 곡선 한 점을 수정하여도 곡선전체에 영향을 주지 않는다.

70 다음과 같은 원추곡선(conic curve) 방정식을 정의하기 위해 필요한 구속조건의 수는?

보기
$$f(x, y) = ax^2 + bxy + cy^2 + dx + ey + g = 0$$

① 3개
② 4개
③ 5개
④ 6개

원추곡선
① 원의 방정식 : $x^2 + y^2 = r^2$
② 포물선의 방정식 : $y^2 = 4ax^2$
③ 타원의 방정식 : $\dfrac{x^2}{a^2} + \dfrac{y^2}{b^2} = 1$
④ 쌍곡선의 방정식 : $\dfrac{x^2}{a^2} - \dfrac{y^2}{b^2} = 1$

71 다음 중 기본적인 2차원 동차 좌표 변환으로 볼 수 없는 것은?

① 압출(extrusion)
② 이동(translation)
③ 회전(rotation)
④ 반사(reflection)

좌표변환 : 이동, 확대·축소, 회전, 반사, 전단 등

72 모델형상의 실제 기하학적 크기는 변화 없이 화면상의 출력 이미지에 대한 시각적인 확대 또는 축소가 이루어지는 것은?

① Panning
② Clipping
③ Zooming
④ Grouping

① panning : 도면의 다른 영역을 보기위해 디스플레이 윈도우를 이동시키는 행위
② clipping : 필요없는 요소를 제거하는 방법. 주로 그래픽에서 클리핑 윈도우로 정의된 영역 밖에 존재하는 요소들을 제거하는 것을 의미

73 CAD(Computer-Aided Design) 소프트웨어의 가장 기본적인 역할은?

① 기하 형상의 정의
② 해석결과의 가시화
③ 유한요소 모델링
④ 설계물의 최적화

평판형 출력장치
① PDP방식
② LCD방식
③ LED방식

74 다음 출력장치 중 래스터 스캔 방식으로 운영되는 장치가 아닌 것은?
① 정전식 플로터
② 레이저 프린터
③ 잉크젯 플로터
④ 평판 플로터

75 NC 데이터에 의한 NC 가공작업이 쉬운 모델링은?
① 와이어 프레임 모델링
② 서피스 모델링
③ 솔리드 모델링
④ 윈도우 모델링

> 와이어 프레임 모델은 NC 작업 불가능, NC 작업이 가능한 간단한 모델링 방식이 서피스 모델링이다.

76 솔리드 모델이 저장되는 데이터 자료구조의 종류로서 적당하지 않은 용어는?
① CSG 트리 구조
② half-edge 데이터 구조
③ winged-edge 데이터 구조
④ Polyhedron 데이터 구조

77 타원 $\frac{x^2}{2}+\frac{y^2}{3}=1$에 접하고 기울기가 1인 직선의 방정식은?
① $y=x\pm\sqrt{5}$
② $y=x\pm\sqrt{7}$
③ $y=x\pm\sqrt{11}$
④ $y=x\pm\sqrt{13}$

> 타원의 접선의 방정식을 구하는 공식
> $y=mx\pm\sqrt{a^2m^2+b^2}$
> $m=1,\ a=\sqrt{2},\ b=\sqrt{3}$
> $\therefore\ y=x\pm\sqrt{5}$

78 다음 중 원추면을 하나의 평면으로 절단할 때 얻을 수 있는 원추곡선을 모두 고른 것은?

보기
㉠ 원   ㉡ 타원
㉢ 포물선   ㉣ 쌍곡선

① ㉡, ㉣
② ㉠, ㉡, ㉣
③ ㉡, ㉢, ㉣
④ ㉠, ㉡, ㉢, ㉣

79 기하학적 형상(geometric model)을 표현하는 방법 중 점, 직선, 곡선만으로 3차원 형상을 표현하는 것은?
① 와이어 프레임 모델링
② 라인 모델링
③ shaded 모델링
④ 서피스 모델링

80 반지름 3, 중심점 (6, 7)인 원을 반지름 6, 중심점 (8, 4)의 원으로 변환하는 변환행렬로 알맞은 것은? (단, 변환 전과 후 원상의 점좌표는 동차좌표를 사용하여 각각 $\vec{r}=\begin{bmatrix}x\\y\\1\end{bmatrix},\ \vec{r'}=\begin{bmatrix}x'\\y'\\1\end{bmatrix}$로 표시된다.)

① $\begin{bmatrix}x'\\y'\\1\end{bmatrix}=\begin{bmatrix}1&0&8\\0&1&4\\0&0&1\end{bmatrix}\begin{bmatrix}2&0&0\\0&2&0\\0&0&1\end{bmatrix}\begin{bmatrix}1&0&-6\\0&1&-7\\0&0&1\end{bmatrix}\begin{bmatrix}x\\y\\1\end{bmatrix}$

② $\begin{bmatrix}x'\\y'\\1\end{bmatrix}=\begin{bmatrix}1&0&-8\\0&1&-4\\0&0&1\end{bmatrix}\begin{bmatrix}2&0&0\\0&2&0\\0&0&1\end{bmatrix}\begin{bmatrix}1&0&6\\0&1&7\\0&0&1\end{bmatrix}\begin{bmatrix}x\\y\\1\end{bmatrix}$

③ $\begin{bmatrix}x'\\y'\\1\end{bmatrix}=\begin{bmatrix}1&0&6\\0&1&7\\0&0&1\end{bmatrix}\begin{bmatrix}2&0&0\\0&2&0\\0&0&1\end{bmatrix}\begin{bmatrix}1&0&-8\\0&1&-4\\0&0&1\end{bmatrix}\begin{bmatrix}x\\y\\1\end{bmatrix}$

④ $\begin{bmatrix}x'\\y'\\1\end{bmatrix}=\begin{bmatrix}1&0&-6\\0&1&-7\\0&0&1\end{bmatrix}\begin{bmatrix}2&0&0\\0&2&0\\0&0&1\end{bmatrix}\begin{bmatrix}1&0&8\\0&1&4\\0&0&1\end{bmatrix}\begin{bmatrix}x\\y\\1\end{bmatrix}$

> ① 원의 중심(6, 7)를 원점으로 이동
> ② 2배 확대하고
> ③ 원의 중심을 원점에서 (8, 4)로 이동

정답 74 ④ 75 ② 76 ④ 77 ① 78 ④ 79 ① 80 ①

PART 04 과년도 기출문제

2020년 8월 22일 시행

제1과목 기계가공법 및 안전관리

01 연삭숫돌의 결합제(bond)와 표시기호의 연결이 바른 것은?
① 셸락 : E
② 레지노이드 : R
③ 고무 : B
④ 비트리파이드 : F

02 해머 작업 시 유의사항으로 틀린 것은?
① 녹이 있는 재료를 가공할 때는 보호 안경을 착용한다.
② 처음에는 큰 힘을 주면서 가공한다.
③ 기름이 묻은 손이나 장갑을 끼고 가공을 하지 않는다.
④ 자루가 불안정한 해머는 사용하지 않는다.

03 숫돌 입자의 크기를 표시하는 단위는?
① mm
② cm
③ mesh
④ inch

04 공기 마이크로미터를 원리에 따라 분류할 때 이에 속하지 않는 것은?
① 광학식
② 배압식
③ 유량식
④ 유속식

05 기어 절삭기에서 창성법으로 치형을 가공하는 공구가 아닌 것은?
① 호브(hob)
② 브로치(broach)
③ 랙 커터(rack cutter)
④ 피니언 커터(pinion cutter)

06 3개 조(jaw)가 120° 간격으로 배치되어있고, 조가 동일한 방향, 동일한 크기로 동시에 움직이며 원형, 삼각, 육각 제품을 가공하는데 사용하는 척은?
① 단동척
② 유압척
③ 복동척
④ 연동척

07 밀링가공에서 하향절삭 작업에 대한 설명으로 틀린 것은?
① 절삭력이 하향으로 작용하여 가공물 고정이 유리하다.
② 상향절삭보다 공구수명이 길다.
③ 백래시 제거 장치가 필요하다.
④ 기계강성이 낮아도 무방하다.

08 길이 400mm, 지름 50mm의 둥근 일감을 절삭속도 100m/min로 1회 선삭하려면 절삭시간은 약 몇 분 걸리겠는가? (단, 이송은 0.1mm/rev이다.)
① 2.7
② 4.4
③ 6.3
④ 9.2

$$v = \frac{\pi dN}{1000}, \quad N = \frac{1000 \times 100}{\pi \times 50} = 636.94 \text{rpm}$$
$$T = \frac{L}{NS} = \frac{400}{636.94} = 6.3 \text{min}$$

정답 1 ② 2 ② 3 ③ 4 ① 5 ② 6 ④ 7 ④ 8 ③

09 구성인선의 방지대책에 관한 설명 중 틀린 것은?
① 경사각을 작게 한다.
② 절삭 깊이를 적게 한다.
③ 절삭속도를 빠르게 한다.
④ 절삭공구의 인선을 예리하게 한다.

> 절삭공구의 윗면 경사각은 크게 한다.

10 고속도강 드릴을 이용하여 황동을 드릴링할 때, 적합한 드릴의 선단각은?
① 60° ② 90°
③ 110° ④ 125°

11 목재, 피혁, 직물 등 탄성이 있는 재료로 된 바퀴 표면에 부착시킨 미세한 연삭 입자로서 연삭 작용을 하게하여 가공 표면을 버핑 전에 다듬질하는 방법은?
① 폴리싱 ② 전해가공
③ 전해연마 ④ 버니싱

12 보링 머신에서 사용되는 공구는?
① 엔드밀 ② 정면 커터
③ 아버 ④ 바이트

13 공기 마이크로미터에 대한 설명으로 틀린 것은?
① 압축 공기원이 필요하다.
② 비교 측정기로 1개의 마스터로 측정이 가능하다.
③ 타원, 테이퍼, 편심 등의 측정을 간단히 할 수 있다.
④ 확대 기구에 기계적 요소가 없기 때문에 장시간 고정도를 유지할 수 있다.

14 밀링 머신에서 절삭공구를 고정하는데 사용되는 부속장치가 아닌 것은?
① 아버(arbor) ② 콜릿(collet)
③ 새들(saddle) ④ 어댑터(adapter)

15 합금 공구강에 대한 설명으로 틀린 것은?
① 탄소공구강에 비해 절삭성이 우수하다.
② 저속 절삭용, 총형 절삭용으로 사용된다.
③ 합금공구강에는 Ag, Hg의 원소가 포함되어 있다.
④ 경화능을 개선하기 위해 탄소공구강에 소량의 합금원소를 첨가한 강이다.

16 공작기계의 3대 기본운동이 아닌 것은?
① 전단운동 ② 절삭운동
③ 이송운동 ④ 위치조정운동

17 고속가공의 특성에 대한 설명으로 틀린 것은?
① 황삭부터 정삭까지 한 번의 셋업으로 가공이 가능하다.
② 열처리된 소재는 가공할 수 없다.
③ 칩(chip)에 열이 집중되어, 가공물은 절삭열 영향이 적다.
④ 가공시간을 단축시켜 가공능률을 향상시킨다.

18 금긋기 작업을 할 때 유의사항으로 틀린 것은?
① 선은 가늘고 선명하게 한 번에 그어야 한다.
② 금긋기 선은 여러 번 그어 혼동이 일어나지 않도록 한다.
③ 기준면과 기준선을 설정하고 금긋기 순서를 결정하여야 한다.
④ 같은 치수의 금긋기 선은 전후, 좌우를 구분하지 말고 한 번에 긋는다.

정답 9 ① 10 ③ 11 ① 12 ④ 13 ② 14 ③ 15 ③ 16 ① 17 ② 18 ②

19 다음 중 분할법의 종류에 해당하지 않는 것은?
① 단식분할법 ② 직접분할법
③ 차동분할법 ④ 간접분할법

20 밀링작업에 대한 안전사항으로 틀린 것은?
① 가동 전에 각종 레버, 자동이송, 급속이송장치 등을 반드시 점검한다.
② 정면커터로 절삭작업을 할 때 칩 커버를 벗겨 놓는다.
③ 주축속도를 변속시킬 때에는 반드시 주축이 정지한 후에 변환한다.
④ 밀링으로 절삭한 칩은 날카로우므로 주의하여 청소한다.

제2과목 기계제도

21 나사의 종류 중 ISO 규격에 있는 관용 테이퍼 나사에서 테이퍼 암나사를 표시하는 기호는?
① PT ② PS
③ Rp ④ Rc

22 그림과 같은 도면에서 '가' 부분에 들어갈 가장 적절한 기하공차 기호는?

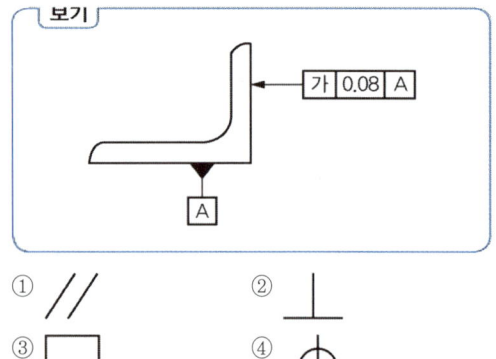

23 치수를 나타내는 방법에 관한 설명으로 틀린 것은?
① 도면에서 정보용으로 사용되는 참고(보조)치수는 공차를 적용하거나 ( ) 안에 표시한다.
② 척도가 다른 형체의 치수는 치수값 밑에 밑줄을 그어서 표시한다.
③ 정면도에서 높이를 나타낼 때는 수평의 치수선을 꺾어 수직으로 그은 끝에 90°의 개방형 화살표로 표시하며, 높이의 수치값은 수평으로 그은 치수선 위에 표시한다.
④ 같은 형체가 반복될 경우 형체 개수와 그 치수값을 '×' 기호로 표시하여 치수 기입을 해도 된다.

24 다음 그림이 나타내는 가공 방법은?

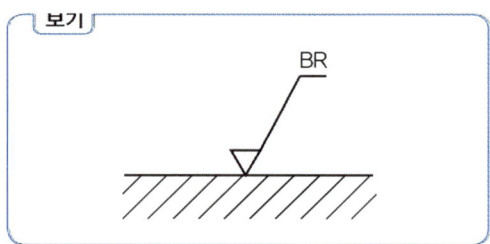

① 대상 면의 선삭가공
② 대상 면의 밀링가공
③ 대상 면의 드릴링가공
④ 대상 면의 브로칭 가공

25 그림과 같은 제품을 굽힘 가공하기 위한 전개길이는 약 몇 mm인가?

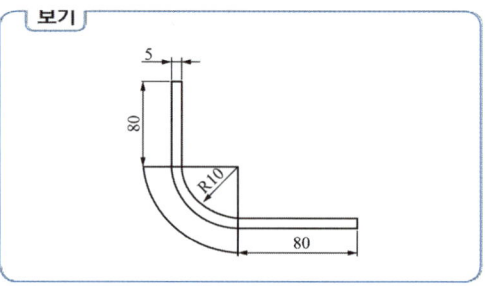

① 169.93 ② 179.63
③ 185.83 ④ 190.83

$\ell = 80 + 80 + (10 + 2.5) \times \dfrac{\pi}{2} = 179.63$

26 그림과 같은 도형에서 화살표 방향에서 본 투상을 정면으로 할 경우 우측면도로 옳은 것은?

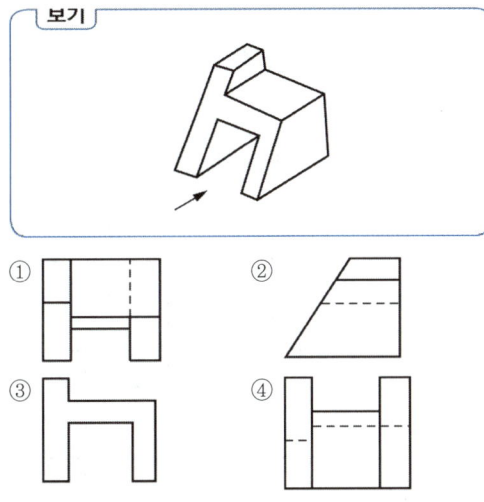

27 리벳의 호칭길이를 나타낼 때 머리 부분까지 포함하여 호칭길이를 나타내는 것은?
① 접시머리 리벳 ② 둥근머리 리벳
③ 얇은 납작머리 리벳 ④ 냄비머리 리벳

28 기하공차를 나타내는데 있어서 대상면의 표면은 0.1mm만큼 떨어진 두 개의 평행한 평면 사이에 있어야 한다는 것을 나타내는 것은?

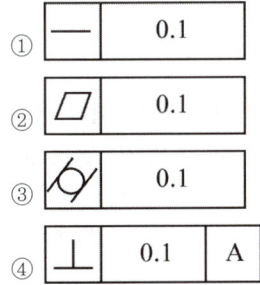

29 나사의 호칭방법 'L M20×2-6H'의 설명으로 옳은 것은?
① 리드가 3mm
② 암나사 등급 6H
③ 왼쪽 감김 방향 2줄 나사
④ 나사산의 수가 6개

30 다음의 원뿔을 전개하였을 때 전개 각도 θ는 약 몇 도인가? (단, 전개도의 치수 단위는 mm이다.)

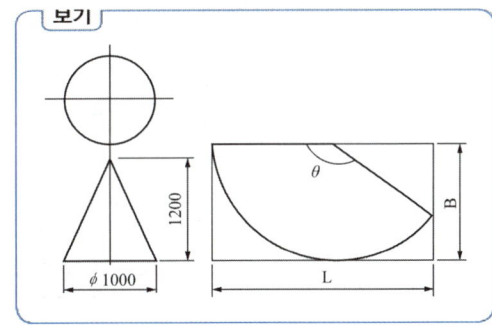

① 120° ② 128°
③ 138° ④ 150°

$\ell = \sqrt{1200^2 + 500^2} = 1300$
$\pi d = \ell \cdot \theta, \ \theta = \dfrac{\pi \times 1000}{1300} \times \dfrac{180}{\pi} = 138.46°$

31 리벳의 일반적인 호칭 방법 순서로 옳은 것은?
① 표준 번호, 종류, 호칭지름(d)×길이(l), 재료
② 표준 번호, 재료, 호칭지름(d)×길이(l), 종류
③ 재료, 종류, 호칭지름(d)×길이(l), 표준 번호
④ 종류, 재료, 호칭지름(d)×길이(l), 표준 번호

32 스퍼 기어의 도시 방법에 관한 설명으로 옳은 것은?
① 잇봉우리원은 가는 실선으로 표시한다.
② 피치원은 가는 2점 쇄선으로 표시한다.
③ 이골원은 가는 1점 쇄선으로 그린다.
④ 축에 직각인 방향에서 본 그림을 단면으로 도시할 때는 이골의 선은 굵은 실선으로 그린다.

정답 26 ② 27 ① 28 ② 29 ② 30 ③ 31 ① 32 ④

33 기계도면을 용도에 따른 분류와 내용에 따른 분류로 구분할 때, 용도에 따른 분류에 속하지 않는 것은?

① 부품도 ② 제작도
③ 견적도 ④ 계획도

34 그림과 같은 입체도의 화살표 방향 투상도로 가장 적합한 것은?

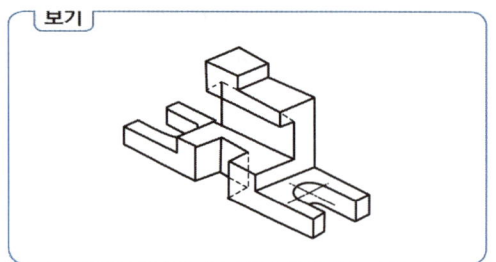

35 기계제도의 투상도법의 설명으로 옳은 것은?

① KS규격은 제3각법만 사용한다.
② 제1각법은 물체와 눈 사이에 투상면이 있는 것이다.
③ 제3각법은 평면도가 정면도 위에 우측면도는 정면도 오른쪽에 있다.
④ 동일한 부품을 각각 제1각법과 제3각법으로 도면을 작성할 경우 배면도의 투상도는 다르다.

36 $\phi 100e7$인 축에서 치수공차가 0.035이고, 위치수 허용차가 -0.072라면 최소허용치수는 얼마인가?

① 99.893 ② 99.928
③ 99.965 ④ 100.035

$100 - 0.072 - 0.035 = 99.893$

37 입체도의 화살표 방향이 정면일 경우 평면도로 가장 적합한 투상은?

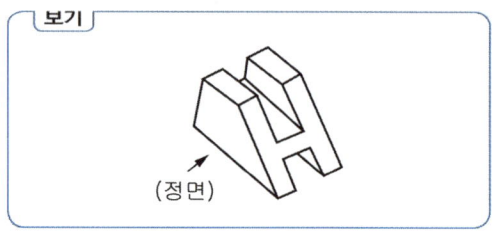

38 압력 배관용 탄소 강관을 나타내는 KS 재료 기호는?

① SPP ② SPLT
③ SPPS ④ SPHT

39 재료 기호가 'STD 10'으로 나타날 때 이 강재의 종류로 옳은 것은?

① 기계 구조용 합금강 ② 탄소 공구강
③ 기계 구조용 탄소강 ④ 합금 공구강

40 전동용 기계요소 중 표준 스퍼기어와 헬리컬 기어 항목표에 모두 기입하는 것으로 옳은 것은?

① 리드 ② 비틀림 방향
③ 비틀림 각 ④ 기준 래크 압력각

제3과목: 기계설계 및 기계재료

41. 주철의 성장을 억제하기 위하여 사용되는 첨가 원소로 가장 적합한 것은?
① Pb
② Sn
③ Cr
④ Cu

42. 금속을 0K 가까이 냉각하였을 때, 전기저항이 0에 근접하는 현상은?
① 초소성 현상
② 초전도 현상
③ 감수성 현상
④ 고상 접합 현상

43. 수지 중 비결정성 수지에 해당하는 것은?
① ABS 수지
② 폴리에틸렌 수지
③ 나일론 수지
④ 폴리프로필렌 수지

44. 탄소강에 대한 설명 중 틀린 것은?
① 인은 상온 취성의 원인이 된다.
② 탄소의 함유량이 증가함에 따라 연신율은 감소한다.
③ 황은 적열 취성의 원인이 된다.
④ 산소는 백점이나 헤어 크랙의 원인이 된다.

45. 다음 중 합금강을 제조하는 목적으로 적당하지 않은 것은?
① 내식성을 증대시키기 위하여
② 단접 및 용접성 향상을 위하여
③ 결정입자의 크기를 성장시키기 위하여
④ 고온에서의 기계적 성질 저하를 방지하기 위하여

46. 양은 또는 양백은 어떤 합금계인가?
① Fe-Ni-Mn계 합금
② Ni-Cu-Zn계 합금
③ Fe-Ni계 합금
④ Ni-Cr계 합금

47. 황동에 납을 1.5~3.7%까지 첨가한 합금은?
① 강력 황동
② 쾌삭 황동
③ 배빗 메탈
④ 델타 메탈

48. 분말 야금에 의하여 제조된 소결 베어링 합금으로 급유하기 어려운 경우에 사용되는 것은?
① Y 합금
② 켈밋
③ 화이트메탈
④ 오일리스베어링

49. 일반적으로 탄소강의 청열취성이 나타나는 온도(℃)는?
① 50 ~ 150
② 200 ~ 300
③ 400 ~ 500
④ 600 ~ 700

50. 심냉 처리의 효과가 아닌 것은?
① 재질의 연화
② 내마모성 향상
③ 치수의 안정화
④ 담금질한 강의 경도 균일화

정답 41 ③ 42 ② 43 ① 44 ④ 45 ③ 46 ② 47 ② 48 ④ 49 ② 50 ①

51 다음 중 변형률(strain, ϵ)에 관한 식으로 옳은 것은? (단, ℓ : 재료의 원래길이, λ : 줄거나 늘어난 길이, A : 단면적, σ : 작용 응력)

① $\epsilon = \lambda \times \ell^2$
② $\epsilon = \dfrac{\sigma}{\ell}$
③ $\epsilon = \dfrac{\lambda}{A}$
④ $\epsilon = \dfrac{\lambda}{\ell}$

52 지름 50mm인 축에 보스의 길이가 50mm인 기어를 붙이려고 할 때 250N·m의 토크가 작용한다. 키에 발생하는 압축 응력은 약 몇 MPa인가? (단, 키의 높이는 키홈 깊이의 2배이며 묻힘키의 폭과 높이는 b×h = 15mm×10mm이다.)

① 30
② 40
③ 50
④ 60

$$\sigma_c = \dfrac{4T}{h\ell d} = \dfrac{4 \times 250 \times 10^3}{10 \times 50 \times 50} = 40\text{MPa}$$

53 잇수가 20개인 스프로킷 휠이 롤러 체인을 통해 8kW의 동력을 받고 있다. 이 스프로킷 휠의 회전수는 약 몇 rpm인가? (단, 파단하중은 22.1kN, 안전율은 15, 피치는 15.88mm이며, 부하보정계수는 고려하지 않는다.)

① 505
② 1026
③ 1650
④ 1868

$$H = \dfrac{F}{S} \times \dfrac{P \cdot Z \cdot N}{60 \times 1000}$$
$$8 = \dfrac{22.1}{15} \times \dfrac{15.88 \times 20 \times N}{60 \times 1000}, \ N = 1025.8\text{rpm}$$

54 베어링 설치 시 고려해야 하는 예압(preload)에 관한 설명으로 옳지 않은 것은?

① 예압은 축의 흔들림을 적게 하고, 회전정밀도를 향상시킨다.
② 베어링 내부 틈새를 줄이는 효과가 있다.
③ 예압량이 높을수록 예압 효과가 커지고, 베어링 수명에 유리하다.
④ 적절한 예압을 적용할 경우 베어링의 강성을 높일 수 있다.

55 표준 평기어를 측정하였더니 잇수 $Z = 54$, 바깥지름 $D_o = 280$mm이었다. 모듈 m, 원주피치 p, 피치원지름 D는 각각 얼마인가?

① $m = 5$, $p = 15.7$mm, $D = 270$mm
② $m = 7$, $p = 31.4$mm, $D = 270$mm
③ $m = 5$, $p = 15.7$mm, $D = 350$mm
④ $m = 7$, $p = 31.4$mm, $D = 350$mm

$$D_o = m(Z+2), \ m = \dfrac{280}{56} = 5$$
$$p = \pi m = \pi \times 5 = 15.7\text{mm}, \ D = mZ = 5 \times 54 = 270\text{mm}$$

56 50kN의 축방향 하중과 비틀림이 동시에 작용하고 있을 때 가장 적절한 최소 크기의 체결용 미터나사는? (단, 허용인장응력은 45N/mm^2이고, 비틀림 전단응력은 수직응력의 $\dfrac{1}{3}$이다.)

① M36
② M42
③ M48
④ M56

$$d = \sqrt{\dfrac{8a}{3\sigma a}} = \sqrt{\dfrac{8 \times 50 \times 10^3}{3 \times 45}} = 54.43\text{mm}$$
∴ M56 선정

정답 51 ④　52 ②　53 ②　54 ③　55 ①　56 ④

57 공기스프링에 대한 설명으로 틀린 것은?

① 감쇠성이 적다.
② 스프링 상수 조절이 가능하다.
③ 종류로 벨로즈식, 다이어프램식이 있다.
④ 주로 자동차 및 철도차량용의 서스펜션 (suspension) 등에 사용된다.

58 블록 브레이크의 설명으로 틀린 것은?

① 큰 회전력의 전달에 알맞다.
② 마찰력을 이용한 제동장치이다.
③ 블록 수에 따라 단식과 복식으로 나뉜다.
④ 블록 브레이크는 회전 장치의 제동에 사용된다.

59 굽힘 모멘트만을 받는 중공축의 허용굽힘응력 σ_b, 중공축의 바깥지름 D, 여기에 작용하는 굽힘모멘트 M일 때, 중공축의 안지름 d를 구하는 식으로 옳은 것은?

① $d = \sqrt[4]{\dfrac{D(\pi\sigma_b D^3 - 16M)}{\pi\sigma_b}}$

② $d = \sqrt[4]{\dfrac{D(\pi\sigma_b D^3 - 32M)}{\pi\sigma_b}}$

③ $d = \sqrt[3]{\dfrac{\pi\sigma_b D^3 - 16M}{\pi\sigma_b}}$

④ $d = \sqrt[3]{\dfrac{\pi\sigma_b D^3 - 32M}{\pi\sigma_b}}$

$\sigma_b = \dfrac{M}{Z} = \dfrac{32}{\pi D^3 \cdot (1-x^4)}, \; x = \dfrac{D}{d}$

60 1줄 겹치기 리벳 이음에서 리벳의 수는 3개, 리벳 지름은 18mm, 작용 하중은 10kN일 때 리벳 하나에 작용하는 전단응력은 약 몇 MPa인가?

① 6.8   ② 13.1
③ 24.6   ④ 32.5

$\tau = \dfrac{W}{\dfrac{\pi}{a}d^2 \times 3} = \dfrac{4 \times 10 \times 1000}{\pi \times 18^2 \times 3} = 13.1 \text{MPa}$

제4과목 컴퓨터응용설계

61 이미 정의된 두 곡면을 매끄러운 곡선으로 필렛 (fillet)처리하여 연결하는 기능은?

① Smoothing   ② Blending
③ Remeshing   ④ Levellling

62 (x, y) 좌표계에서 다음 방정식으로 정의될 수 있는 형태는? (단, a, b, c는 상수이다.)

보기
ax + by + c=0

① 타원   ② 원
③ 직선   ④ 포물선

63 그림과 같이 곡면 모델링 시스템에 의해 만들어진 곡면을 불러들여 기존 모델의 평면을 바꿀 수 있는 모델링 기능은?

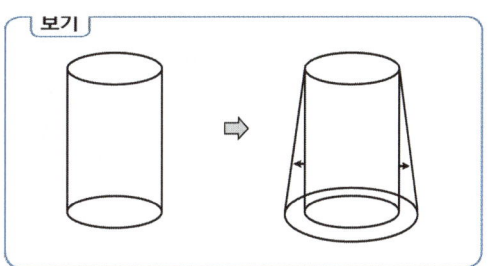

① 네스팅(nesting)
② 트위킹(tweaking)
③ 돌출하기(extruding)
④ 스트레칭(stretching)

64 컴퓨터의 입력 장치 중 압력 감지기가 달려있는 작은 평판을 의미하며 손가락이나 펜 등을 이용해 접촉하면 그 위치정보를 컴퓨터가 인식할 수 있는 장치는?
① 트랙 볼
② 디지타이저
③ 터치 패드
④ 라이트 펜

65 3차원 형상의 솔리드 모델링에서 B-req과 비교하여 CSG(Constructive Solid Geometry) 방식을 나타낸 것은?
① 입체의 표면적 계산이 비교적 용이하다.
② 3면도, 투시도, 전개도 작성이 용이하다.
③ 화면의 재생 시간이 적게 소요된다.
④ 기본입체형상의 불 연산(boolean)에 의한 모델링이다.

66 와이어 프레임 모델에 관한 설명으로 틀린 것은?
① 은선 제거가 불가능하다.
② 단면도 작성을 간단히 할 수 있다.
③ 질량이나 체적 계산이 불가능하다.
④ 3면 투시도 작성이 편리하다.

67 베지어(Bezier) 곡선의 특징으로 틀린 것은?
① 특성 다각형의 시작점과 끝점을 반드시 통과한다.
② 특성 다각형의 내측에 존재한다.
③ 특성 다각형의 꼭지점 순서를 거꾸로 하여 베지어 곡선을 생성할 경우 다른 곡선이 된다.
④ 특성 다각형의 1개의 꼭지점 변화가 베지어 곡선 전체에 영향을 미친다.

68 정전기식 플로터에 대한 설명으로 옳지 않은 것은?
① 주로 마이크로 필름에 출력하는 장치로 사용된다.
② 래스터식으로 운영되는 대표적인 플로터이다.
③ 도형의 복잡 유무와 관계없이 작화속도가 거의 일정하다.
④ 펜식 플로터와 비교하여 작화속도가 빠르다.

69 부품들 사이의 만남 조건(mating condition)을 이용하여 형상을 모델링하는 방법은?
① 파라메트릭(parametric) 모델링
② 비다양체(nonmanifold) 모델링
③ B-req 모델링
④ 조립체(assembly) 모델링

70 3차원 좌표계에서 물체의 크기를 각각 x축 방향으로 2배, y축 방향으로 3배, z축 방향으로 4배의 크기변환을 하고자 할 때, 사용되는 좌표변환 행렬식은?

① $\begin{bmatrix} 1 & 0 & 0 & 0 \\ 0 & 1 & 0 & 0 \\ 0 & 0 & 1 & 0 \\ 2 & 3 & 4 & 1 \end{bmatrix}$
② $\begin{bmatrix} 1 & 1 & 2 & 1 \\ 1 & 3 & 1 & 1 \\ 4 & 1 & 1 & 1 \\ 1 & 1 & 1 & 1 \end{bmatrix}$
③ $\begin{bmatrix} 1 & 0 & 0 & 2 \\ 0 & 1 & 0 & 3 \\ 0 & 0 & 1 & 4 \\ 0 & 0 & 0 & 1 \end{bmatrix}$
④ $\begin{bmatrix} 2 & 0 & 0 & 0 \\ 0 & 3 & 0 & 0 \\ 0 & 0 & 4 & 0 \\ 0 & 0 & 0 & 1 \end{bmatrix}$

71 네 개의 경계곡선을 선형 보간하여 얻어지는 곡면은?
① 쿤스 곡면
② 선형 곡면
③ Bazier 곡면
④ 그리드 곡면

정답 64 ③ 65 ④ 66 ② 67 ③ 68 ① 69 ④ 70 ④ 71 ①

72 다음 중 설계기능을 지원하기 위해서 CAD시스템을 사용하는 이유로 보기 어려운 것은?
① 설계자의 생산성을 높이기 위해
② 설계의 품질을 개선하기 위해
③ 설계 문서화 개선을 위해
④ 설계이력을 제거하기 위해

73 컴퓨터에 자료를 입력하기 위한 문자 자료의 표현 규칙 중 각각 4비트인 zone과 digit 부분이 합쳐져 8개의 데이터 비트(bit)가 정의되어 있는 코드체계는?
① EBCDIC
② 4-3-2-1 code
③ ASCII
④ BCDIC

74 서피스 모델(surface model)의 특징이 아닌 것은?
① 은선 제거가 가능하다.
② 단면도를 작성할 수 없다.
③ 복잡한 형상 표면이 가능하다.
④ 물리적 성질을 구하기 어렵다.

75 활용 방식에 따른 CAD 시스템 종류 중 퍼스널 컴퓨터 시스템에 의한 CAD 시스템에 해당하며, 널리 보급되고 가격이 비교적 저렴한 특징을 갖는 것은?
① 독립형 CAD 시스템
② 대형 CAD 시스템
③ 중앙통제형 CAD 시스템
④ 분산처리형 CAD 시스템

76 점, 선, 프로파일(윤곽선)을 경로에 따라 이동하여 베이스, 보스, 자르기 또는 곡면 형상을 생성하는 모델링 기법은?
① 스키닝(skinnig)
② 리프팅(lifting)
③ 스윕(sweep)
④ 특징형상모델링(feature-based modeling)

77 CAD 시스템에서 점을 정의하기 위해 사용되는 좌표계가 아닌 것은?
① 직교 좌표계
② 원통 좌표계
③ 벡터 좌표계
④ 구면 좌표계

78 좌표계의 원점이 중심이고 경도 u, 위도 v로 표시되는 구의 매개 변수식($\vec{r}(u, v)$)으로 옳은 것은? (단, 구의 반경은 R로 가정하고, $\hat{i}, \hat{j}, \hat{k}$는 각각 x, y, z축 방향의 단위벡터이며, $0 \leq u \leq 2\pi$, $-\frac{\pi}{2} \leq v \leq \frac{\pi}{2}$이다.)
① $R\cos(u)\cos(v)\hat{i} + R\cos(u)\sin(v)\hat{j} + R\sin(v)\hat{k}$
② $R\cos(v)\cos(u)\hat{i} + R\cos(v)\sin(u)\hat{j} + R\sin(v)\hat{k}$
③ $R\cos(u)\cos(v)\hat{i} + R\cos(u)\sin(v)\hat{j} + R\cos(v)\hat{k}$
④ $R\cos(v)\cos(u)\hat{i} + R\cos(v)\sin(u)\hat{j} + R\cos(v)\hat{k}$

79 다음 중 서로 다른 기종의 CAD 데이터를 호환하기 위한 데이터 포맷으로 적절하지 않은 것은?
① DXF
② IGES
③ STEP
④ OpenGL

80 CAD의 디스플레이 기능 중 줌(ZOOM) 기능 사용 시 화면에서 나타나는 현상으로 옳은 것은?
① 도형 요소의 치수가 변화한다.
② 도형 형상의 방향이 반대로 바뀌어서 출력된다.
③ 도형 요소가 시각적으로 확대, 축소된다.
④ 도형 요소가 회전한다.

정답 72 ④ 73 ① 74 ② 75 ① 76 ③ 77 ③ 78 ② 79 ④ 80 ③

PART 05
CBT 출제예상문제

2021년부터 산업기사는 지필고사가 아니라 CBT(computer based test; 컴퓨터 기반 시험)로 시험응시를 하고 있습니다. 그러므로 기출문제는 더 이상 공개되지 않습니다.

PART 05 CBT 출제예상문제 1

제1과목 기계제도

01 다음 그림과 같은 평면도 A, B, C, D와 정면도 1, 2, 3, 4가 올바르게 짝지어진 것은? (단, 제3각법을 적용)

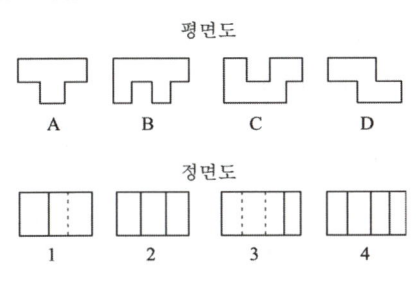

① A-2, B-4, C-3, D-1
② A-1, B-4, C-2, D-3
③ A-2, B-3, C-4, D-1
④ A-2, B-4, C-1, D-3

02 KS에서 정의 하는 기하공차 기호 중에서 관련 형체의 위치 공차 기호들만으로 짝지어진 것은?

① ▱ ○ —   ② ∠ ⊥ ⌀
③ ⌖ ◎ ═   ④ ↗ ⌒ ◎

위치공차의 종류
① 위치도 :
② 대칭도 :
③ 동심도 :  → 동축도

03 그림과 같이 우측의 입체도를 3각법으로 정투상한 도면(정면도, 평면도, 우측면도)에 대한 설명으로 옳은 것은?

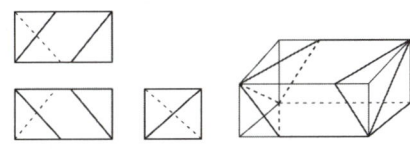

① 정면도만 틀림   ② 모두 맞음
③ 우측면도만 틀림   ④ 평면도만 틀림

04 그림과 같은 도면에서 치수 20 부분의 "굵은 1점 쇄선 표시"가 의미하는 것으로 가장 적합한 설명은?

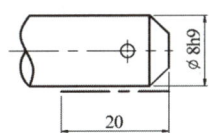

① 공차가 Ø8h9 보다 약간 적게 한다.
② 공차가 Ø8h9 되게 축 전체 길이 부분에 필요하다.
③ 공차 Ø8h9 부분은 축 길이 20 되는 곳까지만 필요하다.
④ 치수 20 부분을 제외하고 나머지 부분은 공차가 Ø8h9 되게 가공한다.

굵은 1점 쇄선 표시는 특수가공을 해야 하는 부분이다.

정답 1 ① 2 ③ 3 ② 4 ③

05 보기와 같은 입체도를 제3각법으로 투상할 때 가장 적합한 투상도는?

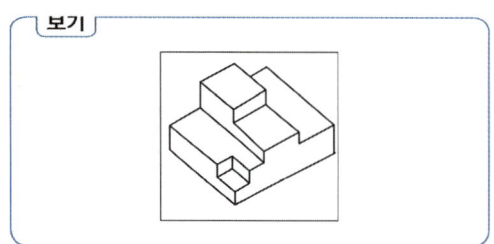

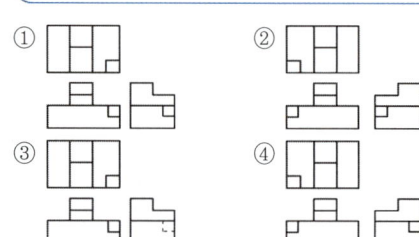

06 다음 치수 중 치수공차가 0.1이 아닌 것은?

① $50^{+0.1}_{0}$
② 50 ± 0.05
③ $50^{+0.07}_{-0.03}$
④ 50 ± 0.1

50±0.1 ; 50.1-49.9 = 0.2

07 데이텀(datum)에 관한 설명으로 틀린 것은?
① 데이텀을 표시하는 방법은 영어의 소문자를 정사각형으로 둘러싸서 나타낸다.
② 지시선을 연결하여 사용하는 데이텀 삼각기호는 빈틈 없이 칠해도 좋고, 칠하지 않아도 좋다.
③ 형체에 지정되는 공차가 데이텀과 관련되는 경우 데이텀은 원칙적으로 데이텀을 지시하는 문자기호에 의하여 나타낸다.
④ 관련 형체에 기하학적 공차를 지시할 때, 그 공차영역을 규제하기 위하여 설정한 이론적으로 정확한 기하학적 기준을 데이텀이라 한다.

데이텀의 표시방법으로 영어의 대문자를 사용한다.

08 도면(위치도)에 치수가 다음과 같이 표시되어 있는 경우 치수의 외곽에 표시된 직사각형은 무엇을 뜻하는가?

$$\boxed{30}$$

① 다듬질 전 소재 가공치수
② 완성 치수
③ 이론적으로 정확한 치수
④ 참고 치수

09 축을 가공하기 위한 센터구멍의 도시 방법 중 그림과 같은 도시 기호의 의미는?

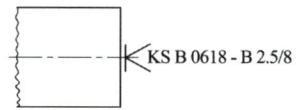

① 센터의 규격에 따라 다르다.
② 다듬질 부분에서 센터구멍이 남아 있어도 좋다.
③ 다듬질 부분에서 센터구멍이 남아 있어서는 안 된다.
④ 다듬질 부분에서 반드시 센터구멍을 남겨둔다.

반드시 남겨둔다.	〈	
남아 있어도 좋다.		
남아 있어서는 안 된다.	〈	

10 그림과 같이 화살표 방향이 정면일 경우 우측면 도로 가장 적합한 투상도는?

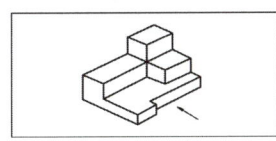

① ② ③ ④

11 끼워 맞춤 중에서 구멍과 축 사이에 가장 원활한 회전운동이 일어날 수 있는 것은?

① H7/f6 ② H7/p6
③ H7/n6 ④ H7/t6

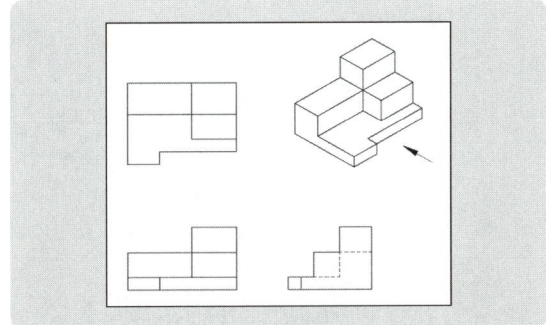

12 베어링 호칭번호 NA 4916 V의 설명 중 틀린 것은?

① NA 49는 니들 롤러 베어링 치수계열 49
② V는 리테이너 기호로서 리테이너가 없음
③ 베어링 안지름 80mm
④ A는 시일드 기호

13 다음 도면과 같은 이음의 종류로 가장 적합한 설명은?

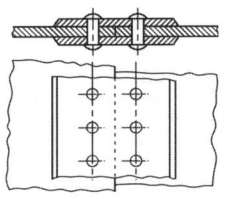

① 2열 겹치기 평행형 둥근머리 리벳이음
② 양쪽 덮개판 1열 맞대기 둥근머리 리벳이음
③ 양쪽 덮개판 2열 맞대기 둥근머리 리벳이음
④ 1열 겹치기 평행형 둥근머리 리벳이음

14 코일 스프링의 제도에 대한 설명 중 틀린 것은?

① 원칙적으로 하중이 걸리지 않은 상태로 그린다.
② 특별한 단서가 없는 한 모두 오른쪽 감기로 도시하고, 왼쪽 감기로 도시할 때에는 "감긴 방향 왼쪽"이라고 표시한다.
③ 그림 안에 기입하기 힘든 사항은 일괄하여 요목표에 표시한다.
④ 부품도 등에서 동일 모양 부분을 생략하는 경우에는 생략된 부분을 가는 파선 또는 굵은 파선으로 표시한다.

① 부품도 등에서 동일 모양 부분을 생략하는 경우에는 생략된 부분을 가는 실선으로 표시한다.
② 일반적 생략 시에는 1점 쇄선으로 표시한다.

정답 10 ③ 11 ① 12 ④ 13 ② 14 ④

15 다음 도면에서 X부분의 치수는 얼마인가?

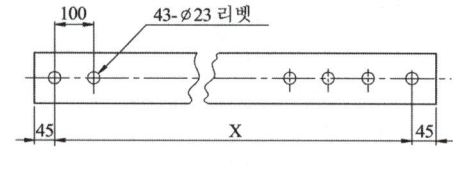

① 2200　　② 2300
③ 4100　　④ 4200

(구멍 수-1)×피치=(43-1)×100=4200

16 다음 그림은 리벳이음 보일러의 간략도와 부분 상세도이다. ㉠판의 두께는?

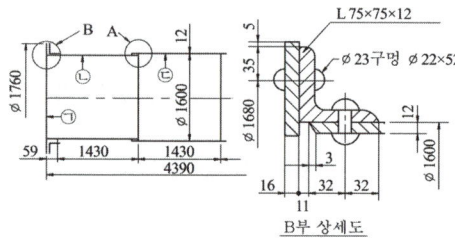

① 11mm　　② 12mm
③ 16mm　　④ 32mm

17 보기와 같이 지시된 표면의 결 기호의 해독으로 올바른 것은?

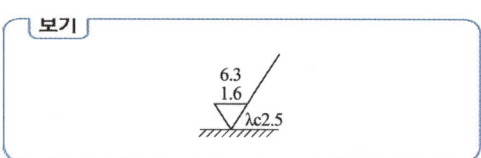

① 제거 가공 여부를 문제삼지 않을 경우이다.
② 최대높이 거칠기 하한값이 6.3μm이다.
③ 기준길이는 1.6μm이다.
④ 2.5는 컷오프값이다.

① 표면을 제거가공을 하는 경우이다.
② 최대높이 거칠기 상한값이 6.3이다.
③ 최대높이 거칠기 하한값이 1.6이다.
- 단위는 μm이다.

18 재료기호 SS 400에 대한 설명 중 맞는 항을 모두 고른 것은? (단, KS D 3503 적용한다.)

> ㄱ. SS의 첫 번째 S는 재질을 나타내는 기호로 강을 의미한다.
> ㄴ. SS의 두 번째 S는 재료의 이름, 모양, 용도를 나타내며 일반구조용 압연재를 의미한다.
> ㄷ. 끝 부분의 400은 재료의 최저 인장강도이다.

① ㄱ　　② ㄱ, ㄴ
③ ㄱ, ㄷ　　④ ㄱ, ㄴ, ㄷ

일반구조용 압연강재로 최저인장강도가 400MPa이다.

19 도면의 KS 용접기호를 가장 올바르게 설명한 것은?

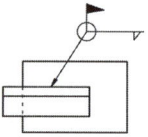

① 전체 둘레 현장 연속 필릿 용접
② 현장 연속 필릿 용접(화살표 있는 한 변 만 용접)
③ 전체둘레 현장 단속 필릿 용접
④ 현장 단속 필릿 용접(화살표 있는 한 변 만 용접)

20 나사의 제도방법을 설명한 것으로 틀린 것은?
① 수나사에서 골지름은 가는 실선으로 도시한다.
② 불완전 나사부를 나타내는 골지름선은 축선에 대해서 평행하게 표시한다.
③ 암나사의 측면도에서 호칭경에 해당하는 선은 가는 실선이다.
④ 완전나사부란 산봉우리와 골 밑 모양의 양쪽 모두 완전한 산형으로 이루어지는 나사부이다.

> 불완전나사부를 나타내는 골지름선은 축선에 대해서 직각으로 굵은 실선으로 표시한다.

제2과목 기계요소설계

21 커플링의 설명으로 옳은 것은?
① 플랜지 커플링은 축심이 어긋나서 진동하기 쉬운 데 사용한다.
② 플렉시블 커플링은 양축의 중심선이 일치하는 경우에만 사용한다.
③ 올덤커플링은 두 축이 평행으로 있으면서 축심이 어긋났을 때 사용한다.
④ 원통커플링의 지름은 축 중심선이 임의의 각도로 교차되었을 때 사용한다.

> 원통커플링과 플랜지 커플링은 축의 중심과 중심을 정확히 일치시켜야 한다.

22 다음 중 축 중심선에 직각 방향과 축방향의 힘을 동시에 받는 데 쓰이는 베어링으로 가장 적합한 것은?
① 앵귤러 볼 베어링
② 원통 롤러 베어링
③ 스러스트 볼 베어링
④ 레이디얼 볼 베어링

> 반경방향과 축 방향 하중을 다 받을 수 있는 베어링은 앵귤러 볼 베어링이다.

23 코일 스프링에서 유효 감김 수를 2배로 하면 같은 축하중에 대하여 처짐량은 몇 배가 되는가?
① 0.5 ② 2
③ 4   ④ 8

> 스프링 소선 지름, 코일 평균 지름, 작용하중 및 스프링의 전단탄성계수 등이 일정할 때 스프링의 처짐(δ)은 $\delta = \dfrac{8nD^3 W}{Gd^4}$처럼 유효감김수($n$)와 비례한다.

24 3000kg$_f$의 수직방향 하중이 작용하는 나사잭을 설계할 때, 나사잭 볼트의 바깥지름은 얼마인가? (단, 허용응력은 6kg$_f$/mm^2, 골지름은 바깥지름의 0.8배이다.)
① 12mm   ② 32mm
③ 74mm   ④ 126mm

> 축방향으로 하중만 작용하는 볼트의 지금(d)은
> $d = \sqrt{\dfrac{2W}{\sigma_a}} = \sqrt{\dfrac{2 \times 3000}{6}} \fallingdotseq 32\text{mm}$

정답 20 ② 21 ③ 22 ① 23 ② 24 ②

25 지름 50mm의 연강축을 사용하여 350rpm으로 40kW를 전달할 수 있는 묻힘 키의 길이는 몇 mm 이상인가? (단, 키의 허용전단응력은 49.05MPa, 키의 폭과 높이는 b×h = 18mm×10mm이며, 전단 저항만 고려한다.)

① 38
② 46
③ 60
④ 78

$$T = 9.55 \times 10^6 \times \frac{H}{n} = \frac{9.55 \times 10^6 \times 40}{350} = 1,091,429$$
$$\tau = \frac{W}{bl} = \frac{2T}{bdl} \text{이며}$$
여기서 키의 길이(l)은
$$l = \frac{2T}{bd\tau} = 18 \times 50 \times 49.05$$

26 다음 중 브레이크 용량을 표시하는 식으로 옳은 것은? (단, μ는 마찰계수, p는 브레이크 압력, v는 브레이크륜의 주속이다.)

① $Q = \mu p v$
② $Q = \mu p v^2$
③ $Q = \frac{\mu p}{v}$
④ $Q = \frac{\mu}{pv}$

27 다음 중 용접 이음의 장점으로 틀린 것은?

① 사용 재료의 두께에 제한이 없다.
② 용접이음은 기밀유지가 불가능하다.
③ 이음 효율을 100%까지 할 수 있다.
④ 리벳, 볼트 등의 기계 결합 요소가 필요 없다.

기밀유지가 우수한 이음 방법으로는 용접이음이 있다.

28 표준 스퍼기어에서 모듈 4, 잇수 21개, 압력각이 20°라고 할 때, 법선피치(p_n)는 약 몇 mm인가?

① 11.8
② 14.8
③ 15.6
④ 18.2

법선 피치(normal pitch)는 인벌류트(involute) 기어에 있어서, 치형 간의 공통수선(작용선)에 따라 측정한 피치 기초원의 원주를 잇수로 나눈 값과 같다.
$D_g = M \cdot Z \cdot \cos\alpha = 4 \times 21 \times \cos 20° ≒ 78.93$
기초원의 원주 $= \pi \times 78.93 ≒ 248$
$p_n = \frac{248}{21} = 11.8$

29 재료를 인장시험 할 때, 재료에 작용하는 하중을 변형 전의 원래 단면적으로 나눈 응력은?

① 인장응력
② 압축응력
③ 공칭응력
④ 전단응력

30 평 벨트와 비교하여 V벨트의 특징으로 틀린 것은?

① 전동효율이 좋다.
② 고속운전이 가능하다.
③ 정숙한 운전이 가능하다.
④ 축간거리를 더 멀리 할 수 있다.

V 벨트의 축간거리 조정은 불가하다.

31 다음 나사산의 각도 중 틀린 것은?

① 미터보통나사 60°
② 관용평행나사 55°
③ 유니파이보통나사 60°
④ 미터사다리꼴나사 55°

미터사다리꼴나사(Tr) : $\beta = 30°$

32 너클 핀 이음에서 인장력이 50kN인 핀의 허용전단응력을 50MPa이라고 할 때, 핀의 지름 d는 몇 mm인가?

① 22.8 ② 25.2
③ 28.2 ④ 35.7

> 너클핀의 전단응력(τ)은
> $\tau = \dfrac{P}{A} = \dfrac{2P}{\pi d^2}$ 이므로
> $d = \sqrt{\dfrac{2P}{\pi \tau}} = \sqrt{\dfrac{2 \times 50000}{\pi \times 50}} = 25.2\,mm$

33 보통운전으로 회전수 300rpm, 베어링하중 110N을 받는 단열 레이디얼 볼 베어링의 기본 동정격하중은? (단, 수명은 6만 시간이고, 하중계수는 1.5이다.)

① 1693N ② 169.3N
③ 1650N ④ 165.0N

> $L_h = \dfrac{L_h \times 10^6}{60N} = \dfrac{\left(\dfrac{C}{P}\right)^r \times 10^6}{60N}$ [Hr]
> $\therefore C = P\sqrt[r]{\dfrac{60NL_h}{10^6}} = 110 \times \sqrt[3]{\dfrac{60 \times 300 \times 60000}{10^6}}$
> $= 1128 \times 1.5 = 1693$ [N]

34 1줄 리벳 겹치기 이음에서 강판의 효율(η_1)을 나타내는 식은? (단, p : 리벳의 피치, d : 리벳구멍의 지름, t : 강판의 두께, σ_t : 강판의 인장응력이다.)

① $\dfrac{d-p}{d}$ ② $\dfrac{p-d}{p}$
③ $pt\sigma_t$ ④ $(p-d)t\sigma_t$

> $\eta_p = 1 - \dfrac{d}{p}$

35 어떤 축이 굽힘모멘트 M과 비틀림모멘트 T를 동시에 받고 있을 때, 최대 주응력설에 의한 상당 굽힘모멘트 Me는?

① $Me = \dfrac{1}{2}(M + \sqrt{M+T})$
② $Me = \dfrac{1}{2}(M^2 + \sqrt{M+T})$
③ $Me = \dfrac{1}{2}(M + \sqrt{M^2+T^2})$
④ $Me = \dfrac{1}{2}(M^2 + \sqrt{M^2+T^2})$

36 V벨트의 사다리꼴 단면의 각도(θ)는 몇 도인가?

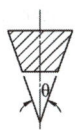

① 30° ② 35°
③ 40° ④ 45°

37 자전거의 래칫휠에 사용되는 클러치는?

① 맞물림 클러치 ② 마찰 클러치
③ 일방향 클러치 ④ 원심 클러치

> 래칫휠 : 역회전불가 기계장치

38 축간거리 55cm인 평행한 두 축 사이에 회전을 전달하는 한 쌍의 스퍼기어에서 피니언이 124회전할 때, 기어를 96회전시키려면 피니언의 피치원 지름은?

① 48cm ② 62cm
③ 96cm ④ 124cm

$C = \dfrac{m(Z_1 + Z_2)}{2}$

$55 = \dfrac{m \times Z_1 (1 + \dfrac{124}{96})}{2}$

$D_1 = m \cdot Z_1 = 48\,cm$

39 각속도가 30rad/sec인 원운동을 rpm 단위로 환산하면 얼마인가?

① 157.1rpm ② 186.5rpm
③ 257.1rpm ④ 286.5rpm

$\omega[\text{rad/s}] = \dfrac{2\pi n[\text{rpm}]}{60}$ 이므로

$n = \dfrac{30 \times 60}{2 \times \pi} = 286.5$

40 스프링의 자유높이 H와 코일의 평균지름 D의 비를 무엇이라 하는가?

① 스프링 지수 ② 스프링 변위량
③ 스프링 상수 ④ 스프링 종횡비

제3과목 기계재료 및 측정

41 α-Fe가 723℃에서 탄소를 고용하는 최대한도는 몇 %인가?

① 0.025 ② 0.1
③ 0.85 ④ 4.3

순철은 탄소함량 0.03% 이하이다.

42 켈멧(Kelmet) 합금이 주로 쓰이는 곳은?

① 피스톤 ② 베어링
③ 크랭크 축 ④ 전기저항용품

켈멧은 고속·고하중용 베어링 합금이다.

43 스테인리스강의 기호로 옳은 것은?

① STC3 ② STD11
③ SM20C ④ STS304

STC : 탄소 공구강
STD : 다이스강
SM : 기계구조용 탄소강
STS : 합금공구강, 스테인리스강

44 항온 열처리의 종류가 아닌 것은?

① 마퀜칭 ② 마템퍼링
③ 오스템퍼링 ④ 오스드로잉

오스드로잉 : 오스포밍을 적용한 선 뽑기가공

정답 38 ① 39 ④ 40 ④ 41 ① 42 ② 43 ④ 44 ④

45 구리의 성질을 설명한 것으로 틀린 것은?
① 전기 및 열전도가 우수하다.
② 합금으로 제조하기 곤란하다.
③ 구리는 비자성체로 전기 전도율이 크다.
④ 구리는 공기 중에서는 표면이 산화되어 암적색으로 된다.

> 황동과 청동 등의 구리합금은 폭넓게 사용되고 있다.

46 공석강을 오스템퍼링하였을 때 나타나는 조직은?
① 베이나이트
② 솔바이트
③ 미하나이트 주철
④ 구상 흑연 주철

> 오스템퍼링하였을 때 나타나는 조직은 베이나이트 조직이다.

47 주철의 결점을 없애기 위하여 흑연의 형상을 미세화, 균일화하여 연성과 인성의 강도를 크게 하고, 강인한 펄라이트 주철을 제조한 고급주철은?
① 가단 주철
② 칠드 주철
③ 미하나이트 주철
④ 구상 흑연 주철

> ① 펄라이트의 고급주철은 미하나이트 주철이다.
> ② 가단주철의 재료로 백주철이 사용된다.
> ③ 칠드주철의 내부는 회주철이고 외부는 백주철이다.
> ⑤ 구상흑연주철은 편상흑연을 Mg, Ce, Ca 등을 첨가하여 흑연을 구상화시킨 것이다.

48 복합재료에 널리 사용되는 강화재가 아닌 것은?
① 유리섬유   ② 붕소섬유
③ 구리섬유   ④ 탄소섬유

49 담금질한 강의 잔류오스테나이트를 제거하고 마르텐자이트를 얻기 위하여 0℃ 이하에서 처리하는 열처리는?
① 심랭처리   ② 염욕처리
③ 오스템퍼링   ④ 항온변태처리

50 고주파 경화법 시 나타나는 결함이 아닌 것은?
① 균열   ② 변형
③ 경화층 이탈   ④ 결정 입자의 조대화

> 경화된 재료들은 일반적으로 조직이 미세화되어 있다.

51 재해 원인별 분류에서 인적원인(불안전한 행동)에 의한 것으로 옳은 것은?
① 불충분한 지지 또는 방호
② 작업장소의 밀집
③ 가동 중인 장치를 정비
④ 결함이 있는 공구 및 장치

52 블록 게이지의 부속 부품이 아닌 것은?
① 홀더   ② 스크레이퍼
③ 스크라이버 포인트   ④ 베이스 블록

> 스크레이퍼는 금긋기 작업을 할 때 사용하는 공구이다.

정답 45 ② 46 ① 47 ③ 48 ③ 49 ① 50 ④ 51 ③ 52 ②

53 연삭숫돌바퀴의 구성 3요소에 속하지 않는 것은?
① 숫돌입자 ② 결합제
③ 조직 ④ 기공

> 조직의 숫돌의 5대 인자는 입자, 입도, 결합도, 조직, 결합제 등이다.

54 선반에서 나사가공을 위한 분할너트(half nut)는 어느 부분에 부착되어 사용하는가?
① 주축대 ② 심압대
③ 왕복대 ④ 베드

> 분할너트는 나사가공을 위한 부속장치로 왕복대에 둔다.

55 풀림의 목적을 설명한 것 중 틀린 것은?
① 강의 경도가 낮아져서 연화된다.
② 담금질된 강의 취성을 부여한다.
③ 조직이 균일화, 미세화, 표준화된다.
④ 가스 및 불순물의 방출과 확산을 일으키고, 내부 응력을 저하시킨다.

> 풀림처리를 한 금속은 연성이 커서 담금질 처리를 했을 때 양호한 결과를 얻을 수 있다. 즉, 풀림은 담금질성을 용이하게 한다.

56 전연성이 좋고 색깔이 아름다우므로 장식용 악기 등에 사용되는 5~20% Zn이 첨가된 구리합금은?
① 톰백(tombac)
② 백동
③ 6-4 황동(muntz metal)
④ 7-3 황동(cartridge metal)

> 백동 : 니켈 10~30% 함유한 구리-니켈계 합금

57 18-8형 스테인리스강의 설명으로 틀린 것은?
① 담금질에 의하여 경화되지 않는다.
② 1000℃~1100℃로 가열하여 급랭하여 가공성 및 내식성이 증가된다.
③ 고온으로부터 급랭한 것을 500℃~850℃로 재가열하면 탄화크롬이 석출된다.
④ 상온에서는 자성을 갖는다.

> 18-8스테인레스강은 상온에서 비자성체 합금강의 종류이다.

58 탄소강의 상태도에서 공정점에서 발생하는 조직은?
① Pearlite, Cementite
② Cementite, Austenite
③ Ferrite, Cementite
④ Austenite, Pearlite

> 공정점
> C4.3%, 오스테나이트와 시멘타이트로 존재하고 그 혼합된 조직을 레데뷰라이트 조직이라 한다.

정답 53 ③ 54 ③ 55 ② 56 ① 57 ④ 58 ②

59 내열용 알루미늄 합금이 아닌 것은?
① Y합금　　　　② 로엑스(Lo-Ex)
③ 두랄루민　　　④ 코비탈륨

> **코비탈륨**
> Y합금 + Ti + Cu계 합금

60 담금질한 강을 재가열할 때 600℃ 부근에서의 조직은?
① 솔바이트　　　② 마텐자이트
③ 트루스타이트　④ 오스테나이트

정답　59 ③　60 ①

PART 05 CBT 출제예상문제 2

제1과목 기계제도

01 호칭번호가 "NA 4916 V"인 니들 롤러 베어링의 안지름 치수는 몇 mm인가?
① 16　　② 49
③ 80　　④ 96

16×5 = 80mm

02 그림과 같이 가공된 축의 테이퍼값은 얼마인가?

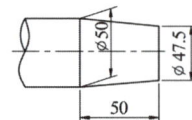

① $\frac{1}{5}$　　② $\frac{1}{10}$
③ $\frac{1}{20}$　　④ $\frac{1}{40}$

$\frac{50-47.5}{50} = \frac{1}{20}$

03 지름이 60mm, 공차가 +0.001~+0.015인 구멍의 최대 허용치수는?
① 59.85　　② 59.985
③ 60.15　　④ 60.015

최대허용치수 = 60+0.015 = 60.015mm

04 지름이 10cm이고, 길이가 20cm인 알루미늄봉이 있다. 비중량이 2.7일 때, 중량(kg)은?
① 0.4242kg　　② 4.242kg
③ 42.42kg　　④ 4242kg

$W = \gamma \cdot V = 2.7 \times 10^3 \times \frac{\pi \times 0.1^2}{4} \times 0.2$
$= 4.24$kg

05 이면 용접의 KS 기호로 옳은 것은?
① ⌒　　② △
③ ⊓　　④ ○

① 살돋음, 비드 → 이면용접에서 사용
② 필렛용접
③ 플러그용접
④ 전둘레용접

06 전개도를 그리는데 다음 중 가장 중요한 것은?
① 투시도
② 축적도
③ 도형의 중량
④ 각부의 실제 길이

전개도
입체도형을 펼쳐서 평면에 나타낸 도면

정답　1 ③　2 ③　3 ④　4 ②　5 ①　6 ④

07 그림은 필릿 용접 부위를 나타낸 것이다. 필릿 용접의 목 두께를 나타내는 치수는?

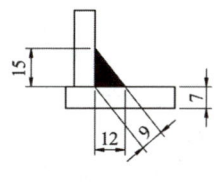

① 7   ② 9
③ 12 ④ 15

08 그림과 같은 단면도의 형태는?

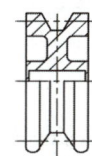

① 온 단면도   ② 한쪽 단면도
③ 부분 단면도   ④ 회전 도시 단면도

> 한쪽 단면도
> 도형의 $\frac{1}{2}$은 단면도로 나머지 $\frac{1}{2}$은 외형도를 그린 투상도

09 핸들이나 바퀴 등의 암 및 리브, 훅, 축 등의 절단면을 나타내는 도시법으로 가장 적합한 것은?

① 계단 단면도   ② 부분 단면도
③ 한쪽 단면도   ④ 회전도시 단면도

10 제3각 투상법으로 정면도와 평면도를 그림과 같이 나타낼 경우 가장 적합한 우측면도는?

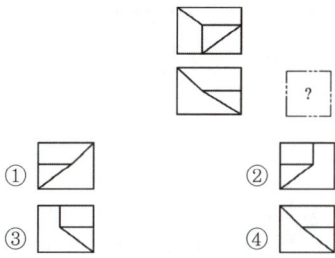

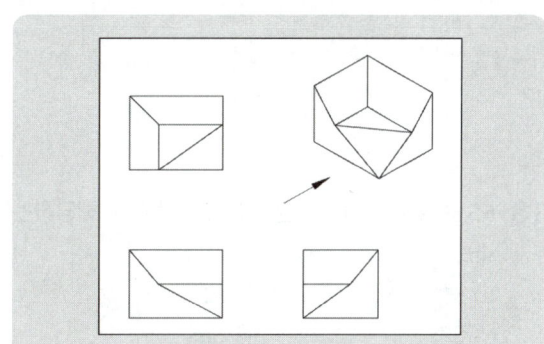

11 그림과 같은 기하공차 기입 틀에서 "A"에 들어갈 기하공차 기호는?

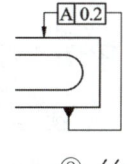

① ⌓   ② //
③ ⊥   ④ ═

> 화살표로 지시한 면과 테이텀 면의 평행을 나타낸다.

12 보기와 같은 공차기호에서 최대 실체 공차방식을 표시하는 기호는?

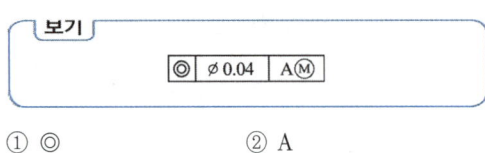

① ◎ ② A
③ Ⓜ ④ φ

① 동심도기호
② A : 데이텀 기호
③ φ : 지름(직경) 기호

13 KS 재료기호 중 합금 공구강 강재에 해당하는 것은?

① STS ② STC
③ SPS ④ SBS

① STC : 탄소공구강
② SPS : 스프링강

14 제3각법으로 투상한 보기의 도면에 가장 적합한 입체도는?

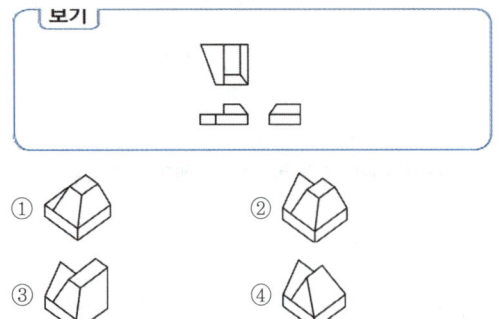

15 그림과 같은 기호에서 "1.6" 숫자가 의미하는 것은?

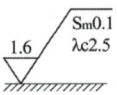

① 컷오프값
② 기준길이 값
③ 평가길이 표준값
④ 평균 거칠기의 값

① $S_m 0.1$: 중심선 평균거칠기 이외의 표면 거칠기값
② $\lambda_c 2.5$: 컷오프값

16 그림과 같은 입체도에서 화살표 방향을 정면도로 할 경우에 우측면도로 가장 적절한 것은?

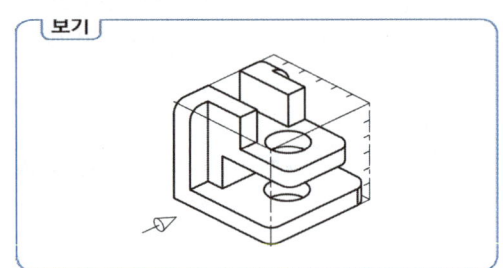

① 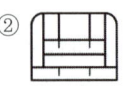   ②
③    ④

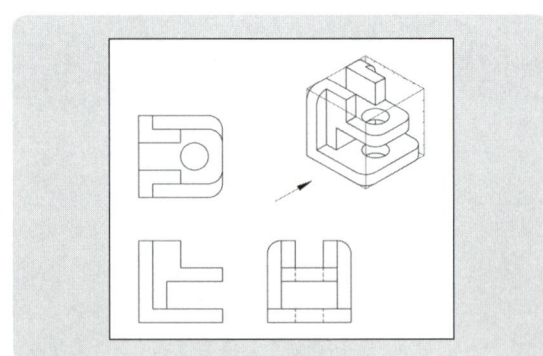

정답 12 ③ 13 ① 14 ② 15 ④ 16 ③

17 표준 스퍼 기어의 항목표에서는 기입되지 아니하나 헬리컬 기어 항목표에는 기입되는 것은?

① 모듈　　② 비틀림 각
③ 잇수　　④ 기준 피치원 지름

18 제3각 정투상법으로 그린 보기에 알맞은 우측면도는?

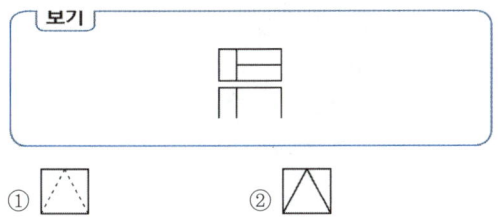

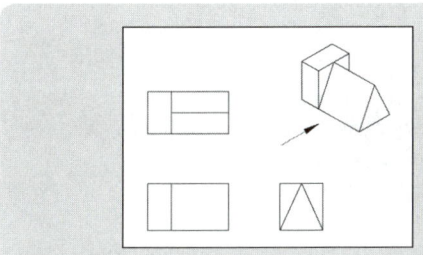

19 그림과 같이 암나사를 단면으로 표시할 때, 가는 실선으로 도시하는 부분은?

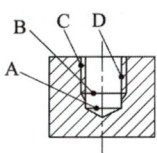

① A　　② B
③ C　　④ D

> 암나사의 골지름 부분은 가는 실선, 산지름(안지름) 부분은 굵은 실선으로 도시한다.

20 일반 구조용 압연강재의 KS 재료기호는?

① SPS　　② SBC
③ SS　　④ SM

제2과목 기계요소설계

21 다음 중 두 축이 서로 교차하면서 회전력을 전달하는 기어는?

① 스퍼 기어(spur gear)
② 헬리컬 기어(helical gear)
③ 래크와 피니언(rack and pinion)
④ 스파이럴 베벨기어(spiral bevel gear)

> 두 축이 나란할 때
> 스퍼기어, 헬리컬 기어, 래크와 피니언 등

정답　17 ②　18 ②　19 ③　20 ③　21 ④

22 지름 5cm의 축이 300rpm으로 회전할 때, 최대로 전달할 수 있는 동력은 약 몇 kW인가? (단, 축의 허용비틀림응력은 39.2MPa이다.)

① 8.59 ② 16.84
③ 30.23 ④ 181.38

$T = \tau \dfrac{\pi d^3}{16} = 974000 \times 9.8 \times \dfrac{H}{n}$ 이므로
여기서 동력(H)은
$H = \tau \dfrac{\pi d^3}{16} \times \dfrac{n}{974000 \times 9.8} = 30.23\text{kW}$

23 유니파이 보통나사 "$\dfrac{1}{4} - 20\,UNC$"의 바깥지름은?

① 0.25mm ② 6.35mm
③ 12.7mm ④ 20mm

$d = 25.4 \times \dfrac{1}{4} = 6.35$

24 원형봉에 비틀림 모멘트를 가하면 비틀림 변형이 생기는 원리를 이용한 스프링은?

① 겹판 스프링 ② 토션 바
③ 벌류트 스프링 ④ 래칫 휠

토션 바
곧은 봉의 한쪽 끝을 고정하고 다른쪽 끝을 비틀어 발생한 변위를 이용한 스프링이다.

25 판의 두께 15mm, 리벳의 지름 20mm, 피치 60mm인 1줄 겹치기 리벳 이음을 하고자 할 때, 강판의 인장응력과 리벳이음 판의 효율은 각각 얼마인가? (단, 12.26kN의 인장하중이 작용한다.)

① 20.43MPa, 66% ② 20.43MPa, 76%
③ 32.96MPa, 66% ④ 32.96MPa, 76%

판의 인장강도(σ_t)은
$\sigma_t = \dfrac{W}{(p-d)t} = \dfrac{12260}{(60-20)15} \fallingdotseq 20.43[\text{MPa}]$

강판의 효율(η_t)은
$\eta_t = \left(1 - \dfrac{d}{p}\right) \times 100 = \left(1 - \dfrac{20}{60}\right) \times 100 = 66\%$

26 일반용 V 고무 벨트(표준 V-벨트)의 각도는?

① 30° ② 40°
③ 60° ④ 90°

V벨트의 종류는 단면의 형상에 따라 6종류(M, A, B, C, D, E)로 규정하며 각도는 모두 40°로 동일하다.

27 지름 60mm의 강 축에 350rpm으로 50kW를 전달하려고 할 때, 허용전단응력을 고려하여 적용 가능한 묻힘 키(sunk key)의 최소길이(ℓ)는 약 몇 mm인가? (단, 키의 허용전단응력 $\tau = 40\text{N/mm}^2$, 키의 규격(폭×높이) = 12mm×10mm이다.)

① 80 ② 85
③ 90 ④ 95

$T = 974000 \times 9.8 \times \dfrac{H_{kW}}{N} = 974000 \times 9.8 \times \dfrac{50}{350}$
$= 1{,}363{,}600 \text{N} \cdot \text{mm}$
$\tau_k = \dfrac{2T}{b\ell d}$
$40 = \dfrac{2 \times 1{,}363{,}600}{12 \times \ell \times 60}$
$\ell = 94.69\text{mm}$

정답 22 ③ 23 ② 24 ② 25 ① 26 ② 27 ④

28 다음 중 자동 하중 브레이크의 종류로 틀린 것은?
① 웜 브레이크 ② 밴드 브레이크
③ 나사 브레이크 ④ 캠 브레이크

> 밴드 브레이크는 마찰 브레이크의 종류로 조작력에 의하여 작동한다.

29 재료의 기준강도(인장강도)가 400N/mm²이고 허용응력이 100N/mm²일 때, 안전율은?
① 0.25 ② 1.0
③ 4.0 ④ 16.0

> 안전율 S, 항복응력 σ_u, 허용응력 σ_a일 때
> $S = \dfrac{\sigma_u}{\sigma_a} = \dfrac{400}{100} = 4.0$

30 반경방향 하중 6.5kN, 축방향 하중 3.5kN을 받고, 회전수 600rpm으로 지지하는 볼베어링이 있다. 이 베어링에 30000시간의 수명을 주기 위한 기본 동정격하중으로 가장 적합한 것은? (단, 반경방향 동하중계수(X)는 0.35, 축방향 동하중계수(Y)는 1.8로 한다.)
① 43.3kN ② 54.6kN
③ 65.7kN ④ 88.0kN

> $P_r = XF_r + YF_t = 0.35 \times 6.5 + 1.8 \times 3.5$
> $= 8.58$kN
> $L_h = 500 \left(\dfrac{C}{P_r}\right)^r \cdot \dfrac{33.3}{N}$
> $30,000 = 500 \times \left(\dfrac{C}{8.58}\right)^3 \times \dfrac{33.3}{600}$
> $C = 88.06$kN

31 지름 20mm, 피치 2mm인 3줄 나사가 1/2 회전하였을 때 이 나사의 진행거리는 몇 mm인가?
① 1 ② 3
③ 4 ④ 6

> $\ell = np = 3 \times 2 = 6$mm
> $\dfrac{1}{2}$ 회전이므로 3mm

32 942N·m의 토크를 전달하는 지름 50mm인 축에 사용할 묻힘 키(폭×높이 = 12mm×8mm)의 길이는 최소 몇 mm 이상이어야 하는가? (단, 키의 허용전단응력은 78.48N/mm²이다.)
① 30 ② 40
③ 50 ④ 60

> $\tau = \dfrac{2T}{b\ell d}$
> $78.48 = \dfrac{2 \times 942 \times 10^3}{12 \times \ell \times 50}$
> $\ell = 40.01$mm

33 원통롤러 베어링 N206(기본 동정격하중 14.2kN)이 600rpm으로 1.96kN의 베어링 하중을 받치고 있다. 이 베어링의 수명은 약 몇 시간인가? (단, 베어링 하중 계수(f_w)는 1.5를 적용한다.)
① 4,200 ② 4,800
③ 5,300 ④ 5,900

> $L_n = 500 \cdot \left(\dfrac{C}{f_w \cdot P}\right)^r \cdot \dfrac{33.3}{N}$
> $= 500 \times \left(\dfrac{14.2}{1.5 \times 1.96}\right)^{\frac{10}{3}} \times \dfrac{33.3}{600} = 5285.26$hr

정답 28 ② 29 ③ 30 ④ 31 ② 32 ② 33 ③

34 하중의 크기 및 방향이 주기적으로 변화하는 하중으로서 양진하중을 의미하는 것은?

① 변동하중(Variable Load)
② 반복하중(Repeated Load)
③ 교번하중(Alternate Load)
④ 충격하중(Impact Load)

35 다음 중 정숙하고 원활한 운전을 하고, 특히 고속회전이 필요할 때 적합한 체인은?

① 사일런트 체인(Silent Chain)
② 코일 체인(Coil Chain)
③ 롤러 체인(Roller Chain)
④ 블록 체인(Block Chain)

36 2.2kW의 동력을 1,800rpm으로 전달시키는 표준 스퍼기어가 있다. 이 기어에 작용하는 회전력은 약 몇 N인가?

① 163 ② 195
③ 233 ④ 289

$$H_{kW} = \frac{F \cdot \pi m Z \cdot N}{102 \times 60 \times 1000}$$
$$2.2 = \frac{F \times \pi \times 4 \times 25 \times 1800}{102 \times 9.8 \times 60 \times 1000}$$
$$F = 233.33N$$

37 맞대기 용접이음에서 압축하중을 W, 용접부의 길이를 l, 판 두께를 t라 할 때 용접부의 압축응력을 계산하는 식으로 옳은 것은?

① $\sigma = \dfrac{Wl}{t}$ ② $\sigma = \dfrac{W}{tl}$

③ $\sigma = Wtl$ ④ $\sigma = \dfrac{tl}{W}$

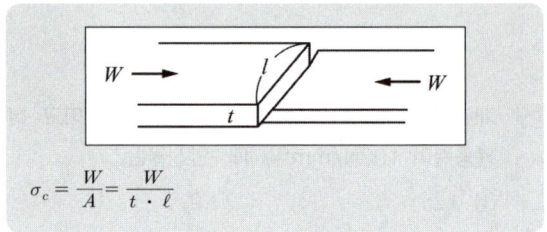

38 밴드 브레이크에서 밴드에 생기는 인장응력과 관련하여 다음 중 옳은 관계식은? (단, σ : 밴드에 생기는 인장응력, F_1 : 밴드의 인장측 장력, t : 밴드 두께, b : 밴드의 너비이다.)

① $\sigma = \dfrac{b}{F_1 \times t}$ ② $\sigma = \dfrac{t \times \sigma}{F_1}$

③ $b = \dfrac{F_1}{t \times \sigma_t}$ ④ $\sigma = \dfrac{F_1 \times t}{b}$

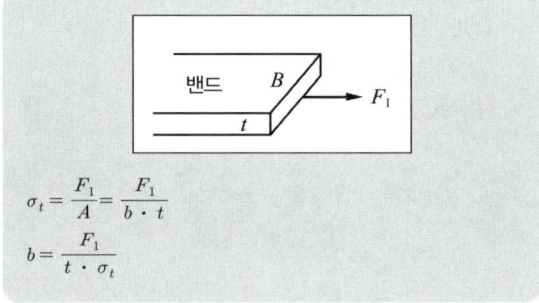

정답 34 ③ 35 ① 36 ③ 37 ② 38 ③

39 300rpm으로 2.5kW의 동력을 전달시키는 축에 발생하는 비틀림 모멘트는 약 몇 N·m인가?

① 80 ② 60
③ 45 ④ 35

$$T = 974 \frac{H_{kW}}{N} = 974 \times 9.8 \times \frac{2.5}{300} = 79.54\,\text{N·m}$$

40 판 스프링(Leaf Spring)의 특징에 관한 설명으로 거리가 먼 것은?

① 판 사이의 마찰에 의해 진동을 감쇠한다.
② 내구성이 좋고, 유지보수가 용이하다.
③ 트럭 및 철도차량의 현가장치로 주로 이용된다.
④ 판 사이의 마찰작용으로 인해 미소진동의 흡수에 유리하다.

① 감쇠: 마찰에 의하여 진동의 진폭이 줄어드는 현상

제3과목 기계재료 및 측정

41 선팽창계수가 큰 순서로 올바르게 나열된 것은?

① 알루미늄 〉 구리 〉 철 〉 크롬
② 철 〉 크롬 〉 구리 〉 알루미늄
③ 크롬 〉 알루미늄 〉 철 〉 구리
④ 구리 〉 철 〉 알루미늄 〉 크롬

① 선팽창계수: Zn 〉 Pb 〉 Mg 〉 Mo
② 보기에서 용융점이 가장 낮은 금속은 Al이고 가장 높은 금속은 Cr이다.
Al : 660℃, Cr : 1875℃

42 탄소강에서 적열메짐을 방지하고, 주조성과 담금질 효과를 향상시키기 위하여 첨가하는 원소는?

① 황(S) ② 인(P)
③ 규소(Si) ④ 망간(Mn)

Mn의 특성
강인성이 좋은 재질로 적열취성 방지, 고온가공 용이, 담금질 효과 상승 등

43 철-탄소(Fe-C) 평행상태도에 대한 설명으로 틀린 것은?

① 강의 A_2 변태점은 약 768℃이다.
② 탄소량이 0.8% 이하의 경우 아공석강이라고 한다.
③ 탄소량이 0.8% 이상의 경우 시멘타이트양이 적어진다.
④ α-고용체와 시멘타이트의 혼합물을 펄라이트라고 한다.

탄소량이 증가와 더불어 시멘타이트양도 증가한다.

44 다음 순금속 중 열전도율이 가장 높은 것은? (단, 20℃에서의 열전도율이다.)

① Ag ② Au
③ Mg ④ Zn

열전도율 : Ag 〉 Au 〉 Mg 〉 Zn

45 다음 중 불변강이 아닌 것은?
① 인바   ② 엘린바
③ 인코넬 ④ 슈퍼인바

> 인코넬은 내열성이 우수한 Ni합금이다.

46 구리합금 중 6:4 황동에 약 0.8% 정도의 주석을 첨가하며 내해수성에 강하기 때문에 선박용 부품에 사용하는 특수 황동은?
① 네이벌 황동   ② 강력 황동
③ 납 황동   ④ 애드미럴티 황동

47 한 변의 길이가 150~300mm로 분괴 압연된 각형 대강편은 무엇인가?
① bloom   ② board
③ billet   ④ slab

> 어드미럴티메탈: 7-4 황동 + Sn 1%

48 인청동의 적당한 인 함량(%)은?
① 0.05~0.5   ② 6.0~10.0
③ 15.0~20.0 ④ 20.5~25.5

> 인청동의 적당한 인 함량은 1% 이하

49 풀림에 대한 설명으로 틀린 것은?
① 기계적 성질을 개선하기 위한 것이 구상화 풀림이다.
② 응력 제거 풀림은 재료 내부의 잔류응력을 제거하기 위한 것이다.
③ 강을 연하게 하여 기계 가공성을 향상시키기 위한 것은 완전 풀림이다.
④ 풀림온도는 과공석강인 경우에는 A_3 변태점보다 30~50℃로 높게 가열하여 방랭한다.

> 풀림 처리는 A_1 변태점 이상에서 가열 후 서랭처리한다.

50 강을 표준상태로 하고, 가공조직의 균일화, 결정립의 미세화 등을 목적으로 하는 열처리는?
① 풀림   ② 불림
③ 뜨임   ④ 담금질

> 풀림 : 연성 증가
> 뜨임 : 인성 증가
> 담금질 : 강도·경도 증가

51 정밀측정에서 아베의 원리에 대한 설명으로 옳은 것은?
① 내측 측정 시는 최댓값을 택한다.
② 눈금선의 간격은 일치되어야 한다.
③ 단도기의 지지는 양끝 단면이 평행하도록 한다.
④ 표준자와 피측정물은 동일 축선상에 있어야 한다.

> 아베의 원리를 만족하는 측정기로는 외측마이크로미터가 있고, 위배되는 측정기로는 버니어 캘리퍼스가 있다.

52 일반적인 선반작업의 안전수칙으로 틀린 것은?
① 회전하는 공작물을 공구로 정지시킨다.
② 장갑, 반지 등은 착용하지 않도록 한다.
③ 바이트는 가능한 짧고 단단하게 고정한다.
④ 선반에서 드릴작업 시 구멍가공이 거의 끝날 때에는 이송을 천천히 한다.

> 회전하는 공작물을 인위적 또는 물리적으로 강제로 정지시키려 하면 안 된다.

53 다음 연삭숫돌의 표시 방법 중에서 "5"는 무엇을 나타내는가?

> "WA 60 K 5 V"

① 조직   ② 입도
③ 결합도   ④ 결합제

> ① WA : 백색의 산화알루미늄 입자
> ② 30 : 입도
> ③ K : 결합도
> ④ 5 : 조직
> ⑤ V : 결합제

54 밀링작업의 절삭속도 선정에 대한 설명 중 틀린 것은?
① 공작물의 경도가 높으면 저속으로 절삭한다.
② 커터날이 빠르게 마모되면 절삭속도를 낮추어 절삭한다.
③ 거친 절삭은 절삭속도를 빠르게 하고, 이송속도를 느리게 한다.
④ 다듬질 절삭에서는 절삭속도를 빠르게, 이송을 느리게, 절삭 깊이를 적게 한다.

> 거친절삭은 절삭속도를 느리게, 이송속도를 빠르게 하고 절삭 깊이는 크게 할 수 있다. 절삭깊이가 클수록 절삭저항이 증가하여 표면은 거칠게 가공된다.

55 탄소공구강의 재료 기호로 옳은 것은?
① SPS   ② STC
③ STD   ④ STS

> ① SPS : 스프링강
> ② STD : 다이스강
> ③ STS : 합금공구강, 스테인리스강

56 다음 중 원소가 강재에 미치는 영향으로 틀린 것은?
① S : 절삭성을 향상시킨다.
② Mn : 황의 해를 막는다.
③ H_2 : 유동성을 좋게 한다.
④ P : 결정립을 조대화시킨다.

> 수소(H_2)
> 반점, 헤어크랙 등의 원인

57 알루미늄 합금 중 주성분이 Al - Cu - Ni - Mg계 합금인 것은?
① Y합금
② 알민(Almin)
③ 알드레이(Aldrey)
④ 알클래드(Alclad)

> ① Y합금 : Cu 4%, Ni 2%, Mg 1.5% 합금
> ② 알민 : Al+Mn
> ③ 알드레이 : Al+Mg+Si

정답 52 ① 53 ① 54 ③ 55 ② 56 ③ 57 ①

58 백주철을 열처리로에 넣어 가열해서 탈탄 또는 흑연화하는 방법으로 제조된 것은?

① 회주철
② 반주철
③ 칠드 주철
④ 가단 주철

> ① 회주철 : 유리탄소가 화합탄소보다 많은 주철
> ② 반주철 : 회주철과 백주철의 중간상태
> ③ 칠드 주철 : 내부는 회주철, 외부는 백주철로 이루어진 주철

59 애드미럴티(Admiralty) 황동의 조성은?

① 7 : 3황동 + Sn(1% 정도)
② 7 : 3황동 + Pb(1% 정도)
③ 6 : 4황동 + Sn(1% 정도)
④ 6 : 4황동 + Pb(1% 정도)

> 네이벌 황동(naval brass)
> 6-4 황동+Sn 1%

60 자성 재료를 연질과 경질로 나눌 때 경질 자석에 해당되는 것은?

① Si강판
② 퍼멀로이
③ 센더스트
④ 알니코 자석

> 비자성강의 종류
> ① Si강판
> ② 센더스트
> ③ 퍼멀로이
> • 알니코는 자석강이다.

58 ④ 59 ① 60 ④

PART 05 CBT 출제예상문제 3

제1과목 기계제도

01 그림과 같은 제3각 정투상도의 입체도로 가장 적합한 것은?

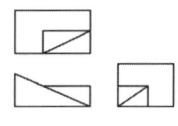

02 그림에서 도시한 기어는?

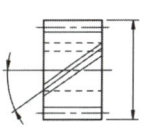 

① 베벨 기어
② 웜 기어
③ 헬리컬 기어
④ 하이포이드 기어

> 도면에서 사선이 들어가 있는 것으로 보아 헬리컬기어이다.

03 그림과 같이 기입된 KS 용접기호의 해석으로 옳은 것은?

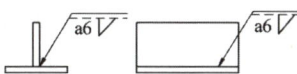

① 화살표 쪽 필릿 용접 목 두께가 6mm
② 화살표 반대쪽 필릿 용접 목 두께가 6mm
③ 화살표 쪽 필릿 용접 목 길이가 6mm
④ 화살표 반대쪽 필릿 용접 목 길이가 6mm

> ① 점선을 보고 화살표 반대쪽 용접
> ② a6 : 목두께 6mm

04 그림과 같이 3각법으로 투상한 도면에 가장 적합한 입체도 형상은?

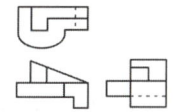

 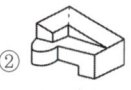
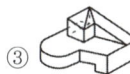 

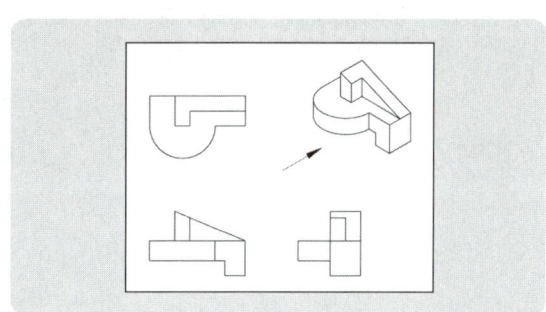

05 3각법으로 투상한 그림과 같은 도면의 입체도는?

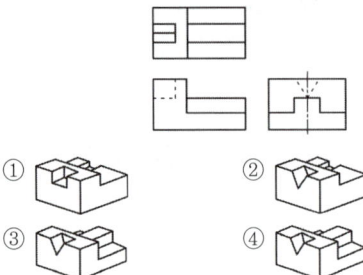

06 그림과 같은 표면의 결 지시 기호에서 각 항목별 설명 중 옳지 않은 것은?

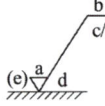

① a : 거칠기값　② b : 가공 방법
③ c : 가공 여유　④ d : 표면의 줄무늬 방향

① C : 컷오프값 표시
② (e) : 다듬질 여유

07 다음 기하 공차 기호 중 돌출공차역을 나타내는 기호는?

① 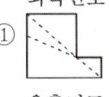　②
③ 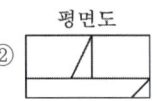　④ Ⓐ

① Ⓜ : 최대실체상태(Maximum Material Condition) 기호
② Ⓟ : 돌출공차역(Projected Tolerance Zone) 기호

08 그림과 같은 입체도에서 화살표 방향이 정면일 때 정투상법으로 나타낸 투상도 중 잘못된 도면은?

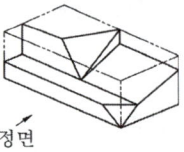

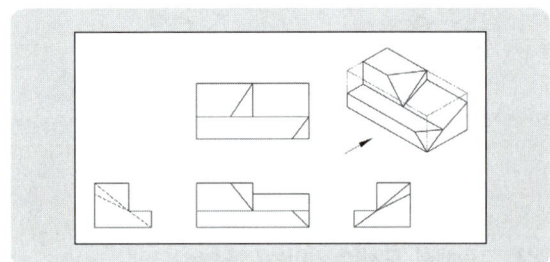

09 도면에서 가는 실선으로 표시된 대각선 부분의 의미는?

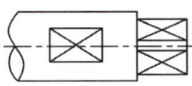

① 평면　② 곡면
③ 홈부분　④ 라운드 부분

정답　5 ③　6 ③　7 ①　8 ③　9 ①

10 그림과 같은 기하공차 기호에 대한 설명으로 틀린 것은?

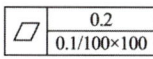

① 평면도 공차를 나타낸다.
② 전체 부위에 대해 공차값 0.2mm를 만족해야 한다.
③ 지정넓이 100mm×100mm에 대해 공차값 0.1mm를 만족해야 한다.
④ 이 기하공차 기호에서는 두 가지 공차조건 중 하나만 만족하면 된다.

> 이 기하공차 기호에서는 두 가지 공차조건을 다 만족하여야 한다.

11 체결품의 부품 조립 간략 표시에 있어서 양쪽면에 카운터 싱크가 있고 현장에서 드릴 가공 및 끼워 맞춤을 나타내는 기호는?

①   ②
③   ④

12 기계구조용 탄소 강재의 KS 재료 기호로 옳은 것은?

① SM40C   ② SS330
③ AIDC1   ④ GC100

> ① SS : 일반구조용 압연강재
> ② GC : 회주철

13 구멍 70 $H7(70^{+0.030}_{0})$, 축 70 $g6(70^{-0.010}_{-0.029})$의 끼워 맞춤이 있다. 끼워 맞춤의 명칭과 최대 틈새를 바르게 설명한 것은?

① 중간 끼워 맞춤이며 최대 틈새는 0.01이다.
② 헐거운 끼워 맞춤이며 최대 틈새는 0.059이다.
③ 억지 끼워 맞춤이며 최대 틈새는 0.029이다.
④ 헐거운 끼워 맞춤이며 최대 틈새는 0.039이다.

> 구멍 기준식 헐거운 끼워 맞춤으로 최대 틈새가 0.030-(-0.029)
> =0.059이다.

14 보기와 같이 축 방향으로 인장력이나 압축력이 작용하는 두 축을 연결하거나 풀 필요가 있을 때 사용하는 기계요소는 무엇인가?

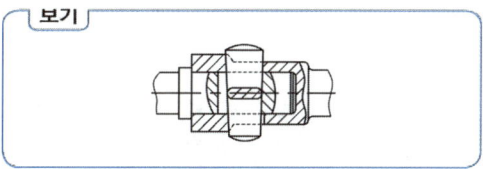

① 핀   ② 키
③ 코터   ④ 플랜지

> 코터
> 인장하중 또는 압축하중을 받는 축을 연결하는 결합용 기계요소이다.

15 Tr 40×7-6H로 표시된 나사의 설명 중 틀린 것은?

① Tr : 미터 사다리꼴 나사
② 40 : 나사의 호칭지름
③ 7 : 나사산의 수
④ 6H : 나사의 등급

> 7 : 피치(Pitch)

16 다음 용접 보조기호 중 전체 둘레 현장용접기호인 것은?

①   ② ●

③ ○   ④ ⊕

> 🚩 : 현장용접, ○ : 전둘레용접
> : 전둘레현장용접

17 피아노 선재의 KS 재질 기호는?

① HSWR   ② STSY
③ MSWR   ④ SWRS

18 다음 중 복렬 깊은 홈 볼 베어링의 약식 도시 기호가 바르게 표기된 것은?

19 2개의 입체가 서로 만날 경우 두 입체 표면에 만나는 선이 생기는데 이 선을 무엇이라고 하나?

① 분할선   ② 입체선
③ 직립선   ④ 상관선

20 금속 재료의 표시 기호 중 탄소 공구강 강재를 나타낸 것은?

① SPP   ② STC
③ SBHG   ④ SWS

① SPS : 스프링강
② SWS : 용접구조용 압연강

제2과목 기계요소설계

21 30°미터 사다리꼴 나사(1줄 나사)의 유효지름이 18mm이고, 피치는 4mm이며 나사 접촉부 마찰계수는 0.15일 때 이 나사의 효율은 약 몇 %인가?

① 24%   ② 27%
③ 31%   ④ 35%

> $\tan\alpha = \dfrac{P}{\pi d_2} = \dfrac{4}{\pi \times 18} = 0.071$
> $\alpha = \tan^{-1}(0.071) = 4.05°$
> $\mu' = \dfrac{\mu}{\cos 15°} = \dfrac{0.15}{\cos 15°} = 0.1553$
> $\rho = \tan^{-1}(\mu') = \tan^{-1}(0.1553) = 8.83°$
> $\eta = \dfrac{\tan\alpha}{\tan(\alpha+\rho)} = \dfrac{0.071 \times 100}{\tan(4.05+8.83)}$
> $\eta = 31.05\%$

22 두께 10mm 강판을 지름 20mm 리벳으로 한 줄 겹치기 리벳 이음을 할 때 리벳에 발생하는 전단력과 판에 작용하는 인장력이 같도록 할 수 있는 피치는 약 몇 mm인가? (단, 리벳에 작용하는 전단응력과 판에 작용하는 인장응력은 동일하다고 본다.)

① 51.4   ② 73.6
③ 163.6   ④ 205.6

> $W = \tau_r \cdot \dfrac{\pi d^2}{4} = \sigma_t (p-d) \cdot t$
> $\dfrac{\pi \times 20^2}{4} = (P-20) \times 10$
> $P = 51.42 mm$

23 벨트의 접촉각을 변화시키고 벨트의 장력을 증가시키는 역할을 하는 풀리는?
① 원동 풀리 ② 인장 풀리
③ 종동 풀리 ④ 원추 풀리

24 블록 브레이크의 드럼이 20m/s의 속도로 회전하는데 블록은 500N의 힘으로 가압할 경우 제동동력은 약 몇 kW인가? (단, 접촉부 마찰계수는 0.3이다.)
① 1.0 ② 1.7
③ 2.3 ④ 3.0

$H_{kW} = \mu W \cdot V = 0.3 \times 500 \times 20$
$= 3000 N \cdot m/sec(W) \times 10^{-3}$
$= 3kW$

25 피치원 지름이 무한대인 기어는?
① 래크(Rack) 기어
② 헬리컬(Helical) 기어
③ 하이포이드(Hypoid) 기어
④ 나사(Screw) 기어

반경이 유한한 치차로는 피니언과 기어가 있고 반지름이 무한한 치차는 래크가 있다.

26 구름 베어링에서 실링(Sealing)의 주목적으로 가장 적합한 것은?
① 구름 베어링에 주유를 주입하는 것을 돕는다.
② 구름 베어링의 발열을 방지한다.
③ 윤활유의 유출 방지와 유해물의 침입을 방지한다.
④ 축에 구름 베어링을 끼울 때 삽입을 돕는다.

27 300rpm으로 3.1kW의 동력을 전달하고, 축 재료의 허용전단응력은 20.6MPa인 중실축의 지름은 약 몇 mm 이상이어야 하는가?
① 20 ② 29
③ 36 ④ 45

$T = 974000 \times 9.8 \dfrac{H_{kW}}{N} = \tau \cdot \dfrac{\pi d^3}{16}$
$974000 \times 9.8 \times \dfrac{3.1}{300} = 20.6 \times \dfrac{\pi d^3}{16}$
$d = 29mm$

28 다음 중 제동용 기계요소에 해당하는 것은?
① 웜 ② 코터
③ 래칫 휠 ④ 스플라인

① 웜: 동력전달 요소
② 코터: 인장 또는 압축을 받는 축 연결요소
③ 스플라인: 키의 분류

29 다음 중 축에는 가공을 하지 않고 보스 쪽에만 홈을 가공하여 조립하는 키는?
① 안장 키(Saddle Key)
② 납작 키(Flat Key)
③ 묻힘 키(Dunk Key)
④ 둥근 키(Round Key)

① 납작 키: 축을 키의 폭만큼 편평하게 가공하여 사용하는 것으로 평키라고도 한다.
② 묻힘 키: 축과 보스에 사각형의 홈을 파서 사용하는 키이다.
③ 둥근 키: 핀키라고도 한다.

30 하중이 2.5kN 작용하였을 때 처짐이 100mm 발생하는 코일 스프링의 소선 지름은 10mm이다. 이 스프링의 유효 감김수는 약 몇 권인가? (단, 스프링 지수(C)는 10이고, 스프링 선재의 전단탄성 계수는 80GPa이다.)

① 3 　　　　　② 4
③ 5 　　　　　④ 6

$$\delta = \frac{64nP \cdot R^3}{Gd^4}$$

$$100 = \frac{64 \times n \times (2.5 \times 10^3) \times (\frac{10 \times 10^3}{2})}{80 \times 10^3 \times 10^4}$$

$$n = 4$$

31 벨트의 형상을 치형으로 하여 미끄럼이 거의 없고 정확한 회전비를 얻을 수 있는 벨트는?

① 직물 벨트 　　② 강 벨트
③ 가죽 벨트 　　④ 타이밍 벨트

직물, 가죽 등은 일반 평벨트의 재료로 사용된다.

32 잇수는 54, 바깥지름은 280mm인 표준 스퍼기어에서 원주피치는 약 몇 mm인가?

① 15.7 　　　　② 31.4
③ 62.8 　　　　④ 125.6

$$P = \frac{\pi D}{Z} = \pi m$$

$$D_o = m(Z+2), \quad m = \frac{280}{(54+2)}$$

$$P = \pi \cdot m = \frac{\pi \times 280}{(54+2)} = 15.71\text{mm}$$

33 둥근 봉을 비틀 때 생기는 비틀림 변형을 이용하여 스프링으로 만든 것은?

① 코일 스프링 　　② 토션 바
③ 판 스프링 　　　④ 접시 스프링

토션 바
곧은 부위 한쪽은 고정하고 다른 쪽 끝을 비틀어 발생한 비틀림 변위를 이용하는 스프링이다.

34 미끄럼 베어링의 재질로서 구비해야 할 성질이 아닌 것은?

① 눌러 붙지 않아야 한다.
② 마찰에 의한 마멸이 적어야 한다.
③ 마찰계수가 커야 한다.
④ 내식성이 커야 한다.

마찰 저항을 감소시키고 열화를 줄이기 위해서는 마찰계수가 적어야 한다.

35 피치가 2mm인 3줄 나사에서 90° 회전시키면 나사가 움직인 거리는 몇 mm인가?

① 0.5 　　　　　② 1
③ 1.5 　　　　　④ 2

$$\ell = np = 3 \times 2 = 6\text{mm}$$

90° 회전 시: $\frac{90}{360} \times 6 = 1.5\text{mm}$

정답　30 ②　31 ④　32 ①　33 ②　34 ③　35 ③

36 1줄 겹치기 리벳 이음에서 리벳 구멍의 지름이 12mm이고, 리벳의 피치는 45mm일 때 판의 효율은 약 몇 %인가?

① 80 ② 73
③ 55 ④ 42

$$\eta_p = 1 - \frac{d}{p} = (1 - \frac{12}{45}) \times 100 = 73.33\%$$

37 폴(Pawl)과 결합하여 사용되며, 한쪽 방향으로는 간헐적인 회전운동을 주고 반대쪽으로는 회전을 방지하는 역할을 하는 장치는?

① 플라이 휠(Fly Wheel)
② 드럼 브레이크(Drum Brake)
③ 블록 브레이크(Block Brake)
④ 래칫 휠(Rachet Wheel)

① 간헐운동기구 : 래칫 휠
② 운동조정용 기구 : 브레이크 및 플라이 휠

38 400rpm으로 4kW의 동력을 전달하는 중실축의 최소지름은 약 몇 mm인가? (단, 축의 허용전단응력은 20.60MPa이다.)

① 22 ② 13
③ 29 ④ 36

$$T = 974000 \frac{H_{kW}}{N} = \tau \cdot \frac{\pi d^3}{16}$$
$$97400 \times \frac{4}{400} = 20.60 \times \frac{\pi \times d^3}{16}$$
$$d = 29mm$$

39 지름이 4cm의 봉재에 인장하중이 1,000N이 작용할 때 발생하는 인장응력은 약 얼마인가?

① $127.3N/cm^2$ ② $127.3N/mm^2$
③ $80N/cm^2$ ④ $80N/mm^2$

$$\sigma = \frac{P}{A} = \frac{P}{\frac{\pi d^2}{4}} = \frac{1000}{\frac{\pi \times 40^2}{4}} \fallingdotseq 80N/cm^2$$

40 묻힘 키에서 키에 생기는 전단응력을 γ, 압축응력을 σ_c라 할 때, $\gamma/\sigma = 1/4$이면, 키의 폭 b와 높이 h와의 관계식은? (단, 키 홈의 높이는 키 높이의 1/2이라고 한다.)

① $b = h$ ② $b = 2h$
③ $b = \frac{h}{2}$ ④ $b = \frac{h}{4}$

$$\tau = \frac{2T}{b\ell d}$$
$$\sigma_c = \frac{4T}{h\ell d}$$
$$\frac{\tau}{\sigma_c} = \frac{h}{2b} = \frac{1}{4}, \ b = 2h$$

정답 36 ② 37 ④ 38 ③ 39 ③ 40 ②

제3과목 기계재료 및 측정

41 강을 오스테나이트화 한 후, 공랭하여 표준화된 조직을 얻은 열처리는?
① 퀜칭(Quenching)
② 어닐링(Annealing)
③ 템퍼링(Tempering)
④ 노멀라이징(Nomalizing)

> 불림(Normalizing)
> 강의 표준화, 미세화, 균일화 목적의 열처리

42 금속 간 화합물에 관하여 설명한 것 중 틀린 것은?
① 경하고 취약하다.
② Fe_3C는 금속 간 화합물이다.
③ 일반적으로 복잡한 결정구조를 갖는다.
④ 전기저항이 작으며, 금속적 성질이 강하다.

> 금속 간 화합물은 보통 비금속적 경향이 강하다.

43 담금질 조직 중 경도가 가장 높은 것은?
① 펄라이트   ② 마텐자이트
③ 소르바이트 ④ 트루스타이트

> 담금질 조직의 경도
> A〈 M 〉T 〉S 〉P

44 다음 구조용 복합재료 중에서 섬유강화 금속은?
① SPF   ② FRM
③ FRP   ④ GFRP

> 복합재료의 종류
> ① FRM : 모재가 금속
> ② FRP : 모재가 플라스틱
>   ㉠ GFRP : 보강섬유가 유리
>   ㉡ CFRP : 보강섬유가 탄소

45 알루미늄 및 그 합금의 질별 기호 중 가공경화한 것을 나타내는 것은?
① O   ② W
③ F^a ④ H^b

> 알루미늄 합금의 질별기호
> ① F : 압축, 압연, 단조 등 열간 가공상태 그대로
> ② O : 열간가공 후 풀림처리한 상태
> ③ H : 냉간가공 후 풀림처리한 상태
> ④ T : 용체화/시효경과 처리한 상태
> ⑤ W : 용체화 처리 후 자연시효가 진행 중인 상태

46 다음 원소 중 중금속이 아닌 것은?
① Fe   ② Ni
③ Mg   ④ Cr

> 비중 4.5 이상이 중금속
> ① Fe : 7.8
> ② Ni : 8.85
> ③ Mg : 1.74
> ④ Cr : 7.0

정답 41 ④ 42 ④ 43 ② 44 ② 45 ④ 46 ③

47 금속침투법에서 Zn을 침투시키는 것은?

① 크로마이징　② 세라다이징
③ 칼로라이징　④ 실리코나이징

> ① 크로마이징 : Cr 침투
> ② 칼로다이징 : Al 침투
> ③ 실리코나이징 : Si 침투

48 순철에서 나타나는 변태가 아닌 것은?

① A_1　② A_2
③ A_3　④ A_4

> • 순철의 변태
> ① A_2(768℃) : 자기변태점
> ② A_3(910℃) : 동소변태점
> ③ A_4(1400℃) : 동소변태점
> • A_1 변태점 : 강의 변태점

49 특수강에 들어가는 합금 원소 중 탄화물 형성과 결정립을 미세화하는 것은?

① P　② Mn
③ Si　④ Ti

> Ti : 탄화물 생성, 내식성 증가

50 동합금에서 황동에 납을 1.5~3.7%까지 첨가한 합금은?

① 강력 황동　② 쾌삭 황동
③ 배빗 메탈　④ 델타 메탈

> 납+황동 → 납황동, 쾌삭황동

51 밀링머신에서 육면체 소대를 이용하여 다음과 같이 원형기둥을 가공하기 위해 필요한 장치는?

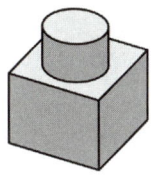

① 다이스　② 각도바이스
③ 회전테이블　④ 슬로팅 장치

> ① 회전테이블 : 가공물에 회전운동이 필요할 때, 분할 및 윤곽가공 시 사용한다.
> ② 슬로팅 장치 : 주축의 회전운동을 공구대의 왕복운동으로 변환시키는 장치이다.

52 터릿선반의 설명으로 틀린 것은?

① 공구를 교환하는 시간을 단축할 수 있다.
② 가공 실물이나 모형을 따라 윤곽을 깎아낼 수 있다.
③ 숙련되지 않은 사람이라도 좋은 제품을 만들 수 있다.
④ 보통선반의 심압대 대신 터릿대(Turret Carrige)를 놓는다.

> 가공실물이나 모형을 따라 윤곽을 깎아낼 수 있는 선반은 모방선반이다.

53 연삭숫돌의 결합제에 따른 기호가 틀린 것은?

① 고무 - R
② 셸락 - E
③ 레지노이드 - G
④ 비트리파이드 - V

> 레지노이드-B
> 재질은 합성수지이다.

정답　47 ②　48 ①　49 ④　50 ②　51 ③　52 ②　53 ③

54 연삭작업 안전사항으로 틀린 것은?

① 연삭숫돌의 측면 부위로 연삭작업을 수행하지 않는다.
② 숫돌은 나무해머나 고무해머 등으로 음향검사를 실시한다.
③ 연삭가공할 때, 안전을 위하여 원주 정면에서 작업을 한다.
④ 연삭작업할 때, 분진의 비산을 방지하기 위해 집진기를 가동한다.

> 연삭작업 시 작업자는 숫돌의 회전방향으로부터 몸을 피하여 안전에 유의한다.

55 강을 오스테나이트화 한 후, 공랭하여 표준화된 조직을 얻은 열처리는?

① 퀜칭(Quenching)
② 어닐링(Annealing)
③ 템퍼링(Tempering)
④ 노멀라이징(Nomalizing)

> 불림(Normalizing)
> 강의 표준화, 미세화, 균일화 목적의 열처리

56 담금질 조직 중 경도가 가장 높은 것은?

① 펄라이트
② 마텐자이트
③ 소르바이트
④ 트루스타이트

> 담금질 조직의 경도
> A < M > T > S > P

57 알루미늄 및 그 합금의 질별 기호 중 가공경화한 것을 나타내는 것은?

① O
② W
③ F^a
④ H^b

> 알루미늄 합금의 질별기호
> ① F : 압축, 압연, 단조 등 열간 가공상태 그대로
> ② O : 열간가공 후 풀림처리한 상태
> ③ H : 냉간가공 후 풀림처리한 상태
> ④ T : 용체화/시효경과 처리한 상태
> ⑤ W : 용체화 처리 후 자연시효가 진행 중인 상태

58 금속침투법에서 Zn을 침투시키는 것은?

① 크로마이징
② 세라다이징
③ 칼로라이징
④ 실리코나이징

> ① 크로마이징 : Cr 침투
> ② 칼로다이징 : Al 침투
> ③ 실리코나이징 : Si 침투

59 순철에서 나타나는 변태가 아닌 것은?

① A_1
② A_2
③ A_3
④ A_4

> • 순철의 변태
> ① A_2(768℃) : 자기변태점
> ② A_3(910℃) : 동소변태점
> ③ A_4(1400℃) : 동소변태점
> • A_1 변태점 : 강의 변태점

정답 54 ③ 55 ④ 56 ② 57 ④ 58 ② 59 ①

60 특수강에 들어가는 합금 원소 중 탄화물 형성과 결정립을 미세화하는 것은?
① P
② Mn
③ Si
④ Ti

Ti : 탄화물 생성, 내식성 증가

60 ④

PART 05 CBT 출제예상문제 4

제1과목 기계제도

01 다음 입체도의 화살표 방향 투상도로 가장 적합한 것은?

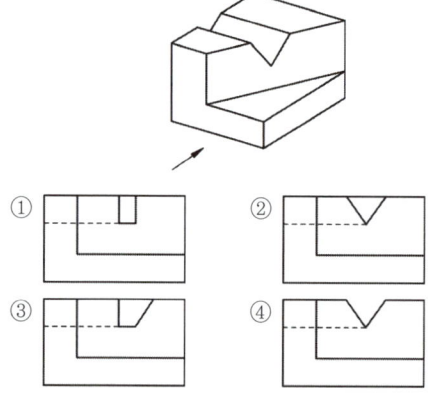

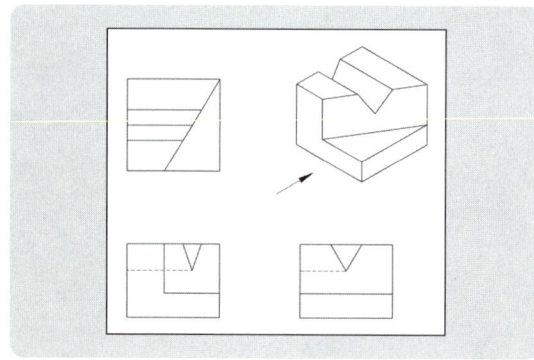

02 도면에 그림과 같은 기하공차가 도시되어 있을 때 이에 대한 설명으로 옳은 것은?

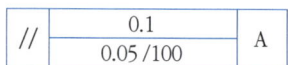

① 경상도 공차를 나타낸다.
② 전체 길이에 대한 허용값은 0.1이다.
③ 지정길이에 대한 허용값은 $\dfrac{0.05}{100}$ mm이다.
④ 이 기하공차는 데이텀 A를 기준으로 100mm 이내의 공간을 대상으로 한다.

> ① 평행도 공차 기호이다.
> ② 지정길이 100mm에 대한 허용값이 0.05mm이다.
> ③ 데이텀 A를 기준으로 직선 또는 평면에 대하여 평행이어야 함을 나타낸다.

03 다음 중 호의 치수 기입을 나타낸 것은?

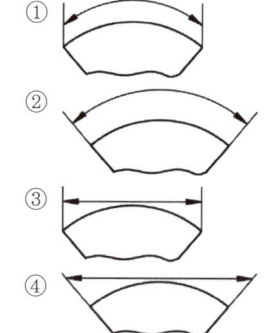

> ②는 각도 치수
> ③는 현의 치수

정답 1 ② 2 ② 3 ①

04 그림과 같은 입체도에서 화살표 방향을 정면으로 할 때 정투상도를 가장 옳게 나타낸 것은?

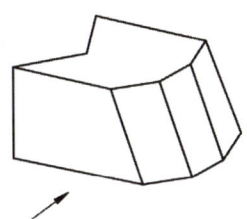

①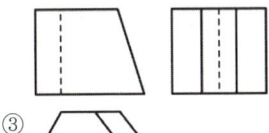

②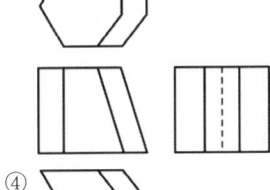

③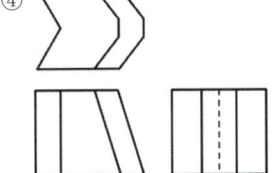

④

> 정면도가 맞는 것은 ①번 밖에 없다.

05 다음 구름 베어링 호칭 번호 중 안지름이 22mm 인 것은?
① 622   ② 6222
③ 62/22 ④ 62-22

> ① 62계열 안지름 2mm
> ② 62계열 안지름 110mm

06 다음 나사의 도시법에 관한 설명 중 옳은 것은?
① 암나사의 골지름은 가는 실선으로 표현한다.
② 암나사의 안지름은 가는 실선으로 표현한다.
③ 암나사의 바깥지름은 가는 실선으로 표현한다.
④ 수나사의 골지름은 굵은 실선으로 표현한다.

> ① 암나사의 안지름은 굵은 실선
> ② 수나사의 바깥지름은 굵은 실선
> ③ 수나사의 골지름은 가는 실선

07 크롬 몰리브덴강 단강품의 KS 재질 기호는?
① SCM   ② SNC
③ SFCM ④ SNCM

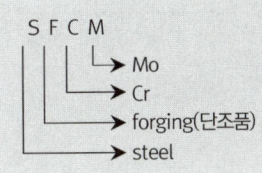

08 다음 제3각법으로 투상된 도면 중 잘못된 투상도가 있는 것은?

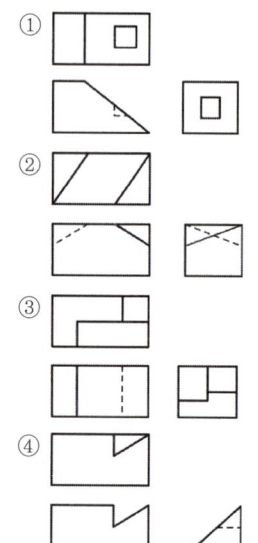

09 다음과 같은 KS 용접기호 해독으로 올바른 것은?

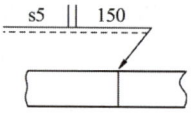

① 루트 간격은 5mm
② 홈 각도는 150°
③ 용접피치는 150mm
④ 화살표 쪽 용접을 의미함

① S : 가로단면치수
② l : 세로단면치수
③ ------ : 식별선
④ ∥ : I형

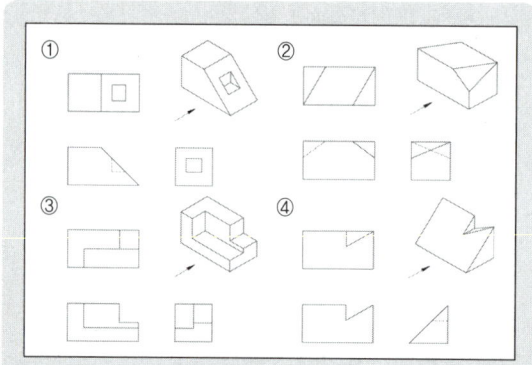

10 다음 그림에서 "C2"가 의미하는 것은?

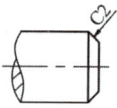

① 크기가 2인 15° 모따기
② 크기가 2인 30° 모따기
③ 크기가 2인 45° 모따기
④ 크기가 2인 60° 모따기

2mm 치수의 45° 모따기

11 파단선에 대한 설명으로 옳은 것은?
① 대상물의 일부분을 가상으로 제외했을 경우의 경계를 나타내는 선
② 기술, 기호 등을 나타내기 위하여 끌어낸 선
③ 반복하여 도형의 피치를 잡는 기준이 되는 선
④ 대상물이 보이지 않는 부분의 형태를 나타낸 선

① ②은 지시선
② ④은 숨은선

정답 8 ③ 9 ④ 10 ③ 11 ①

12 기준치수가 ∅50인 구멍기준식 끼워맞춤에서 구멍과 축의 공차값이 다음과 같을 때 틀린 것은?

> 구멍: 위 치수 허용차 +0.025
> 아래 치수 허용차 0.000
> 축: 위 치수 허용차 -0.025
> 아래 치수 허용차 -0.050

① 축의 최대허용치수: 49.975
② 구멍의 최소허용치수: 50.000
③ 최대틈새: 0.050
④ 최소틈새: 0.025

> 최대틈새
> = 구멍의 위 치수 허용차 - 축의 아래 치수 허용차
> = 0.025-(-0.050) = 0.075

13 기어제도에 관한 설명으로 옳지 않은 것은?

① 잇봉우리원은 굵은 실선으로 표시하고 피치원은 가는 1점 쇄선으로 표시한다.
② 이골원은 가는 실선으로 표시한다. 다만 축에 직각인 방향에서 본 그림을 단면으로 도시할 때는 이골의 선은 굵은 실선으로 표시한다.
③ 잇줄 방향은 통상 3개의 가는 실선으로 표시한다. 다만 주 투영도를 단면으로 도시할 때 외접 헬리컬 기어의 잇줄 방향을 지면에서 앞의 이의 잇줄 방향을 3개의 가는 2점 쇄선으로 표시한다.
④ 맞물리는 기어의 도시에서 주 투영도를 단면으로 도시할 때는 맞물림부의 한쪽 잇봉우리원을 표시하는 선은 가는 1점 쇄선 또는 굵은 1점 쇄선으로 표시한다.

> ④은 파선(숨은선)으로 나타낸다.

14 그림과 같은 입체도에서 화살표 방향에서 본 정면도를 가장 올바르게 나타낸 것은?

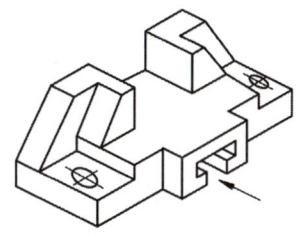

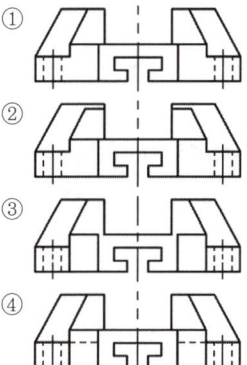

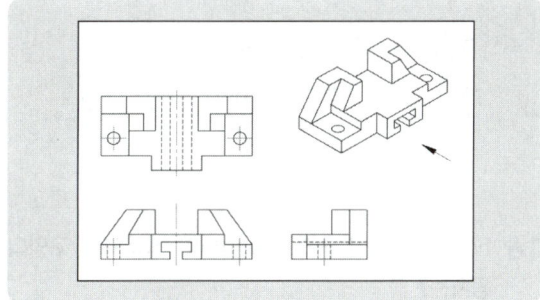

15 다음 원뿔을 전개하면 오른쪽의 전개도와 같을 때 θ는 약 몇 도(°)인가? (단, r=20mm, h= 100mm 이다.)

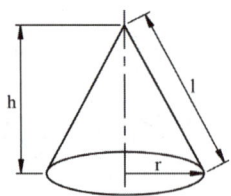

[원뿔]

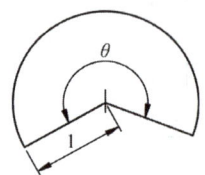

[전개도]

① 약 130° ② 약 110°
③ 약 90°   ④ 약 70°

$\ell \cdot \theta = 2\pi r$
$\theta = \dfrac{2\pi r}{\ell} \times \dfrac{180}{\pi} = \dfrac{2 \times 20 \times 180}{101.98} ≒ 70.6°$
$\ell = \sqrt{h^2 + r^2} = 101.98\text{mm}$

16 h6공차인 축에 중간 끼워맞춤이 적용되는 구멍의 공차는?

① R7   ② K7
③ G7   ④ F7

① 헐거운 끼워맞춤 : B~H
② 중간 끼워맞춤 : JS, K, M
③ 억지 끼워맞춤 : N~X

17 그림과 같은 I 형강의 표시법으로 옳은 것은? (단, 형강의 길이는 L 이다.)

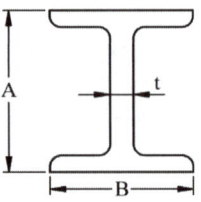

① I A×B×t−L   ② I t×B×A−L
③ I B×A×t−L   ④ I B×A×t×L

형강의 표시법 : 높이×폭×두께−길이

18 다음 도면에서 A의 길이는 얼마인가?

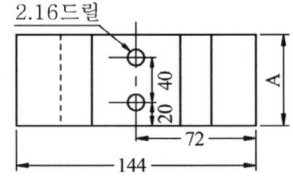

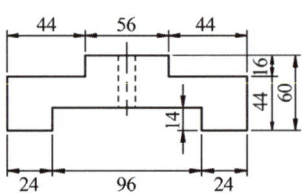 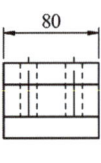

① 44   ② 80
③ 96   ④ 144

평면도와 우측면도의 matching line을 확인한다.

19 다음과 같은 정면도와 평면도에 가장 적합한 우측면도는?

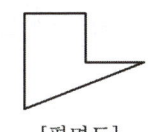
[평면도]

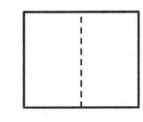
[정면도]

① 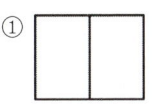 ②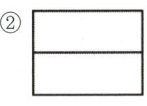

③ 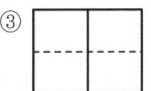 ④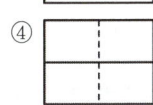

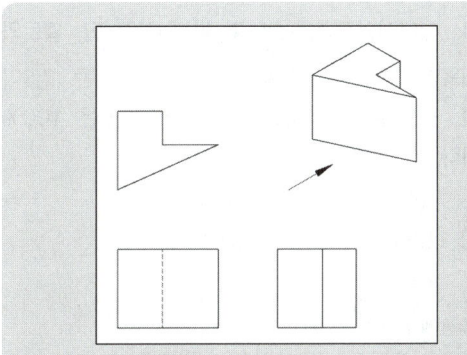

평면도를 보면 우측면에 숨은선은 없으며 matching line을 확인한다.

20 다음 중 평면도를 나타내는 기호는?

① ▱ ② ∥
③ ○ ④ ⊠

① ②은 평행도이다.
② ③은 진원도이다.
③ ④은 평면을 나타내는 기호이다.

제2과목 기계요소설계

21 브레이크 드럼축에 554N·m의 토크가 작용하면 축을 정지하는 데 필요한 제동력은 몇 N인가? (단, 브레이크 드럼의 지름은 400m이다.)

① 1920   ② 2770
③ 3310   ④ 3660

회전력 토크(T)은
$T = \dfrac{fd}{2}$ 이므로
$f = \dfrac{2T}{D} = \dfrac{2 \times 554 \times 10^3}{400} = 2770\,\text{N}$

22 그림과 같은 형태의 볼트로서 전단력이 많이 작용하는 곳에 주로 사용하는 볼트는?

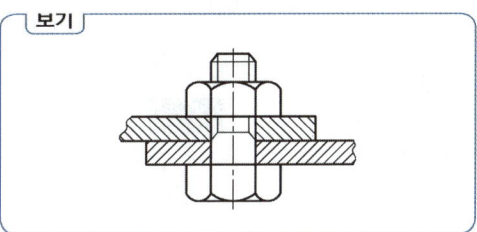

① 스터드 볼트(stud bolt)
② 탭 볼트(tap bolt)
③ 리머 볼트(reamer bolt)
④ 스테이 볼트(stay bolt)

정답 19 ① 20 ① 21 ② 22 ③

23 재료의 파손이론(failure theory) 중 재료에 조합하중이 작용할 때 최대 주응력이 단순인장 또는 단순압축하중에 대한 항복강도, 또는 인장강도나 압축강도에 도달하면 재료의 파손이 일어난다는 이론을 말하는 것으로 주철과 같은 취성재료에 잘 일치하는 이론은?

① 변형률 에너지설(strain energy theory)
② 최대주변형률설(maximum principal strain theory)
③ 최대전단응력설(maximum shear stress theory)
④ 최대주응력설(maximum principal stress theory)

24 다음과 같은 스프링 장치에서 각각의 스프링 상수는 k_1=20N/mm, k_2=30N/mm일 때 이 장치의 조합 스프링 상수는 약 몇 N/mm인가?

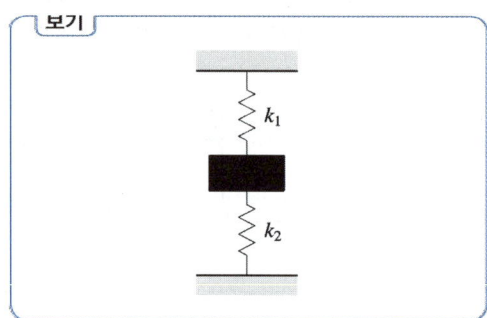

① 25 ② 6
③ 50 ④ 12

병렬의 스프링상수(k)는
$k = k_1 + k_2 + \ldots = 20 + 30 = 50\text{N/mm}$

25 코터의 두께를 b, 폭을 h라 하고, 축방향의 힘 F를 받을 때 코터 내에 생기는 전단응력(τ)에 대한 식으로 옳은 것은? (단, 축방향의 힘에 의해 2개의 전단면이 발생한다.)

① $\tau = \dfrac{F}{bh}$ ② $\tau = \dfrac{hb}{F}$
③ $\tau = \dfrac{F}{2bh}$ ④ $\tau = \dfrac{2bh}{F}$

26 회전속도가 7m/s로 전동되는 평벨트 전동장치에서 가죽벨트의 폭(b)×두께(t)=116mm×8mm인 경우, 최대전달동력은 약 몇 kW인가? (단, 벨트의 허용인장응력은 2.35MPa, 장력비($e^{u\theta}$)는 2.5이며, 원심력은 무시하고 벨트의 이음효율은 100%이다.)

① 7.45   ② 9.16
③ 11.08   ④ 13.46

긴장측장력(T_t)은
$T_t = \sigma t \eta b = 2.35 \times 8 \times 1 \times 116 = 2180\text{N}$ 이며,
장력비($e^{\mu\theta}$)가 2.5이므로
$e^{\mu\theta} = \dfrac{T_t}{T_s}$ 에서 $T_s = 872\text{N}$ 이다
그러므로 유효장력(T_e)은
$T_e = T_t - T_s = 1308\text{N}$ 이다
전달동력(H)은
$H = \dfrac{T_e v}{1000} = \dfrac{1308 \times 7}{1000} \fallingdotseq 9.16\text{kW}$

정답 23 ④ 24 ③ 25 ③ 26 ②

27 한 쌍의 표준 스퍼 기어에서 지름피치가 5이고, 잇수가 각각 20, 63일 때 기어 간 중심거리는 약 몇 mm인가? (단, 1inch는 25.4mm이다.)

① 210.82 ② 421.64
③ 16.3   ④ 163

지름피치= $\frac{25.4}{m}$ 에서 모듈(m)은 5.08이므로
중심거리(C)는
$C = \frac{m(Z_1 + Z_2)}{2} = \frac{5.08(20+63)}{2} = 210.82\,mm$

28 그림과 같이 양쪽에 옆면 필릿 용접 이음을 한 용접구조물에서 용접부의 허용전단응력이 49.05 MPa이라 할 때 약 몇 kN의 힘(P)에 견딜 수 있는가? (단, 판의 두께는 5mm이고, 용접길이(ℓ)는 100mm이다.)

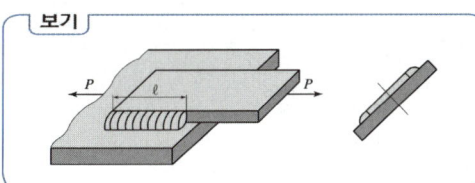

① 34.7   ② 48.6
③ 60.4   ④ 72.9

용접이음의 응력 (σ)은 $\sigma = \frac{0.707P}{lt}$ 이므로
하중(P)은
$P = \frac{\sigma lt}{0.707} = \frac{49.05 \times 100 \times 5}{0.707} \fallingdotseq 34.7\,kN$

29 일반적으로 저널 베어링은 장착 형태와 하중의 방향에 따라 여러 가지 형태로 분류되는데 그림과 같은 저널은 어떤 저널에 속하는가? (단, 그림에서 P는 하중의 작용을 나타내고, d는 저널의 지름을 의미한다.)

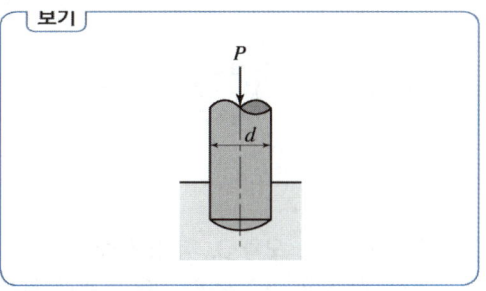

① 칼라 저널   ② 피봇 저널
③ 중간 저널   ④ 엔드 저널

30 유체 클러치의 일종인 유체 커플링(fluid coupling)의 특징을 설명한 것 중 틀린 것은?

① 원동기의 시동이 쉽다.
② 과부하에 대하여 원동기를 보호할 수 있다.
③ 자동변속을 하기 어렵다.
④ 다수의 원동기에서 1개의 부하, 또는 1개의 원동기에서 다수의 부하 작용이 쉽다.

31 지름 4cm의 봉재에 인장하중이 1000N이 작용할 때 발생하는 인장응력은 약 얼마인가?

① 127.3N/cm²   ② 127.3N/mm²
③ 80N/cm²   ④ 80N/mm²

$\sigma = \frac{P}{A} = \frac{P}{\pi \frac{d^2}{4}} = \frac{1000}{\pi \frac{4^2}{4}} \fallingdotseq 80[N/cm^2]$

32 10kN의 축하중이 작용하는 볼트에서 볼트 재료의 허용인장응력이 60MPa일 때 축하중을 견디기 위한 볼트의 최소 골지름은 약 몇 mm인가?

① 14.6 ② 18.4
③ 22.5 ④ 25.7

$$d_1 = \sqrt{\frac{4W}{\pi\sigma}} = \sqrt{\frac{4 \times 10000}{\pi \times 60}} \fallingdotseq 14.6\,\text{mm}$$

33 속도비 3 : 1, 모듈 3, 피니언(작은 기어)의 잇수 30인 한 쌍의 표준 스퍼 기어의 축간 거리는 몇 mm인가?

① 60 ② 100
③ 140 ④ 180

$$C = \frac{m(Z_1 + Z_2)}{2} = \frac{3 \times (30 + 90)}{2} = 180\,\text{mm}$$

34 400rpm으로 전동축을 지지하고 있는 미끄럼 베어링에서 저널의 지름은 6cm, 저널의 길이는 10cm 이고, 4.2kN의 레이디얼 하중이 작용할 때, 베어링 압력은 약 몇 MPa인가?

① 0.5 ② 0.6
③ 0.7 ④ 0.8

$$P = \frac{4.2 \times 10^3}{60 \times 100} = 0.7\,\text{MPa}$$

35 어느 브레이크에서 제동동력이 3kW이고, 브레이크용량(brake capacity)을 0.8N/mm² · m/s라고 할 때 브레이크 마찰면적의 크기는 약 몇 mm²인가?

① 3200 ② 2250
③ 5500 ④ 3750

$$A = \frac{3 \times 10^3}{0.8} = 3750\,\text{mm2}$$

36 허용전단응력 60N/mm²의 리벳이 있다. 이 리벳에 15kN의 전단하중을 작용시킬 때 리벳의 지름은 약 몇 mm 이상이어야 안전한가?

① 17.85 ② 20.50
③ 25.25 ④ 30.85

$$Z = \frac{4 \times W}{\pi d^2},\ 60 = \frac{4 \times 15 \times 10^3}{\pi \times d^2}$$
$$d = 17.84\,\text{mm}$$

37 고무 스프링의 일반적인 특징에 관한 설명으로 틀린 것은?

① 1개의 고무로 2축 또는 3축 방향의 하중에 대한 흡수가 가능하다.
② 형상을 자유롭게 할 수 있고, 다양한 용도로 사용 가능하다.
③ 방진 및 방음 효과가 우수하다.
④ 특히 인장하중에 대한 방진효과가 우수하다.

정답 32 ① 33 ④ 34 ③ 35 ④ 36 ① 37 ④

38 다음 중 유연성 커플링(flexible coupling)이 아닌 것은?

① 기어 커플링
② 셀러 커플링
③ 롤러 체인 커플링
④ 벨로즈 커플링

39 평벨트 전동장치와 비교하여 V-벨트 전동장치에 대한 설명으로 옳지 않은 것은?

① 접촉 면적이 넓으므로 비교적 큰 동력을 전달한다.
② 장력이 커서 베어링에 걸리는 하중이 큰 편이다.
③ 미끄럼이 작고 속도비가 크다.
④ 바로걸기로만 사용이 가능하다.

40 볼트 이음이나 리벳 이음 등과 비교하여 용접 이음의 일반적인 장점으로 틀린 것은?

① 잔류응력이 거의 발생하지 않는다.
② 기밀 및 수밀성이 양호하다.
③ 공정수를 줄일 수 있고, 제작비가 싼 편이다.
④ 전체적인 제품 중량을 적게 할 수 있다.

제3과목 기계재료 및 측정

41 다음 중 황동 합금의 주성분은?

① Cu-Si
② Cu-Al
③ Cu-Zn
④ Cu-Sn

42 6.67%의 탄소(C)를 함유한 백색 침상의 금속 간 화합물로서 대단히 단단하고(HB 820정도) 취약하며, 상온에서는 강자성체이나 210℃가 넘으면 상자성체로 변하여 A_0변태를 하는 것은?

① 시멘타이트
② 흑연
③ 오스테나이트
④ 페라이트

43 다음 중 Ni, C, Mn 및 F의 합금으로 바이메탈 시계진자, 줄자, 계측기의 부품 등에 사용되는 불변강의 종류는?

① 인바
② 엘린바
③ 코엘린바
④ 플라티나이트

44 양은 또는 양백으로 불리는 합금은?

① Fe-Ni-Mn계 합금
② Ni-Cu-Zn계 합금
③ Fe-Ni계 합금
④ Ni-Cr계 합금

45 알루미늄 합금의 열처리 방법과 관계없는 것은?

① 용체화 처리
② 인공시효 처리
③ 어닐링
④ 세라다이징

46 담금질 온도에서 냉각액 속에 재료를 담금하여 일정한 시간을 유지시킨 후 인상하여 서냉시키는 담금질 조작이 아닌 것은?

① 시간 담금질
② 인상 담금질
③ 분사 담금질
④ 2단 담금질

정답 38 ② 39 ② 40 ① 41 ③ 42 ① 43 ① 44 ② 45 ④ 46 ③

47 합금효과가 없더라도 결정의 핵생성을 촉진시키는 레이들 첨가법이며, 주철에서는 칠드(chill)화 방지, 흑연형상의 개량, 기계적 성질 향상 등을 목적으로 하는 것은?
  ① 접종
  ② 구상화
  ③ 상률
  ④ 금속의 이온화

48 주조 조직을 미세화하고 냉간 가공, 단조 등에 의해 생긴 내부응력을 제거하며, 결정조직, 기계적 성질, 물리적 성질 등을 표준화시키는 데 목적이 있는 열처리법은?
  ① 담금질
  ② 침탄법
  ③ 뜨임
  ④ 불림

49 탄소강의 항온열처리 방법 중 최종조직이 베이나이트 조직으로 나타나는 열처리 방법은?
  ① 고주파 열처리
  ② 마퀜칭
  ③ 담금질
  ④ 오스템퍼링

50 다음 중 주강과 주철의 설명으로 바르지 못한 것은?
  ① 주강의 종류에는 저탄소 주강, 중탄소 주강, 고탄소 주강이 있다.
  ② 주강은 주철에 비해 용융점이 높다.
  ③ 주철 중에 함유되는 탄소량은 보통 2.5 ~ 4.5% 정도이다.
  ④ 주철은 주강에 비하여 기계적 성질이 월등하게 좋고, 용접에 의한 보수가 용이하다.

51 절삭공구가 가공물을 절삭하는 칩의 두께(mm)로 증가하면 온도 상승과 절삭저항의 증가, 공구수명의 감소를 가져오는 것은?
  ① 절삭동력
  ② 절삭속도
  ③ 이송속도
  ④ 절삭깊이

52 선반 가공면의 표면 거칠기 이론값 최대 높이 공식은? (단, r : 바이트 끝의 반지름, s : 이송이다.)
  ① $H_{max} = \dfrac{s^2}{8r}$ mm
  ② $H_{max} = \dfrac{2r}{8s}$ mm
  ③ $H_{max} = \dfrac{s^2}{r}$ mm
  ④ $H_{max} = \dfrac{r^2}{s}$ mm

53 삼침법은 나사의 무엇을 측정하는가?
  ① 골지름
  ② 유효지름
  ③ 바깥지름
  ④ 나사의 길이

54 선반에서 가로 이송대에 나사피치가 8mm이고 100등분된 눈금이 달려있을 때 30mm를 2mm로 가공하려면 핸들을 몇 눈금 돌리면 되는가?
  ① 20
  ② 25
  ③ 32
  ④ 50

> 1 회전시 이송량 8mm이며 100등분이므로
> 1 눈금의 이송량 0.08이 된다.
> 절삭량 4mm/2 = 2mm이므로 2/0.08 = 25눈금

55 다음 구조용 복합재료 중에서 섬유강화 금속은?
  ① FRTP
  ② SPF
  ③ FRM
  ④ FRP

56 금속의 냉각속도가 빠르면 조직은 어떻게 되는가?
① 조직이 치밀해진다.
② 조직이 거칠어진다.
③ 불순물이 적어진다.
④ 냉각속도와 조직은 아무 관계가 없다.

57 특수강에서 합금원소의 주요한 역할이 아닌 것은?
① 기계적, 물리적, 화학적 성질의 개선
② 황 등의 해로운 원소 제거
③ 소성가공성의 감소
④ 오스테나이트 입자 조정

58 일정한 온도 영역과 변형속도 영역에서 유리질처럼 늘어나며, 이때 강도가 낮고, 연성이 크므로 작은 힘으로 복잡한 형상의 성형이 가능한 기능성 재료는?
① 형상기억 합금
② 초소성 합금
③ 초탄성 합금
④ 초인성 합금

59 아연을 5~20% 첨가한 것으로 금색에 가까워 금박 대용으로 사용하며 특히 화폐, 메달 등에 주로 사용되는 황동은?
① 톰백 ② 실루민
③ 문쯔메탈 ④ 고속도강

60 4% Cu, 2% Ni, 1.5% Mg가 함유된 Al합금으로서 내열성이 크고, 기계적 성질이 우수하여 실린더 헤드나 피스톤 등에 적합한 합금은?
① 실루민 ② Y-합금
③ 로엑스 ④ 두랄루민

정답 56 ① 57 ③ 58 ② 59 ① 60 ②

PART 05 CBT 출제예상문제 5

제1과목 기계제도

01 그림과 같이 제3각법으로 나타낸 정면도와 우측면도에 가장 적합한 평면도는?

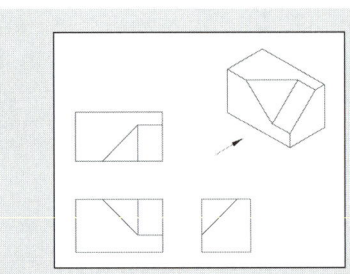

① 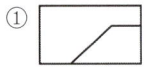 ②
③ 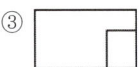 ④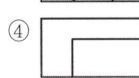

> ① 정면도와 평면도를 비교한다.
> ② 정면도의 상부와 평면도의 하부의 point 수가 맞아야 한다.

02 모듈이 2인 한 쌍의 외접하는 표준 스퍼기어 잇수가 각각 20과 40으로 맞물려 회전할 때 두 축 간의 중심거리는 척도 1:1 도면에서 몇 mm로 그려야 하는가?

① 30mm ② 40mm
③ 60mm ④ 120mm

> $C = \dfrac{m(Z_1 + Z_2)}{2} = \dfrac{2 \times (20+40)}{2} = 60mm$

03 KS 용접 기호표시와 용접부 명칭이 틀린 것은?

① ▭ : 플러그용접
② ◯ : 점용접
③ ∥ : 가장자리용접
④ ◺ : 필릿용접

> ∥ : I형 홈 맞대기 용접

04 나사의 표시가 "No.8 – 36UNF"로 나타날 때, 나사의 종류는?

① 유니파이 보통 나사 ② 유니파이 가는 나사
③ 관용 테이퍼 수나사 ④ 관용 테이퍼 암나사

> UNF : 유니파이 가는 나사
> UNC : 유니파이 거친 나사

05 I 형강의 치수 기입이 옳은 것은? (단, B : 폭, H : 높이, t : 두께, L : 길이)

① I B×H×t-L ② I H×B×t-L
③ I t×H×B-L ④ I L×H×B-t

> 형강의 치수 표기: 높이×폭×두께-길이

정답 1 ② 2 ③ 3 ③ 4 ② 5 ②

06 그림과 같은 정면도와 우측면도에 가장 적합한 평면도는?

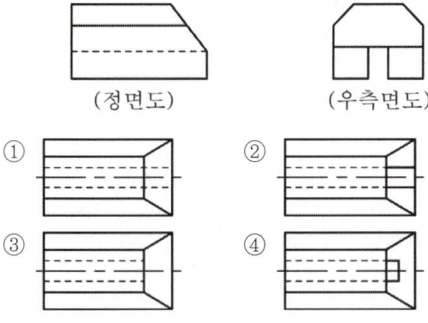

07 다음 중 투상도법의 설명으로 올바른 것은?
① 제1각법은 물체와 눈 사이에 투상면이 있는 것이다.
② 제3각법은 평면도가 정면도 위에, 우측면도는 정면도 오른쪽에 있다.
③ 제1각법은 우측면도가 정면도 오른쪽에 있다.
④ 제3각법은 정면도 위에 배면도가 있고 우측면도는 왼쪽에 있다.

① 1각법: 눈 → 물체 → 투상면
② 3각법: 눈 → 투상면 → 물체

08 그림과 같은 정면도와 우측면도에 가장 적합한 평면도는?

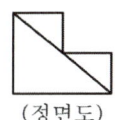 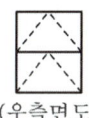
(정면도) (우측면도)

①  ②
③  ④

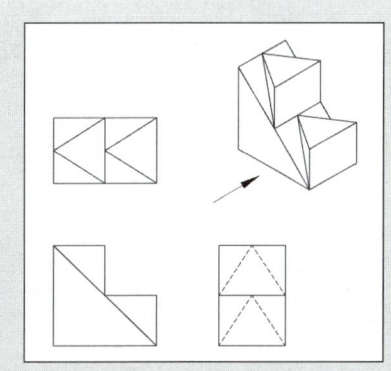

① 정면도와 우측면도로부터 평면도는 3각형의 꼭짓점이 왼쪽에 위치해야 한다.
② 우측면도로부터 평면도는 실선으로 표기되어야 함을 알 수 있다.

09 최대틈새가 0.075mm이고, 축의 최소허용치수가 49.950mm일 때 구멍의 최대 허용 치수는?
① 50.075mm ② 49.875mm
③ 49.975mm ④ 50.025mm

최대틈새 = 구멍의 최대 허용치수 − 축의 최소 허용치수
• 구멍의 최대허용치수 = 49.950 + 0.075 = 50.025mm

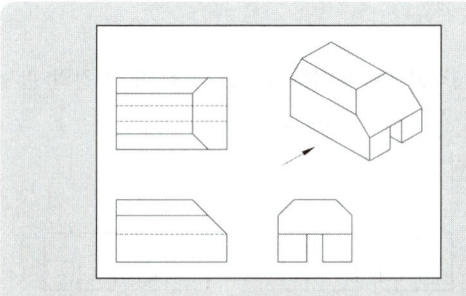
우측면도 사각구멍 부분은 평면도에서 보면 숨은선으로 표시된다.

정답 6 ① 7 ② 8 ① 9 ④

10 베어링 기호 608C2P6에서 P6가 뜻하는 것은?
① 정밀도 등급기호 ② 계열기호
③ 안지름 기호 ④ 내부 틈새기호

① 60 : 베어링 계열기호
② 8 : 안지름번호(8mm)
③ C2 : 내부 틈새기호
④ P6 : 정밀도 등급기호

11 다음 중 탄소공구강재에 해당하는 KS 재료기호는?
① STS ② STF
③ STD ④ STC

① STS : 합금공구강
② STC : 탄소공구강

12 두께 5.5mm인 강판을 사용하여 그림과 같은 물탱크를 만들려고 할 때 필요한 강판의 질량은 약 몇 kg인가? (단, 강판의 비중은 7.85로 계산하고 탱크는 전체 6면의 두께가 동일함)

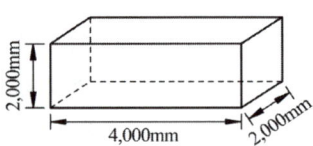

① 1,638 ② 1,727
③ 1.836 ④ 1,928

$m = \rho \cdot V$(밀도×부피)
$= 7.85 \times 1000 \times (4\times2\times2 + 2\times2\times2 + 4\times2\times2) \times 5.5 \times 10^{-3}$
$= 1727$ kg

13 재료의 제거가공으로 이루어진 상태든 아니든 앞의 제조공정에서 결과로 나온 표면의 상태가 그대로라는 것을 지시하는 것은?

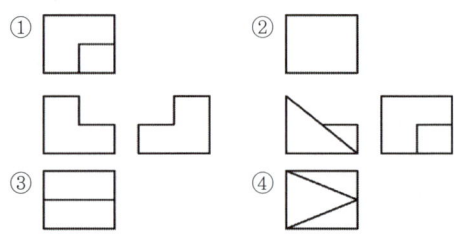

① 보기 ① : 제거가공을 허용하지 않는 경우 지시기호
② 보기 ② : 제거가공이 필요한 경우 지시기호
③ 보기 ④ : 제거가공을 문제삼지 않는 경우 지시기호

14 제3각법으로 도시한 3면도 중 각 도면 간의 관계를 가장 옳게 나타낸 것은?

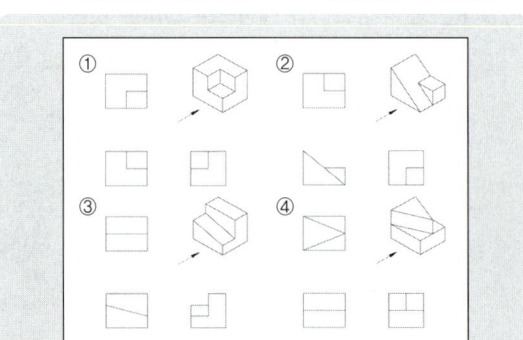

정답 10 ① 11 ④ 12 ② 13 ① 14 ④

15 기하공차 기호 중 위치공차를 나타내는 기호가 아닌 것은?

① ⌖ ② ◎
③ ⌀ ④ ═

① 위치공차의 종류: 위치도, 대칭도, 동심도, 동축도
② 보기 ①: 위치도 기호
③ 보기 ②: 동심도 기호
④ 보기 ④: 대칭도 기호

16 그림과 같은 도면의 기하공차 설명으로 가장 옳은 것은?

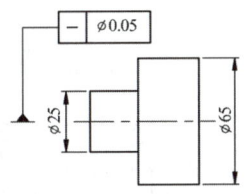

① ∅25 부분만 중심축에 대한 평면도가 ∅0.05 이내
② 중심축에 대한 전체의 평면도가 ∅0.05 이내
③ ∅25 부분만 중심축에 대한 진직도가 ∅0.05 이내
④ 중심축에 대한 전체의 진직도가 ∅0.05 이내

① 평면도 기호: ▱
② 진직도 기호: ▬

17 다음 KS 재료기호 중 니켈 크로뮴 몰리브데넘강에 속하는 것은?

① SMn 420 ② SCr 415
③ SNCM 420 ④ SFCM 590S

① S: 강(Steel)
② N: 니켈(Ni)
③ C: 크롬(Cr)
④ M: 몰리브덴(Mo)

18 그림에서 사용된 단면도의 명칭은?

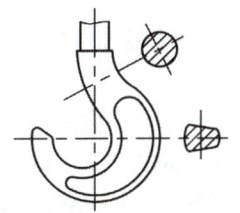

① 한쪽 단면도   ② 부분 단면도
③ 회전 도시 단면도 ④ 계단 단면도

회전 도시 단면도
핸들이나 바퀴 등의 암 및 림, 리브, 훅, 축, 구조물의 부재 등의 절단면은 90° 회전하여 표시하는 단면도이다.

19 코일 스프링 제도에 대한 설명으로 틀린 것은?

① 스프링은 원칙적으로 하중이 걸린 상태로 그린다.
② 특별한 단서가 없으면 오른쪽으로 감은 것을 나타낸다.
③ 스프링의 종류 및 모양만을 간략도로 나타내는 경우에는 스프링 재료의 중심선만을 굵은 실선으로 그린다.
④ 그림 안에 기입하기 힘든 사항은 일괄적으로 요목표에 나타낸다.

코일스프링은 원칙적으로 무하중상태에서 그린다.

정답 15 ③ 16 ④ 17 ③ 18 ③ 19 ①

20 가공에 의한 커터의 줄무늬가 여러 방향일 때 도시하는 기호는?

① = ② X
③ M ④ C

> ① = : 셰이핑
> ② X : 호닝
> ③ M : 가공으로 생긴 선이 여러 방면으로 교차
> ④ C : 선반(끝면)

제2과목 기계요소설계

21 지름 300mm인 브레이크 드럼을 가진 밴드 브레이크의 접촉 길이가 706.5mm, 밴드의 폭이 20mm일 때, 제동동력 3.7kW라면 이 밴드 브레이크의 용량(brake capacity)은 약 몇 N/mm² · m/s인가?

① 26.50 ② 0.324
③ 0.262 ④ 32.40

> $\dfrac{3.7 \times 10^3}{706.5 \times 20} = 0.262 \text{N/mm}^2 \cdot \text{m/sec}$

22 미끄럼 베어링 재료에 요구되는 성질로 거리가 먼 것은?

① 하중 및 피로에 대한 충분한 강도를 가질 것
② 내부식성이 강할 것
③ 유막의 형성이 용이할 것
④ 열전도율이 작을 것

23 웜을 구동축으로 할 때 웜의 줄 수를 3, 웜 휠의 잇수를 60이라고 하면 이 웜기어 장치의 감속비율은?

① 1/10 ② 1/20
③ 1/30 ④ 1/60

> 웜의 감속비율(i)은 $i = \dfrac{z_w}{z_g} = \dfrac{3}{60} = \dfrac{1}{20}$

24 그림과 같은 스프링 장치에서 $W=200$N의 하중을 매달면 처짐은 몇 cm가 되는가? (단, 스프링 상수 $k_1 = 15$N/cm, $k_2 = 35$N/cm이다.)

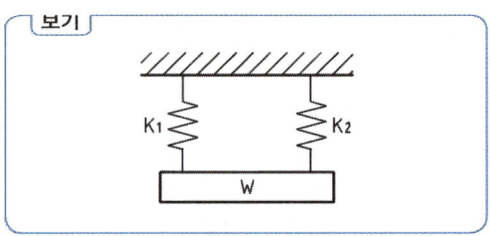

① 1.25 ② 2.50
③ 4.00 ④ 4.50

> 인장 스프링의 병렬 연결의 경우
> $k_{eq} = k_1 + k_2$이므로
> $k_{eq} = 15 + 35 = 50$
> $F = k_{eq}\delta$ 에서
> $\delta = \dfrac{F}{k_{eq}} = \dfrac{200}{50} = 4\,\text{cm}$

25 다음 중 용접이음의 단점에 속하지 않는 것은?

① 내부 결함이 생기기 쉽고 정확한 검사가 어렵다.
② 용접공의 기능에 따라 용접부의 강도가 좌우된다.
③ 다른 이음작업과 비교하여 작업 공정이 많은 편이다.
④ 잔류응력이 발생하기 쉬워서 이를 제거해야 하는 작업이 필요하다.

26 키 재료의 허용전단응력 60N/mm², 키의 폭×높이가 16mm×10mm인 성크 키를 지름이 50mm인 축에 사용하여 250rpm으로 40kW를 전달시킬 때, 성크 키의 길이는 몇 mm 이상이어야 하는가?

① 51　② 64
③ 78　④ 93

$$T = 9.55 \times 10^6 \times \frac{H}{n}$$
$$= \frac{9.55 \times 10^6 \times 40}{250} = 1,528,000 [N \cdot m]$$
$$T = bl\tau \cdot \frac{d}{2}$$
$$\therefore l = \frac{2T}{b\tau d} = \frac{2 \times 1,528,000}{16 \times 60 \times 50} ≒ 64mm$$

27 6000N·m의 비틀림 모멘트만을 받는 연강제 중실축의 지름은 몇 mm 이상이어야 하는가?

① 81　② 91
③ 101　④ 111

$$d = \sqrt[3]{\frac{16T}{\pi\tau_a}} = \sqrt[3]{\frac{16 \times 6,000,000}{\pi \times 30}} ≒ 101mm$$

28 사각형 단면 (100mm×60mm)의 기둥에 1N/mm² 압축응력이 발생할 때 압축하중은 약 얼마인가?

① 6000N　② 600N
③ 60N　④ 60000N

$$\sigma_c = \frac{P}{A}$$
$$\therefore P = \sigma_c A = 1 \times 6000 = 6000N$$

29 미끄럼을 방지하기 위하여 접촉면에 치형을 붙여 맞물림에 의하여 전동하도록 조합한 벨트는?

① 평 벨트　② V 벨트
③ 가는너비 V 벨트　④ 타이밍 벨트

30 볼나사(ball screw)의 장점에 해당되지 않는 것은?

① 미끄럼 나사보다 내충격성 및 감쇠성이 우수하다.
② 예압에 의하여 치면놀이(backlash)를 작게 할 수 있다.
③ 마찰이 매우 적고, 기계효율이 높다.
④ 시동 토크, 또는 작동 토크의 변동이 적다.

31 볼 베어링에서 수명에 대한 설명 중 맞는 것은?

① 베어링에 작용하는 하중의 3제곱에 비례한다.
② 베어링에 작용하는 하중의 3제곱에 반비례한다.
③ 베어링에 작용하는 하중의 10/3제곱에 비례한다.
④ 베어링에 작용하는 하중의 10/3제곱에 반비례한다.

32 그림과 같은 맞대기 용접 이음에서, 인장하중 $W[N]$, 강판의 두께 $h[mm]$라 할 때 용접길이 $\ell[mm]$를 구하는 식으로 가장 옳은 것은? (단, 상하의 용접부 목두께가 각각 $t_1[mm]$, $t_2[mm]$이고, 용접부에서 발생하는 인장응력은 $\sigma_t[N/mm²]$이다.)

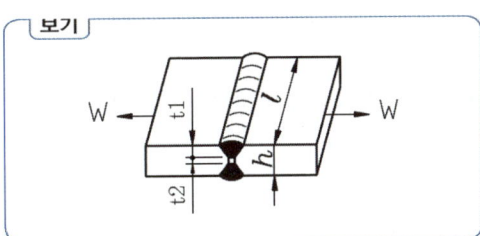

① $\ell = \dfrac{0.707W}{h\sigma_t}$　② $\ell = \dfrac{0.707W}{(t_1+t_2)\sigma_t}$

③ $\ell = \dfrac{W}{h\sigma_t}$　④ $\ell = \dfrac{W}{(t_1+t_2)\sigma_t}$

33 묻힘 키(sunk key)에서 키의 폭 10mm, 키의 유효 길이 54mm, 키의 높이 8mm, 축의 지름 45mm일 때 최대 전달 토크는 약 몇 N·m인가? (단, 키(key)의 허용전단응력 35N/mm²이다.)

① 425
② 643
③ 846
④ 1024

전달토크(T)는
$T = P\dfrac{d}{2} = 18900 \times \dfrac{45}{2} = 425\text{N}\cdot\text{m}$
이때 접선력(P)은
$P = bl\tau = 10 \times 54 \times 35 = 18900\text{N}$

34 공기 스프링에 대한 설명으로 거리가 먼 것은?

① 공기량에 따라 스프링 계수의 크기를 조절할 수 있다.
② 감쇠특성이 크므로 작은 진동을 흡수할 수 있다.
③ 측면방향으로의 강성도 좋은 편이다.
④ 구조가 복잡하고 제작비가 비싸다.

35 평벨트 전동에서 유효장력이란 무엇인가?

① 벨트 긴장측 장력과 이완측 장력과의 차를 말한다.
② 벨트 긴장측 장력과 이완측 장력과의 비를 말한다.
③ 벨트 긴장측 장력과 이완측 장력을 평균한 값이다.
④ 벨트 긴장측 장력과 이완측 장력의 합을 말한다.

36 다음 중 자동하중 브레이크가 아닌 것은?

① 웜 브레이크
② 나사 브레이크
③ 원통 브레이크
④ 캠 브레이크

37 이끝원 지름이 104mm, 잇수는 50인 표준 스퍼 기어의 모듈은 얼마인가?

① 5
② 4
③ 3
④ 2

$D = m(Z+2)$ 이므로
$m = \dfrac{D}{Z+2} = 2$

38 리드각이 α, 마찰계수 $\mu(=\tan\rho)$인 나사의 자립 조건으로 옳은 것은? (단, ρ는 마찰각이다.)

① $2\alpha < \rho$
② $\alpha < \rho$
③ $\alpha < 2\rho$
④ $\alpha > \rho$

39 굽힘 모멘트만을 받는 중공축(中空軸)의 허용 굽힘 응력이 σ_b, 중공축의 바깥지름이 D, 여기에 작용하는 굽힘 모멘트가 M일 때, 중공축의 안지름 d를 구하는 식으로 옳은 것은?

① $d = \sqrt[4]{\dfrac{D(\pi\sigma_b D^3 - 16M)}{\pi\sigma_b}}$

② $d = \sqrt[4]{\dfrac{D(\pi\sigma_b D^3 - 32M)}{\pi\sigma_b}}$

③ $d = \sqrt[3]{\dfrac{\pi\sigma_b D^3 - 16M}{\pi\sigma_b}}$

④ $d = \sqrt[3]{\dfrac{\pi\sigma_b D^3 - 32M}{\pi\sigma_b}}$

40 다음 중 인장응력을 구하는 식으로 맞는 것은? (단, σ는 인장응력, A는 단면적, P는 인장하중이다.)

① $\sigma = \dfrac{P}{A}$
② $\sigma = P \times A$
③ $\sigma = \dfrac{A}{P}$
④ $\sigma = \dfrac{P}{A^2}$

정답 33 ① 34 ③ 35 ① 36 ③ 37 ④ 38 ② 39 ② 40 ①

제3과목 기계재료 및 측정

41 철에 탄소가 고용되어 α철로 될 때의 고용체의 형태는?
① 침입형 고용체 ② 치환형 고용체
③ 고정형 고용체 ④ 편석 고용체

42 땜납(solder)의 합금원소로 주로 사용되는 것은?
① Sn-Pb ② Pt-Al
③ Fe-Pb ④ Cd-Pb

43 다음 담금질 조직 중에서 경도가 가장 큰 것은?
① 페라이트 ② 펄라이트
③ 마텐자이트 ④ 트루스타이트

44 텅스텐(W)은 우리나라의 부존자원 중 순도나 매장량의 면에서 매우 중요한 금속이다. 다음 중 텅스텐의 용도에 적합하지 않은 것은?
① 초경합금공구 ② 필라멘트
③ 연질자성재료 ④ 내열강합금재료

45 탄화텅스텐(WC)을 소결한 합금으로 내마모성이 우수하여 대량 생산을 위한 다이 제작용으로 사용되는 재료는?
① 주철 ② 초경합금
③ 합금 공구강 ④ 다이스강

46 냉간 가공과 열간 가공을 구별할 수 있는 온도를 무슨 온도라고 하는가?
① 포정 온도 ② 공석 온도
③ 공정 온도 ④ 재결정 온도

47 다음 중 철강 표면에 알루미늄(Al)을 확산 침투시키는 방법에 해당하는 것은?
① 세라다이징 ② 크로마이징
③ 칼로라이징 ④ 실리코나이징

48 철의 동소체로서 A_3 변태와 A_4 변태 사이에 있는 철의 조직은?
① $\alpha - Fe$ ② $\beta - Fe$
③ $\gamma - Fe$ ④ $\delta - Fe$

49 다음 담금질 조직 중에서 용적변화(팽창)가 가장 큰 조직은?
① 펄라이트 ② 오스테나이트
③ 마텐자이트 ④ 솔바이트

50 탄소강이 공석 변태할 때 펄라이트 조직량이 최대가 되는 탄소함량(%)은?
① 0.2 ② 0.5
③ 0.8 ④ 1.2

51 선반작업 시 절삭속도 결정의 조건 중 거리가 가장 먼 것은?
① 가공물의 재질
② 바이트의 재질
③ 절삭유제의 사용유무
④ 칼럼의 강도

52 기계의 안전장치에 속하지 않는 것은?
① 리미트 스위치(limit switch)
② 방책(防柵)
③ 초음파 센서
④ 헬멧(helmet)

정답 41 ① 42 ① 43 ③ 44 ③ 45 ② 46 ④ 47 ③ 48 ④ 49 ③ 50 ③ 51 ④ 52 ④

53 지름 50mm, 날수 10개인 페이스커터로 밀링 가공할 때 주축의 회전수가 300rpm, 이송속도가 매분당 1500mm였다. 이때의 커터날 하나당 이송량(mm)은?

① 0.5
② 1
③ 1.5
④ 2

$f = f_z \times z \times n$ 이므로
$f_z = \dfrac{f}{z \times n} = \dfrac{1500}{10 \times 300} = 0.5$

54 각도 측정을 할 수 있는 사인바(sine bar)의 설명으로 틀린 것은?

① 정밀한 각도측정을 하기 위해서는 평면도가 높은 평면에서 사용해야 한다.
② 롤러의 중심거리는 보통 100mm, 200mm로 만든다.
③ 45° 이상의 큰 각도를 측정하는 데 유리하다.
④ 사인바는 길이를 측정하여 직각 삼각형의 삼각함수를 이용한 계산에 의하여 임의각의 측정 또는 임의각을 만드는 기구이다.

55 i-Fe계 실용합금이 아닌 것은?

① 엘린바
② 인바
③ 미하나이트
④ 플라티나이트

56 강을 표준상태로 하기 위하여 가공조직의 균일화, 결정립의 미세화, 기계적 성질의 향상을 목적으로 오스테나이트가 되는 온도까지 가열하여 공랭시키는 열처리 방법은?

① 뜨임
② 담금질
③ 오스템퍼
④ 노멀라이징

57 친화력이 큰 성분 금속이 화학적으로 결합하여, 다른 성질을 가지는 독립된 화합물을 만드는 것은?

① 금속 화합물
② 고용체
③ 공정 합금
④ 동소 변태

58 7-3황동에 Sn을 1% 첨가한 것으로 전연성이 좋아 관 또는 판을 만들어 증발기와 열교환기 등에 사용되는 주석 황동은?

① 에드미럴티 황동
② 네이벌 황동
③ 알루미늄 황동
④ 망간 황동

59 18-8 스테인레스강(stainless steel)에서 용접 취약성을 일으키는 가장 큰 원인은?

① 입계탄화물의 석출
② 자경성 발생
③ 뜨임 메짐성
④ 균열의 생성

60 아래 그림에서 Austenite강을 재결정 온도 이하, Ms점 이상의 온도범위에서 소성가공을 한 후 소입(quenching)하는 열처리는?

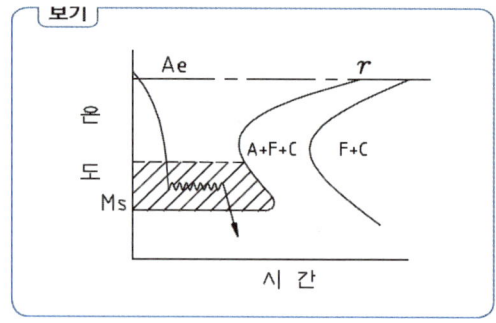

① Austempering
② Ausforming
③ Marquenching
④ Time quenching

기계설계산업기사 필기

초 판	인쇄	2013년 6월 20일
초 판	발행	2013년 6월 25일
개정 8판	발행	2024년 1월 10일
개정 9판	발행	2025년 1월 20일
개정10판	발행	2026년 1월 15일

지은이 | 김영기
발행인 | 조규백
발행처 | 도서출판 구민사
(07293) 서울특별시 영등포구 문래북로 116, 604호(문래동3가, 트리플렉스)
전화 (02) 701-7421
팩스 (02) 3273-9642
홈페이지 www.kuhminsa.co.kr

신고번호 | 제2012-000055호(1980년 2월 4일)
ISBN | 979-11-6875-635-9   13550

값 38,000원

※ 낙장 및 파본은 구입하신 서점에서 바꿔드립니다.
※ 본서를 허락없이 부분 또는 전부를 무단복제, 게재행위는 저작권법에 저촉됩니다.